国外油气勘探开发新进展丛书

GUOWAIYOUQIKANTANKAIFAXINJINZHANCONGSHU

INTRODUCTION TO THE FINITE ELEMENT METHOD

4TH EDITION

有限元方法入门

（第四版）

【美】J.N.Reddy　著

郭慧娟　刘冬欢　译

苏义脑　张全立　校

U0350086

石油工业出版社

内 容 提 要

本书介绍了有限元方法的基本原理、基本步骤及其计算机实现方法，着重给出了一维和二维典型问题的有限元模型，及其在相关力学问题如弹性变形、固有振动、瞬态响应、黏性不可压流动等实际问题上的典型应用。

本书可供力学、石油、航空航天、机械、土木、矿业、水利等相关工程技术人员学习使用，也可作为高等院校本科生和研究生学习有限元方法的教材。

图书在版编目（CIP）数据

有限元方法入门：第四版／（美）J. N. 雷迪
(J. N. Reddy) 著；郭慧娟，刘冬欢译. — 北京：石油工业出版社，2022.1
书名原文：Introduction to the Finite Element Method, 4th Edition
ISBN 978-7-5183-4872-5

Ⅰ. ①有… Ⅱ. ①J… ②郭… ③刘… Ⅲ. ①有限元法 Ⅳ. ①O241.82

中国版本图书馆 CIP 数据核字（2021）第 245460 号

出版发行：石油工业出版社
　　　　　（北京安定门外安华里 2 区 1 号楼　100011）
　　　　　网　址：www. petropub. com
　　　　　编辑部：（010）64523712　图书营销中心：（010）64523633
经　　销：全国新华书店
印　　刷：北京中石油彩色印刷有限责任公司

2022 年 1 月第 1 版　2022 年 1 月第 1 次印刷
787×1092 毫米　开本：1/16　印张：45.25
字数：1100 千字

定价：220.00 元
（如发现印装质量问题，我社图书营销中心负责调换）
版权所有，翻印必究

《国外油气勘探开发新进展丛书（二十二）》
编 委 会

序

"他山之石，可以攻玉"。学习和借鉴国外油气勘探开发新理论、新技术和新工艺，对于提高国内油气勘探开发水平、丰富科研管理人员知识储备、增强公司科技创新能力和整体实力、推动提升勘探开发力度的实践具有重要的现实意义。鉴于此，中国石油勘探与生产分公司和石油工业出版社组织多方力量，本着先进、实用、有效的原则，对国外著名出版社和知名学者最新出版的、代表行业先进理论和技术水平的著作进行引进并翻译出版，形成涵盖油气勘探、开发、工程技术等上游较全面和系统的系列丛书——《国外油气勘探开发新进展丛书》。

自 2001 年丛书第一辑正式出版后，在持续跟踪国外油气勘探、开发新理论新技术发展的基础上，从国内科研、生产需求出发，截至日前，优中选优，共计翻译出版了二十一辑 100 余种专著。这些译著发行后，受到了企业和科研院所广大科研人员和大学院校师生的欢迎，并在勘探开发实践中发挥了重要作用，达到了促进生产、更新知识、提高业务水平的目的。同时，集团公司也筛选了部分适合基层员工学习参考的图书，列入"千万图书下基层，百万员工品书香"书目，配发到中国石油所属的 4 万余个基层队站。该套系列丛书也获得了我国出版界的认可，先后四次获得了中国出版协会的"引进版科技类优秀图书奖"，形成了规模品牌，获得了很好的社会效益。

此次在前二十一辑出版的基础上，经过多次调研、筛选，又推选出了《寻找油气之路——油气显示和封堵性的启示》《油藏建模与数值模拟最优化设计方法》《油藏工程定量方法(第二版)》《页岩科学与工程》《天然气基础手册(第二版)》《有限元方法入门(第四版)》等 6 本专著翻译出版，以飨读者。

在本套丛书的引进、翻译和出版过程中，中国石油勘探与生产分公司和石油工业出版社在图书选择、工作组织、质量保障方面积极发挥作用，一批具有较高外语水平的知名专家、教授和有丰富实践经验的工程技术人员担任翻译和审校工作，使得该套丛书能以较高的质量正式出版，在此对他们的努力和付出表示衷心的感谢！希望该套丛书在相关企业、科研单位、院校的生产和科研中继续发挥应有的作用。

中国石油天然气股份有限公司副总裁　李鹭光

作者中文版序

很高兴我最受欢迎的教材之一《有限元方法入门(第四版)》(McGraw-Hill 出版公司，纽约，2019)被翻译成中文了。对我来说，撰写教材的唯一目的是方便读者学习。本书展示了对有限元方法及其在热传递、流体力学和结构力学应用中的深层次认识。通过将工程中许多标准问题的控制方程用"模型微分方程"来表示，本书将有限元方法看作是求解微分方程的一种数值技术。从一个微分方程开始，本书给出了利用有限元法获得数值(有限元)解的详细步骤。本书也给出了很多数值算例，其中一些来自于非传统领域比如生物工程。对这些问题感兴趣的学生会发现，以从通用角度理解有限元方法来看，没有比本书更好的了。

本书涵盖了流体、热科学以及结构力学中的平衡(或稳态)和时间相关的问题。本书详细描述了弱形式的构造、场变量的插值、有限元方程、单元方程的集总、边界(和初始)条件的施加、方程的求解以及结果的后处理。本书在很大程度上自成体系，可用作本科生高年级和研究生一年级水平的学生学习有限元方法的入门教材。

本书也讨论了使用诸如 FEM1D 和 FEM2D 的计算机程序来求解用模型方程描述的问题。本书中用到的 Fortran 源程序(FEM1D 和 FEM2D)代码及其可执行程序，包括算例数据文档可以免费从作者的网站主页 http://mechanics.tamu.edu 上获取。

通过此中译本我希望全中国的工程和应用科学的学生可以理解有限元方法的内在原理及应用并从中获益。

J. N. Reddy
美国得克萨斯 A&M 大学

作者简介

  J. N. Reddy 博士是 Oscar S. Wyatt 讲席教授,也是得州农工大学机械工程的董事教授。他的文章被引用频率比较高,著有 21 本著作和超过 650 篇期刊论文。Reddy 博士因其对应用力学领域的重要贡献而为世人所熟知,他在超过 40 年的时间里撰写了被广泛使用的教科书,涉及线性和非线性有限元分析、变分法、复合材料和结构及连续介质力学。在文献中以他的名字命名的关于剪切变形理论的开创性工作,即 Reddy 三阶板理论和 Reddy 层合理论,具有重大影响并引发了新的研究进展和应用。他的关于剪切变形和流体流动的罚有限元模型的思想已经植入商用有限元程序中,比如 ABAQUS、NISA 和 HyperXtrude。Reddy 博士是所有主要工程学会的会员(ASME、AIAA、ASCE、AAM、ASC、USACM、IACM),并从这些学会及其他学会获得了顶级力学奖章(ASME 奖章、Raymond D. Mindlin 奖章、Theodore von Karman 奖章、John von Neumann 奖章、William Prager 奖章、O. C. Zienkiewicz 奖章)。他是美国工程院的院士,加拿大工程院、印度工程院和巴西工程院的外籍院士。更多的细节,可访问 http://mechanics. tamu. edu。

That which is not given is lost。
(没有给予的就会失去。)

译者前言

本书是有限元方法的经典教材之一,是美国 J. N. Reddy 院士关于线性有限元方法的专著 *Introduction to the Finite Element Method* 的第四版,其第一版出版于 1984 年,经过 30 多年的使用和修订,在大学和工程界深受欢迎。

本书通俗易懂,主要介绍了有限元方法的基本原理、基本步骤及其计算机实现方法,着重给出了一维和二维典型问题的有限元模型,及其在相关力学问题如弹性变形、固有振动、瞬态响应、黏性不可压流动等实际问题上的典型应用。本书包含大量的数值算例和结合实际的练习题,并给出了所有程序的源代码,不仅有助于理解有限元方法的理论基础和实现步骤,更有助于直接编程。本书不仅适合作为高等院校本科生和研究生学习有限元方法的教材,同时也是力学、航空航天、机械、土木、矿业、水利等相关工程技术人员学习有限元方法的重要参考资料。

本书由中国石油集团工程技术研究院石油工程数值仿真研究室郭慧娟及北京科技大学刘冬欢老师合作完成,郭慧娟负责全书的统稿并译第 1—6 章,刘冬欢译第 7—13 章,苏义脑院士和张全立教授对全书内容进行了校核,董春迎和龙连春审阅了初稿,并提出了很好的修改建议。徐丙贵、贾涛、韩飞、周毅、吕明杰、王滨、刘志同、卢静、李星月、乔汉、杨斯媛等参与了编译工作,刘志同、卢静负责图表的整理工作,张燕萍、王宝栋负责全书的翻译校对工作。

本书作为教材在 2020 年北京科技大学春季学期的研究生计算固体力学课堂上使用,选课的全体研究生同学对中文翻译稿草稿提出了很多很好的建议,硕士生王亚楠将部分数学公式和图表录入为可编辑格式,在此对他们的辛勤劳动表示诚挚的感谢。

本书的出版得到了中国石油天然气集团有限公司直属科研基金项目(项目号 2019D-5008-05)、国家自然科学基金面上项目(项目号 11772045)和国家数值风洞工程项目(项目号 NNW2019ZT2-B04)的支持,对此表示感谢。

我们殷切地希望本书的翻译和出版能够对我国有限元方法的教学和自主软件的开发提供必要的借鉴与参考。能够与 Reddy 教授的名字出现在同一出版物中,既是无上的荣誉更是沉甸甸的责任。我们在本书的翻译过程中虽然竭尽全力,但难免有错误和不妥之处,希望广大读者朋友批评指正,对本书内容的任何意见和建议可发送到电子邮箱:liudh@ ustb. edu. cn。

译 者
2021 年 2 月于北京

第四版前言

分析任何系统或构件时最重要的步骤是理解其功能(即知道研究目的),识别求解域及其材料本构、作用在系统上的激励和边界条件。与研究目标一致,我们需要选择合适的数学模型(即控制系统响应的一组方程)。实际数学模型的选择决定了其数值模型的形式,该数值模型保留了数学模型所包含的物理特征,并让我们全面地评估系统的各种参数。数值模拟有助于选择设计和制造过程,从而使产品的功能可靠性最大化,并使生产、供应和维修成本最小化。

利用物理规律和对系统行为的假设来建立数学模型。一方面,学习连续介质力学、材料科学、实验方法和动力系统及其他课程,为工程师构建合适的数学模型,理解一些简单系统行为提供理论背景。另一方面,关于数值方法的课程让他们理解数值模型是如何转换为工程结果。此外,在物理实验非常昂贵的情况下,特别是现象由变系数微分方程控制,且需要评估多种设计和制造选项的时候,数值仿真是唯一的替代。本书将证明有限元方法是非常有用的。

《有限元方法入门》,初版于1984年,是关于该方法在工程和应用科学中线性、一维和二维问题中应用的简介。通过在科学和工程各种领域里出现的大量常见微分方程介绍了该方法。本书的主要特点是,该方法以最常见的形式给出(即并不是只适用于结构工程师的方法),因此所有学科的工程师和科学家都可以理解将微分方程转换为关于感兴趣变量的一组代数方程组的方法。为了做到这一点,对相关物理和数学的简单解释比问题的复杂性更重要。本书的另一个显著特点是让读者思考并理解内容,而不是记忆和生搬硬套。本书的各种版本已经被美国和世界各地的许多学术机构采用,它已经被无数的学生、工程师和研究者使用了三代。

当前的版本与此前的一个版本类似。主要的修订如下,第2章增加了关于功和能量方法的内容,第3章给出了如何在无微分方程的情况下利用物理原理构造单元方程的附加解释,第4章增加了热传递、流体力学和固体力学问题的例子,第5章增加了圆板的应用,第6章扩充了关于桁架和框架的内容,第11章、第12章和第13章分别扩充了黏性流动、弹性力学和三维有限元的内容。关于板弯曲的章节在本版中删除了,因为对于初学者来说这是高等内容(且这里对初学者已有足够的内容了)。每章都有关于解释、例子和习题的修订。本书在很大程度上是独立的,可用作高等院校本科生和研究生水平的有限元课程的初等教材。本书也准备了配套的习题解答,通过认证的教师可以从出版商那里获取本书作为教材。本书中用到的Fortran 和 MATLAB 源程序(FEM1D 和 FEM2D)及其可执行程序和算例数据文件可以从网站免费获取:http://mechanics. tamu. edu。

自本书第一版至第三版出版以来,许多读者表达了他们的谢意,也指出了他们发现的错误,笔者对此表示感谢。笔者所知的所有错误都已在现版中更正。Archana Arbind, Parisa Khodabakhshi, Jinseok Kim, Namhee Kim 和 Michael Powell 阅读了当前版本的原稿,对他们的帮助和建设性的意见表示感谢。还要感谢以下专业同事以及其他许多人,感谢他们给予的友谊、鼓励和多年来对这本书的建设性意见:

Hasan Akay, Purdue University at Indianapolis

David Allen, Texas A&M University, College Station

Narayana Aluru, University of Illinois at Urbana-Champaign

Marcilio Alves, University of São Paulo, Brazil

Marco Amabili, McGill University, Canada

Ronald Averill, Michigan State University

Ted Belytschko, Northwestern University

K. Chandrashekara, Missouri University of Science and Technology

A. Ecer, Purdue University at Indianapolis

Antonio Ferreira, University of Porto, Portugal

Somnath Ghosh, Johns Hopkins University

S. Gopalakrishna, Indian Institute of Science, Bangalore

Antonio Grimaldi, University of Rome II , Italy

Norman Knight, Jr. , Clemson University

Fills Kokkinos, Technological Educational Institute of Athens, Greece

A. V. Krishna Murty, Indian Institute of Science, Bangalore

R. Krishna Kumar, Indian Institute of Technology, Madras

H. S. Kushwaha, Bhabha Atomic Research Centre, India

K. Y. Lam, Nanyang Technological University, Singapore

J. K. Lee, Ohio State University

K. M. Liew, City University of Hong Kong

C. W. Lim, City University of Hong Kong

Franco Maceri, University of Rome II, Italy

C. S. Manohar, Indian Institute of Science, Bangalore

Antonio Miravete, Zaragoza University, Spain

J. T. Oden, University of Texas at Austin

Alan Palazzolo, Texas A&M University

P. C. Pandey, Indian Institute of Science, Bangalore

Glaucio Paulino, University of Illinois at Urbana-Champaign

Siva Prasad, Indian Institute of Technology, Madras

A. Rajagopal, Indian Institute of Technology, Hyderabad

Jani Romanoff, Aalto University, Finland

Debasish Roy, Indian Institute of Science, Bangalore

Samit Roy, University of Alabama, Tuscaloosa

Elio Sacco, University of Cassino, Italy

Martin Sadd, University of Rhode Island

Riidger Schmidt, University of Aachen, Germany

E. C. N. Silva, University of São Paulo, Brazil

Arun Srinivasa, Texas A&M University

Sivakumar Srinivasan, Indian Institute of Technology, Madras

Fanis Strouboulis, Texas A&M University

Karan Surana, University of Kansas

Liqun Tang, South China University of Technology

Vmu Unnikrishnan, University of Alabama, Tuscaloosa

C. M. Wang, National University of Singapore

John Whitcomb, Texas A&M University

Y. B. Yang, National Taiwan University

J. N. Reddy 博士

(*To raise new questions, new possibilities, to regard old problems from a new angle, requires creative imagination and marks real advances in science.*)   —Albert Einstein
（提出新的问题、新的可能性，从新的角度看待老问题，需要创造性的想象力，而且标志着科学的真正进步。）

(*The art and science of asking questions is the source of all knowledge.*   —Thomas Berger
（提出问题的艺术和科学是一切知识的源泉。）

第三版前言

本书的第三版，像前两个版本一样，代表了选择和呈现有限元方法的某些方面的努力，这些方面在研究和分析工程和科学的线性问题时是最有用的。在修订本书时，本人始终牢记可能会使用本书作为课堂教材的学生。这个版本准备带来更清晰的概念讨论，同时在每一步保持必要的数学严谨性并提供物理解释和工程应用。

本版本是第二版的修订版，第二版受到了工程和科学领域里工程师和研究者的广泛欢迎。当前版本的绝大多数修订出现在第1-6章。第5章中关于误差分析的内容从第二版中删除了，同样的内容作为了第14章中新增加的一节。第二版中的第3章被分成了两章，分别是关于理论格式的第3章和关于应用的第4章。第二版中关于梁的第4章现在变为当前版本的第5章，这使得这两个版本的章数是相同的。另一个变化是第10章和第11章的互换，以实现从平面弹性到板弯曲的自然过渡（第12章）。在所有的章节中，内容有新增和重组，以帮助读者理解概念。第1章、第2章和第3章有大量的修改，应该对读者有帮助。第14章中关于非线性格式的讨论很简洁，因为其中的内容可以从笔者最近出版的教材《非线性有限元分析简介》（牛津大学出版社，2004）中获得。

大多数使用本书此前版本的读者都喜欢这里采用的"微分方程方法"。这是很自然的，因为所有的工程师或科学家都在寻求求解研究物理现象时出现的微分方程。希望本书的第三版能更好地帮助学生们理解有限元方法在工程和科学中的线性问题上的应用。

多年来，笔者从本书讲授入门课程中获益良多。虽然不可能说出成百上千的学生和同事的名字，他们为笔者以一种清晰的方式解释概念的能力做出了贡献，但也要对他们所有人表达真诚的感谢。

J. N. Reddy 博士
特雅斯维·纳瓦迪塔马斯图
（Let our learning be radiant 让我们的学习焕发光芒）

第二版前言

第二版的目标与第一版相同，即介绍有限元法在工程和应用科学的线性、一维和二维问题中的应用。修订的形式主要是补充细节、扩展讨论的主题，并增加一些主题，使内容覆盖更完整。和第一版相比结构上主要的变化是将 5 章变为第 14 章。全书分为 4 部分。这个重组应该有助于教师选择适合于课程的素材。其他结构上的变化包括将习题置于每章的最后、提供了每章的小节以及在每章回顾相关的方程和内容而不是参考此前的相关章节。此外，第 3 章和第 8 章关于热传递、流体流动和固体力学的例题在不同的章节给出。

提供了关于弱形式构造、时间近似(例如，算法的精度和稳定性、质量集总)、可选的有限元格式以及非线性有限元模型的额外细节。这些新主题包括桁架和框架、Timoshenko 梁单元、特征值问题和经典板弯曲单元的章节。所有这些修订也体现在修订的计算机程序 FEM1DV2 和 FEM2DV2(第一版中 FEM1D、FEM2D 和 PLATE 程序的修订版)中。因此，关于计算机实现及 FEM1DV2 和 FEM2DV2 应用的章节也进行了大量修订。伴随着这些修订，还添加了一些图、表和例子。

这些大量的修订导致第二版内容增加了 60%。为了限制本书的售价在合理范围内同时保留基本的方法和技术细节，删除了第一版的部分内容。具体点说，部分习题的答案在习题的最后给出，而不是单独一节。感兴趣的读者和教师可以从笔者获取可执行程序的磁盘副本。Fortran 源程序也可以从笔者购得。

毫无疑问这个版本比第一个版本要更完整和深入。本书可用于高年级本科生和研究生的有限元方法入门或中级课程的教材。工程和应用科学的学生会对本书的覆盖范围感到满意。

诚挚地感谢多位同事在阅读手稿时给予的帮助以及给出建设性修改建议。这些人包括：普渡大学印第安纳波利斯分校的 Hasan Akay，克莱姆森大学的 Norman Knight Jr.，俄亥俄州立大学的 J. K. Lee，阿拉巴马大学的 William Rule，罗德岛大学的 Martin Sadd，得州农工大学的 John Whitcomb。还要感谢我的研究生：Ronald Averill，Fills Kokkinos，Y. S. N. Reddy 和 Donald Robbins。非常感谢 Vanessa McCoy 女士(弗吉尼亚理工学院暨州立大学)的手稿录入工作，没有她的耐心与配合，本书不可能完成。也感谢我在弗吉尼亚理工学院暨州立大学任教期间，工程科学与力学系同事们的支持和友谊。

J. N. Reddy 博士

第一版前言

撰写本书的动机来自于为工程、气象、地质和地球物理、物理和数学等的学生多年讲授有限元课程的经历。作为学生以及来自大学和工业界的同行们的导师和顾问，他们咨询有限元方法相关的各种数学概念的解释，这些经历帮助我将这种方法介绍为一种求解科学和工程中出现的各种场的微分方程的基于变分的技术。我曾与那些没有固体力学和结构力学背景的学生进行过多次讨论，这些讨论促使我写这本书，其应该能填补文献中相当不幸的空白。

这本书是为上过线性代数和微分方程的高年级本科生或一年级研究生准备的。但是，关于材料力学、流体流动和热传递的额外课程（或者与提到的问题相关的）会让学生更容易理解本书讨论的物理例子。

在本书中，有限元方法是作为一种基于变分的求解微分方程的技术引入的。将由微分方程描述的连续问题写成等价的变分格式，假设其近似解由近似函数 ϕ_i 的线性组合 $\sum c_i \phi_i$ 给出。参数 c_i 由相应的变分格式确定。有限元方法提供了一种推导简单子域上的近似函数的系统性技术，这里复杂几何区域可由简单子域表示。在有限元方法中，近似函数是分片多项式（即多项式只定义在称为单元的子域上）。

本书提到的方法也出现在完全数学化的教材中和更结构力学化的方法中。从我作为工程师和自学应用数学的经验来看，我很清楚如果只套用"公式"而不深入理解问题及其近似，那么不知道会出现什么不幸。即使是最好的理论指导给出的一些参考（比如，哪种变分格式最合适，需要哪种单元，近似的质量如何等）。但是，如果没有关于变分法的特定理论知识，是不能完全理解各种格式、有限方法模型及其限制的。

在当前对变分法和有限元方法的研究中，出于简单性的考虑，有意忽略了高级数学。但是，看上去必备的最少的数学知识包括在了第 1 章和第 2 章。由于在微分方程的有限元格式中反复出现，第 2 章相当大的篇幅用于变分格式的构造。本章关注两个方面：首先，满足给定边界条件的近似函数的选择；其次，用待定参数表示的代数方程的建立技术。因此，第 2 章不仅给读者建立了第 3 章和第 4 章需要的特定的概念和工具，同时也刺激读者考虑系统的方法来构造近似函数，这是有限元方法的主要特性。

在第 3 章和第 4 章中介绍有限元方法时，避免采用固体力学方法，而更喜欢"微分方程"方法，这样可以有更广泛的解释而不仅仅是一个特例。但是，当考虑具体的例子时，我们会给出问题的物理背景。由于大量的物理问题可以用二阶和四阶常微分方程（第 3 章）以及二维的 Laplace 算子来描述（第 4 章），所以关注描述这些方程的有限元格式、插值函数的推导和问题的解。典型例子来自于工程的各个领域，特别是热传递、流体力学和固体力学。由于本书是作为有限元方法入门课程的教材，因此忽略了高级内容，比如非线性问题、壳和三维分析。

由于有限元方法的实践最终依赖于将其在数字计算机上实现，这里设计了例子和习题来让读者可以利用计算机来实际计算各种问题的解。第 3 章和第 4 章讨论了关于有限元方法的计算机实现，描述了三个模型程序（FEM1D、FEM2D 和 PLATE），并用几个例子展示了它们的应用。计算机程序非常容易理解，因为它们被设计成与书中描述的理论有同样的形式。可以用很小的花费从笔者处购得适用于大型机和 IBM 个人电脑的程序。

　　全书提供了大量的数值算例,其中大部分是工程和应用科学领域各种具体的问题。为了测试并扩展对所讨论概念的理解,本书在合适的间隔处给出了大量的习题。如果想对本书中包含的问题获得更多的认识,每章的最后列出了很多的参考书和研究论文。

　　初读本书时有很多章节可以跳过;这些可以在后续需要的时候阅读。本书可用于四分之一或一个学期的课程,尽管更适合于一个学期的课程。

　　推荐下面的课程表利用本教材作为入门教材。

本科生		研究生	
第1章	自学	第1章	自学
第2章	2.1节(自学) 2.2节 2.3.1-2.3.3节	第2章	2.1节(自学) 2.2节 2.3节
第3章	3.1-3.4节 3.6-3.7节	第3章	3.1-3.7节
第4章	4.1-4.4节 4.7节 4.8.1-4.8.4节	第4章 第5章	4.1-4.8节 期末报告

　　3.5节和4.6节、3.6节和4.7节及3.7节和4.8节之间是紧密联系的,它们可以一起阅读。同时,建议在3.2节之后阅读3.6节和3.7节(因此,可继续读4.7节和4.8节)。

　　感谢为本书的改进提供建议和批评的所有学生和同事们。感谢 Vaness McCoy 熟练的手稿录入工作,N. S. Putcha 先生和 K. Chandrashekhara 先生的文稿阅读,以及在书稿出版过程中 Michael Slaughter 编辑和 Susan Hazlett 编辑的帮助和合作。

J. N. Reddy 博士

特雅斯维·纳瓦迪塔马斯图

(Let our learning be radiant　让我们的学习焕发光芒)

目　　录

1 绪 论

Mathematics is the language with which God has written the universe.

(数学是上帝书写宇宙的语言。)

Galileo Galilei

1.1 背景

工程师和科学家所做的最重要的事情之一就是对物理现象进行建模。实际上,借助物理或其他领域的定律和公理,自然界中每种现象(航空航天、生物、化学、地质或机械现象)都可以用相关的代数、微分(或)积分方程来描述。例如,确定具有奇形怪状的孔洞和加强肋并承受力—热或气动载荷的压力容器中应力的分布,查找湖泊或大气中污染物的浓度,以及模拟天气来试图了解和预测雷暴、海啸和龙卷风的形成等。这些例子只是工程师所需处理的许多重要实际问题中的一小部分。

根据相关变量对物理或生理过程的解析描述称为数学模型。一个过程的数学模型是通过使用适当的假设以及适当的公理或定理来建立的,并且它们的特征通常是在几何复杂域上的一组非常复杂的代数、微分和(或)积分方程。因此,直到电子计算技术出现之前,要研究的过程都需要极大地简化以便它们对应的数学模型可以被解析求解。然而,在过去的 30 年中,计算机使借助适当的数学模型和数值方法来分析许多实际工程问题成为可能。使用数值方法和计算机来评估过程的数学模型并估计其特征的行为称为数值仿真。现在,与数学模型开发和物理系统数值仿真相关的领域得到了发展并不断壮大,该领域被称之为计算力学[1]。

任何数值仿真例如通过有限元方法进行的数值仿真,其本身并不是目的,而是为了辅助工程中的设计和制造。工程师或科学家应该研究数值方法(尤其是有限元方法)的原因有很多。具体如下:

(1)对大多数实际工程系统的分析都会涉及复杂的领域(几何和材料构成)、载荷、边界条件以及系统响应各个方面之间的相互作用,这些都阻碍了解析解的求解。因此,唯一的选择是使用数值方法来找到近似解。

(2)随着计算机的出现,数值方法可以用于研究系统各种参数(例如:几何形状、材料参数、载荷、相互作用等)对其的影响,以便更好地理解它。与物理实验相比,它具有成本低、节省时间和材料等优点。

(3)由于数值方法和电子计算机的强大功能,使在物理过程的数学模型中引入最相关的特征成为可能,而不必担心通过精确方法进行求解时带来的麻烦。

(4)那些不考虑要分析的问题而快速使用计算机程序的人可能会发现难以解释或说明计算机生成的结果。即使仅仅为计算机程序开发适当的输入数据,也需要对问题的基础理论以及数值方法(计算机程序所基于的方法)有很好的理解。

(5)有限元方法及其推广是有史以来用来分析实际工程系统的最强大的计算机方法。如今,有限元分析已成为工程设计和制造许多领域不可或缺的重要组成部分。汽车、航空航天、化学、制药、石油、电子和通信等成熟行业以及纳米技术和生物技术等新兴技术都依赖有限元方法来模拟不同规模的复杂现象,以便设计和制造高科技产品。

1.2 数学模型发展

数学模型可以广义地定义为一组方程,这些方程根据描述系统的变量来表达物理系统的基本特征。物理现象的数学模型通常基于物理学的基本科学定理,例如质量守恒原理、线动量和角动量平衡原理以及能量守恒原理[2, 3]。由这些原理得出的方程将由描述本构行为的方程以及边界和(或)初始条件进行补充。接下来,将考虑动力学、传热和固体力学中的3个简单示例,以说明如何建立物理问题的数学模型。所有数学模型都不是物理上的精确表示,它们只是模型。

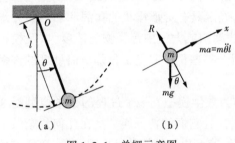

图 1.2.1 单摆示意图

例 1.2.1

问题描述(单摆的平面运动):如图 1.2.1 所示,一个简单的摆锤(例如钟表中所使用的)由质量为 m(kg)的小球和长度为 l(m)的杆组成。杆的一端连接着小球,另一端以固定点 O 为轴心点。首先,进行一些必要的假设并推导出摆锤最简单的线性运动控制方程。此外,在给定角位移 θ 及其导数的初始条件下,求解所得方程的解析解。

解答:为了推导出问题的控制方程,必须对系统(小球和杆)做出一些假设,以符合分析的目标。如果目标是研究摆的最简单的线性运动,需要假设小球和杆都是刚性的(即不可变形),并且杆是无质量的(即与小球质量相比可忽略不计)。此外,假设在轴心点 O 处没有摩擦,并且周围介质对摆的阻力也可以忽略不计。

在这些假设下,可以使用线动量守恒原理(或牛顿第二定律)来建立系统运动的控制方程。也就是说,在当前情况下,系统上外部施加力的矢量和等于系统线动量(质量乘以速度)对时间的导数:

$$\boldsymbol{F} = \frac{\mathrm{d}}{\mathrm{d}t}(m\boldsymbol{v}) = m\boldsymbol{a} \tag{1.2.1}$$

其中,$\boldsymbol{F}$ 是作用在系统上的所有力的矢量和,m 是系统的质量,$\boldsymbol{v}$ 是速度矢量,$\boldsymbol{a}$ 是系统的加速度矢量。为了写出角运动控制方程,建立了如图 1.2.1(b)所示的坐标系。在 x 方向应用牛顿第二定律[请注意,在 y 方向由力的动态平衡可以给出用小球重力 mg 表示的反力 R(N)],可以得

$$F_x = m\frac{\mathrm{d}v_x}{\mathrm{d}t}$$

$$F_x = -mg\sin\theta$$

$$v_x = l\frac{\mathrm{d}\theta}{\mathrm{d}t} \tag{1.2.2}$$

这里,θ 是角位移(rad),v_x 是速度(m/s)在 x 方向的分量,t 表示时间(s)。因此,角运动方程

可以写为

$$-mg\sin\theta = ml\frac{\mathrm{d}^2\theta}{\mathrm{d}t^2} \text{ 或 } \frac{\mathrm{d}^2\theta}{\mathrm{d}t^2}+\frac{g}{l}\sin\theta = 0 \qquad (1.2.3)$$

由于 $\sin\theta$ 项的存在,方程(1.2.3)是非线性的。对于较小的角运动(与研究目标一致),$\sin\theta$ 项可以用 $\sin\theta \approx \theta$ 来近似(即线性化)。因此,角运动方程可以由下述线性微分方程来描述:

$$\frac{\mathrm{d}^2\theta}{\mathrm{d}t^2}+\frac{g}{l}\theta = 0 \qquad (1.2.4)$$

方程(1.2.3)和方程(1.2.4)分别表示刚性摆的非线性和线性运动的数学模型。它们的求解需要知道 θ 及其时间导数 $\dot{\theta}$(角速度)在时间 $t=0$ 时的值。这些条件称为初始条件。因此,上述线性问题涉及求解的微分方程(1.2.4)需满足以下初始条件:

$$\theta(0) = \theta_0, \frac{\mathrm{d}\theta}{\mathrm{d}t}(0) = v_0 \qquad (1.2.5)$$

由方程(1.2.4)和方程(1.2.5)描述的问题称之为初值问题(IVP)。

由方程(1.2.4)和方程(1.2.5)描述的线性问题可以解析求解。方程(1.2.4)中的线性方程($\ddot{\theta}+\lambda^2\theta = 0$)的一般解析解是

$$\theta(t) = A\sin\lambda t + B\cos\lambda t, \lambda = \sqrt{\frac{g}{l}} \qquad (1.2.6)$$

其中,A 和 B 是积分常数,它们可以由方程(1.2.5)中的初始条件来确定。可以得

$$A = \frac{v_0}{\lambda}, B = \theta_0 \qquad (1.2.7)$$

并且,该线性问题的解可以写为

$$\theta(t) = \frac{v_0}{\lambda}\sin\lambda t + \theta_0\cos\lambda t \qquad (1.2.8)$$

对于初始速度为零($v_0 = 0$)和初始角度 θ_0 不为零的情况,有

$$\theta(t) = \theta_0\cos\lambda t \qquad (1.2.9)$$

该方程表示了一个简单的简谐运动。

如果要在初始条件为方程(1.2.5)下求解非线性方程[即方程(1.2.3)],可能会考虑使用数值方法。因为当 θ 的数值很大时,精确求解方程(1.2.3)是不可能的。将在后面重新讨论这个问题。

例 1.2.2

问题描述(一维热流):如图 1.2.2(a)所示,推导通过不均匀截面的圆柱杆的稳态热传递控制方程(即建立数学模型)。假设杆内有一个热源,其产生能量的速率为 f(W/m)。实际上,这种能量源可能是由于沿杆的长度发生的核裂变或化学反应,或者是由于电流通过介质(即体积生热)。假设棒内同一横截面内温度均匀分布,$T=T(x)$。由于杆和周围介质的温度

不同,因此在物体表面和右端存在对流传热。此外,在材料和几何参数为常数以及内部热量产生恒定的条件下,求解所得方程的解析解。杆的左端已知温度为 T_0(℃),其表面和右端暴露在温度为 T_∞ 的介质(例如冷却液或空气)中。

解答:能量守恒原理(也称为热力学第一定律)可用于导出问题的控制方程。能量守恒原理要求内能的变化(增加)率等于通过热传导,对流和内部生热(不包括辐射)获得的热量之和。对于稳定过程,内能的时间导数为零。

如图 1.2.2(b)所示,考虑一个长度为 Δx 的微单元,在沿杆长 x 处其横截面面积为 $A(x)$(m^2)。如果 q 表示热流密度(单位面积的热流量,W/m^2),那么 $[Aq]_x$ 是流入微单元的净热流量,$[Aq]_{x+\Delta x}$ 是流出微单元的净热流量,$\beta P \Delta x (T_\infty - T)$ 是通过表面流入杆内的热流量。这里,β 表示薄膜(在杆和周围介质之间形成的)的热传导系数 $[W/(m^2 \cdot ℃)]$。T_∞ 是周围介质的温度,P 是杆的周长(m)。然后,由能量守恒给出:

$$[Aq]_x - [Aq]_{x+\Delta x} + \beta P \Delta x (T_\infty - T) + f \Delta x = 0 \tag{1.2.10}$$

式(1.2.10)除以 Δx,得

$$-\frac{[Aq]_{x+\Delta x} - [Aq]_x}{\Delta x} + \beta P (T_\infty - T) + f = 0$$

并且取极限 $\lim \Delta x \to 0$,得

$$-\frac{d}{dx}(Aq) + \beta P (T_\infty - T) + f = 0 \tag{1.2.11}$$

可以使用材料定律将热流密度 $q(W/m^2)$ 与温度梯度相关联。这种关系是由傅里叶定律给出的:

$$q(x) = -k \frac{dT}{dx} \tag{1.2.12}$$

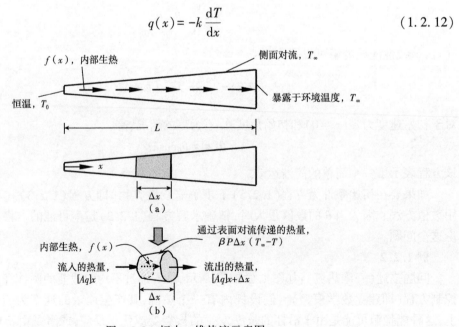

图 1.2.2 杆中一维热流示意图

这里,k 表示材料的热导率[W/(m·℃)]。方程(1.2.12)右端的负号表明热量是从高温流向低温。方程(1.2.12)是热流密度和温度梯度之间的本构关系。

现在使用傅里叶定律,将方程(1.2.12)代入方程(1.2.11)中,得出热传导方程

$$\frac{\mathrm{d}}{\mathrm{d}x}\left(kA\frac{\mathrm{d}T}{\mathrm{d}x}\right)+\beta P(T_\infty - T)+f=0 \tag{1.2.13}$$

也可以写成如下形式:

$$-\frac{\mathrm{d}}{\mathrm{d}x}\left(kA\frac{\mathrm{d}T}{\mathrm{d}x}\right)+\beta P(T-T_\infty)=f \tag{1.2.14}$$

方程(1.2.14)是线性、非齐次的(因为方程右侧非零)、具有可变系数(因为 kA 通常是 x 的函数)的二阶微分方程,其可以通过在已知边界点(如杆的端点)上的温度 T 或热量 Aq 的条件下来求解。当前情况下,已知的端点条件可以表示为

$$T(0)=T_0,\left[kA\frac{\mathrm{d}T}{\mathrm{d}x}+\beta A(T-T_\infty)\right]_{x=L}=0 \tag{1.2.15}$$

这些条件称为边界条件,因为它们表示杆在边界点处的条件。方程(1.2.15)的第一个条件是显然的,第二个条件表示由于热传导[$kA(\mathrm{d}T/\mathrm{d}x)$]和热对流[$\beta P(T-T_\infty)$]而产生的热量平衡。将由方程(1.2.14)和方程(1.2.15)描述的问题称为边值问题(BVP)。这里已经完成了该问题的数学模型建立。

对于各种特殊情况,方程(1.2.14)和方程(1.2.15)可以被简化。首先令

$$u\equiv T-T_\infty,a\equiv kA(\mathrm{W}\cdot\mathrm{m}/℃),c\equiv\beta P[\mathrm{W}/(\mathrm{m}\cdot℃)] \tag{1.2.16}$$

所以方程(1.2.14)和方程(1.2.15)可以写成(注意 a 和 c 在传热问题中始终为正):

$$-\frac{\mathrm{d}}{\mathrm{d}x}\left(a\frac{\mathrm{d}u}{\mathrm{d}x}\right)+cu=f \tag{1.2.17}$$

$$u(0)=T(0)-T_\infty=T_0-T_\infty\equiv u_0,\left[a\frac{\mathrm{d}u}{\mathrm{d}x}+\beta Au\right]_{x=L}=0 \tag{1.2.18}$$

现在,如果假设 $a=kA$ 和 $c=\beta P$ 是常数(例如等截面的均质、各向同性杆),并且没有内部热量产生(即 $f=0$),则方程(1.2.17)和方程(1.2.18)变为

$$-\frac{\mathrm{d}^2u}{\mathrm{d}x^2}+m^2u=0,m\equiv\sqrt{\frac{c}{a}}=\sqrt{\frac{\beta P}{kA}},0<x<L \tag{1.2.19}$$

$$u(0)=u_0,\left[\frac{\mathrm{d}u}{\mathrm{d}x}+\frac{\beta}{k}u\right]_{x=L}=0 \tag{1.2.20}$$

方程(1.2.19)$(u''-m^2u=0)$ 的通解为

$$u(x)=C_1\cosh mx+C_2\sinh mx \tag{1.2.21}$$

这里,C_1 和 C_2 是积分常数,其可以通过方程(1.2.20)中的边界条件确定。有 $[\sinh x = (e^x - e^{-x})/2$ 和 $\cosh x = (e^x + e^{-x})/2]$:

$$C_1 = u_0, C_2 = -u_0 \left[\frac{\sinh mL + (\beta/mk)\cosh mL}{\cosh mL + (\beta/mk)\sinh mL}\right] \qquad (1.2.22)$$

因此,方程(1.2.19)和方程(1.2.20)的解是

$$u(x) = u_0 \left[\frac{\cosh m(L-x) + (\beta/mk)\sinh m(L-x)}{\cosh mL + (\beta/mk)\sinh mL}\right] \qquad (1.2.23)$$

本节的最后一个例子是关于可变截面杆的轴向变形的数学公式。术语"杆"在固体和结构力学中表示仅承受轴向(拉伸和压缩)载荷并产生轴向变形的结构单元。该问题的实际例子有:细长物体在自重下的变形、支撑桥梁的混凝土桥墩的变形、嵌入基体材料中纤维的变形、土中桩的变形等。

例 1.2.3

问题描述(嵌入基体材料中杆的变形):考虑一个嵌入弹性材料中并承受轴向力 Q_0 作用的桩。假设周围材料对杆的运动产生的阻力与位移 u 成线性比例关系。因此,杆的每单位表面积的力为 $m_f u$,其中 m_f 表示比例参数。与作用力 Q_0 相比,每单位长度测得的物体重力[体力 $f(x)$]可以忽略不计,但为了一般性,推导时将其包括在内。请推导该问题的控制方程。

解答:首先,桩承受的主要载荷是垂直的。所以,轴向变形和应力是主要的物理量,而由于泊松效应引起的横向变形可以忽略不计。其次,需要考虑静态情况。可以使用牛顿第二定律和杆的单轴应力—应变(本构)关系来给出该简化问题的控制方程。读者应注意,该固体力学方程的推导与前面讨论的热流问题相似。

如图1.2.3所示,长度为 Δx 的微单元,轴向力作用在其两端。这里,σ_x 表示在 x 方向的应力(即每单位面积的力,N/m^2),并且向上取正值;$f(x)$ 表示体力(N/m)。因此,$[A\sigma_x]_x$ 是

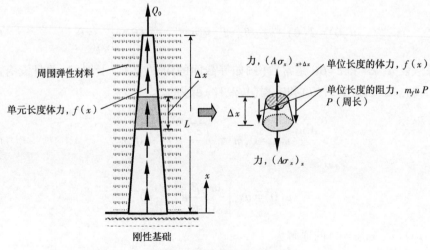

图 1.2.3 杆的轴向变形示意图

微单元在 x 处的净拉力，$[A\sigma_x]_{x+\Delta x}$ 是在 $x+\Delta x$ 处的净拉力。每单位长度由周围材料产生的阻力为 $m_f uP(P$ 是周长$)$，其方向与作用力 Q_0 相反。然后将力的总和设为零（即在 x 方向应用牛顿第二定律）得：

$$-[A\sigma_x]_x + [A\sigma_x]_{x+\Delta x} + f\Delta x - m_f uP\Delta x = 0$$

上式整体除以 Δx，并取极限 $\lim\Delta x\to 0$，得

$$\frac{\mathrm{d}}{\mathrm{d}x}(A\sigma_x) - cu + f(x) = 0 \tag{1.2.24}$$

其中，$c = m_f P$。

使用 Hooke 定律和应变—位移关系，应力 σ_x 可以用轴向位移表示：

$$\sigma_x = E\varepsilon_x, \varepsilon_x = \frac{\mathrm{d}u}{\mathrm{d}x} \tag{1.2.25}$$

式中，E 是杨氏模量（$\mathrm{N/m^2}$），$u(x)$ 是轴向位移（m），ε_x 是轴向应变（m/m）。这里又一次看到，方程(1.2.25)表示了一个本构方程。请注意，一个系统可以有多个本构关系，每个本构关系都取决于所研究的现象。对杆中传热的研究要求采用傅里叶定律将温度梯度与热流密度相关联，而对同一个杆在轴向力作用下变形的研究则要求使用 Hooke 定律将应力与位移梯度联系起来。

现在，将方程(1.2.25)代入方程(1.2.24)中，得到由位移表示的平衡方程

$$-\frac{\mathrm{d}}{\mathrm{d}x}\left(EA\frac{\mathrm{d}u}{\mathrm{d}x}\right) + cu = f, 0 < x < L \tag{1.2.26}$$

在已知 $x=0$ 和 $x=L$ 处的边界条件时，这个二阶方程可以被求解。杆的边界条件包括在边界点指定位移 u 或力 $A\sigma_x$。

从图 1.2.3 中可以推断出当前问题的边界条件

$$u(0) = 0, \left[EA\frac{\mathrm{d}u}{\mathrm{d}x}\right]_{x=L} = Q_0 \tag{1.2.27}$$

其中 Q_0 是作用在顶端的载荷。式(1.2.27)中第二个边界条件表示在 $x=L$ 时的力平衡。当 $a = EA = a(x)$ 时，方程(1.2.26)和方程(1.2.27)可能不存在解析解，这要求使用数值方法寻求近似解。

对于简单的情况，$a \equiv EA$ 和 $f = f_0$ 是常数（均质且桩的横截面一致）并且 $c = 0$（即杆未嵌入弹性介质中），受限于边界条件[方程(1.2.27)]的方程(1.2.26)存在解析解。在该情况下，方程(1.2.26)的通解如下：

$$u(x) = \frac{1}{EA}\left(-\frac{f_0}{2}x^2 + C_1 x + C_2\right) \tag{1.2.28}$$

由方程(1.2.27)中的边界条件可得 $C_1=Q_0+f_0L$ 和 $C_2=0$。随之,墩(或桩)中的垂直位移和应力变为

$$u(x)=\frac{1}{EA}\left[\frac{f_0}{2}(2Lx-x^2)+Q_0x\right],\sigma_x=\frac{f_0L}{A}\left(1-\frac{x}{L}\right)+\frac{Q_0}{A} \qquad (1.2.29)$$

1.3　数值仿真

尽管推导大多数问题的控制方程并不是很困难(实际上,对于大多数问题的控制方程可以在教科书中找到),但是由于几何和材料的复杂性,精确求解它们通常是很困难的。在这种情况下,数值分析方法提供了一种求解方法。这里,通过过程的数值仿真,指的是使用数值方法和计算机来求解过程的控制方程(或数学模型)。数值方法通常将控制连续体的微分方程转换为连续体离散模型中因变量值之间的一组代数方程,并使用计算机求解这些代数方程。

至今有许多数值方法被提出,其中许多方法是用来求解微分方程的。在微分方程的有限差分近似中,其导数由差商代替(或者函数在 Taylor 级数中展开),该差商涉及域上离散网格点处解的值。施加边界条件后,对所得的代数方程求解网格点处解的值。注意到,有限差分法不是基于微分方程近似中引入的误差最小化的概念而建立的。它只是提供一种计算解决方案的方法。

在用经典变分方法求解微分方程时,该方程表示为等效加权积分形式,这通常意味着微分方程的近似误差与权函数是正交的。在固体力学中,该积分形式与能量原理是等价的[4]。然后,选择适当的近似函数 ϕ_j 和待定系数 c_j,域上的近似解可以假定为它们的线性组合(即 $\sum_j c_j\phi_j$)。通过满足积分形式来确定待定系数 c_j。当选取不同的积分形式和权函数时,对应着各种各样的变分方法,例如里兹法、伽辽金法、配点法和最小二乘法等。第 2 章将对变分方法进行更详细的讨论(也可参见文献[4])。经典的变分方法是真正的无网格方法,功能强大,可提供全局连续解,但其缺点是难以构造任意域上问题的近似函数。现代无网格法似乎为构造任意域的近似函数提供了一种方法,但它们也有自己的缺点。

接下来,考虑两个数值仿真的例子,一个是初值问题(IVP),另一个是边值问题(BVP)。利用有限差分法,让读者对数值方法有一个初步的了解,并在此过程中引入有限差分法。此处讨论的例子是基于例 1.2.1 和例 1.2.2 中引入的问题。数学上,例 1.2.3 的杆问题与例 1.2.2 的传热问题是一样的,因此,这里不再讨论其数值解。

例 1.3.1

问题描述(摆问题):考虑单摆的简单平面运动控制方程[方程(1.2.4)]以及其初始条件[方程(1.2.5)]。使用向前和向后有限差分法来构造方程的离散形式。在 3 个不同的时间步长($\Delta t=0.05$,$\Delta t=0.025$ 和 $\Delta t=0.001$)下获得相应的数值解并在坐标轴上给出它们与解析解的比较图。

解答:从下述的一般一阶微分方程[方程(1.2.4)是其的一个特例]开始:

$$\frac{\mathrm{d}u}{\mathrm{d}t}=f(t,u),0<t<T;u(0)=u_0 \qquad (1.3.1)$$

这里 f 是未知数 u 的一个已知函数。方程(1.3.1)的求解要求 $t>0$,并且满足初始(即时间 $t=0$)条件:$u(0)=u_0$。通过式(1.3.2)来近似 $t=t_i$ 时的导数:

$$\left(\frac{\mathrm{d}u}{\mathrm{d}t}\right)\bigg|_{t=t_i} \approx \frac{u(t_{i+1})-u(t_i)}{t_{i+1}-t_i} \tag{1.3.2}$$

注意到,$t=t_i$ 时的导数被它的定义来代替,除了没有取极限 $\Delta t \equiv t_{i+1}-t_i \to 0$;这也是为什么它是一个近似。也注意到 u 在 t_i 时的斜率是基于 u 在 t_i 和 t_{i+1} 时的值。也可以把它当作 t_{i+1} 时的斜率:

$$\left(\frac{\mathrm{d}u}{\mathrm{d}t}\right)\bigg|_{t=t_{i+1}} \approx \frac{u(t_{i+1})-u(t_i)}{t_{i+1}-t_i} \tag{1.3.3}$$

显然地,方程(1.3.2)被称为向前差分,而方程(1.3.3)被称为向后差分。向前差分格式也称为 Euler 显式格式或一阶 Runge-Kutta 方法。希望这两个近似值在斜率计算中的误差随 Δt 的值减小而减小。然而,这两个格式将具有不同的数值收敛性和稳定性,这将在第 7 章中进行详细讨论。

在 $t=t_i$ 时,将方程(1.3.2)代入方程(1.3.1)中,得到向前差分方程

$$u_{i+1} = u_i + \Delta t\, f(u_i, t_i)\,, u_i = u(t_i)\,, \Delta t = t_{i+1}-t_i \tag{1.3.4}$$

方程(1.3.4)可以从 $u(t)$ 在 $t=0$ 时的已知值 u_0 开始求解,其中 $u_1=u(t_1)=u(\Delta t)$。u 在时刻 $t=\Delta t, 2\Delta t, \cdots, n\Delta t$ 的值可以通过重复这个过程来确定。当然,有一些高阶有限差分格式比 Euler 格式更准确,这里将不讨论它们,因为它们不在本研究的范围之内。注意,能够将常微分方程[方程(1.3.1)]转换为代数方程[方程(1.3.4)],其需要去计算不同时刻的值来给出 $u(t)$ 的整个时间历程解答。

现在,将 Euler 的显式格式应用于二阶方程(1.2.4),其初始条件为方程(1.2.5)。为了将上述过程应用于这个方程,将方程(1.2.4)重写为一对耦合的(也就是说,没有另一个就无法求解)一阶微分方程(注意 $v_x = lv$):

$$\frac{\mathrm{d}\theta}{\mathrm{d}t}=v\,,\frac{\mathrm{d}v}{\mathrm{d}t}=-\lambda^2\theta\,(\lambda^2=g/l) \tag{1.3.5}$$

对方程(1.3.5)应用方程(1.3.4)中的格式,得

$$\theta_{i+1} = \theta_i + \Delta t\, v_i\,; v_{i+1} = v_i - \Delta t\, \lambda^2\theta_i \tag{1.3.6}$$

方程(1.3.6)中 θ_{i+1} 和 v_{i+1} 的表达式可以使用前一个时间步已知解(θ_i, v_i)重复计算。在时刻 $t=0$,已知初值(θ_0, v_0),因此,需要一台计算机和一种像 MATLAB、Fortran 或 C++这样的计算机语言来实现重复计算 θ_{i+1} 和 v_{i+1}。

图 1.3.1 给出了 3 个不同时间步长($\Delta t=0.05, \Delta t=0.025$ 和 $\Delta t=0.001$)的数值解以及方程(1.2.9)的解析解(这里 $l=2.0, g=32.2, \theta_0=\pi/4, v_0=0$)比较。数值解的精度取决于时间步长,时间步长越小,解就越准确。对于较大的时间步长,解甚至可能会发散。

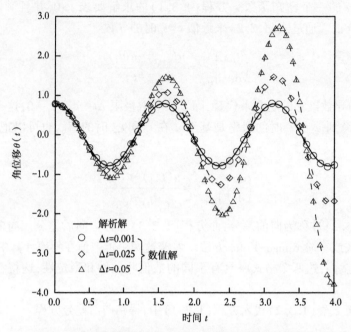

图 1.3.1　用 Euler 格式获得的数值解 $\theta(t)$ 与摆的解析解(线性化方程)的比较

例 1.3.2

问题描述(热流问题):考虑例 1.2.2 的边值问题。使用中心差分法来确定方程(1.2.19)的数值解:

$$-\frac{d^2\theta}{dx^2} + m^2\theta = 0, m = \sqrt{\frac{\beta P}{kA}},\ 0<x<L$$

解答:首先,如图 1.3.2(b)所示,将域(0,L)划分成 N 个长度相等的区间。然后,使用中心差分格式[误差与 $O(\Delta x)^2$ 同阶]直接近似 $\theta = T - T_\infty$ 的二阶导数:

$$\left(\frac{d^2\theta}{dx^2}\right)_{x=x_i} \approx \frac{\theta_{i-1} - 2\theta_i + \theta_{i+1}}{(\Delta x)^2} \tag{1.3.7}$$

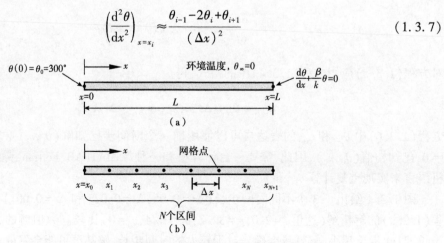

图 1.3.2　杆的热传递和一个典型的有限差分网格

这个近似涉及三个网格点上的函数值,网格点之间的距离为 Δx。在方程(1.2.19)中使用上述近似,得

$$-(\theta_{i-1}-2\theta_i+\theta_{i+1})+(m\Delta x)^2\theta_i=0 \text{ 或} -\theta_{i-1}+[2+(m\Delta x)^2]\theta_i-\theta_{i+1}=0 \qquad (1.3.8)$$

方程(1.3.8)对任一网格点 $x=x_i, i=1,2,\cdots,N$ 都是成立的,这个方程同时包含了在 3 个网格点 $x=x_{i-1},x_i,x_{i+1}$ 处的 θ 值。注意在网格点 $x=x_0=0$ 处不使用方程(1.3.8),因为该点的温度已由方程(1.2.20)给出。然而,在网格点 $x=x_N=L$ 使用方程(1.3.8)要求知道虚构的 θ_{N+1} 的值(在后续可以看到,在有限元法中从不需要处理该虚构的值)。在网格点 $x_N=L$ 处,使用方程(1.2.20)中的第二个边界条件的向前有限差分近似可以确定 θ_{N+1} 的值:

$$\frac{\theta_{N+1}-\theta_N}{\Delta x}+\frac{\beta}{k}\theta_N=0 \Rightarrow \theta_{N+1}=\left(1-\frac{\beta\Delta x}{k}\right)\theta_N \qquad (1.3.9)$$

在网格点 $x_1,x_x,\cdots,x_N$ 上应用方程(1.3.8),得

$$
\begin{aligned}
-\theta_0+D\theta_1-\theta_2&=0\\
-\theta_1+D\theta_2-\theta_3&=0\\
-\theta_2+D\theta_3-\theta_4&=0\\
\cdots\\
-\theta_{N-1}+D\theta_N-\theta_{N+1}&=0
\end{aligned}
\qquad (1.3.10)
$$

这里,$D=[2+(m\Delta x)^2]$。方程(1.3.9)可以用来消去方程(1.3.10)最后一个方程中的 θ_{N+1}。

下面是一个具体的实例:考虑直径 $d=0.02\text{m}$ 和长度 $L=0.05\text{m}$ 的一个钢杆,其热导率为 $k=50\text{W}(\text{m}\cdot\text{℃})$。假设杆左端的温度为 $T_0=320\text{℃}$,环境温度为 $T_\infty=20\text{℃}$,并且薄膜导热系数(或热传导系数)$\beta=100\text{W}/(\text{m}^2\cdot\text{℃})$。基于这些数据,有

$$\frac{\beta}{k}=2, m^2=\frac{\beta P}{kA}=\frac{\beta(\pi d)}{k(\pi d^2/4)}=400, \theta_0\equiv\theta(0)=T(0)-T_\infty=300\text{℃}$$

对于 4 个间隔的划分($N=4$),有 $\Delta x=0.0125\text{m}, D=2+(20\times0.0125)^2=2.0625$,以及 $D-1+(\beta\Delta x/k)=1.0875$。对于这种情况,可列出含有 4 个未知数的 4 个方程:

$$
\left.
\begin{aligned}
+2.0625\theta_1 \quad &-\theta_2 && &&=300\\
-\theta_1 \quad &+2.0625\theta_2 &&-\theta_3 &&=0\\
&-\theta_2 &&+2.0625\theta_3 &&-\theta_4 &&=0\\
& && -\theta_3 &&+1.0875\theta_4 &&=0
\end{aligned}
\right\}
\qquad (1.3.11)
$$

可以使用 Gauss 消元法(这里我们需要一台计算机!)来求解上述三对角代数方程组。这里,给出求解的结果:

$$\{\theta\}=\{245.81,206.98,181.10,166.52\}^{\text{T}} \qquad (1.3.12)$$

在相同点上的解析解是

$$\{\theta\}=\{248.75,213.13,190.90,180.66\}^{\text{T}} \qquad (1.3.13)$$

最大的误差大约是 7.8%。当网格点数增加 1 倍时,最大误差降至 4.2%,如果网格点数增加至 32,则最大误差为 1%(这些情况下的结果没有在这里列出)。

1.4 有限元法

1.4.1 基本思想

与有限差分法一样,有限元法是一种数值方法,但在将其应用于涉及多物理场以及复杂的几何形状和边界条件的实际问题中时,它更为通用和强大。在有限元方法中,给定的域被视为子域的集合,并且在每个子域上,控制方程可以通过任意传统的变分方法或任意合适的方法来近似。从图 1.4.1 可以看出,在子域集合上寻求近似解的主要原因是将复杂函数表示为简单多项式的集合比较容易。当然,从函数以及至其可能的最高阶导数在连接点处是连续的(即单值)意义上来说,解的每个单独部分都应与其邻居相协调。接下来这些思想会更看得清楚。

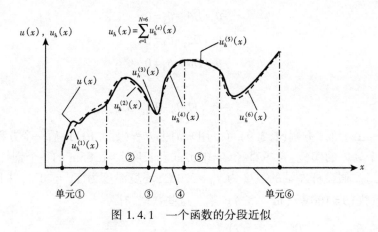

图 1.4.1 一个函数的分段近似

1.4.2 基本特征

有限元法具有 3 个独特的特征,这说明了它在其他竞争方法中的优越性。接下来将概述这些特征。

(1)如图 1.4.2(a)所示,问题的几何复杂域 Ω 可以表示为图 1.4.2(b)所示的几何简单域的集合,称为网格。一个子域称为一个有限单元[图 1.4.2(c)]。此处的"域"是指方程求解所在的几何区域。请注意,并非所有的几何形状都可以视为有限元;只有那些允许推导近似函数的几何形状才有资格作为有限元。实际上,如图 1.4.2(d)所示,离散域是点的集合。

(2)在每个有限单元上,使用①等同于问题控制方程的陈述和②一种近似方法,可以导出在单元节点上问题的对偶对(即原因和结果或主要和次要自由度)的值之间的代数关系。或者,可以直接使用物理原理来获得关系。原则上,可以使用任何合适的近似方法来推导代数关系。对偶对(例如,位移和力)的节点值中所得的代数方程组称为有限元模型。

(3)使用①主变量(例如位移)的连续性和②次变量(例如力)的平衡,将所有单元($\overline{\Omega}^e \equiv \Omega^e \cup \Gamma^e$)的方程组装在一起(即将单元放回到网格中的原始位置)。

在接下来的几页中将讨论一些说明这些特征的具体示例之前,这些声明对读者可能并不是完全有意义。

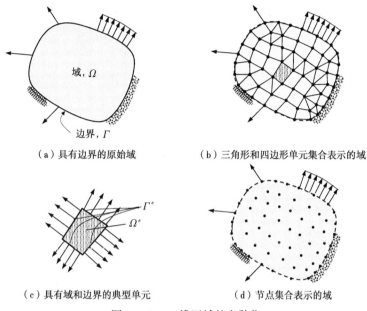

（a）具有边界的原始域　　　　　（b）三角形和四边形单元集合表示的域

（c）具有域和边界的典型单元　　　　（d）节点集合表示的域

图 1.4.2　二维区域的离散化

在工程分析的几个不同阶段需要近似。将整个域划分为有限个单元可能不精确[也就是说，单元的组合（$\Omega_h = \cup_{e=1}^{N} \overline{\Omega}^e$，这里 N 是单元的数量）与原始域不完全匹配]，从而在要建模的域中引入了误差。第二个阶段是推导单元方程时。通常，问题的相关未知数（u）使用以下基本概念来近似：任何连续函数都可以由已知函数 ϕ_i 和待定系数 c_i 的线性组合（$u \approx u_h = \sum c_i \phi_i$）表示。待定系数 c_i 之间的代数关系是通过对每个单元在加权积分意义上满足控制方程而获得的。近似函数 ϕ_i 通常是多项式，它们是使用插值理论中的概念推导出来的。因此，它们也被称为插值函数。因此，第二阶段的误差由解 u 的插值表示和积分计算组成。最后，在求解系统方程组时也引入了误差。显然，上面讨论的一些误差可以为零。当所有误差均为零时，可以获得问题的精确解（但大多数二维和三维问题都不是这种情况）。

接下来，通过几个简单的示例介绍有限元方法的基本思想和一些术语。读者应该尝试理解其基本特征，而不是质疑使用近似方法来解决这样一个简单的问题（无需使用有限元法就可以精确解决）。

下面的例子是作者为 Oklahoma 大学的学生杂志撰写的文章的一个扩展[5, 6]。这个简单的例子展示了有限元分析中涉及的基本步骤。

例 1.4.1

问题描述：如图 1.4.3（a）所示，考虑求解半径为 R 的圆的周长（感兴趣的量）的问题。假设不知道圆的周长公式（$P = 2\pi R$）。巴比伦人通过用直线段（它们能够测量其长度）近似圆的周长来估算圆的周长，通过将其表示为线段长度的总和来获得圆周的近似值。

解答：在这种情况下，有限元方法的三个基本特征采用以下形式。首先，将圆的周长划分为线段的集合。从理论上讲，需要无数个这样的线单元来表示周长。否则，计算出的值将有

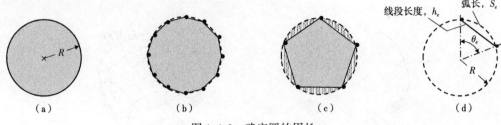

图 1.4.3 确定圆的周长

一些误差。其次,在这种情况下,针对单元(线段)上的感兴趣量(周长)写出的方程是精确的,因为近似周长是直线。最后,单元的组装等价于简单地累加单元的长度以获得总值。尽管这是一个简单的示例,但它说明了问题的有限元分析中涉及的几个(但不是全部)思想和步骤。我们列出了计算圆周长的近似值所涉及的步骤。为此,引入了某些术语,它们可以用于对任何问题进行有限元分析中。

(1)有限元离散化。首先,如图 1.4.3(b)所示,将域(即圆的周长)表示为有限数量的 n 个子域(即线段)的集合。这称为域的离散化。每个子域(即线段)称为单元。单元的集合称为有限元网格。单元相互连接处的点称为节点。在当前的情况下,如图 1.4.3(c)所示,将周长离散为 5 个($n=5$)线段组成的网格。线段的长度可以不同。当所有单元的长度相同时,称网格是均匀的。否则,它称为非均匀网格。

(2)单元方程。隔离一个典型的单元(即线段 Ω_e),并通过某种适当的方式计算其所需的属性(即长度)。设 h_e 为网格中单元 Ω_e 的长度。如图 1.4.3(d)所示,对于一个典型单元 Ω_e 的 h_e 由式(1.4.1)给出:

$$h_e = 2R\sin\frac{1}{2}\theta_e \tag{1.4.1}$$

式中,R 是圆的半径;θ_e 是线段对应的角度,$\theta_e < \pi$。上述方程称为单元方程。古代数学家更倾向进行测量而不是使用方程(1.4.1)去计算 h_e(他们当时不知道圆周率 π)。

(3)单元方程的组装和求解。圆的周长的近似值是通过有意义的方式将单元属性放在一起而获得的;这个过程称为单元方程的组装。在当前情况下,它基于一个简单的想法,即多边形 Ω_h(单元的组装)的总周长等于各个单元的长度之和:

$$P_n = \sum_{e=1}^{n} h_e \tag{1.4.2}$$

随后,P_n 代表实际周长 P 的一个近似。如果网格是均匀的,或者网格中每个单元的 h_e 是一样的,那么 $\theta_e = 2\pi/n$,并且有

$$P_n = n\left(2R\sin\frac{\pi}{n}\right) \tag{1.4.3}$$

(4)收敛性和误差估计。对于这个简单问题,知道精确解:$P = 2\pi R$。我们可以估计近似误差,并表明近似解 P_n 在极限 $n \to \infty$ 时收敛到精确解 P。考虑一个典型单元 Ω_e。近似误差等

于弧线长度与割线长度之差[见图 1.4.3(d)]:

$$E_e = \left| S_e - h_e \right| \tag{1.4.4}$$

式中,$S_e = R\theta_e$ 是弧线的长度。因此,网格中一个单元的误差估计由式(1.4.5)给出:

$$E_e = R\left(\frac{2\pi}{n} - 2\sin\frac{\pi}{n}\right) \tag{1.4.5}$$

总误差(全局误差)由 E_e 乘以 n,得

$$E = nE_e = 2R\left(\pi - n\sin\frac{\pi}{n}\right) = 2\pi R - P_n = P - P_n \tag{1.4.6}$$

现在表明,当 $n\to\infty$ 时 E 趋于零。令 $x = 1/n$,有

$$P_n = 2Rn\sin\frac{\pi}{n} = 2R\frac{\sin\pi x}{x}$$

并且

$$\lim_{n\to\infty}P_n = \lim_{x\to 0}\left(2R\frac{\sin\pi x}{x}\right) = \lim_{x\to 0}\left(2\pi R\frac{\cos\pi x}{1}\right) = 2\pi R \tag{1.4.7}$$

因此,当 $n\to\infty$ 时 E 趋于零。这就完成了收敛的证明。

应该回想一下,在第一节刚体静力学课上,计算不规则体积的质心或形心(感兴趣的量)使用了所谓的复合体方法,其可以方便地将主体划分(网格离散化)为简单形状的几个部分(单元),可以轻松地计算质量和质心(单元属性)。整个物体的质心由力矩原理或 Varignon 定理(单元方程组装的基础)给出:

$$(m_1 + m_2 + \cdots + m_n)\overline{X} = m_1\bar{x}_1 + m_2\bar{x}_2 + \cdots + m_n\bar{x}_n \tag{1.4.8}$$

这里,$\overline{X}$ 是整个物体质心的 x 坐标,m_e 是第 e 个部分的质量,$\bar{x}_e$ 是第 e 个部分质心的 x 坐标。类似的表达式适用于整个物体质心的 y 和 z 坐标。类似的关系适用于复合线、面积和体积,其中质量分别由长度、面积和体积代替。当给定的物体不能用简单的几何形状(单元)表示时,可以用数学方法表示其质量和质心,因此有必要使用近似方法来表示单元的"属性"。下一个例子说明了不规则平面区域形心的近似确定。

例 1.4.2

问题描述(不规则物体的形心):确定如图 1.4.4(a)所示的不规则平面区域的形心。

解答:平面区域可以分为有限数量的梯形带(单元),如图 1.4.4(b)所示,一个宽为 h_e、长为 b_e 和 b_{e+1} 的典型单元。第 e 个梯形带的面积由式(1.4.9)给出:

$$A_e = \frac{1}{2}h_e(b_e + b_{e+1}) \tag{1.4.9}$$

面积 A_e 是单元真正面积的一个近似,因为 $(b_e + b_{e+1})/2$ 是单元估计的平均高度。使用一次矩原理可以获得该区域的形心坐标:

$$\overline{X} = \frac{\sum_e A_e \overline{x}_e}{\sum_e A_e}, \overline{Y} = \frac{\sum_e A_e \overline{y}_e}{\sum_e A_e}$$

(1. 4. 10)

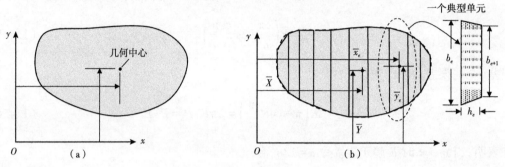

图 1.4.4 确定不规则区域的形心

这里,$\overline{x}_e$ 和 $\overline{y}_e$ 是第 e 个单元在整体坐标系下的形心坐标。应当注意,通过增加条带的数量(即减少其宽度),可以提高近似的精度。

当需要求质心时,将式(1.4.10)中的 A_e 替换成质量 $m_e = \rho_e A_e$,其中 ρ_e 是第 e 个单元的质量密度。对于一个均质物体,所有单元的 ρ_e 是一样的,因此方程(1.4.10)也给出了均质物体的质心坐标。

上面考虑的两个例子说明了分段近似的思想如何用于近似不规则几何形状并计算所需的物理量。因此,将几何复杂的区域细分为允许评估所需物理量的部分,是一种非常自然且实用的方法。这个想法可以推广到代表物理量的近似函数。例如,二维域中的温度变化可以看作是曲面,并且可以在域的任何部分上(即在子域上)通过所需程度的多项式近似。如图 1.4.5 所示,三角形子区域上的曲面可以近似为平面。这些想法构成了有限元近似的基础。

下一个例子说明了用常微分方程描述的一维连续系统的近似方法。研究了长复合材料圆柱的轴对称径向热流问题。典型的例子有:载有电流的电线(带有两个绝缘层)的散热和穿

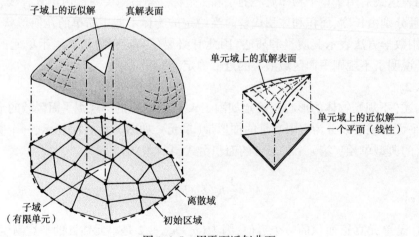

图 1.4.5 用平面近似曲面

过厚壁复合圆柱管的热流等。

例1.4.3

问题描述(求解一个微分方程):如图1.4.6(a)所示,考虑一个长复合圆柱体的温度变化,该圆柱体由两个处于理想热接触状态的同轴层组成。由于细长且轴对称的几何形状,边界条件、材料和载荷、温度 T 与轴向坐标 z 和角坐标 θ 无关。也就是说,每条径向线在任何径向距离 r 处都具有相同的温度 T,$T=T(r)$。将半径划分为有限数量的子域,并确定第 e 个子域上 $T(r)$ 的近似值 $T_e(r)$。

解答:如例1.2.2所述,可以使用能量守恒原理来给出一个长圆柱轴对称传热的控制方程

$$-\frac{1}{r}\frac{\mathrm{d}}{\mathrm{d}r}\left(rk\frac{\mathrm{d}T}{\mathrm{d}r}\right)=g(r) \qquad (1.4.11)$$

方程(1.4.11)满足适当的边界条件。例如,考虑以下情况:

$$在 r=R_i 时,kr\frac{\mathrm{d}T}{\mathrm{d}r}=0;在 r=R_0 时,T(r)=T_0 \qquad (1.4.12)$$

这里,k 表示热导率,其每层都不同;R_i 和 R_0 分别是圆柱的内外半径[图1.4.6(b)];g 是介质中的能量产生率。当很难获得方程(1.4.11)和方程(1.4.12)的精确解时,或者由于复杂的几何形状和材料属性,抑或者因为 $g(r)$ 是一个复杂的函数(无法对其精确积分),需要寻求一个近似解。在有限元方法中,如图1.4.6所示,将定义域 (R_i,R_0) 划分为 N 个子区间,并且寻求以下形式的近似解:

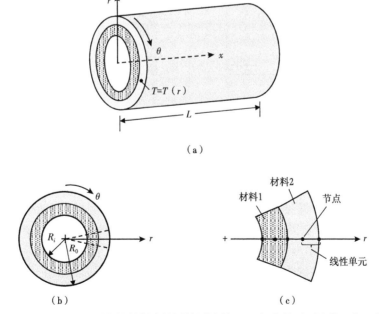

(a)

(b) 　　 (c)

图1.4.6　(a)由两种不同的材料制成的同轴圆柱体;(b)复合材料圆柱体的典型横截面;
(c)通过线段(线性单元)进行有限元离散化

$$T_1(r) = \sum_{j=1}^{n} T_j^{(1)} \psi_j^{(1)}(r), R_i \leqslant r \leqslant R_i + h_1 (\text{第一个区间})$$

$$T_2(r) = \sum_{j=1}^{n} T_j^{(2)} \psi_j^{(2)}(r), R_i + h_1 \leqslant r \leqslant R_i + h_1 + h_2 (\text{第二个区间})$$

$$\vdots$$

$$(1.4.13)$$

$$T_N(r) = \sum_{j=1}^{n} T_j^{(N)} \psi_j^{(N)}(r), R_i + h_1 + \cdots + h_{N-1} \leqslant r \leqslant R_0 (\text{第 } N \text{ 个区间})$$

这里,h_e 表示第 e 个区间的长度,T_j(为了简洁起见,省略了单元标签"e")是温度 $T_e(r)$ 在第 e 个区间第 j 个几何点(节点)的值,ψ_i 是第 e 个区间的近似函数,并且 T_j 是未知的节点值。因此,连续函数 $T(r)$ 在每个子区间中均以所需的近似多项式来近似,并且多项式以该函数在区间中选定点处的值表示。点的数量等于多项式中的参数的数量。例如,温度的线性多项式近似在区间上需要 2 个值,因此在该区间中确定了 2 个点。如图 1.4.7 所示,选择区间的端点是因为它们也定义了区间的长度。对于高阶多项式近似,在单元域内需要确定额外的节点。这些几何点(即节点)的重要性在于它们是定义近似多项式所需的基点。确定节点值 T_j,使 $T_e(r)$ 在一定程度上满足方程(1.4.11)中的微分方程和方程(1.4.12)中的边界条件。通常是在每个单元上进行积分:

$$0 = \int_{r_a}^{r_b} w_i(r) \left[-\frac{1}{r} \frac{\mathrm{d}}{\mathrm{d}r} \left(rk \frac{\mathrm{d}T_e}{\mathrm{d}r} \right) - g(r) \right] r \mathrm{d}r \qquad (1.4.14)$$

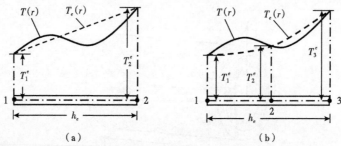

图 1.4.7　(a)函数 $T(r)$ 在一个单元上的线性近似 $T_e(r)$;(b)函数 $T(r)$ 在一个单元上的二次近似 $T_e(r)$

式(1.4.14)对所有独立选择的权函数 $w_i(i=1,2,\cdots,n)$ 是成立的。通常选择 $w_i = \psi_i(i=1,2,\cdots,n)$ 以获得单元的 n 个未知节点值的 n 个关系。这些想法将在第 3 章中详细介绍。

　　解的分段(即逐单元)近似使我们能够使用任何不连续的数据(例如材料属性),并使用许多低阶单元的网格或少量高阶单元的网格来表示解的大梯度。对于任何假定的变化程度,都可以系统地推出式(1.4.13)的多项式近似。对于稳态问题,微分方程在加权积分意义上的满足可以导出节点温度 T_j 和热量 Q_j 之间的代数关系。组装(即彼此相关)所有单元的代数方程,使得温度是连续的并且热量在单元共同的节点处平衡。然后,在施加问题的边界条件之后,求解组合后的代数方程来求出温度和热量的节点值。此例子的更多细节将在第 3 章中介绍。

1.4.3　一些备注

总之,在有限元方法中,一个给定的域被划分为多个子域(称为有限单元),并且在每个单元上都建立了该问题的近似解。将整个域细分为几个部分具有以下两个优点:

(1)可以精确表示复杂的几何形状并包含不同的材料特性。

(2)通过每个能够捕获局部效应(例如,解的大梯度)的单元内定义的函数,可以轻松表示整体解。

通过例子说明的有限元方法的三个基本步骤如下:

(1)将整个域分成多个部分(均代表问题的几何形状和解)。

(2)在每个部分上,将解近似为节点值和近似函数的线性组合,并推导每个部分的解的节点值之间的代数关系。

(3)组装部分并获得整体解。

尽管上面的例子说明了有限元方法的基本思想,但从中可以发现其他一些特征不存在或不明显。一些备注如下:

(1)可以根据域的形状将其几何形状离散为不止一种类型单元(按形状或顺序)的网格。例如,在不规则域的近似中,可以使用矩形和三角形的组合。但是,就解在界面处是唯一的而言,单元在界面处必须协调。

(2)如果在域的表示中使用了不止一种单元,则应隔离每种单元并建立相应的方程。

(3)本书中考虑的问题的控制方程是微分方程。在大多数情况下,由于两个原因无法在一个单元上求解方程。首先,它们不能得到精确解。在这里,变分方法开始起作用。其次,在变分方法中获得的离散方程无法独立于其余单元进行求解,因为单元的组合要满足一定的连续性、边界和(或)初始条件。

(4)有限元法和经典变分法(即应用于整个域的变分法)所用的近似解形式有两个主要区别。首先,不是像变分方法那样,根据任意参数 c_j 将解 u 表示为线性组合($u_h = \sum_j c_j \phi_j$),在有限元方法中,通常根据 u_h(可能还有其导数)在节点上 u_j 值将解表示为线性组合($u_h = \sum_j u_j \psi_j$)。其次,有限元方法中的近似函数 ψ_j 通常是使用插值理论推导出的多项式。但是,有限元方法不限于使用多项式近似。可以使用无节点变量和非多项式函数来近似一个函数(例如在无网格或无单元方法中)。

(5)单元中节点的数量和位置取决于:①单元的几何形状,②多项式的近似程度,③方程的加权积分形式。通过在节点上用其值表示所需的解,可以直接在节点上获得近似解。

(6)在一般情况下,单元的组装基于这样的想法:解(以及可能在高阶方程中的导数)在单元间的边界处是连续的。

(7)通常,有限元的组合受到边界和(或)初始条件的影响。只有在施加边界和(或)初始条件后,才能求解与有限元网格关联的离散方程。

(8)有限元解决方案中存在三种误差源:①由于域逼近而引起的误差(这是前两个示例中出现的唯一误差);②由于解近似而产生的误差;③由于数值计算而产生的误差(例如,计算机中的数值积分和舍入误差)。通常,对这些误差的估计并不简单。但是,在某些条件下,可以针对单元和问题的类别对它们进行估计。

(9)有限元解的精度和收敛性取决于微分方程,其加权积分形式和所用的单元。"精度"

是指精确解与有限元解之间的差异,而"收敛"是指有限元解随着网格中单元数量的增加而趋向于精确解。

(10)对于与时间有关的问题,通常遵循两个阶段的方程。在第一阶段,通过有限元方法对微分方程进行近似,从而获得一组关于时间的常微分方程。在第二阶段中,通过变分方法或有限差分方法对关于时间的微分方程进行精确求解或进一步近似,以获得代数方程,然后针对节点值进行求解。或者,可以在两个近似阶段均使用有限元方法。

(11)当今的台式计算机比首次实施有限元方法时存在的超级计算机功能更强大。因此,如果用于建模问题的网格足够,则分析时间将大大减少。即使是自动网格生成程序,也不能保证在解的高梯度区域中没有不规则形状的单元或具有足够数量的单元的网格,这两种情况都会导致精度降低,或者,在非线性问题时,出现不收敛现象。如图 1.4.8 所示,一个实际问题的典型网格。

(12)正在开发不需要组装(因为没有单元)的无单元方法。这样的方法可用于需要重新划分网格的断裂力学和波传播问题。

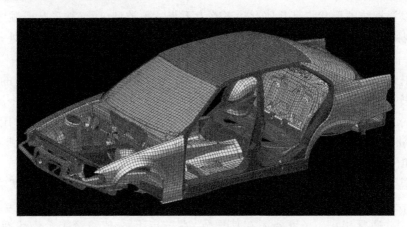

图 1.4.8　汽车车身的有限元网格

1.4.4　有限元法的历史简述

将给定域表示为离散部分的集合的想法并不是有限元方法独有的。据记载,古代数学家估计 π 的值:注意到圆内接多边形的周长近似等于后者的周长。它们通过将圆表示为有限数量的多边形,预测了 π 值将近 40 位有效数字的精度(请参阅 Reddy[5, 6])。在近代,这个想法首先出现在结构分析中,例如,机翼和机身被视为桁条、蒙皮和剪力板的组合。1941 年,Hrenikoff[7]引入了所谓的框架方法,其中平面弹性介质表示为杆和梁的集合。可以在 Courant[8] 的工作中找到使用在子域上定义的分段连续函数来近似未知函数的方法,他使用三角形单元的组合和最小总势能原理研究了 St. Venant 扭转问题。尽管在 Hrenikoff[7] 和 Courant[8] 的著作中可以找到有限元方法的某些关键特征,但其正式表述归功于 Argyris 和 Kelsey[9] 和 Turner 等[10]。术语"有限元"首先由 Clough[11] 使用。自那之后,有关有限元应用的文献呈指数增长,今天,有许多书籍和期刊主要致力于该方法的理论和应用。关于有限元方法历史的更多信息可以在相关文献[12-16]中找到。

近年来,对有限元法进行了扩展和修正。这些方法包括 Melenk 和 Babuska 的单位分解法

(PUM)[17]、Duarte 和 Oden 的 h-p 云方法[18]、Belytschko 和他的同事[19]提出的无网格法以及由 Babuska 和 Strouboulis 详细介绍的广义有限元方法(GFEM[20])。所有这些方法以及此处未提及的许多其他方法与原始想法非常相关。

1.5　研究现状

本书介绍了有限元方法及其在工程和应用科学中线性问题的应用。多数在工程学院使用的入门级有限元教科书都是为固体和结构力学的学生准备的,这些教科书将这种方法介绍为结构分析中矩阵位移方法的后代。很少教科书将其视为是基于变分原理的方法,并在附录中保留了变分公式和相关的近似方法。本书采用的方法是将有限元方法作为解决问题类别的一种数值技术而引入,每种类别都具有控制微分方程形式的通用数学结构。这种方法使读者可以理解有限元方法的一般性,而不管其主题背景如何。它还使读者能够看到各种物理问题共有的数学结构,从而获得对各种工程问题的更多了解。由每一类方程控制的工程问题的综述将受到极大的关注,因为其有助于读者理解连续问题及其离散模型之间的联系。

1.6　小结

工程师建立了它们希望了解的现象、系统的概念和数学模型。该理解可以用于开发和改善有助于人类便利和舒适的系统。使用控制现象的自然原理和自然规律来建立数学模型。数学模型由代数、微分和(或)积分方程组成,可以轻松地用于教科书中的大多数问题。对于系统的期望物理量[取决于各种输入参数(称为数据)]而言,微分方程和积分方程通常很难精确求解,因此必须使用数值方法。

在物理过程的数值模拟中,采用数值方法和计算机来评估过程的数学模型。有限元方法是一种求解代数、微分和积分方程的强大数值方法,旨在研究复杂的物理过程。该方法具有三个基本特征:

(1)问题的域由一组简单的子域(称为有限单元)表示。有限单元的集合称为有限元网格。

(2)在每个有限元上,物理过程由所需类型的函数(多项式或其他形式)来近似,并且在单元选定的点(称为节点)处建立了与物理量(对偶对)相关的代数方程。代数方程组称为有限元模型。

(3)单元方程是使用模型中物理量的连续性和"平衡"组装而成的。

在有限元方法中,可以用以下形式寻求 u 的一个近似 u_h:

$$u(\boldsymbol{x}) \approx u_h(\boldsymbol{x}) = \sum_{j=1}^{n} u_j \psi_j(\boldsymbol{x}) + \sum_{j=1}^{m} c_j \phi_j(\boldsymbol{x})$$

这里,u_j 是单元节点处 u_h 的值,ψ_j 是插值函数,c_j 是与节点无关的系数,并且 ϕ_j 是相应的近似函数。对于问题数据的任意选择,将这些近似直接代入控制微分方程中,并不总是可以导出一些充要数量的方程来确定待定系数 u_j 和 c_j。因此,需要一个过程,通过该过程可以得到一些充要数量的方程。控制方程的加权积分形式提供了这样一种过程。第 2 章专门研究微分方程的加权积分形式及其通过变分方法的近似求解。

只有有限元方法具有上述三个特征。当然,同一问题可以有多个有限元模型(即控制方程)。模型的类型取决于微分方程、导出单元上待定系数的代数方程的方法(即使用的加权积分形式)以及使用的近似函数的性质(但使用相同的三个基本步骤)。尽管经常使用具有多项式近似的 Ritz(或弱形式 Galerkin)方法来生成有限元方程,但原则上可以使用任何适当的方法和近似来生成代数方程。本着这种精神,可以使用配点法、子域法、边界积分方法等在主变量和次变量的离散值之间生成代数方程。每种方法都会导出具有相同控制方程的不同有限元模型。

有限元方法的基本理论可以在许许多多的教科书中找到。对于初学者而言,由于本书提供了适用于线性场问题的方法的完整详细信息,并有流体力学、传热、固体和结构力学等方面的示例,因此无需查阅其他任何有关有限元方法的书籍,以及工程和应用科学领域的其他问题。关于非线性有限元分析的介绍,请参阅作者的书《非线性有限元分析简介》(第二版,牛津大学出版社,2015 年),该书是本书的续篇。作为一本教科书,其详细信息是其他现有书无法提供的。

第 2 章概述了流体力学、传热和固体力学的基本方程式。在研究这些领域时,会遇到描述问题特征的各种物理量。大多数物理量都有量纲,在整个研究过程中使用一致的量纲非常重要。为了方便读者,表 1.6.1 列出了本书使用的常见物理量的量纲。每个量都是根据主要量来测量的,例如长度 L,时间 T,质量 M 和温度 Θ。由于牛顿定律指出力等于线性动量的时间速率(或质量乘以加速度),因此得出 $F = MLT^{-2}$ 或 $M = FL^{-1}T^{2}$。在此讨论中,物理量之间的相等仅表示单位的等效,它们不是数学公式。例如,密度 $\rho = ML^{-3}$ 表示"密度的量纲是每单位长度立方体的质量。"可以在本书前面的"符号和转换因子"部分中找到公制(SI)和美制(US)系统之间单位的相互转换。

表 1.6.1　与常见物理量相关的量纲

物理量	FLT 系统	MLT 系统	物理量	FLT 系统	MLT 系统
加速度	LT^{-2}	LT^{-2}	动量	FT	MLT^{-1}
角度	$F^{0}L^{0}T^{0}$	$M^{0}L^{0}T^{0}$	功率	FLT^{-1}	$ML^{2}T^{-3}$
角加速度	T^{-2}	T^{-2}	压力	FL^{-2}	$ML^{-1}T^{-2}$
角速度	T^{-1}	T^{-1}	比热容	$L^{2}T^{-2}\Theta^{-1}$	$L^{2}T^{-2}\Theta^{-1}$
面积	L^{2}	L^{2}	比重	FL^{-3}	$ML^{-2}T^{-2}$
密度	$FL^{-4}T^{2}$	ML^{-3}	应变	$F^{0}L^{0}T^{0}$	$M^{0}L^{0}T^{0}$
能量	FL	$ML^{2}T^{-2}$	应力	FL^{-2}	$ML^{-1}T^{-2}$
力	F	MLT^{-2}	面力	FL^{-1}	MT^{-2}
频率	T^{-1}	T^{-1}	热量	FL	$ML^{2}T^{-2}$
热量	FL	$ML^{2}T^{-2}$	温度	Θ	Θ
长度	L	L	时间	T	T
质量	$FL^{-1}T^{2}$	M	扭矩	FL	$ML^{2}T^{-2}$
弹性模量	FL^{-2}	$ML^{-1}T^{-2}$	速度	LT^{-1}	LT^{-1}
力矩	FL	$ML^{2}T^{-2}$	动力黏度	$FL^{-2}T$	$ML^{-1}T^{-1}$
截面惯性矩	L^{4}	L^{4}	运动黏度	$L^{2}T^{-1}$	$L^{2}T^{-1}$
质量惯性矩	FLT^{2}	ML^{2}	体积	L^{3}	L^{3}
动量	FT	MLT^{-1}	功	FL	$ML^{2}T^{-2}$

习题

1.1　牛顿第二定律可以表述为

$$F = ma$$

这里 F 是作用在物体上的合力，m 是物体的质量，a 是物体在合力方向的加速度。推导其数学模型，即自由落体的控制方程。仅考虑重力和空气阻力引起的力。假定空气阻力与下落物体的速度成线性比例。

1.2　直径为 D 的圆柱形储罐中液体的深度为 $h(x, t)$。液体以 $q_i(\mathrm{m^3/d})$ 的速度供应到储罐，并以 $q_0(\mathrm{m^3/d})$ 的速度排出。利用质量守恒原理推导出流动问题的控制方程。

1.3　以例 1.3.1 中的单摆为例。编写一个计算机程序，使用 Euler(或向前差分)有限差分格式对线性方程(1.2.4)进行数值求解。列出两个不同时间步长 $\Delta t = 0.05$ 和 $\Delta t = 0.025$ 的数值结果以及精确的线性解。

1.4　以例 1.3.1 中的单摆为例。编写一个计算机程序，使用 Euler(或向前差分)有限差分格式对非线性方程(1.2.3)进行数值求解。列出两个不同时间步长 $\Delta t = 0.05$ 和 $\Delta t = 0.025$ 的数值结果以及精确的线性解。

1.5　Heun 方法提供了 Euler 方法的一种改进，该方法使用区间两端的导数平均值来估计斜率。应用方程

$$\frac{\mathrm{d}u}{\mathrm{d}t} = f(t, u)$$

Heun 格式有以下形式：

$$u_{i+1} = u_i + \frac{\Delta t}{2}\left[f(t_i, u_i) + f(t_{i+1}, u_{i+1}^0)\right], \quad u_{i+1}^0 = u_i + \Delta t\, f(t_i, u_i)$$

第二个方程称为预测方程，第一个方程称为校正方程。请将 Heun 方法应用到方程(1.3.5)，并求出时间步长 $\Delta t = 0.05$ 时的数值结果。

1.6　证明：方程(1.2.20)中的边界条件的向后差分近似可以得到

$$\theta_{N+1} = \left(1 + \frac{\beta \Delta x}{k}\right)^{-1} \theta_N$$

并且当 $\dfrac{\beta \Delta x}{k} < 1$ 时，其与方程(1.3.9)是一致的。

1.7　编写一个计算机程序来求解例 1.3.2 中的杆问题，使用 8 个间隔(即 $\Delta x = 0.00625$)，并确定在网格点($x = 0.00625, 0.0125, 0.01875, \cdots, 0.05\mathrm{m}$)处的值。

1.8　使用 16 个间隔重复问题 1.7，并比较有限差分解与解析解。
答案：有限差分解为

$$\{\theta\} = \{285.36, 271.84, 259.37, 247.92, 237.44, 228.89, 219.22, 211.42, \cdots, 176.78\}^{\mathrm{T}}$$

在相同点处的解析解为

$$\{\theta\} = \{285.56, 272.25, 259.99, 248.75, 238.48, 229.15, 220.71, 213.13, \cdots, 180.66\}^{\mathrm{T}}$$

课外阅读参考资料

[1] National Research Council, *Research Directions in Computational Mechanics*, National Academies Press, Washington, DC, 1991.

[2] J. N. Reddy, *An Introduction to Continuum Mechanics with Applications*, 2nd ed. , Cambridge University Press, New York, NY, 2013.

[3] J. N. Reddy; *The Principles of Continuum Mechanics*, 2nd ed. , Cambridge University Press, New York, NY, 2018.

[4] J. N. Reddy, *Energy Principles and Variational Methods in Applied Mechanics*,3rd ed. , John Wiley & Sons, New York, NY, 2017.

[5] J. N. Reddy; "The finite element method: A child of the computer age," *Sooner Shamrock* (Engineering Student Magazine at the University of Oklahoma), 23–26, Fall1978.

[6] J. N. Reddy, *An Introduction to the Finite Element Method*, 2nd ed. , McGraw–Hill, New York, NY, 1993 (see Chapter 1).

[7] A. Hrenikoff, "Solution of problems in elasticity by the framework method," *Journal of Applied Mechanics*, *Transactions of the ASME*, **8**, 169–175, 1941.

[8] R. Courant, "Variational methods for the solution of problems of equilibrium and vibrations," *Bulletin of the American Mathematical Society*, **49**,1–23,1943.

[9] J. H. Argyris and S. Kelsey, *Energy Theorems and Structural Analysis*, Butterworth, London, UK, 1960 (first appeared in *Aircraft Engineering*), **26**, 1954 and 27, 1955.

[10] M. J. Turner, R. W. Gough, H. C. Martin, and L. J. Topp, "Stiffness and deflection analysis of complex structures," *Journal of Aeronautical Science*, **23**, 805–823, 1956.

[11] R. W. Gough, "The finite element method in plane stress analysis," *Journal of Structures Division*, *ASCE*, *Proceedings of 2nd Conference on Electronic Computation*, 345–378, 1960.

[12] I. Babuska, "Courant element: Before and after," *Finite Element Methods: Fifty Years of the Courant Element*, M. Krizek and P. Neittaanmaki (eds.), Marcel Dekker, New York, NY, 1994.

[13] O. C. Zienkiewicz and Y. K. Cheung, *The Finite Element Method in Structural and Continuum Mechanics*, McGraw–Hill, London, UK, 1967.

[14] J. T. Oden, *Finite Elements of Nonlinear Continua*, McCraw–Hill, New York, NY, 1972.

[15] G. Strang and G. Fix, *An Analysis of the Finite Element Method*, Prentice Hall, Englewood Cliffs, NJ, 1973.

[16] J. T. Oden and J. N. Reddy, *An Introduction to the Mathematical Theory of Finite Elements*, John *Wiley* & Sons, New York, NY, 1976.

[17] J. M. Melenk and I. Babuska, "The partition of unity finite element method: Basic theory and applications," *Computer Methods in Applied Mechanics and Engineering*, **139**, 289–314, 1996.

[18] C. A. Duarte and J. T. Oden, "*An h–p adaptive method using clouds,*" *Computer Methods*

in Applied Mechanics and Engineering, **139**, 237–262, 1996.

[19] T. Belytschko, Y. Krongauz, D. Organ, M. Fleming, and P. Krysl, "Meshless methods: An overview and recent developments," *Computer Methods in Applied Mechanics and Engineering*, **139**, 3–47, 1996.

[20] I. Babuska and T. Strouboulis, *The Finite Element Method and its Reliability*, Oxford University Press, Oxford, UK, 2001.

2 数学预备知识及经典变分方法

The fact that an opinion has been widely held is no evidence whatever that it is not utterly absurd; indeed in view of the silliness of the majority of mankind, a widespread belief is more likely to be foolish than sensible.

（被广泛接受的事实并不能证明它不是完全荒谬的，事实上，鉴于大多数人的愚蠢，普遍的信仰更有可能是愚蠢而不是明智的。）

Bertrand Russell

2.1 引言

2.1.1 变分原理及方法

本章专门介绍数学上的证明，这些证明对后续很有用，并介绍积分格式和更常用的变分方法，例如 Ritz 法、Galerkin 法、配点法、子域法和最小二乘法。由于有限元方法可以看作是变分方法的逐个单元应用，因此了解变分方法的工作原理很有必要。首先讨论文献中使用的短语"变分方法"和"变分格式"的一般含义。

"直接变分法"是指利用变分原理的方法，例如在固体和结构力学中确定问题近似解的虚功原理和最小总势能原理（参见 Oden 和 Reddy[1] 以及 Reddy[2]）。在经典意义上，变分原理与找到关于问题的变量的泛函的极值（即最小值或最大值）或驻值有关。该泛函包括问题的所有内在特征，例如控制方程、边界和（或）初始条件以及约束条件（如果有）。在固体和结构力学问题中，泛函表示系统的总能量，而在其他问题中，它只是控制方程的积分表示。

变分原理一直在力学中发挥重要作用。首先，在寻找极值（即最小或最大值）方面存在许多力学问题，因此，就其性质而言，可以用变分表述来表示。第二，存在可以通过其他方法（例如守恒定律）来解决的问题，但是也可以通过变分原理来解决这些问题。第三，变分格式为获得实际问题的近似解奠定了强大的基础，否则许多问题就难以解决。例如，最小总势能原理可以看作是弹性体平衡方程的替代，并且可以作为可用于确定物体近似位移和应力的位移型有限元模型的基础。变分格式也可以用来统一不同的领域，提出新的理论，并提供强大的手段来研究问题解决方案的存在和唯一性。类似地，可以用 Hamilton 原理代替动力学的控制方程，Biot 提出的变分格式代替了线性连续热力学中的一些方程。

2.1.2 变分格式

"变分格式"的经典用法是指变分原理的构造（其含义将很快说明清楚）或等效于问题的控制方程。其现代用法是指将控制方程转换为等效加权积分形式的方程，不一定等同于变分原理。现在即使是那些不能使用经典意义上的变分原理的问题（例如，控制黏性或无黏性流体流动的 Navier-Stokes 方程），也可以使用加权积分形式来表述。

从现代或一般意义上来说，物理定律的变分格式的重要性远远超出了它作为其他格式的简单替代的用途（参见 Oden 和 Reddy[1]）。实际上，连续体物理定律的变分格式可能是思考它们的唯一自然且严格正确的方法。尽管所有足够平滑的场都导致有意义的变分形式,但反之则不成立:存在一些物理现象,只有从变分意义上,才能用数学方法对其进行适当建模;从局部来看它们是没有意义的。

讨论有限元方法的起点是控制所研究物理现象的微分方程。因此,将首先讨论为什么需要微分方程的积分形式。

2.1.3 加权积分形式的必要性

在几乎所有用于确定微分方程和(或)积分方程解的近似方法中,都寻求以下形式的解:

$$u(\boldsymbol{x}) \approx u_N(\boldsymbol{x}) = \sum_{j=1}^{N} c_j \phi_j(\boldsymbol{x}) \tag{2.1.1}$$

这里,u 表示特定微分方程和相关边界条件的解;u_N 是它的近似值,表示为未知参数 c_j 和问题所在域 Ω 在位置 $\boldsymbol{x}$ 的已知函数 ϕ_j 的线性组合。这里将会简短地讨论 ϕ_j 的条件。只有当 c_j 是已知时,近似解 u_N 才是完全确定的。因此,必须找到一种方式来确定 c_j,以便 u_N 满足 u 的控制方程。如果以某种方式可以找到 u_N,使其在域 Ω 中每个点 $\boldsymbol{x}$ 上都满足微分方程和边界 Γ 上的条件,则 $u_N(\boldsymbol{x}) = u(\boldsymbol{x})$ 即是问题的精确解。当然,近似方法与可以通过某些数学分析方法确定精确解的问题无关,它们的作用是找到不存在精确解问题的近似解。当无法确定精确解时,可替代方法是找到一个近似满足控制方程的解 u_N。在近似满足控制方程的过程中,(不是偶然地,而是通过计划)获得了 N 个参数 $c_1, c_2, \cdots, c_N$ 之间的 N 个代数关系。在接下来的几段中,将针对特定问题对这些想法进行详细讨论。

考虑微分方程的求解问题:

$$-\frac{\mathrm{d}}{\mathrm{d}x}\left[a(x)\frac{\mathrm{d}u}{\mathrm{d}x}\right] + c(x)u = f(x), \quad 0 < x < L \tag{2.1.2}$$

受限于边界条件

$$u(0) = u_0, \quad \left[a(x)\frac{\mathrm{d}u}{\mathrm{d}x}\right]_{x=L} = Q_L \tag{2.1.3}$$

这里,$a(x)$,$c(x)$ 和 $f(x)$ 是已知的函数;u_0 和 Q_L 是已知的参数;$u(x)$ 是需要确定的函数。集合 $a(x)$,$c(x)$,$f(x)$,u_0 和 Q_L 被称为问题的数据。非绝热杆中的传热给出了上述问题的一个示例(有关更多详细信息,请参见示例 1.2.2):$u = \theta$ 表示温度,$f(x) = Ag$ 是每单位长度内部发热量,$a(x) = kA$ 是热阻,$c = \beta P$,$u_0 = \theta_0$ 是在 $x = 0$ 处的给定温度,Q_L 是在 $x = L$ 处的给定热量。

在整个域 $\Omega = (0, L)$ 上以如下形式寻求近似解:

$$u_N(x) = \sum_{j=1}^{N} c_j \phi_j(x) + \phi_0(x) \tag{2.1.4}$$

这里,c_j 是待定系数,$\phi_j(x)$ 和 $\phi_0(x)$ 是选定的函数,以使问题的指定边界由 N-参数近似解 u_N 来满足。需要注意的是,式(2.1.4)中的特定形式分为两部分:一个是包含未知项($\sum c_j \phi_j$)的齐次部分,另一个是非齐次部分(ϕ_0),其唯一目的是满足问题的指定边界条件。由于 ϕ_0 满足边界条件,对于任意的 c_j,$\sum c_j \phi_j$ 必须满足边界条件的齐次形式(即当 $u_0 \neq 0$ 时,称 $u = u_0$ 为非齐次边界条件;当 $u_0 = 0$ 时,称其为齐次边界条件)。因此,在当前示例中,所有给定边界条件都是非齐次的。式(2.1.4)中的特定形式便于选择 ϕ_0 和 ϕ_j。因此,该示例中的 ϕ_0 和 ϕ_j 满足条件

$$\phi_0(0) = u_0,\left[a(x)\frac{\mathrm{d}\phi_0}{\mathrm{d}x}\right]_{x=L} = Q_L$$

$$\phi_i(0) = 0,\left[a(x)\frac{\mathrm{d}\phi_i}{\mathrm{d}x}\right]_{x=L} = 0, i = 1,2,\cdots,N \tag{2.1.5}$$

对于一个具体例子,首先考虑以下情况:

$$L=1, u_0=0, Q_L=-15, a(x)=x, c(x)=1, f(x)=x^3-72x+36, N=2$$

所以式(2.1.2)和式(2.1.3)可简化为

$$-\frac{\mathrm{d}}{\mathrm{d}x}\left(x\frac{\mathrm{d}u}{\mathrm{d}x}\right)+u=x^3-72x+36, 0<x<1$$

$$u(0)=0,\left[x\frac{\mathrm{d}u}{\mathrm{d}x}\right]_{x=1}=-15 \tag{2.1.6}$$

选择两参数近似解[最低阶的多项式,可满足式(2.1.5)的边界条件 $u_0=0$,$Q_L=-15$]: $u_2=c_1\phi_1(x)+c_2\phi_2(x)+\phi_0(x)$,且有 $\phi_0=-15x$,$\phi_1(x)=x^2-2x$,$\phi_2(x)=x^3-3x$。将 u_2 代入到式(2.1.6)中的微分方程中,得

$$-\frac{\mathrm{d}u_2}{\mathrm{d}x}-x\frac{\mathrm{d}^2u_2}{\mathrm{d}x^2}+u_2-f(x)=0$$

$$c_2x^3+c_1x^2-9c_2x^2-x^3-6c_1x-3c_2x+2c_1+3c_2+57x-21=0$$

由于这个表达式必须对任意的 x 成立,因此 x 的各项幂的系数必须是零,进而得到 c_1 和 c_2 间的下列关系:

$$c_2-1=0, c_1-9c_2=0, 6c_1+3c_2=57, 2c_1+3c_2=21$$

通过前两个关系式,得到 $c_1=9$,$c_2=1$。剩下两个等式也是自然成立的(即四个等式是一致的)。因此两参数解(其与精确解是一致的)为

$$u_2=c_1\phi_1(x)+c_2\phi_2(x)+\phi_0(x)=x^3+9x^2-36x \tag{2.1.7}$$

接下来考虑以下情况:

$$L=1, u_0=0, Q_L=1, a(x)=1, c(x)=-1, f(x)=-x^2, N=2$$

所以式(2.1.2)和式(2.1.3)可简化为

$$-\frac{\mathrm{d}^2u}{\mathrm{d}x^2}-u=-x^2, 0<x<1$$

$$u(0)=0,\left[x,\frac{\mathrm{d}u}{\mathrm{d}x}\right]_{x=1}=1 \tag{2.1.8}$$

选择以下形式的近似解:

$$u_2=c_1\phi_1+c_2\phi_2+\phi_0, \phi_0=x, \phi_1=x^2-2x, \phi_2=(x^3-3x)$$

其对于任意 c_1 和 c_2 满足式 $(2.1.8)$ 中的边界条件。将 u_2 代入式 $(2.1.8)$ 中的微分方程,得

$$0 = -\frac{d^2 u_2}{dx^2} - u_2(x) - f(x)$$

$$= -c_2 x^3 - c_1 x^2 + 2c_1 x - 3c_2 x + x^2 - 2c_1 - x$$

由于对于任意的 x,表达式的值必须为零,因此 x 的各项幂的系数必须是零,得到 c_1 和 c_2 间的下列关系:

$$c_2 = 0, -c_1 + 1 = 0, 2c_1 - 3c_2 - 1 = 0, c_1 = 0 \qquad (2.1.9)$$

上述的关系式是互相矛盾的,因此,该方程没有解。

前面的讨论表明,以函数和待定参数的线性组合形式获得微分方程解的方法并不能保证总能获得解;能否得到解取决于方程及其边界条件。但是,如果不要求逐点满足微分方程,而是要求从加权残值意义上满足它:

$$\int_0^L w_i(x) R(x, u_N) dx = 0, i = 1, 2, \cdots, N \qquad (2.1.10)$$

得到 N 个代数方程来确定 N 个参数,$c_i (i = 1, 2, \cdots, N)$。这里,$R$ 表示残值:

$$R(x, u_N) \equiv -\frac{d}{dx}\left(a(x)\frac{du_N}{dx}\right) + c(x) u_N - f(x)$$

并且 $w_i (i = 1, 2, \cdots, N)$ 是一组线性无关的函数,称为权函数。为了说明这一思想,考虑与前面讨论的相同的两个示例。

对于式 $(2.1.6)$ 所描述的问题,其残值为

$$R(x, c_1, c_2) = c_2 x^3 + c_1 x^2 - 9c_2 x^2 - x^3 - 6c_1 x - 3c_2 x + 2c_1 + 3c_2 + 57x - 21$$

当 $N = 2$ 时,令 $w_1 = 1, w_2 = x$,得

$$0 = \int_0^1 1 \cdot R dx = -\frac{2}{3}c_1 - \frac{5}{4}c_2 + \frac{29}{4} \qquad (2.1.11)$$

$$0 = \int_0^1 x \cdot R dx = -\frac{3}{4}c_1 - \frac{31}{20}c_2 + \frac{83}{10}$$

或者

$$\frac{2}{3}c_1 + \frac{5}{4}c_2 = \frac{29}{4} \qquad (2.1.12)$$

$$\frac{3}{4}c_1 + \frac{31}{20}c_2 = \frac{83}{10}$$

由这两个线性无关方程可以解出 $c_1 = 9, c_2 = 1$,得到了式 $(2.1.7)$ 的精确解。

对于式 $(2.1.8)$ 描述的问题,残值为

$$R(x, c_1, c_2) = -c_2 x^3 - c_1 x^2 + 2c_1 x - 3c_2 x + x^2 - 2c_1 - x$$

当 $N = 2$ 时,令 $w_1 = 1, w_2 = x$,得

$$0 = \int_0^1 1 \cdot R\mathrm{d}x = -\frac{4}{3}c_1 - \frac{7}{4}c_2 + \frac{1}{6}$$

(2. 1. 13)

$$0 = \int_0^1 x \cdot R\mathrm{d}x = -\frac{7}{12}c_1 - \frac{6}{5}c_2 + \frac{1}{12}$$

或者

$$\frac{4}{3}c_1 + \frac{7}{4}c_2 = \frac{1}{6}$$

$$\frac{7}{12}c_1 + \frac{6}{5}c_2 = \frac{1}{12}$$

(2. 1. 14)

由这两个线性无关方程可以解出 $c_1 = 39/417, c_2 = 10/417$,得到的近似解为:

$$u_2(x) = \frac{39}{417}(x^2 - 2x) + \frac{10}{417}(x^3 - 3x) + x = \frac{1}{417}(10x^3 + 39x^2 - 525x)$$

(2. 1. 15)

尽管解 $u_2(x)$ 不与解析解吻合,但它是一个足够好的近似解(将在后续讨论)。

上面的讨论清楚地表明了式(2.1.10)中的加权积分形式是必要的;它们提供了获得与近似解中未知系数一样多的代数方程的方法。本章讨论在不同的变分法中使用的不同类型的积分形式的构造。变分法在权函数 w_i 和(或)使用的积分形式的选择方面彼此不同,这最终决定了近似函数的选择。在有限元方法中,给定的域被视为子域(即有限元)的集合,并且以与变分法相同的方式在每个子域上寻找近似解。因此,在讨论有限元方法及其应用之前,回顾有用的数学工具并研究积分方程和方法是有益的。

2.2　一些数学概念和方程

2.2.1　坐标系和 Del 算子

在对物理现象的分析描述中,引入了所选参考系中的坐标系,并且描述中涉及的各种物理量都用在该系统中的度量来表示。矢量和张量均以该坐标系中的分量表示。例如,三维空间中的矢量 A 可以用其分量 (a_1, a_2, a_3) 和基矢量 (e_1, e_2, e_3) (e_i 不一定是单位矢量)表示为

$$A = a_1 e_1 + a_2 e_2 + a_3 e_3$$

(2.2.1)

2.2.1.1　笛卡儿直角坐标系

当坐标系的基矢量是常数,即具有固定的长度和方向时,该坐标系称为笛卡儿坐标系。一般的笛卡儿坐标系是倾斜的。当笛卡儿坐标系正交时,称为笛卡儿直角坐标系。笛卡儿直角坐标系表示为

$$(x_1, x_2, x_3) \text{或} (x, y, z)$$

(2.2.2)

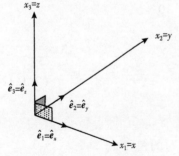

图 2.2.1　一笛卡儿直角坐标系, $(x_1, x_2, x_3) = (x, y, z)$; $(\hat{e}_1, \hat{e}_2, \hat{e}_3) = (\hat{e}_x, \hat{e}_y, \hat{e}_z)$ 是单位基矢量

我们所熟悉的笛卡儿直角坐标系如图 2.2.1 所示。我们将始终使用右手坐标系。当基矢量具有单位长度并且相互正交时,它们称为标准正交的。在许多情况下,正交基简化了计算。通过以下方式表示正交的笛卡儿基:

$$(\hat{e}_1,\hat{e}_2,\hat{e}_3) \text{ 或 } (\hat{e}_x,\hat{e}_y,\hat{e}_z)$$

对于正交基,矢量 A 可以表示为

$$A = A_1\hat{e}_1 + A_2\hat{e}_2 + A_3\hat{e}_3 \tag{2.2.3}$$

这里,$\hat{e}_i(i=1,2,3)$ 是正交基,A_i 是相应的物理分量(即分量与矢量有相同的物理维度)。尽管分析描述取决于所选的坐标系,并且在另一种坐标系中可能看起来有所不同,但必须记住,自然法则与坐标系的选择无关。

2.2.1.2 求和约定

通过理解重复的指标意味着对该指标所对应的值求和,可以简化术语的求和。因此,求和可以简化为

$$A = A_i e_i \tag{2.2.4}$$

重复的指标是哑指标,从而可以由尚未使用的任何其他符号来代替。因此,我们也可以写成

$$A = A_i e_i = A_m e_m$$

基矢量间的"点乘" $\hat{e}_i \cdot \hat{e}_j$ 和"矢量积" $\hat{e}_i \times \hat{e}_j$ 在右手系中定义为

$$\hat{e}_i \cdot \hat{e}_j \equiv \delta_{ij} = \begin{cases} 0, i \neq j \\ 1, i = j \end{cases} \tag{2.2.5}$$

$$\hat{e}_i \times \hat{e}_j \equiv \varepsilon_{ijk}\hat{e}_k \tag{2.2.6}$$

这里,δ_{ij} 是 Kronecker 符号;ε_{ijk} 是置换符号

$$\varepsilon_{ijk} = \begin{cases} 1, \text{如果 } i,j,k \text{ 为循环顺序且不重复}(i \neq j \neq k) \\ -1, \text{如果 } i,j,k \text{ 为非循环顺序且不重复}(i \neq j \neq k) \\ 0, \text{如果有任意的 } i,j,k \text{ 是重复的} \end{cases} \tag{2.2.7}$$

注意式(2.2.6)中的 k 是哑指标,而 i 和 j 不是,它们称为自由指标。仅当在等式的每个表达式中同时更改自由指标时,才可以将其更改为其他符号。因此,可以将式(2.2.6)写为

$$\hat{e}_m \times \hat{e}_j \equiv \varepsilon_{mjk}\hat{e}_k; \hat{e}_m \times \hat{e}_n \equiv \varepsilon_{mnk}\hat{e}_k; \hat{e}_p \times \hat{e}_q \equiv \varepsilon_{pqk}\hat{e}_k$$

2.2.1.3 Hamilton 算子

矢量函数相对于坐标的微分在科学和工程中很常见。许多操作涉及"Hamilton 算子" ∇,在笛卡儿直角坐标系中,它具有如下形式:

$$\nabla \equiv \hat{e}_x \frac{\partial}{\partial x} + \hat{e}_y \frac{\partial}{\partial y} + \hat{e}_z \frac{\partial}{\partial z} \tag{2.2.8}$$

需要注意的是,Hamilton 算子具有矢量的某些属性,但由于它是一个运算符,因此并不等价于矢量。运算 $\nabla\phi(x)$ 称为标量函数 ϕ 的梯度,而 $\nabla \times A(x)$ 称为矢量函数 A 的旋度。算子 $\nabla^2 \equiv \nabla \cdot \nabla$ 称为 Laplace 算子。在三维笛卡儿直角坐标系中,它具有如下形式:

$$\nabla^2 = \frac{\partial^2}{\partial x^2} + \frac{\partial^2}{\partial y^2} + \frac{\partial^2}{\partial z^2} \qquad (2.2.9)$$

笛卡儿直角坐标系(x, y, z)和圆柱坐标系(r, θ, z)有如下的关系(图2.2.2):

$$x = r\cos\theta, y = r\sin\theta, z = z \qquad (2.2.10)$$

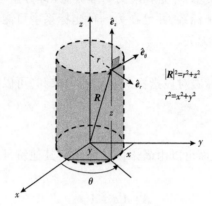

图2.2.2　圆柱坐标系

这两个坐标系的基矢量有如下关系:

$$\hat{\boldsymbol{e}}_r = \cos\theta\hat{\boldsymbol{e}}_x + \sin\theta\hat{\boldsymbol{e}}_y, \hat{\boldsymbol{e}}_\theta = -\sin\theta\hat{\boldsymbol{e}}_x + \cos\theta\hat{\boldsymbol{e}}_y, \hat{\boldsymbol{e}}_z = \hat{\boldsymbol{e}}_z \qquad (2.2.11)$$

请注意,圆柱坐标系的基矢量不是恒定的;θ坐标和r坐标的方向随着绕圆柱表面移动而改变。从而,有

$$\frac{\partial\hat{\boldsymbol{e}}_r}{\partial\theta} = -\sin\theta\hat{\boldsymbol{e}}_x + \cos\theta\hat{\boldsymbol{e}}_y = \hat{\boldsymbol{e}}_\theta, \frac{\partial\hat{\boldsymbol{e}}_\theta}{\partial\theta} = -\cos\theta\hat{\boldsymbol{e}}_x - \sin\theta\hat{\boldsymbol{e}}_y = -\hat{\boldsymbol{e}}_r \qquad (2.2.12)$$

并且基矢量的所有其他导数都为零。在圆柱坐标系中算子∇^2和∇有如下表达式(参见 Reddy[2,3]):

$$\nabla = \hat{\boldsymbol{e}}_r\frac{\partial}{\partial r} + \frac{1}{r}\hat{\boldsymbol{e}}_\theta\frac{\partial}{\partial\theta} + \hat{\boldsymbol{e}}_z\frac{\partial}{\partial z}, \nabla^2 = \frac{1}{r}\left[\frac{\partial}{\partial r}\left(r\frac{\partial}{\partial r}\right) + \frac{1}{r}\frac{\partial^2}{\partial\theta^2} + r\frac{\partial^2}{\partial z^2}\right] \qquad (2.2.13)$$

2.2.2　边界值、初始值和特征值问题

　　大多数分析的目的是确定未知函数(称为因变量),这些函数由在给定域Ω中的一组微分方程和域边界Γ上的某些条件控制。通常,不包括其边界的域称为开放域。具有边界Γ的域称为封闭域,用$\bar{\Omega} = \Omega \cup \Gamma$表示。

　　如果包含多个独立变量(或坐标)的函数u的所有相对于$(x, y, \cdots)$的直到并包括m阶的偏导数在Ω中存在且连续,则称其在域Ω中为$C^m(\Omega)$连续。因此,如果u在二维域Ω中是C^0连续,则u在Ω中是连续的(即$\partial u/\partial x$和$\partial u/\partial y$存在但可能不连续)。相似地,如果u是C^1连续,则$u, \partial u/\partial x$和$\partial u/\partial y$都存在且连续(即$\partial^2 u/\partial x^2, \partial^2 u/\partial y^2$和$\partial^2 u/\partial x\partial y$存在但可能不连续)。

　　当因变量是一个自变量(例如x)的函数时,域是线段(即一维),并且域的端点称为边界点。当因变量是两个自变量(例如 x 和 y)的函数时,域是二维的,边界是封闭该域的闭合曲线。在三维域中,因变量是三个独立变量(例如 x,y 和 z)的函数,边界是二维表面。

如第 1.2 节所述,如果要求因变量及其可能的导数在域 Ω 的边界 Γ 上取指定值,则可以说用微分方程描述了域 Ω 上的边值问题。初值问题是首先在初始时刻(即在时间 $t=0$ 时)指定因变量及其可能的导数的问题。初值问题通常是时间相关的问题。边值和初值问题的示例在 1.2 节中进行了讨论。如果因变量同时受边界条件和初始条件的约束,那么问题既是边值问题,也是初值问题。遇到的另一种问题是,控制因未知数的微分方程也包含一个未知参数,并且必须找到因变量和参数,以便满足微分方程和相关的边界条件。这种问题称为特征值问题。以下是在科学和工程学中遇到的各种类型问题的示例。在实际分析这些方程之后,将解释其背后的物理原理。

2.2.2.1 边值问题

(1)翅片中的稳态传热和杆的轴向变形:寻找 $u(x)$,使其满足二阶微分方程及边界条件:

$$-\frac{\mathrm{d}}{\mathrm{d}x}\left(a\,\frac{\mathrm{d}u}{\mathrm{d}x}\right)+cu=f,0<x<L \tag{2.2.14}$$

$$u(0)=u_0,\left(a\,\frac{\mathrm{d}u}{\mathrm{d}x}\right)_{x=L}=q_0$$

域和边界点在图 2.2.3 中给出。

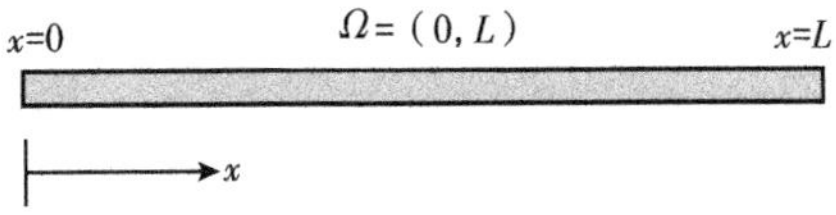

图 2.2.3 一维域 $\Omega=(0,L)$ 和边界点 $x=0$ 和 $x=L$

(2)在横向载荷下弹性梁的弯曲:寻找 $w(x)$,使其满足四阶微分方程及边界条件:

$$\frac{\mathrm{d}^2}{\mathrm{d}x^2}\left(EI\,\frac{\mathrm{d}^2w}{\mathrm{d}x^2}\right)+cw=f,0<x<L$$

$$w(0)=w_0,\left(-\frac{\mathrm{d}w}{\mathrm{d}x}\right)_{x=0}=\theta_0 \tag{2.2.15}$$

$$\left[\frac{\mathrm{d}}{\mathrm{d}x}\left(EI\,\frac{\mathrm{d}^2w}{\mathrm{d}x^2}\right)\right]_{x=L}=V_0,\left(EI\,\frac{\mathrm{d}^2w}{\mathrm{d}x^2}\right)_{x=L}=M_0$$

这种情况下的域和边界点与图 2.2.3 所示相同。但是,我们很快就会看到方程背后的物理意义是不同的。

(3)二维区域中的稳态热传导和膜的横向挠度:寻找 $u(x,y)$,使其满足二阶偏微分方程及边界条件:

$$-\left[\frac{\partial}{\partial x}\left(a_{xx}\frac{\partial u}{\partial x}\right)+\frac{\partial}{\partial y}\left(a_{yy}\frac{\partial u}{\partial x}\right)\right]+a_{00}u=f,\text{在 }\Omega\text{ 中} \tag{2.2.16}$$

$$u = u_0, 在 \Gamma_u 上; \left(a_{xx} \frac{\partial u}{\partial x} n_x + a_{yy} \frac{\partial u}{\partial y} n_y \right) = q_0, 在 \Gamma_q 上 \tag{2.2.17}$$

这里,(n_x, n_y)是单位法向矢量 $\hat{n}$ 在边界 Γ_q 上的方向余弦。域 Ω 和两部分边界 Γ_u 和 Γ_q 在图 2.2.4 中给出。

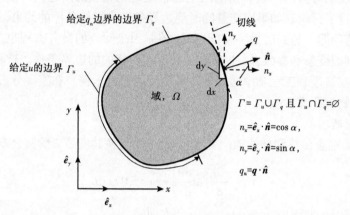

图 2.2.4　二维域 Ω 及边界 $\Gamma = \Gamma_u \cup \Gamma_q$,且有 $\Gamma_u \cup \Gamma_q = \varnothing$

2.2.2.2　初值问题

(1)一般一阶方程:寻找 $u(t)$,使其满足一阶微分方程及初始条件:

$$a \frac{\mathrm{d}u}{\mathrm{d}t} + cu = f, 0 < t \leqslant T \tag{2.2.18}$$

$$u(0) = u_0 \tag{2.2.19}$$

(2)一般二阶方程:寻找 $u(t)$,使其满足二阶微分方程及初始条件:

$$a \frac{\mathrm{d}u}{\mathrm{d}t} + b \frac{\mathrm{d}^2 u}{\mathrm{d}t^2} + cu = f, 0 < t \leqslant T \tag{2.2.20}$$

$$u(0) = u_0, \left(b \frac{\mathrm{d}u}{\mathrm{d}t} \right)_{t=0} = v_0 \tag{2.2.21}$$

2.2.2.3　边值和初值问题

(1)杆中的瞬态热传递:寻找 $u(x,t)$,使其满足偏微分方程及初始条件和边界条件:

$$-\frac{\partial}{\partial x} \left(a \frac{\partial u}{\partial x} \right) + cu + \rho \frac{\partial u}{\partial t} = f(x,t), 0 < x < L; 0 < t \leqslant T \tag{2.2.22}$$

$$u(0,t) = d_0(t), \left(a \frac{\partial u}{\partial x} \right)_{x=L} = q_0(t), u(x,0) = u_0(x)$$

(2)膜的振动:寻找 $u(x,t)$,使其满足偏微分方程及初始条件和边界条件:

$$-\left[\frac{\partial}{\partial x}\left(a_{xx}\frac{\partial u}{\partial x}\right)+\frac{\partial}{\partial y}\left(a_{yy}\frac{\partial u}{\partial y}\right)\right]+a_{00}u+\rho\frac{\partial^2 u}{\partial t^2}=f(x,y,t),\text{在}\varOmega\text{中},0<t\leqslant T$$

$$u=u_0(t),\text{在}\varGamma_u\text{上} \tag{2.2.23}$$

$$\left(a_{xx}\frac{\partial u}{\partial x}n_x+a_{yy}\frac{\partial u}{\partial y}n_y\right)=q_0(t),\text{在}\varGamma_q\text{上}\ u(x,y,0)=d_0,\dot u(x,y,0)=v_0$$

这里，符号上的点表示相对于时间 t 的导数。

2.2.2.4 特征值问题

（1）杆的轴向振动：寻找 $u(x)$ 和 λ，使其满足偏微分方程及边界条件：

$$-\frac{\mathrm{d}}{\mathrm{d}x}\left(a\frac{\mathrm{d}u}{\mathrm{d}x}\right)+cu-\lambda u=0,0<x<L \tag{2.2.24}$$

$$u(0)=0,\left(a\frac{\mathrm{d}u}{\mathrm{d}x}\right)_{x=L}=0$$

（2）膜的横向振动：寻找 $u(x,y)$ 和 λ，使其满足偏微分方程及边界条件：

$$-\left[\frac{\partial}{\partial x}\left(a_{xx}\frac{\partial u}{\partial x}\right)+\frac{\partial}{\partial y}\left(a_{yy}\frac{\partial u}{\partial y}\right)\right]+a_{00}u-\lambda u=0,\text{在}\varOmega\text{中}$$

$$u=0,\text{在}\varGamma_u\text{上} \tag{2.2.25}$$

$$\left(a_{xx}\frac{\partial u}{\partial x}n_x+a_{yy}\frac{\partial u}{\partial y}n_y\right)=0,\text{在}\varGamma_q\text{上}$$

称 λ 为特征值，并且称其相关的函数 u 为特征函数。一组指定的函数和参数（例如 a,b,c,ρ，f,u_0,d_0,q_0,v_0 等）称为问题数据。右端项 f 为零的微分方程称为齐次微分方程，指定数据为零的边界（初始）条件称为齐次边界（初始）条件。

微分方程的精确解是一个函数，该函数在域的每个点上并且在所有时间 $t>0$ 上都满足微分方程，并且满足特定的边界和（或）初始条件。

2.2.3 积分恒等式

2.2.3.1 分部积分方程

分部积分经常在微分方程弱形式积分方程中使用，在二维和三维情况下，分部积分相当于使用梯度和散度定理。在本节中，将得出一些有用的恒等式，以供以后的章节中使用。

令 p,q,u,v 和 w 是坐标 x 的函数（足够可导），然后，使用分部积分以下积分成立：

$$\int_a^b w\frac{\mathrm{d}}{\mathrm{d}x}\left(p\frac{\mathrm{d}u}{\mathrm{d}x}\right)\mathrm{d}x=-\int_a^b p\frac{\mathrm{d}w}{\mathrm{d}x}\frac{\mathrm{d}u}{\mathrm{d}x}\mathrm{d}x-w(a)\left(p\frac{\mathrm{d}u}{\mathrm{d}x}\right)_{x=a}+w(b)\left(p\frac{\mathrm{d}u}{\mathrm{d}x}\right)_{x=b} \tag{2.2.26}$$

$$\int_a^b v\frac{\mathrm{d}^2}{\mathrm{d}x^2}\left(q\frac{\mathrm{d}^2 w}{\mathrm{d}x^2}\right)\mathrm{d}x=\int_a^b q\frac{\mathrm{d}^2 v}{\mathrm{d}x^2}\frac{\mathrm{d}^2 w}{\mathrm{d}x^2}\mathrm{d}x$$

$$-v(a)\left[\frac{\mathrm{d}}{\mathrm{d}x}\left(q\frac{\mathrm{d}^2 w}{\mathrm{d}x^2}\right)\right]_{x=a}+v(b)\left[\frac{\mathrm{d}}{\mathrm{d}x}\left(q\frac{\mathrm{d}^2 w}{\mathrm{d}x^2}\right)\right]_{x=b} \tag{2.2.27}$$

$$+\left(\frac{\mathrm{d}v}{\mathrm{d}x}\right)_{x=a}\left(q\frac{\mathrm{d}^2 w}{\mathrm{d}x^2}\right)_{x=a}-\left(\frac{\mathrm{d}v}{\mathrm{d}x}\right)_{x=b}\left(q\frac{\mathrm{d}^2 w}{\mathrm{d}x^2}\right)_{x=b}$$

上述关系式很容易建立。

为了建立式(2.2.26),从下述恒等式出发:

$$\frac{\mathrm{d}}{\mathrm{d}x}\left(w \cdot p \frac{\mathrm{d}u}{\mathrm{d}x}\right) = \frac{\mathrm{d}w}{\mathrm{d}x}p \frac{\mathrm{d}u}{\mathrm{d}x} + w \frac{\mathrm{d}}{\mathrm{d}x}\left(p \frac{\mathrm{d}u}{\mathrm{d}x}\right) \tag{2.2.28}$$

因此,有

$$\int_a^b w \frac{\mathrm{d}}{\mathrm{d}x}\left(p \frac{\mathrm{d}u}{\mathrm{d}x}\right)\mathrm{d}x = \int_a^b \frac{\mathrm{d}}{\mathrm{d}x}\left(w \cdot p \frac{\mathrm{d}u}{\mathrm{d}x}\right)\mathrm{d}x - \int_a^b \frac{\mathrm{d}w}{\mathrm{d}x}p \frac{\mathrm{d}u}{\mathrm{d}x}\mathrm{d}x$$

$$= -w(a)\left(p \frac{\mathrm{d}u}{\mathrm{d}x}\right)_{x=a} + w(b)\left(p \frac{\mathrm{d}u}{\mathrm{d}x}\right)_{x=b} - \int_a^b \frac{\mathrm{d}w}{\mathrm{d}x}p \frac{\mathrm{d}u}{\mathrm{d}x}\mathrm{d}x$$

为了建立式(2.2.27)中的关系式,首先有

$$\frac{\mathrm{d}}{\mathrm{d}x}\left[v \cdot \frac{\mathrm{d}}{\mathrm{d}x}\left(q \frac{\mathrm{d}^2 w}{\mathrm{d}x^2}\right)\right] = \frac{\mathrm{d}v}{\mathrm{d}x}\frac{\mathrm{d}}{\mathrm{d}x}\left(q \frac{\mathrm{d}^2 w}{\mathrm{d}x^2}\right) + v \frac{\mathrm{d}^2}{\mathrm{d}x^2}\left(q \frac{\mathrm{d}^2 w}{\mathrm{d}x^2}\right)$$

因此,有

$$\int_a^b v \frac{\mathrm{d}^2}{\mathrm{d}x^2}\left(q \frac{\mathrm{d}^2 w}{\mathrm{d}x^2}\right)\mathrm{d}x = \int_a^b \frac{\mathrm{d}}{\mathrm{d}x}\left[v \cdot \frac{\mathrm{d}}{\mathrm{d}x}\left(q \frac{\mathrm{d}^2 w}{\mathrm{d}x^2}\right)\right]\mathrm{d}x - \int_a^b \frac{\mathrm{d}v}{\mathrm{d}x}\frac{\mathrm{d}}{\mathrm{d}x}\left(q \frac{\mathrm{d}^2 w}{\mathrm{d}x^2}\right)\mathrm{d}x$$

$$= \left[v \cdot \frac{\mathrm{d}}{\mathrm{d}x}\left(q \frac{\mathrm{d}^2 w}{\mathrm{d}x^2}\right)\right]_a^b - \int_a^b \frac{\mathrm{d}v}{\mathrm{d}x}\frac{\mathrm{d}}{\mathrm{d}x}\left(q \frac{\mathrm{d}^2 w}{\mathrm{d}x^2}\right)\mathrm{d}x \tag{2.2.29}$$

接下来,在式(2.2.26)中令 $p=q$,$w=\mathrm{d}v/\mathrm{d}x$ 以及 $u=\mathrm{d}w/\mathrm{d}x$,得

$$\int_a^b \frac{\mathrm{d}v}{\mathrm{d}x}\frac{\mathrm{d}}{\mathrm{d}x}\left(q \frac{\mathrm{d}^2 w}{\mathrm{d}x^2}\right)\mathrm{d}x = \left[\frac{\mathrm{d}v}{\mathrm{d}x} \cdot q \frac{\mathrm{d}^2 w}{\mathrm{d}x^2}\right]_a^b - \int_a^b q \frac{\mathrm{d}^2 v}{\mathrm{d}x^2}\frac{\mathrm{d}^2 w}{\mathrm{d}x^2}\mathrm{d}x \tag{2.2.30}$$

将式(2.2.30)代入式(2.2.29)中,得

$$\int_a^b v \frac{\mathrm{d}^2}{\mathrm{d}x^2}\left(q \frac{\mathrm{d}^2 w}{\mathrm{d}x^2}\right)\mathrm{d}x = \left[v \cdot \frac{\mathrm{d}}{\mathrm{d}x}\left(q \frac{\mathrm{d}^2 w}{\mathrm{d}x^2}\right)\right]_a^b - \int_a^b \frac{\mathrm{d}v}{\mathrm{d}x}\frac{\mathrm{d}}{\mathrm{d}x}\left(q \frac{\mathrm{d}^2 w}{\mathrm{d}x^2}\right)\mathrm{d}x$$

$$= \left[v \cdot \frac{\mathrm{d}}{\mathrm{d}x}\left(q \frac{\mathrm{d}^2 w}{\mathrm{d}x^2}\right)\right]_a^b - \left[\frac{\mathrm{d}v}{\mathrm{d}x} \cdot q \frac{\mathrm{d}^2 w}{\mathrm{d}x^2}\right]_a^b + \int_a^b q \frac{\mathrm{d}^2 v}{\mathrm{d}x^2}\frac{\mathrm{d}^2 w}{\mathrm{d}x^2}\mathrm{d}x$$

上述与式(2.2.27)的结果是一致的。

2.2.3.2 梯度和散度定理

大部分物理现象的控制方程是由矢量、张量和 Hamilton 算子以不变形式(即与特定坐标系无关)导出的(Reddy[3] 和 Reddy, Rasmussen[4])。然而,当寻求这些方程的解时,必须选择一个特定的坐标系并且在该坐标系中表示所有的方程。这些方程的积分方程需要分部积分,也就是说,在二维和三维情况下,使用梯度和散度定理。因此,回顾这些积分恒等式以及说明它们在建立某些积分方程时的作用是必要的。

在三维域 Ω 中,分别令 $F(x)$ 和 $G(x)$ 是 $C^0(\Omega)$ 类的标量函数和矢量函数。这里,x 表示 Ω 中任意一点的坐标(即位置矢量),以笛卡儿直角坐标为参考系(x_1, x_2, x_3)。若将 x_i 上的索引 i 限制为 1 和 2,则可以将以下结果用于二维情况。

1)梯度定理

$$\int_{\Omega} \nabla F \mathrm{d}\Omega = \oint_{\Gamma} \hat{\pmb{n}} F \mathrm{d}\Gamma \tag{2.2.31}$$

其中,∇是由式(2.2.8)定义的 Hamilton 算子;$\hat{\pmb{n}}$ 表示域 Ω 的表面 Γ 的单位法矢量,边界积分上的圆圈表示积分是在整个封闭边界上进行的;$\mathrm{d}\Omega$ 是一体积单元;$\mathrm{d}\Gamma$ 是一表面单元。式(2.2.31)的分量形式为

$$\int_{\Omega} \frac{\partial F}{\partial x_i} \mathrm{d}\Omega = \oint_{\Gamma} n_i F \mathrm{d}\Gamma \tag{2.2.32}$$

这里,n_i 表示单位法矢量 $\hat{\pmb{n}}$ 的第 i 个直角分量,即 $n_i = \cos(x_i, \hat{\pmb{n}})$。作为一个特例,在二维情况下,式(2.2.32)可以得到以下方程

$$\int_{\Omega} \frac{\partial F}{\partial x} \mathrm{d}x \mathrm{d}y = \oint_{\Gamma} n_x F \mathrm{d}s, \int_{\Omega} \frac{\partial F}{\partial y} \mathrm{d}x \mathrm{d}y = \oint_{\Gamma} n_y F \mathrm{d}s \tag{2.2.33}$$

其中,$\mathrm{d}s$ 表示二维域封闭边界曲线上的一个单元。单位矢量 $\hat{\pmb{n}}$ 的方向余弦 n_x 和 n_y 可以写为

$$n_x = \cos(x, \hat{\pmb{n}}) = \hat{\pmb{e}}_x \cdot \hat{\pmb{n}}, n_y = \cos(y, \hat{\pmb{n}}) = \hat{\pmb{e}}_y \cdot \hat{\pmb{n}} \tag{2.2.34}$$

其中,$\hat{\pmb{e}}_x$ 和 $\hat{\pmb{e}}_y$ 分别表示沿 x 和 y 轴的单位基矢量;$\cos(x, \hat{\pmb{n}})$ 是 x 轴正方向和单位矢量 $\hat{\pmb{n}}$ 夹角的余弦。

2)散度定理

$$\int_{\Omega} \nabla \cdot \pmb{G} \mathrm{d}\Omega = \oint_{\Gamma} \hat{\pmb{n}} \cdot \pmb{G} \mathrm{d}\Gamma \tag{2.2.35}$$

这里,矢量之间的点表示矢量的标量积。相应的分量形式有(使用求和约定)

$$\int_{\Omega} \frac{\partial G_i}{\partial x_i} \mathrm{d}\Omega = \oint_{\Gamma} n_i G_i \mathrm{d}\Gamma \tag{2.2.36}$$

对于二维情况,使用(x, y)坐标,式(2.2.35)有以下显式表达:

$$\int_{\Omega} \left(\frac{\partial G_x}{\partial x} + \frac{\partial G_y}{\partial y} \right) \mathrm{d}x \mathrm{d}y = \oint_{\Gamma} (n_x G_x + n_y G_y) \mathrm{d}s \tag{2.2.37}$$

在三维域 Ω 中,令 $w(\pmb{x})$ 和 $u(\pmb{x})$ 是坐标 $\pmb{x}$ 的标量函数。随后,使用梯度和散度定理可以得到以下积分恒等式[这里要求读者去证明它们;提示:$\nabla(wu) = (\nabla w)u + w(\nabla u)$]:

$$\int_{\Omega} w(\nabla u) \mathrm{d}\Omega + \int_{\Omega} (\nabla w) u \mathrm{d}\Omega = \int_{\Gamma} \hat{\pmb{n}} w u \mathrm{d}\Gamma \tag{2.2.38}$$

和[提示:$\nabla^2 = \nabla \cdot \nabla, \nabla \cdot (\nabla u w) = \nabla^2 u w + \nabla u \cdot \nabla w$]

$$\int_{\Omega} (\nabla^2 u) w \mathrm{d}\Omega + \int_{\Omega} \nabla u \cdot \nabla w \mathrm{d}\Omega = \oint_{\Gamma} \frac{\partial u}{\partial n} w \mathrm{d}\Gamma \tag{2.2.39}$$

其中,∇^2 是式(2.2.9)定义的 Laplace 算子,$\partial/\partial n$ 表示法向导数算子:

$$\frac{\partial}{\partial n} \equiv \hat{\boldsymbol{n}} \cdot \nabla = n_i \frac{\partial}{\partial x_i} \qquad (2.2.40)$$

以及 $\mathrm{d}\Omega$ 表示一体积单元。在二维情况下,式(2.2.38)的分量形式为

$$\int_\Omega w \frac{\partial u}{\partial x} \mathrm{d}x\mathrm{d}y + \int_\Omega \frac{\partial w}{\partial x} u \mathrm{d}x\mathrm{d}y = \oint_\Gamma n_x w u \mathrm{d}s \qquad (2.2.41)$$

$$\int_\Omega w \frac{\partial u}{\partial y} \mathrm{d}x\mathrm{d}y + \int_\Omega \frac{\partial w}{\partial y} u \mathrm{d}x\mathrm{d}y = \oint_\Gamma n_y w u \mathrm{d}s \qquad (2.2.42)$$

式(2.2.39)的分量形式为

$$\int_\Omega \left(\frac{\partial^2 u}{\partial x^2} + \frac{\partial^2 u}{\partial y^2} \right) w \mathrm{d}x\mathrm{d}y + \int_\Omega \left(\frac{\partial u}{\partial x} \frac{\partial w}{\partial x} + \frac{\partial u}{\partial y} \frac{\partial w}{\partial y} \right) \mathrm{d}x\mathrm{d}y = \oint_\Gamma \left(n_x \frac{\partial u}{\partial x} + n_y \frac{\partial u}{\partial y} \right) w \mathrm{d}s \quad (2.2.43)$$

如果 $a_{xx}, a_{xy}, a_{yx}, a_{yy}, w$ 和 u 是关于 (x,y) 的连续且足够可导的函数,使用式(2.2.41)和式(2.2.42)中的恒等式,得

$$\begin{aligned}
\int_\Omega w & \left[\frac{\partial}{\partial x} \left(a_{xx} \frac{\partial u}{\partial x} + a_{xy} \frac{\partial u}{\partial y} \right) + \frac{\partial}{\partial y} \left(a_{yx} \frac{\partial u}{\partial x} + a_{yy} \frac{\partial u}{\partial y} \right) \right] \mathrm{d}x\mathrm{d}y \\
&= -\int_\Omega \left[\frac{\partial w}{\partial x} \left(a_{xx} \frac{\partial u}{\partial x} + a_{xy} \frac{\partial u}{\partial y} \right) + \frac{\partial w}{\partial y} \left(a_{yx} \frac{\partial u}{\partial x} + a_{yy} \frac{\partial u}{\partial y} \right) \right] \mathrm{d}x\mathrm{d}y \\
&\quad + \oint_\Gamma w \left[n_x \left(a_{xx} \frac{\partial u}{\partial x} + a_{xy} \frac{\partial u}{\partial y} \right) + n_y \left(a_{yx} \frac{\partial u}{\partial x} + a_{yy} \frac{\partial u}{\partial y} \right) \right] \mathrm{d}s
\end{aligned} \qquad (2.2.44)$$

2.2.4 矩阵及其操作

2.2.4.1 矩阵定义

考虑线性代数方程组:

$$\begin{aligned}
b_1 &= a_{11}x_1 + a_{12}x_2 + a_{13}x_3 \\
b_2 &= a_{21}x_1 + a_{22}x_2 + a_{23}x_3 \\
b_3 &= a_{31}x_1 + a_{32}x_2 + a_{33}x_3
\end{aligned} \qquad (2.2.45)$$

此外看到有 9 个系数 $a_{ij}, i,j=1,2,3$ 将三个系数 (b_1, b_2, b_3) 与 (x_1, x_2, x_3) 关联。这些线性方程的形式建议在矩形阵列中写出系数 a_{ij}(第 i 个方程中的第 j 个分量):

$$\boldsymbol{A} = \begin{bmatrix} a_{11} & a_{12} & a_{13} \\ a_{21} & a_{22} & a_{23} \\ a_{31} & a_{32} & a_{33} \end{bmatrix}$$

我们称 a_{ij} 的矩形阵列 $\boldsymbol{A}$ 为矩阵,称 a_{ij} 为矩阵 $\boldsymbol{A}$ 的元素。

如果一个矩阵有 m 行 n 列,称之为 m 乘 $n(m×n)$,行数总是写在前面。矩阵 $\boldsymbol{A}$ 的第 i 行第 j 列元素一般由 a_{ij} 来表示,并且有时会通过 $\boldsymbol{A} = [A] = [a_{ij}]$ 来指定一个矩阵。一个方阵是指该矩阵的行数和列数是一样的,通常称 $n×n$ 矩阵为 n 阶。一个方阵中的元素的行号和列号是一样的(即为 a_{ii}),则称它们为对角元素。如果非对角元素均为零,则称该方阵为对角矩阵。单位矩阵(由 $\boldsymbol{I} = [I]$ 表示)是所有元素均为 1 的对角矩阵。对角矩阵和单位矩阵的示例如下:

$$\begin{bmatrix} 6 & 0 & 0 & 0 \\ 0 & 1 & 0 & 0 \\ 0 & 0 & 3 & 0 \\ 0 & 0 & 0 & -3 \end{bmatrix}, \boldsymbol{I} = \begin{bmatrix} 1 & 0 & 0 & 0 \\ 0 & 1 & 0 & 0 \\ 0 & 0 & 1 & 0 \\ 0 & 0 & 0 & 1 \end{bmatrix}$$

如果矩阵只有一行或一列,通常仅使用一个单下标来指定它的元素。例如:

$$\boldsymbol{X} = \begin{Bmatrix} x_1 \\ x_2 \\ x_3 \end{Bmatrix}, \boldsymbol{Y} = \{ y_1 \quad y_1 \quad y_3 \}$$

分别表示一个列矩阵和一个行矩阵。通常可以使用一个向量的分量来表示行和列矩阵。

2.2.4.2　矩阵加法和矩阵与标量相乘

两个相同大小的矩阵的求和定义为:通过简单相加两个矩阵中对应的元素得到一个同样大小的矩阵。如果 $\boldsymbol{A}$ 和 $\boldsymbol{B}$ 分别是一个 $m \times n$ 矩阵,则它们的求和 $\boldsymbol{C}$ 也是一个 $m \times n$ 矩阵,并有

$$c_{ij} = a_{ij} + b_{ij}, \text{对于所有的 } i,j$$

一个常数与一个矩阵相乘等于将该矩阵中的所有元素都乘以该常数所得到的矩阵。也就是说,矩阵 $\boldsymbol{A}$ 乘以标量 α 得到的矩阵 $\alpha\boldsymbol{A}$ 中的所有元素是矩阵 $\boldsymbol{A}$ 的所有单元乘以 α 得到的:

$$\boldsymbol{A} = \begin{bmatrix} a_{11} & a_{12} & \cdots & a_{1n} \\ a_{21} & a_{22} & \cdots & a_{2n} \\ \vdots & \vdots & \cdots & \vdots \\ a_{m1} & a_{m2} & \cdots & a_{mn} \end{bmatrix}, \alpha\boldsymbol{A} = \begin{bmatrix} \alpha a_{11} & \alpha a_{12} & \cdots & \alpha a_{1n} \\ \alpha a_{21} & \alpha a_{22} & \cdots & \alpha a_{2n} \\ \vdots & \vdots & \cdots & \vdots \\ \alpha a_{m1} & \alpha a_{m2} & \cdots & \alpha a_{mn} \end{bmatrix}$$

矩阵加法具有以下性质:

(1)加法满足交换律: $\boldsymbol{A} + \boldsymbol{B} = \boldsymbol{B} + \boldsymbol{A}$。

(2)加法满足结合律: $\boldsymbol{A} + (\boldsymbol{B} + \boldsymbol{C}) = (\boldsymbol{A} + \boldsymbol{B}) + \boldsymbol{C}$。

(3)存在唯一的 $\boldsymbol{0}$ 矩阵,使得 $\boldsymbol{A} + \boldsymbol{0} = \boldsymbol{0} + \boldsymbol{A} = \boldsymbol{A}$。称矩阵 $\boldsymbol{0}$ 为零矩阵;其所有的元素均为零。

(4)对于一个矩阵 $\boldsymbol{A}$,存在唯一的矩阵 $-\boldsymbol{A}$ 使得 $\boldsymbol{A} + (-\boldsymbol{A}) = \boldsymbol{0}$。

(5)关于标量乘法,加法满足分配律: $\alpha(\boldsymbol{A} + \boldsymbol{B}) = \alpha\boldsymbol{A} + \alpha\boldsymbol{B}$。

2.2.4.3　转置矩阵、对称和非对称矩阵

如果 $\boldsymbol{A}$ 是一个 $m \times n$ 矩阵,则通过交换它的行和列可以得到一个 $n \times m$ 矩阵,并称其为 $\boldsymbol{A}$ 的转置,用 $\boldsymbol{A}^{\mathrm{T}}$ 表示。一个例子如下:

$$\boldsymbol{A} = \begin{bmatrix} 2 & -3 & 4 \\ 5 & 6 & 8 \\ 1 & 5 & 3 \\ -2 & 9 & 0 \end{bmatrix}, \boldsymbol{A}^{\mathrm{T}} = \begin{bmatrix} 2 & 5 & 1 & -2 \\ -3 & 6 & 5 & 9 \\ 4 & 8 & 3 & 0 \end{bmatrix}$$

需要注意,矩阵的转置具有以下特性:

(1) $(\boldsymbol{A}^{\mathrm{T}})^{\mathrm{T}} = \boldsymbol{A}$

(2)$(A+B)^{\mathrm{T}}=A^{\mathrm{T}}+B^{\mathrm{T}}$

如果一个实数方阵满足$A^{\mathrm{T}}=A$,则称其为对称的;如果满足$A^{\mathrm{T}}=-A$,则称其是反对称的。关于A中的元素,当且仅当$a_{ij}=a_{ji}$时,A是对称的;当且仅当$a_{ij}=-a_{ji}$时,A是反对称的。需要注意的是,反对称矩阵的对角元素总是为零的,因为$a_{ij}=-a_{ji}$意味着$a_{ij}=0$($i=j$)。对称和反对称矩阵的例子如下:

$$\begin{bmatrix} 5 & -2 & 11 & 9 \\ -2 & 4 & 14 & -3 \\ 11 & 14 & 13 & 8 \\ 9 & -3 & 8 & 21 \end{bmatrix}, \begin{bmatrix} 0 & -10 & 23 & 3 \\ 10 & 0 & 21 & 7 \\ -23 & -21 & 0 & 12 \\ -3 & -7 & -12 & 0 \end{bmatrix}$$

2.2.4.4　矩阵乘法和二次型

在笛卡儿坐标系中考虑一个矢量$A=a_1\hat{e}_1+a_2\hat{e}_2+a_3\hat{e}_3$。可以将$A$表示为一个行矩阵和一个列矩阵的乘积:

$$A=\{a_1 \quad a_2 \quad a_3\}\begin{Bmatrix} \hat{e}_1 \\ \hat{e}_2 \\ \hat{e}_3 \end{Bmatrix}$$

可以看出,矢量A是通过将行矩阵中第i个元素乘以列矩阵中第i个元素并相加得到的。据此可以定义两个矩阵的乘积(见 Hildebrand[7])。

令x和y为矢量(列矩阵):

$$x=\begin{Bmatrix} x_1 \\ x_2 \\ \vdots \\ x_m \end{Bmatrix}, \quad y=\begin{Bmatrix} y_1 \\ y_2 \\ \vdots \\ y_m \end{Bmatrix}$$

定义$x^{\mathrm{T}}y$的积为标量:

$$x^{\mathrm{T}}y=\{x_1 \quad x_2 \quad \cdots \quad x_m\}\begin{Bmatrix} y_1 \\ y_2 \\ \vdots \\ y_m \end{Bmatrix}=x_1y_1+x_2y_2+\cdots+x_my_m=\sum_{i=1}^{m}x_iy_i \qquad (2.2.46)$$

由式(2.2.46)可知,$x^{\mathrm{T}}y=y^{\mathrm{T}}x$。更一般地,令$A=[a_{ij}]$为$m\times n$矩阵;$B=[b_{ij}]$为$n\times p$矩阵。则乘积$AB$为$m\times p$矩阵$C=[c_{ij}]$:

$$c_{ij}=\{A\text{ 的第 }i\text{ 行}\}\begin{Bmatrix} B \\ \text{的} \\ \text{第} \\ j \\ \text{列} \end{Bmatrix}=\{a_{i1} \quad a_{i2} \quad \cdots \quad a_{in}\}\begin{Bmatrix} b_{1j} \\ b_{2j} \\ \vdots \\ b_{nj} \end{Bmatrix} \qquad (2.2.47)$$

$$=a_{i1}b_{1j}+a_{i2}b_{2j}+\cdots a_{in}b_{nj}=\sum_{k=1}^{n}a_{ik}b_{kj}$$

现在,使用矩阵标记可以将式(2.2.45)中的线性代数方程组表示为

$$\begin{Bmatrix} b_1 \\ b_2 \\ b_3 \end{Bmatrix} = \begin{bmatrix} a_{11} & a_{12} & a_{13} \\ a_{21} & a_{22} & a_{23} \\ a_{31} & a_{32} & a_{33} \end{bmatrix} \begin{Bmatrix} x_1 \\ x_2 \\ x_3 \end{Bmatrix} \text{或者 } \boldsymbol{B} = \boldsymbol{A}\boldsymbol{X}$$

关于矩阵乘法有以下几点注释(这里 $\boldsymbol{A}$ 为 $m \times n$ 矩阵; $\boldsymbol{B}$ 为 $p \times q$ 矩阵):

(1)只有当 $\boldsymbol{A}$ 矩阵的列数 n 和 $\boldsymbol{B}$ 矩阵的行数 p 相等时,才存在 $\boldsymbol{A}\boldsymbol{B}$ 的积。类似的, $\boldsymbol{B}\boldsymbol{A}$ 的积只有在 $q = m$ 时存在。

(2)如果 $\boldsymbol{A}\boldsymbol{B}$ 的积存在, $\boldsymbol{B}\boldsymbol{A}$ 的积可能存在,也可能不存在。如果 $\boldsymbol{A}\boldsymbol{B}$ 和 $\boldsymbol{B}\boldsymbol{A}$ 的积都存在,它们也不一定具有相同的大小。

(3)当且仅当 $\boldsymbol{A}$ 和 $\boldsymbol{B}$ 是大小相同的方阵时, $\boldsymbol{A}\boldsymbol{B}$ 和 $\boldsymbol{B}\boldsymbol{A}$ 的积具有相同的大小。

(4)通常 $\boldsymbol{A}\boldsymbol{B}$ 和 $\boldsymbol{B}\boldsymbol{A}$ 的积是不相等的,即 $\boldsymbol{A}\boldsymbol{B} \neq \boldsymbol{B}\boldsymbol{A}$ (即使它们具有相同的大小);也就是说,矩阵乘法是不满足交换律的。

(5) 对于任意一个实数方阵 $\boldsymbol{A}$,如果 $\boldsymbol{A}\boldsymbol{A}^{\mathrm{T}} = \boldsymbol{A}^{\mathrm{T}}\boldsymbol{A}$,则称其为正规的;如果 $\boldsymbol{A}\boldsymbol{A}^{\mathrm{T}} = \boldsymbol{A}^{\mathrm{T}}\boldsymbol{A} = \boldsymbol{I}$,则称其为正交的。

(6)相对于矩阵乘法,矩阵加法满足分配律(注意顺序): $(\boldsymbol{A} + \boldsymbol{B})\boldsymbol{C} = \boldsymbol{A}\boldsymbol{C} + \boldsymbol{B}\boldsymbol{C}$。

(7)如果 $\boldsymbol{A}$ 是一个方阵, $\boldsymbol{A}$ 的幂定义为: $\boldsymbol{A}^2 = \boldsymbol{A}\boldsymbol{A}$, $\boldsymbol{A}^3 = \boldsymbol{A}\boldsymbol{A}^2 = \boldsymbol{A}^2\boldsymbol{A}$,等等。

(8)矩阵乘法满足结合律: $(\boldsymbol{A}\boldsymbol{B})\boldsymbol{C} = \boldsymbol{A}(\boldsymbol{B}\boldsymbol{C})$。

(9)任意一个方阵与单位矩阵的乘积是它本身。

(10)两个矩阵的积的转置为: $(\boldsymbol{A}\boldsymbol{B})^{\mathrm{T}} = \boldsymbol{B}^{\mathrm{T}}\boldsymbol{A}^{\mathrm{T}}$ (注意顺序)。

称下述表达式

$$Q = a_{11}x_1^2 + a_{22}x_2^2 + \cdots + a_{nn}x_n^2 + 2a_{12}x_1x_2 + 2a_{13}x_1x_3 + \cdots + 2a_{n-1,n}x_{n-1}x_n$$

是 $x_1, x_2, \cdots, x_n$ 的二次型,其中, a_{ij} 和 x_i 是实数。如果与实对称矩阵 $\boldsymbol{A}$ 关联的二次型 $\boldsymbol{x}^{\mathrm{T}}\boldsymbol{A}\boldsymbol{x}$ 对于变量 x_i 的所有实数值都是非负的,并且当且仅当每个变量 x_i 值为零时等于零,则该二次型被称为是正定的,并称矩阵 $\boldsymbol{A}$ 是正定的。

2.2.4.5　矩阵的逆和行列式

如果 $n \times n$ 矩阵 $\boldsymbol{A}$ 和 $n \times n$ 矩阵 $\boldsymbol{B}$ 满足 $\boldsymbol{A}\boldsymbol{B} = \boldsymbol{B}\boldsymbol{A} = \boldsymbol{I}$,则称 $\boldsymbol{B}$ 是 $\boldsymbol{A}$ 的逆。如果矩阵的逆存在,则其是唯一的(由结合律可得)。如果 $\boldsymbol{B}$ 和 $\boldsymbol{C}$ 都是 $\boldsymbol{A}$ 的逆,则由定义得

$$\boldsymbol{A}\boldsymbol{B} = \boldsymbol{B}\boldsymbol{A} = \boldsymbol{A}\boldsymbol{C} = \boldsymbol{C}\boldsymbol{A} = \boldsymbol{I}$$

因为矩阵乘法满足结合律,有

$$\boldsymbol{B}\boldsymbol{A}\boldsymbol{C} = (\boldsymbol{B}\boldsymbol{A})\boldsymbol{C} = \boldsymbol{I}\boldsymbol{C} = \boldsymbol{C}$$
$$= \boldsymbol{B}(\boldsymbol{A}\boldsymbol{C}) = \boldsymbol{B}\boldsymbol{I} = \boldsymbol{B}$$

这表明 $\boldsymbol{B} = \boldsymbol{C}$,因此矩阵的逆是是唯一的。用 $\boldsymbol{A}^{-1}$ 来表示 $\boldsymbol{A}$ 矩阵的逆。如果一个矩阵没有逆,则称其是奇异的。如果 $\boldsymbol{A}$ 矩阵是非奇异的,则它的逆的转置等于它的转置的逆: $(\boldsymbol{A}^{-1})^{\mathrm{T}} = (\boldsymbol{A}^{\mathrm{T}})^{-1}$。

令 $\boldsymbol{A} = [a_{ij}]$ 是一个 $n \times n$ 的矩阵。希望将一个标量与 $\boldsymbol{A}$ 相关联,该标量在某种意义上可以

度量 $\boldsymbol{A}$ 的"大小"并表示 $\boldsymbol{A}$ 是否为非奇异的。定义矩阵 $\boldsymbol{A} = [a_{ij}]$ 的行列式为该标量 $\det \boldsymbol{A} = |\boldsymbol{A}|$,其由下式计算得

$$\det \boldsymbol{A} = |a_{ij}| = \sum_{i=1}^{n} (-1)^{i+1} a_{i1} |A_{i1}| \tag{2.2.48}$$

这里,$|A_{i1}|$ 是删掉 $\boldsymbol{A}$ 矩阵中第 i 行和第一列后所形成的 $(n-1) \times (n-1)$ 矩阵的行列式。为方便起见,将零阶矩阵的行列式定义为 1。对于 1×1 矩阵的行列式定义为 $|a_{11}| = a_{11}$;对于 2×2 矩阵的行列式定义为

$$\boldsymbol{A} = \begin{bmatrix} a_{11} & a_{12} \\ a_{21} & a_{22} \end{bmatrix}, \quad |\boldsymbol{A}| = \begin{vmatrix} a_{11} & a_{12} \\ a_{21} & a_{22} \end{vmatrix} = a_{11}a_{22} - a_{12}a_{21}$$

在上面的定义中,注意的是矩阵 $\boldsymbol{A}$ 的第一列,称之为根据 $\boldsymbol{A}$ 的第一列的展开。实际上,可以根据 $\boldsymbol{A}$ 的任意一列或一行对 $|\boldsymbol{A}|$ 进行展开:

$$|\boldsymbol{A}| = \sum_{i=1}^{n} (-1)^{i+j} a_{ij} |A_{ij}| \, (\text{固定 } j) = \sum_{j=1}^{n} (-1)^{i+j} a_{ij} |A_{ij}| \, (\text{固定 } i) \tag{2.2.49}$$

这里,$|A_{ij}|$ 是删掉 $\boldsymbol{A}$ 矩阵中第 i 行和第 j 列后所形成的矩阵的行列式。

注意到行列式具有以下特性:

(1) $\det(\boldsymbol{AB}) = \det \boldsymbol{A} \cdot \det \boldsymbol{B}$

(2) $\det \boldsymbol{A}^{\mathrm{T}} = \det \boldsymbol{A}$

(3) $\det(\alpha \boldsymbol{A}) = \alpha^n \det \boldsymbol{A}$,其中 α 是一个标量,n 是 $\boldsymbol{A}$ 的阶数。

(4) 如果 $\boldsymbol{A}'$ 是由 $\boldsymbol{A}$ 矩阵对其一行(或一列)乘以一个标量 α 得到的,则有 $\det \boldsymbol{A}' = \alpha \det \boldsymbol{A}$。

(5) 如果 $\boldsymbol{A}'$ 是由 $\boldsymbol{A}$ 矩阵对其两行(或两列)相互交换得到的,则有 $\det \boldsymbol{A}' = -\det \boldsymbol{A}$。

(6) 如果 $\boldsymbol{A}$ 矩阵的两行(或两列)中其中一行(列)可以由另一行(列)乘以一个标量得到(即线性相关),则 $\det \boldsymbol{A} = 0$。

(7) 如果 $\boldsymbol{A}'$ 是由 $\boldsymbol{A}$ 矩阵对其一行(或列)的倍数添加到另一行得到的,则有 $\det \boldsymbol{A}' = \det \boldsymbol{A}$。

现在,根据行列式来定义奇异矩阵。当且仅当一个矩阵的行列式为零时,称其是奇异的。根据性质(6),如果一个矩阵有线性相关的行(或列),则其行列式是零。

对于一个 $n \times n$ 矩阵 $\boldsymbol{A}$,通过删掉 $\boldsymbol{A}$ 矩阵中第 i 行和第 j 列后所形成的 $\boldsymbol{A}$ 的 $(n-1) \times (n-1)$ 子矩阵的行列式被称为 a_{ij} 的余子式,并由 $M_{ij}(\boldsymbol{A})$(与 $|A_{ij}|$ 一致)表示;称 $\mathrm{cof}_{ij}(\boldsymbol{A}) \equiv (-1)^{i+j} M_{ij}(\boldsymbol{A})$ 为 a_{ij} 的代数余子式。对于任意的 j,$\boldsymbol{A}$ 的行列式可由 a_{ij} 的代数余子式表示:

$$\det \boldsymbol{A} = \sum_{i=1}^{n} a_{ij} \mathrm{cof}_{ij}(\boldsymbol{A}) \tag{2.2.50}$$

$\boldsymbol{A}$ 矩阵的伴随矩阵是将 $\boldsymbol{A}$ 中各元素由其所对应的代数余子式替换得到的矩阵的转置,并由 $\mathrm{Adj}\, \boldsymbol{A}$ 表示。

现在,有了计算矩阵的逆的必要工具。如果 $\boldsymbol{A}$ 矩阵是非奇异的(即 $\det \boldsymbol{A} \neq 0$),则 $\boldsymbol{A}$ 的逆 $\boldsymbol{A}^{-1}$ 可由式(2.2.51)计算,得

$$\boldsymbol{A}^{-1} = \frac{1}{\det \boldsymbol{A}} \mathrm{Adj} \boldsymbol{A} \tag{2.2.51}$$

接下来给出一个行列式和逆计算的数值示例。

例 2.2.1

计算下述矩阵的行列式和逆

$$A = \begin{bmatrix} 2 & 5 & -1 \\ 1 & 4 & 3 \\ 2 & -3 & 5 \end{bmatrix}$$

解答： A 的余子式为

$$M_{11}(A) = \begin{vmatrix} 4 & 3 \\ -3 & 5 \end{vmatrix}, M_{12}(A) = \begin{vmatrix} 1 & 3 \\ 2 & 5 \end{vmatrix}, M_{13}(A) = \begin{vmatrix} 1 & 4 \\ 2 & -3 \end{vmatrix}$$

$$M_{21}(A) = \begin{vmatrix} 5 & -1 \\ -3 & 5 \end{vmatrix}, M_{22}(A) = \begin{vmatrix} 2 & -1 \\ 2 & 5 \end{vmatrix}, M_{23}(A) = \begin{vmatrix} 2 & 5 \\ 2 & -3 \end{vmatrix}$$

$$M_{31}(A) = \begin{vmatrix} 5 & -1 \\ 4 & 3 \end{vmatrix}, M_{32}(A) = \begin{vmatrix} 2 & -1 \\ 1 & 3 \end{vmatrix}, M_{33}(A) = \begin{vmatrix} 2 & 5 \\ 1 & 4 \end{vmatrix}$$

为了计算行列式,使用式(2.2.48),并根据第一列进行展开：

$$|A| = \sum_{i=1}^{3} (-1)^{i+1} a_{i1} |A_{i1}| = a_{11} M_{11}(A) - a_{21} M_{21}(A) + a_{31} M_{31}(A)$$

$$= a_{11} \begin{vmatrix} 4 & 3 \\ -3 & 5 \end{vmatrix} - a_{21} \begin{vmatrix} 5 & -1 \\ -3 & 5 \end{vmatrix} + a_{31} \begin{vmatrix} 5 & -1 \\ 4 & 3 \end{vmatrix}$$

$$= 2[(4)(5)-(3)(-3)] + (-1)[(5)(5)-(-1)(-3)] + 2[(5)(3)-(-1)(4)]$$

$$= 2(20+9)-(25-3)+2(15+4) = 74$$

注意到,通过根据第一行进行展开也可以计算得到行列式：

$$|A| = a_{11} M_{11}(A) - a_{12} M_{12}(A) + a_{13} M_{13}(A) = 2 \times 29 - 5 \times (-1) + (-1) \times (-11) = 74$$

为了计算给定矩阵的逆,首先计算其代数余子式：

$$\text{cof}_{11}(A) = (-1)^2 M_{11}(A) = 4 \times 5 - (-3) \times 3 = 29$$

$$\text{cof}_{12}(A) = (-1)^3 M_{12}(A) = -(1 \times 5 - 3 \times 2) = 1$$

$$\text{cof}_{13}(A) = (-1)^4 M_{13}(A) = 1 \times (-3) - 2 \times 4 = -11$$

$$\text{cof}_{21}(A) = (-1)^3 M_{21}(A) = -[5 \times 5 - (-3) \times (-1)] = 22$$

$$\text{cof}_{22}(A) = (-1)^4 M_{22}(A) = [2 \times 5 - 2 \times (-1)] = 12$$

$$\text{cof}_{23}(A) = (-1)^5 M_{23}(A) = -[2 \times (-3) - 2 \times 5] = 16$$

等。随后,可得伴随矩阵 Adj(A)：

$$\text{Adj}(A) = \begin{bmatrix} \text{cof}_{11}(A) & \text{cof}_{12}(A) & \text{cof}_{13}(A) \\ \text{cof}_{21}(A) & \text{cof}_{22}(A) & \text{cof}_{23}(A) \\ \text{cof}_{31}(A) & \text{cof}_{32}(A) & \text{cof}_{33}(A) \end{bmatrix}^{\text{T}} = \begin{bmatrix} 29 & -22 & 19 \\ 1 & 12 & -7 \\ -11 & 16 & 3 \end{bmatrix}$$

现在,使用式(2.2.51)可以计算 A 的逆：

$$A^{-1} = \frac{1}{74} \begin{bmatrix} 29 & -22 & 19 \\ 1 & 12 & -7 \\ -11 & 16 & 3 \end{bmatrix}$$

可以简单验证得到 $AA^{-1} = A^{-1}A = I$。

2.3 能量和虚功原理

2.3.1 简介

与热传递、流体力学等不同的是,固体和结构力学领域具有特殊的原理和定理,并且它们是基于系统中所存储的能量和所做的功的。这些原理提供了推导固体连续介质控制方程的另一种方式。更重要的是,它们可用于直接获得系统控制方程的精确解或近似解。为了便于读者快速理解和使用这些思想,必须引入一些基本的概念。关于详细的介绍,读者可以参考 Reddy 所著的教科书[2]。

2.3.2 功和能量

力(或力矩)所做的功的定义为该力(或力矩)与在力(或力矩)的方向上所产生的位移(或转角)的乘积。因此,如果 F 和 u 分别是具有大小和方向的力矢量和位移矢量,则标量积(或点积) $F \cdot u$ 表示其所做的功。所做的功是一个标量,其单位是 N·m(牛顿·米)。当力和位移是域 Ω 中位置矢量 x 的函数时,则所做的功可通过两者乘积在整个域上进行积分,得

$$W = \int_{\Omega} F(x) \cdot u(x) \, \mathrm{d}\Omega \qquad (2.3.1)$$

其中,$\mathrm{d}\Omega$ 表示物体的一体积单元。如果 F 也还是 u 的函数,则

$$W = \int_{\Omega} \left[\int_0^u F(x) \cdot \mathrm{d}u(x) \right] \mathrm{d}\Omega \qquad (2.3.2)$$

为了进一步理解与位移无关的力所做的功和是位移函数的力所做的功之间的差异,考虑处于静态平衡状态的弹簧—质量系统[图 2.3.1(a)]。假设质量 m 在线性弹性弹簧的末端缓慢放置(以消除动态影响)(即弹簧中的力与弹簧中的位移成线性比例)。在大小恒定的外部作用力 F_0 的作用下,弹簧将从其未变形状态开始伸长 e_0。在这种情况下,重力 F_0 的大小为 $F_0 = mg$。显然地,F_0 与伸长量 e_0 无关,在伸长量 e 从 0 到最终的 e_0 过程中 F_0 是不发生变化的[见图 2.3.1(b)]。在通过 $\mathrm{d}e$ 长度时由 F_0 所做的功为 $F_0\mathrm{d}e$,则由 F_0 所做的总(外部)功为

$$W_E = \int_0^{e_0} F_0 \mathrm{d}e = F_0 e_0$$

接下来考虑弹簧的力 F_s,其是与弹簧的位移成比例的。因此,在伸长量 e 从 0 到最终的 e_0 过程中 F_s 从 0 变化至最终值 F_s^f[见图 2.3.1(c)]。在通过 $\mathrm{d}e$ 长度时由 F_s 所做的功为 $F_s\mathrm{d}e$,则由 F_s 所做的总(内部)功为

$$W_I = \int_0^{e_0} F_s(e) \mathrm{d}e$$

因为假设弹簧是线性的，我们有 $F_s = ke$，其中 k 是弹簧常数。则由弹簧力所做的功为

$$W_I = \int_0^{e_0} kede = \frac{1}{2}ke_0^2$$

显然，$W_I \neq W_E$。然而，在平衡时，有 $F_s^f = F$，这里 F_s^f 表示最终的弹簧力。

现在，假设弹簧从 e_0 被拉伸到 $e_0 + \Delta e$，并认为 Δe 无限小。则由 $F = mg$ 和 $F_s = F_s(e_0)$ 所做的额外（或增量）的功可以简单写为

$$\Delta W_E = -F\Delta e = -mg\Delta e, \Delta W_I = F_s\Delta e = ke_0\Delta e$$

由于 $F = F_s$，上式表明 $\Delta W_I = -\Delta W_E$。

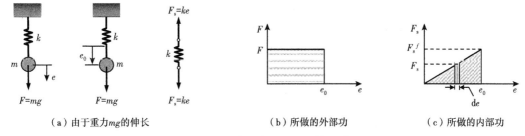

（a）由于重力 mg 的伸长　　　（b）所做的外部功　　　（c）所做的内部功

图 2.3.1　处于平衡状态的线性弹簧—质量系统

承受外力的可变形物体会产生内部力，该内部力会通过物体几何变化产生的位移而移动。因此，对于可变形物体，功是通过外部施加的力和内部产生的力共同产生的。如果 $f(x)$ 是体力（每单位体积下测量的），其作用在体积为 Ω 的物体中位置矢量为 x 的内部粒子上；t 是边界 Γ 上的表面力（每单位面积下测量的）；u 是粒子的位移，则内部粒子所做的功为 $f \cdot u$，边界粒子所做的功为 $t \cdot u$。在体积单元 $d\Omega$ 中所有粒子所做的功为 $f \cdot u d\Omega$；在边界单元 $d\Gamma$ 上所有粒子所做的功为 $t \cdot u d\Gamma$。因此，物体的总外部功（用 W_E 表示）是所有内部粒子和物体边界上所做功的总和：

$$W_E = -\left[\int_\Omega f(x) \cdot u(x)d\Omega + \oint_\Gamma t(s) \cdot u(s)d\Gamma \right] \tag{2.3.3}$$

负号表示消耗在物体上的功，而不是存储在物体上的功。在计算外部功时，假设所施加的力（或弯矩）不是它们在物体中引起的位移（或转角）的函数。有时，由于所施加的载荷，W_E 也被称为势能（用 V_E 表示）。

能量被定义为做功的能力。储存在物体内的能量使它有做功的能力，内部力在通过各位移时所做的内部功可用作储存的能量。然而，如使用弹簧—质量系统所述，内部力是位移的函数（实际上是位移梯度的函数）。在前述所讨论的弹簧—质量系统中存储的能量是完全由于弹簧拉伸引起的，并称之为应变能，$U = W_I$。当引起变形的外部力被消除时，其是可以使弹簧回到原始状态的。因此，能量是所有可以对物质做功的力的能力的一种度量。物体上的功是通过能量的变化来完成的。

能量的另一种形式是动能。考虑一个物质粒子的运动，由牛顿第二定律有，$F = m(dv/dt)$，其中 m 是粒子的质量 v 是粒子的速度。如果 x 是粒子相对于一个固定框架的位置矢量，

则力 $\boldsymbol{F}$ 使粒子移动一段无限小距离 $\mathrm{d}\boldsymbol{r}$ 时所做的功为

$$\mathrm{d}W = \boldsymbol{F} \cdot \mathrm{d}\boldsymbol{x} = m\frac{\mathrm{d}\boldsymbol{v}}{\mathrm{d}t} \cdot \mathrm{d}\boldsymbol{x} = m\frac{\mathrm{d}\boldsymbol{v}}{\mathrm{d}t} \cdot \boldsymbol{v}\,\mathrm{d}t = m\frac{\mathrm{d}}{\mathrm{d}t}\left(\frac{1}{2}\boldsymbol{v}\cdot\boldsymbol{v}\right)\mathrm{d}t = \frac{1}{2}mv^2 = \frac{\mathrm{d}K}{\mathrm{d}t}\mathrm{d}t = \mathrm{d}K$$

其中, $v = |\boldsymbol{v}|$ 表示速度矢量 $\boldsymbol{v} = \mathrm{d}\boldsymbol{x}/\mathrm{d}t$ 的大小; K 是动能。因此,力所做的功与动能的变化量(增加量)是相等的。

2.3.3　应变能和应变能密度

对于在等温条件和无限小变形下的可变形弹性体,单位体积的内部能量(由 U_0 表示,并称为应变能密度)仅由所存储的弹性应变能组成(对于刚体, $U_0 = 0$)。应变能密度的一种表达式可以通过下述方式来推导。

首先,考虑一个横截面积为 A 的杆的轴向变形。杆的长度为 $\mathrm{d}x_1$ 的微元的受力示意图如图 2.3.2(a)所示。注意到该微元处于静态平衡中,希望确定内部力(这里指与其相关联的应力 σ_{11}^f ,上标 f 表示其为该物理量的最终值)所做的功。假设该微元缓慢变形,相应的轴向应变从 0 变化到最终值 ε_{11}^f 。在应变从 ε_{11} 变化到 $\varepsilon_{11} + \mathrm{d}\varepsilon_{11}$ 期间的任一瞬间,假设 σ_{11} (由于 ε_{11})保持恒定以便维持平衡状态。则由力 $A\sigma_{11}$ 在通过位移为 $\mathrm{d}\varepsilon_{11}\mathrm{d}x_1$ 时所做的功为

$$A\sigma_{11}\mathrm{d}\varepsilon_{11}\mathrm{d}x_1 = \sigma_{11}\mathrm{d}\varepsilon_{11}(A\mathrm{d}x_1) \equiv \mathrm{d}U_0(A\mathrm{d}x_1)$$

其中, $\mathrm{d}U_0$ 表示微元内每单位体积所做的功。

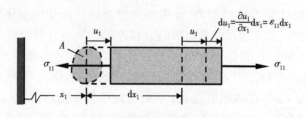

(a) 力 $A\sigma_{11}$ 所做的功

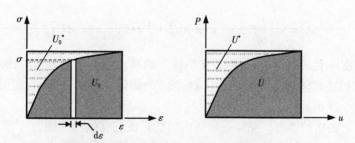

(b) 应变能密度和应变余能密度以及相关的能量的定义

图 2.3.2　单轴加载构件的应变能计算

如图 2.3.2(b)中的应力—应变关系图所示, $\mathrm{d}U_0$ 表示应力—应变曲线下方的微元面积。在由 ε_{11} 和 σ_{11} 所形成的矩形中,微元面积对应的互补部分为 $\mathrm{d}U_0^* = \varepsilon_{11}\mathrm{d}\sigma_{11}$,并称之为长度为 $\mathrm{d}x_1$ 的杆的应变余能密度。曲线下方区域的总面积 U_0 是通过在应变从零到最终值这个区间进行积分得到的(这里应力根据相应的应力—应变关系得到):

$$U_0 = \int_0^{\varepsilon_{11}} \sigma_{11} \mathrm{d}\varepsilon_{11}$$

这里,省略了上标 f,因为该表达式对 ε 的任何值都是成立的。

在整个变形过程中,由 $A\sigma_{11}$ 在整个长度为 $\mathrm{d}x_1$ 的微元上所做的内部功为

$$\mathrm{d}U = \int_0^{\varepsilon_{11}} \sigma_{11} \mathrm{d}\varepsilon_{11} (A\mathrm{d}x_1) = U_0 (A\mathrm{d}x_1)$$

通过对整个杆的长度进行积分可以得到杆的存储的总能量:

$$U = \int_0^L A U_0 \mathrm{d}x_1$$

这是由于杆的变形所存储在物体中的内能,称之为应变能。这里注意到没有使用应力—应变关系,除了图 2.3.2(b) 所示的应力—应变图表明它可以是非线性的。当应力—应变关系为线性时,即 $\sigma_{11} = E\varepsilon_{11}$,有 $U_0 = (1/2)E\varepsilon_{11}^2 = (1/2)\sigma_{11}\varepsilon_{11}$。

上述的讨论可以推广至三维情况。如图 2.3.3(a),考虑一弹性体 Ω 中一边长为 $\mathrm{d}x_1, \mathrm{d}x_2$ 和 $\mathrm{d}x_3$ 的矩形平行六面体单元。假设该单元受到的加载是缓慢变化的直到达到其最终值为止,以便单元始终处于平衡状态。由法向应力分量形成的力为

$$\sigma_{11}\mathrm{d}x_2\mathrm{d}x_3, \sigma_{22}\mathrm{d}x_3\mathrm{d}x_1, \sigma_{33}\mathrm{d}x_1\mathrm{d}x_2$$

而在六个表面由剪应力分量形成的力为

$$\sigma_{12}\mathrm{d}x_2\mathrm{d}x_3, \sigma_{13}\mathrm{d}x_3\mathrm{d}x_2, \sigma_{21}\mathrm{d}x_1\mathrm{d}x_3, \sigma_{23}\mathrm{d}x_3\mathrm{d}x_1, \sigma_{31}\mathrm{d}x_1\mathrm{d}x_2, \sigma_{32}\mathrm{d}x_2\mathrm{d}x_1$$

在这些力作用的任何阶段,无限小平行六面体的面将在法向方向产生大小为 $\mathrm{d}\varepsilon_{11}\mathrm{d}x_1, \mathrm{d}\varepsilon_{22}\mathrm{d}x_2$ 和 $\mathrm{d}\varepsilon_{33}\mathrm{d}x_3$ 的位移,以及大小为 $2\mathrm{d}\varepsilon_{12}\mathrm{d}x_1, 2\mathrm{d}\varepsilon_{23}\mathrm{d}x_2$ 和 $2\mathrm{d}\varepsilon_{31}\mathrm{d}x_3$ 的畸变。作为示例,由法向力 $\sigma_{11}\mathrm{d}x_2\mathrm{d}x_3$ 和剪力 $\sigma_{21}\mathrm{d}x_1\mathrm{d}x_3$ 各自产生的变形分别在图 2.3.3(a) 和(b) 中给出(只给出了最终变形状态)。每个力所做的功可以被求和,从而得到所有力同时作用所做的总功。因为如果一个力是沿 x_1 方向,则其在 x_2 或 x_3 方向上是不做功的。例如,力 $\sigma_{11}\mathrm{d}x_2\mathrm{d}x_3$ 在加载过程所做的功为

$$(\sigma_{11}\mathrm{d}x_2\mathrm{d}x_3)(\mathrm{d}\varepsilon_{11}\mathrm{d}x_1) = \sigma_{11}\mathrm{d}\varepsilon_{11}\mathrm{d}\Omega$$

其中,$\mathrm{d}\Omega = \mathrm{d}x_1\mathrm{d}x_2\mathrm{d}x_3$。类似地,剪力 $\sigma_{21}\mathrm{d}x_1\mathrm{d}x_3$ 所做的功为

$$(\sigma_{21}\mathrm{d}x_1\mathrm{d}x_3)(2\mathrm{d}\varepsilon_{21}\mathrm{d}x_2) = 2\sigma_{21}\mathrm{d}\varepsilon_{21}\mathrm{d}\Omega$$

在所有应力从零到最终值缓慢变化过程中,力所做的内部功为($\sigma_{12} = \sigma_{21}$)

$$\mathrm{d}U = \left(\int_0^{\varepsilon_{11}} \sigma_{11}\mathrm{d}\varepsilon_{11} + \int_0^{\varepsilon_{12}} 2\sigma_{12}\mathrm{d}\varepsilon_{12} + \cdots \right) \mathrm{d}\Omega = \int_0^{\varepsilon_{ij}} \sigma_{ij}\mathrm{d}\varepsilon_{ij}\mathrm{d}\Omega = U_0\mathrm{d}\Omega \qquad (2.3.4)$$

其中,重复指标表示求和,但积分上限对应的是固定的 i 和 j。表达式

$$U_0 = \int_0^{\varepsilon_{ij}} \sigma_{ij}\mathrm{d}\varepsilon_{ij} \qquad (2.3.5)$$

是每单位体积的应变能或者简称为应变能密度。因此,由所有应力分量 σ_{ij} 产生的力所做的总内部功,即物体所存储的应变能可以通过对 U_0 在整个物体的体积中积分得

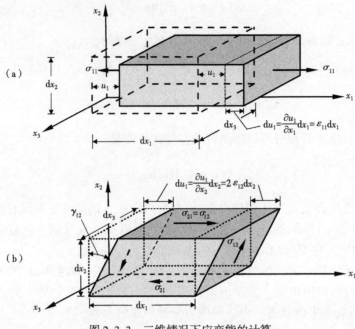

图 2.3.3　三维情况下应变能的计算

$$U = \int_{\Omega} U_0 \mathrm{d}\Omega \tag{2.3.6}$$

例 2.3.1

考虑一个长度为 L 的单轴杆,且具有恒定的横截面积 A 以及恒定的杨氏模量 E。假设轴向位移 $u(x)$ 可以表达为关于端部位移 u_1 和 u_2 的形式[图 2.3.4(a)]:

$$u(x) = \left(1 - \frac{x}{L}\right)u_1 + \frac{x}{L}u_2 \tag{1}$$

(1)根据位移 u,确定应变能密度和应变能;(2)根据位移 u_1 和 u_2,确定应变能密度和应变能。

解答:杆所产生的唯一应变是轴向应变 ε,其由下式计算,得

$$\varepsilon = \frac{\mathrm{d}u}{\mathrm{d}x} = \frac{u_2 - u_1}{L} \tag{2}$$

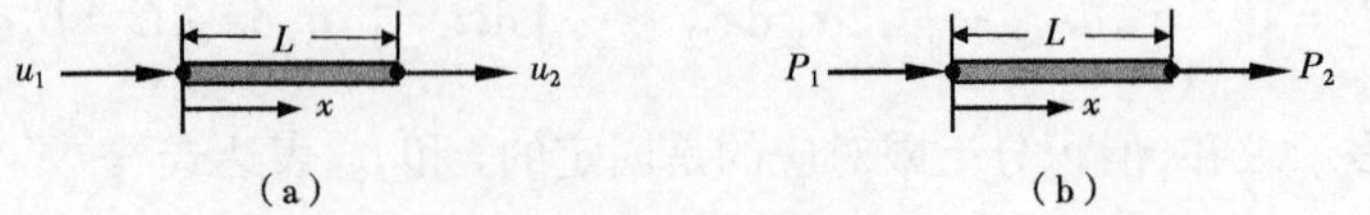

图 2.3.4　杆的轴向变形

(1)应变能密度为($\sigma = E\varepsilon$)

$$U_0 = \int_0^\varepsilon \sigma \mathrm{d}\varepsilon = \frac{E}{2}\varepsilon^2 = \frac{E}{2}\left(\frac{\mathrm{d}u}{\mathrm{d}x}\right)^2 \tag{3}$$

杆内所存储的应变能为

$$U = U_0 AL = \frac{EAL}{2}\left(\frac{\mathrm{d}u}{\mathrm{d}x}\right)^2 \tag{4}$$

（2）若已知杆的端部位移，则应变能密度为

$$U_0 = \frac{E}{2}\varepsilon^2 = \frac{E}{2}\left(\frac{u_2 - u_1}{L}\right)^2 = \frac{E}{2L^2}\begin{Bmatrix} u_1 \\ u_2 \end{Bmatrix}^{\mathrm{T}} \begin{bmatrix} 1 & -1 \\ -1 & 1 \end{bmatrix} \begin{Bmatrix} u_1 \\ u_2 \end{Bmatrix} \tag{5}$$

杆内所存储的应变能变为

$$U = \frac{EA}{2L}(u_2 - u_1)^2 = \frac{EA}{2L}\begin{Bmatrix} u_1 \\ u_2 \end{Bmatrix}^{\mathrm{T}} \begin{bmatrix} 1 & -1 \\ -1 & 1 \end{bmatrix} \begin{Bmatrix} u_1 \\ u_2 \end{Bmatrix} \tag{6}$$

例 2.3.2

确定一 Bernoulli-Euler 梁的应变能密度 U_0 和应变能，其长度为 L，横截面积为 A，惯性矩为 I，模量为 E。假设梁的材料是线弹性的，变形是无限小的，梁中任意一点 (x,y,z) 的位移分量可以用两个位置量 (u,w) 来表示：

$$u_1 = u(x) - z\frac{\mathrm{d}w}{\mathrm{d}x}, u_2 = 0, u_3 = w(x) \tag{2.3.7}$$

需要注意的是梁仅在 x-z 平面内被外力拉伸和弯曲。

解答： 唯一不为零的线性应变为

$$\varepsilon_{xx} = \frac{\mathrm{d}u}{\mathrm{d}x} - z\frac{\mathrm{d}^2 w}{\mathrm{d}x^2} \tag{2.3.8}$$

应变能密度为

$$\begin{aligned} U_0 &= \int_0^{\varepsilon_{xx}} \sigma_{xx}\mathrm{d}\varepsilon_{xx} = \int_0^{\varepsilon_{xx}} E\varepsilon_{xx}\mathrm{d}\varepsilon_{xx} \\ &= \frac{E}{2}\varepsilon_{xx}^2 = \frac{E}{2}\left(\frac{\mathrm{d}u}{\mathrm{d}x} - z\frac{\mathrm{d}^2 w}{\mathrm{d}x^2}\right)^2 \end{aligned} \tag{2.3.9}$$

应变能为

$$\begin{aligned} U &= \int_\Omega U_0 \mathrm{d}\Omega = \int_0^L \int_A \frac{E}{2}\left(\frac{\mathrm{d}u}{\mathrm{d}x} - z\frac{\mathrm{d}^2 w}{\mathrm{d}x^2}\right)^2 \mathrm{d}A\mathrm{d}x \\ &= \frac{1}{2}\int_0^L \left[A_{xx}\left(\frac{\mathrm{d}u}{\mathrm{d}x}\right)^2 + D_{xx}\left(\frac{\mathrm{d}^2 w}{\mathrm{d}x^2}\right)^2 \right]\mathrm{d}x \end{aligned} \tag{2.3.10}$$

其中，A_{xx} 和 D_{xx} 的定义如下（对于 E 最多是 x 的函数的情况）：

$$A_{xx} = \int_A E\mathrm{d}A = EA, D_{xx} = \int_A z^2 E\mathrm{d}A = EI$$

有

$$U = \frac{1}{2} \int_0^L \left[EA \left(\frac{du}{dx} \right)^2 + EI \left(\frac{d^2 w}{dx^2} \right)^2 \right] dx \tag{2.3.11}$$

这里,利用了下述方程(因为 x 轴是沿几何形心的):

$$\int_A z dA = 0$$

例 2.3.3

假设例 2.3.2 中的 Bernoulli-Euler 梁的轴向位移 $u(x)$ 和横向位移 $w(x)$ 具有如下形式:

$$u(x) = \left(1 - \frac{x}{L} \right) u_1 + \frac{x}{L} u_2 \equiv \psi_1(x) u_1 + \psi_2(x) u_2 \tag{1}$$

$$\begin{aligned} w(x) &= \left[1 - 3 \left(\frac{x}{L} \right)^2 + 2 \left(\frac{x}{L} \right)^3 \right] w_1 - x \left(1 - \frac{x}{L} \right)^2 \theta_1 \\ &\quad + \left[3 \left(\frac{x}{L} \right)^2 - 2 \left(\frac{x}{L} \right)^3 \right] w_2 - x \left[\left(\frac{x}{L} \right)^2 - \frac{x}{L} \right] \theta_2 \\ &\equiv \varphi_1(x) w_1 + \varphi_2(x) \theta_1 + \varphi_3(x) w_2 + \varphi_4(x) \theta_2 \end{aligned} \tag{2}$$

其中,(u_1, u_2, w_1, w_2) 和 (θ_1, θ_2) 分别是梁两端的位移和转角,如图 2.3.5 所示。请用参数 (u_1, w_1, θ_1) 和 (u_2, w_2, θ_2) 来表示 Bernoulli-Euler 梁的应变能。

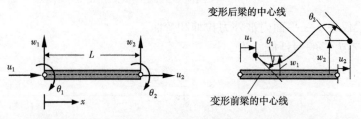

图 2.3.5 一个具有广义位移自由度的 Bernoulli-Euler 梁

解答:Bernoulli-Euler 梁的应变能由式(2.3.10)给出。首先,计算 du/dx 和 $d^2 w/dx^2$ [用广义位移 $(u_1, u_2, w_1, w_2, \theta_1, \theta_2)$ 表示]:

$$\frac{du}{dx} = \frac{u_2 - u_1}{L}$$

$$\frac{d^2 w}{dx^2} = -\frac{6}{L^2} \left(1 - 2 \frac{x}{L} \right) w_1 - \frac{2}{L} \left(3 \frac{x}{L} - 2 \right) \theta_1 + \frac{6}{L^2} \left(1 - 2 \frac{x}{L} \right) w_2 - \frac{2}{L} \left(3 \frac{x}{L} - 1 \right) \theta_2 \tag{3}$$

则由于拉伸产生的应变能为

$$U_s = \frac{EA}{2} \int_0^L \left(\frac{du}{dx} \right)^2 dx = \frac{EA}{2L} (u_2 - u_1)^2 = \frac{EA}{2L} \begin{Bmatrix} u_1 \\ u_2 \end{Bmatrix}^{\mathrm{T}} \begin{pmatrix} 1 & -1 \\ -1 & 1 \end{pmatrix} \begin{Bmatrix} u_1 \\ u_2 \end{Bmatrix} \tag{4}$$

接下来,计算下列积分($\xi=x/L$ 和 $\mathrm{d}x=L\mathrm{d}\xi$):

$$\int_0^1(1-2\xi)^2L\mathrm{d}\xi=\frac{L}{3},\int_0^1(1-2\xi)(3\xi-2)L\mathrm{d}\xi=-\frac{L}{2}$$

$$\int_0^1(3\xi-2)^2L\mathrm{d}\xi=L,\int_0^1(1-2\xi)(3\xi-1)L\mathrm{d}\xi=-\frac{L}{2}$$

$$\int_0^1(3\xi-1)^2L\mathrm{d}\xi=L,\int_0^1(3\xi-2)(3\xi-1)L\mathrm{d}\xi=\frac{L}{2} \tag{5}$$

则由于弯曲产生的应变能为

$$
\begin{aligned}
U_b &=\frac{EI}{2}\int_0^L\left(\frac{\mathrm{d}^2w}{\mathrm{d}x^2}\right)^2\mathrm{d}x\\
&=\frac{EI}{L^3}(6w_1^2-6Lw_1\theta_1-12w_1w_2-6Lw_1\theta_2+2L^2\theta_1^2+6L\theta_1w_2+2L^2\theta_1\theta_2+6w_2^2+6Lw_2\theta_2+2L^2\theta_2^2)\\
&=\frac{EI}{L^3}\begin{Bmatrix}w_1\\\theta_1\\w_2\\\theta_2\end{Bmatrix}^{\mathrm{T}}\begin{bmatrix}6&-3L&-6&-3L\\-3L&2L^2&3L&L^2\\-6&3L&6&3L\\-3L&L^2&3L&2L^2\end{bmatrix}\begin{Bmatrix}w_1\\\theta_1\\w_2\\\theta_2\end{Bmatrix}
\end{aligned}
\tag{6}
$$

因此,由梁的拉伸和弯曲形成的总应变能($U=U_s+U_b$)为

$$U=\frac{EA}{2L}\begin{Bmatrix}u_1\\u_2\end{Bmatrix}^{\mathrm{T}}\begin{bmatrix}1&-1\\-1&1\end{bmatrix}\begin{Bmatrix}u_1\\u_2\end{Bmatrix}+\frac{EI}{L^3}\begin{Bmatrix}w_1\\\theta_1\\w_2\\\theta_2\end{Bmatrix}^{\mathrm{T}}\begin{bmatrix}6&-3L&-6&-3L\\-3L&2L^2&3L&L^2\\-6&3L&6&3L\\-3L&L^2&3L&2L^2\end{bmatrix}\begin{Bmatrix}w_1\\\theta_1\\w_2\\\theta_2\end{Bmatrix} \tag{7}$$

2.3.4　总势能

　　当 W_E 仅包含由与变形无关的外力所做的功,则称之为势能(因为外部载荷),并用 $V_E=W_E$ 来表示[见式(2.3.3)]。应变能 U 和由外力引起的势能 V_E 的和称为总势能,即 $\varPi=U+V_E$ ($\boldsymbol{\sigma}:\boldsymbol{\varepsilon}=\sigma_{ij}\varepsilon_{ij}$):

$$\varPi(\boldsymbol{u})=U+V_E=\frac{1}{2}\int_\Omega\boldsymbol{\sigma}(\boldsymbol{\varepsilon}):\boldsymbol{\varepsilon}\mathrm{d}\Omega-\left[\int_\Omega\boldsymbol{f}\cdot\boldsymbol{u}\mathrm{d}\Omega+\oint_\Gamma\boldsymbol{t}\cdot\boldsymbol{u}\mathrm{d}\Gamma\right] \tag{2.3.12}$$

其中,Ω 表示物体的体积;Γ 是物体的全部边界。

　　例如,Bernoulli-Euler 梁的总势能表达式(其也是包括杆的,即是仅承受单轴力的一种特殊情况)为

$$
\begin{aligned}
\varPi(u,w)=&\frac{1}{2}\int_0^L\left[EA\left(\frac{\mathrm{d}u}{\mathrm{d}x}\right)^2+EI\left(\frac{\mathrm{d}^2w}{\mathrm{d}x^2}\right)^2\right]\mathrm{d}x\\
&-\left\{\int_0^L[f(x)u(x)+q(x)w(x)]\mathrm{d}x\right\}
\end{aligned}
\tag{2.3.13}
$$

其中, $f(x)$ 是沿 $z=0$ 线的分布力; $q(x)$ 是在 $z=h/2$ 处的横向分布载荷,两者都是单位长度的力。任何与外部点力和点弯矩所做的功相对应的项必须附加在表达式(2.3.13)中。

2.3.5　虚功

术语构形是指物体所有物质点同一时刻的位置。具有特定几何约束的物体在不同载荷下具有不同的构形。满足几何约束(如几何边界条件)的构形集合称为容许构形集合(即集合中每个构形都对应于特定载荷作用下问题的解)。在所有的容许构形中,只有一个对应于一组载荷作用下的平衡构形,并且该构形也满足牛顿第二定律。对于一组固定载荷的容许构形可以通过对真实构形进行无限小变分得到(即物质点的无限小移动)。在这样的变分中,系统的几何约束是不违背的,并且所有载荷值是固定为其实际平衡时的大小。当一个系统在其平衡构形中进行这样的变分时,其会经历虚位移。这些虚位移不需要与实际位移有任何联系,之所以称之为虚位移是因为它们是在实际固定载荷作用时想象出来的(即假设的)的位移。

例如,如图 2.3.6 所示,考虑一个一端($x=0$)固定的梁,受任意载荷(如分布载荷和点载荷)。在载荷作用下梁的可能几何构形可以用横向挠度 $w(x)$ 和轴向位移 $u(x)$ 来表示。相应的约束条件有

$$w(0)=0,\left(-\frac{\mathrm{d}w}{\mathrm{d}x}\right)_{x=0}=0,u(0)=0$$

它们被称为几何或位移边界条件。涉及梁上的作用力的边界条件称为力边界条件。

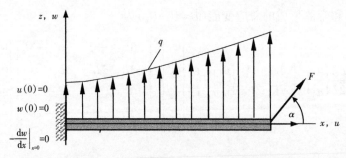

图 2.3.6　任意载荷作用下的悬臂梁

满足几何边界条件的所有函数集合 $w(x)$ 和 $u(x)$ 是该情况的容许构形集合。这个集合由元素对 $\{(u_i,w_i)\}$ 的形式组成:

$$u_1(x)=a_1x,w_1(x)=b_1x^2$$
$$u_2(x)=a_1x+a_2x^2,w_2(x)=b_1x^2+b_2x^3$$

其中, a_i 和 b_i 是任意常数。除了满足几何边界条件,也满足问题的平衡方程和力边界条件(要求所施加载荷的精确性)的 (u,w) 对是相应的平衡状态解。虚位移 $\delta u(x)$ 和 $\delta w(x)$ 必须是这种形式:

$$\delta u_1=a_1x,\delta w_1=b_1x^2;\delta u_2=a_1x+a_2x^2,\delta w_2=b_1x^2+b_2x^3$$

等,它们满足特定几何边界条件的齐次形式:

$$\delta w(0) = 0, \left(\frac{\mathrm{d}\delta w}{\mathrm{d}x}\right)_{x=0} = 0, \delta u(0) = 0$$

因此,在特定几何边条件(与特定大小无关)中边界点上的虚位移必须是零。

真实力经过真实构形的虚位移所做的功被称为真实力的虚功。如果用 δu 表示虚位移,由一恒定大小力 $\boldsymbol{F}$ 所做的虚功为

$$\delta W = \boldsymbol{F} \cdot \delta \boldsymbol{u}$$

在一个变形体中由真实力在通过虚位移时所做的虚功包含两部分:由内部力所做的虚功 δW_{I} 和外部力所做的虚功 δW_{E}。接下来会讨论如何计算它们。

由真实力 $\boldsymbol{f}$ 和 $\boldsymbol{t}$ 通过虚位移 $\delta \boldsymbol{u}$ 时所做的虚功为

$$\delta W_{\mathrm{E}} = -\left(\int_{\Omega} \boldsymbol{f} \cdot \delta \boldsymbol{u} \mathrm{d}\Omega + \int_{\Gamma_{\sigma}} \boldsymbol{t} \cdot \delta \boldsymbol{u} \mathrm{d}\Gamma\right) \tag{2.3.14}$$

表达式中的负号意味着是在物体上所做的功。

由于载荷作用的结果,物体的内部力是以应力的形式表现。当给定物体的虚位移,这些应力也会做功。在本书中,主要关注理想系统。一个理想系统是没有功因摩擦而耗散的系统。假设虚位移 $\delta \boldsymbol{u}$ 是缓慢从零增至最终值的。与虚位移相对应的是虚应变,其可以通过应变—位移关系(线性情况)计算得到:

$$\delta \boldsymbol{\varepsilon} = \frac{1}{2}[\nabla(\delta \boldsymbol{u}) + \nabla(\delta \boldsymbol{u})^{\mathrm{T}}] \tag{2.3.15}$$

类似于应变能密度的计算,物体单位体积所存储的内部虚功是虚应变能密度:

$$\delta U_0 = \int_0^{\delta \boldsymbol{\varepsilon}} \boldsymbol{\sigma} : \mathrm{d}(\delta \boldsymbol{\varepsilon}) = \int_0^{\delta \varepsilon_{ij}} \sigma_{ij} \mathrm{d}(\delta \varepsilon_{ij}) = \sigma_{ij} \delta \varepsilon_{ij} \tag{2.3.16}$$

注意到,式(2.3.16)的结果是没有使用本构方程的,因为 $\boldsymbol{\sigma}$ 不是 $\delta \boldsymbol{\varepsilon}$ 的函数。存储在物体中的总内部虚功由 δW_{I} 表示,并且等于

$$\delta W_{\mathrm{I}} = \int_{\Omega} \delta U_0 \mathrm{d}\Omega = \int_{\Omega} \sigma_{ij} \delta \varepsilon_{ij} \mathrm{d}\Omega \tag{2.3.17}$$

例 2.3.4

如图 2.3.7 所示,考虑一悬臂梁。在 Bernoulli-Euler 梁中假设虚位移 $\delta u(x)$ 和 $\delta w(x)$ 满足

$$\delta w(0) = 0, \left.\frac{\mathrm{d}\delta w}{\mathrm{d}x}\right|_{x=0} = 0, \delta u(0) = 0$$

根据 Bernoulli-Euler 梁理论,确定由真实力通过虚位移时所做的外部虚功和内部虚功,并用应力的合力、外部载荷和虚位移来表示该结果。

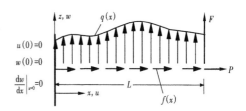

图 2.3.7　悬臂梁受分布载荷和点载荷

解答:由真实分布力 $q(x)$ 通过虚位移 $\delta w(x)$、点载荷 F 通过虚位移 $\delta w(L)$ 和点载荷 P 通过虚位移 $\delta u(L)$ 时所做的总外部虚功为

$$\delta W_{\mathrm{E}} = -\left[\int_0^L (q\delta w + f\delta u)\,\mathrm{d}x + F\delta w(L) + P\delta u(L)\right] \tag{2.3.18}$$

根据 Bernoulli-Euler 梁理论,由内部力所做的虚功为

$$\delta W_{\mathrm{I}} = \int_0^L\!\!\int_A \sigma_{xx}\delta\varepsilon_{xx}\,\mathrm{d}A\mathrm{d}x \tag{2.3.19}$$

其中,虚应变

$$\delta\varepsilon_{xx} = \frac{\mathrm{d}\delta u}{\mathrm{d}x} - z\frac{\mathrm{d}^2\delta w}{\mathrm{d}x^2} \tag{2.3.20}$$

因此,有

$$\delta W_{\mathrm{I}} = \int_0^L\!\!\int_A \sigma_{xx}\left(\frac{\mathrm{d}\delta u}{\mathrm{d}x} - z\frac{\mathrm{d}^2\delta\omega}{\mathrm{d}x^2}\right)\mathrm{d}A\mathrm{d}x = \int_0^L\left(N\frac{\mathrm{d}\delta u}{\mathrm{d}x} - M\frac{\mathrm{d}^2\delta w}{\mathrm{d}x^2}\right)\mathrm{d}x \tag{2.3.21}$$

其中,应力合力(N, M)是

$$N = \int_A \sigma_{xx}\mathrm{d}A, M = \int_A \sigma_{xx}z\mathrm{d}A \tag{2.3.22}$$

总虚功表达式为

$$\begin{aligned} \delta W &= \delta W_{\mathrm{I}} + \delta W_{\mathrm{E}} \\ &= \int_0^L\left(N\frac{\mathrm{d}\delta u}{\mathrm{d}x} - M\frac{\mathrm{d}^2\delta w}{\mathrm{d}x^2} - q\delta w - f\delta u\right)\mathrm{d}x - F\delta w(L) + P\delta u(L) \end{aligned} \tag{2.3.23}$$

注意到在推导式(2.3.23)时没有使用本构方程,但最后 N 和 M 必须用运动学变形 u, w 和 $\theta_x = -\mathrm{d}w/\mathrm{d}x$ 来表示。如果假设其为线弹性行为 $\sigma_{xx} = E\varepsilon_{xx}$,其中 E 是与厚度坐标 z 无关,则

$$\begin{aligned} N &= \int_A \sigma_{xx}\mathrm{d}A = \int_A E\left(\frac{\mathrm{d}u}{\mathrm{d}x} - z\frac{\mathrm{d}^2 w}{\mathrm{d}x^2}\right)\mathrm{d}A = EA\frac{\mathrm{d}u}{\mathrm{d}x} \\ M &= \int_A \sigma_{xx}z\mathrm{d}A = \int_A E\left(\frac{\mathrm{d}u}{\mathrm{d}x} - z\frac{\mathrm{d}^2 w}{\mathrm{d}x^2}\right)z\mathrm{d}A = -EI\frac{\mathrm{d}^2 w}{\mathrm{d}x^2} \end{aligned} \tag{2.3.24}$$

注意到 u 和 w 是解耦的,因为 x 轴是沿梁的几何形心的(故有 $\int_A z\mathrm{d}A = 0$)。在这种情况下,为了与 δW(与本构关系无关)区分,总虚功 $\delta\Pi$ 的表达式为

$$\delta\Pi = \int_0^L\left(EA\frac{\mathrm{d}u}{\mathrm{d}x}\frac{\mathrm{d}\delta u}{\mathrm{d}x} + EI\frac{\mathrm{d}^2 w}{\mathrm{d}x^2}\frac{\mathrm{d}^2\delta w}{\mathrm{d}x^2} - q\delta w - f\delta u\right)\mathrm{d}x - F\delta w(L) - P\delta u(L) \tag{2.3.25}$$

2.3.6　虚位移原理

在可变形物体中,质点可以相对移动,除了外力做功外,还可以做内部功。因此,应该考虑内力(即物体内应力形成的)所做的虚功,以及外力在通过满足几何约束的虚位移过程中所做的功。

考虑一个连续体,其体积为 Ω(它是 $\mathscr{R}^3$ 的一个无边界点集,每个点代表一个物质点),并且在体力 f 和表面力 t 的作用下处于平衡状态。域 Ω 的总边界为 Γ,假设其中一部分边界 Γ_u

上的指定位移为$\hat{\boldsymbol{u}}$;则剩余部分边界为$\Gamma-\Gamma_u\equiv\Gamma_\sigma$,其上的指定面力为$\hat{\boldsymbol{t}}$。边界$\Gamma_u$和$\Gamma_\sigma$是没有交集的(即不重叠),并且它们的并集为总边界$\Gamma$。令$\boldsymbol{u}=(u_1,u_2,u_3)$是与物体平衡构形相对应的位移矢量,令$\sigma_{ij}$和$\varepsilon_{ij}$分别是在笛卡儿直角坐标系$(x_1,x_2,x_3)$中相关联的应力和应变分量。在整个讨论中,假设应变是无限小的而转动可能是适度的。目前还没有对物体材料的本构行为做任何假设。

使用满足几何边界条件(在Γ_u上$\boldsymbol{u}=\hat{\boldsymbol{u}}$)的可微位移场可以定义容许构形集。在所有的容许构形中,真实的构形是在所施加载荷作用下的平衡构形。为了确定平衡构形所对应的位移场$\boldsymbol{u}$,令物体的平衡构形经历一个虚位移$\delta\boldsymbol{u}$。该虚位移是任意的,连续的且连续可导(由应变能决定的),并且满足特定几何边界条件(在Γ_u上$\delta\boldsymbol{u}=0$)的齐次形式。虚位移原理的表述为当且仅当由作用在物体上的所有内部和外部力通过虚位移时所做的虚功为零时,该连续体是处于平衡状态的。

$$\delta W=\delta W_I+\delta W_E \tag{2.3.26}$$

其中,δW_I是由内部力所做的虚功;δW_E是由外部力所做的虚功。对于只涉及力学的问题,内部虚功和虚应变能相同$\delta U=\delta W_I$。

该原理可用于推导可变形体的平衡方程(用应力或应力的合力表示)。但更重要的是,它是推导所有结构理论(如杆、梁和板理论)的有限元模型的基础(即弱形式)。

例 2.3.5

在例 2.3.2 中,讨论了 Bernoulli-Euler 梁理论的运动学关系。请使用虚位移原理推导 Bernoulli-Euler 梁理论的控制方程。假设梁支承在线性弹性地基上,地基模量为k,并且承受一个纵向分布载荷$f(x)$和横向载荷$q(x)$(图 2.3.7)。

解答:在 Bernoulli-Euler 运动学假设下,梁的位移场为[见式(2.3.7)]

$$u_1(x,y,z)=u(x)+z\theta_x,\ u_2=0,\ u_3(x,y,z)=w(x);\ \theta_x\equiv-\frac{\mathrm{d}w}{\mathrm{d}x} \tag{1}$$

如果假设是小应变,则唯一非零应变为

$$\varepsilon_{xx}=\frac{\mathrm{d}u}{\mathrm{d}x}+z\frac{\mathrm{d}\theta_x}{\mathrm{d}x}=\frac{\mathrm{d}u}{\mathrm{d}x}-z\frac{\mathrm{d}^2w}{\mathrm{d}x^2} \tag{2}$$

令虚位移为δu和δw,它们是完全任意的,因为该问题中没有指定的几何边界条件。则虚应变为

$$\delta\varepsilon_{xx}=\delta\left(\frac{\mathrm{d}u}{\mathrm{d}x}+z\frac{\mathrm{d}\theta_x}{\mathrm{d}x}\right)=\frac{\mathrm{d}\delta u}{\mathrm{d}x}+z\frac{\mathrm{d}\delta\theta_x}{\mathrm{d}x} \tag{3}$$

由虚位移为δu和δw产生的内部和外部虚功为

$$
\begin{aligned}
\delta W_E &= -\left\{\int_0^L[f(x)\delta u+q(x)\delta w(x,h_t)]\mathrm{d}x+\int_0^L(-F_s\delta w(x,h_b))\mathrm{d}x\right.\\
&\quad\left.+P\delta u(L)+F\delta w(L)\right\}\\
&= -\left\{\int_0^L[f(x)\delta u+q(x)\delta w(x)]\mathrm{d}x-\int_0^L kw(x)\delta w(x)\mathrm{d}x\right.\\
&\quad\left.+P\delta u(L)+F\delta w(L)\right\}
\end{aligned}
\tag{4}
$$

$$\delta W_{\mathrm{I}} = \int_0^L \int_A \sigma_{xx} \delta \varepsilon_{xx} \mathrm{d}x \mathrm{d}A = \int_0^L \int_A \sigma_{xx} \left(\frac{\mathrm{d}\delta u}{\mathrm{d}x} - z \frac{\mathrm{d}^2 \delta w}{\mathrm{d}x^2} \right) \mathrm{d}x \mathrm{d}A \tag{5}$$

其中,L 是梁的长度,h_t 是从 x 轴到梁顶部的距离,h_b 是从 x 轴到梁底部的距离,A 是梁的横截面积。对于地基使用线弹性本构有地基反力 F_s(向下作用)表达式为 $F_s = kw(x)$。

虚位移原理要求 $\delta W = \delta W_I + \delta W_E = 0$,因此有

$$\begin{aligned}
0 &= \int_0^L \int_A \sigma_{xx} \left(\frac{\mathrm{d}\delta u}{\mathrm{d}x} - z \frac{\mathrm{d}^2 \delta w}{\mathrm{d}x^2} \right) \mathrm{d}A \mathrm{d}x - \int_0^L \left[f \delta u + (q - kw) \delta w \right] \mathrm{d}x - P \delta u(L) - F \delta w(L) \\
&= \int_0^L \left(N \frac{\mathrm{d}\delta u}{\mathrm{d}x} - M \frac{\mathrm{d}^2 \delta w}{\mathrm{d}x^2} \right) \mathrm{d}x - \int_0^L \left[f \delta u + (q - kw) \delta w \right] \mathrm{d}x - P \delta u(L) - F \delta w(L) \\
&= \int_0^L \left(-\frac{\mathrm{d}N}{\mathrm{d}x} \delta u - \frac{\mathrm{d}^2 M}{\mathrm{d}x^2} \delta w \right) \mathrm{d}x - \int_0^L \left[f \delta u + (q - kw) \delta w \right] \mathrm{d}x \\
&\quad - P \delta u(L) - F \delta w(L) + \left[N \delta u + \frac{\mathrm{d}M}{\mathrm{d}x} \delta x - M \frac{\mathrm{d}\delta w}{\mathrm{d}x} \right]_0^L
\end{aligned} \tag{6}$$

其中 N 和 M 是应力的合力,定义如下

$$N = \int_A \sigma_{xx} \mathrm{d}A, M = \int_A \sigma_{xx} z \mathrm{d}A \tag{7}$$

通过令积分中 δu 和 δw 的系数分别为零可以得到 Euler 方程:

$$\delta u: -\frac{\mathrm{d}N}{\mathrm{d}x} = f \tag{8}$$

$$\delta w: -\frac{\mathrm{d}^2 M}{\mathrm{d}x^2} + kw = q \tag{9}$$

式中,$0 < x < L$。

注意到 $\delta u, \delta w$ 和 $\mathrm{d}\delta w / \mathrm{d}x = \delta(\mathrm{d}w / \mathrm{d}x)$ 在边界项中出现。因此,u, w 和 $(\mathrm{d}w / \mathrm{d}x)$ 是该理论的主变量,它们的指定值构成了位移、几何或本质边界条件。因为该问题中主变量没有指定值,则 $\delta u, \delta w$ 和 $\mathrm{d}\delta w / \mathrm{d}x$ 在 $x = 0$ 和 $x = L$ 是任意的。因此,力或自然边界条件是:

$$N = 0, V \equiv \frac{\mathrm{d}M}{\mathrm{d}x} = 0, M = 0 \quad x = 0 \tag{10a}$$

$$N = P, \frac{\mathrm{d}M}{\mathrm{d}x} = F, M = 0 \quad x = L \tag{10b}$$

对例 2.3.5 中所涉及的步骤进行仔细研究,发现虚位移原理可以用来推导高阶梁、板和壳理论的控制方程和相关的边界条件,其需要:(1)对未知的广义位移假设用厚度坐标的幂进行展开,(2)使用一个合适的方式计算真实和虚应变,(3)在适当的运动描述中使用虚位移原理,(4)引入应力的合力,并使用变分计算的基本引理(这需要分部积分来消除广义位移导数的变分;见 Reddy[2])。

2.3.7　最小总势能原理

前一节讨论的虚功原理适用于任何具有任意本构行为的连续体(如线性或非线性弹性材料)。当从势函数中得到本构关系时,从虚位移原理的特例中可以得到最小势能原理。这里把讨论限制在承认存在应变能势的材料上,这样应力就可以从它推导出来。这种材料被称为超弹性材料。

对于弹性体(在没有温度变化的情况下),存在一个应变能势 U_0 使得[参见式(2.3.5)]

$$\sigma_{ij} = \frac{\partial U_0}{\partial \varepsilon_{ij}} \tag{2.3.27}$$

应变能密度 U_0 是一点应变的函数,并假设其为正定的。虚位移原理的表述, $\delta W = 0$,可以用应变能密度 U_0 来表示:

$$
\begin{aligned}
0 = \delta W &= \int_{\Omega} \sigma_{ij} \delta \varepsilon_{ij} \mathrm{d}\Omega - \left[\int_{\Omega} \boldsymbol{f} \cdot \delta \boldsymbol{u} \mathrm{d}\Omega + \int_{\varGamma_\sigma} \hat{\boldsymbol{t}} \cdot \delta \boldsymbol{u} \mathrm{d}s \right] \\
&= \int_{\Omega} \frac{\partial U_0}{\partial \varepsilon_{ij}} \delta \varepsilon_{ij} \mathrm{d}\Omega + \delta V_{\mathrm{E}} \\
&= \int_{\Omega} \delta U_0 \mathrm{d}\Omega + \delta V_{\mathrm{E}} = \delta(U + V_{\mathrm{E}}) \equiv \delta \varPi
\end{aligned}
\tag{2.3.28}
$$

其中

$$V_{\mathrm{E}} = -\left[\int_{\Omega} \boldsymbol{f} \cdot \boldsymbol{u} \mathrm{d}\Omega + \int_{\varGamma_\sigma} \hat{\boldsymbol{t}} \cdot \boldsymbol{u} \mathrm{d}s \right] \tag{2.3.29}$$

是由外部载荷产生的势能, U 是应变能势:

$$U = \int_{\Omega} U_0 \mathrm{d}\Omega \tag{2.3.30}$$

两者之和 $V_{\mathrm{E}} + U \equiv \varPi$ 被称为总势能,并有

$$\delta \varPi = \delta(U + V_{\mathrm{E}}) = 0 \tag{2.3.31}$$

即最小总势能原理。其说明了这样一个事实:只有在平衡构形 $\boldsymbol{u}$ 时,系统的能量才是最小的:

对于所有标量 α 和容许构形 $\boldsymbol{v}$: $\varPi(\boldsymbol{u} + \alpha \boldsymbol{v}) \geqslant \varPi(\boldsymbol{u})$ \tag{2.3.32}

只有当 $\alpha = 0$ 时取等号。

当应用于弹性体时,虚位移原理和最小势能原理(总的来说,对于线性问题,总势能的最小特征是可以确定的;对于非线性问题,它可能在平衡时达不到最小)把平衡方程作为欧拉方程。它们之间的主要区别是,虚位移原理给出了用应力或应力的合力表示的平衡方程,而最小总势能原理给了用位移表示的平衡方程,因为后者的本构和运动学关系是用位移取代了应力(或应力的合力)。在应用到 Bernoulli-Euler 梁时,例 2.3.6 说明了这些思想。

例 2.3.6

如图 2.3.8 所示,考虑一个梁的弯曲(根据 Bernoulli-Euler 梁理论)。请构造总势能泛函并确定控制方程和边界条件。同时,验证在平衡状态时泛函 $\varPi(u,w)$ 是否达到最小。

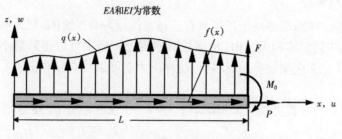

图 2.3.8　一个梁及所施加载荷

解答：根据例 2.3.5 中的式(5)，线弹性情况下 Bernoulli-Euler 梁理论的虚应变能(即遵循 Hooke 定律，$\sigma_{xx}=E\varepsilon_{xx}$)为

$$
\begin{aligned}
\delta W_{\mathrm{I}} = \delta U &= \int_0^L \int_A \sigma_{xx}\delta\varepsilon_{xx}\mathrm{d}A\mathrm{d}x = \int_0^L \int_A E\varepsilon_{xx}\delta\varepsilon_{xx}\mathrm{d}A\mathrm{d}x \\
&= \frac{1}{2}\delta\left[\int_0^L \int_A E(\varepsilon_{xx})^2\mathrm{d}A\mathrm{d}x\right] \\
&= \frac{1}{2}\delta\left\{\int_0^L \int_A E\left(\frac{\mathrm{d}u}{\mathrm{d}x}-z\frac{\mathrm{d}^2 w}{\mathrm{d}x^2}\right)^2\mathrm{d}A\mathrm{d}x\right\}
\end{aligned}
\tag{1}
$$

其中，L 是梁的长度，A 是梁的横截面积，I 是关于弯曲轴(y)的惯性矩，E 是杨氏模量。因此，有

$$
\begin{aligned}
U &= \frac{1}{2}\left[\int_0^L \int_A E\left(\frac{\mathrm{d}u}{\mathrm{d}x}-z\frac{\mathrm{d}^2 w}{\mathrm{d}x^2}\right)^2\mathrm{d}A\mathrm{d}x\right] \\
&= \frac{1}{2}\int_0^L \left\{EA\left(\frac{\mathrm{d}u}{\mathrm{d}x}\right)^2 + EI\left(\frac{\mathrm{d}^2 w}{\mathrm{d}x^2}\right)^2\right\}\mathrm{d}x
\end{aligned}
\tag{2}
$$

这里，基于 x 轴与形心轴重合的事实有

$$
\int_A z\mathrm{d}A = 0
\tag{3}
$$

为了计算由施加的载荷产生的势能，如图 2.3.8 所示，假设梁受到以下载荷：轴向分布力 $f(x)$；横向分布力 $q(x)$；在 $x=L$ 处，水平集中力 P、横向集中力 F 以及弯矩 M_0。则所施加载荷的势能为

$$
V_{\mathrm{E}} = -\left[\int_0^L (fu+qw)\mathrm{d}x + Pu(L) + Fw(L) + M_0\left(-\frac{\mathrm{d}w}{\mathrm{d}x}\right)_{x=L}\right]
\tag{4}
$$

注意到，$\theta_x = -\mathrm{d}w/\mathrm{d}x$ 是以逆时针方向为正的转角。

梁的总势能 $\varPi = U+V_{\mathrm{E}}$ 为：

$$
\begin{aligned}
\varPi(u,w) &= \frac{1}{2}\int_0^L\left[EA\left(\frac{\mathrm{d}u}{\mathrm{d}x}\right)^2 + EI\left(\frac{\mathrm{d}^2 w}{\mathrm{d}x^2}\right)^2\right]\mathrm{d}x \\
&\quad - \int_0^L (fu+qw)\mathrm{d}x - \left[Pu(L) + Fw(L) - M_0\left(\frac{\mathrm{d}w}{\mathrm{d}x}\right)_{x=L}\right]
\end{aligned}
\tag{5}
$$

使用最小总势能原理,即 $\delta\varPi = 0$,并利用相关变分计算工具(关于算子 δ 的性质可参见 Reddy[2]),得

$$
\begin{aligned}
0 = \delta\varPi &= \int_0^L \left(EA\frac{\mathrm{d}u}{\mathrm{d}x}\frac{\mathrm{d}\delta u}{\mathrm{d}x} + EI\frac{\mathrm{d}^2 w}{\mathrm{d}x^2}\frac{\mathrm{d}^2\delta w}{\mathrm{d}x^2} \right)\mathrm{d}x \\
&\quad - \int_0^L (f\delta u + q\delta w)\,\mathrm{d}x - \left[P\delta u(L) + F\delta w(L) - M_0\frac{\mathrm{d}\delta w}{\mathrm{d}x}\bigg|_{x=L} \right] \\
&= \int_0^L \left[-\frac{\mathrm{d}N}{\mathrm{d}x}\delta u + \frac{\mathrm{d}^2}{\mathrm{d}x^2}\left(EI\frac{\mathrm{d}^2 w}{\mathrm{d}x^2} \right)\delta w \right]\mathrm{d}x \\
&\quad + \left[N\delta u \right]_0^L + \left[EI\frac{\mathrm{d}^2 w}{\mathrm{d}x^2}\frac{\mathrm{d}\delta w}{\mathrm{d}x} \right]_0^L + \left[-\frac{\mathrm{d}}{\mathrm{d}x}\left(EI\frac{\mathrm{d}^2 w}{\mathrm{d}x^2} \right)\delta w \right]_0^L \\
&\quad - \left[\int_0^L (f\delta u + q\delta w)\,\mathrm{d}x + P\delta u(L) + F\delta w(L) - M_0\frac{\mathrm{d}\delta w}{\mathrm{d}x}\bigg|_{x=L} \right]
\end{aligned}
\tag{6}
$$

其中

$$
N \equiv EA\frac{\mathrm{d}u}{\mathrm{d}x}
\tag{7}
$$

考察由分部积分产生的边界项,表明该理论的主变量和次变量是

$$
主变量: u, w, -\frac{\mathrm{d}w}{\mathrm{d}x}
$$

$$
次变量: N, V \equiv \frac{\mathrm{d}M}{\mathrm{d}x}, M \equiv -EI\frac{\mathrm{d}^2 w}{\mathrm{d}x^2}
\tag{8}
$$

根据最小势能原理导出了 Euler 方程:

$$
\delta u: -\frac{\mathrm{d}}{\mathrm{d}x}\left(EA\frac{\mathrm{d}u}{\mathrm{d}x} \right) - f = 0
\tag{9}
$$

$$
\delta w: \frac{\mathrm{d}^2}{\mathrm{d}x^2}\left(EI\frac{\mathrm{d}^2 w}{\mathrm{d}x^2} \right) - q = 0
\tag{10}
$$

式(9)和式(10)与例 2.3.5 中的式(8)和式(9)是一致的,除了这里它们是由位移来表示的 [见式(7)和式(8),给出了由位移 u 和 w 表示的 N,M 和 V 的定义]。

梁两端的自然边界条件由式(8)中的对偶性确定。例如,当在一边界点上没有指定 u 的大小,则 N 在该点必须是已知的(或指定的);当没有指定 w 的大小时,V 必须是指定的;当 $-(\mathrm{d}w/\mathrm{d}x)$ 没有指定时,M 应该是已知的。在图 2.3.8 中所示的梁是没有指定的几何(或本质)边界条件的,则已知力(或自然)边界条件为[见例 2.3.5 中的式(10a)和式(10b)]:

$$
N(0) = 0, M(0) = 0, V(0) = 0; N(L) = P, M(L) = M_0, V(L) = F
\tag{11}
$$

其中,N, M 和 V 的定义见式(7)和式(8)。因此,最小势能原理导出了用位移表示的平衡方程和自然边界条件。

现在,验证当 u 和 w 满足式(9)和式(10)中的平衡方程时,总势能泛函 Π 是否达到最小值。首先,计算 $\bar{u}=u+\alpha u_0$ 和 $\bar{w}=w+\beta w_0$ 时的 Π,这里 α 和 β 是实数,u_0 和 w_0 是位移 u 和 w 的容许变分(即除了它们在指定 u 和 w 大小的点处值为零,变分 u_0 和 w_0 是任意的)。其次,检查

$$\Pi(\bar{u},\bar{w}) = \frac{1}{2}\int_0^L\left[EA\left(\frac{du}{dx}+\alpha\frac{du_0}{dx}\right)^2 + EI\left(\frac{d^2w}{dx^2}+\beta\frac{d^2w_0}{dx^2}\right)^2\right]dx$$

$$- \int_0^L\left[f(u+\alpha u_0) + q(w+\beta w_0)\right]dx$$

$$- \left[Pu(L) + \alpha Pu_0(L) + Fw(L) + \beta Fw_0(L) - M_0\frac{dw}{dx}\bigg|_{x=L} - \beta M_0\frac{dw_0}{dx}\bigg|_{x=L}\right]$$

$$= \frac{1}{2}\int_0^L\left[EA\left(\frac{du}{dx}\right)^2 + EI\left(\frac{d^2w}{dx^2}\right)^2\right]dx - \int_0^L(fu+qw)dx$$

$$- \left[Pu(L) + Fw(L) - M_0\frac{dw}{dx}\bigg|_{x=L}\right] + \int_0^L\beta EI\frac{d^2w}{dx^2}\frac{d^2w_0}{dx^2}dx$$

$$+ \int_0^L\alpha EA\frac{du}{dx}\frac{du_0}{dx}dx + \frac{1}{2}\int_0^L\left[\alpha^2 EA\left(\frac{du_0}{dx}\right)^2 + \beta^2 EI\left(\frac{d^2w_0}{dx^2}\right)^2\right]dx$$

$$- \int_0^L(\alpha fu_0 + \beta qw_0)dx - \left[\alpha Pu_0(L) + \beta Fw_0(L) - \beta M_0\frac{dw_0}{dx}\bigg|_{x=L}\right]$$

或者

$$\Pi(\bar{u},\bar{w}) = \Pi(u,w) + \int_0^L\alpha EA\frac{du}{dx}\frac{du_0}{dx}dx$$

$$+ \int_0^L\beta EI\frac{d^2w}{dx^2}\frac{d^2w_0}{dx^2}dx - \int_0^L(\alpha fu_0 + \beta qw_0)dx \qquad (12)$$

$$- \left[\alpha Pu_0(L) + \beta Fw_0(L) - \beta M_0\frac{dw_0}{dx}\bigg|_{x=L}\right] + \mathscr{P}$$

其中,$\mathscr{P}$ 是一个恒正的量(对于非零的 u_0 和 w_0):

$$\mathscr{P} = \frac{1}{2}\int_0^L\left[\alpha^2 EA\left(\frac{du_0}{dx}\right)^2 + \beta^2 EI\left(\frac{d^2w_0}{dx^2}\right)^2\right]dx > 0 \qquad (13)$$

首先,考虑式(12)中的下列项:

$$\int_0^L\left(\alpha EA\frac{du}{dx}\frac{du_0}{dx} - \alpha fu_0\right)dx - \alpha Pu_0(L)$$

$$= \alpha\int_0^L\left(-\frac{dN}{dx} - f\right)u_0 dx - \alpha Pu_0(L) + \alpha\left[Nu_0\right]_0^L \qquad (14)$$

$$= \alpha\left[N(L) - P\right]u_0(L) + N(0)u_0(0) = 0$$

这里,使用了式(9)中的平衡方程,式(11)中的边界条件以及

$$N = EA\frac{\mathrm{d}u}{\mathrm{d}x}$$

来得到最终结果。

接下来,考虑式(12)中的下列项:

$$\int_0^L\left(\beta EI\frac{\mathrm{d}^2 w}{\mathrm{d}x^2}\frac{\mathrm{d}^2 w_0}{\mathrm{d}x^2} - \beta q w_0\right)\mathrm{d}x - \beta F w_0(L) + \beta M_0\frac{\mathrm{d}w_0}{\mathrm{d}x}\Big|_{x=L}$$

$$= \beta\int_0^L\left(-\frac{\mathrm{d}^2 M}{\mathrm{d}x^2} - q\right)w_0\mathrm{d}x + \beta\left[\frac{\mathrm{d}M}{\mathrm{d}x}w_0\right]_0^L \tag{15}$$

$$+ \beta\left[M\left(-\frac{\mathrm{d}w_0}{\mathrm{d}x}\right)\right]_0^L - \beta\left[F w_0(L) - M_0\frac{\mathrm{d}w_0}{\mathrm{d}x}\Big|_{x=L}\right] = 0$$

式中,使用了式(10)中的平衡方程,式(11)中的边界条件以及

$$M = -EI\frac{\mathrm{d}^2 w}{\mathrm{d}x^2}$$

来得到最终结果。

根据式(14)和式(15)的结果,式(12)变为

$$\Pi(\overline{u},\overline{w}) = \Pi(u,w) + \mathscr{P} \text{ 或 } \Pi(\overline{u},\overline{w}) \geqslant \Pi(u,w) \tag{16}$$

因此,Π 的最小值特性得到验证(更多细节可以参见 Reddy[2])。

2.3.8 Castigliano 定理 I

使用 Castigliano 定理可以计算结构系统离散点的位移或载荷。Carlo Alberto Castigliano (1847—1884)是一位意大利数学家和铁路工程师,他的研究主要关注线弹性材料。将 Castigliano 最初的定理 I 推广到位移是外力的非线性函数的情况是由德国工程师 Friedrich Engesser(1848—1931)提出的。在本书中,考虑 Castigliano 定理的广义形式,其可以应用在线性和非线性弹性材料。

假设结构的位移场可以用物体中有限数量的点 $x_i(i=1,2,\cdots,N)$ 的位移(和可能的转角)表示:

$$\boldsymbol{u}(\boldsymbol{x}) = \sum_{i=1}^N \boldsymbol{u}_i\phi_i(\boldsymbol{x}) \tag{2.3.33}$$

其中,$\boldsymbol{u}_i$ 是未知的位移参数,称之为广义位移;ϕ_i 是位置的已知函数,称之为插值函数,其具有以下特性:在第 i 个点(即 $\boldsymbol{x}=\boldsymbol{x}_i$)处等于 1,在其他点($\boldsymbol{x}_j, j\neq i$)处等于 0。则使用广义位移 $\boldsymbol{u}_i$ 表示由所施加载荷产生的应变能 U 和势能 V_{E} 是可能的,即最小总势能原理可以表示为

$$\delta\Pi = \delta U + \delta V_{\mathrm{E}} \Rightarrow \delta U = -\delta V_{\mathrm{E}}, \text{ 或者 } \frac{\partial U}{\partial\boldsymbol{u}_i}\cdot\delta\boldsymbol{u}_i = -\frac{\partial V_{\mathrm{E}}}{\partial\boldsymbol{u}_i}\cdot\delta\boldsymbol{u}_i$$

这里,重复指标表示求和。因为 $\partial V_{\mathrm{E}}/\partial\boldsymbol{u}_i = -\boldsymbol{F}_i$(仅适用于保守系统),可以得到

$$\left(\frac{\partial U}{\partial \boldsymbol{u}_i} - \boldsymbol{F}_i\right) \cdot \delta \boldsymbol{u}_i = 0$$

因为 $\delta \boldsymbol{u}_i$ 是任意的,有

$$\frac{\partial U}{\partial \boldsymbol{u}_i} = \boldsymbol{F}_i \left(\frac{\partial U}{\partial \boldsymbol{u}_{ij}} = \boldsymbol{F}_{ij}\right) \tag{2.3.34}$$

式中,(u_{ij}, F_{ij}) 分别是第 i 个点第 j 方向上的位移和力。式(2.3.34)即是著名的 Castigliano 定理 I。对于弹性体而言,该定理表明应变能关于广义位移的变化率等于相应的广义力。当在结构上施加点载荷 F_i(或弯矩 M_i)并产生位移 u_i(或转角 θ_i)时,Castigliano 定理 I 有以下形式:

$$\frac{\partial U}{\partial u_i} = F_i, \text{或者} \frac{\partial U}{\partial \theta_i} = M_i \tag{2.3.35}$$

从上述推导可以看出,Castigliano 定理 I 是最小总势能原理的一个特例,因此也是虚位移原理的特例。也就是说,使用虚位移原理导出了 Castigliano 定理 I。接下来,考虑两个 Castigliano 定理 I 的应用实例,它们与本书的主题相关(参见 Reddy[2] 获得更多的例子)。

例 2.3.7

如图 2.3.9 所示,使用 Castigliano 定理 I 确定杆的端部位移和单轴力之间的力—位移关系(与例 2.3.1 中的图 2.3.4 相同)。

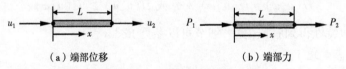

(a)端部位移　　　　　　　　　(b)端部力

图 2.3.9　杆的轴向变形

解答:在例 2.3.1 的式(6)中给出了承受轴向载荷杆(由各向同性均质材料构成,杨氏模量 E,长度 L,恒定横截面积 A)的应变能:

$$U = \frac{EA}{2L}(u_2 - u_1)^2 \tag{1}$$

则由 Castigliano 定理 I,有

$$P_1 = \frac{\partial U}{\partial u_1} = \frac{EA}{L}(u_1 - u_2), P_2 = \frac{\partial U}{\partial u_2} = \frac{EA}{L}(u_2 - u_1) \tag{2}$$

上式(2)可以用矩阵形式表达:

$$\begin{Bmatrix} P_1 \\ P_2 \end{Bmatrix} = \frac{EA}{L} \begin{bmatrix} 1 & -1 \\ -1 & 1 \end{bmatrix} \begin{Bmatrix} u_1 \\ u_2 \end{Bmatrix} \tag{3}$$

例 2.3.8

如图 2.3.10 所示,使用 Castigliano 定理 I 确定一直梁(长度为 L,恒定弯曲刚度为 EI)的

广义位移和广义力之间的关系。

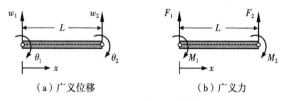

（a）广义位移　　　　（b）广义力

图 2.3.10　梁的纯弯曲

解答：根据 Euler-Bernoulli 梁理论,纯弯曲状态的直梁的应变能(用广义位移 w_1, θ_1, w_2 和 θ_2 表示)在例 2.3.3 给出：

$$U=\frac{EI}{L^3}(6w_1^2-6Lw_1\theta_1-12w_1w_2-6Lw_1\theta_2+2L^2\theta_1^2+6L\theta_1w_2 \tag{1}$$
$$+2L^2\theta_1\theta_2+6w_2^2+6Lw_2\theta_2+2L^2\theta_2^2)$$

则由 Castigliano 定理 I ,有

$$F_1=\frac{\partial U}{\partial w_1}=\frac{EI}{L^3}(12w_1-6L\theta_1-12w_2-6L\theta_2)$$

$$M_1=\frac{\partial U}{\partial \theta_1}=\frac{EI}{L^3}(-6Lw_1+4L^2\theta_1+6Lw_2+2L^2\theta_2)$$

$$F_2=\frac{\partial U}{\partial w_2}=\frac{EI}{L^3}(-12w_1+6L\theta_1+12w_2+6L\theta_2) \tag{2}$$

$$M_2=\frac{\partial U}{\partial \theta_2}=\frac{EI}{L^3}(-6Lw_1+2L^2\theta_1+6Lw_2+4L^2\theta_2)$$

上式(2)可以用矩阵形式表达：

$$\begin{Bmatrix} F_1 \\ M_1 \\ F_2 \\ M_2 \end{Bmatrix}=\frac{2EI}{L^3}\begin{bmatrix} 6 & -3L & -6 & -3L \\ -3L & 2L^2 & 3L & L^2 \\ -6 & 3L & 6 & 3L \\ -3L & L^2 & 3L & 2L^2 \end{bmatrix}\begin{Bmatrix} w_1 \\ \theta_1 \\ w_2 \\ \theta_2 \end{Bmatrix} \tag{3}$$

2.4　微分方程的积分形式

2.4.1　简介

回顾 2.1.3 节,使用微分方程加权积分形式的动机来自于这样一个事实:我们希望有一种方法来确定在近似解 $U_N=\sum_j^N c_j\phi_j$ 中未知参数 c_j。变分法的近似有 Ritz 法、Galerkin 法、最小二乘法、配点法,或者更一般地说,在第 2.5 节将讨论的加权残值法,它们都是基于控制方程的加权积分形式。由于有限元法是变分法的一种“单元化”应用,因此有必要研究微分方程的加权积分和所谓的弱形式。商业代码中所有可用的有限元模型都是基于微分方程的弱形

式。弱形式以一种自然的方式帮助区别主变量和次变量,并将次变量包含到积分式中❶。我们很快就会看到,这种分类在推导近似函数和选择有限元模型的节点自由度方面起着至关重要的作用。

在本节中,我们的主要目标是构造微分方程的弱形式,将问题的变量分为主变量和次变量,并确定与这些方程相关的边界条件的形式。在固体力学中,当使用本构关系时,其弱形式与虚位移原理或最小总势能原理相同。

2.4.2 残差函数

考虑问题的微分方程如下:

$$-\frac{\mathrm{d}}{\mathrm{d}x}\left[a(x)\frac{\mathrm{d}u}{\mathrm{d}x}\right]+cu=f(x),0<x<L \tag{2.4.1}$$

对于 $u(x)$,其受到边界条件的约束:

$$u(0)=u_0,\left[a\frac{\mathrm{d}u}{\mathrm{d}x}+\beta(u-u_\infty)\right]_{x=L}=Q_L \tag{2.4.2}$$

式中,$a(x)$,$c(x)$ 和 $f(x)$ 是坐标 x 的已知函数;u_0,u_∞,β 和 Q_L 的值是已知的;L 是一维域的大小。当指定的值为非零时($u_0\neq0$ 或 $Q_L\neq0$),则称边界条件为非齐次;当指定的值为零时,边界条件称为齐次。边界条件 $u(0)=u_0$ 的齐次形式是 $u(0)=0$,边界条件 $[a(\mathrm{d}u/\mathrm{d}x)+\beta(u-u_\infty)]_{x=L}=Q_L$ 的齐次形式是 $[a(\mathrm{d}u/\mathrm{d}x)+\beta(u-u_\infty)]_{x=L}=0$。

如图 2.4.1(a)所示,式(2.4.1)中的方程可用于研究有表面对流的杆中的一维热流(见例 1.2.2)。在这种情况下,$a=kA$,其中 k 是热传导系数,A 是杆的横截面积;$c=\beta P$,其中 β 是热交换系数,P 是杆的周长;L 是杆的长度;f 表示热源项;u_0 是在 $x=0$ 处指定的温度;Q_L 是在 $x=L$ 处指定的热量;u_∞ 是周围介质的温度。另一个例子也用到了方程(2.4.1)和方程(2.4.2),其是杆的轴向变形(见例 1.2.3),如图 2.4.1(b)所示。在这种情况下,$a=EA$,其中 E 是杨氏模量,A 是杆的横截面积;c 是与周围介质提供的剪切阻力有关的弹簧常数(如例 1.2.3 所讨论的);L 是杆的长度;f 表示体力项;u_0 是在 $x=0$ 处指定的位移($u_0=0$);Q_L 是在 $x=L$ 处指定的点载荷;并有 $u_\infty=0$。其他物理问题也可以用相同的方程来描述,但变量的意义不同。

用以下形式寻求 $u(x)$ 的一个近似解:

$$u(x)\approx u_n(x)=\sum_{j=1}^{n}c_j\phi_j(x)+\phi_0(x) \tag{2.4.3}$$

暂时假设所选择的近似函数 $\phi_j(x)$ 满足式(2.4.2)中的边界条件,并且希望确定常数 c_j 以便近似解 $u_n(x)$ 满足式(2.4.1)中的微分方程。将 u_n 代入式(2.4.1),得

$$-\frac{\mathrm{d}}{\mathrm{d}x}\left[a(x)\frac{\mathrm{d}u_n}{\mathrm{d}x}\right]+cu_n=f(x),0<x<L \tag{2.4.4}$$

---

❶ 主变量通常是出现在微分方程中的变量。

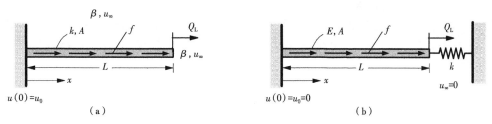

图 2.4.1　(a) 非绝热杆中的一维传热;(b) 线弹性杆中的轴向变形

因为等式的左边现在是一个近似值,所以它通常不等于等式的右边(f)。两者之差:

$$0 \neq -\frac{\mathrm{d}}{\mathrm{d}x}\left[a(x)\frac{\mathrm{d}u_n}{\mathrm{d}x}\right]+cu_n-f(x) \equiv R(x,c_1,c_2,\cdots,c_n),0<x<L \tag{2.4.5}$$

被称为微分方程中近似的残值,其是 $x,c_1,c_2,\cdots,c_n$ 的函数。

2.4.3　使残值为零的方法

任何近似方法都试图在某种意义上将 R 减小至零,并确定未知参数 c_i,从而使式(2.4.3)中的 u_n 成为问题可接受的近似值,即满足式(2.4.1)。为了确定 c_i,必须获得一组关于 c_i 的 n 个线性独立方程,同时无论选择哪种方式都强制 R 等于零。如果能做 $R(x,c_1,c_2,\cdots,c_n)$ 在定义域 $(0,L)$ 上的每一点都为零,那么就得到了这个问题的精确解。正如第 2.1.3 节所讨论的,由于在定义域的每个点上使 R 为零并不总是可能的,必须找到另一种方法来使 R 为零,并找到 $(c_1,c_2,\cdots,c_n)$ 之间的 n 个线性无关关系。

2.4.3.1　配点法

使 R 为零的一种可能的可接受方法是要求 R 在定义域的 n 个选定点上为零:

$$R(x_i,c_1,c_2,\cdots,c_n)=0,i=1,2,\cdots,n \tag{2.4.6}$$

这种使 R 为零的特殊方法叫作配点法。

2.4.3.2　最小二乘法

另一种使 R 为零的方法是使残值平方的积分取最小值(对 R 进行平方使得值为正;否则,就有可能出现正负相抵消的情况):

$$\text{minimize } I \equiv \int_0^L R^2\mathrm{d}x \text{ 或} \frac{\partial}{\partial c_i}\int_0^L R^2\mathrm{d}x = 2\int_0^L \frac{\partial R}{\partial c_i}R\mathrm{d}x = 0 \tag{2.4.7}$$

其中,$i=1,2,\cdots,n$。基于式(2.4.7)的方法称为最小二乘法。

2.4.3.3　一般的加权残值法

式(2.4.7)中的最小二乘法给出了另一种思想,即用一组线性无关的函数对残值进行加权并使其为零。也就是说,通过要求 R 在“加权残值”意义上为零来确定 c_i(即使残值正交于一组权重函数):

$$\int_0^L w_i(x)R(x_i,c_1,c_2,\cdots,c_n)\mathrm{d}x = 0,i=1,2,\cdots,n \tag{2.4.8}$$

其中,$\{w_i(x)\}$ 是一组线性无关的函数,被称为权函数,通常它们与近似函数 $\{\phi_i(x)\}$ 是可以不相同的。这种方法便是著名的加权残值法。实际上,式(2.4.8)中的加权残值形式是包含了式(2.4.6)中的配点法和式(2.4.7)中的最小二乘法的。当 $w_i = \delta(x-x_i)$ 时,可以得到式(2.4.6)中的结果;当令 $w_i = (\partial R/\partial c_i)$ 可得到式(2.4.7)中的结果。式(2.4.8)的各种已知的特例如下所列。

Petrov-Galerkin 法:$w_i = \psi_i \neq \phi_i$;

Galerkin 法:$w_i = \phi_i$; $\qquad\qquad\qquad\qquad\qquad\qquad\qquad\qquad$ (2.4.9)

最小二乘法:$w_i = A(\phi_i)$,$A = -\dfrac{\mathrm{d}}{\mathrm{d}x}\left[a(x)\dfrac{\mathrm{d}}{\mathrm{d}x}\right] + c$;

配点法:$w_i = \delta(x-x_i)$。

其中,x_i 表示问题的域中第 i 个配置点,$\delta(\cdot)$ 是 Dirac delta 函数,它的定义使得它所有非零值参数的值都为零:

$$\delta(x-x_0) = 0\,(x \neq x_0)\,,\ \int_{-\infty}^{\infty} f(x)\delta(x-x_0)\,\mathrm{d}x = f(x_0) \qquad (2.4.10)$$

下面对 Galerkin 法(加权残值法的一个特例)做一个简单的几何解释。如图 2.4.2 所示,以三维空间中的矢量 u 为例,我们希望找到 u 的一个二维近似。在矢量 u 到二维空间的所有投影中,误差最小的那个(即最佳近似)是 u 在二维平面上的正交投影 u_h。

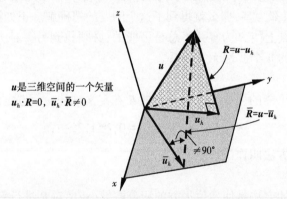

图 2.4.2　Galerkin 法的解释:三维空间中的矢量在二维空间中最佳的近似是它的正交投影

由于 w_i 的不同选择[即使在式(2.4.6)、式(2.4.7)和式(2.4.8)中使用 ϕ_i 的是相同的],在不同方法中代数方程组系统将有不同的特征。对于任意阶的线性微分方程组,只有最小二乘法得到矩阵方程组中的系数矩阵是对称的。

2.4.3.4　子域法

注意到在式(2.4.8)中取 $w_i = 1$ 不会得到 $(c_1, c_2, \cdots, c_n)$ 之间的 n 个关系式;其只能得到一个方程。为了获得 n 个方程,可以选择将域(0,L)分成 n 个子区间 $I_1, I_2, \cdots, I_n$ 并要求残值 R 的积分在每个子区间上为零:

$$\int_{I_i} R\,\mathrm{d}x = 0,\ i = 1, 2, \cdots, n \qquad (2.4.11)$$

称这种方法为子域法,它是在流体动力学中使用的有限体积技术的基础。

2.4.3.5 Ritz 法

在有限元模型开发中使用最多的方法是 Ritz 法,但它从未被承认。Ritz 法最初是将控制方程的二次泛函和某些边界条件相对于参数$(c_1, c_2, \cdots, c_n)$进行最小化的近似方法。如 Reddy[2]所讨论的,该方法适用于任何等价于微分控制方程和问题的自然边界条件的积分表达式。这种积分形式称为弱形式,这是下一节的主题。我们将在第 2.5 节中回到 Ritz 法,Ritz 法并不是加权残值法的特例。

2.4.4 弱形式的建立

首先应该指出,对于任何二阶或二阶以上的微分方程都可以建立相应的弱形式。它相当于被求解的微分方程和被称为自然边界条件的部分边界条件,与原始微分方程相比,要求变量的"弱可微性"。

任何微分方程的弱形式的推导都有三个步骤。这些步骤由模型微分方程[式(2.4.1)和式(2.4.2)中的边界条件]来说明。

2.4.4.1 步骤 1

方程的加权积分形式。这一步和微分方程的加权残值形式是一样的,将微分方程的所有项都移至一侧(即$\cdots=0$),之后对整个方程乘以一个任意函数$w_i(x)$,并在问题的域$\Omega=(0, L)$中进行积分:

$$0 = \int_0^L w_i \left[-\frac{\mathrm{d}}{\mathrm{d}x} \left(a \frac{\mathrm{d}u_n}{\mathrm{d}x} \right) + cu_n - f \right] \mathrm{d}x \tag{2.4.12}$$

方括号中的表达式并不等于零,因为u是被其近似值u_n所代替。从数学上来说,式(2.4.12)表明微分方程的误差(由解的近似所引起的)是在加权积分的意义上来说为零。式(2.4.12)中的积分形式对于每个w_i可以得到一个关于参数$c_1, c_2, \cdots, c_n$的代数方程。通过选择n个线性无关的函数w_i,可以获得$c_1, c_2, \cdots, c_n$的n个方程。

注意到任何一阶或高阶微分方程的加权积分形式都可以很容易地写出。加权积分形式仅等价于微分方程,其不包含任何边界条件。式(2.4.12)中的权函数w_i可以是任意非零可积分函数,并没有可导要求。式(2.4.12)是式(2.4.9)所列出的所有加权残值方法的基础。

2.4.4.2 步骤 2

使用分部积分,使因变量和权函数的微分相等分配,并确定主变量和次变量。尽管式(2.4.12)中的加权积分形式可以使对n个不同的权函数w_i获得必要数量(n)的代数关系式,但它要求近似函数$\{\phi_i\}$可以使u_n[见式(2.4.3)]在原始微分方程[见式(2.4.1)]中是足够可导,并满足指定的边界条件。如果这不是一个问题,那么就可以继续式(2.4.12)中的积分,并获得必要的关于$c_1, c_2, \cdots, c_n$的代数方程[使用式(2.4.9)所列出的任何一种w_i]。

如果计划用近似函数ϕ_i来近似w_i,在式(2.4.12)的加权积分式中,将一半的导数从u_n移到w_i是有意义的,因为这样两者的导数相等,并且降低了$\phi_i(i=1, 2, \cdots, n)$的连续性要求。显然,所得到的积分式便是弱形式。当然,弱化u_n(也即ϕ_i)的可导性是一个纯数学(或许也有计算)的考虑。很快就会看到,这种弱形式的提法有两个可取的特点。首先,正如已经指出的那样,它仅要求因变量较弱的连续性,并且对于自伴随方程(正如本书中研究的问题一样),

它总可以导出对称的系数矩阵。其次,该问题关于 u_n 导数的边界条件被包含在弱形式中,因此只需要满足 u_n 上的边界条件❶即可。弱形式的这两个特点在问题的有限元模型的建立中起着重要的作用。

需要注意的是,从因变量到权函数的可导性转移(除了削弱 ϕ_i 的连续性要求)还取决于需要将物理上有意义的边界项包括到弱形式中,而不考虑对连续性要求的影响。因此,如果产生的边界项在物理上没有意义,从因变量到权函数的可导性转移就不应该进行。

回到式(2.4.12)中的积分式,对表达式的第一项进行分部积分,得

$$
\begin{aligned}
0 &= \int_0^L \left\{ w_i \left[-\frac{\mathrm{d}}{\mathrm{d}x}\left(a\frac{\mathrm{d}u_n}{\mathrm{d}x} \right) \right] + c w_i u_n - w_i f \right\} \mathrm{d}x \\
&= \int_0^L \left(a\frac{\mathrm{d}w_i}{\mathrm{d}x}\frac{\mathrm{d}u_n}{\mathrm{d}x} + c w_i u_n - w_i f \right) \mathrm{d}x - \left[w_i \cdot a\frac{\mathrm{d}u_n}{\mathrm{d}x} \right]_0^L
\end{aligned}
\tag{2.4.13}
$$

这里,令分部积分方程[见式(2.2.26)]中第一项的 $p=a$ 可以得到式(2.4.13)的第二行结果。注意到权函数 w_i 要求至少一阶可导。但这不是问题,因为我们计划使用 $\{\phi_i\}$ 作为 $\{w_i\}$ (在 Galerkin 和 Ritz 方法中)。

步骤 2 的一个重要部分是确定每个问题具有的两种类型的变量(因果关系)。将微分方程中出现的变量(即 u)作为主变量。在对权函数 w_i 和变量 u_n 进行微分运算后,检查边界表达式。边界表达式将包含权函数 w_i 和因变量 u_n(主变量)。在边界表达式中,权函数的系数(对于高阶方程可能还有它的导数)被称为次变量。在边界值问题中,根据给定的是主变量还是次变量,将边界条件分为本质边界条件和自然边界条件。这一分类对于本章所考虑的变分法和后面几章给出的有限元方程都很重要。

下面的规则是用来识别本质和自然边界条件和它们的形式。在边界上指定主变量 u 构成了本质边界条件(EBC)。在边界上指定次变量构成了自然边界条件(NBC)。例如,对于上述的问题,边界表达式中的权函数 w_i 的系数是 $a(\mathrm{d}u_n/\mathrm{d}x)$,因此,$a(\mathrm{d}u_n/\mathrm{d}x)$ 是方程的次变量。在边界上的指定次变量 $a(\mathrm{d}u_n/\mathrm{d}x)$ 构成了自然边界条件(NBC)。

次变量通常具有物理意义,并且通常是令人感兴趣的物理量。在传热问题中,次变量是热量 Q;在杆的轴向变形中,$a(\mathrm{d}u_n/\mathrm{d}x)$ 表示力。将次变量表示为

$$
Q \equiv \left(a\frac{\mathrm{d}u_n}{\mathrm{d}x} \right) n_x
\tag{2.4.14}
$$

其中,n_x 表示方向余弦,其等于 x 轴和边界法向的夹角的余弦值。对于一维问题,边界点上的法向总是沿着域的长度方向。因此,在域的左端点时有 $n_x = -1$;在域的右端点时有 $n_x = 1$。

应当指出,主变量和次变量的数量和形式取决于微分方程的阶数。主变量和次变量的数量总是相同的,每个主变量都有一个相关的次变量;也就是说,它们总是成对出现(例如,位移和力,温度和热量等)。在边界上只能指定一个成员,要么是主变量,要么是次变量。因此,一个给定的问题可以有以下三种情况之一的特定边界条件:(1)所有指定的边界条件均为本质

---

❶ 两种边界条件将在接下来的段落讨论。

类型;(2)指定的边界条件,有的属于本质类型,有的属于自然类型;(3)所有指定的边界条件均为自然类型。对于一个二阶方程,如本例中,有一个主变量 u 和一个次变量 Q。在边界点,只能指定(u, Q)中的一个元素。对于四阶方程,如梁的经典理论(Euler-Bernoulli 或 Bernoulli-Euler)方程,有两个主变量和两个次变量,这将在后面进行说明。一般来说,一个 $2m$ 阶微分方程需要 m 次分部积分才能将 m 个导数从 u_n 传递到 w_i,因此会有 m 个涉及 m 个主变量和 m 个次变量(也就是 m 对主变量和次变量)的边界项。

回顾式(2.4.13),使用式(2.4.14)的标记将它重写:

$$
\begin{aligned}
0 &= \int_0^L \left(a \frac{\mathrm{d}w_i}{\mathrm{d}x} \frac{\mathrm{d}u_n}{\mathrm{d}x} + cw_i u_n - w_i f \right) \mathrm{d}x - \left(w_i \cdot a \frac{\mathrm{d}u_n}{\mathrm{d}x} \right)_0^L \\
&= \int_0^L \left(a \frac{\mathrm{d}w_i}{\mathrm{d}x} \frac{\mathrm{d}u_n}{\mathrm{d}x} + cw_i u_n - w_i f \right) \mathrm{d}x - \left(w_i \cdot a \frac{\mathrm{d}u_n}{\mathrm{d}x} n_x \right)_{x=0} - \left(w_i \cdot a \frac{\mathrm{d}u_n}{\mathrm{d}x} n_x \right)_{x=L} \qquad (2.4.15) \\
&= \int_0^L \left(a \frac{\mathrm{d}w_i}{\mathrm{d}x} \frac{\mathrm{d}u_n}{\mathrm{d}x} + cw_i u_n - w_i f \right) \mathrm{d}x - (w_i Q)_0 - (w_i Q)_L
\end{aligned}
$$

式(2.4.15)是式(2.4.1)中微分方程的弱形式。"弱"一词指的是降低(即削弱)式(2.4.15)中 u_n 的可导性要求,即与式(2.4.12)中的加权积分形式或式(2.4.1)微分方程中的 u_n 相比而言,因为这里 u_n 要求是二阶可导的,而在式(2.4.15)中只需一阶可导。

2.4.4.3　步骤 3

将次变量的表达式替换为它们的指定值,并最终确定弱形式。弱形式建立的第三步,也是最后一步,是确定所考虑问题的实际边界条件。在这里,要求权函数 w_i 在指定的本质边界条件的边界点处为零;也就是说,w_i 需要满足问题指定的本质边界条件的齐次形式。也就是说,权函数 w_i 被视为主变量 u 的一个虚拟变化或变分,$w_i \sim \delta u$。当在某个点指定主变量时,虚拟变化必须为零。对于目前的问题,边界条件由式(2.4.2)给出。根据边界条件的分类规则,$u = u_0$ 是本质边界条件,$(a\mathrm{d}u/\mathrm{d}x)|_{x=L} = Q_L$ 是自然边界条件。因此,权函数 $w_i(i=1,2,\cdots,n)$ 要求满足

$$
w_i(0) = 0, \text{因为 } u(0) = u_0 \qquad (2.4.16)
$$

由于 $w_i(0) = 0$,且

$$
Q(L) = \left(a \frac{\mathrm{d}u_n}{\mathrm{d}x} n_x \right) \bigg|_{x=L} = \left(a \frac{\mathrm{d}u_n}{\mathrm{d}x} \right) \bigg|_{x=L} = Q_L - \beta [u_n(L) - u_\infty] \qquad (2.4.17)
$$

则式(2.4.15)可以简化为

$$
0 = \int_0^L \left(a \frac{\mathrm{d}w_i}{\mathrm{d}x} \frac{\mathrm{d}u_n}{\mathrm{d}x} + cw_i u_n - w_i f \right) \mathrm{d}x + \beta w_i(L) u_n(L) - w_i(L) Q_L - \beta w_i(L) u_\infty
$$

$$
(2.4.18)
$$

这是与式(2.4.1)中的微分方程和式(2.4.2)中的自然边界条件相等价的弱形式。至此,完成了微分方程弱形式的建立。

总之,弱形式的建立有三个步骤。在第一步中,把微分方程的所有表达式放在一边来定

义近似的残值,并将整个方程乘以一个权函数,对问题域进行积分。得到的表达式称为方程的加权积分形式。在第二步中,使用分部积分法来平均分配因变量和权函数的微分,并使用边界项来确定主变量和次变量的形式。只有当得到的边界表达式中的次变量有物理意义时,才应该执行分部积分步骤。在第三步中,通过限制权函数来修改边界项,使其满足指定的本质边界条件的齐次形式,并将次变量替换为它们的指定值。因此,微分方程的弱形式是一个与微分方程等价但可导性要求更弱的加权积分形式,它包含了问题指定的自然边界条件。注意,用二阶和高阶微分方程描述的所有问题——线性或非线性——都存在弱形式。然而,并不是所有的问题都存在以 Euler 方程为控制方程的(二次)泛函。

应当指出,建立微分方程的加权积分形式或弱形式的主要目的是得到尽可能多的代数方程,因为在方程的因变量 u 的近似值中存在着未知系数 c_i。对于权函数 w_i 的不同取值,可以得到不同的代数方程组。但是,由于步骤 3 对权函数 w_i 的限制,使得 w_i 与近似函数属于同一个函数矢量空间(即 $w_i \in \{\phi_i\}$)。由此得到的离散模型被称为 Ritz 模型。

2.4.5 线性和双线性形式以及二次泛函

了解与微分方程有关的二次泛函的最小值和弱形式之间的关系是有用的,尽管其对使用变分法或有限元法不是必要的。如果读者觉得这部分内容过于数学化,难以理解,可以跳过它,直接进入第 2.4.6 节并不会失去连续性。

式(2.4.18)中的弱形式包含两种类型表达:一种是包含因变量 u_n 和权函数 w_i,一种仅包含权函数 w_i。将这两种表达分别用 $B(w_i, u_n)$ 和 $l(w_i)$ 表示:

$$B(w_i, u_n) = \int_0^L \left(a \frac{\mathrm{d}w_i}{\mathrm{d}x} \frac{\mathrm{d}u_n}{\mathrm{d}x} + c w_i u_n \right) \mathrm{d}x + \beta w_i(L) u_n(L) \qquad (2.4.19)$$

$$l(w_i) = \int_0^L w_i f \mathrm{d}x + w_i(L) Q_L + \beta w_i(L) u_\infty$$

因此,式(2.4.18)中的弱形式可以表达为

$$B(w_i, u_n) = l(w_i) \qquad (2.4.20)$$

式(2.4.20)被称为与式(2.4.1)和式(2.4.2)相关联的变分问题。

式(2.4.19)中表达式的一个特征是一旦指定参数 w_i 和 u_n 的值,它们便是实数。这些表达式被称为泛函。在数学上,一个泛函 $I(\cdot)$ 被定义为将函数从线性矢量空间❶ V 映射到实数域 $\mathscr{R}$ 的转换,即 $I: V \rightarrow \mathscr{R}$。泛函 $I(u)$ 被称为线性的当且仅当其满足以下关系

$$I(\alpha u + \beta v) = \alpha I(u) + \beta I(v), u, v \in V, \alpha, \beta \in \mathscr{R} \qquad (2.4.21)$$

这里,符号 $\in$ 表示从属关系。类似地,如果泛函 $B(u,v)$ 关于其参数 u 和 v 是线性的,则称为双线性:

$$\begin{aligned} B(\alpha u_1 + \beta u_2, v) &= \alpha B(u_1, v) + \beta B(u_2, v) \quad \text{关于第一个参数线性} \\ B(u, \alpha v_1 + \beta v_2) &= \alpha B(u, v_1) + \beta B(u, v_2) \quad \text{关于第二个参数线性} \end{aligned} \qquad (2.4.22)$$

---

❶ 具有一定的向量加法和标量乘法规则的一组因变量,称为矢量,被定义为一个线性向量空间[5]。

其中,u,u_1,u_2,v,v_1,v_2 是来自一个矢量空间 V 中的元素,α,β 是实数。请注意双线性泛函必然包含两个参数(因变量),并且它对于每个参数必须是线性的。如果一个双线性形式满足这个条件,那么它就是对称的:

$$B(v,u)=B(u,v) \quad 对于所有的 \ u,v \in V \tag{2.4.23}$$

二次泛函 $J(u)$ 是满足以下关系的函数

$$J(\alpha u)=\alpha^2 J(u) \tag{2.4.24}$$

对于所有的实数 α 均成立。

当 $B(\cdot,\cdot)$ 关于其参数是双线性对称的且 $l(\cdot)$ 关于其参数是线性的,则存在一个二次泛函 $I(u)$,其定义如下:

$$I(u)=\frac{1}{2}B(u,u)-l(u), u \in V \tag{2.4.25}$$

从而有寻找它的最小值等价于求解式(2.4.20)中的变分问题:

$$\delta I(u)=0=B(\delta u,u)-l(\delta u), \delta^2 I=B(\delta u,\delta u)>0(\delta u \neq 0)$$

因此,$I(u)$ 最小时的函数 u 为式(2.4.20)的解($w_i=\delta u, u_n=u$);相反地,式(2.4.20)的解使得泛函 $I(u)$ 取最小值。这些结论的数学证明可以在 Reddy[2,4] 的书中找到。

对于固体力学问题,$I(u)$ 表示总势能泛函,$\delta I=0$ 是最小总势能原理的表述:在所有容许的函数 u 中,使总势能 $I(u)$ 取最小值的函数也满足微分方程和自然边界条件。换句话说,微分方程的弱形式与最小势能原理的表述是一样的。对于固体力学之外的问题,如果函数 $I(u)$ 存在,它也可能没有任何物理意义,但它在数学分析中仍是有用的(例如,证明解的存在性和唯一性)。

如前所述,每一个微分方程都有一个加权积分形式,当方程的阶数为 2 或更高时,就有一个弱形式存在。当双线性形式是对称的,也会有一个泛函,令它的一阶变分等于零是等价于控制方程的。然而,传统的变分方法和有限元方法只使用一个积分形式或要求解方程的弱形式。

2.4.6 弱形式和二次泛函实例

在这里,考虑了一些有代表性的一维和二维微分方程的例子,并给出了它们的弱形式。这些例子是在接下来的章节中对有限元方法的研究的主要兴趣。

这里讨论的所有问题都对应于一个或多个科学和工程的物理问题(更多细节见 Reddy[2])。

例 2.4.1

考虑式(2.4.1)中的微分方程和式(2.4.2)中的边界条件,确定与这个问题有关的二次泛函。

解答:问题的弱形式由式(2.4.18)给出。可以简单证明式(2.4.19)中的 $B(\cdot,\cdot)$ 关于 w_i 和 u_n 是双线性且对称的,而 $l(\cdot)$ 关于 w_i 是线性的。因此,二次泛函由式(2.4.25)给出($w_i=u_n$):

$$I(u_n)=\frac{1}{2}B(u_n,u_n)-l(u_n)$$

$$=\frac{1}{2}\int_0^L \left[a\left[\frac{du_n}{dx}\right]^2+cu_n^2\right]dx+\frac{1}{2}\beta[u_n(L)]^2-\int_0^L fu_n dx-\beta u_n(L)u_\infty-Q_0 u_n(L)$$

$$\tag{2.4.26}$$

下一个例子根据 Euler-Bernoulli 梁理论阐明了弹性梁弯曲控制方程(四阶微分方程)的变分方程(详细推导见 Reddy[2])。

例 2.4.2

Euler-Bernoulli 梁理论(Euler-Bernoulli 假设:变形前垂直于梁轴线的平面截面保持(a)平面,(b)不可拉伸,(c)变形后垂直于弯曲轴线)的控制方程如下:

$$-\frac{\mathrm{d}V}{\mathrm{d}x} + kw - q = 0, \frac{\mathrm{d}M}{\mathrm{d}x} - V = 0, 0 < x < L \tag{2.4.27}$$

其中,$w(x)$ 表示梁的横向挠度,$V(x)$ 是剪力,$M(x)$ 是弯矩,$k(x)$ 是地基模量,$q(x)$ 是横向分布力,L 是梁的长度,如图 2.4.3 所示。使用运动学和 Hooke 定律,弯矩和剪力与挠度 w 的关系如下:

$$M = -EI\frac{\mathrm{d}^2w}{\mathrm{d}x^2}, V = \frac{\mathrm{d}M}{\mathrm{d}x} = -\frac{\mathrm{d}}{\mathrm{d}x}\left(EI\frac{\mathrm{d}^2w}{\mathrm{d}x^2}\right) \tag{2.4.28}$$

其中,$E(x)I(x) > 0$ 是梁的抗弯刚度(即 E 是弹性模量,I 是关于 y 轴的惯性矩)。式(2.4.27)和式(2.4.28)可以合并为一个关于挠度 w 的控制方程:

$$\frac{\mathrm{d}^2}{\mathrm{d}x^2}\left(EI\frac{\mathrm{d}^2w}{\mathrm{d}x^2}\right) + kw - q = 0, 0 < x < L \tag{2.4.29}$$

如图 2.4.3 所示,如果梁的左端固支,并在 $x = L$ 处受一横向点载荷 F_0 和弯矩 M_0。请建立该问题的弱形式,确定双线性和线性形式及二次泛函。

解答:由于该方程包含一个四阶导数,对于该项应该使用两次分部积分来使得因变量 w 和权函数 v 的导数阶数相等。在这种情况下,v 必须是二阶可导的并满足本质边界条件的齐次形式。对式(2.4.29)两端乘以 v,并对第一项关于 x 进行两次分部积分,得

步骤 1:　$0 = \int_0^L v\left[\frac{\mathrm{d}^2}{\mathrm{d}x^2}\left(EI\frac{\mathrm{d}^2w}{\mathrm{d}x^2}\right) + kw - q\right]\mathrm{d}x$

$0 = \int_0^L\left[\left(-\frac{\mathrm{d}v}{\mathrm{d}x}\right)\frac{\mathrm{d}}{\mathrm{d}x}\left(EI\frac{\mathrm{d}^2w}{\mathrm{d}x^2}\right) + kw - vq\right]\mathrm{d}x + \left(v\frac{\mathrm{d}}{\mathrm{d}x}\left(EI\frac{\mathrm{d}^2w}{\mathrm{d}x^2}\right)\right)\Big|_0^L$

步骤 2:

$= \int_0^L\left[\left(\frac{\mathrm{d}^2v}{\mathrm{d}x^2}\right)EI\frac{\mathrm{d}^2w}{\mathrm{d}x^2} + kvw - vq\right]\mathrm{d}x + \left(v\frac{\mathrm{d}}{\mathrm{d}x}\left(EI\frac{\mathrm{d}^2w}{\mathrm{d}x^2}\right) - \frac{\mathrm{d}v}{\mathrm{d}x}EI\frac{\mathrm{d}^2w}{\mathrm{d}x^2}\right)\Big|_0^L$

$$\tag{2.4.30}$$

从最后一行可以看出,w 和 $\mathrm{d}w/\mathrm{d}x$ 的指定值构成了本质(几何或静态)边界条件,并且

$$-\frac{\mathrm{d}}{\mathrm{d}x}\left(EI\frac{\mathrm{d}^2w}{\mathrm{d}x^2}\right)(\text{剪力}) \text{ 和 } EI\frac{\mathrm{d}^2w}{\mathrm{d}x^2}(\text{弯矩}) \tag{2.4.31}$$

的指定值构成了自然边界条件。

边界条件可以用挠度 w 来表示:

$$w(0) = 0, \theta(0) \equiv \left(-\frac{\mathrm{d}w}{\mathrm{d}x}\right)\Big|_{x=0} = 0, \left(-EI\frac{\mathrm{d}^2w}{\mathrm{d}x^2}\right)\Big|_{x=L} = M_0, \left[-\frac{\mathrm{d}}{\mathrm{d}x}\left(EI\frac{\mathrm{d}^2w}{\mathrm{d}x^2}\right)\right]\Big|_{x=L} = F_0$$

$$\tag{2.4.32}$$

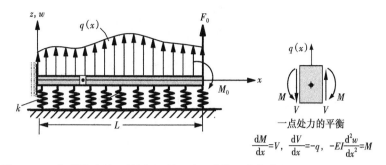

图 2.4.3 在弹性地基上的梁,左端固定,受横向分布荷载,右端受点力和弯矩

式中,M_0 是弯矩,F_0 是横向载荷。由于 w 和 $\theta = -\mathrm{d}w/\mathrm{d}x$(都是主变量)的指定值在 $x = 0$ 处,要求权函数 v 和它的导数 $\mathrm{d}v/\mathrm{d}x$ 在此处也为零:

$$v(0) = \left(\frac{\mathrm{d}v}{\mathrm{d}x}\right)\bigg|_{x=0} = 0$$

式(2.4.32)中剩下的两个边界条件是自然边界条件,它们对 v 以及导数没有约束。

步骤 3: 因此,式(2.4.30)变为

$$0 = \int_0^L \left[EI \frac{\mathrm{d}^2 v}{\mathrm{d}x^2} \frac{\mathrm{d}^2 w}{\mathrm{d}x^2} + kvw - vq \right] \mathrm{d}x - v(L)F_0 + \left(\frac{\mathrm{d}v}{\mathrm{d}x}\right)\bigg|_{x=L} M_0 \qquad (2.4.33)$$

变分问题和二次泛函:式(2.4.33)可以写成以下形式

$$B(v, w) = l(v) \qquad (2.4.34a)$$

$$B(v, w) = \int_0^L \left[EI \frac{\mathrm{d}^2 v}{\mathrm{d}x^2} \frac{\mathrm{d}^2 w}{\mathrm{d}x^2} + kvw \right] \mathrm{d}x$$

$$l(v) = \int_0^l vq\,\mathrm{d}x + v(L)F_0 - \left(\frac{\mathrm{d}v}{\mathrm{d}x}\right)\bigg|_{x=L} M_0 \qquad (2.4.34b)$$

使用式(2.4.25)可得泛函,即梁的总势能为:

$$I(w) = \int_0^L \left[EI \left(\frac{\mathrm{d}^2 w}{\mathrm{d}x^2}\right)^2 + \frac{k}{2} w^2 - wq \right] \mathrm{d}x - v(L)F_0 + \left(\frac{\mathrm{d}v}{\mathrm{d}x}\right)\bigg|_{x=L} M_0 \qquad (2.4.35)$$

注意,对于四阶方程,本质边界条件不仅包括因变量,还包括它的一阶导数。如前所述,在任何边界点上,只能指定两个边界条件中的一个(本质或自然)。例如,如果在一个边界点上指定了横向挠度 w,那么就不能在同一点上指定剪切力 V,反之亦然。类似的结论也适用于斜率 $\theta = -\mathrm{d}w/\mathrm{d}x$ 和弯矩 M。注意,在本例中,w 和 $\mathrm{d}w/\mathrm{d}x$ 是主变量,而 V 和 M 是次变量。

下一个例子是关于一维情况下一对二阶微分方程的弱形式的建立。

例 2.4.3

考虑下列一对耦合微分方程,根据 Timoshenko 梁理论[去除 Euler-Bernoulli 梁理论的垂直条件(c)],其是直梁的弯曲控制方程。

$$- \frac{d}{dx}\left[S\left(\frac{dw}{dx} + \phi \right) \right] + kw = q \tag{2.4.36a}$$

$$- \frac{d}{dx}\left(D \frac{d\phi}{dx} \right) + S\left(\frac{dw}{dx} + \phi \right) = 0 \tag{2.4.36b}$$

式中,w 是横向挠度,ϕ 是横向法线的转角,S 是剪切刚度($S = K_s GA$,K_s 是剪切修正系数,G 是剪切模量,A 是截面面积),$D = EI$ 是弯曲刚度,k 是地基模量,q 是横向分布载荷。请使用三步法建立上述方程的弱形式,确定双线性和线性形式及相关的二次泛函。

解答:对于每个微分方程,使用三步法来建立其弱形式。

对第一个方程两边同时乘以权函数 v_1,第二个方程两边同时乘以权函数 v_2,并在整个梁长度上积分:

步骤 1a:

$$0 = \int_0^L v_1 \left\{ - \frac{d}{dx}\left[S\left(\frac{dw}{dx} + \phi \right) \right] + kw - q \right\} dx$$

步骤 2a:

$$\begin{aligned}
0 &= \int_0^L \left[\frac{dv_1}{dx} S\left(\frac{dv}{dx} + \phi \right) + kv_1 w - v_1 q \right] dx - \left[v_1 S\left(\frac{dw}{dx} + \phi \right) \right]_0^L \\
&= \int_0^L \left[\frac{dv_1}{dx} S\left(\frac{dw}{dx} + \phi \right) + kv_1 w - v_1 q \right] dx - v_1(L)\left[S\left(\frac{dw}{dx} + \phi \right) \right]_{x=L} \\
&\quad + v_1(0)\left[S\left(\frac{dw}{dx} + \phi \right) \right]_{x=0}
\end{aligned} \tag{2.4.37}$$

步骤 1b:

$$0 = \int_0^L v_2 \left\{ - \frac{d}{dx}\left(D \frac{d\phi}{dx} \right) + S\left(\frac{dw}{dx} + \phi \right) \right\} dx$$

步骤 2b:

$$\begin{aligned}
0 &= \int_0^L \left[D \frac{dv_2}{dx} \frac{d\phi}{dx} + v_2 S\left(\frac{dw}{dx} + \phi \right) \right] dx - \left[v_2 D \frac{d\phi}{dx} \right]_0^L \\
&= \int_0^L \left[D \frac{dv_1}{dx} \frac{d\phi}{dx} + v_2 S\left(\frac{dw}{dx} + \phi \right) \right] dx - v_2(L)\left[D \frac{d\phi}{dx} \right]_{x=L} + v_2(0)\left[D \frac{d\phi}{dx} \right]_{x=0}
\end{aligned} \tag{2.4.38}$$

请注意,分部积分法的使用使得表达式 $dw/dx + \phi$ 得以保留,因为它进入了表示剪力的边界项。这种考虑只能通过了解该问题的力学模型来使用。还要注意,权函数对 (v_1, v_2) 满足 (w, ϕ) 对 $(v_1 \sim w, v_2 \sim \phi)$ 上指定的本质边界条件的齐次形式。

步骤 3:考察边界项发现,$w \sim v_1$,$\phi \sim v_2$ 是主变量,次变量为

$$S\left(\frac{dw}{dx} + \phi \right) (剪力), \quad D \frac{d\phi}{dx} (弯矩) \tag{2.4.39}$$

为了确定弱形式,必须通过考虑一个具体的梁问题来指定边界项。从图 2.4.3 可以看出,$v_1(0) = 0$,$v_2(0) = 0$ 且

$$\left[S\left(\frac{\mathrm{d}w}{\mathrm{d}x}+\phi\right) \right]_{x=L}=F_0,\quad \left[D\frac{\mathrm{d}\phi}{\mathrm{d}x} \right]_{x=L}=M_0$$

因此,式(2.4.37)和式(2.4.38)中的弱形式成为

$$0=\int_0^L\left[\frac{\mathrm{d}v_1}{\mathrm{d}x}S\left(\frac{\mathrm{d}w}{\mathrm{d}x}+\phi\right)+kv_1w-v_1q\right]\mathrm{d}x-v_1(L)F_0 \tag{2.4.40a}$$

$$0=\int_0^L\left[D\frac{\mathrm{d}v_2}{\mathrm{d}x}\frac{\mathrm{d}\phi}{\mathrm{d}x}+v_2S\left(\frac{\mathrm{d}w}{\mathrm{d}x}+\phi\right)\right]\mathrm{d}x-v_2(L)M_0 \tag{2.4.40b}$$

变分问题和二次泛函:为了得到寻找(w,ϕ)的变分问题使得

$$B((v_1,v_2),(w,\phi))=l((v_1,v_2)) \tag{2.4.41}$$

对于所有的(v_1,v_2)成立,必须将上述的两个弱形式合并为一个表达式:

$$0=\int_0^L\left[\left(\frac{\mathrm{d}v_1}{\mathrm{d}x}+v_2\right)S\left(\frac{\mathrm{d}w}{\mathrm{d}x}+\phi\right)+\frac{\mathrm{d}v_2}{\mathrm{d}x}D\frac{\mathrm{d}\phi}{\mathrm{d}x}+kv_1w-v_1q\right]\mathrm{d}x-v_1(L)F_0-v_2(L)M_0$$

$$\tag{2.4.42}$$

因此,该问题的双线性和线性形式为

$$B((v_1,v_2),(w,\phi))=\int_0^L\left[S\left(\frac{\mathrm{d}v_1}{\mathrm{d}x}+v_1\right)\left(\frac{\mathrm{d}w}{\mathrm{d}x}+\phi\right)+D\frac{\mathrm{d}v_2}{\mathrm{d}x}\frac{\mathrm{d}\phi}{\mathrm{d}x}+kv_1w\right]\mathrm{d}x$$

$$l((v_1,v_2))=\int_0^L v_1q\mathrm{d}x+v_1(L)F_0+v_2(L)M_0$$

$$\tag{2.4.43}$$

显然,$B((v_1,v_2),(w,\phi))$关于它的参数是对称的(即交换v_1和w以及交换v_2和ϕ得到一样的表达)。因此,问题的泛函为

$$I((w,\phi))=\frac{1}{2}\int_0^L\left[S\left(\frac{\mathrm{d}w}{\mathrm{d}x}+\phi\right)^2+D\left(\frac{\mathrm{d}\phi}{\mathrm{d}x}\right)^2+kw^2\right]\mathrm{d}x$$

$$-\left[\int_0^L wq\mathrm{d}x+w(L)F_0+\phi(L)M_0\right] \tag{2.4.44}$$

I中的第一项为因横向剪切变形而储存的应变能,第二项为因弯曲而储存的应变能,第三项为因弹性地基而储存的应变能。第二行(带负号)是外部施加的载荷所做的功。

本节的最后一个例子涉及一个二维的二阶微分方程。这个方程出现在许多领域,包括热传递、流函数或无粘流的速度势方程、膜的横向挠度和圆柱构件的扭转。

例 2.4.4

如图2.2.4所示,在一个封闭二维域Ω(边界为Γ)中考虑下述微分方程,来确定问题的解$u(x,y)$:

$$-\frac{\partial}{\partial x}\left(a_{xx}\frac{\partial u}{\partial x}\right)-\frac{\partial}{\partial y}\left(a_{yy}\frac{\partial u}{\partial y}\right)+a_{00}u=f\quad\text{在}\,\Omega\,\text{中} \tag{2.4.45}$$

式中,a_{00},a_{xx},a_{yy},f是关于域 Ω 中位置矢量(x,y)已知的函数。函数 u 除了满足微分方程(2.4.45)外,还需要满足下列边界条件:

$$u=\hat{u} \text{ 在 } \Gamma_u \text{ 上}, a_{xx}\frac{\partial u}{\partial x}n_x+a_{yy}\frac{\partial u}{\partial y}n_y=\hat{q} \text{ 在 } \Gamma_q \text{ 上} \qquad (2.4.46)$$

式中,Γ_u 和 Γ_q 满足 $\Gamma=\Gamma_u\cup\Gamma_q$,如图 2.2.4 所示。请建立问题的弱形式,确定线性和双线性形式以及二次泛函。

解答:对式(2.4.45)使用三步法得:

步骤 1:
$$0=\int_\Omega w\left[-\frac{\partial}{\partial x}\left(a_{xx}\frac{\partial u}{\partial x}\right)-\frac{\partial}{\partial y}\left(a_{yy}\frac{\partial u}{\partial y}\right)+a_{00}u-f\right]\mathrm{d}x\mathrm{d}y \qquad (2.4.47a)$$

步骤 2:
$$0=\int_\Omega\left(a_{xx}\frac{\partial w}{\partial x}\frac{\partial u}{\partial x}+a_{yy}\frac{\partial w}{\partial y}\frac{\partial u}{\partial y}+a_{00}wu-wf\right)\mathrm{d}x\mathrm{d}y$$
$$-\oint_\Gamma w\left(a_{xx}\frac{\partial u}{\partial x}n_x+a_{yy}\frac{\partial u}{\partial y}n_y\right)\mathrm{d}s \qquad (2.4.47b)$$

式中使用分部积分[见式(2.2.43)]将 u 的导数向 w 转移,以便 u 和 w 具有相同阶次的导数。边界项表明 u 是主变量而

$$a_{xx}\frac{\partial u}{\partial x}n_x+a_{yy}\frac{\partial u}{\partial y}n_y$$

是次变量。

步骤 3:最后一步是强制施加指定的边界条件[式(2.4.46)]。由于在 Γ_u 上 u 是指定的,则权函数 w 在 Γ_u 上为零而在 Γ_q 上是任意的。因此,式(2.4.47b)简化为

$$0=\int_\Omega\left(a_{xx}\frac{\partial w}{\partial x}\frac{\partial u}{\partial x}+a_{yy}\frac{\partial w}{\partial y}\frac{\partial u}{\partial y}+a_{00}wu-wf\right)\mathrm{d}x\mathrm{d}y-\int_{\Gamma_q}w\hat{q}\mathrm{d}s \qquad (2.4.48)$$

变分问题和二次泛函:式(2.4.48)中的弱形式可以表达为 $B(w,u)=l(w)$,其中双线性和线性形式分别为

$$B(w,u)=\int_\Omega\left(a_{xx}\frac{\partial w}{\partial x}\frac{\partial u}{\partial x}+a_{yy}\frac{\partial w}{\partial y}\frac{\partial u}{\partial y}+a_{00}wu\right)\mathrm{d}x\mathrm{d}y$$
$$l(w)=\int_\Omega wf\mathrm{d}x\mathrm{d}y-\int_{\Gamma_q}w\hat{q}\mathrm{d}s \qquad (2.4.49)$$

相关的二次泛函是

$$I(u)=\frac{1}{2}\int_\Omega\left(a_{xx}\left(\frac{\partial u}{\partial x}\right)^2+a_{yy}\left(\frac{\partial u}{\partial y}\right)^2+a_{00}u^2\right)\mathrm{d}x\mathrm{d}y-\int_\Omega uf\mathrm{d}x\mathrm{d}y-\int_{\Gamma_q}\hat{q}u\mathrm{d}s \qquad (2.4.50)$$

在薄膜的横向挠度问题($a_{00}=0$)中,$I(u)$ 表示总势能。

2.5　变分法

2.5.1　简介

本节的目标是研究变分近似方法，因为它们为有限元模型的发展提供了条件。这里讨论的方法包括 Ritz 法、Galerkin 法和最小二乘法。在这些方法中，我们寻求一个近似解，其是合适的近似函数 ϕ_j 的一个线性组合，并需要确定待定参数 c_j：$\sum_j c_j \phi_j$ [见式(2.4.3)]。Ritz 法使用弱形式，而 Galerkin 法使用加权积分形式(建立弱形式的第一步)来确定参数 c_j。最小二乘法是建立在微分方程近似解的残值平方和积分最小化的基础上的。在 2.4.3 节中已经介绍了各种加权残值法。将在接下来的章节中看到，有限元模型在大多数情况下(特别是在商业代码中)是基于 Ritz 法的一种分片应用(即 Galerkin 法的弱形式)，其不需要一个泛函，仅需要一个变分形式[如式(2.4.20)中给出的]。基于加权残值法的有限元模型(如 Petrov-Galerkin 法、配点法、最小二乘法和子域法)在商业代码中没有发现。

2.5.2　Ritz 法

2.5.2.1　基本思想

在 Ritz 法中，近似的系数 c_j 是用问题的弱形式来确定的，因此，权函数的选择仅限于近似函数 $w_i = \phi_i$。如前所述，弱形式等价于控制微分方程和问题的自然边界条件；因此，弱形式对近似解 u_n 的连续性要求弱于原始微分方程或其加权积分式。该方法描述了一个线性变分问题(与弱形相同)。

考虑由弱形式得到的变分问题：对于所有足够可导的函数 w_i(满足指定的本质边界条件的齐次形式)，寻找解 u 使得

$$B(w,u) = l(w) \tag{2.5.1}$$

通常，$B(\cdot,\cdot)$ 关于 w 和 u 是非对称的，其关于 u 甚至可以是非线性的[$B(\cdot,\cdot)$ 关于 w 总是线性的]。当 $B(\cdot,\cdot)$ 关于 w 和 u 是双线性且对称的以及 $l(\cdot)$ 是线性的时，式(2.5.1)中的变分(弱)形式等价于下列二次泛函的最小化：

$$I(u) = \frac{1}{2}B(u,u) - l(u) \tag{2.5.2}$$

离散问题包括寻找一个近似解 u_n 使得

$$B(w_i, u_n) = l(w_i), i = 1,2,\cdots,n \tag{2.5.3}$$

在 Ritz 法中，以有限级数的形式寻求式(2.5.1)的近似解：

$$u_n = \sum_{j=1}^{n} c_j \phi_j + \phi_0 \tag{2.5.4}$$

其中，常数 $c_1, c_2, \cdots, c_n$ 为 Ritz 系数，它们可以通过式(2.5.3)对 n 个不同的 $\{w_i\}$ 都成立来确定，即得到了关于 $c_1, c_2, \cdots, c_n$ 的 n 个独立代数关系式。函数 $\{\phi_j\}$ 和 ϕ_0 是近似函数，它们的选择需要使 u_n 满足指定的本质边界条件[如前所述，指定的自然边界条件已经包含在变分问题(2.5.1)中，因此也包含在泛函 $I(u)$ 中]。将式(2.5.4)中的 $w_i = \phi_i$ 和 u_n 代入式(2.5.3)中

得到第 i 个代数方程[注意到 $B(\cdot,\cdot)$ 是双线性的]:

$$B\left(\phi_i, \sum_{j=1}^{n} c_j\phi_j + \phi_0\right) = l(\phi_i) \Rightarrow \sum_{j=1}^{n} B(\phi_i, \phi_j)c_j + B(\phi_i, \phi_0) = l(\phi_i)$$

或者 $\hspace{10cm}$ (2.5.5)

$$\sum_{j=1}^{n} K_{ij}c_j = F_i, i = 1,2,\cdots,n$$

其中,

$$K_{ij} = B(\phi_i, \phi_j), F_i = l(\phi_i) - B(\phi_i, \phi_0) \hspace{2cm} (2.5.6)$$

式(2.5.5)中的代数方程可以表达为矩阵形式:

$$\boldsymbol{Kc} = \boldsymbol{F} \hspace{4cm} (2.5.7)$$

如前所述,对于对称双线性形式,Ritz 法也可以看作是通过最小化二次泛函 $I(u_n)$ 来确定参数 c_j 的方法。将式(2.5.4)中的 u_n 代替式(2.5.2)中的 u,积分后泛函 I 成为参数 $c_1,c_2,\cdots,c_n$ 的一个普通函数。那么最小化 $I(c_1,c_2,\cdots,c_n)$ 的必要条件是其对各参数的偏导均为零:

$$\frac{\partial I}{\partial c_1} = 0, \frac{\partial I}{\partial c_2} = 0, \cdots, \frac{\partial I}{\partial c_n} = 0 \hspace{2cm} (2.5.8)$$

因此,得到了关于未知数 $c_1,c_2,\cdots,c_n$ 的 n 个线性代数方程。对于式(2.5.1)中的变分问题等价于 $\delta I = 0$ 的所有问题,这些方程与式(2.5.6)中的方程完全相同。当然,当 $B(\cdot,\cdot)$ 不对称时,没有二次泛函。也就是说,式(2.5.5)比式(2.5.8)更一般,当 $B(\cdot,\cdot)$ 为双线性且对称时,两者相同。在本书关心的所有问题中,将使用对称双线性形式。

2.5.2.2 近似函数

在这一节中,将讨论在式(2.5.4)中 n 参数 Ritz 解所使用的近似函数集 $\{\phi_i\}$ 和 ϕ_0 的性质。首先,注意到 u_n 必须只满足问题的指定的本质边界条件,因为指定的自然边界条件包含在式(2.5.1)的变分问题中。式(2.5.4)中 u_n 的特别形式有利于满足指定的边界条件。为了理解这一点,假设在

$$u_n = \sum_{j=1}^{n} c_j\phi_j$$

中寻找近似解,并且假设指定本质边界条件为 $u(x_0) = u_0$。则 u_n 在边界点 $x = x_0$ 也必须满足:

$$\sum_{j=1}^{n} c_j\phi_j(x_0) = u_0$$

由于 c_j 是需要确定的未知参数,因此选择 $\phi_j(x)$ 使得上式对所有 c_j 都成立是不容易的。如果 $u_0 = 0$,则可以选择所有的 $\phi_j(x)$ 使得 $\phi_j(x_0) = 0$,并满足条件 $u_n(x_0) = 0$。通过将近似解 u_n 写成式(2.5.4),即齐次部分 $\sum_{j=1}^{n} c_j\phi_j$ 与非齐次部分 $\phi_0(x)$ 之和,要求 $\phi_0(x)$ 满足指定的本质边界条件,而齐次部分在指定本质边界条件的同一边界点处消失,推导如下:

$$u_n(x_0) = \sum_{j=1}^{n} c_j \phi_j(x_0) + \phi_0(x_0)$$

$$u_0 = \sum_{j=1}^{n} c_j \phi_j(x_0) + u_0 \rightarrow \sum_{j=1}^{n} c_j \phi_j(x_0) = 0$$

通过选择 $\phi_j(x_0) = 0$,上式对于任意 c_j 都成立。

如果所有指定的本质边界条件都是齐次的(即指定的值 u_0 为 0),则 ϕ_0 取 0 且 ϕ_j 仍需满足指定的本质边界条件的齐次形式,即 $\phi_j(x_0) = 0 (j = 1, 2, \cdots, n)$。注意到,在指定本质边界条件的边界点处,$w_i$ 为 0 的要求是通过选择 $w_i = \phi_i(x)$ 满足的。

总结一下,近似函数 $\phi_i(x)$ 和 $\phi_0(x)$ 需要满足以下条件:

(1)(a) $\{\phi_i\}_{i=1}^{n}$ 必须使 $B(\phi_i, \phi_j)$ 有定义且非零[即根据 $B(\phi_i, \phi_j)$ 的要求,ϕ_i 是足够可导且可积的];(b) ϕ_i 必须满足问题指定的本质边界条件的齐次形式。

(2)对于任意的 n,沿着 $B(\phi_i, \phi_j)$ 的列(或行)的 $\{\phi_i\}_{i=1}^{n}$ 集合必须是线性无关的。

(3) $\{\phi_i\}$ 必须是完备的。例如,当 ϕ_i 为代数多项式时,完备性要求集合 $\{\phi_i\}_{i=1}^{n}$ 包含所有最低阶容许项,并达到所需的最高阶次。

(4)对 ϕ_0 的唯一要求是满足指定的本质边界条件。当指定的本质边界条件为零时,ϕ_0 等于零。此外,由于完备性的原因,ϕ_0 必须是满足指定的本质边界条件的最低阶函数。

2.5.2.3　应用

这里,考虑几个应用 Ritz 法的例子。由于 Ritz 法与弱形式有限元模型的相似性,读者应遵循求解未知系数的代数方程的步骤。

例 2.5.1

考虑微分方程

$$-\frac{\mathrm{d}^2 u}{\mathrm{d}x^2} - u + x^2 = 0, 0 < x < 1 \tag{2.5.9}$$

使用满足以下两组边界条件的代数多项式:

$$第一组: u(0) = 0, u(1) = 0 \tag{2.5.10}$$

$$第二组: u(0) = 0, \frac{\mathrm{d}u}{\mathrm{d}x}\bigg|_{x=1} = 1 \tag{2.5.11}$$

来确定 n 参数 Ritz 解,并数值计算 $n = 1, 2, 3$ 时的解。

第一组边界条件的解答:式(2.5.9)和式(2.5.10)所对应的双线性和线性形式为

$$B(w, u) = \int_0^1 \left(\frac{\mathrm{d}w}{\mathrm{d}x} \frac{\mathrm{d}u}{\mathrm{d}x} - wu \right) \mathrm{d}x, \quad l(w) = -\int_0^1 wx^2 \mathrm{d}x \tag{2.5.12}$$

由于指定的边界条件都是本质类型且是齐次的,则有 $\phi_0 = 0$。这种情况下的代数方程为

$$\sum_{j=1}^{n} K_{ij} c_j = F_i, \quad i = 1, 2, \cdots, n \tag{2.5.13a}$$

$$K_{ij} = B(\phi_i, \phi_j) = \int_0^1 \left(\frac{\mathrm{d}\phi_i}{\mathrm{d}x} \frac{\mathrm{d}\phi_j}{\mathrm{d}x} - \phi_i \phi_j \right) \mathrm{d}x \tag{2.5.13b}$$

$$F_i = l(\phi_i) = -\int_0^1 \phi_i x^2 \mathrm{d}x$$

通过将式(2.4.26)[令 $a=1, c=-1, f=-x^2, L=1, Q_0=0, \beta=0$]中的二次泛函 $I(u)$ 最小化也可以得到与式(2.5.13a)和式(2.5.13b)一样的结果:

$$I(u) = \frac{1}{2} \int_0^1 \left[\left(\frac{\mathrm{d}u}{\mathrm{d}x} \right)^2 - u^2 + 2x^2 u \right] \mathrm{d}x$$

将 $u \approx u_n$ [式(2.5.4)且 $\phi_0 = 0$]代入上述泛函,得

$$I(c_1, c_2, \cdots, c_n) = \frac{1}{2} \int_0^1 \left[\left(\sum_{j=1}^n c_j \frac{\mathrm{d}\phi_j}{\mathrm{d}x} \right)^2 - \left(\sum_{j=1}^n c_j \phi_j \right)^2 + 2x^2 \left(\sum_{j=1}^n c_j \phi_j \right) \right] \mathrm{d}x$$

I 是 n 个变量 $c_1, c_2, \cdots, c_n$ 的函数,其最小值的必要条件是对每一个变量的导数为 0:

$$\frac{\partial I}{\partial c_i} = 0 = \int_0^1 \left[\frac{\mathrm{d}\phi_i}{\mathrm{d}x} \left(\sum_{j=1}^n c_j \frac{\mathrm{d}\phi_j}{\mathrm{d}x} \right) - \phi_i \left(\sum_{j=1}^n c_j \phi_j \right) + \phi_i x^2 \right] \mathrm{d}x$$

$$0 = \sum_{j=1}^n \left[\int_0^1 \left(\frac{\mathrm{d}\phi_i}{\mathrm{d}x} \frac{\mathrm{d}\phi_j}{\mathrm{d}x} - \phi_i \phi_j \right) \mathrm{d}x \right] c_j + \int_0^1 \phi_i x^2 \mathrm{d}x \tag{2.5.14}$$

$$= \sum_{j=1}^n K_{ij} c_j - F_i, \quad i = 1, 2, \cdots, n$$

显然,K_{ij} 和 F_i 与式(2.5.13b)中定义的是相同的。

接下来,讨论一下在满足条件 $\phi_i(0) = \phi_i(1) = 0$ 时 ϕ_i 的选择。显然,多项式 $(0-x)(1-x)$ 在 $x=0$ 和 $x=1$ 处为零,且它的一阶导数是非零的。因此,取 $\phi_1 = x(1-x)$。在完备函数序列中的下一个函数显然是 $\phi_2 = x^2(1-x)$ [或 $\phi_2 = x(1-x)^2$]。因此,下列的函数集合是容许的:

$$\phi_1 = x(1-x), \phi_2 = x^2(1-x), \cdots, \phi_i = x^i(1-x), \cdots, \phi_n = x^n(1-x) \tag{2.5.15}$$

近似解

$$u_n = c_1 x(1-x) + c_1 x^2(1-x) + \cdots + c_n x^n(1-x) \tag{2.5.16a}$$

$$u_n = \hat{c}_1 x(1-x) + \hat{c}_2 x(1-x)^2 + \cdots + \hat{c} x(1-x)^n \tag{2.5.16b}$$

是等价的。应该注意的是,如果选择 $\phi_1 = x^2(1-x)$,$\phi_2 = x^3(1-x)$ 等[不包括 $x(1-x)$],则将会违背完备性,因为该组合不能用于生成精确解中的线性项 x(如果解中有该项)。通常[为了使解随着序列中项数的增加而收敛],必须从最低阶容许函数开始,并包含所有可容许的高阶函数直到所需的阶次。

对于式(2.5.15)中近似函数的选择,式(2.5.13b)矩阵系数 K_{ij} 和矢量系数 F_i 的表达如下:

$$K_{ij} = \int_0^1 \left\{ \left[ix^{i-1} - (i+1)x^i \right] \left[jx^{j-1} - (j+1)x^j \right] - (x^i - x^{i+1})(x^j - x^{j+1}) \right\} \mathrm{d}x \tag{2.5.17a}$$

$$= \frac{2ij}{(i+j)\left[(i+j)^2 - 1 \right]} - \frac{2}{(i+j+1)(i+j+2)(i+j+3)}$$

$$F_i = -\int_0^1 x^2 \, (x^i - x^{i+1}) \, \mathrm{d}x = -\frac{1}{(i+3)(i+4)} \tag{2.5.17b}$$

其中,$i, j = 1, 2, \cdots, n$。

接下来,考虑 1、2、3 参数近似解来说明 Ritz 解是如何收敛到问题的精确解的{读者可以通过求解式(2.5.9)[受式(2.5.10)中的边界条件约束]来验证这一点}:

$$u(x) = \frac{\sin x + 2\sin(1-x)}{\sin 1} + x^2 - 2 \tag{2.5.18}$$

对于 $n = 1$,有

$$K_{11} = \frac{3}{10}, \quad F_1 = -\frac{1}{20} \rightarrow c_1 = -\frac{1}{6} = -0.1667$$

因此,1 参数 Ritz 解为

$$u_1(x) = c_1 \phi_1(x) = -\frac{1}{6}(x - x^2)$$

对于 $n = 2$,有

$$\frac{1}{420}\begin{bmatrix} 126 & 63 \\ 63 & 52 \end{bmatrix}\begin{Bmatrix} c_1 \\ c_2 \end{Bmatrix} = -\frac{1}{60}\begin{Bmatrix} 3 \\ 2 \end{Bmatrix}$$

使用 Cramer 法则求解线性方程组,得

$$c_1 = -\frac{10}{123} = -0.0813, \quad c_2 = -\frac{21}{123} = -0.1707$$

因此,2 参数 Ritz 解为

$$u_2(x) = c_1 \phi_1(x) + c_2 \phi_2(x) = -0.0813(x - x^2) - 0.1707(x^2 - x^3)$$
$$= -0.0813x - 0.0894x^2 + 0.1707x^3$$

对于 $n = 3$,有

$$\frac{1}{2520}\begin{bmatrix} 756 & 378 & 228 \\ 378 & 312 & 237 \\ 228 & 237 & 206 \end{bmatrix}\begin{Bmatrix} c_1 \\ c_2 \\ c_3 \end{Bmatrix} = -\frac{1}{420}\begin{Bmatrix} 21 \\ 14 \\ 10 \end{Bmatrix}$$

注意到前面计算的系数 K_{ij} 和 $F_i(i, j = 1, 2)$ 保持不变,只需要计算 $K_{3i}(i = 1, 2, 3)$ 和 F_3。上述方程的解是

$$c_1 = -0.0952, \quad c_2 = -0.1005, \quad c_3 = -0.0702$$

因此,3 参数 Ritz 解为

$$u_3(x) = c_1 \phi_1(x) + c_1 \phi_2(x) + c_3 \phi_3(x)$$
$$= -0.0952(x - x^2) - 0.1005(x^2 - x^3) - 0.0702(x^3 - x^4)$$
$$= -0.0952x - 0.0053x^2 + 0.0303x^3 + 0.0702x^4$$

Ritz 系数 $c_i(i=1,2,\cdots,n)$ 的值可以通过求解矩阵方程 $\boldsymbol{Kc}=\boldsymbol{F}$ 得到,其中系数 K_{ij} 和 F_i 在式(2.5.17a)和式(2.5.17b)中给出。Ritz 系数和 Ritz 解与精确解(2.5.18)的比较见图 2.5.1 和表 2.5.1。如果式(2.5.18)中的精确解以 x 的幂级数展开,注意到它是一个无穷级数。然而,从图 2.5.1 中可以看出,3 参数的 Ritz 解已经是精确解的一个很好的近似。

第二组边界条件的解答:对于式(2.5.11)中的第二组边界条件,双线性形式与式(2.5.1)相同,线性形式和 F_i 为

$$l(w) = -\int_0^1 wx^2\mathrm{d}x + w(1) \tag{2.5.19a}$$

$$F_i = -\int_0^1 x^2\phi_i(x)\,\mathrm{d}x + \phi_i(1) \tag{2.5.19b}$$

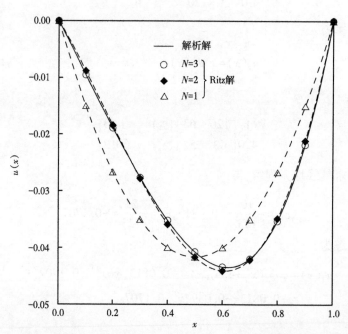

图 2.5.1　将 Ritz 解与式(2.5.9)和式(2.5.10)的精确解进行比较

(3 参数的 Ritz 解和精确解在绘图的尺度上没有区别)

表 2.5.1　$-\dfrac{\mathrm{d}^2 u}{\mathrm{d}x^2}-u+x^2=0,0<x<1;u(0)=0,u(1)=0$ 的 **Ritz 解和精确解的比较**

Ritz 系数[*]			Ritz 解			精确解
n	c_i	x	$n=1$	$n=2$	$n=3$	
$n=1$	$c_1=-0.1667$	0.0	0.0000	0.0000	0.0000	0.0000
		0.1	0.1500	0.0885	0.0954	0.0955
		0.2	0.2667	0.1847	0.1890	0.1890

续表

Ritz 系数 *			Ritz 解			精确解
n	c_i	x	$n=1$	$n=2$	$n=3$	
$n=2$	$c_1=-0.0813$	0.3	0.3500	0.2783	0.2766	0.2764
	$c_2=-0.1707$	0.4	0.4000	0.3590	0.3520	0.3518
		0.5	0.4167	0.4167	0.4076	0.4076
$n=3$	$c_1=-0.0952$	0.6	0.4000	0.4410	0.4340	0.4342
	$c_2=-0.1005$	0.7	0.3500	0.4217	0.4200	0.4203
	$c_3=-0.0702$	0.8	0.2667	0.3486	0.3529	0.3530
		0.9	0.1500	0.2115	0.2183	0.2182
		1.0	0.0000	0.0000	0.0000	0.0000

* 4 参数 Ritz 解与精确解在精确到小数点后四位时是一致的。

由于指定的本质边界条件为零,所以近似函数 ϕ_0 仍为零;ϕ_i 的选择必须满足条件 $\phi_i(0)=0$。显然,$\phi_1(x)=x,\phi_2(x)=x^2,\cdots,\phi_n(x)=x^n$ 满足要求。因此,有

$$u_n(x)=c_1x+c_2x^2+\cdots+c_ix^i+\cdots+c_nx^n \tag{2.5.20}$$

系数 K_{ij} 和 F_i 可通过式(2.5.21)计算:

$$K_{ij}=\int_0^1(ijx^{i+j-2}-x^{i+j})\,\mathrm{d}x=\frac{ij}{i+j-1}-\frac{1}{i+j+1}$$

$$F_i=-\int_0^1 x^{i+2}\,\mathrm{d}x+1=-\frac{1}{i+3}+1 \tag{2.5.21}$$

例如,对于 $n=2$,有

$$\frac{1}{60}\begin{bmatrix}40 & 45\\45 & 68\end{bmatrix}\begin{Bmatrix}c_1\\c_2\end{Bmatrix}=\frac{1}{20}\begin{Bmatrix}15\\16\end{Bmatrix}$$

使用 Cramer 法则求解线性方程组,得

$$c_1=\frac{180}{139}=1.2950,c_2=-\frac{21}{139}=-0.1511$$

因此,2 参数 Ritz 解为

$$u_2=c_1\phi_1+c_2\phi_2=1.2950x-0.1511x^2 \tag{2.5.22}$$

该情况下的精确解为

$$u(x)=\frac{2\cos(1-x)-\sin x}{\cos 1}+x^2-2 \tag{2.5.23}$$

Ritz 解与精确解的比较见表 2.5.2。

表 2.5.2 $-\dfrac{d^2u}{dx^2}-u+x^2=0, 0<x<1; u(0)=0, \left(\dfrac{du}{dx}\right)\Big|_{x=1}=1$ 的 Ritz 解和精确解的比较

Ritz 系数*			Ritz 解			精确解
n	c_i	x	$n=1$	$n=2$	$n=3$	
	$c_1=1.1250$	0.0	0.0000	0.0000	0.0000	0.0000
$n=1$		0.1	0.1125	0.1280	0.1271	0.1262
		0.2	0.2250	0.2530	0.2519	0.2513
	$c_1=1.2950$	0.3	0.3375	0.3749	0.3740	0.3742
$n=2$	$c_2=-0.1511$	0.4	0.4500	0.4938	0.4934	0.4944
		0.5	0.5625	0.6097	0.6099	0.6112
	$c_1=1.2831$	0.6	0.6750	0.7226	0.7234	0.7244
	$c_2=-0.1142$	0.7	0.7875	0.8325	0.8337	0.8340
$n=3$	$c_3=-0.0246$	0.8	0.9000	0.9393	0.9407	0.9402
		0.9	1.0125	1.0431	1.0443	1.0433
		1.0	1.1250	1.1439	1.1442	1.1442

* 4 参数 Ritz 解与精确解在精确到小数点后四位时是一致的。

例 2.5.2

考虑单位长度上大小为 q_0 的均布横向载荷作用下的悬臂梁,其自由端受集中力 F_0 和弯矩 M_0(细节参见例 2.3.6),确定其横向挠度。基于 Euler-Bernoulli 梁理论的控制方程为

$$\frac{d^2}{dx^2}\left(EI\frac{d^2w}{dx^2}\right)-q_0=0, 0<x<L, EI>0 \tag{2.5.24}$$

$$w(0)=\left(\frac{dw}{dx}\right)\Big|_{x=0}=0, \left(EI\frac{d^2w}{dx^2}\right)\Big|_{x=L}=-M_0, \frac{d}{dx}\left(EI\frac{d^2w}{dx^2}\right)\Big|_{x=L}=F_0 \tag{2.5.25}$$

式(2.4.33)给出了式(2.5.24)在例 2.4.2 推导得到的式(2.5.25)所示边界条件(包括指定的自然边界条件)下的弱形式。利用代数多项式确定 n 参数 Ritz 解,并给出 $n=1,2$ 和 3 时的具体结果。

解答: 利用式(2.4.33)给出的弱形式来构造 n 参数 Ritz 解。由于给定的本质边界条件是齐次的,即 $w(0)=0$ 和 $(dw/dx)\big|_{x=0}=0$,令 $\phi_0=0$。接下来,选择代数近似函数 ϕ_i 来满足连续条件和给定本质边界条件的齐次形式。满足这些条件的最低阶代数函数是 $\phi_1=x^2$。该序列的下一个函数是 $\phi_2=x^3$。因此,有完整序列

$$\phi_1=x^2, \phi_2=x^3, \cdots, \phi_i=x^{i+1}, \cdots, \phi_n=x^{n+1} \tag{2.5.26}$$

n 参数 Ritz 近似为

$$w_n(x)=\sum_{j=1}^{n}c_j\phi_j, \phi_j=x^{j+1} \tag{2.5.27}$$

将式(2.5.27)中的 w 和 $v=\phi_i$ 代入式(2.4.33),得

$$Kc = F \tag{2.5.28a}$$

$$K_{ij} = B(\phi_i, \phi_j) = \int_0^L EI(i+1)ix^{i-1}(j+1)jx^{j-1}\mathrm{d}x \tag{2.5.28b}$$

$$= EI(L)^{i+j-1}\frac{ij(i+1)(j+1)}{(i+j-1)}$$

$$F_i = l(\phi_i) = \int_0^L q_0 x^{i+1}\mathrm{d}x + (L)^{i+1}F_0 - (i+1)(L)^i M_0 \tag{2.5.28c}$$

$$= q_0(L)^{i+2}\frac{1}{i+2} + (L)^{i+1}F_0 - (i+1)(L)^i M_0$$

对于 $n=1$,式(2.5.28a)给出

$$c_1 = \left(\frac{q_0 L^4}{12EI} + \frac{F_0 L^3}{4EI} - \frac{M_0 L}{2EI}\right)$$

且 1 参数 Ritz 解为

$$w_1(x) = \left(\frac{q_0 L^4}{12EI} + \frac{F_0 L^2}{4EI} - \frac{M_0 L}{2EI}\right)\frac{x^2}{L^2} \tag{2.5.29}$$

对于 $n=2$,有

$$EI\begin{bmatrix} 4L & 6L^2 \\ 6L^2 & 12L^3 \end{bmatrix}\begin{Bmatrix} c_1 \\ c_2 \end{Bmatrix} = \frac{q_0 L^3}{12}\begin{Bmatrix} 4 \\ 3L \end{Bmatrix} + F_0 L^2\begin{Bmatrix} 1 \\ L \end{Bmatrix} - M_0 L\begin{Bmatrix} 2 \\ 3L \end{Bmatrix}$$

求解 c_1 和 c_2,得

$$c_1 = \frac{1}{24EI}(5q_0 L^2 + 12F_0 L - 12M_0), \quad c_2 = -\frac{1}{12EI}(q_0 L + 2F_0)$$

式(2.5.27)中的解变为

$$w_2(x) = \frac{q_0 L^4}{24EI}\left(5\frac{x^2}{L^2} - 2\frac{x^3}{L^3}\right) + \frac{F_0 L^3}{6EI}\left(3\frac{x^2}{L^2} - \frac{x^3}{L^3}\right) - \frac{M_0 L^2}{2EI}\frac{x^2}{L^2} \tag{2.5.30}$$

对于 $n=3$,得到矩阵方程

$$EI\begin{bmatrix} 4 & 6L & 8L^2 \\ 6L & 12L^2 & 18L^3 \\ 8L^2 & 18L^3 & \dfrac{144}{5}L^4 \end{bmatrix}\begin{Bmatrix} c_1 \\ c_2 \\ c_3 \end{Bmatrix} = \frac{q_0 L^3}{60}\begin{Bmatrix} 20 \\ 15L \\ 12L^2 \end{Bmatrix} + F_0 L^2\begin{Bmatrix} 1 \\ L \\ L^2 \end{Bmatrix} - M_0 L\begin{Bmatrix} 2 \\ 3L \\ 4L^2 \end{Bmatrix}$$

将这些方程的解代入 $n=3$ 时的式(2.5.27),得

$$w_3(x) = \frac{q_0 L^4}{24EI}\frac{x^2}{L^2}\left(6 - 4\frac{x}{L} + \frac{x^2}{L^2}\right) + \frac{F_0 L^3}{6EI}\left(3\frac{x^2}{L^2} - \frac{x^3}{L^3}\right) - \frac{M_0 L^2}{2EI}\frac{x^2}{L^2} \tag{2.5.31}$$

这与式(2.5.24)和式(2.5.25)的精确解一致。注意到当梁只受端部弯矩 M_0 作用时 1 参数

解是精确的;当梁同时受 F_0 和 M_0 作用时 2 参数解是精确的。如果在不知道 3 参数解是精确解的情况下尝试计算分布载荷 q_0、点载荷 F_0 和弯矩 M_0 作用下的 4 参数解,参数 $c_j(j>3)$ 将会是零。

例 2.5.3

考虑以下偏微分方程,其是二维正方形区域内热传递的控制方程:

$$-k\left(\frac{\partial^2 T}{\partial x^2}+\frac{\partial^2 T}{\partial y^2}\right)=g_0 \quad \text{在 } \Omega=\{(x,y):0<(x,y)<1\} \text{ 中} \tag{2.5.32}$$

并有以下边界条件:

$$T=0,\text{在边 } x=1 \text{ 和 } y=1 \text{ 上} \tag{2.5.33a}$$

$$\frac{\partial T}{\partial n}=0,\text{在边 } x=0 \text{ 和 } y=0 \text{ 上} \tag{2.5.33b}$$

其中,g_0 是该区域均匀生热率。式(2.5.32)被称为广义泊松方程(标准泊松方程为 $-\nabla^2 T=g_0$)。请确定下述形式

$$T_n=\sum_{i,j=1}^n c_{ij}\cos\alpha_i x\cos\alpha_j y,\alpha_i=\frac{1}{2}(2i-1)\pi \tag{2.5.34}$$

的 n 参数 Ritz 解。注意,式(2.5.34)包含了两个求和。

解答:变分问题的形式是这样的(见例 2.4.4;令 $u=T,a_1=a_2=k,a_0=0,f=g_0$):

$$B(w,T)=l(w) \tag{2.5.35a}$$

$$B(w,T)=\int_0^1\int_0^1 k\left(\frac{\partial w}{\partial x}\frac{\partial T}{\partial x}+\frac{\partial w}{\partial y}\frac{\partial T}{\partial y}\right)\mathrm{d}x\mathrm{d}y \tag{2.5.35b}$$

$$l(w)=\int_0^1\int_0^1 wg_0\mathrm{d}x\mathrm{d}y$$

注意,式(2.5.34)中的级数涉及双重求和,近似函数 $\phi_{ij}(x,y)=c_{ij}\cos\alpha_i x\cos\alpha_j y$ 有双下标。因为边界条件是齐次的,令 $\phi_0=0$。顺便提下,ϕ_{ij} 也满足问题的自然边界条件,但这并不是必须的。而如果选择满足本质边界条件的 $\hat{\phi}_{ij}=\sin i\pi x \sin j\pi y$,则它是不完整的,因为它不能用来生成在边界 $x=0$ 和 $y=0$ 处不为零的解。因此,$\hat{\phi}_{ij}$ 不是容许的。

将式(2.5.34)代入到式(2.5.35b)可以计算出系数 K_{ij} 和 F_i。由于双重傅里叶级数具有双重求和,因此引入标记:

$$K_{(ij)(kl)}=k\int_0^1\int_0^1\big[(\alpha_i\sin\alpha_i x\cos\alpha_j y)(\alpha_k\sin\alpha_k x\cos\alpha_l y)$$

$$+(\alpha_j\cos\alpha_i x\cos\alpha_j y)(\alpha_l\cos\alpha_k x\cos\alpha_l y)\big]\mathrm{d}x\mathrm{d}y \tag{2.5.36a}$$

$$=\begin{cases}0, & \text{如果 } i\neq k \text{ 或 } j\neq l \\ \dfrac{1}{4}k(\alpha_i^2+\alpha_j^2), & \text{如果 } i=k \text{ 且 } j=l\end{cases}$$

$$F_{ij} = g_0 \int_0^1 \int_0^1 \cos\alpha_i x \, \cos\alpha_j y \mathrm{d}x\mathrm{d}y = \frac{g_0}{\alpha_i \alpha_j}\sin\alpha_i \sin\alpha_j \tag{2.5.36b}$$

在计算积分时,使用了下列正交性条件:

$$\int_0^1 \sin\alpha_i x \, \sin\alpha_j x \mathrm{d}x = \begin{cases} 0, & i \neq j \\ \dfrac{1}{2}, & i = j \end{cases}$$

$$\int_0^1 \cos\alpha_i x \, \cos\alpha_j x \mathrm{d}x = \begin{cases} 0, & i \neq j \\ \dfrac{1}{2}, & i = j \end{cases}$$

由于式(2.5.36a)中系数矩阵具有对角形式,可以很容易地求出系数 c_{ij}（重复指标不求和）:

$$c_{ij} = \frac{F_{ij}}{K_{(ij)(ij)}} = \frac{4g_0}{k} \frac{\sin\alpha_i \sin\alpha_j}{(\alpha_i^2 + \alpha_j^2)\alpha_i \alpha_j} \tag{2.5.37}$$

1 参数和 2 参数 Ritz 解分别为(1 参数解有 1 项而 2 参数解有四项):

$$T_1(x,y) = \frac{32g_0}{k\pi^4}\cos\frac{1}{2}\pi x \cos\frac{1}{2}\pi y \tag{2.5.38a}$$

$$T_2(x,y) = \frac{g_0}{k}\left[0.3285\cos\frac{1}{2}\pi x \cos\frac{1}{2}\pi y - 0.0219\left(\cos\frac{1}{2}\pi x\cos\frac{3}{2}\pi y\right.\right.$$
$$\left.\left. + \cos\frac{3}{2}\pi x\cos\frac{1}{2}\pi y\right) + 0.0041\cos\frac{3}{2}\pi x \cos\frac{3}{2}\pi y\right] \tag{2.5.38b}$$

如果使用代数多项式来近似 T,则可以选择 $\phi_1 = (1-x)(1-y)$ 或 $\phi_1 = (1-x^2)(1-y^2)$,两者都满足(齐次的)本质边界条件。而 $\phi_1 = (1-x^2)(1-y^2)$ 也满足该问题的自然边界条件。若选择 $\phi_1 = (1-x^2)(1-y^2)$,1 参数 Ritz 解为(见习题 2.18):

$$T_1(x,y) = \frac{5g_0}{16k}(1 - x^2)(1 - y^2) \tag{2.5.39}$$

式(2.5.32)、式(2.5.33a)和式(2.5.33b)的精确解为

$$T(x,y) = \frac{g_0}{2k}\left[(1-y^2) + 4\sum_{n=1}^{\infty}\frac{(-1)^n\cos\alpha_n y\cosh\alpha_n x}{\alpha_n^3\cosh\alpha_n}\right] \tag{2.5.40}$$

式中, $\alpha_n = \frac{1}{2}(2n-1)\pi$。式(2.5.38a)、式(2.5.38b)和式(2.5.39)给出的 Ritz 解分别与式(2.5.40)给出的精确解进行比较,如图 2.5.2 所示。解析解是由式(2.5.40)中前 50 项计算出的。

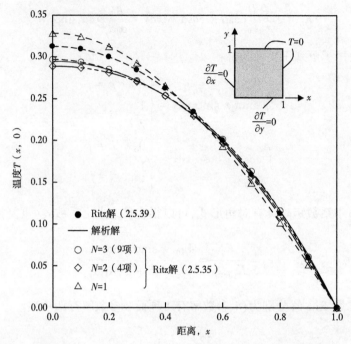

图 2.5.2 泊松方程[式(2.5.32),式(2.5.33a)和式(2.5.33b)]的解析解与 Ritz 解的比较

下一个例子是关于杆的轴向振动(参见 Reddy[21])。

例 2.5.4

考虑长度为 L、模量为 E 的等截面面积(A)杆,其左端固定,右端通过线弹性弹簧(弹簧常数为 k)与刚性支承连接,如图 2.5.3 所示。使用 Ritz 方法确定杆的前两个轴向固有频率 ω。

解答:与杆件的轴向振动有关的微分方程和边界条件为:

$$-\frac{\mathrm{d}}{\mathrm{d}x}\left(EA\frac{\mathrm{d}u}{\mathrm{d}x}\right)-\rho A\omega^2 u=0,0<x<L \tag{2.5.41}$$

$$u(0)=0, EA\frac{\mathrm{d}u}{\mathrm{d}x}+ku=0, \quad x=L \tag{2.5.42}$$

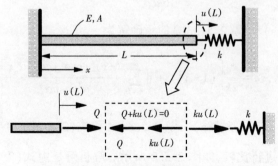

图 2.5.3 带有末端弹簧的均匀杆

可以使用三步法来得到方程的弱形式:

$$0 = \int_0^L \left(EA \frac{\mathrm{d}w}{\mathrm{d}x} \frac{\mathrm{d}u}{\mathrm{d}x} - \rho A \omega^2 w u \right) \mathrm{d}x + k w(L) u(L) \tag{2.5.43}$$

其中,w 是权函数。显然 $u(0) = 0$,是问题的本质边界条件。

接下来,寻找 n 参数 Ritz 近似解(显然,$\phi_0 = 0$):

$$u(x) \approx u_n(x) = \sum_{j=1}^n c_j \phi_j(x) \tag{2.5.44}$$

将式(2.5.44)代入式(2.5.43)中,得

$$0 = \sum_{j=1}^n \left[-\lambda \int_0^L \rho A \phi_i \phi_j \mathrm{d}x + \left(\int_0^L EA \frac{\mathrm{d}\phi_i}{\mathrm{d}x} \frac{\mathrm{d}\phi_j}{\mathrm{d}x} \mathrm{d}x + k \phi_i(L) \phi_j(L) \right) \right] c_j \tag{2.5.45}$$

其中,$\lambda = \omega^2$。若用矩阵形式表示,有

$$(A - \lambda M) c = 0 \tag{2.5.46}$$

其中

$$A_{ij} = \int_0^L EA \frac{\mathrm{d}\phi_i}{\mathrm{d}x} \frac{\mathrm{d}\phi_j}{\mathrm{d}x} \mathrm{d}x + k \phi_i(L) \phi_j(L), \quad M_{ij} = \int_0^L \rho A \phi_i \phi_j \mathrm{d}x \tag{2.5.47}$$

式(2.5.46)表示了一个 $n \times n$ 阶的矩阵特征值问题,通过求解该特征值问题,得到 n 个特征值:$\lambda_i (i = 1, 2, \cdots, n)$。

对于目前的问题,要求近似函数 $\phi_i(x)$ 对 x 一次可导且在 $x = 0$ 处为零。因此,选择

$$\phi_i(x) = \left(\frac{x}{L} \right)^i \tag{2.5.48}$$

将式(2.5.48)代入式(2.5.47)中,得

$$M_{ij} = \int_0^L \rho A \phi_i \phi_j \mathrm{d}x = \rho A L \left(\frac{1}{i+j+1} \right)$$
$$A_{ij} = \int_0^L EA \frac{\mathrm{d}\phi_i}{\mathrm{d}x} \frac{\mathrm{d}\phi_j}{\mathrm{d}x} \mathrm{d}x + k \phi_i(L) \phi_j(L) = \frac{EA}{L} \left(\frac{ij}{i+j-1} \right) + k \tag{2.5.49}$$

由于希望确定两个特征值,取 $n = 2$,得

$$M_{11} = \frac{\rho A L}{3}, \quad M_{12} = \frac{\rho A L}{4}, \quad M_{22} = \frac{\rho A L}{5}$$

$$A_{11} = \frac{EA}{L} + k, \quad A_{12} = \frac{EA}{L} + k, \quad A_{22} = \frac{4EA}{3L} + k$$

则式(2.5.46)中的矩阵特征值问题变为

$$\left(\frac{EA}{3L} \begin{bmatrix} 3+3\alpha & 3+3\alpha \\ 3+3\alpha & 4+3\alpha \end{bmatrix} - \lambda \frac{\rho A L}{60} \begin{bmatrix} 20 & 15 \\ 15 & 12 \end{bmatrix} \right) \begin{Bmatrix} c_1 \\ c_2 \end{Bmatrix} = \begin{Bmatrix} 0 \\ 0 \end{Bmatrix} \tag{2.5.50}$$

其中,$\alpha = kL/EA$。对于 $\lambda = \omega^2$ 和 c_i[振型 $u(x)$],必须求解式(2.5.50)中的代数特征值问题。

为了完成剩下的步骤来确定固有频率的数值,取 $\alpha = kL/EA = 1$。然后,对于非平凡解(即 $c_1 \neq 0, c_2 \neq 0$),令式(2.5.50)中的系数矩阵的行列式为零:

$$\begin{vmatrix} 2-\dfrac{\overline{\lambda}}{3} & 2-\dfrac{\overline{\lambda}}{4} \\ 2-\dfrac{\overline{\lambda}}{4} & \dfrac{7}{3}-\dfrac{\overline{\lambda}}{5} \end{vmatrix} = 0, \overline{\lambda} = \dfrac{\lambda \rho L^2}{E} = \dfrac{\omega^2 \rho L^2}{E}$$

或者

$$15\overline{\lambda}^2 - 640\overline{\lambda} + 2400 = 0$$

该二次方程有两个根:

$$\overline{\lambda}_1 = 4.1545, \overline{\lambda}_2 = 38.512 \rightarrow \omega_1 = \dfrac{2.038}{L}\sqrt{\dfrac{E}{\rho}}, \omega_2 = \dfrac{6.206}{L}\sqrt{\dfrac{E}{\rho}}$$

特征向量(或振型)为

$$u_2^{(i)} = c_1^{(i)} \dfrac{x}{L} + c_2^{(i)} \dfrac{x^2}{L^2}$$

其中,$c_1^{(i)}$ 和 $c_2^{(i)}$ 由下式计算得到[见式(2.5.50)]:

$$\begin{bmatrix} 2-\dfrac{\overline{\lambda}_i}{3} & 2-\dfrac{\overline{\lambda}_i}{4} \\ 2-\dfrac{\overline{\lambda}_i}{4} & \dfrac{7}{3}-\dfrac{\overline{\lambda}_i}{5} \end{bmatrix} \begin{Bmatrix} c_1^{(i)} \\ c_2^{(i)} \end{Bmatrix} = \begin{Bmatrix} 0 \\ 0 \end{Bmatrix}$$

上述方程组是线性相关的。因此,可以用这两个方程中的一个来确定用 c_1 表示的 c_2(反之亦然)。得

$$\overline{\lambda}_1 = 4.1545 : c_1^{(1)} = 1.000, c_2^{(1)} = -0.6399 \rightarrow u_2^{(1)}(x) = \dfrac{x}{L} - 0.6399\dfrac{x^2}{L^2}$$

$$\overline{\lambda}_2 = 38.512 : c_1^{(2)} = 1.000, c_2^{(2)} = -1.4207 \rightarrow u_2^{(2)}(x) = \dfrac{x}{L} - 1.4207\dfrac{x^2}{L^2}$$

两种振型的曲线图如图 2.5.4 所示。

λ 的精确值是超越方程的根(读者可以通过解析求解该问题来验证这一点):

$$\lambda + \tan\lambda = 0$$

该方程的前两个根为($\omega^2 = \lambda$)

$$\omega_1 = \dfrac{2.02875}{L}\sqrt{\dfrac{E}{\rho}}, \omega_2 = \dfrac{4.91318}{L}\sqrt{\dfrac{E}{\rho}}$$

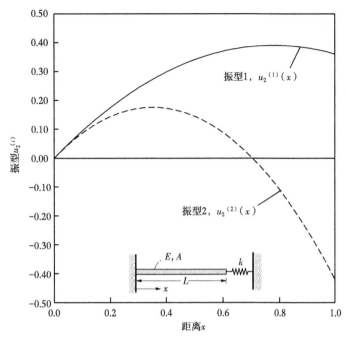

图 2.5.4　由 Ritz 法得到的弹簧支撑杆自然纵向振动的前两个振型

注意第一阶近似频率比第二阶近似频率更接近精确解。

如果选择 ϕ_0 和 ϕ_i 同时也满足自然边界条件,则多项式的次数必然会增加。例如,满足自然边界条件 $u'(1) + u(1) = 0$ 的齐次形式(仍然有 $\phi_0 = 0$)的最低阶函数是

$$\hat{\phi}_1 = 3x - 2x^2$$

当选择 $\hat{\phi}_1 = 3x - 2x^2$ 时,对应的 1 参数解给出的结果为 $\lambda_1 = 50/12 = 4.1667$,其没有 2 参数解 $(\phi_1 = x, \phi_2 = x^2)$ 得到的结果好。当然,与 $c_1\phi_1$ 相比,$c_1\hat{\phi}_1$ 得到的 λ_1 更准确。尽管 $c_1\hat{\phi}_1$ 和 $c_1\phi_1 + c_2\phi_2$ 具有相同的次数(多项式数),但后者给出了更准确的 λ_1,因为后者参数的数量更多,这就提供了更大的自由来调整参数 c_i 来满足弱形式。

通过特征值分析来确定特征值和振型对确定瞬态响应也有帮助。瞬态问题的一般齐次解为[见式(2.5.44)]

$$u_2(x,t) = (c_{11}\cos\omega_1 t + c_{12}\sin\omega_1 t)x + (x_{21}\cos\omega_2 t + c_{22}\sin\omega_2 t)x^2$$

式中,c_{1j} 和 c_{2j} 是用初始条件确定的常数。

2.5.3　加权残值法

正如 2.4.3 节所指出的,不管方程是线性的还是非线性的(关于因变量),总是可以写出微分方程的加权积分形式。如果方程是二阶或二阶以上的,即使是非线性的,也可以得到弱形式。

加权残值法是 Galerkin 法的推广,它可以从一组独立的函数中选择权函数,只需要用加权积分的形式来确定参数。由于后一种形式不包括问题的任何指定边界条件,因此近似函数

必须满足所有指定的边界条件。此外,权函数的选择可以独立于近似函数,但要求是线性无关的,从而得到的代数方程组是线性无关的。

首先讨论加权残值的一般方法,然后考虑某些特殊情况,这些特殊情况有特定的名称(如Galerkin 法、配点法、最小二乘法等)。虽然在这本书中有限地使用了加权残值法,但对这类用于某些非线性问题和非自伴随问题的方程的方法有一定的认识是有益的。

加权残值法可以通过考虑算子方程来描述其通用性:

$$A(u) = f,在 \Omega 中 \tag{2.5.51}$$

其中,A 是一个算子(线性或非线性),通常是一个作用在因变量 u 上的微分算子;f 是一个已知的自变量的函数。下面给出了这些算子的一些例子:

(1)　　　　　　$A(u) = -\dfrac{\mathrm{d}}{\mathrm{d}x}\left(a\,\dfrac{\mathrm{d}u}{\mathrm{d}x} \right) + cu$

(2)　　　　　　$A(u) = \dfrac{\mathrm{d}^2}{\mathrm{d}x^2}\left(b\,\dfrac{\mathrm{d}^2 u}{\mathrm{d}x^2} \right)$

(3)　　　　　　$A(u) = -\left[\dfrac{\partial}{\partial x}\left(k_x\,\dfrac{\partial u}{\partial x} \right) + \dfrac{\partial}{\partial y}\left(k_y\,\dfrac{\partial u}{\partial y} \right) \right]$ $\left.\begin{array}{}\\\\\\\\\\\end{array}\right\}$ (2.5.52)

(4)　　　　　　$A(u) = -\dfrac{\mathrm{d}}{\mathrm{d}x}\left(u\,\dfrac{\mathrm{d}u}{\mathrm{d}x} \right)$

(5)　　　　　　$A(u,v) = u\,\dfrac{\partial u}{\partial x} + v\,\dfrac{\partial u}{\partial y} + \dfrac{\partial^2 u}{\partial x^2} + \dfrac{\partial}{\partial y}\left(\dfrac{\partial u}{\partial y} + \dfrac{\partial v}{\partial x} \right)$

如果算子 A 关于它的参数是线性的,则必须满足下述关系:

$$A(\alpha u + \beta v) = \alpha A(u) + \beta A(v) \tag{2.5.53}$$

其中,α 和 β 是任意标量,u 和 v 是因变量。可以很容易地验证式(2.5.52)中除(4)、(5)中算子外所有算子都是线性的。当一个算子不满足式(2.5.53)中的条件时,称为非线性算子。

函数 u 不仅需要满足算子方程[式(2.5.51)],也需要满足算子方程相关的边界条件。从前述所考虑的例子来看,与式(2.5.52)中的(1)、(2)、(3)中定义的算子相关的边界条件是明显的(参见例2.4.1至例2.4.3)。所有由物理原理得出的算子方程都将伴随着一组独特的边界条件。弱形式(在第 2 步的末尾)通常告诉我们在指定的边界条件中涉及了什么变量。

在加权残值法中,除了加权残值法对 ϕ_0 和 ϕ_j 的要求比 Ritz 法更严格外,u 的近似表达式与 Ritz 法中的近似表达式非常相似:

$$u_n = \sum_{j=1}^{n} c_j \phi_j + \phi_0 \tag{2.5.54}$$

将近似解 u_n 代入式(2.5.51)的左侧,得到一个函数 $A(u_n)$,该函数一般不等于指定的函数 f,两者的差值 $A(u_n) - f$ 称为近似的残值,且一般不等于零:

$$R \equiv A(u_n) - f = A\left(\sum_{j=1}^{n} c_j \phi_j + \phi_0 \right) - f \neq 0$$

如果 A 是一个线性算子,则

$$R = A\Big(\sum_{j=1}^{n} c_j\phi_j + \phi_0\Big) - f = \sum_{j=1}^{n} c_j A(\phi_j) + A(\phi_0) - f \tag{2.5.55}$$

注意,残值 R 同时是位置和参数 $c_1, c_2, \cdots c_n$ 的函数。在加权残值法中,顾名思义,通过要求残差 R 在加权积分意义上为零来确定参数 c_j:

$$\int_{\Omega} \psi_i(x,y) R(x,y,c_1,c_2,\cdots,c_n)\mathrm{d}x\mathrm{d}y = 0 \quad (i = 1,2,\cdots,n) \tag{2.5.56}$$

其中, Ω 是一个二维域; ψ_i 是权函数,其一般与近似函数 ϕ_i 是不相同的。集合 $\{\psi_i\}$ 必须是线性无关的,否则,由式(2.5.56)得到的方程组将线性相关,因此将不可解。

加权残值法对 ϕ_0 和 ϕ_j 的要求不同于基于微分方程弱(积分)形式的 Ritz 法。在加权残值法中, ϕ_j 的要求由式(2.5.56)中的积分形式规定,而不是 Ritz 法中的弱形式。因此,直到出现在式(2.5.51)的算子方程中的最高阶次, ϕ_j 的导数必须不等于零。因为式(2.5.56)中的加权积分形式不包括任何指定的(无论是本质的还是自然的)边界条件,也必须要求式(2.5.54)中的 u_n 满足问题的所有指定边界条件。因此, ϕ_0 需要满足问题所有指定边界条件的齐次形式。这些对 ϕ_0 和 ϕ_j 的要求会增加加权残值法中使用的多项式的阶次。一般来说,该方法中使用的 ϕ_j 比 Ritz 法中使用的阶次更高,而 Ritz 法中使用的函数可能不满足加权残值法中连续性(即可导性)要求。 ψ_i 不等于 ϕ_i 的情况被称为 Petrov-Galerkin 法。

2.5.3.1 Galerkin 法

对于权函数 ψ_i 等于近似函数的情况,该加权残值法称为 Galerkin 法。当 A 为线性算子时,Galerkin 近似的代数方程为

$$\sum_{j=1}^{N} A_{ij} c_j = F_i \tag{2.5.57a}$$

$$A_{ij} = \int_{\Omega} \phi_i A(\phi_j)\mathrm{d}x\mathrm{d}y, \quad F_i = \int_{\Omega} \phi_i[f - A(\phi_0)]\mathrm{d}x\mathrm{d}y \tag{2.5.57b}$$

注意到 A_{ij} 是不对称的(即 $A_{ij} \neq A_{ji}$)。

一般来说,Galerkin 法和 Ritz 法是不一样的。显然,前者使用加权积分形式,而后者使用弱形式来确定系数 c_j。因此,Galerkin 法中的近似函数比 Ritz 法中的阶次更高。使用弱形式的方法,其中权函数与近似函数相同,有时被称为弱形式 Galerkin 法,但它与 Ritz 法是一致的。Ritz 和 Galerkin 法在两种情况下会得到一样的解:(1)当问题指定的边界条件都是本质类型,则在两种方法中 ϕ_i 的要求是一样的并且加权积分形式退化成弱形式;(2)当 Galerkin 法的近似函数用于 Ritz 法时。

2.5.3.2 最小二乘法

在最小二乘法中,通过最小化式(2.5.55)中残值 R 平方的积分来确定参数 c_j:

$$\frac{\partial}{\partial c_i} \int_{\Omega} R^2(x,y,c_1,c_2,\cdots,c_n)\mathrm{d}x\mathrm{d}y = 0 \tag{2.5.58}$$

或者

$$\int_{\Omega} \frac{\partial R}{\partial c_i} R \mathrm{d}x \mathrm{d}y = 0, i = 1, 2, \cdots, n \tag{2.5.59}$$

比较式(2.5.59)和式(2.5.56),可以发现 $\psi_i = \partial R / \partial c_i$。如果 A 是线性算子,有 $\psi_i = \partial R / \partial c_i = A(\phi_i)$,并且式(2.5.59)变为

$$\sum_{j=1}^{N} \left[\int_{\Omega} A(\phi_i) A(\phi_j) \mathrm{d}x \mathrm{d}y \right] c_j = \int_{\Omega} A(\phi_i) [f - A(\phi_0)] \mathrm{d}x \mathrm{d}y$$

$$\sum_{j=1}^{N} A_{ij} c_j = F_i \tag{2.5.60a}$$

$$A_{ij} = \int_{\Omega} A(\phi_i) A(\phi_j) \mathrm{d}x \mathrm{d}y, F_i = \int_{\Omega} A(\phi_i) [f - A(\phi_0) \mathrm{d}x \mathrm{d}y] \tag{2.5.60b}$$

注意,当 A 是一个线性算子时,系数矩阵 A_{ij} 是对称的,但它涉及的导数阶次与控制微分方程 $A(u) - f = 0$ 相同。

例 2.5.5

确定由式(2.5.61)描述的问题的 2 参数 Galerkin、Petrov-Galerkin 和最小二乘近似解(见例 2.5.1,使用组合 2 边界条件):

$$-\frac{\mathrm{d}^2 u}{\mathrm{d}x^2} - u + x^2 = 0, u(0) = 0, u'(1) = 1 \tag{2.5.61}$$

将解与例 2.5.1 中的 2 参数 Ritz 解以表格形式进行比较(u 与 x)。

解答:对于加权残值法,ϕ_0 和 ϕ_i 应该满足下列条件:

$$\phi_0(0) = 0, \phi'_0(1) = 1(满足指定的边界条件)$$

$$\phi_i(0) = 0, \phi'_i(1) = 0(满足指定的边界条件的齐次形式)$$

对于代数多项式的选择,假设 $\phi_0(x) = a + bx$,并使用上述两个条件来确定常数 a 和 b。得

$$\phi_0(x) = x$$

由于存在两个齐次条件,必须假设至少 3 参数多项式来得到一个非零函数,$\phi_1 = a + bx + cx^2$。使用上述的 ϕ_i 的条件,得 $b = -2c$,$\phi_1 = -cx(2 - x)$。常数 c 可设为 1,因为它可划分到参数 c_1 中。对于 ϕ_2,可以假设以下形式的一种:

$$\phi_2 = a + bx + dx^3 \text{ 或 } \phi_2 = a + cx^2 + dx^3$$

其中,$d \neq 0$。在这两种形式中,ϕ_2 都不包含所有的阶次项,但是这个近似解是完整的,因为 $\{\phi_1, \phi_2\}$ 包含了到 3 次的所有项。使用上式的第二种形式,可以得到 $\phi_2 = x^2 \left(1 - \frac{2}{3}x\right)$。回顾例 2.5.1,2 参数 Ritz 近似解要求函数为 $\phi_1 = x$ 和 $\phi_2 = x^2$。

近似方程的残值为

$$R = -\left(0 + \sum_{i=1}^{2} c_i \frac{\mathrm{d}^2 \phi_i}{\mathrm{d}x^2}\right) - \left(\phi_0 + \sum_{i=1}^{2} c_i \phi_i\right) + x^2$$
$$= c_1(2 - 2x + x^2) + c_2\left(-2 + 4x - x^2 + \frac{2}{3}x^3\right) - x + x^2 \tag{2.5.62}$$

Galerkin 法:令 $\psi_i = \phi_i$,有

$$\int_0^1 x(2-x)R\mathrm{d}x = 0, \int_0^1 x^2\left(1 - \frac{2}{3}x\right)R\mathrm{d}x = 0$$

或者

$$\frac{4}{5}c_1 + \frac{28}{45}c_2 - \frac{7}{60} = 0, \frac{17}{90}c_1 + \frac{29}{315}c_2 - \frac{1}{36} = 0 \qquad (2.5.63)$$

相应的解为 $c_1 = \dfrac{623}{4306}, c_2 = \dfrac{21}{4306}$。因此,2 参数 Galerkin 解为

$$u_{2G} = 1.2894x - 0.1398x^2 - 0.00325x^3 \qquad (2.5.64)$$

最小二乘法:令 $\psi_i = \dfrac{\partial R}{\partial c_i}$,有

$$\int_0^1 (2 - 2x - x^2)R\mathrm{d}x = 0, \int_0^1 \left(-2 + 4x - x^2 + \frac{2}{3}x^3\right)R\mathrm{d}x = 0$$

或者

$$\frac{28}{15}c_1 - \frac{47}{90}c_2 - \frac{13}{60} = 0, -\frac{47}{90}c_1 + \frac{253}{315}c_2 - \frac{1}{36} = 0 \qquad (2.5.65)$$

最小二乘解为($c_1 = \dfrac{1292}{9935}, c_2 = \dfrac{991}{19870}$)

$$u_{2LS} = 1.2601x - 0.08017x^2 - 0.03325x^3 \qquad (2.5.66)$$

式(2.5.22)、式(2.5.64)和式(2.5.66)中的近似解分别在表 2.5.3 中与精确解 (2.5.23)进行比较。Ritz 解几乎与 Galerkin 解和最小二乘解一样好,尽管 Ritz 解只包含二次项,而 Galerkin 和最小二乘方法包含三次项。

表 2.5.3 式(2.5.61)中边值问题的 Ritz 解、Galerkin 解和最小二乘解与精确解的比较[*]

x	u_{exat}	u_{2R}	u_{2G}	u_{2LS}
0.0	0.0000	0.0000	0.0000	0.0000
0.1	0.1262	0.1280	0.1275	0.1252
0.2	0.2513	0.2529	0.2523	0.2485
0.3	0.3742	0.3749	0.3741	0.3699
0.4	0.4943	0.4938	0.4932	0.4891
0.5	0.6112	0.6097	0.6093	0.6058
0.6	0.7244	0.7226	0.7226	0.7200
0.7	0.8340	0.8324	0.8329	0.8314
0.8	0.9402	0.9393	0.9404	0.9397
0.9	1.0433	1.0431	1.0448	1.0449
1.0	1.1442	1.1439	1.1463	1.1467

[*] 下标的意义:R 表示 Ritz 法;G 表示 Galerkin 法;LS 表示最小二乘法。

在结束变分法这一节时需要注意到,在接下来的章节中建立的有限元模型是基于 Ritz 法(与弱形式 Galerkin 法相同)在单元方面的应用。很快会看到,对于几何复杂问题(这里的技巧是将域表示为一个简单的几何形状集合,称为有限单元,并在单元上对近似函数进行推导),有限元方法系统地给出了 Ritz 法所需的近似函数的建立过程。

2.6　连续介质力学方程

2.6.1　简介

因为本书主要涉及在工程中出现的微分方程的有限元解,尽管基本的发展也适用于应用科学中的问题,但回顾控制方程,包括在接下章节作为参考的一连续介质(其占据一个封闭有界区域 Ω 和边界 Γ)的边界条件(但不包括初始条件)是有用的。虽然每次考虑微分方程或对问题进行分析时都提供了足够的背景知识,但本节中包含的方程总结可以作为快速参考。在本书中,这些方程被归纳为三个工程学科领域:传热、流体力学和固体力学。由于这里只是对方程进行总结,读者可能希望查阅包含相关主题详细内容的书籍[3]。

2.6.2　热传递

适用于固体介质的能量守恒原理为

$$\rho c_v \frac{\partial T}{\partial t} - \nabla \cdot (k \nabla T) = g \qquad (2.6.1)$$

其中,∇ 是 Hamilton 算子(见 2.2.1.3 节),T 是温度,g 是单位体积的内部生热率,k 是(各向同性)固体的热导率,ρ 是密度,c_v 是定容比热容。

式(2.6.1)(k 为常数)在笛卡儿直角坐标系(x, y, z)中的展开形式为

$$\rho c_v \frac{\partial T}{\partial t} - k \left(\frac{\partial^2 T}{\partial x^2} + \frac{\partial^2 T}{\partial y^2} + \frac{\partial^2 T}{\partial y^2} \right) = g \qquad (2.6.2)$$

在柱坐标系(r, θ, z)中,式(2.6.1)的展开形式为

$$\rho c_v \frac{\partial T}{\partial t} - k \left[\frac{1}{r} \frac{\partial}{\partial r} \left(r \frac{\partial T}{\partial r} \right) + \frac{1}{r^2} \frac{\partial^2 T}{\partial \theta^2} + \frac{\partial^2 T}{\partial z^2} \right] = g \qquad (2.6.3)$$

式(2.6.1)至式(2.6.3)中的二阶方程在适当的边界条件约束下可以求解。边界条件包括指定温度 T 的值或平衡在边界点处垂直于边界的热流密度 $q_n = \hat{n} \cdot q$:

$$T = \hat{T} \quad \text{或} \quad q_n + \beta (T - T_\infty) = \hat{q} \qquad (2.6.4)$$

其中,$\hat{T}$ 和 $\hat{q}$ 分别表示指定的温度和热流密度。由傅里叶热传导定律知,热流密度矢量 q 与温度梯度相关(各向同性情况下):

$$q = -k \nabla T \qquad (2.6.5)$$

2.6.3　流体力学

这里列出了在等温条件下黏性不可压缩流体流动的控制方程(列出了产生这些方程的守恒原理)。此外,所有非线性项被忽略。除了矢量形式外,只列出了笛卡儿分量形式,并采用

了 2.2.1.2 节的求和约定。

质量守恒(连续性方程):

$$\mathrm{div}(\rho \boldsymbol{v}) = 0, \rho \frac{\partial v_i}{\partial x_i} = 0 \qquad (2.6.6)$$

线性动量守恒(运动方程):$(\sigma_{ij} = \sigma_{ji})$

$$\nabla \cdot \boldsymbol{\sigma} + \boldsymbol{f} = \rho \frac{\partial \boldsymbol{v}}{\partial t}, \frac{\partial \sigma_{ji}}{\partial x_j} + f_i = \rho \frac{\partial v_i}{\partial t} \qquad (2.6.7)$$

本构关系:

$$\boldsymbol{\sigma} = 2\mu \boldsymbol{D} - P\boldsymbol{I}, \sigma_{ij} = 2\mu D_{ij} - P\delta_{ij} \qquad (2.6.8)$$

运动学关系:

$$\boldsymbol{D} = \frac{1}{2}\left[\nabla \boldsymbol{v} + (\nabla \boldsymbol{v})^{\mathrm{T}}\right], D_{ij} = \frac{1}{2}\left(\frac{\partial v_i}{\partial x_j} + \frac{\partial v_j}{\partial x_i}\right) \qquad (2.6.9)$$

式中,$\boldsymbol{v}$ 是速度矢量,$\boldsymbol{\sigma}$ 是 Cauchy 应力张量,$\boldsymbol{D}$ 是速度梯度张量的对称部分,P 是静水压,$\boldsymbol{f}$ 是体力矢量,ρ 是密度,μ 是流体的黏度。边界条件包括在边界点指定速度分量 v_i 或应力矢量分量 $t_i \equiv n_j\sigma_{ji}$,其中 n_j 表示边界上单位法矢量的方向余弦:

$$\boldsymbol{v} = \hat{\boldsymbol{v}} \text{或} \hat{\boldsymbol{n}} \cdot \boldsymbol{\sigma} = \hat{\boldsymbol{t}}; v_i = \hat{v}_i \text{ 或 } n_j\sigma_{ji} = \hat{t}_i \qquad (2.6.10)$$

2.6.4 固体力学

在这里,总结了线性各向同性弹性固体的控制方程。

动量方程$(\sigma_{ij} = \sigma_{ji})$:

$$\nabla \cdot \boldsymbol{\sigma} + \boldsymbol{f} = \rho \frac{\partial \boldsymbol{v}}{\partial t}, \frac{\partial \sigma_{ji}}{\partial x_j} + f_i = \rho \frac{\partial v_i}{\partial t} \qquad (2.6.11)$$

本构关系:

$$\boldsymbol{\sigma} = 2\mu \boldsymbol{\varepsilon} - \lambda(\mathrm{tr}\boldsymbol{\varepsilon})\boldsymbol{I}, \quad \sigma_{ij} = 2\mu \varepsilon_{ij} - \lambda \varepsilon_{kk}\delta_{ij} \qquad (2.6.12)$$

运动学关系:

$$\boldsymbol{\varepsilon} = \frac{1}{2}\left[\nabla \boldsymbol{u} + (\nabla \boldsymbol{u})^{\mathrm{T}}\right], \varepsilon_{ij} = \frac{1}{2}\left(\frac{\partial u_i}{\partial x_j} + \frac{\partial u_j}{\partial x_i}\right) \qquad (2.6.13)$$

式中,$\boldsymbol{u}$ 是位移矢量,$\boldsymbol{\sigma}$ 是 Cauchy 应力张量,$\boldsymbol{\varepsilon}$ 是位移梯度张量的对称部分,$\boldsymbol{f}$ 是体力矢量,ρ 是密度,μ 和 λ 是 Lamé(材料)参数。边界条件包括在边界点上指定位移分量 u_i 或应力矢量分量 $t_i \equiv n_j\sigma_{ji}$:

$$\boldsymbol{u} = \hat{\boldsymbol{u}} \text{ 或 } \hat{\boldsymbol{n}} \cdot \boldsymbol{\sigma} = \hat{\boldsymbol{t}}; \quad u_i = \hat{u}_i \text{ 或 } n_j\sigma_{ji} = \hat{t}_i \qquad (2.6.14)$$

2.7 小结

本章涵盖了以下 5 个与有限元方法研究密切相关的主要主题:

(1)矢量、张量和矩阵的简要回顾。

(2)应变能、总势能、所做的虚功等概念,以及结构力学的能量原理。

(3)微分方程的加权积分形式和弱形式。

(4)用 Ritz 法和加权残值法(如 Galerkin 法和最小二乘法)求解边值问题。

(5)总结了在线性假设下的热传递、黏性不可压缩流体流动和弹性固体的控制方程。

这些主题构成了有限元法及其应用研究的必要前提。

包括微分方程的弱形式和结构力学的能量原理(即虚位移原理和最小势能原理)的加权积分形式,是一种生成必要且充分数量的代数方程来求解近似解中的参数(节点变量和无节点变量)的方法。为了建立二阶和高阶微分方程的弱形式,给出了三步法步骤。在结构力学中,能量原理等价于相关控制方程的弱形式。然后介绍了 Ritz 法、Galerkin 法、子域法和最小二乘法,以说明如何从微分方程的相关积分形式推导出近似解中待定参数之间的代数方程。

对经典变分法有几点备注:

(1)2.5 节中介绍的传统变分方法(如 Ritz、Galerkin 和最小二乘法)提供了一种简单的方法来寻找物理问题的空间连续近似解。

(2)流体力学中采用的有限体积法只不过是一种使用子域法使残值为零的有限元法。换句话说,有限体积技术是一种子域有限元模型。

(3)经典变分方法的主要局限性是在构造近似函数时遇到的困难,这使得它们无法与其他方法竞争。当区域几何复杂时,构造过程变得更加困难。所谓的"无网格方法"在某种意义上是对经典变分方法的回归。

(4)经典的变分方法可以提供一种寻找近似解的有力手段,前提是对任意几何形状可以找到一种方法来系统地构造近似函数,其仅依赖于所求解的微分方程而不依赖于问题的边界条件。此特性使得可以针对特定类型的问题开发计算机程序(该类型中的每个问题仅在数据上与其他问题有所不同)。由于必须针对几何复杂的域构造函数,因此似乎必须将该区域近似为简单几何形状的组合,对于这些简单几何形状,近似函数的构造可以变得系统且唯一。有限元法就是基于这种思想。

(5)在有限元方法中,给定域由简单几何形状(单元)的集合表示,并且在集合的每个单元上,使用任何一种变分方法对控制方程进行表示。单元方程是通过在单元边界处使主变量保持连续性和使次变量保持平衡而组合在一起的。

(6)所有商用的有限元软件都是基于弱形式 Galerkin 或 Ritz 格式,并选择了多项式近似函数。

习题

2.1　设 R 表示一个位置矢量 $R = x = x_i \hat{e}_i (R^2 = x_i x_i)$,且 A 是任意的一个常数矢量。

证明:

(a) $\nabla^2(R^p) = p(p+1)R^{p-2}$　　(b) $\mathrm{grad}(R \cdot A) = A$

(c) $\mathrm{div}(R \times A) = 0$　　(d) $\mathrm{div}(RA) = \dfrac{1}{R}(R \cdot A)$

2.2　设 A、B 是位置 x 的连续矢量函数且一阶导数连续，F、G 为位置 x 的连续标量函数，且一阶、二阶导数连续。证明：

(a)　$\nabla(A \cdot x) = A + \nabla A \cdot x$

(b)　$\nabla \cdot (FA) = A \cdot \nabla F + F \nabla \cdot A$

2.3　设 a 是位置 x 的连续二阶张量函数且一阶导数连续，设 u 为位置 x 的连续标量函数，且一阶、二阶导数连续。证明：

$$
\nabla \cdot (a \cdot \nabla u) = \frac{1}{r} \frac{\partial}{\partial r} \left[r \left(a_{rr} \frac{\partial u}{\partial r} + a_{r\theta} \frac{1}{r} \frac{\partial u}{\partial \theta} + a_{rz} \frac{\partial u}{\partial z} \right) \right]
$$
$$
+ \frac{1}{r} \frac{\partial}{\partial \theta} \left(a_{\theta r} \frac{\partial u}{\partial r} + a_{\theta\theta} \frac{1}{r} \frac{\partial u}{\partial \theta} + a_{\theta z} \frac{\partial u}{\partial z} \right)
$$
$$
+ \frac{\partial}{\partial z} \left(a_{zr} \frac{\partial u}{\partial r} + a_{z\theta} \frac{1}{r} \frac{\partial u}{\partial \theta} + a_{zz} \frac{\partial u}{\partial z} \right)
$$

在 2.4~2.9 题中，构造弱形式，并尽可能构造相关的二次泛函(I)。

2.4　线性微分方程：

$$
-\frac{\mathrm{d}}{\mathrm{d}x} \left[(1 + 2x^2) \frac{\mathrm{d}u}{\mathrm{d}x} \right] + u = x^2
$$
$$
u(0) = 1, \left(\frac{\mathrm{d}u}{\mathrm{d}x} \right)_{x=1} = 2
$$

2.5　非线性方程：

$$
-\frac{\mathrm{d}}{\mathrm{d}x} \left(u \frac{\mathrm{d}u}{\mathrm{d}x} \right) + f = 0, 0 < x < 1
$$
$$
\left(u \frac{\mathrm{d}u}{\mathrm{d}x} \right) \Big|_{x=0} = 0, u(1) = \sqrt{2}
$$

2.6　Euler-Bernoulli-von Karman 非线性理论梁：

$$
-\frac{\mathrm{d}}{\mathrm{d}x} \left\{ EA \left[\frac{\mathrm{d}u}{\mathrm{d}x} + \frac{1}{2} \left(\frac{\mathrm{d}w}{\mathrm{d}x} \right)^2 \right] \right\} = f, 0 < x < L
$$
$$
\frac{\mathrm{d}^2}{\mathrm{d}x^2} \left(EI \frac{\mathrm{d}^2 w}{\mathrm{d}x^2} \right) - \frac{\mathrm{d}}{\mathrm{d}x} \left\{ EA \frac{\mathrm{d}w}{\mathrm{d}x} \left[\frac{\mathrm{d}u}{\mathrm{d}x} + \frac{1}{2} \left(\frac{\mathrm{d}w}{\mathrm{d}x} \right)^2 \right] \right\} = q
$$
$$
u = w = 0 \quad \text{在 } x = 0, L \text{ 处}; \left(\frac{\mathrm{d}w}{\mathrm{d}x} \right) \Big|_{x=0} = 0; \left(EI \frac{\mathrm{d}^2 w}{\mathrm{d}x^2} \right) \Big|_{x=L} = M_0
$$

其中，EA, EI, f 和 q 是 x 的函数，M_0 是常数。式中，u 表示梁的轴向位移，w 表示梁的横向挠度

2.7　一个一般的二阶方程：

$$
-\frac{\partial}{\partial x} \left(a_{11} \frac{\partial u}{\partial x} + a_{12} \frac{\partial u}{\partial y} \right) - \frac{\partial}{\partial y} \left(a_{21} \frac{\partial u}{\partial x} + a_{22} \frac{\partial u}{\partial y} \right) + f = 0, \text{在 } \Omega \text{ 中}
$$

$u = u_0$，在 Γ_1 上

$$\left(a_{11}\frac{\partial u}{\partial x}+a_{12}\frac{\partial u}{\partial y}\right)n_x+\left(a_{21}\frac{\partial u}{\partial x}+a_{22}\frac{\partial u}{\partial y}\right)n_y=t_0,\text{在}\ \Gamma_2\ \text{上}$$

其中,$a_{ij}=a_{ji}(i,j=1,2)$,f 是二维域 Ω 中位置(x,y)的给定函数,u_0 和 t_0 分别是边界 Γ_1 和 Γ_2 的已知函数,且有$(\Gamma_1+\Gamma_2)=\Gamma$。

2.8　轴对称几何形状中的二维热传递:

$$-\left[\frac{1}{r}\frac{\partial}{\partial r}\left(rk\frac{\partial T}{\partial r}\right)+\frac{\partial}{\partial z}\left(k\frac{\partial T}{\partial z}\right)\right]=g,\text{在}\ \Omega\ \text{中}$$

$T=\hat{T}$,在 Γ_T 上

$$q_n\equiv rk\left(\frac{\partial T_n}{\partial r}n_r+\frac{\partial T_n}{\partial z}n_z\right)=\hat{q}_n,\text{在}\ \Gamma_q\ \text{上}$$

2.9　黏性不可压缩流体二维流动的控制方程:

$$-\mu\left[2\frac{\partial^2 v_x}{\partial x^2}+\frac{\partial}{\partial y}\left(\frac{\partial v_x}{\partial y}+\frac{\partial v_y}{\partial x}\right)\right]+\frac{\partial P}{\partial x}=f_x$$

$$-\mu\left[2\frac{\partial^2 v_y}{\partial y^2}+\frac{\partial}{\partial x}\left(\frac{\partial v_x}{\partial y}+\frac{\partial v_y}{\partial x}\right)\right]+\frac{\partial P}{\partial y}=f_y,\text{在}\ \Omega\ \text{中}$$

$$\frac{\partial v_x}{\partial x}+\frac{\partial v_y}{\partial y}=0$$

$$v_x=\hat{v}_x,v_y=\hat{v}_y,\text{在}\ \Gamma_1\ \text{上}$$

且

$$\left[\left(2\mu\frac{\partial v_x}{\partial x}-P\right)n_x+\mu\left(\frac{\partial v_x}{\partial y}+\frac{\partial v_y}{\partial x}\right)n_y\right]=\hat{t}_x$$
在 Γ_2 上
$$\left[\left(2\mu\frac{\partial v_x}{\partial y}-P\right)n_y+\mu\left(\frac{\partial v_x}{\partial y}+\frac{\partial v_y}{\partial x}\right)n_x\right]=\hat{t}_y,$$

2.10　计算方程的 n 参数 Ritz 近似的系数矩阵和右端项。

$$-\frac{\mathrm{d}}{\mathrm{d}x}\left[(1+x)\frac{\mathrm{d}u}{\mathrm{d}x}\right]=0,0<x<1$$
$$u(0)=0,u(1)=1$$

对近似函数使用代数多项式。给出 $n=2$ 时的结果,并计算 Ritz 系数。

答案:$c_1=\dfrac{55}{131},c_2=-\dfrac{20}{131}$

2.11　利用三角函数对习题 2.10 中的方程进行 2 参数近似,并得到 Ritz 系数。

答案:$c_1=-0.12407$,$c_2=0.02919$。

2.12　一根直径为 $d=2\text{cm}$、长度为 $L=25\text{cm}$、热导率 $k=50\text{W}/(\text{m}\cdot\text{℃})$ 的钢杆暴露在周围空气中,$T_\infty=20\text{℃}$,热传递系数 $\beta=64\text{W}/(\text{m}^2\cdot\text{℃})$。假设杆的左端温度保持在 $T_0=120\text{℃}$,另一端暴露在环境温度下,使用 2 参数 Ritz 近似法(多项式近似函数)确定杆内的温度分布。该问题

的控制方程为

$$-\frac{\mathrm{d}^2\theta}{\mathrm{d}x^2}+c\theta=0,0<x<25\mathrm{cm}$$

其中,$\theta=T-T_\infty$,T 是温度,c 由下式给出:

$$c=\frac{\beta P}{Ak}=\frac{\beta\pi D}{\frac{1}{4}\pi D^2 k}=\frac{4\beta}{kD}=256\mathrm{m}^2$$

P 是杆的周长,A 是杆的横截面积。边界条件为

$$\theta(0)=T(0)-T_\infty=100\text{℃},\left(k\frac{\mathrm{d}\theta}{\mathrm{d}x}+\beta\theta\right)\Bigg|_{x=L}=0$$

答案:对于 $L=0.25\mathrm{m}$,$\phi_0=100$,$\phi_i=x^i$ 的情况,Ritz 系数为 $c_1=-1033.385$,$c_2=2667.261$。

2.13 建立简支梁在均匀横向荷载 $q=q_0$ 作用下的 n 参数 Ritz 近似方程:

$$\frac{\mathrm{d}^2}{\mathrm{d}x^2}\left(EI\frac{\mathrm{d}^2w}{\mathrm{d}x^2}\right)=q,0<x<L$$

$$w=EI\frac{\mathrm{d}^2w}{\mathrm{d}x^2}=0,\text{在 }x=0,L\text{ 处}$$

ϕ_0 和 ϕ_i 采用(a)代数多项式;(b)三角函数来近似。计算 2 参数 Ritz 解并与精确解比较。答案:(a) $c_1=q_0L^2/(24EI)$,$c_2=0$。

2.14 令 $q=q_0\sin(\pi x/L)$,重复习题 2.13。其中,坐标系的原点在梁的左端。答案:$n=2$:$c_1=c_2L=2q_0L^2/(3EI\pi^3)$。

2.15 令 $q=Q_0\delta(x-\frac{1}{2}L)$,重复习题 2.13。其中,$\delta(x)$ 是 Dirac delta 函数(即在梁的中心作用一点载荷 Q_0)。

2.16 利用 Timoshenko 梁理论,建立均布横向荷载作用下简支梁的 n 参数 Ritz 解。控制方程在式(2.4.36a)和式(2.4.36b)中给出。使用三角函数来近似 w 和 ϕ。

2.17 对于受均布横向荷载和端部弯矩作用下的悬臂梁,重复习题 2.16。使用代数多项式近似 w 和 ϕ。

2.18 求解下述泊松方程,其是正方形区域内热传导的控制方程(见例 2.5.3):

$$-k\nabla^2 T=g_0$$
$$T=0,\text{在边界 }x=1\text{ 和 }y=1\text{ 处}$$
$$\frac{\partial T}{\partial n}=0(\text{绝热}),\text{在边界 }x=0\text{ 和 }y=0\text{ 处}$$

使用以下形式的 1 参数 Ritz 近似:

$$T_1(x,y)=c_1(1-x^2)(1-y^2)$$

答案:$c_1 = \dfrac{5g_0}{16k}$。

2.19 对习题 2.12,确定 2 参数 Galerkin 近似(使用代数近似函数)的 ϕ_i。

2.20 考虑下述(Neumann)边值问题:

$$-\dfrac{\mathrm{d}^2 u}{\mathrm{d}x^2} = f, 0 < x < L$$

$$\left(\dfrac{\mathrm{d}u}{\mathrm{d}x}\right)\bigg|_{x=0} = \left(\dfrac{\mathrm{d}u}{\mathrm{d}x}\right)\bigg|_{x=L} = 0$$

当 $(a) f = f_0 \cos(\pi x/L)$;$(b) f = f_0$ 时,使用三角近似函数寻找该问题的一个 2 参数 Galerkin 近似。

答案:$(a) \phi_i = \cos(i\pi x/L)$,$c_1 = f_0 L^2/\pi^2$,$c_i = 0 (i \neq 1)$。

2.21 寻找下述非线性方程的 1 参数近似解:

$$-2u\dfrac{\mathrm{d}^2 u}{\mathrm{d}x^2} + \left(\dfrac{\mathrm{d}u}{\mathrm{d}x}\right)^2 = 4, 0 < x < L$$

其边界条件为 $u(0) = 1$,$u(1) = 0$,并与精确解 $u_0 = 1 - x^2$ 进行比较。请使用(a)Galerkin 法;(b)最小二乘法;(c)Petrov-Galerkin 法(权函数 $w = 1$)。

答案:$(a) (c_1)_1 = 1$,$(c_1)_2 = -3$

2.22 确定下述方程的一个 1 参数 Galerkin 近似解:

$$-\nabla^2 u = 1, 在 \Omega 中(= 单位正方形)$$
$$u = 0, 在 \Gamma 上$$

请使用(a)代数近似函数;(b)三角近似函数。

答案:$(b) c_{ij} = \dfrac{16}{\pi^4} \dfrac{1}{ij(i^2+j^2)}$($i, j$ 奇数),$\phi_{ij} = \sin i\pi x \sin j\pi y$

2.23 对于一个等边三角形区域,重复习题 2.22(a)。提示:用代表三角形边长的直线方程的乘积作为近似函数。

答案:$c_1 = -\dfrac{1}{2}$。

2.24 考虑微分方程

$$-\dfrac{\mathrm{d}^2 u}{\mathrm{d}x^2} = \cos\pi x, 0 < x < 1$$

受制于以下三种边界条件:

$(1) u(0) = 0$,$u(1) = 0$

$(2) u(0) = 0$,$\left(\dfrac{\mathrm{d}u}{\mathrm{d}x}\right)_{x=1} = 0$

$(3)\left(\dfrac{\mathrm{d}u}{\mathrm{d}x}\right)_{x=0}=0,\left(\dfrac{\mathrm{d}u}{\mathrm{d}x}\right)_{x=1}=0$

使用三角函数确定一个 3 参数近似解,(a)Ritz 法;(b)最小二乘法;(c)配点法($x=\dfrac{1}{4},\dfrac{1}{2},\dfrac{3}{4}$)。

并与精确解进行比较:

$(1)u_0=\pi^{-2}(\cos\pi x+2x-1)$

$(2)u_0=\pi^{-2}(\cos\pi x-1)$

$(3)u_0=\pi^{-2}\cos\pi x$

答案:$(1a)c_i=\dfrac{4}{\pi^3 i(i^2-1)}$

2.25 考虑一个抗弯刚度可变的悬臂梁,$EI=a_0[2-(x/L)^2]$,并承受一分布载荷 $q=q_0[1-(x/L)]$。使用配点法寻找一个 3 参数的近似解。

答案:$c_1=-\dfrac{q_0 L^2}{4a_0}$,$c_2=\dfrac{q_0 L}{12a_0}$

2.26 考虑求半径为 a 的圆膜的基频的问题,圆膜边缘被固定。轴对称振动的控制方程为

$$-\frac{1}{r}\frac{\mathrm{d}}{\mathrm{d}r}\left(r\frac{\mathrm{d}u}{\mathrm{d}r}\right)-\lambda u=0,0<r<a$$

式中,λ 是频率参数,u 是膜的挠度。(a)确定 Galerkin 法的三角近似函数;(b)使用 1 参数 Galerkin 近似确定 λ;(c)使用 2 参数 Galerkin 近似确定 λ。

答案:$(b)\lambda=5.832/a^2$;$(c)\lambda=5.792/a^2$。

2.27 求出下述微分方程的前两个特征值

$$-\frac{\mathrm{d}^2 u}{\mathrm{d}x^2}=\lambda u,0<x<1$$

$$u(0)=0,u(1)+u'(1)=0$$

使用采用代数多项式的最小二乘法。使用算子定义 $A=-(\mathrm{d}^2/\mathrm{d}x^2)$ 以避免增加 λ 的特征多项式的次数。

答案:$\lambda_1=4.212,\lambda_2=34.188$

2.28 使用采用代数多项式的 Ritz 法重复习题 2.27。

答案:$\lambda_1=4.1545,\lambda_2=38.512$

2.29 考虑 Laplace 方程

$$-\nabla^2 u=0,0<x<1,0<y<\infty$$

$$u(0,y)=u(1,y)=0,y>0$$

$$u(x,0)=x(1-x),u(x,\infty)=0,0\leqslant x\leqslant 1$$

假设 1 参数近似的形式为

$$u(x,y)=c_1(y)x(1-x)$$

求出 $c_1(y)$ 的微分方程,并求出解析解。

答案:$U_1(x,y) = (x-x^2)\,e^{-\sqrt{10}y}$。

2.30 求出下述方程的第一阶特征值 λ

$$-\nabla^2 u = \lambda u \quad 在\ \Omega\ 中;u=0 \quad 在\ \Gamma\ 上$$

式中,Ω 是一矩形$(-a<x<a,-b<y<b)$,Γ 是边界。假设 1 参数近似的形式为

$$u_1(x,y) = c_1(x)\phi_1(y) = c_1(x)(y^2-b^2)$$

课外阅读参考资料

[1] J. T. Oden and J. N. Reddy, *Variational Methods in Theoretical Mechanics*, 2nd ed. , SpringerVcrlag, New York, NY, 1983.

[2] J. N. Reddy, *Energy Principles and Variational Methods in Applied Mechanics*, 3rd ed. , John Wiley & Sons, New York, NY, 2017.

[3] J. N. Reddy, *An Introduction to Continuum Mechanics*, 2nd ed. , Cambridge University Press, New York, NY, 2013.

[4] J. N. Reddy and M. L. Rasmussen, *Advanced Engineering Analysis*, John Wiley & Sons, New York, NY, 1982; Krieger, Melbourne, FL, 1990.

[5] J. N. Reddy, *Applied Functional Analysis and Variational Methods in Engineering*, McGraw-Hill, New York, 1986; Krieger, Melbourne, FL, 1991.

[6] J. N. Reddy, *An Introduction to Nonlinear Finite Element Analysis*, Oxford University Press, Oxford, UK, 2015.

[7] F. B. Hildebrand, *Methods of Applied Mathematics*, 2nd ed. , Prentice-Hall, Engelwood Cliffs, NJ, 1965.

[8] S. G. Mikhlin, *Variational Methods in Mathematical Physics*, Pergamon Press, New York, NY, 1964.

[9] S. G. Mikhlin, *The Numerical Performance of Variational Methods*, Wolter-Noordhoff, Groningen, The Netherlands, 1971.

[10] K. Rektorys, *Variational Methods in Mathematics*, Science and Engineering, Reidel, Boston, MA, 1977.

3 二阶微分方程的一维有限元模型

If I have seen further than others, it is by standing upon the shoulders of giants.

(如果说我比别人看得更远,那是因为我站在巨人的肩膀上。)

Isaac Newton

3.1 引言

3.1.1 简介

第2章中描述的传统变分方法(例如,同时应用于整个域的 Ritz 方法和加权残值法)由于一个严重的缺点,即难以构造近似函数而不再有效。近似函数除了满足连续性、线性独立、完备性和边界条件外,也需满足任意性;当给定几何复杂的区域时,近似函数的选择就变得更加困难。由于近似函数的选择直接影响到近似的质量,在传统的变分方法中,对于任意域是没有系统的方法来构造它们的。由于这一缺点,尽管获得近似解很简单,但传统的变分近似方法与有限差分格式相比,在计算上从未被视为可以相竞争的方法。有限元方法通过提供一个系统的过程来构造某些几何形状(称为有限元)的近似函数,并使用该形状来表示给定的域,从而克服了传统变分方法的缺点。

3.1.2 一种高效的计算方法的理想特征

理想情况下,一种高效的计算方法应该具备以下特征:

(1)该方法应该建立在一个完备的数学和物理基础上(即有收敛的解,并适用于实际问题)。

(2)该方法对几何形状、域的物理组成或"负载"的性质不应有任何限制。

(3)方程的建立应该独立于区域的形状和边界条件的特定形式(由物理问题决定)。

(4)该方法应该足够灵活,允许不同程度的近似,而不重新构造整个问题。

(5)该方法应该可以通过在数字计算机上自动使用的系统程序来实现。

3.1.3 有限元法的基本特征

有限元法与有限差分法有一个根本的区别:有限元法是一种技术,其中未知的因变量被近似为未知参数和已知函数的线性组合,而在有限差分法中,未知量的导数以未知量的值表示。因此,有限差分方法对未知的变量本身没有形式化的函数表示;所以没有对函数或其积分的评估可以认为是一个积极的方面。然而,在设置梯度边界条件和对未知梯度进行后处理方面存在着相应的缺点。此外,有限差分法仅提供了一种计算微分方程所描述问题的解的方法,但不包括近似中最小化误差的思想。

简而言之,有限元方法可以描述为具有以下三个基本特征的方法:

(1)将整个域划分为子域(称为有限单元),使近似函数的系统推导以及复杂域的表示成为可能。

(2)问题的数学模型的离散化(即从控制方程推导代数关系),该离散化是关于在每个有限元的选择点(称为节点)上的未知数的值的。这一步需要使用一种近似方法,在这种方法中,未知数的值在节点处被表示为未知参数(可能还有它的导数)和合适的近似函数的线性组合,如第2章所讨论的。单元的几何形状和单元中节点的位置允许系统地推导每个单元的近似函数。近似函数通常是用插值理论推导出来的代数多项式。然而,近似函数不必是多项式。

(3)组装单元方程,以得到所分析的总问题数学模型的数值模拟。

这三个特征是密切相关的,它们构成了有限元方程的三个主要步骤。用来表示问题域的单元的几何形状应使得近似函数可以唯一地导出。近似函数不仅取决于几何结构,而且取决于单元中节点的数量和位置,还取决于要插值的数量(例如,仅使用因变量或使用因变量及其导数)。一旦得到了近似函数,得到未知系数之间的代数关系的过程(给出节点处的因变量值)与 Ritz 法和加权残值法中使用的方法完全相同。因此,第二章的内容,特别是弱形式发展和 Ritz 方法的研究,使本章的研究更加容易。

有限元法不仅克服了传统变分法的缺点,而且具有计算效率高的特点。该方法目前被认为是学术界和工业界最普遍和最实用的工程分析工具。

3.2　有限元分析步骤

3.2.1　简介

一个问题的有限元分析所涉及的基本步骤如下。

(1)将给定域离散化(或细分)为预选的有限单元集合,该过程称为称为网格生成。

　(a)构建预选单元的有限元网格。

　(b)确定节点和单元的数量。

　(c)生成几何属性(即坐标和单元连接数据)。

(2)推导主变量和次变量之间的代数关系(有限元模型)。

　离散系统:

　(a)确定系统的一个典型单元。

　(b)推导与主变量和次变量(如力和位移)相关的点(或节点)变量之间的代数关系。

　连续问题:

　(a)在典型单元 $\overline{\Omega}^e$ 中,构造微分方程的弱形式。

　(b)假设 $\overline{\Omega}^e$ 中一典型因变量 $u(x)$ 的近似如下:

$$u(x) \approx u_h^e(x) = \sum_{j=1}^{n} u_j^e \psi_j^e(x)$$

并且将该式代入到步骤 2(a)来获得单元方程 $K^e u^e = F^e$。

　(c)选择(如果文献中已经有了)或者推导单元插值函数 $\psi_j(x)$ 并计算单元矩阵。

(3)组装单元方程来获得整个问题的方程。

　(a)通过将单元节点与全局节点关联,确定主变量之间的单元间连续性条件(局部自由度与全局自由度之间的关系——单元连通性)。

　(b)确定次变量之间的"平衡"条件(局部源或力分量与全局指定源分量之间的关系)。

（c）使用步骤3(a)和3(b)组装单元方程。

（4）施加问题的边界条件。

　　（a）确定指定的全局主自由度。

　　（b）如果步骤3(b)还没完成,确定指定的全局次自由度。

（5）求解组装后的方程。

（6）结果后处理。

　　（a）从第(5)步计算的主自由度计算出解的梯度或其他所需量。

　　（b）以表格和(或)图形的形式表示结果。

3.2.2　系统的离散化

大多数工程系统通常是许多子系统的组合。作为系统或其子系统的最小部分("构造块"),且其"因果"关系(其意义将在后面说明)可以用数学唯一地描述,称之为单元。如果一个系统有几个子系统,这些子系统在几何形状和行为上彼此不同,那么每个这样的子系统都是一种独特类型单元的集合。因此,一个系统可能是不同类型的单元的组合(例如物理行为不同的部分)。汽车是车架、车门、发动机等的总成。它们中的每一种都可以根据其荷载—挠度行为作为框架单元、壳单元或三维实体单元(如图1.4.8为一个例子)。

在有限元分析中,"离散化"是指用一组适当类型的单元(如框架单元、壳单元或实体单元)来表示系统的各个部分。一般来说,这样的表示称为有限元网格。在这一章的导论中,我们将考虑那些"因果"只能由一种类型单元来描述的系统。一旦我们熟悉了,就可以讨论给定系统中的多种类型的单元。在下面的讨论中,"域"一词指的是一个连续系统的物质点的集合。

在有限元法中,问题的域 Ω 被划分为一组子域,称为有限元。将域划分为一组子域的原因有两个。首先,如图3.2.1所示,根据设计,大多数系统的域是几何和(或)材料上不同部分的组合,这些子域上的解由在这些子域的界面连续的不同函数表示。因此,在每个子域上寻求解的近似值是合适的。其次,在网格的每个单元上的解的近似比它在整个域上的近似要简单。在本章所讨论的一维问题中,定义域的几何近似不是一个问题,因为它是一条直线。然而,必须在每个有限元上寻求一个合适的近似解。

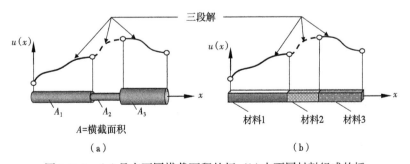

图3.2.1　(a)具有不同横截面积的杆;(b)由不同材料组成的杆

一个问题中将系统的完整域划分为单元的数量主要取决于域的几何形状、系统表现出的不同物理行为类型以及所期望的解的精度。在本章将要讨论的一维问题中,首先只考虑每个问题中的一种行为。在选择网格时,通常从一些被认为在预测精确解时是合理的单元开始。大多数情况下,分析人员对解的定性行为有一定的了解是有助于选择一个初始网格的。当一个问题第一次用有限元方法求解时,就需要通过逐步细化网格(即增加单元的数量或近似程度)来研究有限元解的收敛性。

3.2.3 单元方程的推导:有限元模型

在自然界中,所有的系统在它们的行为或反应中都表现出一定的对偶性。例如,作用在系统上的力引起位移,而输入到系统的热量提高了系统的温度。我们称力和位移是对偶的;热量和温度也是对偶的。这也被称为因果关系。在这一对中,一个可以称为主变量,另一个可以称为次变量;尽管给每个变量的名称的选择是任意的,但对偶性是唯一的(即如果一个变量对另一个变量是对偶的,则这些变量不再出现在其他对偶对中)。在本书中,将把位移称为主变量,把相应的力称为次变量。类似地,温度为主变量,热量为次变量。主变量和次变量之间的数学关系式是代数、微分或积分方程的形式,并借助物理定律和本构关系导出。有限元法是一种建立主变量和次变量的节点值之间代数关系的方法。

在大多数情况下,主变量和次变量之间的关系是微分方程的形式。任何数值方法的目的都是将这些关系转换为代数形式,以便确定与给定输入相关联的系统响应(例如力或位移)。一个系统的一个典型单元的代数关系,称为有限元方程或有限元模型,在一些简单的情况下使用基本的物理原理(参见 3.3 节)可以直接推导(即不用考虑不同的关系)。在所有连续系统中,微分方程可以用来推导主变量和次变量之间的代数关系。在下一节中,将讨论用直接或物理方法导出离散系统的单元方程,并给出了单元方程的组合、边界条件的设置和节点未知数的代数方程的解。在 3.4 节,我们系统地发展了连续系统的有限元方程(从一个典型的微分方程开始)。读者必须具备良好的基础工程学科背景才能理解物理方法,并领会 3.4 节和后续章节中介绍的一般方法的应用。

3.3 离散系统的有限元模型

3.3.1 线弹性弹簧

如图 3.3.1(a)所示,一线弹性弹簧是一个离散单元(即不是连续的且不由微分方程控制)。线弹性弹簧的力—位移关系可以表示为

$$F = k\delta \tag{3.3.1}$$

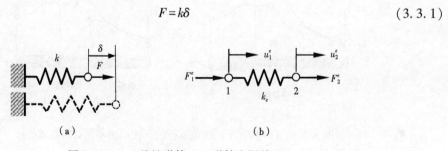

图 3.3.1 (a)线性弹簧,(b)弹簧有限单元

其中,F 是弹簧力(N),δ 是弹簧的伸长量(m),k 是弹簧常数(N/m)。弹簧常数依赖于弹簧的弹性模量、横截面积以及线圈的匝数。弹簧通常用来描述复杂物理系统的弹性行为。

图 3.3.1(b)所示的一个典型弹簧单元 e 的端部力(F_1^e, F_2^e)和端部位移(u_1^e, u_2^e)的关系可以通过式(3.3.1)来建立。注意到所有的力和位移都是以右向为正方向。节点 1 处的力 F_1^e(受压)等于弹簧常数乘以节点 1 的相对位移(参考节点 2,即 $u_1^e - u_2^e$):

$$F_1^e = k_e(u_1^e - u_2^e) = k_e u_1^e - k_e u_2^e$$

类似地,节点 2 处的力 F_2^e(受拉)等于伸长量 $u_2^e - u_1^e$ 乘以 k_e:

$$F_2^e = k_e(u_2^e - u_1^e) = -k_e u_1^e + k_e u_2^e$$

可以看到,由上述关系式,力平衡条件 $F_1^e + F_2^e = 0$ 自动满足。这些方程可以写成矩阵形式:

$$k_e \begin{bmatrix} 1 & -1 \\ -1 & 1 \end{bmatrix} \begin{Bmatrix} u_1^e \\ u_2^e \end{Bmatrix} = \begin{Bmatrix} F_1^e \\ F_2^e \end{Bmatrix} \text{ 或 } \boldsymbol{K}^e \boldsymbol{u}^e = \boldsymbol{F}^e \tag{3.3.2}$$

式(3.3.2)适用于线性力—位移关系的任意弹簧单元。因此,在不同弹簧常数的弹簧网中,任一典型的弹簧遵循方程(3.3.2)。系数矩阵 $\boldsymbol{K}^e$ 称为刚度矩阵,$\boldsymbol{u}^e$ 为位移向量,$\boldsymbol{F}^e$ 为力向量。我们注意到,式(3.3.2)对任意线弹性弹簧均有效,表示点力与沿弹簧长度方向位移的关系。端点称为单元节点,F_i^e 和 u_i^e 分别为第 i 个节点的节点力和位移。我们还注意到,弹簧元件只能承受沿其长度方向的载荷和位移。我们考虑一个应用方程(3.3.2)的例子。

例 3.3.1

如图 3.3.2(a)所示,考虑一弹簧组合。请确定刚性块的位移和弹簧的力。假设刚性块必须保持垂直(即不能从垂直位置倾斜)。

令 $k_1 = 100\text{N/m}$, $k_2 = 50\text{N/m}$, $k_3 = 150\text{N/m}$, $P = 6\text{N}$

解答: 系统中有 3 个弹簧单元,每个单元具有节点力和位移之间的两种力—位移关系。圆圈

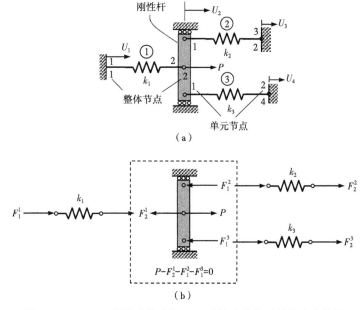

图 3.3.2   (a)三弹簧元件系统;(b)系统中弹簧元件的自由体图

中的序号表示单元号,单元节点号用细铅字显示,整体节点号用黑体显示。整体位移用大写字母 U_1 表示。因为刚性块必须保持垂直,所以其上的所有点将横向移动相同的大小;因此,刚性块上的所有整体结点必须有一样的节点号(即2),如图3.3.2(b)。

系统中每个弹簧的力—位移关系与式(3.3.2)相同,只是不同的单元的单元号和弹簧常数不同。

如图3.3.2(b)所示,三个弹簧单元通过刚性块连接在节点2上。因此,需要在节点2处保持位移的连续性和力的平衡:

$$u_2^1 = u_1^2 = u_1^3 = U_2; F_2^1 + F_1^2 + F_1^3 = F_2 \tag{3.3.3}$$

这里,没有上标的大写字母用来表示整体变量;其下标表示整体节点号。由式(3.3.3)中的平衡条件可知,必须将单元1的第二个方程、单元2的第一个方程和单元3的第一个方程相加,进而用已知力 $F_2 = P$ 来代替三个未知力和 $F_2^1 + F_1^2 + F_1^3$。利用位移的连续性和力的平衡来得到与未知量完全相同数量的方程(在施加边界条件之前)的过程称为系统有限元方程的组装。现在有四个方程,单元1的第一个方程、上述三个方程的和、单元2的第二个方程、单元3的第二个方程:

$$
\begin{aligned}
&k_1 U_1 - k_1 U_2 = F_1^1 \\
&-k_1 U_1 + (k_1 + k_2 + k_3) U_2 - k_2 U_3 - k_3 U_4 = F_2^1 + F_1^2 + F_1^3 \\
&-k_2 U_2 + k_2 U_3 = F_2^2 \\
&-k_3 U_2 + k_3 U_4 = F_2^3
\end{aligned}
\tag{3.3.4}
$$

将式(3.3.4)用矩阵形式表达为

$$
\begin{bmatrix}
k_1 & -k_1 & 0 & 0 \\
-k_1 & k_1 + k_2 + k_3 & -k_2 & -k_3 \\
0 & -k_2 & k_2 & 0 \\
0 & -k_3 & 0 & k_3
\end{bmatrix}
\begin{Bmatrix}
U_1 \\ U_2 \\ U_3 \\ U_4
\end{Bmatrix}
=
\begin{Bmatrix}
F_1^1 \\ F_2^1 + F_1^2 + F_1^3 \\ F_2^2 \\ F_2^3
\end{Bmatrix}
\tag{3.3.5}
$$

式(3.3.5)称为图3.3.2(a)所示离散弹簧系统的组合方程组。

另外,单元方程的装配可以通过将单个单元方程直接放置到组装的系统中适当的位置来实现(只要生成了单元方程,就可以像在计算机程序中所做的那样)。例如,单元1的第一个和第二个局部自由度与第一个和第二个整体自由度相同(即 $u_1^1 = U_1$ 和 $u_1^1 = U_2$)。因此,有

$$
\begin{bmatrix}
k_1 & -k_2 & 0 & 0 \\
-k_1 & k_1 & 0 & 0 \\
0 & 0 & 0 & 0 \\
0 & 0 & 0 & 0
\end{bmatrix}
\begin{Bmatrix}
U_1 \\ U_2 \\ U_3 \\ U_4
\end{Bmatrix}
=
\begin{Bmatrix}
F_1^1 \\ F_1^2 \\ 0 \\ 0
\end{Bmatrix}
\tag{3.3.6a}
$$

单元2的第一个和第二个局部自由度与第二个和第三个整体自由度相同(即 $u_1^2 = U_2$ 和 $u_2^2 = U_3$)。因此,有

$$
\begin{bmatrix} 0 & 0 & 0 & 0 \\ 0 & k_2 & -k_2 & 0 \\ 0 & -k_2 & k_2 & 0 \\ 0 & 0 & 0 & 0 \end{bmatrix} \begin{Bmatrix} U_1 \\ U_2 \\ U_3 \\ U_4 \end{Bmatrix} = \begin{Bmatrix} 0 \\ F_1^2 \\ F_2^2 \\ 0 \end{Bmatrix} \tag{3.3.6b}
$$

最后,单元 3 的第一个和第二个局部自由度与第二个和第四个整体自由度相同(即 $u_1^3 = U_2$ 和 $u_2^3 = U_4$)。因此,有

$$
\begin{bmatrix} 0 & 0 & 0 & 0 \\ 0 & k_3 & 0 & -k_3 \\ 0 & 0 & 0 & 0 \\ 0 & -k_3 & 0 & k_3 \end{bmatrix} \begin{Bmatrix} U_1 \\ U_2 \\ U_3 \\ U_4 \end{Bmatrix} = \begin{Bmatrix} 0 \\ F_1^3 \\ 0 \\ F_2^3 \end{Bmatrix} \tag{3.3.6c}
$$

将这三个整体方程相加(即直接叠加)将得到与式(3.3.5)相同的结果。

接下来,确定边界条件并将其施加到式(3.3.5)上。从由图 3.3.2(a)可知,整体节点 1、3、4 的位移为零,指定节点 2 处的力为 P:

$$
U_1 = U_3 = U_4 = 0, \quad F_2^1 + F_1^2 + F_1^3 = P \tag{3.3.7}
$$

因此,有四个未知数(F_1^1, U_2, F_2^2, F_2^3)和四个方程。未知力的方程包含未知位移 U_2。而方程 2 只包含未知的位移 U_2 和已知的力 P。因此,使用方程(3.3.5)中的第二个方程,确定 U_2:

$$
(k_1 + k_2 + k_3) U_2 = P \text{ 或 } U_2 = \frac{P}{k_1 + k_2 + k_3} = 0.02 \text{m} \tag{3.3.8}
$$

只涉及未知位移的方程称为位移(或主变量)的缩聚方程。

求得位移后,由剩下的方程可计算出未知力 F_1^1, F_2^2, F_2^3,即用式(3.3.5)中的第一、第三、第四方程。它们是关于力(或次变量)的缩聚方程:

$$
F_1^1 = -k_1 U_2 = -\frac{P k_1}{k_1 + k_2 + k_3} = -2\text{N}
$$

$$
F_2^2 = -k_2 U_2 = -\frac{P k_2}{k_1 + k_2 + k_3} = -1\text{N} \tag{3.3.9}
$$

$$
F_2^3 = -k_3 U_2 = -\frac{P k_3}{k_1 + k_2 + k_3} = -3\text{N}
$$

容易看出,整体力的平衡条件是满足的:$F_1 + F_3 + F_4 + P = 0$。

支座处的反力也可以通过回归到单元方程来计算:

$$
F_1^1 = k_1(u_1^1 - u_2^1) = k_1 U_2 = -\frac{P k_1}{k_1 + k_2 + k_3}
$$

$$
F_2^2 = k_2(u_2^2 - u_1^2) = -k_2 U_2 = -\frac{P k_2}{k_1 + k_2 + k_3} \tag{3.3.10}
$$

$$
F_2^3 = k_3(u_2^3 - u_1^3) = -k_3 U_2 = -\frac{P k_3}{k_1 + k_2 + k_3}
$$

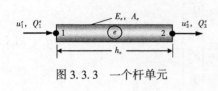

图 3.3.3 一个杆单元

3.3.2 弹性杆的轴向变形

对于截面均质各向同性杆的轴向小变形,直接由应力、应变定义和应力—应变关系得到单元方程。如图 3.3.3 所示,考虑一杆单元,其长度为 h_e、截面面积为 A_e、弹性模量为 E_e,并受端部力 Q_1^e 和 Q_2^e 作用。

从固体力学的课程中,有

$$应变,\varepsilon^e = 伸长量/原始长度 = \delta_e/h_e$$
$$应力,\sigma^e = 弹性模量\times应变 = E_e\varepsilon^e \tag{3.3.11}$$
$$载荷,Q^e = 应力\times横截面积 = \sigma^e A_e$$

以上定义的应变是平均(或工程)应变。在数学上,一维问题的应变定义为 $\varepsilon = \mathrm{d}u/\mathrm{d}x$,$u$ 为位移,其中包括刚体运动和杆的伸长量。杆单元左端(压)力为

$$Q_1^e = A_e\sigma_1^e = A_e E_e \varepsilon_1^e = A_e E_e \frac{u_1^e - u_2^e}{h_e} = \frac{A_e E_e}{h_e}(u_1^e - u_2^e)$$

其中,E_e 是杆单元的杨氏模量。类似地,右端力为

$$Q_2^e = \frac{A_e E_e}{h_e}(u_2^e - u_1^e)$$

这些关系式用矩阵形式表示为

$$k_e \begin{bmatrix} 1 & -1 \\ -1 & 1 \end{bmatrix} \begin{Bmatrix} u_1^e \\ u_2^e \end{Bmatrix} = \begin{Bmatrix} Q_1^e \\ Q_2^e \end{Bmatrix}, k_e = \frac{A_e E_e}{h_e}(\text{或 } \boldsymbol{K}^e \boldsymbol{u}^e = \boldsymbol{Q}^e) \tag{3.3.12}$$

对于线弹性弹簧,式(3.3.12)与式(3.3.2)相同,弹性杆的等效弹簧常数为 $k_e = A_e E_e/h_e$。它也与例 2.3.7 中使用 Castigliano 定理 I 推导的相同。只有当杆的位移 $u(x) = c_1 + c_2 x$ 发生线性变化时,这种类比才成立。如果需要对位移进行高阶表示,则不能直接写出式(3.3.9)中的力—位移关系;也就是说,二次单元的单元方程不能使用式(3.3.11)推导(可以用 Castigliano 定理 I 来推导它,见习题 3.29)。

例 3.3.2

如图 3.3.4(a)所示,考虑两端由弹簧约束的阶梯杆。请确定弹簧的位移和阶梯杆各部分的应力。忽略杆的重量,假设杆只经历轴向位移。

解答:系统中有两个弹簧单元和两个杆单元,每个单元节点的力和位移之间具有两种力—位移关系。我们希望确定整体节点 2、节点 3 和节点 4 的位移,以及节点 1 和节点 5 的反作用力——总共 5 个未知数。因此,必须从现有的 8 个方程中消去 3 个方程。自由体图提供了两个(或多个)单元共同节点上的单元力之间的下列关系。有

$$Q_2^1 + Q_1^2 = 0, \quad Q_2^2 + Q_1^3 - P = 0, \quad Q_2^3 + Q_1^4 = 0 \tag{3.3.13}$$

这些关系表明,单元 1 的第二个方程必须添加到单元 2 的第一个方程中,单元 2 的第二个方程必须添加到单元 3 的第一个方程中,以及单元 3 的第二个方程必须添加到单元 4 的第一个

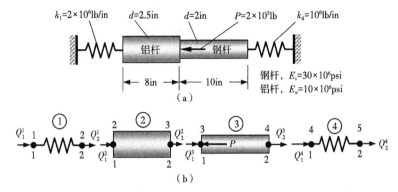

图 3.3.4　(a)由弹簧约束的阶梯杆;(b)系统中各单元的自由体图

方程中,来获得 5 个方程表示的整体位移:

$$U_1 = u_1^1, U_2 = u_2^1 = u_1^2, U_3 = u_2^2 = u_1^3, U_4 = u_2^3 = u_1^4, U_5 = u_2^4$$

有

$$
\begin{aligned}
k_1 U_1 - k_1 U_2 &= Q_1^1 \\
-k_1 U_1 + (k_1 + k_2) U_2 - k_2 U_3 &= Q_2^1 + Q_1^2 \\
-k_2 U_2 + (k_2 + k_3) U_3 - k_3 U_4 &= Q_2^2 + Q_1^3 \\
-k_3 U_3 + (k_3 + k_4) U_4 - k_4 U_5 &= Q_2^3 + Q_1^4 \\
-k_4 U_4 + k_4 U_5 &= Q_2^4
\end{aligned}
\tag{3.3.14}
$$

或者用矩阵形式表示:

$$
\begin{bmatrix}
k_1 & -k_1 & 0 & 0 & 0 \\
-k_1 & k_1 + k_2 & -k_2 & 0 & 0 \\
0 & -k_2 & k_2 + k_3 & -k_3 & 0 \\
0 & 0 & -k_3 & k_3 + k_4 & -k_4 \\
0 & 0 & 0 & -k_4 & k_4
\end{bmatrix}
\begin{Bmatrix}
U_1 \\ U_2 \\ U_3 \\ U_4 \\ U_5
\end{Bmatrix}
=
\begin{Bmatrix}
Q_1^1 \\ Q_2^1 + Q_1^2 \\ Q_2^2 + Q_1^3 \\ Q_2^3 + Q_1^4 \\ Q_2^4
\end{Bmatrix}
\tag{3.3.15}
$$

其中,$k_1 = 2 \times 10^6 \text{lb/in}, k_4 = 10^6 \text{lb/in}$,且

$$k_2 = \frac{A_2 E_2}{h_2} = \frac{\pi (2.5)^2 \times 10^7}{4 \times 8} = 6.136 \times 10^6 \text{lb/in} \tag{3.3.16}$$

$$k_3 = \frac{A_3 E_3}{h_3} = \frac{\pi (2)^2 \times 3 \times 10^7}{4 \times 10} = 9.425 \times 10^6 \text{lb/in}$$

边界条件和力平衡条件为

$$U_1 = 0, U_5 = 0, F_2 = 0, F_3 = -P = -200 \times 10^3 \text{lb}, F_4 = 0 \tag{3.3.17}$$

考虑到这些条件,删除式(3.3.15)中第一和最后一行和列,得到关于未知位移的缩聚方程:

$$10^6 \begin{bmatrix} 8.136 & -6.136 & 0.000 \\ -6.136 & 15.561 & -9.425 \\ 0.000 & -9.425 & 10.425 \end{bmatrix} \begin{Bmatrix} U_2 \\ U_3 \\ U_4 \end{Bmatrix} = -\begin{Bmatrix} 0 \\ 2 \times 10^5 \\ 0 \end{Bmatrix} \qquad (3.3.18)$$

相应的解为

$$U_2 = -6.252 \times 10^{-2} \text{in}, U_3 = -8.290 \times 10^{-2} \text{in}, U_4 = -7.495 \times 10^{-2} \text{in} \qquad (3.3.19)$$

因此,第一个弹簧压缩了 0.0625in,第二个弹簧拉长了 0.075in。

未知力 $F_1 = F_1^1$ 和 $F_5 = F_2^4$ 的缩聚方程由式(3.3.15)的第一行和最后一行得到(注意 $U_1 = U_5 = 0$):

$$\begin{Bmatrix} F_1 \\ F_5 \end{Bmatrix} = 10^6 \begin{bmatrix} -2 & 0 & 0 \\ 0 & 0 & -1 \end{bmatrix} \begin{Bmatrix} U_2 \\ U_3 \\ U_4 \end{Bmatrix} = -10^6 \begin{Bmatrix} 2U_2 \\ U_4 \end{Bmatrix} = 10^5 \begin{Bmatrix} 1.2505 \\ 0.7495 \end{Bmatrix} \text{lb} \qquad (3.3.20)$$

所有的力均作用在右端。单元力为

$$Q_1^1 = -Q_2^1 = Q_1^2 = -Q_2^2 = P + Q_1^3 = P - Q_2^3 = F_1 = 1.2504 \times 10^5 \text{lb} \qquad (3.3.21)$$

因此,铝和钢筋杆的应力为

$$\sigma_a = \frac{Q_2^2}{A_2} = -\frac{1.2505 \times 10^5}{4.9087} = -25475 \text{lb/in}^2 (受压) \qquad (3.3.22)$$

$$\sigma_s = \frac{Q_2^3}{A_3} = \frac{(2.0 - 1.2505) \times 10^5}{3.1416} = 23858 \text{lb/in}^2 (受拉)$$

3.3.3　圆杆的扭转

另一个可以直接表示为离散单元的问题是图 3.3.5(a)所示的圆杆的扭转问题。由固体力学的课程可知,弹性、恒定截面的圆柱杆的扭转角 θ 与扭矩 T(关于杆的纵轴)的关系为

$$T = \frac{GJ}{L}\theta \equiv k\theta, k = \frac{GJ}{L} \qquad (3.3.23)$$

其中,J 是截面极惯性矩,L 是长度,G 是剪切模量。如图 3.3.5(b)所示,式(3.3.23)可以用来表示长度为 h_e 的圆杆端部扭矩(T_1^e, T_2^e)和端部转角(θ_1^e, θ_2^e)之间的关系:

$$T_1^e = k_e(\theta_1^e - \theta_2^e), T_2^e = k_e(\theta_2^e - \theta_1^e), k_e = \frac{G_e J_e}{h_e} \qquad (3.3.24)$$

或者,用矩阵形式表示:

$$k_e \begin{bmatrix} 1 & -1 \\ -1 & 1 \end{bmatrix} \begin{Bmatrix} \theta_1^e \\ \theta_2^e \end{Bmatrix} = \begin{Bmatrix} T_1^e \\ T_2^e \end{Bmatrix} \qquad (3.3.25)$$

同样,得到了相同的有限元方程(不同的符号、不同的物理)。这里,扭转弹簧常数等于 $k_e = G_e J_e / h_e$。使用式(3.3.24)的好处是它包括了运动学和力平衡。

因此,与材料材料力学方法相比,解决静不定问题是非常容易的。

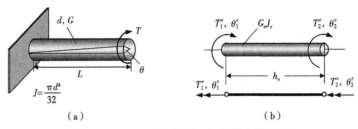

图 3.3.5 (a)圆轴扭转;(b)扭转有限单元

例 3.3.3

考虑一个由 10in 长和 7/8in 直径的钢圆柱组成的圆轴 AB,其中从 B 端钻了一个 5in 长、5/8in 直径的孔。将轴两端连接到固定刚性支架上,在轴中部施加 90lb·ft 扭矩,如图 3.3.6(a)所示。请确定在中间部分的扭转量和每个支撑处施加在轴上的扭矩。钢的剪切模量为 $G=11.5 \times 10^6$ psi。

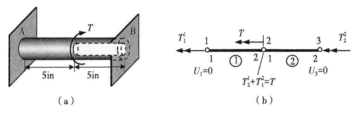

图 3.3.6 (a)受扭矩作用的钢制圆轴;(b)有限元表示

解答: 把轴分成长度 5in 的两个单元,并对单元、整体节点及自由度进行编号,如图 3.3.6(b)所示。图 3.3.6(b)中用于表示扭矩的双箭头符号遵循右手法则(当右手拇指与双箭头对齐时,则四个手指表示扭矩的方向)。由于整体节点 2 的力矩的平衡得:

$$T_2^1 + T_1^2 = T \tag{1}$$

必须把单元 1 的第二个方程加到单元 2 的第一个方程上。单元 1 的第一个方程和单元 2 的第二个方程不变。这三个方程可以写成矩阵形式:

$$\begin{bmatrix} k_1 & -k_1 & 0 \\ -k_1 & k_1+k_2 & -k_2 \\ 0 & -k_2 & k_2 \end{bmatrix} \begin{Bmatrix} U_1 \\ U_2 \\ U_3 \end{Bmatrix} = \begin{Bmatrix} T_1^1 \\ T_2^1+T_1^2 \\ T_2^2 \end{Bmatrix} \tag{2}$$

其中

$$J_1 = \frac{\pi}{32}\left(\frac{7}{8}\right)^4 = 57.6 \times 10^{-3} \text{in}^4, J_2 = \frac{\pi}{32}\left[\left(\frac{7}{8}\right)^4 - \left(\frac{5}{8}\right)^2\right] = 42.6 \times 10^{-3} \text{in}^4 \tag{3}$$

且

$$k_1 = \frac{G_1 J_1}{h_1} = \frac{1}{5}(11.5 \times 10^6)(57.6 \times 10^{-3}) = 132.48 \times 10^3 \tag{4}$$

$$k_2 = \frac{G_2 J_2}{h_2} = \frac{1}{5}(11.5 \times 10^6)(42.6 \times 10^{-3}) = 97.98 \times 10^3$$

边界条件要求 $U_1 = U_3 = 0$。因此,缩聚方程(即关于主未知量的方程)为

$$U_2 = \frac{T}{k_1 + k_2} = \frac{90 \times 12}{230.46 \times 10^3} = 4.6863 \times 10^{-3} \text{rad} \tag{5}$$

为了确定固定端的反力,使用方程(2)中的第一和最后一行:

$$Q_1^1 = -k_1 U_2 = -132.48 \times 4.6863 = -620.84 \text{lb} \cdot \text{in} = -51.737 \text{lb} \cdot \text{ft}$$

$$Q_2^2 = -k_2 U_2 = -97.98 \times 4.6863 = -459.16 \text{lb} \cdot \text{in} = -38.263 \text{lb} \cdot \text{ft} \tag{6}$$

负号表示计算出的力矩与所采用的符号方向相反(它们与施加的力矩方向相反)。

3.3.4 电阻电路

力学中的弹簧网络与直流电阻网络有着直接的相似性。Ohm 定律给出了电阻两端之间通过理想电阻的电流 I(安培)与电压降 V(伏特)之间的关系:

$$V = IR \tag{3.3.26}$$

其中,R 为导线的电阻(Ω)。

Kirchhoff 电压定律指出,任何回路中电压变化的代数和必须等于零。应用于单个电阻器时,该定律给出(见图 3.3.7):

$$I_1^e R_e + V_2^e - V_1^e = 0, \quad I_2^e R_e + V_1^e - V_2^e = 0 \tag{3.3.27}$$

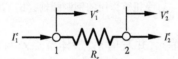

图 3.3.7 直流电单元

或者,用矩阵形式表示为

$$\frac{1}{R_e} \begin{bmatrix} 1 & -1 \\ -1 & 1 \end{bmatrix} \begin{Bmatrix} V_1^e \\ V_2^e \end{Bmatrix} = \begin{Bmatrix} I_1^e \\ I_2^e \end{Bmatrix} \tag{3.3.28}$$

这样,我们又得到了与弹簧相同的电压和电流的关系形式。量 $1/R_e$ 叫作电导率。

电阻方程的组装基于以下规则:

(1)电压是单值的。

(2)Kirchhoff 电流定律:进入一个节点的所有电流之和等于零。

接下来考虑一个电阻网络的有限元分析的例子来说明这些思想。

例 3.3.4

考虑图 3.3.8(a)所示的电阻电路,其中符号 Ω 表示欧姆,欧姆是电阻的单位。请确定回路中的电流和节点的电压。

解答:单元编号、单元节点编号和整体节点编号如图 3.3.8(b)所示。在组装单元方程时,单元节点编号是重要的。图 3.3.7 中使用的单元节点编号意味着电流从单元的节点 1 流向节点 2。图 3.3.8(b)使用的单元节点编号顺序表示假设的电流方向。

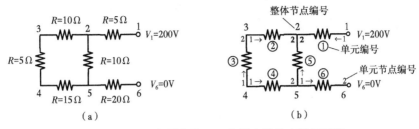

图 3.3.8　(a)电阻电路;(b)电阻电路的有限元网格

由于给定的电阻电路有些复杂,引入连接矩阵是很方便的,它将单元主节点的自由度与整体主自由度联系起来。对应可以用矩阵 $\boldsymbol{B}$ 表示,其第 i 行第 j 列的系数 b_{ij} 为

$$b_{ij}= 第\ i\ 个单元的第\ j\ 个单元结点对应的整体结点编号 \qquad (3.3.29)$$

例如,对于图 3.3.8 所示的网络,矩阵 $\boldsymbol{B}$ 的阶为 6×2 (6 个单元,每个单元不超过 2 个主自由度;对于这个单自由度系统,节点数与主自由度数相同):

$$\boldsymbol{B} = \begin{matrix} & 1 & 2 & \\ \begin{bmatrix} 1 & 2 \\ 3 & 2 \\ 4 & 3 \\ 4 & 5 \\ 5 & 2 \\ 5 & 6 \end{bmatrix} & & & \begin{matrix} 1 \\ 2 \\ 3 \\ 4 \\ 5 \\ 6 \end{matrix} \end{matrix} \qquad (1)$$

第一列中的项对应网格中每个单元的第一个自由度数,第二列中的项对应单元的第二个自由度数;每一行对应一个单元,行号与单元号相同。利用矩阵 $\boldsymbol{B}$ 可以将单元系数矩阵 K^e_{ij} 直接组装成矩阵 K_{IJ} (注意整体节点 I 和 J 必须属于同一个单元,才能在整体系数矩阵中有一个项;例如,$K_{35} = 0$,$K_{42} = 0$,因为整体节点 3 和 5 不属于同一个单元,整体节点 2 和 4 不属于同一个单元;同时,整体矩阵中的项可以由不同单元中的项相加得到):

$$\begin{cases} K_{11} = K^1_{11},因为单元 1 的局部节点 1 对应于整体节点 \\ K_{22} = K^1_{22}+K^2_{22}+K^5_{22},因为单元 1、2、5 的局部节点 2 对应着整体节点 2 \\ K_{12} = K^1_{12},因为单元 1 的局部节点 1 和 2 分别对应着整体节点 1 和 2 \\ K_{45} = K^4_{12},因为单元 4 的局部节点 1 和 2 分别对应着整体节点 4 和 5 \\ K_{42} = 0,因为不存在单元的局部节点 1 和 2 分别对应着整体节点 4 和 2 \\ K_{44} = K^3_{11}+K^4_{11},因为单元 3 的局部节点 1 和单元 4 的局部节点 1 都对应着整体节点 4 \end{cases} \qquad (2)$$

当一个整体节点上有一个以上的单元连接时,单元系数被加在一起。例如,出现在 $\boldsymbol{B}$ 矩阵的三行(即单元)中的整体节点 5 意味着三个单元都连接到一个整体节点 5 上。因为整体节点 5 与单元 4 的节点 2、单元 5 的节点 1 以及单元 6 的节点 1 相同,有 $F_5 = F^4_2+F^5_1+F^6_1 = I^4_2+I^5_1+I^6_1$。类似地,$K_{55} = K^4_{22}+K^5_{11}+K^6_{11}$。对于非对角系数,需要确定的是,该系数的下标是否属于同一行(即来自同一个单元)。如果没有,那么整体系数是零。因此,通过对问题的有限元网格进行

检查,可以进行手工组装。通过检查 B 表明所有的整体系数都来自一个单元,因为没有两行包含相同的数字对。则组装的系数矩阵为($K_{ij}^e = K_{ji}^e$)

$$K = \begin{bmatrix} \overset{1}{K_{11}^1} & \overset{2}{K_{12}^1} & \overset{3}{0} & \overset{4}{0} & \overset{5}{0} & \overset{6}{0} \\ & K_{22}^1+K_{22}^2+K_{22}^5 & K_{21}^2 & 0 & K_{21}^5 & 0 \\ & & K_{11}^2+K_{22}^3 & K_{21}^3 & 0 & 0 \\ & & & K_{11}^3+K_{11}^4 & K_{12}^4 & 0 \\ \text{对称} & & & & K_{22}^4+K_{11}^5+K_{11}^6 & K_{12}^6 \\ & & & & & K_{22}^6 \end{bmatrix} \begin{matrix} 1 \\ 2 \\ 3 \\ 4 \\ 5 \\ 6 \end{matrix}$$

$$= \begin{bmatrix} 0.2 & -0.2 & 0.0 & 0.0 & 0.0 & 0.0 \\ & 0.2+0.1+0.1 & -0.1 & 0.0 & -0.1 & 0.0 \\ & & 0.1+0.2 & -0.2 & 0.0 & 0.0 \\ & & & 0.2+0.0667 & -0.0667 & 0.0 \\ \text{对称} & & & & 0.0667+0.1+0.05 & -0.05 \\ & & & & & 0.05 \end{bmatrix} \qquad (3)$$

右端向量为

$$\boldsymbol{F}^{\text{T}} = \{ I_1^1, I_2^1+I_2^2+I_2^5, I_1^2+I_2^3, I_1^3+I_1^4, I_2^4+I_1^5+I_1^6, I_2^6 \} \qquad (4)$$

边界条件为 $V_1 = 200$,$V_6 = 0$ 和 $\boldsymbol{F}^{\text{T}} = (I_1^1, 0, 0, 0, 0, I_2^6)$。通过将包含 V_1 和 V_6 的项移到右侧,然后删除 6×6 系统的第一和最后一行和列,得到节点电压的缩聚方程:

$$\begin{bmatrix} 0.4 & -0.1 & 0.0000 & -0.1000 \\ -0.1 & 0.3 & -0.2000 & 0.0000 \\ 0.0 & -0.2 & -0.2677 & -0.0667 \\ -0.1 & 0.0 & -0.0667 & -0.2167 \end{bmatrix} \begin{Bmatrix} V_2 \\ V_3 \\ V_4 \\ V_5 \end{Bmatrix} = \begin{Bmatrix} 0.20V_1 \\ 0.00 \\ 0.00 \\ 0.05V_6 \end{Bmatrix} \qquad (5)$$

这些方程的解为(借助计算机)

$$V_2 = 169.23, V_3 = 153.85, V_4 = 146.15, V_5 = 123.08(\text{V}) \qquad (6)$$

节点1和节点6处未知电流的缩聚方程可由系统方程1和方程6计算得到。有

$$I_1^1 = 0.2V_1 - 0.2V_2 = 40 - 33.846 = 6.154(\text{A})$$
$$I_2^6 = -0.05V_5 + 0.05V_6 = -6.154(\text{A}) \qquad (7)$$

I_2^6 的负号表示电流从整体节点6流出。

通过式(3.3.28)中的单元方程可以计算出通过每个单元的电流。例如,电阻5的节点电流为

$$\begin{Bmatrix} I_1^5 \\ I_2^5 \end{Bmatrix} = \begin{bmatrix} 0.1 & -0.1 \\ -0.1 & 0.1 \end{bmatrix} \begin{Bmatrix} 123.08 \\ 169.23 \end{Bmatrix} = \begin{Bmatrix} -4.615 \\ 4.615 \end{Bmatrix} \qquad (8)$$

这表明流入电阻器 5 的净电流是从其节点 2 到节点 1(或整体节点 2 到整体节点 5),并且其值为 4.615A。电压和电流的有限元解如图 3.3.9 所示。

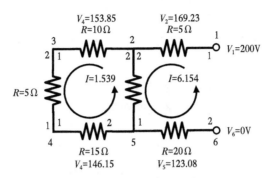

图 3.3.9　用有限元法求解电流和电压

3.3.5　流体通过管道

另一个离散单元的例子是黏性不可压缩流体通过圆形管道的稳定且充分发展流动。黏性流体在直圆管(直径为 d)中充分发展的层流流速为(见 Reddy[1])

$$v_x = -\frac{d^2}{16\mu}\frac{dP}{dx}\left[1-\left(\frac{2r}{d}\right)^2\right] \tag{3.3.30}$$

其中,r 是径向坐标,dP/dx 是压力梯度,d 是管的直径,μ 是流体的黏度[图 3.3.10(a)],体积流量 Q 是由对 v_x 在管的横截面上积分得到。因此,Q 和压力梯度 dP/dx 直接的关系为

$$Q = -\frac{\pi d^4}{128\mu}\frac{dP}{dx} \tag{3.3.31}$$

负号表示流动方向为压力梯度的负方向。

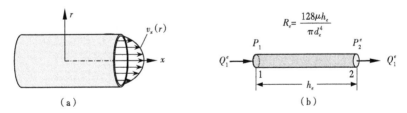

(a)　　　　　　　　　　　(b)

图 3.3.10　黏性流体通过管道的流动

利用式(3.3.31)可以得到长度 h_e、直径 d_e 的管单元的体积流量(Q_1^e,Q_2^e)与压力(P_1^e,P_2^e)的节点值之间的关系。进入节点 1 的体积流量为[图 3.3.10(b)]

$$Q_1^e = -\frac{\pi d_e^4}{128\mu h_e}(P_2^e - P_1^e) \tag{3.3.32a}$$

类似地,进入节点 2 的体积流量为

$$Q_2^e = -\frac{\pi d_e^4}{128\mu h_e}(P_1^e - P_2^e) \tag{3.3.32b}$$

因此,有

$$\frac{\pi d_e^4}{128\mu h_e}\begin{bmatrix} 1 & -1 \\ -1 & 1 \end{bmatrix}\begin{Bmatrix} P_1^e \\ P_2^e \end{Bmatrix} = \begin{Bmatrix} Q_1^e \\ Q_2^e \end{Bmatrix} \tag{3.3.33}$$

令常数 $R_e = 128\mu h_e/\pi d_e^4$,并称之为管道阻力,就像电阻一样[见式(3.3.27)]。

3.3.6 一维热传递

直接法也可用于建立一维传热的有限元模型。利用热传递的基本原理,可以推导出表面绝缘固体杆的两端或平面壁的两个表面的温度和热量关系。有

$$温度梯度=温度差/长度$$
$$热流密度\ q=热导率\times(-温度梯度)$$
$$热量\ Q=热流密度\times横截面积$$

那么,如果没有内部热量产生,假设温度在长度(或平面壁的厚度)h_e、横截面积 A_e、热导率 k_e 的杆两端线性变化,则杆的左右两端的热量为

$$Q_1^e = A_e q_1^e = -A_e K_e \frac{T_2^e - T_1^e}{h_e} = \frac{A_e K_e}{h_e}(T_1^e - T_2^e)$$

$$Q_2^e = A_e q_2^e = -A_e K_e \frac{T_1^e - T_2^e}{h_e} = \frac{A_e K_e}{h_e}(T_2^e - T_1^e)$$

Q_1^e 和 Q_2^e 都是热输入。在矩阵形式中,有

$$\frac{A_e K_e}{h_e}\begin{bmatrix} 1 & -1 \\ -1 & 1 \end{bmatrix}\begin{Bmatrix} T_1^e \\ T_2^e \end{Bmatrix} = \begin{Bmatrix} Q_1^e \\ Q_2^e \end{Bmatrix} \tag{3.3.34}$$

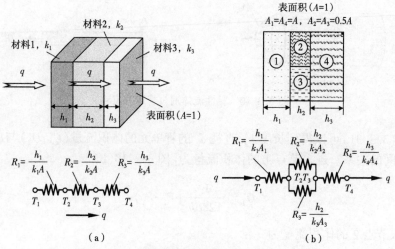

图 3.3.11 复合墙的一维传热及它们的热回路

通过电阻的方程(3.3.28)与一维传热方程(3.3.34)的相似性,可以确定热阻 R_{th}^e 为

$$R_{th}^e = \frac{h_e}{k_e A_e} \tag{3.3.35}$$

所以,式(3.3.28)和式(3.3.34)是一致的,并有以下对应:

$$R_e \sim R_{th}^e, I_i^e \sim Q_i^e, V_i^e \sim T_i^e \tag{3.3.36}$$

这使得我们可以模拟复杂的问题,包括串联和并联热阻。典型问题及其与电学的类比如图 3.3.11 所示。

例 3.3.5

组合墙体由三种材料组成,如图 3.3.12 所示。室内温度200℃,室外空气温度50℃,对流系数为 $\beta = 10\mathrm{W}/(\mathrm{m}^2 \cdot \mathrm{K})$。用最少数量的有限元单元确定组合材料墙的温度。

解答:由于有三个不同热导率的壁,将用三个单元来模拟这个问题。单元矩阵为

$$\boldsymbol{K}^1 = \frac{k_1 A}{h_1}\begin{bmatrix} 1 & -1 \\ -1 & 1 \end{bmatrix} = \frac{70 \times 1}{0.02}\begin{bmatrix} 1 & -1 \\ -1 & 1 \end{bmatrix} = \begin{bmatrix} 3500 & -3500 \\ -3500 & 3500 \end{bmatrix}$$

$$\boldsymbol{K}^2 = \frac{k_2 A}{h_2}\begin{bmatrix} 1 & -1 \\ -1 & 1 \end{bmatrix} = \frac{40 \times 1}{0.025}\begin{bmatrix} 1 & -1 \\ -1 & 1 \end{bmatrix} = \begin{bmatrix} 1600 & -1600 \\ -1600 & 1600 \end{bmatrix} \tag{1}$$

$$\boldsymbol{K}^3 = \frac{k_3 A}{h_3}\begin{bmatrix} 1 & -1 \\ -1 & 1 \end{bmatrix} = \frac{20 \times 1}{0.04}\begin{bmatrix} 1 & -1 \\ -1 & 1 \end{bmatrix} = \begin{bmatrix} 500 & -500 \\ -500 & 500 \end{bmatrix}$$

其中取截面面积为单位 1,即采用平面壁的单位表面积。

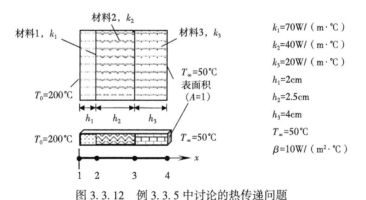

$k_1 = 70\mathrm{W}/(\mathrm{m} \cdot ℃)$
$k_2 = 40\mathrm{W}/(\mathrm{m} \cdot ℃)$
$k_3 = 20\mathrm{W}/(\mathrm{m} \cdot ℃)$
$h_1 = 2\mathrm{cm}$
$h_2 = 2.5\mathrm{cm}$
$h_3 = 4\mathrm{cm}$
$T_\infty = 50℃$
$\beta = 10\mathrm{W}/(\mathrm{m}^2 \cdot ℃)$

图 3.3.12　例 3.3.5 中讨论的热传递问题

壁面间的热平衡条件可以表示为

$$Q_2^1 + Q_1^2 = 0, \quad Q_2^2 + Q_1^3 = 0 \tag{2}$$

这就要求把第一个墙的第二个方程加到第二个墙的第一个方程上,把第二个墙的第二个方程加到第三个墙的第一个方程上,从而去掉多余的未知数 $Q_2^1 = -Q_1^2$,$Q_2^2 = -Q_1^3$。因此,组装的有限元方程为

$$\begin{bmatrix} 3500 & -3500 & 0 & 0 \\ -3500 & 3500+1600 & -1600 & 0 \\ 0 & -1600 & 1600+500 & -500 \\ 0 & 0 & -500 & 500 \end{bmatrix} \begin{Bmatrix} U_1 \\ U_2 \\ U_3 \\ U_4 \end{Bmatrix} = \begin{Bmatrix} Q_1^1 \\ 0 \\ 0 \\ Q_2^3 \end{Bmatrix} \tag{3}$$

为了确定问题的边界条件,假设组合材料的左表面保持温度 T_0,而右表面暴露于环境温度 T_∞。因此,边界条件变为

$$T(0) = T_0 \rightarrow U_1 = T_0 \ \text{且} \left[k_3 \frac{\mathrm{d}T}{\mathrm{d}x} + \beta(T-T_\infty) \right]_{x=L} = 0 \rightarrow Q_2^3 + \beta(U_4 - T_\infty) = 0 \tag{4}$$

其中,$L = h_1 + h_2 + h_3$,β 是表面和周围环境之间的热传递系数。保持标记一致,假设 $T(L) = U_4 > T_\infty$。边界条件可以表达为

$$U_1 = T_0 = 200, Q_2^3 = -\beta(U_4 - T_\infty) = -10U_4 + 500 \tag{5}$$

因此,关于未知主变量(即温度)的缩聚方程为

$$\begin{bmatrix} 5100 & -1600 & 0 \\ -1600 & 2100 & -500 \\ 0 & -500 & 500 \end{bmatrix} \begin{Bmatrix} U_2 \\ U_3 \\ U_4 \end{Bmatrix} = \begin{Bmatrix} 3500 \times 200 \\ 0 \\ -10U_4 + 500 \end{Bmatrix} \tag{6}$$

把未知的 U_4 从方程的右边移到左边,得

$$\begin{bmatrix} 5100 & -1600 & 0 \\ -1600 & 2100 & -500 \\ 0 & -500 & 510 \end{bmatrix} \begin{Bmatrix} U_2 \\ U_3 \\ U_4 \end{Bmatrix} = \begin{Bmatrix} 7 \times 10^5 \\ 0 \\ 500 \end{Bmatrix} \tag{7}$$

这些方程的解为

$$U_1 = 200℃, U_2 = 199.58℃, U_3 = 198.67℃, U_4 = 195.76℃ \tag{8}$$

从组装方程的第一行可以计算出单位面积的未知热量 Q_1^1:

$$Q_1^1 = 3500U_1 - 3500U_2 = 3500 \times 200 - 3500 \times 199.58354 = 1457.6\text{W/m}^2(\text{输入}) \tag{9}$$

从组装方程的最后一行可以计算出热量 Q_2^3:

$$Q_2^3 = -10(U_4 - 50) = -10(195.76 - 50) = -1457.6\text{W/m}^2(\text{输出}) \tag{10}$$

通过在墙体的每一部分应用界面和边界条件求解控制方程

$$-kA \frac{\mathrm{d}^2 T}{\mathrm{d}x^2} = 0 \tag{11}$$

可以得到一维复合墙热流的精确解:

$$T_{\text{exact}}(x) = \begin{cases} A_1 + A_2 x, 0 < x < h_1 \\ B_1 + B_2 x, h_1 < x < h_1 + h_2 \\ C_1 + C_2 x, h_1 + h_2 < x < h_1 + h_2 + h_3 \end{cases} \tag{12}$$

$$A_1 = T_0, A_2 = \frac{T_\infty - T_0}{\Delta}, B_1 = T_0 + h_1\left(1 - \frac{k_1}{k_2}\right)A_2$$

$$B_2 = \frac{k_1}{k_2}A_2, C_1 = T_\infty - k_1\left(\frac{1}{\beta} + \frac{L}{k_3}\right)A_2, C_2 = \frac{k_2}{k_3}B_2 \tag{13}$$

$$\Delta = k_1\left(\frac{h_1}{k_1} + \frac{h_2}{k_2} + \frac{h_3}{k_3} + \frac{1}{\beta}\right)$$

可见,节点温度和热量的有限元解与精确解一致。

3.4 连续系统的有限元模型

3.4.1 简介

在接下来的小节中,我们的目标是介绍形成有限元方法基础的许多基本思想。因此我们把一些实际和理论复杂性的问题推迟到本章的后面各节和以后各章。有限元分析的基本步骤通过一个二阶微分方程模型来介绍,它代表了大多数系统的数学模型,可以理想化为一维系统(例如,见例 1.2.2 和例 1.2.3)。

3.4.2 边值问题模型

考虑寻找满足下列微分方程的函数 $u(x)$ 的问题:

$$-\frac{\mathrm{d}}{\mathrm{d}x}\left(a\frac{\mathrm{d}u}{\mathrm{d}x}\right) + cu - f = 0, 0 < x < L \tag{3.4.1}$$

和边界条件

$$u(0) = u_0, \left(a\frac{\mathrm{d}u}{\mathrm{d}x}\right)\bigg|_{x=L} = Q_L \tag{3.4.2}$$

其中,$a = a(x), c = c(x), f = f(x), u_0$ 和 Q_L 是已知的量,称为问题的数据。方程(3.4.1)与许多物理过程的解析描述有关。如图 3.4.1(a)所示杆内的传导和对流换热,如图 3.4.1(b)所示的通道和管道的流动、缆索的横向挠度、杆的轴向变形等物理过程都可以用方程(3.4.1)来描述。当 $c(x) = 0$ 时,由式(3.4.1)描述的不同域问题的列表见表 3.4.1。因此,如果我们可以开发一种数值程序,可以在所有可能的边界条件下求解式(3.4.1),该程序可以用于解决表 3.4.1 中列出的所有问题。这一事实提供了使用式(3.4.1)作为一维二阶方程模型的动机。

如图 3.4.1(c)所示,包含求解一维域 $\Omega = (0, L)$ 中式(3.4.1)的微分方程的数学问题,在边界点 $x = 0$ 和 $x = L$ 处有一组合适的指定边界条件。如第 2 章所示,在微分方程的弱形式建立过程中,与微分方程相关的边界条件自然地出现。方程的有限元分析需要将 $\Omega = (0, L)$ 划分为一组子区间 $\Omega^e = (x_a^e, x_b^e)$(图 3.4.2),在域 Ω^e 上建立微分方程的弱形式,并应用 Ritz 方法推导 $u(x)$ 及其对偶变量 $a(\mathrm{d}u/\mathrm{d}x)$ 的节点值之间的代数方程。下面将对这些思想进行详细讨论。

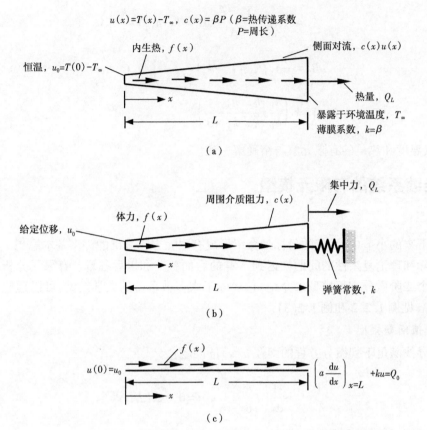

图 3.4.1 (a)杆的热传递;(b)杆的轴向变形;(c)(a)或(b)中问题的数学理想化模型

表 3.4.1 控制方程为式(3.4.1)中二阶微分方程的工程问题的几个例子 *

所研究的领域	主变量 u	问题的数据			次变量 Q
		a	c	f	
杆的热传递	温度	热导率	表面对流系数	发热量	热量
	$T - T_\infty$	kA	$P\beta$	f	Q
多孔介质中的流动	流体水头	渗透率		渗透量	点源
	ϕ	μ	0	f	Q
管道中的流动	压力	管道阻力			体积流量
	p	$1/R$	0	0	Q
黏性流体的流动	速度	黏度		压力梯度	剪应力
	v_2	μ	0	$-\mathrm{d}P/\mathrm{d}x$	$\sigma_{xz} = \tau_{xz}$
弹性索	位移	拉力		横向力	点载荷
	u	T	0	f	P
弹性杆	位移	轴向刚度	表面阻力	轴向力	点力
	u	EA	c	f	P

续表

所研究的领域	主变量 u	问题的数据			次变量 Q
		a	c	f	
杆的扭转	扭转角	剪切刚度			扭矩
	θ	GJ	0	0	T
静电学	电势	介电常数		电荷密度	电通量
	ϕ	ε	0	ρ	E

* k 是热导率;β 是薄膜换热系数;P 是周长;T_{∞} 是周围流体介质的环境温度;$R=128\mu h/(\pi d^4)$ 是黏度;h 是长度;d 是管的直径;E 是杨氏模量;A 是横截面积;J 是极惯性矩。

3.4.3　单元方程的推导:有限元模型

图 3.4.2(a)和(b)分别表示该区域及其细分成的一组有限单元。点 A 和点 B 之间为一典型单元 $\Omega^e=(x_a^e,x_b^e)$,其长度为 $h_e=x_b^e-x_a^e$。一个域内的有限单元集合称为该域的有限元网格。为了得到 $u(x)$ 节点值的 Ritz 方程,使用 Ritz 法重点求解在边界条件 $u(x_a^e)=u_a^e$ 和 $u(x_b^e)=u_b^e$ 约束下的式(3.4.1)。这里的主要区别是,对一个有限单元应用变分法,而不是整个域 Ω。这一步得到有限元模型 $\boldsymbol{K}^e\boldsymbol{u}^e=\boldsymbol{F}^e$。

有限元方程的推导,即有限元近似的未知参数之间的代数关系,包括以下三个步骤:

(1)构造微分方程的加权残值或弱形式。

(2)假定一个典型有限元上近似解的形式。

(3)通过将近似解代入加权残值或弱形式,推导出有限元方程。

(a)

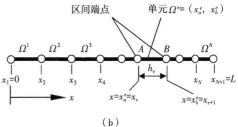

(b)

图 3.4.2　(a)整个域;(b)有限单元的离散(网格)

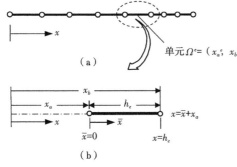

图 3.4.3　(a)域的有限元网格;(b)从网格中分离出来的一个典型有限单元

从网格中分离出一个典型的单元 $\Omega^e=(x_a^e,x_b^e)$[如图 3.4.3(a)和(b)]。我们寻求该单元上控制微分方程的近似解。原则上,任何允许推导单元所有节点上对偶对之间必要代数关系的求解方法都可以使用。在本书中,建立代数方程使用 Ritz(即弱形式 Galerkin)方法。

3.4.3.1　弱形式的建立

弱形式的建立在2.4.4~2.4.6节中进行了详细讨论。在这里,回顾一个典型的网格单元上推导弱形式的三个步骤与模型微分方程。从一个典型有限元 Ω^e 内解的多项式近似开始,其形式为

$$u_h^e(x)=\sum_{j=1}^{n}u_j^e\psi_j^e(x) \tag{3.4.3}$$

其中，u_j^e 是解 $u(x)$ 在有限元 Ω^e 的节点处的值，$\psi_j^e(x)$ 是整个单元上的近似函数。上标 e 对应于单元 Ω^e，而近似解 u_h^e 的下标 h 指网格参数(如单元的长度)。

式(3.4.3)的特殊形式将在下节讨论。注意式(3.4.3)的近似与 Ritz 方法中使用的不同之处在于，$c_j\phi_j(x)$ 现在被 $u_j^e\psi_j^e(x)$ 取代，u_j^e 是待定参数，ψ_j^e 是单元 Ω^e 的近似函数。正如我们稍后将看到的，用解的节点值来写近似值是有必要的，因为通过使连接在节点上的所有单元的节点值相等，可以很容易地施加单元间 $u(x)$ 的连续性。此外，当最终的代数方程求解时，我们直接获得节点值 u_j^e，而不是参数 c_j(其通常没有任何物理意义)。

由于真实解 u 被单元 Ω^e 上的近似解 u_h^e 所代替，因此式(3.4.1)左侧在 Ω^e 中将不等于零。微分方程的近似误差用 R^e 表示，称为残值：

$$R^e(x, u_h^e) \equiv -\frac{\mathrm{d}}{\mathrm{d}x}\left(a_e\frac{\mathrm{d}u_h^e}{\mathrm{d}x}\right) + c_e u_h^e - f_e \neq 0, \; x_a^e < x < x_b^e$$

其中，a_e, c_e, f_e 是单元的连续函数。由于 $u_h^e(x)$ 是未知系数 u_j^e 的线性组合，希望通过使残值 R^e 在一种积分意义上为零来确定这些未知系数。只有将加权残值的积分强制为零(弱形式建立的第一步)，才能得到 u_j^e 间代数关系的充分必要数量(n)：

$$0 = \int_{x_a^e}^{x_b^e} w_i^e(x) R^e(x, u_h^e)\,\mathrm{d}x = \int_{x_a^e}^{x_b^e} w_i^e\left[-\frac{\mathrm{d}}{\mathrm{d}x}\left(a_e\frac{\mathrm{d}u_h^e}{\mathrm{d}x}\right) + c_e u_h^e - f_e\right]\mathrm{d}x \tag{3.4.4}$$

其中，$w_i^e(x)$ 为 n 个线性无关函数集合 $\{w_i^e\}$ 的第 i 个权函数。对于每一个 w_i^e，得到了未知量 $(u_1^e, u_2^e, \cdots, u_n^e)$ 间的一个独立的代数方程。当 w_i^e 与 ψ_j^e 相同时，利用式(3.4.4)得到 n 个方程，得到的有限元模型(即节点值之间的代数方程组)称为 Galerkin 有限元模型[1]。

第二步是降低 u_h^e(因此也有 ψ_j^e)所需的连续性，并包括参与类力边界条件指定的变量(除了类位移边界条件之外)；因此，对式(3.4.4)第一项中 u_h^e 和 w_i^e 进行微分交换；这样 u_h^e 和 w_i^e 具有相同的微分阶数，本例中为一阶。使用分部积分[见式(2.2.26)]，得：

$$0 = \int_{x_a^e}^{x_b^e}\left(a_e\frac{\mathrm{d}w_i^e}{\mathrm{d}x}\frac{\mathrm{d}u_h^e}{\mathrm{d}x} + c_e w_i^e u_h^e - w_i^e f_e\right)\mathrm{d}x - \left[w_i^e a_e\frac{\mathrm{d}u_h^e}{\mathrm{d}x}\right]_{x_a^e}^{x_b^e} \tag{3.4.5}$$

第三步也是最后一步是确定方程中所谓的主变量和次变量。确认是唯一的，考察式(3.4.5)中因分部积分而出现的边界项：

$$\left[w_i^e \cdot a_e\frac{\mathrm{d}u_h^e}{\mathrm{d}x}\right]_{x_a^e}^{x_b^e}$$

首先，将边界表达式中的权函数 w_i^e 的系数 $a_e(\mathrm{d}u_h^e/\mathrm{d}x)$ 确定为次变量，其指定值构成自然或 Neumann 边界条件。接下来，检查边界表达式中权函数本身的形式。无论 w_i^e 是什么形式，微分方程中相同形式的变量称为主变量。因此，u_h^e 是主变量，它的指定值构成本质的或 Dirichlet 边界条件。如果边界表达式中权函数的形式为 $(\mathrm{d}w_i^e/\mathrm{d}x)$，则主变量为 $(\mathrm{d}u_h^e/\mathrm{d}x)$。因

---

[1] 该名称不应与大多数作者用来表示弱形式 Galerkin 有限元模型[式(3.4.7)]的同一名称混淆。

此,对于当前的模型方程,主变量和次变量为 $Q_h^e \equiv a_e(\mathrm{d}u_h^e/\mathrm{d}x)$。这种对偶性是唯一的,它还表明了类型变量 u_h^e 和 Q_h^e(在一点上只有一个)涉及模型方程的边界条件的指定。

在写出弱形式的最终表达式时,必须用符号表示节点处所求的次变量,如 Q_h^e。对于典型的线单元,端点(节点 1 和节点 2)为边界点。在这些点上,假设以下边界条件(在一个节点上只指定两个条件中的一个):

$$x = x_a^e : u_h^e(x_a^e) = u_1^e \text{ 或} \left(-a_e \frac{\mathrm{d}u_h^e}{\mathrm{d}x}\right)_{x = x_a^e} = Q_1^e$$

$$x = x_b^e : u_h^e(x_b^e) = u_2^e \text{ 或} \left(-a_e \frac{\mathrm{d}u_h^e}{\mathrm{d}x}\right)_{x = x_b^e} = Q_2^e$$

有限元近似应便于在节点上施加任一条件。如果在式(3.4.3)中选择 $u_h^e(x)$,使它自动满足端部条件 $u_h^e(x_a^e) = u_1^e$ 和 $u_h^e(x_b^e) = u_2^e$(这些条件将用于推导近似函数),随后在式(3.4.5)中仍然包括其余条件:

$$Q_1^e = \left[-a_e \frac{\mathrm{d}u_h^e}{\mathrm{d}x}\right]_{x_a^e}, \quad Q_2^e = \left[a_e \frac{\mathrm{d}u_h^e}{\mathrm{d}x}\right]_{x_b^e} \tag{3.4.6}$$

通过这种方法,可以很容易地在有限元分析中对 u_h^e 或 Q_h^e 施加边界条件。节点的主变量和次变量如图 3.4.4 中的典型单元所示。根据方程(3.4.6)中的符号,弱形式现在变成

$$0 = \int_{x_a^e}^{x_b^e} \left(a_e \frac{\mathrm{d}w_i^e}{\mathrm{d}x} \frac{\mathrm{d}u_h^e}{\mathrm{d}x} + c_e w_i^e u_h^e\right) \mathrm{d}x - \int_{x_a^e}^{x_b^e} w_i^e f_e \mathrm{d}x - w_i^e(x_a^e) Q_1^e - w_i^e(x_b^e) Q_2^e \tag{3.4.7}$$

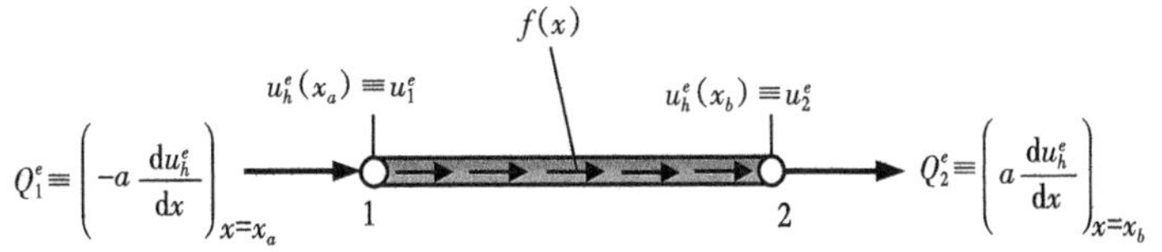

图 3.4.4 一个典型的单元,在单元节点上定义了主变量(u)和次变量(Q)

这样就完成了构建模型方程(3.4.1)的弱形式的三步程序。基于式(3.4.7)中的弱形式的有限元模型称为 Ritz 有限元模型或弱形式 Galerkin 有限元模型,条件是将 w_i^e 替换为 ψ_i^e;否则(即 $w_i^e \neq \psi_i^e$),它被称为弱形式 Petrov-Galerkin 有限元模型。很明显,与方程(3.4.4)中的加权残值形式相比,方程(3.4.7)中的弱形式允许采用更低阶(例如线性)的近似函数。

3.4.3.2 备注

关于弱形式的一些说明是有必要的。

(1)如果线单元只有两个节点(必须在单元的末端),满足边界条件 $u_h^e(x_a^e) = u_1^e$ 和 $u_h^e(x_b^e) = u_2^e$ 的最低阶代数多项式 u_h^e 将是一个线性多项式。如果单元有两个以上的节点(在单元内),为了插值所有的节点值多项式的阶次将增加。具有 n 个节点的单元(节点从左到右依次编号)的次变量 Q_1^e 和 Q_n^e 是唯一的"反应"(因为单元是从连续体中取出的),并且内部节点处的 $Q_i^e (i = 2, 3, \cdots, n-1)$ 必须是已知的(即外部所施加的)。

(2)对于杆的轴向变形,u 表示轴向位移,du/dx 是应变 ε,$E\varepsilon$ 是应力 σ,$A\sigma$ 表示力,其中 E 是杨氏模量,A 是杆的横截面积;因此,$a_e(du_h^e/dx)n_x = E_eA_e(du_h^e/dx)n_x$(其中在单元左端 $n_x = -1$,右端 $n_x = +1$)具有力的物理意义;Q_1^e 是一压力,Q_2^e 是一拉力(代数上两者都是正的,如图3.4.4所示)。对于热传递问题,u 表示高于参考值的温度 $u = T - T_\infty$,du/dx,是温度梯度,$-k(du/dx)$ 是热流密度 q,Aq 表示热量,其中 k 是热导率,A 是杆的横截面积;因此,$a_e(du_h^e/dx)n_x = k_eA_e(du_h^e/dx)n_x$ 具有热量的物理意义;$Q_1^e = [-k_eA_e(du_h^e/dx)]_a$ 是节点 1 处的输入热量,而 $Q_2^e = [-k_eA_e(du_h^e/dx)]_b$ 表示节点 2 处的输入热量。因此,对于传热问题,第二个节点上的箭头应该反向。

(3)式(3.4.7)中的弱形式包含两种表达式:一种是既包含 w_i^e 又包含 u_h^e 的表达式,另一种是只包含 w_i^e 的表达式。它们分别为

$$B^e(w_i^e, u_h^e) = \int_{x_a^e}^{x_b^e}\left(a_e\frac{dw_i^e}{dx}\frac{du_h^e}{dx} + c_e w_i^e u_h^e\right)dx \tag{3.4.8a}$$

$$l^e(w_i^e) = \int_{x_a^e}^{x_b^e} w_i^e f_e dx + w_i^e(x_a^e)Q_1^e + w_i^e(x_b^e)Q_2^e \tag{3.4.8b}$$

显然,$B^e(\cdot,\cdot)$ 关于 w_i^e 和 u_h^e 是线性的,因此称之为双线性形式。其也是对称的,$B^e(w_i^e, u_h^e) = B^e(u_h^e, w_i^e)$。表达式 $l^e(\cdot)$ 关于 w_i^e 是线性的,称之为线性形式。式(3.4.7)中的弱形式可以表达为

$$B^e(w_i^e, u_h^e) = l^e(w_i^e),\ i = 1, 2, \cdots, n \tag{3.4.9}$$

称为与式(3.4.1)相关的变分问题。后续可以看到,双线性形式直接得到单元系数矩阵,线性形式得到有限元方程右侧的列向量。对所有用微分方程描述的问题推导出式(3.4.9)中所述类型的变分问题是可能的。然而,一般而言,双线性形式 $B^e(w_i^e, u_h^e)$ 关于 u_h^e 可能不是线性的,其关于参数 w_i^e 和 u_h^e 也可能不是对称的。

(4)当 $B^e(w_i^e, u_h^e)$ 是对称的 $[B^e(w_i^e, u_h^e) = B^e(u_h^e, w_i^e)]$ 且 $l^e(.)$ 关于 w_i^e 是线性的,那些有应用数学或固体和结构力学背景的人会理解式(3.4.9)中的变分问题与二次泛函取最小值 $[I^e(u_h^e), \delta I^e = 0]$ 是等价的,其中

$$
\begin{aligned}
I^e(u_h^e) &= \frac{1}{2}B^e(u_h^e, u_h^e) - l^e(u_h^e) \\
&= \frac{1}{2}\int_{x_a^e}^{x_b^e}\left[a_e\left(\frac{du_h^e}{dx}\right)^2 + c(u_h^e)^2\right]dx \\
&\quad - \int_{x_a^e}^{x_b^e} u_h^e f_e dx - u_h^e(x_a^e)Q_1^e - u_h^e(x_b^e)Q_2^e
\end{aligned} \tag{3.4.10}
$$

因此,弱形式与二次泛函 I^e 的最小值之间的关系是明显的 $[w_i^e = \delta u_h^e;$ 见式(3.4.9)$]$:

$$0 = \delta I^e = B^e(\delta u_h^e, u_h^e) - l^e(\delta u_h^e) \tag{3.4.11}$$

(5)在固体和结构力学中,$\delta I^e = 0$ 也被称为最小总势能原理或虚位移原理(见2.3节)。当式(3.4.1)描述杆的轴向变形时,$\frac{1}{2}B^e(u, u)$ 表示杆单元中储存的弹性应变能,$l^e(u)$ 表示所

施加力做的功,$I^e(u)$为杆单元的总势能 Π^e。因此,有限元模型可以通过使用一个单元的最小总势能原理($\delta I^e=0$)或其控制方程的弱形式来建立。然而,这种选择仅限于那些控制方程所对应的二次泛函 $I^e(u)$ 最小值是存在的问题。另外,我们总是可以构造任何二阶或更高阶、线性或非线性微分方程的弱形式。有限元方程不需要泛函 $I^e(u)$ 的存在;它们只需要加权积分形式或弱形式。然而,当泛函 $I^e(u)$ 存在一个极值(即最小或最大原理),可以建立变分问题解的存在性和唯一性及其离散模拟。在这本书中讨论的所有问题中,变分问题是可从二次泛函推导出来的。

3.4.3.3 近似函数

回想一下,在传统的变分方法中,要在 $\Omega=(0,L)$ 的整个域上直接求得近似解。因此,近似解 $u(x)\approx u_n(x)=\sum_{j=1}^{n}c_j\phi_j(x)+\phi_0(x)$ 需要满足问题的边界条件。这给近似函数 $\phi_j(x)$ 和 $\phi_0(x)$ 的推导带来了严格的限制,特别是当问题的几何、材料特性和(或)加载存在不连续时。有限元法克服了这一缺点,在每个单元上寻求式(3.4.3)形式的近似解。显然,单元的几何结构应该比整个区域的简单,其应该允许一个系统的和唯一的近似函数的推导。

为了将单元重新组合到它们的原始位置,需要单元公共的接口(在 1-D 问题中,节点)上的主变量是相同的。因此,将每个线单元的端点确定为单元节点,在构造单元上的近似函数时起插值点的作用。

由于一个单元上的弱形式等价于一个典型单元的微分方程和式(3.4.6)中自然边界条件(即单元的 Q_i^e 条件),式(3.4.3)的近似解 u_h^e 仅需满足端部边界条件 $u_h^e(x_a^e)=u_1^e$ 和 $u_h^e(x_b^e)=u_2^e$。这样,可以包含式(3.4.1)所允许的所有可能的边界条件[式(3.4.2)中的边界条件是式(3.4.1)所要求的最一般类型]。

我们通常寻求代数多项式形式的近似解,尽管这不是有限元方法的要求。这种选择的原因是双重的:首先,数值分析的插值理论可以用来系统地推导一个单元上的逼近函数;其次,代数多项式的积分的数值计算是容易的。

在经典的变分方法中,近似解 u_h^e 必须满足一定的条件,以便当单元的数目或多项式的次数增加时,它能收敛于实际解 u。这些条件是:

(1)近似解 $u_h^e(x)$ 应该在整个单元上是连续且足够可导,与弱形式所要求的一致。

(2)近似解 $u_h^e(x)$ 应该是一个完备的多项式,即包含从最低阶到所需最高阶的所有项。

(3)近似解 $u_h^e(x)$ 应该在有限元的节点处对所有主变量进行插值(这样就可以在单元间边界上保证解的连续性)。

第一个条件的原因很明显;它确保弱形式的所有项都是非零的。第二个条件是必要的,以便捕获所有可能的状态(即常数、线性等)的实际解。例如,如果用一个没有常数项的线性多项式来表示一维系统的温度分布,那么近似解永远不能表示该单元的温度处于均匀状态。为了保证主变量在单元公共点上的连续性,第三个条件是必要的。

对于式(3.4.7)中的弱形式,u_h^e 的最小多项式阶为线性。一个完整的线性多项式的形式为:

$$u_h^e(x)=c_1^e+c_2^e x \tag{3.4.12}$$

其中,c_1^e 和 c_2^e 是常数。式(3.4.12)中的表达式满足上述的前两个条件。第三个条件可以得到满足如果

$$u_h^e(x_a^e) = c_1^e + c_2^e x_a^e \equiv u_1^e, \quad u_h^e(x_b^e) = c_1^e + c_2^e x_b^e \equiv u_2^e \qquad (3.4.13)$$

式(3.4.13)提供了 (c_1^e, c_2^e) 和 (u_1^e, u_2^e) 之间的两个关系,其用矩阵形式可以表示为

$$\begin{Bmatrix} u_1^e \\ u_2^e \end{Bmatrix} = \begin{bmatrix} 1 & x_a^e \\ 1 & x_b^e \end{bmatrix} \begin{Bmatrix} c_1^e \\ c_2^e \end{Bmatrix} \text{ 或 } \boldsymbol{u}^e = \boldsymbol{A}^e \boldsymbol{c}^e \qquad (3.4.14)$$

对式(3.4.14)求逆,得到 $\left[\boldsymbol{c}^e = (\boldsymbol{A}^e)^{-1} \boldsymbol{u}^e \right]$

$$\begin{Bmatrix} c_1^e \\ c_2^e \end{Bmatrix} = \frac{1}{x_b^e - x_a^e} \begin{bmatrix} x_b^e & -x_a^e \\ -1 & 1 \end{bmatrix} \begin{Bmatrix} u_1^e \\ u_2^e \end{Bmatrix}$$

用 u_1^e 和 u_2^e 表示 c_1^e 和 c_2^e,得

$$c_1^e = \frac{1}{h_e}(u_1^e x_b^e - u_2^e x_a^e), \quad c_2^e = \frac{1}{h_e}(u_2^e - u_1^e) \qquad (3.4.15)$$

其中, $h_e = x_b^e - x_a^e$ 。将式(3.4.15)中的 c_1^e 和 c_2^e 代入式(3.4.12)中,得

$$\begin{aligned}
u_h^e(x) &= c_1^e + c_2^e x = \frac{1}{h_e}(u_1^e x_b^e - u_2^e x_a^e) + \frac{1}{h_e}(u_2^e - u_1^e)x \\
&= \frac{1}{h_e}(x_b^e - x)u_1^e + \frac{1}{h_e}(x - x_a^e)u_2^e \qquad (3.4.16) \\
&\equiv \psi_1^e(x)u_1^e + \psi_2^e(x)u_2^e = \sum_{j=1}^{2} \psi_j^e(x)u_j^e
\end{aligned}$$

其中

$$\psi_1^e(x) = \frac{x_b^e - x}{h_e}, \quad \psi_2^e(x) = \frac{x - x_a^e}{h_e} \qquad (3.4.17)$$

它们称为线性有限元近似函数。

近似函数 $\{\psi_i^e\}$ 有一些有趣的特性。首先,注意到

$$\begin{aligned}
u_1^e &\equiv u_h^e(x_a) = \psi_1^e(x_a^e)u_1^e + \psi_2^e(x_a^e)u_2^e \\
u_2^e &\equiv u_h^e(x_b) = \psi_1^e(x_b^e)u_1^e + \psi_2^e(x_b^e)u_2^e
\end{aligned} \qquad (3.4.18)$$

其意味着 $\psi_1^e(x_a^e) = 1, \psi_2^e(x_a^e) = 0, \psi_1^e(x_b^e) = 0, \psi_2^e(x_b^e) = 1$,换句话说,$\psi_i^e$ 在第 i 个节点为1,其他节点均为0。这便是 ψ_i^e 的插值特性,因此它们被称为插值函数。当它们被推导出来插值函数值而不是函数的导数时,它们被称为 Lagrange 插值函数。当对函数及其导数进行插值时,得到的插值函数称为 Hermite 插值函数族。这些将在第5章中与梁单元一起讨论。

$\{\psi_i^e\}$ 集合的另一个特性是它们的和为1。为了解释这点,考虑一个常数状态 $u_h^e = c_0^e$,则所有节点值 u_1^e 和 u_2^e 应该等于常数 c_0^e。因此,有

$$u_h^e(x) = \psi_1^e(x)u_1^e + \psi_2^e(x)u_2^e = c_0^e \rightarrow 1 = \psi_1^e(x) + \psi_2^e(x)$$

$\{\psi_i^e\}$ 的这个特性被称为单位分解。总结一下,有

$$\psi_i^e(x_j^e) = \begin{cases} 0, \text{如果 } i \neq j \\ 1, \text{如果 } i = j \end{cases}; 1 = \sum_{i=1}^n \psi_i^e(x) \tag{3.4.19}$$

其中,$x_1^e = x_a^e$ 和 $x_2^e = x_b^e$ 是单元节点 1 和 2 的整体坐标[见方程(3.4.16)]。函数 ψ_1^e 和 ψ_2^e 的图形如图 3.4.5(a)所示,并且近似解 $u_h^e(x)$ 的图形在图 3.4.5(b)中给出。尽管式(3.4.19)中的特性在线性 Lagrange 插值函数中得到了验证,其实这些特性对于任意阶的 Lagrange 插值函数都是成立的。

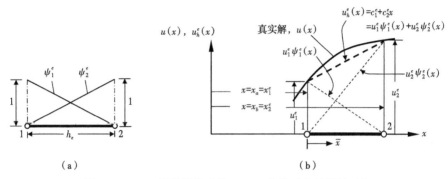

图 3.4.5 (a)线性插值函数;(b)一个单元中的线性近似

式(3.4.18)中的单元插值函数 $\{\psi_i^e\}$ 是在整体坐标 x[即控制微分方程式(3.4.1)中出现的坐标]下推导得到的,但是它们只在单元域 $\Omega^e = (x_a^e, x_b^e)$ 内有定义。如图 3.4.5 所示,如果选择用单元坐标 $\bar{x} = x - x_a^e$ 来表示它们,对于 ψ_i^e 的积分是方便的,有

$$\psi_1^e(\bar{x}) = 1 - \frac{\bar{x}}{h_e}, \psi_2^e(\bar{x}) = \frac{\bar{x}}{h_e}$$

$$\frac{d\psi_1^e}{d\bar{x}} = -\frac{1}{h_e}, \frac{d\psi_2^e}{d\bar{x}} = \frac{1}{h_e} \tag{3.4.20}$$

称坐标 $\bar{x}$ 为局部坐标。

插值函数 ψ_i^e 可以被系统地推导出。首先,假定主变量 u 的一个完备的代数多项式并用 u 在单元节点处的节点值 u_j^e 表示多项式的系数。节点值 u_j^e 称为单元节点自由度。这一过程的关键是利用主变量的节点值作为未知量,以便容易地施加单元间连续性。

可以通过提高多项式逼近的次数(或阶)来提高精度。使用两个线性单元与一个二次单元(两者节点数相同)近似函数的区别如图 3.4.6 所示。

为了说明高阶插值函数的推导,考虑

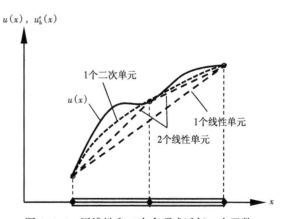

图 3.4.6 用线性和二次多项式近似一个函数

$u(x)$ 的二次近似。由于是在一个单元上的近似,可以将线单元左端点作为坐标 $\bar{x}$ 的原点,并有

$$u_h^e(\bar{x}) = c_1^e + c_2^e \bar{x} + c_3^e \bar{x}^2 \tag{3.4.21}$$

式中,$x = \bar{x} + x_a^e$。由于上式(3.4.21)有三个参数 $c_i^e(i=1,2,3)$,必须确定单元中的三个节点,这样三个参数就可以用三个节点值 $u_i^e(i=1,2,3)$ 来表示。其中两个节点被确定为单元的端点,用于定义几何形状,第三个节点被置于单元内部,如图3.4.7所示。理论上,第三个节点可以放置在任意内部点上。但是,单元的中点(与端部节点等距)是最好的选择。按照线性多项式的步骤,通过用三个节点值(u_1^e, u_2^e, u_3^e)重写 $u_h^e(\bar{x})$ 来消除 c_i^e。c_i^e 和 u_i^e 的三个关系式如下:

$$u_1^e \equiv u_h^e(0) = c_1^e$$

$$u_2^e \equiv u_h^e(0.5h_e) = c_1^e + c_2^e(0.5h_e) + c_3^e(0.5h_e)^2$$

$$u_3^e \equiv u_h^e(h_e) = c_1^e + c_2^e h_e + c_3^e h^2$$

或者,用矩阵形式表达:

$$\begin{Bmatrix} u_1^e \\ u_2^e \\ u_3^e \end{Bmatrix} = \begin{bmatrix} 1 & 0 & 0 \\ 1 & 0.5h_e & 0.25h_e^e \\ 1 & h_e & h_e^2 \end{bmatrix} \begin{Bmatrix} c_1^e \\ c_2^e \\ c_3^e \end{Bmatrix} \tag{3.4.22}$$

对上式求逆,得

$$c_1^e = u_1^e, \quad c_2^e = \frac{1}{h_e}(-3u_1^e + 4u_2^e - u_3^e), \quad c_3^e = \frac{1}{h_e^2}(2u_1^e - 4u_2^e + 2u_3^e) \tag{3.4.23}$$

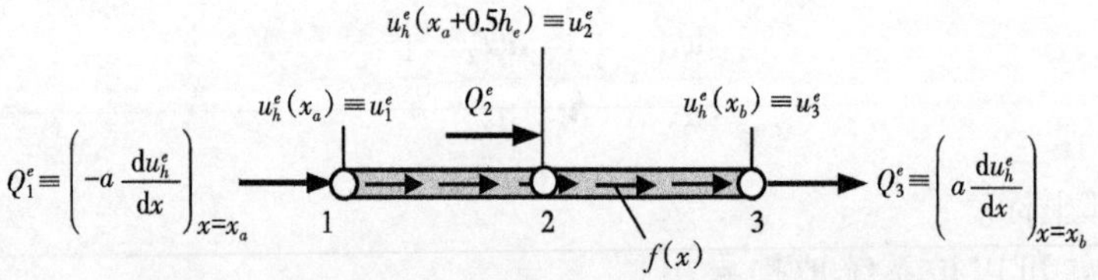

图3.4.7　一个二次单元节点处的主自由度和次自由度,注意 Q_2^e 是一个已知的外部施加在节点2上的点源

将式(3.4.23)中的 c_i^e 代入到式(3.4.21)中并整理成关于 u_1^e, u_2^e 和 u_3^e 的表达形式,有

$$u_h^e(x) = u_1^e + (-3u_1^e + 4u_2^e - u_3^e)\frac{\bar{x}}{h_e} + (2u_1^e - 4u_2^e + 2u_3^e)\frac{\bar{x}^2}{h_e^2} \tag{3.4.24}$$

$$= u_1^e \psi_1^e(x) + u_2^e \psi_2^e(x) + u_3^e \psi_3^e(x) = \sum_{j=1}^{3} u_j^e \psi_j^e(x)$$

其中,ψ_j^e 是二次 Lagrange 插值函数:

$$\psi_1^e(\bar{x}) = \left(1 - \frac{\bar{x}}{h_e}\right)\left(1 - \frac{2\bar{x}}{h_e}\right), \quad \frac{\mathrm{d}\psi_1^e}{\mathrm{d}\bar{x}} = \frac{1}{h_e}\left(-3 + 4\frac{\bar{x}}{h_e}\right)$$

$$\psi_2^e(\bar{x}) = 4\,\frac{\bar{x}}{h_e}\left(1-\frac{\bar{x}}{h_e}\right), \quad \frac{d\psi_2^e}{d\bar{x}} = \frac{4}{h_e}\left(1-2\,\frac{\bar{x}}{h_e}\right)$$

$$\psi_3^e(\bar{x}) = -\frac{\bar{x}}{h_e}\left(1-\frac{2\bar{x}}{h_e}\right), \quad \frac{d\psi_3^e}{d\bar{x}} = -\frac{1}{h_e}\left(1-4\,\frac{\bar{x}}{h_e}\right) \tag{3.4.25}$$

二次插值函数的图形如图 3.4.8 所示。

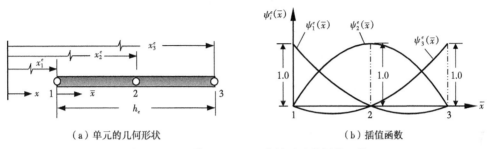

(a) 单元的几何形状   (b) 插值函数

图 3.4.8 一维 Lagrange 二次单元及其插值函数

利用式(3.4.19)中的插值特性可以构造任意阶次的 Lagrange 插值函数。例如,式(3.4.25)中的二次插值函数可以利用式(3.4.19)中的插值特性来推导。由于 $\psi_1^e(\bar{x})$ 必须在节点 2 和 3 处(即在 $\bar{x}=h_e/2$ 和 $\bar{x}=h_e$ 处)为零,因此,$\psi_1^e(\bar{x})$ 的形式为

$$\psi_1^e(\bar{x}) = c_1^e(\bar{x}-0.5h_e)(\bar{x}-h_e) \tag{3.4.26}$$

由 $\psi_1^e(\bar{x})$ 在 $\bar{x}=0$ 处等于 1 可以确定常数 c_1^e 的值:

$$1 = c_1^e(0-0.5h_e)(0-h_e) \text{ 或 } c_1^e = 2/h_e^2 \tag{3.4.27}$$

所以

$$\psi_1^e(\bar{x}) = \frac{2}{h_e^2}(\bar{x}-0.5h_e)(\bar{x}-h_e) = \left(1-\frac{\bar{x}}{h_e}\right)\left(1-\frac{2\bar{x}}{h_e}\right)$$

其与式(3.4.25)是一致的。另外两个插值函数可以用相同的方式推导得到。

尽管这里详细讨论了如何构造一维单元的 Lagrange 插值函数,它们在数值分析书籍中很容易得到,它们的推导与要解决的问题的物理无关。它们的推导只取决于单元的几何形状以及节点的数量和位置。对于 Lagrange 单元,节点的数量必须等于多项式中项的数量。因此,上述推导的插值函数不仅对现有问题的有限元近似有用,而且对所有允许变量的 Lagrange 插值的问题也有用,即所有主变量仅是因变量而不是其导数的问题。因此,有 n 个节点的 La-grange 单元对主变量 $u(x)$ 的近似可以表示为

$$u(x) \approx u_h^e(x) = \sum_{j=1}^n u_j^e \psi_j^e(x) \tag{3.4.28}$$

其中 ψ_j^e 是 $n-1$ 阶的 Lagrange 插值函数($n \geqslant 2$)。

3.4.3.4 有限元模型

式(3.4.7)或式(3.4.9)中的弱形式等价于单元 Ω^e 式(3.4.1)中的微分方程,同时包含

了式(3.4.6)中的自然边界条件。此外,式(3.4.3)和式(3.4.28)中的有限元近似为解的插值。将式(3.4.28)代入到式(3.4.7)中可以得到关于单元 Ω^e 的 n 个节点值 u_i^e 和 $Q_i^e(i=1,2,\cdots,n)$ 之间的 n 个代数方程。为了建立基于式(3.4.7)中弱形式的有限元模型,无需预先确定 u_h^e 的近似阶次。该有限元模型可用于任意阶次的插值。对于 $n>2$,必须修正式(3.4.7)中的弱形式,使其包含内部节点上的非零次变量(如果有)。下面讨论如何修正。

对于一个 n 节点单元,其弱形式建立的步骤 2 中的分部积分应该在区间 (x_1^e,x_2^e),(x_2^e,x_3^e),$\cdots$,(x_{n-1}^e,x_n^e) 中进行,其中 x_i^e 是单元第 i 个节点上的整体坐标:

$$
\begin{aligned}
0 &= \sum_{i=1}^{n-1}\left\{\int_{x_i^e}^{x_{i+1}^e}\left(a_e\frac{\mathrm{d}w_i^e}{\mathrm{d}x}\frac{\mathrm{d}u_h^e}{\mathrm{d}x}+c_e w_i^e u_h^e-w_i^e f_e\right)\mathrm{d}x-\left[w_i^e a_e\frac{\mathrm{d}u_h^e}{\mathrm{d}x}\right]_{x_i^e}^{x_{i+1}^e}\right\} \\
&= \int_{x_1^e}^{x_n^e}\left(a_e\frac{\mathrm{d}w_i^e}{\mathrm{d}x}\frac{\mathrm{d}u_h^e}{\mathrm{d}x}+c_e w_i^e u_h^e-w_i^e f_e\right)\mathrm{d}x-w_i^e(x_1^e)\left(-a_e\frac{\mathrm{d}u_h^e}{\mathrm{d}x}\right)_{x_1^e} \\
&\quad -w_i^e(x_2^e)\left(a_e\frac{\mathrm{d}u_h^e}{\mathrm{d}x}\right)_{x_2^e}-w_i^e(x_2^e)\left(-a_e\frac{\mathrm{d}u_h^e}{\mathrm{d}x}\right)_{x_2^e}-w_i^e(x_3^e)\left(a_e\frac{\mathrm{d}u_h^e}{\mathrm{d}x}\right)_{x_3^e}-\cdots \\
&\quad -w_i^e(x_{n-1}^e)\left(-a_e\frac{\mathrm{d}u_h^e}{\mathrm{d}x}\right)_{x_{n-1}^e}-w_i^e(x_n^e)\left(a_e\frac{\mathrm{d}u_h^e}{\mathrm{d}x}\right)_{x_n^e} \\
&= \int_{x_1^e}^{x_n^e}\left(a_e\frac{\mathrm{d}w_i^e}{\mathrm{d}x}\frac{\mathrm{d}u_h^e}{\mathrm{d}x}+c_e w_i^e u_h^e-w_i^e f_e\right)\mathrm{d}x-w_i^e(x_1^e)\left(-a_e\frac{\mathrm{d}u_h^e}{\mathrm{d}x}\right)_{x_1^e} \\
&\quad -w_i^e(x_2^e)\left[\left(a_e\frac{\mathrm{d}u_h^e}{\mathrm{d}x}\right)_{x_2^{e-}}+\left(-a_e\frac{\mathrm{d}u_h^e}{\mathrm{d}x}\right)_{x_2^{e+}}\right] \\
&\quad -w_i^e(x_3^e)\left[\left(a_e\frac{\mathrm{d}u_h^e}{\mathrm{d}x}\right)_{x_3^{e-}}+\left(-a_e\frac{\mathrm{d}u_h^e}{\mathrm{d}x}\right)_{x_3^{e+}}\right]-\cdots \\
&\quad -w_i^e(x_{n-1}^e)\left[\left(a_e\frac{\mathrm{d}u_h^e}{\mathrm{d}x}\right)_{x_{n-1}^{e-}}+\left(-a_e\frac{\mathrm{d}u_h^e}{\mathrm{d}x}\right)_{x_{n-1}^{e+}}\right]-w_i^e(x_n^e)\left(a_e\frac{\mathrm{d}u_h^e}{\mathrm{d}x}\right)_{x_n^e}
\end{aligned}
\tag{3.4.29}
$$

$$
\begin{aligned}
0 &= \int_{x_1^e}^{x_n^e}\left(a_e\frac{\mathrm{d}w_i^e}{\mathrm{d}x}\frac{\mathrm{d}u_h^e}{\mathrm{d}x}+c_e w_i^e u_h^e-w_i^e f_e\right)\mathrm{d}x-w_i^e(x_1^e)Q_1^e-w_i^e(x_2^e)Q_2^e \\
&\quad -w_i^e(x_3^e)Q_3^e-\cdots-w_i^e(x_{n-1}^e)Q_{n-1}^e-w_i^e(x_n^e)Q_n^e
\end{aligned}
$$

其中,x_i^{e-} 和 x_i^{e+} 分别表示 x_i^e 的左端和右端,并且

$$
Q_1^e=\left(-a_e\frac{\mathrm{d}u_h^e}{\mathrm{d}x}\right)_{x_1^e},\quad Q_2^e=\left[\left(a_e\frac{\mathrm{d}u_h^e}{\mathrm{d}x}\right)_{x_2^{e-}}+\left(-a_e\frac{\mathrm{d}u_h^e}{\mathrm{d}x}\right)_{x_2^{e+}}\right]
$$
$$
\vdots
\tag{3.4.30}
$$
$$
Q_{n-1}^e=\left[\left(a_e\frac{\mathrm{d}u_h^e}{\mathrm{d}x}\right)_{x_{n-1}^{e-}}+\left(-a_e\frac{\mathrm{d}u_h^e}{\mathrm{d}x}\right)_{x_{n-1}^{e+}}\right],\quad Q_n^e=\left(a_e\frac{\mathrm{d}u_h^e}{\mathrm{d}x}\right)_{x_n^e}
$$

因此,$Q_i^e(i=2,3,\cdots,n-1)$ 表示次变量的值从第 i 个节点的左端向右端的跳跃。如果节点上没

有任何所施加的外部源,则此值为零。因此,对于一个 n 节点的单元,弱形式变为

$$0 = \int_{x_a^e}^{x_b^e} \left(a_e \frac{\mathrm{d}w_i^e}{\mathrm{d}x} \frac{\mathrm{d}u_h^e}{\mathrm{d}x} + c_e w_i^e u_h^e \right) \mathrm{d}x - \int_{x_a^e}^{x_b^e} w_i^e f_e \mathrm{d}x - \sum_{i=1}^{n} w_i^e(x_i^e) Q_i^e \tag{3.4.31}$$

注意到 $Q_1^e = Q_a^e$ 且 $Q_n^e = Q_b^e$ 表示端部节点的未知点源,并且所有的 $Q_i^e(i=2,3,\cdots,n-1)$ 是内部节点的特定点源(如果有)。

接下来,建立式(3.4.1)的有限元模型,并采用 $n-1$ 阶 Lagrange 多项式来近似 $u(x)$。根据 2.5.2 节中建立的 Ritz 法流程,将式(3.4.28)中的 u_h^e 以及 $w_1^e = \psi_1^e, w_2^e = \psi_2^e, \cdots, w_n^e = \psi_n^e$(逐个地)代入式(3.4.31),得到下列 n 个代数方程(便于对方程编号:第 i 个方程由 $w_i^e = \psi_i^e$ 得到):

$$0 = \int_{x_a^e}^{x_b^e} \left(a_e \frac{\mathrm{d}\psi_1^e}{\mathrm{d}x} \left(\sum_{j=1}^{n} u_j^e \frac{\mathrm{d}\psi_j^e}{\mathrm{d}x} \right) + c_e \psi_1^e \left(\sum_{j=1}^{n} u_j^e \psi_j^e(x) \right) - \psi_1^e f_e \right) \mathrm{d}x$$
$$- \sum_{j=1}^{n} \psi_1^e(x_j^e) Q_j^e \quad (u_1^e, u_2^e, \cdots, u_n^e, Q_1^e, Q_n^e \text{ 之间的第 1 个代数关系})$$

$$0 = \int_{x_a^e}^{x_b^e} \left(a_e \frac{\mathrm{d}\psi_2^e}{\mathrm{d}x} \left(\sum_{j=1}^{n} u_j^e \frac{\mathrm{d}\psi_j^e}{\mathrm{d}x} \right) + c_e \psi_2^e \left(\sum_{j=1}^{n} u_j^e \psi_j^e(x) \right) - \psi_2^e f_e \right) \mathrm{d}x$$
$$- \sum_{j=1}^{n} \psi_2^e(x_j^e) Q_j^e \quad (u_1^e, u_2^e, \cdots, u_n^e, Q_1^e, Q_n^e \text{ 之间的第 2 个代数关系})$$

$$\vdots$$

$$0 = \int_{x_a^e}^{x_b^e} \left(a_e \frac{\mathrm{d}\psi_i^e}{\mathrm{d}x} \left(\sum_{j=1}^{n} u_j^e \frac{\mathrm{d}\psi_j^e}{\mathrm{d}x} \right) + c_e \psi_i^e \left(\sum_{j=1}^{n} u_j^e \psi_j^e(x) \right) - \psi_i^e f_e \right) \mathrm{d}x$$
$$- \sum_{j=1}^{n} \psi_i^e(x_j^e) Q_j^e \quad (u_1^e, u_2^e, \cdots, u_n^e, Q_1^e, Q_n^e \text{ 之间的第 } i \text{ 个代数关系})$$

$$\vdots$$

$$0 = \int_{x_a^e}^{x_b^e} \left(a_e \frac{\mathrm{d}\psi_n^e}{\mathrm{d}x} \left(\sum_{j=1}^{n} u_j^e \frac{\mathrm{d}\psi_j^e}{\mathrm{d}x} \right) + c_e \psi_n^e \left(\sum_{j=1}^{n} u_j^e \psi_j^e(x) \right) - \psi_n^e f_e \right) \mathrm{d}x$$
$$- \sum_{j=1}^{n} \psi_n^e(x_j^e) Q_j^e \quad (u_1^e, u_2^e, \cdots, u_n^e, Q_1^e, Q_n^e \text{ 之间的第 } n \text{ 个代数关系})$$

回顾在单元内部节点处 $Q_i^e(i=2,3,\cdots,n-1)$ 总是已知的特定值。则 n 方程组系统的第 i 个代数方程为

$$0 = \sum_{j=1}^{n} K_{ij}^e u_j^e - f_i^e - Q_i^e (i=1,2,\cdots,n) \tag{3.4.32a}$$

或者矩阵形式为

$$\boldsymbol{K}^e \boldsymbol{u}^e = \boldsymbol{f}^e + \boldsymbol{Q}^e \equiv \boldsymbol{F}^e \tag{3.4.32b}$$

式中,$x = \bar{x} + x_a^e$ 且 $\mathrm{d}x = \mathrm{d}\bar{x}$

$$K_{ij}^e = \int_{x_a^e}^{x_b^e} \left(a_e(x) \frac{\mathrm{d}\psi_i^e}{\mathrm{d}x} \frac{\mathrm{d}\psi_j^e}{\mathrm{d}x} + c_e(x)\psi_i^e\psi_j^e \right) \mathrm{d}x$$

$$= \int_0^{h_e} \left(a_e(\bar{x}) \frac{\mathrm{d}\psi_i^e}{\mathrm{d}\bar{x}} \frac{\mathrm{d}\psi_j^e}{\mathrm{d}\bar{x}} + c_e(\bar{x})\psi_i^e\psi_j^e \right) \mathrm{d}\bar{x} \qquad (3.4.33)$$

$$f_i^e = \int_{x_a^e}^{x_b^e} f_e(x)\psi_i^e(x)\mathrm{d}x = \int_0^{h_e} f_e(\bar{x})\psi_i^e(\bar{x})\mathrm{d}\bar{x}$$

$$Q_i^e = \sum_{j=1}^n \psi_j^e(x_j^e) Q_j^e$$

因此,该形式的 n 个代数关系为

$$\begin{aligned} K_{11}^e u_1^e + K_{12}^e u_2^e + \cdots K_{1n}^e u_n^e &= f_1^e + Q_1^e \\ K_{21}^e u_1^e + K_{22}^e u_2^e + \cdots + K_{2n}^e u_n^e &= f_2^e + Q_2^e \\ &\vdots \\ K_{n1}^e u_1^e + K_{n2}^e u_2^e + \cdots + K_{nn}^e u_n^e &= f_n^e + Q_n^e \end{aligned} \qquad (3.4.34)$$

在结构力学中,矩阵 $\boldsymbol{K}^e$ 称为系数矩阵或刚度矩阵,列向量 $\boldsymbol{f}^e$ 为源矢量或力矢量。注意式 (3.4.34) 包含 $n+2$ 个未知数:$(u_1^e, u_2^e, \cdots, u_n^e)$ 和 (Q_1^e, Q_n^e);因此,没有额外方程时式(3.4.34) 不能被求解。其中一些由边界条件提供,其余由次变量在一些单元的公共节点上的平衡提供。这种平衡可以通过将单元放在一起来实现(如组装单元方程)。在组装和施加边界条件时,将得到与单元网格中未知主、次节点自由度数目完全相同的代数方程。下一节将讨论组装过程的基本思想。

对于给定的单元数据 (a, c, f, x_a^e, x_b^e),可以计算系数矩阵 $\boldsymbol{K}^e$(其是对称的,即 $K_{ij}^e = K_{ji}^e$)和源矢量 $\boldsymbol{f}^e$。这些积分的数值计算将在第 8 章讨论。对于每个单元来说,如果 a_e, c_e, f_e 为常数,系数 K_{ij}^e 和 f_i^e 可以用局部坐标 $\bar{x} = x + x_a^e$ 来表示:

$$K_{ij}^e = a_e \int_0^{h_e} \left(\frac{\mathrm{d}\psi_i^e}{\mathrm{d}\bar{x}} \frac{\mathrm{d}\psi_j^e}{\mathrm{d}\bar{x}} \right) \mathrm{d}\bar{x} + c_e \int_0^{h_e} (\psi_i^e\psi_j^e) \mathrm{d}\bar{x}, \quad f_i^e = f_e \int_0^{h_e} \psi_i^e \mathrm{d}\bar{x} \qquad (3.4.35)$$

注意到

$$\mathrm{d}x = \mathrm{d}\bar{x}, \quad \frac{\mathrm{d}\psi_i^e}{\mathrm{d}x} = \frac{\mathrm{d}\psi_i^e}{\mathrm{d}\bar{x}}$$

接下来,对这些线性和二次单元的积分进行解析计算。

线性单元:对于一个典型的线性单元 Ω^e[图 3.4.5(b)],ψ_i^e 和它们的导数可以用 $\bar{x}$ 来表示(见式(3.4.20))。则有

$$K_{11}^e = \int_0^{h_e} \left[a_e\left(-\frac{1}{h_e}\right)\left(-\frac{1}{h_e}\right) + c_e\left(1-\frac{\bar{x}}{h_e}\right)\left(1-\frac{\bar{x}}{h_e}\right) \right] \mathrm{d}\bar{x} = a_e\frac{1}{h_e} + c_e\frac{h_e}{3}$$

$$K_{12}^e = \int_0^{h_e} \left[a_e\left(-\frac{1}{h_e}\right)\frac{1}{h_e} + c_e\left(1-\frac{\bar{x}}{h_e}\right)\frac{\bar{x}}{h_e} \right] \mathrm{d}\bar{x} = -a_e\frac{1}{h_e} + c_e\frac{h_e}{6} = K_{21}^e$$

$$K_{22}^e = \int_0^{h_e} \left[a_e \frac{1}{h_e} \frac{1}{h_e} + c_e \frac{\bar{x}}{h_e} \frac{\bar{x}}{h_e} \right] d\bar{x} = a_e \frac{1}{h_e} + c_e \frac{h_e}{3}$$

$$f_1^e = \int_0^{h_e} f_e \left(1 - \frac{\bar{x}}{h_e} \right) d\bar{x} = \frac{1}{2} f_e h_e, \quad f_2^e = \int_0^{h_e} f_e \frac{\bar{x}}{h_e} d\bar{x} = \frac{1}{2} f_e h_e$$

因此,对于常数 f_e,总源 $f_e h_e$ 是均匀分布在两个节点上的。系数矩阵和列向量为

$$\boldsymbol{K}^e = \frac{a_e}{h_e} \begin{bmatrix} 1 & -1 \\ -1 & 1 \end{bmatrix} + \frac{c_e h_e}{6} \begin{bmatrix} 2 & 1 \\ 1 & 2 \end{bmatrix}, \quad \boldsymbol{f}^e = \frac{f_e h_e}{e} \begin{Bmatrix} 1 \\ 1 \end{Bmatrix} \tag{3.4.36}$$

如果 $a(x) = a_e x$[或者 $a(\bar{x}) = a_e(x_a^e + \bar{x})$] 且 $c = 0$,则系数矩阵 $\boldsymbol{K}^e$ 为

$$\boldsymbol{K}^e = \frac{a_e}{h_e} \left(\frac{x_a^e + x_b^e}{2} \right) \begin{bmatrix} 1 & -1 \\ -1 & 1 \end{bmatrix}$$

读者可以自行验证这一点。注意,当 $a(x)$ 是 x 的线性函数时,这等价于用其平均值替换系数矩阵中的 $a(x)$:

$$a_{\mathrm{avg}} = \frac{1}{2} \left(x_a^e + x_b^e \right) a_e$$

例如,考虑一个横截面积线性变化的杆单元(见图 3.4.9):

$$a(\bar{x}) = E_e A_e(\bar{x}) = E_e \left(A_a^e + \frac{A_b^e - A_a^e}{h_e} \bar{x} \right)$$

其中,A_a^e 是在 x_a^e(或 $\bar{x} = 0$)的横截面面积,A_b^e 是在 x_b^e(或 $\bar{x} = h_e$)的横截面面积。则该单元的刚度矩阵为

$$\boldsymbol{K}^e = \frac{E_e}{h_e} \left(\frac{A_a^e + A_b^e}{2} \right) \begin{bmatrix} 1 & -1 \\ -1 & 1 \end{bmatrix} = \frac{E_e \bar{A}_e}{h_e} \begin{bmatrix} 1 & -1 \\ -1 & 1 \end{bmatrix} \tag{3.4.37}$$

即用单元横截面的平均面积代替线性变化的横截面面积。当 A_e 是常数而 $E(x)$ 线性变化时,也是有类似的表达。

二次单元:对于长度为 h_e 的二次单元(等间距节点),其插值函数及其导数如式(3.4.25)所示。计算式(3.4.35)中的积分,得

$$f_1^e = \int_0^{h_e} f_e \left[1 - \frac{3\bar{x}}{h_e} + 2 \left(\frac{\bar{x}}{h_e} \right)^2 \right] d\bar{x} = \frac{1}{6} f_e h_e$$

$$f_2^e = \int_0^{h_e} f_e \left[\frac{4\bar{x}}{h_e} \left(1 - \frac{\bar{x}}{h_e} \right) \right] d\bar{x} = \frac{4}{6} f_e h_e$$

$$f_3^e = f_1^e \,(由对称性知)$$

$$K_{11}^e = \int_0^{h_e} \left\{ a_e \left(-\frac{3}{h_e} + \frac{4\bar{x}}{h_e^2} \right) \left(-\frac{3}{h_e} + \frac{4\bar{x}}{h_e^2} \right) \right.$$

$$\left. + c_e \left[1 - \frac{3\bar{x}}{h_e} + 2 \left(\frac{\bar{x}}{h_e} \right)^2 \right] \left[1 - \frac{3\bar{x}}{h_e} + 2 \left(\frac{\bar{x}}{h_e} \right)^2 \right] \right\} d\bar{x}$$

$$= \frac{7}{3} \frac{a_e}{h_e} + \frac{2}{15} c_e h_e$$

$$K_{12}^e = \int_0^{h_e} \left\{ a_e \left(-\frac{3}{h_e} + \frac{4\overline{x}}{h_e^2} \right) \left(\frac{4}{h_e} - \frac{8\overline{x}}{h_e^2} \right) \right.$$

$$\left. + c_e \left[1 - \frac{3\overline{x}}{h_e} + 2 \left(\frac{\overline{x}}{h_e} \right)^2 \right] \left[\frac{4\overline{x}}{h_e} \left(1 - \frac{\overline{x}}{h_e} \right) \right] \right\} d\overline{x}$$

$$= -\frac{8}{3} \frac{a_e}{h_e} + \frac{3}{30} c_e h_e = K_{21}^e$$

$$K_{22}^e = \int_0^{h_e} \left\{ a_e \left(\frac{4}{h_e} - \frac{8\overline{x}}{h_e^2} \right) \left(\frac{4}{h_e} - \frac{8\overline{x}}{h_e^2} \right) \right.$$

$$\left. + c_e \left[\frac{4\overline{x}}{h_e} \left(1 - \frac{\overline{x}}{h_e} \right)^2 \right] \left[\frac{4\overline{x}}{h_e} \left(1 - \frac{\overline{x}}{h_e} \right) \right] \right\} d\overline{x}$$

$$= \frac{16}{3} \frac{a_e}{h_e} + \frac{8}{15} c_e h_e$$

类似地,其他 K_{ij}^e 也可以求出。

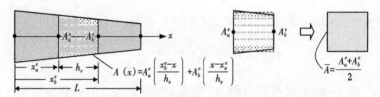

图 3.4.9   用等截面的等效单元近似具有线性变化截面的杆单元

因此,二次单元的系数矩阵和源向量为

$$\boldsymbol{K}^e = \frac{a_e}{3h_e} \begin{bmatrix} 7 & -8 & 1 \\ -8 & 16 & -8 \\ 1 & -8 & 7 \end{bmatrix} + \frac{c_e h_e}{30} \begin{bmatrix} 4 & 2 & -1 \\ 2 & 16 & 2 \\ -1 & 2 & 4 \end{bmatrix}, \boldsymbol{f}^e = \frac{f_e h_e}{6} \begin{Bmatrix} 1 \\ 4 \\ 1 \end{Bmatrix} \tag{3.4.38}$$

注意,对于二次单元,源的总值在三个节点之间不是平均分布的。同时,其分布也不等同于长度为 $\frac{1}{2}h_e$ 的两个线性单元的分布。f_i^e 的计算应基于该单元的插值函数。任意单元 f_i^e 的和应该总是等于 $f(x)$ 在该单元上的积分:

$$\sum_{i=1}^n f_i^e = \int_{x_a^e}^{x_b^e} f_e(x) \, dx = \int_0^{h_e} f_e(\overline{x}) \, d\overline{x}, x = \overline{x} + x_a^e \tag{3.4.39}$$

综上所述,当 a_e, c_e, f_e 在单元中为常数时,线性和二次单元的单元方程[即式(3.4.1)模型]分别在式(3.4.40)和式(3.4.41)中给出:

线性单元

$$\left(\frac{a_e}{h_e} \begin{bmatrix} 1 & -1 \\ -1 & 1 \end{bmatrix} + \frac{c_e h_e}{6} \begin{bmatrix} 2 & 1 \\ 1 & 2 \end{bmatrix} \right) \begin{Bmatrix} u_1^e \\ u_2^e \end{Bmatrix} = \frac{f_e h_e}{2} \begin{Bmatrix} 1 \\ 1 \end{Bmatrix} + \begin{Bmatrix} Q_1^e \\ Q_2^e \end{Bmatrix} \tag{3.4.40}$$

二次单元

$$\left(\frac{a_e}{3h_e}\begin{bmatrix} 7 & -8 & 1 \\ -8 & 16 & -8 \\ 1 & -8 & 7 \end{bmatrix} + \frac{c_e h_e}{30}\begin{bmatrix} 4 & 2 & -1 \\ 2 & 16 & 2 \\ -1 & 2 & 3 \end{bmatrix}\right)\begin{Bmatrix} u_1^e \\ u_2^e \\ u_3^e \end{Bmatrix} = \frac{f_e h_e}{6}\begin{Bmatrix} 1 \\ 4 \\ 1 \end{Bmatrix} + \begin{Bmatrix} Q_1^e \\ Q_2^e \\ Q_3^e \end{Bmatrix} \qquad (3.4.41)$$

当系数 $c_e = 0$ 时,应忽略对上述方程的相应贡献。类似地,当 f_e 为 0 时,可以省略涉及 f_e 的列向量。当然,a_e 绝不会为 0。

当 $a_e(x)$,$c_e(x)$,$f_e(x)$ 是多项式时,可以直接计算 K_{ij}^e 和 f_j^e。当它们是关于 x 的复杂函数时,K^e 和 f^e 的积分将通过数值积分计算。然而,实际上,所有数据(即如几何、材料性质和源项)通常表示为多项式。关于数值积分的完整讨论将在第 8 章中提出。

3.4.4 单元方程的组装

在单元方程的推导中,从网格中分离出一个典型的单元,推导出弱形式并建立了其有限元模型。典型单元的有限元模型包含 n 个方程,$n + 2$ 个未知数,$(u_1^e, u_2^e, \cdots, u_n^e)$ 和 (Q_1^e, Q_n^e);因此,如果不使用其他单元的方程是无法求解的。从物理的角度来看,这是有意义的,因为不考虑整个问题组装的方程组和边界条件是不能求解单元方程的。

为了得到整个问题的有限元方程,必须将单元放回原始位置。在将具有节点自由度的单元放回到它们的原始位置时,必须要求主变量 $u(x)$ 是唯一定义的(即 u 是连续的),且源项 Q_i^e 在单元相互连接的点上是"平衡的"。当然,如果变量 u 不是连续的,我们不要求它的连续性;但在本书所研究的所有问题中,除非另有明确说明(如梁弯曲情况下的内部铰链),主变量必须是连续的。因此,通过施加以下两种条件来进行单元的组装:

(1)如果单元 Ω^e 的端部节点 i 与单元 Ω^f 的端部节点 j 以及单元 Ω^g 的端部节点 k 相连,主变量 u 的连续性要求:

$$u_i^{(e)} = u_j^{(f)} = u_k^{(g)}$$

如图 3.4.10(a)所示,当单元 Ω^e 的节点 n 与单元 Ω^{e+1} 的节点 1 相连,u 的连续性要求

$$u_n^{(e)} = u_1^{(e+1)} \qquad (3.4.42)$$

(2)对于相同的三个单元,在连接节点处需要满足次变量的平衡要求:

$$Q_i^{(e)} + Q_j^{(f)} + Q_k^{(g)} = Q_I \qquad (3.4.43)$$

其中,I 是分配给三个单元共同节点的整体节点号,Q_I 是在该节点处外部施加源的值(如果存在,否则为零),Q_I 的符号必须与图 3.4.4 中 Q_i^e 的符号一致。对于图 3.4.10 所示的情况,有

$$Q_n^e + Q_1^{e+1} = \begin{cases} 0, & \text{如果没有外部点源作用} \\ Q_I, & \text{如果施加外部点源 } Q_I \end{cases} \qquad (3.4.44)$$

次变量的平衡可以解释为 $a(\mathrm{d}u/\mathrm{d}x)$ [不是 $a_e(\mathrm{d}u_h^e/\mathrm{d}x)$] 在单元 Ω^e 和 Ω^{e+1} 共同的节点(比如全局节点 I)上的连续性,仅当外部没有 $a(\mathrm{d}u/\mathrm{d}x)$ 进行改变时:

$$\left(a\frac{\mathrm{d}u}{\mathrm{d}x}\right)_I^e = \left(a\frac{\mathrm{d}u}{\mathrm{d}x}\right)_I^{e+1}$$

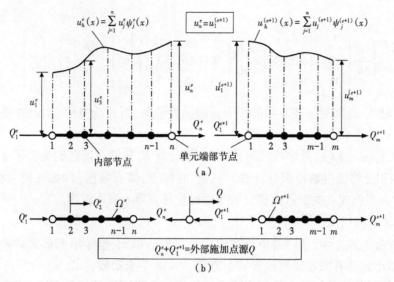

图 3.4.10　两个 Lagrange 单元的组装:(a)主变量的连续性;(b)次变量的平衡

或者

$$\left(a\frac{\mathrm{d}u}{\mathrm{d}x}\right)_I^e + \left(-a\frac{\mathrm{d}u}{\mathrm{d}x}\right)_I^{e+1} = 0 \longrightarrow Q_n^e + Q_1^{e+1} = 0 \tag{3.4.45}$$

如果 $a\dfrac{\mathrm{d}u}{\mathrm{d}x}$ 在从节点的一侧到另一侧(x 正方向)中有一个大小 Q_I 的不连续量,有

$$\left(a\frac{\mathrm{d}u}{\mathrm{d}x}\right)_I^e + \left(-a\frac{\mathrm{d}u}{\mathrm{d}x}\right)_I^{e+1} = Q_I \longrightarrow Q_n^e + Q_1^{e+1} = Q_I \tag{3.4.46}$$

主变量的单元间连续性可以通过简单地重命名连接到公共节点的所有单元的变量来实现。对于式(3.4.42)的连续性,使用名称

$$u_i^{(e)} = u_j^{(f)} = u_k^{(g)} \equiv U_I \tag{3.4.47}$$

其中,I 是连接三个单元的整体节点号。例如,对于由 N 个线性有限元单元($n=2$)连续连接成的网格(见图 3.4.11),有(u_i 的上标表示单元编号)

$$u_1^1 = U_1 , u_2^1 = u_1^2 = U_2 , u_2^2 = u_1^3 = U_3 , \cdots , u_2^{N-1} = u_1^N = U_N , u_2^N = U_{N+1}$$

由单元解 u_h^e 组成的相连接的线性有限元解如图 3.4.11(a)所示。从相连接的解来看,可以确定整体插值函数 Φ_I,其可以用整体节点 I 对应的单元插值函数 ψ_i^e 来定义,如图 3.4.11 (a)所示。

图 3.4.11(b)包含了二次单元情况的整体解和整体插值函数。为了保证次变量的平衡,很明显,可以令 $Q_i^{(e)} + Q_j^{(f)} + Q_k^{(g)}$ [见式 (3.4.45)]等于零,或只有在有限元方程中有这样的表达式时令其等于一个指定的值 Q_I。显然,要得到这样的表达式,必须将单元 Ω^e 的第 i 个方

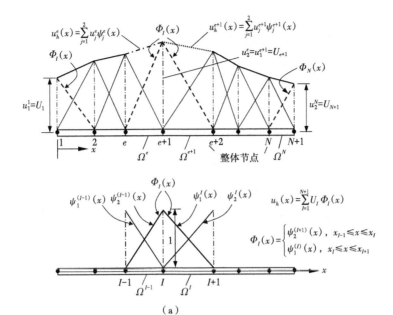

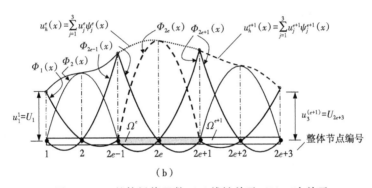

图 3.4.11　整体插值函数:(a)线性单元;(b)二次单元

程、单元 Ω^f 的第 j 个方程和单元 Ω^g 的第 k 个方程相加。对于图3.4.10所示情况,必须将单元 Ω^e 的第 n 个方程加到单元 Ω^{e+1} 的第一个方程中;也就是说,把

$$\sum_{j=1}^{n} K_{nj}^e u_j^e = f_n^e + Q_n^e \ \text{和} \ \sum_{j=1}^{m} K_{1j}^{e+1} u_j^{e+1} = f_1^{e+1} + Q_1^{e+1}$$

相加得

$$\sum_{j=1}^{n} \left(K_{nj}^e u_j^e + K_{1j}^{e+1} u_j^{e+1} \right) = f_n^e + f_1^{e+1} + \left(Q_n^e + Q_1^{e+1} \right) = f_n^e + f_1^{e+1} + Q_I \qquad (3.4.48)$$

该过程将由 N 个线性单元组成的网格的方程的数量从 $2N$ 个减到 $N+1$ 个。第一个单元的第一个方程和最后一个单元的最后一个方程将保持不变,除了主变量的重命名。式(3.4.48)的左边可以写成关于整体节点值的表达:

$$(K_{n1}^e u_1^e + K_{n2}^e u_2^e + \cdots + K_{nn}^e u_n^e) + (K_{11}^{e+1} u_1^{e+1} + K_{12}^{e+1} u_2^{e+1} + \cdots + K_{1n}^{e+1} u_n^{e+1})$$

$$= (K_{n1}^e U_N + K_{n2}^e U_{N+1} + \cdots + K_{nn}^e U_{N+n-1})$$

$$+ (K_{11}^{e+1} U_{N+n-1} + K_{12}^{e+1} U_{N+n} + \cdots + K_{1n}^{e+1} U_{N+2n-2}) \tag{3.4.49}$$

$$= K_{n1}^e U_N + K_{n2}^e U_{N+1} + \cdots + K_{n(n-1)}^e U_{N+n-2} + (K_{nn}^e + K_{11}^{e+1}) U_{N+n-1}$$

$$+ K_{12}^{e+1} U_{N+n} + \cdots + K_{1n}^{e+1} U_{N+2n-2}$$

其中，$N=(n-1)e+1$。对于一个由 N 个线性单元 $(n=2)$ 组成的网格，有

$$K_{11}^1 U_1 + K_{12}^1 U_2 = f_1^1 + Q_1^1 (没有改变)$$

$$K_{21}^1 U_1 + (K_{22}^1 + K_{11}^2) U_2 + K_{12}^2 U_3 = f_2^1 + f_1^2 + Q_2^1 + Q_1^2$$

$$K_{21}^2 U_2 + (K_{22}^2 + K_{11}^3) U_3 + K_{12}^2 U_4 = f_2^2 + f_1^3 + Q_2^2 + Q_1^3$$

$$\vdots \tag{3.4.50}$$

$$K_{21}^{N-1} U_{N-1} + (K_{22}^{N-1} + K_{11}^N) U_N + K_{12}^N U_{N+1} = f_2^{N-1} + f_1^N + Q_2^{N-1} + Q_1^N$$

$$K_{21}^N U_N + K_{22}^N U_{N+1} = f_2^N + Q_2^N (没有改变)$$

上述方程称为组装方程。请注意，整体方程的编号对应于整体主自由度 U_I 的编号。这种对应将单元矩阵的对称性代入整体矩阵。式(3.4.50)中的方程可以用矩阵形式表示为

$$\begin{bmatrix} K_{11}^1 & K_{12}^1 & & & \\ K_{21}^1 & K_{22}^1 + K_{11}^2 & K_{12}^2 & & 0 \\ & K_{21}^2 & K_{22}^2 + K_{11}^3 & & \\ & 0 & & K_{22}^{N-1} + K_{11}^N & K_{12}^N \\ & & & K_{21}^N & K_{22}^N \end{bmatrix} \begin{Bmatrix} U_1 \\ U_2 \\ U_3 \\ \vdots \\ U_N \\ U_{N+1} \end{Bmatrix} = \begin{Bmatrix} f_1^1 \\ f_2^1 + f_1^2 \\ f_2^2 + f_1^3 \\ \vdots \\ f_2^{N-1} + f_1^N \\ f_2^N \end{Bmatrix} + \begin{Bmatrix} Q_1^1 \\ Q_2^1 + Q_1^2 \\ Q_2^2 + Q_1^3 \\ \vdots \\ Q_2^{N-1} + Q_1^N \\ Q_2^N \end{Bmatrix} \tag{3.4.51}$$

请注意式(3.4.50)和式(3.4.51)的组装是基于单元串联的假设。一般来说，几个单元可以连接在一个整体节点上，这些单元的编号不必连续。这种情况下，连接在整体节点上的所有单元的系数将会增加，如例3.3.1和例3.3.4所述。当某些主节点值不需要满足单元间连续时(正如物理或问题的变分方程所规定的那样)，这些变量可以在单元组装之前在单元层级被缩聚。

3.4.5 边界条件的施加和缩聚方程

在弱形式的有限元模型中，边界条件的施加是直接的，因为边界条件涉及指定一个边界节点上的主变量或次变量(而不是两者)。混合边界条件(即涉及节点上主变量和次变量值之间的关系的边界条件)可以按如下方式处理。对于每个节点一个主自由度的一维问题，混合边界条件的一般形式为：

$$Q_I + \beta(U_I - U_\infty) = \hat{Q}_I \tag{3.4.52}$$

其中，Q_I 是次变量，U_I 是主变量，U_∞ 和 $\hat{Q}_I$ 是在整体节点 I 上的指定值。例如，当一个边界点暴露于环境温度 U_∞ 时，它们就会在热传递中产生(对流传热；如例3.3.5所示)，其中 β 为热

交换系数。在杆的轴向变形中,当一边界点受弹簧支撑约束($U_\infty = 0$)时会产生混合边界条件,如图2.5.3所示,其中β表示弹簧常数k。在这种情况下次变量Q_I被替换为用该节点的主变量U_I表示,$Q_I = -\beta U_I + \beta U_\infty + \hat{Q}_I$。并将$-\beta U_I$移至方程的左端($\beta$加到$K_{II}$上),而将$\hat{Q}_I + \beta U_\infty$保留在方程的右端。

如果在节点上既没有指定主变量,也没有指定次变量,则问题定义不明确(或者进行分析的人员没有理解问题)。在大多数有限元程序中,不指定一个节点上的两个变量意味着次变量在该节点为零。

正如在式(3.4.45)和式(3.4.46)中已经讨论过的,节点处的点源通过节点处的源平衡纳入有限元分析。如果点源放置在节点以外的点上,则有可能将其"分布"到单元节点,与有限元近似一致,如下所示。令Q_0表示点$\bar{x} = \bar{x}_0$,$\bar{x}_i^e \leqslant \bar{x}_0 \leqslant \bar{x}_n^e$处的点源,其中$\bar{x}$为局部坐标(原点在节点1),且$\bar{x}_i^e$为该单元第$i$个节点的局部坐标。使用Dirac delta函数,点源Q_0可以表示为一个"函数":

$$f(\bar{x}) = Q_0 \delta(\bar{x} - \bar{x}_0) \tag{3.4.53}$$

其中,Dirac delta函数$\delta(\cdot)$的定义如下

$$\int_{-\infty}^{\infty} F(\bar{x}) \delta(\bar{x} - \bar{x}_0) \, \mathrm{d}\bar{x} = F(\bar{x}_0) \tag{3.4.54}$$

式中,$F(\bar{x})$为任一函数。函数$f(\bar{x})$对单元$\Omega^e = (\bar{x}_1^e, \bar{x}_n^e)$节点的贡献通过式(3.4.35)计算:

$$f_i^e = \int_0^{h_e} f_e(\bar{x}) \psi_i^e(\bar{x}) \, \mathrm{d}\bar{x} = \int_0^{h_e} Q_0 \delta(\bar{x} - \bar{x}_0) \psi_i^e(\bar{x}) \, \mathrm{d}\bar{x} = Q_0 \psi_i^e(\bar{x}_0) \tag{3.4.55}$$

其中,$\psi_i^e(\bar{x})$是单元Ω^e的插值函数。因此,点源Q_0通过值$Q_0 \psi_i^e(\bar{x}_0)$分布在单元节点i上。式(3.4.55)适用于任何单元,不论插值的阶次、插值的性质(即Lagrange或Hermite多项式),或单元的维数(例如一维、二维或三维)。对于一维线性Lagrange插值函数,式(3.4.55)导出:

$$f_1^e = Q_0 \psi_1^e(\bar{x}_0) = Q_0 \left(1 - \frac{\bar{x}_0}{h_e}\right), \quad f_2^e = Q_0 \psi_2^e(\bar{x}_0) = Q_0 \left(\frac{\bar{x}_0}{h_e}\right) \tag{3.4.56}$$

特别地,当$\bar{x}_0 = 0.5 h_e$时,有$f_1^e = f_2^e = 0.5 Q_0$。

施加边界条件后,可以根据指定的和未指定的主、次自由度向量对组装后的有限元方程进行划分,并重新写成如下形式:

$$\begin{bmatrix} \boldsymbol{K}^{11} & \boldsymbol{K}^{12} \\ \boldsymbol{K}^{21} & \boldsymbol{K}^{22} \end{bmatrix} \begin{Bmatrix} \boldsymbol{U}^1 \\ \boldsymbol{U}^2 \end{Bmatrix} = \begin{Bmatrix} \boldsymbol{F}^1 \\ \boldsymbol{F}^2 \end{Bmatrix} \tag{3.4.57}$$

其中,$\boldsymbol{U}^1$是已知的(即指定的)主变量向量,$\boldsymbol{U}^2$是未知的主变量向量,$\boldsymbol{F}^1$是未知的次变量向量,$\boldsymbol{F}^2$是已知的次变量向量。将式(3.4.57)写成两个矩阵方程,有

$$\begin{aligned} \boldsymbol{K}^{11}\boldsymbol{U}^1 + \boldsymbol{K}^{12}\boldsymbol{U}^2 = \boldsymbol{F}^1 \\ \boldsymbol{K}^{21}\boldsymbol{U}^1 + \boldsymbol{K}^{22}\boldsymbol{U}^2 = \boldsymbol{F}^2 \end{aligned} \tag{3.4.58}$$

由式(3.4.58)中的第二个式可知未知主变量向量的方程为

$$K^{22}U^2 = F^2 - K^{21}U^1, U^2 = (K^{22})^{-1}(F^2 - K^{21}U^1) \tag{3.4.59}$$

式(3.4.59)称为未知主变量的缩聚方程。

由式(3.4.59)得到 U^2 后,用式(3.4.58)中的第一个方程计算未知次变量的向量 F^1:

$$F^1 = K^{11}U^1 + K^{12}U^2 \tag{3.4.60}$$

式(3.4.60)称为未知次变量的缩聚方程。注意,当所有指定的主变量为 $0(U^1 = 0)$ 时,未知的主变量和次变量的缩聚方程采用这种形式:

$$U^2 = (K^{22})^{-1}F^2, F^1 = K^{12}U^2 \tag{3.4.61}$$

由式(3.4.59)可知,为了确定未知主变量向量 U^2,组装单元系数足以得到 K^{22},F^2 和 K^{12} $(U^1 \neq 0)$。可以使用式(3.4.59)至式(3.4.61)建立主变量和次变量的缩聚方程。

3.4.6　解的后处理

式(3.4.59)中有限元方程的解给出了整体节点上主变量(如位移、速度或温度)的值。一旦主变量的节点值已知,可以使用有限元近似 $u_h^e(x)$ 来计算所需的量。从已知的有限元解中以数值形式或图形形式计算所需量的过程称为后处理;这一段意在表明,在得到的有限元方程的解之后,还需要进行进一步的计算。

解的后处理包括以下一个或多个任务:

(1)主变量和次变量在感兴趣点的计算;主变量在节点上是已知的。

(2)解释结果并检查解是否有意义(当其他解无法得到时,对物理过程和经验的理解具有指导性)。

(3)使用表格和(或)图形显示结果。

为了确定解 u 作为位置 x 的连续函数,在每个单元上使用式(3.4.28)中的近似:

$$u(x) \approx \begin{cases} u_h^1(x) = \sum_{j=1}^n u_j^1 \psi_j^1(x) \\ u_h^2(x) = \sum_{j=1}^n u_j^2 \psi_j^2(x) \\ \vdots \\ u_h^N(x) = \sum_{j=1}^n u_j^N \psi_j^N(x) \end{cases} \tag{3.4.62a}$$

其中,N 是网格中单元的数量。根据 x 的值,使用式(3.4.62a)中对应的单元方程。解的导数通过对式(3.4.62a)中的 $u_h(x)$ 求导得:

$$\frac{du}{dx} \approx \begin{cases} \dfrac{du_h^1}{dx} = \sum_{j=1}^n u_j^1 \dfrac{d\psi_j^1}{dx} \\ \dfrac{du_h^2}{dx} = \sum_{j=1}^n u_j^2 \dfrac{d\psi_j^2}{dx} \\ \vdots \\ \dfrac{du_h^N}{dx} = \sum_{j=1}^n u_j^N \dfrac{d\psi_j^N}{dx} \end{cases} \tag{3.4.62b}$$

注意,对于任意阶单元,基于 Lagrange 插值的有限元近似 u_h^e 的导数 du_h^e/dx 在单元之间的节点处是不连续的,因为在连接节点处没有施加导数的连续性,且导数不是主变量。对于线性单元,解的导数在每个单元内为常数,如图 3.4.12(a)所示,而对于二次单元,解的导数为线性,如图 3.4.12 (b)所示。通常,这些值被解释为单元中点的值。

次变量 Q_I^e 的计算方法有两种:(1) 使用式(3.4.60)中的缩聚方程;(2)建立弱形式时引入式(3.4.6)中次变量的定义。由式(3.4.60)计算得到的次变量用 $(Q_I^e)_{\text{equil}}$ 表示,而由定义计算得到的用 $(Q_I^e)_{\text{def}}$ 表示。由于 $(Q_I^e)_{\text{def}}$ 是使用近似解 u_h^e 计算得到的,它们不如 $(Q_I^e)_{\text{equil}}$ 精确。在大多数有限元计算机程序中,单元矩阵一旦形成就被组装了,它们并不存储在计算机的内存中。因此,不能用单元方程对平衡中次变量进行后处理计算。因此,在实际中,次变量通常是使用它们的定义来计算的。

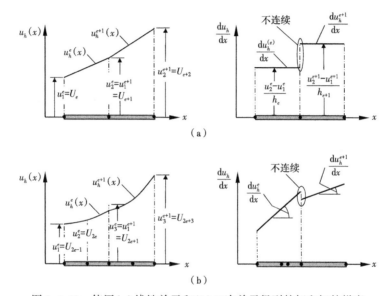

图 3.4.12 使用(a)线性单元和(b)二次单元得到的解和解的梯度

这就完成了对式(3.4.1)中模型方程进行有限元分析的基本步骤。现在考虑一个有限元法应用的例子来说明求解一个微分方程所涉及的步骤,这是模型方程的一个特例。传热、流体力学和固体力学的其他例子将在第 4 章中介绍。

例 3.4.1
用有限元方法求解以下微分方程和边界条件所描述的问题(例2.5.1):

$$\frac{\mathrm{d}^2 u}{\mathrm{d}x^2} + u = x^2, 0 < x < 1 \tag{1}$$

$$u(0) = 0, \quad u(1) = 0 \tag{2}$$

请采用(a) 4 个线性单元的均匀网格和(b) 2 个二次单元的均匀网格(图3.4.13)求解 u 的节点值。同时利用定义和平衡条件确定次变量。

解答:首先,注意到式(1)中给出的微分方程是模型方程(3.4.1)的特例,其中数据 $a = 1, c = -1$, $f(x) = -x^2$。因此,对于任何插值阶次,单元系数被定义为

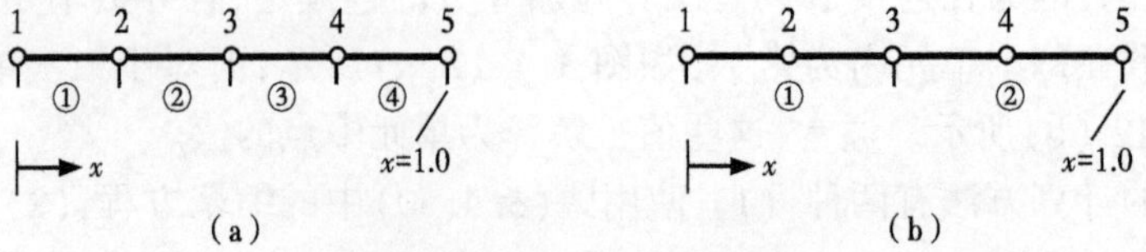

图 3.4.13　有限元网格：(a)4 个线性单元；(b)2 个二次单元

$$K_{ij}^e = \int_{x_a^e}^{x_b^e} \left(\frac{\mathrm{d}\psi_i^e}{\mathrm{d}x} \frac{\mathrm{d}\psi_j^e}{\mathrm{d}x} - \psi_i^e \psi_j^e \right) \mathrm{d}x = \int_0^{h_e} \left(\frac{\mathrm{d}\psi_i^e}{\mathrm{d}\overline{x}} \frac{\mathrm{d}\psi_j^e}{\mathrm{d}\overline{x}} - \psi_i^e \psi_j^e \right) \mathrm{d}\overline{x} \tag{3}$$

$$f_i^e = -\int_{x_a^e}^{x_b^e} (x^2) \psi_i^e(x) \mathrm{d}x = -\int_0^{h_e} (x_a + \overline{x})^2 \psi_i^e(\overline{x}) \mathrm{d}\overline{x} \tag{4}$$

(a)线性单元。由式(3.4.36)可知单元系数矩阵，其中 $a_e = 1, c_e = -1, h_e = \dfrac{1}{4}$：

$$\mathbf{K}^e = 4 \begin{bmatrix} 1 & -1 \\ -1 & 1 \end{bmatrix} - \frac{1}{24} \begin{bmatrix} 2 & 1 \\ 1 & 2 \end{bmatrix} = \frac{1}{24} \begin{bmatrix} 94 & -97 \\ -97 & 94 \end{bmatrix} = \begin{bmatrix} 3.9167 & -4.0417 \\ -4.0417 & 3.9167 \end{bmatrix}$$

使用式(4)计算系数 f_i^e，其中 $\psi_1^e = 1 - \overline{x}/h_e, \psi_2^e = \overline{x}/h_e, h_e = 1/4$：

$$\begin{aligned} f_1^e &= -\int_0^{h_e} (x_a + \overline{x})^2 \left(1 - \frac{\overline{x}}{h_e} \right) \mathrm{d}\overline{x} = -h_e \left(\frac{1}{2} x_a^2 + \frac{1}{3} x_a h_e + \frac{1}{12} h_2^e \right) \\ &= -\frac{1}{8} x_a^2 - \frac{1}{48} x_a - \frac{1}{768} \\ f_2^e &= -\int_0^{h_e} (x_a + \overline{x})^2 \left(\frac{\overline{x}}{h_e} \right) \mathrm{d}\overline{x} = -\left(\frac{1}{2} x_a^2 h_e + \frac{2}{3} x_a h_e^2 + \frac{1}{4} h_e^3 \right) \\ &= -\frac{1}{8} x_a^2 - \frac{1}{24} x_a - \frac{1}{256} \end{aligned}$$

它们可以像下面这样具体化到每个单元上：

单元 $1(x_a = 0)$：$f_1^1 = -\dfrac{1}{768} = -0.001302, f_2^1 = -\dfrac{1}{256} = -0.003906$

单元 $2(x_a = h_1)$：$f_1^2 = -\dfrac{11}{768} = -0.014323, f_2^2 = -\dfrac{17}{768} = -0.022135$

单元 $3(x_a = h_1 + h_2)$：$f_1^3 = -\dfrac{33}{768} = -0.042969, f_2^3 = -\dfrac{43}{768} = -0.055989$

单元 $4(x_a = h_1 + h_2 + h_3)$：$f_1^4 = -\dfrac{67}{768} = -0.087239, f_2^4 = -\dfrac{27}{256} = -0.105468$

在所有的单元都是串联的情况下，Q_i^e 的平衡条件采用下述形式：

$$Q_2^1 + Q_1^2 = 0, \quad Q_2^2 + Q_1^3 = 0, \quad Q_2^3 + Q_1^4 = 0$$

这些条件要求将单元 1 的第二个方程加到单元 2 的第一个方程上,依此类推。单元 1 的第一个方程和单元 4 的第二个方程保持不变。因此,组装后的方程为

$$
\begin{bmatrix}
3.9167 & -4.0417 & 0.0000 & 0.0000 & 0.0000 \\
-4.0417 & 7.8333 & -4.0417 & 0.0000 & 0.0000 \\
0.0000 & -4.0417 & 7.8333 & -4.0417 & 0.0000 \\
0.0000 & 0.0000 & -4.0417 & 7.8333 & -4.417 \\
0.0000 & 0.0000 & 0.0000 & -4.0417 & 3.9167
\end{bmatrix}
\begin{Bmatrix}
U_1 \\ U_2 \\ U_3 \\ U_4 \\ U_5
\end{Bmatrix}
= -10^{-2}
\begin{Bmatrix}
0.1302 \\ 1.8229 \\ 6.5104 \\ 14.3230 \\ 10.5470
\end{Bmatrix}
+
\begin{Bmatrix}
Q_1^1 \\ Q_2^1+Q_1^2 \\ Q_2^2+Q_1^3 \\ Q_2^3+Q_1^4 \\ Q_2^4
\end{Bmatrix}
$$

由于 U_1 和 U_5 是指定的,如式(2)所示,可以将上述组合方程重新整理成式(3.4.57)的形式,并给出定义

$$
\boldsymbol{U}^1 = \begin{Bmatrix} U_1 \\ U_5 \end{Bmatrix},\ \boldsymbol{U}^2 = \begin{Bmatrix} U_2 \\ U_3 \\ U_4 \end{Bmatrix},
$$

$$
\boldsymbol{F}^1 = \begin{Bmatrix} F_1 \\ F_5 \end{Bmatrix} = \begin{Bmatrix} -0.00130+Q_1^1 \\ -0.10547+Q_2^4 \end{Bmatrix},\ \boldsymbol{F}^2 = - \begin{Bmatrix} 0.01823 \\ 0.06510 \\ 0.14323 \end{Bmatrix}
$$

$$
\boldsymbol{K}^{11} = \begin{bmatrix} K_{11} & K_{15} \\ K_{51} & K_{55} \end{bmatrix} = \begin{bmatrix} 3.9167 & 0.0000 \\ 0.0000 & 3.9167 \end{bmatrix}
$$

$$
\boldsymbol{K}^{12} = \begin{bmatrix} K_{12} & K_{13} & K_{14} \\ K_{52} & K_{53} & K_{54} \end{bmatrix} = \begin{bmatrix} -4.0417 & 0 & 0.0000 \\ 0.0000 & 0 & -4.0417 \end{bmatrix},\ \boldsymbol{K}^{21} = (\boldsymbol{K}^{12})^{\mathrm{T}}
$$

$$
\boldsymbol{K}^{22} = \begin{bmatrix} K_{22} & K_{23} & K_{24} \\ K_{32} & K_{33} & K_{34} \\ K_{42} & K_{43} & K_{44} \end{bmatrix} = \begin{bmatrix} 7.8333 & -4.0417 & 0.0000 \\ -4.0417 & 7.8333 & -4.0417 \\ 0.0000 & -4.0417 & 7.8333 \end{bmatrix}
$$

由于指定的值为 0,即 $\boldsymbol{U}^1=0$,所以主变量的简化方程为 $(\boldsymbol{K}^{22}\boldsymbol{U}^2=\boldsymbol{F}^2)$:

$$
\begin{bmatrix}
7.8333 & -4.0417 & 0.0000 \\
-4.0417 & 7.8333 & -4.0417 \\
0.0000 & -4.0417 & 7.8333
\end{bmatrix}
\begin{Bmatrix} U_2 \\ U_3 \\ U_4 \end{Bmatrix}
= - \begin{Bmatrix} 0.01823 \\ 0.06510 \\ 0.14323 \end{Bmatrix}
$$

解为(使用计算求得)

$$
U_1=0.0,\ U_2=-0.02323,\ U_3=-0.04052,\ U_4=-0.03919,\ U_5=0.0 \tag{5}
$$

次变量可以使用次变量的缩聚方程或从式(3.4.6)中的定义进行计算。从缩聚方程 $(\boldsymbol{F}^1=\boldsymbol{K}^{12}\boldsymbol{U}^2)$ 中,有

$$\begin{Bmatrix} Q_1^1 \\ Q_2^4 \end{Bmatrix} = \begin{Bmatrix} 0.00130 \\ 0.10547 \end{Bmatrix} + \begin{bmatrix} -4.0417 & 0 & 0.0000 \\ 0.0000 & 0 & -4.0417 \end{bmatrix} \begin{Bmatrix} -0.02323 \\ -0.04052 \\ -0.03919 \end{Bmatrix} = \begin{Bmatrix} 0.09520 \\ 0.26386 \end{Bmatrix} \tag{6}$$

由式(3.4.6)的定义可知

$$(Q_1^1)_{\text{def}} \equiv \left(-a \frac{\mathrm{d}u_h^1}{\mathrm{d}x} \right) \Big|_{x=0} = -\left[a \left(u_1^1 \frac{\mathrm{d}\psi_1^1}{\mathrm{d}x} + u_2^1 \frac{\mathrm{d}\psi_2^1}{\mathrm{d}x} \right) \right]_{x=0} \tag{7}$$

$$= \frac{U_1 - U_2}{h} = 0.09293$$

$$(Q_2^4)_{\text{def}} \equiv \left(-a \frac{\mathrm{d}u_h^4}{\mathrm{d}x} \right) \Big|_{x=1} = \left[a \left(u_1^4 \frac{\mathrm{d}\psi_1^4}{\mathrm{d}x} + u_2^4 \frac{\mathrm{d}\psi_2^4}{\mathrm{d}x} \right) \right]_{x=1} \tag{8}$$

$$= \frac{U_5 - U_4}{h} = 0.15676$$

$$(Q_1^1)_{\text{equil}} = K_{11}^1 U_1 + K_{12}^1 U_2 - f_1^1 = 0.09520 \tag{9}$$

$$(Q_2^4)_{\text{equil}} = K_{21}^4 U_e + K_{22}^4 U_5 - f_2^4 = 0.26386 \tag{10}$$

(b)二次单元。由式(3.4.38)可知单元系数矩阵,其中 $a_e = 1, c_e = -1, h_e = \dfrac{1}{2}$:

$$\boldsymbol{K}^e = \frac{2}{3} \begin{bmatrix} 7 & -8 & 1 \\ -8 & 16 & -8 \\ 1 & -8 & 7 \end{bmatrix} - \frac{1}{60} \begin{bmatrix} 4 & 2 & -1 \\ 2 & 16 & 2 \\ -1 & 2 & 4 \end{bmatrix}$$

或者

$$\boldsymbol{K}^e = \frac{1}{60} \begin{bmatrix} 276 & -322 & 41 \\ -322 & 624 & -322 \\ 41 & -322 & 276 \end{bmatrix} = \begin{bmatrix} 4.6000 & -5.3667 & 0.6833 \\ -5.3667 & 10.4000 & -5.3667 \\ 0.6833 & -5.3667 & 4.6000 \end{bmatrix}$$

使用式(4)计算系数 f_i^e,其中

$$\psi_1^e(\bar{x}) = \left(1 - \frac{\bar{x}}{h_e} \right) \left(1 - \frac{2\bar{x}}{h_e} \right), \psi_2^e(\bar{x}) = 4 \frac{\bar{x}}{h_e} \left(1 - \frac{\bar{x}}{h_e} \right), \psi_3^e(\bar{x}) = -\frac{\bar{x}}{h_e} \left(1 - \frac{2\bar{x}}{h_e} \right)$$

有 $\left(h_e = \dfrac{1}{2} \right)$:

$$f_1^e = -\int_0^{h_e} (x_a + \bar{x})^2 \left(1 - 3 \frac{\bar{x}}{h_e} + 2 \frac{\bar{x}^2}{h_e^2} \right) \mathrm{d}\bar{x} = -\frac{1}{480} (-1 + 40 x_a^2)$$

$$f_2^e = -4 \int_0^{h_e} (x_a + \bar{x})^2 \left(\frac{\bar{x}}{h_e} - \frac{\bar{x}^2}{h_e^2} \right) \mathrm{d}\bar{x} = -\frac{1}{120} (3 + 20 x_a + 40 x_a^2)$$

$$f_3^e = \int_0^{h_e} (x_a + \bar{x})^2 \left(\frac{\bar{x}}{h_e} - 2\frac{\bar{x}^2}{h_e^2} \right) d\bar{x} = -\frac{1}{480}(9 + 40x_a + 40x_a^2)$$

单元 $1\left(h_1 = \frac{1}{2}, x_a = 0 \right)$:

$$f_1^1 = \frac{1}{480} = 0.00208, \quad f_2^1 = -\frac{1}{40} = -0.02500, \quad f_3^1 = -\frac{3}{160} = -0.01875$$

单元 $2\left(h_1 = \frac{1}{2}, x_a = h_1 = \frac{1}{2} \right)$:

$$f_1^2 = -\frac{9}{480} = -0.01875, \quad f_2^2 = -\frac{23}{120} = -0.19167, \quad f_3^2 = -\frac{39}{480} = -0.08125$$

对于串联的两个二次单元(即首尾相连), Q_i^e 的平衡条件为 $Q_3^1 + Q_1^2 = 0$。则组装的方程为

$$\begin{bmatrix} 4.6000 & -5.3667 & 0.6833 & 0.0000 & 0.0000 \\ -5.3667 & 10.4000 & -5.3667 & 0.0000 & 0.0000 \\ 0.0000 & -5.3667 & 10.4000 & -5.3667 & 0.0000 \\ 0.0000 & 0.0000 & -5.3667 & 10.4000 & -5.3667 \\ 0.0000 & 0.0000 & 0.0000 & -5.3667 & 3.9167 \end{bmatrix} \begin{Bmatrix} U_1 \\ U_2 \\ U_3 \\ U_4 \\ U_5 \end{Bmatrix}$$

$$= -\begin{Bmatrix} -0.00208 \\ 0.02500 \\ 0.03750 \\ 0.19167 \\ 0.08125 \end{Bmatrix} + \begin{Bmatrix} Q_1^1 \\ Q_2^1 \\ Q_3^1 + Q_1^2 \\ Q_2^2 \\ Q_3^2 \end{Bmatrix}$$

再次,使用 $U_1 = 0, U_5 = 0$,得到缩聚方程:

$$\begin{bmatrix} 10.4000 & -5.3667 & 0.0000 \\ -5.3667 & 9.2000 & -5.3667 \\ 0.0000 & -5.3667 & 10.4000 \end{bmatrix} \begin{Bmatrix} U_2 \\ U_3 \\ U_4 \end{Bmatrix} = -\begin{Bmatrix} 0.02500 \\ 0.03750 \\ 0.19167 \end{Bmatrix}$$

解为

$$U_1 = 0.0, \quad U_2 = -0.02345, \quad U_3 = -0.04078, \quad U_4 = -0.03947, \quad U_5 = 0.0 \tag{11}$$

由定义可知,未知的变量为

$$(Q_1^1)_{\text{equil}} = K_{11}^1 U_1 + K_{12}^1 U_2 + K_{13}^1 U_3 - f_1^1 = 0.10006$$
$$(Q_3^2)_{\text{equil}} = K_{13}^1 U_3 + K_{23}^2 U_4 + K_{33}^2 U_5 - f_3^2 = 0.26521 \tag{12}$$

$$(Q_1^1)_{\text{def}} \equiv \left(-a\frac{\mathrm{d}u_h^1}{\mathrm{d}x}\right)\Bigg|_{x=0} = -\left[a\left(u_1^1\frac{\mathrm{d}\psi_1^1}{\mathrm{d}x}+u_2^1\frac{\mathrm{d}\psi_2^1}{\mathrm{d}x}+u_3^1\frac{\mathrm{d}\psi_3^1}{\mathrm{d}x}\right)\right]_{x=0}$$

$$= -\left[\frac{U_1}{h}\left(-3+4\frac{x}{h}\right)+\frac{U_2}{h}\left(4-8\frac{x}{h}\right)+\frac{U_3}{h}\left(-1+4\frac{x}{h}\right)\right]_{x=0}$$

$$= \left(\frac{3}{h}U_1-\frac{4}{h}U_2+\frac{1}{h}U_3\right) = 0.10602$$

$$(Q_3^2)_{\text{def}} \equiv \left(-a\frac{\mathrm{d}u_h^2}{\mathrm{d}x}\right)\Bigg|_{x=0} = -\left[a\left(u_1^2\frac{\mathrm{d}\psi_1^2}{\mathrm{d}x}+u_2^2\frac{\mathrm{d}\psi_2^2}{\mathrm{d}x}+u_3^2\frac{\mathrm{d}\psi_3^2}{\mathrm{d}x}\right)\right]_{x=1}$$

$$= \left[\frac{U_3}{h}\left(-3+4\frac{\bar{x}}{h}\right)+\frac{U_4}{h}\left(4-8\frac{\bar{x}}{h}\right)+\frac{U_5}{h}\left(-1+4\frac{\bar{x}}{h}\right)\right]_{\bar{x}=h}$$

$$= \left(\frac{1}{h}U_3-\frac{4}{h}U_4+\frac{3}{h}U_5\right) = 0.23422$$

表 3.4.2 包含了 4 个和 8 个线性单元以及 2 个和 4 个二次单元获得的有限元解与 3 参数 Ritz 解和精确解的对比(见例 2.5.1 和表 2.5.1)。4 个线性单元和 2 个二次单元的解不如 3 参数 Ritz 解精确。而采用 8 个线性单元或 4 个二次单元得到的解更为精确,4 个二次单元的解与精确解基本相同。u_h^e 和 $\mathrm{d}u_h/\mathrm{d}x$ 的图形在图 3.4.14 和图 3.4.15 中分别给出。请注意单元间有限元解的导数是不连续的;单元间的 $\mathrm{d}u_h/\mathrm{d}x$ 的差异会随着网格的加密或近似阶次的增加而减小。

表 3.4.2 有限元计算结果与式(1)和式(2)的精确解的比较

x	有限元解[1]				Ritz 解[2]	精确解
	4L	2Q	8L	4Q		
0.0000	**0.0000**[3]	**0.0000**	**0.0000**	**0.0000**	0.0000	0.0000
0.0625	0.0581	0.0644	0.0595	0.0602	0.0596	0.0598
0.1250	0.1162	0.1249	**0.1190**	**0.1193**	0.1191	0.1192
0.1875	0.1743	0.1816	0.1762	0.1771	0.1776	0.1775
0.2500	**0.2323**	**0.2345**	**0.2334**	**0.2337**	0.2339	0.2337
0.3125	0.2756	0.2835	0.2837	0.2876	0.2868	0.2866
0.3750	0.3188	0.3288	**0.3334**	**0.3345**	0.3347	0.3345
0.4375	0.3620	0.3702	0.3705	0.3745	0.3757	0.3755
0.5000	**0.4052**	**0.4078**	**0.4070**	**0.4076**	0.4076	0.4076
0.5625	0.4019	0.4403	0.4207	0.4298	0.4282	0.4283
0.6250	0.3986	0.4490	**0.4343**	**0.4350**	0.4347	0.4350
0.6875	0.3952	0.4338	0.4140	0.4231	0.4244	0.4246

续表

x	有限元解[1]				Ritz 解[2]	精确解
	4L	2Q	8L	4Q		
0.7500	**0.3919**	**0.3947**	**0.3936**	**0.3942**	0.3940	0.3942
0.8125	0.2939	0.3318	0.3261	0.3421	0.3401	0.3402
0.8750	0.1960	0.2451	**0.2587**	**0.2591**	0.2592	0.2590
0.9375	0.0980	0.1345	0.1293	0.1450	0.1472	0.1470
1.0000	**0.0000**	**0.0000**	**0.0000**	**0.0000**	0.0000	0.0000

①4L 为 4 个线性单元;8L 为 8 个线性单元;2Q 为 2 个二次单元;4Q 为 4 个二次单元。

②来自例 2.5.1 的 Ritz 解。

③黑体的数字是节点值;其他是使用基本的有限元近似得到的插值,$u(x) = \sum_{j=1}^{2} u_j^e \psi_j^e(x)$。

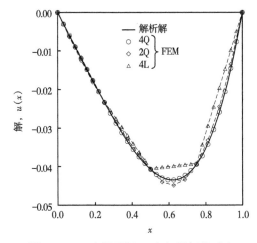

图 3.4.14　有限元解 u_h^e 与解析解的对比

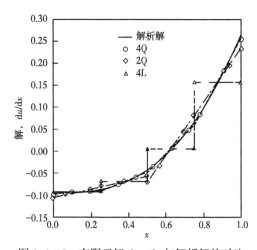

图 3.4.15　有限元解 du_h/dx 与解析解的对比

3.4.7　备注和观点

本小节对模型方程(3.4.1)的有限元分析步骤总结一些备注和观点。

(1)尽管 Ritz 方法被用来建立单元方程,但是任何其他的方法,如加权残值法(如最小二乘法或子域法),可以用来推导出有限元方程。

(2)一个有限元分析(3.2.1 节)的步骤(1)~(6)对于任何问题都是一样的。插值函数的推导只取决于单元的几何形状以及单元中节点的数量和位置。单元中的节点数和所使用的近似阶次是相关的。

(3)推导了线性算子方程的有限元方程(3.4.32b):

$$A(u) = f, \ 其中 \ A = -\frac{d}{dx}\left(a\frac{d}{dx}\right) + c \tag{3.4.63}$$

因此,对于由算子方程 $A(u) = f$ 描述的任何物理问题或其特殊情况,它们都是有效的。只需要合适地解释相关物理量。表 3.4.1 列出了操作符所描述的问题示例。因此,为式(3.4.1)的有限元分析编写的计算机程序可以用来分析表 3.4.1 中的任何问题。另外,请注意数据

$a=a(x)$，$c=c(x)$，$f=f(x)$ 在不同的单元中通常是不同的。

(4)式(3.4.33)中单元矩阵的积分可以通过数值积分在计算机上实现。当这些积分在代数上是复杂的，我们别无选择，只能使用数值积分，这将在第8章讨论。

(5)当 EA 在每个单元内为常数时，式(3.4.40)$c_e=0$ 的另一种解释可以在有限差分近似中给出。任意点 x 处的轴向力由 $P(x)=(EA\,du/dx)n_x$ 给出，其中 n_x 在杆的左端取-1，在杆的右端取$+1$(以考虑单位法线方向)。在 $x=x_a$ 处使用向前差分近似和在 $x=x_b$ 处的向后差分近似来代替导数 du/dx，得

$$P_1^e \equiv P^e(x_a) = \left(-E_eA_e\frac{du}{dx}\right)_{x_a} \approx -E_eA_e\frac{u(x_b)-u(x_a)}{h_e} = \frac{E_eA_e}{h_e}(u_1^e-u_2^e) \tag{3.4.64}$$

$$P_2^e \equiv P^e(x_b) = \left(-E_eA_e\frac{du}{dx}\right)_{x_b} \approx E_eA_e\frac{u(x_b)-u(x_a)}{h_e} = \frac{E_eA_e}{h_e}(u_2^e-u_1^e) \tag{3.4.65}$$

上式与式(3.3.6)是一样的。注意，写式(3.4.64)和式(3.4.65)时没有假设 $u(x)$ 本身的显式近似;但事实上，我们使用了两个连续点的函数值来定义它的斜率，这意味着我们假设了函数的线性近似。因此，要计算除节点(或网格点)以外的点上 u 的值，必须使用线性插值。

(6)对于所考虑的模型问题，式(3.4.33)中的单元矩阵 $\boldsymbol{K}^e$ 是对称的:$K_{ij}^e=K_{ji}^e$。这使只需计算 $j\leqslant i$ 时的 $K_{ij}^e(i,j=1,2,\cdots,n)$。换句话说，只需要计算对角项和上对角项或下对角项。由于单元矩阵的对称性，组装后的整体矩阵也将是对称的。因此，只需在有限元程序中存储组装后的矩阵的上三角形，包括对角线。有限元法的另一个特性是组装后矩阵的稀疏性。由于整体节点 I 和 J 不属于同一个有限元，$K_{IJ}=0$，因此对整体系数矩阵进行带状化;也就是说，所有离对角线超过一定距离的系数都为零。行的对角线元素(包括对角线元素)与该行中最后一个非零系数之间的最大距离称为半带宽。当一个矩阵是带状且对称时，只需在该矩阵的上带或下带中存储项。在这种情况下，可以使用为带状对称方程的解编写的方程求解器。系数矩阵的对称性取决于微分方程的类型、变分形式和有限元方程的编号。矩阵的稀疏性是有限元插值函数的结果，它只有在域的一个单元上有非零值(即所谓的近似函数的紧致性)。当然，当使用迭代求解器时，与高斯消去程序相反，带宽不是一个问题。

(7)有三个误差来源可能导致问题的有限元解不精确:

①域近似误差，这是由于域的近似引起的。

②计算误差，其是由于系数 K_{ij}^e 和 f_i^e 的不精确计算导致的，或者由于计算机中的有限算法引起的。

③近似误差，这是由于用分段多项式近似解引起的。

由于问题的几何结构被精确地表示出来，并且当 a 是常数，$c=0$，f 是任意的(见 Reddy[2])时，线性近似能够表示节点处的精确解，所以第一种和第三种误差都是零。在最终的数值结果中引入的唯一误差可能是由于对系数 K_{ij}^e 和 f_i^e 的数值计算以及代数方程的解。然而，一般情况下，即使在一维问题中也存在计算误差和近似误差。在文献[3]中可以找到关于有限元近似误差的补充讨论。

3.5 轴对称问题

3.5.1 模型方程

考虑向量形式的二阶微分方程：

$$-\nabla\cdot(\boldsymbol{a}\cdot\nabla u)=f(\boldsymbol{x}) \tag{3.5.1}$$

其中，∇ 是 2.2.1.3 节中讨论过的梯度算子，$\boldsymbol{a}$ 是一个已知的二阶张量，u 是待确定的常变量，f 是已知的源。以热传导方程为例说明式（3.5.1）（见 Reddy[1,4]），其中 u 是温度，$\boldsymbol{a}$ 是热导率张量，f 是内部热源。

在圆柱几何中控制物理过程的方程用圆柱坐标 (r,θ,z) 解析地描述。对于各向同性材料（即 $a_{rr}=a_{\theta\theta}=a_{zz}\equiv a$），式（3.5.1）有以下形式：

$$-\frac{1}{r}\frac{\partial}{\partial r}\left(ra\frac{\partial u}{\partial r}\right)-\frac{1}{r}\frac{\partial}{\partial\theta}\left(\frac{a}{r}\frac{\partial u}{\partial\theta}\right)-\frac{\partial}{\partial z}\left(a\frac{\partial u}{\partial z}\right)=f(r,\theta,z) \tag{3.5.2}$$

当几何形状、载荷和边界条件不依赖于圆周方向时（即 θ 坐标方向），称问题是轴对称的，且控制方程变成关于 r 和 z 的二维方程。另外，如果问题的几何形状和数据不依赖于坐标 z，例如，当圆柱体非常长时，方程仅是径向坐标 r 的函数，如图 1.4.6 所示，其是图 3.5.1（a）至图 3.5.1（c）的重现：

$$-\frac{1}{r}\frac{\mathrm{d}}{\mathrm{d}r}\left[ra(r)\frac{\mathrm{d}u}{\mathrm{d}r}\right]=f(r)\,,\,R_i<r<R_o \tag{3.5.3}$$

其中，r 是径向坐标，a 和 f 是已知的关于 r 的函数，u 是因变量。例如，对于内半径为 $R_i\geqslant0$，外半径为 R_o 的长圆柱内的径向热流，可以建立这样的方程。径向对称条件要求 $a=k$（k 是热导系数）和 f（内部热源）都仅为 r 的函数。在本节中，建立了由式（3.5.3）描述的一维轴对称问题的有限元模型。

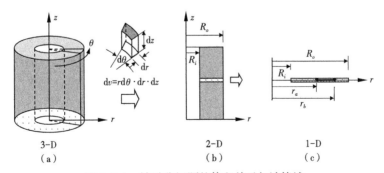

图 3.5.1　轴对称问题的体积单元与计算域

3.5.2 弱形式

我们从弱形式开始，其中加权积分形式中的体积单元被代 $\mathrm{d}v=r\mathrm{d}r\mathrm{d}\theta\mathrm{d}z$ 替。由于被积函数与 θ 和 z 无关，且考虑单位长度的圆柱体，得

$$\int_{v^e}F(r)\mathrm{d}v=\int_0^1\int_0^{2\pi}\int_{r_a}^{r_b}F(r)r\mathrm{d}r\mathrm{d}\theta\mathrm{d}z=2\pi\int_{r_a}^{r_b}F(r)r\mathrm{d}r \tag{3.5.4}$$

其中,(r_a, r_b)是单元沿径向的定义域。接下来,我们进行建立弱形式的其余两个步骤。

在推导式(3.5.3)的弱形式时,将 u 替换为它的近似值 u_h^e,将得到的残值乘以权函数 $w_i^e(r)$,并在单位长度圆柱体的单元体积上积分(图3.5.1):

$$0 = 2\pi \int_{r_a}^{r_b} w_i^e \left[-\frac{1}{r} \frac{\mathrm{d}}{\mathrm{d}r} \left(ra \frac{\mathrm{d}u_h}{\mathrm{d}r} - f \right) \right] r\mathrm{d}r \tag{3.5.5a}$$

$$0 = 2\pi \int_{r_a}^{r_b} \left(a \frac{\mathrm{d}w_i^e}{\mathrm{d}r} \frac{\mathrm{d}u_h}{\mathrm{d}r} - w_i^e f \right) r\mathrm{d}r - 2\pi \left[w_i^e ra \frac{\mathrm{d}u_h}{\mathrm{d}r} \right]_{r_a}^{r_b} \tag{3.5.5b}$$

$$0 = 2\pi \int_{r_a}^{r_b} \left(a \frac{\mathrm{d}w_i^e}{\mathrm{d}r} \frac{\mathrm{d}u_h}{\mathrm{d}r} - w_i^e f \right) r\mathrm{d}r - w_i^e(r_a) Q_1^e - w_i^e(r_b) Q_2^e$$

$$Q_1^e \equiv -2\pi \left(ra \frac{\mathrm{d}u_h}{\mathrm{d}r} \right) \bigg|_{r_a}, \quad Q_2^e \equiv 2\pi \left(ra \frac{\mathrm{d}u_h}{\mathrm{d}r} \right) \bigg|_{r_b} \tag{3.5.5c}$$

3.5.3 有限元模型

通过代入近似得到有限元模型:

$$u(r) \approx u_h(r) = \sum_{j=1}^{n} u_j^e \psi_j^e(r) \tag{3.5.6}$$

其中,$\psi_j^e(r)$ 是 Lagrange 插值函数,在前面 3.4.3.3 节中已经推导出了线性和二次单元的 Lagrange插值函数;唯一的变化是用径向坐标 r 代替轴向坐标 x,如线性插值函数为$(h_e = r_b - r_a)$

$$\psi_1^e(r) = \frac{r_b - r}{h_e}, \quad \psi_2^e(r) = \frac{r - r_a}{h_e} \tag{3.5.7}$$

和之前一样,用 ψ_i^e 替换 w_i^e 得到 Ritz(或弱形式 Galerkin)有限元模型的第 i 个代数方程:

$$\sum_{j=1}^{n} K_{ij}^e u_j^e = f_i^e + Q_i^e \text{ 或 } \boldsymbol{K}^e \boldsymbol{u}^e = \boldsymbol{f}^e + \boldsymbol{Q}^e \tag{3.5.8a}$$

$$K_{ij}^e = 2\pi \int_{r_a}^{r_b} a(r) \frac{\mathrm{d}\psi_i^e}{\mathrm{d}r} \frac{\mathrm{d}\psi_j^e}{\mathrm{d}r} r\mathrm{d}r, \quad f_i^e = 2\pi \int_{r_a}^{r_b} \psi_i^e f(r) r\mathrm{d}r \tag{3.5.8b}$$

若在单元中 $a = a_e$ 和 $f = f_e$ 为常数,K_{ij}^e 和 f_i^e 的显式表达如下,其中 r_a 为单元节点 1 的整体坐标。

线性单元

$$\boldsymbol{K}^e = \frac{2\pi a_e}{h_e} \left(r_a + \frac{1}{2} h_e \right) \begin{bmatrix} 1 & -1 \\ -1 & 1 \end{bmatrix}$$

$$\boldsymbol{f}^e = \frac{2\pi f_e h_e}{6} \begin{Bmatrix} 3r_a + h_e \\ 3r_a + 2h_e \end{Bmatrix} \tag{3.5.9}$$

二次单元

$$K^e = \frac{2\pi a_e}{6h_e} \begin{bmatrix} 3h_e+14r_a & -(4h_e+16r_a) & h_e+2r_a \\ -(4h_e+16r_a) & 16h_e+32r_a & -(12h_e+16r_a) \\ h_e+2r_a & -(12h_e+16r_a) & 11h_e+14r_a \end{bmatrix} \tag{3.5.10}$$

$$f^e = \frac{2\pi f_e h_e}{6} \begin{Bmatrix} r_a \\ 4r_a+2h_e \\ r_a+h_e \end{Bmatrix}$$

例如,对于实心圆柱体,第一个单元的第一个节点有 $r_a=0$,则 K^1 和 f^1 为

$$K^1 = \frac{2\pi a_1}{6} \begin{bmatrix} 3 & -4 & 1 \\ -4 & 16 & -12 \\ 1 & -12 & 11 \end{bmatrix}, \quad f^1 = \frac{2\pi f_1 h_1^2}{6} \begin{Bmatrix} 0 \\ 2 \\ 1 \end{Bmatrix} \tag{3.5.11}$$

我们现在考虑轴对称问题的两个例子。

例 3.5.1

式(3.5.3)是半径为 r 的长实心圆柱杆中的温度分布 $u(r)$ 的控制方程,杆的半径为 R,热导率为 k[即 $a(r)=k$],并通过电流加热,产生热量 f_0。在室温为 u_∞ 的条件下,热量通过与周围介质的对流而从杆表面散去。请确定温度分布(为径向距离的函数),且边界条件为

$$\frac{\mathrm{d}u}{\mathrm{d}r}=0 \text{ 在 } r=0 \text{ 处(对称性)}, \quad rk\frac{\mathrm{d}u}{\mathrm{d}r}+r\beta(u-u_\infty)=0 \text{ 在 } r=R \text{ 处(对流)} \tag{1}$$

并使用 4 个线性有限单元和以下数据:

$$R=0.05\mathrm{m}, K=40\mathrm{W/(m℃)}, f=4\times10^6\mathrm{W/m^3}, \beta=400\mathrm{W/(m^2℃)}, u_\infty=20℃ \tag{2}$$

解答: 由于圆筒很长,只考虑圆筒的一个典型部分就足够了(忽略端部影响)。由于几何条件、材料条件和边界条件的轴对称性,可以把问题简化为一维问题,只要考虑沿截面的径向线的传热。对于 4 个线性单元($h=0.0125\mathrm{m}$)的均匀网格,省略公因子 2π,得到系数矩阵和源向量[见(3.5.9)]。

单元 1($a=k=40, r_a=0, r_b=h$):

$$K^1 = \frac{40}{2} \begin{bmatrix} 1 & -1 \\ -1 & 1 \end{bmatrix}, \quad f^1 = \frac{4\times10^6(0.0125)^2}{6} \begin{Bmatrix} 1 \\ 2 \end{Bmatrix} = 10^2 \begin{Bmatrix} 1.0417 \\ 2.0833 \end{Bmatrix}$$

单元 2($a=k=40, r_a=h, r_b=2h$):

$$K^2 = \frac{40}{2} \begin{bmatrix} 3 & -3 \\ -3 & 3 \end{bmatrix}, \quad f^2 = \frac{4\times10^6(0.0125)^2}{6} \begin{Bmatrix} 4 \\ 5 \end{Bmatrix} = 10^2 \begin{Bmatrix} 4.1667 \\ 5.2083 \end{Bmatrix}$$

单元 1($a=k=40, r_a=2h, r_b=3h$):

$$K^3 = \frac{40}{2} \begin{bmatrix} 5 & -5 \\ -5 & 5 \end{bmatrix}, \quad f^3 = \frac{4\times10^6(0.0125)^2}{6} \begin{Bmatrix} 7 \\ 8 \end{Bmatrix} = 10^2 \begin{Bmatrix} 7.2917 \\ 8.3333 \end{Bmatrix}$$

单元 4($a=k=40,r_a=3h,r_b=4h=R$)：

$$K^4=\frac{40}{2}\begin{bmatrix}7 & -7\\ -7 & 7\end{bmatrix},\quad f^4=\frac{4\times10^6(0.0125)^2}{6}\begin{Bmatrix}10\\ 11\end{Bmatrix}=10^3\begin{Bmatrix}1.0417\\ 1.1458\end{Bmatrix}$$

对于所有单元串联的情况，组装后的方程与式(3.4.50)相同，Q_i^e 的平衡条件与式(3.4.45)相同。因此，具有平衡条件的组装方程为：

$$\begin{bmatrix}20 & -20 & 0 & 0 & 0\\ -20 & 80 & -60 & 0 & 0\\ 0 & -60 & 160 & -100 & 0\\ 0 & 0 & -100 & 240 & -140\\ 0 & 0 & 0 & -140 & 140\end{bmatrix}\begin{Bmatrix}U_1\\ U_2\\ U_3\\ U_4\\ U_5\end{Bmatrix}=\alpha\begin{Bmatrix}1\\ 6\\ 12\\ 18\\ 11\end{Bmatrix}+\begin{Bmatrix}Q_1^1\\ Q_2^1+Q_1^2=0\\ Q_2^2+Q_1^3=0\\ Q_2^3+Q_1^4=0\\ Q_2^4\end{Bmatrix}\tag{3}$$

其中，$\alpha=104.166$。边界条件要求：

$$Q_1^1=0,\ Q_2^4=-R\beta(U_5-u_\infty)=-20(U_5-20)\tag{4}$$

由于在这个问题中没有指定的主变量，所以缩聚方程与附加边界条件的组装方程是一样的：

$$\begin{bmatrix}20 & -20 & 0 & 0 & 0\\ -20 & 80 & -60 & 0 & 0\\ 0 & -60 & 160 & -100 & 0\\ 0 & 0 & -100 & 240 & -140\\ 0 & 0 & 0 & -140 & 140\end{bmatrix}\begin{Bmatrix}U_1\\ U_3\\ U_3\\ U_4\\ U_5\end{Bmatrix}=104.166\begin{Bmatrix}1\\ 6\\ 12\\ 18\\ 11\end{Bmatrix}+\begin{Bmatrix}0\\ 0\\ 0\\ 0\\ 400\end{Bmatrix}\tag{5}$$

这些方程的解为

$$U_1=334.8,U_2=329.47,U_3=317.32,U_4=297.53,U_5=270.00\tag{6}$$

对于两个二次单元的均匀网格，单元矩阵如下：

单元 1($a=k=40,r_a=0,r_b=h=0.025$)：

$$K^1=10^2\begin{bmatrix}0.2000 & -0.2667 & 0.0667\\ -0.2667 & 1.0667 & -0.8000\\ 0.0667 & -0.8000 & 0.7333\end{bmatrix},\quad f^1=10^3\begin{Bmatrix}0.0000\\ 0.8333\\ 0.4167\end{Bmatrix}$$

单元 2($a=k=40,r_a=h,r_b=2h=0.05$)：

$$K^2=10^2\begin{bmatrix}1.1333 & -1.3333 & 0.2000\\ -1.3333 & 3.2000 & -1.8667\\ 0.2000 & -1.8667 & 1.6667\end{bmatrix},\quad f^2=10^3\begin{Bmatrix}0.4167\\ 2.5000\\ 0.8333\end{Bmatrix}$$

两个二次单元的网格得到的节点值为：

$$U_1=332.50,U_2=328.59,U_3=316.87,U_4=297.34,U_5=270.00\tag{7}$$

这些节点值与节点处的精确解一致：

$$u(r) = u_\infty + \frac{f_0 R}{2\beta} + \frac{f_0 R^2}{4k}\left(1 - \frac{r^2}{R^2}\right) \tag{3.5.12}$$

一种物质的粒子(或分子)从该物质的高浓度区域向浓度较低区域的移动称为扩散(见 Reddy[1])。扩散的例子有流体颗粒通过多孔固体介质的流动和热从高温区域流向低温区域等。这种过程的控制方程已经在例1.2.2中讨论了传热的情况。与傅立叶热传导定律类似,分子转移的控制方程可由将溶质扩散通量与稀溶液中的浓度梯度联系起来的Fick第一定律得到:

$$q = -D\nabla C \tag{3.5.13}$$

其中,C为浓度,D为扩散系数,q为扩散通量。在没有任何化学反应的情况下,组织中溶质的质量守恒导致:

$$\frac{\partial C}{\partial t} - \nabla \cdot (D\nabla C) = 0 \tag{3.5.14}$$

对于稳态分析,时间导数项省略。在下一个例子中,讨论扩散方程的应用[见式(3.5.3)]及其有限元解。

例3.5.2

低密度脂蛋白(LDL)从流经动脉壁的血液中扩散,导致动脉粥样硬化等疾病。为了分析,我们认为动脉壁由靠近血流区域的内膜(管腔)和中膜组成,如图3.5.2所示。在数值研究中,将忽略内膜与中膜之间的中间区域,即内弹性层(IEL)和外膜,以及中膜与外膜之间的区域,即外弹性层(EEL)。假设动脉是一个两层长圆柱壳,LDL(胆固醇)的扩散是轴对称的,可以采用一维模型。设管腔半径为a,介质半径为b,内膜与介质界面的径向距离为R,设LDL在内膜和介质中的扩散系数分别为D_i和D_m,内膜表面的浓度为C_a,介质外的浓度为C_b。请确定LDL浓度与离动脉中心的径向距离的函数关系。使用2个二次单元和以下数据[5,6]:

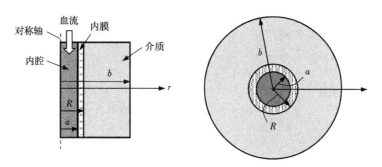

图3.5.2 低密度脂蛋白通过双层动脉壁的扩散

$$\begin{aligned} &a = 3.100\text{mm}, b = 3.310\text{mm}, R = 3.110\text{mm}, D_i = 5\times10^{-6}\text{mm}^2/\text{s} \\ &D_m = 5\times10^{-8}\text{mm}^2/\text{s}, C_a = 1.2\times10^{-6}\text{g}/\text{mm}^3, C_b = 0.1\times10^{-6}\text{g}/\text{mm}^3 \end{aligned} \tag{1}$$

解答:在圆柱几何中的扩散也由式(3.5.14)控制,对于目前的稳态轴对称情况,该式可简化为

$$-\frac{1}{r}\frac{\mathrm{d}}{\mathrm{d}r}\left(rD\frac{\mathrm{d}C}{\mathrm{d}r}\right)=0 \tag{2}$$

显然,式(2)是式(3.5.3)的特例,其中$u=C,a(r)=D,f(r)=0($即$f^e=0)$。

对于两个二次单元网格,当前问题的单元系数为[使用式(3.5.10),其中$a_1=D_i=5\times10^{-6}$ $\mathrm{mm}^2/\mathrm{s},h_1=R-a=0.01\mathrm{mm},a_2=D_m=5\times10^{-8}\mathrm{mm}^2/\mathrm{s},h_2=b-R=0.2\mathrm{mm}$;并忽略系数中的公因子$2\pi$]:

单元1($a_1=D_i=5\times10^{-6},r_a=a=3.10,h_1=0.01$):

$$\boldsymbol{K}^1=\frac{5\times10^{-9}}{6\times0.01}\begin{bmatrix}3\times10+14\times3100 & -(4\times10+16\times3100) & 10+2\times3100 \\ -(4\times10+16\times3100) & 16\times10+32\times3100 & -(12\times10+16\times3100) \\ 10+2\times3100 & -(12\times10+16\times3100) & 11\times10+14\times3100\end{bmatrix}$$

$$=10^{-2}\begin{bmatrix}0.36192 & -0.41367 & 0.05175 \\ -0.41367 & 0.82800 & -0.41433 \\ 0.05175 & -0.41433 & 0.36258\end{bmatrix}$$

单元2($a_2=D_m=5\times10^{-8},r_a=R=3.11,h_2=0.20$):

$$\boldsymbol{K}^2=\frac{5\times10^{-11}}{6\times0.2}\begin{bmatrix}3\times200+14\times3110 & -(4\times200+16\times3110) & 200+2\times3110 \\ -(4\times200+16\times3110) & 16\times200+32\times3110 & -(12\times200+16\times3110) \\ 200+2\times3110 & -(12\times200+16\times3110) & 11\times200+14\times3110\end{bmatrix}$$

$$=10^{-5}\begin{bmatrix}0.18392 & -0.21067 & 0.02675 \\ -0.21067 & 0.42800 & -0.21733 \\ 0.02675 & -0.21733 & 0.19058\end{bmatrix}$$

边界条件为$U_1=C_a$和$U_5=C_b$。因此,利用边界条件,将已知量移到右侧,并去掉组装后的方程组的第一行(列)和最后一行(列),就得到了缩聚方程组:

$$10^{-5}\begin{bmatrix}828.000 & -414.33 & 0.000 \\ -414.33 & 362.764 & -0.211 \\ 0.000 & -0.211 & 0.428\end{bmatrix}\begin{Bmatrix}U_2 \\ U_3 \\ U_4\end{Bmatrix}=10^{-5}\begin{Bmatrix}413.66667C_a \\ -51.75C_a-0.2675C_b \\ 0.21733C_b\end{Bmatrix}$$

这些方程的解为(单位:$10^{-6}\mathrm{g/mm}^3$):

$$U_2=1.1997,U_3=1.1994,U_5=0.64115 \tag{3}$$

使用定义计算的次变量在所有节点上几乎是相同的,它们都等于$Q=0.882\times10^{-12}\mathrm{g/s}$。

式(2)在边界条件

$$r=a:C_1=C_a,r=b:C_2=C_b$$
$$r=R:C_1=C_2,r=R:rD_i\frac{\mathrm{d}C_1}{\mathrm{d}r}=rD_m\frac{\mathrm{d}C_2}{\mathrm{d}r} \tag{4}$$

下的解析解为

$$C_1(r)=A_1\lg r+B_1,a<r<R$$
$$C_2(r)=A_2\lg r+B_2,R<r<b \tag{5}$$

其中

$$A_2 = \beta A_1, A_1 = \frac{C_b - C_a}{\lg \frac{R}{a} - \beta \lg \frac{R}{b}}, \beta = \frac{D_i}{D_m} \tag{6}$$

$$B_1 = C_a - A_1 \lg a, B_2 = C_b - \beta A_1 \lg b$$

式(3)中的有限元解在节点处与精确解是一致的:

$$u(3.105) = 1.1997, u(3.110) = 1.1994, u(3.210) = 0.64115 \tag{7}$$

扩散通量的精确解为 $Q = 0.882 \times 10^{-12}$ g/s。

3.6　有限元分析中的误差

3.6.1　误差类型

如前所述,在给定微分方程的有限元解中引入的误差可以归结为三个基本来源:

(1)域近似误差,这是由于域的近似引起的。

(2)积分和有限算术误差,其是由于积分的数值计算和计算机上的数值计算引起的。

(3)近似误差,这是由于解的近似引起的:

$$u(x) \approx u_h(x) \equiv \sum_{I=1}^{N} U_I \Phi_I(x) \tag{3.6.1}$$

其中,U_I 表示 u 在整体节点 I 处的值,Φ_I 表示整体节点 I 的整体插值函数,如图 3.4.11 所示。

在一维问题中,所考虑的域是直线。因此,没有必要对定义域进行近似。在涉及非矩形域的二维问题中,在有限元解中引入域(或边界)近似误差。一般来说,这些可以解释为问题的指定数据误差,因为现在是在一个修正的域上解给定的微分方程。当细化网格时,域被更准确地表示,因此,边界近似误差将趋近于零。

在计算机上进行有限元计算时,数值计算中的舍入误差和积分数值计算引起的误差被引入到求解中。在大多数系统中自由度较少的线性问题中,这些误差很小(或当只需要一定的小数点精度时为零)。

由于在单元 Ω_e 中因变量 u 的近似而引入到有限元解 u_h^e 中的误差是任何问题所固有的:

$$u(x) \approx u_h(x) \equiv \sum_{e=1}^{N} \sum_{i=1}^{n} u_i^e \psi_i^e(x) = \sum_{I=1}^{M} U_I \Phi_I(x) \tag{3.6.2}$$

其中,u_h 为域上的有限元解(在 Ω_e 中 $u_h = u_h^e$),N 为网格中的单元数,M 为整体节点总数,n 为单元中的节点数。我们希望以有意义的方式知道当网格中单元的数量增加时误差 $E = u - u_h$ 如何表现。可以看出,对于单个具有单元常数的二阶和四阶方程,整体节点的近似误差为零。

3.6.2　误差的度量

有几种方法可以测量任意两个函数 u 和 u_h 之间的"差"(或距离)。逐点误差是定义域上每一点上 u 和 u_h 之间的差。也可以将 u 和 u_h 的差定义为在域 $\Omega = (a, b)$ 中,取 u 和 u_h 的差

的绝对值的最大值:

$$\|u-u_h\|_\infty \equiv \max_{a\le x\le b}|u(x)-u_h(x)| \tag{3.6.3}$$

这种测量差异的方法叫作度量上界。注意,度量上界是一个实数,而逐点误差是一个函数,在严格的数学意义上不适合作为一个距离或范数。函数的范数是非负的实数。

更常用的两个函数差异度量(或范数)是能量范数和 L_2 范数(读作"L-2 范数")。对于任何在定义域 $\Omega=(a,b)$ 上定义的平方可积函数 u 和 u_h,这两个范数是

$$能量范数:\|u-u_h\|_m = \left(\int_a^b \sum_{i=0}^m \left|\frac{\mathrm{d}^i u}{\mathrm{d}x^i} - \frac{\mathrm{d}^i u_h}{\mathrm{d}x^i}\right|^2 \mathrm{d}x\right)^{1/2} \tag{3.6.4}$$

$$L_2 范数:\|u-u_h\|_0 = \left(\int_a^b |u-u_h|^2 \mathrm{d}x\right)^{1/2} \tag{3.6.5}$$

其中 $2m$ 为所解微分方程的阶数。术语"能量范数"用来表示这个范数包含与方程相关的二次泛函(对于大多数固体力学问题,表示能量)的同阶导数。两个函数之间距离的各种测量方法如图 3.6.1 所示。对于二维域,可以很容易地修改这些定义。

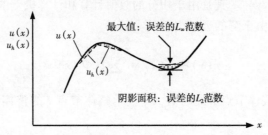

图 3.6.1　在精确解 u 和有限元解 u_h 之间的误差 $E=u-u_h$ 的不同测量方法,
最大范数和 L_2 范数在图中给出

3.6.3　解的收敛性和精度

称式(3.6.1)中的有限元解 u_h 在能量范数上收敛于真解 u,如果满足式(3.6.6):

$$\|u-u_h\|_m \le ch^p, p>0 \tag{3.6.6}$$

其中,c 是一个常数,与 u,u_h 以及单元的特征长度 h 无关。常数 p 称为收敛速度。注意收敛性既依赖于 h 也依赖于 p;p 取决于 u 在弱形式下的导数的阶次和用来近似 u 的多项式的阶次[见式(3.6.15)]。因此,可以通过减小单元的尺寸或增加近似阶次来减小近似误差。有限元解随着网格细化而收敛称为 h 收敛。随着多项式次数的增加而收敛称为 p 收敛。

回到估计近似误差的问题,考虑一维的 $2m$ 阶微分方程($m=1$,二阶方程;$m=2$,四阶方程):

$$\sum_{i=1}^m (-1)^i \frac{\mathrm{d}^i}{\mathrm{d}x^i}\left(a_i \frac{\mathrm{d}^i u}{\mathrm{d}x^i}\right) = f,\ 0<x<L \tag{3.6.7}$$

其中,系数 $a_1(x)$ 和 $a_2(x)$ 假设为正。当 $m=1$ 或 2 时,假设问题的本质边界条件为

$$u(0) = u(L) = 0 \, (m = 1, 2) \tag{3.6.8}$$

当 $m = 2$ 时

$$\left(\frac{\mathrm{d}u}{\mathrm{d}x}\right)\bigg|_{x=0} = \left(\frac{\mathrm{d}u}{\mathrm{d}x}\right)\bigg|_{x=L} = 0 \tag{3.6.9}$$

式(3.6.7)的变分(弱)形式为

$$0 = \int_0^L \left(\sum_{i=1}^m a_i \frac{\mathrm{d}^i v}{\mathrm{d}x^i} \frac{\mathrm{d}^i u}{\mathrm{d}x^i} - vf\right) \mathrm{d}x \tag{3.6.10}$$

对应于变分形式的二次泛函为

$$I(u) = \int_0^L \frac{1}{2}\left[\sum_{i=1}^m a_i \left(\frac{\mathrm{d}^i u}{\mathrm{d}x^i}\right)^2\right] \mathrm{d}x - \int_0^L uf \mathrm{d}x \tag{3.6.11}$$

现在考虑使用 N 个单元(等长度 h)对该区域进行有限元离散化,如果 u_h 表示式(3.6.1)中的有限元解,则由式(3.6.11)可知

$$I(u_h) = \int_0^L \frac{1}{2}\left[\sum_{i=1}^m a_i \left(\frac{\mathrm{d}^i u_h}{\mathrm{d}x^i}\right)^2\right] \mathrm{d}x - \int_0^L u_h f \mathrm{d}x \tag{3.6.12}$$

接下来,将展示从上界趋近真实能量的与有限元解相关联的能量,然后给出一个误差估计。为了简单起见,只讨论二阶方程($m = 1$)。

从式(3.6.11)到式(3.6.12),以及

$$f = -\frac{\mathrm{d}}{\mathrm{d}x}\left(a_1 \frac{\mathrm{d}u}{\mathrm{d}x}\right)$$

有

$$
\begin{aligned}
I(u_h) - I(u) &= \int_0^L \frac{1}{2}\left[a_1\left(\frac{\mathrm{d}u_h}{\mathrm{d}x}\right)^2 - a_1\left(\frac{\mathrm{d}u}{\mathrm{d}x}\right)^2 + 2f(u - u_h)\right]\mathrm{d}x \\
&= \int_0^L \left[\frac{a_1}{2}\left(\frac{\mathrm{d}u_h}{\mathrm{d}x}\right)^2 - \frac{a_1}{2}\left(\frac{\mathrm{d}u}{\mathrm{d}x}\right)^2 - \frac{\mathrm{d}}{\mathrm{d}x}\left(a_1 \frac{\mathrm{d}u}{\mathrm{d}x}\right)(u - u_h)\right]\mathrm{d}x \\
&= \int_0^L \left\{\frac{a_1}{2}\left[\left(\frac{\mathrm{d}u_h}{\mathrm{d}x}\right)^2 - \left(\frac{\mathrm{d}u}{\mathrm{d}x}\right)^2\right] + a_1 \frac{\mathrm{d}u}{\mathrm{d}x}\frac{\mathrm{d}}{\mathrm{d}x}(u - u_h)\right\}\mathrm{d}x \\
&= \int_2^L \frac{a_1}{2}\left[\left(\frac{\mathrm{d}u_h}{\mathrm{d}x}\right)^2 + \left(\frac{\mathrm{d}u}{\mathrm{d}x}\right)^2 - 2\frac{\mathrm{d}u}{\mathrm{d}x}\frac{\mathrm{d}u_h}{\mathrm{d}x}\right]\mathrm{d}x \\
&= \int_0^L \frac{a_1}{2}\left(\frac{\mathrm{d}u_h}{\mathrm{d}x} - \frac{\mathrm{d}u}{\mathrm{d}x}\right)^2 \mathrm{d}x \geq 0
\end{aligned}
\tag{3.6.13}
$$

因此,有

$$I(u_h) \geq I(u) \tag{3.6.14}$$

等式只适用于 $u = u_h$。式(3.6.14)表示有限元解的能量收敛于真实能量是从上而下的。由于

方程(3.6.14)中的关系适用于任何u_h,该不等式还表明真正的解u使能量最小化。四阶方程($m=2$)也可以建立类似的关系。

现在假设有限元插值函数$\Phi_I(I=1,2,\cdots,M)$是k次的完全多项式,那么能量范数中的误差可以证明满足不等式(见 Reddy[2])

$$\|e\|_m \equiv \|u-u_h\|_m \leqslant ch^p, p=k+1-m>0 \tag{3.6.15}$$

其中,c是常数。这一估计意味着当h减少(或单元数量增加)时,误差随着h的p次方趋近于零。换句话说,能量范数中误差的对数与h的对数关系是一条直线,其斜率为$k+1-m$。插值函数的阶次越大,收敛速度越快。还要注意的是,能量误差在收敛速率为$k+1-m$时趋于零;L_2范数的误差下降得更快,即速率为$k+1$,也就是说,导数的收敛速度比解本身慢。

作为估计式(3.6.15)近似误差的例子,考虑二阶方程($m=1$)的有限元解的线性(两节点)单元。对于一个单元,有

$$u_h = u_1(1-s)+u_2 s \tag{3.6.16}$$

其中,$s=\bar{x}/h$,$\bar{x}$为局部坐标。由于u_2可以通过式(3.6.16)被看作是u_1的函数,可以在泰勒级数中展开u_2在节点1处的解,得

$$u_2 = u_1+u_1'+\frac{1}{2}u_1''+\cdots, u' \equiv \frac{\mathrm{d}u}{\mathrm{d}s} \tag{3.6.17}$$

将式(3.6.17)代入式(3.6.16),得

$$u_h = u_1+u_1's+\frac{1}{2}u_1''s^2+\cdots, u'' \equiv \frac{\mathrm{d}^2u}{\mathrm{d}s^2} \tag{3.6.18}$$

真解在节点1处进行泰勒级数展开,得

$$u = u_1+u_1's+\frac{1}{2}u_1''s^2+\cdots \tag{3.6.19}$$

因此,由式(3.6.18)和式(3.6.19)可得

$$|u_h-u| \leqslant \frac{1}{2}(s-s^2)\max_{0\leqslant s\leqslant 1}\left|\frac{\mathrm{d}^2u_1}{\mathrm{d}s^2}\right| = \frac{1}{2}(s-s^2)h^2\max_{0\leqslant \bar{x}\leqslant h}\left|\frac{\mathrm{d}^2u_1}{\mathrm{d}\bar{x}^2}\right| \tag{3.6.20}$$

$$\left|\frac{\mathrm{d}}{\mathrm{d}\bar{x}}(u_h-u)\right| \leqslant \frac{1}{2}h\max_{0\leqslant \bar{x}\leqslant h}\left|\frac{\mathrm{d}^2u_1}{\mathrm{d}\bar{x}^2}\right| \tag{3.6.21}$$

这些方程导出

$$\|u-u_h\|_0 \leqslant c_1h^2, \|u-u_h\|_1 \leqslant c_2h \tag{3.6.22}$$

常数c_1和c_2只取决于定义域的长度L。读者可以对四阶方程进行类似的误差分析(这是第5章的主题)。

例 3.6.1

考虑微分方程

$$-\frac{\mathrm{d}^2 u}{\mathrm{d}x^2} = 2, 0 < x < 1 \tag{1}$$

且

$$u(0) = u(1) = 0 \tag{2}$$

精确解为

$$u(x) = x(1-x) \tag{3}$$

当 $N = 2$ 时，有限元解为

$$u_h = \begin{cases} h^2(x/h), & 0 \le x \le h \\ h^2(2-x/h), & h \le x \le 2h \end{cases} \tag{4}$$

当 $N = 3$ 时，

$$u_h = \begin{cases} 2h^2(x/h), & 0 \le x \le h \\ 2h^2(2-x/h) + 2h^2(x/h-1), & h \le x \le 2h \\ 2h^2(3-x/h), & 2h \le x \le 3h \end{cases} \tag{5}$$

当 $N = 4$ 时，

$$u_h = \begin{cases} 3h^2(x/h), & 0 \le x \le h \\ 3h^2(2-x/h) + 4h^2(x/h-1), & h \le x \le 2h \\ 4h^2(3-x/h) + 3h^2(x/h-2), & 2h \le x \le 3h \\ 3h^2(4-x/h), & 3h \le x \le 4h \end{cases} \tag{6}$$

请验证式（3.6.15）或式（3.6.22）中的误差估计。

解答：对于两个单元的情况（$h = 0.5$），误差为

$$\begin{aligned}
\|u - u_h\|_0^2 &= \int_0^h (x - x^2 - hx)^2 \mathrm{d}x + \int_h^{2h} (x - x^2 - 2h^2 + xh)^2 \mathrm{d}x \\
&= 0.002083
\end{aligned}$$

$$\begin{aligned}
\left\|\frac{\mathrm{d}u}{\mathrm{d}x} - \frac{\mathrm{d}u_h}{\mathrm{d}x}\right\|_0^2 &= \int_0^h (1 - 2x - h)^2 \mathrm{d}x + \int_h^{2h} (1 - 2x + h)^2 \mathrm{d}x \\
&= 0.08333
\end{aligned} \tag{7}$$

$N = 3$ 和 $N = 4$ 也可以进行类似的计算。$N = 2, 3, 4$ 时的误差见表 3.6.1。

如图 3.6.2 所示，为 $\lg\|e\|_0$ 和 $\lg\|e\|_1$ 与 $\lg h$ 的对比

$$\lg\|e\|_0 = 2\lg h + \lg c_1, \quad \lg\|e\|_1 = \lg h + \lg c_2 \tag{8}$$

换句话说，有限元解的 L_2 范数收敛速率为 2，能量范数收敛速率为 1，验证了式（3.6.22）中的估计。

表 3.6.1 例 3.6.1 中式(1)和式(2)的有限元解中误差的 L_2 和能量范数

h	$\lg h$	$\|e\|_0$	$\lg\|e\|_0$	$\|e\|_1$	$\lg\|e\|_1$
$\dfrac{1}{2}$	-0.301	0.04564	-1.341	0.2887	-0.5396
$\dfrac{1}{3}$	-0.477	0.02028	-1.693	0.1925	-0.7157
$\dfrac{1}{4}$	-0.601	0.01141	-1.943	0.1443	-0.8406

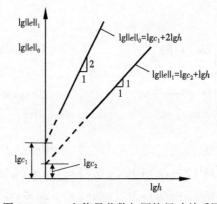

图 3.6.2 L_2 和能量范数与网格尺寸关系图

对数—对数图给出了各自范数的收敛速率。收敛速率由直线的斜率给出(所示的图是线性单元的)

如前所述,对于单一未知量的常系数($a_1=a$ 和 $a_2=b$)二阶和四阶方程[见方程(3.6.7)]和:

$$-\frac{\mathrm{d}}{\mathrm{d}x}\left(a\,\frac{\mathrm{d}u}{\mathrm{d}x}\right)=f(x)\,,0<x<L \tag{3.6.23a}$$

$$-\frac{\mathrm{d}^2}{\mathrm{d}x^2}\left(b\,\frac{\mathrm{d}^2u}{\mathrm{d}x^2}\right)=f(x)\,,0<x<L \tag{3.6.23b}$$

方程组的有限元解与节点处的精确解相吻合。接下来给出二阶方程[式(3.6.23a)]的证明。

考虑式(3.6.23a)的边界条件

$$u(0)=0\,,u(L)=0 \tag{3.6.24}$$

整体有限元解为($U_1=U_N=0$)

$$u_h=\sum_{I=2}^{N-1}U_I\varPhi_I \tag{3.6.25}$$

其中,$\varPhi_I$ 是线性整体插值函数,如图 3.4.11 所示。由变分问题的定义得

$$\int_0^L\left(\frac{\mathrm{d}u}{\mathrm{d}x}\frac{\mathrm{d}u_h}{\mathrm{d}x}-\varPhi_I\hat{f}\right)\mathrm{d}x=0\,,I=2\,,\cdots,N-1 \tag{3.6.26}$$

其中，$\hat{f}=f/a$。精确解也满足这个方程。因此，由精确解减去有限元方程(3.6.26)，得

$$\int_0^L \left(\frac{\mathrm{d}u}{\mathrm{d}x} - \frac{\mathrm{d}u_h}{\mathrm{d}x}\right)\frac{\mathrm{d}\Phi_I}{\mathrm{d}x}\mathrm{d}x = 0, I = 2, \cdots, N-1 \tag{3.6.27}$$

由于有 $\Phi_I = 0[x \leqslant (I+1)h, x \geqslant (I-1)h]$，且 $\mathrm{d}\Phi_I/\mathrm{d}x = 1/h((I-1)h \leqslant x \leqslant Ih)$，以及 $\mathrm{d}\Phi_I/\mathrm{d}x = -1/h(Ih \leqslant x \leqslant (I+1)h)$，得

$$\int_{(I-1)h}^{Ih} \left(\frac{\mathrm{d}u}{\mathrm{d}x} - \frac{\mathrm{d}u_h}{\mathrm{d}x}\right)\frac{1}{h}\mathrm{d}x + \int_{Ih}^{(I+1)h} \left(\frac{\mathrm{d}u}{\mathrm{d}x} - \frac{\mathrm{d}u_h}{\mathrm{d}x}\right)\left(-\frac{1}{h}\right)\mathrm{d}x = 0 \tag{3.6.28}$$

其中，$I = 2, 3, \cdots, N-1$。令 $\varepsilon(x) = u(x) - u_h(x)$，有

$$\frac{1}{h}(\varepsilon_I - \varepsilon_{I-1}) + \left(-\frac{1}{h}\right)(\varepsilon_{I+1} - \varepsilon_I) = 0 \tag{3.6.29}$$

或

$$\frac{1}{h}(-\varepsilon_{I-1} + 2\varepsilon_I - \varepsilon_{I+1}) = 0 \quad (I = 2, 3, \cdots, N-1) \tag{3.6.30}$$

其中，$\varepsilon_I = \varepsilon(Ih)$（即 ε 在 $x = Ih$ 的值）。由于 $\varepsilon_0 = \varepsilon_N = 0$（因为 u 和 u_h 都满足本质条件），由上述齐次方程可知解是平凡的：$\varepsilon_1 = \varepsilon_2 = \cdots \varepsilon_{N-1} = 0$。因此，有限元解与节点处的精确解是一致的。

3.7 小结

本章采用直接方法建立离散系统的有限元模型，然后系统地研究了具有代表性的单变量二阶微分方程的有限元方程所涉及的步骤。对于离散系统，如弹簧网络或电路网络，不存在微分方程，因此，基于物理定律的直接方法可以方便地建立有限元模型。离散系统的直接方法是简单的，读者可以熟悉单元方程的推导，单元方程的组装，边界条件的施加，方程的主、次变量在节点处的解等概念。然而，直接方法不能用于推导高阶有限元模型，其需要高阶近似的场变量。

微分方程的有限元方法可用于所有连续微分方程所描述的问题，借助模型方程描述（包括轴对称情况下）工程中各个领域的方程，见表3.4.1中总结。如3.2.1节小中，详细介绍了建立单元上方程的弱形式、主、次变量的识别、近似函数的推导、有限元模型的建立、组装单元方程得到全局方程的基本步骤。给出了几个典型场问题的数值例子，以说明二阶微分方程有限元分析的步骤。关于传热、流体力学和固体力学的额外例子将在第4章中给出。

对有限元分析中引入的误差进行了简要讨论，并通过一个数值例子进行了说明。对于常系数微分方程[对于任意$f(x)$]，有限元解与节点处的精确解一致。有关误差估计的其他信息，请参见文献[3,7]。

表3.7.1总结了一维线性和二次插值函数及其导数，以及各积分表达式的数值。

表 3.7.1　一维近似函数及其积分的总结

表达式	线性	二次
ψ_i	$\psi_1(s)=1-\dfrac{s}{h},\psi_2(s)=\dfrac{s}{h}$	$\psi_1(s)=\left(1-\dfrac{s}{h}\right)\left(1-2\dfrac{s}{h}\right)$ $\psi_2(s)=4\dfrac{s}{h}\left(1-\dfrac{s}{h}\right)$ $\psi_3(s)=-\dfrac{s}{h}\left(1-2\dfrac{s}{h}\right)$
$\dfrac{\mathrm{d}\psi_i}{\mathrm{d}s}$	$\dfrac{\mathrm{d}\psi_1}{\mathrm{d}s}=-\dfrac{1}{h},\dfrac{\mathrm{d}\psi_2}{\mathrm{d}s}=\dfrac{1}{h}$	$\dfrac{\mathrm{d}\psi_1}{\mathrm{d}s}=\dfrac{1}{h}\left(-3+4\dfrac{s}{h}\right)$ $\dfrac{\mathrm{d}\psi_2}{\mathrm{d}s}=\dfrac{4}{h}\left(1-2\dfrac{s}{h}\right)$ $\dfrac{\mathrm{d}\psi_3}{\mathrm{d}s}=-\dfrac{1}{h}\left(1-4\dfrac{s}{h}\right)$
$\left\{\displaystyle\int_0^h \psi_i(s)\,\mathrm{d}s\right\}$	$\dfrac{h}{2}\begin{Bmatrix}1\\1\end{Bmatrix}$	$\dfrac{h}{6}\begin{Bmatrix}1\\4\\1\end{Bmatrix}$
$\left\{\displaystyle\int_0^h s\psi_i(s)\,\mathrm{d}s\right\}$	$\dfrac{h^2}{6}\begin{Bmatrix}1\\2\end{Bmatrix}$	$\dfrac{h^2}{6}\begin{Bmatrix}1\\2\end{Bmatrix}$
$\left\{\displaystyle\int_0^h \dfrac{\mathrm{d}\psi_i}{\mathrm{d}s}\,\mathrm{d}s\right\}$	$\begin{Bmatrix}-1\\1\end{Bmatrix}$	$\begin{Bmatrix}-1\\0\\1\end{Bmatrix}$
$\left\{\displaystyle\int_0^h s\dfrac{\mathrm{d}\psi_i}{\mathrm{d}s}\,\mathrm{d}s\right\}$	$\dfrac{h}{2}\begin{Bmatrix}-1\\1\end{Bmatrix}$	$\dfrac{h}{6}\begin{Bmatrix}-1\\-4\\5\end{Bmatrix}$
$\left\{\displaystyle\int_0^h \psi_i(s)\psi_j(s)\,\mathrm{d}s\right\}$	$\dfrac{h}{6}\begin{bmatrix}2&1\\1&2\end{bmatrix}$	$\dfrac{h}{30}\begin{bmatrix}4&2&-1\\2&16&2\\-1&2&4\end{bmatrix}$
$\left\{\displaystyle\int_0^h s\psi_i(s)\psi_j(s)\,\mathrm{d}s\right\}$	$\dfrac{h^2}{12}\begin{bmatrix}1&1\\1&3\end{bmatrix}$	$\dfrac{h^2}{60}\begin{bmatrix}1&0&-1\\0&16&4\\-1&4&7\end{bmatrix}$
$\left\{\displaystyle\int_0^h \dfrac{\mathrm{d}\psi_i}{\mathrm{d}s}\dfrac{\mathrm{d}\psi_j}{\mathrm{d}s}\,\mathrm{d}s\right\}$	$\dfrac{1}{h}\begin{bmatrix}1&-1\\-1&1\end{bmatrix}$	$\dfrac{1}{3h}\begin{bmatrix}7&-8&1\\-8&16&-8\\1&-8&7\end{bmatrix}$
$\left\{\displaystyle\int_0^h s\dfrac{\mathrm{d}\psi_i}{\mathrm{d}s}\dfrac{\mathrm{d}\psi_j}{\mathrm{d}s}\,\mathrm{d}s\right\}$	$\dfrac{1}{2}\begin{bmatrix}1&-1\\-1&1\end{bmatrix}$	$\dfrac{1}{6}\begin{bmatrix}3&-4&1\\-4&16&-12\\1&-12&11\end{bmatrix}$
$\left\{\displaystyle\int_0^h \psi_i\dfrac{\mathrm{d}\psi_j}{\mathrm{d}s}\,\mathrm{d}s\right\}$	$\dfrac{1}{2}\begin{bmatrix}-1&1\\-1&1\end{bmatrix}$	$\dfrac{1}{6}\begin{bmatrix}3&4&-1\\-4&0&4\\1&-4&3\end{bmatrix}$

习题

离散单元

3.1 考虑图 P3.1 所示的线弹性弹簧系统。组装单元方程,得到整个系统的力—位移关系。利用边界条件写出未知位移和力的缩聚方程。

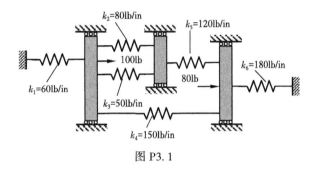

图 P3.1

3.2 对图 P3.2 所示的线性弹簧系统重复问题 3.1。

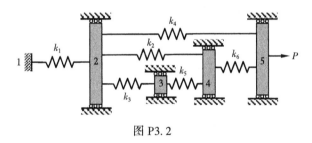

图 P3.2

3.3 求如图 P3.3 中所示的组合材料构件各部分的应力和压缩量。使用 $E_s = 30 \times 10^6 \text{psi}$,$E_a = 10^7 \text{psi}$ 以及最小杆单元数。

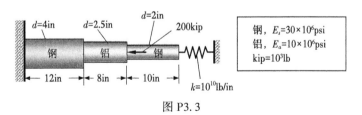

| 钢,$E_s = 30 \times 10^6 \text{psi}$ |
| 铝,$E_a = 10 \times 10^6 \text{psi}$ |
| kip = 10^3lb |

图 P3.3

3.4 确定如图 P3.4 所示的实心钢($G_s = 12\text{msi}$,$1\text{msi} = 10^6 \text{psi}$)轴和铝($G_a = 4\text{msi}$)轴的最大剪应力。

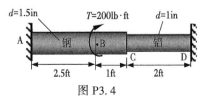

图 P3.4

3.5   钢轴和铝管连接到固定支架和刚性盘上,如图 P3.5 所示。在末端施加的扭矩等于 $T = 6325\mathrm{N} \cdot \mathrm{m}$,请确定钢轴和铝管中的剪应力。使用 $G_s = 77\mathrm{GPa}$ 和 $G_a = 27\mathrm{GPa}$。

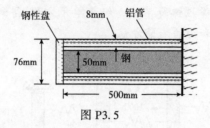

图 P3.5

3.6   考虑图 P3.6 所示的直流电路图。希望用有限元法确定电路图中的电压 V 和电流 I。请建立关于未知电压和电流的代数方程(即缩聚方程)。

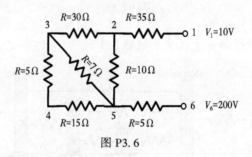

图 P3.6

3.7   对图 P3.7 所示的直流电路图重复问题 3.6。

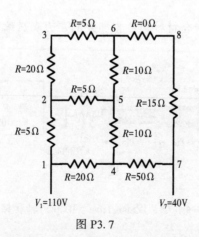

图 P3.7

3.8   如图 3.8 所示的液压管网,请写出未知压力和流量(使用最少单元数量)的缩聚方程。

答案:$P_1 = \dfrac{39}{14}Qa$,$P_2 = \dfrac{12}{7}Qa$,$P_3 = \dfrac{15}{14}Qa$。

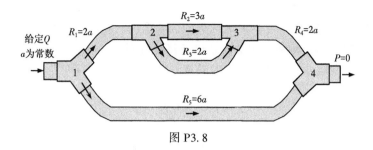

图 P3.8

3.9 考虑图 P3.9 所示的水力管网(流动被假定为层流)。请写出未知压力和流量的缩聚方程。

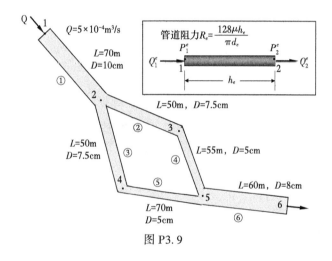

图 P3.9

3.10 如图 3.10 所示的组合材料墙壁,求出通过该墙每单位面积的传热。假设热流是一维的,壁面的温度与流动的流体相同。

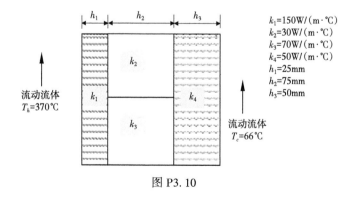

图 P3.10

连续单元

对于问题 3.11~3.15,完成以下任务:

(1)在一个典型的有限元 Ω^e 上建立给定微分方程的弱形式,它是位于 $x=x_a$ 和 $x=x_b$ 之间的几何子域。注意,在单元层面没有"指定"的边界条件。因此,从在弱形式建立的第 2 步到第 3 步中,必须使用 Q_1^e 和 Q_2^e 等符号确定域两端的次变量,并建立弱形式。不执行弱形式建立的第 2 步被认为是不完整的;请参阅例 2.4.3 以获得额外帮助。

(2)对于方程中的每个主变量,假设近似形式为

$$u(x) = \sum_{j=1}^{n} u_j^e \psi_j^e(x) \tag{1}$$

其中,$\psi_j^e(x)$ 是插值函数,u_j^e 是单元第 j 个节点处主变量的值。将式(1)中表达式代入弱形式,推导出有限元模型。确保以代数的形式(没有要求数值)定义模型的所有系数,这些系数是根据问题数据和 ψ_j^e 计算的。注意,当给出多个微分方程时,必须建立所有方程的弱形式,为每个方程假定不同的权函数。

3.11　在单元上建立以下微分方程的弱形式和有限元模型:

$$-\frac{\mathrm{d}}{\mathrm{d}x}\left(a\frac{\mathrm{d}u}{\mathrm{d}x}\right) + \frac{\mathrm{d}^2}{\mathrm{d}x^2}\left(b\frac{\mathrm{d}^2u}{\mathrm{d}x^2}\right) + cu = f, x_a < x < x_b$$

其中,a, b, c, f 是关于位置 x 的已知函数。确保单元系数矩阵 $\boldsymbol{K}^e$ 是对称的。讨论用于建立有限元模型的可允许近似函数的性质(即 Lagrange 类型或 Hermite 类型)。

3.12　在一单元 $\Omega^e = (x_a, x_b)$ 上建立以下微分方程的弱形式和有限元模型

$$-\frac{\mathrm{d}}{\mathrm{d}x}\left(a\frac{\mathrm{d}u}{\mathrm{d}x}\right) - b\frac{\mathrm{d}u}{\mathrm{d}x} = f, 0 < x < L$$

其中,a, b, f 关于位置 x 的已知函数,u 是因变量。自然边界条件不应包含函数 $b(x)$。对于 u 可以使用什么类型的插值函数?

3.13　考虑微分方程

$$-\frac{1}{r}\frac{\mathrm{d}}{\mathrm{d}r}\left(\eta\mu\frac{\mathrm{d}v}{\mathrm{d}r}\right) = f_0, 0 < r < R$$

其中,r 是径向坐标,$v = v(r)$,μ, f_0 是常数。在一单元 $\Omega^e = (x_a, x_b)$ 上建立方程的弱形式并推导有限元模型。确定线性和二次单元的单元矩阵的显式形式。

3.14　在一单元 $\Omega^e = (x_a, x_b)$ 上建立以下一对耦合的二阶微分方程的弱形式:

$$-\frac{\mathrm{d}}{\mathrm{d}x}\left[a(x)\left(u + \frac{\mathrm{d}v}{\mathrm{d}x}\right)\right] = f(x)$$

$$-\frac{\mathrm{d}}{\mathrm{d}x}\left(b(x)\frac{\mathrm{d}u}{\mathrm{d}x}\right) + a(x)\left(u + \frac{\mathrm{d}v}{\mathrm{d}x}\right) = q(x)$$

其中,u 和 v 是因变量,a, b, f 和 q 是关于位置 x 的已知函数。并确定方程中的主、次变量。

3.15　考虑二阶微分方程

$$-\frac{\mathrm{d}}{\mathrm{d}x}\left(\mu\frac{\mathrm{d}u}{\mathrm{d}x}\right) = f(x), \mu = \mu_0\left(\frac{\mathrm{d}u}{\mathrm{d}x}\right)^{n-1}$$

其中,$u(x)$ 是未知因变量,$f(x)$ 是关于位置 x 的已知函数,μ 是因变量 u 的函数。在一单元

$\Omega^e = (x_a, x_b)$ 上请建立方程的弱形式,并基于所建立的弱形式尝试推导有限元模型。

3.16 使用 Euler-Bernoulli 梁理论,考虑以下梁弯曲的控制微分方程:

$$-\frac{\mathrm{d}^2 w}{\mathrm{d}x^2} - \frac{M}{EI} = 0, \quad -\frac{\mathrm{d}^2 M}{\mathrm{d}x^2} + kw = q$$

其中,w 表示横向挠度,M 是弯矩,q 是分布横向载荷,k 是弹性地基模量。在一单元 $\Omega^e = (x_a, x_b)$ 上请建立上述一对耦合方程的弱形式,并确定主、次变量。注意:不要从方程中消去 M;把 w 和 M 都当作独立的未知数;对不同的方程使用不同的权函数(例如,对第一个方程使用 v_1,对第二个方程使用 v_2)。

3.17 考虑以下一对耦合微分方程的弱形式:

$$0 = \int_{x_a}^{x_b} \left(\frac{\mathrm{d}w_1}{\mathrm{d}x} \frac{\mathrm{d}v}{\mathrm{d}x} - w_1 f \right) \mathrm{d}x - P_a w_1(x_a) - P_b w_1(x_b)$$

$$0 = \int_{x_a}^{x_b} \left(\frac{\mathrm{d}w_2}{\mathrm{d}x} \frac{\mathrm{d}u}{\mathrm{d}x} + c w_2 v - w_2 q \right) \mathrm{d}x - Q_a w_2(x_a) - Q_b w_2(x_b)$$

其中,$c(x)$ 是已知函数,w_1 和 w_2 是权函数,u 和 v 是因变量(主变量),P_a, P_b, Q_a, Q_b 是次变量。使用以下有限元近似形式:

$$u(x) = \sum_{j=1}^{m} u_j^e \psi_j^e(x), \quad v(x) = \sum_{j=1}^{n} v_j^e \varphi_j^e(x)$$

且 $w_1 = \psi_i, w_2 = \varphi_i$,请从弱形格式推导有限元方程。有限元方程应该具有以下形式

$$0 = \sum_{j=1}^{m} K_{ij}^{11} u_j^e + \sum_{j=1}^{n} K_{ij}^{12} v_j^e - F_i^1$$

$$0 = \sum_{j=1}^{m} K_{ij}^{21} u_j^e + \sum_{j=1}^{n} K_{ij}^{22} v_j^e - F_i^2$$

请用插值函数、已知数据和次变量给出系数 $K_{ij}^{11}, K_{ij}^{12}, K_{ij}^{21}, K_{ij}^{22}, F_i^1, F_i^2$ 的表达式。

3.18 建立以下一对方程的加权残值有限元模型(非弱形式有限元模型):

$$-\frac{\mathrm{d}^2 w}{\mathrm{d}x^2} - \frac{M}{EI} = 0, \quad -\frac{\mathrm{d}^2 M}{\mathrm{d}x^2} + kw = q$$

假设以下近似形式

$$w(x) \approx \sum_{i=1}^{m} \Delta_i \varphi_i^{(1)}(x), \quad M(x) \approx \sum_{i=1}^{n} \Lambda_i \varphi_i^{(2)}(x)$$

有限元方程应该具有以下形式

$$0 = \sum_{j=1}^{m} K_{ij}^{11} \Delta_j^e + \sum_{j=1}^{n} K_{ij}^{12} \Lambda_j^e - F_i^1$$

$$0 = \sum_{j=1}^{m} K_{ij}^{21} \Delta_j^e + \sum_{j=1}^{n} K_{ij}^{22} \Lambda_j^e - F_i^2$$

(1)请用插值函数、已知数据和次变量给出系数 $K_{ij}^{11},K_{ij}^{12},K_{ij}^{21},K_{ij}^{22},F_i^1,F_i^2$ 的表达式。

(2) 讨论插值函数的选择(使用什么类型,Lagrange 或 Hermite 类型,以及为什么)。

3.19 基于式(3.4.19)中插值特性,推导节点间距相等的四节点(一维)单元的 Lagrange 三次插值函数。为简单起见,使用局部坐标 $\bar{x}$,原点在节点 1。

3.20 假设节点间距相等的一维 Lagrange 三次单元的源函数为 $f(\bar{x})=f_0\bar{x}/h$,其中 $\bar{x}$ 为原点在节点 1 的局部坐标。计算它对节点的贡献。

3.21 数值计算问题 3.17 中线性插值 $u(x)$ 和 $v(x)$ 的单元矩阵 $\boldsymbol{K}^{11},\boldsymbol{K}^{12},\boldsymbol{K}^{22}$。

3.22 使用线性 Lagrange 插值函数计算下列系数矩阵和源向量:

$$K_{ij}^e = \int_{x_a}^{x_b} (a_0^e + a_1^e x) \frac{\mathrm{d}\psi_i^e}{\mathrm{d}x} \frac{\mathrm{d}\psi_j^e}{\mathrm{d}x} \mathrm{d}x, M_{ij}^e = \int_{x_a}^{x_b} (c_0^e + c_1^e x) \psi_i^e \psi_j^e \mathrm{d}x$$

$$f_i^e = \int_{x_a}^{x_b} (f_0^e + f_1^e x) \psi_i^e \mathrm{d}x$$

其中,$a_0^e,a_1^e,c_0^e,c_1^e,f_0^e,f_1^e$ 是常数。

3.23 考虑下面的微分方程和边界条件

$$-\frac{\mathrm{d}^2\theta}{\mathrm{d}x^2} + c\theta = 0, 0 < x < L$$

$$\theta(0) = \theta_0, \left[k\frac{\mathrm{d}\theta}{\mathrm{d}x} + \beta\theta\right]_{x=L} = 0$$

其中,k 和 β 是常数。对于两个(等长)线性单元的网格,给出(1)节点变量的边界条件(主和次变量);(2)未知量(主和次变量)最终的缩聚有限元方程。使用以下数据:$\theta_0 = 100$,$L=0.25, c=256, \beta=64, k=50$。

3.24 求解例 3.4.1 中的微分方程,其中混合边界条件为:

$$u(0) = 0, \left(\frac{\mathrm{d}u}{\mathrm{d}x}\right)\bigg|_{x=1} = 1$$

使用三个线性单元组成的均匀网格。精确解是

$$u(x) = \frac{2\cos(1-x) - \sin x}{\cos(1)} + x^2 - 2$$

答案:$U_2 = 0.4134, U_3 = 0.7958, U_4 = 1.1420, (Q_1^1)_{\mathrm{def}} = -1.2402$

3.25 求解例 3.4.1 中的微分方程,其中自然边界条件为:

$$\left(\frac{\mathrm{d}u}{\mathrm{d}x}\right)\bigg|_{x=0} = 1, \left(\frac{\mathrm{d}u}{\mathrm{d}x}\right)\bigg|_{x=1} = 0$$

使用三个线性单元组成的均匀网格。并与精确解:

$$u(x) = \frac{2\cos(1-x) + 2\cos x}{\sin(1)} + x^2 - 2$$

对比验证你的结果。

答案：$U_1 = 1.0280, U_2 = 1.3002, U_4 = 1.4447, U_5 = 1.4821$

3.26 求解下列方程所描述的问题

$$-\frac{\mathrm{d}^2 u}{\mathrm{d}x} = \cos\pi x, 0 < x < 1; u(0) = 0, u(1) = 0$$

用三个线性单元组成的均匀网格求解，并与精确解进行比较

$$u(x) = \frac{1}{\pi^2}(\cos\pi x + 2x - 1)$$

3.27 使用以下混合边界条件求解问题 3.26 中的微分方程

$$u(0) = 0, \left(\frac{\mathrm{d}u}{\mathrm{d}x}\right)\bigg|_{x=1} = 0$$

用三个线性单元组成的均匀网格求解，并与精确解进行比较

$$u(x) = \frac{1}{\pi^2}(\cos\pi x - 1)$$

3.28 使用以下自然(Neumann)边界条件求解问题 3.26 中的微分方程

$$\left(\frac{\mathrm{d}u}{\mathrm{d}x}\right)\bigg|_{x=0} = 0, \left(\frac{\mathrm{d}u}{\mathrm{d}x}\right)\bigg|_{x=1} = 0$$

用三个线性单元组成的均匀网格求解，并与精确解进行比较

$$u(x) = \frac{\cos\pi x}{\pi^2}$$

注：对于 Neumann 边界条件，没有一个主因变量被指定，因此这个方程的解在一个任意常数内可以确定（即系数矩阵是奇异的，不能求逆）。在这种情况下，U_i 中的一个应设为常数来消除"刚体运动"模式（即确定解中的任意常数）。

3.29 考虑长度为 h 的单轴杆单元，截面面积为 A，且为常数，杨氏模量为 E，设轴向位移 u (x) 用三个等间距节点处的位移 u_1, u_2, u_3 来表示（如图 3.4.7 所示；此处省略单元标签"e"，x 坐标原点为节点 1）：

$$u(x) = \left(1 - \frac{x}{h}\right)\left(1 - \frac{2x}{h}\right)u_1 + 4\frac{x}{h}\left(1 - \frac{x}{h}\right)u_2 - \frac{x}{h}\left(1 - \frac{2x}{h}\right)u_3 \tag{1}$$

根据位移 u_1, u_2, u_3 确定应变能，然后利用 Castigliano 定理 Ⅰ 推导出力—位移关系。注意，杆的轴向应变为

$$\varepsilon = \frac{\mathrm{d}u}{\mathrm{d}x} = \frac{1}{h}\left(-3 + 4\frac{x}{h}\right)u_1 + \frac{4}{h}\left(1 - \frac{2x}{h}\right)u_2 - \frac{1}{h}\left(1 - \frac{4x}{h}\right)u_3 \tag{2}$$

请按照例 2.3.1 和例 2.3.7 中的步骤得到所需的答案。

课外阅读参考资料

［1］J. N. Reddy, *Principles of Continuum Mechanics*, 2nd ed. , Cambridge University Press, New York, NY, 2013.

［2］J. N. Reddy, *Applied Functional Analysis and Variational Methods in Engineering*, McGraw-Hill, New York, NY, 1986; Krieger, Melbourne, FL, 1991.

［3］K. S. Surana and J. N. Reddy, *The Finite Element Method for Boundary Value Problems*, *Mathematics and Computations*, CRC Press, Boca Raton, FL, 2017.

［4］J. N. Reddy, *An Introduction to Continuum Mechanics*, 2nd ed. , Cambridge University Press, New York, NY, 2013.

［5］G. Karner, and K. Perktold, "Effect of endothelial injury and increased blood pressure on albumin accumulation in the arterial wall: a numerical study," *Journal of Biomechanics*, **22**, 709-715, 2000.

［6］L. Ai and K. Vafai, "A coupling model for macromolecule transport in a stenosed arterial wall" *International Journal of Heat and Mass Transfer*, **49**, 1568-1591, 2006.

［7］K. S. Surana and J. N. Reddy, *The Finite Element Method for Initial Value Problems*, *Mathematics and Computations*, CRC Press, Boca Raton, FL, 2018.

［8］J. N. Reddy, *Energy Principles and Variational Methods in Applied Mechanics*, 3rd ed. , John Wiley & Sons, New York, NY, 2017.

［9］J. N. Reddy and M. L. Rasmussen, *Advanced Engineering Analysis*, John Wiley & Sons, New York, NY, 1982; Krieger, Melbourne, FL, 1990.

［10］S. G. Mikhlin, *Variational Methods in Mathematical Physics*, Pergamon Press, New York, NY, 1964.

［11］S. G. Mikhlin, *The Numerical Performance of Variational Methods*, Wolters-Noordhoff, Groningen, The Netherlands, 1971.

［12］J. T. Oden and J. N. Reddy, *Variational Methods in Theoretical Mechanics*, Springer-Verlag, New York, NY, 1976; 2nd ed. , 1983.

［13］J. N. Reddy, *An Introduction to Nonlinear Finite Element Analysis*, 2nd ed. , Oxford University Press, Oxford, UK, 2015.

［14］K. Rektorys, *Variational Methods in Mathematics*, *Science and Engineering*, Reidel, Boston, MA, 1977.

4 一维热传递、流体及固体力学问题的应用

An ounce of practice is worth more than tons of preaching (or theory).

[实践胜于说教(理论)。]

Mahatma Gandhi

4.1 引言

本章的目的是介绍在第 3 章中建立的有限元模型在工程各个领域连续问题中的应用。将考虑几个例子来说明在热传递、流体力学和固体力学的一维问题中出现的二阶微分方程的有限元分析所涉及的步骤。这里给出的例子利用了在第 3 章中已经建立的单元方程。虽然问题的因变量、独立坐标和数据的标记因场而异,但读者应牢记常见的数学结构,不要被问题之间标记的变化所迷惑。

4.2 热传递问题

4.2.1 控制方程

三维热传递的控制方程在式(2.6.1)至式(2.6.5)中给出,一维热传递的推导如例 1.2.2 所示。第三章建立了相应的有限元模型。在这里,简要地回顾一下相关的一维热传递方程以供使用。除了增加系统的横截面积 A 外,这里要回顾的方程是式(2.6.2)和式(2.6.3)中所列出方程的一维形式。

一维系统的傅里叶热传导定律表明,热流 $q(x)$（W/m^2）与温度梯度 $\partial T/\partial x$ 有关(热流方向为 x 正方向):

$$q = -k\frac{\partial T}{\partial x} \tag{4.2.1}$$

其中,k 是材料的热导率[$W/(m \cdot \text{℃})$],T 是温度(℃)。式(4.2.1)中的负号表示热量从温度高的区域流向温度低的区域。能量守恒要求:

$$\rho c A \frac{\partial T}{\partial t} - \frac{\partial}{\partial x}\left(kA\frac{\partial T}{\partial x}\right) = Ag \tag{4.2.2}$$

其中,A 是横截面积(m^2),g 是每单位体积产生的内部热量(Ag 的单位是 W/m),c 是材料的比热容[$J/(kg \cdot \text{℃})$],t 是时间(s)。式(4.22) 控制一维系统的瞬态热传导。对于平面壁,取 $A=1$。

在圆柱几何的径向对称问题中,如第 3.5 节中所讨论的那样,式(4.2.2)采用一种不同的形式。考虑一个内半径为 R_i、外半径为 R_o、长度为 L、由各向同性材料制成的长圆柱体。当 L 比直径大很多且边界条件也是轴对称时,只有在径向 r 方向有热流。圆柱内的瞬态径向对称热流控制方程为

$$\rho c \frac{\partial T}{\partial t} - \frac{1}{r} \frac{\partial}{\partial r} \left(kr \frac{\partial T}{\partial r} \right) = g \tag{4.2.3}$$

核反应堆的圆柱形燃料元件、载流电线和厚壁圆形管(与横截面尺寸相比,它们的长度都被假定为很长)都是一维径向系统的例子。

热传导的边界条件包括在某一点指定任一温度 T 或热流 Q:

$$T = T_0 \ \text{或} \ Q \equiv -kA \frac{\partial T}{\partial x} = Q_0 \tag{4.2.4}$$

众所周知,当加热表面暴露在冷却介质(如空气或液体)中时,表面冷却速度会更快。可以说热是被对流走的。表面与接触介质之间的对流热传递遵循牛顿冷却定律:

$$Q = \beta A (T_s - T_\infty) \tag{4.2.5}$$

其中,T_s 是表面的温度,T_∞ 是周围介质的温度,称之为环境温度;β 是热交换系数或薄膜系数 $[\text{W}/(\text{m}^2 \cdot \text{℃})]$。在边界点由于传导和对流产生的热流必须与施加的热流 Q_0 保持平衡:

$$n_x kA \frac{\partial T}{\partial x} + \beta A (T - T_\infty) + Q_0 = 0 \tag{4.2.6}$$

其中,n_x 表示端面的法方向,当热流从 T_∞ 处流向到单元左端的表面时 $n_x = -1$,当热流从 T_∞ 处流向到单元右端的表面时 $n_x = +1$。

通过在表面附加导热金属薄片,可以增加表面对周围流体的对流热量。金属条叫作翅片。对于热量沿其长度流动的翅片,热量可以通过翅片的侧面对流[见图 4.2.1(a)]。为了解释通过表面的对流热量,必须在方程(4.2.2)的左边加上对流热量损失率:

$$\rho cA \frac{\partial T}{\partial t} - \frac{\partial}{\partial x} \left(kA \frac{\partial T}{\partial x} \right) + P\beta (T - T_\infty) = Ag \tag{4.2.7}$$

其中,P 是周长,β 是薄膜系数。对于稳态问题,式(4.2.7)退化为

$$-\frac{\mathrm{d}}{\mathrm{d}x} \left(kA \frac{\mathrm{d}T}{\mathrm{d}x} \right) + P\beta T = Ag + P\beta T_\infty \tag{4.2.8}$$

这里总结了各种量的单位(公制)[1-5]:

$$
\begin{array}{llllll}
T & \text{℃} & k & \text{W}/(\text{m} \cdot \text{℃}) & g & \text{W}/\text{m}^3 \\
\rho & \text{kg}/\text{m}^3 & c & \text{J}/(\text{kg} \cdot \text{℃}) & \beta & \text{W}/(\text{m}^2 \cdot \text{℃})
\end{array}
$$

各种一维系统的稳态方程总结如下[见图 4.2.1;式(1.2.14)和(1.2.17)]:

(1)杆或翅片:

$$-\frac{\mathrm{d}}{\mathrm{d}x} \left(kA \frac{\mathrm{d}T}{\mathrm{d}x} \right) + P\beta T = f(x), f = Ag + P\beta T_\infty \tag{4.2.9}$$

(2)平面壁($A = 1$, $\beta = 0$):

$$-\frac{\mathrm{d}}{\mathrm{d}x} \left(k \frac{\mathrm{d}T}{\mathrm{d}x} \right) = g(x) \tag{4.2.10}$$

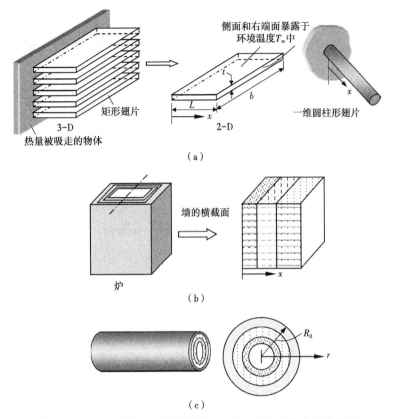

图 4.2.1　(a)翅片、(b)平面壁和(c)径向对称系统中的热传递

(3)圆柱系统($\beta=0$):

$$-\frac{1}{r}\frac{\mathrm{d}}{\mathrm{d}r}\left(rk\frac{\mathrm{d}T}{\mathrm{d}r}\right)=g(r) \tag{4.2.11}$$

在式(4.2.9)中[包含特例式(4.2.10)],可以通过在模型方程(3.4.1)中令 $u=T$,$a=kA$,$c=P\beta$ 和 $f=Ag+P\beta T_\infty$ 得到。轴对称问题的控制方程(4.2.11)也是 3.5 节所讨论的式(3.5.3)的一个特例。式(4.2.9)或式(4.2.10)的本质和自然边界条件的形式为(在一个点处只能指定其中的一个)

$$T=T_0,\ n_x Q+\beta A(T-T_\infty)=Q_0 \tag{4.2.12}$$

4.2.2　有限元方程

式(4.2.9)的有限元模型可以由式(3.4.33)得

$$\boldsymbol{K}^e\boldsymbol{T}^e=\boldsymbol{f}^e+\boldsymbol{Q}^e \tag{4.2.13a}$$

$$K_{ij}^e=\int_{x_a}^{x_b}\left(k_eA_e\frac{\mathrm{d}\psi_i^e}{\mathrm{d}x}\frac{\mathrm{d}\psi_j^e}{\mathrm{d}x}+P_e\beta_e\psi_i^e\psi_j^e\right)\mathrm{d}x$$

$$f_i^e=\int_{x_a}^{x_b}\psi_i^e\left(A_eg_e+P_e\beta_eT_\infty^e\right)\mathrm{d}x \tag{4.2.13b}$$

$$Q_1^e=\left(-K_eA_e\frac{\mathrm{d}T}{\mathrm{d}x}\right)_{x_a},\ Q_2^e=\left(k_eA_e\frac{\mathrm{d}T}{\mathrm{d}x}\right)_{x_b}$$

其中,Q_1^e 和 Q_2^e 表示节点处进入单元的热流。注意到平面壁情况下 $\beta_e = 0$,因为壁面内不存在对流换热的可能性。

当 $k_e A_e$,$P_e \beta_e$ 和 $A_e g_e$ 在单元内为常数时,由式(3.4.40)和式(3.4.41)可分别得到线性和二次单元的有限元方程:

线性单元

$$\left(\frac{A_e k_e}{h_e} \begin{bmatrix} 1 & -1 \\ -1 & 1 \end{bmatrix} + \frac{P_e \beta_e h_e}{6} \begin{bmatrix} 2 & 1 \\ 1 & 2 \end{bmatrix} \right) \begin{Bmatrix} T_1^e \\ T_2^e \end{Bmatrix} = \frac{f_e h_e}{2} \begin{Bmatrix} 1 \\ 1 \end{Bmatrix} + \begin{Bmatrix} Q_1^e \\ Q_2^e \end{Bmatrix} \tag{4.2.14}$$

二次单元

$$\left(\frac{A_e k_e}{3h_e} \begin{bmatrix} 7 & -8 & 1 \\ -8 & 16 & -8 \\ 1 & -8 & 7 \end{bmatrix} + \frac{P_e \beta_e h_e}{30} \begin{bmatrix} 4 & 2 & -1 \\ 2 & 16 & 2 \\ -1 & 2 & 4 \end{bmatrix} \right) \begin{Bmatrix} T_1^e \\ T_2^e \\ T_3^e \end{Bmatrix} = \frac{f_e h_e}{6} \begin{Bmatrix} 1 \\ 4 \\ 1 \end{Bmatrix} + \begin{Bmatrix} Q_1^e \\ Q_2^e \\ Q_3^e \end{Bmatrix} \tag{4.2.15}$$

其中,$f_e = A_e g_e + P_e \beta_e T_\infty^e$。

轴对称问题的控制方程(4.2.11)的有限元模型可以由式(3.5.8a)和式(3.5.8b)得到:

$$\boldsymbol{K}^e \boldsymbol{T}^e = \boldsymbol{f}^e + \boldsymbol{Q}^e \tag{4.2.16a}$$

$$K_{ij}^e = 2\pi \int_{r_a}^{r_b} k_e \frac{\mathrm{d}\psi_i^e}{\mathrm{d}r} \frac{\mathrm{d}\psi_j^e}{\mathrm{d}r} r \mathrm{d}r, \quad f_i^e = 2\pi \int_{r_a}^{r_b} \psi_i^e g_e r \mathrm{d}r \tag{4.2.16b}$$

$$Q_1^e = -2\pi \left(r k_e \frac{\mathrm{d}T}{\mathrm{d}r} \right) \Big|_{r_a}, \quad Q_2^e \equiv 2\pi \left(r k_e \frac{\mathrm{d}T}{\mathrm{d}r} \right) \Big|_{r_b}$$

当 k_e 和 g_e 在单元内为常数时,由式(3.5.9)和式(3.5.10)可分别得到线性和二次单元的系数 K_{ij}^e 和 f_i^e:

线性单元

$$\boldsymbol{K}^e = \frac{2\pi k_e}{h_e} \left(r_a + \frac{1}{2} h_e \right) \begin{bmatrix} 1 & -1 \\ -1 & 1 \end{bmatrix}, \quad \boldsymbol{f}^e = \frac{2\pi g_e h_e}{6} \begin{Bmatrix} 3r_a + h_e \\ 3r_a + 2h_e \end{Bmatrix} \tag{4.2.17}$$

二次单元

$$\boldsymbol{K}^e = \frac{2\pi k_e}{6h_e} \begin{bmatrix} 3h_e + 14r_a & -(4h_e + 16r_a) & h_e + 2r_a \\ -(4h_e + 16r_a) & 16h_e + 32r_a & -(12h_e + 16r_a) \\ h_e + 2r_a & -(12h_e + 16r_a) & 11h_e + 14r_a \end{bmatrix}$$

$$\boldsymbol{f}^e = \frac{2\pi g_e h_e}{6} \begin{Bmatrix} r_a \\ 4r_a + 2h_e \\ r_a + h_e \end{Bmatrix} \tag{4.2.18}$$

4.2.3　数值算例

在这一节中,我们给出了各种一维热传递的例子。同时也考虑了轴对称问题和有对流边界条件的问题。

例 4.2.1

如图 4.2.1（a）所示，使用矩形翅片从受热表面移走热量。翅片暴露在温度为 T_∞ 的环境空气中。翅片材料和空气间的热交换系数为 β。假设热量沿翅片长度传递，且沿宽、厚方向是一致的。请确定两组不同边界条件下沿翅片的温度分布和每个翅片的热量损失。问题的控制微分方程和边界条件如下：

$$-\frac{\mathrm{d}}{\mathrm{d}x}\left(kA\frac{\mathrm{d}T}{\mathrm{d}x}\right)+\beta P(T-T_\infty)=0,\,0<x<L \tag{1}$$

$$边界条件\,1：T(0)=T_0,\left[kA\frac{\mathrm{d}T}{\mathrm{d}x}+\beta A(T-T_\infty)\right]_{x=L}=0 \tag{2a}$$

$$边界条件\,2：T(0)=T_0,T(L)=T_L=T_\infty \tag{2b}$$

其中，T 是温度，k 是热导率，β 是热传递系数，P 是周长，A 是横截面积。使用一个均匀的网格（例如相同大小的单元）：（1）4 个线性单元和（2）2 个二次单元来分析问题。在数值计算中使用以下数据（翅片材料为铜）：

$$k=385\mathrm{W}/(\mathrm{m}\cdot{}^\circ\!\mathrm{C}),\beta=25\mathrm{W}/(\mathrm{m}^2\cdot{}^\circ\!\mathrm{C}),T_0=100{}^\circ\!\mathrm{C},T_\infty=20{}^\circ\!\mathrm{C} \tag{3}$$
$$L=100\mathrm{mm},t=1\mathrm{mm},b=5\mathrm{mm}$$

解答：令 $\theta=T-T_\infty$。则式（1），式（2a）和式（2b）具有以下形式

$$-\frac{\mathrm{d}}{\mathrm{d}x}\left(kA\frac{\mathrm{d}\theta}{\mathrm{d}x}\right)+P\beta\theta=0 \tag{4}$$

$$边界条件\,1：\theta(0)=T_0-T_\infty=80{}^\circ\!\mathrm{C},\left[kA\frac{\mathrm{d}\theta}{\mathrm{d}x}+\beta A\theta\right]_{x=L}=0 \tag{5a}$$

$$边界条件\,2：\theta(0)=T_0-T_\infty=80{}^\circ\!\mathrm{C},\theta(L)=T_L-T_\infty=0{}^\circ\!\mathrm{C} \tag{5b}$$

这比方程（1）简单，因为方程（4）右边是零（$g=0$）。当 $g=0$ 时，式（4.2.13a）中的有限元方程是成立的。对于给定的数据，有 $kA=385\times(5\times10^{-6})=1.925\times10^{-3}(\mathrm{W}\cdot\mathrm{m})$，$\beta P=25\times(12\times10^{-3})=0.3[\mathrm{W}/(\mathrm{m}\cdot{}^\circ\!\mathrm{C})]$，$\beta A=25\times(5\times10^{-6})=0.125\times10^{-3}(\mathrm{W}/{}^\circ\!\mathrm{C})$。由于 kA 和 $P\beta$ 在整个域中都是常数，对于线性和二次单元，可以分别使用式（4.2.14）和式（4.2.15）中的系数。首先，建立了两种不同网格的组装后的方程，然后讨论了两组边界条件施加在每组方程上的情况。

组装方程

（1）如图 4.2.2 所示，对于由 4 个线性单元组成的均匀网格（即 $h_1=h_2=h_3=h_4=h=L/4$），单元方程为

$$\left(\frac{kA}{h}\begin{bmatrix}1 & -1\\-1 & 1\end{bmatrix}+\frac{P\beta h}{6}\begin{bmatrix}2 & 1\\1 & 2\end{bmatrix}\right)\begin{Bmatrix}\theta_1^e\\\theta_2^e\end{Bmatrix}=\begin{Bmatrix}Q_1^e\\Q_2^e\end{Bmatrix} \tag{6}$$

从网格中可以清楚地看出，单元（三个界面）之间的热量平衡要求

$$Q_2^1+Q_1^2=0,Q_2^2+Q_1^3=0,Q_2^3+Q_1^4=0 \tag{7}$$

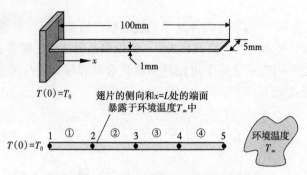

图 4.2.2　一个矩形翅片的有限元网格

则组装后的系统方程为(表示 U_I 第 I 个整体节点处的温度 θ 值)

$$\left(\frac{kA}{h}\begin{bmatrix} 1 & -1 & 0 & 0 & 0 \\ -1 & 2 & -1 & 0 & 0 \\ 0 & -1 & 2 & -1 & 0 \\ 0 & 0 & -1 & 2 & -1 \\ 0 & 0 & 0 & -1 & 1 \end{bmatrix} + \frac{\beta Ph}{6}\begin{bmatrix} 2 & 1 & 0 & 0 & 0 \\ 1 & 4 & 1 & 0 & 0 \\ 0 & 1 & 4 & 1 & 0 \\ 0 & 0 & 1 & 4 & 1 \\ 0 & 0 & 0 & 1 & 2 \end{bmatrix}\right)\begin{Bmatrix} U_1 \\ U_2 \\ U_3 \\ U_4 \\ U_5 \end{Bmatrix}=\begin{Bmatrix} Q_1^1 \\ 0 \\ 0 \\ 0 \\ Q_2^4 \end{Bmatrix}$$

(2)对于由两个二次单元组成的均匀网格(即 $h_1 = h_2 = h = L/2$),单元方程为

$$\left(\frac{kA}{3h}\begin{bmatrix} 7 & -8 & 1 \\ -8 & 16 & -8 \\ 1 & -8 & 7 \end{bmatrix} + \frac{\beta Ph}{30}\begin{bmatrix} 4 & 2 & -1 \\ 2 & 16 & 2 \\ -1 & 2 & 4 \end{bmatrix}\right)\begin{Bmatrix} \theta_1^e \\ \theta_e^e \\ \theta_3^e \end{Bmatrix}=\begin{Bmatrix} Q_1^e \\ Q_2^e \\ Q_3^e \end{Bmatrix}$$

(8)

两个二次单元的界面处由热量平衡得 $Q_3^1 + Q_1^2 = 0$。因此,组装后的方程为

$$\left(\frac{kA}{3h}\begin{bmatrix} 7 & -8 & 1 & 0 & 0 \\ -8 & 16 & -8 & 0 & 0 \\ 1 & -8 & 7+7 & -8 & 1 \\ 0 & 0 & -8 & 16 & -8 \\ 0 & 0 & 1 & -8 & 7 \end{bmatrix} + \frac{\beta Ph}{30}\begin{bmatrix} 4 & 2 & -1 & 0 & 0 \\ 2 & 16 & 2 & 0 & 0 \\ -1 & 2 & 4+4 & 2 & -1 \\ 0 & 0 & 2 & 16 & 2 \\ 0 & 0 & -1 & 2 & 4 \end{bmatrix}\right)\begin{Bmatrix} U_1 \\ U_2 \\ U_3 \\ U_4 \\ U_5 \end{Bmatrix}=\begin{Bmatrix} Q_1^1 \\ Q_2^1 \\ 0 \\ Q_2^2 \\ Q_3^2 \end{Bmatrix}$$

上述 4 个线性单元网格和 2 个二次单元网格(两个网格均由单元串联组成)的组装后的方程适用于任意一组边界条件。接下来,针对式(5a)和式(5b)中给出的两组边界条件修改每组方程。

缩聚方程和求解

边界条件 1:在该情况下有

$$U_1 = \theta(0) = T(0) - T_\infty = T_0 - T_\infty \equiv \theta_0, \quad Q_2^N = -\beta A U_5 \tag{9}$$

为了获得未知量 U 的缩聚方程,去掉方程组的第一行,并根据已知的 U_1 和 Q_2^N 修改剩余的方程(N 是网格中单元的数量)。

(1)对于四个线性单元的网格($N=4$),未知节点温度的缩聚方程为

$$\left\{\frac{kA}{h}\begin{bmatrix} 2 & -1 & 0 & 0 \\ -1 & 2 & -1 & 0 \\ 0 & -1 & 2 & -1 \\ 0 & 0 & -1 & 1 \end{bmatrix}+\frac{\beta Ph}{6}\begin{bmatrix} 4 & 1 & 0 & 0 \\ 1 & 4 & 1 & 0 \\ 0 & 1 & 4 & 1 \\ 0 & 0 & 1 & 2+\alpha \end{bmatrix}\right\}\begin{Bmatrix} U_2 \\ U_3 \\ U_4 \\ U_5 \end{Bmatrix}=\begin{Bmatrix} \left(\dfrac{kA}{h}-\dfrac{\beta Ph}{6}\right)\theta_0 \\ 0 \\ 0 \\ 0 \end{Bmatrix} \quad (10)$$

其中,$\alpha=\beta A/(\beta Ph/6)=6A/Ph$。节点 1 和 5 处的未知热量为

$$Q_1^1=\left(\frac{kA}{h}+\frac{\beta Ph}{3}\right)\theta_0+\left(-\frac{kA}{h}+\frac{\beta Ph}{6}\right)U_2 \quad (11)$$

$$Q_2^4=-\beta A U_5$$

未知节点温度的缩聚方程变为

$$10^{-2}\begin{bmatrix} 15.9000 & -7.5750 & 0.0000 & 0.0000 \\ -7.5750 & 15.9000 & -7.5750 & 0.0000 \\ 0.0000 & -7.5750 & 15.9000 & -7.5750 \\ 0.0000 & 0.0000 & -7.5750 & 7.9625 \end{bmatrix}\begin{Bmatrix} U_2 \\ U_3 \\ U_4 \\ U_5 \end{Bmatrix}=\begin{Bmatrix} 6.06 \\ 0.00 \\ 0.00 \\ 0.00 \end{Bmatrix} \quad (12)$$

这些方程的解为

$$U_1=80.0℃,U_2=62.283℃,U_3=50.732℃,U_4=44.204℃,U_5=42.053℃ \quad (13)$$

从平衡状态可得节点 1 的输入热量为

$$(Q_1^1)_{equil}=\frac{kA}{h}(U_1-U_2)+\frac{\beta Ph}{6}(2U_1+U_2)=\left(\frac{kA}{h}+\frac{\beta Ph}{3}\right)U_1+\left(-\frac{kA}{h}+\frac{\beta Ph}{6}\right)U_2 \quad (14)$$

$$=(0.077+0.0025)80+(-0.077+0.00125)62.283=1.642\text{W}$$

而根据定义有

$$(Q_1^1)_{def}=-kA\left(\frac{\mathrm{d}\theta}{\mathrm{d}x}\right)_{x=0}=-385\times5\times10^{-6}\left(\frac{U_2-U_1}{0.025}\right)=1.3642\text{W} \quad (15)$$

翅片表面的总热量损失为

$$Q=\sum_{e=1}^{N=4}Q^e+\beta A\theta(L)=\sum_{e=1}^{N=4}\int_{x_a}^{x_b}P\beta\theta\mathrm{d}x+\beta A\theta(L)$$

$$=\sum_{e=1}^{N=4}\int_{x_a}^{x_b}P\beta(\theta_1^e\psi_1^e+\theta_2^e\psi_2^e)\mathrm{d}x+\beta A U_5=\sum_{e=1}^{N=4}\beta Ph_e\left(\frac{\theta_1^e+\theta_2^e}{2}\right)+\beta A U_5 \quad (16)$$

$$=0.0075(0.5U_1+U_2+U_3+U_4+0.5U_5)+25\times5\times10^{-6}\times42.053$$

$$=1.6368+0.00526=1.642\text{W}$$

(2)对于两个二次单元的网格,未知节点温度的缩聚方程为

$$\left(\frac{kA}{3h} \begin{bmatrix} 16 & -8 & 0 & 0 \\ -8 & 14 & -8 & 1 \\ 0 & -8 & 16 & -8 \\ 0 & 0 & -1 & 7 \end{bmatrix} + \frac{\beta Ph}{30} \begin{bmatrix} 16 & 2 & 0 & 0 \\ 2 & 8 & 2 & -1 \\ 0 & 2 & 16 & 2 \\ 0 & -1 & 2 & 4+\alpha \end{bmatrix} \right) \begin{Bmatrix} U_2 \\ U_3 \\ U_4 \\ U_5 \end{Bmatrix} = \begin{Bmatrix} \left(\frac{8kA}{3h} - \frac{2\beta Ph}{30} \right)\theta_0 \\ \left(-\frac{kA}{3h} + \frac{\beta Ph}{30} \right)\theta_0 \\ 0 \\ 0 \end{Bmatrix} \qquad (17)$$

其中,$\alpha = \beta A / (\beta Ph/30) = 30A/Ph$。使用问题数据,可以将 2 个二次单元网格的未知节点温度缩聚方程表示为:

$$10^{-2} \begin{bmatrix} 21.3300 & -10.1667 & 0.0000 & 0.0000 \\ -10.1667 & 18.3667 & -10.1667 & 1.2333 \\ 0.0000 & -10.1667 & 21.3333 & -10.1667 \\ 0.0000 & 1.2333 & -10.1667 & 9.1958 \end{bmatrix} \begin{Bmatrix} U_2 \\ U_3 \\ U_4 \\ U_5 \end{Bmatrix} = \begin{Bmatrix} 8.1333 \\ -0.9867 \\ 0.0000 \\ 0.0000 \end{Bmatrix} \qquad (18)$$

上述方程的解为

$$U_1 = 80.0\text{℃}, U_2 = 62.374\text{℃}, U_3 = 50.884\text{℃}, U_4 = 44.380\text{℃}, U_5 = 42.240\text{℃} \qquad (19)$$

节点 1 的输入热量为

$$\begin{aligned} (Q_1^1)_{\text{equil}} &= \frac{kA}{3h}(7U_1 - 8U_2 + U_3) + \frac{\beta Ph}{30}(4U_1 + 2U_2 - U_3) \\ &= \frac{0.0385}{3}(7\times80 - 8\times62.374 + 50.884) + \frac{0.0025}{5}(4\times80 + 2\times62.374 - 50.884) \\ &= 1.633\text{W} \end{aligned}$$
$$(20)$$

而根据定义有

$$(Q_1^1)_{\text{def}} = -kA\left(\frac{\mathrm{d}\theta}{\mathrm{d}x} \right)_{x=0} = -385\times5\times10^{-6}\left(\frac{-3U_1 + 4U_2 - U_3}{0.05} \right) = 1.5934\text{W} \qquad (21)$$

翅片表面的总热量损失为

$$\begin{aligned} Q &= \sum_{e=1}^{N=2} \int_{x_a}^{x_b} P\beta(\theta_1^e \psi_1^e + \theta_2^e \psi_2^e + \theta_3^e \psi_3^e)\,\mathrm{d}x + \beta A U_5 \\ &= \sum_{e=1}^{N=2} \beta P h_e \left(\frac{\theta_1^e + 4\theta_2^e + \theta_3^e}{6} \right) + \beta A U_5 \\ &= \frac{\beta Ph}{6}(U_1 + 4U_2 + 2U_3 + 4U_4 + U_5) + \beta A U_5 \\ &= 1.633\text{W} \end{aligned}$$
$$(22)$$

在使用式(5a)作为边界条件时,式(4)的精确解为

$$\theta(x) = \theta_0 \left[\frac{\cosh m(L-x) + (\beta/mk)\sinh m(L-x)}{\cosh mL + (\beta/mk)\sinh mL} \right], m^2 = \frac{\beta P}{Ak} \qquad (23\text{a})$$

$$Q(0) = -kA\frac{\mathrm{d}\theta}{\mathrm{d}x} = \theta_0 M\left[\frac{\sinh mL + (\beta/mk)\cosh mL}{\cosh mL + (\beta/mk)\sinh mL}\right], M^2 = \beta PAk \qquad (23\text{b})$$

计算节点处的精确解,得

$$\theta(0.025) = 62.414℃, \theta(0.05) = 50.958℃, \theta(0.075) = 44.505℃, \theta(0.1) = 42.422℃ \qquad (24)$$

且 $Q_1^1 = 1.63\text{W}$。显然地,二次单元组成的两单元网格比线性单元的四单元网格得到更精确的解。

边界条件 2:式(5b)作为边界条件时,有

$$U_1 = T_0 - T_\infty = 80℃, U_5 = 0℃ \qquad (25)$$

通过删除组装后方程的第一行和第五行,并修改剩余的方程以考虑 $U_1 = 80℃$ 和 $U_5 = 0℃$,得到了未知温度的缩聚方程。第 1 行和第 5 行直接给出了未知热量的缩聚方程。

(1)对于四单元网格,缩聚方程为

$$\left(\frac{kA}{h}\begin{bmatrix} 2 & -1 & 0 \\ -1 & 2 & -1 \\ 0 & -1 & 2 \end{bmatrix} + \frac{\beta Ph}{6}\begin{bmatrix} 4 & 1 & 0 \\ 1 & 4 & 1 \\ 0 & 1 & 4 \end{bmatrix}\right)\begin{Bmatrix} U_2 \\ U_3 \\ U_4 \end{Bmatrix} = \begin{Bmatrix} \dfrac{kA}{h} - \dfrac{\beta Ph}{6} \\ 0 \\ 0 \end{Bmatrix}\begin{Bmatrix} \theta_0 \\ 0 \\ 0 \end{Bmatrix} \qquad (26)$$

且有限元解为

$$U_1 = 80.0℃, U_2 = 53.955℃, U_3 = 33.252℃, U_4 = 15.842℃, U_5 = 0℃ \qquad (27)$$

从平衡状态可得节点 1 和 5 的热量为

$$(Q_1^1)_{\text{equil}} = \frac{kA}{h}(U_1 - U_2) + \frac{\beta Ph}{6}(2U_1 + U_2) \qquad (28\text{a})$$

$$= 0.077(80 - 53.995) + 0.00125(2\times80 + 53.995) = 2.270\text{W}$$

$$(Q_2^4)_{\text{equil}} = \frac{kA}{h}(-U_4 + U_5) + \frac{\beta Ph}{6}(U_4 + 2U_5) \qquad (28\text{b})$$

$$= 0.077(-15.842 + 0) + 0.00125(-15.842 + 2\times0) = -1.200\text{W}$$

而由定义有

$$(Q_1^1)_{\text{def}} = 2.0055\text{W}, (Q_2^4)_{\text{def}} = -1.2198\text{W} \qquad (29)$$

因此,如果假设末端 $x = L$ 在环境温度下,从翅片端部散失的热量被高估了。翅片侧面的总热量损失为

$$Q = \sum_{e=1}^r Q^e = 0.0075(0.5U_1 + U_2 + U_3 + U_4 + 0.5U_5) = 1.073\text{W} \qquad (30)$$

(2)对于 2 个二次单元组成的网格的未知节点温度的缩聚方程为

$$\left(\frac{kA}{3h}\begin{bmatrix} 16 & -8 & 0 \\ -8 & 14 & -8 \\ 0 & -8 & 16 \end{bmatrix} + \frac{\beta Ph}{30}\begin{bmatrix} 16 & 2 & 0 \\ 2 & 8 & 2 \\ 0 & 2 & 16 \end{bmatrix}\right)\begin{Bmatrix} U_2 \\ U_3 \\ U_4 \end{Bmatrix} = \begin{Bmatrix} \left(\dfrac{8kA}{3h} - \dfrac{2\beta Ph}{30}\right)\theta_0 \\ \left(-\dfrac{kA}{3h} + \dfrac{\beta Ph}{30}\right)\theta_0 \\ 0 \end{Bmatrix} \qquad (31)$$

相应的解为

$$U_1 = 80.0℃, U_2 = 53.995℃, U_3 = 33.301℃, U_4 = 15.870℃, U_5 = 0℃ \qquad (32)$$

从平衡状态可得节点 1 和节点 5 的热量为

$$(Q_1^1)_{equil} = \frac{kA}{3h}(7U_1 - 8U_2 + U_3) + \frac{\beta Ph}{30}(4U_1 + 2U_2 - U_3) = 2.268W$$

$$(Q_3^2)_{equil} = \frac{kA}{3h}(U_3 - 8U_4 + 7U_5) + \frac{\beta Ph}{30}(-U_3 + 2U_4 + 4U_5) = -1.203W \qquad (33)$$

而由定义,有

$$(Q_1^1)_{def} = 2.2069W, (Q_3^2)_{def} = -1.1619W \qquad (34)$$

在使用式(5b)作为边界条件时,式(4)的精确解为($\theta_L = T_L - T_\infty, \theta_0 = T_0 - T_\infty$)

$$\theta(x) = \left[\frac{\theta_L \sinh mx + \theta_0 \sinh m(L-x)}{\sinh mL}\right], m^2 = \frac{\beta P}{Ak} \qquad (23a)$$

$$Q(0) = -kA\frac{d\theta}{dx} = M\left[\frac{\theta_0 \cosh mL - \theta_L}{\sinh mL}\right], M^2 = \beta PAk \qquad (23b)$$

计算节点处的精确解,得

$$\theta(0.025) = 54℃, \theta(0.05) = 33.3℃, \theta(0.075) = 15.87℃, \theta(0.1) = 0℃ \qquad (24)$$

且 $Q_1^1 = 2.268W$。

下一个例子是关于杆内的热传递,并给出了有限元和有限差分解的比较。

例 4. 2. 2

将直径 $D = 0.02m$、长度 $L = 0.05m$、恒定热导率 $k = 50W/(m \cdot ℃)$ 的钢杆暴露于环境空气中,温度为 $T_\infty = 20℃$,热传递系数 $\beta = 100W/(m^2 \cdot ℃)$。如图 4.2.3(a)所示,杆的左端温度保持在 $T_0 = 320℃$,另一端为绝热状态。

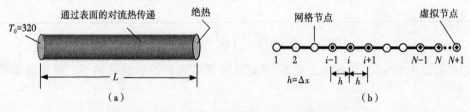

图 4.2.3 (a) 杆中的热传递;(b) 有限差分网格

请分别使用(1)2 个线性单元和(2)4 个线性单元的均匀网格,确定温度分布和杆左端的热量输入。为了比较,使用相同数量的网格点还计算了问题的有限差分解。

解答:该问题的控制方程与例 4.2.1 的式(4)相同。把它写成这样的形式(对整个方程除以 Ak):

$$-\frac{d^2\theta}{dx^2} + m^2\theta = 0, 0 < x < L \qquad (1)$$

其中, $\theta = T - T_\infty$, T 是温度, m^2 的表达式为

$$m^2 = \frac{\beta P}{Ak} = \frac{\beta \pi D}{\frac{1}{4}\pi D^2 k} = \frac{4\beta}{kD} = \frac{4 \times 100}{50 \times 0.02} = 400 \tag{2}$$

问题的边界条件成为

$$\theta(0) = T(0) - T_\infty = 300\,^\circ\text{C}, \left(\frac{\mathrm{d}\theta}{\mathrm{d}x}\right)\bigg|_{x=L} = 0 \tag{3}$$

相应的精确解为

$$\theta(x) = \theta(0)\frac{\cosh m(L-x)}{\cosh mL}, Q(0) = \left(-\frac{\mathrm{d}\theta}{\mathrm{d}x}\right)\bigg|_{x=0} = m\theta(0)\frac{\sinh mL}{\cosh mL} \tag{4}$$

有限差分解

在有限差分法中(详见例 1.3.2),考虑的是一些网格点(而不是单元),包括边界点,如图 4.2.3(b)所示。然后,在定义域内,每个网格点(固定位置)上函数 u 的导数由若干点(包括计算导数的网格点)上 u 的值来近似。例如,在第 i 个网格点处 u 的二阶导数可由网格点 $i-1$、i、$i+1$ 处的 u 值来近似[见式(1.3.7)]:

$$\left(\frac{\mathrm{d}^2\theta}{\mathrm{d}x^2}\right)_i \approx \frac{1}{h^2}(\theta_{i-1} - 2\theta_i + \theta_{i+1}) \tag{5}$$

其中, h 是两个网格点之间的距离。式(5)称为中心差分公式,如图 4.2.3 (b)所示,可以看成是"单元方程"。注意到有限差分方程(5)中的系数为实数(即不需要计算积分)。将上式的二阶导数代入式(1),得

$$-\theta_{i-1} + (2 + m^2 h^2)\theta_i - \theta_{i+1} = 0 \tag{6}$$

其对未指定 θ 值的任何点都有效。将式(6)中的公式应用于节点 $2, 3, \cdots, N$,得到了网格点处 u 值之间的关系,从而直接得到整体方程。注意,将该公式应用到 N 网格点时涉及 $N+1$ 网格点,它不是定义域的一部分,称为虚拟网格点。将在后面讨论如何处理这种情况。

(1)首先,选择一个由 3 个点($h = 0.025$)、2 个端点和 1 个中间点组成的网格。在节点 2 和节点 3 处应用式(6),得到($m^2 = 400$):

$$(2 + 400h^2)\theta_2 - \theta_3 = \theta_1, -\theta_2 + (2 + 400h^2)\theta_3 - \theta_4 = 0 \tag{7}$$

其中, $\theta_1 = \theta(0) = 300\,^\circ\text{C}$。注意, θ_4 是虚拟节点 4 处的 θ 值,由于边界条件 $\mathrm{d}\theta/\mathrm{d}x$ 被认为是镜像。为了消掉 θ_4,可以使用以下公式之一:

$$\left(\frac{\mathrm{d}\theta}{\mathrm{d}x}\right)_{x=0} = \frac{\theta_4 - \theta_3}{h} = 0\,(\text{向前}) \tag{8a}$$

$$\left(\frac{\mathrm{d}\theta}{\mathrm{d}x}\right)_{x=0} = \frac{\theta_4 - \theta_2}{2h} = 0\,(\text{中心}) \tag{8b}$$

后者是 $O(h^2)$ 阶的,与式(5)中的中心差分公式一致。使用式(8b),在式(7)中令 $\theta_4 = \theta_2$。式

(7)可以写成如下矩阵形式：

$$\begin{bmatrix} 2.25 & -1 \\ -2 & 2.25 \end{bmatrix} \begin{Bmatrix} \theta_2 \\ \theta_3 \end{Bmatrix} = \begin{Bmatrix} 300 \\ 0 \end{Bmatrix} \tag{9}$$

这些方程的解为

$$\theta_2 = 220.41\,\text{℃}, \theta_3 = 195.92\,\text{℃} \tag{10}$$

精确解为 $\theta(0.025) = 219.22\,\text{℃}, \theta(0.05) = 195.94\,\text{℃}$。通过定义可以计算出网格点 $1(x=0)$ 处的热量：

$$Q(0) = \left(-\frac{\mathrm{d}\theta}{\mathrm{d}x}\right)_{x=0} = \frac{\theta_1 - \theta_2}{h} = 3183.6\text{W} \tag{11}$$

而精确解为 4569.56W。

(2)接下来，使用 5 个点的网格。在网格点 2,3,4 和 5 处使用式(6)，且 $\theta_6 = \theta_4$，有($h = 0.0125$)

$$\begin{bmatrix} 2.0625 & -1 & 0 & 0 \\ -1 & 2.0625 & -1 & 0 \\ 0 & -1 & 2.0625 & -1 \\ 0 & 0 & -2 & 2.0625 \end{bmatrix} \begin{Bmatrix} \theta_2 \\ \theta_3 \\ \theta_4 \\ \theta_5 \end{Bmatrix} = \begin{Bmatrix} 300 \\ 0 \\ 0 \\ 0 \end{Bmatrix} \tag{12}$$

这些方程的解为

$$\theta_2 = 251.89\,\text{℃}, \theta_3 = 219.53\,\text{℃}, \theta_4 = 200.89\,\text{℃}, \theta_5 = 194.80\,\text{℃} \tag{13}$$

网格点 1 处的热量为

$$Q(0) = \left(-\frac{\mathrm{d}\theta}{\mathrm{d}x}\right)_{x=0} = \frac{\theta_1 - \theta_2}{h} = 3848.8\text{W} \tag{14}$$

有限元解

单元方程为

$$\left(\frac{1}{h_e}\begin{bmatrix} 1 & -1 \\ -1 & 1 \end{bmatrix} + \frac{m^2 h_e}{6}\begin{bmatrix} 2 & 1 \\ 1 & 2 \end{bmatrix}\right) \begin{Bmatrix} \theta_1^e \\ \theta_2^e \end{Bmatrix} = \begin{Bmatrix} Q_1^e \\ Q_2^e \end{Bmatrix} \tag{15}$$

(1)对于 2 个线性单元($h = h_1 = h_2 = 0.025$)串联，组装后的方程组为($1/h + m^2h/3 = 43.333, -1/h + m^2h/6 = -38.333$)

$$\begin{bmatrix} 43.333 & -38.333 & 0.000 \\ -38.333 & 86.667 & -38.333 \\ 0.000 & -38.333 & 43.333 \end{bmatrix} \begin{Bmatrix} U_1 \\ U_2 \\ U_3 \end{Bmatrix} = \begin{Bmatrix} Q_1^{(1)} \\ Q_2^{(1)} + Q_1^{(2)} = 0 \\ Q_2^{(2)} \end{Bmatrix} \tag{16}$$

其中，U_I 表示第 I 个整体节点处的温度 $\theta(x)$。边界条件为

$$U_1 = 300\,\text{℃}, Q_2^{(2)} = 0 \tag{17}$$

因此,缩聚方程为

$$\begin{bmatrix} 86.667 & -38.333 \\ -38.333 & 43.333 \end{bmatrix} \begin{Bmatrix} U_2 \\ U_3 \end{Bmatrix} = \begin{Bmatrix} 38.333 \times 300 \\ 0 \end{Bmatrix} \tag{18}$$

方程的解为

$$U_2 = 217.98\,{}^\circ\!C , U_3 = 192.83\,{}^\circ\!C \tag{19}$$

使用组装后方程的第一行可以计算出节点 1 处的热量(即根据平衡状态得):

$$Q_1^1 = 43.333 U_1 - 38.333 U_2 = 4644.1\,W \tag{20}$$

而根据定义有

$$(\theta_1^1)_{\text{def}} = -\frac{U_2 - U_1}{h_1} = \frac{300 - 217.98}{0.025} = 3280.8\,W \tag{21}$$

一旦有了节点值 U_1 , U_2 , U_3,其他点(节点中间点)的值就可以使用近似进行计算:

$$\theta^e(\bar{x}) = \sum_{j=1}^{2} \theta_j^e \psi_j^e(\bar{x}) , 0 \leqslant \bar{x} \leqslant h_e \tag{22}$$

其中,$\theta_1^1 = U_1 , \theta_2^1 = U_2 = \theta_1^2 , \theta_2^2 = U_3$。这种公式在有限差分法中是不容易得到,可以使用网格点数据来构造与所使用的有限差分公式一致的插值。

(2)对于 4 个线性单元的情况,组装后的方程为

$$\begin{bmatrix} 81.667 & -79.167 & 0.000 & 0.000 & 0.000 \\ -79.167 & 163.333 & -79.167 & 0.000 & 0.000 \\ 0.000 & -79.167 & 163.333 & -79.167 & 0.000 \\ 0.000 & 0.000 & -79.167 & 163.333 & -79.167 \\ 0.000 & 0.000 & 0.000 & -79.167 & 81.667 \end{bmatrix} \begin{Bmatrix} U_1 \\ U_2 \\ U_3 \\ U_4 \\ U_5 \end{Bmatrix} = \begin{Bmatrix} Q_1^{(1)} \\ Q_2^{(1)} + Q_1^{(2)} \\ Q_2^{(2)} + Q_1^{(3)} \\ Q_2^{(3)} + Q_1^{(4)} \\ Q_2^{(4)} \end{Bmatrix} \tag{23}$$

平衡条件要求 $Q_2^{(1)} + Q_1^{(2)} = 0 , Q_2^{(2)} + Q_1^{(3)} = 0 , Q_2^{(3)} + Q_1^{(4)} = 0$;边界条件为 $U_1 = 300\,{}^\circ\!C , Q_2^{(4)} = 0$。删除第一行和第一列,修改右端项且 $U_1 = \theta_0 = 300$,得到缩聚方程:

$$\begin{bmatrix} 163.333 & -79.167 & 0 & 0 \\ -79.167 & 81.667 & -79.167 & 0 \\ 0 & -79.167 & 81.667 & -79.167 \\ 0 & 0 & -79.167 & 81.667 \end{bmatrix} \begin{Bmatrix} U_2 \\ U_3 \\ U_4 \\ U_5 \end{Bmatrix} = \begin{Bmatrix} 79.167 \times 300 \\ 0 \\ 0 \\ 0 \end{Bmatrix} \tag{24}$$

这些方程的解为

$$U_2 = 251.52\,{}^\circ\!C , U_3 = 218.92\,{}^\circ\!C , U_4 = 200.16\,{}^\circ\!C , U_5 = 194.03\,{}^\circ\!C \tag{25}$$

节点 1 处的热量为

$$(Q_1^1)_{\text{equil}} = 81.667 U_1 - 79.167 U_2 = 4587.92\,W \tag{26}$$

表 4.2.1 将两种方法得到的 θ 的节点值与精确值进行比较。有限差分解和有限元解均与精

确解很好吻合。注意到,有限元方法调整节点值,使在弱形式的范围内的近似误差最小化。当使用 4 个二次单元的均匀网格时,见表 4.2.1,将得到 θ 的精确解。

表 4.2.1 $-\dfrac{\mathrm{d}^2\theta}{\mathrm{d}x^2}+400\theta=0,0<x<0.05;\theta(0)=300,\dfrac{\mathrm{d}\theta}{\mathrm{d}x}\Big|_{x=0.05}=0$ 的有限差分解和有限元解与精确解的比较

x	精确解	FEM 解			FDM 解		
		$N=2$	$N=4$	$N=8$	$N=2$	$N=4$	$N=8$
0.00000	300.00	300.00	300	300.00	300.00	300.00	300.00
0.00625	273.71	—	—	273.69	—	—	273.74
0.01250	251.71	—	251.52	251.66	—	251.89	251.75
0.01875	233.64	—	—	233.58	—	—	233.70
0.02500	219.23	217.98	218.92	219.15	220.41	219.53	219.30
0.03125	208.25	—	—	208.16	—	—	208.33
0.03750	200.52	—	200.16	200.43	—	200.89	200.61
0.04375	195.94	—	—	195.84	—	—	196.03
0.05000	194.42	192.83	194.03	194.32	195.92	194.80	194.51

最后一个热传递问题为径向对称问题。

例 4.2.3

考虑一个很长、均质、半径为 R_0 的固体圆柱[见图 4.2.1(c)],其能量产生速率为常数 g_0($\mathrm{W/m^3}$)。可以考虑半径为 R_0 和单位厚度的圆盘来分析这一问题。在 $r=R_0$ 处的边界表面保持恒定温度 T_0。请使用(1)1 个线性单元和(2)2 个线性单元组成的网格计算圆盘中的温度分布 $T(r)$ 和热流密度 $q(r)=-k\mathrm{d}T/\mathrm{d}r$(或者热量 $Q=-Ak\mathrm{d}T/\mathrm{d}r$)。需要的数据为:

$$R_0=0.01\mathrm{m},g_0=2\times10^8\mathrm{W/m^3},k=20\mathrm{W/(m\cdot°C)},T_0=100°C$$

解答:该问题的控制方程由式(4.2.11)给出($g=g_0$),边界条件为

$$T(R_0)=T_0,\left(2\pi kr\frac{\mathrm{d}T}{\mathrm{d}t}\right)\Big|_{r=0}=0 \tag{1}$$

$r=0$ 处径向对称给出了在 $r=0$ 处的零通量边界条件。如果圆柱体是空心的,内半径为 R_i,则在 $r=R_i$ 处的边界条件可以是指定的温度、指定的热流密度或对流边界条件,这取决于具体情况。

控制方程的有限元模型由式(4.2.16a)和式(4.2.16b)给出。对于 $T(r)$ 线性插值的情况,一个典型单元的单元矩阵由式(4.2.17)给出。

(1)对于一个线性单元的网格,有($r_1=0,r_2=h_2=R_0$)

$$\pi k\begin{bmatrix}1 & -1\\ -1 & 1\end{bmatrix}\begin{Bmatrix}U_1\\ U_2\end{Bmatrix}=\frac{\pi g_0 R_0^2}{3}\begin{Bmatrix}1\\ 2\end{Bmatrix}+\begin{Bmatrix}Q_1^1\\ Q_2^1\end{Bmatrix} \tag{2}$$

边界条件意味着 $U_2=T_0,Q_1^1=0$。因此,节点 1 处的温度为

$$U_1=\frac{g_0 R_0^2}{3k}+T_0 \tag{3}$$

在 $r = R_0$ 处的热量为

$$(Q_2^1)_{equil} = \pi k(U_2 - U_1) - \frac{2}{3}\pi g_0 R_0^2 = -\pi g_0 R_0^2 \tag{4}$$

负号表示热量从物体中散出。作为径向坐标 r 的函数的一单元解是

$$T_h(r) = U_1 \psi_1^1(r) + U_2 \psi_2^1(r) = \frac{g_0 R_0^2}{3k}\left(1 - \frac{r}{R_0}\right) + T_0 \tag{5}$$

热流密度为

$$q(r) \equiv -k\frac{\mathrm{d}T_h}{\mathrm{d}r} = \frac{1}{3}g_0 R_0 \tag{6}$$

(2)对于 2 个线性单元的网格($h_1 = h_2 = \frac{1}{2}R_0$),组装后的方程为

$$\pi k \begin{bmatrix} 1 & -1 & 0 \\ -1 & 1+3 & -3 \\ 0 & -3 & 3 \end{bmatrix} \begin{Bmatrix} U_1 \\ U_2 \\ U_3 \end{Bmatrix} = \frac{\pi g_0 R_0^2}{6}\begin{Bmatrix} \frac{1}{2} \\ 1+2 \\ \frac{1}{2}+2 \end{Bmatrix} + \begin{Bmatrix} Q_1^1 \\ Q_2^1+Q_1^2 = 0 \\ Q_2^2 \end{Bmatrix} \tag{7}$$

施加边界条件 $U_3 = T_0$ 和 $Q_1^1 = 0$,未知温度的缩聚方程为

$$\pi k \begin{bmatrix} 1 & -1 \\ -1 & 4 \end{bmatrix} \begin{Bmatrix} U_1 \\ U_2 \end{Bmatrix} = \frac{\pi g_0 R_0^2}{12}\begin{Bmatrix} 1 \\ 6 \end{Bmatrix} + \pi k \begin{Bmatrix} 0 \\ 3T_0 \end{Bmatrix} \tag{8}$$

节点值为

$$U_1 = \frac{5}{18}\frac{g_0 R_0^2}{k} + T_0, \quad U_2 = \frac{7}{36}\frac{g_0 R_0^2}{k} + T_0 \tag{9}$$

根据平衡状态,得

$$Q_2^2 = -\frac{5}{12}\pi g_0 R_0^2 + 3\pi k(U_3 - U_2) = -\pi g_0 R_0^2 \tag{10}$$

有限元解为

$$T_h(r) = \begin{cases} U_1 \psi_1^1(r) + U_2 \psi_2^2(r) = \left(\frac{5}{18}\frac{g_0 R_0^2}{k} + T_0\right)\left(1 - 2\frac{r}{R_0}\right) + 2\left(\frac{7}{36}\frac{g_0 R_0^2}{k} + T_0\right)\frac{r}{R_0} \\ U_2 \psi_1^2(r) + U_3 \psi_2^2(r) = 2\left(\frac{7}{36}\frac{g_0 R_0^2}{k} + T_0\right)\left(1 - \frac{r}{R_0}\right) + T_0\left(2\frac{r}{R_0} - 1\right) \end{cases}$$

$$= \begin{cases} \frac{1}{18}\frac{g_0 R_0^2}{k}\left(5 - 3\frac{r}{R_0}\right) + T_0, & 0 \leqslant r \leqslant \frac{1}{2}R_0 \\ \frac{7}{18}\frac{g_0 R_0^2}{k}\left(1 - \frac{r}{R_0}\right) + T_0, & \frac{1}{2}R_0 \leqslant r \leqslant R_0 \end{cases} \tag{11}$$

问题的精确解为

$$T(r) = \frac{g_0 R_0^2}{4k}\left[1 - \left(\frac{r}{R_0}\right)^2\right] + T_0 (\text{℃}) \tag{12a}$$

$$q(r) = \frac{1}{2}g_0 r\,(\text{W/m}^2),\ Q(R_0) = -\left(2\pi kr\frac{\mathrm{d}T}{\mathrm{d}r}\right)\bigg|_{R_0} = \pi g_0 R_0^2(\text{W}) \tag{12b}$$

根据精确解圆柱体中心的温度是 $T(0) = g_0 R_0^2/4k + T_0$,而根据一单元和两单元模型分别得到的解为 $g_0 R_0^2/3k + T_0$ 和 $5g_0 R_0^2/18k + T_0$。使用由 1 个、2 个、4 个、8 个线性单元组成的网格得到的有限元解与表 4.2.2 中的精确解进行了比较。随着单元数的增加,有限元解 $\overline{T} = (T - T_0)k/g_0 R_0^2$ 将收敛至精确解(图 4.2.4)。图 4.2.5 显示了 $\overline{Q}(r) = Q(r)/2\pi R_0 g_0$,$Q(r) = 2\pi kr\mathrm{d}T/\mathrm{d}r$ 与 $\overline{r} = r/R_0$ 的曲线图,分别由有限元分析和解析解计算得出。

表 4.2.2   一个径向对称圆盘温度分布的有限元解和解析解的比较

$\dfrac{r}{R_0}$	有限元解 *					解析解
	1L 单元	2L 单元	4L 单元	8L 单元	4Q 单元	
0.000	433.33	377.78	358.73	352.63	350.00	350.00
0.125	391.67	356.24	348.31	347.42	346.09	346.09
0.250	350.00	335.11	337.90	335.27	334.37	334.38
0.375	308.33	315.28	313.59	315.48	314.84	314.84
0.500	266.67	294.44	289.29	287.95	287.50	287.50
0.625	225.00	245.83	249.70	252.65	252.34	252.34
0.750	183.33	197.22	210.12	209.56	209.37	209.38
0.875	141.67	148.61	155.06	158.68	158.59	158.59
1.000	100.00	100.00	100.00	100.00	100.00	100.00

* 下划线表示为节点处的值,其他值为插值得到的。L 表示线性单元,Q 表示二次单元。

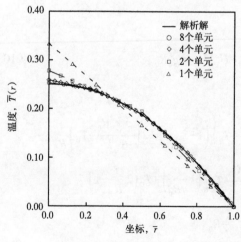

图 4.2.4   具有圆柱几何形状的径向对称热传递
问题的有限元解与解析解的比较

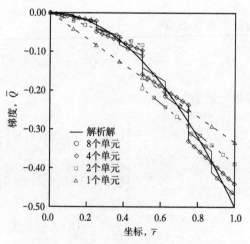

图 4.2.5   具有圆柱几何形状的径向对称热传递
问题的温度梯度有限元解与解析解的比较

4.3 流体力学问题

4.3.1 控制方程

自然界中的物质都以两种形式之一存在:固体或流体。固体的特征是其分子相对不动性,而流体状态的特征是其分子相对流动性。流体可以以气体或液体的形式存在。流体力学的领域涉及流体的运动及其对环境的影响[5,6]。

流体力学的基本方程由质量、动量、能量守恒定律和本构关系导出,其控制方程归纳为式(2.6.6)至式(2.6.10)。回顾第 2.6.3 节,质量守恒原理给出了所谓的连续性方程,而线动量守恒导出了运动方程;角动量守恒原理给出了应力张量的对称性(当没有对偶存在时)。额外内容请参见 Reddy[4],Reddy 和 Gartling[5], Schlichting 和 Gersten[6]。更多的细节将在第 11 章提供,其是专门的黏性不可压缩流体的二维流动的有限元分析。

在这一节中,考虑了所谓的平行定常流,即所有流体颗粒都沿一个方向运动,即只有一个速度分量不为零,$v_x = u(x,y,z)$,其中 v_x 是沿 x 坐标的速度分量。假设没有体力,z 方向动量方程要求 $v_x = u(x,y)$。在这种情况下,质量守恒可以简化为

$$\frac{\partial u}{\partial x} = 0,意味着 \ u = u(y)$$

y 方向动量方程可以简化为

$$\frac{\partial P}{\partial y} = 0,意味着 \ P = P(x)$$

其中,P 是压力。x 方向动量方程可以简化为

$$-\mu \frac{\mathrm{d}^2 u}{\mathrm{d} y^2} = -\frac{\mathrm{d}P}{\mathrm{d}x} \tag{4.3.1}$$

适用于黏性流区域的能量方程有如下形式:

$$\rho c u \frac{\partial T}{\partial x} - k \left(\frac{\partial^2 T}{\partial x^2} + \frac{\partial^2 T}{\partial y^2} \right) = \mu \left(\frac{\mathrm{d}u}{\mathrm{d}y} \right)^2 \tag{4.3.2}$$

其中流体被假定为各向同性和均质的(即 k 是常数)。式(4.3.2)的第一项和最后一项将速度 u 与温度 T 耦合,对于给定的速度场 $u(y)$[即由式(4.3.1) 可知],可求解式(4.3.2)来确定温度场。

4.3.2 有限元模型

在本节中,我们感兴趣的是求解式(4.3.1)来确定由施加的压力梯度 $-\mathrm{d}P/\mathrm{d}x$ 引起的速度 $u(y)$。式(4.3.1)是模型方程(3.4.1)的特例,对应如下:

$$f = -\frac{\mathrm{d}P}{\mathrm{d}x} = 常数 \equiv f_0, a = \mu = 常数, c = 0, x = y \tag{4.3.3}$$

因此,式(3.4.32b)和式(3.4.33)中的有限元方程对于该问题是有效的:

$$K^e u^e = f^e + Q^e \tag{4.3.4a}$$

$$K_{ij}^e = \int_{y_a}^{y_b} \mu \, \frac{\mathrm{d}\psi_i^e}{\mathrm{d}y} \frac{\mathrm{d}\psi_j^e}{\mathrm{d}y} \mathrm{d}y, \ f_i^e = \int_{y_a}^{y_b} \left(-\frac{\mathrm{d}P}{\mathrm{d}x}\right) \psi_i^e \mathrm{d}y \tag{4.3.4b}$$

$$Q_1^e = -\left(\mu \, \frac{\mathrm{d}u}{\mathrm{d}y}\right)\bigg|_a, \ Q_2^4 = -\left(\mu \, \frac{\mathrm{d}u}{\mathrm{d}y}\right)\bigg|_b \tag{4.3.4c}$$

例 4.3.1

如图 4.3.1 (a) 所示,考虑两个距离为 $2L$ 的长平面壁之间的平行流动。对于给定的压力梯度 $-\mathrm{d}P/\mathrm{d}x$ 和以下的两组边界条件[见图 4.3.1(b)],请确定速度分布 $u(y)$,$-L<y<L$:

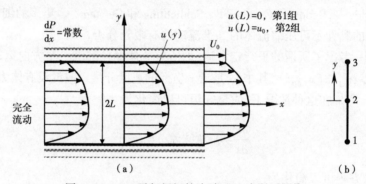

图 4.3.1 (a)平行板间的流动;(b)有限元网格

第 1 组:$u(-L)=0$,$u(L)=0$(两固定壁面:Poiseuille 流动) (1)

第 2 组:$u(-L)=0$,$u(L)=U_0$(下壁面固定,上壁面移动:Couette 流动) (2)

请使用(1)2 个线性单元的网格和(2)1 个二次单元的网格。

解答:在此考虑两组边界条件的整个求解域。

(1)对于 2 个线性单元的网格($h=L$),组装后的方程为

$$\frac{\mu}{h} \begin{bmatrix} 1 & -1 & 0 \\ -1 & 2 & -1 \\ 0 & -1 & 1 \end{bmatrix} \begin{Bmatrix} U_1 \\ U_2 \\ U_3 \end{Bmatrix} = \frac{f_0 h}{2} \begin{Bmatrix} 1 \\ 2 \\ 1 \end{Bmatrix} + \begin{Bmatrix} Q_1^1 \\ Q_2^1 + Q_1^2 = 0 \\ Q_2^2 \end{Bmatrix} \tag{3}$$

注意到这两个单元的插值函数是

$$\psi_1^1(y) = -\frac{y}{L}, \psi_2^1(y) = 1 + \frac{y}{L}, \psi_1^2(y) = 1 - \frac{y}{L}, \psi_2^2(y) = \frac{y}{L} \tag{4}$$

对于第 1 组边界条件,$U_1 = U_3 = 0$,有限元解为

$$U_2 = \frac{f_0 L^2}{2\mu}, u_h(y) = \begin{cases} \dfrac{f_0 L^2}{2\mu} \left(1 + \dfrac{y}{L}\right), -L \leqslant y \leqslant 0 \\ \dfrac{f_0 L^2}{2\mu} \left(1 - \dfrac{y}{L}\right), 0 \leqslant y \leqslant L \end{cases} \tag{5}$$

对于第 2 组边界条件, $U_1 = 0, U_3 = U_0$, 有限元解为

$$U_2 = \frac{f_0 L^2}{2\mu} + \frac{1}{2} U_0, u_h(y) = \begin{cases} \left(\frac{f_0 L^2}{2\mu} + \frac{1}{2} U_0 \right) \left(1 + \frac{y}{L} \right), -L \leqslant y \leqslant 0 \\ \left(\frac{f_0 L^2}{2\mu} + \frac{1}{2} U_0 \right) \left(1 - \frac{y}{L} \right) + U_0 \frac{y}{L}, 0 \leqslant y \leqslant L \end{cases} \tag{6}$$

(2)对于一个二次单元的网格($h = 2L$),有

$$\frac{\mu}{6L} \begin{bmatrix} 7 & -8 & 1 \\ -8 & 16 & -8 \\ 1 & -8 & 7 \end{bmatrix} \begin{Bmatrix} U_1 \\ U_2 \\ U_3 \end{Bmatrix} = \frac{f_0 h}{3} \begin{Bmatrix} 1 \\ 4 \\ 1 \end{Bmatrix} + \begin{Bmatrix} Q_1^1 \\ 0 \\ Q_3^1 \end{Bmatrix} \tag{7}$$

在两种边界条件下有限元解为 $[\psi_2^1(y) = 1 - y^2/L^2, \psi_3^1(y) = 0.5(1 - y/L)(y/L)]$

第 1 组: $U_2 = \frac{f_0 L^2}{2\mu}$, $u_h(y) = \frac{f_0 L^2}{2\mu} \left(1 - \frac{y^2}{L^2} \right)$ \qquad (8)

第 2 组: $U_2 = \frac{f_0 L^2}{2\mu} + \frac{1}{2} U_0, u_h(y) = \left(\frac{f_0 L^2}{2\mu} + \frac{1}{2} U_0 \right) \left(1 - \frac{y^2}{L^2} \right) + \frac{1}{2} U_0 \left(\frac{y}{L} + \frac{y^2}{L^2} \right)$ \qquad (9)

虽然在线性单元网格和二次单元网格中预测的节点值是相同的,但它们分别在线性单元和二次单元的节点之间呈线性和二次变化。

式(1)和式(2)中两组边界条件的精确解是 $(-L \leqslant y \leqslant L)$

第 1 组: $u(y) = \frac{f_0 L^2}{2\mu} \left(1 - \frac{y^2}{L^2} \right)$ \qquad (10)

第 2 组: $u(y) = U_0 \frac{1}{2} \left(1 + \frac{y}{L} \right) + \frac{f_0 L^2}{2\mu} \left(1 - \frac{y^2}{L^2} \right)$ \qquad (11)

请注意,正如预期的那样节点处的有限元解是精确的。式(8)和式(9)中二次单元解分别与式(10)和式(11)的精确解一致。

4.4 固体和结构力学问题

4.4.1 简介

固体力学是研究固体运动和变形的力学的一个分支[7-9],通常采用固体运动的拉格朗日描述来表示全局守恒定律[4]。由于在拉格朗日描述中使用固定的物质点,固体的质量守恒可以很容易地得到满足。动量守恒只需满足牛顿第二运动定律。在等温条件下,能量方程与动量方程解耦,只需要考虑运动方程或平衡方程。

与流体力学不同,经历不同变形形式的固体的控制方程是直接导出的,没有特定的三维弹性方程。根据构件承受不同类型的载荷有不同的名称,例如,杆、梁和板[7]。杆是只受轴向载荷作用的结构构件(见例 1.2.3 和例 2.3.1),而梁是受使其绕垂直于其轴方向弯曲的载荷

作用的构件(见例 2.4.2)。板是一种二维平面体,其厚度与平面内尺寸相比非常小,承受平面横向的载荷,导致弯曲。如果一个板只受到平面内的力,就称为平面弹性体。因此,平面弹性体是二维的杆而平板是梁的二维形式。第 5 章将考虑梁的有限元模型,平面弹性体将在第 12 章中讨论。在这一节中,考虑杆和索的有限元分析。

4.4.2 杆和索的有限元模型

由弹性材料制成的索(也称为绳或弦)的平均横向挠度 $u(x)$ 的控制方程为

$$-\frac{\mathrm{d}}{\mathrm{d}x}\left(a\frac{\mathrm{d}u}{\mathrm{d}x}\right)=f(x) \tag{4.4.1}$$

其中,a 是索内均匀张紧力,f 为分布横向力。式(4.4.1)是式(3.4.1)的一种特殊情况,其中 $c=0$。因此,式(3.4.32b)和式(3.4.33)中的有限元方程($c=0$)对于索而言是有效的。

对于杆的轴向变形,还考虑了温度升高(室温)对应变的影响,同时假定材料的性能不受温度变化的影响。杆的轴向变形的控制方程为(见例 1.2.3):

$$平衡方程:-\frac{\mathrm{d}(A\sigma)}{\mathrm{d}x}=f(x) \tag{4.4.2a}$$

$$运动学方程:\varepsilon=\frac{\mathrm{d}u}{\mathrm{d}x}-\alpha T \tag{4.4.2b}$$

$$\text{Hooke 定律}:\sigma=E\varepsilon \tag{4.4.2c}$$

其中,$\sigma(x)$ 表示轴向应力($\mathrm{N/m^2}=\mathrm{Pa}$),$\varepsilon(x)$($\mathrm{m/m}$)是轴向应变,$u(x)$ 是轴向位移(m),$T(x)$ 是相对参考值提升的温度($^\circ\mathrm{C}$),$E=E(x)$ 是弹性模量(Pa),$\alpha(x)$ 是热膨胀系数($1/^\circ\mathrm{C}$),$A=A(x)$ 是杆的横截面积($\mathrm{m^2}$),$f(x)$ 是体力($\mathrm{N/m}$)。需要注意的是,式(4.4.2b)是在假设任意截面上的应力是均匀的情况下推导出来的。将式(4.4.2b)和式(4.4.2c)代入式(4.4.2a)可得仅由位移 u 表示的方程:

$$-\frac{\mathrm{d}}{\mathrm{d}x}\left[EA\left(\frac{\mathrm{d}u}{\mathrm{d}x}-\alpha T\right)\right]=f(x) \tag{4.4.3}$$

在推导式(4.4.3)的弱形式时,必须保持次变量的物理意义,并对方括号内的整个表达式进行分部积分:

$$0=\int_{x_a^e}^{x_b^e}\left[E_eA_e\frac{\mathrm{d}w}{\mathrm{d}x}\left(\frac{\mathrm{d}u^e}{\mathrm{d}x}-\alpha_e T_e\right)-wf(x)\right]\mathrm{d}x-Q_1^e w(x_a^e)-Q_2^e w(x_b^e) \tag{4.4.4a}$$

其中,Q_1^e 和 Q_2^e 是单元左端和右端的力:

$$Q_1^e=\left[-E_eA_e\left(\frac{\mathrm{d}u_h^e}{\mathrm{d}x}-\alpha_e T_e\right)\right]_{x_a^e},Q_2^e=\left[E_eA_e\left(\frac{\mathrm{d}u_h^e}{\mathrm{d}x}-\alpha_e T_e\right)\right]_{x_b^e} \tag{4.4.4b}$$

有限元模型为

$$\boldsymbol{K}^e\boldsymbol{u}^e=\boldsymbol{f}^e+\boldsymbol{Q}^e \tag{4.4.5a}$$

$$K_{ij}^e=\int_{x_a^e}^{x_b^e}E_eA_e\frac{\mathrm{d}\psi_i^e}{\mathrm{d}x}\frac{\mathrm{d}\psi_j^e}{\mathrm{d}x}\mathrm{d}x,\ f_i^e=\int_{x_a^e}^{x_b^e}\left(f\psi_i^e+E_eA_e\alpha_e T_e\frac{\mathrm{d}\psi_i^e}{\mathrm{d}x}\right)\mathrm{d}x \tag{4.4.5b}$$

表 3.7.1 中所列的各种积分的值用于计算式(4.4.5b)中的单元矩阵。

接下来,为了便于参考,本书给出了在结构力学有限元书中出现的有限元模型的另一种推导方法。利用矩阵符号推导写出所有方程。

杆单元的总势能 Π^e (见式(3.4.10))为

$$\Pi^e = \frac{1}{2}\int_{x_a^e}^{x_b^e} A_e(\varepsilon^e)^T\sigma^e dx - \int_{x_a^e}^{x_b^e}(u^e)^T f dx - \sum_i (u_i^e)^T Q_i^e \tag{4.4.6}$$

u^e 在式(3.4.28)中的有限元近似 u_h^e 可以表示为(对于一个 n 节点的 Lagrange 有限元)

$$u_h^e = \sum_{j=1}^n \psi_j^e(x)u_j^e = \{\psi_1^e \quad \psi_2^e \quad \cdots \quad \psi_n^e\}\begin{Bmatrix} u_1^e \\ u_2^e \\ \vdots \\ u_n^e \end{Bmatrix} \equiv \boldsymbol{\psi}^e \boldsymbol{u}^e \tag{4.4.7}$$

式(4.4.2b)中应变和式(4.4.2c)中应力的形式为

$$\varepsilon^e = \frac{du_h^e}{dx} - \alpha_e T_e = \frac{d}{dx}(\boldsymbol{\psi}^e \boldsymbol{u}^e) - \alpha_e T_e = \frac{d\boldsymbol{\psi}^e}{dx}\boldsymbol{u}^e - \alpha_e T_e \equiv \boldsymbol{B}^e \boldsymbol{u}^e - \alpha_e T_e \tag{4.4.8}$$

$$\sigma^e = E_e\varepsilon^e = E_e(\boldsymbol{B}^e \boldsymbol{u}^e - \alpha_e T_e)$$

总势能的表达式变为

$$\Pi^e = \frac{1}{2}\int_{x_a^e}^{x_b^e} A_e[(\boldsymbol{u}^e)^T(\boldsymbol{B}^e)^T - \alpha_e T_e]E_e(\boldsymbol{B}^e \boldsymbol{u}^e - \alpha_e T_e)dx \tag{4.4.9}$$

$$- \int_{x_a^e}^{x_b^e}(\boldsymbol{u}^e)^T(\boldsymbol{\psi}^e)^T f dx - (\boldsymbol{u}^e)^T \boldsymbol{Q}^e$$

则由最小总势能原理 $\delta\Pi^e = 0$ 得

$$0 = \left(\int_{x_a^e}^{x_b^e}(\boldsymbol{B}^e)^T E_e A_e \boldsymbol{B}^e dx\right)\boldsymbol{u}^e - \int_{x_a^e}^{x_b^e}[(\boldsymbol{\psi}^e)^T f + (\boldsymbol{B}^e)^T E_e A_e \alpha_e T_e]dx - \boldsymbol{Q}^e \tag{4.4.10}$$

其中,使用了 $\delta(\alpha_e T_e) = 0$(因为不能对确定的量进行变分),且 $\delta\boldsymbol{u}^e$ 是任意的。有限元模型为

$$\boldsymbol{K}^e \boldsymbol{u}^e = \boldsymbol{f}^e + \boldsymbol{Q}^e \tag{4.4.11a}$$

$$\boldsymbol{K}^e = \int_{x_a^e}^{x_b^e}(\boldsymbol{B}^e)^T D_e \boldsymbol{B}^e dx$$

$$\tag{4.4.11b}$$

$$\boldsymbol{f}^e = \int_{x_a^e}^{x_b^e}[(\boldsymbol{\psi}^e)^T f + (\boldsymbol{B}^e)^T D_e \alpha_e T_e]dx$$

其中,$D_e = E_e A_e$。可以看出,式(4.4.11a)和式(4.4.11b)只是式(4.4.5a)和式(4.4.5b)中已有方程的矩阵形式。

4.4.3 数值算例

在本节中,考虑杆的一些有限元分析的例子。有些需要对问题进行方程推导(即方程不

是显然给出的)。

例 4.4.1

一座桥通常由几个混凝土桥墩支撑,一个典型(但理想化的)桥墩的几何形状和载荷如图 4.4.1 所示。载荷 20kN/m² 代表桥梁的重量和在任何固定时间桥梁上假定的交通分布。混凝土密度约为 25kN/m³,且其模量为 $E=28\text{GPa}=28\times10^9\text{N/m}^2$。桥墩实际是一个三维结构,但你可以将桥墩的变形和应力场近似为关于高度的一维问题。使用一维线性有限元网格分析桥墩的位移和应力。

解答:由于桥墩被建模为关于其高度的一维构件,必须将桥墩顶部的分布力表示为点力:

$$F_0=(0.5\times0.5)20=5\text{kN} \tag{1}$$

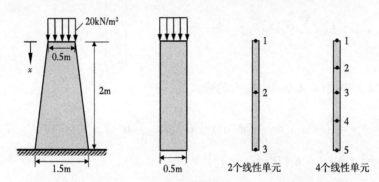

图 4.4.1　例 4.4.1 中混凝土桥墩问题的几何形状和载荷分布

混凝土的重量可以表示为单位长度的体力。从桥墩顶部到任意距离 x 处的总力等于该点以上混凝土的重量。因此,距离 x 处的重量等于 x 以上的物体体积与混凝土的密度的乘积:

$$W(x)=0.5\frac{0.5+(0.5+0.5x)}{2}x\times25.0=6.25(1+0.5x)x\text{kN} \tag{2}$$

每单位长度的体力为

$$f(x)=\frac{\mathrm{d}W}{\mathrm{d}x}=6.25(1+x)\text{kN/m} \tag{3}$$

这里,完成了问题的载荷表示。

问题的控制微分方程由式(4.4.1)给出,其中 $a=EA$,$E=28\times10^6\text{kN/m}^2$,在距离 x 处的横截面积 $A(x)$ 为

$$A(x)=(0.4+0.5x)0.5=\frac{1}{4}(1+x)\text{m}^2 \tag{4}$$

因此,将混凝土桥墩问题理想化为一个一维问题,其轴向位移 u 的控制方程为($E=28\times10^9\text{N/m}^2$)

$$-\frac{\mathrm{d}}{\mathrm{d}x}\left[\frac{1}{4}E(1+x)\frac{\mathrm{d}u}{\mathrm{d}x}\right]=6250(1+x) \tag{5a}$$

边界条件为

$$-\left[\frac{1}{4}E(1+x)\frac{du}{dx}\right]\bigg|_{x=0}=5000,u(2)=0 \tag{5b}$$

式(5a)是模型方程式(4.4.1)的一个特例,对应关系如下:

$$a(x)=7\times10^9(1+x),f(x)=6250(1+x) \tag{6}$$

对于一个典型的线性单元,刚度矩阵和力向量可以计算为

$$\boldsymbol{K}^e=\frac{7\times10^9}{h_e}\left[1+\frac{1}{2}(x_a^e+x_b^e)\right]\begin{bmatrix}1&-1\\-1&1\end{bmatrix} \tag{7a}$$

$$\boldsymbol{f}^e=6250\frac{h_e}{2}\left(\begin{Bmatrix}1\\1\end{Bmatrix}+\frac{1}{3}\begin{Bmatrix}x_b^e+2x_a^e\\2x_b^e+x_a^e\end{Bmatrix}\right) \tag{7b}$$

其中,x_a^e 是第 e 个单元的第一个节点的整体坐标,x_b^e 是第 e 个单元的第二个节点的整体坐标。考虑一个两单元网格($h_1=h_2=1\text{m}$)。对于单元 1,有 $x_a^1=0,x_b^1=h_1$;对于单元 2,有 $x_a^2=h_1,x_b^2=h_1+h_2$。因此,

$$\boldsymbol{K}^1=10^9\begin{bmatrix}10.5&-10.5\\-10.5&10.5\end{bmatrix},\boldsymbol{f}^1=\frac{6250}{6}\begin{Bmatrix}3+1\\3+2\end{Bmatrix}=\begin{Bmatrix}4167\\5208\end{Bmatrix} \tag{8a}$$

$$\boldsymbol{K}^2=10^9\begin{bmatrix}17.5&-17.5\\-17.5&17.5\end{bmatrix},\boldsymbol{f}^2=\frac{6250}{6}\begin{Bmatrix}3+4\\3+5\end{Bmatrix}=\begin{Bmatrix}7292\\8333\end{Bmatrix} \tag{8b}$$

2 个串联的线性单元的组合方程为

$$10^9\begin{bmatrix}10.5&-10.5&0.000\\-10.5&28.0&-17.5\\0.000&-17.5&17.5\end{bmatrix}\begin{Bmatrix}U_1\\U_2\\U_3\end{Bmatrix}=\begin{Bmatrix}4167\\12500\\8333\end{Bmatrix}+\begin{Bmatrix}Q_1^1\\Q_2^1+Q_1^2=0\\Q_2^2\end{Bmatrix} \tag{9}$$

式(5b)中的边界条件可转化为

$$Q_1^1=F_0=5000\text{N},U_3=0 \tag{10}$$

未知位移和力的缩聚方程为

$$10^9\begin{bmatrix}10.5&-10.5\\-10.5&28.0\end{bmatrix}\begin{Bmatrix}U_1\\U_2\end{Bmatrix}=\begin{Bmatrix}9167\\12500\end{Bmatrix},(Q_2^2)_{\text{equil}}=-17.5\times10^9U_2-8333 \tag{11}$$

相应的解为(由于所使用的坐标系,正位移表明墩处于压缩状态)

$$U_1=u_h(0)=2.111\times10^{-6}\text{m},U_2=u_h(0.5)=1.2381\times10^{-6}\text{m},(Q_2^2)_{\text{equil}}=-30000\text{N} \tag{12}$$

因此,固定端的应力为(受压)

$$\sigma_x=\frac{Q_2^2}{A_L}=-\frac{3000}{0.75}=-40000\text{N/m}^2 \tag{13}$$

注意 $(Q_2^2)_{\text{def}}$ 由式(14)给出

$$\left(Q_2^2\right)_{\text{def}} = \left(EA\frac{\mathrm{d}u_h^2}{\mathrm{d}x}\right)_{x=2} = 28\times10^9\times0.75\left(\frac{U_3-U_2}{1}\right) = -26000\text{N} \tag{14}$$

在这个稀疏的网格中,这误差是相当大的。

式(5a)和(5b)的精确解为

$$u(x) = \frac{1}{E}\left[5620-6250(1+x)^2+7500\ln\left(\frac{1+x}{3}\right)\right] \tag{15}$$

在 $x=0\text{m}$ 和 $x=1\text{m}$ 处 u 的精确值及在 $x=2\text{m}$ 处的反力为

$$u(0) = 2.080\times10^{-6}\text{m}, u(1) = 1.225\times10^{-6}\text{m}, \left[EA\frac{\mathrm{d}u}{\mathrm{d}x}\right]_{x=2} = -30000\text{N} \tag{16}$$

节点处的有限元解不是精确的,因为 $a=EA$ 在这个问题中不是一个常数。

通过细化网格,可以提高解的精度。例如,4 个线性单元的网格计算得到位移 $u_h(0) =$ $2.0877\times10^{-6}\text{m}, u_h(0.5) = 1.2281\times10^{-6}\text{m}, \left(Q_2^2\right)_{\text{def}} = 27898\text{N}$。2 个二次单元(等长)的网格解为:

$$u_h(0) = 2.0797\times10^{-6}\text{m}, u_h(0.5) = 1.2247\times10^{-6}\text{m}, \left(Q_2^2\right)_{\text{def}} = 299949\text{N}。$$

例 4.4.2

考虑由固定在等截面铝杆上的锥形钢杆组成的组合杆,其所受载荷如图 4.4.2 所示。请用(1)1 个线性单元(每部分)和(2)1 个二次单元(每部分)来确定杆的位移场。使用以下数据:

$$E_s = 30\times10^6\text{psi}, A_s = \left(1.5-\frac{1}{192}x\right)^2\text{in}^2, E_a = 10^7\text{psi}$$

$$A_a = 1\text{in}^2, h_1 = 96\text{in}, h_2 = 120\text{in}, L = 216\text{in}, P_0 = 10000\text{lb} \tag{1}$$

其中,下标"s"表示钢杆,"a"表示铝杆。

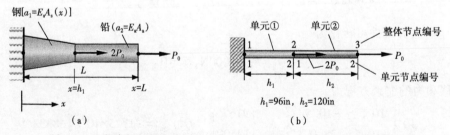

图 4.4.2　复合杆的轴向变形。(a)几何和载荷;(b)2 个线性有限单元

解答:控制方程为

$$-\frac{\mathrm{d}}{\mathrm{d}x}\left(E_sA_s\frac{\mathrm{d}u_s}{\mathrm{d}x}\right) = 0, 0<x<h_1 \tag{2a}$$

$$-\frac{\mathrm{d}}{\mathrm{d}x}\left(E_aA_a\frac{\mathrm{d}u_a}{\mathrm{d}x}\right) = 0, h_1<x<h_1+h_2 = L \tag{2b}$$

边界条件如图 4.4.2 所示。

求解该问题需要的最少单元数量为 2。对于钢杆部分的单元，A_s 是 x 的函数，对于铝杆部分的单元，$A_a = 1$。因此，使用定义分别计算钢杆和铝杆的 K_{ij}^e（使用局部坐标 $\bar{x}$ 是方便的：$x = \bar{x} + x_a$，$dx = d\bar{x}$，$d\psi_i^e/dx = d\psi_i^e/d\bar{x}$）

$$(K_{ij}^e)_s = \int_0^{h_e} E_s\left[1.5 - \left(\frac{\bar{x} + x_a^e}{192}\right)\right]^2 \frac{d\psi_i^e}{d\bar{x}}\frac{d\psi_j^e}{d\bar{x}}d\bar{x}; \quad (K_{ij}^e)_a = \int_0^{h_e} E_a \frac{d\psi_i^e}{d\bar{x}}\frac{d\psi_j^e}{d\bar{x}}d\bar{x} \tag{3}$$

注意到在这两部分中均有 $f_i^e = 0$。

(1) 线性单元网格。首先，计算钢杆的 K_{11}^e：

$$K_{11}^e = \frac{E_s}{h_e^2}\int_0^{h_e}\left[k_1 + k_2(\bar{x} + x_a^e)\right]^2 d\bar{x} \tag{4a}$$

$$= \frac{E_s}{h_e}\left\{(k_1)^2 + (k_2)^2\left[(x_a^e)^2 + \frac{1}{3}h_e^2 + x_a^e h_e\right] + 2k_1 k_2(x_a^e + 0.5 h_e)\right\} \equiv \frac{E_s \bar{A}_s}{h_e}$$

其中，$k_1 = 1.5$，$k_2 = 1/192$ 和

$$\bar{A}_s = (k_1)^2 + (k_2)^2\left[(x_a^e)^2 + \frac{1}{3}h_2^e + x_a^e h_e\right] + k_1 k_2(2x_a^e + h_e) \tag{4b}$$

易知 $K_{22}^e = K_{11}^e$，$K_{12}^e = K_{21}^e = -K_{11}^e$。因此，钢杆和铝杆中一个典型单元的有限元方程为

$$\frac{E_s \bar{A}_s}{h_e}\begin{bmatrix} 1 & -1 \\ -1 & 1 \end{bmatrix}\begin{Bmatrix} u_1^e \\ u_2^e \end{Bmatrix} = \begin{Bmatrix} Q_1^e \\ Q_2^e \end{Bmatrix} \tag{5a}$$

$$\frac{E_a}{h_e}\begin{bmatrix} 1 & -1 \\ -1 & 1 \end{bmatrix}\begin{Bmatrix} u_1^e \\ u_2^e \end{Bmatrix} = \begin{Bmatrix} Q_1^e \\ Q_2^e \end{Bmatrix} \tag{5b}$$

网格中 2 个线性单元的长度为 $h_1 = 96\text{in}$，$h_2 = 120\text{in}$，单元刚度矩阵为（$E_s = 30 \times 10^6$，$k_1 = 1.5$，$k_2 = -1/192$，$x_a^1 = 0$，即对于单元 1，$\bar{A}_s = 4.75/3$，对于单元 2，$E_a = 10 \times 10^6$）：

$$K^1 = \frac{47.5 \times 10^6}{96}\begin{bmatrix} 1 & -1 \\ -1 & 1 \end{bmatrix} = 10^4\begin{bmatrix} 49.479 & -49.479 \\ -49.479 & 49.479 \end{bmatrix}$$

$$K^2 = \frac{10 \times 10^6}{120}\begin{bmatrix} 1 & -1 \\ -1 & 1 \end{bmatrix} = 10^4\begin{bmatrix} 8.333 & -8.333 \\ -8.333 & 8.333 \end{bmatrix} \tag{6}$$

由于两个单元是串联连接的，组装后的方程为

$$10^4\begin{bmatrix} 49.479 & -49.479 & 0.000 \\ -49.479 & 57.812 & -8.333 \\ 0.000 & -8.333 & 8.333 \end{bmatrix}\begin{Bmatrix} U_1 \\ U_2 \\ U_3 \end{Bmatrix} = \begin{Bmatrix} Q_1^1 \\ Q_2^1 + Q_1^2 = 2P_0 \\ Q_2^2 \end{Bmatrix} \tag{7}$$

边界条件 $u(0) = 0$ 和 $\left[E_a(du_a/dx)\right]_L = P_0$ 意味着

$$U_1 = 0, \quad Q_2^2 = P_0 \tag{8}$$

因此,缩聚方程为

$$10^4 \begin{bmatrix} 57.812 & -8.333 \\ -8.333 & 8.333 \end{bmatrix} \begin{Bmatrix} U_2 \\ U_3 \end{Bmatrix} = \begin{Bmatrix} 2P_0 \\ P_0 \end{Bmatrix}, Q_1^1 = -10^4 \times 49.479 U_2 \tag{9}$$

$$U_2 = 0.06063\text{in}, U_3 = 0.18063\text{in}, (Q_1^1)_{\text{equil}} = -30000\text{lb} \tag{10}$$

负号表示反作用力为拉力。Q_1^1 的大小与稳态平衡中的力是一致的:

$$Q_1^1 + 2P_0 + P_0 = 0 \text{ 或 } Q_1^1 = -3P_0 = -30000\text{lb} \tag{11}$$

杆上任意点 x 处的轴向位移由式(12)给出 $[\psi_1^e = (x_b^e - x)/h_e, \psi_2^e = (x - x_a^e)/h_e]$

$$u_h(x) = \begin{cases} u_1^{(1)}\psi_1^{(1)}(x) + u_2^{(1)}\psi_2^{(1)}(x) = 0.00063x, 0 \leqslant x \leqslant 96 \\ u_1^{(2)}\psi_1^{(2)}(x) + u_2^{(2)}\psi_2^{(2)}(x) = -0.03537 + 0.001x, 96 \leqslant x \leqslant 216 \end{cases} \tag{12}$$

且一阶导数为

$$\frac{du_h}{dx} = \begin{cases} 0.00063, 0 \leqslant x \leqslant 96 \\ 0.001, 96 \leqslant x \leqslant 216 \end{cases} \tag{13}$$

式(2a, b)在边界条件

$$u(0) = 0, \left[\left(E_a \frac{du_a}{dx}\right)_{x=96^+} - \left(E_s A_s \frac{du_s}{dx}\right)_{x=96^-}\right] = 2P_0, \left(E_a \frac{du_a}{dx}\right)_{x=216} = P_0 \tag{14}$$

约束下的精确解为

$$u(x) = \begin{cases} 0.128[x/(288-x)], 0 \leqslant x \leqslant 96 \\ 0.001(x-32), 96 \leqslant x \leqslant 216 \end{cases} \tag{15}$$

$$\frac{du}{dx} = \begin{cases} 36.864/(288-x)^2, 0 \leqslant x \leqslant 96 \\ 0.001, 96 \leqslant x \leqslant 216 \end{cases}$$

其中,在节点 2 和 3 处精确解为

$$u(96) = 0.064\text{in}, u(216) = 0.1840\text{in} \tag{16}$$

因此,两单元解在最大位移处的误差约为 1.8%。

(2)二次单元网格。网格中两次单元的长度为 $h_1 = 96\text{in}, h_2 = 120\text{in}$,单元刚度矩阵为

$$K^1 = 10^4 \begin{bmatrix} 142.19 & -159.37 & 17.18 \\ -159.37 & 266.67 & -107.29 \\ 17.18 & -107.29 & 90.10 \end{bmatrix}, K^2 = \frac{10^7}{3 \times 120} \begin{bmatrix} 7 & -8 & 1 \\ -8 & 16 & -8 \\ 1 & -8 & 7 \end{bmatrix} \tag{17}$$

缩聚方程为

$$10^6 \begin{bmatrix} 2.6667 & -1.0729 & 0.0000 & 0.0000 \\ -1.0729 & 1.0955 & -0.222 & 0.02778 \\ 0.0000 & -0.2222 & 0.4444 & -0.2222 \\ 0.0000 & 0.0278 & -0.2222 & 0.1944 \end{bmatrix} \begin{Bmatrix} U_2 \\ U_3 \\ U_4 \\ U_5 \end{Bmatrix} = 10^4 \begin{Bmatrix} 0 \\ 2 \\ 0 \\ 1 \end{Bmatrix} \tag{18}$$

求解 4×4 方程,得

$$U_2 = 0.02572\text{in}, U_3 = 0.06392\text{in}, U_4 = 0.12392\text{in}, U_5 = 0.18392\text{in} \tag{19}$$

从表 4.4.1 所示的有限元解与精确解的比较中可以看出,用两个二次单元得到的解是非常精确的。

表 4.4.1　例 4.4.2 中杆问题的有限元解与精确解比较

x(in)	精确解	线性[①]				二次[①]	
		(1,1)	(2,1)	(3,2)	(6,2)	(1,1)	(3,1)
16	0.00753	—	—	—	0.00752	—	0.00753
32	0.01600	—	—	—	0.01598	—	0.01600
48	0.02560	—	0.02532	0.02532	0.02557	0.02572	0.02560
64	0.03657	—	—	—	0.03652	—	0.03657
80	0.04923	—	—	—	0.04916	—	0.04923
96	0.06400	0.06063	0.06309	0.06309	0.06390	0.06392	0.06400
156	0.12400	—	—	—	0.12390	0.12392	0.12400
216	0.18400	0.18063	0.18309	0.18309	0.18390	0.18392	0.18400

①(m,n) 表示在区间 $(0,96)$ 中有 m 个单元,在区间 $(96,216)$ 中有 n 个单元;在每个区间中所有单元是等长的。

例 4.4.3

如图 4.4.3 所示,将具有两个不同实心圆截面的均匀阶梯杆夹在刚性支座之间。当杆件温度均升高 $T = 30℃$ 时,请确定(1)杆中的压力,(2)两截面界面处的位移。假设以下数据:

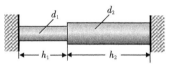

图 4.4.3　复合杆受均匀升温

$$d_1 = 50\text{mm}, d_2 = 75\text{mm}, h_1 = 225\text{mm}, h_2 = 300\text{mm} \tag{1}$$
$$E = 6 \times 10^9 \text{Pa}, \alpha = 100 \times 10^{-6}/℃$$

解答:该问题的有限元模型可使用式(4.4.5a)和式(4.4.5b)建立。使用两个线性单元组成的网格可以得到需要的解。首先,计算一些必要的参数:

$$k_1 = \frac{E_1 A_1}{h_1} = \frac{6 \times 10^9 \times \pi (50)^2 \times 10^{-6}}{4 \times 225 \times 10^{-3}} = 52.36 \times 10^6 \text{N/m} \tag{2}$$

$$k_2 = \frac{E_2 A_2}{h_2} = \frac{6 \times 10^9 \times \pi (75)^2 \times 10^{-6}}{4 \times 300 \times 100^{-3}} = 88.36 \times 10^6 \text{N/m}$$

$$A_1 E \alpha T = \frac{\pi}{4}(50^2) \times 10^{-6} \times 6 \times 10^9 \times 100 \times 10^{-6} \times 30 = 353.43 \times 10^2 \text{N} \tag{3}$$

$$A_2 E \alpha T = \frac{\pi}{4}(75^2) \times 10^{-6} \times 6 \times 10^9 \times 100 \times 10^{-6} \times 30 = 795.22 \times 10^2 \text{N}$$

使用式(4.4.5b)中的单元方程,得到以下组装后的方程[注意 $f(x) = 0$, $f_1^e = -E_e A_e \alpha_e T_e$ 且 $f_2^e = E_e A_e \alpha_e T_e$]:

$$10^6 \begin{bmatrix} 52.36 & -52.36 & 0.00 \\ -52.36 & 140.72 & -88.36 \\ 0.00 & -88.36 & 88.36 \end{bmatrix} \begin{Bmatrix} U_1 \\ U_2 \\ U_3 \end{Bmatrix} = 10^2 \begin{Bmatrix} -353.43 \\ 353.43-795.22 \\ 795.22 \end{Bmatrix} + \begin{Bmatrix} Q_1^1 \\ Q_2^1+Q_1^2 \\ Q_2^2 \end{Bmatrix} \tag{4}$$

力的平衡和边界条件为

$$Q_2^1 + Q_1^2 = 0, U_1 = 0, U_3 = 0 \tag{5}$$

因此,U_2 的缩聚方程为

$$U_2 = \frac{353.43-795.22}{140.72} \times 10^{-4} = -0.31396 \times 10^{-3} \mathrm{m} \tag{6}$$

负号表示由于温度变化,小截面处于压缩状态,大截面处于拉伸状态。根据组装方程的第一行可以计算出力 $Q_1^1 = -Q_2^2$:

$$Q_1^1 = 10^6(-52.36) \times 10^{-3}(-0.31396) + 354.43 \times 10^2 = 51782\mathrm{N} \tag{7}$$

正值表示杆的左端处于压缩状态。注意到,由组装方程的最后一行计算得到 Q_2^2 的结果将是相同的,但带一个负号。最大压应力将出现在较小的直径部分,并由式(8)给出

$$\sigma = \frac{Q_1^1}{A_1} = \frac{51782}{1963.4954 \times 10^{-6}} = 26.372 \times 10^6 \mathrm{Pa} = 26.372\mathrm{MPa} \tag{8}$$

例 4.4.4

考虑一个内半径为 a、外半径为 b、长度为 L 的空心圆柱体,假设空心圆柱体的外表面是固定的,其内表面理想粘接在半径为 a、长度为 L 的刚性圆柱芯上,如图 4.4.4 所示。假设一个轴向力 P 作用于刚性芯上且沿其中心轴。通过假设空心圆柱中的位移场为以下形式,求刚性芯的轴向位移 δ。

$$u_r = u_\theta = 0, u_z = U(r) \tag{1}$$

其中,(u_r, u_θ, u_z) 是沿坐标 (r, θ, z) 方向的位移。

解答:$U(r)$ 的控制方程的确定如下:

$$\varepsilon_{rr} = \varepsilon_{\theta\theta} = \varepsilon_{zz} = \varepsilon_{r\theta} = \varepsilon_{\theta z} = 0, 2\varepsilon_{rz} = \frac{\mathrm{d}U}{\mathrm{d}r} \tag{2a}$$

$$\sigma_{rr} = \sigma_{\theta\theta} = \sigma_{zz} = \sigma_{r\theta} = \sigma_{\theta z} = 0, 2\sigma_{rz} = G\frac{\mathrm{d}U}{\mathrm{d}r} \tag{2b}$$

其中,G 是剪切模量。在柱坐标下的三个应力平衡方程中,与 r 和 θ 方向相关的两个平衡方程(在没有体力的情况下)由应力场容易满足。第三个平衡方程为

$$\frac{1}{r}\left[\frac{\partial}{\partial r}(r\sigma_{rz}) + \frac{\partial \sigma_{\theta z}}{\partial \theta} + r\frac{\partial \sigma_{zz}}{\partial z}\right] = 0 \Rightarrow \frac{1}{r}\frac{\mathrm{d}}{\mathrm{d}r}\left(rG\frac{\mathrm{d}U}{\mathrm{d}r}\right) = 0 \tag{3}$$

$U(r)$ 的边界条件为

$$u_z(b)=0 \rightarrow U(b)=0; -2\pi L(r\sigma_{rz})\big|_{r=a}=P \rightarrow -\left(rG\frac{dU}{dr}\right)_{r=a}=\frac{P}{2\pi L} \tag{4}$$

至此完成了问题的理论表述。我们希望用有限元方法来分析这个问题。

式(3)中的有限元模型[参考式(3.5.3)]由式(3.5.9)和式(3.5.10)在 $a(r)=G$ 和 $f=0$ 的条件给出。域中使用一个线性单元得($r_a=a,h=b-a$):

$$\frac{2\pi G}{h}\left(r_a+\frac{1}{2}h\right)\begin{bmatrix} 1 & -1 \\ -1 & 1 \end{bmatrix}\begin{Bmatrix} U_1 \\ U_2 \end{Bmatrix}=\begin{Bmatrix} Q_1^1 \\ Q_2^1 \end{Bmatrix} \tag{5}$$

在 $U_2=0$ 和 $Q_1^1=P/L$ 条件下,有

$$U_1=\frac{P}{\pi LG}\frac{(b-a)}{(b+a)} \tag{6}$$

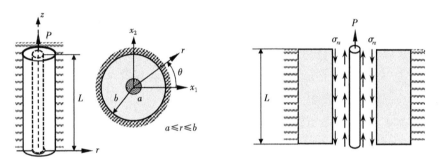

图 4.4.4　外表面固定的空心圆柱内表面受刚性芯拉动的轴对称变形

式(3)和式(4)的精确解为

$$U(r)=-\frac{P}{2\pi LG}\lg(r/b), U(a)\equiv\delta=\frac{P}{2\pi LG}\lg(b/a) \tag{7}$$

式(6)中一个单元解与 δ 的对数级数中的第一项是一致的[即 $\lg(b/a)$]。

使用一个二次单元得($h=b-a$)

$$\frac{2\pi G}{6h}\begin{bmatrix} 3h+14a & -(4h+16a) & h+2a \\ -(4h+16a) & 16h+32a & -(12h+16a) \\ h+2a & -(12h+16a) & 11h+14a \end{bmatrix}\begin{Bmatrix} U_1 \\ U_2 \\ U_3 \end{Bmatrix}=\begin{Bmatrix} Q_1^1 \\ 0 \\ Q_3^1 \end{Bmatrix} \tag{8}$$

使用边界条件 $U_3=0,Q_1^1=P/L$,得到以下缩聚方程:

$$\frac{2\pi G}{6h}\begin{bmatrix} 3h+14a & -(4h+16a) \\ -(4h+16a) & 16h+32a \end{bmatrix}\begin{Bmatrix} U_1 \\ U_2 \end{Bmatrix}=\begin{Bmatrix} P/L \\ 0 \end{Bmatrix} \tag{9}$$

相应的解为

$$U_1=\frac{3hP}{\pi GL}\frac{h+2a}{3h^2+20ah+28a^2}, U_2=\frac{3hP}{\pi GL}\frac{h+4a}{12h^2+80ah+112a^2} \tag{10}$$

有限元解变为($\bar{r}=r-a$)

$$U_h(\bar{r}) = U_1 \left(1 - \frac{\bar{r}}{h}\right)\left(1 - 2\frac{\bar{r}}{h}\right) + 4U_2\frac{\bar{r}}{h}\left(1 - \frac{\bar{r}}{h}\right) \tag{11}$$

线性单元和二次单元得到的有限元解与解析解的对比如图 4.4.5 所示。4 个二次单元的网格实际上给出了精确解。

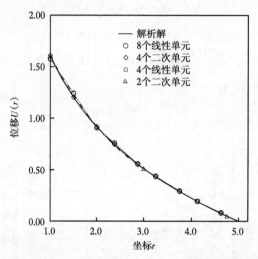

图 4.4.5 外表面固定、内表面受刚性芯拉动的空心圆柱轴对称变形的有限元解与解析解的比较

4.5 小结

在本章中,将有限元模型应用于求解一维的热传递、流体力学和固体力学问题。为了使读者更易理解,对这三个领域的每一个的基本术语和控制方程也给出了一个简短的回顾。

结果表明,问题的次变量可以用有限元网格的整体代数方程(即次变量的缩聚方程)或有限元插值的原始定义来计算。前者的计算结果更精确,能够满足单元间节点的平衡,而后者的计算结果精度较低,且在节点处存在不连续现象。使用线性单元计算的次变量在单元内是常数,而对于拉格朗日二次单元,它们在单元内是线性的。在整体节点上使用定义后计算的次变量的值可以通过细化网格(h 或 p 细化)来改进。我们注意到,因为存在一个外部的点源(次变量),二阶方程中主变量的导数并不总是在单元边界上连续的。

习题

下面的许多问题是为手算而设计的,而有些问题是专门为使用程序 FEMID 的计算机计算而设计的(关于如何使用程序的详细信息,请参阅第 8 章)。下述问题集可以使学生对建立有限元方程、施加边界条件以及确定给定问题中未知主变量和次变量的缩聚方程有更深入的了解。

热传递

4.1 考虑杆中热传导和对流的控制方程:

$$-\frac{\mathrm{d}}{\mathrm{d}x}\left(a\frac{\mathrm{d}u}{\mathrm{d}x}\right)+cu=g,0<x<L$$

$$\text{EBC:指定}\ u,\text{NBC:指定}\ n_x a\frac{\mathrm{d}u}{\mathrm{d}x}+\beta(u-u_\infty)=Q$$

其中,在 $x=x_a$ 处,$n_x=-1$;在 $x=x_b$ 处,$n_x=1$。请建立包含对流边界条件的弱形式,建立相应的有限元模型并显式给出对流边界条件。

4.2 考虑总厚度为 L 的平面壁的热传递。左侧壁面的温度为 T_0,右侧壁面的环境温度为 T_∞,热传递系数为 β。根据以下数据:

$$L=0.1\mathrm{m},k=0.01\mathrm{W}/(\mathrm{m}\cdot\text{℃}),\beta=25\mathrm{W}/(\mathrm{m}^2\cdot\text{℃}),T_0=50\text{℃},T_\infty=5\text{℃}$$

确定墙体内温度分布和墙体左表面的热量输入。使用(1)2 个线性有限元和(2)1 个二次单元求解节点温度和左壁的热量。

答案:$U_2=27.59\text{℃}$,$U_3=5.179\text{℃}$,$Q_1^1=4.482\mathrm{W}/\mathrm{m}^2=-Q_2^2$

4.3 绝缘墙由 3 个导热系数为 k_1、k_2 和 k_3 且紧密接触的均匀层构成(见图 P4.3)。在稳态条件下,左右壁面接触介质的环境温度分别为 T_∞^L 和 T_∞^R,换热系数分别为 β_L 和 β_R。

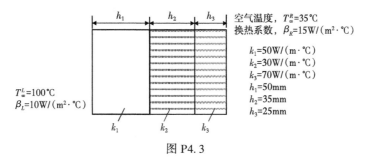

图 P4.3

请确定左右表面以及界面的温度。假设内部没有热量产生,热流是一维的

$$(\partial T/\partial y=0)。$$

答案:$U_1=61.582\text{℃}$,$U_2=61.198\text{℃}$,$U_3=60.749\text{℃}$,$U_4=60.123\text{℃}$

4.4 对图 P4.4 所示的数据重复问题 4.3。假设一维热流。

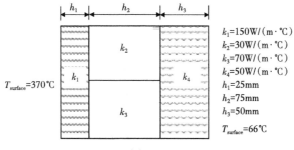

图 P4.4

4.5 考虑以下微分方程(相当于在无量纲形式的杆中进行热传递):

$$-\frac{d^2u}{dx^2}+400u=0,0<x<L=0.05$$

且边界条件为

$$u(0)=300,\left(\frac{du}{dx}+2u\right)\bigg|_{x=L}=0$$

使用2个线性有限元来确定$x=L/2$和$x=L$的温度,你至少需要为节点未知量建立最终的缩聚方程。

4.6 矩形翅片用于通过沿着翅片传导和从翅片表面到周围环境的对流来从物体表面(100℃)散热。翅片的长为100mm,宽为5mm,厚为1mm,由铝制成,导热系数$k=170$W/(m·K)。与周围空气相关的自然对流热传递系数为$\beta=35$W/(m²·K),环境温度$T_\infty=20℃$。假设热传递沿翅片长度是一维的,每个翅片内的热传递是独立于其他翅片的。请使用(1)4个线性单元和(2)2个二次单元确定沿翅片的温度分布,以及通过对流从每个翅片上带走的热量。

4.7 将直径$D=2$cm、长度$L=5$cm、导热系数$k=50$W/(m·℃)的钢杆暴露于环境空气中,温度为$T_\infty=20℃$,热传递系数$\beta=100$W/(m²·℃)。如果杆的左端维持在$T_0=320℃$,请确定距左端25mm和50mm处的温度以及左端的热量。问题的控制方程为

$$-\frac{d^2\theta}{dx^2}+m^2\theta=0,0<x<L$$

其中,$\theta=T-T_\infty$,T是温度,$m^2=\beta P/Ak$。边界条件为

$$\theta(0)=T-T_\infty=300℃,\left(\frac{d\theta}{dx}+\frac{\beta}{k}\theta\right)\bigg|_{x=L}=0$$

使用(1)2个线性单元和(2)1个二次单元求解,并将有限元节点温度与精确值进行比较。

答案:(1)$U_1=300℃$,$U_2=211.97℃$,$U_3=179.24℃$,$Q_1^1=3521.1$W/m²

(2)$U_1=300℃$,$U_2=213.07℃$,$U_3=180.77℃$,$Q_1^1=4569.9$W/m²

4.8 求出如图P4.8所示的锥形翅片的温度分布。假设翅片根部温度为250℉,热导率$k=120$Btu/(h·ft·℉),换热系数$\beta=15$Btu/(h·ft²·℉),并使用3个线性单元。翅片顶部和根部的环境温度为$T_\infty=75℉$。

答案:T_1(尖端)$=166.23℉$,$T_2=19.1℉$,$T_3=218.89℉$

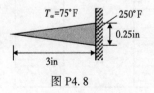

图 P4.8

4.9 考虑具有电热源的圆形截面导线的稳态热传导。假设导线的半径为R_0,其电导率为K_e

(Ω^{-1}/cm)，其电流密度为 $I(A/cm^2)$。在电流传递的过程中，一些电能被转换成热能。单位体积的产热率用 $g_e = I^2/K_e$ 表示。假设导线的温升足够小，即可以忽略热或电导率对温度的依赖。该问题的控制方程为

$$-\frac{1}{r}\frac{d}{dr}\left(rk\frac{dT}{dr}\right)=g_e, 0\leqslant r\leqslant R_0; \left(rk\frac{dT}{dr}\right)\bigg|_{r=0}=0, T(R_0)=T_0$$

请使用(1)2 个线性单元(2)1 个二次单元确定导线的温度分布，并在 8 个等区间节点处比较有限元解和精确解：

$$T(r)=T_0+\frac{g_e R_0^2}{4k}\left[1-\left(\frac{r}{R_0}\right)\right]$$

同时，请分别使用(1)温度场和(2)平衡方程确定表面处的热流 $Q=-2\pi R_0 k(dT/dr)|_{R_0}$。

4.10　半径为 R 的圆盘内热传导的能量方程为(轴对称一维问题)

$$-\frac{1}{r}\frac{d}{dr}\left(r\frac{d\theta}{dr}\right)=2, 0<r<R \tag{1}$$

边界条件为

$$在 r=0 处 r\frac{d\theta}{dr}=0, 在 r=1 处 r\frac{d\theta}{dr}+\theta=1 \tag{2}$$

其中，θ 是无量纲温度，r 是径向坐标，$R=1$ 是圆盘的半径。用 2 个等长的线性单元来确定未知温度。仅需给出未知节点温度的缩聚方程。

4.11　如图 P4.11 所示，考虑一个球形核燃料元件，包括一个由"可裂变"材料组成的球体，被一个铝"包层"的球形外壳包围。核裂变是热能的一种来源，从球体的中心到燃料单元和包层的界面，热能的变化是不均匀的。

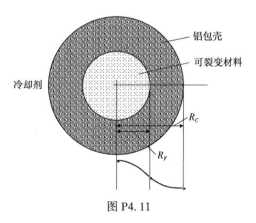

图 P4.11

除了铝包壳没有热源项，这两个区域的控制方程是相同的，有

$$-\frac{1}{r^2}\frac{d}{dr}\left(r^2 k_1\frac{dT_1}{dr}\right)=g, 0\leqslant r\leqslant R_F$$

$$-\frac{1}{r^2}\frac{\mathrm{d}}{\mathrm{d}r}\left(r^2 k_2 \frac{\mathrm{d}T_2}{\mathrm{d}r}\right)=0, R_F \leqslant r \leqslant R_C$$

其中,下标 1 和 2 分别表示核燃料单元和包壳。核燃料单元中产生的热量被假设为以下形式:

$$g_1 = g_0\left[1+c\left(\frac{r}{R_F}\right)^2\right]$$

其中,g_0 和 c 是常数,其取决于核材料。边界条件为

$$kr^2\frac{\mathrm{d}T_1}{\mathrm{d}r}=0, r=0$$

$$T_1 = T_2, r = R_F; T_2 = T_0, r = R_C$$

(1)建立有限元模型,(2)给出组装后方程的形式,(3)指出节点上指定的主次变量。请使用 2 个线性单元来确定温度分布的有限元解,并将节点温度与精确解比较:

$$T_1 - T_0 = \frac{g_0 R_F^2}{6k_1}\left\{\left[1-\left(\frac{r}{R_F}\right)^2\right]+\frac{3}{10}c\left[1-\left(\frac{r}{R_F}\right)^4\right]\right\}+\frac{g_0 R_F^2}{3k_2}\left(1+\frac{3}{5}c\right)\left(1-\frac{R_F}{R_C}\right)$$

$$T_2 - T_0 = \frac{g_0 R_F^2}{3k_2}\left(1+\frac{3}{5}c\right)\left(\frac{R_F}{r}-\frac{R_F}{R_C}\right)$$

流体力学

4.12　如图 P4.13 所示,考虑牛顿黏性流体在倾斜平面上的流动。这种流动的例子可以在湿壁塔和壁纸卷涂料中找到。沿 z 坐标完全展开的定常层流的动量方程为

$$-\mu\frac{\mathrm{d}^2 w}{\mathrm{d}x^2}=\rho g\cos\beta$$

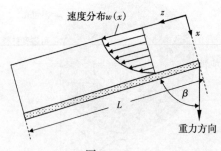

图 P4.12

其中,w 是速度 z 方向的分量,μ 是流体的黏度,ρ 是密度,g 是重力加速度,β 是倾斜面和垂直方向的夹角。

与该问题相关的边界条件为:在 $x=0$ 处剪应力为零,在 $x=L$ 处速度为零:

$$\left(\frac{\mathrm{d}w}{\mathrm{d}x}\right)\bigg|_{x=0}=0 \quad w(L)=0$$

在域$(0,L)$中使用（1）2 个等长的线性单元和（2）1 个二次单元求解问题，并将$x=0,\frac{1}{4}L,\frac{1}{2}L$,

$\frac{3}{4}L$ 处的两单元有限元解与精确解比较:

$$w_e = \frac{\rho g L^2 \cos\beta}{2\mu}\left[1-\left(\frac{x}{L}\right)^2\right]$$

使用（1）速度场和（2）平衡方程计算壁面的剪应力（$\tau_{xz}=-\mu\,dw/dx$），并比较精确值。答案:（a）

$U_1=\frac{1}{2}f_0$，$U_2=\frac{3}{8}f_0$，$f_0=(\rho g\cos\beta)L^2/\mu$。

4.13 考虑黏性流体通过半径为 R_0 的长圆柱形圆管的稳定层流,控制方程为

$$-\frac{1}{r}\frac{d}{dr}\left(r\mu\frac{dv_x}{dr}\right)=\frac{P_0-P_L}{L}\equiv f_0$$

其中,$v_x=v_x(r)$是速度的轴向（即 x 方向）分量,μ 是黏性,f_0 是压力梯度（包括静压和重力的综合效应）,r 是径向坐标。边界条件为

$$\left(r\frac{dv_x}{dr}\right)\Bigg|_{r=0}=0,\ v_x(R_0)=0$$

使用对称的（1）2 个线性单元（2）1 个二次单元确定速度场并与节点处的精确解比较:

$$v_x(r)=\frac{f_0R_0^2}{4\mu}\left[1-\left(\frac{r}{R_0}\right)^2\right]$$

4.14 在黏性流体通过圆柱体的问题中（见问题 4.13）,假设流体在圆柱体壁上滑移;即不用假设在 $r=R_0$ 处 $v_x=0$,使用边界条件:

$$kv_x=-\mu\frac{dv_x}{dr},\ r=R_0$$

其中 k 是"滑动摩擦系数"。请用 2 个线性单元组成的网格来解决这个问题。

4.15 如图 P4.15 所示,考虑恒定密度的牛顿流体在半径为 R_i 和 R_0 的同轴圆柱之间的长环

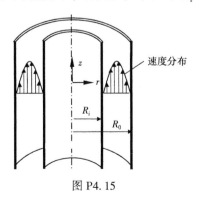

图 P4.15

形区域内的稳定层流。这种情况下的微分方程是

$$-\frac{1}{r}\frac{\mathrm{d}}{\mathrm{d}r}\left(\eta\mu\frac{\mathrm{d}w}{\mathrm{d}r}\right)=\frac{P_1-P_2}{L}\equiv f_0$$

其中，w 是沿圆柱体方向的速度(即速度的 z 方向分量)，μ 是黏度，L 是沿圆柱体流动充分发展的区域的长度，P_1 和 P_2 分别是在 $z=0$ 和 $z=L$ 处的压力(P_1 和 P_2 表示静压和重力的综合效应)。边界条件为

$$w=0, r=R_0 \text{ 和 } R_i$$

使用(1)2 个线性单元和(2)1 个二次单元求解该问题，并在节点处比较有限元解和精确解：

$$w_e(r)=\frac{f_0 R_0^2}{4\mu}\left[1-\left(\frac{r}{R_0}\right)^2+\frac{1-k^2}{\ln(1/k)}\ln\left(\frac{r}{R_0}\right)\right]$$

其中，$k=R_i/R_0$。使用(1)速度场和(2)平衡方程确定壁面处的剪应力 $\tau_{rz}=-\mu dw/dr$，并与精确解进行比较(注意，黏性流体通过长圆柱或圆管的稳定层流可以作为 $k\to0$ 的极限情况得到)。

4.16 考虑在压力梯度的影响下，两种非混溶不可压缩流体在两平行静止板之间的稳定层流。调整流体流速，使区域的下半部分充满流体 I (密度更大、黏性更强的流体)，上半部分充满流体 II (密度更小、黏性更低的流体)，如图 P4.16 所示。我们希望用有限元法确定每个区域的速度分布。

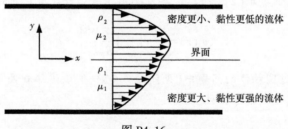

图 P4.16

两种流体的控制方程为

$$-\mu_1\frac{\mathrm{d}^2 u_1}{\mathrm{d}x^2}=f_0, \quad -\mu_2\frac{\mathrm{d}^2 u_2}{\mathrm{d}x^2}=f_0$$

其中，$f_0=(P_0-P_L)/L$ 是压力梯度。边界条件为

$$u_1(-b)=0, u_2(b)=0, u_1(0)=u_2(0)$$

请使用 4 个线性单元求解该问题，并将节点处的有限元解与精确解进行比较：

$$u_i=\frac{f_0 b^2}{2\mu_i}\left[\frac{2\mu_i}{\mu_1+\mu_2}+\frac{\mu_1-\mu_2}{\mu_1+\mu_2}\frac{y}{b}-\left(\frac{y}{b}\right)^2\right] \quad (i=1,2)$$

4.17 非承压含水层径向流动的控制方程为

$$-\frac{1}{r}\frac{\mathrm{d}}{\mathrm{d}r}\left(rk\frac{\mathrm{d}u}{\mathrm{d}r}\right)=f$$

其中,k 是渗透率,f 是补给,u 是测压水头。泵送被认为是负补给。考虑以下问题:一口井穿过含水层,泵送在 $r=0$ 处速度为 $Q=150\text{m}^2/\text{h}$。含水层渗透率为 $k=25\text{m}^3/\text{h}$。恒定水头 $u_0=50\text{m}$ 存在于径向距离 $L=200\text{m}$ 处。确定在 0m、10m、20m、40m、80m 和 140m 径向距离的测压水头(见图 P4.17)。需要使用 6 个线性单元组成的非均匀网格来建立未知量的有限元方程。

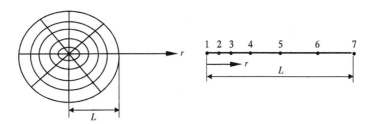

图 P4.17

4.18　考虑一种缓慢的、层流的黏性物质(例如,甘油溶液)通过一个狭窄的通道,控制压降为 150 Pa/m。通道长 5 m(流向),高 10cm,宽 50cm。通道上壁保持 50℃,下壁保持 25℃。如表 P4.18 所示,该物质的黏度和密度与温度有关。假设为一维流动,请确定流体通过通道的速度场和质量流率。

表 P4.18　习题 4.18 黏性物质的性质

y(m)	温度(℃)	黏度[kg/(m·s)]	密度[kg/m³]
0.00	50	0.10	1233
0.02	45	0.12	1238
0.04	40	0.20	1243
0.06	35	0.28	1247
0.08	30	0.40	1250
0.10	25	0.65	1253

固体和结构力学

4.19　对于图 P4.19 所示的阶梯杆问题,使用最少数量的线性单元,并给出(1)节点变量(主变量和次变量)的边界条件和(2)未知量最终的缩聚有限元方程。

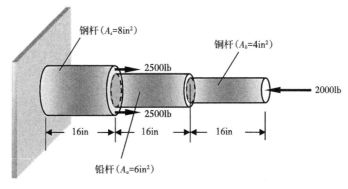

图 P4.19

4.20　求阶梯杆问题的三单元有限元解。几何形状和数据见图 P4.20。提示:求解问题看看端部位移是否超过间隙。如果超过,则在 $x=24\text{in}$ 时用修正的边界条件求解。

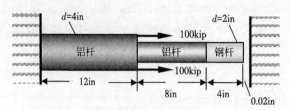

钢杆, $E_s=30\times10^6\text{psi}$, 铝杆, $E_a=10\times10^6\text{psi}$

图 P4.20

4.21　分析右端由轴向线性弹簧支撑的阶梯杆(图 P4.21)。在 $x=24\text{in}$ 处的边界条件是 $EA(\mathrm{d}u/\mathrm{d}x)+ku=0$。

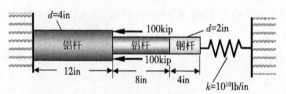

钢杆 $E_s=30\times10^6\text{psi}$, 铝杆 $E_e=10\times10^6\text{psi}$

图 P4.21

4.22　一个实心圆形黄铜圆柱体($E_b=15\times10^6\text{psi}$, $d_s=0.25\text{in}$)被包裹在中空的圆钢($E_s=30\times10^6\text{psi}$, $d_s=0.21\text{in}$)中。如图 4.22 所示,上述组合受到 $P=1330\text{ lb}$ 的压缩载荷。

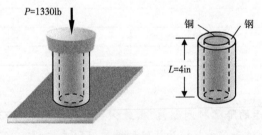

图 P4.22

请确定(1)压缩量和(2)钢壳和黄铜圆柱中的压缩力和应力。使用最少数量的线性有限元单元。假设泊松效应可以忽略。

4.23　一根长 24 in 的矩形钢杆($E_s=30\times10^6\text{psi}$)。在其长度方向的中间有一个狭槽,如图

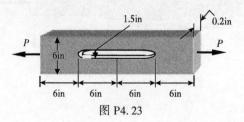

图 P4.23

4.23 所示。使用最少数量的线性单元确定由轴向载荷 $P=2000\text{lb}$ 引起的端部位移。

4.24 对图 4.24 所示的钢杆重复问题 4.25。

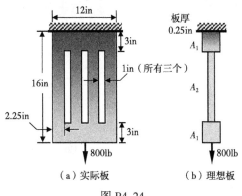

图 P4.24

4.25 图 P4.25 所示,铝管和钢管被固定在刚性支撑物上(端部 A 和 B),以及在其连接处的刚性板 C 上。使用最少数量的线性单元确定在净轴向荷载 100000N 作用下,点 C 的位移以及铝管和钢管中的应力。

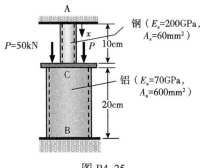

图 P4.25

4.26 如图 P4.26 所示,钢杆 ABC 在其上端 A 被销钉支撑在一个固定壁上,在其下端 C 受到一个力 F_1 的加载。刚性水平梁 BDE 在 B 点和竖向刚杆用销钉连接,在 D 点受支撑,在端部

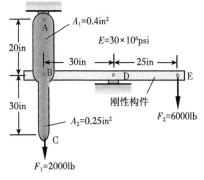

图 P4.26

E 受载荷 F_2,请确定 B 点和 C 点的位移 u_B 和 u_C。

4.27   重复问题 4.26,其中点 C 受垂向弹簧支撑($k=1000\text{lb/in}$)。

4.28   考虑图 P4.28 中所示的钢柱(多层建筑结构中典型的柱)。图中所示的载荷是由不同楼层的载荷引起的。弹性模量为 $E=30\times10^6\text{psi}$,柱截面面积为 $A=40\text{in}^2$。请确定各楼层—柱连接点柱的竖向位移和轴向应力。

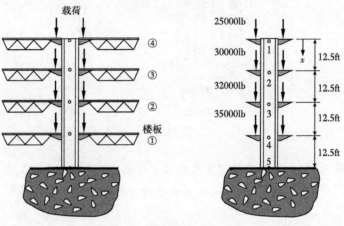

图 P4.28

4.29   在分布力载荷 $f(x)$ 和温度变化 $T(x)$ 作用下弹性杆轴向变形的控制方程为

$$-\frac{\mathrm{d}}{\mathrm{d}x}\left[EA\left(\frac{\mathrm{d}u}{\mathrm{d}x}-\alpha T\right)\right]=f,0<x<L \tag{1}$$

其中,α 是热膨胀系数,E 是弹性模量,A 是横截面积(均为 x 的函数)。请建立方程的有限元模型,计算线性近似 $u(x)$ 情况下的单元系数。

答案:对于线性单元,f_e 和 $\alpha_e E_e A_e T_e$ 为常数时,有

$$\frac{E_e A_e}{h_e}\begin{bmatrix}1 & -1\\-1 & 1\end{bmatrix}\begin{Bmatrix}u_1^e\\u_2^e\end{Bmatrix}=\frac{f_e h_e}{2}\begin{Bmatrix}1\\1\end{Bmatrix}+E_e A_e \alpha_e T_e\begin{Bmatrix}-1\\1\end{Bmatrix}+\begin{Bmatrix}Q_1^e\\Q_2^e\end{Bmatrix} \tag{2}$$

4.30   考虑长度 h_e 的杆单元,$E_e A_e$ 和 $\alpha_e T_e$ 为常数。设 $\bar{x}$ 是局部坐标,原点在左端。定义

$$u_1^e=u(0),u_2^e=u(h_e) \tag{1}$$

$$Q_1^e=\left[-E_a A_e\left(\frac{\mathrm{d}u}{\mathrm{d}\bar{x}}-\alpha_e T_e\right)\right]_{\bar{x}=0},Q_2^e=\left[E_e A_e\left(\frac{\mathrm{d}u}{\mathrm{d}\bar{x}}-\alpha_e T_e\right)\right]_{\bar{x}=h_e} \tag{2}$$

然后利用 4.29 题式(1)的齐次解:

$$u(\bar{x})=c_1+c_2\bar{x} \tag{3}$$

推导单元的有限元方程。答案应该与习题 4.29 中 $f_e=0$ 时的答案一致。提示:首先用节点值 u_1^e 和 u_2^e 表示 c_1 和 c_2,然后利用式(2)推导有限元模型。

4.31   考虑一根长度为 30in 的非均匀杆,并受到均匀的温度变化 $T=60\text{°F}$。取 $A(x)=6-\frac{1}{10}x$

in^2，$E = 30 \times 10^6 \text{lb/in}^2$。$\alpha = 12 \times 10^{-6}/\text{°F}$ 请确定(1)左端固定右端自由和(2)两端固定时的位移和反作用力。

4.32　根据 Euler-Bernoulli 梁理论，梁的弯矩(M)和横向挠度(w)的关系为

$$-EI \frac{\mathrm{d}^2 w}{\mathrm{d}x^2} = M(x)$$

对于静定梁，可以很容易地得到所受荷载的弯矩表达式。因此，$M(x)$ 是 x 的已知函数。在二分之一梁中使用 2 个线性单元组成的网格，确定均布荷载下简支梁的最大挠度(图P4.32)。

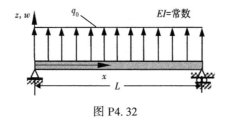

图 P4.32

4.33　对图 P4.33 所示的悬臂梁重复问题 4.32。

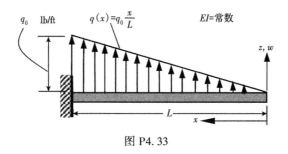

图 P4.33

4.34　涡轮盘通常在其轮毂附近很厚，在外围逐渐减小到较小的厚度。变厚度圆盘 $H = H(r)$ 的控制方程为

$$\frac{\mathrm{d}}{\mathrm{d}r}(H\sigma_r) + \frac{H}{r}(\sigma_r - \sigma_\theta) + H\rho\omega^2 r = 0 \qquad (1)$$

其中 ω^2 是圆盘的角速度且

$$\sigma_r = c\left(\frac{\mathrm{d}u}{\mathrm{d}r} + v\frac{u}{r}\right), \sigma_\theta = c\left(\frac{u}{r} + v\frac{\mathrm{d}u}{\mathrm{d}r}\right), c = \frac{E}{1-v^2} \qquad (2)$$

(1)建立控制方程的弱积分形式，使其双线性形式是对称的，且自然边界条件包含指定量 $tr\sigma_r$。
(2)建立与(1)部分推导的弱形式相关的有限元模型。

4.35　如图 P4.35 所示，考虑一个内半径为 a、外半径为 b 的各向同性空心圆柱。气缸在 $r = a$ 和 $r = b$ 处增压，并以均匀速度 ω 绕其轴(z 轴)旋转。请确定控制微分方程，并建立其有限元模型。提示：由于关于 z 轴的对称性，位移场的形式为：

$$u_r = U(r), u_\theta = u_z = 0 \qquad (1)$$

其中,$U(r)$是待确定的未知函数。体力向量为$f=\rho\omega^2 r\hat{e}_r$,且$r$方向的平衡方程为

$$-\frac{1}{r}\left[\frac{\mathrm{d}}{\mathrm{d}r}\left(r\frac{\mathrm{d}U}{\mathrm{d}r}-\frac{U}{r}\right)\right]=\frac{\rho\omega^2}{(2\mu+\lambda)}r$$

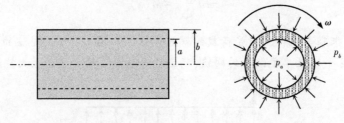

图 P4.35

课外阅读参考资料

[1] J. P. Holman, *Heat Transfer*, 10th ed., McGraw-Hill, New York, NY, 2010.

[2] F. Kreith. R. M. Manglik, and M. S. Bohn, *Principles of Heat Transfer*, 7th ed., Cengage Learning, Stamford, CI, 2011.

[3] M. N. Ozisik, *Heat Conduction*, 2nd ed., John Wiley & Sons, New York, NY, 1993.

[4] J. N. Reddy, *An Introduction to Continuum Mechanics*, 2nd ed., Cambridge University Press, New York, NY, 2013.

[5] J. N. Reddy and D. K. Gartling, *The Finite Element Method in Heat Transfer and Fluid Dynamics*, 3rd ed., CRC Press, Boca Raton FL, 2010.

[6] H. Schlichting and K. Gersten. *Boundary-Layer Theory*, 8th ed., Springer-Verlag, Berlin, Germany 2000 (corrected printing 2003).

[7] J. N. Reddy, *Energy Principles and Variational Methods in Applied Mechanics*, 3rd ed., John Wiley & Sons, New York, NY, 2017.

[8] S. P. Timoshenko and J. N. Goodier, *Theory of Elasticity*, 2nd ed., McGraw-Hill, New York, NY, 1951 (reprinted 1970, 2001).

[9] R. T. Fenner and J. N. Reddy, *Mechanics of Solids and Structures*, CRC Press, Boca Raton_FL, 2012.

5　梁和圆板的有限元分析

It is better to be roughly right than precisely wrong.

（大致正确比完全错误要好。）

John Maynard Keynes

5.1　引言

　　梁是一种结构构件,其长度比横截面尺寸大得多,在沿其长度的几个点上受到支撑,并承受横向的载荷,从而发生弯曲变形。通常在航空航天、土木和机械工程系的本科课程中的材料(或固体)力学中会进行讲述。连接梁截面上所有几何中心的直线称为中心轴,并标记为 x 轴。如图 5.1.1 所示,在纸平面中垂直于 x 轴的坐标轴取为 z 轴,所有横向载荷假设作用于 xz 平面内(或关于 xz 平面对称),所以关于 x 轴没有扭转。采用 z 轴作为垂直轴(相对于 y 轴)的原因是,梁在几何上是板的一维对等物,其横向法坐标为 z 轴(xy 平面与板的中平面重合)。同样,由于引入了截面面积平均力和弯矩,梁方程只能用 x 坐标表示。

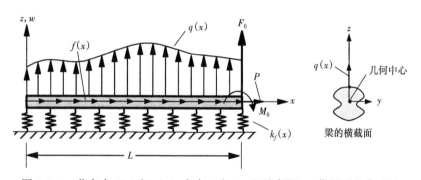

图 5.1.1　分布力 $f(x)$ 和 $q(x)$,点力 P 和 F_0,以及弯矩 M_0 作用下的典型梁

　　板是一种平面尺寸比其厚度大得多的结构构件。载荷垂直于板的平面。当平面形状是圆形的时候,称之为圆板。对于圆板,采用圆柱坐标系 (r,θ,z),$r\theta$ 平面为平板的中面,如图 5.1.2 所示。如果几何形状、材料特性、载荷和边界条件独立于角坐标 θ,则变形称为轴对称。因此,圆板的轴对称弯曲可以用 (r,z) 坐标来描述。由于引入了厚度平均力和弯矩,圆板轴对称弯曲的控制方程只用径向坐标 r 来描述。

　　本书限于(1)所有截面的几何中心均为 x 轴的直线梁,以及(2)圆板的轴对称弯曲。这两类问题的控制方程的有限元格式所涉及的步骤与第 3.4 节中描述的单一二阶方程相同,但数学细节略有不同,特别是在格式的有限元格式中。

　　圆板和直梁的轴对称弯曲变形可以用一个典型材料点在中平面上的径向/轴向位移(u)和横向位移(w)表示。根据对变形的假设,位移场是不同的。在本章中,考虑控制梁和板弯曲的两种不同的结构理论:(1)经典理论,(2)一阶剪切变形理论。经典梁理论被称为 Euler-

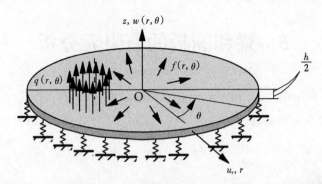

图 5.1.2   面内载荷 $f(r,\theta)$ 和横向载荷 $q(r,\theta)$ 作用下的典型圆板

Bernoulli 梁理论,它被引入到材料力学课程中,经典板理论被称为 Kirchhoff-Love 板理论。剪切变形梁理论被称为 Timoshenko 梁理论,而相应的板理论被称为 Mindlin 板理论。

5.2   Euler-Bernoulli 梁单元

5.2.1   控制方程

Euler-Bernoulli 梁理论(EBT)是基于这样的假设:即垂直于梁轴的平面截面在变形后保持为平面、刚性,并垂直于梁轴。在 EBT 假设下,梁中某点 $(x, 0, z)$ 在三个坐标方向上的位移为

$$u_x = u(x) + z\theta_x(x) , u_y = 0 , u_z = w(x) , \theta_x = -\frac{\mathrm{d}w}{\mathrm{d}x} \qquad (5.2.1)$$

其中,(u_x, u_y, u_z) 是位移向量 $\boldsymbol{u}$ 在笛卡儿直角坐标系的分量,(u, w) 是 x 轴上一点的轴向和横向位移。$\theta_x(x) = -(\mathrm{d}w/\mathrm{d}x)$ 表示原垂直于 x 轴的直线绕 y 轴的旋转(顺时针),如图 5.2.1 所示。在无穷小应变假设下,唯一的非零应变(m/m)的分量为

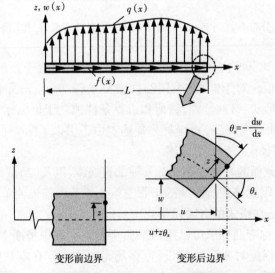

图 5.2.1   根据 Euler-Bernoulli 假设的梁的变形运动学

$$\varepsilon_{xx} = \frac{\mathrm{d}u}{\mathrm{d}x} - \alpha T + z\frac{\mathrm{d}\theta_x}{\mathrm{d}x} = \frac{\mathrm{d}u}{\mathrm{d}x} - \alpha T - z\frac{\mathrm{d}^2 w}{\mathrm{d}x^2} \tag{5.2.2}$$

其中,α 是热膨胀系数,T 是温升,两者都假设为只是 x 的函数。使用单轴应力—应变关系,梁的轴向应力($\mathrm{N/m^2}$)为

$$\sigma_{xx} = E\left(\frac{\mathrm{d}u}{\mathrm{d}x} - \alpha T + z\frac{\mathrm{d}\theta_x}{\mathrm{d}x}\right) = E\left(\frac{\mathrm{d}u}{\mathrm{d}x} - \alpha T - z\frac{\mathrm{d}^2 w}{\mathrm{d}x^2}\right) \tag{5.2.3}$$

其中,$E = E(x)$ 表示弹性模量($\mathrm{N/m^2}$)。对于一个均匀梁,E 是常数。由本构方程计算得到的剪切应力为零,因为剪切应变为零:$\gamma_{xz} = \theta_x + (\mathrm{d}w/\mathrm{d}x) = 0$。然而,事实上,由于横向荷载引起横向剪应力,剪应力和剪切力不可能为零。因此,剪力由平衡方程确定。

如图 5.2.2(a)所示,在梁的一个典型截面上给出了应力(σ_{xx}, σ_{xz})以及法向合力 $N(\mathrm{N})$、剪力 $V(\mathrm{N})$、弯矩 $M(\mathrm{N \cdot m})$(称为应力合力)。应力合力(N, V, M)被定义为梁截面上的合力和合弯矩:

$$N = \int_A \sigma_{xx}\mathrm{d}A, V = \int_A \sigma_{xz}\mathrm{d}A, M = \int_A z\sigma_{xx}\mathrm{d}A \tag{5.2.4}$$

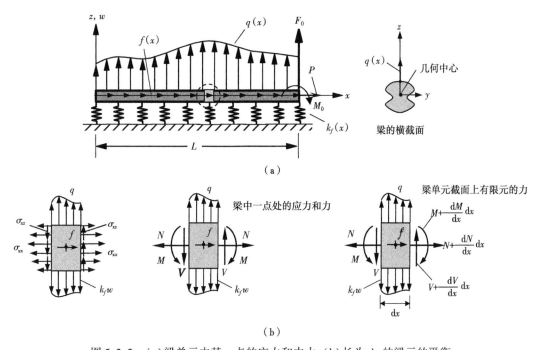

图 5.2.2 (a)梁单元中某一点的应力和内力;(b)长为 $\mathrm{d}x$ 的梁元的平衡

轴力(N)和弯矩 M 与轴向和横向位移(u, w)的关系为:

$$N = \int_A \sigma_{xx}\mathrm{d}A = \int_A E\left(\frac{\mathrm{d}u}{\mathrm{d}x} - aT - z\frac{\mathrm{d}^2 w}{\mathrm{d}x^2}\right)\mathrm{d}A = EA\left(\frac{\mathrm{d}u}{\mathrm{d}x} - \alpha T\right) \tag{5.2.5a}$$

$$M = \int_A z\sigma_{xx}\mathrm{d}A = \int_A zE\left(\frac{\mathrm{d}u}{\mathrm{d}x} - aT - z\frac{\mathrm{d}^2 w}{\mathrm{d}x^2}\right)\mathrm{d}A = -EI\frac{\mathrm{d}^2 w}{\mathrm{d}x^2} \qquad (5.2.5\mathrm{b})$$

其中,$A = A(x)$是横截面面积(m^2),$I = I(x)$是关于梁 y 轴的截面惯性矩(m^4)。对于等截面梁,A 和 I 是常数。在得出式(5.2.5a)和式(5.2.5b)中的关系时,利用了面积的一阶矩为零的事实(因为 x 轴穿过了梁的几何形心):

$$\int_A z\mathrm{d}A = 0 \qquad (5.2.6)$$

图 5.2.2(b)中梁单元所示的 x、z 方向的力平衡和 y 轴的力矩平衡得

$$\frac{\mathrm{d}N}{\mathrm{d}x} + f = 0, \frac{\mathrm{d}V}{\mathrm{d}x} - k_f w + q = 0, V - \frac{\mathrm{d}M}{\mathrm{d}x} = 0 \qquad (5.2.7)$$

这里,$k_f = k_f(x)$是弹性地基的模量($\mathrm{N/m}$),$f = f(x)$是轴向分布力($\mathrm{N/m}$),$q = q(x)$是横向分布力($\mathrm{N/m}$)。注意,使用式(5.2.4)中的定义计算出的剪切力为零,因为在 Euler-Bernoulli 理论中假设 σ_{xz} 可以忽略不计。因此,应该由平衡方程计算 V,$V = (\mathrm{d}M/\mathrm{d}x)$。所以,式(5.2.7)中的第二式、第三式可合并为关于弯矩的单一方程:

$$\frac{\mathrm{d}^2 M}{\mathrm{d}x^2} - k_f w + q = 0 \qquad (5.2.8)$$

接下来,使用式(5.2.5a)和式(5.2.5b)中的关系表示式(5.2.7)的第一个方程和式(5.2.8):

$$-\frac{\mathrm{d}}{\mathrm{d}x}\left(EA\frac{\mathrm{d}u}{\mathrm{d}x} - EA\alpha T\right) - f = 0, \frac{\mathrm{d}^2}{\mathrm{d}x^2}\left(EI\frac{\mathrm{d}^2 w}{\mathrm{d}x^2}\right) + k_f w = q(x) \qquad (5.2.9)$$

注意,温度变化只是 x 的函数,不涉及弯曲方程。只有当温度是 z 的函数时,才会产生绕 y 轴的热力矩。

显然,位移 u 和 w 的控制微分方程是不耦合的,即一个方程的解不依赖于另一个方程的解。事实上,式(5.2.9)中的第一个方程已经在第 3 章和第 4 章(杆的轴向变形)中讨论过。因此,在本节中,将建立弯曲变形控制方程的弱形式 Galerkin 有限元模型:

$$\frac{\mathrm{d}^2}{\mathrm{d}x^2}\left(EI\frac{\mathrm{d}^2 w}{\mathrm{d}x^2}\right) + k_f w = q(x), 0 < x < L \qquad (5.2.10)$$

5.2.2　离散域

将图 5.2.3(a)所示直线梁的域 $\Omega = (0, L)$划分为 N 个线单元,一个典型的单元 $\Omega^e = (x_a^e, x_b^e)$ 如图 5.2.3(b)所示。虽然该单元在几何上与用于杆件的单元相同,但在构成节点的每个端点上的主未知量和次未知量的数量和形式由微分方程(5.2.10)的弱形式决定。分离出一个典型的单元 $\Omega^e = (x_a^e, x_b^e)$,并构造该单元上式(5.2.10)的弱形式。弱形式提供了问题的主和次变量的形式。主变量是在整个区域连续的运动学量,而次变量是满足平衡条件的动力学量。当次变量在物理上没有意义时,可不执行推导它们的分部积分步骤。

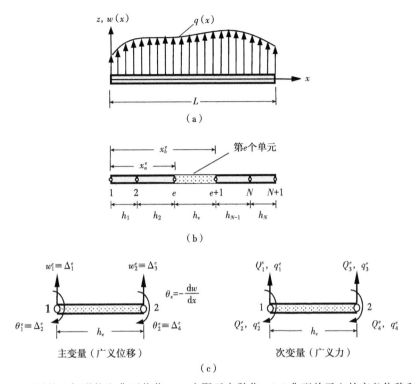

图 5.2.3　(a)梁的几何形状和典型载荷;(b)有限元离散化;(c)典型单元上的广义位移和广义力

5.2.3　建立弱形式

固体力学中问题的弱形式可以从虚功原理(即虚位移或虚力原理)或从控制微分方程来建立。在此,从给定的微分方程(5.2.10)开始,用三步法得到弱形式。我们还将在后面讨论虚功原理。

设 w_h^e 为 w 的有限元近似,令 v_i^e 为单元 $\Omega^e = (x_a^e, x_b^e)$ 上的权函数。按照例 2.4.2 中给出的三步法,有

$$
\begin{aligned}
0 &= \int_{x_a^e}^{x_b^e} v_i^e \left[\frac{\mathrm{d}^2}{\mathrm{d}x^2} \left(E_e I_e \frac{\mathrm{d}^2 w_h^e}{\mathrm{d}x^2} \right) + k_f^e w_h^e - q_e \right] \mathrm{d}x \\
&= \int_{x_a^e}^{x_b^e} \left[-\frac{\mathrm{d}v_i^e}{\mathrm{d}x} \frac{\mathrm{d}}{\mathrm{d}x} \left(E_e I_e \frac{\mathrm{d}^2 w_h^e}{\mathrm{d}x^2} \right) + k_f^e v_i^e w_h^e - v_i^e q_e \right] \mathrm{d}x + \left[v_i^e \frac{\mathrm{d}}{\mathrm{d}x} \left(E_e I_e \frac{\mathrm{d}^2 w_h^e}{\mathrm{d}x^2} \right) \right]_{x_a^e}^{x_b^e} \\
&= \int_{x_a^e}^{x_b^e} \left(E_e I_e \frac{\mathrm{d}^2 v_i^e}{\mathrm{d}x^2} \frac{\mathrm{d}^2 w_h^e}{\mathrm{d}x^2} + k_f^e v_i^e w_h^e - v_i^e q_e \right) \mathrm{d}x \\
&\quad + \left[v_i^e \frac{\mathrm{d}}{\mathrm{d}x} \left(E_e I_e \frac{\mathrm{d}^2 w_h^e}{\mathrm{d}x^2} \right) - \frac{\mathrm{d}v_i^e}{\mathrm{d}x} \left(E_e I_e \frac{\mathrm{d}^2 w_h^e}{\mathrm{d}x^2} \right) \right]_{x_a^e}^{x_b^e}
\end{aligned}
\tag{5.2.11}
$$

其中,$\{v_i^e(x)\}$ 是关于 x 两次可导的权函数。注意,在本例中,对方程的第一项进行两次分部积分,使得权函数 v_i^e 与横向挠度 w_h^e 之间具有相同阶次的导数。由于两次分部积分,产生了两

个边界表达式,它们在两个边界点 $x = x_a^e$, $x = x_b^e$ 处求值。检验边界项可知,弯矩 $M_h^e = -E_e I_e \mathrm{d}^2 w_h^e / \mathrm{d}x^2$ 和剪切力 $V_h^e = -(\mathrm{d}/\mathrm{d}x)(E_e I_e \mathrm{d}^2 w_h^e / \mathrm{d}x^2)$ 为次变量,$(v_i^e \sim) w_h^e$ 和斜率 $(\mathrm{d}v_i^e / \mathrm{d}x \sim)$ $\mathrm{d}w_h^e / \mathrm{d}x$ 是主变量。因此,弱形式表明 EBT 的边界条件涉及指定以下两对中的每一对中的一个元素:

$$\left(w, V = \frac{\mathrm{d}M}{\mathrm{d}x} \right), \left(\theta_x \equiv -\frac{\mathrm{d}w}{\mathrm{d}x}, M \right)$$

混合边界条件涉及指定每对变量之间的关系:

$$\text{垂直弹簧}: V + k_s w = 0; \quad \text{扭转弹簧}: M + \mu_s \theta_x = 0$$

其中,k_s 和 μ_s 分别是线性和扭转弹簧的刚度系数。

为次变量引入以下标记,这与图 5.2.2(b)中的符号约定一致 $[\theta_x^e = -\mathrm{d}w_h^e / \mathrm{d}x]$:

$$Q_1^e \equiv \left[\frac{\mathrm{d}}{\mathrm{d}x} \left(E_e I_e \frac{\mathrm{d}^2 w_h^e}{\mathrm{d}x^2} \right) \right]_{x_a^e} = -V_h^e(x_a^e), \quad Q_2^e \equiv \left[E_e I_e \frac{\mathrm{d}^2 w_h^e}{\mathrm{d}x^2} \right]_{x_a^e} = -M_h^e(x_a^e)$$

$$Q_3^e \equiv -\left[\frac{\mathrm{d}}{\mathrm{d}x} \left(E_e I_e \frac{\mathrm{d}^2 w_h^e}{\mathrm{d}x^2} \right) \right]_{x_b^e} = V_h^e(x_b^e), \quad Q_4^e \equiv -\left[E_e I_e \frac{\mathrm{d}^2 w_h^e}{\mathrm{d}x^2} \right]_{x_b^e} = M_h^e(x_b^e)$$

(5.2.12)

其中,V_h^e 和 M_h^e 分别是剪力 V 和弯矩 M 的有限元近似;Q_1^e 和 Q_3^e 表示剪力;Q_2^e 和 Q_4^e 表示弯矩,如图 5.2.3(c)所示。集合 $\{Q_1^e, Q_2^e, Q_3^e, Q_4^e\}$ 经常被称为广义力。相应的位移和转角被称为广义位移。如图 5.2.4 所示,给出了一变形梁单元的广义位移。

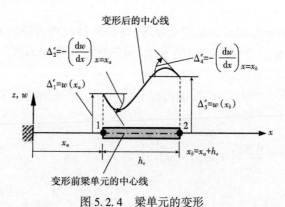

图 5.2.4 梁单元的变形

根据式(5.2.12)中的标记,式(5.2.11)中的弱形式可表示为

$$0 = \int_{x_a^e}^{x_b^e} \left(E_e I_e \frac{\mathrm{d}^2 v_i^e}{\mathrm{d}x^2} \frac{\mathrm{d}^2 w_h^e}{\mathrm{d}x^2} + k_f^e v_i^e w_h^e - v_i^e q_e \right) \mathrm{d}x$$

$$+ v_i^e(x_a^e) Q_1^e - \left(\frac{\mathrm{d}v_i^e}{\mathrm{d}x} \right) \bigg|_{x_a^e} Q_2^e - v_i^e(x_b^e) Q_3^e - \left(\frac{\mathrm{d}v_i^e}{\mathrm{d}x} \right) \bigg|_{x_b^e} Q_4^e$$

(5.2.13)

可以确定该问题的双线性和线性形式为

$$B(v_i^e, w_h^e) = \int_{x_a^e}^{x_b^e} \left(E_e I_e \frac{\mathrm{d}^2 v_i^e}{\mathrm{d}x^2} \frac{\mathrm{d}^2 w_h^e}{\mathrm{d}x^2} + k_f^e v_i^e w_h^e \right) \mathrm{d}x \tag{5.2.14a}$$

$$l(v_i^e) = \int_{x_a^e}^{x_b^e} - v_i^e q_e \mathrm{d}x + v_i^e(x_a^e) Q_1^e + \left(-\frac{\mathrm{d}v_i^e}{\mathrm{d}x} \right)\bigg|_{x_a^e} Q_2^e + v_i^e(x_b^e) Q_3^e + \left(-\frac{\mathrm{d}v_i^e}{\mathrm{d}x} \right)\bigg|_{x_b^e} Q_4^e \tag{5.2.14b}$$

由于 $B(\cdot,\cdot)$ 关于参数是双线性和对称的,可以确定相关的二次泛函,称为该梁单元的总势能 [Δ_i^e 的定义见图 5.2.4],也请参见式(5.2.16):

$$\Pi_e(w_h^e, \Delta_i^e) = \int_{x_a^e}^{x_b^e} \left[\frac{E_e I_e}{2} \left(\frac{\mathrm{d}^2 w_h^e}{\mathrm{d}x^2} \right)^2 + \frac{k_f^e}{2} (w_h^e)^2 \right] \mathrm{d}x - \int_{x_a^e}^{x_b^e} w_h^e q_e \mathrm{d}x$$

$$- \Delta_1^e Q_1^e - \Delta_3^e Q_3^e - \Delta_2^e Q_2^e - \Delta_4^e Q_4^e \equiv U^e - V^e \tag{5.2.15}$$

方括号中的第一项为弯曲产生的弹性应变能,第二项为弹性地基中储存的应变能(两者之和就是应变能 U^e)。Π_e 中的第三项表示分布荷载 $q_e(x)$ 所做的功,其余项表示广义力 Q_i^e 在通过其各自的广义位移 Δ_i^e 时所做的功(外力所作的功之和为 V^e)。相反地,可以使用最小总势能原理 $\delta\Pi^e = \delta U^e - \delta V^e = 0$ 从总势能泛函式(5.2.15)转换到弱形式式(5.2.13)。

5.2.4　近似函数

式(5.2.13)中的弱形式要求 $w(x)$ 的有限元近似 $w_h^e(x)$ 应是二次可导且满足插值性质;即满足如图 5.2.4 所示的单元的几何"边界条件":

$$w_h^e(x_a^e) \equiv \Delta_1^e, \, w_h^e(x_b^e) \equiv \Delta_3^e, \, \theta_h^e(x_a^e) \equiv \Delta_2^e, \, \theta_h^e(x_b^e) \equiv \Delta_4^e \tag{5.2.16}$$

注意 x_a^e 和 x_b^e 分别是节点 1 和节点 2 的整体坐标。在满足式(5.2.16)中的本质(或几何)边界条件时,近似自动满足连续性条件。因此,关注式(5.2.16)中条件的满足情况,这是推导 Euler-Bernoulli 梁单元插值函数的基础。

由于推出的近似函数在整个单元域中是有效的,因此采用局部坐标 $\bar{x}(\bar{x} = x - x_a^e)$ 是方便的。由于一个单元总共有 4 个条件 (每个节点有 2 个),w_h^e 必须选择 1 个四参数多项式:

$$w(\bar{x}) \approx w_h^e(\bar{x}) = c_1^e + c_2^e \bar{x} + c_3^e \bar{x}^2 + c_4^e \bar{x}^3 \tag{5.2.17}$$

注意,最小连续性要求(即单元中 w_h^e 的非零二阶导数存在)是自动满足的。此外,w_h 的三次近似允许计算剪切力,其中涉及 w_h^e 的三阶导数。接下来,用主节点变量表示 c_i^e:

$$\Delta_1^e = w_h^e(0), \, \Delta_2^e = -\frac{\mathrm{d}w_h^e}{\mathrm{d}\bar{x}}\bigg|_{\bar{x}=0}, \, \Delta_3^e = w_h^e(h_e), \, \Delta_4^e - \frac{\mathrm{d}w_h^e}{\mathrm{d}\bar{x}}\bigg|_{\bar{x}=h_e}$$

使得满足条件(5.2.16):

$$\Delta_1^e = w_h^e(0) = c_1^e$$

$$\Delta_2^e = -\left.\frac{\mathrm{d}w_h^e}{\mathrm{d}x}\right|_{x=x_a} = -\left.\frac{\mathrm{d}w_h^e}{\mathrm{d}\bar{x}}\right|_{\bar{x}=0} = -c_2^e$$

$$\Delta_3^e = w_h^e(h_e) = c_1^e + c_2^e h_e + c_3^e h_e^2 + c_4^e h_e^3$$

(5. 2. 18)

$$\Delta_4^e = -\left.\frac{\mathrm{d}w_h^e}{\mathrm{d}x}\right|_{x=x_b} = -\left.\frac{\mathrm{d}w_h^e}{\mathrm{d}\bar{x}}\right|_{\bar{x}=h_e} = -c_2^e - 2c_3^e h_e - 3c_4^e h_e^2$$

求解上述 $(c_1^e, c_2^e, c_3^e, c_4^e)$ 的方程并用 $(\Delta_1^e, \Delta_2^e, \Delta_3^e, \Delta_4^e)$ 表示。将结果代入式(5. 2. 17),得(此代数的细节不在此列出)

$$w_h^e(\bar{x}) = \Delta_1^e \phi_1^e(\bar{x}) + \Delta_2^e \phi_2^e(\bar{x}) + \Delta_3^e \phi_3^e(\bar{x}) + \Delta_4^e \phi_4^e(\bar{x}) = \sum_{j=1}^{4} \Delta_j^e \phi_j^e(\bar{x})$$

(5. 2. 19)

其中

$$\phi_1^e(\bar{x}) = 1 - 3\left(\frac{\bar{x}}{h_e}\right)^2 + 2\left(\frac{\bar{x}}{h_e}\right)^3, \phi_2^e(\bar{x}) = -\bar{x}\left(1 - \frac{\bar{x}}{h_e}\right)^2$$

$$\phi_3^e(\bar{x}) = 3\left(\frac{\bar{x}}{h_e}\right)^2 - 2\left(\frac{\bar{x}}{h_e}\right)^3, \phi_4^e(\bar{x}) = -\bar{x}\left[\left(\frac{\bar{x}}{h_e}\right)^2 - \frac{\bar{x}}{h_e}\right]$$

(5. 2. 20)

注意,式(5. 2. 20)中的三次插值函数是通过在节点处插值 w_h^e 及其导数 $\mathrm{d}w_h^e/\mathrm{d}x = \mathrm{d}w_h^e/\mathrm{d}\bar{x}$ 而得到的。这些多项式称为 Hermite 插值函数族;特别是,式(5. 2. 20)中的 ϕ_i^e 称为 Hermite 三次插值函数。只需将 $\bar{x}$ 替换为 $x - x_a^e$,就可以用 x 表示函数 ϕ_i^e。Hermite 三次插值函数的图形如图 5. 2. 5 所示。

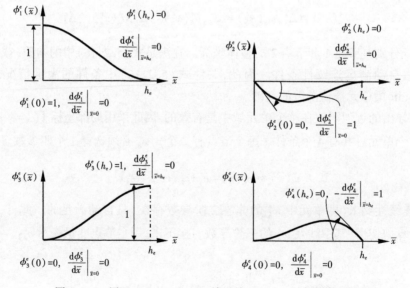

图 5. 2. 5   用于 Euler-Bernoulli 单元的 Hermite 三次插值函数

　　回想一下,推导 Lagrange 三次插值函数是为了在节点处插值一个函数,而不是插值它的导数。因此,拉格朗日三次元将有 4 个节点,每个节点的节点自由度是因变量,而不是它的导数。由于 w_h^e 的导数必须在单元之间连续,如 EBT 的弱形式所要求的,则 w_h^e 的 Lagrange 三次近似满足 w_h^e 的连续性,但不满足 $\mathrm{d}w_h^e/\mathrm{d}x$ 的连续性,因此在 EBT[式(5.2.13)]的弱形式中是不允许的(见图 5.2.6)。

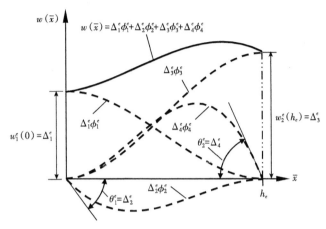

图 5.2.6　一个单元上的有限元解

ϕ_i^e 关于 $\bar{x}$ 的第一、第二、第三阶导数是(和对 x 的导数一样):

$$\frac{\mathrm{d}\phi_1^e}{\mathrm{d}\bar{x}}=-\frac{6}{h_e}\frac{\bar{x}}{h_e}\left(1-\frac{\bar{x}}{h_e}\right),\frac{\mathrm{d}\phi_2^e}{\mathrm{d}\bar{x}}=-\left[1+3\left(\frac{\bar{x}}{h_e}\right)-4\frac{\bar{x}}{h_e}\right]$$

$$\frac{\mathrm{d}\phi_3^e}{\mathrm{d}\bar{x}}=\frac{6}{h_e}\frac{\bar{x}}{h_e}\left(1-\frac{\bar{x}}{h_e}\right),\frac{\mathrm{d}\phi_4^e}{\mathrm{d}\bar{x}}=-\frac{\bar{x}}{h_e}\left(3\frac{\bar{x}}{h_e}-2\right) \tag{5.2.21a}$$

$$\frac{\mathrm{d}^2\phi_1^e}{\mathrm{d}\bar{x}^2}=-\frac{6}{h_e^2}\left(1-2\frac{\bar{x}}{h_e}\right),\frac{\mathrm{d}^2\phi_2^e}{\mathrm{d}\bar{x}^2}=-\frac{2}{h_e}\left(3\frac{\bar{x}}{h_e}^2-2\right)$$

$$\frac{\mathrm{d}^2\phi_3^e}{\mathrm{d}\bar{x}^2}=\frac{6}{h_e^2}\left(1-2\frac{\bar{x}}{h_e}\right),\frac{\mathrm{d}^2\phi_4^e}{\mathrm{d}\bar{x}^2}=-\frac{2}{h_e}\left(3\frac{\bar{x}}{h_e}-1\right) \tag{5.2.21b}$$

$$\frac{\mathrm{d}^3\phi_1^e}{\mathrm{d}\bar{x}^3}=\frac{12}{h_e^3},\frac{\mathrm{d}^3\phi_2^e}{\mathrm{d}\bar{x}^3}=-\frac{6}{h_e^2},\frac{\mathrm{d}^3\phi_3^e}{\mathrm{d}\bar{x}^3}=-\frac{12}{h_e^3},\frac{\mathrm{d}^3\phi_4^e}{\mathrm{d}\bar{x}^3}=-\frac{6}{h_e^2} \tag{5.2.21c}$$

图 5.2.7 给出了 $\mathrm{d}\phi_i^e/\mathrm{d}x=\mathrm{d}\phi_i^e/\mathrm{d}\bar{x}$ 的图形。

　　式(5.2.20)中的 Hermite 三次多项式满足下列插值特性:

$$\phi_1^e(0)=1,\phi_3^e(h_e)=1,\left(-\frac{\mathrm{d}\phi_2^e}{\mathrm{d}\bar{x}}\right)\bigg|_0=1,\left(-\frac{\mathrm{d}\phi_4^e}{\mathrm{d}\bar{x}}\right)\bigg|_{h_e}=1$$

$$\phi_i^e(0)=0,\phi_j^e(h_e)=0,\left(-\frac{\mathrm{d}\phi_k^e}{\mathrm{d}\bar{x}}\right)\bigg|_0=0,\left(-\frac{\mathrm{d}\phi_p^e}{\mathrm{d}\bar{x}}\right)\bigg|_{h_e}=0$$

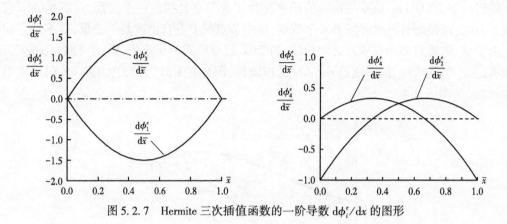

图 5.2.7　Hermite 三次插值函数的一阶导数 $d\phi_i^e/dx$ 的图形

其中,$i=2,3,4,j=1,2,4,k=1,3,4,p=1,2,3$。这可以用紧凑形式表示为($i,j=1,2$)

$$\phi_{2i-1}^e(\bar{x}_j) = \delta_{ij},\ \phi_{2i}^e(\bar{x}_j) = 0,\ \sum_{i=1}^{2} \phi_{2i-1}^e = 1$$

$$\left(\frac{d\phi_{2i-1}^e}{d\bar{x}}\right)\bigg|_{\bar{x}_j} = 0,\ \left(-\frac{d\phi_{2i}^e}{d\bar{x}}\right)\bigg|_{\bar{x}_j} = \delta_{ij} \qquad (5.2.22)$$

其中,$\bar{x}_1 = 0,\bar{x}_2 = h_e$ 是节点 1 和 2 的局部坐标。

需要注意的是,上述推导的插值函数的阶数是式(5.2.13)变分方程所要求的最小值。如果需要 w 的更高阶(即高于三次)近似,必须在每个节点上确定额外的主未知量,或者增加额外节点(自由度为 w 或 w 和 θ_x)。例如,如果在两个节点中增加 d^2w/dx^2 作为主未知量(一般来说,d^2w/dx^2 在单元之间是不连续的),或添加第三个节点(自由度为 w 和 θ_x)。总共有 6 个条件,需要 1 个五阶多项式插入端部条件(有关详细信息,请参阅习题 5.1~5.4)。端部节点处 w 和 θ_x 的四次多项式和内部节点处 w 也可能被使用。

5.2.5　单元方程推导(有限元模型)

将式(5.2.19)中 w_h^e 的有限元近似和权函数 v_i^e 的近似 ϕ_i^e 代入式(5.2.13)中的弱形式得到 Euler-Bernoulli 梁的有限元模型(即单元节点上主变量和次变量的代数方程)。$v_1^e = \phi_1^e, v_2^e = \phi_2^e, v_3^e = \phi_3^e, v_4^e = \phi_4^e$,这 4 种不同的选择可以得到 4 个代数方程:

$$0 = \int_{x_a}^{x_b} \left[E_e I_e \frac{d^2\phi_1^e}{dx^2} \left(\sum_{j=1}^{4} \Delta_j^e \frac{d^2\phi_j^e}{dx^2} \right) + k_f^e \phi_1^e \left(\sum_{j=1}^{4} \Delta_j^e \phi_j^e \right) - \phi_1^e q_e \right] dx$$

$$- \phi_1^e(x_a^e) Q_1^e - \left(-\frac{d\phi_1^e}{dx} \right)\bigg|_{x_a^e} Q_2^e - \phi_1^e(x_b^e) Q_3^e - \left(-\frac{d\phi_1^e}{dx} \right)\bigg|_{x_b^e} Q_4^e$$

$$0 = \int_{x_a}^{x_b} \left[E_e I_e \frac{d^2\phi_2^e}{dx^2} \left(\sum_{j=1}^{4} \Delta_j^e \frac{d^2\phi_j^e}{dx^2} \right) + k_f^e \phi_2^e \left(\sum_{j=1}^{4} \Delta_j^e \phi_j^e \right) - \phi_2^e q_e \right] dx$$

$$- \phi_2^e(x_a^e) Q_1^e - \left(-\frac{d\phi_2^e}{dx} \right)\bigg|_{x_a^e} Q_2^e - \phi_2^e(x_b^e) Q_3^e - \left(-\frac{d\phi_2^e}{dx} \right)\bigg|_{x_b^e} Q_4^e$$

$$0 = \int_{x_a}^{x_b} \left[E_e I_e \frac{d^2\phi_3^e}{dx^2} \left(\sum_{j=1}^{4} \Delta_j^e \frac{d^2\phi_j^e}{dx^2} \right) + k_f^e \phi_3^e \left(\sum_{j=1}^{4} \Delta_j^e \phi_j^e \right) - \phi_3^e q_e \right] dx$$

$$- \phi_3^e(x_a^e) Q_1^e - \left(-\frac{d\phi_3^e}{dx} \right) \bigg|_{x_a^e} Q_2^e - \phi_3^e(x_b^e) Q_3^e - \left(-\frac{d\phi_3^e}{dx} \right) \bigg|_{x_b^e} Q_4^e$$

$$0 = \int_{x_a}^{x_b} \left[E_e I_e \frac{d^2\phi_4^e}{dx^2} \left(\sum_{j=1}^{4} \Delta_j^e \frac{d^2\phi_j^e}{dx^2} \right) + k_f^e \phi_4^e \left(\sum_{j=1}^{4} \Delta_j^e \phi_j^e \right) - \phi_4^e q_e \right] dx$$

$$- \phi_4^e(x_a^e) Q_1^e - \left(-\frac{d\phi_4^e}{dx} \right) \bigg|_{x_a^e} Q_2^e - \phi_4^e(x_b^e) Q_3^e - \left(-\frac{d\phi_4^e}{dx} \right) \bigg|_{x_b^e} Q_4^e$$

有限元模型的第 i 个代数方程为

$$0 = \sum_{j=1}^{4} \left[\int_{x_a^e}^{x_b^e} \left(E_e I_e \frac{d^e\phi_i^e}{dx^2} \frac{d^2\phi_j^e}{dx^2} + k_f^e \phi_i^e \phi_j^e \right) dx \right] \Delta_j^e - \int_{x_a^e}^{x_b^e} \phi_i^e q_e dx - Q_i^e$$

或

$$0 = \sum_{j=1}^{4} K_{ij}^e \Delta_j^e - q_i^e - Q_i^e \ \text{或} \ \boldsymbol{K}^e \boldsymbol{\Delta}^e = \boldsymbol{q}^e + \boldsymbol{Q}^e \tag{5.2.23}$$

其中

$$K_{ij}^e = \int_{x_a^e}^{x_b^e} \left[E_e(x) I_e(x) \frac{d^2\phi_i^e}{dx^2} \frac{d^2\phi_j^e}{dx^2} + k_f^e(x) \phi_i^e \phi_j^e \right] dx$$

$$= \int_0^{h_e} \left[E_e(\bar{x}) I_e(\bar{x}) \frac{d^2\phi_i^e}{d\bar{x}^2} \frac{d^2\phi_j^e}{d\bar{x}^2} + k_f^e(\bar{x}) \phi_i^e \phi_j^e \right] d\bar{x} \tag{5.2.24a}$$

$$q_i^e = \int_{x_a^e}^{x_b^e} \phi_i^e(x) q_e(x) dx = \int_0^{h_e} \phi_i^e(\bar{x}) q_e(\bar{x}) d\bar{x} \tag{5.2.24b}$$

注意系数 K_{ij}^e 是对称的: $K_{ij}^e = K_{ji}^e$。

式(5.2.23)的矩阵形式为

$$\begin{bmatrix} K_{11}^e & K_{12}^e & K_{13}^e & K_{14}^e \\ K_{21}^e & K_{22}^e & K_{23}^e & K_{24}^e \\ K_{31}^e & K_{32}^e & K_{33}^e & K_{34}^e \\ K_{41}^e & K_{42}^e & K_{43}^e & K_{44}^e \end{bmatrix} \begin{Bmatrix} \Delta_1^e \\ \Delta_2^e \\ \Delta_3^e \\ \Delta_4^e \end{Bmatrix} = \begin{Bmatrix} q_1^e \\ q_2^e \\ q_3^e \\ q_4^e \end{Bmatrix} + \begin{Bmatrix} Q_1^e \\ Q_2^e \\ Q_3^e \\ Q_4^e \end{Bmatrix} \tag{5.2.25}$$

即为式(5.2.10)的有限元模型。其中, $\boldsymbol{K}^e$ 是刚度矩阵, $\boldsymbol{F}^e \equiv \boldsymbol{q}^e + \boldsymbol{Q}^e$ 是梁单元的载荷向量。

对于单元内 $E_e I_e$, k_f^e, $q_e = q_0^e$ 为常数的情况, 单元刚度矩阵 $\boldsymbol{K}^e$ 和力向量 $\boldsymbol{F}^e$ 具体形式如下 [单元的广义位移和力自由度见图5.2.3(c); 无弹性地基时, 设 $k_f^e = 0$]:

$$\boldsymbol{K}^e = \frac{2E_e I_e}{h_e^3} \begin{bmatrix} 6 & -3h_e & -6 & -3h_e \\ -3h_e & 2h_e^2 & 3h_e & h_e^2 \\ -6 & 3h_e & 6 & 3h_e \\ -3h_e & h_e^2 & 3h_e & 2h_e^2 \end{bmatrix} + \frac{k_f^e h_e}{420} \begin{bmatrix} 156 & -22h_e & 54 & 13h_e \\ -22h_e & 4h_e^2 & -13h_e & -3h_e^2 \\ 54 & -13h_e & 156 & 22h_e \\ 13h_e & -3h_e^2 & 22h_e & 4h_e^2 \end{bmatrix}$$

$$\tag{5.2.26a}$$

$$q^e = \frac{q_0^e h_e}{12} \begin{Bmatrix} 6 \\ -h_e \\ 6 \\ h_e \end{Bmatrix} \tag{5.2.26b}$$

对于任意给定的分布横向荷载 $q_e(x)$,式(5.2.24b)提供了一种直接的方法来计算其对节点广义力向量 $\boldsymbol{q}^e$ 的贡献。例如,由于单元上均匀分布载荷 q_0^e[见图5.2.8(a)],式(5.2.26b)中广义力向量表示节点处1和2处"静态等效"的力和弯矩。类似地,作用在单元内点 $\bar{x} = \bar{x}_0$ 处的横向点载荷 F_0^e 可以用下列节点广义力代替[见式(3.4.53)至式(3.4.55)],其中包括横向力(q_1^e 和 q_3^e)和弯矩(q_2^e 和 q_4^e)[见图5.2.8(b)]:

$$q_i^e = \int_0^{h_e} \phi_i^e(\bar{x}) F_0^e \delta(\bar{x} - \bar{x}_0) \mathrm{d}\bar{x} = F_0^e \phi_i^e(\bar{x}_0),\ 0 \leqslant \bar{x}_0 \leqslant h_e \tag{5.2.27a}$$

$$q_1^e = F_0^e \phi_1^e(\bar{x}_0),\ q_2^e = F_0^e \phi_2^e(\bar{x}_0),\ q_3^e = F_0^e \phi_3^e(\bar{x}_0),\ q_4^e = F_0^e \phi_4^e(\bar{x}_0) \tag{5.2.27b}$$

例如,当 $\bar{x}_0 = 0.5 h_e$ 时,有[使用式(5.2.20)中的 Hermite 三次近似函数]:

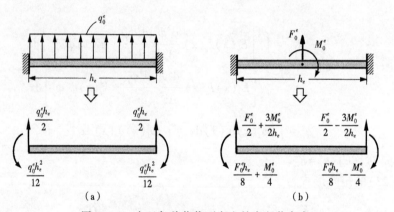

图 5.2.8　由于各种荷载而产生的广义节点力

$$q_1^e = F_0^e \phi_1^e(\bar{x}_0) = F_0^e \left[1 - 3\left(\frac{\bar{x}_0}{h_e}\right)^2 + 2\left(\frac{\bar{x}_0}{h_e}\right)^3 \right] = 0.5 F_0^e$$

$$q_2^e = F_0^e \phi_2^e(\bar{x}_0) = -F_0^e \left[\bar{x}_0 \left(1 - \frac{\bar{x}_0}{h_e}\right)^2 \right] = -0.125 F_0^e h_e$$

$$q_3^e = F_0^e \phi_3^e(\bar{x}_0) = F_0^e \left[3\left(\frac{\bar{x}_0}{h_e}\right)^2 - 2\left(\frac{\bar{x}_0}{h_e}\right)^3 \right] = 0.5 F_0^e$$

$$q_4^e = F_0^e \phi_4^e(\bar{x}_0) = -F_0^e \bar{x}_0 \left[\left(\frac{\bar{x}_0}{h_e}\right)^2 - \frac{\bar{x}_0}{h_e} \right] = 0.125 F_0^e h_e$$

利用 Dirac delta 函数(m^{-2})的导数,位于 $\bar{x} = \bar{x}_0$ 处的集中力矩 M_0^e(顺时针)可以表示为分布荷载 $q_e(\bar{x}) = M_0^e \delta'(\bar{x} - \bar{x}_0)$。所以有[见图5.2.8(b)]:

$$q_i^e = M_0^e \int_0^{h_e} \delta'(\bar{x} - \bar{x}_0) \phi_i^e(\bar{x}) \, \mathrm{d}\bar{x} = -M_0^e \int_0^{h_e} \delta(\bar{x} - \bar{x}_0) \phi_i'^e(\bar{x}) \, \mathrm{d}\bar{x} = -M_0^e \phi_i'^e(\bar{x}_0) \quad (5.2.28)$$

5.2.6 单元方程的组装

梁单元的组装程序与杆单元的组装程序相同,只是每个节点必须考虑 2 个自由度。回想一下,单元的组装程序是基于(1)单元间主变量(挠度和斜率)的连续性和(2)单元共有节点上次变量(剪力和弯矩)的平衡。为了给出组装过程,选择了如图 5.2.9 所示的两单元模型。问题中有 3 个整体节点,共有 6 个整体广义位移和 6 个广义力。主变量的连续性暗示了单元自由度 Δ_i^e 与整体自由度 U_i 之间的关系为(见图 5.2.9):

$$\Delta_1^1 = U_1, \Delta_2^1 = U_2, \Delta_3^1 = \Delta_1^2 = U_3$$
$$\Delta_4^1 = \Delta_2^2 = U_4, \Delta_3^2 = U_5, \Delta_4^2 = U_6 \quad (5.2.29)$$

一般来说,两个连接单元 Ω_e 和 Ω_f 之间的节点上的广义力的平衡需要满足

$$Q_3^e + Q_1^f = \text{施加的外部集中力}$$
$$Q_4^e + Q_2^f = \text{施加的外部力矩} \quad (5.2.30)$$

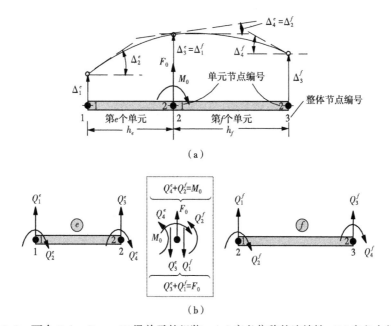

图 5.2.9 两个 Euler-Bernoulli 梁单元的组装。(a)广义位移的连续性;(b)广义力的平衡

如果没有给出外力,总和应等于零。在将所求的和与施加的广义力(即力或弯矩)相等时,应遵循单元力自由度的符号约定[见图 5.2.3(c)]。当力作用在 z 轴的正方向时取正,当遵循右手准则(即当拇指沿着 y 轴正方向时,4 个手指就会给出弯矩的方向)时,弯矩取正。对于图 5.2.1 和图 5.2.2 中使用的坐标系,向上的力是正的,顺时针弯矩是正的。

为了使式(5.2.30)中的力达到平衡,需要将单元 Ω^e 的第三、第四个方程(对应于第二个节点)添加到单元 Ω^f 的第一、第二个方程(对应于第一个节点)中。因此,与整体节点 2 相关

的整体刚度 K_{33}、K_{34}、K_{43}、K_{44} 为单元刚度系数的叠加：

$$K_{33}=K_{33}^1+K_{11}^2,K_{34}=K_{34}^1+K_{12}^2,K_{43}=K_{43}^1+K_{21}^2,K_{44}=K_{44}^1+K_{22}^2 \tag{5.2.31}$$

一般而言，串联梁单元组装后的刚度矩阵和力向量有以下形式：

$$\boldsymbol{K}=\begin{bmatrix} K_{11}^1 & K_{12}^1 & K_{13}^1 & K_{14}^1 & 0 & 0 \\ K_{21}^1 & K_{22}^1 & K_{23}^1 & K_{24}^1 & 0 & 0 \\ K_{31}^1 & K_{32}^1 & K_{33}^1+K_{11}^2 & K_{34}^1+K_{12}^2 & K_{13}^2 & K_{14}^2 \\ K_{41}^1 & K_{42}^1 & K_{43}^1+K_{21}^2 & K_{44}^1+K_{22}^2 & K_{23}^2 & K_{24}^2 \\ 0 & 0 & K_{31}^2 & K_{32}^2 & K_{33}^2 & K_{34}^2 \\ 0 & 0 & K_{41}^2 & K_{42}^2 & K_{43}^2 & K_{44}^2 \end{bmatrix} \tag{5.2.32}$$

$$\boldsymbol{F}=\begin{Bmatrix} q_1^1 \\ q_2^1 \\ q_3^1+q_1^2 \\ q_4^1+q_2^2 \\ q_3^2 \\ q_4^2 \end{Bmatrix}+\begin{Bmatrix} Q_1^1 \\ Q_2^1 \\ Q_3^1+Q_1^2 \\ Q_4^1+Q_2^2 \\ Q_3^2 \\ Q_4^2 \end{Bmatrix}$$

5.2.7　施加边界条件和缩聚方程

在这一步中，必须施加被分析问题的特定边界条件。特定梁问题的本质(也称为几何)边界条件的类型取决于几何支撑的性质。表5.2.1列出了梁常用的几何支撑。当相应的主变量不受约束时，自然(也称为力)边界条件涉及广义力的指定。必须记住，以下每对中的一个且只有一个元素可以被指定：

$$\left[w \text{ 或 } V=-\frac{\mathrm{d}}{\mathrm{d}x}\left(EI\frac{\mathrm{d}^2 w}{\mathrm{d}x^2}\right)\right] \text{ 和 } \left[\theta_x \equiv -\frac{\mathrm{d}w}{\mathrm{d}x} \text{ 或 } M=-EI\frac{\mathrm{d}^2 w}{\mathrm{d}x^2}\right] \tag{5.2.33}$$

在一个内部节点上，施加了如式(5.2.29)和式(5.2.30)中所讨论的广义位移的连续性和广义力的平衡。

有两种方法可以考虑线弹性弹簧的影响(拉伸型的和扭转型)。(1)以适当的自由度通过边界条件包括它(见表5.2.1)。(2)将弹簧作为另一个有限单元，其单元方程由式(3.3.2)给出。在前一种情况下，在单元方程组装完成后，在弹簧作用方向上的次变量被弹簧常数乘以相关的主变量的负数所代替。设 V_I、M_I 分别为与横向和旋转自由度相关的次变量(横向力和弯矩)，Q_0、M_0 为在整体节点 I 处的指定值，则有

$$\text{对于垂直弹簧：} V_I+k_s w=Q_0 \text{ 或 } V_I=-k_s w+Q_0 \tag{5.2.34}$$
$$\text{对于扭转弹簧：} M_I+\mu_s \theta_x=M_0 \text{ 或 } M_I=-\mu_s \theta_x+M_0$$

例如，考虑长度为 L、弯曲刚度 EI 为常数的梁，左端固支，右端由线弹性弹簧垂直支撑，受均布载荷 q_0，如图5.2.10(a)所示。使用梁的1单元模型，有

$$\frac{2EI}{L^3}\begin{bmatrix} 6 & -3L & -6 & -3L \\ -3L & 2L^2 & 3L & L^2 \\ -6 & 3L & 6 & 3L \\ -3L & L^2 & 3L & 2L^2 \end{bmatrix}\begin{Bmatrix} U_1 \\ U_2 \\ U_3 \\ U_4 \end{Bmatrix} = \frac{q_0 L}{12}\begin{Bmatrix} 6 \\ -L \\ 6 \\ L \end{Bmatrix} + \begin{Bmatrix} Q_1^1 \\ Q_2^1 \\ Q_3^1 \\ Q_4^1 \end{Bmatrix} \qquad (5.2.35)$$

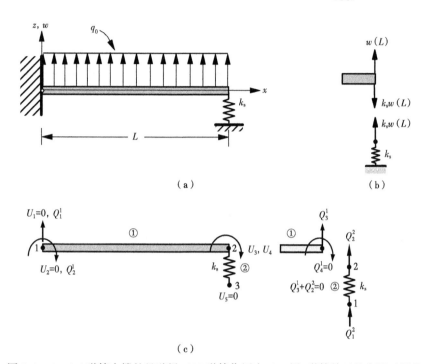

图 5.2.10　(a)弹簧支撑的悬臂梁;(b)弹簧作用力;(c)梁、弹簧单元的有限元网格

表 5.2.1　梁和框架常用的支撑条件类型

支撑类型	位移边界条件	力边界条件
自由	无	均给定
铰支	$u = w = 0$	给定弯矩
活动铰（垂直的）	$u = 0$	给定垂直力和弯矩
活动铰（水平的）	$w = 0$	给定轴向力和弯矩
固定（或夹支）	$u = w = \theta_x = 0$	未给定

支撑类型	位移边界条件	力边界条件
弹性约束	$EI\dfrac{\mathrm{d}^2 w}{\mathrm{d}x^2}+\mu_s\theta_x=0$	$\dfrac{\mathrm{d}}{\mathrm{d}x}\left(EI\dfrac{\mathrm{d}^2 w}{\mathrm{d}x^2}\right)+k_s w=0$
	混合边界条件	混合边界条件

主变量(w,θ_x)的边界条件为

$$w(0)=\theta_x(0)=0\rightarrow U_1=U_2=0$$

次变量(V,M)的边界条件为

$$V(L)=-k_s w(L),\ M(L)=0\rightarrow Q_3^1=-k_s U_3,\ Q_4^1=0$$

如图 5. 2. 10（b）所示,弹簧对梁施加向下的力 $k_s U_3$。弹簧力的方向仅仅基于弹簧连接点上假定的垂直位移方向。因此,$Q_3^1=-k_s U_3$。将边界条件加在有限元方程上,得

$$\frac{2EI}{L^3}\begin{bmatrix}6 & -3L & -6 & -3L\\ -3L & 2L^2 & 3L & L^2\\ -6 & 3L & 6 & 3L\\ -3L & L^2 & 3L & 2L^2\end{bmatrix}\begin{Bmatrix}0\\0\\U_3\\U_4\end{Bmatrix}=\frac{q_0 L}{12}\begin{Bmatrix}6\\-L\\6\\L\end{Bmatrix}+\begin{Bmatrix}Q_1^1\\Q_2^1\\-k_s U_3\\0\end{Bmatrix}$$

未知位移 U_3（挠度）和 U_4（转角）的缩聚方程为

$$\begin{bmatrix}\dfrac{12EI}{L^3}+k_s & \dfrac{6EI}{L^2}\\[2mm] \dfrac{6EI}{L^2} & \dfrac{4EI}{L}\end{bmatrix}\begin{Bmatrix}U_3\\U_4\end{Bmatrix}=\frac{q_0 L}{12}\begin{Bmatrix}6\\L\end{Bmatrix}$$

且未知广义力(即反力)的缩聚方程为

$$\begin{Bmatrix}Q_1^1\\Q_2^1\end{Bmatrix}=\frac{2EI}{L^3}\begin{bmatrix}-6 & -3L\\ 3L & L^2\end{bmatrix}\begin{Bmatrix}U_3\\U_4\end{Bmatrix}-\frac{q_0 L}{12}\begin{Bmatrix}6\\-L\end{Bmatrix}$$

注意到只有当未知的广义位移确定后才可以计算出 Q_1^1 和 Q_2^1。广义位移的缩聚方程的解为

$$U_3=w(L)=\frac{q_0 L^4}{8EI}\frac{1}{\left(1+\dfrac{k_s L^3}{3E_e I_e}\right)},\ U_4=\theta_x(L)=-\frac{q_0 L^3\left(EI-\dfrac{k_s L^3}{24}\right)}{6EI\left(EI+\dfrac{k_s L^3}{3}\right)}$$

注意到,当 $k_s=0$ 时,得到受均匀分布载荷 q_0 作用的悬臂梁自由端的挠度 $U_3=q_0 L^4/8EI$ 和转

角 $U_4 = -q_0 L^3/6EI$。当 $k_s \to \infty$ 时,在 $x = L$ 处,得到 $U_3 = 0$, $U_4 = -q_0 L^3/48EI$(对应简支情况)。

另一种方法为在整体节点 2 处连接梁(单元 1)和弹簧(单元 2)单元,并施加平衡条件 $Q_3^1 + Q_2^2 = 0$,组装后的方程为[图 5.2.10(c)]:

$$
\begin{bmatrix}
\dfrac{12EI}{L^3} & -\dfrac{6EI}{L^2} & -\dfrac{12EI}{L^3} & -\dfrac{6EI}{L^2} & 0 \\[2mm]
-\dfrac{6EI}{L^2} & \dfrac{4EI}{L} & \dfrac{6EI}{L^2} & \dfrac{2EI}{L} & 0 \\[2mm]
-\dfrac{12EI}{L^3} & \dfrac{6EI}{L^2} & \dfrac{12EI}{L^3}+k_s & \dfrac{6EI}{L^2} & -k_s \\[2mm]
-\dfrac{6EI}{L^2} & \dfrac{2EI}{L} & \dfrac{6EI}{L^2} & \dfrac{4EI}{L} & 0 \\[2mm]
0 & 0 & -k_s & 0 & k_s
\end{bmatrix}
\begin{Bmatrix} U_1 \\ U_2 \\ U_3 \\ U_4 \\ U_5 \end{Bmatrix}
= \dfrac{q_0 L}{12}
\begin{Bmatrix} 6 \\ -L \\ 6 \\ L \\ 0 \end{Bmatrix}
+ \begin{Bmatrix} Q_1^1 \\ Q_2^1 \\ 0 \\ Q_4^1 \\ Q_1^2 \end{Bmatrix}
$$

使用边界条件 $U_1 = U_2 = U_5 = 0$,$Q_4^1 = 0$,得到缩聚方程(与使用第一种方法得到的一致):

$$
\begin{bmatrix}
\dfrac{12EI}{L^3}+k_s & \dfrac{6EI}{L^2} \\[2mm]
\dfrac{6EI}{L^2} & \dfrac{4EI}{L}
\end{bmatrix}
\begin{Bmatrix} U_3 \\ U_4 \end{Bmatrix}
= \dfrac{q_0 L}{12}
\begin{Bmatrix} 6 \\ L \end{Bmatrix}
$$

未知广义力(即反力)的缩聚方程为(注意 $U_1 = U_2 = U_5 = 0$)

$$
\begin{Bmatrix} Q_1^1 \\ Q_2^1 \\ Q_1^2 \end{Bmatrix}
= \begin{bmatrix}
-\dfrac{12EI}{L^3} & -\dfrac{6EI}{L^2} \\[2mm]
\dfrac{6EI}{L^2} & \dfrac{2EI}{L} \\[2mm]
-k_s & 0
\end{bmatrix}
\begin{Bmatrix} U_3 \\ U_4 \end{Bmatrix}
- \dfrac{q_0 L}{12}
\begin{Bmatrix} 6 \\ -L \\ 0 \end{Bmatrix}
$$

5.2.8 解的后处理

一旦施加了边界条件,所得到的(缩聚)方程就可以求解未知的广义节点位移。广义力可用未知反力的缩聚方程计算。然而,这种情况在实际中很少发生,因为组装后的方程被修改来求解未知的主变量(即广义位移)。因此,通常用已知的位移场计算广义力。

每个单元 $\Omega^e = (x_a^e, x_b^e)$ 的解 w_h^e 和其斜率 θ_x^e 为

$$
w_h^e(\bar{x}) = \sum_{j=1}^{4} \Delta_j^e \phi_j^e(\bar{x}), \quad \theta_x^e(\bar{x}) = -\frac{\mathrm{d}w_h^e}{\mathrm{d}\bar{x}} = -\sum_{j=1}^{4} \Delta_j^e \frac{\mathrm{d}\phi_j^e}{\mathrm{d}\bar{x}}, \quad 0 \leq \bar{x} \leq h_e \tag{5.2.36}
$$

梁单元 Ω^e 任意点的弯矩 M 和剪力 V 可由有限元解 $w_h^e(\bar{x})$($0 \leq \bar{x} \leq h_e$)使用下列方程得到

$$
\begin{aligned}
M_h^e(\bar{x}) &= -E_e I_e \frac{\mathrm{d}^2 w_h^e}{\mathrm{d}\bar{x}^2} \approx -E_e I_e \sum_{j=1}^{4} \Delta_j^e \frac{\mathrm{d}^2 \phi_j^e}{\mathrm{d}\bar{x}^2} \\[2mm]
V_h^e(\bar{x}) &= -\frac{\mathrm{d}}{\mathrm{d}\bar{x}}\left(E_e I_e \frac{\mathrm{d}^2 w_h^e}{\mathrm{d}\bar{x}^2} \right) \approx -\frac{\mathrm{d}}{\mathrm{d}\bar{x}}\left(E_e I_e \sum_{j=1}^{4} \Delta_j^e \frac{\mathrm{d}^2 \phi_j^e}{\mathrm{d}\bar{x}^2} \right)
\end{aligned} \tag{5.2.37}
$$

弯曲应力和剪应力为

$$\sigma_{xx}^e(\bar{x},z) = -\frac{M_h^e(\bar{x})z}{I_e} = E_e z \frac{d^2 w_h^e}{dx^2} \approx -E_e z \sum_{j=1}^{4} \Delta_j^e \frac{d^2 \phi_j^e}{dx^2}$$

$$\sigma_{xz}^e(\bar{x},z) = \frac{V(\bar{x})Q(z)}{It} = -\frac{Q}{It}\frac{d}{dx}\left(E_e I_e \frac{d^2 w_h^e}{dx^2}\right) \approx -\frac{Q}{It}\frac{d}{dx}\left(E_e I_e \sum_{j=1}^{4} \Delta_j^e \frac{d^2 \phi_j^e}{dx^2}\right) \quad (5.2.38)$$

其中,t 是梁在 z 处的宽度,$Q(z)$ 是面积的一阶矩。

当每个单元的抗弯刚度 $E_e I_e$ 为常数且 $k_e = 0$ 时,对于任意横向荷载 q_e,节点广义位移的有限元解都是精确的。弯矩和剪力的计算方程(5.2.37)只是近似。因为作用在单元上的分布载荷 $q_e(x)$ 可以用等价的点载荷代替[使用式(5.2.24b)],控制方程变为齐次微分方程 $E_e I_e$ $(d^4 w^e/dx^4) = 0$,其精确解为三次多项式 $w^e(x) = c_1^e + c_2^e x + c_3^e x^2 + c_4^e x^3$;这是有限元近似中假设的多项式近似[见式(5.2.17)]。此外,当分布载荷为零时,有限元解在单元的所有点都是精确的。

5.2.9　数值算例

在这一节中,考虑几个例子来说明有限元法在直梁分析中的应用。如前所述,当 $k_f = 0$ 且 EI 为常数(每个单元内)时,有限元方法给出了精确的广义节点位移和力。

例 5.2.1

考虑长度为 L 的悬臂梁,承受线性变化的分布载荷 $q(x)$、点载荷 F_0 和弯矩 M_0,如图 5.2.11 所示。用 2 个单元($h_1 = h_2 = h = L/2$)确定梁中的位移场 $w(x)$ 和弯矩 $M(x)$,并将有限元解与精确解进行比较。

解答:首先,注意到 $q(x) = q_0(1-x/L)$。因此,必须根据式(5.2.24b)计算它对单元载荷向量的贡献:

$$q_i^e = \int_{x_a^e}^{x_b^e} q_0(1-x/L)\phi_i^e(x)\,dx = \int_0^{h_e} q_0\left(1 - \frac{\bar{x}+x_a^e}{L}\right)\phi_i^e(\bar{x})\,d\bar{x} \quad (1)$$

其中,$\phi_i^e(\bar{x})$ 在式(5.2.20)中给出。对上式(1)进行积分,得

$$\boldsymbol{q}^e = \frac{q_0 h_e}{12}\begin{Bmatrix} 6 \\ -h_e \\ 6 \\ h_e \end{Bmatrix} + \frac{q_0 h_e}{60L}\begin{Bmatrix} -(9h_e + 30x_a^e) \\ h_e(2h_e + 5x_a^e) \\ -(21h_e + 30x_a^e) \\ -h_e(3h_e + 5x_a^e) \end{Bmatrix} \quad (2)$$

对于单元 1($x_a^1 = 0$)和单元 2($x_a^2 = h_1 = L/2$),有($h_1 = h_2 = h = L/2$)

$$\boldsymbol{q}^1 = \frac{q_0 h}{12}\begin{Bmatrix} 6 \\ -h \\ 6 \\ h \end{Bmatrix} - \frac{q_0 h}{120}\begin{Bmatrix} 9 \\ -2h \\ 21 \\ 3h \end{Bmatrix}; \quad \boldsymbol{q}^2 = \frac{q_0 h}{12}\begin{Bmatrix} 6 \\ -h \\ 6 \\ h \end{Bmatrix} - \frac{q_0 h}{120}\begin{Bmatrix} 39 \\ -7h \\ 51 \\ 8h \end{Bmatrix} \quad (3)$$

整体节点 2 处的广义力平衡要求

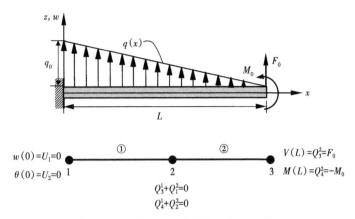

图 5.2.11　例 5.2.1 中考虑的悬臂梁问题

$$Q_3^1 + Q_1^2 = 0, \quad Q_4^1 + Q_2^2 = 0$$

这些条件要求将单元 1 的第三个方程加到单元 2 的第一个方程上,将单元 1 的第四个方程加到单元 2 的第二个方程上。单元 1 的前两个方程和单元 2 的后两个方程保持不变。因此,当 EI 为常数、地基模量 $k_f = 0$ 时,两单元均匀网格的组装后方程为

$$\frac{2EI}{h^3}\begin{bmatrix} 6 & -3h & -6 & -3h & 0 & 0 \\ -3h & 2h^2 & 3h & h^2 & 0 & 0 \\ -6 & 3h & 6+6 & 3h-3h & -6 & -3h \\ -3h & h^2 & 3h-3h & 2h^2+2h^2 & 3h & h^2 \\ 0 & 0 & -6 & 3h & 6 & 3h \\ 0 & 0 & -3h & h^2 & 3h & 2h^2 \end{bmatrix}\begin{Bmatrix} U_1 \\ U_2 \\ U_3 \\ U_4 \\ U_5 \\ U_6 \end{Bmatrix} = \frac{q_0 h}{12}\begin{Bmatrix} 6 \\ -h \\ 12 \\ 0 \\ 6 \\ h \end{Bmatrix} - \frac{q_0 h}{120}\begin{Bmatrix} 9 \\ -2h \\ 60 \\ -4h \\ 51 \\ 8h \end{Bmatrix} + \begin{Bmatrix} Q_1^1 \\ Q_2^1 \\ Q_3^1+Q_1^2 = 0 \\ Q_4^1+Q_2^2 = 0 \\ Q_3^2 \\ Q_4^2 \end{Bmatrix}$$

$$(4)$$

由于梁被固支在整体节点 1 处,横向位移 U_1 和斜率 U_2 是 0。因此,对应的广义力 Q_1^1 和 Q_2^1 (分别为剪力和弯矩)是未知的。在整体节点 3 处,剪力给定为 F_0,弯矩为 M_0[采用图 5.2.3 (c)中的符号约定]:

$$Q_3^2 = F_0, \quad Q_4^2 = -M_0$$

因此,组装后的方程为($h = L/2$):

$$\frac{4EI}{L^3}\begin{bmatrix} 24 & -6L & -24 & -6L & 0 & 0 \\ -6L & 2L^2 & 6L & L^2 & 0 & 0 \\ -24 & 6L & 48 & 0 & -24 & -6L \\ -6L & L^2 & 0 & 4L^2 & 6L & L^2 \\ 0 & 0 & -24 & 6L & 24 & 6L \\ 0 & 0 & -6L & L^2 & 6L & 2L^2 \end{bmatrix}\begin{Bmatrix} 0 \\ 0 \\ U_3 \\ U_4 \\ U_5 \\ U_6 \end{Bmatrix} = \frac{q_0 L}{48}\begin{Bmatrix} 12 \\ -L \\ 24 \\ 0 \\ 12 \\ L \end{Bmatrix} - \frac{q_0 L}{480}\begin{Bmatrix} 18 \\ -2L \\ 120 \\ -4L \\ 102 \\ 8L \end{Bmatrix} + \begin{Bmatrix} Q_1^1 \\ Q_2^1 \\ 0 \\ 0 \\ F_0 \\ -M_0 \end{Bmatrix}$$

通过删除与已知广义位移对应的行和列,得到了未知广义位移的缩聚方程:

$$\frac{4EI}{L^3}\begin{bmatrix} 48 & 0 & -24 & -6L \\ 0 & 4L^2 & 6L & L^2 \\ -24 & 6L & 24 & 6L \\ -6L & L^2 & 6L & 2L^2 \end{bmatrix}\begin{Bmatrix} U_3 \\ U_4 \\ U_5 \\ U_6 \end{Bmatrix}=\frac{q_0L}{48}\begin{Bmatrix} 24 \\ 0 \\ 12 \\ L \end{Bmatrix}-\frac{q_0L}{480}\begin{Bmatrix} 120 \\ -4L \\ 102 \\ 8L \end{Bmatrix}+\begin{Bmatrix} 0 \\ 0 \\ F_0 \\ -M_0 \end{Bmatrix}$$

由组装后方程的前两个方程得到了未知广义力的缩聚方程:

$$\begin{Bmatrix} Q_1^1 \\ Q_2^1 \end{Bmatrix}=\frac{4EI}{L^3}\begin{bmatrix} -24 & -6L & 0 & 0 \\ 6L & L^2 & 0 & 0 \end{bmatrix}\begin{Bmatrix} U_3 \\ U_4 \\ U_5 \\ U_6 \end{Bmatrix}-\frac{q_0L}{48}\begin{Bmatrix} 12 \\ -L \end{Bmatrix}+\frac{q_0L}{480}\begin{Bmatrix} 18 \\ -2L \end{Bmatrix}$$

该位移的缩聚方程的解为

$$\begin{Bmatrix} U_3 \\ U_4 \\ U_5 \\ U_6 \end{Bmatrix}=\frac{L^3}{4EI}\begin{bmatrix} 48 & 0 & -24 & -6L \\ 0 & 4L^2 & 6L & L^2 \\ -24 & 6L & 24 & 6L \\ -6L & L^2 & 6L & 2L^2 \end{bmatrix}^{-1}\begin{Bmatrix} \frac{1}{4}q_0L \\ \frac{1}{120}q_0L^2 \\ F_0+\frac{3}{80}q_0L \\ -M_0+\frac{1}{240}q_0L^2 \end{Bmatrix}$$

$$=\frac{L}{48EI}\begin{bmatrix} 2L^2 & -6L & 5L^2 & -6L \\ -6L & 24 & -18L & 24 \\ 5L^2 & -18L & 16L^2 & -24L \\ -6L & 24 & -24L & 48 \end{bmatrix}\begin{Bmatrix} \frac{1}{4}q_0L \\ \frac{1}{120}q_0L^2 \\ F_0+\frac{3}{80}q_0L \\ -M_0+\frac{1}{240}q_0L^2 \end{Bmatrix}\qquad(5)$$

$$=\frac{L}{48EI}\begin{Bmatrix} 5L^2F_0+6LM_0+\frac{48}{80}q_0L^3 \\ -18LF_0-24M_0-\frac{15}{8}q_0L^2 \\ 16L^2F_0+24LM_0+\frac{16}{10}q_0L^3 \\ -24LF_0-48M_0-2q_0L^2 \end{Bmatrix}$$

反力 Q_1^1 和 Q_2^1 为

$$\begin{Bmatrix} Q_1^1 \\ Q_2^1 \end{Bmatrix} = \frac{4EI}{L^3} \begin{bmatrix} -24 & -6L \\ 6L & L^2 \end{bmatrix} \begin{Bmatrix} U_3 \\ U_4 \end{Bmatrix} - \frac{q_0 L}{480} \begin{Bmatrix} 102 \\ -8L \end{Bmatrix} = \begin{Bmatrix} -\left(F_0 + \frac{1}{2}q_0 L\right) \\ L\left(F_0 + \frac{1}{6}q_0 L\right) + M_0 \end{Bmatrix} \tag{6}$$

可见，上述计算得到的反力 Q_1^1 和 Q_2^1 满足梁的静力平衡方程：

$$Q_1^1 + F_0 + \frac{1}{2}q_0 L = 0, \ Q_2^1 - \left(F_0 L + \frac{1}{6}q_0 L^2 + M_0\right) = 0$$

使用式(5.2.12)中的定义也可以计算出反力 Q_1^1 和 Q_2^1：

$$(Q_1^1)_{\text{def}} \equiv \frac{\mathrm{d}}{\mathrm{d}x}\left(EI\frac{\mathrm{d}^2 w}{\mathrm{d}x^2}\right)\Bigg|_{x=0}, \ (Q_2^1)_{\text{def}} \equiv \left(EI\frac{\mathrm{d}^2 w}{\mathrm{d}x^2}\right)\Bigg|_{x=0}$$

从式(5.2.21b)和式(5.2.21c)注意到，Hermite 三次插值函数的二阶导数在单元上是线性多项式，而三阶导数是常数。因此，使用式(5.2.37)中的定义计算的弯矩和剪力在单元上分别是线性函数和常数。此外，在连接两个单元的节点上会得出不连续的值，因为 w 的二阶导数和三阶导数在单元间节点上不能保证连续。因此，有

$$\begin{aligned} (Q_1^1)_{\text{def}} &= EI\left(U_3\frac{\mathrm{d}^3\phi_3^1}{\mathrm{d}x^3} + U_4\frac{\mathrm{d}^3\phi_4^1}{\mathrm{d}x^3}\right)\Bigg|_{x=0} \\ &= EI\left[U_3\left(-\frac{96}{L^3}\right) + U_4\left(-\frac{24}{L^2}\right)\right] \\ &= -\left(F_0 + \frac{23}{80}q_0 L\right) \\ (Q_2^1)_{\text{def}} &= EI\left(U_3\frac{24}{L^2}\right) + U_4\frac{4}{L} \\ &= \left(M_0 + F_0 L + \frac{3}{20}q_0 L^2\right) \end{aligned} \tag{7}$$

与使用缩聚（即平衡）方程计算得到的相比 $q_1^e = -\frac{17}{80}q_0 L, \ q_2^e = \frac{1}{60}q_0 L^2$ 存在一定误差。

有限元解为

$$w_h^e(x) = \begin{cases} U_3\phi_3^{(1)} + U_4\phi_4^{(1)}, & 0 \leqslant x \leqslant h \\ U_3\phi_1^{(2)} + U_4\phi_2^{(2)} + U_5\phi_3^{(2)} + U_6\phi_4^{(2)}, & h \leqslant x \leqslant 2h \end{cases} \tag{8}$$

$$\phi_3^{(1)} = 3\left(\frac{x}{h}\right)^2 - 2\left(\frac{x}{h}\right)^3, \quad \phi_4^{(1)} = h\left[\left(\frac{x}{h}\right)^2 - \left(\frac{x}{h}\right)^3\right]$$

$$\phi_1^{(2)} = 1 - 3\left(1 - \frac{x}{h}\right)^2 - 2\left(1 - \frac{x}{h}\right)^3, \quad \phi_2^{(2)} = h\left(1 - \frac{x}{h}\right)\left(2 - \frac{x}{h}\right)^2 \tag{9}$$

$$\phi_3^{(2)} = 3\left(1 - \frac{x}{h}\right)^2 + 2\left(1 - \frac{x}{h}\right)^3, \quad \phi_4^{(2)} = h\left[\left(1 - \frac{x}{h}\right)^3 + \left(1 - \frac{x}{h}\right)^2\right]$$

该问题的精确解可以通过直接积分得

$$w(x) = \frac{q_0 L^4}{120EI}\left[10\left(\frac{x}{L}\right)^2 - 10\left(\frac{x}{L}\right)^3 + 5\left(\frac{x}{L}\right)^4 - \left(\frac{x}{L}\right)^5 \right]$$

$$+ \frac{F_0 L^3}{6EI}\left[3\left(\frac{x}{L}\right)^2 - \left(\frac{x}{L}\right)^3 \right] + \frac{M_0 L^2}{2EI}\left(\frac{x}{L}\right)^2$$

$$\theta_x(x) = -\frac{q_0 L^2}{24EI}\left[4\left(\frac{x}{L}\right) - 6\left(\frac{x}{L}\right)^2 + 4\left(\frac{x}{L}\right)^3 - \left(\frac{x}{L}\right)^4 \right] \qquad (10)$$

$$+ \frac{F_0 L^2}{2EI}\left[-2\left(\frac{x}{L}\right) + \left(\frac{x}{L}\right)^2 \right] - \frac{M_0 L}{EI}\left(\frac{x}{L}\right)$$

$$M(x) = -\frac{q_0 L^2}{6}\left[1 - 3\left(\frac{x}{L}\right) + 3\left(\frac{x}{L}\right)^2 - \left(\frac{x}{L}\right)^3 \right] + F_0 L\left[-1 + \left(\frac{x}{L}\right) \right] - M_0$$

$$V(x) = -\frac{q_0 L}{2}\left[-1 + 2\left(\frac{x}{L}\right) - \left(\frac{x}{L}\right)^2 \right] + F_0$$

对于 $q_0 = 24\text{kN/m}$, $F_0 = 60\text{kN}$, $L = 3\text{m}$, $M_0 = 0\text{kN} \cdot \text{m}$, $E = 200 \times 10^6 \text{kN/m}^2$, $I = 29 \times 10^6 \text{mm}^4$($EI = 5800\text{kN} \cdot \text{m}^2$)。和预期一致,$w$ 和 $\theta_x = -\text{d}w/\text{d}x$ 的有限元解与节点处的精确值重合。在节点以外的点上,有限元和精确解之间的差异几乎可以忽略不计。

表 5.2.2 将图 5.2.11 中悬臂梁的有限元解与精确解进行比较(2 个单元);

$q_0 = 24\text{kN/m}$, $F_0 = 60\text{kN}$, $L = 3\text{m}$, $M_0 = 0\text{kN} \cdot \text{m}$, $EI = 5800 \ \text{kN} \cdot \text{m}^2$

x(m)	w(m)		$\text{d}w/\text{d}x$		$-M \times 10^6$(N $\cdot$ m)	
	FEM	精确解	FEM	精确解	FEM	精确解
0. 0000	0. 0000[①]	0. 0000	0. 0000[①]	0. 0000	0. 2124[②]	0. 2160
0. 1875	0. 0006	0. 0006	0. 0066	0. 0067	0. 1973	0. 1984
0. 3750	0. 0025	0. 0025	0. 0128	0. 0128	0. 1821	0. 1816
0. 5625	0. 0054	0. 0054	0. 0184	0. 0185	0. 1670	0. 1656
0. 7500	0. 0093	0. 0094	0. 0235	0. 0235	0. 1519	0. 1502
0. 9375	0. 0142	0. 0142	0. 0282	0. 0282	0. 1367	0. 1354
1. 1250	0. 0199	0. 0199	0. 0324	0. 0323	0. 1216	0. 1213
1. 3125	0. 0263	0. 0263	0. 0361	0. 0360	0. 1065	0. 1077
1. 5000	0. 0333[①]	0. 0334	0. 0393[①]	0. 0393	0. 0913[③]	0. 0945
1. 6875	0. 0410	0. 0410	0. 0421	0. 0421	0. 0814	0. 0818
1. 8750	0. 0491	0. 0491	0. 0445	0. 0446	0. 0696	0. 0694
2. 0625	0. 0577	0. 0577	0. 0466	0. 0466	0. 0579	0. 0574
2. 2500	0. 0666	0. 0666	0. 0483	0. 0483	0. 0461	0. 0456
2. 4375	0. 0758	0. 0758	0. 0496	0. 0496	0. 0344	0. 0340
2. 6250	0. 0852	0. 0852	0. 0505	0. 0505	0. 0226	0. 0226
2. 8025	0. 0947	0. 0947	0. 0510	0. 0510	0. 0109	0. 0113
3. 0000	0. 1043[①]	0. 1042	0. 0512[①]	0. 0512	-0. 0009	0. 0000

①节点值;其他值都是用插值法计算得到的;

②使用定义后处理的值;

③第二个单元的值为 0. 0932。

例5.2.2

考虑图5.2.12(a)所示的右端固定、左端弹簧支撑的I型截面结构钢组合梁($E=200\text{GPa}$)。假设惯性矩I是不连续的:

$$I=\begin{cases}37050\text{cm}^4,0.0\leqslant x\leqslant 2.5\text{m}\\16040\text{cm}^4,2.5\text{m}\leqslant x\leqslant 8.0\text{m}\end{cases}$$

且$F_0=8\text{kN}$。梁的深度在第一部分为$h_1=460\text{mm}$,在第二部分为$h_2=358\text{ mm}$。使用最少数量的 Euler-Bernoulli 梁单元来建立问题的有限元分析步骤。在三种情况下:$k_s/EI=0$, $k_s/EI=10^{-3}$, $k_s/EI=1$(k_s是弹簧常数),请确定节点处的广义位移和广义反力。

解答:将按照问题数据的要求使用三个有限单元来分析问题。如图5.2.12(b)所示,非均匀网格中有4个节点、8个整体自由度。由于EI和q在单元内为常数,因此单元刚度矩阵($k_f=0$)和力向量分别由式(5.2.26a)和式(5.2.26b)给出$[q^{(1)}=4\text{kN/m},q^{(2)}=q^{(3)}=0]$。

如图5.2.12(c)所示,内力和弯矩的平衡需要满足

$$Q_3^1+Q_1^2=0,Q_4^1+Q_2^2=0,Q_3^2+Q_1^3=F_0,Q_4^2+Q_2^3=-aF_0$$

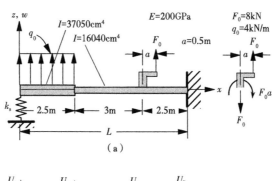

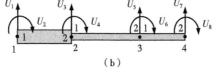

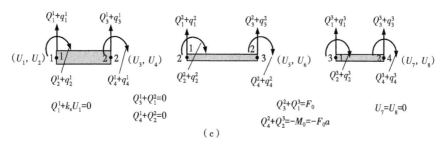

图5.2.12 (a)物理问题;(b)三单元有限元网格;(c)广义力的平衡

三单元网格的组装后有限元方程为

$[(EI)_1 = 74.1 \times 10^6 \mathrm{N} \cdot \mathrm{m}^2, (EI)_2 = 32.08 \times 10^6 \mathrm{N} \cdot \mathrm{m}^2, F_0 = 8\mathrm{kN}, q_0 = 4\mathrm{kN/m}, aF_0 = 4\mathrm{kN} \cdot \mathrm{m}]$:

$$10^8 \begin{bmatrix} 0.5691 & -0.7114 & -0.5691 & -0.7114 & 0.0000 & 0.0000 & 0.0000 & 0.0000 \\ -0.7114 & 1.1856 & 0.7114 & 0.5928 & 0.0000 & 0.0000 & 0.0000 & 0.0000 \\ -0.5691 & 0.7114 & 0.7117 & 0.4975 & -0.1426 & -0.2139 & 0.0000 & 0.0000 \\ -0.7114 & 0.5928 & 0.4975 & 1.6133 & 0.2139 & 0.2139 & 0.0000 & 0.0000 \\ 0.0000 & 0.0000 & -0.1426 & 0.2319 & 0.3889 & -0.9841 & -0.2464 & -0.3080 \\ 0.0000 & 0.0000 & -0.2139 & 0.2139 & 0.0941 & 0.9410 & 0.3080 & 0.2566 \\ 0.0000 & 0.0000 & 0.0000 & 0.0000 & -0.2464 & -0.3080 & 0.2464 & 0.3080 \\ 0.0000 & 0.0000 & 0.0000 & 0.0000 & -0.3080 & 0.2566 & 0.3080 & 0.5133 \end{bmatrix}$$

$$\times \begin{Bmatrix} U_1 \\ U_2 \\ U_3 \\ U_4 \\ U_5 \\ U_6 \\ U_7 \\ U_8 \end{Bmatrix} = 10^4 \begin{Bmatrix} 0.5000 \\ -0.2083 \\ 0.5000 \\ 0.2083 \\ 0.0000 \\ 0.0000 \\ 0.0000 \\ 0.0000 \end{Bmatrix} + \begin{Bmatrix} Q_1^1 \\ Q_2^1 \\ Q_3^1 + Q_1^2 = 0 \\ Q_4^1 + Q_2^2 = 0 \\ Q_3^2 + Q_1^3 = F_0 \\ Q_4^2 + Q_2^3 = -aF_0 \\ Q_3^3 \\ Q_4^3 \end{Bmatrix}$$

问题的边界条件为

$$\left[EI \frac{\mathrm{d}^3 w}{\mathrm{d}x^3} + k_s w \right]_{x=0} = 0, \quad \left[EI \frac{\mathrm{d}^2 w}{\mathrm{d}x^2} \right]_{x=0} = 0, \quad w(8) = 0, \quad \left[\frac{\mathrm{d}w}{\mathrm{d}x} \right]_{x=0} = 0$$

上式可以写为

$$Q_1^1 + k_s U_1 = 0, \quad Q_2^1 = 0, \quad U_7 = 0, \quad U_8 = 0$$

注意 Q_1^1, Q_3^3 以及弯矩 Q_4^3(支撑点处的反力)是未知的。

利用上述边界条件和平衡条件,可以写出未知广义位移和力的缩聚方程。分别删除已知广义位移 U_7 和 U_8 对应的最后两行和两列,可以得到未知广义位移的缩聚方程($\alpha = 10^{-8} k_s$):

$$10^8 \begin{bmatrix} 0.5691 + \alpha & -0.7114 & -0.5691 & -0.7114 & 0.0000 & 0.0000 \\ -0.7114 & 1.1856 & 0.7114 & 0.5928 & 0.0000 & 0.0000 \\ -0.5691 & 0.7114 & 0.7117 & 0.4975 & -0.1426 & -0.2139 \\ -0.7114 & 0.5928 & 0.4975 & 1.6133 & 0.2139 & 0.2139 \\ 0.0000 & 0.0000 & -0.1426 & 0.2139 & 0.3889 & -0.0941 \\ 0.0000 & 0.0000 & -0.2139 & 0.2139 & -0.0941 & 0.9410 \end{bmatrix} \begin{Bmatrix} U_1 \\ U_2 \\ U_3 \\ U_4 \\ U_5 \\ U_6 \end{Bmatrix} = 10^4 \begin{Bmatrix} 0.5000 \\ -0.2083 \\ 0.5000 \\ 0.2083 \\ 0.8000 \\ -0.4000 \end{Bmatrix}$$

支座处的反力可由组装后方程组的最后两个方程计算:

$$\begin{Bmatrix} Q_3^3 \\ Q_4^3 \end{Bmatrix} = 10^8 \begin{bmatrix} -0.2464 & 0.3080 \\ -0.2464 & 0.2566 \end{bmatrix} \begin{Bmatrix} U_5 \\ U_6 \end{Bmatrix}$$

弹簧中的力 Q_1^1 可由 $Q_1^1 = -k_s U_1 \mathrm{N}$ 计算得到。

在第 8 章讨论的 FEM1D 程序的帮助下,对于不同的 k_s/EI 值,求出了广义位移、广义反力的缩聚方程的解[广义力与使用定义式(5.2.12)得到的结果相同],以及最大弯曲应力($\sigma = -Q_4^3 h_2 / 2I_2$):

$$k_s/EI = 0:$$
$$U_1 = 0.0441\mathrm{m}, U_2 = 0.7466 \times 10^{-2}, U_3 = 0.0255\mathrm{m}$$
$$U_4 = 0.7325 \times 10^{-2}, U_5 = 0.0067\mathrm{m}, U_6 = 0.4754 \times 10^{-2}$$
$$Q_3^3 = -18\mathrm{kN}, Q_4^3 = -83.5\mathrm{kN \cdot m}, \sigma(8) = 93.2\mathrm{MPa}$$

$$k_s/EI = 10^{-3}:$$
$$U_1 = 0.0318\mathrm{m}, U_2 = 0.5248 \times 10^{-2}, U_3 = 0.0186\mathrm{m}$$
$$U_4 = 0.5207 \times 10^{-2}, U_5 = 0.0050\mathrm{m}, U_6 = 0.3516 \times 10^{-2}$$
$$Q_3^3 = -15.65\mathrm{kN}, Q_4^3 = -64.67\mathrm{kN \cdot m}, \sigma(8) = 72.2\mathrm{MPa}$$

$$k_s/EI = 1:$$
$$U_1 = 0.0001\mathrm{m}, U_2 = 0.4565 \times 10^{-3}, U_3 = 0.0010\mathrm{m}$$
$$U_4 = 0.2425 \times 10^{-3}, U_5 = 0.0008\mathrm{m}, U_6 = 0.3309 \times 10^{-3}$$
$$Q_3^3 = -9.59\mathrm{kN}, Q_4^3 = -16.24\mathrm{kN \cdot m}, \sigma(8) = 18.1\mathrm{MPa}$$

例 5.2.3

考虑图 5.2.13 所示的超静定梁。梁的材料为钢($E = 30 \times 10^6\mathrm{psi}$),截面尺寸是 $2 \times 3\mathrm{in}$,($I = 4.5\mathrm{in}^4$)。使用 Euler-Bernoulli 梁单元计算横向挠度 w 和斜率 dw/dx,并将有限元解与精确解进行比较。

解答: 由于荷载的不连续性,梁应分为三个单元:$\Omega^1 = (0.16)$,$\Omega^2 = (16,36)$,$\Omega^3 = (36,48)$;单

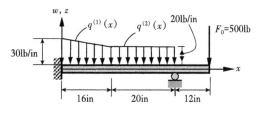

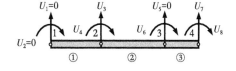

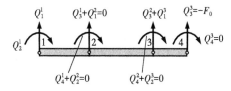

图 5.2.13　一个超静定梁的有限元模型(三单元)

元长度为：$h_1 = 16\mathrm{in}$，$h_2 = 20\mathrm{in}$，$h_3 = 16\mathrm{in}$。各单元的载荷为

$$q^{(1)}(x) = -\left(30 - \frac{10}{16}x\right), q^{(2)}(x) = -20, q^{(3)}(x) = 0$$

使用式(5.2.24b)，可以得到下列载荷向量：

$$\boldsymbol{q}^1 = -\left\{\begin{matrix} 216.00 \\ -554.67 \\ 184.00 \\ 512.00 \end{matrix}\right\}, \boldsymbol{q}^2 = -\left\{\begin{matrix} 200.00 \\ -666.77 \\ 200.00 \\ -666.67 \end{matrix}\right\}, \boldsymbol{q}^3 = 0$$

将 h_e，E_e，I_e 的适当值和 $k_\mathrm{f}^e = 0$ 代入式(5.2.26a)可计算出单元刚度矩阵。问题的边界条件为

$$w(0) = 0 \to U_1 = 0, \frac{\mathrm{d}w}{\mathrm{d}x}(0) = 0 \to U_2 = 0, w(36) = 0 \to U_5 = 0$$

$$Q_3^1 + Q_1^2 = 0, Q_4^1 + Q_2^2 = 0, Q_4^2 + Q_2^3 = 0, Q_3^3 = -500, Q_4^3 = 0$$

注意，$Q_1^1, Q_2^1, Q_3^2 + Q_1^3$ 是未知的反力，需要在后处理中得到。由于主变量上的指定边界条件是齐次的，因此可以删除指定位移对应的行和列(即删除1，2，5行和列)，并解剩余的 U_3、U_4、U_6、U_7、U_8 的五个方程($U_3 = -0.3221\mathrm{in}$，$U_4 = -0.0594\mathrm{in}$，$U_6 = -0.2514\mathrm{in}$，$U_7 = -5.1497\mathrm{in}$，$U_8 = 0.5180\mathrm{in}$，都乘以 10^{-3})。梁的三段区间的挠度的精确解为(经过繁琐的代数运算)

$$w(x) = \begin{cases} -\dfrac{1}{EI}\left(\dfrac{1}{2}a_2 x^2 + \dfrac{1}{6}a_1 x^3 + \dfrac{5}{4}x^4 - \dfrac{1}{192}x^5\right), 0 \leqslant x \leqslant 16 \\ -\dfrac{1}{EI}\left(b_4 + b_3 x + \dfrac{1}{2}b_2 x^2 + \dfrac{1}{6}b_1 x^3 + \dfrac{5}{6}x^4\right), 16 \leqslant x \leqslant 36 \\ -\dfrac{1}{EI}\left(c_4 + c_3 x + \dfrac{1}{2}c_2 x^2 + \dfrac{1}{6}c_1 x^3\right), 36 \leqslant x \leqslant 48 \end{cases}$$

其中($EI = 135 \times 10^6$)

$$a_1 = -\frac{201496}{729}, a_2 = \frac{43504}{81}, b_1 = -\frac{143176}{729}, b_2 = \frac{8944}{81}, b_3 = \frac{5120}{3}$$

$$b_4 = -\frac{16384}{3}, c_1 = -500, c_2 = 24000, c_3 = -\frac{4554592}{9}, c_4 = 6554368$$

通过定义可以确定三个区间中弯矩和剪力的精确解[见式(5.2.33)]。

图5.2.14和图5.2.15对于网格中有三个单元的情况分别显示了广义位移和后处理的广义力的比较。如前所述，挠度及其导数的有限元解在节点处是精确的，节点间的变化也非常好。用式(5.2.37)计算的弯矩和剪力只是近似的，它们的值可以通过进一步将梁细分成更多的单元来改进。表5.2.3将三种不同网格下节点以外点的挠度(w)、斜率(θ_x)和弯矩(M)的有限元解与精确值进行比较(节点处 w 和 θ_x 的有限元解与精确解一致)。

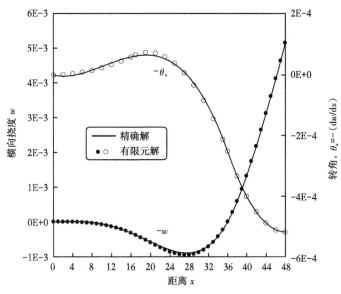

图 5.2.14　例 5.2.3 中梁问题的挠度 w 和斜率 θ_x 的有限元解与精确值的比较

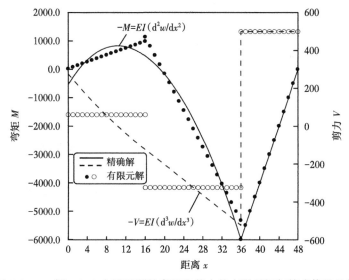

图 5.2.15　例 5.2.3 中梁问题的弯矩和剪力的有限元解与精确值的比较

表 5.2.3　将例 5.2.3 中所考虑的梁问题的有限元解与精确解进行比较

x	N^*	$w \times 10^6$(in)		$-\dfrac{dw}{dx} \times 10^6$		$(M/EI) \times 10^6$	
		FEM	精确解	FEM	精确解	FEM	精确解
	3	81.080		-23.673		-4.604	
10.0	5	54.591	53.580	-28.147	-27.478	-6.036	-6.156
	9	53.697		-27.478		-6.039	

续表

x	N^*	$w\times10^6(\text{in})$		$-\dfrac{\mathrm{d}w}{\mathrm{d}x}\times10^6$		$(M/EI)\times10^6$	
		FEM	精确解	FEM	精确解	FEM	精确解
14.0	3	217.38		−45.669		−6.394	
	5	212.50	211.51	−50.065	−50.729	−4.922	−5.025
	9	211.62		−50.729		−4.920	
18.5	3	490.60		−72.948		−2.442	
	5	480.95	478.78	−66.003	−64.846	−0.590	−0.744
	9	479.02		−64.846		−0.590	
23.5	3	835.92		−55.194		9.543	
	5	783.84	781.67	−48.250	−49.407	7.691	7.537
	9	781.91		−49.407		7.691	
28.5	3	942.66		22.485		21.528	
	5	890.58	888.41	15.540	16.698	19.676	19.522
	9	888.65		16.698		19.676	
42.0	3	−2174.90		451.360		22.222	
	5	−2174.90	−2174.90	451.360	451.360	22.222	22.222
	9	−2174.90		451.360		22.222	

* 网格中单元的数量；$N=3$:$h_1=16,h_2=20,h_3=12$；$N=5$:$h_1=8,h_2=8,h_3=10,h_4=10,h_5=12$；$N=9$:$h_1=h_2=h_3=h_4=4$, $h_5=h_6=h_7=h_8=5,h_9=12$。

例 5.2.4

图 5.2.16 所示的梁在自由端由一根弹性索支撑，其横截面积为 $A_c=10^{-3}\text{m}^2$，模量为 $E_c=210\text{GPa}$。梁长 $L=3\text{m}$，横截面积 $A=2\times10^{-3}\text{m}^2$，模量 $E=210\text{GPa}$，绕弯曲轴转动惯量 $I=5\times10^{-5}\text{m}^4$。垂直载荷 $F=500\text{kN}$ 作用于沿梁 $x=1.5\text{m}$ 处。使用索和梁的 1 单元模型，确定节点 1 处的广义位移 (u_1,w_1,θ_1)。

解答:首先，使用 $f_i=-F\phi_i(L/2)$ 将节点力等效于施加在梁中心的点荷载 F：

$$f_1=-F\left(1-\frac{3}{4}+\frac{1}{4}\right)=-0.5F=-250\times10^3,\quad f_3=F\frac{L}{2}\left(1-\frac{1}{2}\right)^2=187.5\times10^3$$

$$f_3=-F\left(\frac{3}{4}-\frac{1}{4}\right)=-250\times10^3,\quad f_4=F\frac{L}{2}\left(\frac{1}{4}-\frac{1}{2}\right)=-187.5\times10^3$$

令 F_c 表示索中的拉力，其和拉伸量 δ 的关系为

$$F_c=\frac{E_cA_c}{L_c}\delta\equiv k_c\delta,\quad \delta=-(u_1\cos\alpha+w_1\sin\alpha)$$

其中，$L_c=\sqrt{2}L$，(u_1,w_1) 是节点 1 处的轴向和横向位移(式中 $\alpha=45°$)。负号表示位移与假设的方向相反。

节点 1 的水平、垂直力和弯矩用节点位移(u_1, w_1)表示为

$$Q_h = F_c\cos\alpha = k_c\delta\cos\alpha = -\frac{E_cA_c}{L_c}\cos\alpha(u_1\cos\alpha + w_1\sin\alpha)$$

$$= -24.75\times10^6(u_1 + w_1)$$

$$Q_v = F_c\sin\alpha = k_c\delta\sin\alpha = -\frac{E_cA_c}{L_c}\sin\alpha(u_1\cos\alpha + w_1\sin\alpha)$$

$$= -24.75\times10^6(u_1 + w_1)$$

$$Q_m = 0$$

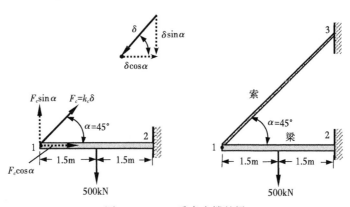

图 5.2.16   一受索支撑的梁

使用 1 单元的有限元方程为(即索单元和梁单元方程的叠加,并注意到第二个节点的广义位移为零)

$$\begin{bmatrix} \dfrac{EA}{L} & 0 & 0 \\[2mm] 0 & \dfrac{12E_eI_e}{L^3} & -\dfrac{6E_eI_e}{L^2} \\[2mm] 0 & -\dfrac{6E_eI_e}{L^2} & \dfrac{4E_eI_e}{L} \end{bmatrix} \begin{Bmatrix} u_1 \\ w_1 \\ \theta_1 \end{Bmatrix} = 10^3\begin{Bmatrix} 0 \\ -250.0 \\ 187.5 \end{Bmatrix} + \begin{Bmatrix} Q_h \\ Q_v \\ Q_m \end{Bmatrix}$$

或[也可以由变形索(或杆)单元和未变形梁单元的方程组合得到同样的方程]

$$10^6\begin{bmatrix} 140.00+24.75 & 24.75 & 0 \\ 24.75 & 4.67+24.75 & -7.00 \\ 0 & -7.00 & 14.00 \end{bmatrix} \begin{Bmatrix} u_1 \\ w_1 \\ \theta_1 \end{Bmatrix} = 10^3\begin{Bmatrix} 0 \\ -250.0 \\ 187.5 \end{Bmatrix}$$

求解上述方程,得$(u_1 = U_1, w_1 = U_2, \theta_2 = U_3)$

$$U_1 = 1.057\times10^{-3}\text{m}, \quad U_2 = -7.039\times10^{-3}\text{m}, \quad U_3 = 9.873\times10^{-3}\text{rad}$$

索的伸长量和拉力为

$$\delta = -(\cos\alpha u_1 + \sin\alpha w_1) = 4.23\times10^{-3}\text{m}, \quad F_c = \frac{E_cA_c}{L_c}\delta = 209.357\text{kN}$$

反力为

$$R_h = -\frac{EA}{L}u_1 = -148.04\text{kN}$$

$$R_v = -f_3 - \frac{12E_eI_e}{L^3}U_1 + \frac{6E_eI_e}{L^2}U_2 = 351.96\text{kN}$$

$$M_2 = -f_4 - \frac{6E_eI_e}{L^2}U_1 + \frac{2E_eI_e}{L}U_2 = 305.89\text{kN} \cdot \text{m}$$

经常会发现带有内部铰链的横梁可以自由旋转。因此,在铰链处不存在任何力矩,两个单元之间的铰链处的旋转不是连续的(即两个单元连接在一个铰链处会有两个不同的转角)。如果消去一个有铰链的节点上的转角变量,单元方程的组装就变得简单了。

考虑长度为等长的梁单元,节点 2 处有铰(但无弹性地基,$k_f = 0$),如图 5.2.17(a)所示。单元方程如式(5.2.25)所示,刚度矩阵如式(5.2.26a)所示:

$$\frac{2E_eI_e}{h_e^3}\begin{bmatrix} 6 & -3h_e & -6 & -3h_e \\ -3h_e & 2h_e^2 & 3h_e & h_e^2 \\ -6 & 3h_e & 6 & 3h_e \\ -3h_e & h_e^2 & 3h_e & 2h_e^2 \end{bmatrix}\begin{Bmatrix} w_1^e \\ \theta_1^e \\ w_2^e \\ \theta_2^e \end{Bmatrix} = \begin{Bmatrix} q_1^e \\ q_2^e \\ q_3^e \\ q_4^e \end{Bmatrix} + \begin{Bmatrix} Q_1^e \\ Q_2^e \\ Q_3^e \\ Q_4^e \end{Bmatrix} \tag{5.2.39}$$

由于铰链处的力矩为零,有 $Q_4^e = 0$。这允许使用式(3.4.57)至式(3.4.61)中讨论的步骤来消去 θ_2^e(节点 2 上的转角)。

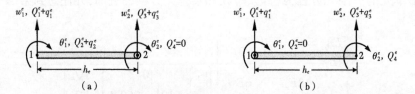

图 5.2.17　(a)节点 2 处有铰的梁单元;(b)节点 1 处有铰的梁单元

比较式(5.2.39)和式(3.4.57),有如下定义:

$$\boldsymbol{K}^{11} = \frac{2E_eI_e}{h_e^3}\begin{bmatrix} 6 & -3h_e & -6 \\ -3h_e & 2h_e^2 & 3h_e \\ -6 & 3h_e & 6 \end{bmatrix}, \boldsymbol{K}^{12} = \frac{2E_eI_e}{h_e^3}\begin{Bmatrix} -3h_e \\ h_e^2 \\ 3h_e \end{Bmatrix} = (\boldsymbol{K}^{21})^{\text{T}}$$

$$\boldsymbol{K}^{22} = \frac{4E_eI_e}{h_e}, \boldsymbol{U}^1 = \begin{Bmatrix} w_1^e \\ \theta_1^e \\ w_2^e \end{Bmatrix}, \boldsymbol{U}^2 = \theta_2^e, \boldsymbol{F}^1 = \begin{Bmatrix} q_1^e \\ q_2^e \\ q_3^e \end{Bmatrix} + \begin{Bmatrix} Q_1^e \\ Q_2^e \\ Q_3^e \end{Bmatrix}$$

将式(3.4.59)的第二个方程中的 $\boldsymbol{U}^2 = \theta_2^e$ 代入到式(3.4.58)的第一个方程,得到 $\hat{\boldsymbol{K}}\boldsymbol{U}^1 = \hat{\boldsymbol{F}}$,其中

$$\hat{K} = K^{11} - K^{12}(K^{22})^{-1}K^{21} = \frac{E_e I_e}{h_e^3}\begin{bmatrix} 12 & -6h_e & -12 \\ -6h_e & 4h_e^2 & 6h_e \\ -12 & 6h_e & 12 \end{bmatrix} - \frac{2E_e I_e}{h_e^3}\begin{Bmatrix} -3h_e \\ h_e^2 \\ 3h_e \end{Bmatrix}\frac{h_e}{4E_e I_e}\frac{2E_e I_e}{h_e^3}\{-3h_e \ \ h_e^2 \ \ 3h_e\}$$

$$= \frac{3E_e I_e}{h_e^3}\begin{bmatrix} 1 & -h_e & -1 \\ -h_e & h_e^2 & h_e \\ -1 & h_e & 1 \end{bmatrix}$$

因此，节点 2 处有铰的梁单元的方程可以写成

$$\frac{3E_e I_e}{h_e^3}\begin{bmatrix} 1 & -h_e & -1 \\ -h_e & h_e^2 & h_e \\ -1 & h_e & 1 \end{bmatrix}\begin{Bmatrix} w_1^e \\ \theta_1^e \\ w_2^e \end{Bmatrix} = \begin{Bmatrix} F_1^e \\ F_2^e \\ F_3^e \end{Bmatrix} \tag{5.2.40}$$

其中，$F_i^e = q_i^e + Q_i^e$。类似地，可以推导出节点 1 处有铰节点的梁单元的单元方程[图 5.2.17(b)]：

$$\frac{3E_e I_e}{h_e^3}\begin{bmatrix} 1 & -1 & -h_e \\ -1 & 1 & h_e \\ -h_e & h_e & h_e^2 \end{bmatrix}\begin{Bmatrix} w_1^e \\ w_2^e \\ \theta_2^e \end{Bmatrix} = \begin{Bmatrix} F_1^e \\ F_3^e \\ F_4^e \end{Bmatrix} \tag{5.2.41}$$

例 5.2.5

考虑图 5.2.18 中的梁。使用 2 单元网格，单元 1 在节点 2 处有铰链，而单元 2 是一般的梁单元。确定节点处的广义位移。

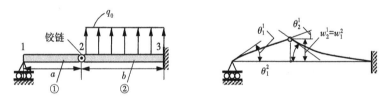

图 5.2.18　带内铰链的组合梁

解答： 组装后的方程为

$$E_e I_e\begin{bmatrix} \dfrac{3}{a^3} & -\dfrac{3}{a^2} & -\dfrac{3}{a^3} & 0 & 0 & 0 \\[2mm] -\dfrac{3}{a^2} & \dfrac{3}{a} & \dfrac{3}{a^2} & 0 & 0 & 0 \\[2mm] -\dfrac{3}{a^3} & \dfrac{3}{a^2} & \dfrac{3}{a^3}+\dfrac{12}{b^3} & -\dfrac{6}{b^2} & -\dfrac{12}{b^3} & -\dfrac{6}{b^2} \\[2mm] 0 & 0 & -\dfrac{6}{b^2} & \dfrac{4}{b} & \dfrac{6}{b^2} & \dfrac{2}{b} \\[2mm] 0 & 0 & -\dfrac{12}{b^3} & \dfrac{6}{b^2} & \dfrac{12}{b^3} & \dfrac{6}{b^2} \\[2mm] 0 & 0 & -\dfrac{6}{b^2} & \dfrac{2}{b} & \dfrac{6}{b^2} & \dfrac{4}{b} \end{bmatrix}\begin{Bmatrix} w_1^1 \\ \theta_1^1 \\ w_2^1=w_1^2 \\ \theta_1^2 \\ w_2^2 \\ \theta_2^2 \end{Bmatrix} = \begin{Bmatrix} Q_1^1 \\ Q_2^1 \\ Q_3^1+Q_1^2=0 \\ Q_2^2=0 \\ Q_3^2 \\ Q_4^2 \end{Bmatrix} + \frac{q_0 b}{12}\begin{Bmatrix} 0 \\ 0 \\ 6 \\ -b \\ 6 \\ b \end{Bmatrix}$$

$$\tag{5.2.42}$$

使用边界条件:

$$w_1^1 = 0, w_2^2 = 0, \theta_2^2 = 0, Q_2^1 = 0$$

得到缩聚方程

$$E_e I_e \begin{bmatrix} \dfrac{3}{a} & \dfrac{3}{a^2} & 0 \\[3mm] \dfrac{3}{a^2} & \dfrac{3}{a^3} + \dfrac{12}{b^3} & -\dfrac{6}{b^2} \\[3mm] 0 & -\dfrac{6}{b^2} & \dfrac{4}{b} \end{bmatrix} \begin{Bmatrix} \theta_1^1 \\[1mm] w_2^1 = w_1^2 \\[1mm] \theta_1^2 \end{Bmatrix} = \dfrac{q_0 b}{12} \begin{Bmatrix} 0 \\ 6 \\ -b \end{Bmatrix} \qquad (5.2.43)$$

相应的解为

$$\theta_1^1 = -\dfrac{q_0 b^4}{8aEI}, w_2^1 = w_1^2 = \dfrac{q_0 b^4}{8E_e I_e}, \theta_2^2 = \dfrac{q_0 b^3}{2E_e I_e}$$

5.3   Timoshenko 梁单元

5.3.1   控制方程

回顾一下, Euler-Bernoulli 梁理论是基于这样的假设:即在弯曲后,平面截面保持平面并且垂直于纵轴。这种假设的结果是横向剪应变为零, $\gamma_{xz} = 2\varepsilon_{xz} = 0$。当不采用垂直假设,即平面截面变形后保持平面但不一定垂直于纵轴时,横向剪应变 γ_{xz} 不为零。用一个独立的函数 $\phi_x(x)$ 来表示绕 y 轴的旋转。对于短厚梁(即长高比小于 20),转角 ϕ_x 不等于斜率 θ_x, $\phi_x \neq \theta_x = -(\mathrm{d}w/\mathrm{d}x)$,且两者的差 $\phi_x - \theta_x = \phi_x + (\mathrm{d}w/\mathrm{d}x)$ 是横向剪应变。基于这种放松假设的梁理论被称为剪切变形梁理论,最常见的是 Timoshenko 梁理论(TBT)。

梁中一点 (x, z) 在三个坐标方向上的位移为

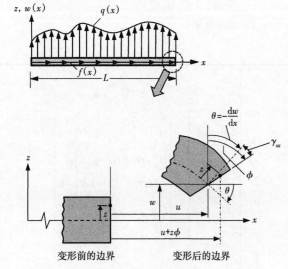

$$u_x = u(x) + z\phi_x(x), u_y = 0, u_z = w(x) \tag{5.3.1}$$

其中, (u, w) 表示位于 x 轴(中心轴)上的点的轴向位移和横向位移,如图 5.3.1 所示。与位移场相关的唯一非零应变是

$$\varepsilon_{xx} = \dfrac{\mathrm{d}u}{\mathrm{d}x} + z\dfrac{\mathrm{d}\phi_x}{\mathrm{d}x}, \gamma_{xz} = 2\varepsilon_{xz} = \phi_x(x) + \dfrac{\mathrm{d}w}{\mathrm{d}x} \tag{5.3.2}$$

TBT 的平衡方程与 EBT 的平衡方程相同,因为平衡方程是考虑梁单元的平衡导出的,如图 5.2.2 所示。同样,可以忽略轴向力的平衡[即式(5.2.7)中的第一个方程],因为它与其余两个方程解耦。有

图 5.3.1   Timoshenko 梁理论的运动学关系
(变形前的法向在变形后不再保持法向)

$$-\frac{\mathrm{d}V}{\mathrm{d}x}+k_f w = q , \quad -\frac{\mathrm{d}M}{\mathrm{d}x}+V = 0 \tag{5.3.3}$$

其中，k_f 是弹性地基的模量(如果有)。TBT 中应力合力 (V,M) 和广义位移 (w,ϕ_x) 与 EBT 中的(式(5.2.33))是不同的。在 TBT 中，有

$$M = \int_A z\sigma_{xx}\mathrm{d}A = EI\frac{\mathrm{d}\phi_x}{\mathrm{d}x}$$

$$V = K_s\int_A \sigma_{xz}\mathrm{d}A = GAK_s\left(\frac{\mathrm{d}w}{\mathrm{d}x}+\phi_x\right) \tag{5.3.4}$$

其中，G 是剪切模量，K_s 是剪切修正系数，引入这一概念是为了解释该理论中恒定的剪应力状态和弹性理论预测的剪应力沿梁厚度呈抛物线变化的差异(见 Reddy[1,2])。其他所有量均与 EBT 中的含义相同。通过式(5.3.4)用挠度 w 和转角 ϕ_x 表示式(5.3.3)中两个平衡方程：

$$-\frac{\mathrm{d}}{\mathrm{d}x}\left[GAK_s\left(\phi_x+\frac{\mathrm{d}w}{\mathrm{d}x}\right)\right]+k_f w = q \tag{5.3.5a}$$

$$-\frac{\mathrm{d}}{\mathrm{d}x}\left(EI\frac{\mathrm{d}\phi_x}{\mathrm{d}x}\right)+GAK_s\left(\phi_x+\frac{\mathrm{d}w}{\mathrm{d}x}\right) = 0 \tag{5.3.5b}$$

当剪应变为零时(即细长梁)，将第二个方程 $\left[GAK_s\left(\phi_x+\dfrac{\mathrm{d}w}{\mathrm{d}x}\right)\right]$ 代入第一个方程，用 $-\mathrm{d}w/\mathrm{d}x$ 代替 ϕ_x，得到了 EBT 的控制方程(5.2.10)。

5.3.2　弱形式

　　在一典型有限元 $\Omega^e = (x_a^e, x_b^e)$ 中，令 w_h^e 和 ϕ_x^e 分别表示 w 和 ϕ_x 的有限元近似。用 w_h^e 和 ϕ_x^e 代替式(5.3.5a)和式(5.3.5b)中的 w 和 ϕ_x 得到两个残值函数。如在例 2.4.3 中所讨论的那样，这两个残值在单元 Ω^e 上的加权积分用于建立弱形式。设 $\{v_{1i}^e\}$，$\{v_{2i}^e\}$ 是两个方程使用的独立权函数集。完成建立弱形式的步骤后，这些函数的物理意义将会很清楚。在三步法的第二步结束时(即分部积分后)，得

$$0 = \int_{x_a^e}^{x_b^e}\left[G_e A_e K_s\frac{\mathrm{d}v_{1i}^e}{\mathrm{d}x}\left(\phi_x^e+\frac{\mathrm{d}w_h^e}{\mathrm{d}x}\right)+k_f v_{1i}^e w_h^e - v_{1i}^e q_e\right]\mathrm{d}x$$

$$-\left[v_{1i}^e G_e A_e K_s\left(\phi_x^e+\frac{\mathrm{d}w_h^e}{\mathrm{d}x}\right)\right]_{x_a^e}^{x_b^e} \tag{5.3.6a}$$

$$0 = \int_{x_a^e}^{x_b^e}\left[E_e I_e\frac{\mathrm{d}v_{2i}^e}{\mathrm{d}x}\frac{\mathrm{d}\phi_x^e}{\mathrm{d}x}+G_e A_e K_s v_{2i}^e\left(\phi_x^e+\frac{\mathrm{d}w_h^e}{\mathrm{d}x}\right)\right]\mathrm{d}x$$

$$-\left[v_{2i}^e E_e I_e\frac{\mathrm{d}\phi_x^e}{\mathrm{d}x}\right]_{x_a^e}^{x_b^e} \tag{5.3.6b}$$

在边界表达式中权函数 v_{1i}^e 和 v_{2i}^e 的系数

$$G_e A_e K_s \left(\phi_x^e + \frac{\mathrm{d}w_h^e}{\mathrm{d}x} \right) \equiv V_h^e , E_e I_e \frac{\mathrm{d}\phi_x^e}{\mathrm{d}x} \equiv M_h^e \qquad (5.3.7)$$

其中,V_h^e 是剪力,M_h^e 是弯矩。因此,(V_h^e, M_h^e) 构成了弱形式的次变量。主、次变量的对偶对分别为

$$(w_h^e, V_h^e) , (\phi_x^e, M_h^e)$$

权函数 v_{1i}^e 和 v_{2i}^e 必须具有物理解释。由于 $v_{1i}^e V_h^e$ 和 $v_{2i}^e M_h^e$ 的单位均为功单位,因此,v_{1i}^e 必须等价于横向挠度 w_h^e,v_{2i}^e 必须等价于转角函数 ϕ_x^e。在建立弱形 Galerkin 有限元模型时,这种解释有助于确定适当的 v_{1i}^e 和 v_{2i}^e 函数。更具体地说,为了得到每个集合的第 i 个方程,v_{1i}^e 将被替换为用来表示 w_h^e 的近似值集合的第 i 个函数,v_{2i}^e 将被替换为用来表示 ϕ_x^e 的近似值集合的第 i 个函数。

使用下列方程来表示单元端点处的剪力和弯矩[见式(5.2.12)]:

$$Q_1^e \equiv -\left[G_e A_e K_s \left(\phi_x^e + \frac{\mathrm{d}w_h^e}{\mathrm{d}x} \right) \right] \Big|_{x_a^e} = -V_h^e(x_a^e)$$

$$Q_2^e \equiv -\left[E_e I_e \frac{\mathrm{d}\phi_x^e}{\mathrm{d}x} \right]_{x_a^e} = -M_h^e(x_a^e)$$

$$Q_3^e \equiv \left[G_e A_e K_s \left(\phi_x^e + \frac{\mathrm{d}w_h^e}{\mathrm{d}x} \right) \right] \Big|_{x_b^e} = V_h^e(x_b^e) \qquad (5.3.8)$$

$$Q_4^e \equiv \left[E_e I_e \frac{\mathrm{d}\phi_x^e}{\mathrm{d}x} \right]_{x_b^e} = M_h^e(x_b^e)$$

注意到 Q_i^e 与 EBT 中的具有相同的意义。

将式(5.3.8)的定义代入式(5.3.6a)和式(5.3.6b),得到弱形式:

$$0 = \int_{x_a^e}^{x_b^e} \left[G_e A_e K_s \frac{\mathrm{d}v_{1i}^e}{\mathrm{d}x} \left(\phi_x^e + \frac{\mathrm{d}w_h^e}{\mathrm{d}x} \right) + k_f^e v_{1i}^e w_h^e - v_{1i}^e q_e \right] \mathrm{d}x$$
$$- v_{1i}^e(x_a^e) Q_1^e - v_{1i}^e(x_b^e) Q_3^e \qquad (5.3.9a)$$

$$0 = \int_{x_a^e}^{x_b^e} \left[E_e I_e \frac{\mathrm{d}v_{2i}^e}{\mathrm{d}x} \frac{\mathrm{d}\phi_x^e}{\mathrm{d}x} + G_e A_e K_s v_{2i}^e \left(\phi_x^e + \frac{\mathrm{d}w_h^e}{\mathrm{d}x} \right) \right] \mathrm{d}x$$
$$- v_{2i}^e(x_a^e) Q_2^e - v_{2i}^e(x_b^e) Q_4^e \qquad (5.3.9b)$$

式(5.3.9a)和式(5.3.9b)等价于 TBT 中的虚位移原理表述。

在弱形式不止一个的情况下,确定双线性形式和线性形式是不容易的。在这种情况下,双线性形式的每个元素是一对 $\boldsymbol{v}_i^e = (v_{1i}^e, v_{2i}^e)$,$\boldsymbol{u}_h^e = (w_h^e, \phi_x^e)$。双线性形式是包含所有 4 个元素 $(w_h^e, \phi_x^e, v_{1i}^e, v_{2i}^e)$ 的,而线性形式只包含 (v_{1i}^e, v_{2i}^e):

$$B(\boldsymbol{v}_i^e, \boldsymbol{u}_h^e) = \int_{x_a^e}^{x_b^e} \left[GAK_s \left(\frac{\mathrm{d}v_{1i}^e}{\mathrm{d}x} + v_{2i}^e \right) \left(\phi_x^e + \frac{\mathrm{d}w_h^e}{\mathrm{d}x} \right) + E_e I_e \frac{\mathrm{d}v_{2i}^e}{\mathrm{d}x} \frac{\mathrm{d}\phi_x^e}{\mathrm{d}x} + k_f^e v_{1i}^e w_h^e \right] \mathrm{d}x \qquad (5.3.10a)$$

$$l(\boldsymbol{v}_i^e) = \int_{x_a^e}^{x_b^e} v_{1i}^e q_e \mathrm{d}x + v_{1i}^e(x_a^e)Q_1^e + v_{2i}^e(x_a^e)Q_2^e + v_{1i}^e(x_b^e)Q_3^e + v_{2i}^e(x_b^e)Q_4^e \tag{5.3.10b}$$

显然，$B(\boldsymbol{v}_i^e,\boldsymbol{u}_h^e)$ 关于 $\boldsymbol{v}_i^e$ 和 $\boldsymbol{u}_h^e$ 是双线性且对称的，$l(\boldsymbol{v}_i^e)$ 关于 $\boldsymbol{v}_i^e$ 是线性的。则单一 TBT 有限单元的二次泛函，即总势能泛函，可由式(2.4.25)［见式(2.4.44)］得：

$$\Pi_e(\boldsymbol{u}_h^e) = \int_{x_a^e}^{x_b^e}\left[\frac{E_eI_e}{2}\left(\frac{\mathrm{d}\phi_x^e}{\mathrm{d}x}\right)^2 + \frac{G_eA_eK_s}{2}\left(\frac{\mathrm{d}w_h^e}{\mathrm{d}x}+\phi_x^e\right)^2 + \frac{1}{2}k_f^e(w_h^e)^2\right]\mathrm{d}x$$

$$- \int_{x_a^e}^{x_b^e} w_h^e q_e \mathrm{d}x - w_h^e(x_a^e)Q_1^e - \phi_x^e(x_a^e)Q_2^e - w_h^e(x_b^e)Q_3^e - \phi_x^e(x_b^e)Q_4^e \tag{5.3.11}$$

方括号中的第一项代表由于弯曲产生的弹性应变能量，第二项代表了由于横向剪切变形产生的弹性能量，第三项是弹性地基中存储的应变能，第四项是分布载荷所做的功；其余的项的解释为广义力 Q_i^e 通过它们各自的广义位移 w_h^e,ϕ_x^e 所做的功。注意到，弱形式只包含广义位移 (w_h^e,ϕ_x^e) 的一阶导数，并且边界条件只涉及 w_h^e 和 ϕ_x^e 的指定，而不用指定它们的导数。

5.3.3 一般有限元模型

从弱形式(5.3.9a)和(5.3.9b)的每项中可以看出，只出现了 w_h^e 和 ϕ_x^e 的一阶导数，因此至少需要 w_h^e 和 ϕ_x^e 的线性逼近。此外，由于主变量列表只包含函数 w_h^e 和 ϕ_x^e，而不包含它们的导数，因此 w_h^e 和 ϕ_x^e 的 Lagrange 插值是允许的。因此，第 3 章推导的 Lagrange 插值函数是可以使用的。一般来说，w_h^e 和 ϕ_x^e 可以用不同阶次的多项式进行插值。事实上，剪应变的定义 $\gamma_{xz}^e = \phi_x^e + \mathrm{d}w_h^e/\mathrm{d}x$ 表明，用来表示 w_h 的多项式应该比 ϕ_x^e 的高一个阶次。

在单元 $\Omega^e = (x_a^e, x_b^e)$ 上考虑 w 和 ϕ 的 Lagrange 近似：

$$w \approx w_h^e = \sum_{j=1}^m w_j^e \psi_j^{(1)}, \quad \phi_x \approx \phi_x^e = \sum_{j=1}^n S_j^e \psi_j^{(2)} \tag{5.3.12}$$

其中，$\psi_j^{(1)}$ 和 $\psi_j^{(2)}$ 分别是 $m-1$ 和 $n-1$ 阶 Lagrange 插值函数。从上面的讨论来看，建议使用 $m = n+1$ 来表示变量 w 和 ϕ_x。

将式(5.3.12)和 $v_{1i}^e = \psi_i^{(1)}$，$v_{2i}^e = \psi_i^{(2)}$ 代入弱形式式(5.3.9a)和式(5.3.9b)，得到 TBT 单元的有限元方程：

$$0 = \sum_{j=1}^m K_{ij}^{11}w_j^e + \sum_{j=1}^n K_{ij}^{12}S_j^e - F_i^1 (i=1,2,\cdots,m)$$

$$0 = \sum_{j=1}^m K_{ij}^{21}w_j^e + \sum_{j=1}^n K_{ij}^{22}S_j^e - F_i^2 (i=1,2,\cdots,m) \tag{5.3.13}$$

其中

$$K_{ij}^{11} = \int_{x_a^e}^{x_b^e}\left(G_eA_eK_s\frac{\mathrm{d}\psi_i^{(1)}}{\mathrm{d}x}\frac{\mathrm{d}\psi_j^{(1)}}{\mathrm{d}x} + k_f^e\psi_i^{(1)}\psi_j^{(1)}\right)\mathrm{d}x$$

$$K_{ij}^{12} = \int_{x_a^e}^{x_b^e}\left(G_eA_eK_s\frac{\mathrm{d}\psi_i^{(1)}}{\mathrm{d}x}\psi_j^{(2)}\right)\mathrm{d}x = K_{ji}^{21}\left[\text{即 }\boldsymbol{K}^{21} = (\boldsymbol{K}^{12})^{\mathrm{T}}\right]$$

$$K_{ij}^{22} = \int_{x_a^e}^{x_b^e}\left(E_eI_e\frac{\mathrm{d}\psi_i^{(2)}}{\mathrm{d}x}\frac{\mathrm{d}\psi_j^{(2)}}{\mathrm{d}x} + G_eA_eK_s\psi_i^{(2)}\psi_j^{(2)}\right)\mathrm{d}x$$

$$F_i^1 = \int_{x_a^e}^{x_b^e}q_e\psi^{(1)}\mathrm{d}x + Q_{2i-1}, \quad F_i^2 = Q_{2i}$$

(5.3.14)

为了简洁起见,省略了系数上的单元标记 e。式(5.3.14)可以写成矩阵形式

$$\begin{bmatrix} \boldsymbol{K}^{11} & \boldsymbol{K}^{12} \\ \boldsymbol{K}^{21} & \boldsymbol{K}^{22} \end{bmatrix}^e \begin{Bmatrix} \boldsymbol{w} \\ \boldsymbol{S} \end{Bmatrix}^e = \begin{Bmatrix} \boldsymbol{F}^1 \\ \boldsymbol{F}^2 \end{Bmatrix}^e \text{ 或 } \boldsymbol{K}^e \boldsymbol{U}^e = \boldsymbol{F}^e \qquad (5.3.15)$$

式(5.3.15)中的有限元模型[其系数为式(5.3.14)]是 TBT 最一般的位移有限元模型。除非消除与内部节点相关的自由度,否则刚度矩阵的大小为$(m+n) \times (m+n)$。它可以用来获得一些具体的有限元模型,如下面讨论的。

5.3.4 剪切闭锁和减缩积分

当式(5.3.12)中 $m=n=2$,即 w 和 ϕ_x 都使用线性插值(见图5.3.2),w_h^e 的导数为

$$\frac{\mathrm{d}w_h^e}{\mathrm{d}x} = \frac{w_2^e - w_1^e}{h_e}$$

其在单元内是常数。对于薄梁,横向剪切变形可以忽略,意味着 $\phi_h^e \to \mathrm{d}w_h^e/\mathrm{d}x$,其要求

$$S_1^e \left(1 - \frac{\bar{x}}{h_e}\right) + S_2^e \left(\frac{\bar{x}}{h_e}\right) = -\frac{w_2^e - w_1^e}{h_e}$$

或者,等价于(通过等式两边的系数相等可得)

$$S_1^e = -\frac{w_2^e - w_1^e}{h_e}, S_2^e - S_1^e = 0 \qquad (5.3.16)$$

这意味着 $\phi_h^e(x)$ 是常数。然而,$\phi_h^e(x)$ 为常数是不允许的,因为单元的弯曲能量

$$\int_{x_a^e}^{x_b^e} \frac{E_e I_e}{2} \left(\frac{\mathrm{d}\phi_x^e}{\mathrm{d}x}\right)^2 \mathrm{d}x \qquad (5.3.17)$$

将为零。因此,在薄梁范围内,该单元没有任何机制可以退化成 Euler-Bernoulli 梁单元(即 $\phi_h^e \to -\mathrm{d}w_h^e/\mathrm{d}x$)。这个数值问题在有限元文献中称为剪切闭锁。

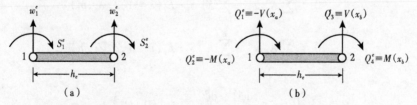

图5.3.2 w 和 ϕ 均使用线性近似的 Timoshenko 梁单元。(a)广义位移;(b)广义力

为了解决剪切闭锁,文献中提供了两种方法:

(1)一致插值。采用保证 $\mathrm{d}w^e h/\mathrm{d}x$ 和 ϕ_h^e 具有同样的多项式阶次的近似(即 $m=n+1$)。因此,采用 w^e 的二阶近似和 ϕ_x^e 的一阶近似,或者 w^e 的三次近似和 ϕ_x^e 的二阶近似是可能的。

(2)减缩积分。使用同样阶次的多项式来近似 w_h^e 和 ϕ_h^e(即 $m=n$),且对由式(5.3.11)中的横向剪应变引起的能量进行数值积分(数值积分将在第9章中进行介绍)。当 $G_e A_e K_s$ 是一

个常数,表达式

$$\frac{G_e A_e K_s}{2} \int_{x_a}^{x_b} \left(\frac{\mathrm{d}w_h^e}{\mathrm{d}x} + \phi_h^e\right)^2 \mathrm{d}x = \frac{G_e A_e K_s}{2} \int_0^{h_e} \left(\frac{\mathrm{d}w_h^e}{\mathrm{d}\bar{x}} + \phi_h^e\right)^2 \mathrm{d}\bar{x} \tag{5.3.18}$$

是通过使用将 ϕ_h^e 和 $\dfrac{\mathrm{d}w_h^e}{\mathrm{d}x}$ 认为具有一样阶次的多项式的数值积分规则来计算的。因此,如果 w_h^e

和 ϕ_h^e 均使用线性多项式近似(即 $m = n = 2$),则 $\dfrac{\mathrm{d}w_h^e}{\mathrm{d}x}$ 是常数,ϕ_h^e 是线性的。在计算与式

(5.3.18)中的剪切能量相关的刚度项时,必须使用一点积分。注意,在这种情况下,一点积分

足以精确计算 $\left(\dfrac{\mathrm{d}w_h^e}{\mathrm{d}x}\right)^2$,而不是 $(\phi_h^e)^2$(因为它是二次多项式)。因此,使用一点积分等于对被积

项进行不完全积分。这就是所谓的减缩积分技术。对 $m = n = 3$ 进行类似的讨论,可以得出式

(5.3.18)中应使用两点积分的结论。

为说明目的,对表达式进行详细解释:

$$\frac{G_e A_e K_s}{2} \int_0^{h_e} \left(\frac{\mathrm{d}w_h^e}{\mathrm{d}\bar{x}} + \phi_h^e\right)^2 \mathrm{d}\bar{x} \approx \frac{G_e A_e K_s}{2}\left[\left.\left(\frac{\mathrm{d}w_h^e}{\mathrm{d}\bar{x}} + \phi_h^e\right)^2\right|_{\bar{x}=h_e/2}\right] h_e$$

其中,$\bar{x} = \dfrac{1}{2}h_e$ 是单元的中点,h_e 是单元的长度。将式(5.3.12)代入到上述表达式($m = n = 2$),

并要求其为零(对于薄梁),有

$$\left.\frac{G_e A_e K_s}{2}\left[\frac{w_2^e - w_1^e}{h_e} + S_1^e\left(1 - \frac{\bar{x}}{h_e}\right) + S_2^e\left(\frac{\bar{x}}{h_e}\right)\right]^2\right|_{\bar{x}=h_e/2} = 0$$

或

$$\frac{w_1^e - w_2^e}{h_e} = \frac{S_1^e + S_2^e}{2} \tag{5.3.19}$$

该要求弱于式(5.3.16);即如果式(5.3.16)成立,则式(5.3.19)也成立,但式(5.3.19)并不

意味着式(5.3.16)成立。注意到,式(5.3.16)或式(5.3.19)只适用于可以忽略式(5.3.18)

中的横向剪切能量的问题。

5.3.5 一致插值单元(CIE)

考虑 w_h^e 和 ϕ_x^e 分别被近似为一个二次多项式和一个线性多项式的情况。也就是说,式

(5.3.12)中的 $\psi_i^{(1)}$ 和 $\psi_i^{(2)}$ 分别为二次和线性的。在薄梁中剪应变

$$\gamma_{xz}^e = \phi_x^e + \frac{\mathrm{d}w_h^e}{\mathrm{d}\bar{x}}$$

$$= S_1^e\left(1 - \frac{\bar{x}}{h}\right) + S_2^e\frac{\bar{x}}{h} + \frac{w_1^e}{h}\left(-3 + 4\frac{\bar{x}}{h}\right) + \frac{4w_2^e}{h}\left(1 - 2\frac{\bar{x}}{h}\right) - \frac{w_3^e}{h}\left(1 - 4\frac{\bar{x}}{h}\right)$$

必须为零,则要求

$$S_1^e + \frac{1}{h}(-3w_1^e + 4w_2^e - w_3^e) = 0, \quad -S_1^e + S_2^e + \frac{4}{h}(w_1^e - 2w_2^e + w_3^e) = 0$$

上述不是不一致关系。因此,没有剪切闭锁发生。对于这种插值,K^{11} 是 3×3,K^{12} 是 3×2,K^{22} 是 2×2[见式(5.3.15)]。当 $E_e I_e$ 和 GAK_s 是常数,矩阵的显式形式为(注意一些矩阵系数直接由第 3 章得到)

$$K^{11} = \frac{G_e A_e K_s}{3h_e} \begin{bmatrix} 7 & -8 & 1 \\ -8 & 16 & -8 \\ 1 & -8 & 7 \end{bmatrix} + \frac{k_f^e h_e}{30} \begin{bmatrix} 4 & 2 & -1 \\ 2 & 16 & 2 \\ -1 & 2 & 4 \end{bmatrix}$$

$$K^{12} = \frac{G_e A_e K_s}{6} \begin{bmatrix} -5 & -1 \\ 4 & -4 \\ 1 & 5 \end{bmatrix} = (K^{21})^{\mathrm{T}} \tag{5.3.20}$$

$$K^{22} = \frac{G_e A_e K_s h_e}{6} \begin{bmatrix} 2 & 1 \\ 1 & 2 \end{bmatrix} + \frac{E_e I_e}{h_e} \begin{bmatrix} 1 & -1 \\ -1 & 1 \end{bmatrix}$$

当没有弹性地基 $k_f^e = 0$ 时,对于采用这种插值,式(5.3.15)中的有限元方程具有如下形式:

$$\frac{G_e A_e K_s}{6h_e} \begin{pmatrix} 14 & -16 & 2 & -5h_e & -h_e \\ -16 & 32 & -16 & 4h_e & -4h_e \\ 2 & -16 & 14 & h_e & 5h_e \\ -5h_e & 4h_e & h_e & 2h_e^2 \lambda_e & h_e^2 \gamma_e \\ -h_e & -4h_e & 5h_e & h_e^2 \gamma_e & 2h_e^2 \lambda_e \end{pmatrix} \begin{Bmatrix} w_1^e \\ w_2^e \\ w_3^e \\ S_1^e \\ S_2^e \end{Bmatrix} = \begin{Bmatrix} q_1^e \\ q_c^e \\ q_2^e \\ 0 \\ 0 \end{Bmatrix} + \begin{Bmatrix} Q_1^e \\ \hat{Q}_c^e \\ Q_3^e \\ Q_2^e \\ Q_4^e \end{Bmatrix} \tag{5.3.21a}$$

$$\mu_e = \frac{E_e I_e}{G_e A_e K_s h_e^2}, \lambda_e = 1 + 3\mu_e, \gamma_e = 1 - 6\mu_e \tag{5.3.21b}$$

其中,$(Q_1^e, Q_2^e, Q_3^e, Q_4^e)$ 是定义在式(5.3.7)中的广义力,w_c^e 和 $\hat{Q}_c^e$ 分别是二次单元中间节点的挠度和外部作用载荷,且

$$q_i^e = \int_{x_a}^{x_b} \psi_i^{(1)} q_e \mathrm{d}x, (i = 1, 2, 3), \psi_i^{(1)} = 二次式 \tag{5.3.22}$$

该单元被称为为 CIE 单元,如图 5.3.3 所示。

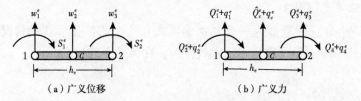

(a)广义位移   (b)广义力

图 5.3.3   一致插值 Timoshenko 梁单元 CIE(a)广义位移(b)广义力

注意,该单元的中心节点 c 不与其他单元相连,该节点唯一的自由度为横向挠度 w_c^e。可以通过用自由度 $(w_1^e, w_2^e, S_1^e, S_2^e)$ 来表示 w_c^e 和已知载荷 $(q_c^e, \hat{Q}_c^e)$ 来消去 w_c^e(即使用静态缩聚步骤):

$$w_c^e = \frac{6h_e}{32G_e A_e K_s} (q_c^e + \hat{Q}_c^e) + \left(\frac{w_1^e + w_2^e}{2} \right) + h_e \left(\frac{S_2^e - S_1^e}{8} \right) \tag{5.3.23}$$

将式(5.3.23)中的 w_c^e 代入到式(5.3.21a)剩余的方程中,并重新排列节点变量和方程(保持对称),得

$$
\left(\frac{E_eI_e}{6\mu_eh_e^3}\right)\begin{bmatrix} 6 & -3h_e & -6 & -3h_e \\ -3h_e & h_e^2(1.5+6\mu_e) & 3h_e & h_e^2(1.5-6\mu_e) \\ -6 & 3h_e & 6 & 3h_e \\ -3h_e & h_e^2(1.5-6\mu_e) & 3h_e & h_e^2(1.5+6\mu_e) \end{bmatrix}\begin{Bmatrix} w_1^e \\ S_1^e \\ w_2^e \\ S_2^e \end{Bmatrix} = \begin{Bmatrix} q_1^e+\dfrac{1}{2}\hat{q}_c^e \\ -\dfrac{1}{8}\hat{q}_c^eh_e \\ q_2^e+\dfrac{1}{2}\hat{q}_c^e \\ \dfrac{1}{8}\hat{q}_c^eh_e \end{Bmatrix} + \begin{Bmatrix} Q_1^e \\ Q_2^e \\ Q_3^e \\ Q_4^e \end{Bmatrix} \tag{5.3.24}
$$

其中,$\hat{q}_c^e=q_c^e+\hat{Q}_c^e$。为了简单性,但又不失一般性,将假设 $\hat{Q}_c^e=0$(即在单元的中心没有施加外力),因此 $\hat{q}_c^e=q_c^e$。注意,载荷向量与 Euler-Bernoulli 梁单元的相似[见式 (5.2.24b)]。事实上,对于大小为 q_0 的均匀载荷,有 $q_1^e=q_2^e=q_0h_e/6$ 和 $q_c^e=4q_0h_e/6$,式(5.3.24)中 q_0 引起的载荷向量与式 (5.2.26b)中的是相同的(当然,一般情况下不是这样)。因此,CIE 的所有分析步骤与图 5.3.2 所示通过式(5.3.24)给出的单元方程完全相同。然而,我们必须记住,w 和 q_i^e 是由二次插值函数决定的。

下一个 CIE 是使用 $w(x)$ 的 Lagrange 三次插值和 $\phi_x(x)$ 的 Lagrange 二次插值。如图 5.3.4 所示,单元的刚度矩阵为 7×7 矩阵,且具有 7 个自由度($w_1^e,w_2^e,w_3^e,w_4^e,S_1^e,S_2^e,S_3^e$)。消去内部自由度将得到一个 4×4 矩阵。这里不再进一步讨论该单元。

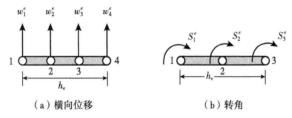

（a）横向位移　　　　　　　　（b）转角

图 5.3.4　一致插值 Timoshenko 梁单元。(a)三次插值的横向挠度 w;(b)二次插值的转角 ϕ_x

5.3.6　减缩积分单元(RIE)

当 $w_h^e(x)$ 和 $\phi_x^e(x)$ 使用相同的插值($m=n$),式(5.3.15)中的所有子矩阵具有一样的阶次:$n\times n$,其中 n 是多项式的项数(或 $n-1$ 是插值阶次)。对单元系数矩阵 K_{ij}^{11},K_{ij}^{12} 以及 K_{ij}^{22} 的第一部分进行精确计算。而 K_{ij}^{22} 的第二部分采用减缩积分计算。如果选择线性插值函数,以及 E_eI_e 和 GAK_s 在单元内是常数,在这种情况下,式(5.3.15)中的矩阵有如下显式表达(当 $k_f^e=0$ 时):

$$
\boldsymbol{K}^{11}=\frac{G_eA_eK_s}{h_e}\begin{bmatrix} 1 & -1 \\ -1 & 1 \end{bmatrix},\boldsymbol{K}^{12}=\frac{G_eA_eK_s}{2}\begin{bmatrix} -1 & -1 \\ 1 & 1 \end{bmatrix} \tag{5.3.25a}
$$

$$
\boldsymbol{K}^{22}=\frac{E_eI_e}{h_e}\begin{bmatrix} 1 & -1 \\ -1 & 1 \end{bmatrix}+\frac{G_eA_eK_sh_e}{2}\begin{bmatrix} 1 & 1 \\ 1 & 1 \end{bmatrix}
$$

其中,使用一点积分来计算 K^{22} 的第二部分。注意当 $E_e I_e$ 和 GAK_s 是常数,K^{11},K^{12} 和 K^{22} 的第一部分使用一点积分可以精确计算,因为这些系数的积分是常数。因此,对 $K^{\alpha\beta}$ 使用一点积分满足所有要求。所得到的梁单元称为减缩积分单元(RIE)。利用式(5.3.25a)得到的 $K^{\alpha\beta}$ 表示式(5.3.15)并重新排列节点向量,得

$$\frac{G_e A_e K_s}{4h_e} \begin{bmatrix} 4 & -2h_e & -4 & -2h_e \\ -2h_e & h_e^2(1+4\mu_e) & 2h_e & h_2^2(1-4\mu_e) \\ -4 & 2h_e & 4 & 2h_e \\ -2h_e & h_e^2(1-4\mu_e) & 2h_e & h_e^2(1+4\mu_e) \end{bmatrix} \begin{Bmatrix} w_1^e \\ S_1^e \\ w_2^e \\ S_2^e \end{Bmatrix} = \begin{Bmatrix} q_1^e \\ 0 \\ q_2^e \\ 0 \end{Bmatrix} + \begin{Bmatrix} Q_1^e \\ Q_2^e \\ Q_3^e \\ Q_4^e \end{Bmatrix} \quad (5.3.25b)$$

其中

$$\mu_e = E_e I_e / G_e A_e K_s h_e^2 \quad (5.3.25c)$$

与式(5.3.24)相似,可以将 RIE 单元的单元方程写成

$$\frac{E_e I_e}{6\mu_e h_e^3} \begin{bmatrix} 6 & -3h_e & -6 & -3h_e \\ -3h_e & h_e^2(1.5+6\mu_e) & 3h_e & h_e^2(1.5-6\mu_e) \\ -6 & 3h_e & 6 & 3h_e \\ -3h_e & h_e^2(1.5-6\mu_e) & 3h_e & h_e^2(1.5+6\mu_e) \end{bmatrix} \begin{Bmatrix} w_1^e \\ S_1^e \\ w_2^e \\ S_2^e \end{Bmatrix} = \begin{Bmatrix} q_1^e \\ 0 \\ q_2^e \\ 0 \end{Bmatrix} + \begin{Bmatrix} Q_1^e \\ Q_2^e \\ Q_3^e \\ Q_4^e \end{Bmatrix} \quad (5.3.26a)$$

$$q_i^e = \int_0^{h_e} \psi_i^e q_e \mathrm{d}\bar{x}, i=1,2 (\psi_i^e \text{ 是线性的}) \quad (5.3.26b)$$

$$\mu_e = \frac{E_e I_e}{G_e A_e K_s h_e^2} \quad (5.3.26c)$$

有趣的是,线性 RIE 的式(5.3.26a)中的单元刚度矩阵与通过使用 w 的二次近似和 ϕ_x 的线性近似得到的 CIE 的单元刚度矩阵[式(5.3.24)]是相同的。唯一的区别是载荷的表示。在 CIE 中,载荷向量与 Euler-Bernoulli 梁理论相似(但一般不相同),而在 RIE 中,它是基于式(5.3.26c),只对力的自由度有贡献,而不是弯矩。

与 Euler-Bernoulli 梁有限元不同,只有某些类型的 TBT 单元在节点处产生精确的广义位移和力。RIE 和 CIE 两者都没有给出精确的节点值,因为由式(5.3.5a)和式(5.3.5b)给出的 w 和 ϕ_x 的精确齐次解分别为三次和二次的。

5.3.7 数值算例

在这里,考虑几个例子来说明本节中建立的各种 Timoshenko 梁单元的准确性。一般情况下,计算结果的准确性随单元数目的增加而增加。为了获得一个合理的精确的解,需要在任何梁问题的每个跨度中使用 4 个或更多的 RIE 或 CIE 单元(见[3,4])。

例 5.3.1

考虑一简支矩形截面长度 L 的梁,受到(1)均匀 $q=q_0$ 和(2)线性变化:$0 \leqslant x \leqslant L/2$, $q = 2q_0 x/L$; $L/2 \leqslant x \leqslant L$, $q = 2q_0(1-x/L)$(金字塔载荷)横向载荷的作用。使用以下数据:

$$\nu = 0.25, K_s = \frac{5}{6}, I = \frac{bH^3}{12}, A = bH \quad (1)$$

以及两种不同长高比的梁,$L/H=10$,$L/H=100$,基于本章讨论的 TBT 梁有限元单元和 EBT 单元,使用半梁模型确定有限元解(以无量纲形式)。

解答:(1) 一个 RIE 单元在半梁($h=0.5L$)和均布荷载(UDL)q_0 作用下,有

$$\frac{EI}{6\mu h^3}\begin{bmatrix} 6 & -3h & -6 & -3h \\ -3h & h^2(1.5+6\mu) & 3h & h^2(1.5-6\mu) \\ -6 & 3h & 6 & 3h \\ -3h & h^2(1.5-6\mu) & 3h & h^2(1.5+6\mu) \end{bmatrix}\begin{Bmatrix} U_1 \\ U_2 \\ U_3 \\ U_4 \end{Bmatrix} = \frac{q_0 h}{2}\begin{Bmatrix} 1 \\ 0 \\ 1 \\ 0 \end{Bmatrix} + \begin{Bmatrix} Q_1 \\ Q_2 \\ Q_3 \\ Q_4 \end{Bmatrix}$$

其中,$\mu = EI/(GAK_s h^2) = (H/h^2)/4 = (H/L)^2$。边界条件要求 $w(0) = U_1 = 0$,$(\mathrm{d}w/\mathrm{d}x)(h) = U_4 = 0$,$Q_2 = Q_3 = 0$。因此,缩聚方程为

$$\frac{EI}{6\mu h^3}\begin{bmatrix} h^2(1.5+6\mu) & 3h \\ 3h & 6 \end{bmatrix}\begin{Bmatrix} U_2 \\ U_3 \end{Bmatrix} = \frac{q_0 h}{2}\begin{Bmatrix} 0 \\ 1 \end{Bmatrix}$$

因此,在半梁中使用一个 RIE 单元给出了 TBT 的解:

$$U_2 = -\frac{3q_0 h^3}{EbH^3} = -\frac{3}{8}\alpha, \quad U_3 = (1.5+6\mu)\frac{q_0 h^4}{EbH^3} = \left(\frac{1.5}{16} + \frac{3}{8}\mu\right)\alpha, \quad \alpha = \frac{q_0 L^3}{EbH^3}$$

对于在半梁中均布荷载作用下的 EBT 单元,未知广义位移的缩聚方程为

$$\frac{2EI}{h^3}\begin{bmatrix} 2h^2 & 3h \\ 3h & 6 \end{bmatrix}\begin{Bmatrix} U_2 \\ U_3 \end{Bmatrix} = \frac{q_0 h}{12}\begin{Bmatrix} -h \\ 6 \end{Bmatrix}$$

使用 Euler–Bernoulli 单元(EBE)给出了 EBT 解:

$$U_2 = -\frac{4q_0 h^3}{EbH^3} = -\frac{1}{2}\alpha, \quad U_3 = \frac{5q_0 h^4}{2EbH^3} = \frac{5}{32}\alpha L, \quad \alpha = \frac{q_0 L^3}{EbH^3}$$

(2) 对线性变化载荷,RIE、EBE、CIE 的载荷向量为

$$\{q\}^{\mathrm{RIE}} = \frac{q_0 h}{6}\begin{Bmatrix} 1 \\ 0 \\ 2 \\ 0 \end{Bmatrix}, \quad \{q\}^{\mathrm{CIE}} = \frac{q_0 h}{24}\begin{Bmatrix} 4 \\ -h \\ 8 \\ h \end{Bmatrix}, \quad \{q\}^{\mathrm{EBE}} = \frac{q_0 h}{60}\begin{Bmatrix} 9 \\ -2h \\ 21 \\ 3h \end{Bmatrix}$$

且一单元解为

$$\begin{Bmatrix} U_2 \\ U_3 \end{Bmatrix}^{\mathrm{RIE}} = \alpha\begin{Bmatrix} -\dfrac{1}{4} \\ \dfrac{L}{24}(1.5+6\mu) \end{Bmatrix}, \quad \begin{Bmatrix} U_2 \\ U_3 \end{Bmatrix}^{\mathrm{CIE}} = \alpha\begin{Bmatrix} -\dfrac{5}{16} \\ \dfrac{L}{64}(5+16\mu) \end{Bmatrix}, \quad \begin{Bmatrix} U_2 \\ U_3 \end{Bmatrix}^{\mathrm{EBE}} = \alpha\begin{Bmatrix} -\dfrac{5}{16} \\ \dfrac{L}{10} \end{Bmatrix}$$

表 5.3.1 给出了两种不同荷载(即均匀载荷和正弦载荷)作用下在半梁中采用 2、4、8 单元计算得到的有限元解与精确解的比较。

表 5.3.1 简支各向同性梁最大挠度和转角的有限元解与精确解的比较(N =在半梁中使用的单元数)

单元		$w(L/2) \times (EbH^3/q_0L^4)$			$-\phi_x(0) \times (EbH^3/q_0L^3)$		
		$N=2$	$N=4$	$N=8$	$N=2$	$N=4$	$N=8$
均布载荷 ($L/H=10$)	RIE	0.14438	0.15609	0.15902	0.46875	0.49219	0.49805
	CIE	0.15219	0.15805	0.15951	0.50000	0.50000	0.50000
	EBE(精确的)	0.15625	0.15625	0.15625	0.50000	0.50000	0.50000
均布载荷 ($L/H=100$)	RIE	0.14066	0.15238	0.15531	0.46875	0.49219	0.49805
	CIE	0.14848	0.15433	0.15580	0.50000	0.50000	0.50000
	EBE(精确的)	0.15625	0.15625	0.15625	0.50000	0.50000	0.50000
金字塔载荷 ($L/H=10$)	RIE	0.09234	0.09991	0.10185	0.29688	0.30859	0.31152
	CIE	0.09723	0.10119	0.10217	0.31250	0.31250	0.31250
	EBE(精确的)	0.10000	0.10000	0.10000	0.31250	0.31250	0.31250
金字塔载荷 ($L/H=100$)	RIE	0.08987	0.09744	0.09938	0.29688	0.30859	0.31152
	CIE	0.09475	0.09872	0.09970	0.31250	0.31250	0.31250
	EBE(精确的)	0.10000	0.10000	0.10000	0.31250	0.31250	0.31250

根据 EBT 和 TBT 得到的精确解如下(对于 $0 \leqslant x \leqslant L/2$; $\bar{x}=x/L$; $q_0L^4/EI=12\alpha L$):

EBT

$$w^E(x) = 0.5\alpha L(\bar{x}-2\bar{x}^3+\bar{x}^4) \text{ 均布载荷} \tag{2}$$

$$w^E(x) = \frac{\alpha L}{80}\bar{x}(4\bar{x}^2-5)^2 \text{ 金字塔载荷} \tag{3}$$

对于均布载荷,最大值为 $w(L/2)=(5/32)\alpha L$, $\theta(0)=-0.5\alpha$,对于金字塔荷载,最大值为 $w(L/2)=0.1\alpha L$, $\theta(0)=-(5/16)\alpha$ 。

TBT

均布载荷

$$w^T(\bar{x}) = \left[w^E(x)+\frac{1}{GAK_s}M^E(x) \right] = 0.5\alpha L[\bar{x}-2\bar{x}^3+\bar{x}^4+12\Lambda(\bar{x}-\bar{x}^3)] \tag{4}$$

$$\phi_x^T(\bar{x}) = -\frac{\mathrm{d}w^E}{\mathrm{d}x} = -0.5\alpha(1-6\bar{x}^2+4\bar{x}^3)$$

最大值为

$$w(L/2) = 0.5\alpha L\left[\frac{5}{16}+\frac{9}{8}\frac{H^2}{L^2} \right], \phi_x^T(0)=0.5\alpha$$

金字塔载荷

$$w^T(\bar{x}) = \left[w^E(x)+\frac{1}{GAK_s}M^E(x) \right] = \frac{\alpha L}{80}[\bar{x}(4\bar{x}^2-5)^2+80\Lambda(3\bar{x}-4\bar{x}^2)] \tag{5}$$

$$\phi_x^T(\bar{x}) = -\frac{\mathrm{d}w^E}{\mathrm{d}x} = \frac{\alpha}{16}(-5+24\bar{x}^2-16\bar{x}^4), \Lambda=\frac{EI}{GAK_sL^2}=0.25\frac{H^2}{L^2}$$

最大值为

$$w(L/2) = \frac{\alpha L}{80}\left[8+10\frac{H^2}{L^2}\right], \phi_x^{\mathrm{T}}(0) = -\frac{5}{16}\alpha$$

上标"E"和"T"分别表示 EBT 和 TBT(关于 Timoshenko 梁挠度与 Euler-Bernoulli 梁挠度之间的关系,可参见 Wang, Reddy, and Lee[3] 和 Reddy[1])。显然,要获得可接受的解,需要两个以上的 CIE 和 RIE。与 RIE 相比,CIE 给出了稍微更精确的解,但两者的收敛速度都很慢,特别是对于较小的 H/L 比值(即薄梁)。

例 5.3.2

以例 5.2.1 中的悬臂梁为例。使用各种 Timoshenko 梁有限单元来分析问题。将问题数据取 $F_0 = 0, M_0 = 0\mathrm{kN \cdot m}$,求 $\nu = 0.25, K_s = 5/6, H/L = 0.1$ 和 $H/L = 0.01$ 时无量纲形式的广义位移。

解答:根据 Timoshenko 梁理论,该问题的精确解为(见 Reddy[1])

$$w^{\mathrm{T}}(x) = w^{\mathrm{E}}(x) + \frac{1}{GAK_s}\left[M^{\mathrm{E}}(x) - M^{\mathrm{E}}(0)\right], \phi_x(x) = -\frac{\mathrm{d}w^{\mathrm{E}}}{\mathrm{d}x} \tag{1}$$

其中,w^{E} 和 M^{E} 是 Euler-Bernoulli 梁理论的精确解,它们由例 5.2.1 中的式(10)给出。最大值为

$$w^{\mathrm{T}}(L) = \frac{q_0 L^4}{30EI}(1+5\Lambda), \phi_x(L) = -\frac{q_0 L^3}{24EI}, \Lambda = \frac{EI}{GAK_s L^2} \tag{2}$$

无量纲形式为(在数值计算中设 $L=1, q_0=1, EI=1, GAK_s = 4EI/H^2 = 4/H^2, H=0.1$ 和 $H=0.01$)

$$\overline{w}^{\mathrm{T}}(L) = w^{\mathrm{T}}(L)\frac{EI}{q_0 L^4} = \frac{1+5\Lambda}{30}, \overline{\phi}_x(L) = \phi_x(L)\frac{EI}{q_0 L^3} = -\frac{1}{24}, \Lambda = 0.25\left(\frac{H}{L}\right)^2 \tag{3}$$

表 5.3.2 给出了全梁中 2、4、8 个单元的端部挠度 $\overline{w}^{\mathrm{T}}(L)$ 和端部转角 $\overline{\phi}_x(L)$。随着单元数目的增加,结果缓慢地收敛于精确解。

为了进一步理解剪切闭锁的影响,考虑具有相同插值的 w 和 ϕ_x 的 Timoshenko 梁单元。使用和没有使用减缩积分的线性和二次单元的测试结果见表 5.3.3。很明显,使用完全积分(线性近似为 2×2,二次近似为 3×3)产生了错误的结果,这意味着存在剪切闭锁。剪切闭锁随着网格的细化而逐渐消失(无论是单元数的增加还是多项式阶数的增加)。显然,二次单元优于线性单元。

表 5.3.2　图 5.2.11 中悬臂梁不同类型有限元得到的有限元解比较(对于 EBT, $\phi_x = \theta_x$)

N		$\overline{w}(L)$			$-\overline{\phi}_x(L)$		
		EBT	RIE	CIE	EBT	RIE	CIE
$H/L = 0.1$	2	0.03333	0.03688	0.03036	0.04167	0.05208	0.04167
	4	0.03333	0.03460	0.03289	0.04167	0.04427	0.04167
	8	0.03333	0.03397	0.03353	0.04167	0.04232	0.04167
	精确解	0.03333	0.03375	0.03375	0.04167	0.04167	0.04167

续表

N		$\bar{w}(L)$			$-\bar{\phi}_x(L)$		
		EBT	RIE	CIE	EBT	RIE	CIE
H/L=0.01	2	0.03333	0.03646	0.02995	0.04167	0.05208	0.04167
	4	0.03333	0.03418	0.03247	0.04167	0.04427	0.04167
	8	0.03333	0.03355	0.03312	0.04167	0.04232	0.04167
	精确解	0.03333	0.03334	0.03334	0.04167	0.04167	0.04167

表5.3.3 横向剪切系数的减缩积分对图5.2.11的悬臂梁挠度的影响

单元		线性			二次			
高斯积分		N=2	N=4	N=8	高斯积分	N=1	N=2	N=4
H/L=0.1	2×1	0.03687	0.03460	0.03397	3×2	0.03514	0.03384	0.03376
	2×2	0.00432	0.01150	0.02247	3×3	0.02306	0.03167	0.03350
	精确解		0.03375				0.03375	
H/L=0.01	2×1	0.03646	0.03418	0.03355	3×2	0.03473	0.03342	0.03334
	2×2	0.00048	0.00017	0.00064	3×3	0.02086	0.02997	0.03249
	精确解		0.03334				0.03334	

以下是关于这里讨论的 TBT 的各种有限元模型的一般结论:

(1)与剪切刚度系数的完全积分相比,减缩积分的闭锁程度更小。

(2)剪切闭锁随着网格的细化和高阶单元的使用而消失。

(3)w 和 ϕ_x 使用二次近似且对剪切刚度系数使用减缩积分得到最准确的结果。

5.4 圆板轴对称弯曲

5.4.1 控制方程

本节采用经典板理论(即假定横向剪切应变为零的理论)建立了圆板轴对称弯曲的有限元模型。选择圆柱坐标系统(r,θ,z),r 是以板中心为原点的径向坐标$(0 \leqslant r \leqslant R)$,$z$ 表示横向坐标$(-H/2 \leqslant z \leqslant H/2)$,$H$ 为板的总厚度,θ 是角坐标$(0 \leqslant \theta \leqslant 2\pi)$,如图5.4.1所示。

受载荷作用的圆板的控制方程以及边界条件与角坐标 θ 无关,可以仅用径向坐标 r 来表示。因此,圆板的轴对称弯曲是一个一维问题,下文将进行讨论(图5.4.2)。

根据板的 Love-Kirchhoff 假设(和梁的 Euler-Bernoulli 假设一样),沿着三个坐标(r,θ,z)方向的总位移(u_r,u_θ,u_z)为

$$u_r(r,z) = -z\frac{\mathrm{d}w}{\mathrm{d}r}, u_\theta(r,z) = 0, u_z(r,z) = w(r) \tag{5.4.1}$$

其中,w 为板中面上某点的横向位移。柱坐标系下的非零线性应变分量为(见 Reddy[1,2] 和 Ugural[6]):

$$\varepsilon_{rr} = \frac{\mathrm{d}u_r}{\mathrm{d}r} = -z\frac{\mathrm{d}^2w}{\mathrm{d}r^2}, \varepsilon_{\theta\theta} = \frac{u_r}{r} = -\frac{z}{r}\frac{\mathrm{d}w}{\mathrm{d}r} \tag{5.4.2}$$

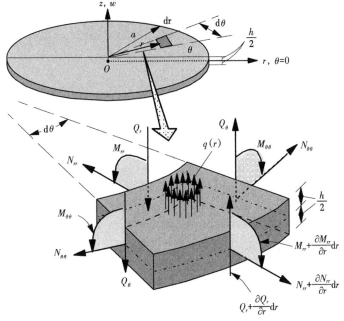

图 5.4.1 圆板及其应力合力

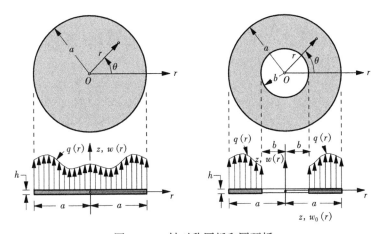

图 5.4.2 轴对称圆板和圆环板

对于各向同性线弹性材料,其应力—应变关系为

$$\begin{Bmatrix} \sigma_{rr} \\ \sigma_{\theta\theta} \\ \sigma_{r\theta} \end{Bmatrix} = \frac{E}{1-\nu^2} \begin{bmatrix} 1 & \nu & 0 \\ \nu & 1 & 0 \\ 0 & 0 & \dfrac{1-\nu}{2} \end{bmatrix} \begin{Bmatrix} \varepsilon_{rr} \\ \varepsilon_{\theta\theta} \\ 2\varepsilon_{r\theta} \end{Bmatrix} \qquad (5.4.3)$$

其中,E 是杨氏模量,ν 是泊松比。图 5.4.1 所示板单元的应力合力,由式(5.4.4)定义:

$$M_{rr} = \int_{-\frac{H}{2}}^{\frac{H}{2}} \sigma_{rr} z \mathrm{d}z = -D\left(\frac{\mathrm{d}^2 w}{\mathrm{d}r^2} + \frac{\nu}{r}\frac{\mathrm{d}w}{\mathrm{d}r}\right)$$

$$M_{\theta\theta} = \int_{-\frac{H}{2}}^{\frac{H}{2}} \sigma_{\theta\theta} z \mathrm{d}z = -D\left(\nu \frac{\mathrm{d}^2 w}{\mathrm{d}r^2} + \frac{1}{r} \frac{\mathrm{d}w}{\mathrm{d}r}\right) \tag{5.4.4}$$

其中,D 表示弯曲刚度

$$D = \frac{EH^3}{12(1-\nu^2)} \tag{5.4.5}$$

H 是板的总厚度。

由板元上的力和力矩的平衡得:

$$-\frac{1}{r} \frac{\mathrm{d}}{\mathrm{d}r}(rV_r) + k_f w = q \tag{5.4.6}$$

$$V_r - \frac{1}{r}\left[\frac{\mathrm{d}}{\mathrm{d}r}(rM_{rr}) - M_{\theta\theta}\right] = 0 \tag{5.4.7}$$

其中,k_f 是地基模量。联合式(5.4.7)消去剪力 V,得

$$-\frac{1}{r}\left[\frac{\mathrm{d}}{\mathrm{d}r}(rM_{rr}) - M_{\theta\theta}\right] + k_f w - q = 0 \tag{5.4.8}$$

其中,M_{rr} 和 $M_{\theta\theta}$ 由式(5.4.4)给出。

5.4.2 弱形式

典型单元 $\Omega^e = (r_a^e, r_b^e)$ 中式(5.4.8)的弱形式由三步法得到。设 w_h^e 为 w 的近似,则加权残值表述(步骤1)和后续步骤可如 Euler-Bernoulli 梁那样给出:

$$0 = \int_{r_a^e}^{r_b^e} v_i^e \left\{-\frac{1}{r} \frac{\mathrm{d}}{\mathrm{d}r}\left[\frac{\mathrm{d}}{\mathrm{d}r}(rM_{rr}^h) - M_{\theta\theta}^h\right] + k_f^e w_h^e - q\right\} r\mathrm{d}r \quad (\text{步骤1})$$

$$= \int_{r_a^e}^{r_b^e} \left\{\frac{1}{r} \frac{\mathrm{d}v_i^e}{\mathrm{d}r}\left[\frac{\mathrm{d}}{\mathrm{d}r}(rM_{rr}^h) - M_{\theta\theta}^h\right] + k_f^e v_i^e w_h^e - v_i^e q\right\} r\mathrm{d}r$$

$$-\left\{v_i\left[\frac{\mathrm{d}}{\mathrm{d}r}(rM_{rr}^h) - M_{\theta\theta}^h\right]\right\}_{r_a^e}^{r_b^e} \tag{5.4.9}$$

$$= \int_{r_a^e}^{r_b^e} \left\{-\frac{\mathrm{d}^2 v_i^e}{\mathrm{d}r^2} M_{rr}^h - \frac{1}{r} \frac{\mathrm{d}v_i^e}{\mathrm{d}r} M_{\theta\theta}^h + k_f^e v_i^e w_h^e - v_i^e q\right\} r\mathrm{d}r$$

$$-\left\{v_i\left[\frac{\mathrm{d}}{\mathrm{d}r}(rM_{rr}^h) - M_{\theta\theta}^h\right]\right\}_{r_a^e}^{r_b^e} - \left[-\frac{\mathrm{d}v_i^e}{\mathrm{d}r} rM_{rr}^h\right]_{r_a^e}^{r_b^e} \quad (\text{步骤2})$$

其中,$\{v_i^e\}$ 是权函数集合,M_{rr}^h 和 $M_{\theta\theta}^h$ 是根据式(5.4.4)由 w_h 推导出来的弯矩。由最后一个表达式可以看出:

$$\text{主变量:} w_h^e, -\frac{\mathrm{d}w_h^e}{\mathrm{d}r}$$

$$\tag{5.4.10}$$

$$\text{次变量:} \left[\frac{\mathrm{d}}{\mathrm{d}r}(rM_{rr}^h) - M_{\theta\theta}^h\right] \equiv rV_r^h, rM_{rr}^h$$

因此,在任一边界点上,(w_h^e, rV_r^h) 和 $(-\mathrm{d}w_h^e/\mathrm{d}r, rM_{rr}^h)$ 中的一个元素必须是已知的。

使用式(5.4.10)的标记,最终的弱形式为

$$0 = \int_{r_a^e}^{r_b^e} \left[-\frac{d^2 v_i^e}{dr^2} M_{rr}^h - \frac{1}{r}\frac{dv_i^e}{dr} M_{\theta\theta}^h + k_f^e v_i^e w_h - v_i^e q \right] r dr - v_i^e(r_a^e) Q_1^e - v_i^e(r_b^e) Q_3^e$$

$$- \left(-\frac{dv_i^e}{dr} \right)_{r_a^e} Q_2^e - \left(-\frac{dv_i^e}{dr} \right)_{r_b^e} Q_4^e \quad (步骤 3) \tag{5.4.11}$$

其中

$$Q_1^e = -\left[\frac{d}{dr}(rM_{rr}^h) - M_{\theta\theta}^h \right]_{r_a^e}, Q_2^e = -\left[rM_{rr}^h \right]_{r_a^e} \tag{5.4.12}$$

$$Q_3^e = -\left[\frac{d}{dr}(rM_{rr}^h) - M_{\theta\theta}^h \right]_{r_b^e}, Q_4^e = -\left[rM_{rr}^h \right]_{r_b^e}$$

显然,Q_1^e 和 Q_3^e 是剪切力;Q_2^e 和 Q_4^e 是弯矩。为了将式(5.4.11)中的弱形式用位移 w_h 来表示,式(5.4.11)中出现的弯矩 M_{rr}^h 和 $M_{\theta\theta}^h$ 应通过式(5.4.4)用 w_h 表示。有

$$0 = \int_{r_a^e}^{r_b^e} \left[-D\frac{d^2 v_i^e}{dr^2}\left(\frac{d^2 w_h}{dr^2} + \frac{v}{r}\frac{dw_h}{dr} \right) + \frac{D}{r}\frac{dv_i^e}{dr}\left(\nu \frac{d^2 w_h}{dr^2} + \frac{1}{r}\frac{dw_h}{dr} \right) + k_f^e v_i^e w_h - v_i^e q \right] r dr$$

$$- v_i^e(r_a^e) Q_1^e - v_i^e(r_b^e) Q_3^e - \left(-\frac{dv_i^e}{dr} \right)_{r_a^e} Q_2^e - \left(-\frac{dv_i^e}{dr} \right)_{r_b^e} Q_4^e \tag{5.4.13}$$

5.4.3　有限元模型

圆板轴对称弯曲的弱形式 Galerkin(或 Ritz)有限元模型可以通过在一个典型单元 $\Omega^e = (r_a^e, r_b^e)$ 上对 $w(r)$ 假设 Hermite 三次近似得到:

$$w(r) \approx w_h^e(r) = \sum_{j=1}^{4} \Delta_j^e \phi_j^e(r) \tag{5.4.14}$$

其中,$\phi_j^e(r)$ 是由式(5.2.20)给出的 Hermite 三次多项式(用 r 代替 x,即 $\bar{r}=\bar{x}$,$\bar{r}=r-r_a^e$),且 Δ_j 是节点值($\theta=-dw/dr$)

$$\Delta_1^e = w(r_a^e), \Delta_3^e = w(r_b^e), \Delta_2^e = \theta(r_a^e), \Delta_4^e = \theta(r_b^e) \tag{5.4.15}$$

使用式(5.4.14)替换 w_h^e,且 $v_i^e = \phi_i^e$,得

$$K_{ij}^e = \int_{r_a^e}^{r_b^e} \left[D\frac{d^2 \phi_i^e}{dr^2}\left(\frac{d^2 \phi_j^e}{dr^2} + \frac{\nu}{r}\frac{d\phi_j^e}{dr} \right) + \frac{D}{R}\frac{d\phi_i^e}{dr}\left(\nu \frac{d^2 \phi_j^e}{dr^2} + \frac{1}{r}\frac{d\phi_j^e}{dr} \right) + k_f^e \phi_i^e \phi_j^e \right]$$

$$f_i^e = \int_{r_a^e}^{r_b^e} q_e \phi_i^e r dr, \tag{5.4.16}$$

$$Q_i^e = \phi_i^e(r_a^e) Q_1^e + \phi_i^e(r_b^e) Q_3^e + \left(-\frac{d\phi_i^e}{dr} \right)_{r_a^e} Q_2^e - \left(-\frac{d\phi_i}{dr} \right)_{r_b^e} Q_4^e$$

显然,刚度矩阵 $\boldsymbol{K}^e$ 是对称的且阶次为 4×4。

圆板和环形板轴对称弯曲的标准边界条件(即自由、简支、固支)见表5.4.1。此外,还可

以有与垂直弹簧或扭转弹簧相关的混合边界条件。

表 5.4.1 圆板和环形板典型的边界条件[1]

板类型/边界		自由	铰支	固支
圆板	$r=0$		$\dfrac{\mathrm{d}w}{\mathrm{d}r}=0$	$2\pi r Q_r = -Q_0$
	$r=a$	$Q_r=Q_a$ $M_{rr}=M_a$	$w=0$ $M_{rr}=M_a$	$w=0$ $\dfrac{\mathrm{d}w}{\mathrm{d}r}=0$
环形板	$r=b$	$Q_r=Q_b$ $M_{rr}=M_b$	$w=0$ $M_{rr}=M_b$	$w=0$ $\dfrac{\mathrm{d}w}{\mathrm{d}r}=0$
	$r=a$	$Q_r=Q_a$ $M_{rr}=M_a$	$w=0$ $M_{rr}=M_a$	$w=0$ $\dfrac{\mathrm{d}w}{\mathrm{d}r}=0$

[1] Q_a, Q_b, M_a, M_b 是分布在边界上的力和弯矩; Q_0 是集中力; a 是外半径而 b 是内半径。

例 5.4.1

考虑半径为 $a=10\mathrm{in}$ 的圆形钢板($E=30\times10^6\mathrm{psi}$, $\nu=0.29$),厚度 $H=0.1\mathrm{in}$。在边缘处受简支,承受 $q_0=0.4\mathrm{psi}$ 的压力载荷。请使用 2 个和 4 个 Hermite 三次有限元组成的网格来确定板中心的横向挠度。

解答: 抗弯刚度为 $D=EH^3/[12(1-\nu^2)]=2729.6\mathrm{lb/in}$。对于 2 个单元的网格,单元刚度矩阵和力向量为(使用 FEM1D 中的数值积分计算)

$$K^1 = \begin{bmatrix} 0.98264\mathrm{E}+03 & -0.81887\mathrm{E}+03 & -0.98264\mathrm{E}+03 & -0.24566\mathrm{E}+04 \\ -0.81887\mathrm{E}+03 & 0.58049\mathrm{E}+04 & 0.81887\mathrm{E}+03 & 0.20473\mathrm{E}+04 \\ -0.98264\mathrm{E}+03 & 0.81887\mathrm{E}+03 & 0.98264\mathrm{E}+03 & 0.24566\mathrm{E}+04 \\ -0.24566\mathrm{E}+04 & 0.20473\mathrm{E}+04 & 0.24566\mathrm{E}+04 & 0.96626\mathrm{E}+04 \end{bmatrix}$$

$$K^2 = \begin{bmatrix} 0.20541\mathrm{E}+04 & -0.43902\mathrm{E}+04 & -0.20541\mathrm{E}+04 & -0.55076\mathrm{E}+04 \\ -0.43902\mathrm{E}+04 & 0.13160\mathrm{E}+05 & 0.43902\mathrm{E}+04 & 0.81228\mathrm{E}+04 \\ -0.20541\mathrm{E}+04 & 0.43902\mathrm{E}+04 & 0.20541\mathrm{E}+04 & 0.55076\mathrm{E}+04 \\ -0.55076\mathrm{E}+04 & 0.81228\mathrm{E}+04 & 0.55076\mathrm{E}+04 & 0.20113\mathrm{E}+05 \end{bmatrix}$$

$$f^1 = \begin{bmatrix} 1.5000 \\ -1.6667 \\ 3.5000 \\ 2.5000 \end{bmatrix}, \quad f^2 = \begin{bmatrix} 6.5000 \\ -5.8333 \\ 8.5000 \\ 6.6667 \end{bmatrix}$$

广义位移的边界条件为 $U_2=U_5=0$。两单元网格的缩聚方程的解为

$$U = \{0.0940 \quad 0.0000 \quad 0.0662 \quad 0.0105 \quad 0.0000 \quad 0.0142\}^{\mathrm{T}}$$

对于四单元网格($U_2=U_9=0$),解向量为

$$U = \{0.0939 \ 0.0000 \ 0.0867 \ 0.0057 \ 0.0661 \ 0.0105 \ 0.0354 \ 0.0136 \ 0.0000 \ 0.0142\}^{\mathrm{T}}$$

解析解为(见 Reddy[1,2])

$$w(r) = \frac{q_0 a^4}{64D} \left[\left(\frac{r}{a}\right)^4 - 2\left(\frac{3+\nu}{1+\nu}\right)\left(\frac{r}{a}\right)^2 + \frac{5+\nu}{1+\nu} \right], w(0) = \left(\frac{5+\nu}{1+\nu}\right)\frac{q_0 a^4}{64D} = 0.0939$$

对于线性变化(金字塔)载荷,$q(r) = q_0(1-r/a)$,四单元解为

$$\boldsymbol{U} = \{ 0.0463\ 0.000\ 0.0424\ 0.0030\ 0.0318\ 0.0053\ 0.0167\ 0.0065\ 0.0000\ 0.0066 \}^{\mathrm{T}}$$

解析解为(见 Reddy[1,2])

$$w(r) = \frac{q_0 a^4}{14400D} \left[\left(-64\frac{r}{a}\right)^5 + 255\left(\frac{r}{a}\right)^4 - \frac{710+290\nu}{1+\nu}\left(\frac{r}{a}\right)^2 + \frac{549+129\nu}{1+\nu} \right]$$

$$w(0) = \left(\frac{183+43\nu}{1+\nu}\right)\frac{q_0 a^4}{4800D} = 0.0463$$

例 5.4.2

考虑半径为 $a = 10\text{in}$ 的圆形钢板($E = 30\times10^6\,\text{psi}, v = 0.29$),厚度 $H = 0.1\text{in}$。在边缘处受简支,承受 $q_0 = 1\text{psi}$ 的压力载荷。请使用 4 个 Hermite 三次有限元组成的网格来确定板中心的横向挠度。

解答: 例 5.4.1 与本例的唯一区别是边界条件的变化。对于四单元网格,广义位移的边界条件为 $U_2 = U_9 = U_{10} = 0$。$U_1, U_3, U_4, U_5, U_6, U_7, U_8$ 的解为

$$\boldsymbol{U} = \{ 0.05726\ 0.05032\ 0.00536\ 0.03221\ 0.00858\ 0.01096\ 0.00751 \}^{\mathrm{T}}$$

解析解为

$$w(r) = \frac{q_0 a^4}{64D} \left[\left(1-\frac{r}{a}\right)^2 \right]^2, w(0) = \frac{q_0 a^4}{64D} = 0.05724$$

对于线性变化载荷,$q(r) = q_0(r/a)$,四单元解为

$$\boldsymbol{U} = \{ 0.02443\ 0.02190\ 0.00200\ 0.01476\ 0.00356\ 0.00539\ 0.00353 \}^{\mathrm{T}}$$

解析解为

$$w(r) = \frac{q_0 a^4}{450D} \left[\left(2\left(\frac{r}{a}\right)^5 - 5\left(\frac{r}{a}\right)^2 + 3\right) \right], w(0) = \frac{q_0 a^4}{150D} = 0.02442$$

圆板轴对称弯曲的一阶剪切变形理论(即将 Timoshenko 梁理论应用于板)的有限元模型不在本文之列,但其推导步骤与经典板理论相同。习题 5.31~习题 5.33 将采用一阶剪切变形理论建立圆板轴对称弯曲的有限元模型。

5.5　小结

在本章中,建立了经典(即 Euler-Bernoulli)和剪切变形(即 Timoshenko)梁理论,以及使用经典板理论的圆板轴对称弯曲的有限元模型。梁和轴对称圆板的经典理论涉及横向挠度的四阶方程。而剪切变形理论则用横向变形和转角来表示。给出了所建立的单元的数值算例。也可以建立基于轴对称圆板剪切变形理论的有限元模型(参见习题 5.31~习题 5.33 轴

对称圆板剪切变形有限元)。

梁和轴对称圆板的经典理论是由一个四阶微分方程控制的,因此得到了相应的弱形式,其主变量为横向挠度及其一阶导数(斜率)θ_x。因此,为了使单元间节点处的挠度和斜率(w,θ_x)保持连续性,需要横向挠度的 Hermite 插值。当弯曲刚度 EI 为常数、弹性地基项(即 $k_f = 0$)时,该单元可得到节点处位移和广义力的精确解,而不受外加荷载的影响。当分布荷载为零时,有限元解处处精确。这是由于四阶方程的齐次解是一个三次多项式,而在有限元法中使用一个三次多项式来近似解。这样的单元称为超收敛单元(参见习题 5.24 获得更多信息;也可参见 Reddy[4,5])。当 EI 为常数,$k_f \neq 0$ 的四阶方程的精确解为双曲函数时,基于三次多项式的有限元解即使在节点处也不能给出精确解。

在 Timoshenko 梁理论的情况下,有两个耦合的二阶微分方程控制横向挠度 w 和一个独立的转角函数 ϕ_x。在薄梁范围内,理论上,ϕ_x 退化为 $\theta_x = -dw/dx$。两个控制方程的弱形式要求对 w 和 ϕ_x 进行 Lagrange 插值,最小的插值阶次是线性的。由于这个转角函数是像 $\theta_x = -dw/dx$ 一样的,所以这个函数的插值阶次应该比 w 的少 1 阶。这种插值方式被称为一致插值。当相同阶次的插值被用来近似横向挠度 w 和转角 ϕ_x 时,特别是都使用线性多项式近似两者时,所产生的刚度矩阵往往太僵硬而不能给出好的结果。这是由于变量的插值不一致,这种现象称为剪切闭锁。这种闭锁可以通过使用减缩积分来计算与横向剪切应变相关的刚度系数来克服,或者对 w 和 ϕ_x 采用更高阶的插值(理想情况为,w 采用三次,ϕ_x 采用二次)。对横向挠度采用二次插值、转角采用线性插值的减缩积分单元(RIEs)和一致插值单元(CIEs)进行了讨论。所建立的 RIE 和 CIE,在比相应微分方程的齐次解阶次低的情况下,不能得到精确的节点值。基于 Timoshenko 梁方程齐次解的单元(EI 和 GAK_s 为常数)可以得到精确的节点值(见习题 5.24 和 Reddy[3,4])。

习题

EULER-BERNOULLI 梁单元

5.1 考虑一个长度为 h_e 的梁单元,材料和几何参数 E_e,A_e,I_e 为常数。设单元左端(即节点 1)为局部坐标 $\bar{x}$ 的原点。EBT 的四阶控制方程的齐次解为 $\left[E_eI_e(d^4w/d\bar{x}^4) = q_e\right]$

$$w_h^e(\bar{x}) = c_1^e + c_2^e\bar{x} + c_3^e\bar{x}^2 + c_4^e\bar{x}^3 \tag{1}$$

首先,用节点的广义位移表示常数 c_1^e—c_4^e[见式(5.2.18)]:

$$\Delta_1^e = w_h^e(0), \Delta_2^e = -\frac{dw_h^e}{d\bar{x}}\bigg|_{\bar{x}=0}, \Delta_3^e = w(h_e), \Delta_4^e = -\frac{dw_h^e}{d\bar{x}}\bigg|_{\bar{x}=h_e} \tag{2}$$

接下来,使用广义力的定义(见式(5.2.12))计算有限元方程(5.2.35),其中 $q_0 = 0, L = h_e$

$$Q_1^e \equiv \left[\frac{d}{d\bar{x}}\left(E_eI_e\frac{d^2w_h^e}{d\bar{x}^2}\right)\right]_{\bar{x}=0}, Q_2^e \equiv \left[E_eI_e\frac{d^2w_h^e}{d\bar{x}^2}\right]_{\bar{x}=0}$$

$$Q_3^e \equiv \left[\frac{d}{d\bar{x}}\left(E_eI_e\frac{d^2w_h^e}{d\bar{x}^2}\right)\right]_{\bar{x}=h_e}, Q_4^e \equiv \left[E_eI_e\frac{d^2w_h^e}{d\bar{x}^2}\right]_{\bar{x}=h_e} \tag{3}$$

该问题表明,只要分布荷载 $q(x)$ 可以表示为等效节点力,在单元内当材料和几何参数为常数时,EBT 单元就能精确地得到节点处广义位移的值。这样的单元称为超收敛单元。

5.2　考虑式(5.2.10)中的四阶方程及其弱形式(5.2.13)。假设使用一个两节点单元,每个节点上有三个主变量:$(w_h^e, \theta_x^e, \kappa_h^e)$,其中,$\theta_x^e = dw_h^e/dx$（$dw/dx$ 前没有负号）,$\kappa_h^e = d^2w_h^e/dx^2$。证明相关的 Hermite 插值函数为

$$\phi_1^e = 1 - 10\frac{\bar{x}^3}{h^3} + 15\frac{\bar{x}^4}{h^4} - 6\frac{\bar{x}^5}{h^5}, \quad \phi_2^e = \bar{x}\left(1 - 6\frac{\bar{x}^2}{h^2} + 8\frac{\bar{x}^3}{h^3} - 3\frac{\bar{x}^4}{h^4}\right)$$

$$\phi_3^e = \frac{\bar{x}^2}{2}\left(1 - 3\frac{\bar{x}}{h} + 3\frac{\bar{x}^2}{h^2} - \frac{\bar{x}^3}{h^3}\right), \quad \phi_4^e = 10\frac{\bar{x}^3}{h^3} - 15\frac{\bar{x}^4}{h^4} + 6\frac{\bar{x}^5}{h^5} \tag{4}$$

$$\phi_5^e = -\bar{x}\left(4\frac{\bar{x}^2}{h^2} - 7\frac{\bar{x}^3}{h^3} + 3\frac{\bar{x}^4}{h^4}\right), \quad \phi_6^e = 10\frac{\bar{x}^2}{2}\left(\frac{\bar{x}}{h} - 2\frac{\bar{x}^2}{h^2} + \frac{\bar{x}^3}{h^3}\right)$$

其中,$\bar{x}$ 是以节点 1 为原点的单元坐标。

5.3　计算习题 5.2 梁单元的矩阵和向量系数:

$$K_{ij}^e = E_e I_e \int_0^h \frac{d^2\phi_i}{dx^2}\frac{d^2\phi_j}{dx^2}dx, \quad M_{ij}^e = \rho_e A_e \int_0^h \phi_i^e \phi_j^e dx, \quad f_i^e = q_0^e \int_0^h \phi_i^e dx \tag{5}$$

其中,$E_e I_e, \rho_e A_e, q_0^e$ 是常数。

5.4　考虑 EBT 单元式 (5.2.13) 中的弱形式。使用两个自由度 (w_h^e, θ_x^e) 的三节点单元,其中 $\theta_x^e = -dw_h^e/dx$。推导单元的 Hermite 插值函数。计算单元刚度矩阵和力向量。部分答案:

$$\phi_1^e = 1 - 23\frac{\bar{x}^2}{h_e^2} + 66\frac{\bar{x}^3}{h_e^3} - 68\frac{\bar{x}^4}{h_e^4} + 24\frac{\bar{x}^5}{h_e^5} \tag{6}$$

5.5　计算习题 5.4 的梁单元单元刚度矩阵 $\boldsymbol{K}^e$,质量矩阵 $\boldsymbol{M}^e$,力向量(均布荷载时)$\boldsymbol{f}^e$(系数的定义见习题 5.3)。

5.6　考虑下面一对微分方程:

$$-\frac{d}{dx}\left(a\frac{du}{dx} - b\frac{d^2w}{dx^2}\right) = 0, \quad -\frac{d^2}{dx^2}\left(b\frac{du}{dx} - c\frac{d^2w}{dx^2}\right) - f = 0 \tag{7}$$

其中,u 和 w 是未知因变量;a, b, c 和 f 是关于 x 的已知函数。

(1)在一个典型单元上建立方程的弱形式,并确定主和次变量。确保双线性形式是对称的(这样单元系数矩阵是对称的)。

(2)通过假设以下形式的近似来建立有限元模型:

$$u(x) \approx u_h^e(x) = \sum_{j=1}^m u_j^e \psi_j^e(x), \quad w(x) \approx w_h^e(x) = \sum_{j=1}^n w_j^e \phi_j^e(x) \tag{8}$$

提示:两个方程使用的权函数 v_{i1}^e 和 v_{2i}^e 分别像 u_h^e 和 w_h^e。

(3)对插值函数 ψ_j^e 和 ϕ_j^e 的类型(即 Lagrange 类型或 Hermite 类型)和在这个问题中可以使用的最小阶次函数进行讨论。

5.7～5.23　使用最小数目的 Euler-Bernoulli 梁有限元分析如图 P5.7-P5.23 所示的梁问题。具体为,给出:

(1)组装后的刚度矩阵和力向量;

(2)指定的整体位移和力,以及平衡条件;

(3)分别给出未知广义位移和未知广义力的缩聚矩阵方程。

在分析问题时,如果有对称性,就利用对称性。广义位移和力的方向约定与图 5.2.3 所示相同。

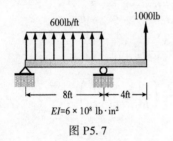

图 P5.7

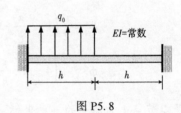

图 P5.8

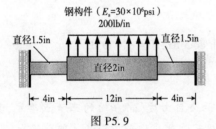

图 P5.9

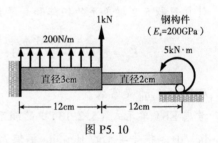

图 P5.10

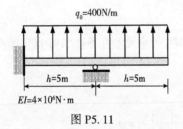

图 P5.11

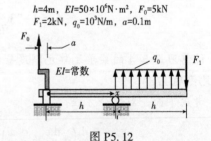

图 P5.12

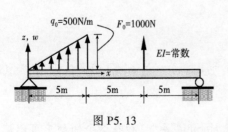

图 P5.13

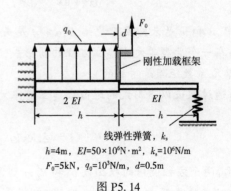

图 P5.14

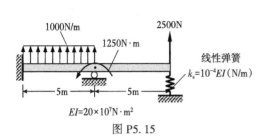

图 P5. 15

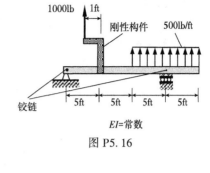

图 P5. 16

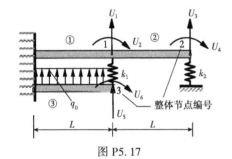

图 P5. 17

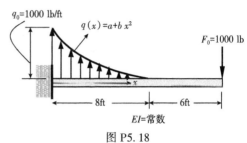

图 P5. 18

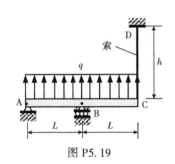

图 P5. 19

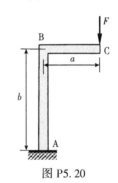

图 P5. 20

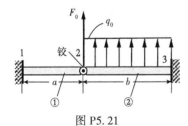

图 P5. 21

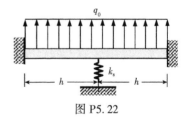

图 P5. 22

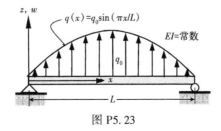

图 P5. 23

TIMOSHENKO 梁单元

5.24　考虑一个长度为 h_e 的梁单元,材料和几何参数 E_e,A_e,I_e 为常数。设单元左端(即节点1)为局部坐标 x 的原点。

(1)证明下列 Timoshenko 梁理论(见 Reddy[3,4])的控制方程

$$-\frac{d}{dx}\left[G_eA_eK_s\left(\phi_x+\frac{dw}{dx}\right)\right]=0 \tag{1}$$

$$-\frac{d}{dx}\left(E_eI_e\frac{d\phi_x}{dx}\right)+G_eA_eK_s\left(\phi_x+\frac{dw}{dx}\right)=0 \tag{2}$$

的齐次解为

$$w^e(x)=-\left(c_1^e\frac{x^3}{6}+c_2^e\frac{x^2}{6}+c_3^ex+c_4^e\right)+\frac{E_eI_e}{G_eA_eK_s}c_1^ex \tag{3}$$

$$\phi_x^e(x)=c_1^e\frac{x^2}{2}+c_2^ex+c_3^e \tag{4}$$

其中,$c_i^e(i=1,2,3,4)$ 是积分常数。

(2)使用广义位移的定义

$$\Delta_1^e=w(0),\Delta_2^e=\phi_x(0),\Delta_3^e=w(h_e),\Delta_4^e=\phi_x(h_e)$$

以及广义力的定义

$$Q_1^e\equiv-\left[GAK_s\left(\phi_x+\frac{dw}{dx}\right)\right]_{x=0},Q_2^e\equiv-\left[EI\frac{d\phi_x}{dx}\right]_{x=0}$$

$$Q_3^e\equiv\left[GAK_s\left(\phi_x+\frac{dw}{dx}\right)\right]_{x=h_e},Q_4^e\equiv\left[EI\frac{d\phi_x}{dx}\right]_{x=h_e} \tag{5}$$

来推导式(1)和式(2)有限元模型,形式为

$$\left(\frac{2E_eI_e}{\Lambda_eh_e^3}\right)\begin{bmatrix}6&-3h_e&-6&-3h_e\\-3h_e&2h_e^2\lambda_e&3h_e&h_e^2\lambda_e\\-6&3h_e&6&3h_e\\-3h_e&h_e^2\lambda_e&3h_e&2h_e^2\lambda_e\end{bmatrix}\begin{Bmatrix}\Delta_1^e\\\Delta_2^e\\\Delta_3^e\\\Delta_4^e\end{Bmatrix}=\begin{Bmatrix}Q_1^e\\Q_2^e\\Q_3^e\\Q_4^4\end{Bmatrix} \tag{6}$$

其中

$$\mu_e=\frac{E_eI_e}{G_eA_eK_sh_e^2},\Lambda_e=1+12\mu_e,\lambda_e=1+3\mu_e,\gamma_e=1-6\mu_e \tag{7}$$

5.25　使用 Timoshenko 梁减缩积分单元(RIE)分析图 P5.8 中的梁。剪切修正系数 $K_s=\frac{5}{6}$,$\nu=0.3$。

5.26　使用 Timoshenko 梁一致插值单元(CIE)分析图 P5.8 中的梁。剪切修正系数 $K_s=\frac{5}{6}$,$\nu=0.3$。

5.27 使用习题 5.24 中的 Timoshenko 梁共生插值单元(IIE)分析图 P5.8 中的梁。剪切修正系数 $K_s = \dfrac{5}{6}, \nu = 0.3$。

5.28 使用 Timoshenko 梁减缩积分单元(RIE)分析图 P5.22 中的梁。剪切修正系数 $K_s = \dfrac{5}{6}$, $\nu = 0.3$。

5.29 使用 Timoshenko 梁一致插值单元(CIE)分析图 P5.22 中的梁。剪切修正系数 $K_s = \dfrac{5}{6}$, $\nu = 0.3$。

5.30 使用习题 5.24 中的 Timoshenko 梁共生插值单元(IIE)分析图 P5.22 中的梁。剪切修正系数 $K_s = \dfrac{5}{6}, \nu = 0.3$。

圆板单元

5.31 根据剪切变形板理论,建立了控制圆板轴对称弯曲的微分方程

$$-\frac{1}{r}\frac{\mathrm{d}}{\mathrm{d}r}(rQ_r) - q = 0 \tag{1}$$

$$-\frac{1}{r}\left[\frac{\mathrm{d}}{\mathrm{d}r}(rM_{rr}) - M_{\theta\theta}\right] + Q_r = 0 \tag{2}$$

其中

$$M_{rr} = D\left(\frac{\mathrm{d}\phi_r}{\mathrm{d}r} + \nu\,\frac{\phi_r}{r}\right),\ M_{\theta\theta} = D\left(\nu\,\frac{\mathrm{d}\phi_r}{\mathrm{d}r} + \frac{\phi_r}{r}\right) \tag{3}$$

$$Q_r = K_s GH\left(\phi_r + \frac{\mathrm{d}w}{\mathrm{d}r}\right)$$

$D = EH^3/[12(1-\nu^2)]$,H 是板厚度。请在一个单元上建立(1)方程的弱形式,(2)方程的有限元模型。

5.32 根据一阶剪切变形理论,极坐标正交各向异性板轴对称弯曲的最小总势能原理要求 $\delta\Pi = 0$,其中

$$
\begin{aligned}
\delta\Pi(w^e, \phi_r^e) = 2\int_{r_a^e}^{r_b^e}\Bigg[& \left(D_{11}^e\frac{\mathrm{d}\phi_r^e}{\mathrm{d}r} + D_{12}^e\frac{\phi_r^e}{r}\right)\frac{\mathrm{d}\delta\phi_r^e}{\mathrm{d}r} + \frac{1}{r}\left(D_{12}^e\frac{\mathrm{d}\phi_r^e}{\mathrm{d}r} + D_{22}^e\frac{\phi_r^e}{r}\right)\delta\phi_r^e \\
& + A_{55}^e\left(\phi_r^e + \frac{\mathrm{d}w^e}{\mathrm{d}r}\right)\left(\delta\phi_r^e + \frac{\mathrm{d}\delta w^e}{\mathrm{d}r}\right) - q_e\delta w^e\Bigg]r\,\mathrm{d}r - \sum_{i=1}^{4}Q_i^e\delta\Delta_i^e
\end{aligned} \tag{1}
$$

式中,r_a^e 是圆板的内半径,r_b^e 是外半径,Δ_i^e 的定义如下

$$
\begin{aligned}
\Delta_1^e &\equiv w^e(r_a^e),\ \Delta_2^e \equiv \phi_r^e(r_a^e) \\
\Delta_3^e &\equiv w^e(r_b^e),\ \Delta_4^e \equiv \phi_r^e(r_b^e)
\end{aligned} \tag{2}
$$

且 Q_1^e 和 Q_3^e 分别表示左右两端的剪力(即 rQ_r 的值),Q_2^e 和 Q_4^e 分别表示左右两端的弯矩(即 rM_{rr} 的值),Q_r 和 M_{rr} 的定义见习题 5.36。请推导方程的位移有限元模型。特别地,以下列形

式表示有限元模型

$$
\begin{bmatrix} K^{11} & K^{12} \\ (K^{12})^{\mathrm{T}} & K^{22} \end{bmatrix}^{e} \begin{Bmatrix} w \\ \Phi \end{Bmatrix}^{e} = \begin{Bmatrix} F^{1} \\ F^{2} \end{Bmatrix}^{e} \tag{3}
$$

并定义系数 $K_{ij}^{11}, K_{ij}^{12}, K_{ij}^{22}, F_i^1, F_i^2$。

5.33　习题 5.31 中的式(1)至式(3)(考虑剪切变形理论的圆板轴对称弯曲的控制方程)的一般齐次解(即 $q=0$ 时)的形式为(自己证明):

$$
w(r) = C_1 + C_2 r^2 + C_3 \ln r + C_4 r^2 \ln r \tag{1}
$$

$$
\phi_r(r) = -2C_2 r - \frac{C_3}{r} - C_4 \left[r(1+2\ln r) + \frac{1}{r}\Gamma \right] \tag{2}
$$

其中,C_i 是积分常数,$\Gamma = (4D/GAK_s)$。令 $\Gamma = 0$ 可通过式(1)和式(2)得到经典板理论的解。

接下来,在圆板(r_a, r_b)中考虑一长度为 h_e 的有限元。节点 1 和 2 中的广义位移定义为

$$
\begin{aligned}
w(r_a) &= \Delta_1, \phi_r(r_a) \equiv \Delta_2 \\
w(r_b) &= \Delta_3, \phi_r(r_b) \equiv \Delta_4
\end{aligned} \tag{3}
$$

Q_1 和 Q_3 分别表示节点 1 和 2 的剪力(即 rQ_r 的值),Q_2^e 和 Q_4^e 分别表示节点 1 和 2 的弯矩(即 rM_{rr} 的值)。使用式(1)和式(2)将式(3)中定义的节点自由度 Δ_i 与广义力 Q_i 联系起来(即确定有限元模型)。

5.34　考虑半径为 a、厚度为 H 的实心圆板。假设板在 $r=a$ 处简支,并承受线性变化的横向载荷 $q_0(r/a)$。采用四单元均匀网格分析该问题,并与精确解进行比较:

$$
w(r) = \frac{q_0 a^4}{450D} \left[\frac{r^5}{a^5} - \frac{20+5\nu}{1+\nu} \frac{r^2}{a^2} + \frac{18+3\nu}{1+\nu} \right], w(0) = \frac{6+\nu}{1+\nu} \frac{q_0 a^4}{150D}
$$

其中,$D = EH^3/12(1-\nu^2)$,E 是杨氏模量,ν 是泊松比。使用 $E = 30 \times 10^6 \mathrm{psi}$,$\nu = 0.29$,$q_0 = 1\mathrm{psi}$,$H = 0.1\mathrm{in}$,$a = 10.0\mathrm{in}$。

5.35　考虑半径为 a、厚度为 H 的各向同性薄实心圆板。假设板在 $r=a$ 处固支,并承受二次变化的横向载荷 $q_0(r^2/a^2)$。(1)当使用两个单元的均匀网格时,给出主变量和次变量的边界条件。(2)采用四单元均匀网格确定中心挠度,并与精确解进行比较:

$$
w(r) = \frac{q_0 a^4}{576D} \left[2 - 3\left(\frac{r}{a}\right)^2 + \left(\frac{r}{a}\right)^6 \right], w(0) = \frac{q_0 a^4}{288D}
$$

其中,$D = EH^3/12(1-\nu^2)$,E 是杨氏模量,ν 是泊松比。使用 $E = 30 \times 10^6 \mathrm{psi}$,$\nu = 0.29$,$q_0 = 1\mathrm{psi}$,$H = 0.1\mathrm{in}$,$a = 10.0\mathrm{in}$。

5.36　考虑一个外半径为 a、内半径为 b、厚度为 H 的各向同性薄环形板。设板夹在内边缘 $r=b$ 处,承受强度为 q_0 的横向均布荷载(图 P5.36)。在区域$(0 \leqslant r \leqslant a)$内使用两个有限单元,给出网格的主变量和次变量的边界条件。

5.37　重复习题 5.36,当板在外缘 $r=a$ 被固支(内缘没有固支),沿内缘 $r=b$ 受到沿单位长度强度为 Q_0 的横向线载荷,并使用两单元网格。

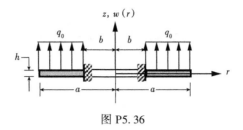

图 P5.36

5.38　使用两个 Timoshenko 单元的网格重复习题 5.35 的(1)部分。

课外阅读参考资料

[1] J. N. Reddy, *Energy Principles and Variational Methods in Applied Mechanics*, 3rd ed. , John Wiley & Sons, New York, NY, 2017.

[2] J. N. Reddy, *Theory and Analysis of Elastic Plates and Shells*, 2nd cd. , CRC Press, Boca Raton, FL,2007.

[3] C. M. Wang, J. N. Reddy, and K. H. Lee, *Shear Deformable Beams and Plates. Relationships with Classical Solutions*, Elsevier, Oxford, UK, 2000.

[4] J. N. Reddy, "On locking−free shear deformable beam finite elements," *Computer Methods in Applied Mechanics and Engineering*, **149**, 113−132, 1997.

[5] J. N. Reddy; "On the derivation of the superconvergent Timoshenko beam finite element," *International Journal for Computational Civil and Structural Engineering*, **1**(2), 71−84, 2000.

[6] A. C. Ugural, Plates and Shells, *Theory and Analysis*, 4th ed. , CRC Press, Boca Raton, FL, 2018.

6　平面桁架和框架

Only those who attempt the absurd will achieve the impossible.

（只有那些尝试荒谬的人才会做出不可能的事。）

M. C. Escher

6.1　引言

如图 6.1.1(a)所示,考虑由几个不同方向的杆件组成的结构,这些杆件通过销钉相互连接。构件可以绕销轴自由旋转。因此,每个构件只承受轴向力。采用销钉连接构件的平面结构(即所有构件位于同一平面上)称为平面桁架。当构件以刚性连接,即焊接、粘接、铆接或螺栓连接时[见图 6.1.1(b)],除了构件的轴力和横向力外,节点处还会产生弯矩。具有刚性连接构件的平面结构称为平面框架。

在桁架或框架结构中,在所选择的整体坐标系(x,y)中每个构件的方向是不一样的。因此,将在单元坐标系$(\bar{x},\bar{y})$中推导的力—位移关系转换到整体坐标系(x,y)中是必要的,以便结构层面上的力—位移关系可以在一个共同整体坐标系中组装的单元方程组中获得。接下来将讨论这些想法。所使用的单元是基于 Bernoulli-Euler 梁理论,轴向位移采用线性近似,横向挠度采用 Hermite 三次近似。

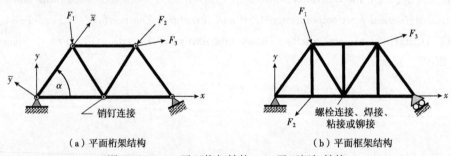

（a）平面桁架结构　　　　　　　　　（b）平面框架结构

图 6.1.1　(a)平面桁架结构;(b)平面框架结构

6.2　桁架分析

6.2.1　局部坐标中的桁架单元

首先,考虑一个均匀杆单元Ω^e,E_eA_e 为常数,并与 x 轴正方向夹角为 α_e(逆时针)。单元坐标系$(\bar{x}_e,\bar{y}_e)$如图 6.2.1(a)所示,其中,$(\bar{u}_i^e,\bar{v}_i^e)$表示节点 i 沿杆方向和横向的位移,$(\bar{F}_i^e,0)$表示节点 i 沿杆方向和横向的力。单元方程(3.3.2)可以表示为:

$$\frac{E_eA_e}{h_e}\begin{bmatrix} 1 & 0 & -1 & 0 \\ 0 & 0 & 0 & 0 \\ -1 & 0 & 1 & 0 \\ 0 & 0 & 0 & 0 \end{bmatrix}\begin{Bmatrix} \bar{u}_1^e \\ \bar{v}_1^e \\ \bar{u}_2^e \\ \bar{v}_2^e \end{Bmatrix}=\begin{Bmatrix} \bar{F}_1^e \\ 0 \\ \bar{F}_2^e \\ 0 \end{Bmatrix}\text{或 }\bar{\boldsymbol{K}}^e\bar{\boldsymbol{\Delta}}^e=\bar{\boldsymbol{F}}^e \qquad (6.2.1)$$

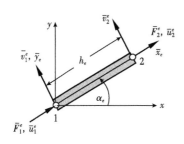 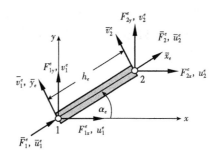

（a）单元坐标系中的力和位移　　　　　　　（b）整体坐标系中的力和位移

图6.2.1　与整体坐标 x 方向成一定夹角的杆单元

6.2.2　整体坐标系中的桁架单元

希望将式(6.2.1)中的力—挠度关系写成整体位移和力的形式。为此,首先写出两组坐标系 (x,y) 和 $(\bar{x}_e, \bar{y}_e)$ 之间的变换关系,如图6.2.1(a)和(b)所示:

$$\bar{x}_e = x\cos\alpha_e + y\sin\alpha_e, \quad \bar{y}_e = -x\sin\alpha_e + y\cos\alpha_e$$

$$x = \bar{x}_e\cos\alpha_e - \bar{y}_e\sin\alpha_e, \quad y = \bar{x}_e\sin\alpha_e + \bar{y}_e\cos\alpha_e$$

或者以矩阵形式表达

$$\begin{Bmatrix} \bar{x}_e \\ \bar{y}_e \end{Bmatrix} = \begin{bmatrix} \cos\alpha_e & \sin\alpha_e \\ -\sin\alpha_e & \cos\alpha_e \end{bmatrix} \begin{Bmatrix} x \\ y \end{Bmatrix}$$

$$\begin{Bmatrix} x \\ y \end{Bmatrix} = \begin{bmatrix} \cos\alpha_e & -\sin\alpha_e \\ \sin\alpha_e & \cos\alpha_e \end{bmatrix} \begin{Bmatrix} \bar{x}_e \\ \bar{y}_e \end{Bmatrix}$$

(6.2.2)

其中, α_e 是 x 轴正向和 $\bar{x}_e$ 轴正向的夹角(逆时针方向)。注意,所有参考于局部坐标系 $(\bar{x}_e, \bar{y}_e)$ 的量均在顶部用"–"表示,而顶部没有"–"的量是参考于整体坐标 (x,y) ,如图6.2.1(b)所示。

式(6.2.2)中的变换也适用于两个坐标系中位移矢量和力矢量的分量。将两个节点 $(i=1,2)$ 局部坐标系下的 $(\bar{u}_i, \bar{v}_i)$ 与整体坐标系下的 (u_i, v_i) 联系起来,有

$$\begin{Bmatrix} \bar{u}_1^e \\ \bar{v}_1^e \\ \bar{u}_2^e \\ \bar{v}_2^e \end{Bmatrix} = \begin{bmatrix} \cos\alpha_e & \sin\alpha_e & 0 & 0 \\ -\sin\alpha_e & \cos\alpha_e & 0 & 0 \\ 0 & 0 & \cos\alpha_e & \sin\alpha_e \\ 0 & 0 & -\sin\alpha_e & \cos\alpha_e \end{bmatrix} \begin{Bmatrix} u_1^e \\ v_1^e \\ u_2^e \\ v_2^e \end{Bmatrix}$$

(6.2.3a)

或

$$\bar{\boldsymbol{\Delta}}^e = \boldsymbol{T}^e \boldsymbol{\Delta}^e$$

(6.2.3b)

其中, $\bar{\boldsymbol{\Delta}}^e$ 和 $\boldsymbol{\Delta}^e$ 分别表示构件(局部)坐标系和结构(整体)坐标系中的节点位移向量。类似地,我们有

$$\bar{\boldsymbol{F}}^e = \boldsymbol{T}^e \boldsymbol{F}^e$$

(6.2.4)

其中,$\overline{\boldsymbol{F}}^e$ 和 $\boldsymbol{F}^e$ 分别是构件坐标系和结构坐标系中的节点力向量[见图 6.2.1(a)和(b)]。

接下来,将推导典型单元的整体位移与整体力之间的关系。在式(6.2.1)中使用式(6.2.3b)和式(6.2.4),到

$$\overline{\boldsymbol{K}}^e \boldsymbol{T}^e \boldsymbol{\Delta}^e = \boldsymbol{T}^e \overline{\boldsymbol{F}}^e \tag{6.2.5}$$

将式(6.2.5)两边同时乘以 $(\boldsymbol{T}^e)^{-1}$,注意 $(\boldsymbol{T}^e)^{-1} = (\boldsymbol{T}^e)^{\mathrm{T}}$,得

$$(\boldsymbol{T}^e)^{\mathrm{T}} \overline{\boldsymbol{K}}^e \boldsymbol{T}^e \boldsymbol{\Delta}^e = \boldsymbol{F}^e \text{ 或者 } \boldsymbol{K}^e \boldsymbol{\Delta}^e = \boldsymbol{F}^e \tag{6.2.6}$$

其中

$$\boldsymbol{K}^e = (\boldsymbol{T}^e)^{\mathrm{T}} \overline{\boldsymbol{K}}^e \boldsymbol{T}^e, \boldsymbol{F}^e = (\boldsymbol{T}^e)^{\mathrm{T}} \overline{\boldsymbol{F}}^e \tag{6.2.7}$$

对式(6.2.7)中所示的矩阵乘法进行运算,得

$$\boldsymbol{K}^e = \frac{E_e A_e}{h_e} \begin{bmatrix} \cos^2\alpha_e & \frac{1}{2}\sin2\alpha_e & -\cos^2\alpha_e & -\frac{1}{2}\sin2\alpha_e \\ \frac{1}{2}\sin2\alpha_e & \sin^2\alpha_e & -\frac{1}{2}\sin2\alpha_e & -\sin^2\alpha_e \\ -\cos^2\alpha_e & -\frac{1}{2}\sin2\alpha_e & \cos^2\alpha_e & \frac{1}{2}\sin2\alpha_e \\ -\frac{1}{2}\sin2\alpha_e & -\sin^2\alpha_e & \frac{1}{2}\sin2\alpha_e & \sin^2\alpha_e \end{bmatrix} \tag{6.2.8}$$

$$\boldsymbol{F}^e = \begin{Bmatrix} F_1^e \\ F_2^e \\ F_3^e \\ F_4^e \end{Bmatrix} \equiv \begin{Bmatrix} (\overline{Q}_1^e + \overline{f}_1^e)\cos\alpha_e \\ (\overline{Q}_1^e + \overline{f}_1^e)\sin\alpha_e \\ (\overline{Q}_2^e + \overline{f}_2^e)\cos\alpha_e \\ (\overline{Q}_2^e + \overline{f}_2^e)\sin\alpha_e \end{Bmatrix} \tag{6.2.9}$$

其中,由体力 $f(x)$ 和温度效应引起的 $\overline{f}_i^e$ 的计算方程如下[见式(4.4.11b)]:

$$\overline{f}_i^e = \int_0^{h_e} f(\overline{x}) \psi_i^e(\overline{x}) \mathrm{d}\overline{x} + \int_0^{h_e} EA\alpha_T T \frac{\mathrm{d}\psi_i^e}{\mathrm{d}\overline{x}} \mathrm{d}\overline{x} \tag{6.2.10}$$

此处 α_T 是热膨胀系数(不要与构件的方向角 α_e 混淆),而 T 是从室温(此时结构无应力)开始的温升。

式(6.2.8)和式(6.2.9)提供了计算典型杆单元在整体坐标系下(夹角为 α_e)的单元刚度矩阵 $\boldsymbol{K}^e$ 和力向量 $\boldsymbol{F}^e$ 的途径。一旦所有的单元方程都用整体坐标表示,在整体坐标系中,单元的刚度矩阵和力向量的组装遵循与前面讨论的思想相同,只是必须注意到,现在每个节点都有两个位移自由度。这些想法通过下面的桁架问题来说明。

例 6.2.1

考虑如图 6.2.2(a)所示的三构件桁架。假设所有桁架构件横截面积为 A 和模量为 E。节点处铰接支座 A、B 和 C 允许构件绕 z 轴自由旋转。请确定 C 处的水平和垂直位移以及结

构各构件的力和应力。使用下列数据:$E = 200\text{GPa}$, $A = 5 \times 10^3 \text{mm}^2$, $L = 5\text{m}$。

解答: 下面介绍了该问题有限元分析的各个步骤。

有限元网格

使用3个有限元组成的结构模型(单元1是多余的)。对构件进行任何细分都不会增加精度,因为对于所有的桁架问题,节点处位移和力的有限元解都是精确的。整体节点号和单元号如图6.2.2(b)所示。在单元的每个节点上都有两个位移自由度,水平位移和垂直位移。

局部坐标系下的单元刚度矩阵由式(6.2.1)给出,而整体坐标系下的刚度矩阵和力向量($\bar{f}_i^e = 0$)分别由式(6.2.8)和式(6.2.9)给出。单元数据和连接方式见表6.2.1。

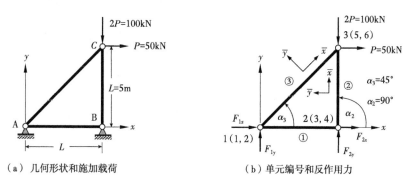

（a）几何形状和施加载荷 　　（b）单元编号和反作用力

图6.2.2　平面桁架的几何和有限元表示

表6.2.1　整体—局部的连接

单元号	整体节点	几何特性	材料特性	方向
1	1　2	A, $h_1 = L$	E	$\theta_1 = 0°$
2	2　3	A, $h_2 = L$	E	$\theta_2 = 90°$
3	1　3	$A, h_3 = \sqrt{2}L$	E	$\theta_3 = 45°$

单元矩阵

每个构件的单元刚度矩阵为 $[1/(2\sqrt{2}) = 0.3536]$

$$\boldsymbol{K}^1 = \frac{EA}{L}\begin{bmatrix} 1 & 0 & -1 & 0 \\ 0 & 0 & 0 & 0 \\ -1 & 0 & 1 & 0 \\ 0 & 0 & 0 & 0 \end{bmatrix}, \quad \boldsymbol{K}^2 = \frac{EA}{L}\begin{bmatrix} 0 & 0 & 0 & 0 \\ 0 & 1 & 0 & -1 \\ 0 & 0 & 0 & 0 \\ 0 & -1 & 0 & 1 \end{bmatrix} \tag{1a}$$

$$\boldsymbol{K}^3 = \frac{EA}{L}\begin{bmatrix} 0.3536 & 0.3536 & -0.3536 & -0.3536 \\ 0.3536 & 0.3536 & -0.3536 & -0.3536 \\ -0.3536 & -0.3536 & 0.3536 & 0.3536 \\ -0.3536 & -0.3536 & 0.3536 & 0.3536 \end{bmatrix} \tag{1b}$$

单元组装

利用整体自由度与单元自由度的关系,可以得到组装后的刚度矩阵:

$$K = \begin{bmatrix} \overset{1}{K_{11}^1 + K_{11}^3} & \overset{2}{K_{12}^1 + K_{12}^3} & \overset{3}{K_{13}^1} & \overset{4}{K_{14}^1} & \overset{5}{K_{13}^3} & \overset{6}{K_{14}^3} \\ & K_{22}^1 + K_{22}^3 & K_{23}^1 & K_{24}^1 & K_{23}^3 & K_{24}^3 \\ & & K_{33}^1 + K_{11}^2 & K_{34}^1 + K_{12}^2 & K_{13}^2 & K_{14}^2 \\ & \text{symm.} & & K_{44}^1 + K_{22}^2 & K_{23}^2 & K_{24}^2 \\ & & & & K_{33}^2 + K_{33}^3 & K_{34}^2 + K_{34}^3 \\ & & & & & K_{44}^2 + K_{44}^3 \end{bmatrix} \begin{matrix} 1 \\ 2 \\ 3 \\ 4 \\ 5 \\ 6 \end{matrix} \tag{2}$$

在式(2)中使用式(1a)和式(1b)的单元刚度矩阵,可得到组装后的整体刚度矩阵:

$$K = \frac{EA}{L} \left[\begin{array}{cccc|cc} 1.3536 & 0.3536 & -1.0 & 0.0 & -0.3536 & -0.3536 \\ & 0.3536 & 0.0 & 0.0 & -0.3536 & -0.3536 \\ & & 1.0 & 0.0 & 0.0 & 0.0 \\ & & & 1.0 & 0.0 & -1.0 \\ \text{symm.} & \text{---} & \text{---} & \text{---} & \text{---} & \text{---} \\ & & & & 0.3536 & 0.3536 \\ & & & & & 1.3536 \end{array} \right] \tag{3}$$

位移连续性条件:

$$u_1^1 = u_1^3 = U_1, v_1^1 = v_1^3 = V_1$$
$$u_2^1 = u_1^2 = U_2, v_2^1 = v_1^2 = V_2$$
$$u_2^2 = u_2^3 = U_3, v_2^2 = v_2^3 = V_3 \tag{4}$$

以及力平衡条件:

$$F_1^1 + F_1^3 = F_x^1, F_2^1 + F_2^3 = F_y^1$$
$$F_3^1 + F_1^2 = F_x^2, F_4^1 + F_2^2 = F_y^2$$
$$F_3^2 + F_3^3 = F_x^3, F_4^2 + F_4^3 = F_y^3 \tag{5}$$

可将整体位移和力向量写成:

$$\Delta = \begin{Bmatrix} U_1 \\ V_1 \\ U_2 \\ V_2 \\ U_3 \\ V_3 \end{Bmatrix}, F = \begin{Bmatrix} F_1^1 + F_1^3 \\ F_2^1 + F_2^3 \\ F_3^1 + F_1^2 \\ F_4^1 + F_2^2 \\ F_3^2 + F_3^3 \\ F_4^2 + F_4^3 \end{Bmatrix} = \begin{Bmatrix} F_x^1 \\ F_y^1 \\ F_x^2 \\ F_y^2 \\ F_x^3 \\ F_y^3 \end{Bmatrix} \tag{6}$$

其中,(U_I, V_I)和(F_x^I, F_y^I)分别表示整体节点 I 的位移和外部力向量的 x 和 y 分量。

边界条件

指定的整体位移自由度和力自由度为

$$U_1 = V_1 = U_2 = V_2 = 0, F_x^3 = P, F_y^3 = -2P \tag{7}$$

前两个边界条件对应节点 1 的水平和垂直位移,后两种边界条件对应节点 2 的水平和垂直位移,最后两个边界条件对应节点 3 的力边界条件。未知量为:节点 3 的位移(U_3, V_3),节点 1 的力(F_x^1, F_y^2),节点 2 的力(F_x^2, F_y^2)。

缩聚方程

未知位移(U_3, V_3)的缩聚方程由系统的最后两个方程得到,由式(3)中的虚线以下部分表示:

$$\frac{EA}{L}\begin{bmatrix} 0.3536 & 0.3536 \\ 0.3536 & 1.3536 \end{bmatrix}\begin{Bmatrix} U_3 \\ V_3 \end{Bmatrix} = \begin{Bmatrix} P \\ -2P \end{Bmatrix} \tag{8}$$

且未知反力的缩聚方程为(由系统的前四个方程得到)

$$\begin{Bmatrix} F_x^1 \\ F_y^1 \\ F_x^2 \\ F_y^2 \end{Bmatrix} = \frac{EA}{L}\begin{bmatrix} -0.3536 & -0.3536 \\ -0.3536 & -0.3536 \\ 0.0000 & 0.0000 \\ 0.0000 & -1.0000 \end{bmatrix}\begin{Bmatrix} U_3 \\ V_3 \end{Bmatrix} \tag{9}$$

有限元方程的解

求解式(8),得

$$U_3 = (3+2\sqrt{2})\frac{PL}{EA} = 5.828\frac{PL}{EA} = 1.457\text{mm}, \quad V_3 = -\frac{3PL}{EA} = -0.75\text{mm} \tag{10}$$

使用式(9)计算反力,得

$$F_x^1 = -P, F_y^1 = -P, F_x^2 = 0.0, F_y^2 = 3P \tag{11}$$

后处理

各构件的应力可由该关系式计算:

$$\sigma^e = -\frac{\overline{Q}_1^e}{A_e} = \frac{\overline{Q}_2^e}{A_e} \tag{12}$$

其中,$\overline{Q}_1^e$ 和 $\overline{Q}_2^e$ 可由单元方程确定:

$$\begin{Bmatrix} \overline{Q}_1^e \\ \overline{Q}_2^e \end{Bmatrix} = \frac{A_e E_e}{h_e}\begin{bmatrix} 1 & -1 \\ -1 & 1 \end{bmatrix}\begin{Bmatrix} \overline{u}_1^e \\ \overline{u}_2^e \end{Bmatrix} \tag{13}$$

且单元位移$(\overline{u}_1^e, \overline{u}_2^e)$由式(6.2.3a)中的转换关系得到

$$\begin{Bmatrix} \overline{u}_1^e \\ \overline{v}_1^e \\ \overline{u}_2^e \\ \overline{v}_2^e \end{Bmatrix} = \begin{bmatrix} \cos\alpha_e & \sin\alpha_e & 0 & 0 \\ -\sin\alpha_e & \cos\alpha_e & 0 & 0 \\ 0 & 0 & \cos\alpha_e & \sin\alpha_e \\ 0 & 0 & -\sin\alpha_e & \cos\alpha_e \end{bmatrix}\begin{Bmatrix} u_1^e \\ v_1^e \\ u_2^e \\ v_2^e \end{Bmatrix} \tag{14}$$

通过定义[见式(4)]有

$$u_1^1 = v_1^1 = u_2^1 = v_2^1 = 0, u_1^2 = v_1^2 = u_1^3 = v_1^3 = 0$$

$$u_2^2 = u_2^3 = U_3 = (3+2\sqrt{2})\frac{PL}{EA}, v_2^2 = v_2^3 = V_3 = -\frac{3PL}{EA} \tag{15}$$

因此,式(12)至式(15)给出:

$$\sigma^e = \frac{E_e}{h_e}(\bar{u}_2^e - \bar{u}_1^e) \tag{16}$$

$$\bar{u}_1^1 = u_1^1 \cos\alpha_1 + v_1^1 \sin\alpha_1 = 0$$

$$\bar{u}_2^1 = u_2^1 \cos\alpha_1 + v_2^1 \sin\alpha_1 = 0$$

$$\bar{u}_1^2 = u_1^2 \cos\alpha_2 + v_1^2 \sin\alpha_2 = 0$$

$$\bar{u}_2^2 = U_3 \cos\alpha_2 + V_3 \sin\alpha_2 = V_3 = -\frac{3PL}{EA} \tag{17}$$

$$\bar{u}_1^3 = u_1^3 \cos\alpha_3 + v_1^3 \sin\alpha_3 = 0$$

$$\bar{u}_2^3 = U_3 \cos\alpha_3 + V_3 \sin\alpha_3 = \frac{1}{\sqrt{2}}(U_3 + V_3) = \frac{2PL}{EA}$$

因此,构件的力为

$$\bar{Q}_1^1 = -\bar{Q}_2^1 = 0, \bar{Q}_1^2 = -\bar{Q}_2^2 = 3P, \bar{Q}_1^3 = -\bar{Q}_2^3 = -\sqrt{2}P \tag{18}$$

构件中的轴向应力为

$$\sigma^{(1)} = 0, \sigma^{(2)} = -\frac{3P}{A} = -30\text{MPa}, \sigma^{(3)} = \sqrt{2}\frac{P}{A} = 14.142\text{MPa} \tag{19}$$

结果的解释和验证

对结构和施加载荷的检查表明位移(U_3, V_3)是定性正确的(正的U_3和负的V_3)。同时,结构的几何形状表明其垂直方向(构件 2 直接承担了大部分的载荷)比水平方向刚度相对更大。构件 1 是多余的,不承受载荷(因为其两端均为固定的)。

将截面法应用于图 6.2.3,即可验证式(11)中的力。界面 AA、BB 和 CC 给出了下列关系:

$$\frac{1}{\sqrt{2}}(F_{1x}+F_{1y})+R=0, \frac{1}{\sqrt{2}}R+F_{1y}=0, F_{1x}+H+\frac{1}{\sqrt{2}}R=0 \tag{20a}$$

$$F_{2x}-H=0, F_{2y}+Q=0, -\frac{1}{\sqrt{2}}R+P=0, \frac{1}{\sqrt{2}}R+Q+2P=0 \tag{20b}$$

得

$$Q=-3P, R=\sqrt{2}P, F_{2y}=3P, F_{1y}=-P, F_{1x}=-P, H=F_{2x}=0 \tag{20c}$$

注意,采用截面法计算的构件力与有限元法计算的构件力$(\bar{Q}_1^1 = H, \bar{Q}_1^2 = -Q, \bar{Q}_1^3 = -R)$一致。应该注意的是,这个练习的目的只是为了检验,如后处理中讨论的那样,有限元方法可以

用来确定构件力 Q，R 和 H。

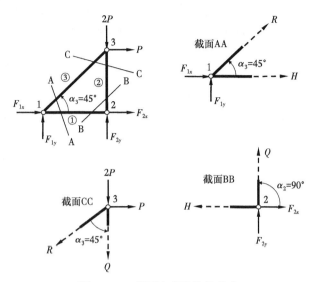

图 6.2.3　截面法确定构件的力

6.3　平面框架结构分析

6.3.1　简介

　　回想 6.1 节中提到的杆单元,从分析的角度来看,杆单元具有轴向刚度 EA,并且只承受轴向(拉伸或压缩)载荷。当它在空间上任意方向时,称为桁架单元。一个平面桁架单元包含 2 个节点,每个节点有 2 个自由度,即一个水平位移(u)和一个垂直位移(w),相对于整体坐标 (x,z),取 x 为水平坐标,z 为垂直坐标。单元在单元坐标系 $(\bar{x}_e,\bar{y}_e,\bar{z}_e)$ 中有一个轴向位移($\bar{u}$)和横向位移($\bar{w}=0$),其中,$\bar{x}_e$ 沿单元长度方向,$\bar{z}_e$ 为单元的横向,$\bar{y}_e$ 为垂直于纸平面向里,进而形成一个右手笛卡儿直角坐标系。沿 x 轴和 z 轴的整体位移(u,w)通常是非零的($\bar{v}=v=0$)。

　　在第 5 章中,梁单元被称为一个"纯"弯曲单元(即没有伸长自由度),它可以横向承载荷载,使单元绕 y 轴弯曲,并通过其横截面进行剪切变形。将杆的自由度与纯梁的自由度叠加,得到一般的梁有限元,称为框架单元,如图 6.3.1 所示。因此,一个框架单元可以沿着梁的长

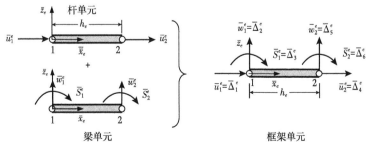

图 6.3.1　将杆单元、梁单元叠加得到框架单元[自由度参考单元

坐标系 $(\bar{x}_e,\bar{y}_e,\bar{z}_e)$；$\bar{y}_e=y$ 轴垂直于纸平面向里]

度和横向承担荷载,以及绕垂直于单元平面的轴(即 y)的弯矩。框架结构的构件通过刚性连接(铆接或焊接)连接,因此轴向和横向力和弯矩在这些构件中产生。本节的目标是在第 4.4 节、5.2 节、5.3 节和 6.2 节的帮助下,建立一个平面框架有限元。

6.3.2　一般格式

在许多桁架和框架结构中,杆单元、梁单元存在许多不同的方向[如图 6.1.1(b)]。对这种结构进行位移和应力分析,需要建立一个整体坐标系,并将单个单元的所有量(即位移、力和刚度)引入到共同的(整体)坐标系中,以便将单元组装起来,并在整个结构上施加边界条件。

将 4.4 节的杆单元与 5.2 节的 Euler-Bernoulli 梁单元(EBE)或 5.3 节的 Timoshenko 梁单元(RIE 或 CIE)进行叠加,给出了每个节点有三个主自由度(u,w,S)的框架单元,其中 S 表示转角[即在 EBT 中,$S=\theta_x=-(\mathrm{d}w/\mathrm{d}x)$,在 TBT 中,$S=\phi_x$];注意,为了与 5.2 节和 5.3 节一致,6.2 节的横向位移 v 用 w 表示。当轴向刚度 EA 和抗弯刚度 EI 在单元内为常数时,线性杆单元与任意 2 个节点且每个节点有 2 个自由度的梁单元叠加,就得到了 2 个节点、每个节点有 3 个自由度的框架单元。在单元坐标系中,典型的框架单元有限元方程的形式为

$$\overline{K}^e \overline{\Delta}^e = \overline{F}^e \tag{6.3.1}$$

其中

$$\overline{\Delta}_1^e = \overline{u}_1^e,\overline{\Delta}_2^e = \overline{w}_1^e,\overline{\Delta}_3^e = \overline{S}_1^e,\overline{\Delta}_4^e = \overline{u}_2^e,\overline{\Delta}_5^e = \overline{w}_2^e,\overline{\Delta}_6^e = \overline{S}_2^e \tag{6.3.2}$$

接下来,在整体坐标系下建立转换关系来表达单元方程式(6.3.1)。单元 Ω^e 的局部坐标系$(\overline{x}_e,\overline{y}_e,\overline{z}_e)$是通过将整体坐标系绕 $\overline{y}_e = y$ 轴逆时针旋转 α_e 得到的。因此,局部坐标$(\overline{x}_e,\overline{y}_e,\overline{z}_e)$与整体坐标$(x,y,z)$关系为[为了与广义位移$(\overline{u}^e,\overline{w}^e,\overline{S}^e)$的顺序匹配,转换关系的顺序也进行了改变]

$$\begin{Bmatrix} \overline{x}_e \\ \overline{z}_e \\ \overline{y}_e \end{Bmatrix}^e = \begin{bmatrix} \cos\alpha_e & \sin\alpha_e & 0 \\ -\sin\alpha_e & \cos\alpha_e & 0 \\ 0 & 0 & 1 \end{bmatrix} \begin{Bmatrix} x \\ z \\ y \end{Bmatrix} \tag{6.3.3}$$

其中,角度 α_e 是整体坐标 x 轴与单元坐标 $\overline{x}_e$ 轴的逆时针夹角。注意,y 和 $\overline{y}_e$ 坐标是互相平行的,它们均垂直于纸平面向里(图 6.3.2)。该转换关系同样可以用于沿整体坐标(x,z)的位移(u,w)和在局部坐标$(\overline{x}_e,\overline{z}_e)$中的位移$(\overline{u}^e,\overline{w}^e)$的变换。由于结构的平面性质(即所有施加的载荷都只在 xy 平面上),有 $\overline{v}_i^e = 0$。然而,还有绕 y 轴的旋转,且在两个坐标系中都是一样的,因为 $y=\overline{y}_e$。因此,(u,w,S) 和 $(\overline{u}^e,\overline{w}^e,\overline{S}^e)$ 的关系为

$$\begin{Bmatrix} \overline{u}_e \\ \overline{w}_e \\ \overline{S}_e \end{Bmatrix} = \begin{bmatrix} \cos\alpha_e & \sin\alpha_e & 0 \\ -\sin\alpha_e & \cos\alpha_e & 0 \\ 0 & 0 & 1 \end{bmatrix} \begin{Bmatrix} \overline{u}^e \\ \overline{w}^e \\ S^e \end{Bmatrix} \tag{6.3.4}$$

因此,在$(\overline{x}_e,\overline{y}_e,\overline{z}_e)$坐标系中第 i 个节点$(i=1,2)$处的 3 个节点自由度$(\overline{u}_i^e,\overline{w}_i^e,\overline{S}_i^e)$与$(x,y,z)$坐标系中 3 个自由度$(u_i^e,w_i^e,S_i^e)$的关系为

$$
\left\{
\begin{array}{c}
\bar{u}_1^e \\
\bar{w}_1^e \\
\bar{S}_1 \\
\bar{u}_2 \\
\bar{w}_2 \\
\bar{S}_2
\end{array}
\right\}
=
\left[
\begin{array}{cccccc}
\cos\alpha_e & \sin\alpha_e & 0 & 0 & 0 & 0 \\
-\sin\alpha_e & \cos\alpha_e & 0 & 0 & 0 & 0 \\
0 & 0 & 1 & 0 & 0 & 0 \\
0 & 0 & 0 & \cos\alpha_e & \sin\alpha_e & 0 \\
0 & 0 & 0 & -\sin\alpha_e & \cos\alpha_e & 0 \\
0 & 0 & 0 & 0 & 0 & 0
\end{array}
\right]
\left\{
\begin{array}{c}
u_1^e \\
w_1^e \\
S_1^e \\
u_2^e \\
w_2^e \\
S_2^e
\end{array}
\right\}
\qquad (6.3.5a)
$$

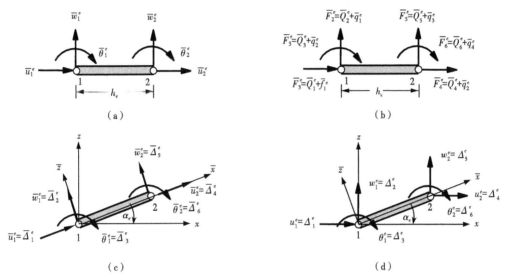

图6.3.2 （a）广义位移；(b)单元坐标中的广义力；(c) 局部坐标中的广义
位移；(d)整体坐标中的广义位移

或者

$$
\bar{\Delta}^e = T^e \Delta^e \qquad (6.3.5b)
$$

类似地,局部坐标系和整体坐标系中的单元力向量转换关系为

$$
\bar{F}^e = T^e F^e \qquad (6.3.6)
$$

注意到 $(T^e)^{\mathrm{T}} = (T^e)^{-1}$。将转换方程(6.3.5b)和方程(6.3.6)代入到式(6.3.1)中,得

$$
\bar{K}^e T^e \Delta^e = T^e F^e \qquad (6.3.7)
$$

两边同时乘以 $(T^e)^{\mathrm{T}}$,得

$$
(T^e)^{\mathrm{T}} \bar{K}^e T^e \Delta^e = F^e \quad \text{或者} \quad K^e \Delta^e = F^e \qquad (6.3.8)
$$

其中

$$
K^e = (T^e)^{\mathrm{T}} \bar{K}^e T^e, \quad F^e = (T^e)^{\mathrm{T}} \bar{F}^e \qquad (6.3.9)
$$

因此,如果知道单元 $\varOmega^e$ 在局部坐标系$(\bar{x}_e,\bar{y}_e,\bar{z}_e)$中的单元矩阵 $\bar{K}^e$ 和 $\bar{F}^e$,则整体坐标系中的单元矩阵 K^e 和 F^e 可以通过式(6.3.9)获得。

6.3.3　Euler-Bernoulli 框架单元

对于 Euler-Bernoulli 梁单元,当 $k_f^e=0$ 且 E_eA_e 和 E_eI_e 在单元内为常数时,刚度矩阵 $\bar{K}^e$ 和载荷向量 $\bar{F}^e$ 为

$$\bar{K}^e=\frac{2E_eI_e}{h_e^3}\begin{bmatrix} \kappa_e & 0 & 0 & -\kappa_e & 0 & 0 \\ 0 & 6 & 3h_e & 0 & -6 & -3h_e \\ 0 & -3h_e & 2h_e^2 & 0 & 3h_e & h_e^2 \\ -\kappa_e & 0 & 0 & \kappa_e & 0 & 0 \\ 0 & -6 & 3h_e & 0 & 6 & 3h_e \\ 0 & -3h_e & h_e^2 & 0 & 3h_e & 2h_e^2 \end{bmatrix},\kappa_e=\frac{A_eh_e^2}{2I_e}$$

$$\bar{F}^e=\begin{Bmatrix} \bar{f}_1^e \\ \bar{q}_1^e \\ \bar{q}_2^e \\ \bar{f}_2^e \\ \bar{q}_3^e \\ \bar{q}_4^e \end{Bmatrix}+\begin{Bmatrix} \bar{Q}_1^e \\ \bar{Q}_2^e \\ \bar{Q}_3^e \\ \bar{Q}_4^e \\ \bar{Q}_5^e \\ \bar{Q}_6^e \end{Bmatrix},\bar{\Delta}=\begin{Bmatrix} \bar{u}_1^e=\bar{\Delta}_1^e \\ \bar{w}_1^e=\bar{\Delta}_2^e \\ \bar{\theta}_1^e=\bar{\Delta}_3^e \\ \bar{u}_2^e=\bar{\Delta}_4^e \\ \bar{w}_2^e=\bar{\Delta}_5^e \\ \bar{\theta}_2^e=\bar{\Delta}_6^e \end{Bmatrix} \tag{6.3.10}$$

其中,Q_i^e 是在 $\bar{x}_e=0,h_e$ 处的广义力:

$$\bar{Q}_1^e\equiv\left[-E_eA_e\frac{d\bar{u}^e}{d\bar{x}}\right]_0=-\bar{N}^e(0),\bar{Q}_2^e\equiv\left[\frac{d}{d\bar{x}}\left(E_eI_e\frac{d^2\bar{w}_h^e}{d\bar{x}^2}\right)\right]_0=-\bar{V}_h^e(0)$$

$$\bar{Q}_3^e\equiv\left[-E_eI_e\frac{d^2\bar{w}_h^e}{d\bar{x}}\right]_0=-\bar{M}_h^e(0),\bar{Q}_4^e\equiv\left[E_eA_e\frac{d\bar{u}^e}{d\bar{x}}\right]_{h_e}=\bar{N}^e(h_e) \tag{6.3.11}$$

$$\bar{Q}_5^e\equiv-\left[\frac{d}{d\bar{x}}\left(E_eI_e\frac{d^2\bar{w}_h^e}{d\bar{x}^2}\right)\right]_{h_e}=\bar{V}_h^e(h_e),\bar{Q}_6^e\equiv-\left[E_eI_e\frac{d^2\bar{w}_h^e}{d\bar{x}^2}\right]_{h_e}=\bar{M}_h^e(h_e)$$

且

$$\bar{f}_i^e=\int_0^{h_e}\left[f(\bar{x})\psi_i^e(\bar{x})+EA\alpha T\right]d\bar{x},\bar{q}_i^e=\int_0^{h_e}q(\bar{x})\phi_i^e(\bar{x})d\bar{x} \tag{6.3.12}$$

式中,ψ_i^e 是线性 Lagrange 多项式,ϕ_i^e 是 Hermite 三次多项式,α 是热膨胀系数,T 是温升,后两个变量假设只是 x(不是 z)的函数。

将式(6.3.10)中 $\bar{K}^e$ 和 $\bar{F}^e$ 的表达式代入式(6.3.9)中进行矩阵乘法运算,得

$$
\boldsymbol{K}^e = \frac{2E_e I_e}{h_e^3}
\begin{bmatrix}
\kappa_e \cos^2\alpha_e + 6\sin^2\alpha_e & (\kappa_e - 6)\cos\alpha_e \sin\alpha_e & 3h_e \sin\alpha_e \\
(\kappa_e - 6)\cos\alpha_e \sin\alpha_e & \kappa_e \sin^2\alpha_e + 6\cos^2\alpha_e & -3h_e \cos\alpha_e \\
3h_e \sin\alpha_e & -3h_e \cos\alpha_e & 2h_e^2 \\
-(\kappa_e \cos^2\alpha_e + 6\sin^2\alpha_e) & -(\kappa_e - 6)\sin\alpha_e \cos\alpha_e & -3h_e \sin\alpha_e \\
-(\kappa_e - 6)\cos\alpha_e \sin\alpha_e & -(\kappa_e \sin^2\alpha_e + 6\cos^2\alpha_e) & 3h_e \cos\alpha_e \\
3h_e \sin\alpha_e & -3h_e \cos\alpha_e & h_e^2
\end{bmatrix}
$$

$$
\begin{matrix}
-(\kappa_e \cos^2\alpha_e + 6\sin^2\alpha_e) & -(\kappa_e - 6)\cos\alpha_e \sin\alpha_e & 3h_e \sin\alpha_e \\
-(\kappa_e - 6)\cos\alpha_e \sin\alpha_e & -(\kappa_e \sin^2\alpha_e + 6\cos^2\alpha_e) & -3h_e \cos\alpha_e \\
-3h_e \sin\alpha_e & 3h_e \cos\alpha_e & h_e^2 \\
\kappa_e \cos^2\alpha_e + 6\sin^2\alpha_e & (\kappa_e - 6)\cos\alpha_e \sin\alpha_e & -3h_e \sin\alpha_e \\
(\kappa_e - 6)\cos\alpha_e \sin\alpha_e & \kappa_e \sin^2\alpha_e + 6\cos^2\alpha_e & 3h_e \cos\alpha_e \\
-3h_e \sin\alpha_e & 3h_e \cos\alpha_e & 2h_e^2
\end{matrix}
\tag{6.3.13}
$$

$$
\boldsymbol{F}^e =
\begin{Bmatrix}
\bar{F}_1^e \cos\alpha_e - \bar{F}_2^e \sin\alpha_e \\
\bar{F}_1^e \sin\alpha_e - \bar{F}_2^e \cos\alpha_e \\
\bar{F}_3^e \\
\bar{F}_4^e \cos\alpha_e - \bar{F}_5^e \sin\alpha_e \\
\bar{F}_4^e \sin\alpha_e + \bar{F}_5^e \cos\alpha_e \\
\bar{F}_6^e
\end{Bmatrix}
, \kappa_e = \frac{A_e h_e^2}{2I_e}
$$

6.3.4 基于 CIE 的 Timoshenko 框架单元

CIE Timoshenko 框架单元在单元坐标下的单元方程为

$$
\frac{E_e I_e}{6\mu_e h_e^3}
\begin{bmatrix}
\kappa_e & 0 & 0 & -\kappa_e & 0 & 0 \\
0 & 6 & -3h_e & 0 & -6 & -3h_e \\
0 & -3h_e & h_e^2(1.5 + 6\mu_e) & 0 & 3h_e & h_e^2(1.5 - 6\mu_e) \\
-\kappa_e & 0 & 0 & \kappa_e & 0 & 0 \\
0 & -6 & 3h_e & 0 & 6 & 3h_e \\
0 & -3h_e & h_e^2(1.5 - 6\mu_e) & 0 & 3h_e & h_e^2(1.5 + 6\mu_e)
\end{bmatrix}
\begin{Bmatrix}
\bar{u}_1^e = \bar{\Delta}_1^e \\
\bar{w}_1^e = \bar{\Delta}_2^e \\
\bar{\phi}_1^e = \bar{\Delta}_3^e \\
\bar{u}_2^e = \bar{\Delta}_4^e \\
\bar{w}_2^e = \bar{\Delta}_5^e \\
\bar{\phi}_2^e = \bar{\Delta}_6^e
\end{Bmatrix}
=
\begin{Bmatrix}
\bar{F}_1^e \\
\bar{F}_2^e \\
\bar{F}_3^e \\
\bar{F}_4^e \\
\bar{F}_5^e \\
\bar{F}_6^e
\end{Bmatrix}^e
\equiv
\begin{Bmatrix}
\bar{f}_1^e \\
\bar{q}_1^e + \dfrac{1}{2}\bar{q}_c^e \\
\dfrac{h_e}{8}\bar{q}_c^e \\
\bar{f}_2^e \\
\bar{q}_2^e + \dfrac{1}{2}\bar{q}_c^e \\
-\dfrac{h_e}{8}\bar{q}_c^e
\end{Bmatrix}
+
\begin{Bmatrix}
\bar{Q}_1^e \\
\bar{Q}_2^e \\
\bar{Q}_3^e \\
\bar{Q}_4^e \\
\bar{Q}_5^e \\
\bar{Q}_6^e
\end{Bmatrix}
\tag{6.3.14}
$$

其中

$$
\bar{f}_i = \int_0^{h_e} f^e(\bar{x}) \psi_i^e(\bar{x})\, \mathrm{d}\bar{x} (i = 1,2), \bar{q}_i = \int_0^{h_e} q^e(\bar{x}) \psi_i^e(\bar{x})\, \mathrm{d}\bar{x} (i = 1,2,c)
\tag{6.3.15}
$$

且

$$\overline{Q}_1^e \equiv \left[-E_e A_e \frac{\mathrm{d}\overline{u}^e}{\mathrm{d}\overline{x}} \right]_{\overline{x}=0} = -\overline{N}_h^e(0)$$

$$\overline{Q}_2^e \equiv -\left[G_e A_e K_s \left(\overline{\phi}_h^e + \frac{\mathrm{d}\overline{w}_h^e}{\mathrm{d}\overline{x}} \right) \right]_{\overline{x}=0} = -\overline{V}_h^e(0)$$

$$\overline{Q}_3^e \equiv -\left[E_e I_e \frac{\mathrm{d}\overline{\phi}_h^e}{\mathrm{d}\overline{x}} \right]_{\overline{x}=0} = -\overline{M}_h^e(0) \tag{6.3.16}$$

$$\overline{Q}_4^e \equiv \left[E_e A_e \frac{\mathrm{d}\overline{u}^e}{\mathrm{d}\overline{x}} \right]_{\overline{x}=h_e} = \overline{N}_h^e(h_e)$$

$$\overline{Q}_5^e \equiv -\left[G_e A_e K_s \left(\overline{\phi}_h^e + \frac{\mathrm{d}\overline{w}_h^e}{\mathrm{d}\overline{x}} \right) \right]_{\overline{x}=h_e} = \overline{V}_h^e(h_e)$$

$$\overline{Q}_6^e \equiv \left[E_e I_e \frac{\mathrm{d}\overline{\phi}_h^e}{\mathrm{d}\overline{x}} \right]_{\overline{x}=h_e} = \overline{M}_h^e(h_e)$$

以及

$$\kappa_e = \frac{6A_e \mu_e h_e^2}{I_e}, \mu_e = \frac{E_e I_e}{G_e A_e K_s h_e^2} \tag{6.3.17}$$

在整体坐标中框架单元的刚度矩阵为

$$\boldsymbol{K}^e = \frac{E_e I_e}{6\mu_e h_e^3} \begin{bmatrix}
\kappa_e \cos^2\alpha_e + 6\sin^2\alpha_e & (\kappa_e-6)\cos\alpha_e \sin\alpha_e & 3h_e \sin\alpha_e \\
(\kappa_e-6)\cos\alpha_e \sin\alpha_e & \kappa_e \sin^2\alpha_e + 6\cos^2\alpha_e & -3h_e \cos\alpha_e \\
3h_e \sin\alpha_e & -3h_e \cos\alpha_e & h_e^2(1.5+6\mu_e) \\
-(\kappa_e \cos^2\alpha_e + 6\sin^2\alpha_e) & -(\kappa_e-6)\sin\alpha_e \cos\alpha_e & -3h_e \sin\alpha_e \\
-(\kappa_e-6)\cos\alpha_e \sin\alpha_e & -(\kappa_e \sin^2\alpha_e + 6\cos^2\alpha_e) & 3h_e \cos\alpha_e \\
3h_e \sin\alpha_e & -3h_e \cos\alpha_e & h_e^2(1.5-6\mu_e)
\end{bmatrix}$$

$$\begin{bmatrix}
-(\kappa_e \cos^2\alpha_e + 6\sin^2\alpha_e) & -(\kappa_e-6)\cos\alpha_e \sin\alpha_e & 3h_e \sin\alpha_e \\
-(\kappa_e-6)\cos\alpha_e \sin\alpha_e & -(\kappa_e \sin^2\alpha_e + 6\cos^2\alpha_e) & -3h_e \cos\alpha_e \\
-3h_e \sin\alpha_e & 3h_e \cos\alpha_e & h_e^2(1.5-6\mu_e) \\
\kappa_e \cos^2\alpha_e + 6\sin^2\alpha_e & (\kappa_e-6)\cos\alpha_e \sin\alpha_e & -3h_e \sin\alpha_e \\
(\kappa_e-6)\cos\alpha_e \sin\alpha_e & \kappa_e \sin^2\alpha_e + 6\cos^2\alpha_e & 3h_e \cos\alpha_e \\
-3h_e \sin\alpha_e & 3h_e \cos\alpha_e & h_e^2(1.5+6\mu_e)
\end{bmatrix} \tag{6.3.18}$$

整体坐标系中单元力向量的形式与式(6.3.13)相同,$\boldsymbol{F}^e$ 由式(6.3.15)给出。

6.3.5 基于 RIE 的 Timoshenko 框架单元

由于 RIE 的单元刚度矩阵与 CIE 相同,因此式(6.3.18)给出的整体坐标下的单元刚度矩阵同样适合用于基于 RIE 的框架单元。轴向和横向分布力对节点的贡献为

$$\bar{f}_i^e = \int_0^{h_e} f(\bar{x})\psi_i^e(\bar{x})\,\mathrm{d}\bar{x}, \quad \bar{q}_i^e = \int_0^{h_e} q(\bar{x})\psi_i^e(\bar{x})\,\mathrm{d}\bar{x} \tag{6.3.19}$$

其中,ψ_i^e 是线性插值函数。则 RIE 框架单元的单元力向量为

$$\boldsymbol{F}^e = \begin{Bmatrix} \bar{F}_1^e\cos\alpha_e - \bar{F}_2^e\sin\alpha_e \\ \bar{F}_1^e\sin\alpha_e - \bar{F}_2^e\cos\alpha_e \\ \bar{F}_3^e \\ \bar{F}_4^e\cos\alpha_e - \bar{F}_5^e\sin\alpha_e \\ \bar{F}_4^e\sin\alpha_e - \bar{F}_5^e\cos\alpha_e \\ \bar{F}_6^e \end{Bmatrix}, \quad \begin{Bmatrix} \bar{F}_1^e \\ \bar{F}_2^e \\ \bar{F}_3^e \\ \bar{F}_4^e \\ \bar{F}_5^e \\ \bar{F}_6^e \end{Bmatrix}^e = \begin{Bmatrix} \bar{f}_1^e \\ \bar{q}_1^e \\ 0 \\ \bar{f}_2^e \\ \bar{q}_2^e \\ 0 \end{Bmatrix} + \begin{Bmatrix} \bar{Q}_1^e \\ \bar{Q}_2^e \\ \bar{Q}_3^e \\ \bar{Q}_4^e \\ \bar{Q}_5^e \\ \bar{Q}_6^e \end{Bmatrix} \tag{6.3.20}$$

例 6.3.1

考虑图 6.3.3 所示的框架结构。采用(a) Euler-Bernoulli 框架单元,(b)基于 CIE 的 Timoshenko 框架单元,(c)基于 RIE 的 Timoshenko 框架单元来分析结构的位移和力。结构的两个构件具有相同的材料(E)和相同的几何特性(A,I)。

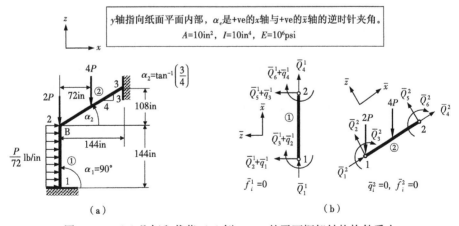

图 6.3.3 (a)几何和载荷;(b)例 6.3.1 的平面框架结构构件受力

解答:整体坐标系(x,y,z)中单元刚度矩阵和力向量可由式(6.3.13)到式(6.3.20)计算,且取决于单元的类型。各单元的几何和材料特性如下(轴向分布力 $f=0$,横向分布载荷为 q):

单元 1

$$L=144\mathrm{in}, A=10\mathrm{in}^2, I=10\mathrm{in}^4, E=10^6\mathrm{psi}, \cos\alpha_1=0.0, \sin\alpha_1=1.0$$

$$q^{(1)} = -P/72 \text{lb/in}, EA/L = 69.444 \times 10^3, EI/L^2 = 482.253, EI/L^3 = 3.349$$

$$q_1^1 = q_3^1 = \frac{q^{(1)} \times 144}{2} = -P, q_2^2 = \frac{q^{(1)} \times (144)^2}{12} = 24P, q_4^1 = -q_2^1 = -24P$$

单元 2

根据式(5.2.27b)[图5.2.8(b)],将单元2的中心载荷 $F_0 = -4P$(整体坐标 z 方向)分配到单元节点上。

$$L = 180 \text{in}, A = 10 \text{in}^2, I = 10 \text{in}^4, E = 10^6 \text{psi}, \cos\alpha_2 = 0.8, \sin\alpha_2 = 0.6$$

$$q^{(2)} = 0, EA/L = 55.555 \times 10^3, EI/L^2 = 308.642, EI/L^3 = 1.715$$

$$q_1^1 = q_3^1 = -2P, q_2^1 = \frac{4P \times (144)}{8} = 72P, q_4^1 = -q_2^1 = -72P$$

通过节点力的平衡来包含整体节点2处的载荷 $2P$。

(a)Euler-Bernoulli 框架单元,EBE。单元刚度矩阵和力向量为

$$
\boldsymbol{K}^1 = 10^3
\begin{bmatrix}
0.4019\text{E}2 & 0.0000\text{E}0 & 0.2894\text{E}4 & -0.4019\text{E}2 & 0.0000\text{E}0 & 0.2894\text{E}4 \\
0.0000\text{E}0 & 0.6944\text{E}5 & 0.0000\text{E}0 & 0.0000\text{E}0 & -0.6944\text{E}5 & 0.0000\text{E}0 \\
0.2894\text{E}4 & 0.0000\text{E}0 & 0.2778\text{E}6 & -0.2894\text{E}4 & 0.0000\text{E}0 & 0.1389\text{E}6 \\
-0.4019\text{E}2 & 0.0000\text{E}0 & -0.2894\text{E}4 & 0.4019\text{E}2 & 0.0000\text{E}0 & -0.2894\text{E}4 \\
0.0000\text{E}0 & -0.6944\text{E}5 & 0.0000\text{E}0 & 0.0000\text{E}0 & 0.6944\text{E}5 & 0.0000\text{E}0 \\
0.2894\text{E}4 & 0.0000\text{E}0 & 0.1389\text{E}6 & -0.2894\text{E}4 & 0.0000\text{E}0 & 0.2778\text{E}6
\end{bmatrix}
$$

$$\boldsymbol{f}^1 = P\{1.0 \quad 0.0 \quad 24.0 \quad 1.0 \quad 0.0 \quad -24.0\}^{\text{T}}$$

$$
\boldsymbol{K}^2 = 10^3
\begin{bmatrix}
0.3556\text{E}5 & 0.2667\text{E}5 & 0.1111\text{E}4 & -0.3556\text{E}5 & -0.2667\text{E}5 & 0.1111\text{E}4 \\
0.2667\text{E}5 & 0.2001\text{E}5 & -0.1482\text{E}4 & -0.2667\text{E}5 & -0.2001\text{E}5 & -0.1482\text{E}4 \\
0.1111\text{E}4 & -0.1482\text{E}4 & 0.2222\text{E}6 & -0.1111\text{E}4 & 0.1482\text{E}4 & 0.1111\text{E}6 \\
-0.3556\text{E}5 & -0.2667\text{E}5 & -0.1111\text{E}4 & 0.3556\text{E}5 & 0.2667\text{E}5 & -0.1111\text{E}4 \\
-0.2667\text{E}5 & -0.2001\text{E}5 & 0.1482\text{E}4 & -0.2667\text{E}5 & 0.2001\text{E}5 & 0.1482\text{E}4 \\
0.1111\text{E}4 & -0.1482\text{E}4 & 0.1111\text{E}6 & -0.1111\text{E}4 & 0.1482\text{E}4 & 0.2222\text{E}6
\end{bmatrix}
$$

$$\boldsymbol{f}^2 = P\{0.0 \quad -2.0 \quad 72.0 \quad 0.0 \quad -2.0 \quad -72.0\}^{\text{T}}$$

在整体节点2处的广义力平衡为

$$Q_4^1 + Q_1^2 = 0, Q_5^1 + Q_2^2 = -2P, Q_6^1 + Q_3^2 = 0$$

因此,将单元1的后三行、后三列(即4、5、6)与单元2的前三行、后三列(即1、2、3)叠加,得到未知位移的缩聚方程;即单元1的4、5、6行与列的3×3子矩阵与单元2的1、2、3行与列的3×3子矩阵在整体刚度矩阵中相加。

已知几何边界条件为

$$U_1 = 0, U_2 = 0, U_3 = 0, U_7 = 0, U_8 = 0, U_9 = 0$$

由于所有主变量的指定值都为零,则未知广义位移自由度的缩聚方程为

$$10^3 \begin{bmatrix} 0.3560 & 0.2666 & -0.0178 \\ 0.2666 & 0.8946 & -0.0148 \\ -0.0178 & -0.0148 & 5.0000 \end{bmatrix} \begin{Bmatrix} U_4 \\ U_5 \\ U_6 \end{Bmatrix} = P \begin{Bmatrix} 1.0 \\ -4.0 \\ 48.0 \end{Bmatrix}$$

解为

$$U_4 = 0.8390 \times 10^{-4} P(\text{in}), \quad U_5 = -0.6812 \times 10^{-4} P(\text{in}), \quad U_6 = 0.9610 \times 10^{-4} P(\text{rad})$$

在整体坐标下,每个构件的反力和力可以由单元方程计算出来:

$$\boldsymbol{Q}^e = \boldsymbol{K}^e \boldsymbol{u}^e - \boldsymbol{f}^e$$

通过式(6.3.6),力 Q_i^e 可以转换到单元坐标系中:

$$\overline{\boldsymbol{Q}}^e = \boldsymbol{T}^e \boldsymbol{Q}^e$$

得

$$\overline{\boldsymbol{Q}}^1 = \begin{Bmatrix} 4.731 \\ 0.725 \\ -10.900 \\ -4.731 \\ 1.275 \\ 59.450 \end{Bmatrix} P, \quad \overline{\boldsymbol{Q}}^2 = \begin{Bmatrix} 2.658 \\ 1.420 \\ -50.450 \\ -0.258 \\ 1.780 \\ 82.870 \end{Bmatrix} P$$

(b)Timoshenko 框架单元,RIE。单元刚度矩阵和载荷向量为

$$\boldsymbol{K}^1 = 10^3 \begin{bmatrix} 0.2226\text{E}2 & 0.0000\text{E}0 & 0.1603\text{E}4 & -0.2226\text{E}2 & 0.00000\text{E}0 & 0.1603\text{E}4 \\ 0.0000\text{E}0 & 0.6944\text{E}2 & 0.0000\text{E}0 & 0.0000\text{E}0 & -0.6944\text{E}2 & 0.0000\text{E}0 \\ 0.1603\text{E}4 & 0.0000\text{E}0 & 0.1155\text{E}6 & -0.1603\text{E}4 & 0.0000\text{E}0 & 0.1153\text{E}6 \\ -0.2226\text{E}2 & 0.0000\text{E}0 & -0.1603\text{E}4 & 0.2226\text{E}2 & 0.0000\text{E}0 & -0.1603\text{E}4 \\ 0.0000\text{E}0 & -0.6944\text{E}2 & 0.0000\text{E}0 & 0.0000\text{E}0 & 0.6944\text{E}2 & 0.0000\text{E}0 \\ 0.1603\text{E}4 & 0.0000\text{E}0 & 0.1153\text{E}6 & -0.1603\text{E}4 & 0.0000\text{E}0 & 0.1155\text{E}6 \end{bmatrix}$$

$$\boldsymbol{f}^1 = P \{1.0 \quad 0.0 \quad 0.0 \quad 1.0 \quad 0.0 \quad 0.0\}^{\text{T}}$$

$$\boldsymbol{K}^2 = 10^3 \begin{bmatrix} 0.4197\text{E}2 & 0.1812\text{E}2 & 0.9615\text{E}3 & -0.4197\text{E}2 & -0.1812\text{E}2 & 0.9615\text{E}3 \\ 0.1812\text{E}2 & 0.3140\text{E}2 & -0.1282\text{E}4 & -0.1812\text{E}2 & -0.3140\text{E}2 & -0.1282\text{E}4 \\ 0.9615\text{E}3 & -0.1282\text{E}4 & 0.1443\text{E}6 & -0.9615\text{E}3 & 0.1282\text{E}4 & 0.1442\text{E}6 \\ -0.4197\text{E}2 & -0.1812\text{E}2 & -0.9615\text{E}3 & 0.4197\text{E}2 & 0.1812\text{E}2 & -0.9615\text{E}3 \\ -0.1812\text{E}2 & -0.3140\text{E}2 & 0.1282\text{E}4 & 0.1812\text{E}2 & 0.3140\text{E}2 & 0.1282\text{E}4 \\ 0.9615\text{E}3 & -0.1282\text{E}4 & 0.1442\text{E}6 & -0.9615\text{E}3 & 0.1282\text{E}4 & 0.1443\text{E}6 \end{bmatrix}$$

$$\boldsymbol{f}^2 = P \{0.0 \quad -2.0 \quad 72.0 \quad 0.0 \quad -2.0 \quad -72.0\}^{\text{T}}$$

表 6.3.1 为各类型单元在点 B 处的位移。如前所述,结构中每一构件使用一个 EBE 可以给出精确的位移,而每一构件至少需要 4 个 RIE 或 CIE 才能得到可接受的结果。每个单元的力也在表 6.3.2 中。对 EBE 来说,由单元方程计算出的力也是精确的。

表 6.3.1　图 6.3.3 所示框架结构整体节点 2 处的广义位移 $[\bar{v}=(v/P)\times10^4$,其中 v 是位移$]$ 比较

位移	RIE			CIE			EBE[2]
	1[1]	2	4	1	2	4	
$\bar{u}_B$	0.2709	0.8477	0.8411	0.2844	0.8415	0.8396	0.8390
$-\bar{w}_B$	0.4661	0.6806	0.6811	0.4432	0.6808	0.6811	0.6812
$\bar{\phi}_B$	−0.0016	0.8665	0.9450	0.0004	0.7703	0.9164	0.9610

①每个构件的单元数量。

②所得到的值与单元数量是无关的(且与相应的梁理论所确定的精确值一致)。

表 6.3.2　框架结构各构件在局部坐标(除以 P)下的广义力比较

单元[1]	$\bar{Q}_1$	$-\bar{Q}_2$	$-\bar{Q}_3$	$\bar{Q}_4$	$-\bar{Q}_5$	$-\bar{Q}_6$
RIE(1)	3.237	1.865	−62.24	−3.237	0.136	−62.26
	0.850	0.908	62.26	1.550	2.292	62.28
RIE(2)	4.723	0.671	−0.33	−4.723	1.329	47.70
	2.699	1.384	−47.70	−0.299	1.816	86.67
RIE(4)	4.730	0.713	−8.36	−4.730	1.288	49.76
	2.668	1.411	−49.76	−0.268	1.789	83.74
CIE(1)	3.077	1.575	−65.39	−3.077	0.425	−17.38
	0.987	0.607	17.38	1.413	2.593	161.40
CIE(2)	4.728	0.708	−8.33	−4.728	1.292	50.37
	2.670	1.407	−50.37	−0.270	1.793	85.07
CIE(4)	4.730	0.721	−10.30	−4.730	1.279	50.43
	2.661	1.417	−50.43	−0.261	1.783	83.39
EBE[2]	4.731	0.725	−10.90	−4.731	1.275	50.45
	2.658	1.420	−50.45	−0.258	1.780	82.87

①括号中的数字表示每个构件的单元数量,两行对应于结构中的两个构件

②所得到的值与单元数量是无关的(且与相应的梁理论所确定的精确值一致)

6.4　约束条件施加

6.4.1　简介

在结构体系中,发现在某一点上的位移分量是相关的并不少见。例如,当滚子支座平面与整体坐标系成一定角度时(图 6.4.1),滚子位移和力的边界条件仅通过位移的法向分量和力的切线分量表示,可知

$$u_n^e=0,\ Q_t^e=Q_0 \tag{6.4.1}$$

其中,u_n^e 和 Q_t^e 分别是单元 Ω^e 的节点 1 的法向分量和切向力分量;Q_0 是切向力的指定值。通过式(6.2.2)中的变换,将这些条件表示为位移和力的整体分量,即

$$u_n^e = -u_1^e \sin\beta + u_2^e \cos\beta = 0 \qquad (6.4.2a)$$

$$Q_t^e = Q_1^e \cos\beta + Q_2^e \sin\beta = Q_0 \qquad (6.4.2b)$$

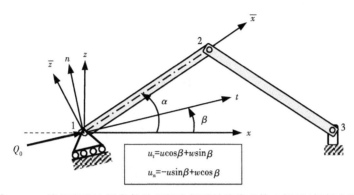

图 6.4.1 将指定的边界条件从局部坐标系转换为整体坐标系(倾斜支撑)

其中,($u_1^e = u^e$, $u_2^e = w^e$)和(Q_1^e, Q_2^e)分别是支撑处位移和力的 x 和 z 方向分量。式 (6.4.2a)中的方程可以看作是整体位移之间的约束条件,对应的力之间也存在相应关系,即 式(6.4.2 2b)。在这一节中,研究将代数约束条件纳入求解过程的方法。有两种方法可供选 择:Lagrange 乘子法和罚函数法。通过考虑以下带约束的代数问题来说明这两种方法的基本 思想:在约束 $G(x,y) = 0$ 的条件下,将函数 $f(x,y)$ 最小化。在接下来的章节中,将介绍罚函 数法和 Lagrange 乘子法背后的基本思想。

6.4.2 Lagrange 乘子法

在 Lagrange 乘子法中,问题被重新表述为确定修正函数 $F_L(x,y)$ 的一个驻值点(或临界点):

$$F_L(x,y) = f(x,y) + \lambda G(x,y) \qquad (6.4.3)$$

式(6.4.3)没有约束条件。这里 λ 表示 Lagrange 乘子。将 F_L 对 x,y 和 λ 的偏导数设为 零,就得到了问题的解:

$$\frac{\partial F_L}{\partial x} = \frac{\partial f}{\partial x} + \lambda \frac{\partial G}{\partial x} = 0$$

$$\frac{\partial F_L}{\partial y} = \frac{\partial f}{\partial y} + \lambda \frac{\partial G}{\partial y} = 0 \qquad (6.4.4)$$

$$\frac{\partial F_L}{\partial \lambda} = G(x,y) = 0$$

因此,三个方程中有三个未知数(x,y,λ)。在 Lagrange 乘子法中,每个约束方程都引入了一个 新的变量——Lagrange 乘子。

6.4.3 罚函数法

罚函数法允许将一个有约束的问题重新表述为一个没有约束的问题。在罚函数法中,问 题被重新表述为求修正函数 F_P 的最小值:

$$F_P(x,y) = f(x,y) + \frac{\gamma}{2}\big[G(x,y)\big]^2 \tag{6.4.5}$$

其中,γ 是预先分配的权参数,称为罚参数。为了方便起见,在方程(6.4.5)中使用因子$\frac{1}{2}$:当 F_P 根据其参数进行求导时,该因子将被 $G(x,y)$ 的幂消去。修正后问题的求解由以下两个方程给出:

$$\frac{\partial F_P}{\partial x} = \frac{\partial f}{\partial x} + \gamma G \frac{\partial G}{\partial x} = 0 \tag{6.4.6a}$$

$$\frac{\partial F_P}{\partial y} = \frac{\partial f}{\partial y} + \gamma G \frac{\partial G}{\partial y} = 0$$

式(6.4.6a)的解(x_γ,y_γ)将是罚参数 γ 的函数。γ 的值越大,约束将越精确(在最小二乘意义上),并且当 $\gamma \to \infty$ 时,(x_γ,y_γ)接近实际解(x,y)。由方程计算出 Lagrange 乘子的近似值[将式(6.4.6a)与式(6.4.4)前两个方程进行比较]

$$\lambda_\gamma = \gamma G(x_\gamma,y_\gamma) \tag{6.4.6b}$$

考虑一个具体的例子来说明上面提出的思想。

例 6.4.1

最小化以下二次函数

$$f(x,y) = 4x^2 - 3y^2 + 2xy + 6x - 3y + 5 \tag{1}$$

所受约束为

$$G(x,y) \equiv 2x + 3y = 0 \tag{2}$$

解答:几何上,在直线 $2x+3y=0$ 上寻找曲面$f(x,y)$的拐点。采用 Lagrange 乘子法和罚函数法求解。

Lagrange 乘子法。修正的泛函为

$$F_L(x,y) \equiv f(x,y) + \lambda(2x+3y) \tag{3}$$

其中,λ 是待确定的 Lagrange 乘子。有

$$\frac{\partial F_L}{\partial x} = 8x + 2y + 6 + 2\lambda = 0$$

$$\frac{\partial F_L}{\partial y} = -6y + 2x - 3 + 3\lambda = 0 \tag{4}$$

$$\frac{\partial F_L}{\partial \lambda} = 2x + 3y = 0$$

求解上述三个代数方程,得

$$x = -3,\ y = 2,\ \lambda = 7 \tag{5}$$

罚函数法。修正的泛函为

$$F_P(x,y) = f(x,y) + \frac{\gamma}{2}(2x+3y)^2 \tag{6}$$

且有

$$\frac{\partial F_{\mathrm{P}}}{\partial x} = 8x+2y+6+2\gamma(2x+3y) = 0$$

$$\frac{\partial F_{\mathrm{P}}}{\partial y} = -6y+2x-3+3\gamma(2x+3y) = 0 \tag{7}$$

上述方程的解为

$$x_\gamma = \frac{15-36\gamma}{-26+12\gamma}, y_\gamma = \frac{8+24\gamma}{-26+12\gamma} \tag{8}$$

Lagrange 乘子为

$$\lambda_\gamma = \gamma G(x_\gamma, y_\gamma) = \frac{84\gamma}{-26+12\gamma} \tag{9}$$

显然,当 $\gamma \to \infty$ 时,罚函数的解趋近于精确解:

$$\lim_{\gamma\to\infty} x_\gamma = -3, \lim_{\gamma\to\infty} y_\gamma = 2, \lim_{\gamma\to\infty}\lambda_\gamma = 7 \tag{10}$$

通过选择一个有限大小的罚参数,可以在期望的精度范围内得到问题的近似解(表 6.4.1)。

表 6.4.1　随罚参数增加罚函数解的收敛性

γ	x_γ	y_γ	λ_γ	$G_\gamma = 2x_\gamma + 3y_\gamma$
0	-0.5769	-0.6923	0.0000	-3.2308
1	1.5000	-3.0000	-6.0000	-6.0000
10	-3.6702	2.7447	8.9362	0.8936
100	-3.0537	2.0596	7.1550	0.0716
1000	-3.0053	2.0058	7.0152	0.0068
10000	-3.0005	2.0006	7.0015	0.0008
∞	-3.0000	2.0000	7.0000	0.0000

接下来,讨论与桁架和框架结构有关的式 (6.4.2 2a)中的约束方程。考虑某节点上两个位移分量之间的约束关系(重复指标不表示求和):

$$\beta_m u_m + \beta_n u_n = \beta_{mn} \tag{6.4.7}$$

其中,β_m,β_n,β_{mn} 是已知的常数,u_m,u_n 网格中是第 m 和第 n 个位移自由度。在这种情况下,根据式(6.4.7)的约束必须最小化的函数是系统的总势能[参见式(4.4.9)]。

$$\Pi = \frac{1}{2}\int_\Omega [A\boldsymbol{u}^{\mathrm{T}}\boldsymbol{B}^{\mathrm{T}}\boldsymbol{E}\boldsymbol{B}\boldsymbol{u} + EA(\alpha T)^2]\,\mathrm{d}x - \int_\Omega \boldsymbol{u}^{\mathrm{T}}(\boldsymbol{\psi}^{\mathrm{T}}f + \boldsymbol{B}^{\mathrm{T}}EA\alpha T)\,\mathrm{d}x - \boldsymbol{u}^{\mathrm{T}}\boldsymbol{Q} \tag{6.4.8}$$

其中,α 是热膨胀系数,T 是温升。罚泛函为

$$\Pi_{\mathrm{P}} = \frac{1}{2}\int_\Omega [A\boldsymbol{u}^{\mathrm{T}}\boldsymbol{B}^{\mathrm{T}}\boldsymbol{E}\boldsymbol{B}\boldsymbol{u} + EA(\alpha T)^2]\,\mathrm{d}x - \int_\Omega \boldsymbol{u}^{\mathrm{T}}(\boldsymbol{\psi}^{\mathrm{T}}f + \boldsymbol{B}^{\mathrm{T}}EA\alpha T)\,\mathrm{d}x - \boldsymbol{u}^{\mathrm{T}}\boldsymbol{Q}$$

$$+ \frac{\gamma}{2}(\beta_m u_m + \beta_n u_n - \beta_{mn})^2 \tag{6.4.9}$$

仅当 $\beta_m u_m + \beta_n u_n - \beta_{mn}$ 非常小,即近似满足式(6.4.7)中的约束时,泛函 Π_P 取最小。令 $\delta\Pi_P = 0$,得

$$(K + K_P)u = f + Q + Q_P \tag{6.4.10a}$$

其中

$$K = \int_\Omega AB^T E B \mathrm{d}x, K_P = \begin{bmatrix} \cdots & \cdots & \cdots & \cdots \\ \cdots\gamma\beta_m^2 & \cdots & \gamma\beta_m\beta_n & \cdots \\ \cdots & \cdots & \cdots & \cdots \\ \cdots\gamma\beta_m\beta_n & \cdots & \gamma\beta_n^2 & \cdots \\ \cdots & \cdots & \cdots & \cdots \end{bmatrix}$$

$$f = \int_\Omega (\Psi^T f + B^T E A \alpha T)\mathrm{d}x, Q_P = \begin{Bmatrix} \cdots \\ \gamma\beta_{mn}\beta_m \\ \cdots \\ \gamma\beta_{mn}\beta_n \\ \cdots \end{Bmatrix} \tag{6.4.10b}$$

因此,约束问题的解决方案是对与约束自由度相关的刚度系数和力系数进行修正。如例6.4.1 所示,罚参数 γ 的值决定了式(6.4.7)中的约束条件满足的程度。对离散问题的分析表明,可以使用如下的 γ 值:

$$\gamma = \max|K_{ij}| \times 10^4, 1 \le i,j \le N \tag{6.4.11}$$

其中,N 是整体系数矩阵的阶次。与约束位移自由度相关的反力为

$$\begin{cases} F_{mp} = -\gamma\beta_m(\beta_m u_m + \beta_n u_n - \beta_{mn}) \\ F_{np} = -\gamma\beta_n(\beta_m u_m + \beta_n u_n - \beta_{mn}) \end{cases} \tag{6.4.12}$$

由于罚参数项的值很大,有必要采用双精度计算(手工计算可能不准确)。

例 6.4.2

考虑图 6.4.2(a)所示的结构。刚体 ABE 由可变形杆 AC 和 BD 支撑,杆 AC 由铝($E_a = 70\,\mathrm{GPa}$)制成,横截面积 $A_a = 500\,\mathrm{mm}^2$;杆 BD 由钢制成($E_s = 200\,\mathrm{GPa}$),横截面面积为 $A_s = 600\,\mathrm{mm}^2$。刚性杆在点 E 承受 $F_2 = 30\,\mathrm{kN}$ 的载荷。当(a)O 端受载荷 $F_1 = 10\,\mathrm{kN}$,(b)O 端与刚性支座销连接[图 6.4.2(d)],请确定点 A、点 B、点 E 的位移以及铝和钢杆中的应力。

解答:(a)可以看出,这是一个静定问题;也就是说,点 A 和点 B 处的力可以很容易地由静力学确定。利用刚性杆 ABE 的隔离体图[图 6.4.2(b)],得

$$F_{AC} + F_{BD} = F_1 + F_2, 0.3F_{AC} + 0.5F_{BD} - 0.9F_2 = 0 \tag{1}$$

得

$$F_{AC} = 2.5F_1 - 2F_2 = -35\,\mathrm{kN}, F_{BD} = -1.5F_1 + 3F_2 = 75\,\mathrm{kN} \tag{2}$$

令

$$k_1 = \frac{E_a A_a}{h_1} = 116.6667 \times 10^6\,\mathrm{N/m}, k_2 = \frac{E_s A_s}{h_2} = 300 \times 10^6\,\mathrm{N/m} \tag{3}$$

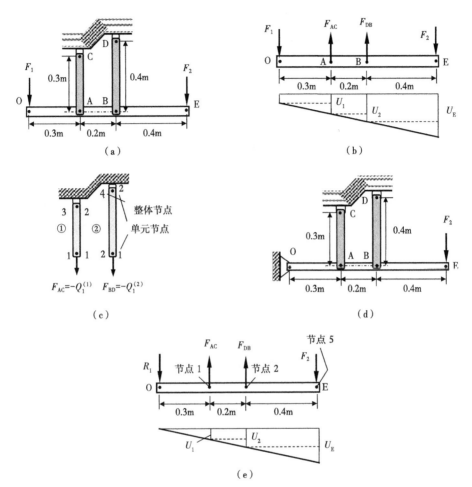

图 6.4.2　(a)给定的结构;(b)隔离体图;(c)有限元网格;(d)修正后的结构;(e)修正后结构的隔离体图

如果用一个线性有限元表示杆 AC 和 BD,则结构组装后的矩阵为[图 6.4.2(c)]

$$\begin{bmatrix} k_1 & 0 & -k_1 & 0 \\ 0 & k_2 & 0 & -k_2 \\ -k_1 & 0 & k_1 & 0 \\ 0 & -k_2 & 0 & k_2 \end{bmatrix} \begin{Bmatrix} U_1 \\ U_2 \\ U_3 \\ U_4 \end{Bmatrix} = \begin{Bmatrix} Q_1^1 \\ Q_1^2 \\ Q_2^1 \\ Q_2^2 \end{Bmatrix} \tag{4}$$

问题的边界条件为

$$U_3 = U_4 = 0; Q_1^1 = -F_{AC} = 35\text{kN}, Q_1^2 = -F_{BD} = -75\text{kN}$$

因此,缩聚方程为

$$\begin{bmatrix} k_1 & 0 \\ 0 & k_2 \end{bmatrix} \begin{Bmatrix} U_1 \\ U_2 \end{Bmatrix} = 10^3 \begin{Bmatrix} 35 \\ -75 \end{Bmatrix}$$

解为

$$U_1 = 0.30 \times 10^{-3}\text{m} = 0.30\text{mm}, U_2 = -0.25 \times 10^{-3}\text{m} = 0.25\text{mm}$$

由三角形的相似性可以确定点 E 的位移:

$$\frac{U_E - U_1}{0.6} = \frac{U_2 - U_1}{0.2} \rightarrow U_E = 3U_2 - 2U_1 = -1.35\text{mm}$$

因此,杆 AC 的 A 端向上移动 0.3mm,BD 的 B 端向下移动 0.25mm,点 E 向下移动 1.35mm。杆 AC 和 BD 的应力为

$$\sigma_{AC} = \frac{F_{AC}}{A_a} = -\frac{35}{500 \times 10^{-6}} = -70\text{MPa}, \sigma_{BD} = \frac{F_{BD}}{A_s} = \frac{75}{600 \times 10^{-6}} = -125\text{MPa}$$

(b) 接下来,考虑点 O 与刚性支座销连接的情况,如图 6.4.2(d)所示。这时问题就变成了静不定问题。当然,有限元法仍然可以用来解决这个问题。在这种情况下,方程(6)中组装后的方程仍然有效。然而,力 Q_1^1 和 Q_1^2 是未知的(因为 F_{AC} 和 F_{BC} 无法求解)。另外,当刚性构件 ABE 绕点 O 旋转时,约束点 A 和点 B 运动。该几何约束等价于位移 U_1, U_2, U_5 之间的条件:

$$\frac{U_1}{0.3} = \frac{U_5}{0.9} \rightarrow 3U_1 - U_5 = 0, \frac{U_2}{0.5} = \frac{U_5}{0.9} \rightarrow 1.8U_2 - U_5 = 0 \tag{5}$$

有 $\beta_1 = 3, \beta_5 = -1, \beta_{15} = 0, \beta_2 = 1.8, \beta_{25} = 0$。这些约束将一个额外的自由度,即 U_5 带入方程。因此,必须添加与 U_5 对应的列和行,以便能够包含约束。

使用本节中建立的步骤,可以将式(5)的约束包含到组装后的方程中。罚参数的值选择为 $\gamma = k_2 \times 10^4 = (300 \times 10^6) 10^4$。由于这两个约束而增加的刚度是

$$
\begin{array}{cc}
 & 1 \qquad\qquad 5 \\
\begin{array}{c} 1 \\ 5 \end{array} & \begin{bmatrix} (3)^2\gamma & 3(-1)\gamma \\ (-1)3\gamma & (-1)^2\gamma \end{bmatrix} = 10^{10} \begin{bmatrix} 2700 & -900 \\ -900 & 300 \end{bmatrix}
\end{array}
$$

$$
\begin{array}{cc}
 & 2 \qquad\qquad 5 \\
\begin{array}{c} 2 \\ 5 \end{array} & \begin{bmatrix} (1.8)^2\gamma & (-1)1.8\gamma \\ (-1)1.8\gamma & (-1)^2\gamma \end{bmatrix} = 10^{10} \begin{bmatrix} 972 & -540 \\ -540 & 300 \end{bmatrix}
\end{array}
\tag{6}
$$

在 $\beta_{15} = \beta_{25} = 0$ 时,力增量为零(即 $Q_P = 0$)。因此,修正的有限元方程成为

$$
\begin{bmatrix}
27 \times 10^{12} + k_1 & 0 & -k_1 & 0 & -9 \times 10^{12} \\
0 & 9.72 \times 10^{12} + k_2 & 0 & -k_2 & -5.4 \times 10^{12} \\
-k_1 & 0 & k_1 & 0 & 0 \\
0 & -k_2 & 0 & k_2 & 0 \\
-9 \times 10^{12} & -5.4 \times 10^{12} & 0 & 0 & 6 \times 10^{12}
\end{bmatrix}
\begin{Bmatrix}
U_1 \\ U_2 \\ U_3 \\ U_4 \\ U_5
\end{Bmatrix}
=
\begin{Bmatrix}
Q_1^1 \\ Q_1^2 \\ Q_2^1 \\ Q_2^2 \\ F_2
\end{Bmatrix}
\tag{7}
$$

缩聚方程为

$$
\begin{bmatrix}
27 \times 10^{12} + k_1 & 0 & -9 \times 10^{12} \\
0 & 9.72 \times 10^{12} + k_2 & -5.4 \times 10^{12} \\
-9 \times 10^{12} & -5.4 \times 10^{12} & 6 \times 10^{12}
\end{bmatrix}
\begin{Bmatrix}
U_1 \\ U_2 \\ U_5
\end{Bmatrix}
= 30 \times 10^3
\begin{Bmatrix}
0 \\ 0 \\ 1
\end{Bmatrix}
\tag{8}
$$

解为

$$U_1 = 0.947390478948 \times 10^{-4}\,\text{m},\quad U_2 = 0.157894222157 \times 10^{-3}\,\text{m}, \tag{9}$$
$$U_5 = 0.284218371783 \times 10^{-3}\,\text{m}$$

杆 AC 和 BD 中的力可以用式(4)计算:

$$\begin{Bmatrix} Q_1^1 \\ Q_1^2 \end{Bmatrix} = \begin{bmatrix} k_1 & 0 \\ 0 & k_2 \end{bmatrix} \begin{Bmatrix} U_1 \\ U_2 \end{Bmatrix} = 10^3 \begin{Bmatrix} 11.053 \\ 47.368 \end{Bmatrix} \text{N} \tag{10}$$

或者,从式(6.4.12)有

$$(Q_1^1)_P = -3\gamma(3U_1 - U_5) = 11.053\,\text{kN}$$
$$(Q_1^2)_P = -1.8\gamma(1.8U_2 - U_5) = 47.368\,\text{kN}$$

应力 $\sigma_{AC} = 22.11\,\text{MPa}$ 和 $\sigma_{BD} = 79\,\text{MPa}$。

接下来,考虑一个受倾斜支撑的平面桁架。

例 6.4.3

考虑图 6.4.3(a)所示桁架。确定节点 2 和节点 3 的未知位移以及与这些位移相关的反力。

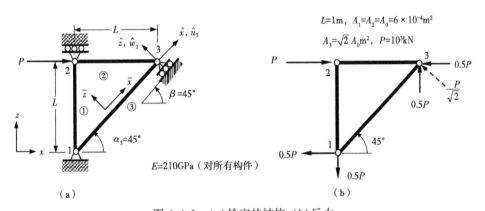

图 6.4.3　(a)给定的结构;(b)反力

解答:单元刚度矩阵为

$$\boldsymbol{K}^1 = 10^9 \begin{bmatrix} 0.000 & 0.000 & 0.000 & 0.000 \\ 0.000 & 0.126 & 0.000 & -0.126 \\ 0.000 & 0.000 & 0.000 & 0.000 \\ 0.000 & -0.126 & 0.000 & 0.126 \end{bmatrix}$$

$$\boldsymbol{K}^2 = 10^9 \begin{bmatrix} 0.126 & 0.000 & -0.126 & 0.000 \\ 0.000 & 0.000 & 0.000 & 0.000 \\ -0.126 & 0.000 & 0.126 & 0.000 \\ 0.000 & 0.000 & 0.000 & 0.000 \end{bmatrix}$$

$$\boldsymbol{K}^3 = 0.63 \times 10^8 \begin{bmatrix} 1.0 & 1.0 & -1.0 & -1.0 \\ 1.0 & 1.0 & -1.0 & -1.0 \\ -1.0 & -1.0 & 1.0 & 1.0 \\ -1.0 & -1.0 & 1.0 & 1.0 \end{bmatrix}$$

在引入约束条件之前组装后的方程为

$$10^8 \begin{bmatrix} 0.63 & 0.63 & 0.00 & 0.00 & -0.63 & -0.63 \\ 0.63 & 1.89 & 0.00 & -1.26 & -0.63 & -0.63 \\ 0.00 & 0.00 & 1.26 & 0.00 & -1.26 & 0.00 \\ 0.00 & -1.26 & 0.00 & 1.26 & 0.00 & 0.00 \\ -0.63 & -0.63 & -1.26 & 0.00 & 1.89 & 0.63 \\ -0.63 & -0.63 & 0.00 & 0.00 & 0.63 & 0.63 \end{bmatrix} \begin{Bmatrix} U_1 \\ U_2 \\ U_3 \\ U_4 \\ U_5 \\ U_6 \end{Bmatrix} = \begin{Bmatrix} Q_1^1 + Q_1^3 \\ Q_2^1 + Q_2^3 \\ Q_3^1 + Q_1^2 \\ Q_4^1 + Q_2^2 \\ Q_3^2 + Q_3^3 \\ Q_4^2 + Q_4^3 \end{Bmatrix} \quad (1)$$

节点 3 处的约束方程为

$$u_n \equiv -u\sin\alpha + w\cos\alpha = 0 \rightarrow -0.7071u + 0.7071w = 0 \quad (2)$$

将该约束方程与一般约束方程(6.4.7)进行比较,得

$$\beta_1 = -0.7071, \ \beta_2 = 0.7071, \ \beta_0 = 0$$

罚参数的值选择为 $\gamma = (1.89 \times 10^8) 10^4$。由于约束而增加的刚度为

$$\begin{matrix} 5 \\ 6 \end{matrix} \gamma \begin{bmatrix} \overset{5}{(-0.7071)^2} & \overset{6}{-(0.7071)^2} \\ -(0.7071)^2 & (0.7071)^2 \end{bmatrix} = 1.89 \times 10^{12} \begin{bmatrix} 0.5 & -0.5 \\ -0.5 & 0.5 \end{bmatrix} \quad (3)$$

引入约束条件后的组装方程为(所显示的数是截断后的,但在计算机实际计算中使用更精确的数)

$$10^8 \begin{bmatrix} 0.63 & 0.63 & 0.00 & 0.00 & -0.63 & -0.63 \\ 0.63 & 1.89 & 0.00 & -1.26 & -0.63 & -0.63 \\ 0.00 & 0.00 & 1.26 & 0.00 & -1.26 & 0.00 \\ 0.00 & -1.26 & 0.00 & 1.26 & 0.00 & 0.00 \\ -0.63 & -0.63 & -1.26 & 0.00 & 6301.80 & 6299.20 \\ -0.63 & -0.63 & 0.00 & 0.00 & 6299.20 & 6300.50 \end{bmatrix} \begin{Bmatrix} U_1 \\ U_2 \\ U_3 \\ U_4 \\ U_5 \\ U_6 \end{Bmatrix} = \begin{Bmatrix} Q_1^1 + Q_1^3 \\ Q_2^1 + Q_2^3 \\ Q_3^1 + Q_1^2 \\ Q_4^1 + Q_2^2 \\ Q_3^2 + Q_3^3 \\ Q_4^2 + Q_4^3 \end{Bmatrix} \quad (4)$$

施加边界和力平衡条件 $U_1 = U_2 = U_4 = 0$ 和 $Q_3^1 + Q_1^2 = P$,得到了缩聚方程:

$$10^8 \begin{bmatrix} 1.26 & -1.26 & 0.00 \\ -1.26 & 6301.80 & 6299.20 \\ 0.00 & 6299.20 & 6300.50 \end{bmatrix} \begin{Bmatrix} U_3 \\ U_5 \\ U_6 \end{Bmatrix} = \begin{Bmatrix} P \\ 0 \\ 0 \end{Bmatrix} \quad (5)$$

上述方程的解为(在计算机中以双精度计算的)

$$U_3 = 11.905 \times 10^{-3} \text{m}, \ U_4 = 3.9688 \times 10^{-3} \text{m}, \ U_5 = 3.9681 \times 10^{-3} \text{m}$$

使用式(1)得到节点3处的反力:

$$F_{3x} = -500\text{kN}, F_{3y} = 500\text{kN}$$

整个结构的反力如图6.4.3(b)所示。

6.4.4 直接法

在这里,介绍一种精确的方法,通过它在式(6.4.2a)和式(6.4.2b)中的约束方程可以引入到未知量组装后的方程中。该方法以局部位移自由度作为约束来表示节点上的整体位移自由度,从而可以很容易地施加边界条件。

由式(6.2.3a)可知,在局部坐标系$(\hat{x}, \hat{z})$中位移$(\hat{u}, \hat{w})$与整体坐标(x, z)对应的位移(u, w)的关系为

$$\begin{Bmatrix} \hat{u} \\ \hat{w} \end{Bmatrix}_c = \begin{bmatrix} \cos\beta & \sin\beta \\ -\sin\beta & \cos\beta \end{bmatrix} \begin{Bmatrix} u \\ w \end{Bmatrix}_c \rightarrow \hat{u}_c = A u_c \tag{6.4.13a}$$

逆关系为

$$u_c = A^T \hat{u}_c, A = \begin{bmatrix} \cos\beta & \sin\beta \\ -\sin\beta & \cos\beta \end{bmatrix} \tag{6.4.13b}$$

其中,下标"c"表示受约束的自由度。由于希望用特定节点的局部位移来表示给定节点的整体位移,因此构造了整体(全局)系统的变换矩阵:

$$T = \begin{bmatrix} I & 0 & 0 \\ 0 & A^T & 0 \\ 0 & 0 & I \end{bmatrix} \tag{6.4.14}$$

因此,所有未受约束的位移自由度不受影响,仅将受约束的整体位移转换为局部位移。进一步,注意变换矩阵A在矩阵T中的位置,只有受约束的自由度被变换。有

$$\begin{Bmatrix} \Delta^1 \\ u_c \\ \Delta^2 \end{Bmatrix} = \begin{bmatrix} I & 0 & 0 \\ 0 & A^T & 0 \\ 0 & 0 & I \end{bmatrix} \begin{Bmatrix} \Delta^1 \\ \hat{u}_c \\ \Delta^2 \end{Bmatrix} \text{或} \Delta = T\hat{\Delta} \tag{6.4.15}$$

其中,Δ^1和Δ^2表示网格中受约束的位移自由度前后的整体位移分量(用编号表示)。注意到,变换后的位移向量$\hat{\Delta}$包含整体位移向量Δ^1和Δ^2,以及局部(受约束)位移向量$\hat{u}_c$。其余步骤与6.2.2节和6.3.2节中描述的相同。因此,得

$$\hat{K}\hat{\Delta} = \hat{F} \tag{6.4.16}$$

其中,转换后的整体刚度矩阵$\hat{K}$和整体力向量$\hat{F}$是已知的,且用组装后的整体刚度矩阵K和力向量F表示:

$$\hat{K} = T^T K T, \hat{F} = T^T F \tag{6.4.17}$$

由于约束位移是整体方程组的一部分,可以直接施加边界条件(如倾斜滚子支座处的

$\hat{u}_n = \hat{w} = 0$,其中 n 为滚子的法向坐标)。

总之,可以对位移进行变换,以便于在位移上施加边界条件或引入约束。一旦确定了转换矩阵 $\boldsymbol{T}$,就可以使用式(6.4.17)得到修正后的方程。将回顾例6.4.2和例6.4.3中的问题,以说明这里所描述的思想。

例 6.4.4

用直接方法求解例 6.4.2 的问题[图 6.4.2(d)]。

首先,注意到位移 U_1 和 U_2 之间的几何约束是

$$\frac{U_1}{0.3} = \frac{U_2}{0.5} \rightarrow U_1 = 0.6U_2 \tag{1}$$

组装后的方程为

$$10^3 \begin{bmatrix} 116.67 & 0 & -116.67 & 0 \\ 0 & 300.00 & 0 & -300.00 \\ -116.67 & 0 & 116.67 & 0 \\ 0 & -300.00 & 0 & 300.00 \end{bmatrix} \begin{Bmatrix} U_1 \\ U_2 \\ U_3 \\ U_4 \end{Bmatrix} = \begin{Bmatrix} Q_1^1 \\ Q_1^2 \\ Q_2^1 \\ Q_2^2 \end{Bmatrix} \tag{2}$$

在这种情况下,可以引入 $(U_1, U_2 \ U_3, U_4)$ 和 (U_2, U_3, U_4) 之间的转换矩阵 $\boldsymbol{T}$(即通过约束方程 $U_1 = 0.6U_2$ 消去 U_1)为

$$\begin{Bmatrix} U_1 \\ U_2 \\ U_3 \\ U_4 \end{Bmatrix} = \begin{bmatrix} 0.6 & 0.0 & 0.0 \\ 1.0 & 0.0 & 0.0 \\ 0.0 & 1.0 & 0.0 \\ 0.0 & 0.0 & 1.0 \end{bmatrix} \begin{Bmatrix} U_2 \\ U_3 \\ U_4 \end{Bmatrix} \text{ 或 } \Delta = \boldsymbol{T}\hat{\Delta} \tag{3}$$

其中

$$\Delta = \begin{Bmatrix} U_1 \\ U_2 \\ U_3 \\ U_4 \end{Bmatrix}, \hat{\Delta} = \begin{Bmatrix} U_2 \\ U_3 \\ U_4 \end{Bmatrix} \tag{4}$$

变换后的方程($\hat{\boldsymbol{K}}\Delta = \hat{\boldsymbol{F}}$)的显式形式为

$$10^3 \begin{bmatrix} 342 & -70.00 & -300 \\ -70 & 116.67 & 0 \\ -300 & 0.00 & 300 \end{bmatrix} \begin{Bmatrix} U_2 \\ U_3 \\ U_4 \end{Bmatrix} = \begin{Bmatrix} 0.6Q_1^1 + Q_1^2 \\ Q_2^1 \\ Q_2^2 \end{Bmatrix} \tag{5}$$

由杆 OABE 的隔离体图可以看出

$$0.6F_{AC} + F_{BD} = 1.8F_2 \text{ 或 } 0.6Q_1^1 + Q_1^2 = 1.8F_2 = 54\text{kN}$$

未知量 U_2 的缩聚方程是

$$342U_2 = 54, U_2 = 0.15789\text{mm}, U_1 = 0.6U_2 = 0.09474\text{mm} \tag{6}$$

杆 AC 和杆 BD 的力和应力可按例 6.4.2 计算。

例 6.4.5

考虑图 6.4.3(a)中的桁架,用直接的方法求解问题。

解答:组装后的整体方程在例 6.4.3 中给出。整体自由度($U_1 = u_1$, $U_2 = w_1$, $U_3 = u_3$, $U_4 = w_2$, $U_5 = u_3$, $U_6 = w_3$)和($U_1 = u_1$, $U_2 = w_1$, $U_3 = u_2$, $U_4 = w_2$, $u_t = \hat{u}$, $u_n = \hat{w}_3$)之间的变换为[即对于当前问题,式(6.4.15)的形式]

$$\begin{Bmatrix} U_1 \\ U_2 \\ U_3 \\ U_4 \\ U_5 \\ U_6 \end{Bmatrix} = \begin{bmatrix} 1 & 0 & 0 & 0 & 0 & 0 \\ 0 & 1 & 0 & 0 & 0 & 0 \\ 0 & 0 & 1 & 0 & 0 & 0 \\ 0 & 0 & 0 & 1 & 0 & 0 \\ 0 & 0 & 0 & 0 & \cos\beta & -\sin\beta \\ 0 & 0 & 0 & 0 & \sin\beta & \cos\beta \end{bmatrix} \begin{Bmatrix} U_1 \\ U_2 \\ U_3 \\ U_4 \\ \hat{u}_3 \\ \hat{w}_3 \end{Bmatrix} \tag{1}$$

其中,$\beta = 45°$。使用式(6.4.17),得到转换后的方程:

$$10^8 \begin{bmatrix} 0.630 & 0.630 & 0.000 & 0.000 & -0.891 & 0.000 \\ 0.630 & 1.890 & 0.000 & -1.260 & -0.891 & 0.000 \\ 0.000 & 0.000 & 1.260 & 0.000 & -0.891 & 0.891 \\ 0.000 & -1.260 & 0.000 & 1.260 & 0.000 & 0.000 \\ -0.891 & -0.891 & -0.891 & 0.000 & 1.890 & -0.630 \\ 0.000 & 0.000 & 0.891 & 0.000 & -0.630 & 0.630 \end{bmatrix} \begin{Bmatrix} U_1 \\ U_2 \\ U_3 \\ U_4 \\ \hat{u}_3 \\ \hat{w}_3 \end{Bmatrix} = \begin{Bmatrix} Q_1^1 + Q_1^3 \\ Q_2^1 + Q_2^3 \\ Q_3^1 + Q_1^2 \\ Q_4^1 + Q_2^2 \\ \hat{F}_{3t} \\ \hat{F}_{3n} \end{Bmatrix}$$

这里,$\hat{F}_{3t}$ 和 $\hat{F}_{3n}$ 分别是节点 3 处在切向和法向的反力。

施加边界条件($u_n = \hat{w}_3$, $u_t = \hat{u}_3$):

$$U_1 = U_2 = U_4 = \hat{w}_3 = 0, \quad Q_3^1 + Q_1^2 = P = 10^6, \quad \hat{F}_{3t} = 0 \tag{2}$$

得到下述缩聚方程:

$$10^8 \begin{bmatrix} 1.26000 & -0.89095 \\ -0.89095 & 1.88990 \end{bmatrix} \begin{Bmatrix} U_3 \\ \hat{u}_3 \end{Bmatrix} = 10^6 \begin{Bmatrix} 1 \\ 0 \end{Bmatrix} \tag{3}$$

节点 2 的水平位移和节点 3 的切向位移为

$$U_3 = 11.905 \times 10^{-3}\,\mathrm{m}, \quad \hat{u}_3 = 5.6122 \times 10^{-3}\,\mathrm{m} \tag{4}$$

未知反力为

$$F_{1x} = -500\mathrm{kN}, \quad F_{1y} = -500\mathrm{kN}, \quad F_{2y} = 0\mathrm{kN}, \quad F_{3n} = 707.1\mathrm{kN} \tag{5}$$

这些结果与例 6.4.3 中通过罚函数法得到的结果相同。

6.5　小结

本章致力于平面桁架和平面框架有限元,并将约束条件引入到单元方程中。通过将杆单元方程从局部(杆)坐标系($\bar{x},\bar{z}$)转换为整体(结构)坐标系(x,z),建立了仅能承受轴向载荷的平面桁架单元的力—位移方程。局部坐标系中的平面框架单元是杆单元和纯梁单元的叠加。再一次利用单元方程到整体坐标的变换,得到在整体坐标系中平面框架的方程。建立了基于 Euler-Bernoulli 梁单元的平面框架单元,以及基于 Timoshenko 梁理论的减缩积分单元(RIE)和一致插值单元(CIE)。并举例说明了桁架单元和框架单元的使用(使用 FEM1D 来实际求解问题的位移和力是必要的)。

还讨论了用两种不同的方法引入主变量(即位移自由度)之间的约束关系,以便在桁架和框架问题中施加与倾斜支撑相关的边界条件,以及引入任何运动学约束。给出了几个数值例子来说明带约束桁架问题的求解。即使那些对结构力学不感兴趣的人也会发现第 6.4 节关于在有限元方程中引入约束非常有用。

习题

平面桁架问题

6.1—6.8　如图 P6.1 至图 P6.8 所示的平面桁架结构。给出(a)变换后的单元矩阵,(b)组装后的单元矩阵,(c)未知位移和力(kip $= 10^3$lb)的缩聚矩阵方程。

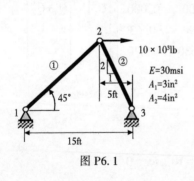

图 P6.1

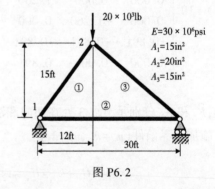

图 P6.2

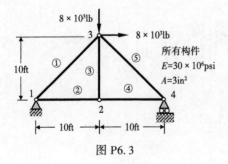

图 P6.3

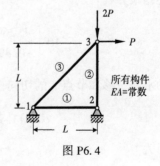

图 P6.4

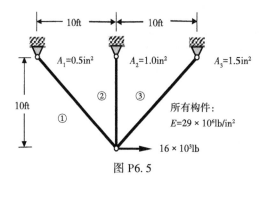

图 P6.5

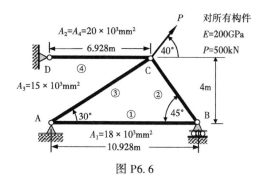

图 P6.6

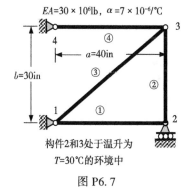

构件2和3处于温升为

T=30℃的环境中

图 P6.7

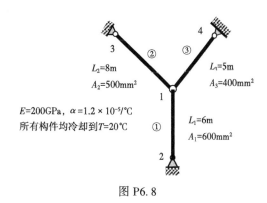

图 P6.8

6.9 确定图 P6.9 所示结构节点 2 的力和位移。

6.10 确定图 P6.10 所示结构中点 B 和点 C 的力和位移。

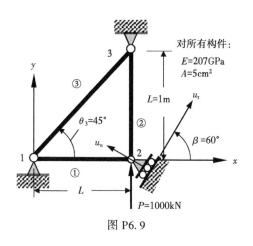

图 P6.9

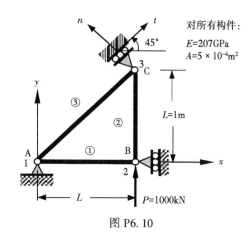

图 P6.10

6.11 确定图 P6.11 所示结构中各杆的力和伸长量。同时,确定点 A 和点 D 的垂直位移。

6.12 在图 P6.11 所示的结构中,当端 A 被销钉固定在刚性墙上(并且移除 P_1)时,确定每个杆的力和伸长量。

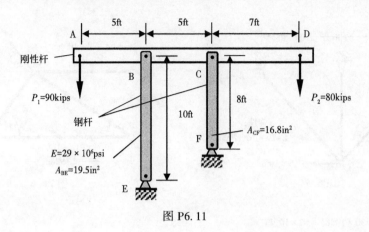

图 P6.11

平面框架问题

6.13—6.20   如图 P6.13 至图 P6.20 中所示的框架问题。给出(a)变换后的单元矩阵,(b)组装后的单元矩阵,(c)未知广义位移和力的缩聚矩阵方程。对于整体和单元的位移(和力)自由度,使用如下图所示的符号约定。+ve x 轴和+ve $\bar{x}$ 轴两者之间的角度按逆时针方向测量。

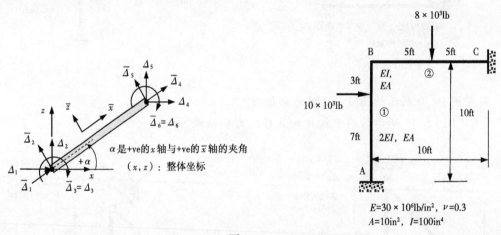

图 P6.13

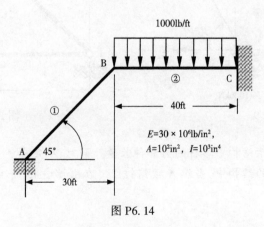

图 P6.14

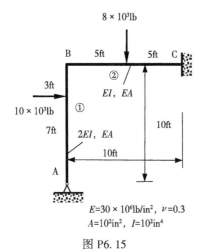

图 P6.15

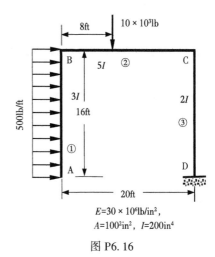

图 P6.16

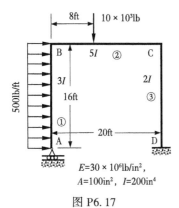

图 P6.17

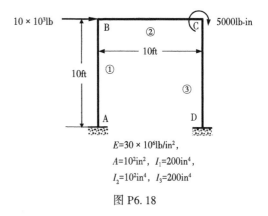

图 P6.18

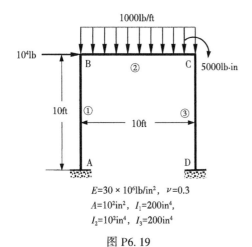

图 P6.19

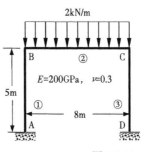

图 P6.20

课外阅读参考资料

[1] J. N. Reddy, *Energy Principles and Variational Methods in Applied Medumics*, 3rd. ed. , John Wiley& Sons, New York, 2017.

[2] J. N. Reddy, *Theory and Analysis of Elastic Plates and Shells*, 2nd ed. , CRC Press, Boca Raton, FL,2007.

[3] W. McGuire, R. H. Gallagher, and R D. Ziemian, *Matrix Structural Analysis*, 2nd ed. , John Wiley & Sons, New York, NY, 2000.

[4] C. -K. Wang and C. G. Salmon, *Introductory Structural Analysis*, Prentice-Hall Englewood Cliffs, NJ, 1984.

[5] N. Willems and W. M. Lucas, Jr. , *Structural Analysis for Engineers*, McGraw-HilL New York,NY, 1978.

7 一维特征值和瞬态问题

I can calculate the motion of heavenly bodies, but not the madness of people.

（我可以计算出天体的运动却无法预测人类的疯狂。）

Isaac Newton

7.1 引言

自然界中所有的现象都是时间相关的。当引起运动的外部激励是与时间无关的,会在某些时刻得到稳态现象(比如,响应随着时间是不变的)。否则,系统的响应会随着时间持续变化(比如,非稳态响应)。通过合适的物理原理可以得到非稳态响应的控制方程。举个例子,对于热传递来说这个原理就是能量的平衡,而对于流体力学和固体力学问题来说,这个原理是线动量平衡。当运动是周期的或者周期衰减型的,那么其时间相关方程就可简化为一类特殊的稳态方程,称为特征值问题。此外,某些特定问题可以直接表示为特征值问题,比如,压缩载荷作用下梁柱的屈曲。关于特征值问题的详细讨论在 7.3 节中给出。

本章给出了特征值问题和瞬态问题控制方程的有限元格式。如同在 7.3 节里讨论的那样,特征值问题的有限元模型也可以在周期运动或周期衰减的假设下,基于时间相关问题的有限元模型获得。图 7.1.1 中的流程图给出了建立有限元模型的一般流程。下面将从第 3 至第 5 章中介绍过的稳态方程的时间相关格式简单小结开始。

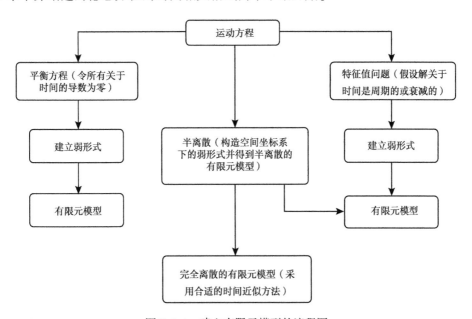

图 7.1.1 建立有限元模型的流程图

7.2　运动方程

7.2.1　一维热量流动

能量平衡原理即系统内能的时间变化率等于输入的热量,对于一维热流(比如在平面墙体或翅片中)有

$$c_1 \frac{\partial u}{\partial t} - \frac{\partial}{\partial x}\left(kA \frac{\partial u}{\partial x}\right) = f(x,t), 0<x<L, t>0 \tag{7.2.1}$$

式中,u 是与参考温度的温差($u=T-T_0$);$c_1=c_v \rho A$;k 是热导率;ρ 是质量密度;A 是横截面积;c_v 是定容比热;f 是单位长度的内生热率;一般情况下,它们都是位置 x 和时间 t 的已知函数。

7.2.2　杆的轴向变形

杆的轴向运动:

$$c_2 \frac{\partial^2 u}{\partial t^2} - \frac{\partial}{\partial x}\left(EA \frac{\partial u}{\partial x}\right) = f(x,t), 0<x<L, t>0 \tag{7.2.2}$$

式中,u 是轴向位移;$c_2=\rho A$;E 是弹性模量;A 是横截面积;ρ 是质量密度;f 是单位长度的轴向力。

7.2.3　梁的弯曲:Euler–Bernoulli 梁理论(EBT)

基于 Euler–Bernoulli 梁理论的梁弯曲运动方程为(参见例 2.3.5 和例 2.3.6 以及 Reddy 著的教科书[1]第 73~76 页关于 EBT 的发展)

$$c_2 \frac{\partial^2 w}{\partial t^2} - c_3 \frac{\partial^4 w}{\partial t^2 \partial x^2} + \frac{\partial^2}{\partial x^2}\left(EI \frac{\partial^2 w}{\partial x^2}\right) = q(x,t), 0<x<L, t>0 \tag{7.2.3}$$

式中,$c_2=\rho A$;$c_3=\rho I$;ρ 是单位长度的质量密度;A 是横截面积;E 是弹性模量;I 是惯性矩。

7.2.4　梁的弯曲:Timoshenko 梁理论(TBT)

基于 Timoshenko 梁理论的梁弯曲运动方程为(参见例 2.4.3 以及 Reddy 著的教科书[1]第 76~78 页关于 TBT 的发展)

$$c_2 \frac{\partial^2 w}{\partial t^2} - \frac{\partial}{\partial x}\left[GAK_s\left(\frac{\partial w}{\partial x}+\phi_x\right)\right] = q(x,t) \tag{7.2.4a}$$

$$c_3 \frac{\partial^2 \phi}{\partial t^2} - \frac{\partial}{\partial x}\left(EI \frac{\partial \phi_x}{\partial x}\right) + GAK_s\left(\frac{\partial w}{\partial x}+\phi_x\right) = 0 \tag{7.2.4b}$$

对于 $0<x<L, t>0$,G 是剪切模量 $\{G=E/[2(1+v)]\}$,K_s 是剪切修正系数(常用的值是 $K_s=5/6$);其他参数的定义参见式(7.2.3)。

因此,一般来讲,几乎所有工程和应用科学中的线性物理系统都可以用如下的算子方程表示(这里 u 是通用的因变量):

$$A_t u + A_{xt} u + A_x u = f(\boldsymbol{x},t) \quad \text{在 } \Omega \text{ 内} \tag{7.2.5}$$

这里, A_t 是时间 t 的线性微分算子, A_x 是空间坐标 x 的线性微分算子, A_{xt} 是 t 和 x 的线性微分算子, f 是位置 x 和时间 t 的"力"函数。算子方程(7.2.5)的实例参见方程(7.2.1)至方程(7.2.4b),其中算子 A_t、A_{xt} 和 A_x 很容易确定[只在方程(7.2.3)中 $A_{xt} \neq 0$]。

含一阶时间导数的方程是抛物方程,而含二阶时间导数的方程是双曲方程。描述稳态响应的算子方程可以通过将时间相关项赋零得到。分析确定时间相关问题的解 $u(x,t)$ 被称为瞬态分析,瞬态响应 $u(x,t)$ 则在 7.4 节中给出。时间相关问题的特征值问题可以通过假设一个合适的解形式(比如衰减或者周期形式),并将其代入运动控制方程得到。具体的细节在下节中给出。

7.3 特征值问题

7.3.1 简介

对于如下的方程:

$$Au = \lambda Bu \tag{7.3.1}$$

特征值问题即求解对于所有的非平凡解 $u = u(x)$ 都成立的参数 λ 和函数 $u(x)$,这里 A 和 B 是矩形算子或者微分算子,u 是与 λ 一起待定的向量或者函数。满足方程(7.3.1)的 λ 被称为特征值,且对于每个 λ 都存在一个满足方程(7.3.1)的非零向量 u,被称为特征向量或者特征函数。方程(2.5.41)给出了一个特征值问题的例子,这里算子 A 和 B 为

$$Au = -\frac{\mathrm{d}}{\mathrm{d}x}\left(EA \frac{\mathrm{d}u}{\mathrm{d}x}\right), Bu = \rho Au \tag{7.3.2}$$

且 $\lambda = \omega^2$,ω 是杆轴向振动的固有频率。

一般来讲,特征值的确定在工程和数学上都是一个重要问题。对于结构问题,特征值对应着固有频率(的平方)或者屈曲载荷。在流体力学和热传递问题中,特征值问题对应着其瞬态解的齐次部分。在这些问题中,特征值一般对应着解的相应傅里叶分量的幅值。特征值在确定时间近似算法的稳定性中也有重要作用,将会在 7.4 节中讨论这个问题。

7.3.2 特征值的物理意义

本节通过一维问题的解析解来讨论特征值的物理意义以及其在解析解中的作用。在结构力学中,特征值往往代表固有频率的平方或者屈曲载荷,而在热传递问题中,特征值的意义要更加数学化一些。

方程(7.2.1)是杆件中一维传热问题的控制方程。其齐次解(当 $f = 0$ 时的解)经常以 x 和 t 的函数的乘积形式给出(通过分离变量技术):

$$u^h(x,t) = U(x)T(t) \tag{7.3.3}$$

将此解代入方程(7.2.1)的齐次形式,则有

$$c_1 U \frac{\mathrm{d}T}{\mathrm{d}t} - \frac{\mathrm{d}}{\mathrm{d}x}\left(kA \frac{\mathrm{d}U}{\mathrm{d}x}\right)T = 0 \tag{7.3.4}$$

分离变量 t 和 x(同时除以 $c_1 UT$),得

$$\frac{1}{T}\frac{dT}{dt}=\frac{1}{c_1}\frac{1}{U}\left[\frac{d}{dx}\left(kA\frac{dU}{dx}\right)\right] \tag{7.3.5}$$

注意到该方程的左端只是 t 的函数而右端只是 x 的函数。针对所有的独立参数 x 和 t,上式成立的条件是其左右两侧必须等于同一个常数,比如 $-\lambda(\lambda>0)$,因此有

$$\frac{1}{T}\frac{dT}{dt}=\frac{1}{c_1}\frac{1}{U}\left[\frac{d}{dx}\left(kA\frac{dU}{dx}\right)\right]=-\lambda \tag{7.3.6}$$

或者

$$\frac{dT}{dt}=-\lambda T \tag{7.3.7}$$

$$-\frac{d}{dx}\left(kA\frac{dU}{dx}\right)=\lambda c_1 U \tag{7.3.8}$$

基于 $U(x)$ 是 x 的简谐函数且 $T(t)$ 随着时间 t 的增加而衰减的物理要求,这里常数 λ 必须是负值。求解方程(7.3.7)和方程(7.3.8)中的 λ 和 $U(x)$ 就是一个特征值问题。一旦得到 $T(t)$ 和 $U(x)$,就会得到方程(7.2.1)的齐次解(7.3.3)。
式(7.3.7)的解为

$$T(t)=Be^{-\lambda t} \tag{7.3.9}$$

这里,B 是积分常数。如果 k,A 和 $c_1=\rho Ac_v$ 是常数,那么式(7.3.8)可写为

$$U(x)=C\sin\alpha x+D\cos\alpha x,\alpha^2=\frac{\rho c_v}{k}\lambda \tag{7.3.10}$$

这里 C 和 D 为积分常数,由问题的边界条件来确定。假设杆的边界条件(比如,翅片在 $x=0$ 处给定温度在 $x=L$ 处绝热):

$$U(0)=0,\left[kA\frac{dU}{dx}\right]_{x=L}=0 \tag{7.3.11}$$

利用式(7.3.11)中的边界条件,有

$$0=C\cdot 0+D\cdot 1,0=\alpha(C\cos\alpha L-D\sin\alpha L)\Rightarrow C\alpha\cos\alpha L=0 \tag{7.3.12}$$

对于非平凡解(比如 C 和 D 不同时为0),且 α 不能为0,有

$$\cos\alpha L=0\rightarrow\alpha_n L=\frac{(2n-1)\pi}{2},n=1,2,\cdots,\infty \tag{7.3.13}$$

因此,问题的齐次解变为[注意式(7.3.9)中的常数 B 合并到 C_n 里面了]

$$u^h(x,t)=\sum_{n=1}^{\infty}C_n e^{-\lambda_n t}\sin\alpha_n x,\lambda_n=\alpha_n^2\left(\frac{k}{\rho c_v}\right),\alpha_n=\frac{(2n-1)\pi}{2L} \tag{7.3.14}$$

常数 C_n 可以通过问题的初始条件来确定。方程(7.2.1)的完整解由齐次解和特解叠加而成 $u(x,t)=u^h(x,t)+u^p(x,t)$。因此,为了得到抛物型方程的瞬态响应必须确定特征值 λ_n。

接下来,将会考虑杆的瞬态响应,其运动方程为(7.2.2)。方程(7.2.2)的解包含两部分:齐次解 u^h(比如 $f=0$)和特解 u^p。假设方程(7.2.2)的齐次解的形式和式(7.3.3)一样,将式(7.3.3)代入方程(7.2.2)的齐次形式有

$$\rho A U \frac{\mathrm{d}^2 T}{\mathrm{d}t^2} - \frac{\mathrm{d}}{\mathrm{d}x}\left(EA\frac{\mathrm{d}U}{\mathrm{d}x}\right)T = 0 \qquad (7.3.15)$$

假设 ρA 和 EA 只是 x 的函数,有

$$\frac{1}{T}\frac{\mathrm{d}^2 T}{\mathrm{d}t^2} = \frac{1}{\rho A}\frac{1}{U}\frac{\mathrm{d}}{\mathrm{d}x}\left(EA\frac{\mathrm{d}U}{\mathrm{d}x}\right) = -\lambda^2 \qquad (7.3.16)$$

或者

$$\frac{\mathrm{d}^2 T}{\mathrm{d}t^2} + \lambda^2 T = 0 \qquad (7.3.17)$$

$$-\frac{\mathrm{d}}{\mathrm{d}x}\left(EA\frac{\mathrm{d}U}{\mathrm{d}x}\right) - \lambda^2\rho A U = 0 \qquad (7.3.18)$$

基于 $u(x,t)$ 是 x 和 t 的简谐函数的物理要求,这里常数 λ 必须是负值。

方程(7.3.17)的解为:

$$T(t) = B_1\cos\lambda t + B_2\sin\lambda t \qquad (7.3.19)$$

这里,B_1 和 B_2 是积分常数。当 E、A 和 ρ 为常数时,式(7.3.18)的解为

$$U(x) = C\sin\alpha x + D\cos\alpha x, \alpha^2 = \frac{\rho}{E}\lambda^2 \qquad (7.3.20)$$

式中,C 和 D 是积分常数。在确定积分常数 C 和 D 的过程中需要用到边界条件,这再次需要求解一个特征值问题。举个例子,对于左端固定右端自由(对应于齐次解)的一维杆,其边界条件与式(7.3.11)的形式一样(将 k 替换成 E)。因此,$D=0$ 且 $C\alpha\cos\alpha L = 0$,得到和式(7.3.13)一样的结果。齐次解可写为(C 合并到常数 B_{1n} 和 B_{2n} 里面)

$$u^h(x,t) = \sum_{n=1}^{\infty}(B_{1n}\cos\lambda_n t + B_{2n}\sin\lambda_n t)\sin\alpha_n x$$

$$\lambda_n = \alpha_n\sqrt{E/\rho}, \alpha_n = \frac{(2n-1)\pi}{2L} \qquad (7.3.21)$$

常数 B_{1n} 和 B_{2n} 通过 u 以及其时间导数相关的初始条件来确定。

和热传导问题不同,杆件问题的特征值 λ_n 有直接的物理意义,即系统的固有频率(下面很快将会看到)。因此,在结构力学中,可能仅仅对确定系统的固有频率感兴趣而不是其瞬态响应。

7.3.3 将运动方程转化为特征值方程

7.3.3.1 抛物型方程:热传递及类似问题

类似方程(7.2.1)的齐次抛物型方程的特征值问题可以通过假设如下形式的解来得到:

$$u(x,t) = U(x)\mathrm{e}^{-\lambda t} \tag{7.3.22}$$

这里希望确定 U 和 λ。将式(7.3.22)代入式(7.2.1)(这里 $f=0$)有

$$\mathrm{e}^{-\lambda t}\left[-c_1\lambda U - \frac{\mathrm{d}}{\mathrm{d}x}\left(kA\frac{\mathrm{d}U}{\mathrm{d}x}\right)\right] = 0, 0<x<L, t<0 \tag{7.3.23}$$

由于 $\mathrm{e}^{-\lambda t} \neq 0$,得到特征值问题

$$-\frac{\mathrm{d}}{\mathrm{d}x}\left(kA\frac{\mathrm{d}U}{\mathrm{d}x}\right) - c_1\lambda U = 0, 0<x<L \tag{7.3.24}$$

7.3.3.2　双曲方程:杆

考虑杆的轴向运动方程的齐次形式[比如式(7.2.2)中 $f=0$],假设其周期型解为

$$u(x,t) = U(x)\mathrm{e}^{-i\omega t}, i = \sqrt{-1} \tag{7.3.25}$$

式中,ω 是周期运动的频率(振荡周期为 $T = 2\pi/\omega$)。将式(7.3.25)代入式(7.2.2)有

$$\left[-c_2\omega^2 U - \frac{\mathrm{d}}{\mathrm{d}x}\left(EA\frac{\mathrm{d}U}{\mathrm{d}x}\right)\right]\mathrm{e}^{-i\omega t} = 0, 0<x<L, t>0 \tag{7.3.26}$$

由于 $\mathrm{e}^{-i\omega t} \neq 0$,得到特征值问题:

$$-\frac{\mathrm{d}}{\mathrm{d}x^2}\left(EA\frac{\mathrm{d}U}{\mathrm{d}x}\right) - c_2\lambda U = 0, 0<x<L, \lambda = \omega^2 \tag{7.3.27}$$

7.3.3.3　双曲方程:Euler-Bernoulli 梁

对于 Euler-Bernoulli 梁理论,通过将 $w(x,t) = W(x)\mathrm{e}^{-i\omega t}$ 代入运动方程的齐次形式[比如在式(7.2.3)中令 $q=0$]可得到特征值问题:

$$\frac{\mathrm{d}^2}{\mathrm{d}x^2}\left(EI\frac{\mathrm{d}^2 W}{\mathrm{d}x^2}\right) - \omega^2\rho\left(AW - I\frac{\mathrm{d}^2 W}{\mathrm{d}x^2}\right) = 0 \tag{7.3.28}$$

希望确定固有频率 ω 和相应的振型 $W(x)$。

7.3.3.4　双曲方程:Timoshenko 梁

类似 Euler-Bernoulli 梁理论的处理流程,基于 Timoshenko 梁理论的运动方程的齐次形式(7.2.4a)和式(7.2.4b),通过假设运动的周期解形式可以得到特征值问题:

$$w(x,t) = W(x)\mathrm{e}^{-i\omega t}, \phi_x(x,t) = S(x)\mathrm{e}^{-i\omega t} \tag{7.3.29}$$

基于 Timoshenko 梁理论得到关于梁固有振动的如下微分方程:

$$-\frac{\mathrm{d}}{\mathrm{d}x}\left[GAK_s\left(\frac{\mathrm{d}W}{\mathrm{d}x} + S\right)\right] - \omega^2\rho AW = 0 \tag{7.3.30a}$$

$$-\frac{\mathrm{d}}{\mathrm{d}x}\left(EI\frac{\mathrm{d}S}{\mathrm{d}x}\right) + GAK_s\left(\frac{\mathrm{d}W}{\mathrm{d}x} + S\right) - \omega^2\rho IS = 0 \tag{7.3.30b}$$

希望确定固有频率 ω 和相应的振型 (W, S)。

7.3.4 特征值问题:梁的屈曲

7.3.4.1 Euler-Bernoulli 梁理论

针对梁柱的屈曲(也称为稳定性)也会遇到特征值问题。举个例子,基于 Euler-Bernoulli 梁理论的轴压力 N^0(图 7.3.1)作用下的屈曲控制方程(参见 Reddy[1,2])为

$$\frac{\mathrm{d}^2}{\mathrm{d}x^2}\left(EI\frac{\mathrm{d}^2W}{\mathrm{d}x^2}\right)+N^0\frac{\mathrm{d}^2W}{\mathrm{d}x^2}=0 \qquad (7.3.31)$$

式中,$W(x)$是屈曲后的横向挠度。方程(7.3.31)给出了 $\lambda=N^0$ 的特征值问题,N^0 的最小值是临界屈曲载荷。

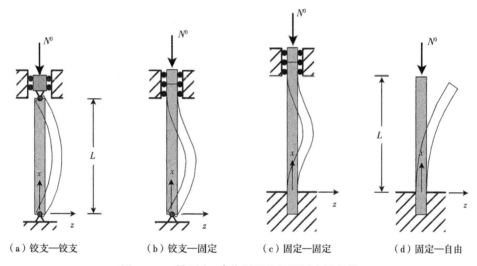

(a)铰支—铰支　　　　(b)铰支—固定　　　　(c)固定—固定　　　　(d)固定—自由

图 7.3.1　轴压力 N^0 作用下柱的不同边界条件

7.3.4.2 Timoshenko 梁理论

对于 Timoshenko 梁理论,梁屈曲的控制方程为

$$-\frac{\mathrm{d}}{\mathrm{d}x}\left[GAK_s\left(\frac{\mathrm{d}W}{\mathrm{d}x}+S\right)\right]+N^0\frac{\mathrm{d}^2W}{\mathrm{d}x^2}=0 \qquad (7.3.32a)$$

$$-\frac{\mathrm{d}}{\mathrm{d}x}\left(EI\frac{\mathrm{d}S}{\mathrm{d}x}\right)+GAK_s\left(\frac{\mathrm{d}W}{\mathrm{d}x}+S\right)=0 \qquad (7.3.32b)$$

式中,$W(x)$和$S(x)$是屈曲后的横向挠度和转角。方程(7.3.32a)和方程(7.3.32b)共同给出了求解屈曲载荷 N^0(特征值)和相应的振型 $W(x)$ 和 $S(x)$(特征向量)的特征值问题。

本部分完整地给出了将会在本章研究的几种不同的特征值问题。确定自由(固有)振动的结构固有频率和振型的任务称为模态分析。另外,也研究了梁柱的屈曲。在接下来的章节中,给出这些特征值问题的弱形式和有限元模型。将会给出数值算例来演示求解特征值和特征向量的过程,尽管这些内容在其他课程(比如振动)中也会遇到。

7.3.5 有限元模型

本节会给出热传递、杆和梁的微分方程相应的特征值问题的有限元模型。由于特征值问

题和边值问题的微分方程非常相似,因此构造其有限元模型的步骤也是类似的。微分方程描述的特征值问题可利用有限元近似简化为代数特征值问题,进一步可以用求解代数特征值问题的方法来求解特征值 λ 和特征向量。

注意到连续系统有无穷多个特征值而离散系统只有有限个特征值。特征值的个数等于网格的无约束主自由度的个数。特征值的个数会随着网格细化而增加,且新增的特征值会更大一些。

7.3.5.1 热传递和类杆问题(二阶方程)

(1)控制方程:

一维传热和直杆相应的特征值问题有相同的控制方程:

$$-\frac{\mathrm{d}}{\mathrm{d}x}\left(a\frac{\mathrm{d}U}{\mathrm{d}x}\right)+c_0U-c\lambda U=0, 0<x<L \tag{7.3.33}$$

式中,a,c_0 和 c 是与物理问题相关的已知参数(数据);λ 是特征值;U 是特征函数。方程(7.3.33)的特定类型如下:

$$热传递:a=kA, c_0=P\beta, c=\rho c_v A \tag{7.3.34}$$

$$杆:a=EA, c_0=0, c=c_2=\rho A \tag{7.3.35}$$

(2)弱形式:

考虑到第 3 章和第 4 章的讨论,在区域 $\Omega^e=(x_a^e, x_b^e)$ 上方程(7.3.33)的弱形式为

$$0=\int_{x_a^e}^{x_b^e}\left(a\frac{\mathrm{d}w_i}{\mathrm{d}x}\frac{\mathrm{d}U_h}{\mathrm{d}x}+c_0w_iU_h-\lambda cw_iU_h\right)\mathrm{d}x - Q_1^e w_i(x_a^e) - Q_n^e w_i(x_b^e) \tag{7.3.36}$$

式中,U_h 是 U 的近似,w_i 是第 i 个权函数(推导有限元模型时会被 ψ_i^e 代替),Q_1^e 和 Q_n^e 分别是第一个和最后一个节点的次要变量,该有限元模型有 n 个节点(在特征值问题中,对于 $1<i<n$ 有 $Q_i^e=0$):

$$Q_1^e=-\left[a\frac{\mathrm{d}U_h}{\mathrm{d}x}\right]_{x_a^e}, Q_n^e=\left[a\frac{\mathrm{d}U_h}{\mathrm{d}x}\right]_{x_b^e} \tag{7.3.37}$$

(3)有限元模型:

针对一个典型单元 $\Omega^e=(x_a^e, x_b^e)$,有限元近似 U_h 为

$$U_h(x)=\sum_{j=1}^n u_j^e\psi_j^e(x) \tag{7.3.38}$$

将式(7.3.38)的有限元近似 U_h 和 $w_i=\psi_i^e$ 代入弱形式即可得到弱形式的 Galerkin 有限元模型:

$$(\boldsymbol{K}^e-\lambda\boldsymbol{M}^e)\boldsymbol{u}^e=\boldsymbol{Q}^e \tag{7.3.39}$$

式中,

$$K_{ij}^e=\int_{x_a^e}^{x_b^e}\left(a\frac{\mathrm{d}\psi_i^e}{\mathrm{d}x}\frac{\mathrm{d}\psi_j^e}{\mathrm{d}x}+c_0\psi_i^e\psi_j^e\right)\mathrm{d}x, M_{ij}^e=\int_{x_a^e}^{x_b^e}c\psi_i^e\psi_j^e\mathrm{d}x \tag{7.3.40}$$

其中,a,c_0 和 c 在单元内是常数,线性单元和二次单元的 $\boldsymbol{K}^e$ 和 $\boldsymbol{M}^e$ 的数值可以分别通过式(3.4.36)和式(3.4.38)得到。

组装单元方程并针对整体方程组施加边界条件的过程和第 3 章中的静力学问题类似。特征值问题的缩聚有限元方程有如下的一般形式:

$$(\boldsymbol{K}_c - \lambda\boldsymbol{M}_c)\boldsymbol{U}_c = 0 \tag{7.3.41}$$

式中,$\boldsymbol{K}_c$ 和 $\boldsymbol{M}_c$ 中的下标 c 表示它们是缩聚矩阵,$\boldsymbol{U}_c$ 代表待定的整体节点自由度。关于 λ 和 $\boldsymbol{U}_c$ 的缩聚方程组的解构成了一个代数特征值问题。求解代数特征值问题有很多数值方法,这里不再赘述,同时本书也不会讨论求解线性代数方程组的数值方法(参见 Hildebrand[3])。

求解特征值问题的解析方法是通过令系数矩阵的行列式为零得到的(参见 Hildebrand[3],Reddy[1,2]和 Surana 和 Reddy[4]):

$$|\boldsymbol{K}_c - \lambda\boldsymbol{M}_c| = 0 \tag{7.3.42}$$

这是一个关于 λ 的 N 次代数方程,称为特征方程,N 代表未知的节点值的个数(比如,$\boldsymbol{U}_c$ 是 $N \times 1$ 阶,那么 $\boldsymbol{K}_c$ 和 $\boldsymbol{M}_c$ 是 $N \times N$ 阶的)。代数方程的根称为特征值,表示为 $\lambda_1, \lambda_2, \cdots, \lambda_N$。

在绝大多数工程问题中,特别是本书中涉及的无阻尼系统,$\boldsymbol{K}_c$ 和 $\boldsymbol{M}_c$ 是对称的实矩阵(不是复数),且 $\boldsymbol{M}_c$ 是非奇异的。可以证明,所有对称实矩阵的特征值和特征向量都是实数。另外,两个不同特征值对应的特征向量是关于 $\boldsymbol{M}_c$ 正交的:

$$(\boldsymbol{U}^{(i)})^{\mathrm{T}}\boldsymbol{M}_c\boldsymbol{U}^{(j)} = 0 \quad \text{当 } i \neq j \tag{7.3.43}$$

若 $\boldsymbol{K}_c$ 和 $\boldsymbol{M}_c$ 都是正定的,由式(7.3.42)确定的特征值都是正的(细节参见 Hildebrand[3])。

每个特征值 λ_i 至少对应着一个特征向量(模态向量)$\boldsymbol{U}^{(i)}$,且满足条件:

$$(\boldsymbol{K}_c - \lambda_i\boldsymbol{M}_c)\boldsymbol{U}_c^{(i)} = 0 \tag{7.3.44}$$

这里给出了 N 个向量 $U_n^{(i)}$,$n = 1, 2, \cdots, N$ 的 $N-1$ 个关系式。因此,令其中一个向量为单位向量,比如说 $U_1^{(i)}$,则其他向量可以基于此单位向量来确定。

可以将特征向量 $\boldsymbol{U}^{(k)}$ 基于质量阵 $\boldsymbol{M}_c$ 进行归一化:

$$\hat{\boldsymbol{U}}^{(k)} = \frac{\boldsymbol{U}^{(k)}}{\|\boldsymbol{U}^{(k)}\|_M}, \|\hat{\boldsymbol{U}}^{(k)}\|_M^2 = \sum_{i,j=1}^{N} m_{ij}U_i^{(k)}U_j^{(k)} \tag{7.3.45}$$

如果每个 $U_i^{(k)}$ 的量纲不是相同的,那么在归一化以前需要先将其无量纲化。每个单元的特征函数 $U_h^{(k)}(x)$ 可以进一步通过式(7.3.38)来确定。

利用式(7.3.41),定义标准正交模态矩阵 $\boldsymbol{\Phi}$,其第 k 列是第 k 个归一化的特征向量 $\hat{\boldsymbol{U}}^{(k)}$。考虑到

$$\boldsymbol{K}_c\hat{\boldsymbol{U}}^{(i)} = \lambda_i\boldsymbol{M}_c\hat{\boldsymbol{U}}^{(i)} \quad (i = 1, 2, \cdots, N) \tag{7.3.46}$$

因此有

$$K_c\boldsymbol{\Phi}=M_c\boldsymbol{\Phi}\begin{bmatrix} \lambda_1 & 0 & \cdots & 0 \\ 0 & \lambda_2 & \cdots & 0 \\ \vdots & \vdots & \vdots & \vdots \\ 0 & 0 & \cdots & \lambda_N \end{bmatrix}\equiv M_c\boldsymbol{\Phi}\boldsymbol{\Lambda} \tag{7.3.47}$$

同时考虑到式(7.3.43),有

$$\boldsymbol{\Phi}^{\mathrm{T}}M_c\boldsymbol{\Phi}=I \tag{7.3.48}$$

这里 I 是 $N\times N$ 阶的单位矩阵。利用式(7.3.47)和式(7.3.48)可得

$$\boldsymbol{\Phi}^{\mathrm{T}}K_c\boldsymbol{\Phi}=\boldsymbol{\Phi}^{\mathrm{T}}M_c\boldsymbol{\Phi}\boldsymbol{\Lambda}=I\boldsymbol{\Lambda}=\boldsymbol{\Lambda}I \tag{7.3.49}$$

例 7.3.1

初始温度为 T_0 的平面墙,材料属性为恒定值,将其前后表面同时迅速放入温度为 T_∞ 的流体中。其控制方程为

$$k\frac{\partial^2 T}{\partial x^2}=\rho c_v\frac{\partial T}{\partial t} \tag{1}$$

式中, k 为热导率, ρ 是密度, c_v 是定容比热容。方程(1)也被称为扩散方程,扩散系数为 $\alpha=k/\rho c_v$。利用有限元法确定如下两种边界条件下问题的特征值,不同的边界条件代表 $x=L$ 时不同的状态。

工况 1:如果墙体表面的换热系数无穷大,那么其边界条件可写为

$$T(0,t)=T_\infty,T(L,t)=T_\infty \text{ 当 } t>0 \tag{2}$$

工况 2:如果假设 $x=L$ 时墙体表面直接置于环境中,有

$$T(0,t)=T_\infty,\left[k\frac{\partial T}{\partial x}+\beta(T-T_\infty)\right]_{x=L}=0 \tag{3}$$

比较分别基于 2 个线性单元和 1 个二次单元得到的特征值和特征向量。如同在 7.3.2 小节中讨论的一样,在构造瞬态解时特征值和特征向量是非常有用的。

解: 方程(1)至方程(3)可以写成无量纲的形式(这并不是必须的)。令

$$\alpha=\frac{k}{\rho c_v},\xi=\frac{x}{L},\tau=\frac{\alpha t}{L^2},\theta(\xi,\tau)=\frac{T(\xi,\tau)-T_\infty}{T_0-T_\infty} \tag{4}$$

则方程(1)至方程(3)变为:

$$-\frac{\partial^2\theta}{\partial\xi^2}+\frac{\partial\theta}{\partial\tau}=0 \tag{5}$$

工况 1:
$$\theta(0,\tau)=0,\theta(1,\tau)=0 \tag{6}$$

工况 2:
$$\theta(0,\tau)=0,\left(\frac{\partial\theta}{\partial\xi}+H\theta\right)\bigg|_{\xi=1}=0,H=\frac{\beta L}{k} \tag{7}$$

注意到时间相关问题的方程(5)至方程(7)的完全解是振型 U_n 和时间项 $e^{-\lambda_n \tau}$ 的线性组合：

$$\theta(\xi, \tau) = \sum_{n=1}^{\infty} k_n U_n(\xi) e^{-\lambda_n \tau} \tag{8}$$

k_n 是由初始条件确定的常数(如果需要找到瞬态解)。在近似解中，级数(8)的项数是有限的(也就是说 n 是有限的)，并且等于网格中无约束自由度(也即未给定数值的自由度)的个数。

通过将问题转化为一个特征值问题，开始求解 $U_n(\xi)$ 和 λ_n。假设解为 $\theta(\xi, \tau) = U(\xi) e^{-\lambda \tau}$ (这里暂时忽略下标 n，当系统特征值的数目大于 1 时再加上)，将其代入式(5)，得

$$-\frac{\mathrm{d}^2 U}{\mathrm{d}\xi^2} - \lambda U = 0 \tag{9}$$

边界条件为：

工况 1：
$$U(0) = 0, U(1) = 0 \tag{10}$$

工况 2：
$$U(0) = 0, \left(\frac{\mathrm{d}U}{\mathrm{d}\xi} + HU\right)\bigg|_{\xi=1} = 0 \tag{11}$$

式(9)是式(7.3.33)在取 $a=1, c=1, c_0=0$ 时的特例，因此适用于式(7.3.39)和式(7.3.40)的有限元模型。

对于线性单元，单元方程(7.3.39)可写成显式的形式[参见 $c_e=0$ 时式(3.4.36)的单元矩阵]：

$$\left(\frac{1}{h_e}\begin{bmatrix} 1 & -1 \\ -1 & 1 \end{bmatrix} - \lambda \frac{h_e}{6}\begin{bmatrix} 2 & 1 \\ 1 & 2 \end{bmatrix}\right)\begin{Bmatrix} u_1^e \\ u_2^e \end{Bmatrix} = \begin{Bmatrix} Q_1^e \\ Q_2^e \end{Bmatrix} \tag{12}$$

对于两个线性单元，$h_1 = h_2 = 0.5$，组装的方程组(基于 $Q_2^1 + Q_1^2 = 0$ 的要求)为

$$\left(2\begin{bmatrix} 1 & -1 & 0 \\ -1 & 2 & -1 \\ 0 & -1 & 1 \end{bmatrix} - \frac{\lambda}{12}\begin{bmatrix} 2 & 1 & 0 \\ 1 & 4 & 1 \\ 0 & 1 & 2 \end{bmatrix}\right)\begin{Bmatrix} U_1 \\ U_2 \\ U_3 \end{Bmatrix} = \begin{Bmatrix} Q_1^1 \\ Q_2^1 + Q_1^2 = 0 \\ Q_2^2 \end{Bmatrix} \tag{13}$$

对于一个二次单元($h=1$)，单元方程(7.3.39)为[单元矩阵参见式(3.4.38)]

$$\left(\frac{1}{3}\begin{bmatrix} 7 & -8 & 1 \\ -8 & 16 & -8 \\ 1 & -8 & 7 \end{bmatrix} - \frac{\lambda}{30}\begin{bmatrix} 4 & 2 & -1 \\ 2 & 16 & 2 \\ -1 & 2 & 4 \end{bmatrix}\right)\begin{Bmatrix} u_1^1 \\ u_2^1 \\ u_3^1 \end{Bmatrix} = \begin{Bmatrix} Q_1^1 \\ 0 \\ Q_3^1 \end{Bmatrix} \tag{14}$$

基于工况 1 边界条件的解：

边界条件 $U(0)=0$ 和 $U(1)=0$ 变为 $U_1 = U_3 = 0$。对于两个线性单元，通过删除矩阵方程组(13)的第一和最后一行和列，可以得到缩聚方程。因此有

$$\left(4 - \lambda \frac{4}{12}\right) U_2 = 0$$

式中，λ 为

$$\lambda_1 = 12 , 因为 U_2 \neq 0$$

U_2 是任意非零数值，取 $U_2 = 1$。因此，模态 $U_h(\xi)$ 为

$$U_h(\xi) = \begin{cases} U_1 \psi_1^{(1)}(\xi) + U_2 \psi_2^{(1)}(\xi) = U_2 \dfrac{\xi}{h} = 2\xi & 0 \leqslant \xi \leqslant 0.5 \\ U_2 \psi_1^{(2)}(\xi) + U_3 \psi_2^{(2)}(\xi) = U_2 \left(2 - \dfrac{\xi}{h}\right) = 2(1-\xi) & 0.5 \leqslant \xi \leqslant 1.0 \end{cases}$$

对于一个二次单元，式(14)就是所考虑的。缩聚方程组为

$$\frac{16}{3} - \lambda \frac{16}{30} = 0 \ 或 \ \lambda_1 = 10, U_2 \neq 0$$

相应的特征函数是(对于 $U_2 = 1$)

$$U_h(\xi) = U_1 \psi_1^{(1)} + U_2 \psi_2^{(1)} + U_3 \psi_3^{(1)} = U_2 \psi_2^{(1)} = 4 \frac{\xi}{h} \left(1 \frac{\xi}{h}\right), 0 \leqslant \xi \leqslant 1.0$$

因此 $U(\xi)$ 的有限元近似解为

$$U_h(\xi) = \begin{cases} 2\xi & 0 \leqslant \xi \leqslant 0.5 \\ 2(1-\xi) & 0.5 \leqslant \xi \leqslant 1.0 \end{cases}, 对应于两个线性单元网格$$

$$U_h(\xi) = 4\xi(1-\xi) \quad 0 \leqslant \xi \leqslant 1.0, \ 对应于一个二次单元网格$$

边界条件(10)的式(9)的解析解为

$$\theta(\xi, \tau) = \sum_{n=1}^{\infty} k_n U_n(\xi) \mathrm{e}^{-\lambda_n \tau} = \sum_{n=1}^{\infty} k_n \sin n\pi\xi \, \mathrm{e}^{-(n\pi)^2 \tau}, \lambda_n = (n\pi)^2 \tag{15}$$

式中，k_n 是由问题初始条件确定的常数。因此，工况 1 时精确的特征函数为 $U_n(\xi) = \sin n\pi\xi$。单项解为

$$\theta(\xi, \tau) = k_1 \sin\pi\xi \, \mathrm{e}^{-\pi^2 \tau}$$

显然，和单项解析解($\pi^2 \approx 9.87$)相比，一个二次单元给出的结果比两个线性单元的结果要更准确。

基于工况 2 边界条件的解：

工况 2 的边界条件变为 $U_1 = 0$ 和 $Q_2^2 + HU_3 = 0$(或者 $Q_3^1 + HU_3 = 0$)。

对于两个线性单元，通过删除组装方程组(13)的第一行和第一列，同时替换 $Q_2^2 = -HU_3$ 可得到缩聚的方程组：

$$\left(\frac{1}{h}\begin{bmatrix} 2 & -1 \\ -1 & 1 \end{bmatrix} - \lambda \frac{h}{6}\begin{bmatrix} 4 & 1 \\ 1 & 2 \end{bmatrix}\right)\begin{Bmatrix} U_2 \\ U_3 \end{Bmatrix} = \begin{Bmatrix} 0 \\ -HU_3 \end{Bmatrix}$$

或者

$$\left(\begin{bmatrix} 4 & -2 \\ -2 & 2+H \end{bmatrix} - \frac{\lambda}{12} \begin{bmatrix} 4 & 1 \\ 1 & 2 \end{bmatrix} \right) \begin{Bmatrix} U_2 \\ U_3 \end{Bmatrix} = \begin{Bmatrix} 0 \\ 0 \end{Bmatrix}$$

对于非平凡解(也就是说, U_2 和 U_3 不同时为 0),系数矩阵的行列式应该为 0[参见式(7.3.42)]:

$$\begin{vmatrix} 4-4\bar{\lambda} & -(2+\bar{\lambda}) \\ -(2+\bar{\lambda}) & 2+H-2\bar{\lambda} \end{vmatrix} = 0, \bar{\lambda} = \frac{\lambda}{12}$$

或者

$$7\bar{\lambda}^2 - 4(5+H)\bar{\lambda} + 4(1+H) = 0$$

上述方程被称为特征值问题的特征方程。$H=1$ 时这个二次方程的两个根为

$$\bar{\lambda}_{1,2} = \frac{12 \pm \sqrt{(12)^2 - 7 \times 8}}{7} \rightarrow \bar{\lambda}_1 = 0.3742, \bar{\lambda}_2 = 3.0544$$

特征值为($\lambda_i = 12\bar{\lambda}_i$)$\lambda_1 = 4.4899$ 和 $\lambda_2 = 36.6528$。与每个特征值对应的特征向量可以通过下述方程计算:

$$\begin{bmatrix} 4-4\bar{\lambda}_i & -(2+\bar{\lambda}_i) \\ -(2+\bar{\lambda}_i) & 3-2\bar{\lambda}_i \end{bmatrix} \begin{Bmatrix} U_2 \\ U_3 \end{Bmatrix}^{(i)} = \begin{Bmatrix} 0 \\ 0 \end{Bmatrix}, i=1,2$$

举个例子,对于($\bar{\lambda}_i = 0.3742$),有

$$2.5034 U_2^{(1)} - 2.3742 U_3^{(1)} = 0$$

令 $U_2^{(1)} = 1$,得

$$\boldsymbol{U}^{(1)} = \begin{Bmatrix} U_2^{(1)} \\ U_3^{(1)} \end{Bmatrix} = \begin{Bmatrix} 1.0000 \\ 1.0544 \end{Bmatrix}$$

另一方面,可以利用 $\boldsymbol{M}_c$ 进行归一化。首先需要计算向量 $\boldsymbol{U}^{(1)}$ 关于 $\boldsymbol{M}_c$ 的长度的平方:

$$\ell_1^2 = (\boldsymbol{U}^{(1)})^{\mathrm{T}} \boldsymbol{M}_c \boldsymbol{U}^{(1)} = \{1.0 \quad 1.0544\} \begin{bmatrix} 4 & 1 \\ 1 & 2 \end{bmatrix} \begin{Bmatrix} 1.0000 \\ 1.0544 \end{Bmatrix} = 8.3323$$

归一化的向量($\hat{U}_2^{(1)} = U_2^{(1)}/\sqrt{8.3323}$ 和 $\hat{U}_3^{(1)} = U_3^{(1)}/\sqrt{8.3323}$)为:

$$\hat{\boldsymbol{U}}^{(1)} = \begin{Bmatrix} \hat{U}_2^{(1)} \\ \hat{U}_3^{(1)} \end{Bmatrix} = \begin{Bmatrix} 0.34643 \\ 0.36528 \end{Bmatrix}$$

因此,通过将向量乘以一个常数就可以得到单位幅值的模态。因此对应于 $\lambda_1 = 4.4899$ 的特征函数为:

$$U_h^{(1)}(\xi) = \begin{cases} 0.34643(2\xi) & \text{当 } 0 \leqslant \xi \leqslant 0.5 \\ 0.34643(2-2\xi)+0.36528(2\xi-1) & \text{当 } 0.5 \leqslant \xi \leqslant 1.0 \end{cases}$$

类似地,对应于 $\lambda_2 = 36.6528$ 的归一化特征向量为

$$\hat{U}^{(2)} = \begin{Bmatrix} \hat{U}_2^{(2)} \\ \hat{U}_3^{(2)} \end{Bmatrix} = \begin{Bmatrix} 0.40706 \\ -0.66182 \end{Bmatrix}$$

相应的特征函数为

$$U_h^{(2)}(\xi) = \begin{cases} 0.40706\xi, 0 \leqslant \xi \leqslant 0.5 \\ 0.40706(2-2\xi)-0.66182(2\xi-1), 0.5 \leqslant \xi \leqslant 1.0 \end{cases}$$

对于一个二次单元,缩聚的方程组为

$$\left(\frac{1}{3}\begin{bmatrix} 16 & -8 \\ -8 & 7+3H \end{bmatrix} - \lambda \frac{1}{30}\begin{bmatrix} 16 & 2 \\ 2 & 4 \end{bmatrix} \right) \begin{Bmatrix} U_2 \\ U_3 \end{Bmatrix} = \begin{Bmatrix} 0 \\ 0 \end{Bmatrix}$$

其特征方程为

$$15\bar{\lambda}^2 - 4(13+3H)\bar{\lambda} + 12(1+H) = 0, \bar{\lambda} = \frac{\lambda}{10}$$

$H=1$ 时该特征方程的两个根为

$$\bar{\lambda}_{1,2} = \frac{32 \pm \sqrt{(32)^2 - 15 \times 24}}{15} \rightarrow \bar{\lambda}_1 = 0.4155, \bar{\lambda}_2 = 3.8512$$

特征值为($\lambda_i = 10\bar{\lambda}_i$)$\lambda_1 = 4.1545$ 和 $\lambda_2 = 38.5121$。相应的特征向量(未归一化)为

$$U^{(1)} = \begin{Bmatrix} U_2^{(1)} \\ U_3^{(1)} \end{Bmatrix} = \begin{Bmatrix} 1.0000 \\ 1.0591 \end{Bmatrix}, U^{(2)} = \begin{Bmatrix} U_2^{(2)} \\ U_3^{(2)} \end{Bmatrix} = \begin{Bmatrix} 1.0000 \\ -2.9052 \end{Bmatrix}$$

特征函数为($h=1$)

$$U_h^{(1)}(\xi) = U_2^{(1)}\psi_2(\xi) + U_3^{(1)}\psi_3(\xi) = 4\frac{\xi}{h}\left(1-\frac{\xi}{h}\right) + 1.0591\frac{\xi}{h}\left(2\frac{\xi}{h}-1\right)$$

$$U_h^{(2)}(\xi) = U_2^{(2)}\psi_2(\xi) + U_3^{(2)}\psi_3(\xi) = 4\frac{\xi}{h}\left(1-\frac{\xi}{h}\right) - 2.9052\frac{\xi}{h}\left(2\frac{\xi}{h}-1\right)$$

对于工况 2,$U_n(\xi)$ 的解析解为

$$U_n(\xi) = \sin\sqrt{\lambda_n}\xi \tag{16}$$

特征值 λ_n 由如下方程求得

$$H\sin\sqrt{\lambda_n} + \sqrt{\lambda_n}\cos\sqrt{\lambda_n} = 0$$

$H=1$ 时该超越方程的前两个根为

$$\sqrt{\lambda_1} = 2.0288 \rightarrow \lambda_1 = 4.1160; \quad \sqrt{\lambda_2} = 4.9132 \rightarrow \lambda_2 = 24.1393$$

因此,相应特征函数的解析解为

$$U_1(\xi) = \sin 2.0288\xi, \quad U_2(\xi) = \sin 4.9132\xi \tag{17}$$

表7.3.1给出了基于不同数目的线性单元和二次单元得到的特征值与精确解的比较。注意到基于有限元法得到的特征值的数目总是等于未知节点变量的个数。如果将网格加密,不仅特征值的数目增加了,特征值的精度也提高了。同时也注意到数值求解得到的特征值的收敛性趋势是向下的,也就是说,有限元解给出了精确的特征值的上限。图7.3.2和图7.3.3分别给出了工况1和工况2下该系统前三阶模态。

表7.3.1　式(10)和式(11)所给出两种边界条件下热传导方程(9)的特征值

(对于每一种网格划分,第一行代表边界条件1,第二行代表边界条件2)

网格	λ_1	λ_2	λ_3	λ_4	λ_5	λ_6	λ_7
2L	12.0000						
	4.4900	36.6529					
4L	10.3866	48.0000	126.756				
	4.2054	27.3318	85.7864	177.604			
8L	9.9971	41.5466	99.4855	192.000	328.291	507.025	686.512
	4.1380	24.9088	69.1036	143.530	257.580	417.706	607.018
1Q	10.000						
	4.1545	38.5121					
2Q	9.9439	40.0000	128.723				
	4.1196	24.8995	81.4446	207.654			
4Q	9.8747	39.7754	91.7847	160.000	308.253	514.891	794.794
	4.1161	24.2040	64.7704	129.261	240.540	405.254	658.133
精确解-1	9.8696	39.4784	88.8264	157.914	246.740	355.306	483.611
精确解-2	4.1160	24.1393	63.6597	122.889	201.851	300.550	418.987

基于方程(7.3.24)和方程(7.3.27)的相似性,方程(9)至方程(11)描述的特征值问题也适用于如下两种边界条件下长度为 L、轴向刚度为 EA 的恒定横截面杆的轴向振动:(1)两端固定,(2)左端固定右端连一个线性弹簧(图7.3.4)。只需采用如下的变换(U 为位移振型且 $\xi = x/L$):

$$\lambda = \omega^2 L^2 \frac{\rho}{E}, \quad H = \frac{kL}{EA}$$

因此,表7.3.1中给出的特征值对应着图7.3.4所示边界条件下均匀杆的无量纲频率 $\omega^2 L^2 \rho / E$。根据最小势能原理,任何近似位移场都会高估实际系统的总势能。这等价于近似的系统刚度总是比实际的要大一些。刚度较大的系统具有较大的特征值(或频率)。随着单元数量的增加,结构刚度越来越接近真实刚度。

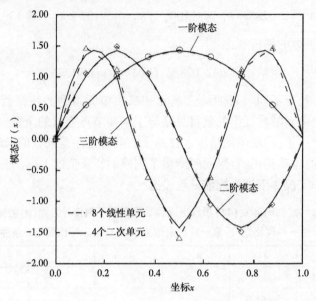

图 7.3.2　例 7.3.1(工况 1 所示边界条件)中热传递问题的前三阶模态
(分别基于 8 个线性单元和 4 个二次单元)

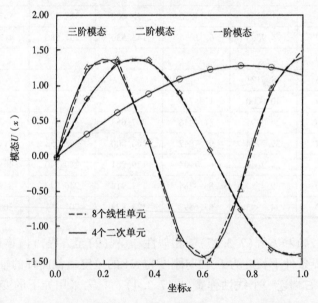

图 7.3.3　例 7.3.1(工况 2 所示边界条件)所示热传递问题的前三阶模态

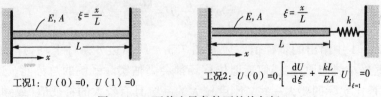

工况1：$U(0)=0$，$U(1)=0$　　工况2：$U(0)=0$，$\left[\dfrac{\mathrm{d}U}{\mathrm{d}\xi}+\dfrac{kL}{EA}U\right]_{\xi=1}=0$

图 7.3.4　两种边界条件下的均匀杆

7.3.5.2　Euler-Bernoulli 梁的固有振动

1) 弱形式

式(7.3.28)的弱形式可以通过采用第 5 章中用到的三个步骤来得到。对于本问题,也必须对转动惯量项进行分部积分,得

$$
\begin{aligned}
0 = \int_{x_a^e}^{x_b^e} & \left[EI \frac{\mathrm{d}^2 v_i}{\mathrm{d}x^2} \frac{\mathrm{d}^2 W_h}{\mathrm{d}x^2} - \omega^2 \left(\rho A v_i W_h + \rho I \frac{\mathrm{d}v_i}{\mathrm{d}x} \frac{\mathrm{d}W_h}{\mathrm{d}x} \right) \right] \mathrm{d}x \\
& - v_i(x_a) Q_1^e - v_i(x_b) Q_3^e - \left(-\frac{\mathrm{d}v_i}{\mathrm{d}x} \right)_{x_a} Q_2^e - \left(-\frac{\mathrm{d}v_i}{\mathrm{d}x} \right)_{x_b} Q_4^e
\end{aligned}
\tag{7.3.50}
$$

式中,W_h 是 W 的有限元近似,v_i 是第 i 个权函数,且

$$
Q_1^e \equiv \left[\frac{\mathrm{d}}{\mathrm{d}x} \left(EI \frac{\mathrm{d}^2 W_h}{\mathrm{d}x^2} \right) + \omega^2 \rho I \frac{\mathrm{d}W_h}{\mathrm{d}x} \right]_{x_a^e}, \quad Q_2^e \equiv \left[EI \frac{\mathrm{d}^2 W_h}{\mathrm{d}x^2} \right]_{x_a^e}
$$

$$
Q_3^e \equiv - \left[\frac{\mathrm{d}}{\mathrm{d}x} \left(EI \frac{\mathrm{d}^2 W_h}{\mathrm{d}x^2} \right) + \omega^2 \rho I \frac{\mathrm{d}W_h}{\mathrm{d}x} \right]_{x_b^e}, \quad Q_4^e \equiv - \left[EI \frac{\mathrm{d}^2 W_h}{\mathrm{d}x^2} \right]_{x_b^e}
\tag{7.3.51}
$$

注意到转动惯量项是与剪力项相关的,这就导致在挠度未知的边界点处等效剪力必须是已知的。Euler-Bernoulli 梁固有振动问题的典型边界条件必须指定以下两对变量:

$$
(W, V), \quad \left(-\frac{\mathrm{d}W}{\mathrm{d}x}, M \right)
\tag{7.3.52}
$$

混合边界条件则必须指定变量之间的关系:

竖直弹簧:
$$
V + kW = 0
$$

扭转弹簧:
$$
M - \mu \frac{\mathrm{d}W}{\mathrm{d}x} = 0
\tag{7.3.53}
$$

附加集中质量 M_0:
$$
V - M_0 \omega^2 W = 0
$$

这里 k 和 μ 分别是拉压弹簧和扭转弹簧的刚度参数,M_0 是附加的集中质量。

2) 有限元模型

为了得到式(7.3.28)弱形式的 Galerkin(或 Ritz)有限元模型,假设近似解的形式为

$$
W(x) \approx W_h(x) = \sum_{j=1}^{4} \Delta_j^e \phi_j^e(x)
\tag{7.3.54}
$$

式中,ϕ_j^e 是 Hermite 三次多项式[参见式(5.2.20)和图 5.2.5],$\Delta_i^e(i=1,2,3,4)$ 代表两个节点处 W_h 和 $-\mathrm{d}W_h/\mathrm{d}x$ 的值。将式(7.3.54)中的 W_h 和 $v_i = \phi_i$ 代入式(7.3.50),得

$$
(\boldsymbol{K}^e - \omega^2 \boldsymbol{M}^e) \boldsymbol{\Delta}^e = \boldsymbol{Q}^e
\tag{7.3.55}
$$

式中

$$
K_{ij}^e = \int_{x_a^e}^{x_b^e} EI \frac{\mathrm{d}^2 \phi_i^e}{\mathrm{d}x^2} \frac{\mathrm{d}^2 \phi_j^e}{\mathrm{d}x^2} \mathrm{d}x, \quad M_{ij}^e = \int_{x_a^e}^{x_b^e} \left(\rho A \phi_i^e \phi_j^e + \rho I \frac{\mathrm{d}\phi_i^e}{\mathrm{d}x} \frac{\mathrm{d}\phi_j^e}{\mathrm{d}x} \right) \mathrm{d}x
\tag{7.3.56}
$$

对于在单元内部为定值的 E、ρ、A 和 I,不考虑转动惯量的刚度矩阵 K^e 和质量矩阵 M^e 为

$$K^e = \frac{2E_e I_e}{h_e^3} \begin{bmatrix} 6 & -3h_e & -6 & -3h_e \\ -3h_e & 2h_e^2 & 3h_e & h_e^2 \\ -6 & 3h_e & 6 & 3h_e \\ -3h_e & h_e^2 & 3h_e & 2h_e^2 \end{bmatrix}$$

$$M^e = \frac{\rho_e A_e h_e}{420} \begin{bmatrix} 156 & -22h_e & 54 & 13h_e \\ -22h_e & 4h_e^2 & -13h_e & -3h_e^2 \\ 54 & -13h_e & 156 & 22h_e \\ 13h_e & -3h_e^2 & 22h_e & 4h_e^2 \end{bmatrix}$$

(7.3.57)

如果考虑转动惯量,需要在质量阵上加上如下矩阵:

$$\frac{\rho_e I_e}{30h_e} \begin{bmatrix} 36 & -3h_e & -36 & -3h_e \\ -3h_e & 4h_e^2 & 3h_e & -h_e^2 \\ -36 & 3h_e & 36 & 3h_e \\ -3h_e & -h_e^2 & 3h_e & 4h_e^2 \end{bmatrix}$$

(7.3.58)

7.3.5.3 Timoshenko 梁的固有振动

1)弱形式

基于 Timoshenko 梁理论的梁的自由振动问题的控制方程为式 (7.3.30a) 和式 (7.3.30b)。这些方程的弱形式[参见式(5.3.9a)和式(5.3.9b)]为

$$0 = \int_{x_a^e}^{x_b^e} \left[GAK_s \frac{dv_{1i}}{dx} \left(S_h + \frac{dW_h}{dx} \right) - \omega^2 \rho A v_{1i} W_h \right] dx$$
$$- v_{1i}(x_a^e) Q_2^e - v_{1i}(x_b^e) Q_3^e$$

(7.3.59a)

$$0 = \int_{x_a^e}^{x_b^e} \left[EI \frac{dv_{2i}}{dx} \frac{dS_h}{dx} + GAK_s v_{2i} \left(S_h + \frac{dW_h}{dx} \right) - \omega^2 \rho A v_{2i} S_h \right] dx$$
$$- v_{2i}(x_a^e) Q_1^e - v_{2i}(x_b^e) Q_4^e$$

(7.3.59b)

式中

$$Q_1^e \equiv -\left[GAK_s \left(S_h + \frac{dW_h}{dx} \right) \right]_{x_a^e}, \quad Q_2^e \equiv -\left[EI \frac{dS_h}{dx} \right]_{x_a^e}$$

$$Q_3^e \equiv \left[GAK_s \left(S_h + \frac{dW_h}{dx} \right) \right]_{x_b^e}, \quad Q_4^e \equiv \left[EI \frac{dS_h}{dx} \right]_{x_b^e}$$

(7.3.59c)

2)有限元模型

针对 $W(x)$ 和 $S(x)$ 采用相同的插值:

$$W_h(x) = \sum_{j=1}^{n} W_j^e \psi_j^e(x), \quad S_h(x) = \sum_{j=1}^{n} S_j^e \psi_j^e(x)$$

(7.3.60)

这里 ψ_j^e 是$(n-1)$阶 Lagrange 多项式,有限元模型为

$$\left(\begin{bmatrix} \boldsymbol{K}^{11} & \boldsymbol{K}^{12} \\ \boldsymbol{K}^{21} & \boldsymbol{K}^{22} \end{bmatrix} - \omega^2 \begin{bmatrix} \boldsymbol{M}^{11} & 0 \\ 0 & \boldsymbol{M}^{22} \end{bmatrix} \right) \left\{ \begin{matrix} \boldsymbol{W} \\ \boldsymbol{S} \end{matrix} \right\} = \left\{ \begin{matrix} \boldsymbol{F}^1 \\ \boldsymbol{F}^2 \end{matrix} \right\}$$

或

$$(\boldsymbol{K}^e - \omega^2 \boldsymbol{M}^e)\boldsymbol{\Delta}^e = \boldsymbol{F}^e \tag{7.3.61}$$

式中,$\boldsymbol{K}^e$ 是刚度矩阵,$\boldsymbol{M}^e$ 是质量矩阵,$\boldsymbol{F}^e$ 是约束反力向量。式(7.3.61)里面刚度、质量、力的表达式为

$$K_{ij}^{11} = \int_{x_a^e}^{x_b^e} \left(GAK_s \frac{\mathrm{d}\psi_i^e}{\mathrm{d}x} \frac{\mathrm{d}\psi_j^e}{\mathrm{d}x} \right) \mathrm{d}x$$

$$K_{ij}^{12} = \int_{x_a^e}^{x_b^e} GAK_s \frac{\mathrm{d}\psi_i^e}{\mathrm{d}x} \psi_j^e \mathrm{d}x = K_{ji}^{21}$$

$$K_{ij}^{22} = \int_{x_a^e}^{x_b^e} \left(EI \frac{\mathrm{d}\psi_i^e}{\mathrm{d}x} \frac{\mathrm{d}\psi_j^e}{\mathrm{d}x} + GAK_s \psi_i^e \psi_j^e \right) \mathrm{d}x \tag{7.3.62}$$

$$M_{ij}^{11} = \int_{x_a^e}^{x_b^e} \rho A \psi_i^e \psi_j^e \mathrm{d}x, M_{ij}^{22} = \int_{x_a}^{x_b} \rho I \psi_i^e \psi_j^e \mathrm{d}x$$

$$F_i^1 = Q_{2i-1}, F_i^2 = Q_{2i}$$

如果选择线性插值函数 ψ_i^e,利用减缩积分计算剪切刚度系数并且忽略转动惯量,那么式(7.3.61)里的单元刚度和质量矩阵为[参见式(5.3.26a)至(5.3.26c)]

$$\boldsymbol{K}^e = \frac{E_e I_e}{6\mu_e h_e^3} \begin{bmatrix} 6 & -3h_e & -6 & -3h_e \\ -3h_e & h_e^2(1.5+6\mu_e) & 3h_e & h_e^2(1.5-6\mu_e) \\ -6 & 3h_e & 6 & 3h_e \\ -3h_e & h_e^2(1.5-6\mu_e) & 3h_e & h_e^2(1.5+6\mu_e) \end{bmatrix} \tag{7.3.63a}$$

$$\boldsymbol{M}^e = \frac{\rho_e A_e h_e}{6} \begin{bmatrix} 2 & 0 & 1 & 0 \\ 0 & 2r_e & 0 & r_e \\ 1 & 0 & 2 & 0 \\ 0 & r_e & 0 & 2r_e \end{bmatrix}, \mu_e = \frac{E_e I_e}{G_e A_e K_s h_e^2}, r_e = \frac{I_e}{A_e} \tag{7.3.63b}$$

如果忽略转动惯量,那么 $\boldsymbol{M}^e$ 的对角元素为 0。

例 7.3.2

考虑一个长为 L 矩形横截面 $B \times H$ 的均匀弹性梁,在 $x=0$ 处固定,在 $x=L_0$ 处沿竖直方向放置一个短的线弹性支撑(长度为 L_0,刚度为 $E_0 A_0$),确定其前四阶固有频率,分别采用(a) Euler-Bernoulli 梁单元和(b) Timoshenko 梁理论。

解: 弹性支撑等同于一个刚度为 $k_0 = E_0 A_0 / L_0$ 的弹簧。

(a) 基于 Euler-Bernoulli 梁理论的边界条件为

$$W(0) = 0, \frac{\mathrm{d}W}{\mathrm{d}x}\bigg|_{x=0} = 0, \left[EI \frac{\mathrm{d}^2 W}{\mathrm{d}x^2} \right]_{x=L} = 0, \left[EI \frac{\mathrm{d}^3 W}{\mathrm{d}x^3} + k_0 W \right]_{x=L} = 0 \tag{1}$$

想确定的固有频率的个数决定了分析梁时所需的最少单元个数。由于给定了 2 个主要自由度的数值（$U_1 = U_2 = 0$），因此 1 个单元只有 2 个未知的自由度（U_3 和 U_4），只能得到 2 个特征值。2 个单元的网格划分会有 3 个节点或者 6 个主要自由度，其中 2 个是确定的。因此，会得到 4 个特征值。所以，最少需要 2 个 Euler–Bernoulli 梁单元来确定 4 个固有频率。

从说明问题的角度出发，首先考虑一个 Euler–Bernoulli 梁单元的情况（也就是说 $h = L$）。有

$$\left(\frac{2EI}{L^3} \begin{bmatrix} 6 & -3L & -6 & -3L \\ -3L & 2L^2 & 3L & L^2 \\ -6 & 3L & 6 & 3L \\ -3L & L^2 & 3L & 2L^2 \end{bmatrix} - \omega^2 \frac{\rho A L}{420} \begin{bmatrix} 156 & -22L & 54 & 13L \\ -22L & 4L^2 & -13L & -3L^2 \\ 54 & -13L & 156 & 22L \\ 13L & -3L^2 & 22L & 4L^2 \end{bmatrix} \right.$$

$$\left. - \omega^2 \frac{\rho I}{30L} \begin{bmatrix} 36 & -3L & -36 & -3L \\ -3L & 4L^2 & 3L & -L^2 \\ -36 & 3L & 36 & 3L \\ -3L & -L^2 & 3L & 4L^2 \end{bmatrix} \right) \begin{Bmatrix} U_1 \\ U_2 \\ U_3 \\ U_4 \end{Bmatrix} = \begin{Bmatrix} Q_1 \\ Q_2 \\ Q_3 \\ Q_4 \end{Bmatrix} \tag{2}$$

给定的广义位移自由度为 $U_1 = 0$ 和 $U_2 = 0$，已知的广义节点力为 $Q_3 = -k_0 U_3$ 和 $Q_4 = 0$。因此，缩聚方程为

$$\left(\frac{EI}{L^3} \begin{bmatrix} 12+\alpha & 6L \\ 6L & 4L^2 \end{bmatrix} - \omega^2 \frac{\rho A L}{420} \begin{bmatrix} 156 & 22L \\ 22L & 4L^2 \end{bmatrix} - \omega^2 \frac{\rho I}{30L} \begin{bmatrix} 36 & 3L \\ 3L & 4L^2 \end{bmatrix} \right) \begin{Bmatrix} U_3 \\ U_4 \end{Bmatrix} = \begin{Bmatrix} 0 \\ 0 \end{Bmatrix} \tag{3}$$

式中，$\alpha = k_0 L^3 / EI$。令上述方程的系数矩阵的行列式为零，可得一个关于 ω^2 的二次多项式：$a\omega^4 - b\omega^2 + c = 0$，这里系数 a、b 和 c 可用 E、k_0、ρ、L、A 和 I 表出。

首先，考虑忽略转动惯量且 $\alpha = 2$ 的情况（也就是说，$k_0 = 2EI/L^3$）。有

$$\left(\begin{bmatrix} 14 & 6L \\ 6L & 4L^2 \end{bmatrix} - \omega^2 \frac{\rho A L^4}{420 EI} \begin{bmatrix} 156 & 22L \\ 22L & 4L^2 \end{bmatrix} \right) \begin{Bmatrix} U_3 \\ U_4 \end{Bmatrix} = \begin{Bmatrix} 0 \\ 0 \end{Bmatrix} \tag{4}$$

接下来令上述方程系数矩阵的行列式为零可得关于 $\lambda = (\rho A L^4 / 420 EI) \omega^2$ 的二次多项式：

$$35\lambda^2 - 104\lambda + 5 = 0, \quad \lambda = \frac{\rho A L^4}{420 EI} \omega^2$$

其根为 $[2a\lambda_{1,2} = b \pm \sqrt{b^2 - 4ac}$ 和 $(\omega_i)^2 = (420 EI / \rho A L^4) \lambda_i]$ $\lambda_1 = 0.04888$ 和 $\lambda_2 = 2.92255$。因此固有频率为

$$\omega_1 = \frac{1}{L^2} \sqrt{\frac{420 EI \lambda_1}{\rho A}} = 4.531\beta, \quad \omega_2 = \frac{1}{L^2} \sqrt{\frac{420 EI \lambda_2}{\rho A}} = 35.035\beta \tag{5}$$

式中，$\beta = \sqrt{EI/\rho A}/L^2$。对于 $\alpha = 0$（比如悬臂梁），固有频率为

$$\omega_1 = 3.533\beta, \omega_2 = 34.80\beta, \beta = \frac{1}{L^2}\sqrt{\frac{EI}{\rho A}} \tag{6}$$

对应于每个特征值的特征向量(对于 $\alpha=0$ 的情况)可以从缩聚方程求得

$$\left(\begin{bmatrix} 6 & 3L \\ 3L & 2L^2 \end{bmatrix} - \lambda_i \begin{bmatrix} 78 & 11L \\ 11L & 2L^2 \end{bmatrix}\right) \begin{Bmatrix} U_3 \\ U_4 \end{Bmatrix}^{(i)} = \begin{Bmatrix} 0 \\ 0 \end{Bmatrix}, \lambda_i = \frac{\rho A L^4}{420EI}\omega^2$$

第一个方程可写为

$$U_3^{(i)} = -L\left(\frac{3-11\lambda_i}{6-78\lambda_i}\right)U_4^{(i)}, i=1,2$$

如果令 $U_4=1$(各分量未归一化),那么 2 个特征向量为

$$\begin{Bmatrix} U_3 \\ U_4 \end{Bmatrix}^{(1)} = \begin{Bmatrix} -0.7259L \\ 1.0000 \end{Bmatrix}, \begin{Bmatrix} U_3 \\ U_4 \end{Bmatrix}^{(2)} = \begin{Bmatrix} -0.1312L \\ 1.0000 \end{Bmatrix}$$

如果采用如下的归一化方法 $(U_3/L)^2 + (U_4)^2 = 1$,那么 2 个特征向量为

$$\begin{Bmatrix} \hat{U}_3 \\ \hat{U}_4 \end{Bmatrix}^{(1)} = \begin{Bmatrix} -0.5874L \\ 0.8093 \end{Bmatrix}, \begin{Bmatrix} \hat{U}_3 \\ \hat{U}_4 \end{Bmatrix}^{(2)} = \begin{Bmatrix} -0.1301L \\ 0.9915 \end{Bmatrix}$$

对应于特征值 λ_i 的归一化振型为

$$\begin{aligned}
\hat{W}_h^{(i)}(x) &= \hat{U}_3^{(i)}\phi_3(x) + \hat{U}_4^{(i)}\phi_4(x) = \hat{U}_3^{(i)}\left[3\left(\frac{x}{L}\right)^2 - 2\left(\frac{x}{L}\right)^3\right] - \hat{U}_4^{(i)}x\left[\left(\frac{x}{L}\right)^2 - \frac{x}{L}\right] \\
&= (3\hat{U}_3^{(i)} + L\hat{U}_4^{(i)})\left(\frac{x}{L}\right)^2 - (2\hat{U}_3^{(i)} + L\hat{U}_4^{(i)})\left(\frac{x}{L}\right)^3
\end{aligned} \tag{7}$$

特别地,与固有频率对应的振型为

$$\begin{aligned}
\hat{W}_h^{(1)}(x) &= L\left[-0.9529\left(\frac{x}{L}\right)^2 + 0.3655\left(\frac{x}{L}\right)^3\right] \\
\hat{W}_h^{(2)}(x) &= L\left[0.6012\left(\frac{x}{L}\right)^2 - 0.7313\left(\frac{x}{L}\right)^3\right]
\end{aligned} \tag{8}$$

对于考虑转动惯量的情况,梁高为 H,令 $\rho I = \rho A(H^2/12)$ 且 $H/L=0.01$。当 $\alpha=0$ 时的特征值为

$$\lambda_1 = 12.4801, \lambda_2 = 1211.51, \text{或} \omega_1 = 3.533\beta, \omega_2 = 34.807\beta$$

转动惯量起到降低固有频率的作用。明显地,转动惯量对频率的影响几乎可以忽略。

接下来,考虑无转动惯量效应的 2 个 Euler-Bernoulli 梁单元。组装的方程组($h = 0.5L$)为

$$
\begin{aligned}
&\frac{2EI}{h^3}
\begin{bmatrix}
6 & -3h & -6 & -3h & 0 & 0 \\
-3h & 2h^2 & 3h & h^2 & 0 & 0 \\
-6 & 3h & 6+6 & 3h-3h & -6 & -3h \\
-3h & h^2 & 3h-3h & 2h^2+2h^2 & 3h & h^2 \\
0 & 0 & -6 & 3h & 6 & 3h \\
0 & 0 & -3h & h^2 & 3h & 2h^2
\end{bmatrix} \\[2mm]
&-\omega^2 \frac{\rho A h}{420}
\begin{bmatrix}
156 & -22h & 54 & 13h & 0 & 0 \\
-22h & 4h^2 & -13h & -3h^2 & 0 & 0 \\
54 & -13h & 156+156 & 22h-22h & 54 & 13h \\
13h & -3h^2 & 22h-22h & 4h^2+4h^2 & -13h & -3h^2 \\
0 & 0 & 54 & -13h & 156 & 22h \\
0 & 0 & 13h & -3h^2 & 22h & 4h^2
\end{bmatrix}
\begin{Bmatrix}
U_1 \\ U_2 \\ U_3 \\ U_4 \\ U_5 \\ U_6
\end{Bmatrix}
=
\begin{Bmatrix}
Q_1^1 \\ Q_2^1 \\ Q_3^1+Q_1^2=0 \\ Q_4^1+Q_2^2=0 \\ Q_3^2 \\ Q_4^2
\end{Bmatrix}
\end{aligned}
\tag{9}
$$

缩聚的方程组($U_1=U_2=Q_4^2=0$ 且 $Q_3^2=-k_0 U_5$)为

$$
\begin{aligned}
&\frac{16EI}{L^3}
\begin{bmatrix}
12 & 0 & -6 & -1.5L \\
0 & L^2 & 1.5L & 0.25L^2 \\
-6 & 1.5L & 6+(\alpha/16) & 1.5L \\
-1.5L & 0.25L^2 & 1.5L & 0.5L^2
\end{bmatrix} \\[2mm]
&-\omega^2 \frac{\rho AL}{840}
\begin{bmatrix}
312 & 0 & 54 & 6.5L \\
0 & 2L^2 & -6.5L & -0.75L^2 \\
54 & -6.5L & 156 & 11L \\
6.5L & -0.75L^2 & 11L & L^2
\end{bmatrix}
\begin{Bmatrix}
U_3 \\ U_4 \\ U_5 \\ U_6
\end{Bmatrix}
=
\begin{Bmatrix}
0 \\ 0 \\ 0 \\ 0
\end{Bmatrix}
\end{aligned}
$$

式中,$\alpha=k_0 L^3/EI$。令 4×4 的系数矩阵的行列式为零可得关于 ω^2 的四次多项式。该多项式的根(基于第 8 章里的 FEM1D 程序计算)为

$$\alpha=0:\ \omega_1=3.516\beta,\ \omega_2=22.221\beta,\ \omega_3=75.157\beta,\ \omega_4=218.14\beta$$

$$\alpha=2:\ \omega_1=4.498\beta,\ \omega_2=22.407\beta,\ \omega_3=75.224\beta,\ \omega_4=218.20\beta$$

式中,$\beta=\sqrt{EI/\rho A}/L^2$。利用 4 个单元得到的前四阶频率为

$$\alpha=0:\ \omega_1=3.518\beta,\ \omega_2=22.060\beta,\ \omega_3=62.175\beta,\ \omega_4=122.66\beta$$

$$\alpha=2:\ \omega_1=4.495\beta,\ \omega_2=22.244\beta,\ \omega_3=62.241\beta,\ \omega_4=122.69\beta$$

考虑转动惯量效应,不考虑弹性支撑(也就是说 $\alpha=0$),基于 Euler-Bernoulli 梁理论的悬臂梁频率的精确解可以通过求解超越方程(参见 Reddy[2],第 135 页至第 139 页)得到

$$\cos \mu L \cosh \mu L+1=0 \tag{7.3.64}$$

且其振型为

$$W_h(x)=\frac{\sin \mu x-\sinh \mu x}{\sin \mu L-\sinh \mu L}-\frac{\cos \mu x-\cosh \mu x}{\cos \mu L+\cosh \mu L} \tag{7.3.65}$$

这里 H 是梁的高度,且

考虑转动惯量时: $\omega = \mu^2 \sqrt{\dfrac{EI}{\rho A}} \sqrt{\dfrac{12}{12 + H^2 \mu^2}}$

不考虑转动惯量时: $\omega = \mu^2 \sqrt{\dfrac{EI}{\rho A}}$

超越方程的前 4 个根分别为

$$\mu_1 L = 1.875, \mu_2 L = 4.694, \mu_3 L = 7.855, \mu_4 L = 10.9955$$

因此,当考虑转动惯量时$(H/L = 0.01)$前 4 个固有频率为

$$\omega_1 = 3.5156\beta, \omega_2 = 22.0336\beta, \omega_3 = 61.701\beta, \omega_4 = 120.90\beta$$

不考虑转动惯量时为

$$\omega_1 = 3.5155\beta, \omega_2 = 22.0316\beta, \omega_3 = 61.685\beta, \omega_4 = 120.839\beta$$

如果忽略转动惯量,由 1 个单元的有限元模型得到的一阶频率的误差小于 0.5%,二阶频率的误差为 57%。由 2 个单元的有限元模型得到的二阶频率的误差小于 1%。随着单元数目的增加,可以得到更多的固有频率,同时频率的结果也更准确。

(b)基于 Timoshenko 梁理论的边界条件为

$$W(0) = 0, S(0) = 0, \left[EI \frac{\mathrm{d}S}{\mathrm{d}x}\right]_{x=L} = 0, \left[GAK_s\left(\frac{\mathrm{d}W}{\mathrm{d}x} + S\right)k_0 W\right]_{x=L} = 0 \tag{10}$$

如果采用减缩积分的 Timoshenko 梁单元,由于只有 2 个待定的独立挠度自由度,因此利用 2 个单元只能求出悬臂梁(图 7.3.5)的前两阶振型。为了在考虑转动惯量的同时求出前四阶振型,必须至少采用 4 个线性单元或者 2 个二次单元。

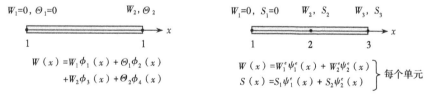

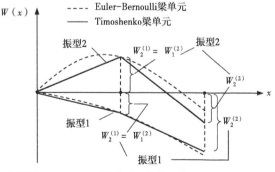

图 7.3.5　2 个线性 Timoshenko 梁单元(或者一个 Euler-Bernoulli 梁单元)给出的悬臂梁的 2 个可能的非零振型

首先,出于演示的目的,考虑一个基于减缩积分的 Timoshenko 梁单元($h=L$):

$$
\left(\frac{EI}{6\mu L^3} \begin{bmatrix} 6 & -3L & -6 & -3L \\ -3L & L^2(1.5+6\mu) & 3L & L^2(1.5-6\mu) \\ -6 & 3L & 6 & 3L \\ -3L & L^2(1.5-6\mu) & 3L & L^2(1.5+6\mu) \end{bmatrix} \right.
$$

$$
\left. -\omega^2 \frac{\rho AL}{6} \begin{bmatrix} 2 & 0 & 1 & 0 \\ 0 & 2r & 0 & r \\ 1 & 0 & 2 & 0 \\ 0 & r & 0 & 2r \end{bmatrix} \right) \begin{Bmatrix} W_1 \\ S_1 \\ W_2 \\ S_2 \end{Bmatrix} = \begin{Bmatrix} Q_1 \\ Q_2 \\ Q_3 \\ Q_4 \end{Bmatrix} \tag{11a}
$$

式中,$K_s=5/6$,$r=I/A=H^2/12$,且

$$
\mu = \frac{EI}{GAK_sL^2} = \frac{1+v}{5}\frac{H^2}{L^2} \tag{11b}
$$

给定的广义位移和广义力为 $W_1=0$,$S_1=0$,$Q_3=-k_0W_2$ 和 $Q_4=0$。缩聚方程组为

$$
\left(\frac{EI}{6\mu L^3} \begin{bmatrix} 6(1+\mu\alpha) & 3L \\ 3L & 1.5L^2(1+4\mu) \end{bmatrix} -\omega^2 \frac{\rho AL}{6} \begin{bmatrix} 2 & 0 \\ 0 & 2r \end{bmatrix} \right) \begin{Bmatrix} W_2 \\ S_2 \end{Bmatrix} = \begin{Bmatrix} 0 \\ 0 \end{Bmatrix}
$$

忽略转动惯量(即 $r=0$),特征方程变为 $\lambda=(\rho AL^4\mu/EI)\omega^2$ 的线性函数(不能在计算机程序中令 $r=0$,这样会导致质量矩阵奇异):

$$
\lambda = \frac{12\mu}{(1+4\mu)}+3\mu\alpha \Rightarrow \omega^2 = \lambda\frac{EI}{\mu\rho AL^4} = \left[\frac{12}{(1+4\mu)}+3\alpha \right]\frac{EI}{\rho AL^4}
$$

显然,α 起到增加频率的作用(因为它刚化了结构)而 $\mu \neq 0$(依赖于反映剪切变形的比值 H^2/L^2)起到降低频率的作用。由于频率是归一化的,$\overline{\omega}=\omega L^2\sqrt{(\rho A/EI)}$,因此只需要选择 v 和 L/H 的值。同时注意到(对于 $v=0.25$)

$$
GAK_s = \frac{E}{2(1+v)}BH\frac{5}{6} = \frac{4EI}{H^2}, m^2 = \rho I = \rho\frac{BH^3}{12} = \rho\frac{AH^2}{12}
$$

式中,B 和 H 分别是梁横截面($A=BH$)的宽度和高度。

为了进一步简化表达式,假设 $v=0.25$($4\mu=H^2/L^2$)可得

$$
\omega^2 = \left[\frac{12}{(1+H^2/L^2)}+3\alpha \right]\beta^2, \beta^2 = \frac{EI}{\rho AL^4}
$$

对于两个不同长厚比的梁(分别代表薄梁和厚梁),可得

$$
\alpha=0.0: \frac{L}{H}=100: \omega=3.4639\beta; \frac{L}{H}=10: \omega=3.4469\beta
$$

$$
\alpha=2.0: \frac{L}{H}=100: \omega=4.2425\beta; \frac{L}{H}=10: \omega=4.2286\beta
$$

当 $\alpha=0$ 且 $L/H=100$ 时频率的精确解为 $\overline{\omega}=3.5158$，当 $L/H=10$ 时频率的精确解为 $\overline{\omega}=3.5092$，这里 $\overline{\omega}_i=\omega_i/\beta$。

如果考虑转动惯量(这里没有给出详细的计算过程)，可得

$$\frac{L}{H}=100:\omega=3.4639\beta;\quad \frac{L}{H}=10:\omega=3.4413\beta;\quad \beta=\frac{1}{L^2}\sqrt{\frac{EI}{\rho A}}$$

表 7.3.2 给出了两种不同长厚比 L/H 时基于考虑转动惯量的 Timoshenko 梁单元得到的频率结果。为了比较，同时给出了基于 Euler-Bernoulli 梁单元的结果。对于薄梁($L/H=100$)，剪切变形的影响可以忽略，得到了和 Euler-Bernoulli 梁理论几乎一样的结果。转动惯量的影响对于低阶模态并不明显。

表 7.3.2　基于 Timoshenko 梁理论(TBT)和 Euler-Bernoulli 梁理论(EBT)得到的悬臂梁的固有频率[$\overline{\omega}=\omega L^2(\rho A/EI)^{1/2}$]

网格	$L/H=100$				$L/H=10$			
	$\overline{\omega}_1$	$\overline{\omega}_2$	$\overline{\omega}_3$	$\overline{\omega}_4$	$\overline{\omega}_1$	$\overline{\omega}_2$	$\overline{\omega}_3$	$\overline{\omega}_4$
4L[2]	3.5406	25.6726	98.3953	417.1262	3.5137	24.1345	80.2244	189.929
8L	3.5223	22.8850	68.8936	151.8435	3.4956	21.7003	60.6296	119.280
16L	3.5174	22.2350	63.3412	127.5438	3.4908	21.1257	56.4715	104.680
2Q	3.5214	23.3226	78.3114	328.3247	3.4947	22.0762	67.0884	181.068
4Q	3.5161	22.1054	63.3269	133.9823	3.4895	21.0762	56.4572	108.606
8Q	3.5158	22.0279	61.7323	121.4459	3.4892	20.9421	55.2405	100.750
TBT[1]	3.5158	22.0309	61.7523	121.5184	3.4958	21.1956	56.580	104.4120
EBT[2]	3.5160	22.0333	61.7148	121.1005	3.5092	21.7442	59.8359	114.530
EBT[1]	3.5160	22.0363	61.7347	121.1727	3.5160	22.0363	61.7347	121.173

①忽略转动惯量(对于 TBT 取 $\rho I_2=10^{-15}$，对于 EBT 取 $\rho I_2=0$)。

②考虑转动惯量。当忽略转动惯量时基于 EBT 的结果与 L/H 无关(对于 TBT 采用 8 个二次单元，对于 EBT 采用了 8 个 Hermite 三次单元)。

从表 7.3.2 可以看出，有限元结果随着 h 加密(即采用更多同样的单元)和 p 升阶(即采用了高阶单元)都是收敛的。对于基频(最低阶频率)p 升阶展示出了更快的收敛速率。同时注意到，和 Euler-Bernoulli 梁理论相比，剪切变形会导致固有频率的降低。也就是说，无限剪切刚度假设导致 Euler-Bernoulli 梁理论高估了频率。图 7.3.6 给出了采用 16 个线性单元得到的悬臂梁的前四阶振型图。

在讨论固有振动问题的最后，必须指出，当建模时考虑了系统的对称性，那么只能得到对称振型。如果想得到所有的振型，必须对整个系统进行建模。

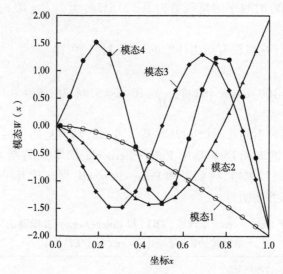

图 7.3.6 基于 16 个线性 Timoshenko 梁单元($L/H = 10$)得到的悬臂梁的前四阶振型

7.3.6 梁的屈曲

7.3.6.1 EBT 的弱形式

EBT 的弱形式的控制方程(7.3.31)为

$$0 = \int_{x_a^e}^{x_b^e} \left(EI \frac{\mathrm{d}^2 v}{\mathrm{d}x^2} \frac{\mathrm{d}^2 W}{\mathrm{d}x^2} - N^0 \frac{\mathrm{d}v}{\mathrm{d}x} \frac{\mathrm{d}W}{\mathrm{d}x} \right) \mathrm{d}x$$

$$- v(x_a^e) Q_1^e - \left(-\frac{\mathrm{d}v}{\mathrm{d}x} \right)_{x_a^e} Q_2^e - v(x_b^e) Q_3^e - \left(-\frac{\mathrm{d}v}{\mathrm{d}x} \right)_{x_b^e} Q_4^e \tag{7.3.66a}$$

这里 v 是权函数且有

$$Q_1^e = \left[\frac{\mathrm{d}}{\mathrm{d}x} \left(EI \frac{\mathrm{d}^2 W}{\mathrm{d}x^2} \right) + N^0 \frac{\mathrm{d}W}{\mathrm{d}x} \right]_{x_a^e}, Q_2^e = \left(EI \frac{\mathrm{d}^2 W}{\mathrm{d}x^2} \right)_{x_a^e}$$

$$Q_3^e = \left[-\frac{\mathrm{d}}{\mathrm{d}x} \left(EI \frac{\mathrm{d}^2 W}{\mathrm{d}x^2} \right) - N^0 \frac{\mathrm{d}W}{\mathrm{d}x} \right]_{x_b^e}, Q_4^e = \left(-EI \frac{\mathrm{d}^2 W}{\mathrm{d}x^2} \right)_{x_b^e} \tag{7.3.66b}$$

显然,弱形式的对偶对为(W, V)和($-\mathrm{d}W/\mathrm{d}x, M$)。注意到对于屈曲问题来说,由于剪力导致了约束反力,因此屈曲载荷是剪力 Q_1^e 和 Q_3^e 的一部分。

7.3.6.2 EBT 的有限元模型

通过近似的 $W(x)$ 将 W 和其导数 $-\mathrm{d}W/\mathrm{d}x$ 在单元节点处进行插值可以得到有限元模型。如同在第 5 章(参见 5.2.4)里讨论的那样,对 W 插值的最小阶次是三次的:

$$W(x) \approx \sum_{j=1}^{4} \Delta_j^e \phi_j^e(x) \tag{7.3.67}$$

式中, $\phi_j(x)$ 是式(5.2.20)给出的 Hermite 三次多项式。将式(7.3.67)代入弱形式(7.3.66a),可得有限元模型为

$$K^e\Delta^e - N^0 G^e\Delta^e = Q^e \tag{7.3.68a}$$

式中 Δ^e 和 Q^e 分别为 Euler-Bernoulli 梁单元两端的广义位移和广义力向量:

$$\Delta^e = \begin{Bmatrix} W(x_a^e) \\ \left(-\dfrac{dW}{dx}\right)_{x_a^e} \\ W(x_b^e) \\ \left(-\dfrac{dW}{dx}\right)_{x_b^e} \end{Bmatrix}, \quad Q^e = \begin{Bmatrix} Q_1^e \\ Q_2^e \\ Q_3^e \\ Q_4^e \end{Bmatrix} \tag{7.3.68b}$$

刚度矩阵 K^e 和稳定矩阵 G^e 的元素分别为

$$K_{ij}^e = \int_{x_a}^{x_b} EI\frac{d^2\phi_i^e}{dx^2}\frac{d^2\phi_j^e}{dx^2}dx, \quad G_{ij}^e = \int_{x_a}^{x_b}\frac{d\phi_i^e}{dx}\frac{d\phi_j^e}{dx}dx \tag{7.3.68c}$$

式中 ϕ_i^e 是 Hermite 三次多项式。对于单元内部 $E_e I_e$ 是定值且 $k_f^e=0$ 的情况,式(5.2.26a)给出了 K^e 的显式形式。基于 Euler-Bernoulli 梁理论(针对 $k_f=0$ 的情况),梁柱屈曲的有限元方程为

$$\left(\frac{2E_e I_e}{h_e^3}\begin{bmatrix} 6 & -3h_e & -6 & -3h_e \\ -3h_e & 2h_e^2 & 3h_e & h_e^2 \\ -6 & 3h_e & 6 & 3h_e \\ -3h_e & h_e^2 & 3h_e & 2h_e^2 \end{bmatrix}\right.$$

$$\left.-N^0\frac{1}{30h_e}\begin{bmatrix} 36 & -3h_e & -36 & -3h_e \\ -3h_e & 4h_e^2 & 3h_e & -h_e^2 \\ -36 & 3h_e & 36 & 3h_e \\ -3h_e & -h_e^2 & 3h_e & 4h_e^2 \end{bmatrix}\right)\begin{Bmatrix}\Delta_1^e\\\Delta_2^e\\\Delta_3^e\\\Delta_4^e\end{Bmatrix} = \begin{Bmatrix}Q_1^e\\Q_2^e\\Q_3^e\\Q_4^e\end{Bmatrix} \tag{7.3.69}$$

单元的模态由式(7.3.67)给出。

7.3.6.3 TBT 的有限元模型

式(7.3.32a)和式(7.3.32b)给出了基于 Timoshenko 梁理论的梁屈曲问题的控制方程。其有限元模型[基于式(7.3.32b)给出的考虑转动惯量的刚度矩阵]为(细节略去)

$$\left(\frac{E_e I_e}{6\mu_e h_e^3}\begin{bmatrix} 6 & -3h_e & -6 & -3h_e \\ -3h_e & h_e^2(1.5+6\mu_e) & 3h_e & h_e^2(1.5-6\mu_e) \\ -6 & 3h_e & 6 & 3h_e \\ -3h_e & h_e^2(1.5-6\mu_e) & 3h_e & h_e^2(1.5+6\mu_e) \end{bmatrix}\right.$$

$$\left.-N^0\frac{1}{h_e}\begin{bmatrix} 1 & 0 & -1 & 0 \\ 0 & 0 & 0 & 0 \\ -1 & 0 & 1 & 0 \\ 0 & 0 & 0 & 0 \end{bmatrix}\right)\begin{Bmatrix}\Delta_1^e\\\Delta_2^e\\\Delta_3^e\\\Delta_4^e\end{Bmatrix} = \begin{Bmatrix}Q_1^e\\Q_2^e\\Q_3^e\\Q_4^e\end{Bmatrix} \tag{7.3.70a}$$

式中($K_s = 5/6$ 和 $h = L$)

$$\mu_e = \frac{E_e I_e}{G_e A_e K_s h_e^2} = \frac{1+\nu}{5}\frac{H^2}{h^2} = \frac{1+\nu}{5}\frac{4H^2}{L^2} \tag{7.3.70b}$$

由于稳定矩阵的对角线上存在零元素,因此需要特别的特征值求解器。

例 7.3.3

考虑图 7.3.7 所示的均匀柱(L, A, I, E 和 ν),其一端固定一端铰支。分别基于(a)EBT 单元和(b)TBT 单元确定其临界屈曲载荷。

解:(a)首先考虑 2 个 Euler-Bernoulli 梁单元。柱的位移约束和平衡方程要求

$$U_1 = U_2 = U_5 = 0, \quad Q_3^1 + Q_1^2 = 0, \quad Q_4^1 + Q_2^2 = 0, \quad Q_4^2 = 0$$

由于给定了 6 个主自由度中的 3 个,因此只能求得 3 个特征值。

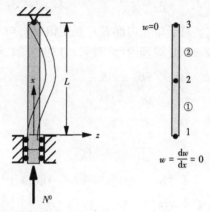

图 7.3.7 轴向压缩载荷 N^0 作用下在 $x=0$ 处固定在 $x=L$ 处铰支的柱

组装的系统有限元方程为($h = L/2$)

$$\left(\frac{2EI}{h^3}\begin{bmatrix} 6 & -3h & -6 & -3h & 0 & 0 \\ -3h & 2h^2 & 3h & h^2 & 0 & 0 \\ -6 & 3h & 6+6 & 3h-3h & -6 & -3h \\ -3h & h^2 & 3h-3h & 2h^2+2h^2 & 3h & h^2 \\ 0 & 0 & -6 & 3h & 6 & 3h \\ 0 & 0 & -3h & h^2 & 3h & 2h^2 \end{bmatrix}\right.$$

$$\left.-\frac{N^0}{30h}\begin{bmatrix} 36 & -3h & -36 & -3h & 0 & 0 \\ -3h & 4h^2 & 3h & -h^2 & 0 & 0 \\ -36 & 3h & 36+36 & 3h-3h & -36 & -3h \\ -3h & -h^2 & 3h-3h & 4h^2+4h^2 & 3h & -h^2 \\ 0 & 0 & -36 & 3h & 36 & 3h \\ 0 & 0 & -3h & -h^2 & 3h & 4h^2 \end{bmatrix}\right)\begin{Bmatrix} U_1 \\ U_2 \\ U_3 \\ U_4 \\ U_5 \\ U_6 \end{Bmatrix} = \begin{Bmatrix} Q_1^1 \\ Q_2^1 \\ 0 \\ 0 \\ Q_3^2 \\ 0 \end{Bmatrix}$$

这里 U_I 是节点的广义位移。缩聚方程(通过删除第 1、2 和 5 行和列得到)为

$$\left(\frac{2EI}{h^3}\begin{bmatrix} 12 & 0 & -3h \\ 0 & 4h^2 & h^2 \\ -3h & h^2 & 2h^2 \end{bmatrix} - \frac{N^0}{30h}\begin{bmatrix} 72 & 0 & -3h \\ 0 & 8h^2 & -h^2 \\ -3h & -h^2 & 4h^2 \end{bmatrix}\right)\begin{Bmatrix} U_3 \\ U_4 \\ U_6 \end{Bmatrix} = \begin{Bmatrix} 0 \\ 0 \\ 0 \end{Bmatrix}$$

这定义了一个确定 N^0 和 U_I 的特征值问题。

令系数矩阵的行列式为零,可以得到关于 N^0 的三次方程。N^0 的最小值即为临界屈曲载荷(利用 FEM1D 求得):

$$N^0_{\text{crit}} = 20.7088\,\frac{EI}{L^2}$$

这里的精确解为 $20.187EI/L^2$(参见 Reddy[2],第 130—135 页)。

(b)接下来,研究考虑转动惯量的 2 个($h=L/2$)梁单元[参见式(5.3.26a)]。

$$\left(\frac{EI}{6\mu h^3}\begin{bmatrix} 6 & -3h & -6 & -3h & 0 & 0 \\ -3h & h^2(1.5+6\mu) & 3h & h^2(1.5-6\mu) & 0 & 0 \\ -6 & 3h & 12 & 0 & -6 & -3h \\ -3h & h^2(1.5-6\mu) & 0 & 2h^2(1.5+6\mu) & 3h & h^2(1.5-6\mu) \\ 0 & 0 & -6 & 3h & 6 & 3h \\ 0 & 0 & -3h & h^2(1.5-6\mu) & 3h & h^2(1.5+6\mu) \end{bmatrix}\right.$$

$$\left. -\frac{N^0}{h}\begin{bmatrix} 1 & 0 & -1 & 0 & 0 & 0 \\ 0 & 0 & 0 & 0 & 0 & 0 \\ -1 & 0 & 2 & 0 & -1 & 0 \\ 0 & 0 & 0 & 0 & 0 & 0 \\ 0 & 0 & -1 & 0 & 1 & 0 \\ 0 & 0 & 0 & 0 & 0 & 0 \end{bmatrix}\right)\begin{Bmatrix} U_1 \\ U_2 \\ U_3 \\ U_4 \\ U_5 \\ U_6 \end{Bmatrix} = \begin{Bmatrix} Q_1^1 \\ Q_2^1 \\ Q_3^1+Q_1^2=0 \\ Q_4^1+Q_2^2=0 \\ Q_3^2 \\ Q_4^2=0 \end{Bmatrix}$$

缩聚的方程为($U_1=U_2=U_5=0$)

$$\left(\frac{EI}{6\mu h^3}\begin{bmatrix} 12+\hat{N}^0 & 0 & -3h \\ 0 & 2h^2(1.5+6\mu) & h^2(1.5-6\mu) \\ -3h & h^2(1.5-6\mu) & h^2(1.5+6\mu) \end{bmatrix}\right)\begin{Bmatrix} U_3 \\ U_4 \\ U_6 \end{Bmatrix} = \begin{Bmatrix} 0 \\ 0 \\ 0 \end{Bmatrix}$$

式中,$\hat{N}^0 = (12\mu h^2/EI)N^0$。由于稳定性矩阵中对角线上存在零元素,得到一个关于 N^0 的线性方程($\nu=0.25$ 且 $\mu=H^2/L^2$):

$$N^0 = \frac{180+144\mu}{2.25+54\mu+36\mu^2}\,\frac{EI}{L^2}$$

这几乎是正确值的 4 倍。对于 $L/H=100$,8 个考虑转动惯量的线性单元给出 $21.348EI/L^2$,4

个二次单元给出$20.267EI/L^2$。显然,对于屈曲问题来说,考虑转动惯量的单元收敛速率较小。

表7.3.3给出了各种不同边界条件和网格下基于 Euler-Bernoulli 梁单元的临界屈曲载荷,图7.3.8给出了一阶屈曲模态$W(x)$。数值解是基于 FEM1D 程序计算得到的。为了对比也给出了解析解的结果。显然,随着网格的细化临界屈曲载荷收敛于解析解。收敛的速率与边界条件相关(超静定梁收敛得更慢)。

表7.3.3 基于 Euler-Bernoulli 梁理论(EBT)得到的一端固定一端铰

支梁的临界屈曲载荷($\overline{N}^0 = N^0 L^2/EI$)

边界条件	2	4	8	16	精确解[2]
铰支—铰支	9.9438	9.8747	9.8699	9.8696	9.8696
固支—自由	2.4687	2.4675	2.4674	2.4674	2.4674
固支—铰支	20.7088	20.2322	20.1935	20.1909	20.1870
固支—固支	40.0000	39.7754	39.4986	39.4797	39.4784

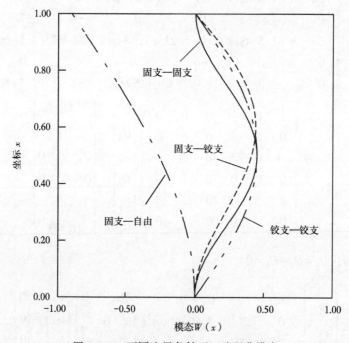

图7.3.8 不同边界条件下一阶屈曲模态

框架结构的特征值问题(固有振动和屈曲分析)可以基于第6章讨论过的方法构造。单元方程的转换如下所示:

$$(K^e - \omega^2 M^e)\Delta^e = Q^e, (K^e - N^0 G^e)\Delta^e = Q^e$$
$$K^e = (T^e)^{\mathrm{T}} \overline{K}^e T^e, M^e = (T^e)^{\mathrm{T}} \overline{M}^e T^e, G^e = (T^e)^{\mathrm{T}} \overline{G}^e T^e$$

(7.3.71)

7.4　瞬态分析

7.4.1　简介

本节将发展时间相关问题瞬态响应的有限元模型,并描述将时域上的常微分方程转化成代数方程的时间近似算法。下面研究 7.2 节中方程的有限元模型。

时间相关问题的有限元模型可以基于两种不同的途径来建立(参见 Surana 和 Reddy[4]):(a) 将时间 t 看成与空间坐标 x 一样的额外坐标的耦合格式;(b) 时间和空间变量各自独立的非耦合格式。因此,这两种格式的有限元近似分别可写为:

$$u(x,t) \approx u_h^e(x,t) = \sum_{j=1}^{n} \hat{u}_j \hat{\psi}_j^e(x,t) \quad (耦合格式) \tag{7.4.1a}$$

$$u(x,t) \approx u_h^e(x,t) = \sum_{j=1}^{n} u_j^e(t) \psi_j^e(x) \quad (非耦合格式) \tag{7.4.1b}$$

式中,$\hat{\psi}_j^e(x,t)$ 是时—空(二维)插值函数,$\hat{u}_j$ 是与 x 和 t 无关的节点数值,$\psi_j^e(x)$ 是常规的空间坐标 x 的一维插值函数,节点数值 $u_j^e(t)$ 只是时间 t 的函数。二维的插值函数的导数将在第 9 章与二维问题的有限元分析一起讨论。时—空耦合的有限元格式并不常用,且仍是学术研究的一个课题。尽管一般来说时空变化并不总是能分开的,特别是在固体中波的传播问题,只要时间步长足够小,尽管问题的解是时空不可分的,仍然有可能得到足够准确的解。本书只考虑时—空非耦合的格式。

时间相关问题的时—空非耦合有限元格式包括两个主要的步骤:

(1)空间近似(半离散),通过式(7.4.1b)给出方程的近似解 u,利用与分析静平衡或者稳态问题一样的方法可得到方程的空间有限元模型,同时考虑所有的时间相关项。本步会导出关于单元节点变量 $u_j^e(t)$ 的一组常微分方程(也就是说,微分方程的半离散系统)。

(2)时间近似,将关于时间的系统常微分方程进一步近似,通常针对时间导数采用有限差分法。本步将系统常微分方程转化成一组关于 u_j^e 在时间 $t_{s+1}[=(s+1)\Delta t$,当采用恒定时间步长 Δt 时]内的代数方程。这里 s 是时间步的编号。

所有的时间近似算法都利用前一个时间步的结果 $\pmb{u}$ 来求解节点列向量在时刻 t_{s+1} 的值 $\pmb{u}$:

利用 $\pmb{u}_s, \pmb{u}_{s-1}, \cdots$　　　计算 $\pmb{u}_{s+1}$

因此,在两步近似的最后,可得到某个时间间隔内空间上连续的解:

$$u(x,t_s) \approx u_h^e(x,t_s) = \sum_{i=1}^{n} u_j^e(t_s) \psi_j^e(x) \quad (s = 0,1,\cdots) \tag{7.4.2}$$

注意到式(7.4.2)中的近似解与求解时间相关问题的分离变量法(参见 7.3.2 节)有同样的形式。如图 7.4.1 所示,假设节点变量是时间的函数,在不同的时刻有不同的值。

在 7.4.2 节的式(7.2.1)至式(7.2.3)中,通过包含 3 种不同模型的微分方程研究了两步法的细节。下面将会在 7.4.3 节中讨论 Timoshenko 梁方程。

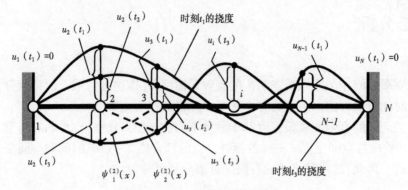

图 7.4.1　不同时刻索的挠度

7.4.2　单个模型方程的半离散有限元模型

7.4.2.1　控制方程

考虑如下一般性的微分方程,式(7.2.1)至式(7.2.3)可以看作是它的特例:

$$-\frac{\partial}{\partial x}\left(a\frac{\partial u}{\partial x}\right) + \frac{\partial^2}{\partial x^2}\left(b\frac{\partial^2 u}{\partial x^2}\right) + c_0 u + c_1\frac{\partial u}{\partial t} + c_2\frac{\partial^2 u}{\partial t^2} - c_3\frac{\partial^2}{\partial t^2}\left(\frac{\partial^2 u}{\partial x^2}\right) = f(x,t) \quad (7.4.3)$$

存在使得式(7.4.3)中所有项不同时为零的物理问题。式(7.4.3)的特例是如下模型的方程:

(1)热传递和流体流动:$a\neq 0,b=0,c_0\neq 0,c_1\neq 0,c_2=0,c_3=0$。

(2)索的横向运动和杆的轴向运动:$a=T$ 或 $EA,b=0,c_0=0,c_1=0$(未考虑阻尼),$c_2=\rho A,c_3=0$。

(3)基于 Euler-Bernoulli 理论梁的横向运动:$a=0,b=EI,c_0=k_f,c_1=0,c_2=\rho A,c_3=\rho I$。

一旦完成了式(7.4.3)的有限元格式,其结果可以用于第3章、第4章和第5章中的模型的方程。

式(7.4.3)需要指定合适的边界条件(取决于问题)。初始条件需要给定:

$$u(x,0) \text{ 或 } u(x,0) \text{ 且 } \dot{u}(x,0) \quad (\dot{u}\equiv\partial u/\partial t) \quad (7.4.4)$$

7.4.2.2　弱形式

利用基于式(7.4.1b)给出的近似格式得到的半离散有限元模型的推导,建立单元在任意时刻式(7.4.3)的弱形式。按照构造微分方程弱形式的三个步骤(微分方程里所有的项之前都已经考虑过了),可得

$$0 = \int_{x_a^e}^{x_b^e}\left[a\frac{dw}{dx}\frac{\partial u}{\partial x} + b\frac{d^2 w}{dx^2}\frac{\partial^2 u}{\partial x^2} + c_3\frac{dw}{dx}\frac{\partial^3 u}{\partial x\partial t^2} + w\left(c_0 u + c_1\frac{\partial u}{\partial t} + c_2\frac{\partial^2 u}{\partial t^2} - f\right)\right]dx$$

$$+ \left[w\left(-a\frac{\partial u}{\partial x} + \frac{\partial}{\partial x}\left(b\frac{\partial^2 u}{\partial x^2}\right) - c_3\frac{\partial^3 u}{\partial x\partial t^2}\right) + \frac{dw}{dx}\left(-b\frac{\partial^2 u}{\partial x^2}\right)\right]_{x_a^e}^{x_b^e}$$

$$\quad (7.4.5a)$$

$$= \int_{x_a^e}^{x_b^e}\left[a\frac{dw}{dx}\frac{\partial u}{\partial x} + b\frac{d^2 w}{dx^2}\frac{\partial^2 u}{\partial x^2} + c_3\frac{dw}{dx}\frac{\partial^3 u}{\partial x\partial t^2} + w\left(c_0 u + c_1\frac{\partial u}{\partial t} + c_2\frac{\partial^2 u}{\partial t^2} - f\right)\right]dx$$

$$- Q_1^e w(x_a^e) - Q_3^e w(x_b^e) - Q_2^e\left(-\frac{dw}{dx}\right)\Big|_{x_a^e} - Q_4^e\left(-\frac{dw}{dx}\right)\Big|_{x_b^e}$$

式中, $w(x)$ 是权函数且有

$$Q_1^e = \left[-a\frac{\partial u}{\partial x} + \frac{\partial}{\partial x}\left(b\frac{\partial^2 u}{\partial x^2}\right) - c_3\frac{\partial^3 u}{\partial x \partial t^2}\right]_{x_a^e}, Q_2^e = \left[b\frac{\partial^2 u}{\partial x^2}\right]_{x_a^e}$$

$$Q_3^e = -\left[-a\frac{\partial u}{\partial x} + \frac{\partial}{\partial x}\left(b\frac{\partial^2 u}{\partial x^2}\right) - c_3\frac{\partial^3 u}{\partial x \partial t^2}\right]_{x_b^e}, Q_4^e = -\left[b\frac{\partial^2 u}{\partial x^2}\right]_{x_b^e}$$

(7.4.5b)

注意到主要变量为 u 和 $\partial u/\partial x$。因此, $u(x,t)$ 的有限元近似必须基于 Hermite 三次多项式。

7.4.2.3 半离散有限元模型

接下来,假设 u 的插值以式(7.4.1b)的形式给出。最终得到的有限元解在空间上是连续的但在时间上不是。有限元解的形式为

$$u(x,t_s) = \sum_{j=1}^n u_j^e(t_s)\psi_j^e(x) = \sum_{j=1}^n (u_j^s)^e\psi_j^e(x) \quad (s=1,2,\cdots)$$

式中, $(u_j^s)^e$ 是单元 Ω_e 的节点 j 在 $t=t_s$ 时 $u(x,t)$ 的数值。此前已经提到, ψ_i^e 是 $b\neq 0$ 时(即当四阶项存在时)的 Hermite 三次多项式,否则,就是 Lagrange 插值函数。

将 $w=\psi_i(x)$ (为了得到系统的第 i 个方程)和式(7.4.1b)代入式(7.4.5a),得(为了简洁,这里略去了单元标识"e")

$$0 = \sum_{j=1}^n u_j \int_{x_a}^{x_b}\left(a\frac{d\psi_i}{dx}\frac{d\psi_j}{dx} + b\frac{d^2\psi_i}{dx^2}\frac{d^2\psi_j}{dx^2} + c_0\psi_i\psi_j\right)dx$$

$$+ \sum_{j=1}^n \frac{du_j}{dt}\int_{x_a}^{x_b}c_1\psi_i\psi_j dx + \sum_{j=1}^n \frac{d^2u_j}{dt^2}\int_{x_a}^{x_b}\left(c_2\psi_i\psi_j + c_3\frac{d\psi_i}{dx}\frac{d\psi_j}{dx}\right)dx$$

$$-\left[\int_{x_a}^{x_b}\psi_i f dx + Q_1\psi_i(x_a) + Q_3\psi_i(x_b) + Q_2\left(-\frac{d\psi_i}{dx}\right)\Big|_{x_a} + Q_4\left(-\frac{d\psi_i}{dx}\right)\Big|_{x_b}\right]$$

$$= \sum_{j=1}^n \left(K_{ij}u_j + C_{ij}\frac{du_j}{dt} + M_{ij}\frac{d^2u_j}{dt^2}\right) - F_i$$

(7.4.6a)

式(7.4.6a)的矩阵形式为

$$\boldsymbol{Ku} + \boldsymbol{C\dot{u}} + \boldsymbol{M\ddot{u}} = \boldsymbol{F} \tag{7.4.6b}$$

式中, $\boldsymbol{F}=\boldsymbol{f}+\boldsymbol{Q}$,且

$$K_{ij} = \int_{x_a}^{x_b}\left(a\frac{d\psi_i}{dx}\frac{d\psi_j}{dx} + b\frac{d^2\psi_i}{dx^2}\frac{d^2\psi_j}{dx^2} + c_0\psi_i\psi_j\right)dx, f_i = \int_{x_a}^{x_b}\psi_i f dx$$

$$C_{ij} = \int_{x_a}^{x_b}c_1\psi_i\psi_j dx, M_{ij} = \int_{x_a}^{x_b}\left(c_2\psi_i\psi_j + c_3\frac{d\psi_i}{dx}\frac{d\psi_j}{dx}\right)dx$$

$$Q_i = Q_1\psi_i(x_a) + Q_3\psi_i(x_b) + Q_2\left[-\frac{d\psi_i}{dx}\right]_{x_a} + Q_4\left[-\frac{d\psi_i}{dx}\right]_{x_b}$$

(7.4.6c)

7.4.3 Timoshenko 梁理论

7.4.3.1 弱形式

式(7.2.4a)和式(7.2.4b)给出了基于 Timoshenko 梁理论的控制方程。式(5.3.9a)和式(5.3.9b)给出了包含惯量项的弱形式(v_{1i}^e 和 v_{2i}^e 代表权函数):

$$0 = \int_{x_a^e}^{x_b^e} \left[c_2 v_{1i}^e \frac{\partial^2 w}{\partial t^2} + G_e A_e K_s \frac{\mathrm{d}v_{1i}^e}{\mathrm{d}x} \left(\phi_x^e + \frac{\mathrm{d}w_h^e}{\mathrm{d}x} \right) + k_f^e v_{1i}^e w_h^e - v_{1i}^e q_e \right] \mathrm{d}x$$
$$- v_{1i}^e(x_a^e) Q_1^e - v_{1i}^e(x_b^e) Q_3^e \tag{7.4.7a}$$

$$0 = \int_{x_a^e}^{x_b^e} \left[c_3 v_{2i}^e \frac{\partial^2 \phi_x^e}{\partial t^2} + E_e I_e \frac{\mathrm{d}v_{2i}^e}{\mathrm{d}x} \frac{\mathrm{d}\phi_x^e}{\mathrm{d}x} + G_e A_e K_s v_{2i}^e \left(\phi_x^e + \frac{\mathrm{d}w_h^e}{\mathrm{d}x} \right) \right] \mathrm{d}x$$
$$- v_{2i}^e(x_a^e) Q_2^e - v_{2i}^e(x_b^e) Q_4^e \tag{7.4.7b}$$

式中,

$$Q_1^e \equiv - \left[G_e A_e K_s \left(\phi_x^e + \frac{\mathrm{d}w_h^e}{\mathrm{d}x} \right) \right] \Big|_{x_a^e}$$

$$Q_2^e \equiv - \left[E_e I_e \frac{\mathrm{d}\phi_x^e}{\mathrm{d}x} \right]_{x_a^e}$$

$$Q_3^e \equiv \left[G_e A_e K_s \left(\phi_x^e + \frac{\mathrm{d}w_h^e}{\mathrm{d}x} \right) \right]_{x_b^e} \tag{7.4.7c}$$

$$Q_4^e \equiv \left[E_e I_e \frac{\mathrm{d}\phi_x^e}{\mathrm{d}x} \right]_{x_b^e}$$

7.4.3.2 半离散有限元模型

通过假设如下近似解的形式[参见式(5.3.12)]可得基于 Timoshenko 梁理论的有限元模型:

$$w \approx w_h^e = \sum_{j=1}^m w_j^e(t) \psi_j^{(1)}(x) , \phi_x \approx \phi_x^e = \sum_{j=1}^n S_j^e(t) \psi_j^{(2)}(x) \tag{7.4.8}$$

将这些近似代入式(7.4.7a)和式(7.4.7b)给出的弱形式,即可得到半离散有限元模型[参见式(5.3.15)]:

$$\begin{bmatrix} \boldsymbol{M}^{11} & 0 \\ 0 & \boldsymbol{M}^{22} \end{bmatrix} \begin{Bmatrix} \ddot{\boldsymbol{w}} \\ \ddot{\boldsymbol{s}} \end{Bmatrix} + \begin{bmatrix} \boldsymbol{K}^{11} & \boldsymbol{K}^{12} \\ \boldsymbol{K}^{21} & \boldsymbol{K}^{22} \end{bmatrix} \begin{Bmatrix} \boldsymbol{w} \\ \boldsymbol{s} \end{Bmatrix} = \begin{Bmatrix} \boldsymbol{F}^1 \\ \boldsymbol{F}^2 \end{Bmatrix} \tag{7.4.9a}$$

式中,$K_{ij}^{\alpha\beta}$ 和 F_i^α 由式(5.3.14)定义,且

$$M_{ij}^{11} = \int_{x_a^e}^{x_b^e} c_2 \psi_i^{(1)} \psi_j^{(1)} \mathrm{d}x , M_{ij}^{22} = \int_{x_a^e}^{x_b^e} c_3 \psi_i^{(2)} \psi_j^{(2)} \mathrm{d}x \tag{7.4.9b}$$

式(7.4.9a)的标准矩阵形式为

$$\boldsymbol{K}^e \boldsymbol{\Delta}^e + \boldsymbol{M}^e \ddot{\boldsymbol{\Delta}}^e = \boldsymbol{F}^e \tag{7.4.10}$$

方程(7.4.6b)和方程(7.4.10)是双曲方程。对于抛物方程和双曲方程,为了得到完全离散的(即代数)方程所采用的时间近似方法是不同的,因此将分别讨论。

7.4.4　抛物型方程

7.4.4.1　时间近似

首先讨论一个关于 u_i 的一阶微分方程,接下来将其推广到一个未知的向量 $\boldsymbol{u}$。假设想求得 $t>0$ 时的 $u_i(t)$,其中 $u_i(t)$ 满足

$$a\frac{\mathrm{d}u_i}{\mathrm{d}t}+bu_i=f_i(t)\ ,0<t<T\quad \text{且}\ u_i(0)=u_i^0 \tag{7.4.11}$$

式中,$a\neq0$,b 和 u_i^0 是常数,f_i 是时间 t 的函数。该问题的精确解包含两部分:齐次解和特解。齐次解为

$$u_i^h(t)=A\mathrm{e}^{-kt},k=\frac{b}{a}$$

式中,A 是积分常数。特解为

$$u_i^p(t)=\frac{1}{a}\mathrm{e}^{-kt}\left(\int_0^t \mathrm{e}^{k\tau}f_i(\tau)\mathrm{d}\tau\right)$$

则其完整解为

$$u_i(t)=\mathrm{e}^{-kt}\left(A+\frac{1}{a}\int_0^t \mathrm{e}^{k\tau}f_i(\tau)\mathrm{d}\tau\right)$$

1)有限差分近似

有限差分法基于截断的(利用所需的精度)Taylor 级数展开。比如,函数 $F(t)$ 关于 $t=t_s$ 和 $t=t_{s+1}$ 的 Taylor 级数展开为

$$F(t)=F(t_s)+(t-t_s)\dot{F}(t_s)+\frac{1}{2!}(t-t_s)^2\ddot{F}(t_s)+\cdots \tag{7.4.12a}$$

$$F(t)=F(t_{s+1})+(t-t_{s+1})\dot{F}(t_{s+1})+\frac{1}{2!}(t-t_{s+1})^2\ddot{F}(t_{s+1})+\cdots \tag{7.4.12b}$$

特别地,对于式(7.4.12a),当 $t=t_{s+1}$ 时,有

$$F(t_{s+1})=F(t_s)+(t_{s+1}-t_s)\dot{F}(t_s)+\frac{1}{2!}(t_{s+1}-t_s)^2\ddot{F}(t_s)+\frac{1}{3!}(t_{s+1}-t_s)^3\dddot{F}(t_s)+\cdots$$

如果截断二阶项后面的项,则 $\dot{F}(t_s)$ 为

$$\dot{F}(t_s)=\frac{F(t_{s+1})-F(t_s)}{t_{s+1}-t_s}+O(\Delta t_{s+1}) \tag{7.4.13a}$$

近似解的精度为阶 $O(\Delta t_{s+1})$,这里 $\Delta t_{s+1}=t_{s+1}-t_s$。因此有

$$\dot{F}(t_s)\approx\frac{F(t_{s+1})-F(t_s)}{t_{s+1}-t_s}\text{或}\ \dot{F}^s\approx\frac{F^{s+1}-F^s}{\Delta t_{s+1}} \tag{7.4.13b}$$

这即是向前差分或 Euler 格式。向前差分意味着 $t=t_s$ 时刻的斜率是基于当前时刻 $t=t_s$ 和下一个(向前)时刻 $t=t_{s+1}$ 的 F 的值来差分计算得到的。在式(7.4.12b)中令 $t=t_s$,则有

$$\dot{F}(t_{s+1}) \approx \frac{F(t_{s+1})-F(t_s)}{t_{s+1}-t_s} \text{ 或 } \dot{F}^{s+1} \approx \frac{F^{s+1}-F^s}{\Delta t_{s+1}} \tag{7.4.13c}$$

显而易见,这即为向后差分(图7.4.2)。

引入参数 α,$0 \leqslant \alpha \leqslant 1$,即可将向前差分和向后差分写在同一个算法里。将变量 $F(t)$ 改为最初在式(7.4.11)里使用的 $u_i(t)$,式(7.4.13b)和式(7.4.13c)里的两种算法可以用一个方程来表达:

$$(1-\alpha)\dot{u}_i^s + \alpha\dot{u}_i^{s+1} = \frac{u_i^{s+1}-u_i^s}{\Delta t_{s+1}} \quad \text{且 } 0 \leqslant \alpha \leqslant 1 \tag{7.4.14}$$

式中,u_i^s 是 $u_i(t)$ 在时刻 $t=t_s = \sum_{i=1}^{s}\Delta t_i$ 的值,且 $\Delta t_{s+1}=t_{s+1}-t_s$ 是第$(s+1)$个时间增量步。式(7.4.14)的算法被称为 α—族近似,这里 u_i 在两个相邻时间步的时间导数的加权平均是用变量在这两个时刻数值的线性插值来近似的(图7.4.2)。在式(7.4.14)中令 $\alpha=0$ 即为向前差分算法,令 $\alpha=1$ 即为向后差分算法。对于 $\alpha=1/2$ 即为 Crank-Nicolson 差分算法。如果总的时间$(0,T)$按照恒定时间步长 Δt 划分,那么 $t_s=s\Delta t$。在本书的剩下部分,假设时间步长是恒定的。

式(7.4.14)可写为

$$u_i^{s+1} = u_i^s + \Delta t[(1-\alpha)\dot{u}_i^s + \alpha\dot{u}_i^{s+1}], \quad \text{且 } 0 \leqslant \alpha \leqslant 1 \tag{7.4.15}$$

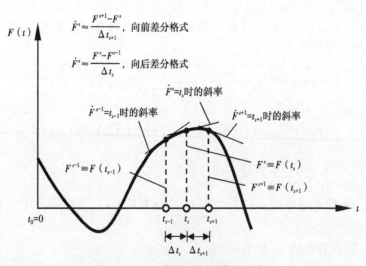

图7.4.2 函数的时间导数的近似

返回到式(7.4.11),注意到对于所有的 $t>0$ 都是成立的。特别地,在时刻 $t=t_s$ 和 $t=t_{s+1}$ 是成立的。因此,从式(7.4.11)得

$$\dot{u}_i^s = \frac{1}{a}(f_i^s - bu_i^s), \quad \dot{u}_i^{s+1} = \frac{1}{a}(f_i^{s+1} - bu_i^{s+1}) \tag{7.4.16}$$

将式(7.4.16)的表达式代入式(7.4.15),得

$$(1-\alpha)(f_i^s - bu_i^s) + \alpha(f_i^{s+1} - bu_i^{s+1}) = a\left(\frac{u_i^{s+1} - u_i^s}{\Delta t}\right)$$

可以求得 u_i^{s+1} 为

$$[a + \alpha \Delta tb] u_i^{s+1} = [a - (1-\alpha)\Delta tb] u_i^s + \Delta t [\alpha f_i^{s+1} + (1-\alpha)f_i^s] \qquad (7.4.17a)$$

或

$$u_i^{s+1} = \frac{a - (1-\alpha)\Delta tb}{a + \alpha \Delta tb} u_i^s + \Delta t \frac{\alpha f_i^{s+1} + (1-\alpha)f_i^s}{a + \alpha \Delta tb} \qquad (7.4.17b)$$

因此,通过反复使用式(7.4.17b)可以得到时刻 $t = t_{s+1}, t_{s+2}, \cdots, t_N$ 时的解,这里 N 是到达最终时刻 T(或者解处于稳定状态)时时间步的步数。在每个起始步,即 $s=0$ 时,u_i^1 可基于初值 u_i^0 来计算:

$$u_i^1 = \frac{a - (1-\alpha)\Delta tb}{a + \alpha \Delta tb} u_i^0 + \Delta t \frac{\alpha f_i^1 + (1-\alpha)f_i^0}{a + \alpha \Delta tb} \qquad (7.4.18)$$

2)有限元近似

可以通过近似的 Galerkin 有限元方法来建立时间近似格式。将时间域分成有限组区间(时间有限元),一个典型单元的求解域为 $[t_s, t_{s+1}]$。式(7.4.11)在时间有限元 (t_s, t_{s+1}) 上的加权残值形式为

$$0 = \int_{t_s}^{t_{s+1}} v(t)\left(a\frac{\mathrm{d}u_i}{\mathrm{d}t} + bu_i - f_i\right)\mathrm{d}t \qquad (7.4.19)$$

式中,v 是权函数。假设解的形式为

$$u_i(t) \approx \sum_{k=1}^{n} u_{ki}\psi_k(t) \qquad (7.4.20)$$

式中,$\psi_k(t)$ 是 $n-1$ 阶的插值函数。将式(7.4.20)给出的 u_i 和 $v = \psi_j$ 代入式(7.4.19),可得 Galerkin 有限元模型:

$$\boldsymbol{A}\boldsymbol{u}_i = \boldsymbol{F}_i \qquad (7.4.21a)$$

式中,

$$A_{jk} = \int_{t_s}^{t_{s+1}} \psi_j(t)\left(a\frac{\mathrm{d}\psi_k}{\mathrm{d}t} + b\psi_k\right)\mathrm{d}t, F_{ji} = \int_{t_s}^{t_{s+1}} \psi_j(t)f_i(t)\mathrm{d}t \qquad (7.4.21b)$$

式(7.4.21b)在时间域 (t_s, t_{s+1}) 上是成立的,它分别表示在不同时刻 $t_s, t_{s+\Delta t/(n-1)}$,$t_{s+2\Delta t/(n-1)}, \cdots, t_{s+1}$ 时 u_i 的数值 $u_{1i}, u_{2i}, \cdots, u_{ni}$ 之间的关系。对于 $n>2$ 这会产生一个多步的近似算法。为了得到单步近似算法,即 u_i^{s+1} 只是 u_i^s 的函数,假设线性近似(即 $n=2$):

$$u_i(t) = u_i^s\psi_1(t) + u_i^{s+1}\psi_2(t); \ \psi_1(t) = \frac{t_{s+1} - t}{\Delta t}, \psi_2(t) = \frac{t - t_s}{\Delta t} \qquad (7.4.22a)$$

基于同样的处理,$f_i(t)$可以用其在t_s和t_{s+1}时刻的数值来表示:

$$f_i(t) = f_i^s \psi_1(t) + f_i^{(s+1)} \psi_2(t) \qquad (7.4.22b)$$

对于此种近似选择,式(7.4.21b)变为(参见表3.7.1)

$$\left(\frac{a}{2} \begin{bmatrix} -1 & 1 \\ -1 & 1 \end{bmatrix} + \frac{b\Delta t}{6} \begin{bmatrix} 2 & 1 \\ 1 & 2 \end{bmatrix} \right) \begin{Bmatrix} u_i^s \\ u_i^{s+1} \end{Bmatrix} = \frac{\Delta t}{6} \begin{bmatrix} 2 & 1 \\ 1 & 2 \end{bmatrix} \begin{Bmatrix} f_i^s \\ f_i^{s+1} \end{Bmatrix} \qquad (7.4.22c)$$

假设u_i^s是已知的,利用式(7.4.22c)的第二个方程可以求得u_i^{s+1}:

$$\left(a + \frac{2}{3}\Delta tb \right) u_i^{s+1} = \left(a - \frac{1}{3}\Delta tb \right) u_i^s + \Delta t \left(\frac{1}{3}f_i^s + \frac{2}{3}f_i^{s+1} \right) \qquad (7.4.22d)$$

比较式(7.4.22d)和式(7.4.17a),可以发现式(7.4.22d)给出的 Galerkin 有限元算法是当$\alpha = 2/3$时α-族近似算法的特例。

7.4.4.2   数值稳定性

由于式(7.4.17b)给出的时间推进算法利用到前一个时间步的近似解结果u_i^s,显然随着时间的推进,由近似解u_i^s引入的误差在求解u_i^{s+1}时会被放大甚至无限增加。如果误差随着时间无限增大,那么就说此种算法是不稳定的。这里来讨论什么情况下误差会是有限的。

考虑式(7.4.17b)的算子形式:

$$u_i^{s+1} = Bu_i^s + \overline{F}^{s,s+1} \qquad (7.4.23a)$$

式中,

$$B = \frac{a - (1-\alpha)\Delta tb}{a + \alpha\Delta tb}, \quad \overline{F}_{s,s+1} = \Delta t \frac{\alpha f_{s+1} + (1-\alpha)f_s}{a + \alpha\Delta tb} \qquad (7.4.23b)$$

如果放大算子B的幅值大于1,即$|B| > 1$,那么误差会在每个时间步内逐渐放大。另一方面,如果该幅值小于或等于1,那么误差不会随时间增加。因此,为了保证算法的稳定性必须有$|B| \leqslant 1$:

$$|B| = \left| \frac{a - (1-\alpha)\Delta tb}{a + \alpha\Delta tb} \right| \leqslant 1 \qquad (7.4.24)$$

上述方程限定了不同α时的时间步长。当误差在任何时间步都是有限的[也就是说,对于任何Δt,式(7.4.24)都是成立的],那么该算法就是稳定算法。如果当时间步长小于某个特定值时[为了满足式(7.4.24)]误差才是有限的,那么该算法是条件稳定算法。在有限元方法中,式(7.4.24)中的系数a和b依赖于材料参数(不能改变的)和单元长度(可以改变的)。因此,对于给定的网格划分存在一个Δt使得算法是条件稳定的(更多的细节可参见 Surana 和 Reddy[4])。

7.4.4.3   一致性和精度

除了近似时间导数时带来的截断误差,计算时也会引入舍入误差。如果随着$\Delta t \to 0$截断误差和舍入误差都趋近于零,那么算法(7.4.23a)就和问题(7.4.6b)是一致的。算法的精度是近似解与精确解之间吻合程度的度量,解的稳定性是指随着时间的变化近似解有界性的度量。可以想象得到,时间步长和网格划分会影响精度和稳定性。当构造一个近似解时,总希望随着单元自由度数目的增加和时间步长的减小,近似解会收敛于精确解。对于固定的 t_s 和 Δt,如果随着网格尺寸 h 的减小数值解 u_s 逐渐收敛于真实解 $u(t_s)$,那么这个时间近似算法就是收敛的。精度是在近似解收敛时进行度量的。如果一个数值算法既是稳定的又是一致的,那么它也是收敛的。

7.4.4.4　完全离散的有限元方程

与将一个微分方程(7.4.11)转换成代数方程(7.4.17a)类似,对于 $M=0$ 的情形,现在有足够的手段将式(7.4.6b)给出的常微分方程转换成一组代数方程。从抛物型方程开始:

$$C\dot{u}+Ku=F \tag{7.4.25a}$$

其初始条件为

$$u(0)=u^0 \tag{7.4.25b}$$

式中 $u(0)$ 为时刻 $t=0$ 时的节点列向量 $u(x,t)$ 的值,u^0 为由节点参数值 u_j^0 组成的列向量。式(7.4.25a)对应的特征值问题(令 $f=0$,$u=u_0\mathrm{e}^{-\lambda t}$,$F=Q=Q_0\mathrm{e}^{-\lambda t}$)为

$$(-\lambda C+K)u_0=Q_0 \tag{7.4.25c}$$

应用于节点变量值的时间导数列向量,式(7.4.15)对应的 α-族近似算法有如下的形式:

$$u^{s+1}=u^s+a_2\dot{u}^s+a_1\dot{u}^{s+1} \quad \text{且 } 0\leqslant\alpha\leqslant1 \tag{7.4.26a}$$

$$a_1=\alpha\Delta t, a_2=(1-\alpha)\Delta t \tag{7.4.26b}$$

考虑时刻 $t=t_s$ 和 $t=t_{s+1}$ 时的式(7.4.25a),有

$$C\dot{u}^s+Ku^s=F^s \tag{7.4.27a}$$

$$C\dot{u}^{s+1}+Ku^{s+1}=F^{s+1} \tag{7.4.27b}$$

式中假设矩阵 C 和 K 与时间无关。在式(7.4.26a)左右两侧同时乘以 C,有

$$C(u^{s+1}-u^s)=a_1C\dot{u}^{s+1}+a_2C\dot{u}^s \tag{7.4.27c}$$

将式(7.4.27a)和式(7.4.27b)中的 $C\dot{u}^s$ 和 $C\dot{u}^{s+1}$ 分别代入,则有

$$C(u^{s+1}-u^s)=a_1(F^{s+1}-Ku^{s+1})+a_2(F^s-Ku^s) \tag{7.4.28}$$

求解向量 u^{s+1},即可得到递推关系(也即两个相邻时间步的解之间的关系):

$$\hat{K}u^{s+1}=\overline{K}u^s+\overline{F}^{s,s+1}\equiv\hat{F}^{s,s+1} \tag{7.4.29a}$$

式中,

$$\hat{K}=C+a_1K, \overline{K}=C-a_2K$$
$$\overline{F}^{s,s+1}=(a_1F^{s+1}+a_2F^s) \tag{7.4.29b}$$

式(7.4.29a)和式(7.4.29b)对于一个典型有限单元是成立的。只要最终结果是式(7.4.25a),对于任意维度任意空间近似方法,式(7.4.29a)和式(7.4.29b)对于任何问题都

是成立的。方程的组装、边界条件的施加和求解与之前处理稳态问题时一样。计算 $t=0$ 时刻的 $\hat{K}$ 和 $\overline{F}$ 需要知道初始条件 u^0 和 F 的时间导数。

所有 $\alpha \geqslant 1/2$ 的数值算法(比如向后差分法、Crank-Nicolson 算法和 Galerkin 算法)都是稳定的且不依赖于网格。所有 $\alpha < 1/2$ 的数值算法(比如向前差分法)只有当时间步长满足如下的(稳定性)条件时才是稳定的(细节参见 Surana 和 Reddy[4]):

$$\Delta t < \Delta t_{cr} \equiv \frac{2}{(1-2\alpha)\lambda_{max}}, \alpha < \frac{1}{2} \tag{7.4.30}$$

这里 λ_{max} 是式(7.4.25c)给出的特征值问题的最大特征值。

广为人知的时间近似算法的稳定性和精度特征如下所示:

$$\alpha = \begin{cases} 0, & \text{向前差分(Euler)算法(条件稳定)} \\ & \text{精度阶次} = O(\Delta t) \\ 1/2, & \text{Crank-Nicolson 算法(无条件稳定)} \\ & \text{精度阶次} = O(\Delta t)^2 \\ 2/3, & \text{Galerkin 算法(无条件稳定)} \\ & \text{精度阶次} = O(\Delta t)^2 \\ 1, & \text{向后差分算法(无条件稳定)} \\ & \text{精度阶次} = O(\Delta t) \end{cases} \tag{7.4.31}$$

在这些算法中,Crank-Nicolson 算法($\alpha=0.5$)是最常用的稳定算法。

7.4.5　双曲型方程

7.4.5.1　结构动力学方程

考虑如下矩阵形式的方程组:

$$M\ddot{u} + C\dot{u} + Ku = F \tag{7.4.32a}$$

其初始条件为

$$u(0) = u_0, \dot{u}(0) = v_0 \tag{7.4.32b}$$

此为结构动力学方程,M 是质量矩阵,C 是阻尼矩阵,K 是刚度矩阵。阻尼矩阵 C 经常写成质量矩阵和刚度矩阵的线性组合的形式,$C = c_1 M + c_2 K$,这里 c_1 和 c_2 由物理实验确定。尽管理论推导时考虑了阻尼的影响,在本研究的数值算例中,不考虑阻尼(即 $C = 0$)。式(7.4.32a)和式(7.4.32b)给出了杆和梁的瞬态动力学方程。杆和梁的质量矩阵及刚度矩阵参见式(7.3.40)、式(7.3.57)、式(7.3.63a)和式(7.3.63b)。和式(7.4.32a)对应($C = 0$)的特征值问题为

$$(-\lambda M + K)u_0 = Q_0, \lambda = \omega^2 \tag{7.4.32c}$$

有很多二阶时间导数的近似方法以及将时间相关微分方程转换成代数方程组的方法(参见 Surana 和 Reddy[4]中不同阶次的 Runge-Kutta 方法、Newmark 族方法、Wilson-θ 法和 Houbolt 方法)。最近,Kim 和 Reddy[5-8]基于加权残值法和最小二乘法[与式(7.4.19)至式

(7.4.22d)讨论的 Galerkin 算法类似]提出了一系列时间近似算法。出于简单和广泛使用的考虑,这里只考虑 Newmark 族时间近似算法和中心差分算法。

7.4.5.2 完全离散方程

考虑如下的 (α, γ)-族近似,这里函数及其一阶时间导数的近似为[基于式(7.4.15)给出的截断 Taylor 级数展开式]

$$u^{s+1} \approx u^s + \Delta t \dot{u}^s + \frac{1}{2}(\Delta t)^2 \left[(1-\gamma) \ddot{u}^s + \gamma \ddot{u}^{s+1} \right] \tag{7.4.33}$$

$$\dot{u}^{s+1} \approx \dot{u}^s + a_2 \ddot{u}^s + a_1 \ddot{u}^{s+1} \tag{7.4.34}$$

式中,α 和 γ 是决定算法稳定性和精度的参数。式(7.4.33)和式(7.4.34)分别是 $t = t_s$ 时刻 u^{s+1} 和 $\dot{u}^{s+1}$ 的 Taylor 级数展开。

通过式(7.4.33)和式(7.7.34)中的近似可得到式(7.4.32a)的完全离散格式。首先,从式(7.4.33)和式(7.4.34)中消除 $\ddot{u}^{s+1}$ 并求出 $\dot{u}^{s+1}$:

$$\dot{u}^{s+1} = a_6(u^{s+1} - u^s) - a_7 \dot{u}^s - a_8 \ddot{u}^s \tag{7.4.35a}$$

$$a_6 = \frac{2\alpha}{\gamma \Delta t}, a_7 = \frac{2\alpha}{\gamma} - 1, a_8 = \left(\frac{\alpha}{\gamma} - 1\right) \Delta t \tag{7.4.35b}$$

将式(7.4.33)左乘以 M 并将 $M\ddot{u}^{s+1}$ 用式(7.4.32a)进行替换,得

$$\left(M + \frac{\gamma(\Delta t)^2}{2} K\right) u^{s+1} = Mb^s + \frac{\gamma(\Delta t)^2}{2} F^{s+1} - \frac{\gamma(\Delta t)^2}{2} C\dot{u}^{s+1} \tag{7.4.36a}$$

式中,

$$b^s = u^s + \Delta t \dot{u}^s + \frac{1}{2}(1-\gamma)(\Delta t)^2 \ddot{u}^s \tag{7.4.36b}$$

同乘以 $2/[\gamma(\Delta t)^2]$,得

$$\left(\frac{2}{\gamma(\Delta t)^2} M + K\right) u^{s+1} = \frac{2}{\gamma(\Delta t)^2} Mb^s + F^{s+1} - C\dot{u}^{s+1} \tag{7.4.36c}$$

将式(7.4.35a)中的 $\dot{u}^{s+1}$ 代入式(7.4.36c),可得如下的递推格式:

$$\hat{K} u^{s+1} = \hat{F}^{s,s+1} \tag{7.4.37a}$$

式中,

$$\hat{K} = K + a_3 M + a_6 C, \hat{F}^{s,s+1} = F^{s+1} + M\bar{u}^s + C\hat{u}^s$$

$$\bar{u}^s = a_3 u^s + a_4 \dot{u}^s + a_5 \ddot{u}^s, \hat{u}^s = a_6 u^s + a_7 \dot{u}^s + a_8 \ddot{u}^s \tag{7.4.37b}$$

$$a_3 = \frac{2}{\gamma(\Delta t)^2}, a_4 = a_3 \Delta t, a_5 = \frac{1}{\gamma} - 1$$

(α, γ)-族近似的两个特例为:(1)平均加速度法($\alpha = \gamma = 1/2$),也被称为 Newmark 算法;(2)线性加速度法($\alpha = 1/2, \gamma = 1/3$)。对于这两种算法,式(7.4.37a)给出的完全离散方程有

如下的显式形式:

平均加速度法($\alpha = \gamma = 1/2$):

$$\left(\frac{4}{(\Delta t)^2}M + \frac{2}{\Delta t}C + K\right)u^{s+1} = F^{s+1} + \left(\frac{4}{(\Delta t)^2}M + \frac{2}{\Delta t}C\right)u^s + \left(\frac{4}{\Delta t}M + C\right)\dot{u}^s + M\ddot{u}^s \quad (7.4.38)$$

线性加速度法($\alpha = 1/2, \gamma = 1/3$):

$$\left(\frac{6}{(\Delta t)^2}M + \frac{3}{\Delta t}C + K\right)u^{s+1} = F^{s+1} + \left(\frac{6}{(\Delta t)^2}M + \frac{3}{\Delta t}C\right)u^s + \left(\frac{6}{(\Delta t)}M + 2C\right)\dot{u}^s + \left(2M + \frac{\Delta t}{2}C\right)\ddot{u}^s$$

$$(7.4.39)$$

7.4.5.3 中心差分算法的完全离散方程

中心差分算法可以由 $u(t_s + \Delta t) \equiv u^{s+1}$ 和 $u(t_s - \Delta t) \equiv u^{s-1}$ 关于时刻 t_s 进行 Taylor 级数展开得到:

$$u^{s+1} = u^s + \Delta t \dot{u}^s + \frac{(\Delta t)^2}{2}\ddot{u}^s + O(\Delta t)^3 \quad (7.4.40a)$$

$$u^{s-1} = u^s - \Delta t \dot{u}^s + \frac{(\Delta t)^2}{2}\ddot{u}^s + O(\Delta t)^3 \quad (7.4.40b)$$

用式(7.4.40a)减去式(7.4.40b)并截断 Δt 的线性项以上的项,并求解 $\dot{u}^s$,得

$$\dot{u}^s = \frac{1}{2\Delta t}(u^{s+1} - u^{s-1}) + O(\Delta t)^2 \quad (7.4.41a)$$

用式(7.4.40a)加上式(7.4.40b)并截断 Δt 的二次项以上的项,并求解 $\ddot{u}^s$,得

$$\ddot{u}^s = \frac{1}{(\Delta t)^2}(u^{s+1} - 2u^s + u^{s-1}) + O(\Delta t) \quad (7.4.41b)$$

将式(7.4.41a)和式(7.4.41b)的近似形式代入 $t = t_s$ 时刻的式(7.4.32a),可得基于中心差分法的完全离散方程为

$$\left(\frac{1}{(\Delta t)^2}M + \frac{1}{2\Delta t}C\right)u^{s+1} = F^s + \left(\frac{2}{(\Delta t)^2}M - K\right)u^s - \left(\frac{1}{(\Delta t)^2}M - \frac{1}{2\Delta t}C\right)u^{s-1} \quad (7.4.42)$$

7.4.5.4 数值稳定性

当 $\gamma \geq \alpha \geq 1/2$ 时所有的算法都是稳定的,对于 $\alpha \geq 1/2$ 且 $\gamma < \alpha$,稳定性要求(对于 $C = 0$ 的情形):

$$\Delta t \leq \Delta t_{cr} = \left[\frac{1}{2}\omega_{max}^2(\alpha - \gamma)\right]^{-1/2} \quad (7.4.43)$$

这里 $\omega_{max}^2 = \lambda_{max}$ 是式(7.4.32c)给出的无阻尼系统的最大特征值。各种算法的稳定性特征如下:

(1) $\alpha = \frac{1}{2}, \gamma = \frac{1}{2}$,平均加速法(无条件稳定)

$(2)\alpha=\dfrac{1}{2},\gamma=\dfrac{1}{3}$,线性加速法(无条件稳定) $\qquad$ (7.4.44)

(3)中心差分法(条件稳定)

7.4.5.5　时间推进方法的起步

计算 $\hat{F}$ 会用到已知的初始条件 $\boldsymbol{u}^0$、$\dot{\boldsymbol{u}}^0$ 和 $\ddot{\boldsymbol{u}}^0$。从数学上来讲,二阶方程只需要两个初始条件,也就是位移 $\boldsymbol{u}^0$ 和速度 $\dot{\boldsymbol{u}}^0$,不需要知道加速度 $\ddot{\boldsymbol{u}}^0$,但是时间推进方法的递推格式需要。因此,(α,γ)-族算法和中心差分法都不是自启动算法,它们被称为隐式算法。它们都需要 $\boldsymbol{u}^{s-1}$ 和 $\boldsymbol{u}^s$ 来计算 $\boldsymbol{u}^{s+1}$。这里来讨论一些解决这个困难的方法。

作为一个近似,可以基于式(7.4.32a)来计算 $\ddot{\boldsymbol{u}}^0$(经常假设 $t=0$ 时外力为零:$\boldsymbol{F}^0=0$):

$$\ddot{\boldsymbol{u}}^0=\boldsymbol{M}^{-1}(\boldsymbol{F}_0-\boldsymbol{K}\boldsymbol{u}^0-\boldsymbol{C}\dot{\boldsymbol{u}}^0) \qquad (7.4.45)$$

在每个时间步的最后,新的速度矢量 $\dot{\boldsymbol{u}}^{s+1}$ 和加速度矢量 $\ddot{\boldsymbol{u}}^{s+1}$ 可以利用下式计算[利用式(7.4.33)和式(7.4.34)]:

$$\ddot{\boldsymbol{u}}^{s+1}=a_3(\boldsymbol{u}^{s+1}-\boldsymbol{u}^s)-a_4\dot{\boldsymbol{u}}^s-a_5\ddot{\boldsymbol{u}}^s \qquad (7.4.46a)$$

$$\dot{\boldsymbol{u}}^{s+1}=\dot{\boldsymbol{u}}^s+a_2\ddot{\boldsymbol{u}}^s+a_1\ddot{\boldsymbol{u}}^{s+1} \qquad (7.4.46b)$$

这里 $a_1\sim a_5$ 在式(7.4.26b)和式(7.4.37b)中给出。

对于中心差分法,$s=0$ 时的 $\boldsymbol{u}^{s-1}$ 的计算如下所示。首先注意到矢量 $\boldsymbol{u}^0$、$\dot{\boldsymbol{u}}^0$ 和 $\ddot{\boldsymbol{u}}^0$ 基于式(7.4.32b)和式(7.4.45)的初始条件是已知的。由式(7.4.40b),令 $s=0$,得

$$\boldsymbol{u}^{(-1)}=\boldsymbol{u}^0-\Delta t\dot{\boldsymbol{u}}^0+\dfrac{(\Delta t)^2}{2}\ddot{\boldsymbol{u}}^0 \qquad (7.4.47)$$

7.4.6　隐式和显式格式及质量集总

抛物型方程和双曲型方程(在组装和施加边界条件及初始条件之后)的完全离散方程的解需要对式(7.4.29a)和式(7.4.37a)中出现的 $\hat{\boldsymbol{K}}$ 进行求逆,才能得到不同时刻的解。

针对不同的网格尺寸和时间步数,这将会是庞大的计算耗费。比如说,如果需要得到方程在1000个时间步的结果,那么计算耗费等于求解1000次静态问题。因此,降低计算耗费是非常实际的需求。很显然,如果 $\hat{\boldsymbol{K}}^e$ 是对角矩阵,那么组装得到的整体矩阵 $\hat{\boldsymbol{K}}$ 也是对角阵,因此不需要矩阵求逆就可以得到 U_i^{s+1}(也就是说,仅需要对每个方程除以对角元素):

$$U_i^{s+1}=\dfrac{1}{\hat{K}_{(ii)}}\left(\sum_{j=1}^{NEQ}\overline{K}_{ij}U_j^s+\overline{F}_i^{s,s+1}\right)（对 i 不求和） \qquad (7.4.48)$$

需要对 $\hat{\boldsymbol{K}}$ 求逆(因为它是非对角化的)的算法称为隐式算法,而不需要求逆的称为显式算法。

在有限元方法中,由于 $\hat{\boldsymbol{K}}$ 中出现的矩阵 $\boldsymbol{C}$ 和/或 $\boldsymbol{M}$ 不是对角阵,因此没有一种时间近似算法有对角化的矩阵 $\hat{\boldsymbol{K}}$。基于定义得到的矩阵($\boldsymbol{C}$ 或 $\boldsymbol{M}$)称为协调(质量)阵,除非近似函数 ψ_i 在整个单元域上是正交的,否则它不是对角化的。在有成百上千个自由度的实际问题中,

计算的耗费阻止了对大的系统方程组的求逆。因此,需要选择一种可以从 $\hat{K}$ 中删除 K 的算法(因为对角化 K 会是整体的近似),同时对角化 C 和/或 M 来得到显式格式。

举个例子,向前差分格式(即 $\alpha=0$)有如下的时间推进格式[参见式(7.4.29a)]:

$$CU^{s+1} = (C-\Delta tK)U^s + \Delta tF^s \tag{7.4.49}$$

如果矩阵 C 是对角化的,那么组装后的方程组是可以直接求解的(也就是说,不需要对矩阵求逆)。类似地,对于无阻尼系统($C=0$)的中心差分算法为[参见式(7.4.42)]:

$$MU^{s+1} = (\Delta t)^2F^{s+1} + [2M-(\Delta t)^2K]U^s - M\dot{U}^s \tag{7.4.50}$$

为了得到显式的中心差分格式,要求 M 是对角化的(如果是阻尼系统,也要求 C 是对角化的)。式(7.4.48)的天然的显式属性促进分析者去寻找合理的方式来使得 C 和/或 M 变成对角化的。在保证总质量守恒的同时,通过集总节点的质量,可以有很多方法来构造对角化的质量阵。接下来将讨论两种这样的方法。

7.4.6.1　按行集总

令非对角元素为零,将一致质量阵每行的元素的和赋给对角元素[(ii) 意味着不对 i 求和]:

$$M^e_{(ii)} = \sum_{j=1}^n \int_{x_a^e}^{x_b^e} \rho\psi_i^e\psi_j^e \mathrm{d}x = \int_{x_a^e}^{x_b^e} \rho\psi_i^e \mathrm{d}x \tag{7.4.51}$$

这里利用了插值函数的性质 $\sum_{j=1}^n \psi_j^e = 1$。

若在单元内部 ρ_e 是常数,那么线性和二次一维单元的一致质量阵分别为

$$M^e_C = \frac{\rho_eA_eh_e}{6}\begin{bmatrix} 2 & 1 \\ 1 & 2 \end{bmatrix}, M^e_C = \frac{\rho_eA_eh_e}{30}\begin{bmatrix} 4 & 2 & -1 \\ 2 & 16 & 2 \\ -1 & 2 & 4 \end{bmatrix} \tag{7.4.52a}$$

对于每个式(7.4.51),相应的线性和二次对角矩阵分别为:

$$M^e_L = \frac{\rho_eA_eh_e}{2}\begin{bmatrix} 1 & 0 \\ 0 & 1 \end{bmatrix}, M^e_L = \frac{\rho_eA_eh_e}{6}\begin{bmatrix} 1 & 0 & 0 \\ 0 & 4 & 0 \\ 0 & 0 & 1 \end{bmatrix} \tag{7.4.52b}$$

这里下标 L 和 C 分别表示集总和一致质量阵。

式(7.3.57)给出了 Euler-Bernoulli 梁的一致质量阵。按行集总对角化质量阵有两种方法:(1)在每行直接忽略掉与转动自由度相关的项,(2)在第 1 行和第 3 行忽略掉与转动自由度相关的项,在第 2 行和第 4 行忽略掉与平动自由度相关的项:

$$M^e_L = \frac{\rho_eA_eh_e}{2}\begin{bmatrix} 1 & 0 & 0 & 0 \\ 0 & 0 & 0 & 0 \\ 0 & 0 & 1 & 0 \\ 0 & 0 & 0 & 0 \end{bmatrix}, \hat{M}^e_L = \frac{\rho_eA_eh_e}{420}\begin{bmatrix} 210 & 0 & 0 & 0 \\ 0 & h_e^2 & 0 & 0 \\ 0 & 0 & 210 & 0 \\ 0 & 0 & 0 & h_e^2 \end{bmatrix} \tag{7.4.53a}$$

式(7.3.63b)给出了 Timoshenko 梁的一致质量阵。Timoshenko 梁的集总质量阵为

$$
\boldsymbol{M}_L^e = \frac{\rho_e A_e h_e}{2} \begin{bmatrix} 1 & 0 & 0 & 0 \\ 0 & 0 & 0 & 0 \\ 0 & 0 & 1 & 0 \\ 0 & 0 & 0 & 0 \end{bmatrix}, \hat{\boldsymbol{M}}_L^e = \frac{\rho_e A_e h_e}{2} \begin{bmatrix} 1 & 0 & 0 & 0 \\ 0 & r_e & 0 & 0 \\ 0 & 0 & 1 & 0 \\ 0 & 0 & 0 & r_e \end{bmatrix}, r_e = \frac{I_e}{A_e} \tag{7.4.53b}
$$

7.4.6.2 比例集总

保持单元的总质量是不变的,令集总质量阵的对角元素为相应一致质量阵对角元素乘以一个比例系数[(ii)意味着不对 i 求和]:

$$
M_{(ij)}^e = \alpha^e \int_{x_a^e}^{x_b^e} m_e \psi_i^e \psi_i^e \mathrm{d}x, \alpha^e = \frac{\int_{x_a^e}^{x_b^e} m_e \mathrm{d}x}{\sum_{i=1}^n \int_{x_a^e}^{x_b^e} m_e \psi_i^e \psi_i^e \mathrm{d}x} \tag{7.4.54}
$$

式中,m_e 是单位长度的质量。对于 m_e 是常数和线性单元的情形,有

$$
\alpha^e = \frac{m_e h_e}{\left(\dfrac{m_e h_e}{2} + \dfrac{m_e h_e}{2}\right)} = 1; M_{11}^e = M_{22}^e = \frac{\rho_e A_e h_e}{2}
$$

因此,比例集总给出了与按行集总技术一样的集总质量矩阵。

7.4.6.3 一致和集总质量阵临界时间步长的比较

这里通过数值算例来验证利用集总质量阵得到的特征值比采用一致质量阵的要小。相应地,对于显式格式其临界时间步长要更大一些。

首先考虑采用一个线性单元的均质杆热传递模型,杆长 L,左端保持恒温为 0,右端绝热。一致质量阵下的特征值问题($h=L$)为

$$
\left(\frac{kA}{L} \begin{bmatrix} 1 & -1 \\ -1 & 1 \end{bmatrix} - \lambda_C \frac{\rho c_v AL}{6} \begin{bmatrix} 2 & 1 \\ 1 & 2 \end{bmatrix} \right) \begin{Bmatrix} U_1 \\ U_2 \end{Bmatrix} = \begin{Bmatrix} Q_1^1 \\ Q_2^1 \end{Bmatrix}
$$

由于 $U_1 = 0$ 且 $Q_2^1 = 0$,从第二个方程可得

$$
\lambda_C = \frac{kA}{L} \frac{3}{\rho c_v AL} = \frac{3k}{L^2 \rho c_v}
$$

将该式代入式(7.4.30)给出的临界时间步长关系,令 $\alpha = 0$,得

$$
(\Delta t_{\mathrm{cr}})_C = \frac{2}{\lambda} = \frac{2L^2 \rho c_v}{3k}
$$

如果采用集总质量阵,有

$$
\left(\frac{kA}{L} \begin{bmatrix} 1 & -1 \\ -1 & 1 \end{bmatrix} - \lambda_L \frac{\rho c_v AL}{2} \begin{bmatrix} 1 & 0 \\ 0 & 1 \end{bmatrix} \right) \begin{Bmatrix} U_1 \\ U_2 \end{Bmatrix} = \begin{Bmatrix} Q_1^1 \\ Q_2^1 \end{Bmatrix}
$$

λ_L 为

$$\lambda_L = \frac{2k}{L^2 \rho c_v} < \lambda_C$$

临界时间步长为

$$(\Delta t_{cr})_L = \frac{L^2 \rho c_v}{k} > (\Delta t_{cr})_C$$

前面提到的有限元模型描述了模量为 E 的均质杆轴向变形。有

$$\lambda_C = \omega_C^2 = \frac{3E}{L^2 \rho}$$

将该式代入式(7.4.43)给出的临界时间步长关系,令 $\alpha = 1/2$ 且 $\gamma = 1/3$,得

$$(\Delta t_{cr})_C = \left[\frac{1}{12} \omega_C^2 \right]^{-\frac{1}{2}} = 2L \left(\frac{\rho}{E} \right)^{\frac{1}{2}}$$

然而对于集总质量阵,有 $\lambda_L = \omega_L^2 = 2E/L^2 \rho < \lambda_C$,临界时间步长为

$$(\Delta t_{cr})_L = \left[\frac{1}{12} \omega_L^2 \right]^{-\frac{1}{2}} = 2L \left(\frac{3}{2} \frac{\rho}{E} \right)^{\frac{1}{2}} > (\Delta t_{cr})_C$$

接下来,对于采用一个不考虑转动惯量效应的 Euler-Bernoulli 梁单元和集总质量阵的悬臂梁,其长度为 L,弯曲刚度为 EI,单位长度质量为 ρA(参见例 7.3.2)。基于 M_L 有

$$\left(\begin{bmatrix} 12 & 6L \\ 6L & 4L^2 \end{bmatrix} - \omega_L^2 \frac{\rho A L^4}{2EI} \begin{bmatrix} 1 & 0 \\ 0 & 0 \end{bmatrix} \right) \begin{Bmatrix} U_3 \\ U_4 \end{Bmatrix} = \begin{Bmatrix} 0 \\ 0 \end{Bmatrix}$$

通过令其上式系数矩阵的行列式为零,得

$$\frac{\rho A L^4}{2EI} \omega_L^2 = 3 \Rightarrow \omega_L = 2.4495\beta, \quad \beta = \frac{1}{L^2} \sqrt{\frac{EI}{\rho A}}$$

如果采用集总质量阵 $\hat{M}_L$,可得 $\omega_L = 2.4364\beta$。从例 7.3.2 可以看出基于一个单元模型的一致质量阵给出 $\omega_C = 3.533\beta$,这比基于对角质量阵的结果要大。相应地,对于条件稳定算法来说,采用集总质量阵比采用一致质量阵所需的临界时间步长要更大。

总之,在瞬态分析中采用集总质量阵可以从两方面节省计算时间。其一,对于向前积分法和中心差分法,集总质量阵产生显式代数方程组,不再需要矩阵求逆。另一方面,集总质量阵要求的临界时间步长要大于一致质量阵。

7.4.7　例子

例 7.4.1

考虑如下微分方程描述的瞬态热传导问题:

$$\frac{\partial u}{\partial t} - \frac{\partial^2 u}{\partial x} = 0 \quad 且\ 0 < x < 1 \tag{1a}$$

其边界条件为

$$u(0,t)=0, \frac{\partial u}{\partial x}(1,t)=0 \tag{1b}$$

初始条件为

$$u(x,0)=1.0 \tag{1c}$$

式中,u 是无量纲温度。确定其瞬态响应。

解: 本问题是式(7.4.3)在取 $a=1,b=0,c_0=0,c_1=1,c_2=0,c_3=0,f=0$[或者式(7.2.1)取 $kA=1,c_1=c_v\rho A=1,f=0$]时的特例。其有限元模型为

$$\boldsymbol{M}^e\dot{\boldsymbol{u}}^e+\boldsymbol{K}^e\boldsymbol{u}^e=\boldsymbol{Q}^e \tag{2a}$$

式中,

$$M_{ij}^e=\int_{x_a^e}^{x_b^e}\psi_i^e\psi_j^e\,\mathrm{d}x, K_{ij}^e=\int_{x_a^e}^{x_b^e}\frac{\mathrm{d}\psi_i^e}{\mathrm{d}x}\frac{\mathrm{d}\psi_j^e}{\mathrm{d}x}\,\mathrm{d}x \tag{2b}$$

利用线性插值函数,一个典型单元的半离散方程为

$$\frac{h_e}{6}\begin{bmatrix}2&1\\1&2\end{bmatrix}\begin{Bmatrix}\dot{u}_1^e\\\dot{u}_2^e\end{Bmatrix}+\frac{1}{h_e}\begin{bmatrix}1&-1\\-1&1\end{bmatrix}\begin{Bmatrix}u_1^e\\u_2^e\end{Bmatrix}=\begin{Bmatrix}Q_1^e\\Q_2^e\end{Bmatrix} \tag{3}$$

式中,h_e 是单元的长度。利用 α-族近似,时间步长为 Δt,则可得如下方程[参见式(7.4.29a)和式(7.4.29b)]:

$$(\boldsymbol{M}+\Delta t\alpha\boldsymbol{K})\boldsymbol{u}^{s+1}=(\boldsymbol{M}-\Delta t(1-\alpha)\boldsymbol{K})\boldsymbol{u}^s+\Delta t(\alpha\boldsymbol{Q}^{s+1}+(1-\alpha)\boldsymbol{Q}^s) \tag{4}$$

首先,考虑一个单元的情况($h=1$)。有

$$\begin{bmatrix}\frac{1}{3}+\alpha\Delta t&\frac{1}{6}-\alpha\Delta t\\\frac{1}{6}-\alpha\Delta t&\frac{1}{3}+\alpha\Delta t\end{bmatrix}\begin{Bmatrix}U_1\\U_2\end{Bmatrix}^{s+1}=\begin{bmatrix}\frac{1}{3}-(1-\alpha)\Delta t&\frac{1}{6}+(1-\alpha)\Delta t\\\frac{1}{6}+(1-\alpha)\Delta t&\frac{1}{3}-(1-\alpha)\Delta t\end{bmatrix}\begin{Bmatrix}U_1\\U_2\end{Bmatrix}^s+\Delta t\begin{Bmatrix}\overline{Q}_1\\\overline{Q}_2\end{Bmatrix} \tag{5}$$

式中,$\overline{Q}_1=\alpha(Q_i^1)^{s+1}+(1-\alpha)(Q_i^1)^s$。问题的边界条件要求:

$$U_1^s=0, (Q_2^1)^s=0 \text{ 对所有的 } s>0 \text{ (即 } t>0) \tag{6}$$

可是,式(1c)中的初始条件要求 $U_1(0)\psi_1(x)+U_2(0)\psi_2(x)=1$。由于初始条件和边界条件必须一致,因此令 $U_1^0=0$。接下来有 $U_2^0=1$。

利用边界条件,基于一个单元模型($h=1.0$)可得

$$\left(\frac{1}{3}+\alpha\Delta t\right)U_2^{s+1}=\left[\frac{1}{3}-(1-\alpha)\Delta t\right]U_2^s \tag{7}$$

上式在不同时刻 $s=0,1,\cdots$ 的解 U_2^{s+1} 可以递推求得。

反复使用式(4)会带来依赖于参数 α 的随时间增加的时间近似误差。前面已经提到,向

前差分格式($\alpha = 0$)是一个条件稳定格式。为了确定一个单元划分时的临界时间步长,首先计算相关系统的最大特征值(因为瞬态分析时采用了一致质量阵,因此这里也采用一致质量阵)。由于本网格划分只有一个自由的自由度,只能得到一个特征值:

$$\left(-\frac{\lambda}{6} \begin{bmatrix} 2 & 1 \\ 1 & 2 \end{bmatrix} + \begin{bmatrix} 1 & -1 \\ -1 & 1 \end{bmatrix} \right) \begin{Bmatrix} U_1 \\ U_2 \end{Bmatrix} = \begin{Bmatrix} Q_1^1 \\ Q_2^1 \end{Bmatrix}, U_1 = 0, Q_2^1 = 0 \tag{8}$$

其特征值为

$$\left(-\frac{1}{3}\lambda + 1 \right) U_2 = 0, 或 \lambda = 3 \tag{9}$$

因此,基于式(7.4.30)有 $\Delta t_{cr} = 2/\lambda = 0.66667$。为了使得如下的向前差分格式[基于式(7)]是稳定的,时间步长必须小于 $\Delta t_{cr} = 0.66667$。

$$\frac{1}{3} U_2^{s+1} = \left(\frac{1}{3} - \Delta t \right) U_2^s \tag{10}$$

否则,解就会不稳定,如图 7.4.3 所示。

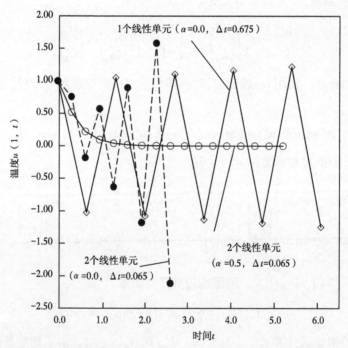

图 7.4.3　应用于抛物型方程时的向前差分格式($\alpha = 0.0$)和 Crank-Nicolson 格式($\alpha = 0.5$)的稳定性

对于 2 个单元的网格划分,有($h_1 = h_2 = h = 0.5$),时间推进格式的缩聚方程为

$$\begin{bmatrix} \frac{2}{3}h + 2\alpha\frac{\Delta t}{h} & \frac{1}{6}h - \alpha\frac{\Delta t}{h} \\ \frac{1}{6}h - \alpha\frac{\Delta t}{h} & \frac{1}{3}h + \alpha\frac{\Delta t}{h} \end{bmatrix} \begin{Bmatrix} U_2 \\ U_3 \end{Bmatrix}^{s+1} = \begin{bmatrix} \frac{2}{3}h - 2(1-\alpha)\frac{\Delta t}{h} & \frac{1}{6}h + (1-\alpha)\frac{\Delta t}{h} \\ \frac{1}{6}h + (1-\alpha)\frac{\Delta t}{h} & \frac{1}{3}h - (1-\alpha)\frac{\Delta t}{h} \end{bmatrix} \begin{Bmatrix} U_2 \\ U_3 \end{Bmatrix}^s \tag{11}$$

这里初始值 U_2^0 和 U_3^0 是已知的。基于向前差分格式($\alpha=0$)有

$$\frac{h}{6}\begin{bmatrix} 4 & 1 \\ 1 & 2 \end{bmatrix}\begin{Bmatrix} U_2 \\ U_3 \end{Bmatrix}^{s+1} = \frac{h}{6}\begin{bmatrix} 4-2\mu & 1+\mu \\ 1+\mu & 2-\mu \end{bmatrix}\begin{Bmatrix} U_2 \\ U_3 \end{Bmatrix}^s, \; \mu=\frac{6\Delta t}{h^2} \tag{12}$$

相应的特征值问题为

$$\left(-\lambda\,\frac{h}{6}\begin{bmatrix} 4 & 1 \\ 1 & 2 \end{bmatrix} + \frac{1}{h}\begin{bmatrix} 2 & -1 \\ -1 & 1 \end{bmatrix}\right)\begin{Bmatrix} U_2 \\ U_3 \end{Bmatrix}=\begin{Bmatrix} 0 \\ 0 \end{Bmatrix} \tag{13}$$

特征方程为($\bar{\lambda}=\lambda h^2/6$)

$$7\bar{\lambda}^2-10\bar{\lambda}+1=0, \bar{\lambda}_{1,2}=\frac{5\mp\sqrt{18}}{7} \tag{14}$$

因此，有 $\lambda_1 = 2.5967$ 和 $\lambda_2 = 31.6891$。因此，临界时间步长变为 $\Delta t_{cr} = 2/31.6891 = 0.0631$。如同图 7.4.3 中所示，时间步长 $\Delta t = 0.065$ 会导致不稳定解。

对于无条件稳定格式($\alpha \geqslant 1/2$)，对于时间步长并无限制。如图 7.4.3 所示，针对两个单元的网格划分和时间步长 $\Delta t = 0.065$，Crank-Nicolson 格式给出了非常光滑和稳定的解。但是，为了得到足够精确的解，尽管解是稳定的，时间步长也不能超过临界时间步长。因此，解的精度也是依赖于网格尺寸 h 的。随着单元数量的增加，系统的最大特征值也增大了而 Δt_{cr} 减小了。

图 7.4.4 给出了 $\Delta t = 0.05$ 时，当 $\alpha=0$ 和 $\alpha=0.5$ 时 $u(1,t)$ 随时间的变化。对比了采用 1 个和 2 个线性单元(L)和 1 个二次单元(Q)时的结果。可见随着单元数目的增加解是收敛的。表 7.4.1 给出了基于不同方法、时间步长和网格划分得到的有限元解与精确解的对比。

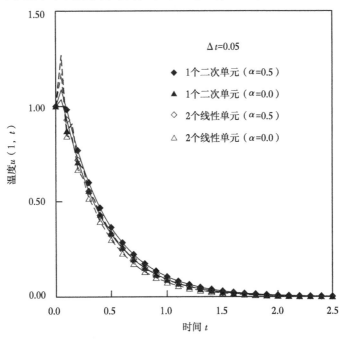

图 7.4.4　基于线性和二次单元的抛物型方程的瞬态解

表 7.4.1　基于不同时间近似格式和网格划分得到的抛物型方程的
有限元解与精确解的对比($\Delta t = 0.05$)

t	$\alpha=0$ 1L	$\alpha=1$ 1L	$\alpha=0.5$							
			1L	2L	4L	8L	1Q	2Q	4Q	精确解
0.00	1.000	1.000	1.000	1.000	1.000	1.000	1.000	1.000	1.000	1.000
0.05	0.850	0.870	0.861	1.036	0.995	0.993	1.087	0.994	0.993	0.997
0.10	0.723	0.756	0.740	0.928	0.959	0.955	0.982	0.955	0.955	0.949
0.15	0.614	0.658	0.637	0.817	0.864	0.871	0.869	0.883	0.873	0.864
0.20	0.522	0.572	0.548	0.718	0.756	0.769	0.768	0.763	0.773	0.772
0.25	0.444	0.497	0.472	0.630	0.676	0.682	0.678	0.693	0.686	0.685
0.30	0.377	0.432	0.406	0.553	0.591	0.604	0.599	0.601	0.607	0.607
0.35	0.321	0.376	0.349	0.486	0.525	0.533	0.529	0.539	0.536	0.537
0.40	0.273	0.327	0.301	0.427	0.461	0.471	0.467	0.471	0.474	0.475
0.45	0.232	0.284	0.259	0.375	0.408	0.416	0.412	0.420	0.419	0.419
0.50	0.197	0.247	0.223	0.329	0.359	0.368	0.364	0.369	0.370	0.371
0.55	0.167	0.215	0.191	0.289	0.318	0.325	0.321	0.328	0.327	0.328
0.60	0.142	0.187	0.165	0.254	0.280	0.289	0.284	0.288	0.289	0.290
0.65	0.121	0.163	0.142	0.223	0.247	0.254	0.251	0.256	0.256	0.256
0.70	0.103	0.141	0.122	0.196	0.218	0.224	0.221	0.225	0.226	0.226
0.75	0.087	0.123	0.105	0.172	0.192	0.198	0.195	0.200	0.200	0.200
0.80	0.074	0.107	0.090	0.151	0.170	0.175	0.173	0.176	0.176	0.177
0.85	0.063	0.093	0.078	0.132	0.150	0.154	0.152	0.156	0.156	0.156
0.90	0.054	0.081	0.067	0.116	0.132	0.136	0.135	0.138	0.138	0.138
0.95	0.046	0.070	0.058	0.102	0.117	0.121	0.119	0.122	0.122	0.122
1.00	0.039	0.061	0.050	0.090	0.103	0.107	0.105	0.107	0.108	0.108

例 7.4.2

确定两端固定梁的横向运动,其初始条件如式(1)所示。材料和几何属性假设为常数,忽略转动惯量,且 $\rho A = 1$, $EI = 1$, $L = 1$(相当于采用无量纲的挠度和时间)。基于 Euler-Bernoulli 梁理论(EBT)利用不同的时间近似格式分析该问题。同时,确定条件稳定格式的临界时间步长。初始条件假设为

$$w(x,0) = \sin \pi x - \pi x(1-x), \frac{\partial w}{\partial t}(x,0) = 0 \tag{1}$$

解:基于 EBT 的无量纲形式的控制方程为

$$\frac{\partial^2 w}{\partial t^2} + \frac{\partial^4 w}{\partial x^4} = 0 \quad \text{且 } 0 < x < 1 \tag{2}$$

$$w(0,t) = 0, \frac{\partial w}{\partial x}(0,t) = 0, w(1,t) = 0, \frac{\partial w}{\partial x}(1,t) = 0 \tag{3}$$

注意梁的初始挠度与边界条件是一致的。初始斜率为

$$\theta(x,0) = -\left(\frac{\partial w}{\partial x}\right)_{t=0} = -\pi\cos\pi x + \pi(1-2x) \tag{4}$$

由于关于 $x=0.5$(梁的中心)的对称性,有限元建模时只需要考虑一半的梁。这里考虑 $0 \leqslant x \leqslant 0.5$ 的那一半梁作为求解域。$x=0.5$ 处的边界条件为 $\theta(0.5,t) = -(\partial w/\partial x)(0.5,t) = 0$。

首先利用一个 Euler-Bernoulli 梁单元来演示求解过程,然后给出不同网格划分下基于 EBT 和 TBT 单元的结果。

一个单元网格划分时 $h=0.5L=0.5$ 的半离散模型为

$$\frac{h}{420}\begin{bmatrix} 156 & -22h & 54 & 13h \\ -22h & 4h^2 & -13h & -3h^2 \\ 54 & -13h & 156 & 22h \\ 13h & -3h^2 & 22h & 4h^2 \end{bmatrix}\begin{Bmatrix} \ddot{U}_1 \\ \ddot{U}_2 \\ \ddot{U}_3 \\ \ddot{U}_4 \end{Bmatrix} +$$

$$\frac{2}{h^3}\begin{bmatrix} 6 & -3h & -6 & -3h \\ -3h & 2h^2 & 3h & h^2 \\ -6 & 3h & 6 & 3h \\ -3h & h^2 & 3h & 2h^2 \end{bmatrix}\begin{Bmatrix} U_1 \\ U_2 \\ U_3 \\ U_4 \end{Bmatrix} = \begin{Bmatrix} Q_1^1 \\ Q_2^1 \\ Q_3^1 \\ Q_4^1 \end{Bmatrix} \tag{5}$$

一个单元模型的边界条件变为

$$U_1 = 0, U_2 = 0, U_4 = 0, Q_3^1 = 0 \quad 对于所有 t>0 \tag{6}$$

利用式(3)和式(4)可得初始条件

$$\left.\begin{aligned} &U_1 = 0, U_2 = 0, U_3 = 0.2146, \quad U_4 = 0 \\ &\dot{U}_1 = 0, \dot{U}_2 = 0, \dot{U}_3 = 0 \quad\quad\quad \dot{U}_4 = 0 \end{aligned}\right\} \quad 当 t=0 \tag{7}$$

对于本问题其时间推进格式的缩聚方程为

$$(K_{33} + a_3 M_{33}) U_3^{s+1} = \hat{F}_3^{s,s+1} \equiv M_{33}(a_3 U_3^s + a_4 \dot{U}_3^s + a_5 \ddot{U}_3^s), s=0,1,\dots \tag{8}$$

这里 a_3, a_4 和 a_5 由式(7.4.37b)给出。在 $t=0$ 时二阶导数 $\ddot{U}_3^0$ 的值可由运动方程求得:

$$\ddot{U}_3^0 = -\frac{K_{33} U_3^0}{M_{33}} = -\left(\frac{12}{h^3}\times 0.2146\right)\frac{420}{156h} = -110.9317 \tag{9}$$

如果 $\gamma<1/2$,必须计算其临界时间步长 Δt_{cr},Δt_{cr} 依赖于梁的最大固有频率的平方[参见式(7.4.43)]。对于本模型,基于特征值问题可计算 ω_{max}:

$$(K_{33} - \omega^2 M_{33}) U_3 = 0 \quad 或 \quad \omega^2 = K_{33}/M_{33} = 516.923 \tag{10}$$

因此,对应于 $\alpha=0.5$ 和 $\gamma=1/3$(也即线性加速度格式)的临界时间步长为

$$\Delta t_{\text{cr}} = \sqrt{12}/\omega_{\text{max}} = 0.15236 \tag{11}$$

尽管针对 $\alpha = 0.5$ 和 $\gamma \geqslant 0.5$ 的时间积分格式并没有步长的限制,其临界时间步长给出了得到瞬态解所需时间步长的一个估计。

图 7.4.5 给出了 $\alpha = 0.5$ 和 $\gamma = 1/3$ 时梁中心挠度 $w(0.5,t)$ 随时间的变化。为了展示解的精度,采用了 3 个时间步长 $\Delta t = 0.175$、$\Delta t = 0.150$ 和 $\Delta t = 0.05$。在 $\Delta t = 0.175 > \Delta t_{\text{cri}}$ 时,解是不稳定的,而当 $\Delta t < \Delta t_{\text{cri}}$ 时,解虽然是稳定的但是不准确。解的周期为

$$T = 2\pi/\omega = 0.27635$$

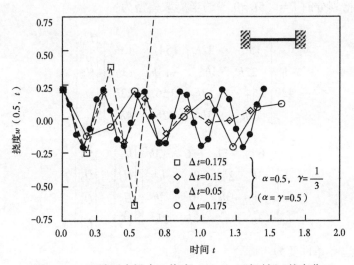

图 7.4.5　两端固支梁中心挠度 $w(0.5,t)$ 随时间 t 的变化

对于采用 2 个和 4 个 Euler-Bernoulli 梁单元的情形,临界时间步长(细节这里并未给出)为

$$(\Delta t_{\text{cr}})_2 = 0.00897, (\Delta t_{\text{cr}})_4 = 0.00135 \tag{12}$$

这里下标指单元的数目。图 7.4.6 给出了基于 1 个和 2 个 Euler-Bernoulli 梁单元($\Delta t = 0.005$)得到的一个完整周期$(0,0.28)$内半个梁模型的中点挠度随时间的变化。

本问题也可以用 Timoshenko 梁理论(TBT)来分析,式(7.4.10)中的刚度矩阵 $\boldsymbol{K}$ 和质量矩阵 $\boldsymbol{M}$ 分别由式(7.3.63a)和式(7.3.63b)给出。为了得到基于 TBT 的本问题的控制方程[参见式(7.2.4a)和式(7.2.4b)],首先确定系数 GAK_s 以及 $c_3 = \rho I$ 与 Euler-Bernoulli 梁方程里的(比如 ρA 和 EI)一致。可以建立 GAK_s 与 EI 和梁的高度 H 之间的关系:

$$GAK_s = \frac{E}{2(1+\nu)} BHK_s = \frac{EI}{2(1+\nu)} \frac{12}{H^2} \frac{5}{6} = \frac{4}{H^2} EI \tag{13}$$

式中,B 和 H 分别是梁的宽度和高度,且 $I = BH^3/12$。最后一个表达式利用了 $\nu = 0.25$ 和 $K_s = 5/6$。类似地,有

$$\rho I = \rho \frac{1}{12} BH^3 = \frac{1}{12} \rho AH^2 = \frac{H^2}{12} \rho A \tag{14}$$

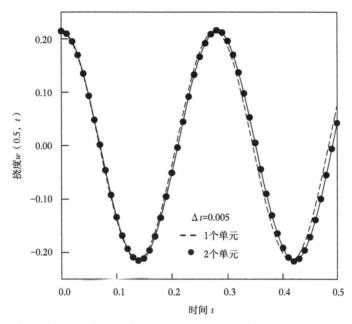

图 7.4.6　两端固定梁在初始挠度下其中点挠度随时间的变化($\Delta t = 0.005, \alpha = 0.5, \gamma = 0.5$)

总之,在采用 TBT 来分析该问题时,使用了如下的数据:

$$EI = 1, \ GAK_s = \frac{4}{H^2}, \ \rho A = 1, \ \rho I = \frac{H^2}{12} \quad (15)$$

为了忽略 TBT 中转动惯量的影响,令 $\rho I = 10^{-15}$。

　　表 7.4.2 给出了基于不同数量的 EBT 单元和 TBT 单元(均考虑了转动惯量)得到的 $w(0.5, t)$ 的数值。时间步长设置为 $\Delta t = 0.005$,此数值比 $\gamma = 1/3$ 时 2 个 EBT 梁单元的临界时间步长要小。图 7.4.7 给出了基于 2 个和 4 个线性 TBT 单元、2 个二次 Timoshenko 梁单元以及 2 个 Euler-Bernoulli 梁单元得到的 $w(0.5, t)$ 的数值,这里 $L/H = 100$(由于 $L = 1.0$,因此取 $H = 0.01$;当 $L/H = 100$ 时剪切变形效应的影响就可以忽略)。基于 2 个线性 TBT 梁单元得到的瞬态响应与基于 EBT 的结果有很大的不同,随着单元数量的增加,TBT 解收敛于 EBT 解。如果采用条件稳定格式,那么可以证明 Timoshenko 梁单元的临界时间步长 Δt_{cri} 比 Euler-Bernoulli 梁单元的大。这是因为随着 L/H 的减小,基于 TBT 得到 ω_{max} 的比基于 EBT 得到的要小。

表 7.4.2　网格尺寸对两端固定梁挠度 $w(0.5, t) \times 10$ 的影响($\Delta t = 0.005, L/H = 100, EI = 1, \rho A = 1$)

t	EBT 单元[①]					TBT 单元[②]		
	$\alpha = 0.5, \gamma = 1/3$		$\alpha = 0.5, \gamma = 0.5$			$\alpha = 0.5, \gamma = 0.5$		
	1	2	1	2	4	2L	4L	2Q
0.00	2.1456	2.146	2.146	2.146	2.146	2.146	2.146	2.146
0.01	2.091	2.098	2.091	2.098	2.098	2.083	2.097	2.100
0.02	1.928	1.951	1.928	1.951	1.951	1.890	1.955	1.953

续表

t	EBT 单元[①]					TBT 单元[②]		
	$\alpha=0.5, \gamma=1/3$		$\alpha=0.5, \gamma=0.5$			$\alpha=0.5, \gamma=0.5$		
	1	2	1	2	4	2L	4L	2Q
0.03	1.666	1.696	1.667	1.696	1.698	1.556	1.665	1.695
0.04	1.319	1.346	1.320	1.348	1.350	1.079	1.244	1.342
0.05	0.904	0.930	0.905	0.931	0.935	0.483	0.832	0.929
0.06	0.442	0.481	0.443	0.482	0.483	−0.180	0.388	0.484
0.07	−0.043	0.014	−0.041	0.014	0.018	−0.836	−0.151	0.016
0.08	−0.525	−0.462	−0.523	−0.459	−0.455	−1.408	−0.672	−0.469
0.09	−0.980	−0.926	−0.978	−0.923	−0.916	−1.837	−1.120	−0.937
0.10	−1.385	−1.345	−1.383	−1.342	−1.336	−2.094	−1.500	−1.349
0.11	−1.719	−1.685	−1.717	−1.685	−1.682	−2.180	−1.809	−1.680
0.12	−1.964	−1.933	−1.963	−1.933	−1.932	−2.117	−2.069	−1.931
0.13	−2.108	−2.088	−2.108	−2.088	−2.087	−1.928	−2.185	−2.100
0.14	−2.144	−2.153	−2.144	−2.150	−2.148	−1.628	−2.117	−2.168
0.15	−2.070	−2.113	−2.071	−2.112	−2.111	−1.220	−1.994	−2.116

①Hermite 三次单元。
②RIEs;2L=2 个线性单元;4L=4 个线性单元;2Q=2 个二次单元。

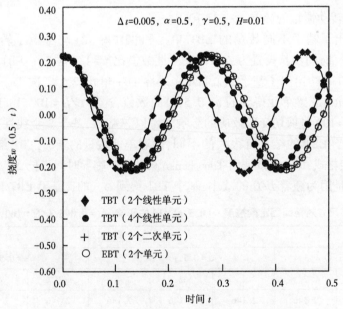

图 7.4.7　基于 TBT 和 EBT 的两端固定梁的瞬态响应
($EI=1, \rho A=1, H=0.01, \Delta t=0.005, \alpha=0.5, \gamma=0.5$)

7.5　小结

本章给出了特征值问题和时间相关问题的有限元格式。讨论了一阶、二阶和四阶方程(梁)。研究的特征值问题包括热传递(和类似的)、杆和梁。在杆和梁问题中,特征值问题是与梁柱的固有振动和屈曲问题联系在一起的。除了求解过程,特征值问题的有限元格式和边值问题是完全类似的。

本章也给出了由抛物型和双曲型方程描述的时间相关问题的有限元模型。本章给出了从微分方程出发推导有限元模型的两步法。在第一步,寻找本问题非独立变量的关于时间相关的节点变量值和空间的插值函数的线性组合的空间近似。这个过程与第3~5章中边值问题的有限元格式是完全类似的。本步的最终结果是关于节点数值的一组常微分方程(关于时间的)。在第二步,利用时间导数的有限差分近似对常微分方程进行进一步的近似。得到的代数方程组可以在时间上递推求解。给出了关于瞬态热传递和梁弯曲的例子。

习题

大多数习题都以自然的方式给出。对于特征值问题需要写出关于特征值的特征方程。

特征值问题

7.1　求热传递问题的前两阶特征值,其控制方程和边界条件为(图 P7.1)

$$-\frac{\partial}{\partial x}\left(a\,\frac{\partial u}{\partial x}\right)+b\,\frac{\partial u}{\partial t}+cu=0 \quad 且\ 0<x<L$$

$$u(0)=0,\ \left(a\,\frac{\partial u}{\partial x}+\beta u\right)\bigg|_{x=L}=0$$

式中,a,b,c 和 β 是常数。分别采用(1)2个线性单元和(2)1个二次单元来求解该问题。

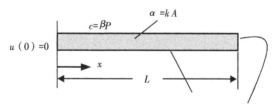

翅片的上下表面和$x=L$的侧面暴露于环境温度中

图 P7.1

7.2　求一端固定($x=0$)一端轴向线性弹簧支撑($x=L$)的杆件(其杨氏模量为 E,横截面积为 A,长度为 L)的前两阶轴向振动频率,弹簧常数为 k(图 P7.2):

$$-EA\,\frac{\partial^2 u}{\partial x^2}+\rho A\,\frac{\partial^2 u}{\partial t^2}=0 \quad 且\ 0<x<L$$

$$u(0)=0,\ \left(EA\,\frac{\mathrm{d}u}{\mathrm{d}x}+ku\right)\bigg|_{x=L}=0$$

分别采用(1)2个线性单元;(2)1个二次单元来求解该问题。

答案:其特征方程为 $7\lambda^2-(10+4c)\lambda+(1+2c)=0, c=kL/2EA, \lambda=(\rho h^2/6E)\omega^2$。

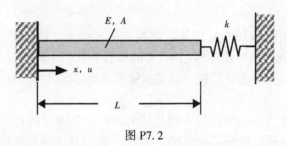

图 P7.2

7.3　轴向压力 N_0 作用下梁的固有振动微分方程为

$$\frac{\mathrm{d}^2}{\mathrm{d}x^2}\left(EI\frac{\mathrm{d}^2w}{\mathrm{d}x^2}\right)+N_0\frac{\mathrm{d}^2w}{\mathrm{d}x^2}=\rho A\omega^2 w$$

这里 ω 是无量纲固有振动频率, EI 是弯曲刚度, ρA 是梁单位长度的质量。求(1)方程的弱形式;(2)方程的有限元模型。

7.4　求 EA、EI 和 L 为常数的两端固定梁的最小固有频率。考虑对称性,在一半梁结构中采用 2 个 Euler-Bernoulli 梁单元。

7.5　在一半梁结构中采用 2 个减缩积分的 Timoshenko 梁单元(RIEs)重新求解习题 7.4。

7.6　考虑剪切刚度为 GAK_s 弯曲刚度 EI 为且长度为 L 的梁。其右端($x=L$)固定,左端($x=0$)竖直方向受线性弹簧支撑(图 P7.6)。分别用(1)1 个 Euler-Bernoulli 梁单元;(2)1 个 Timoshenko 梁单元(IIE)来求梁的基频。两种单元采用相同的质量矩阵。

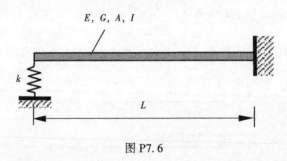

图 P7.6

7.7　考虑一个简支梁(杨氏模量为 E ,质量密度为 ρ ,横截面积为 A ,面积的二阶矩为 I ,长度为 L),梁中点处有弹性支撑(图 P7.7)。利用最小数目的 Euler-Bernoulli 梁单元求其基频。
答案:特征多项式为 $455\lambda^2-2(129+c)\lambda+3+2c=0$ 。

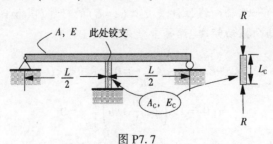

图 P7.7

7.8 轴压 N^0 下梁的固有振动方程为如下的微分方程：

$$EI \frac{\mathrm{d}^4 w}{\mathrm{d} x^4} + N_0 \frac{\mathrm{d}^2 w}{\mathrm{d} x^2} = \lambda w$$

这里 λ 为无量纲的固有振动频率，EI 为梁的弯曲刚度。利用一个梁单元求轴压 N^0 下悬臂梁（一端固定一端自由）的基频 ω（最小的固有频率），梁长度为 L。请给出最终的特征方程。

7.9 求图 P7.9 所示桁架的基频(只需给出问题的求解格式)。

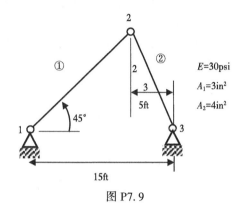

图 P7.9

7.10 求图 P7.10 所示框架的基频(只需给出问题的求解格式)。

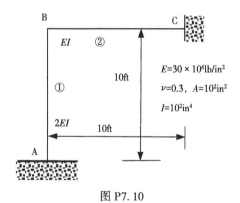

图 P7.10

7.11 求杆 (A, E, L, m) 的前两阶固有频率。其一端固定，一端有集中质量块 m_2。利用 2 个线性单元。提示：注意问题的边界条件为：$u(0) = 0$ 和 $(EA \partial u / \partial x + m_2 \partial^2 u / \partial t^2)\big|_{x=L} = 0$。

7.12 圆杆扭转振动的控制方程为

$$- GJ \frac{\partial^2 \phi}{\partial x^2} + mJ \frac{\partial^2 \phi}{\partial t^2} = 0$$

式中，ϕ 为角位移，J 为转动惯量，G 为剪切模量，m 为密度。确定其扭转振动基频，杆的两端各连接一个圆盘 (J_1)。利用对称性并分别采用：(1)2 个线性单元；(2)1 个二次单元。

7.13 基于 Timoshenko 梁理论的梁运动方程可以写为

$$a^2 \frac{\partial^4 w}{\partial x^4} + \frac{\partial^2 w}{\partial t^2} - b^2\left(1 + \frac{E}{K_s G}\right)\frac{\partial^4 w}{\partial x^2 \partial t^2} + \frac{b^2 m}{K_s}\frac{\partial^4 w}{\partial t^4} = 0$$

式中，$a^2 = EI/mA$，$b^2 = I/A$，E 为杨氏模量，G 为剪切模量，m 为单位体积的质量，A 为横截面积，I 为转动惯量，K_s 为修正系数。假设 $b^2 m/K_s G \le 1$（即忽略控制方程里的最后一项），构造如下的有限元模型：(1) 确定固有频率的特征值问题；(2) 确定瞬态响应的完全离散问题。

7.14　利用题 7.13 中的有限元模型求解简支梁的基频。

7.15　求悬臂梁(A, I, L, E)的临界屈曲载荷，分别采用：(1) 1 个 Euler-Bernoulli 梁单元；(2) 1 个 Timoshenko 梁单元[图 7.3.1(d)]。

7.16　分别采用：(1) 利用对称性和 1 个 Euler-Bernoulli 梁单元构成的半个梁；(2) 2 个 Euler-Bernoulli 构成的整个梁，求悬臂梁[图 7.3.1(c)]的临界屈曲载荷 P_{cr}。可通过求如下方程的特征值 P_{cr}：

$$EI \frac{\mathrm{d}^4 w}{\mathrm{d}x^4} + P_{cr}\frac{\mathrm{d}^2 w}{\mathrm{d}x^2} = 0 \tag{1}$$

其边界条件为

$$w(0) = 0, w(L) = 0, \frac{\mathrm{d}w}{\mathrm{d}x}(0) = 0, \frac{\mathrm{d}w}{\mathrm{d}x}(L) = 0 \tag{2}$$

7.17　利用一个 Euler-Bernoulli 梁单元构成的半个梁求其临界屈曲载荷 P_{cr}。可通过求如下方程的特征值得到：

$$EI \frac{\mathrm{d}^4 w}{\mathrm{d}x^4} + P_{cr}\frac{\mathrm{d}^2 w}{\mathrm{d}x^2} = 0 \quad 且\ 0 < x < L$$

$$w(0) = w(L) = 0, \left(EI \frac{\mathrm{d}^2 w}{\mathrm{d}x^2}\right)\bigg|_{x=0} = \left(EI \frac{\mathrm{d}^2 w}{\mathrm{d}x^2}\right)\bigg|_{x=L} = 0$$

答案：$P_{cr} = 9.9439 EI/L^2$。

时间相关问题

7.18　考虑如下绝热杆瞬态热传递问题的偏微分方程：

$$\frac{\partial u}{\partial t} - \frac{\partial}{\partial x}\left(a \frac{\partial u}{\partial x}\right) = f \quad 且\ 0 < x < L$$

$$u(0,t) = 0, u(x,0) = u_0, \left[a \frac{\partial u}{\partial x} + \beta(u - u_\infty) + \hat{q}\right]\bigg|_{x=L} = 0$$

按照第 7.4 节给出的步骤，推导一个典型单元的半离散变分格式、半离散有限元模型以及全离散有限元方程。

7.19　利用 2 个线性单元模型和 7.18 里面得到的半离散有限元方程，求节点温度随时间的变化。这里 $a = 1$，$f = 0$，$u_0 = 1$，$\hat{q} = 0$。利用 Laplace 变换方法(参见 Reddy[2])求解时间相关的常微分方程。

7.20　考虑一个均质杆，其横截面积为 A，弹性模量为 E，质量密度为 ρ，长度为 L。时变轴力作用下杆的轴向位移由如下的波动方程控制：

$$\frac{\partial^2 u}{\partial t^2} = a^2 \frac{\partial^2 u}{\partial x^2}, a = \left(\frac{E}{m}\right)^{1/2}$$

求杆的瞬态响应[即 $u(x,t)$]。杆在 $x=0$ 处固定,在 $x=L$ 处施加力 P_0。假设初始条件全部为零。利用 1 个线性单元进行解的空间近似,并求出时间常微分方程的精确解:

$$u_2(x,t) = \frac{P_0 L}{AE} \frac{x}{L}(1 - \cos\alpha t), \alpha = \sqrt{3}\,\frac{a}{L}$$

7.21　利用 2 个线性单元再次求解题 7.20。利用 Laplace 变换方法求解得到的 2 个时间常微分方程。

7.22　求解题 7.20,其右端边界施加轴力 P_0 和刚度为 k 的轴向弹簧。

答案:

$$u_2(t) = c(1 - \cos\beta t), c = \frac{3F_0}{mAL\beta^2}, \beta = \sqrt{3}\,\frac{E}{L}\left(1 + \frac{kL}{EA}\right)^{1/2}$$

7.23　速度为 v_0、长为 L 的杆撞向刚度为 k 的弹簧。利用 1 个线性单元确定杆的运动 $u(x, t)$,初始时杆件 $x=0$ 的那端撞向弹簧。

7.24　考虑 1 个长度为 L 的均质杆,其质量为 m, $x=0$ 处固定, $x=L$ 处连接 1 个质量为 M 的质量块。利用 1 个线性单元确定杆的运动 $u(x,t)$,初始时质量块 M 上施加力 P_0。

答案:

$$u_2(t) = c(1 - \cos\lambda t), c = \frac{P_0 L}{AE}, \lambda = \sqrt{3}\,\frac{a}{L}\left(\frac{3M}{AL} + m\right)^{-1}$$

7.25　管道中的液体突然受到冲击压力 p(比如,水锤)的作用,其压力的控制方程为

$$\frac{\partial^2 p}{\partial t^2} - c^2 \frac{\partial^2 p}{\partial x^2} = 0, c^2 = \frac{1}{m}\left(\frac{1}{k} + \frac{D}{bE}\right)^{-1}$$

式中,流体的质量密度为 m,体积模量为 k,管道直径为 D,壁厚为 b,管道材料的弹性模量为 E。利用 1 个线性单元求压力的瞬态响应 $p(x,t)$。边界条件和初始条件如下:

$$p(0,t) = 0, \frac{\partial p}{\partial x}(L,t) = 0, p(x,0) = p_0, \dot{p}(x,0) = 0$$

7.26　求圆柱体中的温度分布,其初始均匀温度为 T_0,周边环境温度为 0(即 $T_\infty = 0$)。问题的控制方程为

$$\rho c \frac{\partial T}{\partial t} - \frac{1}{r} \frac{\partial}{\partial r}\left(rk \frac{\partial T}{\partial r}\right) = 0$$

边界条件:

$$\frac{\partial T}{\partial r}(0,t) = 0, \left(rk \frac{\partial T}{\partial r} + \beta T\right)\bigg|_{r=R} = 0$$

初始条件为 $T(r,0)=T_0$。利用 1 个线性单元求温度的瞬态响应 $T(r,t)$。这里取 $R=2.5$cm，$T_0=130℃$，$k=215$W/(m · ℃)，$\beta=525$W/(m · ℃)，$\rho=2700$kg/m^2，$c=0.9$kJ/(kg · ℃)。表面的热量损失是多少？给出该问题的求解格式。

7.27　求空心圆柱体中的无量纲温度分布 $\theta(r,t)$，其内外半径分别为 R_1 和 R_2。无量纲形式的热传导方程为

$$-\frac{1}{r}\frac{\partial}{\partial r}\left(r\frac{\partial\theta}{\partial r}\right)+\frac{\partial\theta}{\partial t}=0$$

边界条件和初始条件：

$$\frac{\partial\theta}{\partial r}(R_1,t)=0,\theta(R_2,t)=1,\theta(r,0)=0$$

7.28　证明：利用式(7.4.33)和式(7.4.34)给出的 α-族近似，式(7.4.32a)和式(7.4.32b)可以写成如下类似式(7.4.37a)和式(7.4.37b)的形式，并给出 $\boldsymbol{H}^{s+1}$ 和 $\widetilde{\boldsymbol{F}}$。

$$\boldsymbol{H}^{s+1}\ddot{\boldsymbol{u}}^{s+1}=\widetilde{\boldsymbol{F}}$$

7.29　利用 Galerkin 方法和二次近似将式(7.4.32a)和式(7.4.32b)表示成完全离散方程。

7.30　考虑一个长度为 L 的悬臂梁，I 为转动惯量，E 为弹性模量，m 为质量，初始位移场为

$$w(x,0)=\frac{w^0x^2}{L^2}$$

初始速度为 0。分别采用：(1)1 个 Euler-Bernoulli 梁单元；(2)1 个 Timoshenko 梁单元，给出未知广义位移的方程。

课外阅读参考资料

[1] J. N. Reddy, *Energy Principles and Variational Methods in Applied Mechanics*, 3rd ed., John Wiley, New York, NY, 2017.

[2] J. N. Reddy, *Theory and Analysis of Elastic Plates and Shells*, 2nd ed., CRC Press, Boac Raton, FL, 2007.

[3] F. B. Hildebrand, *Methods of Applied Mathematics*, 2nd ed., Prentice-Hall, Englewood Cliffs, NJ, 1965.

[4] K. S. Surana and J. N. Reddy, *The Finite Element Method for Initial Value Problems, Mathematics and Computations*, CRC Press, Boca Raton, FL, 2018.

[5] Wooram Kim and J. N. Reddy, "Nonconventional finite element models for nonlinear analysis of beams," *International Journal of Computational Methods*, 8(3), 349-368, 2011.

[6] Wooram Kim, Sang-Shin Park, and J. N. Reddy, "A cross weighted-residual time integration scheme for structural dynamics," *International Journal of Structural Stability and Dynamics*, 14 (6), 1450023-1 to 1450023-20, Aug 2014.

[7] Wooram Kim and J. N. Reddy, "A New Family of Higher-Order Time Integration Algorithms

for the Analysis of Structural Dynamics," *Journal of Applied Mechanics*, 84, 071008 – 1 to 071008−17, July 2017.

[8] Wooram Kim and J. N. Reddy, "Effective higher−order time integration algorithms for the analysis of linear structural dynamics," *Journal of Applied Mechanics*, 84, 071009−1 to 071009−13, July 2017.

[9] J. H. Argyris and O. W. Scharpf, "Finite elements in time and space," *Aeronautical Journal of the Royal Society*, 73, 1041−1044, 1969.

[10] J. C. Houbolt, "A recurrence matrix solution for the dynamic response of elastic aircraft," *Journal of Aeronautical Science*, 17, 540−550, 1950.

[11] N. M. Newmark, "A method of computation for structural dynamics," *Journal of Engineering Mechanics Division*, ASCE, 85, 67−94, 1959.

[12] R. E. Nickell, "On the stability of approximation operators in problems of structural dynamics," *International Journal of Solids and Structures*, 7, 301−319, 1971.

[13] C. L. Goudreau and R. L. Taylor, "Evaluation of numerical integration methods in elastodynamics," *Journal of Computer Methods in Applied Mechanics and Engineering*, 2(1), 69−97, 1973.

[14] K. J. Bathe and W. L. Wilson, "Stability and accuracy analysis of direct integration methods," *International Journal of Earthquake Engineering and Structural Dynamics*, 1, 283−291, 1973.

[15] H. M. Hilber, "Analysis and design of numerical integration methods in structural dynamics," EERC Report no. 77−29, Earthquake Engineering Research Center, University of California, Berkeley, California, November 1976.

[16] H. M. Hilber, T. J. R. Hughes, and R. L. Taylor, "Improved numerical dissipation for time integration algorithms in structural dynamics," *Earthquake Engineering and Structural Dynamics*, 5, 283−292, 1977.

[17] W. L. Wood, "Control of Crank−Nicolson noise in the numerical solution of the heat conduction equation," *International Journal for Numerical Methods in Engineering*, 11, 1059−1065, 1977.

[18] T. Belytschko, "An overview of semidiscretization and time integration procedures," in *Computational Methods for Transient Analysis*, T. Belytschko and T. J. R. Hughes (eds), 1−65, North−Holland, Amsterdam, 1983.

[19] J. Chung and G. M. Hulbert, "A time integration algorithm for structural dynamics with improved numerical dissipation: The generalized−alphamethod," *Journal of Applied Mechanics*, 60, 271−275, 1993.

[20] G. M. Hulbert, "A unified set of single−step asymptotic annihilation algorithms for structural dynamics," *Computer Methods in Applied Mechanics and Engineering*, 113(1), 1−9, 1994.

[21] T. C. Fung, "Unconditionally stable higher−order accurate Hermitian time finite elements," *International Journal for Numerical Methods in Engineering*, 39(20), 3475−3495, 1996.

[22] S. J. Kim, J. Y. Cho, and W. D. Kim, "From the trapezoidal rule to higher-order accurate and unconditionally stable time-integration method for structural dynamics," *Computer Methods in Applied Mechanics and Engineering*, 149(1), 73-88, 1997.

[23] M. M. I. Baig and K. J. Bathe, "On direct time integration in large deformation dynamic analysis," *3rd MIT Conference on Computational Fluid and Solid Mechanics*, 1044-1047, 2005.

[24] A. V. Idesman. "A new high-order accurate continuous Galerkin method for linear elastodynamics problems," *Computational Mechanics*, 40(2), 261-279, 2007.

8 数值积分与计算机实现

You cannot depend on your eyes when your imagination is out of focus.

（胡思乱想的时候，眼睛是一点用也没有的。）

Mark Twain

8.1 引言

有限元方法和其他近似方法一样，都是通过将连续介质问题转化为离散的（即将无限自由度系统转化为有限自由度系统），并建立主变量和次变量之间的代数关系（这是有限元方法的由来）。第 3 章至第 7 章建立了如下两类一维初值和边值问题的有限元格式：

（1）二阶微分方程（比如，热传递、流体力学、一维弹性力学、杆和 Timoshenko 梁理论）。

（2）基于 Euler-Bernoulli 梁理论的四阶微分方程。

第 6 章讨论了桁架和框架单元，这可以看作是杆和梁在二维上的推广。

到此，读者应该清楚地认识到对于广泛的一类问题（比如单个二阶、单个四阶以及一组二阶方程组）的有限元分析步骤是系统化的。一旦建立了有限元模型就可以利用数字计算机进行有限元分析。举个例子，如果开发一款通用计算机程序来求解如下形式的方程：

$$c_1 \frac{\partial u}{\partial t} + c_2 \frac{\partial^2 u}{\partial t^2} - c_3 \frac{\partial^4 u}{\partial x^2 \partial t^2} - \frac{\partial}{\partial x}\left(a \frac{\partial u}{\partial x}\right) + \frac{\partial^2}{\partial x^2}\left(b \frac{\partial^2 u}{\partial x^2}\right) + cu = f \qquad (8.1.1)$$

那么辅以协调的边界条件和初始条件，所有式(3.4.1)、式(3.5.3)、式(5.2.10)、式(5.4.8) [和式(5.4.4)]以及式(7.2.1)至式(7.2.4b)所描述的物理问题就都可以求解了。对于某一类问题中的一个具体问题可以通过在程序中提供需要的输入数据（即 c_1, c_2, c_3, a, b, c 和 f）即可求解。实际上，有限元方法的成功之处就在于可以很容易地求解一类问题，不管具体的数据比如几何、边界条件和近似的自由度怎么样，都可以在数字计算机上实现求解。

任何系统的有限元模型最终都被表示为关于单元 Ω^e 上节点的主变量和次变量（即对偶变量对）的一组代数关系。比如，对于一个静力问题，有

$$
\begin{aligned}
K_{11}^e u_1^e + K_{12}^e u_2^e + \cdots + K_{1n}^e u_n^e &= F_1^e \\
K_{21}^e u_1^e + K_{22}^e u_2^e + \cdots + K_{2n}^e u_n^e &= F_2^e \\
&\cdots \\
K_{n1}^e u_1^e + K_{n2}^e u_2^e + \cdots + K_{nn}^e u_n^e &= F_n^e
\end{aligned}
\qquad (8.1.2)
$$

系数 $K_{ij}^e (i,j=1,2,\cdots,n)$ 通常是问题的近似函数 ψ_i^e 与参数 (a,b,c) 乘积的积分[参见令时间导数项为零时的式(8.1.1)]：

$$K_{ij}^e = \int_{x_a^e}^{x_b^e} \left[a(x) \frac{\mathrm{d}\psi_i^e}{\mathrm{d}x} \frac{\mathrm{d}\psi_j^e}{\mathrm{d}x} + b(x) \frac{\mathrm{d}^2\psi_i^e}{\mathrm{d}x^2} \frac{\mathrm{d}^2\psi_j^e}{\mathrm{d}x^2} + c(x)\psi_i^e\psi_j^e \right] \mathrm{d}x \qquad (8.1.3)$$

由于数学模型中参数 $a(x)$, $b(x)$ 和 $c(x)$ 的复杂性,这些积分的精确求解往往是不可能的。此时,很自然地会去寻找这些积分的数值结果。这些系数矩阵的数值结果在含约束的问题中也非常有用,因为用到了减缩积分技术(比如,5.3 节中基于 Timoshenko 梁理论的减缩积分单元)。

本章讨论了两个话题:(1)数值积分,(2)前述章节中建立的有限元模型的计算机实现。本章讨论了由式(8.1.1)描述的一类问题以及 Timoshenko 梁理论、桁架和框架问题的计算机实现。

8.2 数值积分

8.2.1 简介

积分式的数值结果也称为数值积分或数值求积,因为多项式的积分可以精确求得,可以通过将被积函数以足够高阶次的多项式来近似。积分式一般是问题描述中坐标(就像 x 或者 r)函数。可以称 x 或者 r 为问题坐标或者整体坐标。由于有限元的近似(或插值)函数是在单元上进行推导的,利用局部(即单元)坐标更方便,比如前面用过的 $\bar{x}$。

比如考虑积分:

$$I_e = \int_{x_a^e}^{x_b^e} F_e(x)\,\mathrm{d}x = \int_0^{h_e} F^e(\bar{x})\,\mathrm{d}\bar{x} \tag{8.2.1}$$

式中,F^e 是的 $\bar{x}$ 函数,$x = x_a^e + \bar{x}$ 且 $h_e = x_b^e - x_a^e$。在 Ω^e 上利用多项式来近似函数 $F^e(\bar{x})$:

$$F^e(\bar{x}) \approx \sum_{I=1}^N F_I^e \psi_I^e(\bar{x}) \tag{8.2.2}$$

式中,F_I^e 是区间 $[0, h_e]$ 上 $F^e(\bar{x})$ 在第 I 个点 $\bar{x}_I$ 处的值,$\psi_I^e(\bar{x})$ 是区间上的 $N-1$ 阶多项式。该表达式也可以看作是 $F^e(\bar{x})$ 的有限元插值,这里 F_I^e 是函数在第 I 个节点处的值。插值函数 ψ_I^e $(\bar{x})$ 可以是 Lagrange 型或者 Hermite 型的。

将式(8.2.2)代入式(8.2.1)并对积分式进行求解可以给出积分 I_e 的近似结果。举个例子,假设选择对 $F^e(\bar{x})$ 进行线性插值,如图 8.2.1 所示。对于 $N=2$,有

$$\psi_1^e = 1 - \frac{\bar{x}}{h_e}, \quad \psi_2^e = \frac{\bar{x}}{h_e}, \quad \int_0^{h_e} \psi_I^e(\bar{x})\,\mathrm{d}\bar{x} = \frac{h_e}{2}\,(I = 1, 2) \tag{8.2.3a}$$

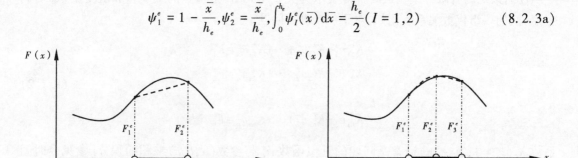

(a)两点公式   (b)三点公式

图 8.2.1 利用梯形积分法求积分的近似结果

且

$$I_e = \frac{h_e}{2}(F_1^e + F_2^e), F_1^e = F^e(0), F_2^e = F^e(h_e) \tag{8.2.3b}$$

因此,函数 $F^e(\bar{x})$ 围成的面积(图 8.2.1)是由梯形的面积来近似的,以得到积分的数值。式(8.2.3b)即为数值积分中的梯形积分法。

如果使用 $F^e(\bar{x})$ 的二次插值:

$$\psi_1^e(\bar{x}) = \left(1 - \frac{\bar{x}}{h_e}\right)\left(1 - \frac{2\bar{x}}{h_e}\right), \psi_2^e(\bar{x}) = 4\frac{\bar{x}}{h_e}\left(1 - \frac{\bar{x}}{h_e}\right), \psi_3^e(\bar{x}) = -\frac{\bar{x}}{h_e}\left(1 - \frac{2\bar{x}}{h_e}\right) \tag{8.2.4a}$$

且

$$\int_0^{h_e}\psi_1^e(\bar{x})\,\mathrm{d}\bar{x} = \frac{h_e}{6}, \int_0^{h_e}\psi_2^e(\bar{x})\,\mathrm{d}\bar{x} = \frac{4h_e}{6}, \int_0^{h_e}\psi_3^e(\bar{x})\,\mathrm{d}\bar{x} = \frac{h_e}{6} \tag{8.2.4b}$$

有

$$I_e = \frac{h_e}{6}(F_1^e + 4F_2^e + F_3^e) \tag{8.2.4c}$$

式中,

$$F_1^e = F^e(\bar{x}_1) = F^e(0), F_2^e = F^e(\bar{x}_2) = F^e(0.5h_e), F_3^e = F^e(\bar{x}_3) = F^e(h_e) \tag{8.2.4d}$$

式(8.2.4c)被称为 Simpson 积分。

式(8.2.3b)和式(8.2.4c)是数值积分格式的典型表示。一般来说,它们具有如下的一般形式:

$$I_e = \int_{x_a^e}^{x_b^e} F^e(x)\,\mathrm{d}x \approx \sum_{I=1}^r F^e(x_I)W_I \tag{8.2.5}$$

式中,x_I 是积分点,W_I 是积分权重,r 是积分点的个数。这些公式包含了函数计算、乘法和加法运算来求得积分式的数值解。当 $F^e(x)$ 是 $r-1$ 阶多项式时该式给出积分式的精确结果。

本节给出了一些数值积分算法和格式,并通过不同阶次的多项式来近似几何和因变量。下面开始讨论 Gauss-Legendre 积分中需要使用的局部坐标系统。

8.2.2 自然坐标

在所有的积分公式中,Gauss-Legendre 积分是最常用的。这里简述该方法的细节。该积分方法要求积分式在区间(单元)$\hat{\varOmega}^e \equiv [-1,1]$ 上进行。这要求将问题坐标 x(即描述控制方程的坐标)转换到单元坐标 ξ 上去,以便积分可以在 $[-1,1]$ 上进行(图 8.2.2)。因此,x 与 ξ 之间的关系是线性的且可以用如下的关系进行描述:

$$当 x = x_a^e 时, \xi = -1; 当 x = x_b^e 时, \xi = 1 \tag{8.2.6a}$$

该 x 与 ξ 之间的变换可以用线性"拉伸"映射来描述:

$$x = a^e + b^e\xi \quad 对于 \bar{\varOmega}^e = [x_a^e, x_b^e] 内的 x \tag{8.2.6b}$$

式中,a^e 和 b^e 是常数,可以通过式(8.2.6a)满足如下的条件来确定:

$$x_a^e = a^e + b^e \cdot (-1), x_b^e = a^e + b^e \cdot (1)$$

求解 a^e 和 b^e,得

$$b^e = \frac{1}{2}(x_b^e - x_a^e) = \frac{1}{2}h_e, a^e = \frac{1}{2}(x_b^e + x_a^e) = x_a^e + \frac{1}{2}h_e$$

因此 x 与 ξ 之间的变换为

$$x(\xi) = \frac{1}{2}(x_b^e + x_a^e) + \frac{1}{2}(x_b^e - x_a^e)\xi = x_a^e \frac{1}{2}(1-\xi) + x_b^e \frac{1}{2}(1+\xi) = x_a^e + \frac{1}{2}h_e(1+\xi) \quad (8.2.7)$$

式中,x_a^e 和 x_b^e 分别是单元 $\widehat{\Omega}^e$ 左端和右端的整体坐标,h_e 是单元长度(图 8.2.2)。

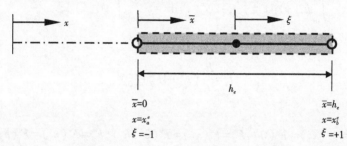

图 8.2.2　整体(问题)坐标系 x,局部(单元)坐标系 $\bar{x}$,以及归一化局部坐标系 ξ

局部坐标 ξ 也称为简正坐标或自然坐标,其数值介于 -1 和 1 之间,原点位于一维单元的中心。局部坐标 ξ 有以下两个优点:(1)易于构造插值函数;(2)Gauss-Legendre 积分必须在局部坐标下进行。

用局部坐标 ξ 表示的 Lagrange 族插值函数的推导比较简单,考虑到近似函数的如下性质:

$$\psi_i^e(\xi_j) = \begin{cases} 1 & \text{当 } i=j \\ 0 & \text{当 } i \neq j \end{cases} \quad (8.2.8)$$

式中,ξ_j 是单元内第 j 个节点的 ξ 坐标。对于有 n 个节点的单元,Lagrange 插值函数 $\psi_i^e(i=1, 2, \cdots, n)$ 是 $n-1$ 阶多项式。为了构造满足式(8.2.8)的 ψ_i^e,构造 $n-1$ 个线性函数 $\xi-\xi_j(j=1,2, \cdots, i-1, i+1, \cdots, n$ 且 $j \neq i)$ 的乘积:

$$\psi_i^e = c_i(\xi-\xi_1)(\xi-\xi_2) \cdots (\xi-\xi_{i-1})(\xi-\xi_{i+1}) \cdots (\xi-\xi_n)$$

注意到除了在第 i 个节点 ψ_i^e 在其他节点都是 0。接下来确定满足在 $\xi-\xi_i$ 处 $\psi_i^e = 1$ 的常数 c_i:

$$c_i[(\xi_i-\xi_1)(\xi_i-\xi_2) \cdots (\xi_i-\xi_{i-1})(\xi_i-\xi_{i+1}) \cdots (\xi_i-\xi_n)]^{-1}$$

因此,节点 i 对应的插值函数为

$$\psi_i^e(\xi) = \frac{(\xi-\xi_1)(\xi-\xi_2) \cdots (\xi-\xi_{i-1})(\xi-\xi_{i+1}) \cdots (\xi-\xi_n)}{(\xi_i-\xi_1)(\xi_i-\xi_2) \cdots (\xi_i-\xi_{i-1})(\xi_i-\xi_{i+1}) \cdots (\xi_i-\xi_n)} \quad (8.2.9)$$

用自然坐标(等距节点分布)表示的线性、二次和三次 Lagrange 插值函数(第 3 章中已经给出了用 x 表示的表达式)如图 8.2.3 所示。

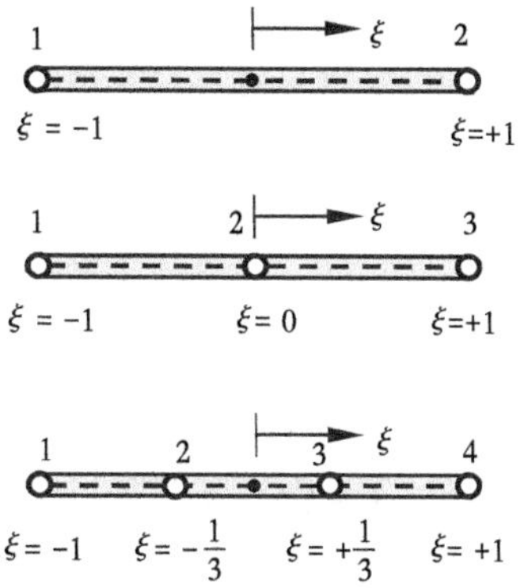

$$\psi_1(\xi) = \frac{1}{2}(1-\xi) \ , \ \psi_2(\xi) = \frac{1}{2}(1+\xi)$$

$$\psi_1(\xi) = -\frac{1}{2}\xi(1-\xi) \ , \ \psi_2(\xi) = (1-\xi^2)$$

$$\psi_3(\xi) = \frac{1}{2}\xi(1+\xi)$$

$$\psi_1(\xi) = -\frac{9}{16}(1-\xi)\left(\frac{1}{9}-\xi^2\right) \ , \ \psi_2(\xi) = \frac{27}{16}(1-\xi^2)\left(\frac{1}{3}-\xi\right)$$

$$\psi_3(\xi) = \frac{27}{16}(1-\xi^2)\left(\frac{1}{3}+\xi\right) \ , \ \psi_4(\xi) = -\frac{9}{16}(1+\xi)\left(\frac{1}{9}-\xi^2\right)$$

图 8.2.3　归一化坐标表示的 Lagrange 族一维插值函数

8.2.3　几何近似

在有限元方法中,希望采用 Gauss 积分来确定所有的积分项。Gauss 积分需要将积分项在区间 -1 到 1 上用 ξ 表示。假设问题坐标 x 和自然坐标 ξ 之间有如下的关系:

$$x = f(\xi) \tag{8.2.10}$$

这里假设 f 为一一对应的变换。式(8.2.7)给出了 $n=2$ 时 $f(\xi)$ 的一个例子:

$$f(\xi) = x_a^e + \frac{1}{2}h_e(1+\xi)$$

在这个例子里,$f(\xi)$ 是 ξ 的线性函数。因此,一根直线转换成另一根直线。

很自然地也希望用同样的方法对因变量进行近似。也就是说,变换 $x=f(\xi)$ 可写为

$$x = \sum_{i=1}^m x_i^e \hat{\psi}_i^e(\xi) \tag{8.2.11}$$

式中,x_i^e 是单元 Ω_e 第 i 个节点的整体坐标,$\hat{\psi}_i^e$ 是 $m-1$ 阶 Lagrange 插值函数。当 $m=2$ 时为线性变换且式(8.2.11)与式(8.2.7)完全一样。当 $m=3$ 时式(8.2.11)给出了 x 与 ξ 之间的二次关系。$\hat{\psi}_i^e$ 被称为形函数,是因为它经常被用来表示单元的几何或形状。当单元是一根直线时,由于两点 x_1^e 和 x_n^e 足够定义一根直线,因此该映射是线性的。

式(8.2.11)给出的变换使得用 x 表示的积分式用 ξ 来表示:

$$\int_{x_a^e}^{x_b^e} F(x)\,\mathrm{d}x = \int_{-1}^1 \hat{F}(\xi)\,\mathrm{d}\xi, \hat{F}(\xi)\,\mathrm{d}\xi = F(x(\xi))\,\mathrm{d}x \tag{8.2.12}$$

这样就可以使用 Gauss 积分来计算 $[-1,1]$ 上的积分。整体坐标系 x 下的微元 $\mathrm{d}x$ 与自然坐标系 ξ 下的微元 $\mathrm{d}\xi$ 之间的关系为

$$\mathrm{d}x = \frac{\mathrm{d}x}{\mathrm{d}\xi}\mathrm{d}\xi = J_e\mathrm{d}\xi \tag{8.2.13}$$

式中,J_e 为雅克比变换。且有

$$J_e = \frac{\mathrm{d}x}{\mathrm{d}\xi} = \frac{\mathrm{d}}{\mathrm{d}\xi}\left(\sum_{i=1}^{m} x_i^e \hat{\psi}_i^e\right) = \sum_{i=1}^{m} x_i^e \frac{\mathrm{d}\hat{\psi}_i^e}{\mathrm{d}\xi} \tag{8.2.14}$$

对于线性变换[即式(8.2.11)中取 $m=2$],有

$$\hat{\psi}_1^e = \frac{1}{2}(1-\xi),\ \hat{\psi}_2^e = \frac{1}{2}(1+\xi) \tag{8.2.15}$$

$$J_e = x_1^e\left(-\frac{1}{2}\right) + x_2^e\left(\frac{1}{2}\right) = \frac{1}{2}(x_2^e - x_1^e) = \frac{1}{2}h_e$$

可以证明,不管式(8.2.11)中插值的阶次是多少,只要是直线单元,都有 $J_e = \frac{1}{2}h_e$。

8.2.4　参数格式

在单元 Ω_e 上因变量 u 的近似可以写成如下形式:

$$u(x) = \sum_{j=1}^{n} u_j^e \psi_j^e(x) \tag{8.2.16}$$

一般来说,式(8.2.11)给出的坐标变换的自由度不等于式(8.2.16)给出的因变量变换的自由度,即 $\hat{\psi}_i^e \ne \psi_i^e$。也就是说,对同一个问题的有限元格式可能使用两种不同的网格划分,一个用于几何 x 的近似,一个用于因变量 u 的插值。根据坐标变换时采用的自由度和因变量近似时采用的自由度的关系,有限元格式可以分为三类:

(1)亚参格式:$m<n$;

(2)等参格式:$m=n$;

(3)超参格式:$m>n$。

在亚参格式中,几何近似所采用的单元阶次比因变量近似采用的要低。一个例子是 Euler-Bernoulli 梁单元,挠度 $w(x)$ 是用 Hermite 三次函数来近似的,而对于直梁来说其几何是使用线性插值函数来近似的。在等参格式(实践中最常用的)中,几何和因变量采用同样的单元进行近似,即 $\hat{\psi}_i^e = \psi_i^e$。在超参格式中,几何近似所采用的单元阶次比因变量近似采用的要高。实践中很少采用超参格式。说"等参单元"是不对的,因为单元就是单元(诸如线性的和二次的等)。

8.2.5　数值积分

如同在引言中讨论的,对如下的积分:

$$\int_a^b F(x)\,\mathrm{d}x \tag{8.2.17}$$

进行精确计算要么很困难要么由于被积函数 F 的复杂性导致精确积分是不可能的。数值积分在被积函数不是精确的(比如 Timoshenko 梁单元)或者被积函数只在若干离散点上是已知的(比如实验数据点)时也是有必要的。

所有数值积分技术的基本思想就是寻找函数 $P(x)$,通常是既是 $F(x)$ 的合理近似且容易

积分的多项式。在区间$[a,b]$上被积函数在$n+1$个点处的n阶插值多项式P_n经常给出一个合理的近似并具有易于积分的属性。图8.2.4(a)给出了函数$F(x)$的近似多项式$P_4(x)$,在基准点处二者数值是完全一样的。式(8.2.17)的精确结果是实线下面所围成的面积,而其近似结果:

$$\int_a^b P_4(x)\,dx$$

由虚线下面所围成的面积给出。值得注意的是,二者的误差(也是近似误差)$E=F(x)-P_4(x)$并不总是正的或者负的,因此总的积分误差可能会很小(因为正的误差和另一个地方的负的误差会互相抵消),甚至在P_4并不是F一个很好的近似的时候。

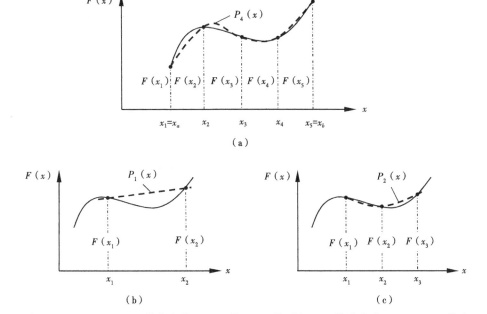

图8.2.4　Newton-Cotes数值积分:(a)函数$P_4(x)$的近似;(b)梯形公式;(c)Simpson公式

常用的数值积分方法可以分为两类:

(1)使用等距分布积分点函数值的Newton-Cotes格式。

(2)使用非等距分布积分点的Gauss积分。

接下来将讨论这两种方法。

8.2.5.1　Newton-Cotes积分

对r个均布的结点,Newton-Cotes紧致积分公式为

$$\int_a^b F(x)\,dx = (b-a)\sum_{I=1}^r F(x_I)w_I \tag{8.2.18}$$

式中,w_I为权系数,x_I是等距分布的结点坐标,r是结点的个数($r-1$是区间的个数)。注意$r=1$是结点个数与区间个数相同的特殊情况,此时式(8.2.18)即为矩形公式。对于$r=2$,即为

熟悉的梯形公式,将图 8.2.4(b)中实线围成的面积用虚线围成的面积[即用 $P_1(x)$ 来近似 $F(x)$]来近似:

$$\int_{a=x_1}^{b=x_2} F(x)\,\mathrm{d}x = \frac{(b-a)}{2}[F(x_1)+F(x_2)], E=O(h^3), h=b-a \tag{8.2.19}$$

式中,E 为近似的误差,h 是两个结点之间均匀的间隔。$O(h)$ 读为"h 阶",用于表征用间隔 h 表示的误差的量级。对于 $r=3$(即两个区间),式(8.2.17)即为熟悉的 Simpson 公式[参见图 8.2.4(c)]:

$$\int_{a=x_1}^{b=x_3} F(x)\,\mathrm{d}x = \frac{(b-a)}{6}[F(x_1)+4F(x_2)+F(x_3)], E=O(h^5), h=0.5(b-a) \tag{8.2.20}$$

表 8.2.1 给出了 $r=1,2,\cdots,7$ 时权系数的数值。注意 $\sum_{I=1}^{r} w_I = 1$。$r=1$ 时结点坐标为 $x_1=a+\frac{1}{2}(b-a)=\frac{1}{2}(a+b)$。对于 $r>1$,结点坐标为:

$$x_1=a, x_2=a+\Delta x, \cdots, x_r=a+(r-1)\Delta x=b$$

且 $\Delta x=(b-a)/(r-1)$。注意到 $r-1$ 是偶数(即当区间数是偶数或者结点数是奇数)时,且 $F(x)$ 是不高于 r 阶的多项式时该公式是精确的。当 $r-1$ 是奇数时,且 $F(x)$ 是不高于 $r-1$ 阶的多项式时该公式是精确的。由于精度较高,奇数个结点的公式是常用的(参见 Carnahan、Luther 和 Wilkes[1])。

表 8.2.1　Newton-Cotes 公式的权系数

r	w_1	w_2	w_3	w_4	w_5	w_6	w_7
1	1						
2	$\frac{1}{2}$	$\frac{1}{2}$					
3	$\frac{1}{6}$	$\frac{4}{6}$	$\frac{1}{6}$				
4	$\frac{1}{8}$	$\frac{3}{8}$	$\frac{3}{8}$	$\frac{1}{8}$			
5	$\frac{7}{90}$	$\frac{32}{90}$	$\frac{12}{90}$	$\frac{32}{90}$	$\frac{7}{90}$		
6	$\frac{19}{288}$	$\frac{75}{288}$	$\frac{50}{288}$	$\frac{50}{288}$	$\frac{75}{288}$	$\frac{19}{288}$	
7	$\frac{41}{840}$	$\frac{216}{840}$	$\frac{27}{840}$	$\frac{272}{840}$	$\frac{27}{840}$	$\frac{216}{840}$	$\frac{41}{840}$

例 8.2.1

利用梯形公式和 Simpson 公式计算如下多项式的积分:

$$f(x)=5+3x+2x^2-x^3, -1 \leqslant x \leqslant 1 \tag{1}$$

解: $f(x)$ 的精确积分为

$$\int_{-1}^{1} f(x)\,dx = \int_{-1}^{1} (5+3x+2x^2-x^3)\,dx = \left(5x+\frac{3x^2}{2}+\frac{2x^3}{3}-\frac{x^4}{4}\right)\Big|_{-1}^{1} = \frac{34}{3} \tag{2}$$

利用式(8.2.19)给出的梯形公式,得$[h=2, x_1=-1, x_2=1, f(x_1)=5, f(x_2)=9]$

$$\int_{-1}^{1} f(x)\,dx = \frac{h}{2}[f(x_1)+f(x_2)] = \frac{2}{2}(5+9) = 14 \tag{3}$$

利用式(8.2.20)给出的 Simpson 公式,得$[h=1, x_1=-1, x_2=0, x_3=1, f(x_1)=5, f(x_2)=5, f(x_3)=9]$

$$\int_{-1}^{1} f(x)\,dx = \frac{h}{3}[f(x_1)+4f(x_2)+f(x_3)] = \frac{1}{3}(5+4\times5+9) = \frac{34}{3} \tag{4}$$

这与精确解完全一样。

8.2.5.2 Gauss 积分

在 Newton-Cotes 积分公式中,给出了结点的位置。如果 x_I 没有给定,那么就会有 $2r$ 个待定参数,r 个权系数和 r 个结点,这定义了一个 $2r-1$ 阶的多项式。Gauss-Legendre 积分的基本思想是选择合理的结点 x_I 和权系数 w_I,使得如果 $F(x)$ 是不高于 $2r-1$ 阶的多项式,那么 r 个加权函数的和给出其精确结果。Gauss-Legendre 积分公式为

$$\int_a^b F(x)\,dx = \int_{-1}^{1} \hat{F}(\xi)\,d\xi \approx \sum_{I=1}^{r} \hat{F}(\xi_I) w_I \tag{8.2.21}$$

式中,w_I 为权系数(或者权),ξ_I 为结点坐标[Legendre 多项式 $P(\xi)$ 的根],是变换后的被积函数:

$$\hat{F}(\xi) = F(x(\xi)) J(\xi),\ dx = J d\xi \tag{8.2.22}$$

这里 J 是整体坐标系 x 和局部坐标系 ξ 之间的雅克比变换。式(8.2.22)是一个矩阵方程,其中雅克比变换为矩阵$[J]$且其行列式为 J。表 8.2.2 给出了 $r=1, 2, \cdots, 10$ 时 Gauss-Legendre 积分(或简称为 Gauss 积分)的权系数和 Gauss 点坐标的数值。

表 8.2.2 Gauss 积分(精确到小数点后 15 位*)的权系数(正的)和 Gauss 点坐标

$$\int_{-1}^{1} \hat{F}(\xi)\,d\xi \approx \sum_{i=1}^{r} \hat{F}(\xi_i) w_i$$

ξ_i	r	w_i
0.00000 00000 00000	一点积分	2.00000 00000 00000
±0.57735 02691 89626	两点积分	1.00000 00000 00000
±0.77459 66692 41483	三点积分	0.55555 55555 55556
0.00000 00000 00000		0.88888 88888 88889
±0.86113 63115 94053	四点积分	0.34785 48451 37454
±0.33998 10435 84856		0.65214 51548 62546

续表

ξ_i	r	w_i
±0. 90617 98459 38664	五点积分	0. 34785 48451 37454
±0. 53846 93101 05683		0. 47862 86704 99366
0. 00000 00000 00000		0. 56888 88888 88889
±0. 93246 95142 03152	六点积分	0. 17132 44923 79170
±0. 66120 93864 66265		0. 36076 15730 48139
±0. 23861 91860 83197		0. 46791 39345 72691
±0. 94910 79123 42759	七点积分	0. 12948 49661 68870
±0. 74153 11855 99394		0. 27970 53914 89277
±0. 40584 51513 77397		0. 38183 00505 05119
0. 00000 00000 00000		0. 41795 91836 73469
±0. 96028 98564 97536	八点积分	0. 10122 85362 90376
±0. 79666 64774 13627		0. 22238 10344 53374
±0. 52553 24099 16329		0. 31370 66458 77887
±0. 18343 46424 95650		0. 36268 37833 78362
±0. 96816 02395 07626	九点积分	0. 08127 43883 61574
±0. 83603 11073 26636		0. 18064 81606 94857
±0. 61337 14327 00590		0. 26061 06964 02935
±0. 32425 34234 03809		0. 31234 70770 40003
0. 00000 00000 00000		0. 33023 93550 01260
±0. 97390 65285 17172	十点积分	0. 06667 13443 08688
±0. 86506 33666 88985		0. 14945 13491 50581
±0. 67940 95682 99024		0. 26926 67193 09996
±0. 43339 53941 29247		0. 26926 67193 09996
±0. 14887 43389 81631		0. 29552 42247 14753

* 0. 57735…= $1/\sqrt{3}$,0. 77459…= $\sqrt{3/5}$,0. 888…= $8/9$,0. 555…= $5/9$ 。

由于获得同样的积分精度需要的结点数更少,因此 Gauss-Legendre 积分比 Newton-Cotes 积分更常用。如果被积函数的($2r+2$)阶导数为 0,那么近似的误差也为 0,也就是说,利用 r 个 Gauss 结点可以精确给出 p 阶多项式的积分,这里:

$$r=\frac{1}{2}(p+1) \quad (如果 p+1 是奇数,选择比它大的最小整数) \quad (8.2.23)$$

也就是说,$2N-1$ 阶多项式需要 N 个 Gauss 结点。

例 8.2.2

利用 Gauss 积分求如下多项式的积分:

$$f(\xi)=5+3\xi+2\xi^2-\xi^3-4\xi^4 \quad -1\leqslant\xi\leqslant1 \quad (1)$$

解: 该积分的精确解为

$$\int_{-1}^{1} f(\xi)\,\mathrm{d}\xi = \int_{-1}^{1} (5+3\xi+2\xi^2-\xi^3-4\xi^4)\,\mathrm{d}\xi = \left(5\xi+\frac{3\xi^2}{2}+\frac{2\xi^3}{3}-\frac{\xi^4}{4}-\frac{4\xi^5}{5}\right)\Bigg|_{-1}^{1} = \frac{146}{15} \qquad (2)$$

当 Gauss 积分点的个数为 $N = [(p+1)/2] = (4+1)/2 = 2.5 \rightarrow 3$ 时可得到积分的精确结果。首先,计算 $f(\xi)$ 在不同 Gauss 点的值 $[f(0)=5]$(图 8.2.5):

$$f(-1/\sqrt{3}) = 5+3(-1/\sqrt{3})+2(-1/\sqrt{3})^2-(-1/\sqrt{3})^3-4(-1/\sqrt{3})^4$$
$$= \frac{17}{3}-\frac{4}{9}-\frac{8}{3\sqrt{3}}$$

$$f(1/\sqrt{3}) = 5+3(-1/\sqrt{3})+2(1/\sqrt{3})^2-(1/\sqrt{3})^3-4(1/\sqrt{3})^4$$
$$= \frac{17}{3}-\frac{4}{9}+\frac{8}{3\sqrt{3}}$$

$$f(-\sqrt{3/5}) = 5+3(-\sqrt{3/5})+2(-\sqrt{3/5})^2-(-\sqrt{3/5})^3-4(-\sqrt{3/5})^4 \qquad (3)$$
$$= \frac{155}{25}-\frac{36}{25}-12\sqrt{\frac{3}{5}}$$

$$f(\sqrt{3/5}) = 5+3(\sqrt{3/5})+2(\sqrt{3/5})^2-(\sqrt{3/5})^3-4(\sqrt{3/5})^4$$
$$= \frac{31}{5}-\frac{36}{25}+12\sqrt{\frac{3}{5}}$$

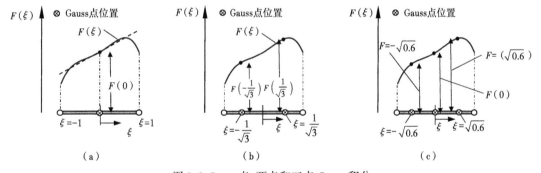

图 8.2.5　一点、两点和三点 Gauss 积分

利用一点 Gauss 公式 $[\xi_1=0.0, w_1=2, f(\xi_1)=5]$,有:

$$\int_{-1}^{1} f(x)\,\mathrm{d}x = f(\xi_1)w_1 = 10 \quad (\text{误差 } 2.74\%) \qquad (4)$$

两点 Gauss 公式 $[\xi_1=-1/\sqrt{3}, w_1=1, \xi_2=1/\sqrt{3}, w_2=1, f(\xi_1)=(47/9)-8/3\sqrt{3}, f(\xi_2)=(47/9)+8/3\sqrt{3}]$,有:

$$\int_{-1}^{1} f(\xi)\,\mathrm{d}\xi = f(\xi_1)w_1 + f(\xi_2)w_2 = \frac{94}{9} \quad (\text{误差 } 7.31\%) \qquad (5)$$

三点 Gauss 公式$[\xi_1 = -\sqrt{0.6}, w_1 = 5/9, \xi_2 = 0.0, w_2 = 8/9, \xi_3 = \sqrt{0.6}, w_3 = 5/9]$给出了精确解：

$$\int_{-1}^{1} f(\xi) \,\mathrm{d}\xi = f(\xi_1) w_1 + f(\xi_2) w_2 + f(\xi_3) w_3 \tag{6}$$

$$= \left(\frac{119}{25} - 12\sqrt{\frac{3}{5}}\right)\frac{5}{9} + 5 \times \frac{8}{9} + \left(\frac{119}{25} + 12\sqrt{\frac{3}{5}}\right)\frac{5}{9} = \frac{146}{15}$$

在有限元公式中,会遇到被积函数 F 是整体坐标 x、ψ_i^e(用 ξ 表示的)以及 ψ_i^e 对 x 的导数的函数的积分。对于 Gauss-Legendre 积分,为了使用式(8.2.21),必须将 $F(x)\,\mathrm{d}x$ 变换为 $\hat{F}(\xi)\,\mathrm{d}\xi$。比如,考虑积分：

$$K_{ij}^e = \int_{x_a^e}^{x_b^e} a(x) \frac{\mathrm{d}\psi_i^e}{\mathrm{d}x} \frac{\mathrm{d}\psi_j^e}{\mathrm{d}x} \mathrm{d}x \tag{8.2.24}$$

利用链式求导法则,得

$$\frac{\mathrm{d}\psi_i^e(\xi)}{\mathrm{d}x} = \frac{\mathrm{d}\psi_i^e(\xi)}{\mathrm{d}\xi} \frac{\mathrm{d}\xi}{\mathrm{d}x} = J^{-1} \frac{\mathrm{d}\psi_i^e(\xi)}{\mathrm{d}\xi} \tag{8.2.25}$$

因此,利用式(8.2.21)可将式(8.2.24)里面的积分写为

$$K_{ij}^e = \int_{-1}^{1} a(x(\xi)) \frac{1}{J} \frac{\mathrm{d}\psi_i^e}{\mathrm{d}\xi} \frac{1}{J} \frac{\mathrm{d}\psi_j^e}{\mathrm{d}\xi} J\mathrm{d}\xi \approx \sum_{I=1}^{r} \hat{F}_{ij}^e(\xi_I) w_I \tag{8.2.26}$$

式中,

$$\hat{F}_{ij}^e = a \frac{1}{J} \frac{\mathrm{d}\psi_i^e}{\mathrm{d}\xi} \frac{\mathrm{d}\psi_j^e}{\mathrm{d}\xi}, J = \sum_{i=1}^{m} x_i^e \frac{\mathrm{d}\hat{\psi}_i^e}{\mathrm{d}\xi} \tag{8.2.27}$$

对于等参元格式,有 $\psi_i^e = \hat{\psi}_i^e$。如前所述,不管坐标变化是二次的还是三次的,当单元是直线型的且结点等距分布,那么雅克比矩阵是常数($J_e = \frac{1}{2} h_e$)。但是,如果单元是曲线的,那么雅克比变换矩阵是 ξ 的函数。在 Newton-Cotes 积分时,从 x 到 ξ 的变换不是必需的。

当采用线性、二次和三次插值函数时,对于各种各样的系数 $a(x)$、$c(x)$ 和 $f(x)$,在直线积分区间(即 J 是常数)上如下的单元矩阵是可以确定精确积分所需 Gauss 结点个数的：

$$K_{ij}^e = \int_{x_a^e}^{x_b^e} a(x) \frac{\mathrm{d}\psi_i^e}{\mathrm{d}x} \frac{\mathrm{d}\psi_j^e}{\mathrm{d}x} \mathrm{d}x = \int_{-1}^{+1} a(x(\xi)) \frac{\mathrm{d}\psi_i^e}{\mathrm{d}\xi} \frac{\mathrm{d}\psi_j^e}{\mathrm{d}\xi} (J)^{-2} J\mathrm{d}\xi \equiv \sum_{I=1}^{NK} G_{ij}^K(\xi_I) W_I \tag{8.2.28a}$$

$$f_i^e = \int_{x_a}^{x_b} f(x) \psi_i^e \mathrm{d}x = \int_{-1}^{+1} f(x(\xi)) \psi_i^e(\xi) J\mathrm{d}\xi \equiv \sum_{I=1}^{NF} G_i^F(\xi_I) W_I \tag{8.2.28b}$$

$$M_{ij}^e = \int_{x_a}^{x_b} c(x) \psi_i^e \psi_j^e \mathrm{d}x = \int_{-1}^{+1} c(x(\xi)) \psi_i^e(\xi) \psi_j^e(\xi) J\mathrm{d}\xi \equiv \sum_{I=1}^{NM} G_{ij}^M(\xi_I) W_I \tag{8.2.28c}$$

对于系数 $a(x)$、$f(x)$ 和 $c(x)$ 是常数的情形,K_{ij}^e、f_i^e 和 M_{ij}^e 的被积函数分别是 $p_K = 2(p-1)$、

$p_F = p$ 和 $p_M = 2p$ 阶多项式,这里 p 是插值函数 $\psi_i^e(x)$($p=1$ 为线性,$p=2$ 为二次,$p=3$ 为三次)的多项式阶次。

表 8.2.3 给出了对应于不同阶次 $a(x)$、$f(x)$ 和 $c(x)$ 的 K_{ij}^e、f_i^e 和 M_{ij}^e 的精确积分所需的 Gauss 积分点个数,这里 p_a、p_f 和 p_c 分别为系数 $a(x)$、$f(x)$ 和 $c(x)$ 的多项式阶次。在估算 Gauss 积分点数目的时候,一般假设雅克比矩阵 J 是常数,当单元是直线时这是准确的。注意到 $p_K = 2(p-1)+p_a$、$p_F = p+p_f$ 和 $p_M = 2p+p_c$。总的来说,对于三次变化的 $a(x)$、二次变化的 $f(x)$ 的和线性变化的 $c(x)$(即 $p_a = 3$、$p_f = 2$ 和 $p_c = 1$),针对线性、二次和三次单元分别利用两点、三点和四点 Gauss 积分得到 K_{ij}^e、f_i^e 和 M_{ij}^e 的结果都是精确的。

表 8.2.3　对应于不同单元不同阶次 $a(x)$、$f(x)$ 和 $c(x)$ 的式(8.2.28a)至式(8.2.28c)
给出的 K_{ij}^e、f_i^e 和 M_{ij}^e 的精确积分所需的 Gauss 积分点的个数(N^K、N^F、N^M)

单元类型	N^K				N^F				N^M			
	p_a				p_f				p_c			
	0	1	2	3	0	1	2	3	0	1	2	3
线性	1	1	2	2	1	2	2	3	2	2	3	3
二次	2	2	3	3	2	2	3	3	3	3	4	4
三次	3	3	4	4	2	3	3	4	4	4	5	5

8.3　计算机实现

8.3.1　简介

本节的目的是讨论前几章里面研究的二阶和四阶一维微分方程的有限元程序的基本步骤。这里的方法已经用于开发程序 **FEM1D**,也意味着它们将在典型有限元分析的实施步骤中予以展示(在得到弱形式之后)。读者可以利用这里提到的方法并且修改 **FEM1D** 程序来开发自己的程序。这里重点讨论有限元计算,并不讨论求解系统代数方程组的 Gauss 消元程序(**FEM1D** 提供的一个求解器)。

8.3.2　大纲

一个典型的有限元程序包括如下 3 部分(图 8.3.1):

(1)前处理器;

(2)处理器;

(3)后处理器。

在程序的前处理器部分,读入或者生成程序的输入数据。这包括几何(比如求解域的长度和边界条件),问题的数据(比如微分方程的系数),有限元网格划分信息(比如单元类型、单元数量、单元长度、节点坐标和矩阵的连接性)以及各种选项的赋值(比如是否输出,场问题的类型—静力分析、特征值分

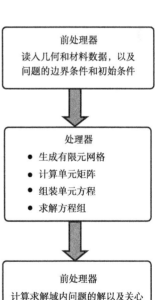

图 8.3.1　有限元程序的三个主要功能模块

析、瞬态分析,以及插值阶次)。

在处理器部分,执行前述章节提到的除了后处理之外的有限元分析的所有步骤。处理器部分的主要步骤包括:

(1)利用数值积分给出单元矩阵。

(2)组装单元方程。

(3)施加边界条件。

(4)求解关于主要变量节点值的代数方程组。

在程序的后处理部分,求解插值点处的解而不是节点解,同时基于次变量的定义对其进行计算。前处理器和后处理器可以是一些 Fortran 语句来读入或者输出信息到复杂的子程序,进而对复杂的几何形状进行网格划分以及将输入和输出信息以图形的形式展示出来。

图 8.3.2 给出了计算机程序 FEM1D 的流程图。流程图中列出的各个主要子程序的功能如下。

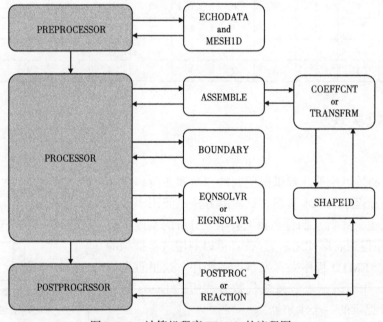

图 8.3.2　计算机程序 FEM1D 的流程图

(1)ASSEMBLE:本子程序用于单元方程的组装。对于静力和瞬态问题方程以上半带的形式组装,对于特征值问题以完整矩阵的形式组装。

(2)BOUNDARY:本子程序用于施加给定的边界条件。更多的讨论在 8.3.6 节中给出。

(3)COEFFCNT:本子程序用于计算除桁架和框架单元之外所有模型的单元矩阵 $\boldsymbol{K}^e$、$\boldsymbol{M}^e$ 和 $\boldsymbol{f}^e$。

(4)ECHODATA:本子程序用于重复程序的输入(以便于用户检查输入的数据是否有误)。

(5)EIGNSLVR:本子程序用于求解特征值问题,$\boldsymbol{A}\boldsymbol{X}=\lambda\boldsymbol{B}\boldsymbol{X}$。

(6)EQNSOLVR:本子程序用于求解半带对称的代数方程组,$\boldsymbol{A}\boldsymbol{X}=\boldsymbol{B}$。

(7)MESH1D:本子程序用于生成有限元网格(整体节点的坐标及连接数组)。

(8)POSTPROC:本子程序用于后处理除桁架和框架单元之外所有模型结果,即计算单元内各点的 u^e 和 Q^e_{def}。

(9)REACTION:本子程序用于计算桁架和框架单元的约束反力,$Q^e = K^e u^e - f^e$。

(10)SHAPE1D:本子程序包含近似函数及其导数,即数组 **SF** 和 **DSF**。

(11)TRANSFRM:本子程序用于计算桁架和框架单元的单元刚度矩阵和力向量:$K = T^T \overline{K} T$,$F = T^T \overline{F}$。

接下来将讨论典型有限元程序的基本组成部分,并通过 FORTRAN 语句来展示其实现。

8.3.3 前处理

前处理单元包括读入输入数据、生成有限元网格以及打印数据和网格信息。有限元程序的输入数据包括:单元类型 IELEM(比如 Lagrange 单元或 Hermite 单元)、单元数量(NEM)、给定的关于主变量和次变量的边界条件(边界条件数目、整体节点编号和自由度以及这些自由度的数值)、整体节点的整体坐标、单元属性[比如系数 $a(x)$、$b(x)$、$c(x)$ 和 $f(x)$ 等]。如果网格是均匀的,那么求解域的长度也需要读入,节点的整体坐标可以由程序生成。

前处理器中生成有限元网格信息(当用户没有提供时)的部分为子程序(MESH1D),这取决于程序的便捷性和复杂性。

网格生成包括计算整体坐标 X_I 和连接数组 NOD($= B_{ij}$)。连接矩阵描述了单元节点和整体节点之间的关系:

$$\text{NOD}(n,j) = \text{对应于单元 } n \text{ 的第 } j \text{ 个(局部)节点的整体节点编号}$$

本数组用于组装程序和单元系统与整体系统之间的信息传递。举个例子,为了从整体节点的整体坐标向量 GLX 中提取单元节点的整体坐标向量 ELX,可以利用矩阵 NOD 这么做。第 n 个单元的第 i 个节点的整体坐标 $x_i^{(n)}$ 与整体节点 I 的整体坐标 X_I 是相同的,这里 $I = \text{NOD}(n,i)$:

$$\{x_i^{(n)}\} = \{X_I\}, I = \text{NOD}(n,i) \rightarrow \text{ELX}(i) = \text{GLX}(\text{NOD}(n,i)) \tag{8.3.1}$$

8.3.4 单元矩阵计算(处理器)

一般大量的计算时间用于处理器,它一般包括几个子程序,每个子程序都有特殊的任务(比如,计算单元矩阵的子程序、施加边界条件的子程序以及求解方程组的子程序)。有限元程序的复杂性依赖于要处理的问题的一般类型、方程中数据的普遍性以及程序的潜在用户。

处理器最重要的部分是单元矩阵的生成。与待求问题的类型相关,单元矩阵用不同的子程序计算(COEFFCNT 和 TRANSFRM)。这些子程序一般包括不同场问题的单元矩阵 K^e、M^e(相应的程序变量为 ELK 和 ELM)和单元向量 f^e(程序变量为 ELF)的数值计算。利用 8.2.5 节中给出的 Gauss 积分计算单元矩阵和向量,一旦计算出它们的数值就进行组装。因此,需要对所有网格中的单元(NEM)进行循环来计算单元矩阵并对其组装(利用子程序 ASSEMBLE)。在这里连接数组 NOD 扮演了关键角色。

不同模型方程(MODEL)和类型问题(NTYPE)的单元矩阵通过下面讨论的计算方法生成。变量的含义如下:H=梁/板的厚度;B=梁的宽度;E=杨氏模量;$G = E/[2(1+\nu)]$=剪切模量;ν=泊松比;D=弯曲刚度{梁为 $D = EI = EBH^3/12$,板为 $D = EH^3/[12(1-\nu^2)]$};A=横截面积;K_s=剪切修正系数;c_f 为基础模量。

(1) MODEL=0, NTYPE=0:所有使用离散单元的问题(参见3.3节,只针对静力分析)。

(2) MODEL=1, NTYPE=0:所有由式(3.4.1)和式(3.5.3)描述的场问题,包括式(3.5.3)描述的轴对称传热类问题;对于不同的问题c_t有不同的含义:

$$c_1 \frac{\partial u}{\partial t} + c_t \frac{\partial^2 u}{\partial t^2} - \frac{\partial}{\partial x}\left(a \frac{\partial u}{\partial x}\right) + cu - f = 0 \tag{8.3.2a}$$

$$c_1 = \rho c_v, AX = a(x), CX = c(x), FX = f \tag{8.3.2b}$$

$$c_1 \frac{\partial u}{\partial t} + c_t \frac{\partial^2 u}{\partial t^2} - \frac{1}{r} \frac{\partial}{\partial r}\left(ra \frac{\partial u}{\partial r}\right) + cu - f = 0 \tag{8.3.3a}$$

$$c_1 = \rho c_v, AX = ra(r), CX = rc(r), FX = rf(r) \tag{8.3.3b}$$

(3) MODEL=1, NTYPE=1:厚度为 H 的极正交各向异性盘的轴对称变形(参见习题4.34);对于平面应力问题:

$$c_1 \frac{\partial^2 u}{\partial t^2} - \frac{1}{r} \frac{\partial}{\partial r}\left[H\left(c_{11}r \frac{\partial u}{\partial r} + c_{12}u\right)\right] + \frac{H}{r}\left(c_{22}\frac{u}{r} + c_{12}\frac{\partial u}{\partial r}\right) = f \tag{8.3.4a}$$

$$c_1 = \rho H, c_{11} = \frac{E_1}{1 - \nu_{12}\nu_{21}}, c_{12} = \frac{\nu_{12}E_2}{1 - \nu_{12}\nu_{21}}, c_{22} = \frac{E_2}{1 - \nu_{12}\nu_{21}} \tag{8.3.4b}$$

这里$f(r,t)$是单位体积的分布力[即 $Hf(r) = \hat{f}$ 是单位面积的分布力]。对于各向同性情况,有 $E_1 = E_2 = E$ 和 $\nu_1 = \nu_2 = \nu$。

(4) MODEL=1, NTYPE=2:圆柱体的轴对称变形(平面应变问题):

$$c_1 \frac{\partial^2 u}{\partial t^2} - \frac{1}{r} \frac{\partial}{\partial r}\left\{c\left[(1-\nu)r \frac{\partial u}{\partial r} + \nu u\right]\right\} + \frac{c}{r}\left[(1-\nu)\frac{u}{r} + \nu \frac{\partial u}{\partial r}\right] = f \tag{8.3.5a}$$

$$c_1 = \rho, c = \frac{E}{(1+\nu)(1-2\nu)} \tag{8.3.5b}$$

(5) MODEL=2, NTYPE=0 (RIE) 或 MODEL=2, NTYPE=2 (CIE):基于 Timoshenko 梁理论($\phi_x \to \Psi$)的直梁弯曲:

$$c_1 \frac{\partial^2 w}{\partial t^2} - \frac{\partial}{\partial x}\left[GAK_s\left(\Psi + \frac{\partial w}{\partial x}\right)\right] + k_f w = q \tag{8.3.6a}$$

$$c_2 \frac{\partial^2 \Psi}{\partial t^2} - \frac{\partial}{\partial x}\left(EI \frac{\partial \Psi}{\partial x}\right) + GAK_s\left(\Psi + \frac{\partial w}{\partial x}\right) = 0 \tag{8.3.6b}$$

$$c_1 = \rho A, c_2 = \rho I, AX = GAK_s, CX = k_f, FX = q(x,t), BX = EI \tag{8.3.6c}$$

(6) MODEL=2, NTYPE=1 (RIE) 或 MODEL=2, NTYPE=3 (CIE):基于剪切变形板理论的圆板轴对称弯曲:

$$c_1 \frac{\partial^2 w}{\partial t^2} - \frac{1}{r}\left[\frac{\partial}{\partial r}(rM_{rr}) - M_{\theta\theta}\right] + Q_r = 0 \tag{8.3.7a}$$

$$c_2 \frac{\partial^2 \Psi}{\partial t^2} - \frac{1}{r} \frac{\partial}{\partial r}(rQ_r) - q = 0 \tag{8.3.7b}$$

$$M_{rr} = D\left(\frac{\partial \Psi}{\partial r} + \nu \frac{\Psi}{r}\right), M_{\theta\theta} = D\left(\nu \frac{\partial \Psi}{\partial r} + \frac{\Psi}{r}\right), Q_r = K_s Gh\left(\Psi + \frac{\partial w}{\partial r}\right) \tag{8.3.7c}$$

(7) MODEL=3,NTYPE=0:基于 Euler–Bernoulli 梁理论直梁的弯曲:

$$c_1 \frac{\partial^2 w}{\partial t^2} - c_2 \frac{\partial}{\partial x} \frac{\partial^3 w}{\partial x \partial t^2} + \frac{\partial^2}{\partial x^2}\left(EI \frac{\partial^2 w}{\partial x^2}\right) + k_f w = q \tag{8.3.8a}$$

$$c_1 = \rho A, c_2 = \rho I, BX = EI, CX = k_f, FX = q \tag{8.3.8b}$$

(8) MODEL=3,NTYPE=0:基于经典板理论圆板的轴对称弯曲:

$$c_1 \frac{\partial^2 w}{\partial t^2} - \frac{c_2}{r} \frac{\partial}{\partial r}\left(r \frac{\partial^3 w}{\partial r \partial t^2}\right) + \frac{D}{r} \frac{\partial}{\partial r}\left\{r \frac{\partial}{\partial r}\left[\frac{1}{r} \frac{\partial}{\partial r}\left(r \frac{\partial w}{\partial r}\right)\right]\right\} + c_f w = q \tag{8.3.9a}$$

$$c_1 = \rho H, c_2 = \frac{\rho H^3}{12}, D = \frac{EH^3}{12} \tag{8.3.9b}$$

(9) MODEL=4,NTYPE=0:两节点桁架单元。

(10) MODEL=4,NTYPE=1:两节点 Euler–Bernoulli 框架单元。

(11) MODEL=4,NTYPE=2:两节点 Timoshenko 框架单元,RIE。

(12) MODEL=4,NTYPE=3:两节点 Timoshenko 框架单元,CIE。

除了 MODEL=4 时出于计算效率的考虑其单元系数矩阵是以显式的方式编程,其他的单元矩阵均利用 Gauss 积分计算得到。

单元形函数 SF 及其导数 GDSF 由子程序 SHAPE1D 利用 Gauss 积分点上的数值求得。两点、三点、四点和五点 Gauss 积分的权和积分点坐标分别存储在数组 GAUSWT 和 GAUSPT 中。比如,GAUSWT 的第 n 列存储着 n 点 Gauss 积分的权:

GAUSPT$(i,n)=n$ 点 Gauss 积分的第 i 个 Gauss 点坐标

如果对所有的单元系数矩阵(即利用一个简单的 do 循环 Gauss 积分计算 K_{ij}^e、f_i^e 和 M_{ij}^e)采用相同数目的 Gauss 积分点,那么显然 Gauss 积分点的数目取决于 M_{ij}^e 的被积函数的多项式阶次。变量 NGP 表示 Gauss 点的数目。如果 IELEM 是单元类型:

$$\text{IELEM} = \begin{cases} 1, \text{线性} \\ 2, \text{二次} \quad (\text{Lagrange 单元}) \\ 3, \text{三次} \end{cases}$$

那么当 $c(x)$ 是线性的、$f(x)$ 是二次的、$a(x)$ 是三次时,NGP=IELEM+1 能精确计算 K_{ij}^e、f_i^e 和 M_{ij}^e[参见式(8.2.28a)至式(8.2.28c)]。

IELEM=0 对应着 Hermite 三次单元。当 $c(x)$ 最多是 x 的线性函数时,系数

$$\int_{x_a^e}^{x_b^e} c(x) \phi_i \phi_j \mathrm{d}x$$

在 NGP = 4 时结果是精确的。当 $b(x)$ 最多是五次多项式时,系数

$$\int_{x_a^e}^{x_b^e} b(x) \frac{\mathrm{d}^2\phi_i}{\mathrm{d}x^2} \frac{\mathrm{d}^2\phi_j}{\mathrm{d}x^2} \mathrm{d}x$$

在 NGP = 4 时结果是精确的。

假设微分方程(8.1.1)中系数 $a(x)=$ AX、$b(x)=$ BX、$c(x)=$ CX 和 $f(x)=$ FX 随 x 的变化如下(以便使得前述选择的 NGP 是足够的):

$$\text{AX} = \text{AX0} + \text{AX1} * \text{X} + \text{AX2} * \text{X} * \text{X} + \text{AX3} * \text{X} * \text{X} * \text{X}, (a = a_0 + a_1 x + a_2 x^2 + a_3 x^3)$$

$$\text{BX} = \text{BX0} + \text{BX1} * \text{X} + \text{BX2} * \text{X} * \text{X} + \text{BX3} * \text{X} * \text{X} * \text{X}, (b = b_0 + b_1 x + b_2 x^2 + b_3 x^3)$$

$$\text{CX} = \text{CX0} + \text{CX1} * \text{X} (c = c_0 + c_1 x)$$

$$\text{CT} = \text{CT0}, (c_1 = c_0) \text{除了梁}$$

$$\text{CT0 和 CT1}, (c_1 = \text{CT0}, c_2 = \text{CT1}) \text{对于梁来说}$$

$$\text{FX} = \text{FX0} + \text{FX1} * \text{X} + \text{FX2} * \text{X} * \text{X}, (f = f_0 + f_1 x + f_2 x^2)$$

对于轴对称弹性力学问题,(AX0,AX1) 和 (BX0,BX1) 代表圆盘和圆板的杨氏模量 E 和泊松比 v 的输入,其他参数为 0。

式(8.2.21)给出的 Gauss 积分公式可以在计算机中按如下的方法实现。考虑如下形式的 K_{ij}^e:

$$K_{ij}^e = \int_{x_a}^{x_b} \left[a(x) \frac{\mathrm{d}\psi_i^e}{\mathrm{d}x} \frac{\mathrm{d}\psi_j^e}{\mathrm{d}x} + c(x) \psi_i^e \psi_j^e \right] \mathrm{d}x \tag{8.3.10}$$

使用如下的程序变量来表示式(8.3.10)中的量:

$$\text{ELK}(I,J) = K_{ij}^e, \text{SF}(I) = \psi_i^e, \text{GDSF}(I) = \frac{\mathrm{d}\psi_i^e}{\mathrm{d}x}$$

$$\text{AX} = a(x), \text{CX} = c(x), \text{ELK}(I) = x_i^e$$

$$\text{NPE} = n, \text{单元节点数目}$$

在将 x 变换到 ξ 之后:

$$x = \sum_{i=1}^{n} x_i^e \psi_i^e(\xi) \tag{8.3.11}$$

式(8.3.10)中的系数 K_{ij}^e 可以写为:

$$K_{ij}^e = \int_{-1}^{1} \left[a(\xi) \frac{1}{J} \frac{\mathrm{d}\psi_j^e}{\mathrm{d}\xi} \frac{1}{J} \frac{\mathrm{d}\psi_j^e}{\mathrm{d}\psi} + c(\xi) \psi_i^e \psi_j^e \right] J \mathrm{d}\xi \equiv \int_{-1}^{1} F_{ij}^e(\xi) J \mathrm{d}\xi$$
$$= \sum_{I=1}^{\text{NGP}} F_{ij}^e(\xi_I) J W_I \tag{8.3.12}$$

这里 F_{ij}^e 是式(8.3.12)中方括号里的表达式,J 是雅克比系数,ξ_I 和 w_I 分别是第 I 个 Gauss 点和权。

考察式(8.3.12)发现有三个指标 i、j 和 I。将关于 I 的 Gauss 积分放在循环的最外层。在循环的内层,对于每个 i 和 j 计算 F_{ij}^e 在 Gauss 点 ξ_I 的数值,乘以雅克比系数 $J = \dfrac{1}{2}h_e$ 和权 w_I,并对 I 求和:

$$\text{ELK}(i,j) = \text{ELK}(i,j) + F_{ij}^e(\xi_I) J W_I \tag{8.3.13}$$

由于 $\boldsymbol{K}^e$、$\boldsymbol{M}^e$ 和 $\boldsymbol{f}^e$ 是针对 $e = 1, 2, \cdots, \text{NEM}$ 计算的,这里 NEM 是单元的数量,必须初始化所有需要 Gauss 积分计算的数组。初始化必须在 Gauss 积分循环的外部进行。

式(8.3.12)中系数 K_{ij}^e 的计算需要在 Gauss 积分点 ξ_I 处计算 a、c、ψ_i 和 $\mathrm{d}\psi_i/\mathrm{d}\xi$。因此,在对 I 循环的内部,调用子程序 SHAPE1D 来在 Gauss 积分点处计算 ψ_i 和 $\mathrm{d}\psi_i/\mathrm{d}x = (\mathrm{d}\psi_i/\mathrm{d}\xi)/J$。框 8.3.1 给出了计算 $\boldsymbol{K}^e$ 和 $\boldsymbol{f}^e$ 的 Fortran 语句。

同样地,也可以计算所有其他系数(即 M_{ij}^e 和 f_i^e)。通过调用合适的子程序(COEFFCNT 或 TRANSFRM)对所有单元(NEM)进行循环,即可计算场问题的单元属性(即 K_{ij}^e、M_{ij}^e 和 f_i^e)。

8.3.5　单元方程的组装(处理器)

单元方程组的组装在得到单元矩阵后立即进行,不用等到所有的单元矩阵都计算完成。后者需要存储所有的单元矩阵。而前者可以在计算单元矩阵子程序的循环里完成组装。

有限元方程的一个特性是允许通过以上半带的形式组装单元矩阵来节省存储和计算时间。如果单元矩阵是对称的,那么最终的整体(或组装的)矩阵也是对称的,且远离主对角的元素大部分为零。

框 8.3.1　计算单元矩阵的 Fortran 程序

```
C
C        DO-LOOP on number of Gauss points begins here
C
           DO 100 NI=1,NGP
           XI=GAUSPT (NI,NGP)
C
C    Call subroutine SHAPE1D to evaluate interpolation functions
C        and their global derivatives at the Gauss point XI
C
           CALL SHAPE1D(H,IELEM,NPE,XI)
           CONST=GJ * GAUSWT (NI,NGP)
           DO 30 J=1,NPE
      30        X=X+SF(J) * ELX(J)
C
C    Compute coefficient matrices for MODEL=1 and NTYPE=0
C
           CX=CX0+CX1 * X
           FX=FX0+FX1 * X+FX2 * X * X
           AX=AX0+AX1 * X+AX2 * X * X+AX3 * X * X * X
           DO  50  J  =  1,NPE
               ELF(J) = ELF(J) + CONST * SF(J) * FX
               DO  50  I  =  1,NPE
                AIJ = CONST * GDSF(I) * GDSF(J)
                CIJ = CONST * SF(I)  * SF(J)
      50        ELK(I,J)=ELK(I,J)+AX * AIJ+CX * CIJ
     100        CONTINUE
```

　　因此,存储整体矩阵的上半带是足够的。矩阵的半带宽定义如下。令 N_i 为第 i 行最后一个非零元素与对角元素之间的元素个数,其后该行的所有元素均为零;半带宽是 (N_i+1) 的最大值:

$$b_I = \max_{1 \leqslant i \leqslant n}(N_i+1)$$

式中,n 是矩阵的行数(或者问题的方程数)。对于这种带状的方程组,可使用通用的求解器进行求解。

　　组装(即整体)有限元矩阵的半带宽 NHBW 可以由有限元程序自己确定。组装矩阵的半带特征受有限元插值函数(即 ψ_i^e 只在单元 Ω^e 上是非零的)自身的特性影响。如果两个整体节点不属于同一个单元,那么相应的矩阵元素为零:

　　$K_{IJ}=0$,如果整体节点 I 和 J 不属于同一个单元

该属性可以确定组装矩阵的半带宽(NHBW):

$$\mathrm{HNBW} = \max_{\substack{1 \leqslant N \leqslant \mathrm{NEM} \\ 1 \leqslant I,J, \leqslant \mathrm{NPE}}} \{\mathrm{abs}[\mathrm{NOD}(N,I)-\mathrm{NOD}(N,J)]+1\} \times \mathrm{NDF} \tag{8.3.14a}$$

式中,

$$\begin{aligned}\mathrm{NEM} &= 单元数目 \\ \mathrm{NPE} &= 单元节点数目 \\ \mathrm{NDF} &= 单元自由度数\end{aligned} \tag{8.3.14b}$$

　　比如,对于单元按顺序排列且整体节点顺序编号的一维问题,单元节点编号最大差别是 NPE-1。因此

$$\mathrm{NHBW} = [(\mathrm{NPE}-1)+1] \times \mathrm{NDF} = \mathrm{NPE} \times \mathrm{NDF} \tag{8.3.15}$$

当然,NHBW 一般小于或等于网格主自由度的数目(即有限元方程的数目 NEQ)。

　　将单元矩阵 K_{ij}^e 以上半带的形式组装到整体系数矩阵 K_{ij} 中的逻辑是,当 $J<I$ 或 $J>$NHBW 时可以跳过组装程序。如图 8.3.3 所示,组装方阵(即全存储形式)的主对角是组装半带矩阵(即半带存储形式)的第一列。上半对角(平行于主对角)分别放在其余各自对应的列里。因此,半带矩阵的规格是 NEQ×NHBW。

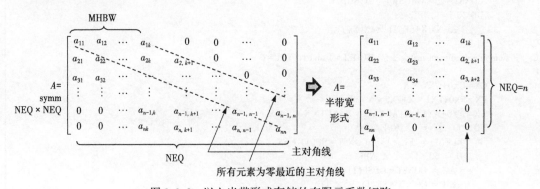

图 8.3.3　以上半带形式存储的有限元系数矩阵

典型单元 Ω^e 的单元系数 K_{ij}^e 和 f_i^e 可以分别组装到整体系数矩阵 K 和源向量 F 里面。如果单元的第 i 个节点是整体第 I 个节点,且单元的第 j 个节点是整体第 J 个节点,则有:

$$K_{IJ} = K_{IJ} + K_{ij}^e, F_I = F_I + F_i^e \quad (\text{当 NDF} = 1) \tag{8.3.16a}$$

I 和 J 的值可以基于数组 NOD 得到:

$$I = \text{NOD}(e, i), J = \text{NOD}(e, j) \tag{8.3.16b}$$

这里 e 是单元编号。注意到 I 和 J 可能与其他单元 Ω^m 的 i 和 j 相同。此时,组装时 K_{ij}^m 将会被加到已有的系数 K_{IJ} 里。对于 NDF>1,这仍然成立,只需:

$$K_{(NR)(NC)} = K_{((i-1)*NDF+p)((j-1)*NDF+q)}^e \quad (p, q = 1, 2, \cdots, NDF) \tag{8.3.17a}$$

式中,

$$NR = (I-1) \times NDF + p, NC = (J-1) \times NDF + q \tag{8.3.17b}$$

且 I 和 J 与式(8.3.16b)里的 i 和 j 有关。这些思想都在子程序 ASSEMBLE 里实现。

8.3.6 边界条件的施加(处理器)

通过子程序(BOUNDARY)在主要和次要整体自由度上施加边界条件,对于二维和三维问题来说也是一样的。对于所有问题一共有 3 类边界条件:

(1)本质边界条件,即边界条件施加在主变量上(Dirichlet 边界条件)。

(2)自然边界条件,即边界条件施加在次变量上(Neumann 边界条件)。

(3)混合(或牛顿)边界条件(即一个节点上的边界条件与主变量和次变量有关)。

接下来讨论在计算方案里施加这三类边界条件。

8.3.6.1 给定主变量

通过如下 3 个操作可实现给定主变量边界条件,其包括修改整体系数矩阵(GLK)和右端列向量(GLF):

(1)将每行已知部分移到右端项。

(2)将与已知的主变量相对应的 GLK 的行和列赋零,并令主对角元素为1。

(3)将右端项相应部分的数值赋为给定的变量值。

为了展示整个过程,考虑如下 N 个满阵形式的代数方程组:

$$\begin{bmatrix} K_{11} & K_{12} & K_{13} & \cdots & K_{1N} \\ K_{21} & K_{22} & K_{23} & \cdots & K_{2N} \\ K_{31} & K_{32} & K_{33} & \cdots & K_{3N} \\ \cdots & \cdots & \cdots & \cdots & \cdots \\ K_{N1} & K_{N2} & K_{N3} & \cdots & K_{NN} \end{bmatrix} \begin{Bmatrix} U_1 \\ U_2 \\ U_3 \\ \cdots \\ U_N \end{Bmatrix} = \begin{Bmatrix} F_1 \\ F_2 \\ F_3 \\ \cdots \\ F_N \end{Bmatrix} + \begin{Bmatrix} Q_1 \\ Q_2 \\ Q_3 \\ \cdots \\ Q_N \end{Bmatrix}$$

式中,U_I 是整体主变量,F_I 是由控制方程中源项(f 或 q)引起的整体源向量,Q_I 是整体次变量❶,K_{IJ} 是组装的系数矩阵。假设 $U_P = \hat{U}_P$ 是给定的(注意相应的次要自由度 Q 是未知的)。

---

❶ 实际上,关于 Q 的列向量在计算机里是不存在的;只有当特定的 Q 是已知的(且相应的 U 是未知的),我们才将这个特定的值加到列向量 F_S 里。

令 $K_{PP}=1$ 且 $F_P==\hat{U}_P$;然后对于 $I=1,2,\cdots,N$ 且 $I\neq P$ 令 $K_{PI}=K_{IP}=0$。特别地,对于 $P=2$,修改后的方程组为

$$
\begin{bmatrix}
K_{11} & 0 & K_{13} & K_{14} & \cdots & K_{1N} \\
0 & 1 & 0 & 0 & \cdots & 0 \\
K_{31} & 0 & K_{33} & K_{34} & \cdots & K_{3n} \\
\cdots & \cdots & \cdots & \cdots & \cdots & \cdots \\
K_{n1} & 0 & K_{n3} & K_{n4} & \cdots & K_{nn}
\end{bmatrix}
\begin{Bmatrix}
U_1 \\ U_2 \\ U_3 \\ \cdots \\ U_n
\end{Bmatrix}
=
\begin{Bmatrix}
\hat{F}_1 \\ \hat{U}_2 \\ \hat{F}_3 \\ \cdots \\ \hat{F}_n
\end{Bmatrix}
$$

式中,

$$
\hat{F}_I = F_I - K_{I2}\hat{U}_2 \quad (I=1,3,4,5,\cdots,N;I\neq 2)
$$

因此,一般来说,如果 $U_P=\hat{U}_P$ 是已知的,对于 $I=1,2,\cdots,P-1,P+1,\cdots,N(I\neq P)$ 有

$$
K_{PP}=1,F_P=\hat{U}_P;\hat{F}_I=F_I-K_{IP}\hat{U}_P;K_{PI}=K_{IP}=0,I\neq P
$$

针对每一个给定的主自由度重复此过程。这可以保留原有矩阵的顺序(包括其对称性,如果有的话),且给定的主要自由度边界条件也可以作为最终解向量的一部分。当然,本方法应该在半带的方程组里实现。

8.3.6.2　给定次变量

直接将给定值 Q_I 加到由分布源项产生的 F_I 上去,即可在第 I 个方程实现给定次要自由度边界条件。假设对应于第 I 个整体方程的给定点源为 $\hat{Q}_I$。则

$$
F_I \leftarrow \hat{Q}_I + F_I \quad (\text{即,用 } \hat{Q}_I+F \text{ 替换 } F_I)
$$

这里 F_I 是由分布源项产生的(F_I 在单元计算部分计算并组装)。

8.3.6.3　混合边界条件

举个例子,模型 1 的混合边界条件有如下的形式:

$$
a\frac{\mathrm{d}u}{\mathrm{d}x} + \beta(u-\bar{u}) = 0(\beta \text{ 和 } \bar{u} \text{ 为已知参数}) \tag{8.3.18}
$$

其同时包含主变量 u 和次变量 $a\mathrm{d}u/\mathrm{d}x$。用 $-\beta_I(U_I-\bar{U}_I)$ 替换第 I 个整体方程里的 $a\mathrm{d}u/\mathrm{d}x$:

$$
Q_I = -\beta_I(U_I-\bar{U}_I)
$$

这相当于在对角元素 K_{II} 上增加一个 β_I:

$$
K_{II} \leftarrow K_{II} + \beta_I
$$

同时在 F_I 上增加一个 $\beta_I\bar{U}_I$:

$$
F_I \leftarrow F_I + \beta_I\bar{U}_I(\text{即,在 } F_I \text{ 上加上 } \beta_I\bar{U}_I)
$$

对于边值、初值和特征值问题,这三类边界条件都在子程序 BOUNDARY 里实现。

BOUNDARY 子程序使用了如下的变量：

NSPV 给定主变量的数目；

NSSV 给定次变量的数目；

NNBC 牛顿边界条件的数目；

VSPV 给定主变量 $\hat{U}$ 值的列数；

VSSV 给定次变量 $\hat{F}$ 值的列数；

VNBC 给定牛顿边界条件 β 值的列数；

UREFC 参考数值 $\overline{U}$ 的列数；

ISPV 给定数值的整体节点数组 ISPV(I,1)和局部自由度 ISPV(I,2)；

ISSV 和 INBC 数组采用了类似的定义。

8.3.7 方程组的求解和后处理

子程序 EQNSOLVR 用于求解半带的方程组,结果向量返回在数组 GLF 中(这是输入子程序 EQNSOLVR 的整体右端项)。程序采用高斯消元法和回代进行求解。关于高斯消元法求解线性代数方程组的讨论,读者可以参考 Carnahan、Luther 和 Wilkes 的书[1]。

后处理包括计算域内给定点的结果及其梯度。给定点包括单元的边界点、中点以及在边界点和中点之间均布的三个点。也可以选择其他点(比如 Gauss 点)。子程序 POSTPROC 用于计算单元内给定点 x_0 处的解及其导数,对于一个 Lagrange 单元,有

$$u^e(x_0) = \sum_{j=1}^{n} u_j^e \psi_j^e(x_0), \left(\frac{\mathrm{d}u^e}{\mathrm{d}x}\right)\bigg|_{x_0} = \sum_{j=1}^{n} u_j^e \left(\frac{\mathrm{d}\psi_j^e}{\mathrm{d}x}\right)\bigg|_{x_0} \tag{8.3.19}$$

对于 Hermite 三次单元,有

$$w^e(x_0) = \sum_{j=1}^{4} u_j^e \phi_j^e(x_0), \left(\frac{\mathrm{d}^m w^e}{\mathrm{d}x^m}\right)\bigg|_{x_0} = \sum_{j=1}^{4} u_j^e \left(\frac{\mathrm{d}^m \phi_j^e}{\mathrm{d}x^m}\right)\bigg|_{x_0} \ (m=1,2,3) \tag{8.3.20}$$

为了计算弯矩和剪力,对于 Hermite 三次单元需要计算其二阶和三阶导数。单元 Ω^e 的节点值 u_j^e 可利用整体节点值 U_I 按照如下的方法得到：

$$u_j^e = U_I, I = \text{NOD}(e, j),\ \text{当 NDF} = 1 \tag{8.3.21a}$$

对于 NDF>1,I 为 $I = [\text{NOD}(e, j) - 1] \times \text{NDF}$ 且

$$u_{(j-1)*\text{NDF}+p}^e = U_{I+p} \ (p = 1, 2, \cdots, \text{NDF}) \tag{8.3.21b}$$

随着微分阶次的升高,求导过程中的误差经过传递会越来越大,因此导致结果的导数往往不是精确的。比如,基于如下定义计算 Euler-Bernoulli 梁的剪力,除了在单元边界上是不连续的,而且也有相当大的误差：

$$V(x_0) = \frac{\mathrm{d}}{\mathrm{d}x}\left(EI\frac{\mathrm{d}^2 w}{\mathrm{d}x^2}\right)\bigg|_{x_0} = \sum_{j=1}^{n} u_j^e \left[\frac{\mathrm{d}}{\mathrm{d}x}\left(EI\frac{\mathrm{d}^2 \phi_j^e}{\mathrm{d}x^2}\right)\bigg|\right]\bigg|_{x_0} \tag{8.3.22}$$

精度随着网格细化和单元阶次的升高增加得很慢。利用式(8.3.22)得到的物理量如果

在 Gauss 点上计算,其精度会更高。如果想在节点上得到次变量较高精度的结果,推荐基于单元方程的计算方法:

$$Q_i^e = \sum_{j=1}^{n} K_{ij}^e u_j^e - f_i^e (i = 1,2,\cdots,n) \tag{8.3.23}$$

但是,这需要重新计算或者存储单元矩阵 K_{ij}^e 和 f_i^e。注意到利用式(8.3.23)计算得到的节点广义力在节点上是精确的。

8.4　程序 FEM1D 的应用

8.4.1　简介

计算机程序 FEM1D 包含了前几节提到的思想方法,其目的在于演示第 3 章至第 7 章中发展的各种一维场问题的有限元模型的应用,其中有些本书并没有详细讨论而是给出了模型的方程。程序 FEM1D 适用于作为初学有限元方法的学生的教学有限元程序(可访问网址 http://mechanics/tamu.edu 获得源程序和可执行程序)。出于简洁和易于理解的考虑,本书只讨论模型方程并在程序中直接实现。本程序可以通过修改来扩展应用供个人高效应用(自从 1984 年第一版发布以来已有上千位同学和研究者这么做了)。

表 8.4.1 包含各种模型问题中变量的定义及其在程序中的变量名称。本表可以作为针对不同问题选择诸如 AX0 和 AX1 等变量值的一个参考[本表不包括高阶项对应的 $a(x)$ 和 $b(x)$]。变量 NTHER 也需读入以选择是否考虑温度效应(NTHER = 0,否;NTHER = 1,是)(表 8.4.2)。MODEL = 0 和 NTYPE = 0 时可以采用离散单元。

表 8.4.1　各种模型问题的程序变量的含义

场问题	MODEL CX0	NTYPE CX1	ITEM[1] FX0	AX0 FX1	AX1 FX2	BX0 CT0[2]	BX1 CT1[2]
1. 平面墙	1	0	1	k_0	k_1	0	0
	0	0	f_0	f_1	f_2	ρ_0	ρ_1
2. 翅片中的热量流动	1	0	1	$(kA)_0$	$(kA)_1$	0	0
	$(\rho c_v)_1$	$(\rho c_v)_2$	f_0	f_1	f_2	ρ_0	ρ_1
3. 轴对称热传递	1	0	1	0	k_1	0	0
	0	0	f_1	f_2	0	ρ_1	0
4. 通道中的黏性流动	1	0	1	μ_0	μ_1	0	0
	0	0	f_0	f_1	f_2	ρ_0	ρ_1
5. 管道中的黏性流动	1	0	1	0	μ_1	0	0
	0	0	f_1	f_2	0	ρ_1	0
6. 单向渗流	1	0	1	μ_0	μ_1	0	0
	0	0	f_0	f_1	f_2	ρ_0	ρ_1
7. 轴对称渗流(地下水径流)	1	0	1	0	μ_1	0	0
	0	0	f_1	f_2	0	ρ_1	0

续表

场问题	MODEL CX0	NTYPE CX1	ITEM[1] FX0	AX0 FX1	AX1 FX2	BX0 CT0[2]	BX1 CT1[2]
8. 杆的轴向变形	1	0	2	$(AE)_0$	$(AE)_1$	0	0
	$(\rho A)_1$	$(\rho A)_2$	f_0	f_1	f_2	$(\rho A)_0$	0
9. 圆盘的轴对称变形	1	1	2	E_1	E_2	v_{12}	H
	$(\rho H)_1$	$(\rho H)_2$	f_0	f_1	f_2	$(\rho A)_0$	0
10. 圆柱的轴对称变形	1	2	2	E_1	E_2	v_{12}	H
	$(\rho)_1$	$(\rho)_2$	f_0	f_1	f_2	$(\rho A)_0$	0
11. Euler-Bernoulli 梁理论	3	0	2	0	0	$(EI)_0$	$(EI)_1$
	ρA	ρI	f_0	f_1	f_2	ρA	ρI
12. 圆板的 Euler-Bernoulli 理论	3	1	2	E_1	E_2	v_{12}	H
	$(\rho H)_1$	$(\rho H)_2$	f_0	f_1	f_2	ρH	$\rho H^3/12$
13. Timoshenko 梁理论（RIE）[3]	2	0	2	$(SK)_0$	$(SK)_1$	$(EI)_0$	$(EI)_1$
	$(\rho A)_1$	$(\rho A)_2$	f_0	f_1	f_2	ρA	ρI
14. Timoshenko 梁理论（CIE）[3]	2	2	2	$(SK)_0$	$(SK)_1$	$(EI)_0$	$(EI)_1$
	$(\rho A)_1$	$(\rho A)_2$	f_0	f_1	f_2	ρA	ρI
15. 圆板的 Timoshenko 理论（RIE）	2	1	2	E_1	E_2	v_{12}	H
	c_0	c_1	f_0	f_1	$K_s G_{13}$	ρH	$\rho H^3/12$
16. 圆板的 Timoshenko 理论（CIE）	2	3	2	E_1	E_2	v_{12}	H
	c_0	c_1	f_0	f_1	$K_s G_{13}$	ρH	$\rho H^3/12$
17. 平面桁架[4]	4	0	0	0	0	0	0
18. Euler-Bernoulli 框架单元	4	1	0	0	0	0	0
19. Timoshenko RIE 框架单元	4	2	0	0	0	0	0
20. Timoshenko CIE 框架单元	4	3	0	0	0	0	0

① 只适用于时间相关问题；如果需要稳态解，令 ITEM = 0。

②只适用于瞬态分析；对于桁架和框架问题瞬态分析选项在 FEM1D 中不可用。

③$S = GA, K_s$ 为剪切修正系数（$K_s = 5/6$）。

④对于场问题 17~19，其他参数（CX0、CX1、FX0、FX1、FX2、CT0、CT1）无需读入；对于结构的每个元件诸如 $A = SA, L = $ SL 等参数均需读入：SE = 模量 E，SA = 横截面积 A，SI = 惯性矩 I，CN = $\cos\alpha$，SN = $\sin\alpha$（表 8.4.2）。

8.4.2 示例

这里重新回顾之前讨论过的一些例子来演示 FEM1D 的应用。只给出了输入数据的若干关键讨论，但是也给出了每个问题完整的输入文件。出于简洁性的考虑，大多数问题完整的输出文件并没有给出。

表 8.4.2 给出了程序 FEM1D 中输入数据的定义。表 8.4.2 中"跳过"意思是该输入数据被忽略了（即无需输入数据）。对于"自由格式"，每个"数据行"（用这个术语来引导一个输入序列）的变量从同一行中读入；如果该行没有足够的输入，那么计算机会在接下来的下一行继续寻找。但是，从不同数据行读入的数据不能放进同一行，必须新开一行。每行后面的空间

可用于写注释。比如,在所有输入数据列出来之后,可以在注释里将变量名称写出来。如果数据不完整或者格式不对(比如一个实数放到了整数的位置),计算机可能会返回部分的输出文件。有时候,跟使用的 Fortran 编译器有关,类似"end of unit 5"(意思是没有提供足够的输入数据)可能会出现在屏幕上。

表 8.4.2　程序 FEM1D 输入变量的描述

・输入 1:*TITLE*(待求解问题的名称-仅一行)
・输入 2:*MODEL NTYPE ITEM NTHER*
MODEL 和 NTYPE 指模型方程和分析类型,如下所示:
MODEL=0,NTYPE=0 使用离散单元的问题
MODEL=1,NTYPE=0 式(7.2.1)或(7.2.2)描述的模型方程的问题
MODEL=1,NTYPE=1 轴对称圆盘(平面应力)问题
MODEL=1,NTYPE>1 轴对称圆盘(平面应变)问题
MODEL=2,NTYPE=0 Timoshenko 梁(RIE)问题
MODEL=2,NTYPE=1 Timoshenko 圆板(RIE)问题
MODEL=2,NTYPE=2 Timoshenko 梁(CIE)问题
MODEL=2,NTYPE>2 Timoshenko 圆板(CIE)问题
MODEL=3,NTYPE=0 Euler-Bernoulli 梁问题
MODEL=3,NTYPE>0 Euler-Bernoulli 圆板问题
MODEL=4,NTYPE=0 平面桁架问题
MODEL=4,NTYPE=1 Euler-Bernoulli 框架问题
MODEL=4,NTYPE=2 Timoshenko(RIE)框架问题
MODEL=4,NTYPE=3 Timoshenko(CIE)框架问题
ITEM=瞬态分析标识符:
ITEM=0 稳态分析
ITEM=1 抛物型方程的瞬态分析
ITEM=2 双曲型方程的瞬态分析
ITEM=3 特征值分析
ITEM=4 屈曲分析
NTHER=是否考虑热效应的标识符
・输入 3:*IELEM NEM*
IELEM 有限单元类型的标识符
IELEM=1 线性 Lagrange 单元
IELEM=2 二次 Lagrange 单元
IELEM=3 三次 Hermite 单元
NEM 是单元数目
・输入 4:*ICONT NPRNT*
ICONT 是问题数据连续性的标识符
ICONT=1 数据(AX、BX、CX、FX 和网格)是连续的
ICONT=0 数据是单元依赖的
NPRNT 是打印单元/整体矩阵的标识符
NPRNT=0 不打印单元或整体矩阵,但是后处理结果并打印
NPRNT=1 只打印单元 1 的系数矩阵,但是后处理结果并打印
NPRNT=2 打印单元 1 和整体系数矩阵,但是不后处理结果

NPRNT>2 既不打印单元或整体矩阵,也不后处理结果

对于桁架和框架问题(MODEL=4)跳过输入 5~17,对于 MODEL>0 且<4 读入输入 5~17。

· 输入 5:DX(I)[关于单元长度的数组;DX(1)是网格中节点 1 的整体坐标;DX(I)(I=2,NEM1)是第 I-1 个单元的长度,这里 NEM1=NEM+1 且 NEM 是单元数目]

输入 6~9 定义了模型方程中的系数。所有的系数用整体坐标 x 表示。表 8.4.1 给出了这些系数的含义。

· 输入 6:AX0 AX1 AX2 AX3[多项式 $a(x)=a_0+a_1x+a_2x^2+a_3x^3$ 的常数、线性、二次和三次项系数]

· 输入 7:BX0 BX1 BX2 BX3[多项式 $b(x)=b_0+b_1x+b_2x^2+b_3x^3$ 的常数、线性、二次和三次项系数]

· 输入 8:CX0 CX1[多项式 $c(x)=c_0+c_1x$ 的常数和线性项系数]

对于特征值问题跳过输入 9(比如当 ITEM=3 时)

· 输入 9:FX0 FX1 FX2[多项式 $f(x)=f_0+f_1x+f_2x^2$ 的常数、线性和二次项系数]

如果 NTHER=0 跳过输入 10

· 输入 10:CTE TEMP(热膨胀系数和温升)

如果数据是连续的(ICONT≠0)跳过输入 11~15。对于每个单元输入 11~15(即 NEM 次)。所有系数都是关于局部坐标 $\bar{x}$ 的。

· 输入 11:DCAX(I)($a(x)$ 的系数)

· 输入 12:DCBX(I)($b(x)$ 的系数)

· 输入 13:DCCX(I)($c(x)$ 的系数)

· 输入 14:DCFX(I)($f(x)$ 的系数)

· 输入 15:DCTE(I) DTEMP(I)(当 NTHER 非零时)

只有当 MODEL=0 且 NTYPE=0 时(离散单元)读入输入 16 和 17

· 输入 16:NNM(网格中整体节点的数目)

· 输入 17:ES(N)(NOD(N,I),I=1,2;ES(N)=单元 N 的等效"刚度";NOD(N,I)=对应于第 N 个单元第 I 个节点的整体节点(I=1,NPE))

只对框架问题(MODEL=4 且 NTYPE>0)时读入输入 18~21

· 输入 18:NNM(网格中整体节点的数目)

· 输入 19:对每个单元读入如下变量:

PR-材料的泊松比(对于 EBT 不适用)

SE-材料的杨氏模量

SL-单元长度

SA-单元的横截面积

SI-单元的惯性矩

CS-单元的方向余弦

SN-单元的方向正弦;角度从整体 x 轴开始逆时针方向为正

· 输入 20:对每个单元读入如下变量:

HF-水平分布力密度

VF-横向分布力密度

PF-单元上的点载荷

XB-沿单元长度方向从节点 1 开始到载荷作用点的距离

CNT-载荷 PF 的方向余弦

SNT-载荷 PF 的方向正弦;角度从单元的 $\bar{x}$ 轴开始逆时针方向为正

· 输入 21:NOD(单元的连接性;NOD(N,I)=对应于第 N 个单元的第 I 个节点的整体节点编号(I=1,NPE))

只对桁架问题(MODEL=4 且 NTYPE=0)读入输入 22 和 23

· 输入 22:对每个单元读入如下变量:

SE-材料的杨氏模量

SL-单元长度

SA-单元的横截面积

CS-单元的方向余弦

SN-单元的方向正弦;角度从整体 x 轴开始逆时针方向为正

HF-水平分布力密度

· 输入 23:$NOD(N,I)$ 单元的连接性:$NOD(N,I)$=对应于第 N 个单元的第 I 个节点的整体节点编号($I=1,NPE$)

· 输入 24:$NCON$(斜支撑的数目)

如果没有给定斜支撑条件($NCON=0$)跳过输入 25。

· 输入 25:从 $I=1$ 到 $NCON$ 读入如下变量:

$ICON(I)$-支撑的整体节点编号

$VCON(I)$-整体 x 轴和斜支撑法向的夹角(用度表示)

· 输入 26:$NSPV$[给定数值的基本自由度数目(DOF)]

如果没有给定的主变量(PV)跳过输入 27($NSPV=0$)。

· 输入 27:从 $I=1$ 到 $NSPV$ 读入如下变量:

$ISPV(I,1)$-给定 PV 的节点编号

$ISPV(I,2)$-节点上局部基本 DOF 的给定值

$VSPV(I)$-PV 的给定值(特征值问题时无需读入)

对特征值问题(即 ITEM=3)跳过输入 28

· 输入 28:$NSSV$(给定的非零次变量的数目,SV)

如果没有给定的 SV($NSSV=0$)跳过输入 29。

· 输入 29:从 $I=1$ 到 $NSSV$ 读入如下变量:

$ISSV(I,1)$-给定 SV 的节点编号

$ISSV(I,2)$-节点上局部次要 DOF 的给定值

$VSSV(I)$-SV 的给定值

· 输入 30:$NNBC$(牛顿或混合边界条件的数目)

如果没有混合边界条件($NNBC=0$)跳过输入 31。混合边界的格式为:$SV+VNBC*(PV-UREF)=0$。

· 输入 31:从 $I=1$ 到 $NNBC$ 读入如下变量:

$INBC(I,1)$-给定混合 BC 的节点编号

$INBC(I,2)$-节点上 PV 和 SV 局部 DOF 的给定值

$VNBC(I)$-BC 中 PV 系数的值

$UREF(I)$-PV 的参考值

· 输入 32:$NMPC$(多点约束的数目)

如果没有多点约束条件($NMPC=0$)跳过输入 33。多点约束条件的格式为[参见式(6.4.2a,b)和式(6.4.7)]:

VMPC($\cdot$,1)*PV1+VMPC($\cdot$,2)*PV2=VMPC($\cdot$,3)

VMPC($\cdot$,2)*SV1-VMPC($\cdot$,1)*SV2=VMPC($\cdot$,4)

· 输入 33:从 I=1 到 NMPC 读入如下变量:

$IMC1(I,1)$-与 PV1 相关的节点编号

$IMC1(I,2)$-PV1 的局部 DOF 的给定值

$IMC2(I,1)$-与 PV2 相关的节点编号

$IMC2(I,2)$-PV2 的局部 DOF 的给定值

VMPC($\cdot$,I)-约束方程中系数的数值

VMPC($\cdot$,4)-PV1 或者 PV2 给定的力的数值。

如果 ITEM=0(只在时间相关或特征值问题时读入)跳过输入 34 和 35。

续表

- 输入 34:$CT0$(当 MODEL=1 时)
- 输入 35:$CT0$ $CT2$(当 MODEL>1 时;主惯量和转动惯量)

如果是稳态分析或特征值分析,跳过剩余的输入(当 ITEM=0 或 ITEM=3 时)

- 输入 36:DT $ALFA$(只有当 ITEM=1 时读入)
- 输入 37:DT $ALFA$ $GAMA$(只有当 ITEM=2 时读入)

DT,时间增量步,假设为均匀的

ALFA,时间近似格式里的参数

GAMA,时间近似格式里的参数

- 输入 38:$INCOND$(初始条件标识符) $NTIME$ $INTRVL$

INCOND=0,齐次(零)初始条件

INCOND>0,非齐次初始条件

NTIME,求解时间步的步数

INTRVL,打印结果时时间步的间隔

如果初始条件为零(INCOND=0)跳过输入 39 和 40

- 输入 39:$GU0(I)$(主变量初始值数组)

对抛物型问题(ITEM=1)跳过输入 40

- 输入 40:$GU1(I)$(主变量一阶时间导数的初始值数组)

译者注:"-"代表对读入变量的解释。

在本章的剩下部分给出一些例子来展示程序 FEM1D 在分析它们时的应用,大多数例子来自第 3~7 章。

例 8.4.1

考虑例 4.2.2 里的热传递问题。其控制方程为

$$-\frac{\mathrm{d}^2\theta}{\mathrm{d}x^2}+m^2\theta=0 \ \text{且} \ 0<x<L;\theta(0)=\theta_0,\left(\frac{\mathrm{d}\theta}{\mathrm{d}x}\right)\Big|_{x=L}=0 \tag{1}$$

式中,$\theta=T-T_\infty$ 是温度与参考温度 T_∞ 的温差,L、m^2、θ_0、β 和 k 为

$$L=0.05\mathrm{m},m^2=400/\mathrm{m}^2,\theta_0=300℃$$
$$\beta=100\mathrm{W}/(\mathrm{m}^2\cdot℃),k=50\mathrm{W}/(\mathrm{m}\cdot℃) \tag{2}$$

对于这个问题,MODEL=1,NTYPE=0,ITEM=0(求稳态解),NTHER=0(没有温度变化)。由于对所有单元来说均有 $a=1.0$ 和 $c=m^2=P\beta/Ak=400$,令 ICONT=1,AX0=1.0,CX0=400。本问题中所有其他系数为 0[包括 $b=0$ 和 $q=0$]。对于 4 个二次单元的均匀网格划分(NEM=4,IELEM=2),数组 DX(I)[DX(1)总是节点 1 的 x 坐标(参见图 8.4.1)且 $h=L/4=0.05/4=0.0125$]的增量为:DX={0.0,0.0125,0.0125,0.0125,0.0125}。

问题的边界条件变为 $U_1=0$ 和 $Q_3^4=0$。这里有一个给定主变量(NSPV=1)的边界条件(BC),且节点 1 的自由度(DOF)(对于热传递问题,只有一个自由度)为:ISPV(1,1)=1,ISPV(1,2)=1。给定的数值为 VSPV(1)=300。由于自然边界条件($Q_3^4=0$)是齐次的,因此无需在源向量的相应位置加零(即 NSSV=0)。本问题没有混合(即对流)边界条件(NNBC=0)或多点约束(NMPC=0)。框 8.4.1 给出了用 FEM1D 分析该问题时所需的完整的输入数据,框 8.4.2 给出了部分的输出文件。

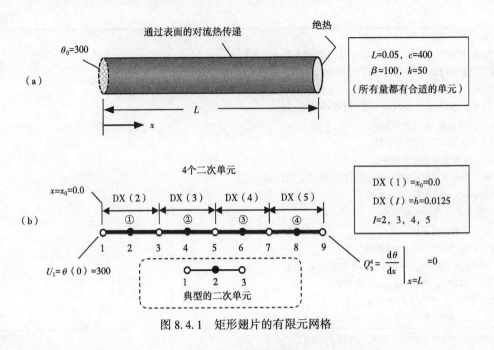

图 8.4.1　矩形翅片的有限元网格

框 8.4.1　例 8.4.1 中问题的 FEM1D 输入文件

```
Example 4-2-2:Heat transfer in a rectangular fin (4Q)
 1  0  0  0                              MODEL,NTYPE,ITEM,NTHER
 2  4                                    IELEM,NEM
 1  1                                    ICONT,NPRNT
 0.0  0.0125  0.0125  0.0125  0.0125     DX(1)=X0;DX(2),etc.
 1.0  0.0  0.0  0.0                      AX0,AX1,AX2,AX3
 0.0  0.0  0.0  0.0                      BX0,BX1,BX2,BX3
 400.0  0.0                              CX0,CX1
 0.0  0.0  0.0                           FX0,FX1,FX2
 1                                       NSPV
 1  1  300.0                             ISPV(1,),ISPV(1,2),VSPV(1)
 0                                       NSSV
 0                                       NNBC
 0                                       NMPC
```

框 8.4.2　例 8.4.1 中问题的 FEM1D 部分输出

```
SOLUTION(values of PVs) at the NODES:
 0.30000E+03          0.27371E+03          0.25171E+03          0.23364E+03
 0.21923E+03          0.20825E+03          0.20052E+03          0.19594E+03
 0.19442E+03
      x                  PV(U)                SV(a*DU)
 0.00000E+00          0.30000E+03          -0.45487E+04
 0.25000E-01          0.21923E+03          -0.20133E+04
 0.25000E-01          0.21923E+03          -0.20179E+04
 0.50000E-01          0.19442E+03           0.20336E+01
```

例 8.4.2

考虑例 4.4.2 里复合杆的热传递问题。由于 EA 是不连续的（且 $h_1 \neq h_2$），因此这是一种非连续数据（ICONT=0）问题。图 8.4.2 给出了 2 个线性单元的网格划分，框 8.4.3 给出了输入数据和采用 2 个二次单元的部分输出。

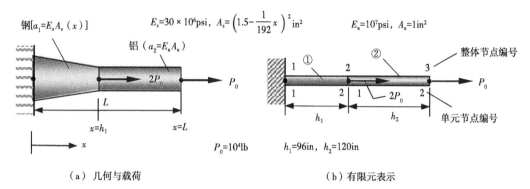

钢[$a_1 = E_s A_s(x)$]　　$E_s = 30 \times 10^6 \text{psi}$, $A_s = \left(1.5 - \frac{1}{192}x\right)^2 \text{in}^2$　　$E_a = 10^7 \text{psi}$, $A_a = 1 \text{in}^2$

铝（$a_2 = E_a A_a$）

整体节点编号

$2P_0$

P_0

L

单元节点编号

$x = h_1$　　$x = L$

h_1　　h_2

x

$P_0 = 10^4 \text{lb}$　　$h_1 = 96 \text{in}$, $h_2 = 120 \text{in}$

（a）几何与载荷　　　　　　　　（b）有限元表示

图 8.4.2　复合杆的轴向变形

框 8.4.3　基于二次单元的例 8.4.2 的输入和部分输出

```
Example 4-4-2: Axial deformation of a composite bar
 1 0 0 0                                MODEL,NTYPE,ITEM,NTHER
 2 2                                    IELEM,NEM
 0 1                                    ICONT,NPRNT
 0.0 96.0 120.0                         DX(I)
 67.5E6 -4687.5E2 8.138E2              0.0 AX0,AX1,AX2,AX3
 0.0 0.0 0.0 0.0                        BX0,BX1,BX2,BX3
 0.0 0.0                                CX0,CX1
 0.0 0.0 0.0                            FX0,FX1,FX2
 10.E6 0.0 0.0 0.0                      AX0,AX1,AX2,AX3
 0.0 0.0 0.0 0.0                        BX0,BX1,BX2,BX3
 0.0 0.0                                CX0,CX1
 0.0 0.0 0.0                            FX0,FX1,FX2
 1                                      NSPV
 1 1 0.0                                ISPV(1,1),ISPV(1,2),VSPV(1)
 2                                      NSSV
 3 1 2.0E4                              ISPV(2,1),ISPV(2,2),VSPV(2)
 5 1 1.0E4                              ISPV(3,1),ISPV(3,2),VSPV(3)
 0                                      NNBC
 0                                      NMPC
SOLUTION(values of PVs)at the NODES:
    0.00000E+00          0.25717E-01          0.63917E-01          0.12392E+00
    0.18392E+00
        X                  PV(U)                SV(a*DU)
    0.00000E+00          0.00000E+00          0.27386E+05
    0.96000E+02          0.63917E-01          0.10000E+05
    0.21600E+03          0.18392E+00          0.10000E+05
```

例 8.4.3

求旋转圆盘的变形和应力,其角速度为 ω,半径为 R_0,恒定厚度为 H,材料为均匀各向同性的 (E,v)。其控制方程为(参见题 4.34)

$$-\frac{1}{r}\frac{\mathrm{d}}{\mathrm{d}r}\left[c\left(r\frac{\mathrm{d}u}{\mathrm{d}r}+vu\right)\right]+\frac{c}{r}\left(\frac{u}{r}+v\frac{\mathrm{d}u}{\mathrm{d}r}\right)=\rho\omega^2 r,0<r<R_0 \tag{1}$$

$$c=\frac{E}{1-v^2} \tag{2}$$

对于本问题(平面应力),有 $MODEL=1,NTYPE=1,ITEM=0,NTHER=0$。对于 2 个二次单元的网格划分(参见图 8.4.3;$IELEM=2,NEM=2$),$ICONT=1$,且:

$$\{DX\}=\{0.0,0.5R_0,0.5R_0\}$$

这里 R_0 是圆盘的半径。寻找无量纲形式的解,令(E_1 是径向的模量,E_2 是环向的模量)

$$R_0=1.0,H=1.0,E_1=E_2=E=1.0,v_{12}=v=0.3,\rho\omega^2=1 \tag{3}$$

这些信息通过如下的变量提供给程序

$$AX0(=E_1)=1.0,AX1(=E_2)=1.0,BX0(=v_{12})=0.3,BX1(=H)=1.0$$
$$CX0=0.0,CX1=0.0,FX0=0.0,FX1=1.0,FX2=0.0$$

边界条件为

$$u(0)=0(\text{基于对称性}),Q_1^1=-(rH\sigma_r)=0 \text{ 当 } r=R_0(\text{应力为零}) \tag{4}$$

由于次变量是齐次的,因此无需在数据中提供($NSSV=0$)。有 $NSPV=1,NNBC=0$,且:

$$ISPV(1,1)=1,ISPV(1,2)=1,VSPV(1)=0.0$$

框 8.4.4 和框 8.4.5 分别给出了本问题的输入数据和部分输出。

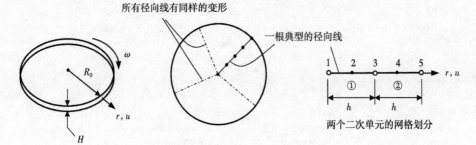

图 8.4.3   例 8.4.3 的旋转圆盘

框 8.4.4   基于两个二次单元的输入数据(例 8.4.3)

```
Problem 4.34: Deformation of a rotating disk (dimensionless)
  1  1  0  0                          MODEL,NTYPE,ITEM,NTHER
  2  2                               IELEM,NEM
  1  0                               ICONT,NPRNT
  0.0  0.5  0.5                      DX(1)=X0;DX(2),DX(3)
  1.0  1.0  0.0  0.0                 AX0,AX1,AX2,AX3
  0.3  1.0  0.0  0.0                 BX0,BX1,BX2,BX3
  0.0  0.0                           CX0,CX1
  0.0  1.0  0.0                      FX0,FX1,FX2
  1                                  NSPV
  1  1  0.0                          ISPV(1,1),ISPV(1,2),VSPV(1)
  0                                  NSSV
  0                                  NNBC
  0                                  NMPC
```

框 8.4.5   例 8.4.3 中问题的输出(来自 FEM1D)

```
                OUTPUT from program FEM1D by J N REDDY
Problem 4.34: Deformation of a rotating disk (dimensionless)

  *** ANALYSIS OF MODEL 1,AND TYPE 1 PROBLEM ***
               (see the code below)
MODEL=0,NTYPE=0:A problem of discrete elements
MODEL=1,NTYPE=0:A problem described by MODEL EQ.1
MODEL=1,NTYPE=1:A circular DISK(PLANB STRESS)
MODEL=1,NTYPE>1:A circular DISK(PLANE STRAIN)
MODEL=2,NTYPE=0:A Timoshenko BEAM(RIE) problem
MODEL=2,NTYPE=1:A Timoshenko PLATE (RIE)problem、
MODEL=2,NTYPE=2:A Timoshenko BEAM(CIB)problem
MODEL=2,NTYPE>2:A Timoshenko PLATE (CIE) problem
MODEL=3,NTYPE=0:A Euler-Bernoulli BEAM problem
MODEL=3,NTYPE>0:A Euler-Bernoulli Circular plate
MODEL=4,NTYPE=0:A plane TRUSS problem
MODEL=4,NTYPE=1:A Euler-Bernoulli FRAME problem
MODEL=4,NTYPE=2:A Timoshenko (RIE) FRAME problem
MODEL=4,NTYPE=3:A Timoshenko (CIE) FRAME problem
    Element type (1&2,Lagrange;3,Hermite)=  2
    No. of deg. of freedom per node,NDF...=  1
    No. of elements in the mesh, NEM......=  2
    No. of total DOF in the model, NEQ ...=  5
    Half bandwidth of matrix [GLK], NHBW..=  3
    No. of specified primary DOF,NSPV ....=  1
    No. of specified secondary DOF,NSSV ..=  0
    No. of specified Newton B.C.:NNBC.....=  0
    No. of speci.multi-pt.cond.:NMPC.....=  0
Boundary information on primary variables :
  1  1  0.00000E+00
Global coordinates of the nodes,(GLX ) :
   0. 00000E+00        0.25000E+00        0.50000E+00        0.75000E+00
   0.10000E+01
```

续框

```
Coefficients of the differential equation:
  AX0 = 0.1000E+01      AX1 = 0.1000E+01      AX2 = 0.0000E+00      AX3 = 0.0000E+00
  BX0 = 0.3000E+00      BX1 = 0.1000E+01      BX2 = 0.0000E+00      BX3 = 0.0000E+00
  CX0 = 0.0000E+00      CX1 = 0.00008+00
  FX0 = 0.0000E+00      FX1 = 0.1000E+01      FX2 = 0.0000E+00
SOLUTION( valus of PVs) at the NODES:
  0.00000E+00           0.70706E-01           0.13004E+00           0.16875E+00
  0.175008+00

        x               Displacement          Radial stress         Hoop stress
  0. 00000B+00          0.00000E+00           0.30558E+00
  0.62500E-01           0.18743E-01           0.42216E+00           0.42654E+00
  0.12500E+01           0.36775E-01           0.40779E+00           0.41654E+00
  0.18750E+00           0.54096E-01           0.39341E+00           0.40654E+00
  0.25000E+00           0.70706E-01           0.37904E+00           0.39654E-00
  0.312508+00           0.86606E-01           0.36466E+00           0.38654E+00
  0.37500E+00           0.10179E+00           0.35029E+00           0.37654E+00
  0.43750E+00           0.11627E+00           0.33591E+00           0.36654E+00
  0.50000E+00           0.13004E+00           0.32154E+00           0.35654E+00
  0.50000E+00           0.13004E+00           0.32727E+00           0.35826E+00
  0.56250E+00           0.14276E+00           0.28952E+00           0.34065E+00
  0.62500E+00           0.15345E+00           0.25111E+00           0.32086E+00
  0.68750E+00           0.16212E+00           0.21223E+00           0.29948E+00
  0.75000E+00           0.16875E+00           0.17299E+00           0.27690E+00
  0.81250E+00           0.17336E+00           0.13348E+00           0.25341E+00
  0.87500E+00           0.17593E+00           0.93750E-01           0.22919E+00
  0.93750E+00           0.17648E+00           0.53846E-01           0.20440E+00
  0.10000E+01           0.17500E+00           0.13802E-01           0.17914E+00
```

圆盘中位移和应力的精确解为

$$u(r) = \frac{(1-\nu)R_0^3}{8E}\left[(3+\nu)\frac{r}{R_0} - (1+\nu)\left(\frac{r}{R_0}\right)^3\right]\rho\omega^2$$

$$\sigma_{rr}(r) = \frac{(3+\nu)R_0^2}{8}\left[1 - \left(\frac{r}{R_0}\right)^3\right]\rho\omega^2 \tag{5}$$

$$\sigma_{\theta\theta}(r) = \frac{(3+\nu)R_0^2}{8}\left[1 - \frac{1+3\nu}{3+\nu}\left(\frac{r}{R_0}\right)^3\right]\rho\omega^2$$

在 $x=0.25$、$x=0.5$、$x=0.75$ 和 $x=1.0$ 处位移的精确解分别为 0.0704、0.1302、0.1686 和 0.1750。最大的应力出现在 $r=0$ 处且为 $\sigma_{rr}(0) = \sigma_{\theta\theta}(0) = 0.4125$。采用 2 个二次单元得到的位移与精确解吻合非常好。后处理得到的 $r=0$ 处的应力是不精确的,因为这里存在奇异性:

$$\sigma_{rr} = \frac{E}{1-\nu^2}\left(\frac{\mathrm{d}u}{\mathrm{d}r} + \nu\,\frac{u}{r}\right), \sigma_{\theta\theta} = \frac{E}{1-\nu^2}\left(\nu\,\frac{\mathrm{d}u}{\mathrm{d}r} + \frac{u}{r}\right) \tag{6}$$

例 8.4.4

考虑例 5.2.1 里的悬臂梁问题,这里 $M_0 = 0$(参见图 8.4.4)。用 FEM1D 来求解。框 8.4.6 和框 8.4.7 给出了输入文件和基于 FEM1D 的部分输出。

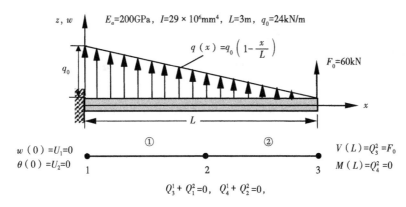

图 8.4.4 例 8.4.4 中的悬臂梁问题

框 8.4.6 例 8.4.4 中悬臂梁问题的输入文件

```
Example 5-2-1: Cantilever beam(linearly varying load,EBT)
 3  0  0  0                        MODEL,NTYPE,ITEM,NTHER
 3  2                              IELEM,NEM
 1  1                              ICONT,NPRNT
 0.0  1.5  1.5                     DX(I)
 0.0  0.0  0.0  0.0                AX0,AX1,AX2,AX3
 5.8E6  0.0  0.0  0.0              BX0,BX1,BX2,BX3
 0.0  0.0                          CX0,CX1
-24.0E3  -8.0E3  0.0               FX0,FX1,FX2
 2                                 NSPV
 1  1  0.0                         ISPV(1,1),ISPV(1,2),VSPV(1)
 1  2  0.0                         ISPV(2,1),ISPV(2,2),VSPV(2)
 1                                 NSSV
 3  1  60.0E3                      ISSV(2,1),ISSV(2,2),VSSV(2)NNBC
 0                                 NMPC
 0                                 NMPC
```

框 8.4.7 例 8.4.4 中悬臂梁问题的部分输出

```
Example 5-2-1: Cantilever beam linearly varying load,EBT)
  *** ANALYSIS OF NODEL 3.AND TYPE 0 PROBLEM ***
    Element type {1&2,Lagrange; 3,Hermite} = 3
    No.of deg.of freedom per node,NDF......= 2
    No.of elements in the mesh,NEM.........= 2
    No.of total DOF in the model,NEQ.......= 6
    Half bandwidth of matrix [GLK],NHBW....= 4
    No.of specified primary DOF,NSPV.......= 2
    No.of specified secondary DOF,NSSV.....= 1
    No.of specified Newton B.C.:NNBC.......= 0
    No,of specified multi-pt.cond.:NMPC....= 0
  Boundary information on primary variables:
    1  1    0.00000E+00
    1  2    0.00000E+00
  Boundary information on secondary variables:
    3  1    0.60000E+05
```

续框

```
 Global coordinates of the nodes,{GLX}:
     0.00000E+00  0.15000E+01  0.30000E+01
 Coefficients of the differential equation:
AX0 = 0.0000E+00    AX1 = 0.0000E+00    AX2 = 0.0000E+00    AX3 = 0.0000E+00
BX0 = 0.5800E+07    BX1 = 0.0000E+00    BX2 = 0.0000E+00    BX3 = 0.0000E+00
CX0 = 0.0000E+00    CX1 = 0.0000E+00
FX0 = 0.2400E+05    FX1 = -0.8000E+04   FX2 = 0. 0000E+00
 SOLUTION (values of PVs) at the NODES:
   0.00000E+00    0.00000E+00    0.33372E-01     -0.39278E-01
   0.10428E+00   -0.51207E-01
       x              Deflect.          Rotation          B.Moment         Shear Force
 0.00000E+00     0.00000E+00      0.00000E+00       -0.21240E+06       0.80700E+05
 0.18750E+00     0.62844E-03     -0.66218E-02       -0.19727E+06       0.80700E+05
 0.37500E+00     0.24526E-02     -0.12754E-01       -0.18214E+06       0.80700E+05
 0.56250E+00     0.53808E 02     -0.18398E-01       -0.16701E+06       0.80700E+05
 0.75000E+00     0.93213E-02     -0.23552E-01       -0.15187E+06       0.80700E+05
 0.93750E+00     0.14182E-01     -0.28217E-01       -0.13674E+06       0.80700E+05
 0.11250E+01     0.19872E-01     -0.32393E-01       -0.12161E+06       0.80700E+05
 0.13125E+01     0.26299E-01     -0.36080E-01       -0.10648E+06       0.80700E+05
 0.15000E+01     0.33372E-01     -0.39278E-01       -0.91350E+05       0.80700E+05
 0.15000E+01     0.33372E-01     -0.39278E-01       -0.93150E+05       0.62700E+05
 0.16875E+01     0.41007E-01     -0.42099E-01       -0.81394E+05       0.62700E+05
 0.18750E+01     0.49135E-01     -0.44541E-01       -0.69637E+05       0.62700E+05
 0.20625E+01     0.57686E-01     -0.46602E-01       -0.57881E+05       0.62700E+05
 0.22500E+01     0.66587E-01     -0.48283E-01       -0.46125E+05       0.62700E+05
 0.24375E+01     0.75768E-01     -0.49584E-01       -0.34369E+05       0.62700E+05
 0.26250E+01     0.85157E-01     -0.50505E-01       -0.22613E+05       0.62700E+05
 0.28125E+01     0.94684E-01     -0.51046E-01       -0.10856E+05       0.62700E+05
 0.30000E+01     0.10428E+00     -0.51207E-01        0.90000E+03       0.62700E+05
```

例 8.4.5

考虑例 5.2.3 里的非连续数据梁问题(参见图 8.4.5)。用 FEM1D 来求解。框 8.4.8 和框 8.4.9 给出了输入文件和基于 FEM1D 的部分输出。

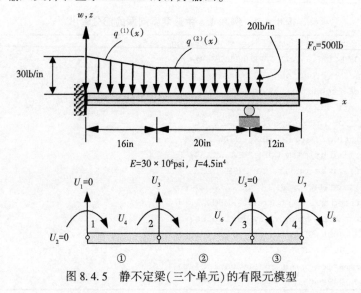

图 8.4.5　静不定梁(三个单元)的有限元模型

框 8.4.8 例 8.4.5 中梁问题的输入文件

```
Example 5-2-3: A composite beam; varying transverse load ( EBT)
  3  0  0  0                          MODEL,NTYPE,ITEM,NTHER
  3  3                                IELEM,NEM
  0  1                                ICONT,NPRNT
  0.0  16.0  20.0  12.0               DX(I)
  0.0  0.0  0.0  0.0                  AX0,AX1,AX2,AX3
  135.0E6  0.0  0.0  0.0              BX0,BX1,BX2,BX3
  0.0  0.0                            CX0,CX1
  -30.0  0.625  0.0                   FX0,FX1,FX2
  0.0  0.0  0.0  0.0                  AX0,AX1,AX2,AX3
  135.0E6  0.0  0.0  0.0              BX0,BX1,BX2,BX3
  0.0  0.0                            CX0,CX1
  -20.0  0.0  0.0                     FX0,FX1,FX2
  0.0  0.0  0.0  0.0                  AX0,AX1,AX2,AX3
  135.0E6  0.0  0.0  0.0              BX0,BX1,BX2,BX3
  0.0  0.0                            CX0,CX1
  0.0  0.0  0.0                       FX0,FX1,FX2
  3                                   NSPV
  1  1  0.0                           ISPV(1,1),ISPV(1,2),VSPV(1)
  1  2  0.0                           ISPV(2,1),ISPV(2,2),VSPV(2)
  3  1  0.0                           ISPV(3,1),ISPV(3,2),VSPV(3)NSSV
  1                                   NSSV
  4  1  -5.0E2                        ISPV(1,1),ISPV(1,2),VSPV(1)
  0                                   NNBC
  0                                   NMPC
```

框 8.4.9 例 8.4.5 中梁问题的部分输出

```
Example 5-2-3: A composite beam; varying transverse load ( EBT)
*** ANALYSIS OF MODEL 3,AND TYPE 0 PROBLEM ***
 Element type (3,Hermite;1&2,Lagrange) = 3
 No.of deg.of freedom per node,NDF.......= 2
 No.of elements in the mesh,NEM.............= 3
 No.of total DOF in the model,NEQ............= 8
 Half bandwidth of matrix [GLK],NHBW....= 4
 No.of specified primary DOF,NSPV...........= 3
 No.of specified secondary DOF,NSSV.......= 1
 No.of specified Newton B.C.: NNBC.........= 0
 No.of speci.multi-pt.cond.: NMPC..........= 0
Boundary information on primary variables :
  1  1  0.00000E+00
  1  2  0.00000E+00
  3  1  0.00000E+00
Boundary information on secondary variables:
  4  1  -0.50000E+03
Global coordinates of the nodes,{GLX} :
  0.00000E+00  0.16000E+02  0. 36000E+02  0. 48000E+02
SOLUTION (values of PVs) at the NODES:
 0.00000E+00      0.00000E+00       0.32210E-03      -0.59352E-04
 0.00000E+00      0.25136E-03      -0.51497E-02       0.51803E-03
```

续框

x	Deflect.	Rotation	B.Moment	Shear Force
0.00000E+00	0.00000E+00	0.00000E+00	-0.17580E+02	-0.60401E+02
0.40000E+01	0.58142E-05	-0.41002E-05	-0.25918E+03	-0.60401E+02
0.80000E+01	0.42346E-04	-0.15359E-04	-0.50078E+03	-0.60401E+02
0.10000E+02	0.81080E-04	-0.23673E-04	-0.62159E+03	-0.60401E+02
0.12000E+02	0.13823E-03	-0.33776E-04	-0.74239E+03	-0.60401E+02
0.14000E+02	0.21738E-03	-0.45669E-04	-0.86319E+03	-0.60401E+02
0.16000E+02	0.32210E-03	-0.59352E-04	-0.98399E+03	-0.60401E+02
0.16000E+02	0.32210E-03	-0.59352E-04	-0.11387E+04	0.32360E+03
0.18500E+02	0.49060E-03	-0.72948E-04	-0.32966E+03	0.32360E+03
0.21000E+02	0.67436E-03	-0.71562E-04	0.47934E+03	0.32360E+03
0.23500E+02	0.83592E-03	-0.55194E-04	0.12883E+04	0.32360E+03
0.26000E+02	0.93784E-03	-0.23845E-04	0.20973E+04	0.32360E+03
0.28500E+02	0.94266E-03	0.22485E-04	0.29063E+04	0.32360E+03
0.31000E+02	0.81293E-03	0.83797E-04	0.37153E+04	0.32360E+03
0.36000E+02	0.00000E+00	0.25136E-03	0.53333E+04	0.32360E+03
0.36000E+02	0.00000E+00	0.25136E-03	0.60000E+04	-0.50000E+03
0.37500E+02	-0.42496E-03	0.31386E-03	0.52500E+04	-0.50000E+03
0.39000E+02	-0.93743E-03	0.36803E-03	0.45000E+04	-0.50000E+03
0.42000E+02	-0.21749E-02	0.45136E-03	0.30000E+04	-0.50000E+03
0.45000E+02	-0.36123E-02	0.50136E-03	0.15000E+04	-0.50000E+03
0.48000E+02	-0.51497E-02	0.51803E-03	0.44924E-05	-0.50000E+03

下面这个例子利用 Timoshenko 梁单元求解例 8.4.4 里的悬臂梁问题。

例 8.4.6

考虑例 5.3.2 里的悬臂梁(参见图 8.4.4)。希望用 4 个二次 RIE(Timoshenko)梁单元求解。与例 5.3.2 不同,这里结果用量纲形式给出($L/H = 100$)。框 8.4.10 和框 8.4.11 给出了输入文件和基于 FEM1D 的部分输出。

框 8.4.10 例 8.4.6 中梁问题的输入文件

```
Example 5-3-2: Cantilever beam with linearly varying load(RIE)
 2  0  0  0                       MODEL,NTYPE,ITEM,NTHER
 2  4                             IELEM,NEM
 1  0                             ICONT,NPRNT
 0.0  0.75  0.75  0.75  0.75      DX(I)
 2.57777778E10  0.0  0.0  0.0     AX0,AX1,AX2,AX3 (GAK=4EI/H^2 )
 5.8E6  0.0  0.0  0.0             BX0,BX1,BX2,BX3(EI)
 0.0  0.0                         CX0,CX1
 24.0E3  -8.0E3  0.0              FX0,FX1,FX2
 2                                NSPV
 1  1  0.0                        ISPV(1,1),ISPV(1,2),VSPV(1)
 1  2  0.0                        ISPV(2,1),ISPV(2,2),VSPV(2)
 1                                NSSV
 9  1  60.0E3                     ISSV(1,1),ISSV(1,2),VSSV(1)
 0                                NMBC
 0                                NMBC
```

框 8.4.11 例 8.4.6 中梁问题的部分输出

```
Example 5-3-2: Cantilever beam with linearly varying load (RIE)
   *** ANALYSIS OF MODEL 2,AND TYPE 0 PROBLEM ***
SOLUTION(values of PVs) at the NODES :
   0.00000E+00      0.00000E+00      0.24750E-02     -0.12838E-01
   0.93652E-02     -0.23549E-01      0.19897E-01     -0.32313E-01
   0.33377E-01     -0.39278E-01      0.49149E-01     -0.44570E-01
   0.66609E-01     -0.48279E-01      0.85173E-01     -0.50480E-01
   0.10429E+00     -0.51207E-01
        x             Deflect.          Rotation         B.Moment          Shear Force
   0.00000E+00      0.00000E+00      0.00000E+00     -0.21502E+06      0.18377E+08
   0.37500E+00      0.24750E-02     -0.12838E-01     -0.18211E+06     -0.90529E+07
   0.75000E+00      0.93652E-02     -0.23549E-01     -0.14920E+06      0.18361E+08
   0.75000E+00      0.93652E-02     -0.23549E-01     -0.14948E+06      0.15549E+08
   0.11250E+01      0.19897E-01     -0.32313E-01     -0.12164E+06     -0.76601E+07
   0.15000E+01      0.33377E-01     -0.39278E-01     -0.93797E+05      0.15537E+08
   0.15000E+01      0.33377E-01     -0.39278E-01     -0.94078E+05      0.13662E+08
   0.18750E+01      0.49149E-01     -0.44570E-01     -0.69609E+05     -0.67316E+07
   0.20625E+01      0.57668E-01     -0.46622E-01     -0.57375E+05     -0.16357E+07
   0.22500E+01      0.66609E-01     -0.48279E-01     -0.45141E+05      0.13656E+08
   0.22500E+01      0.66609E-01     -0.48279E-01     -0.45422E+05      0.12718E+08
   0.26250E+01      0.85173E-01     -0.50480E-01     -0.22641E+05     -0.62674E+07
   0.28125E+01      0.94661E-01     -0.51027E-01     -0.11250E+05     -0.15218E+07
   0.30000E+01      0.10429E+00     -0.51207E-01      0.14062E+03      0.12716E+08
```

例 8.4.7

考虑例 5.4.1 里的圆板问题,均布载荷 $q(r) = q_0$。用 FEM1D 来求解。框 8.4.12 和框 8.4.13 给出了输入文件和基于 FEM1D 的部分输出。

框 8.4.12 圆板轴对称弯曲的输入文件

```
Example 5-4-1: Axisym. bending of a SS circular plate (UDL,EBE)
   3  1  0  0                          MODEL,NTYPE,ITEM,NTHER
   3  4                                IELEM,NEM
   1  1                                ICONT,NPRNT
   0.0 2.5 2.5 2.5 2.5                 DX(I)
   30.0E6  30.E6  0.0  0.0             AX0,AX1,AX2,AX3(AX0=E1,AX1=E2)
   0.29  0.1  0.0  0.0                 BX0,BX1,BX2,BX3(BX0=nu12,BX1=H)
   0.0  0.0                            CX0,CX1
   0.4  0.0  0.0                       FX0,FX1,FX2
   2                                   NSPV
   1  2  0.0                           ISPV(1,1),ISPV(1,2),VSPV(1)
   5  1  0.0                           ISPV(2,1),ISPV(2,2),VSPV(2)
   0                                   NSSV
   0                                   NNBC
   0                                   NMPC
```

框 8.4.13　例 8.4.7 中圆板问题的部分输出

```
SOLUTION(values of PVs) at the NODES:
  0.93905E-01      0.00000E+00      0.86691E-01      0.56951E-02
  0.66132E-01      0.10534E-01      0.35447E-01      0.13655E-01
  0.00000E+00      0.14200E-01
```

X	Deflect.	Rotation	Moment,Mr	Moment,Mt	Shear Force
0.00000E+0	0.93905E-01	0.00000E+00	0.00000E+00	0.00000E+00	
0.62500E+0	0.93446E-01	0.14667E-02	0.51254E+01	0.51532E+01	-0.18750E+00
0.12500E+1	0.92078E-01	0.29048E-02	0.10072E+02	0.10183E+02	-0.37500E+00
0.18750E+1	0.89821E-01	0.43143E-02	0.14840E+02	0.15089E+02	-0.56250E+00
0.25000E+1	0.86691E-01	0.56951E-02	0.19428E+02	0.19872E+02	-0.75000E+00
0.25000E+1	0.86691E-01	0.56951E-02	0.19500E+02	0.19893E+02	-0.16484E+01
0.31250E+1	0.82711E-01	0.70274E-02	0.23187E+02	0.24293E+02	-0.22819E+01
0.37500E+1	0.77924E-01	0.82779E-02	0.26364E+02	0.28341E+02	-0.28827E+01
0.43750E+1	0.72381E-01	0.94468E-02	0.29031E+02	0.32036E+02	-0.34646E+01
0.50000E+1	0.66132E-01	0.10534E-01	0.31187E+02	0.35379E+02	-0.40349E+01
0.50000E+1	0.66132E-01	0.10534E-01	0.31267E+02	0.35402E+02	-0.58773E+01
0.56250E+1	0.59235E-01	0.11517E-01	0.31598E+02	0.37955E+02	-0.68933E+01
0.62500E+1	0.51765E-01	0.12364E-01	0.31085E+02	0.39925E+02	-0.78828E+01
0.68750E+1	0.43807E-01	0.13077E-01	0.29729E+02	0.41314E+02	0.88530E+01
0.75000E+1	0.35447E-01	0.13655E-01	0.27530E+02	0.42121E+02	-0.98088E+01
0.75000E+1	0.35447E-01	0.13655E-01	0.27610E+02	0.42144E+02	-0.12600E+02
0.81250E+1	0.26772E-01	0.14074E-01	0.22658E+02	0.41755E+02	-0.14004E+02
0.87500E+1	0.17894E-01	0.14304E-01	0.16529E+02	0.40554E+02	-0.15383E+02
0.93750E+1	0.89305E-02	0.14346E-01	0.92229E+01	0.38540E+02	-0.16743E+02
0.10000E+2	0.00000E+00	0.14200E-01	0.73943E+00	0.35714E+02	-0.18087E+02

接下来的两个例子处理平面桁架和框架问题。

例 8.4.8

考虑图 8.4.6 给出的 3 个构件组成的平面桁架(参见例 6.2.1)。用 FEM1D 来求解。对平面桁架问题有 MODEL=4 和 NTYPE=0。这里 $E=200\text{GPa}$，$L=5\text{m}$，$A=5\times10^{-3}\text{m}^2$，$P=50\text{kN}$。进行无量纲分析需令所有量为 1。数据是连续的(ICONT=0)。表 6.2.1 给出了单元的材料和几何属性。

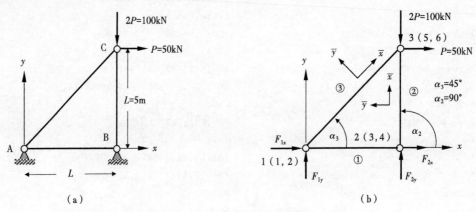

图 8.4.6　例 6.2.1 的平面桁架问题

框 8.4.14 和框 8.4.15 分别给出了输入文件和部分输出。杆件中轴向应力为

$$\sigma^{(1)} = 0, \sigma^{(2)} = -\frac{150 \times 10^3}{5 \times 10^{-3}} = -30\text{MPa}, \sigma^{(3)} = \frac{70.71 \times 10^3}{5 \times 10^{-3}} = 14.142\text{MPa}$$

框 8.4.14 例 8.4.8 中平面桁架问题的输入文件

```
Example 6-2-1: ANALYSIS OF A PLANE TRUSS
  4  0  0  0                                 MODEL,NTYPE,ITEM,NTHER
  0  3                                       IELEM,NEM
  0  1                                       ICONT,NPRNT
  3                                          NNM
  2.0E11  5.0  5.0E-3  1.0  0.0  0.0         SE,SL,SA,CS,SN,HF
  1  2                                       NOD(1,I)
  2.0E11  5.0  5.0E-3  0.0  1.0  0.0         NOD(2,I)
  2  3                                       NOD(2,I)
  2.0E11  7.0710678  5.0E-3  0.70710678  0.70710678  0.0
  1  3                                       NOD(3,I)
    0                                        NCON
  4                                          NSPV
    1  1  0.0                          <---
    1  2  0.0                          | ISPV,VSPV
    2  1  0.0                          |
    2  2  0.0                          <---
    2                                        NSSV
    3  1  5.0E4                              ISSV,VSSV
    3  2  -1.0E5                             ISSV,VSSV
    0                                        NNBC
    0                                        NMPC
```

框 8.4.15 例 8.4.8 中平面桁架问题的部分输出文件

```
Example 6-2-1: ANALYSIS OF A PLANE TRUSS
  *** ANALYSIS OF MODEL 4,AND TYPE 0 PROBLEM ***
SOLUTION(values of PVs) at the NODES :
    0.00000E+00    0.00000E+00    0.00000E+00    0.00000E+00
    0.14571E-02    -0.75000E-03
    Generalized internal forces in members
  (second line gives the results in the global coordinates)
    Ele        Force,H1        Force,V1        Force,H2        Force,V2
     1        0.0000E+00      0.0000E+00      0.0000E+00      0.0000E+00
              0.0000E+00      0.0000E+00      0.0000E+00      0.0000E+00
     2        0.1500E+06      0.0000E+00     -0.1500E+06      0.0000E+00
              0.0000E+00      0.1500E+06      0.0000E+00     -0.1500E+06
     3       -0.7071E+05      0.0000E+00      0.7071E+05      0.0000E+00
             -0.5000E+05     -0.5000E+05      0.5000E+05      0.5000E+05
```

例 8.4.9

考虑图 8.4.7 给出的 2 个构件组成的框架结构(参见例 6.3.1)。将用 Euler-Bernoulli 框架单元(MODEL=4 和 NTYPE=1)来分析其位移和构件受力。框 8.4.16 给出了利用 2 个(1个构件 1 个单元)Euler-Bernoulli 单元的输入文件,框 8.4.17 给出了部分输出(位移和力应该乘以 P)。除了改变单元的长度,同样的数据也可以用于一个构件多个单元的情况。除了 MODEL=4 和 NTYPE=2,同样的数据也可以用于 RIE-Timoshenko 框架单元的情况。

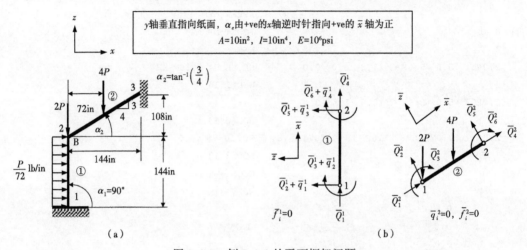

图 8.4.7　例 8.4.9 的平面框架问题

框 8.4.16　例 8.4.9 中平面框架问题的输入文件

```
Example 6-2-1: ANALYSIS OF A PLANE FRAME (EBE)
   4  1  0  0                          MODEL,NTYPE,ITEM,NTHER
   3  2                                IELEM,NEM
   0  1                                ICONT,NPRNT
   3                                   NNM
0.3  1.0E6  144.0  10.0  10.0  0.0  1.0    PR,SE,SL,SA,SI,CS,SN
0.0  -0.01388888  0.0  0.0  0.0  0.0       HF,VF,PF,XB,CST,SNT
   1  2                                NOD(1,J)
0.3  1.0E6  180.0  10.0  10.0  0.8  0.6    
0.0  0.0  -4.0  90.0  0.6  0.8             
   2  3                                
   0                                   NCON
   6                                   NSPV
   1  1  0.0                           ISPV,VSPV
   1  2  0.0
   1  3  0.0
   3  1  0.0
   3  2  0.0
   3  3  0.0
   1                                   NSSV
   2  2  -2.0                          ISSV,VSSV
   0                                   NNBC
   0                                   NMPC
```

框 8.4.17　例 8.4.9 中平面框架问题的部分输出文件

```
SOLUTION (values of PVs) at the NODES:
     0.00000E+00        0.00000E+00        0.00000E+00        0.83905E-04
    -0.68125E-04        0.96097E-04        0.00000E+00        0.00000E+00
     0.00000E+00

           Generalized internal forces in members
     (second line gives the results in the global coordinates)
Ele   Force,H1       Force,V1       Moment,M1      Force,H2       Force,V2       Moment,M2
 1    0.4731E+01     0.7253E+00    -0.1090E+02    -0.4731E+01     0.1275E+01     0.5045E+02
     -0.7253E+00     0.4731E+01    -0.1090E+02    -0.1275E+01    -0.4731E+01     0.5045E+02
 2    0.2658E+01     0.1420E+01    -0.5045E+02    -0.2583E+00     0.1780E+01     0.8287E+02
      0.1275E+01     0.2731E+01    -0.5045E+02    -0.1275E+01     0.1269E+01     0.8287E+02
```

接下来的两个例子处理含约束条件的问题。

例 8.4.10

图 8.4.8 给出的刚性杆 AB，其长度 $L = 1.6\text{m}$，A 端铰接，在 C 和 D 两点由竖直杆铰接。所有杆的横截面积都一样（$A = 16\text{mm}^2$）且材料也一样 $E = 200\text{GPa}$。图中给出了杆的长度和水平距离。希望确定杆的伸长量和拉伸应力。用 FEM1D 来求解。

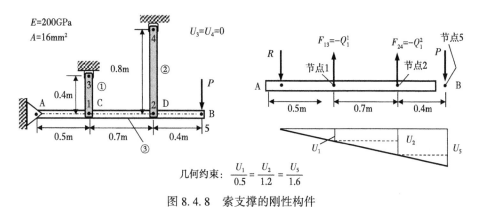

图 8.4.8　索支撑的刚性构件

典型的杆或桁架问题的所有单元都是连在一起的，该结构并不如此，本问题应该用离散单元求解（MODEL=0，NTYPE=0）。必须满足如下的两个几何约束：

$$\frac{U_1}{0.5} = \frac{U_5}{1.6} \to 3.2U_1 - U_5 = 0, \quad \frac{U_2}{1.2} = \frac{U_5}{1.6} \to 1.333U_2 - U_5 = 0$$

因此有［式（6.4.7）］：$\beta_1 = 3.2$、$\beta_5 = -1$、$\beta_{15} = 0$、$\beta_2 = 1.333$、$\beta_5 = -1$、$\beta_{25} = 0$。

为了考虑载荷 P，在点 B 引入一个节点。因此，NEM=3，NNM=5，对于杆单元有 $EA = 3.2 \times 10^6\text{N}$，对于第三个单元（无摩擦）有 $EA = 0$。因此，约束数据为［式（6.4.12）］：NMPC=2，VMPC(1,1)=β_1=3.2，VMPC(1,2)=β_5=-1，VMPC(1,3)=β_{15}=0，VMPC(1,4)=0，VMPC(2,1)=β_2=1.333，VMPC(2,2)=β_5=-1.0，VMPC(2,3)=β_{25}=0，VMPC(2,4)=P=970N。框 8.4.18 和框 8.4.19 分别给出了输入文件和部分输出。

框 8.4.18　例 8.4.10 中问题的输入文件

```
Example 8.4.10: DEFORMATION OF A CONSTRAINED STRUCTURE
    0  0  0  0                          MODEL,NTYPE,ITEM,NTHER
    1  3                                IELEM,NEM
    0  1                                ICONT,NPRNT
    5                                   NNM
    8.0E6  1  3                         ES(1) NOD(1,I)
    4.0E6  2  4                         ES(2) NOD(2,I)
    0.0    1  5                         ES(3) NOD(3,I)
    2                                   NSPV
    3  1  0.0                           ISPV(1,1),ISPV (1,2),VSPV(1)
    4  1  0.0                           ISPV(2,1),ISPV (2,2),VSPV(2)
    0                                   NSSV
    0                                   NNBC
    2                                   NMPC
    1  1  5  1  3.2      -1.0  0.0  0.0
    2  1  5  1  1.33333  -1.0  0.0  970.0

                                        IMC1 (1,1),IMC1 (1,2),IMC2 (1,1),
                                           IMC2 (1,2),(VMPC(1,I),I=1 to 4)
```

框 8.4.19　例 8.4.10 中问题的部分输出

```
Example 8.4.10: DEFORMATION OF A CONSTRAINED STRUCTURE
  *** ANALYSIS OF MODEL 0,AND TYPE 0 PROBLEM ***
  Multi-point constraint information:
     1  1       5  1
     0.32000E+01    -0.10000E+01    0.00000E+00    0.00000E+00
     2  1       5  1
     0.13333E+01    -0.10000E+01    0.00000E+00    0.97000E+03
  Values of the spring constants :
       0.8000E+07    0.4000E+07    0.0000E+00
  SOLUTION (values of PVs)at the NODES :
   0.10000E-03    0.24000E-03    0.00000E+00    0.00000E+00
   0.32001E-03
  Forces at the constrained points :
   0.80001E+03      0.95999E+03
   -0.25000E+03     -0.72000E+03
```

位移为 $U_1 = 0.1\text{mm}$、$U_2 = 0.24\text{mm}$ 和 $U_5 = 0.32\text{mm}$。应力为 $\sigma_1 = 10^6(800/16) = 50\text{MPa}$ 和 $\sigma_2 = 10^6(960/16) = 60\text{MPa}$。

例 8.4.11

考虑图 8.4.9 给出的桁架(见例 4.4.3)。希望利用 FEM1D 求出节点 2 和节点 3 的位移以及相应的约束反力。

节点 3 的约束条件为:

$$u_n = -u\sin\beta + w\cos\beta = 0 \rightarrow -0.7071u + 0.7071w = 0$$

有[式(6.4.7)] $\beta_5 = -0.7071$、$\beta_6 = 0.7071$、$\beta_{56} = 0$。在程序内部,罚参数设为 $\gamma = (1.89 \times 10^8)10^4$(最大的刚度系数的 10^4 倍)。框 8.4.20 和框 8.4.21 给出了输入文件和部分输出文件。

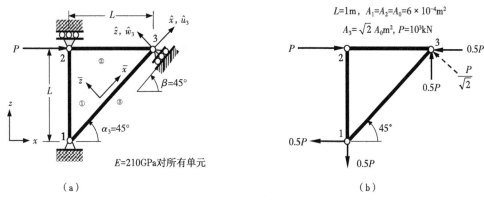

图 8.4.9　(a)给定的结构 (b)反力

框 8.4.20　例 8.4.11 中问题的输入文件

```
Example 6.4.3: ANALYSIS OF A PLANE TRUS SWITH INCLINED SUPPORT
   4  0  0  0                            MODEL,NTYPE,ITEM,NTHER
   1  3                                  IELEM,NEM
   0  2                                  ICONT,NPRNT
      3                                  NNM
210.0E9  1.0  0.6E-03  0.0  1.0  0.0  SE,SL,SA,CS,SN,HF
   1  2                                  NOD(1,I)
210.0E9  1.0  0.6E-03  1.0  0.0  0.0  SE,SL,SA,CS,SN,HF
   2  3                                  NOD(2,I)
210.0E9  1.41421  0.8485E-03  0.707107  0.707107  0.0  SE,SL,SA,CS,SN,HF
   1  3                                  NOD(3,I)
   0                                     NCON
   3                                     NSPV
   1  1  0.0                             ISPV(1,1),ISPV(1,2),VSPV(1)
   1  2  0.0                             ISPV(2,1),ISPV(2,2),VSPV(2)
   2  2  0.0                             ISPV(3,1),ISPV(3,2),VSPV(3)
   1                                     NSSV
   2  1  1.0E6                           ISSV(1,1),ISSV(1,2),VSSV(1)
   0                                     NNBC
   1                                     NMPC
3  1  3  2  -0.707107  0.707107  0.0  0.0
```

框 8.4.21　例 8.4.11 中问题的输出文件

```
Example 6.4.3: ANALYSIS OF A PLANE TRUSS WITH INCLINED SUPPORT
  *** ANALYSIS OF MODEL 4,AND TYPE 0 PROBLEM ***
  Multi-point constraint information:
    3  1  3  2
  -0.70711E+00    0.70711E+00    0.00000E+00    0.00000E+00
SOLUTION (values of PVs) at the NODES:
  0.00000E+00    0.00000E+00    0.11905E-01    0.00000E+00
  0.39688E-02    0.39680E-02
Forces at the constrained points:
  -0.50000E+06
   0.50000E+06
```

接下来的几个例子利用 FEM1D 求解第 7 章里的特征值问题和时间相关问题。

例 8.4.12

考虑例 7.3.1 里的热传递问题。特别地,希望利用 FEM1D 确定如下方程的特征值:

$$k\frac{\partial^2 T}{\partial x^2}=\rho c_v\frac{\partial T}{\partial t},0<x<L;T(0,t)=T_\infty,\left[k\frac{\partial T}{\partial x}+\beta(T-T_\infty)\right]_{x=L}=0 \tag{1}$$

该问题变为求解如下无量纲的特征值问题:

$$-\frac{\mathrm{d}^2 U}{\mathrm{d}\xi^2}-\lambda U=0,0<\xi<1;U(0)=0,\left(\frac{\mathrm{d}U}{\mathrm{d}\xi}+HU\right)\Big|_{\xi=1}=0 \tag{2}$$

对于特征值分析,令 MODEL=1,NTYPE=0,ITEM=3,NTHER=0。对于 4 个二次单元有 9 个节点,其中 1 个给定了数值,因此有 8 个特征值。框 8.4.22 给出了输入数据。框 8.4.23 给出了前五阶特征值 λ 和相应的特征向量 U 的节点值。

框 8.4.22　例 8.4.12 中问题的输入文件

```
Example 7.3.1: Eigenvalues of heat transfer like problems (Set 2)
   1 0 3 0                                 MODEL,NTYPE,ITEM,NTHER
   2 4                                     IELEM,NEM
   1 0                                     ICONT,NPRNT
     0.0  0.25  0.25  0.25  0.25           DX(I)
     1.0  0.0  0.0  0.0                     AX0,AX1,AX2,AX3
     0.0  0.0  0.0  0.0                     BX0,BX1,BX2,BX3
     0.0  0.0                               CX0,CX1
   1                                       NSPV
   11                                      ISPV(1,J)
   1                                       NNBC
   9 1  1.0  0.0                           INBC(1,I),VNBC(1)
   0                                       NMPC
   1.0                                     CT0
```

框 8.4.23　例 8.4.12 中问题的部分输出

```
Example 7.3.1B: Eigenvalues of a heat transfer and like problems
EIGENVALUE (4) = 0.2405398E+03  SQRT (EGNVAL) = 0.15509345E+02
EIGENVECTOR:
  0.11357E+01      -0.83100E+00      -0.93930E+00       0.15183E+01
  0.58052E+00      -0.19431E+01      -0.12137E+00       0.20319E+01
EIGENVALUE(5) = 0.1292608E+03  SQRT (EGNVAL) = 0.11369291E+02
EIGENVECTOR:
  0. 15205E+01     0. 48606E+00      -0.13096E+01      -0. 90471E+00
  0.91708E+00       0.11979E+01      -0.39736E+00      -0.13249E+01
EIGENVALUE(6) = 0.6477040E+02  SQRT (EGNVAL) = 0.80480058E+01
EIGENVECTOR :
 -0.11964E+01      -0.12933E+01      -0.21408E+00       0.10618E+01
  0.13722E+01       0.42142E+00      -0.91255E+00      -0.14079E+01
EIGENVALUE(7) = 0.2420401E+02  SQRT ( EGNVAL) = 0.49197572E+01
EIGENVECTOR:
 -0.80058E+00      -0.13094E+01      -0.13385E+01      -0.87990E+00
 -0.98906E-01       0.71813E+00       0.12721E+01       0.13625E+01
EIGENVALUE(8) = 0.4116107E+01  SQRT ( EGNVAL) = 0.20288191E+01
EIGENVECTOR :
  0. 32451E+00     0.62828E+00       0.89183E+00       0.10984E+01
  0.12346E+01       0.12919E+01       0.12666E+01       0.11602E+01
```

例 8.4.13

这里考虑均匀线弹性梁(EI)的自然振动,其 $x=0$ 处固定,$x=L$ 处受线弹性杆(长度 L_0 刚度 E_0A_0)的竖直支撑,参见例 7.3.2。基于 EBT 的控制方程为

$$\frac{\mathrm{d}^2}{\mathrm{d}x^2}\left(EI\frac{\mathrm{d}^2W}{\mathrm{d}x^2}\right) - \omega^2\rho\left(AW - I\frac{\mathrm{d}^2W}{\mathrm{d}x^2}\right) = 0 \tag{1}$$

边界条件为($k_0 \equiv E_0A_0/L_0$)

$$W(0) = 0, \left.\frac{\mathrm{d}W}{\mathrm{d}x}\right|_{x=0} = 0, \left[EI\frac{\mathrm{d}^2W}{\mathrm{d}x^2}\right]_{x=L} = 0, \left[EI\frac{\mathrm{d}^3W}{\mathrm{d}x^3} + k_0W\right]_{x=L} = 0 \tag{2}$$

框 8.4.24 给出了基于 2 个考虑转动惯量($H/L=0.01$)EBT 单元的输入数据,且 $k_0 = 2EI/L^3$,框 8.4.25 给出了 4 个自然频率 $\sqrt{\lambda}$ 和相应模态 W 的节点值。

框 8.4.24 例 8.4.13 中问题的输入文件

```
Example 7.3.2: NATURAL VIBRATIONS OF A CANTILEVER BEAM
  3  0  3  0                          MODEL,NTYPE,I TEM,NTHER
  3  2                               IELEM,NEM
  1  0                               ICONT,NPRNT
  0.0  0.5  0.5                       DX(I)
  0.0  0.0  0.0  0.0                  AX0,AX1,AX2,AX3
  1.0  0.0  0.0  0.0                  BX0,BX1,BX2,BX3
  0.0  0.0                            CX0,CX1
  2                                   NSPV
  1  1                                ISPV(1,J)
  1  2                                ISPV(2,J)
  1                                   NNBC
  3  1  2.0  0.0                       INBC(1,I),VNBC(1)
  0                                   NMPC
  1.0  8.333333E-6                     CT0,CT2(rotary)
```

框 8.4.25 例 8.4.13 中问题的部分输出

```
Example 7.3.2: NATURAL VIBRATIONS OF A CANTILEVER BEAM
  *** ANALYSIS OF MODEL 3,AND TYPE 0 PROBLEM ***
EIGENVALUE(1) = 0.4748468E+05  SQRT (EGNVAL) = 0.21790980E+03
EIGENVECTOR:
  0.95382E+00      -0.19610E+02       0.37670E+01      -0.72811E+02
EIGENVALUE(2) = 0.5654368E+04  SQRT (EGNVAL) = 0.75195533E+02
EIGENVECTOR:
 -0.22691E+00      -0.17173E+02      -0.22504E+01       0.21651E+ 02
EIGENVALUE(3) = 0.5019273E+03  SQRT(EGNVAL) = 0.22403733E+02
EIGENVECTOR:
  0.14468E+01       0.94001E+00      -0.20473E+01       0.97051E+01
EIGENVALUE(4) = 0.2023494E+02  SQRT(EGNVAL) = 0.44983266E+01
EIGENVECTOR:
  0.70334E+00      -0.23341E+01       0.19631E+01      -0.25359E+01
```

例 8. 4. 14

考虑一个恒定几何和材料参数的均匀柱,一端固定一端铰支(参见图 8. 4. 10)。希望利用 8 个 EBT 单元确定其临界屈曲载荷(参见例 7. 3. 3)。框 8. 4. 26 给出了输入数据及 P_{cr} 和 U_j 的部分输出。

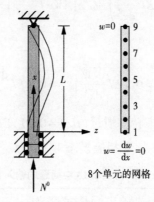

图 8. 4. 10   轴压 N^0 作用下的柱,其 $x=0$ 处固定且 $x=L$ 处铰支

框 8. 4. 26   例 8. 4. 14 中问题的输入文件

```
Example 7 .3.3: Buckling of Euler-Bernoulli beams (C-H)
 3  0  4  0                         MODEL,NTYPE,ITEM,NTHER
 3  8                               IELEM,NEM
 1  0                               ICONT,NPRNT
 0.0  0.125  0.125  0.125  0.125
 0.125  0.125  0.125  0.125         DX(I)
 0.0  0.0  0.0  0.0                 AX0,AX1,AX2,AX3
 1.0  0.0  0.0  0.0                 BX0,BX1,BX2,BX3
 0.0  0.0                           CX0,CX1
  3                                 NSPV
  1  1                              ISPV(1,J)
  1  2                              ISPV(2,J)
  9  1                              ISPV(3,J)
  0                                 NNBC
  0                                 NMPC
Example 7.3.3: Buckling of Euler-Bernoulli beams (C-H)
  *** ANALYSIS OF MODEL 3,ANDTYPE 0 PROBLEM ***
Buckling load(15)= 0.2019347E+02
EIGENVECTOR:
0.46324E-01        -0.70496E+00       0.16305E+00       -0.10966E+01
0.30221E+00        -0.10545E+01       0.40896E+00       -0.59173E+00
0.43841E+00         0.14961E+00       0.36942E+00        0.94170E+00
0.21110E+00         0.15412E+01       0.17638E+01
```

例 8. 4. 15

考虑如下方程描述的瞬态热传递问题(见例 7. 4. 1):

$$\frac{\partial u}{\partial t}-\frac{\partial^2 u}{\partial x^2}=0 \text{ 且 } 0<x<1; u(0,t)=0, \frac{\partial u}{\partial x}(1,t)=0; u(x,0)=1.0 \tag{1}$$

式中, u 是无量纲的温度。希望用 FEM1D 来得到瞬态响应。框 8.4.27 和框 8.4.28 分别给出了输入数据和不同时刻 t 的 $u(x,t)$ 的部分输出(全部输出会相当大)。

框 8.4.27　例 8.4.15 中问题的输入文件

```
Example 7.4.1: TRANSIENT HEAT CONDUCTION
 1  0  1  0                               MODEL,NTYPE,ITEM,NTHER
 2  4                                     IELEM,NEM
 1  0                                     ICONT,NPRNT
 0.0  0.25  0.25  0.25  0.25              DX(I)
 1.0  0.0  0.0  0.0                       AX0,AX1,AX2,AX3
 0.0  0.0  0.0  0.0                       BX0,BX1,BX2,BX3
 0.0  0.0                                 CX0,CX1
 0.0  0.0  0.0                            FX0,FX1,FX2
 1                                        NSPV
 1  1  0.0                                ISPV(I,J),VSPV(I)
 0                                        NSSV
 0                                        NNBC
 0                                        NMPC
 1.0  0.0                                 CT0,CT1
 0.05  0.5                                DT,ALFA
 1  51  1                                 INCOND,NTIME,INTVL
 0.0  1.0  1.0  1.0  1.0  1.0  1.0  1.0  1.0   GU0(I)
```

框 8.4.28　例 8.4.15 中问题的部分输出

```
                 OUTPUT from program FEM1D by J N REDDY
Example 7.4.1: TRANSIENT HEAT CONDUCTION
*** ANALYSIS OF MODEL 1,AND TYPE 0 PROBLEM ***
   TIME-DEPENDENT( TRANSIENT) ANALYSIS: 1
         Coefficient,CT0 of CT=CT0 ................. = 0.1000E+01
         Parameter,ALFA .......................... = 0.5000E+00
         Time increment,DT ........................ = 0.5000E-01
         No. of time steps,NTIME .................. = 51
         Time- step interval to print soln,INTVL = 1
Initial conditions on the primary variables:
  0. 00000E+00      0.10000E+01      0.10000E+01      0.10000E+01
  0.10000E+01       0.10000E+01      0.10000E+01      0.10000E+01
  0.10000E+01
   Boundary information on primary variables:
       1     1    0.00000E+00
TIME=0.5000E-01       Time step number=1
SOLUTION (values of PVs) at the NODES:
  0.00000E+00       0.49195E-01      0.59785E+00      0.81787E+00
  0.91647E+00       0.96192E+00      0.98197E+00      0.99055E+00
```

```
  0.99283E+00
TIME=0.1000E+00        Time step number=2
SOLUTION (values of PVs) at the NODES:
  0.00000E+00        0.34702E+00        0.32653E+00        0.54926E+00
  0.73054E+00        0.84563E+00        0.91197E+00        0.94502E+00
  0.95487E+00
TIME=0.2000E+00        Time step number=4
SOLUTION (values of PVs) at the NODES:
  0.00000E+00        0.21249E+00        0.22733E+00        0.43264E+00
  0.55980E+00        0.64898E+00        0.71559E+00        0.75835E+00
  0.77314E+00
TIME=0.4000E+00        Time step number=8
SOLUTION (values of PVs) at the NODES:
  0.00000E+00        0.11233E+00        0.14339E+00        0.27303E+00
  0.33283E+00        0.39251E+00        0.43766E+00        0.46501E+00
  0.47410E+00
TIME=0.8000E+00        Time step number=16
SOLUTION (values of PVs) at the NODES:
  0.00000E+00        0.38844E-01        0.56347E-01        0.10298E+00
  0.11975E+00        0.14728E+00        0.16272E+00        0.17295E+00
  0.17639E+00
TIME=0.1000E+01        Time step number=20
SOLUTION(values of PVs) at the NODES:
  0.00000E+00        0.23370E-01        0.34791E-01        0.62957E-01
  0.72281E-01        0.90280E-01        0.98883E-01        0.10554E+00
  0.10761E+00
TIME=0.1500E+01        Time step number=30
SOLUTION(values of PVs) at the NODES:
  0.00000E+00        0.66965E-02        0.10203E-01        0.18395E-01
  0.20572E-01        0.26527E-01        0.28364E-01        0.30785E-01
  0.31141E-01
TIME=0.2000E+01        Time step number=40
SOLUTION(values of PVs) at the NODES:
  0.00000E+00        0.19457E-02        0.29378E-02        0.53875E-02
  0.58524E-02        0.77930E-02        0.80996E-02        0.90126E-02
  0.89386E-02
TIME=0.2500E+01        Time step number=50
SOLUTION(values of PVs) at the NODES:
  0.00000E+00        0.56979E-03        0.83411E-03        0.15834E-02
  0.16547E-02        0.22942E-02        0.22967E-02        0.26492E-02
  0.25421E-02
```

例 8.4.16

求初始挠度作用下两端固定梁的横向运动(见例 7.4.2)。将针对半个梁使用 4 个 EBT 单元,且 DT=0.005,ALFA=0.5,BETA=0.5。框 8.4.29 和框 8.4.30 分别给出了输入数据和不同时刻 t 的挠度 $w(x,t)$ 的部分输出。

框 8.4.29　例 8.4.16 中问题的输入文件

```
Example 7.4.2: TRANSIENT RESPONSE OF A CLAMPED BEAM(EBT)
   3  0  2  0                         MODEL,NTYPE,ITEM,NTHER
   3  4                              IELEM,NEM
   1  0                              ICONT,NPRNT
   0.0  0.125  0.125  0.125  0.125   DX(I)
   0.0  0.0  0.0  0.0                AX0,AX1,AX2,AX3
   1.0  0.0  0.0  0.0                BX0,BX1,BX2,BX3
   0.0  0.0                          CX0,CX1
   0.0  0.0  0.0                     FX0,FX1,FX2
   3                                 NSPV
   1  1  0.0                         ISPV(1,J),VSPV(1)
   1  2  0.0                         ISPV(2,J),VSPV(2)
   5  2  0.0                         ISPV(3,J),VSPV(3)
   0                                 NSSV
   0                                 NNBC
   0                                 NMPC
   1.0  8.3333333E-6                 CT0,CT2
   0.005  0.5  0.5                   DT,ALFA,GAMA
   1  31  1                          INCOND,NTIME,INTVL
   0.0  0.0  0.039072  -0.5462586
   0.11810  -0.65060  0.1875687
   -0.416837  0.21460  0.0           GU0(I)
   0.0  0.0  0.0  0.0  0.0  0.0
   0.0  0.0  0.0  0.0                GU1(I)
```

框 8.4.30　例 8.4.16 中问题的部分输出

```
Example 7.4.2: TRANSIENT RESPONSE OF A CLAMPED BEAM (EBT)
   *** ANALYSIS OF MODEL 3,AND TYPE 0 PROBLEM ***
   TIME-DEPENDENT (TRANSIENT) ANALYSIS: 2
       Coefficient,CT0 of C1=CT0................... = 0.1000E+01
       Coefficient,CT2 of C2=CT2................ = 0.8333E-05
       Parameter,ALFA.............................. = 0.5000E+00
       Parameter,GAMA.......................... = 0.5000E+00
       Time increment,DT................... = 0.5000E-02
       No.of time steps,NTIME.............. = 31
       Time-step interval to print soln.,INTVL... = 1
   Initial conditions on the primary variables:
   0.00000E+00        0.00000E+00       0.39072E-01       -0.54626E+00
   0.11810E+00       -0.65060E+00       0.18757E+00       -0.41684E+00
   0.21460E+00        0.00000E+00
TIME=0.5000E-02       Time step number=1
SOLUTION (values of PVs) at the NODES:
   0.00000E+00        0.00000E+00       0.38665E-01       -0.54232E+00
   0.11721E+00       -0.64792E+00       0.18646E+00       -0.41502E+00
```

```
  0.21338E+00        0.00000E+00
TIME=0. 1000E-01        Time step number=2
SOLUTION (values of PVs) at the NODES:
  0.00000E+00        0.00000E+00        0.37550E-01        -0.52839E+00
  0.11462E+00        -0.63888E+00       0.18308E+00        -0.41134E+00
  0.20974E+00        0.00000E+00
TIME=0.2000E-01        Time step number=4
SOLUTION (values of PVs) at the NODES:
  0.00000E+00        0.00000E+00        0.34018E-01        -0.48151E+00
  0.10493E+00        -0.59454E+00       0.16945E+00        -0.39291E+00
  0.19509E+00        0.00000E+00
TIME=0. 4000E-01        Time step number=8
SOLUTION (values of PVs) at the NODES:
  0.00000E+00        0.00000E+00        0.23928E-01        -0.33771E+00
  0.73365E-01        -0.41179E+00       0.11763E+00        -0.26654E+00
  0.13496E+00        0.00000E+00
TIME=0. 5000E-01        Time step number=10
SOLUTION (values of PVs) at the NODES:
  0.00000E+00        0.00000E+00        0.17497E-01        -0.24288E+00
  0.52174E-01        -0.28217E+00       0.82030E-01        -0.17758E+00
  0.93522E-01        0.00000E+00
TIME=0.8000E-01        Time step number=16
SOLUTION (values of PVs) at the NODES:
  0.00000E+00        0.00000E+00        -0.90058E-02       0.12366E+00
  -0.26216E-01       0.13638E+00        -0.40289E-01       0.81270E-01
  -0.45476E-01       0.00000E+00
TIME=0.1000E+00        Time step number=20
SOLUTION (values of PVs) at the NODES:
  0.00000E+00        0.00000E+00        -0.23036E-01       0.32702E+00
  -0.71560E-01       0.40861E+00        -0.11592E+00       0.27029E+00
  -0.13352E+00       0.00000E+00
TIME=0.1200E+00        Time step number=24
SOLUTION (values of PVs) at the NODES:
  0.00000E+00        0.00000E+00        -0.34226E-01       0.48332E+00
  -0.10499E+00       0.58911E+00        -0.16835E+00       0.38187E+00
  -0.19315E+00       0.00000E+00
TIME=0.1500E+00        Time step number=30
SOLUTION (values of PVs) at the NODES:
  0.00000E+00        0.00000E+00        -0.37133E-01       0.52454E+00
  -0.11420E+00       0.64390E+00        -0.18370E+00       0.42078E+00
  -0.21109E+00       0.00000E+00
```

8.5　小结

本章讨论了三个主要内容:(1)有限元系数矩阵和向量的数值积分,(2)典型有限元程序及其内容的数值实现,(3)有限元程序 FEM1D 在第3~7章讨论的各种类型的问题上的应用。系数矩阵需要数值积分是因为:(1)需要处理各种各样微分方程的系数矩阵,(2)一些系数矩阵需要特殊处理,比如 Timoshenko 梁单元。讨论了 Newton-Cotes 和 Gauss-Legendre 积分公式。积分公式需要将积分表达式从整体坐标系变换到局部坐标系。根据几何和因变量插值阶次的相对关系,有限元格式分为亚参元、等参元和超参元格式。

讨论了一个典型计算机程序的三个逻辑单元:前处理器、处理器和后处理器。处理器的内容是执行大多数有限元计算的地方,我们进行了详细讨论。讨论了积分表达式的数值积分、单元系数矩阵的组装和边界条件施加的计算机实现。给出了计算机程序 FEM1D 的输入变量的描述,讨论了 FEM1D 在稳态问题、特征值问题和瞬态分析问题上的应用。给出了其在热传递、固体力学和结构力学上的应用。无黏流体的流动问题在数学结构上与热传递问题类似,因此本章没有讨论。

习题

对于习题8.1~8.4,选择合适的积分点数目,并利用精确积分结果验证结果的正确性。

数值积分

8.1　利用 Newton-Cotes 和 Gauss-Legendre 积分公式计算如下积分:

$$K_{12} = \int_{x_a}^{x_b} (x_0 + x) \frac{\mathrm{d}\psi_1}{\mathrm{d}x} \frac{\mathrm{d}\psi_2}{\mathrm{d}x} \mathrm{d}x, \quad G_{12} = \int_{x_a}^{x_b} (x_0 + x) \psi_1 \psi_2 \mathrm{d}x$$

这里 ψ_i 是二次插值函数:

$$\psi_1 = \left(1 - \frac{x - x_a}{x_b - x_a}\right)\left(1 - 2\frac{x - x_a}{x_b - x_a}\right) = -\frac{1}{2}\xi(1 - \xi)$$

$$\psi_2 = 4\left(\frac{x - x_a}{x_b - x_a}\right)\left(1 - \frac{x - x_a}{x_b - x_a}\right) = (1 - \xi^2)$$

$$\psi_3 = -\frac{x - x_a}{x_b - x_a}\left(1 - 2\frac{x - x_a}{x_b - x_a}\right) = \frac{1}{2}\xi(1 + \xi)$$

8.2　利用 Newton-Cotes 积分公式计算如下积分:

$$K_{11} = \int_{x_a}^{x_b} \left(\frac{\mathrm{d}^2\phi_1}{\mathrm{d}x^2}\right)^2 \mathrm{d}x, \quad G_{11} = \int_{x_a}^{x_b} (\phi_1)^2 \mathrm{d}x$$

式中,ϕ_i 是 Hermite 三次插值函数[参见式(5.2.20)、式(5.2.21a)和式(5.2.21b)]。
答案:$r = 2$;$K_{11} = 12/h^3$(精确解),$G_{11} = 0.398148h$。

8.3　利用 Gauss-Legendre 积分公式计算习题8.2里的积分,这里插值函数 ϕ_i 取为习题5.2中的五阶 Hermite 插值多项式。

答案:$K_{11}=120h^3/7, G_{11}=181h/462$(精确解)。

8.4 重新计算习题8.3里的积分,这里插值函数 ϕ_i 取为习题5.4中的五阶 Hermite 插值多项式。

答案:$K_{11}=\dfrac{5092}{35h_e^3}, G_{11}=\dfrac{523h_e}{3465}$(精确解)。

上机问题

8.5 考虑平面墙的一维热流,其控制方程为

$$-\frac{d}{dx}\left(k\frac{dT}{dx}\right)=g_0$$

$$\left(-k\frac{dT}{dx}\right)_{x=0}=Q_0, \quad \left[k\frac{dT}{dx}+\beta(T-T_\infty)\right]_{x=L}=0$$

求解此问题利用(1)4 个线性单元,(2)2 个二次单元。并与精确解相比较。这里 $L=0.02\mathrm{m}, k=20\mathrm{W}/(\mathrm{m}\cdot\mathrm{℃}), g_0=10^6\mathrm{W}/\mathrm{m}^2, Q_0=10^2\mathrm{W}, T_\infty=50\mathrm{℃}, \beta=500\mathrm{W}/(\mathrm{m}\cdot\mathrm{℃})$。

8.6 利用(1)8 个线性单元,(2)4 个二次单元求解习题8.5。

8.7 利用(1)4 个线性单元,(2)2 个二次单元求解例4.2.1的热传递问题。

8.8 利用4 个二次单元求解例4.2.3的轴对称问题,并与利用8 个线性单元得到的结果及表4.2.2 给出的精确解进行对比。

8.9 利用4 个线性单元(参见图4.3.1)求解例4.3.1(工况1)的一维流动问题,令 $dP/dx=-24$。将有限元结果与例4.3.1式(10)的精确解进行对比。

8.10 利用4 个二次单元求解例4.3.1(工况2)的 Couette 流动问题,令 $dP/dx=-24, U_0=1$。将有限元结果与例4.3.1式(11)的精确解进行对比。

8.11 利用最少数目的线性单元求解习题4.3(复合墙里的热流)。

8.12 利用6 个线性单元(非均匀网格)求解习题4.17(无压含水层的轴对称问题)。

8.13 利用最少数目的线性单元求解习题4.19的阶梯杆问题。

8.14 利用最少数目的线性单元求解习题4.21的复合杆问题。

8.15 利用2 个线性单元求解习题4.31。

8.16 求图 P8.16 中绳索 AB 和 CD 的受力及伸长,$P=700\mathrm{lb}$。绳索的横截面积为 $A=0.03\mathrm{in}^2$,弹性模量为 $E=30\times10^6\mathrm{psi}$。

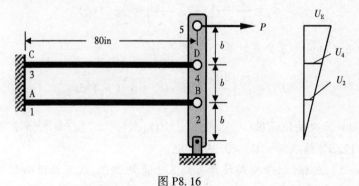

图 P8.16

8.17　利用(1)4 个二次单元,(2)8 个线性单元求解旋转圆盘的轴对称变形问题(参见例8.4.3)。

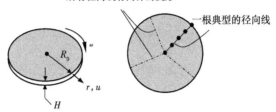

图 P8.17

8.18—8.25　利用最少数目的 Euler-Bernoulli 梁单元求解习题5.7—5.14(提示:在可变形固体力学书中可以找到大量其他的梁问题)。

8.26　利用 RIE-Timoshenko 梁单元求解习题8.22(与习题5.11一样)。假设 $v=0.25, K_s=5/6, H=0.1$(梁高度)。采用 4 个、8 个和 16 个线性及二次均匀单元求解,考察 RIE 的收敛性。

8.27　采用 4 个、8 个和 16 个 CIE-Timoshenko 梁单元求解习题8.26。

8.28　利用 Euler-Bernoulli 板单元求均布横向载荷作用下固支圆板问题,圆板半径为 a(in),厚度 $H=0.1a$(in),模量 $E=10^7$(psi)。考察利用 2 个、4 个和 8 个单元的收敛性及其与精确解(参见 Reddy[6])的比较:

$$w(r) = \frac{q_0 a^4}{64D}\left[1-\left(\frac{r}{a}\right)^2\right]^2$$

式中,$D=EH^3/12(1-v^2)$,q_0 是分布载荷强度,v 是泊松比($v=0.25$)。用表格的形式给出中心挠度。

8.29　采用 RIE-Timoshenko 板单元重新求解习题8.28,这里 $a/H=10$。采用 4 个和 8 个线性单元及 2 个和 4 个二次单元,并用表格的形式给出中心挠度。令 $E=10^7$,$v=0.25$,$K_s=5/6$。精确解为(参见 Reddy[6])

$$w(r) = \frac{q_0 a^4}{64D}\left[1-\left(\frac{r}{a}\right)^2\right]^2 + \frac{q_0 a^2}{4K_s GH}\left[1-\left(\frac{r}{a}\right)^2\right]$$

8.30　利用 Timoshenko 板单元(CIE)(线性单元)重新求解习题8.29,这里 $a/H=10$。

8.31　考虑一个空心圆板,其外半径为 a,内半径为 b,厚度为 H。板的外边界简支,受均匀分布载荷 q_0(参见图 P8.31),利用 Euler-Bernoulli 板单元分析该问题。比较基于 4 个单元的结果与解析解(参见 Reddy[6])的结果:

$$w(r) = \frac{q_0 a^4}{64D}\left\{-1+\left(\frac{r}{a}\right)^4+\frac{2\alpha_1}{1+v}\left[1-\left(\frac{r}{a}\right)^2\right]-\frac{4\alpha_2\beta^2}{1-v}\lg\left(\frac{r}{a}\right)\right\}$$

$$\alpha_1 = (3+v)(1-\beta^2)-4(1+v)\beta^2\kappa, \quad \alpha_2 = (3+v)+4(1+v)\kappa$$

$$\kappa = \frac{\beta^2}{1-\beta^2}\lg\beta, \quad \beta=\frac{b}{a}, \quad D=\frac{EH^3}{12(1-v^2)}$$

式中,E 是弹性模量,H 是厚度,ν 是泊松比。且 $E=10^7$,$\nu=0.3$,$b/a=0.25$。

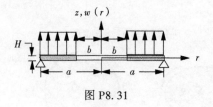

图 P8.31

8.32　利用(1)4 个线性单元,(2)2 个二次 Timoshenko(RIE)单元分别计算习题 8.31,这里 $a/H=10$。

8.33—8.42　利用 FEM1D 分析图 P6.1 至图 P6.10 的桁架问题。

8.43—8.50　利用 FEM1D 分析图 P6.13 至图 P6.20 的框架问题。

8.51　考虑如下平面墙的瞬态热传导问题的无量纲微分方程:

$$-\frac{\partial^2 T}{\partial x^2}+\frac{\partial T}{\partial t}=0 \text{ 且 } 0<x<1$$

其边界条件为 $T(0,t)=1$,$T(1,t)=0$,其初始条件为 $T(x,0)=0$。利用 8 个线性单元求解该问题。确定临界时间步长,利用 Crank-Nicholson 方法和 $\Delta t=0.002\mathrm{s}$。

8.52　考虑弹性杆的轴向运动问题的二阶微分方程:

$$EA\frac{\partial^2 u}{\partial x^2}=\rho A\frac{\partial^2 u}{\partial t^2} \text{ 且 } 0<x<L$$

杆长为 $L=500\mathrm{mm}$,横截面积 $A=1\mathrm{mm}^2$,弹性模量 $E=20000\mathrm{N/mm}^2$,密度 $\rho=0.008\mathrm{kg/mm}^3$,$\alpha=0.5$,$\gamma=0.5$。边界条件为:

$$u(0,t)=0,EA\frac{\partial u}{\partial x}(L,t)=1\mathrm{N}$$

假设初始条件为零。利用 20 个线性单元和(1),$\Delta t=0.002\mathrm{s}$,(2)$\Delta t=0.0005\mathrm{s}$ 确定杆的轴向位移 $u(x,t)$。在时刻 $t=0.1\mathrm{s}$ 和 $t=0.2\mathrm{s}$,绘出利用两种不同时间步长得到的位移随坐标 x 的变化;绘出利用两种不同时间步长得到的位置 $x=L$ 处的位移随时间 t 的变化。使用牛顿(N)和米(m)作为输入($EA=20\times10^3\mathrm{N}$,$\rho A=8\mathrm{kg/m}$)。

8.53　悬臂梁长度为 $L=30\mathrm{in}$,横截面为 $0.5\mathrm{in}\times0.5\mathrm{in}$,模量 $E=30\times10^6\mathrm{psi}$,密度 $\rho=733\times10^{-6}\mathrm{lb/in}^3$。集中力 $P_0=1000\mathrm{lb}$ 作用在自由端(参见图 P8.53)。利用 8 个 Euler-Bernoulli 梁单元和 $\Delta t=10^{-6}\mathrm{s}$ 求横向挠度的有限元解。

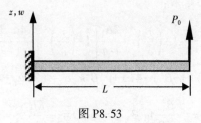

图 P8.53

8.54　利用 4 个二次 Timoshenko 梁单元重做习题 8.53。利用 $v=0.3$。

8.55　对于中点作用集中载荷的两端固定梁重做习题 8.53(参见图 P8.55)。采用和习题 8.53 同样的数据。

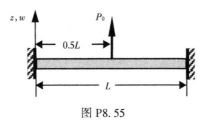

图 P8.55

8.56　利用 4 个二次 Timoshenko 梁单元重做习题 8.55。利用 $v=0.3$。

课外阅读参考资料

[1] B. Carnahan, H. A. Luther, and J. O. Wilkes, *Applied Numerical Methods*, John Wiley, New-York, 1969.

[2] A. N. Loxan, N. Davids, and A. Levenson. "Table of the Zeros of the Legendre Polynomials of Order 1−16 and the Weight Coefficients for Gauss′ Quadrature Formula," *Bulletin of the American Mathematical Society*, 48, 739−743, 1942.

[3] A. H. Stroud and D. Secrest, *Gaussian Quadrature Formulas*, Prentice−Hall, Englewood Cliffs, NJ, 1966.

[4] S. Eskinazi. , *Principles of Fluid Mechanics*, Allyn and Bacon, Boston, MA, 1962.

[5] M. E. Harr, *Ground Water and Seepage*, McGraw−Hill, New York, NY, 1962.

[6] A. Nadai, *Theory of Flow and Fracture of Solids*, vol. II, McGraw−Hill, New York, NY, 1963.

[7] H. Schlichting, *Boundary−Layer Theory* (translated by J. Kestin), 7th ed. , McGraw−Hill, New York, NY, 1979.

[8] H. S. Carslaw and J. C. Jaeger, *Conduction of Heat in Solids*, Clarendon Press, Oxford, 1959.

[9] J. P. Holoman, *Heat Transfer*, 6th ed. , McGraw−Hill, New York, NY, 1986.

[10] F. Kreith, *Principles of Heat Transfer*, 3rd ed. , Harper & Row, New York, NY, 1973.

[11] G. G. Myers, *Analytical Methods in Conduction Heat Transfer*, McGraw−Hill. New York, NY, 1972.

[12] R. G. Budynas, *Advanced Strength and Applied Stress Analysis*, McGraw−Hill, New York, NY, 1977.

[13] C. M. Harris and C. E. Crede, *Shock and Vibration Handbook*, Vol. 1, McGraw−Hill, New York, NY, 1961.

[14] J. N. Reddy, *Energy Principles and Variational Methods in Applied Mechanics*, 3rd ed. , John Wiley, New York, NY, 2018.

[15] A. C. Ugural and S. K. Fenster, *Advanced Strength and Applied Elasticity*, Elsevier, New York, NY, 1975.

9 二维单变量问题

Research is to see what everybody else has seen, and to think what nobody else has thought.

（研究是先弄清楚大家都知道的，然后想点大家都没想到过的。）

Albert Szent-Gyoergi

9.1 引言

二维问题的有限元分析与第 3 章讨论的一维问题有相同的基本步骤。二维问题的分析要稍微复杂一点，因为其控制方程是复杂几何区域上的偏微分方程。二维域 Ω 的边界 Γ 一般是一条曲线。因此，有限元就是给定二维域和其上解的简单二维几何形状的容许近似。因此，对于二维问题，不仅要寻求在给定域上的近似解，而且要通过合适的有限元网格来近似其求解域。相应地，对于二维问题的有限元分析，不仅有解的近似误差同时也有求解域的近似带来的离散误差。有限元网格（离散）包括简单的二维单元，比如三角形、矩形和四边形等，这些单元有独有的插值函数。单元之间通过边界节点互相连接在一起。用一系列有限单元来表示不规则几何域的能力使得有限元方法成为一个非常实用的求解各种工程领域的边值、初值和特征值问题的工具。

本章目的是将此前求解一维问题的步骤推广到单变量二维边值问题。同时，将利用一个二阶偏微分方程，即单变量的泊松方程，来描述有限元分析的基本步骤。此方程存在于静电学、热传递、流体力学和固体力学等各领域（表 9.1.1）。

表 9.1.1 泊松方程的 $-\nabla \cdot (k \nabla u) = f$ 在 Ω 内一些例子（自然边界条件：$k\dfrac{\partial u}{\partial n} + \beta(u - u_\infty) = q$ 在 Γ_q 上；本质边界条件：$u = \hat{u}$ 在 Γ_u 上）

场问题	主变量 u	材料常数 k	源项 f	次变量 $\dfrac{\partial u}{\partial x}, \dfrac{\partial u}{\partial y}$
1. 热传递	温度 T	热导率 k	热源 g	热传导引起的热流 $k\dfrac{\partial T}{\partial n}$ 对流引起的热流 $h(T - T_\infty)$
2. 理想无旋流	流量函数 ψ 速度势 ϕ	密度 ρ 密度 ρ	质量生成率 σ 质量生成率 σ	速度 $\dfrac{\partial \psi}{\partial x} = -v, \dfrac{\partial \psi}{\partial y} = u$ 速度 $\dfrac{\partial \phi}{\partial x} = u, \dfrac{\partial \phi}{\partial y} = v$
3. 地下水流动	测压管水头 ϕ	渗透率 K	补给 f（泵出，$-f$）	渗流量 $q = K\dfrac{\partial \phi}{\partial n}$ 速度 $u = -K\dfrac{\partial \phi}{\partial x}, v = -K\dfrac{\partial \phi}{\partial y}$

续表

场问题	主变量 u	材料常数 k	源项 f	次变量 $\frac{\partial u}{\partial x}, \frac{\partial u}{\partial y}$
4. 圆柱的扭转	应力函数 Ψ	$K=1$ $G=$剪切模量	$f=2$ $\theta=$单位长度的扭转角	$G\theta\frac{\partial \Psi}{\partial x}=-\sigma_{yz}$ $G\theta\frac{\partial \Psi}{\partial y}=-\sigma_{xz}$
5. 静电学	标量势 ϕ	介电常数 ε	电荷密度 ρ	电位移密度 D_n
6. 静磁学	磁势 ϕ	磁导率 μ	电荷密度 ρ	磁通量 B_n
7. 薄膜	横向挠度 u	张力 T	横向分布载荷 f	法向力 q

9.2　边值问题

9.2.1　模型方程

考虑寻找二阶偏微分方程解 $u(x,y)$ 的问题：

$$-\frac{\partial}{\partial x}\left(a_{11}\frac{\partial u}{\partial x}+a_{12}\frac{\partial u}{\partial y}\right)-\frac{\partial}{\partial y}\left(a_{21}\frac{\partial u}{\partial x}+a_{22}\frac{\partial u}{\partial y}\right)+a_{00}u-f=0 \qquad (9.2.1)$$

已知 $a_{ij}(i,j=1,2)$、a_{00} 和 f 以及边界条件。从弱形式上就很明显能看出边界条件的格式。作为特例，令 $a_{11}=a_{22}=k(x,y)$ 和 $a_{12}=a_{21}=a_{00}=0$，即可得到源自式(9.2.1)的泊松方程：

$$-\nabla\cdot(k\nabla u)=f(x,y) \qquad 在 \Omega 内 \qquad (9.2.2)$$

式中，∇ 是梯度算子。如果 $\hat{e}_x$ 和 $\hat{e}_y$ 分别表示沿 x 和 y 轴的单位矢量，二维的梯度算子可以表示为[参见式(2.2.8)]

$$\nabla=\hat{e}_x\frac{\partial}{\partial x}+\hat{e}_y\frac{\partial}{\partial y}$$

笛卡儿坐标系下的式(9.2.2)为

$$-\frac{\partial}{\partial x}\left(k\frac{\partial u}{\partial x}\right)-\frac{\partial}{\partial y}\left(k\frac{\partial u}{\partial y}\right)=f(x,y) \qquad (9.2.3)$$

接下来，建立式(9.2.1)的弱形式的 Galerkin 有限元模型。主要步骤如下：
(1)将求解域离散为一组有限单元。
(2)控制微分方程的弱(或加权积分)形式。
(3)有限元插值函数的推导。
(4)利用弱形式建立有限元模型。
(5)组装有限元得到整体代数方程组。
(6)施加边界条件。
(7)求解方程组。
(8)解和感兴趣量的后处理。

由于步骤(5)得到的代数方程组的形式与求解域的维度和问题的本质没有关系,因此步骤(6)和(7)与一维有限元分析一样。接下来将详细讨论每个步骤。

9.2.2　有限元离散

二维时有更多的简单几何形状可以作为有限单元(图9.2.1)。很快会看到,插值函数不仅跟单元节点个数和每个节点未知量的个数有关,也跟单元的形状相关。单元的形状必须唯一地由一组点来定义,且这些点在构造插值函数时可以作为单元节点。本节接下来将讨论最简单的三角形单元,然后是矩形单元。

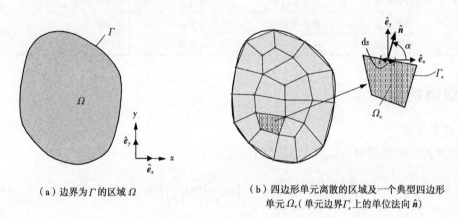

（a）边界为Γ的区域Ω　　　（b）四边形单元离散的区域及一个典型四边形单元Ω_e（单元边界Γ_e上的单位法向$\hat{n}$）

图9.2.1　不规则区域的有限元离散

将给定区域表示为一组单元(即离散或网格生成)是有限元分析中的一个重要步骤。求解域的几何性质、分析问题的类型和需要的精度决定了单元类型、单元数量和单元的密度。当然,并没有获得这些信息的具体公式。一般来说,分析者受其技术背景、对待分析物理问题的理解(即对解的定性理解)及有限元建模经验的影响。有限元网格划分的一般规则包括:

(1)选择能表达该问题控制方程的单元。

(2)单元的数量、形状和类型(即线性或二次)要尽量保证能够足够精确地表示求解域的几何性质。

(3)单元的密度要保证在解的大梯度区域能有足够的精度(即在大梯度区域使用更多的单元或高阶单元)。

(4)网格应该从高密度区域逐渐过渡到低密度区域。如果使用过渡单元,那么它们应该远离关键区域(即大梯度区域)。过渡单元连接了低阶单元和高阶单元(比如线性单元和二次单元)。

9.2.3　弱形式

只需考虑一个典型单元来建立弱形式。假设Ω_e是一个典型单元,不管是三角形还是四边形网格划分,在Ω_e上建立式(9.2.1)的有限元模型。随后讨论各种各样的二维单元。

基于第2章和第3章给出的三个步骤,在一个典型单元Ω_e上建立式(9.2.1)的弱形式。第一步用权函数w乘以式(9.2.1),权函数对x和y是可导的,在单元Ω_e上对其积分:

$$0 = \int_{\Omega_e} w \left[-\frac{\partial}{\partial x}(F_1) - \frac{\partial}{\partial y}(F_2) + a_{00} u - f \right] dx dy \tag{9.2.4a}$$

式中,

$$F_1 = a_{11} \frac{\partial u}{\partial x} + a_{12} \frac{\partial u}{\partial y}, \quad F_2 = a_{21} \frac{\partial u}{\partial x} + a_{22} \frac{\partial u}{\partial y} \tag{9.2.4b}$$

第二步将对 u 和 w 的微分转换成同阶的。为此对(9.2.4a)的前两项进行分部积分。首先注意到:

$$\frac{\partial}{\partial x}(wF_1) = \frac{\partial w}{\partial x}F_1 + w\frac{\partial F_1}{\partial x} \text{ 或 } -w\frac{\partial F_1}{\partial x} = \frac{\partial w}{\partial x}F_1 - \frac{\partial}{\partial x}(wF_1) \tag{9.2.5a}$$

$$\frac{\partial}{\partial y}(wF_2) = \frac{\partial w}{\partial y}F_2 + w\frac{\partial F_2}{\partial y} \text{ 或 } -w\frac{\partial F_2}{\partial y} = \frac{\partial w}{\partial y}F_2 - \frac{\partial}{\partial y}(wF_2) \tag{9.2.5b}$$

接下来,利用梯度(或散度)定理的分量形式:

$$\int_{\Omega_e} \frac{\partial}{\partial x}(wF_1) dx dy = \oint_{\Gamma_e} wF_1 n_x ds \tag{9.2.6a}$$

$$\int_{\Omega_e} \frac{\partial}{\partial y}(wF_2) dx dy = \oint_{\Gamma_e} wF_2 n_y ds \tag{9.2.6b}$$

式中, n_x 和 n_y 是边界 Γ_e 的单位法向量的分量(即方向余弦):

$$\hat{\boldsymbol{n}} = n_x \hat{\boldsymbol{e}}_x + n_y \hat{\boldsymbol{e}}_y = \cos\alpha \hat{\boldsymbol{e}}_x + \sin\alpha \hat{\boldsymbol{e}}_y \tag{9.2.7}$$

在边界 Γ_e 上 ds 是沿边界无穷小线元的长度[图9.2.1(b)]。将式(9.2.5a)、式(9.2.5b)、式(9.2.6a)和式(9.2.6b)代入式(9.2.4a),得

$$0 = \int_{\Omega_e} \left[\frac{\partial w}{\partial x}\left(a_{11}\frac{\partial u}{\partial x} + a_{12}\frac{\partial u}{\partial y}\right) + \frac{\partial w}{\partial y}\left(a_{21}\frac{\partial u}{\partial x} + a_{22}\frac{\partial u}{\partial y}\right) + a_{00}wu - wf \right] dx dy$$
$$- \oint_{\Gamma_e} w\left[n_x\left(a_{11}\frac{\partial u}{\partial x} + a_{12}\frac{\partial u}{\partial y}\right) + n_y\left(a_{21}\frac{\partial u}{\partial x} + a_{22}\frac{\partial u}{\partial y}\right) \right] ds \tag{9.2.8}$$

考察式(9.2.8)里的边界积分,注意到边界积分里权函数的系数为

$$q_n \equiv n_x\left(a_{11}\frac{\partial u}{\partial x} + a_{12}\frac{\partial u}{\partial y}\right) + n_y\left(a_{21}\frac{\partial u}{\partial x} + a_{22}\frac{\partial u}{\partial y}\right) \tag{9.2.9a}$$

因此, q_n 是次变量,其数值构成了自然边界条件。数学上来讲, q_n 是流量向量 $\boldsymbol{q}$ 在单位法向量 $\hat{\boldsymbol{n}} = \hat{\boldsymbol{e}}_x n_x + \hat{\boldsymbol{e}}_y n_y$ 上的投影:

$$q_n = \hat{\boldsymbol{n}} \cdot \boldsymbol{q}, \quad \boldsymbol{q} = \hat{\boldsymbol{e}}_x\left(a_{11}\frac{\partial u}{\partial x} + a_{12}\frac{\partial u}{\partial y}\right) + \hat{\boldsymbol{e}}_y\left(a_{21}\frac{\partial u}{\partial x} + a_{22}\frac{\partial u}{\partial y}\right) \tag{9.2.9b}$$

因此 q_n 是沿边界法向的热流量($q_n ds$ 是热量)。根据定义, q_n 向外为正(由于沿边界逆时针方

向移动，因此 $\hat{n}$ 向外为正）。在大多数问题中，次变量 q_n 具有物理意义。比如，在各向异性介质的热传递问题中，a_{ij} 是介质的热导率，q_n 是负的沿单元法向的热流（因为 Fourier 热传导定律）。与 $q_n \mathrm{d}s$（热量）相关的主变量是温度 u，给定温度为本质边界条件。

最后的第三步是利用式（9.2.9a）的定义重写式（9.2.8）：

$$0 = \int_{\Omega_e} \left[\frac{\partial w}{\partial x}\left(a_{11}\frac{\partial u}{\partial x}+a_{12}\frac{\partial u}{\partial y}\right) + \frac{\partial w}{\partial y}\left(a_{21}\frac{\partial u}{\partial x}+a_{22}\frac{\partial u}{\partial y}\right) + a_{00}wu-wf \right]\mathrm{d}x\mathrm{d}y$$

$$-\oint_{\Gamma_e} wq_n\mathrm{d}s \tag{9.2.10}$$

或

$$B^e(w,u) = l^e(w) \tag{9.2.11a}$$

式中，双线性算子 $B^e(\cdot,\cdot)$ 和线性算子 $l^e(\cdot)$ 为

$$B^e(w,u) = \int_{\Omega_e} \left[\frac{\partial w}{\partial x}\left(a_{11}\frac{\partial u}{\partial x}+a_{12}\frac{\partial u}{\partial y}\right) + \frac{\partial w}{\partial y}\left(a_{21}\frac{\partial u}{\partial x}+a_{22}\frac{\partial u}{\partial y}\right) + a_{00}wu \right]\mathrm{d}x\mathrm{d}y \tag{9.2.11b}$$

$$l^e(w) = \oint_{\Omega_e} wf\mathrm{d}x\mathrm{d}y + \oint_{\Gamma_e} wq_n\mathrm{d}s$$

式（9.2.10）的弱形式（或加权积分形式）是式（9.2.1）有限元模型的基础。

当 $B^e(w,u)$ 关于 w 和 u 是对称的[即 $B^e(w,u) = B^e(u,w)$]，则与变分问题（9.2.11a）相关的二次泛函为[式（2.4.25）]

$$I^e(w) = \frac{1}{2}B^e(w,w) - l^e(w) \tag{9.2.12a}$$

当且仅当 $a_{12}=a_{21}$ 时，式（9.2.11b）的双线性形式是对称的。因此泛函为

$$I^e(w) = \frac{1}{2}\int_{\Omega_e} \left[a_{11}\left(\frac{\partial u}{\partial x}\right)^2 + 2a_{12}\frac{\partial u}{\partial x}\frac{\partial u}{\partial y} + a_{22}\left(\frac{\partial u}{\partial y}\right)^2 + a_{00}u^2 \right]\mathrm{d}x\mathrm{d}y$$

$$-\int_{\Omega_e} uf\mathrm{d}x\mathrm{d}y - \oint_{\Gamma_e} uq_n\mathrm{d}s \tag{9.2.12b}$$

9.2.4　变分问题的向量格式

将有限元格式写成向量形式（即矩阵形式）是非常常见的，特别是在结构力学文献中。尽管向量/矩阵符号很简洁，但是它并不像本书使用的显式格式那么容易理解。尽管如此，从完整性上考虑，这里也给出了式（9.2.11a）描述的变分问题（或弱形式）的向量形式。将采用粗体字来表示不同阶的矩阵，包括 1×1 的矩阵和行矩阵及列矩阵（参见 2.2.4 节）。

从式（9.2.11a）开始，它可写为

$$B^e(\boldsymbol{w},\boldsymbol{u}) = l^e(\boldsymbol{w}) \tag{9.2.13}$$

在本例中，$\boldsymbol{w}$ 就是 w，$\boldsymbol{u}$ 就是 u。接下来，将 $B^e(\cdot,\cdot)$ 和 $l^e(\cdot)$ 表示成矩阵形式。令

$$
C = \begin{bmatrix} a_{11} & a_{12} & 0 \\ a_{12} & a_{22} & 0 \\ 0 & 0 & a_{00} \end{bmatrix}, D = \begin{Bmatrix} \dfrac{\partial}{\partial x} \\[2mm] \dfrac{\partial}{\partial y} \\[2mm] 1 \end{Bmatrix} \tag{9.2.14}
$$

则式(9.2.11b)中的 B^e 和 l^e 可写为

$$
B^e(w,u) = \int_{\Omega_e} \begin{Bmatrix} \dfrac{\partial w}{\partial x} \\[2mm] \dfrac{\partial w}{\partial y} \\[2mm] w \end{Bmatrix}^{\mathrm{T}} \begin{bmatrix} a_{11} & a_{12} & 0 \\ a_{12} & a_{22} & 0 \\ 0 & 0 & a_{00} \end{bmatrix} \begin{Bmatrix} \dfrac{\partial u}{\partial x} \\[2mm] \dfrac{\partial u}{\partial y} \\[2mm] u \end{Bmatrix} \mathrm{d}x\mathrm{d}y \tag{9.2.15a}
$$

$$
l^e(w) = \int_{\Omega_e} \{w\}^{\mathrm{T}}\{f\}\,\mathrm{d}x\mathrm{d}y + \oint_{\Gamma_e} \{w\}^{\mathrm{T}}\{q_n\}\,\mathrm{d}s \tag{9.2.15b}
$$

或简单地

$$
B^e(\boldsymbol{w},\boldsymbol{u}) = \int_{\Omega_e}(\boldsymbol{D}\boldsymbol{w})^{\mathrm{T}}\boldsymbol{C}\boldsymbol{D}\boldsymbol{u}\,\mathrm{d}x\mathrm{d}y, \, l^e(\boldsymbol{w}) = \int_{\Omega_e}\boldsymbol{w}^{\mathrm{T}}\boldsymbol{f}\mathrm{d}x\mathrm{d}y + \int_{\Gamma_e}\boldsymbol{w}^{\mathrm{T}}\boldsymbol{q}\mathrm{d}s \tag{9.2.15c}
$$

9.2.5　有限元模型

式(9.2.10)的弱形式要求 u 的近似函数最少是关于 x 和 y 的线性函数,以使得式(9.2.10)没有为零的项。由于主变量是简单函数,因此 Lagrange 族插值函数是可行的。

假设在一个典型单元 Ω_e 上 u 的近似为:

$$
u(x,y) \approx u_h^e(x,y) = \sum_{j=1}^{n} u_j^e \psi_j^e(x,y) \text{ 或 } u_h^e(x,y) = (\boldsymbol{\Psi}^e)^{\mathrm{T}}\boldsymbol{u}^e \tag{9.2.16a}
$$

式中, $\boldsymbol{n}^e$ 和 $\boldsymbol{\Psi}^e$ 为 $n\times1$ 的向量:

$$
\boldsymbol{u}^e = \{u_1^e \quad u_2^e \quad u_3^e \quad \cdots \quad u_n^e\}^{\mathrm{T}}, \boldsymbol{\Psi}^e = \{\psi_1^e \quad \psi_2^e \quad \psi_3^e \quad \cdots \quad \psi_n^e\}^{\mathrm{T}} \tag{9.2.16b}
$$

且 u_j^e 是 u_h^e 在单元第 j 个节点 (x_j,y_j) 的值, ψ_i^e 是 Lagrange 插值函数,且满足

$$
\psi_i^e(x_j,y_j) = \delta_{ij}(i,j=1,2,\cdots,n) \tag{9.2.17}
$$

为了推导出有限元方程的代数形式,无须知道单元 Ω_e 的形状或 ψ_i^e 的形式。9.2.6 节给出了单元是三角形和矩形时 ψ_i^e 的具体形式,第 10 章给出了插值函数的高阶形式。

将式(9.2.16a)关于 u 的有限元近似代入到弱形式(9.2.10)或式(9.2.13)中,得

$$
\begin{aligned}
0 = \int_{\Omega_e}\Bigg[& \frac{\partial w}{\partial x}\bigg(a_{11}\sum_{j=1}^{n}u_j^e\frac{\partial\psi_j^e}{\partial x} + a_{12}\sum_{j=1}^{n}u_j^e\frac{\partial\psi_j^e}{\partial y}\bigg) \\
& + \frac{\partial w}{\partial y}\bigg(a_{21}\sum_{j=1}^{n}u_j^e\frac{\partial\psi_j^e}{\partial x} + a_{22}\sum_{j=1}^{n}u_j^e\frac{\partial\psi_j^e}{\partial y}\bigg) \\
& + a_{00}w\sum_{j=1}^{n}u_j^e\psi_j^e - wf \Bigg]\mathrm{d}x\mathrm{d}y - \oint_{\Gamma_e}wq_n\mathrm{d}s
\end{aligned} \tag{9.2.18a}
$$

或

$$0 = \int_{\Omega_e} (\boldsymbol{D}\boldsymbol{w})^{\mathrm{T}} \boldsymbol{C} \boldsymbol{D} (\boldsymbol{\Psi}^{\mathrm{T}}\boldsymbol{u}^e) \mathrm{d}x\mathrm{d}y - \int_{\Omega_e} \boldsymbol{w}^{\mathrm{T}}\boldsymbol{f}\mathrm{d}x\mathrm{d}y - \oint_{\Gamma_e} \boldsymbol{w}^{\mathrm{T}}\boldsymbol{q}\mathrm{d}s \qquad (9.2.18\mathrm{b})$$

此方程必须对于任何权函数 w 都成立。因为需要 n 个独立的代数方程来求解 n 个未知量, $u_1^e, u_2^e, \cdots, u_n^e$, 选择 n 个线性独立的 $w : w = \psi_1^e, \psi_2^e, \cdots, \psi_n^e$(或 $\boldsymbol{w} = \{\psi_1^e \ \psi_2^e \cdots \ \psi_n^e\} = \boldsymbol{\Psi}^{\mathrm{T}}$)。当权函数看成是未知因变量的虚变分(即 $w = \delta u \approx \sum_{i=1}^{n} \delta u_i \psi_i$)时, 该权函数的特殊选择是很自然的, 且由此得到的有限元模型即弱形式的 Galerkin 有限元模型或 Ritz 有限元模型。

对于每个 w 得到一个关于 $(u_1^e, u_2^e, \cdots, u_n^e)$ 的代数方程。令式(9.2.18a)中用 ψ_1^e 代替 w 得到的代数方程为第一个方程, 用 $w = \psi_2^e$ 得到的为第二个方程, 以此类推。因此, 第 i 个代数方程通过将 $w = \psi_i^e$ 代入式(9.2.18a):

$$0 = \sum_{j=1}^{n} \left\{ \int_{\Omega_e} \left[\frac{\partial \psi_i^e}{\partial x} \left(a_{11} \frac{\partial \psi_j^e}{\partial x} + a_{12} \frac{\partial \psi_j^e}{\partial y} \right) + \frac{\partial \psi_i^e}{\partial y} \left(a_{21} \frac{\partial \psi_j^e}{\partial x} + a_{22} \frac{\partial \psi_j^e}{\partial y} \right) + a_{00} \psi_i^e \psi_j^e \right] \mathrm{d}x\mathrm{d}y \right\} u_j^e$$
$$- \int_{\Omega_e} f\psi_i^e \mathrm{d}x\mathrm{d}y - \oint_{\Gamma_e} \psi_i^e q_n \mathrm{d}s$$

或

$$\sum_{j=1}^{n} K_{ij}^e u_j^e = f_i^e + Q_i^e \ (i = 1, 2, \cdots, n) \qquad (9.2.19\mathrm{a})$$

式中,

$$K_{ij}^e = \int_{\Omega_e} \left[\frac{\partial \psi_i^e}{\partial x} \left(a_{11} \frac{\partial \psi_j^e}{\partial x} + a_{12} \frac{\partial \psi_j^e}{\partial y} \right) + \frac{\partial \psi_i^e}{\partial y} \left(a_{21} \frac{\partial \psi_j^e}{\partial x} + a_{22} \frac{\partial \psi_j^e}{\partial y} \right) + a_{00} \psi_i^e \psi_j^e \right] \mathrm{d}x\mathrm{d}y \qquad (9.2.19\mathrm{b})$$

$$f_i^e = \int_{\Omega_e} f\psi_i^e \mathrm{d}x\mathrm{d}y, \ Q_i^e = \oint_{\Gamma_e} q_n \psi_i^e \mathrm{d}s \qquad (9.2.19\mathrm{c})$$

式(9.2.19a)的矩阵形式为

$$\boldsymbol{K}^e \boldsymbol{u}^e = \boldsymbol{f}^e + \boldsymbol{Q}^e \qquad (9.2.20\mathrm{a})$$

式中,

$$\boldsymbol{K}^e = \int_{\Omega_e} \boldsymbol{B}^{\mathrm{T}} \boldsymbol{C} \boldsymbol{B} \mathrm{d}x\mathrm{d}y, \ \boldsymbol{f}^e = \int_{\Omega_e} \boldsymbol{\Psi} f \mathrm{d}s, \ \boldsymbol{Q}^e = \int_{\Gamma_e} \boldsymbol{\Psi} q \mathrm{d}s$$

$$\boldsymbol{B} = \boldsymbol{D}\boldsymbol{\Psi}^{\mathrm{T}} = \begin{bmatrix} \psi_{1,x}^e & \psi_{2,x}^e & \cdots & \psi_{n,x}^e \\ \psi_{1,y}^e & \psi_{2,y}^e & \cdots & \psi_{n,y}^e \\ \psi_1^e & \psi_2^e & \cdots & \psi_n^e \end{bmatrix} \qquad (9.2.20\mathrm{b})$$

注意到只有当 $a_{12} = a_{21}$ 时 $K_{ij}^e = K_{ji}^e$(即 $[K^e]$ 是 $n \times n$ 阶的对称矩阵)。式(9.2.20a)和式(9.2.20b)代表式(9.2.1)的有限元模型。这就完成了有限元建模过程。在讨论有限元方程的组装之前, 对特定的基本单元考虑其插值函数的推导以及式(9.2.19b)中单元矩阵和式(9.2.19c)中力向量的计算是非常有用的。

9.2.6　插值函数的推导

这里只推导了被称为"母单元"的任意三角形和四边形的近似函数(也称为插值函数,因为它们满足插值特性)。必须注意到不能显式地给出任意四边形单元的近似函数。母单元的单元系数 K_{ij}^e 和 f_i^e 可以通过将其用局部坐标表示的形式来求得。即在实际的三角形或四边形上定义的积分表达式 K_{ij}^e 和 f_i^e 可以转换到母单元上,然后可以用第 7 章里讨论的 Gauss 积分等方法来计算。因此,实际上,只需要建立母单元的插值函数。第 10 章给出其细节。本章给出任意三角形和矩形的 ψ_i 的推导只是为了演示推导过程(将会扩展到母单元)。

单元 Ω_e 上的有限元近似 $u_h^e(x,y)$ 必须满足如下条件,这样近似解才能收敛到真实解:

(1)问题的弱形式要求主变量 u_h^e 必须是连续的(即弱形式中所有项必须是非零值)。

(2)表示 u_h^e 的多项式必须是完备的(即关于 u_h^e 的多项式必须包括从常数项到其最高阶项)。

(3)多项式中所有项必须关于 x 和 y 是同样的形式,且是线性独立的。

u_h^e 的表达式中线性独立项的个数决定了单元的形状和自由度的个数。这里,给出线性三角形和线性矩形的插值函数。

9.2.6.1　三角形单元

对式(9.2.10)的弱形式和式(9.2.19b)的单元矩阵的研究表明 ψ_i^e 应该至少是 x 和 y 的线性函数。Ω_e 上 x 和 y 的完全线性多项式为

$$u_h^e(x,y) = c_1^e + c_2^e x + c_3^e y \tag{9.2.21}$$

这里 c_i^e 是常数。集合 $\{1, x, y\}$ 是线性独立且完备的。给定 c_i^e 方程(9.2.21)定义了一个唯一的平面。因此,如果 $u(x,y)$ 是曲面,$u_h^e(x,y)$ 利用平面来近似曲面(图 9.2.2)。特别地,通过 3 个节点参数值 $u_h^e(x,y)$ 唯一地定义了一个三角形;3 个节点位于三角形的顶点,这样三角形的几何也唯一地定义了,且节点按照逆时针方向编号,如图 9.2.2 所示,因此单位法向总是指向区域的外面。令

$$u_h^e(x_1, y_1) = u_1^e, \quad u_h^e(x_2, y_2) = u_2^e, \quad u_h^e(x_3, y_3) = u_3^e \tag{9.2.22}$$

式中,(x_i, y_i) 是三角形第 i 个顶点的坐标。注意 3 个顶点坐标 (x_i, y_i) 定义了唯一的三角形。

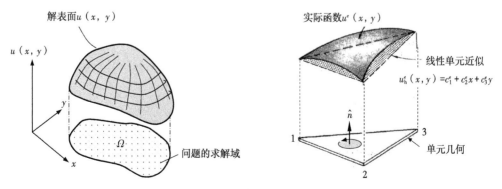

图 9.2.2　用平面三角形近似一个曲面

式(9.2.21)中的 3 个常数 $c_i^e(i=1,2,3)$ 可用 3 个节点值 $u_i^e(i=1,2,3)$ 来表示。因此,式(9.2.21)中的多项式对应着 1 个三角形单元且有 3 个节点,即三角形的顶点。方程(9.2.22)的显式形式为

$$u_1 \equiv u_h(x_1,y_1) = c_1 + c_2 x_1 + c_3 y_1$$

$$u_2 \equiv u_h(x_2,y_2) = c_1 + c_2 x_2 + c_3 y_2$$

$$u_3 \equiv u_h(x_3,y_3) = c_1 + c_2 x_3 + c_3 y_3$$

这里为了简洁忽略了单元标签 e。其矩阵形式为

$$\begin{Bmatrix} u_1 \\ u_2 \\ u_3 \end{Bmatrix} = \begin{bmatrix} 1 & x_1 & y_1 \\ 1 & x_2 & y_2 \\ 1 & x_3 & y_3 \end{bmatrix} \begin{Bmatrix} c_1 \\ c_2 \\ c_3 \end{Bmatrix} \quad 或 \quad \boldsymbol{u} = \boldsymbol{Ac} \qquad (9.2.23)$$

式(9.2.23)关于 $c_i(i=1,2,3)$ 的解需要对式(9.2.23)中的系数矩阵 $\boldsymbol{A}$ 求逆。一旦任何两行或者两列是相同的那么逆将不存在。只有当任何 2 个节点有相同的坐标,式(9.2.23)中的系数矩阵的两行或两列将会是相同的。因此,理论上,由于三角形的 3 个顶点是独立的且不会共线,因此系数矩阵是可逆的。但是,实际计算中,如果任何 2 个节点离得很近,或者 3 个节点几乎共线,系数矩阵将会近似奇异且数值上不可逆。因此,在有限元网格划分时应该尽量避免很扁的几何(图9.2.3)。

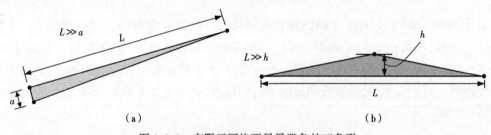

(a)　　　　　　　　　(b)

图 9.2.3　有限元网格要尽量避免的三角形

式(9.2.23)中系数矩阵 $\boldsymbol{A}$ 的逆为

$$\boldsymbol{A}^{-1} = \frac{1}{2A} \begin{bmatrix} \alpha_1 & \alpha_2 & \alpha_3 \\ \beta_1 & \beta_2 & \beta_3 \\ \gamma_1 & \gamma_2 & \gamma_3 \end{bmatrix}, 2A = \alpha_1 + \alpha_2 + \alpha_3 \qquad (9.2.24a)$$

这里 $2A$ 是矩阵 $\boldsymbol{A}$ 的行列式,A 是 3 个顶点为 $(x_i,y_i)(i=1,2,3)$ 的三角形的面积,且 α_i、β_i 和 γ_i 是仅依赖于单元节点整体坐标 (x_i,y_i) 的常数:

$$\left. \begin{aligned} \alpha_i &= x_j y_k - x_k y_j \\ \beta_i &= y_j - y_k \\ \gamma_i &= -(x_j - x_k) \end{aligned} \right\} (i \neq j \neq k; i,j \text{ 和 } k \text{ 按顺序排列}) \qquad (9.2.24b)$$

求式(9.2.23)中的 c(即 $c = A^{-1}u$),得

$$c_1 = \frac{1}{2A}(\alpha_1 u_1 + \alpha_2 u_2 + \alpha_3 u_3)$$

$$c_2 = \frac{1}{2A}(\beta_1 u_1 + \beta_2 u_2 + \beta_3 u_3) \qquad (9.2.24c)$$

$$c_3 = \frac{1}{2A}(\gamma_1 u_1 + \gamma_2 u_2 + \gamma_3 u_3)$$

将式(9.2.24c)中的 c_i 代入式(9.2.21),得

$$u_h^e(x,y) = \frac{1}{2A}\left[\begin{array}{c}(u_1\alpha_1 + u_2\alpha_2 + u_3\alpha_3) + (u_1\beta_1 + u_2\beta_2 + u_3\beta_3)x \\ + (u_1\gamma_1 + u_2\gamma_2 + u_3\gamma_3)y\end{array}\right] = \sum_{i=1}^{3} u_i^e \psi_i^e(x,y) \qquad (9.2.25a)$$

式中,ψ_i^e 是三角形单元的线性插值函数:

$$\psi_i^e = \frac{1}{2A_e}(\alpha_i^e + \beta_i^e x + \gamma_i^e y)\ (i = 1,2,3) \qquad (9.2.25b)$$

且 α_i、β_i 和 γ_i 是式(9.2.24b)中的常数。图9.2.4给出了线性插值函数 ψ_i^e。

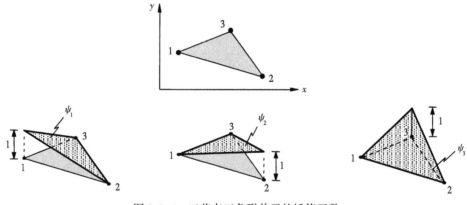

图 9.2.4　三节点三角形单元的插值函数

插值函数 ψ_i^e 的性质为

$$\psi_i^e(x_j^e, y_j^e) = \delta_{ij}(i, j = 1,2,3) \qquad (9.2.26a)$$

$$\sum_{i=1}^{3} \psi_i^e = 1,\ \sum_{i=1}^{3} \frac{\partial \psi_i^e}{\partial x} = 0,\ \sum_{i=1}^{3} \frac{\partial \psi_i^e}{\partial y} = 0 \qquad (9.2.26b)$$

注意到式(9.2.25a)通过 u_1、u_2 和 u_3 确定了一个平面。因此如图9.2.5所示,利用三角形的线性插值函数 ψ_i^e 通过平面函数 $u_h^e = \sum_{i=1}^{3} u_i^e \psi_i^e$ 给出了曲面 $u(x,y)$ 的近似。考虑一个计算 ψ_i^e 的例子。

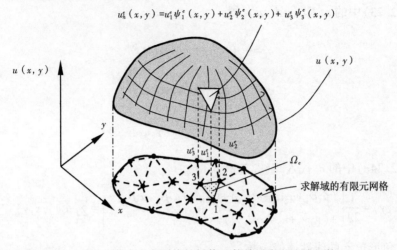

图 9.2.5 通过三节点三角形线性插值函数单元表示连续函数 $u(x,y)$

例 9.2.1

考虑图 9.2.6 中的三角形单元。确定其线性近似函数。

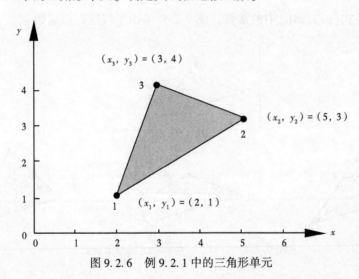

图 9.2.6 例 9.2.1 中的三角形单元

解:有

$$u_h(x,y) = c_1 + c_2 x + c_3 y$$

计算此多项式在节点 1、节点 2 和节点 3 的值,可得如下方程:

$$\left\{\begin{matrix} u_1 \\ u_2 \\ u_3 \end{matrix}\right\} = \begin{bmatrix} 1 & 2 & 1 \\ 1 & 5 & 3 \\ 1 & 3 & 4 \end{bmatrix} \left\{\begin{matrix} c_1 \\ c_2 \\ c_3 \end{matrix}\right\}, \left\{\begin{matrix} c_1 \\ c_2 \\ c_3 \end{matrix}\right\} = [A]^{-1} \left\{\begin{matrix} u_1 \\ u_2 \\ u_3 \end{matrix}\right\}$$

式中,

$$[A]^{-1} = \begin{bmatrix} 1 & 2 & 1 \\ 1 & 5 & 3 \\ 1 & 3 & 4 \end{bmatrix}^{-1} = \frac{1}{7} \begin{bmatrix} 11 & -5 & 1 \\ -1 & 3 & -2 \\ -2 & -1 & 3 \end{bmatrix}$$

将最后一个表达式代入 u_h，得

$$u_h(x,y) = \{1 \quad x \quad y\}\begin{Bmatrix} c_1 \\ c_2 \\ c_3 \end{Bmatrix} = \{1 \quad x \quad y\}[A]^{-1}\begin{Bmatrix} u_1 \\ u_2 \\ u_3 \end{Bmatrix}$$

$$= \frac{1}{7}\{11-x-2y, \quad -5+3x-y, \quad 1-2x+3y\}\begin{Bmatrix} u_1 \\ u_2 \\ u_3 \end{Bmatrix}$$

$$\equiv \{\psi_1^e \quad \psi_2^e \quad \psi_3^e\}\begin{Bmatrix} u_1 \\ u_2 \\ u_3 \end{Bmatrix} = \sum_{i=1}^{3} \psi_i^e u_i^e$$

式中，

$$\psi_1^e = \frac{1}{7}(11-x-2y), \quad \psi_2^e = \frac{1}{7}(-5+3x-y), \quad \psi_3^e = \frac{1}{7}(1-2x+3y)$$

或者，利用式(9.2.24b)的定义，有

$$\alpha_1 = 5 \times 4 - 3 \times 3 = 11, \quad \alpha_2 = 3 \times 1 - 2 \times 4 = -5, \quad \alpha_3 = 2 \times 3 - 5 \times 1 = 1$$

$$\beta_1 = 3 - 4 = -1, \quad \beta_2 = 4 - 1 = 3, \quad \beta_3 = 1 - 3 = -2$$

$$\gamma_1 = -(5-3) = -2, \quad \gamma_2 = -(3-2) = -1, \quad \gamma_3 = -(2-5) = 3$$

$$2A = \alpha_1 + \alpha_2 + \alpha_3 = 7$$

插值函数为

$$\psi_1^e = \frac{1}{7}(11-x-2y), \quad \psi_2^e = \frac{1}{7}(-5+3x-y), \quad \psi_3^e = \frac{1}{7}(1-2x+3y)$$

这与之前得到的一样。

9.2.6.2　线性矩形单元

接下来，考虑完备多项式：

$$u_h^e(x,y) = c_1^e + c_2^e x + c_3^e y + c_4^e xy \tag{9.2.27}$$

该式包含 4 个线性无关的项，且关于 x 和 y 是线性的，同时有一个关于 x 和 y 的双线性项。这个多项式需要 4 个节点的单元。有两种可能的几何形状：第 4 个节点在三角形中心(或形心)的三角形，或者 4 个节点在顶点的矩形。

第 4 个节点在其中心的三角形在单元交界线上的 u 不是唯一的，导致在内部单元边界上 u 的变化是非协调的，因此是不容许的(图 9.2.7)。线性矩形单元是协调单元因为无论哪条边上 u_h^e 都是线性变化的且边上有两个节点来唯一定义它。

这里使用边长为 a 和 b 的矩形单元考虑式(9.2.27)形式的近似[图 9.2.8(b)]。出于方便的考虑，选择局部坐标系 $(\bar{x}, \bar{y})$ 来推导插值函数。假设(忽略了单元标识)

$$u_h(\bar{x}, \bar{y}) = c_1 + c_2 \bar{x} + c_3 \bar{y} + c_4 \overline{xy} \tag{9.2.28}$$

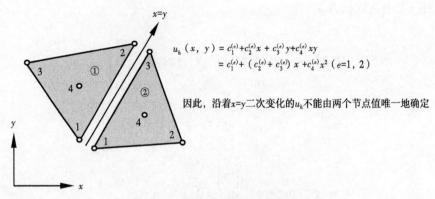

$$u_h(x, y) = c_1^{(e)} + c_2^{(e)}x + c_3^{(e)}y + c_4^{(e)}xy$$
$$= c_1^{(e)} + (c_2^{(e)} + c_3^{(e)})x + c_4^{(e)}x^2 \ (e=1,2)$$

因此，沿着 $x=y$ 二次变化的 u_h 不能由两个节点值唯一地确定

图 9.2.7   非协调四节点三角形单元

且有

$$u_1 = u_h(0,0) = c_1$$
$$u_2 = u_h(a,0) = c_1 + c_2 a$$
$$u_3 = u_h(a,b) = c_1 + c_2 a + c_3 b + c_4 ab \qquad (9.2.29)$$
$$u_4 = u_h(0,b) = c_1 + c_3 b$$

求出 $c_i(i=1,\cdots,4)$，得

$$c_1 = u_1, \quad c_2 = \frac{u_2 - u_1}{a}, \quad c_3 = \frac{u_4 - u_1}{b}, \quad c_4 = \frac{u_3 - u_4 + u_1 - u_2}{ab} \qquad (9.2.30)$$

将式(9.2.30)代入式(9.2.28)，得

$$u_h(\bar{x}, \bar{y}) = u_1 \left(1 - \frac{\bar{x}}{a} - \frac{\bar{y}}{b} + \frac{\bar{x}}{a}\frac{\bar{y}}{b}\right) + u_2 \left(\frac{\bar{x}}{a} - \frac{\bar{x}}{a}\frac{\bar{y}}{b}\right) + u_3 \frac{\bar{x}}{a}\frac{\bar{y}}{b} + u_4 \left(\frac{\bar{y}}{b} - \frac{\bar{x}}{a}\frac{\bar{y}}{b}\right)$$

或

$$u_h(\bar{x}, \bar{y}) = u_1^e \psi_1^e + u_2^e \psi_2^e + u_3^e \psi_3^e + u_4^e \psi_4^e = \sum_{i=1}^{4} u_i^e \psi_i^e \qquad (9.2.31)$$

式中，

$$\psi_1^e = \left(1 - \frac{\bar{x}}{a}\right)\left(1 - \frac{\bar{y}}{b}\right), \ \psi_2^e = \frac{\bar{x}}{a}\left(1 - \frac{\bar{y}}{b}\right)$$
$$\psi_3^e = \frac{\bar{x}}{a}\frac{\bar{y}}{b}, \ \psi_4^e = \left(1 - \frac{\bar{x}}{a}\right)\frac{\bar{y}}{b} \qquad (9.2.32a)$$

或者简洁一点表示：

$$\psi_i^e(\bar{x}, \bar{y}) = (-1)^{i+1}\left(1 - \frac{\bar{x} + \bar{x}_i}{a}\right)\left(1 - \frac{\bar{y} + \bar{y}_i}{b}\right) \qquad (9.2.32b)$$

这里 $(\bar{x}_i, \bar{y}_i)$ 是节点 i 的 $(\bar{x}, \bar{y})$ 坐标。图 9.2.8(b)给出了插值函数。再一次，有

$$\psi_i^e(\bar{x}_j, \bar{y}_j) = \delta_{ij}(i, j = 1, \cdots, 4), \ \sum_{i=1}^{4} \psi_i^e = 1 \qquad (9.2.33)$$

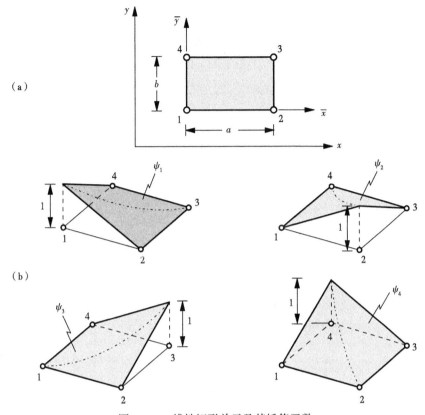

图9.2.8　线性矩形单元及其插值函数

矩形单元的插值函数也可以通过相应一维插值函数的张量积来得到。为了得到矩形单元的线性插值函数,利用与边 1-2 和边 1-3 相应的式(3.4.20)中的一维线性插值函数来构造"张量积":

$$\left\{\begin{matrix} 1-\dfrac{\bar{x}}{a} \\ \dfrac{\bar{x}}{a} \end{matrix}\right\}\left\{\begin{matrix} 1-\dfrac{\bar{y}}{b} \\ \dfrac{\bar{y}}{b} \end{matrix}\right\}^{\mathrm{T}} = \begin{bmatrix} \psi_1 & \psi_4 \\ \psi_2 & \psi_3 \end{bmatrix} \tag{9.2.34}$$

式(9.2.33)中的插值属性本方法也可使用。这里演示本方法构造四节点矩形单元的过程。式(9.2.33)的性质要求:

$$\psi_1^e(\bar{x}_i, \bar{y}_i) = 0\,(i = 2, 3, 4)\,, \psi_1^e(\bar{x}_1, \bar{y}_1) = 1$$

即 ψ_i^e 在 $\bar{x} = a$ 和 $\bar{y} = b$ 的线上等于零。因此 $\psi_1^e(\bar{x}, \bar{y})$ 必为

$$\psi_1^e(\bar{x}, \bar{y}) = c_1(a - \bar{x})(b - \bar{y})\,, 对任意 c_1 \neq 0$$

利用条件 $\psi_1^e(\bar{x}_1, \bar{y}_1) = \psi_1^e(0, 0) = 1$,可得 $c_1 = 1/ab$。因此:

$$\psi_1^e(\bar{x}, \bar{y}) = \frac{1}{ab}(a - \bar{x})(b - \bar{y}) = \left(1 - \frac{\bar{x}}{a}\right)\left(1 - \frac{\bar{y}}{b}\right)$$

同样地,可以得到剩下的 3 个插值函数。

9.2.6.3　二次单元

二次三角形单元每边必须有 3 个节点,以便在边上定义一个二次变化。因此,二次三角形单元共有 6 个节点[图9.2.9(a)]。关于 x 和 y 的六项完备多项式为:

$$u_h^e(x,y) = c_1 + c_2 x + c_3 y + c_4 xy + c_5 x^2 + c_6 y^2 \qquad (9.2.35)$$

通过此前对三节点三角形单元和四节点四边形单元的分析,同样地可以将常数通过 6 个节点坐标值来表示。但是,实践中高阶单元的插值函数一般利用第 10 章中给出的方法构造。

类似地,二次矩形单元每个边上有 3 个节点,一共有 8 个节点[图9.2.9(b)]。八项的多项式为

$$u_h^e(x,y) = c_1 + c_2 x + c_3 y + c_4 xy + c_5 x^2 + c_6 y^2 + c_7 xy^2 + c_8 yx^2 \qquad (9.2.36)$$

此单元的插值函数不能通过式(3.4.25)中的一维二次函数的张量积得到。实际上,一维二次函数的张量积构造的二维插值函数是图9.2.9(c)给出的九节点矩形单元。九项的多项式为

$$u_h^e(x,y) = c_1 + c_2 x + c_3 y + c_4 xy + c_5 x^2 + c_6 y^2 + c_7 xy^2 + c_8 yx^2 + c_9 x^2 y^2 \qquad (9.2.37)$$

第 10 章给出了关于单元插值函数推导的额外讨论。

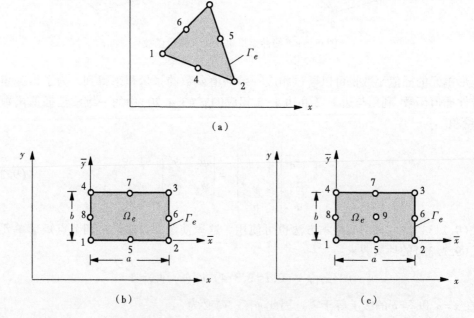

图9.2.9　(a)二次三角形单元;(b)八节点二次矩形单元;(c)九节点二次矩形单元

9.2.7　单元矩阵和向量的计算

一般来说,式(9.2.19b)和(9.2.19c)中单元矩阵 $\boldsymbol{K}^e$ 和 $\boldsymbol{f}^e$ 的精确计算是不容易的。它们一般通过 10.3 节给出的数值积分技术来计算。但是,如果 a_{ij}、a_{00} 和 f 在单元内是常数,那么

利用前述讨论的方法是可以得到线性三角形和四边形单元的精确积分的。如果 q_n 是已知的,那么式(9.2.19c)中 $\{Q^e\}$ 的边界积分就可求得。对于内部单元(即一个单元的任意一个边都不在问题的边界上),网格中相邻单元的边界积分项的贡献会互相抵消(类似一维问题中的 Q_i^e)。更详细的讨论如下。

出于简洁性的考虑,将式(9.2.19b)中 $\boldsymbol{K}^e$ 的重写为 5 个基本矩阵 $\boldsymbol{S}^{\alpha\beta}(\alpha,\beta=0,1,2)$ 的和:

$$\boldsymbol{K}^e = a_{00}\boldsymbol{S}^{00} + a_{11}\boldsymbol{S}^{11} + a_{12}\boldsymbol{S}^{12} + a_{21}(\boldsymbol{S}^{12})^{\mathrm{T}} + a_{22}\boldsymbol{S}^{22} \tag{9.2.38}$$

这里 $(\cdot)^{\mathrm{T}}$ 是内矩阵的转置,且

$$S_{ij}^{\alpha\beta} = \int_{\Omega_e} \psi_{i,\alpha}\psi_{j,\beta}\mathrm{d}x\mathrm{d}y \tag{9.2.39}$$

式中, $\psi_{i,\alpha} \equiv \partial\psi_i/\partial x_\alpha$, $x_1 = x$, $x_2 = y$, $\psi_{i,0} = \psi_i$ 。举个例子,有

$$S_{ij}^{00} = \int_{\Omega_e} \psi_{i,0}\psi_{j,0}\mathrm{d}x\mathrm{d}y = \int_{\Omega_e} \psi_i\psi_j\mathrm{d}x\mathrm{d}y$$

$$S_{ij}^{12} = \int_{\Omega_e} \psi_{i,1}\psi_{j,2}\mathrm{d}x\mathrm{d}y = \int_{\Omega_e} \frac{\partial\psi_i}{\partial x}\frac{\partial\psi_j}{\partial y}\mathrm{d}x\mathrm{d}y$$

式(9.2.38)中所有的矩阵和式(9.2.39)中的插值函数是定义在单元上的,即所有的表达式和量都应该有单元标识 e ,但是出于简洁性的考虑这里忽略了。继续利用此前推导得到的线性插值函数来计算式(9.2.38)中的矩阵。

9.2.7.1 线性三角形单元的单元矩阵

首先,注意到任意三角形区域上多项式的积分可以精确求得。令 I_{mn} 表示任意三角形上表达式 $x^m y^n$ 的积分:

$$I_{mn} \equiv \int_\Delta x^m y^n \mathrm{d}x\mathrm{d}y \tag{9.2.40}$$

可以证明:

$$I_{00} \equiv \int_\Delta x^0 y^0 \mathrm{d}x\mathrm{d}y = \int_\Delta 1 \cdot \mathrm{d}x\mathrm{d}y = A \text{ 三角形面积}$$

$$I_{10} \equiv \int_\Delta x^1 y^0 \mathrm{d}x\mathrm{d}y = \int_\Delta x\mathrm{d}x\mathrm{d}y = A\hat{x}, \hat{x} = \frac{1}{3}\sum_{i=1}^3 x_i$$

$$I_{01} \equiv \int_\Delta x^0 y^1 \mathrm{d}x\mathrm{d}y = \int_\Delta y\mathrm{d}x\mathrm{d}y = A\hat{y}, \hat{y} = \frac{1}{3}\sum_{i=1}^3 y_i$$

$$I_{11} \equiv \int_\Delta xy\mathrm{d}x\mathrm{d}y = \frac{A}{12}\left(\sum_{i=1}^3 x_i y_i + 9\hat{x}\hat{y}\right) \tag{9.2.41}$$

$$I_{20} \equiv \int_\Delta x^2\mathrm{d}x\mathrm{d}y = \frac{A}{12}\left(\sum_{i=1}^3 x_i^2 + 9\hat{x}^2\right)$$

$$I_{02} \equiv \int_\Delta y^2\mathrm{d}x\mathrm{d}y = \frac{A}{12}\left(\sum_{i=1}^3 y_i^2 + 9\hat{y}^2\right)$$

式中,(x_i,y_i)是三角形的顶点坐标。可以利用上述结果来计算三角形单元上的积分。

接下来,假设a_{ij}和f在单元上是常数,计算线性三角形单元的$\boldsymbol{K}^e$和$\boldsymbol{f}^e$。同时,注意到(参见题9.1):

$$\sum_{i=1}^{3}\alpha_i^e=2A_e,\ \sum_{i=1}^{3}\beta_i^e=0,\ \sum_{i=1}^{3}\gamma_i^e=0 \tag{9.2.42a}$$

$$\alpha_i^e+\beta_i^e\hat{x}_e+\gamma_i^e\hat{y}_e=\frac{2}{3}A_e \tag{9.2.42b}$$

$$\frac{\partial\psi_i}{\partial x}=\frac{\beta_i^e}{2A_e},\ \frac{\partial\psi_i}{\partial y}=\frac{\gamma_i^e}{2A_e} \tag{9.2.42c}$$

可得

$$S_{ij}^{11}=\frac{1}{4A}\beta_i\beta_j,S_{ij}^{12}=\frac{1}{4A}\beta_i\gamma_j,S_{ij}^{22}=\frac{1}{4A}\gamma_i\gamma_j$$

$$S_{ij}^{00}=\frac{1}{4A}\Big\{\big[\alpha_i\alpha_j+(\alpha_i\beta_j+\alpha_j\beta_i)\hat{x}\big]+(\alpha_i\gamma_j+\alpha_j\gamma_i)\hat{y}\big] \tag{9.2.43}$$

$$+\frac{1}{A}\big[I_{20}\beta_i\beta_j+I_{11}(\gamma_i\beta_j+\gamma_j\beta_i)+I_{02}\gamma_i\gamma_j\big]\Big\}$$

考虑到式(9.2.42b)的恒等性,令单元上不变的$f=f_e$,则有

$$\begin{aligned}
f_i^e &=\int_{\Delta_e}f_e\psi_i^e(x,y)\,\mathrm{d}x\mathrm{d}y=\frac{f_e}{2A_e}\int_{\Delta_e}(\alpha_i^e+\beta_i^ex+\gamma_i^ey)\,\mathrm{d}x\mathrm{d}y\\
&=\frac{f_e}{2A_e}(\alpha_i^eI_{00}+\beta_i^eI_{10}+\gamma_i^eI_{01})\\
&=\frac{f_e}{2A_e}(\alpha_i^eA_e+\beta_i^eA_e\hat{x}_e+\gamma_i^eA_e\hat{y}_e)\\
&=\frac{1}{2}f_e(\alpha_i^e+\beta_i^e\hat{x}_e+\gamma_i^e\hat{y}_e)=\frac{1}{3}f_eA_e
\end{aligned} \tag{9.2.44}$$

式(9.2.44)的结果是很明显的,因为对于恒定的源f_e,其对单元的总贡献(比如热量)等于f_eA_e,且均匀分配到3个节点上,每个节点分到$f_eA_e/3$。

一旦单元节点坐标已知,就可以利用式(9.2.24b)计算α_i^e、β_i^e和γ_i^e,并将其代入式(9.2.43)可得单元矩阵,接下来代入式(9.2.38)可以得到单元矩阵$\boldsymbol{K}^e$。特别地,当a_{12}、a_{21}和a_{00}等于零,且a_{11}和a_{22}在单元上是常数,则式(9.2.1)变为

$$-\Big(a_{11}\frac{\partial^2u}{\partial x^2}+a_{22}\frac{\partial u}{\partial y^2}\Big)-f=0\ 在\ \Omega_e\ 内 \tag{9.2.45}$$

且相应的线性三角形单元的单元系数矩阵为

$$K_{ij}^e=\frac{1}{4A_e}(a_{11}^e\beta_i^e\beta_j^e+a_{22}^e\gamma_i^e\gamma_j^e) \tag{9.2.46}$$

例 9.2.2

考虑图 9.2.10(a)的直角三角形。确定泊松方程(9.2.45)相关的式(9.2.44)和式(9.2.46)中的系数。

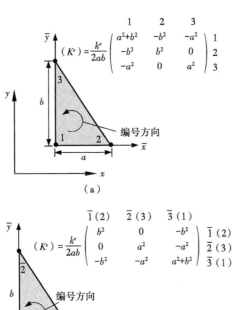

图 9.2.10　例 9.2.2 中的线性直角三角形单元

解:利用局部(即单元)坐标来计算 K_{ij}^e 和 f_i^e 是比较简单的。选择局部坐标系 $(\bar{x}, \bar{y})$ 来计算单元的 A、α、β 和 γ。有

$$\alpha_1 = ab, \alpha_2 = 0, \alpha_3 = 0, \beta_1 = -b, \beta_2 = b, \beta_3 = 0, \gamma_1 = -a, \gamma_2 = 0, \gamma_3 = a$$

$$2A = \alpha_1 + \alpha_2 + \alpha_3 = ab, \quad \psi_1 = 1 - \frac{\bar{x}}{a} - \frac{\bar{y}}{b}, \quad \psi_2 = \frac{\bar{x}}{a}, \quad \psi_3 = \frac{\bar{y}}{b}$$

以及

$$\boldsymbol{K}^e = \frac{a_{11}^e}{2ab}\begin{bmatrix} b^2 & -b^2 & 0 \\ -b^2 & b^2 & 0 \\ 0 & 0 & 0 \end{bmatrix} + \frac{a_{22}^e}{2ab}\begin{bmatrix} a^2 & 0 & -a^2 \\ 0 & 0 & 0 \\ -a^2 & 0 & a^2 \end{bmatrix}, \{f^e\} = \frac{f_e ab}{6}\begin{Bmatrix} 1 \\ 1 \\ 1 \end{Bmatrix} \tag{9.2.47}$$

注意到系数矩阵是单元长宽比 a/b 和 b/a 的函数。因此,长宽比非常大的单元会导致病态矩阵(即非常大的数字加到非常小的数字上去)。

如果 $a_{11}^e = a_{22}^e = k_e$,那么对于图 9.2.10(a)给出的编号系统有

$$\boldsymbol{K}^e = \frac{k_e}{2ab}\begin{bmatrix} b^2+a^2 & -b^2 & -a^2 \\ -b^2 & b^2 & 0 \\ -a^2 & 0 & a^2 \end{bmatrix}, \boldsymbol{f}^e = \frac{f_e ab}{6}\begin{Bmatrix} 1 \\ 1 \\ 1 \end{Bmatrix} \tag{9.2.48}$$

另外,如果 $a=b$,有

$$\boldsymbol{K}^e = \frac{k_e}{2}\begin{bmatrix} 2 & -1 & -1 \\ -1 & 1 & 0 \\ -1 & 0 & 1 \end{bmatrix}, \quad \boldsymbol{f}^e = \frac{f_e a^2}{6}\begin{Bmatrix} 1 \\ 1 \\ 1 \end{Bmatrix} \tag{9.2.49}$$

注意到即使对于同样的形状,$\boldsymbol{K}^e$ 的元素也随节点编号方法的改变而变化,如图 9.2.10 所示。对于同一个单元,如果节点编号改变了,单元系数会相应地改变。比如,将图 9.2.10(a)中单元节点的编号改为图 9.2.10(b)那样,那么通过行列移动可得基于式(9.2.48)计算的图 9.2.10(b)中单元的 $\boldsymbol{K}^e$:

$$\frac{k_e}{2ab}\begin{bmatrix} b^2+a^2 & -b^2 & -a^2 \\ -b^2 & b^2 & 0 \\ -a^2 & 0 & a^2 \end{bmatrix} \rightarrow \frac{k_e}{2ab}\begin{bmatrix} b^2 & 0 & -b^2 \\ 0 & a^2 & -a^2 \\ -b^2 & -a^2 & b^2+a^2 \end{bmatrix}$$

另外,不管其方向如何(比如绕垂直于单元平面的轴的刚体转动),所有具有同样几何和节点编号的单元具有一样的系数矩阵。图 9.2.11 给出了具有同样的系数矩阵的单元。

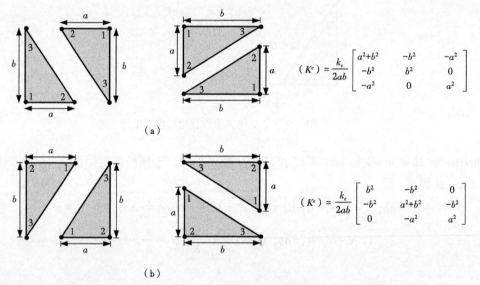

图 9.2.11　两种不同节点编号下线性直角三角形单元的系数矩阵(式(9.2.47)中 $a_{11}^e = a_{22}^e = k_e$)

9.2.7.2　线性矩形单元的单元矩阵

当问题的 $a_{ij}(i,j=0,1,2)$ 和 f 不是 x 和 y 的函数,可以使用式(9.2.32a)中的插值函数,用仅仅是 (x,y) 的平移局部坐标 $(\bar{x},\bar{y})$ 来表示(图 9.2.12),用以计算式(9.2.39)中的 $S_{ij}^{\alpha\beta}$。由于与 $\bar{x}$ 和 $\bar{y}$ 相关的积分可以互相独立地进行,因此在矩形单元上的积分就变为计算线积分:

$$\int_0^a \left(1 - \frac{s}{a}\right)\mathrm{d}s = \frac{a}{2}, \quad \int_0^a \frac{s}{a}\mathrm{d}s = \frac{a}{2}$$

$$\int_0^a \left(1 - \frac{s}{a}\right)^2 \mathrm{d}s = \frac{a}{3}, \quad \int_0^a \frac{s}{a}\left(1 - \frac{s}{a}\right)\mathrm{d}s = \frac{a}{6}, \quad \int_0^a \left(\frac{s}{a}\right)^2 \mathrm{d}s = \frac{a}{3} \tag{9.2.50}$$

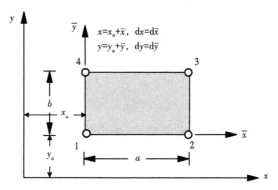

图 9.2.12　整体和局部坐标系下的矩形单元

举个例子,有

$$S_{11}^{00} = \int_0^a \int_0^b \psi_1 \psi_1 \mathrm{d}\bar{x}\mathrm{d}\bar{y} = \int_0^a \int_0^b \left(1 - \frac{\bar{x}}{a}\right)\left(1 - \frac{\bar{y}}{b}\right)\left(1 - \frac{\bar{x}}{a}\right)\left(1 - \frac{\bar{y}}{b}\right) \mathrm{d}\bar{x}\mathrm{d}\bar{y}$$

$$= \int_0^a \left(1 - \frac{\bar{x}}{a}\right)^2 \mathrm{d}\bar{x} \int_0^b \left(1 - \frac{\bar{y}}{b}\right)^2 \mathrm{d}\bar{y} = \frac{a}{3} \cdot \frac{b}{3} = \frac{ab}{9}$$

总之,矩形单元的单元矩阵 $S^{\alpha\beta}$ 为

$$S^{11} = \frac{b}{6a}\begin{bmatrix} 2 & -2 & -1 & 1 \\ -2 & 2 & 1 & -1 \\ -1 & 1 & 2 & -2 \\ 1 & -1 & -2 & 2 \end{bmatrix}, S^{12} = \frac{1}{4}\begin{bmatrix} 1 & 1 & -1 & -1 \\ -1 & -1 & 1 & 1 \\ -1 & -1 & 1 & 1 \\ 1 & 1 & -1 & -1 \end{bmatrix}$$

$$S^{22} = \frac{a}{6b}\begin{bmatrix} 2 & 1 & -1 & -2 \\ 1 & 2 & -2 & -1 \\ -1 & -2 & 2 & 1 \\ -2 & -1 & 1 & 2 \end{bmatrix}, S^{00} = \frac{ab}{36}\begin{bmatrix} 4 & 2 & 1 & 2 \\ 2 & 4 & 2 & 1 \\ 1 & 2 & 4 & 2 \\ 2 & 1 & 2 & 4 \end{bmatrix} \tag{9.2.51}$$

$$f = \frac{1}{4}f_e ab \{1 \quad 1 \quad 1 \quad 1\}^{\mathrm{T}}$$

例 9.2.3

考虑泊松方程(9.2.45)相关的线性矩形单元的单元系数矩阵 K^e。

解: 有 $K^e = a_{11}^e S^{11} + a_{22}^e S^{22}$ 或

$$K^e = \frac{a_{11}^e b}{6a}\begin{bmatrix} 2 & -2 & -1 & 1 \\ -2 & 2 & 1 & -1 \\ -1 & 1 & 2 & -2 \\ 1 & -1 & -2 & 2 \end{bmatrix} + \frac{a_{22}^e a}{6b}\begin{bmatrix} 2 & 1 & -1 & -2 \\ 1 & 2 & -2 & -1 \\ -1 & -2 & 2 & 1 \\ -2 & -1 & 1 & 2 \end{bmatrix} \tag{9.2.52}$$

和三角形单元一样,系数矩阵是长宽比 a/b 和 b/a 的函数。因此,不应该使用长宽比非常大的矩形单元,因为不管 a_{11}^e 和 a_{22}^e 的值是多少,S^{11} 或 S^{22} 会主导单元矩阵。

对于 $a_{11}^e = a_{22}^e = k_e$，单元系数矩阵变为

$$K^e = \frac{k_e}{6ab} \begin{bmatrix} 2(a^2+b^2) & a^2-2b^2 & -(a^2+b^2) & b^2-2a^2 \\ a^2-2b^2 & 2(a^2+b^2) & b^2-2a^2 & -(a^2+b^2) \\ -(a^2+b^2) & b^2-2a^2 & 2(a^2+b^2) & a^2-2b^2 \\ b^2-2a^2 & -(a^2+b^2) & a^2-2b^2 & 2(a^2+b^2) \end{bmatrix} \quad (9.2.53)$$

当单元的长宽比为 $a/b=1$ 时，式(9.2.54)中的系数矩阵变为

$$K^e = \frac{k_e}{6} \begin{bmatrix} 4 & -1 & -2 & -1 \\ -1 & 4 & -1 & -2 \\ -2 & -1 & 4 & -1 \\ -1 & -2 & -1 & 4 \end{bmatrix} \quad (9.2.54)$$

9.2.7.3 边界积分的计算

这里考虑如下类型边界积分[参见式(9.2.19c)]的计算：

$$Q_i^e = \oint_{\Gamma_e} q_n^e \psi_i^e(s)\, ds \quad (9.2.55)$$

式中，q_n^e 是沿边界 Γ_e 的距离 s 的已知函数，是一组直线或曲线。只需要计算总的求解域 Ω [图9.2.13(a)]的边界 Γ 上的那部分 Γ_e，且 q_n^e 是给定的。位于区域 Ω 内部的那部分 Γ_e，当单元 Ω_e 的边 (i, j) 和单元 Ω_f 的边 (p, q) 是同一条时(即单元 Ω_e 和 Ω_f 的交界线)，单元 Ω_e 的边 (i, j) 上的 q_n^e 和单元 Ω_f 的边 (p, q) 上的 q_n^f 互相抵消了。这可以看作是内部"通量"的平衡 [图9.2.13(b)]。当 Γ_e 落在区域 Ω 的边界上且 q_n^e 是未知的(因此相应的主变量在这里是已知的)，在后处理里计算[图9.2.13(c)]。

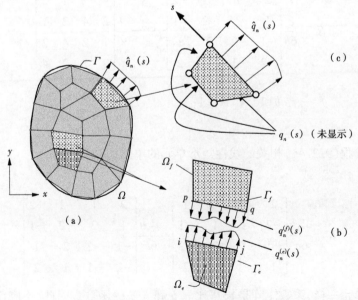

图 9.2.13　(a)有限元离散；(b)界面通量的平衡；(c)求解域边界上力的计算

而二维有限单元的边界 Γ_e 是线段,在计算边界积分时可以当作一维有限元来处理。因此,计算二维问题的边界积分相当于计算线积分。令人惊讶的是,当在单元边界上计算二维插值函数时,得到了相应的一维插值函数。

一般讲,线性三角形单元边界上的积分(9.2.56)可写为

$$Q_i^e = \int_{1\text{-}2} \psi_i(s)q_n(s)\,\mathrm{d}s + \int_{2\text{-}3} \psi_i(s)q_n(s)\,\mathrm{d}s + \int_{3\text{-}1} \psi_i(s)q_n(s)\,\mathrm{d}s \tag{9.2.56}$$

$$\equiv Q_{i1}^e + Q_{i2}^e + Q_{i3}^e$$

式中, $\int_{i\text{-}j}$ 表示对连接节点 i 和 j 的线段的积分, s 坐标由节点 i 指向节点 j ,起点是节点 i (图 9.2.14), Q_{iJ}^e 是 q_n 通过单元 Ω_e 的边 J 对 Q_i^e 的贡献:

$$Q_{iJ}^e = \int_{\text{边界}J} \psi_i q_n \,\mathrm{d}s \tag{9.2.57}$$

式中, i 是单元的第 i 个节点, J 是单元的第 J 条边。举个例子,有

$$Q_1^e = \oint_{\Gamma_e} q_n \psi_1(s)\,\mathrm{d}s = \int_{1\text{-}2} (q_n)_{1\text{-}2}\psi_1\,\mathrm{d}s + 0 + \int_{3\text{-}1} (q_n)_{3\text{-}1}\psi_1\,\mathrm{d}s$$

由于在三角形单元的2-3边上 ψ_1 为零,因此来自边2-3的贡献为零。对于矩形单元 Q_1^e 由四部分组成,由于在2-3和3-4边上 ψ_1 为零,因此只有来自边1-2和4-1的贡献不为零。

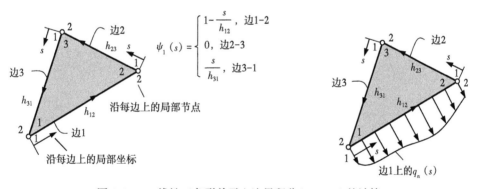

图9.2.14　线性三角形单元上边界积分(9.2.56)的计算

例 9.2.4

计算图9.2.15给出的有限元网格和4种 $q(s)$ 式(9.2.56)中的边界积分 Q_i^e 。对每种情况必须利用 $q(s)$ 和相应边界单元类型(即线性或二次)的插值函数。在没有显示 q_n 的单元边上,假设其值为零。

解:

工况1

$q(s) = q_0 =$ 常数,线性单元。显然, q_0 会对单元节点1和2的节点值有贡献。由于在边2-3和3-1上没有给定的热流,因此对节点3的贡献为零($Q_3^e = 0$)。有

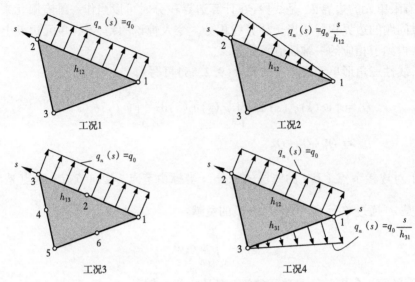

图 9.2.15　有限元分析中边界积分的计算(例 9.2.4)

$$Q_1^e = \oint_{\Gamma_e} q_n(s)\psi_1(s)\,\mathrm{d}s = \int_0^{h_{12}} q_0(\psi_1)_{12}\,\mathrm{d}s + \int_0^{h_{31}} (0)(\psi_1)_{31}\,\mathrm{d}s = Q_{11}^e = \frac{1}{2}q_0 h_{12}$$

$$Q_2^e = \oint_{\Gamma_e} q_n(s)\psi_2(s)\,\mathrm{d}s = \int_0^{h_{12}} q_0(\psi_2)_{12}\,\mathrm{d}s + \int_0^{h_{23}} (0)(\psi_2)_{23}\,\mathrm{d}s = Q_{21}^e = \frac{1}{2}q_0 h_{12}$$

式中,

$$(\psi_1)_{12} = 1 - \frac{s}{h_{12}},\ (\psi_2)_{12} = \frac{s}{h_{12}}$$

工况 2

$q(s) = q_0 s/h_{12}$(线性变化),线性单元。除了热流是线性的,方程与工况 1 是一样的。有

$$Q_1^e = \oint_{\Gamma_e} q_n(s)\psi_1(s)\,\mathrm{d}s = \int_0^{h_{12}} \left(q_0\frac{s}{h_{12}}\right)(\psi_1)_{12}\,\mathrm{d}s + \int_0^{h_{31}} (0)(\psi_1)_{31}\,\mathrm{d}s$$

$$= Q_{11}^e = \frac{1}{6}q_0 h_{12}$$

$$Q_2^e = \oint_{\Gamma_e} q_n(s)\psi_2(s)\,\mathrm{d}s = \int_0^{h_{12}} \left(q_0\frac{s}{h_{12}}\right)(\psi_2)_{12}\,\mathrm{d}s + \int_0^{h_{23}} (0)(\psi_2)_{23}\,\mathrm{d}s$$

$$= Q_{21}^e = \frac{1}{3}q_0 h_{12}$$

工况 3

$q(s) = q_0 =$ 常数,二次三角形单元。这里在边 123 上必须使用二次插值函数。有($Q_4^e = Q_5^e = Q_6^e = 0$)

$$Q_1^e = \oint_{\Gamma_e} q_n(s)\psi_1(s)\,\mathrm{d}s = \int_0^{h_{13}} q_0(\psi_1)_{123}\,\mathrm{d}s = Q_{11}^e = \frac{1}{6}q_0 h_{13}$$

$$Q_2^e = \oint_{\Gamma_e} q_n(s)\psi_2(s)\,\mathrm{d}s = \int_0^{h_{13}} q_0(\psi_2)_{123}\,\mathrm{d}s = Q_{21}^e = \frac{4}{6}q_0 h_{13}$$

$$Q_3^e = \oint_{\Gamma_e} q_n(s)\psi_3(s)\,\mathrm{d}s = \int_0^{h_{13}} q_0(\psi_3)_{123}\,\mathrm{d}s = Q_{31}^e = \frac{1}{6}q_0 h_{13}$$

式中,

$$(\psi_1)_{123} = \left(1 - \frac{s}{h_{13}}\right)\left(1 - \frac{2s}{h_{13}}\right)$$

$$(\psi_2)_{123} = 4\frac{s}{h_{13}}\left(1 - \frac{s}{h_{13}}\right)$$

$$(\psi_3)_{123} = -\frac{s}{h_{13}}\left(1 - \frac{2s}{h_{13}}\right)$$

工况 4

如图 9.2.15 所示,线性单元的两条边有非零的 $q(s)$。这里所有 3 个节点都有非零的贡献。有

$$Q_1^e = \oint_{\Gamma_e} q_n(s)\psi_1(s)\,\mathrm{d}s = \int_0^{h_{12}} q_0(\psi_1)_{12}\,\mathrm{d}s + \int_0^{h_{31}}\left(q_0\frac{s}{h_{31}}\right)(\psi_1)_{31}\,\mathrm{d}s$$

$$= Q_{11}^e + Q_{13}^e = q_0\left(\frac{h_{12}}{2} + \frac{h_{31}}{3}\right)$$

$$Q_2^e = \oint_{\Gamma_e} q_n(s)\psi_2(s)\,\mathrm{d}s = \int_0^{h_{12}} q_0(\psi_2)_{12}\,\mathrm{d}s + \int_0^{h_{31}}\left(q_0\frac{s}{h_{31}}\right)(0)\,\mathrm{d}s = Q_{21}^e = \frac{1}{2}q_0 h_{12}$$

$$Q_3^e = \oint_{\Gamma_e} q_n(s)\psi_3(s)\,\mathrm{d}s = \int_0^{h_{12}} q_0(0)\,\mathrm{d}s + \int_0^{h_{31}}\left(q_0\frac{s}{h_{31}}\right)(\psi_3)_{31}\,\mathrm{d}s = Q_{33}^e = \frac{1}{6}q_0 h_{31}$$

9.2.8 单元方程的组装

有限元方程的组装基于和一维问题中一样的两条原则:

(1)主变量连续。

(2)次变量"平衡"(或"均衡")。

通过考虑含一个三角形单元和四边形单元[图 9.2.16(a)]的有限元网格划分来演示其过程。令 $K_{ij}^1(i,j=1,2,3)$ 表示三角形单元的系数矩阵,$K_{ij}^2(i,j=1,2,3,4)$ 表示四边形单元的系数矩阵。从图 9.2.16(a)的有限元网格划分可以看出整体节点和单元节点之间的联系矩阵(即连接关系):

$$\boldsymbol{B} = \begin{bmatrix} 1 & 2 & 3 & \times \\ 2 & 4 & 5 & 3 \end{bmatrix} \tag{9.2.58}$$

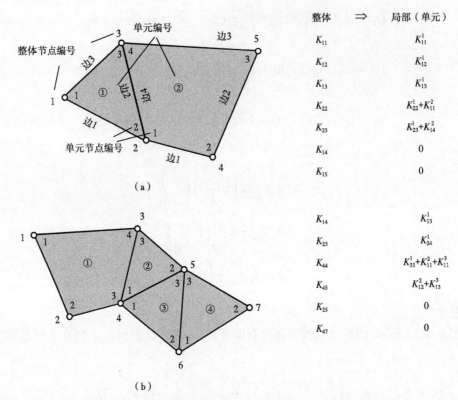

图 9.2.16　利用整体节点和单元节点(每个节点一个未知量)的联系矩阵进行有限元系数矩阵
的组装:(a)两个单元的组装;(b)多个单元的组装

这里×表示没有对应内容。局部节点和整体节点数值之间的对应关系为[图 9.2.16(a)]

$$u_1^1 = U_1, u_2^1 = u_1^2 = U_2, u_3^1 = u_4^2 = U_3, u_2^2 = U_4, u_3^2 = U_5 \qquad (9.2.59)$$

这相当于强制在单元 1 和 2 的共有节点上主变量连续。

注意到在单元之间节点主变量的连续性保证了整个单元边界上主变量的连续性。对于图 9.2.16(a)的情况,$u_1^2 = u_2^1$ 和 $u_3^1 = u_4^2$ 的要求保证了连接整体节点 2 和 3 的边上有 $u_h^1(s) = u_h^2(s)$。证明如下。沿着整体节点 2 和 3 确定的直线的解 $u_h^1(s)$ 是线性的:

$$u_h^1(s) = u_2^1\left(1 - \frac{s}{h}\right) + u_3^1 \frac{s}{h}$$

这里 s 是局部坐标且其起点在整体节点 2,h 是 2-3 边(即边 2)的长度。类似地,对于单元 2 沿同一条边的有限元解为

$$u_h^2(s) = u_1^2\left(1 - \frac{s}{h}\right) + u_4^2 \frac{s}{h}$$

由于 $u_1^2 = u_2^1$ 和 $u_4^2 = u_3^1$,对于两个单元交界线上每个 s 都有 $u_h^1(s) = u_h^2(s)$。

接下来利用次变量的平衡。在两个单元的交界上,两个单元的通量应该数值相等方向相

反。对图 9.2.16(a)中的两个单元,交界线沿着整体节点 2 和 3 确定的边。因此,单元 1 的边 2-3 上的内通量 q_n^1 应该去平衡单元 2 的边 4-1 上的通量 q_n^2(注意 q_n^e 的符号惯例):

$$(q_n^1)_{23} = (q_n^2)_{41} \text{ 或 } (q_n^1)_{23} = (-q_n^2)_{14} \tag{9.2.60}$$

在有限元方法中,用加权积分的方法来引入上述关系:

$$\int_{h_{23}^1} q_n^1 \psi_2^1 \mathrm{d}s = -\int_{h_{14}^2} q_n^2 \psi_1^2 \mathrm{d}s, \int_{h_{23}^1} q_n^1 \psi_3^1 \mathrm{d}s = -\int_{h_{14}^2} q_n^2 \psi_4^2 \mathrm{d}s \tag{9.2.61a}$$

这里 h_{pq}^e 是单元 Ω_e 连接节点 p 和 q 的边的长度。上述方程可重写为:

$$\int_{h_{23}^1} q_n^1 \psi_2^1 \mathrm{d}s + \int_{h_{14}^2} q_n^2 \psi_1^2 \mathrm{d}s = 0, \int_{h_{23}^1} q_n^1 \psi_3^1 \mathrm{d}s + \int_{h_{14}^2} q_n^2 \psi_4^2 \mathrm{d}s = 0 \tag{9.2.61b}$$

或

$$Q_{22}^1 + Q_{14}^2 = 0, Q_{32}^1 + Q_{44}^2 = 0 \tag{9.2.61c}$$

式中,Q_{iJ}^e 是 Q_i^e 的一部分,来自单元 e 的边 J[式(9.2.58)]。三角形和四边形单元边的编号如图 9.2.16(a)所示。在组装单元方程时这些平衡关系必须引入。注意到 Q_{iJ}^e 只是 Q_i^e 的一部分[式(9.2.57)和式(9.2.58)]。

首先给出图 9.2.16(a)所示两个单元划分的单元方程。对于当前的模型问题,每个节点只有一个基本自由度(NDF=1)。对于三角形单元,单元方程为

$$K_{11}^1 u_1^1 + K_{12}^1 u_2^1 + K_{13}^1 u_3^1 = f_1^1 + Q_1^1$$
$$K_{21}^1 u_1^1 + K_{22}^1 u_2^1 + K_{23}^1 u_3^1 = f_2^1 + Q_2^1 \tag{9.2.62}$$
$$K_{31}^1 u_1^1 + K_{32}^1 u_2^1 + K_{33}^1 u_3^1 = f_3^1 + Q_3^1$$

对于四边形单元,单元方程为

$$K_{11}^2 u_1^2 + K_{12}^2 u_2^2 + K_{13}^2 u_3^2 + K_{14}^2 u_4^2 = f_1^2 + Q_1^2$$
$$K_{21}^2 u_1^2 + K_{22}^2 u_2^2 + K_{23}^2 u_3^2 + K_{24}^2 u_4^2 = f_2^2 + Q_2^2$$
$$K_{31}^2 u_1^2 + K_{32}^2 u_2^2 + K_{33}^2 u_3^2 + K_{34}^2 u_4^2 = f_3^2 + Q_3^2 \tag{9.2.63}$$
$$K_{41}^2 u_1^2 + K_{42}^2 u_2^2 + K_{43}^2 u_3^2 + K_{44}^2 u_4^2 = f_4^2 + Q_4^2$$

为了施加式(9.2.62c)中次变量的平衡要求,需要将单元 1 的第 2 个方程加到单元 2 的第 1 个方程上去,且将单元 1 的第 3 个方程加到单元 2 的第 4 个方程上去:

$$(K_{21}^1 u_1^1 + K_{22}^1 u_2^1 + K_{23}^1 u_3^1) + (K_{11}^2 u_1^2 + K_{12}^2 u_2^2 + K_{13}^2 u_3^2 + K_{14}^2 u_4^2) = (f_2^1 + Q_2^1) + (f_1^2 + Q_1^2)$$

$$(K_{31}^1 u_1^1 + K_{32}^1 u_2^1 + K_{33}^1 u_3^1) + (K_{41}^2 u_1^2 + K_{42}^2 u_2^2 + K_{43}^2 u_3^2 + K_{44}^2 u_4^2) = (f_3^1 + Q_3^1) + (f_4^2 + Q_4^2)$$

利用式(9.2.60)里整体变量的记法,可以将上述方程写为[相当于在式(9.2.60)中施加主变量的连续性条件]:

$$K_{21}^1 U_1 + (K_{22}^1 + K_{11}^2) U_2 + (K_{23}^1 + K_{14}^2) U_3 + K_{12}^2 U_4 + K_{13}^2 U_5 = f_2^1 + f_1^2 + (Q_2^1 + Q_1^2)$$

$$K_{31}^1 U_1 + (K_{32}^1 + K_{41}^2) U_2 + (K_{33}^1 + K_{44}^2) U_3 + K_{42}^2 U_4 + K_{43}^2 U_5 = f_3^1 + f_4^2 + (Q_3^1 + Q_4^2)$$

现在可以通过令上述方程右端项圆括号里某些项为零来施加式(9.2.61c)中的条件:

$$
\begin{aligned}
Q_2^1 + Q_1^2 &= (Q_{21}^1 + Q_{22}^1 + Q_{23}^1) + (Q_{11}^2 + Q_{12}^2 + Q_{13}^2 + Q_{14}^2) \\
&= Q_{21}^1 + Q_{23}^1 + \underline{(Q_{22}^1 + Q_{14}^2)} + Q_{11}^2 + Q_{12}^2 + Q_{13}^2 \\
Q_3^1 + Q_4^2 &= (Q_{31}^1 + Q_{32}^1 + Q_{33}^1) + (Q_{41}^2 + Q_{42}^2 + Q_{43}^2 + Q_{44}^2) \\
&= Q_{31}^1 + Q_{33}^1 + \underline{(Q_{32}^1 + Q_{44}^2)} + Q_{41}^2 + Q_{42}^2 + Q_{43}^2
\end{aligned}
\tag{9.2.64}
$$

式(9.2.62c)的平衡条件要求带下划线的项为零。每个方程中剩下的项要么是已知的因为边界上的 q_n 是已知的,要么仍然是未知的因为在边界上给定了主变量。

一般来说,当多个单元互联时,通过将单元系数 K_{ij}^e、f_i^e 和 Q_i^e 放入整体系数矩阵和右端列向量的合适位置实现组装。这通过连接关系来完成,即整体节点编号和局部节点编号的对应关系。举个例子,如果整体节点3对应于单元1的节点3和单元2的节点4,那么有

$$F_3 = F_3^1 + F_4^2 \equiv f_3^1 + f_4^2 + Q_3^1 + Q_4^2, \quad K_{33} = K_{33}^1 + K_{44}^2$$

如果整体节点2和3分别对应于单元1的节点2和3以及单元2的1和4,那么整体系数 K_{22}、K_{23} 和 K_{33} 为

$$K_{22} = K_{22}^1 + K_{11}^2, \quad K_{23} = K_{23}^1 + K_{14}^2, \quad K_{33} = K_{33}^1 + K_{44}^2$$

类似地,对整体节点2和3的源项部分相加:

$$F_2 = F_2^1 + F_1^2, \quad F_3 = F_3^1 + F_4^2$$

对于图9.2.16(a)所示的两个单元网格划分,组装的方程为

$$
\begin{bmatrix}
K_{11}^1 & K_{12}^1 & K_{13}^1 & 0 & 0 \\
K_{21}^1 & K_{22}^1 + K_{11}^2 & K_{23}^1 + K_{14}^2 & K_{12}^2 & K_{13}^2 \\
K_{31}^1 & K_{32}^1 + K_{41}^2 & K_{33}^1 + K_{44}^2 & K_{42}^2 & K_{43}^2 \\
0 & K_{21}^2 & K_{24}^2 & K_{22}^2 & K_{23}^2 \\
0 & K_{31}^2 & K_{34}^2 & K_{32}^2 & K_{33}^2
\end{bmatrix}
\begin{Bmatrix}
U_1 \\ U_2 \\ U_3 \\ U_4 \\ U_5
\end{Bmatrix}
=
\begin{Bmatrix}
F_1^1 \\ F_2^1 + F_1^2 \\ F_3^1 + F_4^2 \\ F_2^2 \\ F_3^2
\end{Bmatrix}
\tag{9.2.65}
$$

上述组装过程可以对任意形状和类型的单元进行组装。利用数组 B(程序变量为 NOD)的帮助,和一维问题一样,以上过程可以在计算机上实现。手算时必须使用上述过程。比如,考虑图9.2.16(b)所示的有限元网格划分。整体系数矩阵位置(4,4)包含 $K_{33}^1 + K_{11}^2 + K_{11}^3$。组装的列向量的位置4包含 $F_3^1 + F_1^2 + F_1^3$。由于整体节点 I 和 J 不同时属于任何一个单元,因此 $K_{IJ} = 0$,进而整体矩阵的(1,5)、(1,6)、(1,7)、(2,5)、(2,6)、(2,7)、(3,6)、(3,7)和(4,7)为零。

这就完成了模型方程(9.2.1)的有限元建模的前5个步骤。接下来的2个步骤,分别是施加边界条件和求解方程组,与此前一维问题一样。接下来讨论二维问题解的后处理。

9.2.9 后处理

单元 Ω_e 中任意点 (x,y) 的有限元解为

$$u_h^e(x,y) = \sum_{j=1}^n u_j^e \psi_j^e(x,y) \tag{9.2.66}$$

利用式(9.2.67)可计算其导数:

$$\frac{\partial u_h^e}{\partial x} = \sum_{j=1}^n u_j^e \frac{\partial \psi_j^e}{\partial x}, \quad \frac{\partial u_h^e}{\partial y} = \sum_{j=1}^n u_j^e \frac{\partial \psi_j^e}{\partial y} \tag{9.2.67}$$

式(9.2.66)和式(9.2.67)可以用于计算单元中任意点(x,y)处的解及其导数。通过式(9.2.66)的插值来给出绘制u_h^e及其梯度的云图所需的信息是非常有用的。

由于在组装过程中没有引入导数的连续性,因此u_h^e的导数在单元交界上不是连续的。方程的弱形式显示主变量是u,也是节点参数。如果类似基本未知量的高阶导数作为附加变量引入节点变量,来令它们在单元交界上也是连续的,那么插值阶次(或单元阶次)会增加。另外,要求非主变量的高阶导数的连续性会违反问题的物理原理。举个例子,令$\partial u/\partial x$连续会违反在异种材料界面$q_x(=a_{11}\partial u/\partial x)$的连续性要求,因为在界面上两种材料的$a_{11}$是不同的。

对线性三角形单元,单元内场变量的导数是常数:

$$\psi_j^e = \frac{1}{2A_e}(\alpha_j + \beta_j x + \gamma_j y), \quad \frac{\partial \psi_j^e}{\partial x} = \frac{1}{2A_e}\beta_j, \quad \frac{\partial \psi_j^e}{\partial y} = \frac{1}{2A_e}\gamma_j$$
$$\frac{\partial u_h^e}{\partial x} = \sum_{j=1}^n \frac{u_j^e \beta_j}{2A_e}, \quad \frac{\partial u_h^e}{\partial y} = \sum_{j=1}^n \frac{u_j^e \gamma_j}{2A_e} \tag{9.2.68}$$

对线性矩形单元,$\partial u_h^e/\partial x$关于$\bar{y}$是线性的,$\partial u_h^e/\partial y$关于$\bar{x}$是线性的[式(9.2.32b)]:

$$\frac{\partial \psi_j^e}{\partial \bar{x}} = -\frac{(-1)^j}{a}\left(1 - \frac{\bar{y}+\bar{y}_j}{b}\right), \quad \frac{\partial \psi_j^e}{\partial \bar{y}} = \frac{(-1)^j}{b}\left(1 - \frac{\bar{x}+\bar{x}_j}{a}\right) \tag{9.2.69a}$$

$$\frac{\partial u_h^e}{\partial \bar{x}} = +\frac{1}{a}\sum_{j=1}^n (-1)^j u_j^e \left(1 - \frac{\bar{y}+\bar{y}_j}{b}\right), \quad \frac{\partial u_h^e}{\partial \bar{y}} = +\frac{1}{b}\sum_{j=1}^n (-1)^j u_j^e \left(1 - \frac{\bar{x}+\bar{x}_j}{a}\right) \tag{9.2.69b}$$

这里$\bar{x}$和$\bar{y}$是局部坐标[图9.2.8(a)]。尽管每个单元内$\partial u_h^e/\partial \bar{x}$和$\partial u_h^e/\partial \bar{y}$分别是$y$和$x$的线性函数,但是它们在单元交界上是非连续的。相应地,基于有限元解u_h^e的导数计算的物理量在单元交界上也是非连续的。比如,如果在3个单元共有的节点上计算$q_x^e = a_{11}\partial u_h^e/\partial x$,会得到3个不同的$q_x^e$。随着网格的细化这3个数值之间的差异会消失。一些商用有限元软件给出所有与该节点相连的单元的q_x^e的平均值。

9.2.10　轴对称问题

在研究圆柱形状的问题时,采用圆柱坐标系(r,θ,z)来描述问题是非常方便的。如果问题的几何、边界条件和载荷(或者源)与角坐标θ无关,那么问题的解也与θ无关。相应地,三维问题就退化为与坐标(r,z)相关的二维问题(图9.2.17)。这里考虑一个轴对称问题,建立其弱形式,并给出其有限元模型。

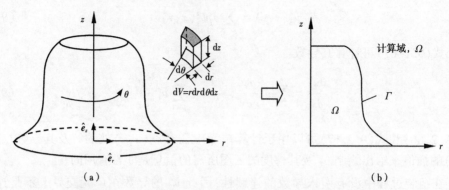

图 9.2.17 (a)三维轴对称区域;(b)二维 r-z 平面的计算域

9.2.10.1 模型方程

考虑一个偏微分方程

$$-\frac{1}{r}\frac{\partial}{\partial r}\left(r\hat{a}_{11}\frac{\partial u}{\partial r}\right) - \frac{\partial}{\partial z}\left(\hat{a}_{22}\frac{\partial u}{\partial z}\right) + \hat{a}_{00}u = \hat{f}(r,z) \tag{9.2.70}$$

式中, $\hat{a}_{00}$、$\hat{a}_{11}$、$\hat{a}_{22}$ 和 $\hat{f}$ 是 r 和 z 的给定函数。此方程存在于图 9.2.17 所示轴对称几何结构中的热传递和其他现象中。本节基于其弱形式建立式(9.2.70)的有限元模型。

9.2.10.2 弱形式

基于前述的三个步骤,式(9.2.70)的弱形式为

$$(1)\ 0 = \int_{\Omega_e} w\left[-\frac{1}{r}\frac{\partial}{\partial r}\left(r\hat{a}_{11}\frac{\partial u}{\partial r}\right) - \frac{\partial}{\partial z}\left(\hat{a}_{22}\frac{\partial u}{\partial z}\right) + \hat{a}_{00}u - \hat{f}\right]r\mathrm{d}r\mathrm{d}z$$

$$(2)\ 0 = \int_{\Omega_e}\left(\frac{\partial w}{\partial r}\hat{a}_{11}\frac{\partial u}{\partial r} + \frac{\partial w}{\partial z}\hat{a}_{22}\frac{\partial u}{\partial z} + w\hat{a}_{00}u - w\hat{f}\right)r\mathrm{d}r\mathrm{d}z$$

$$-\oint_{\Gamma_e}w\left(\hat{a}_{11}\frac{\partial u}{\partial r}n_r + \hat{a}_{22}\frac{\partial u}{\partial z}n_z\right)\mathrm{d}s$$

$$(3)\ 0 = \int_{\Omega_e}\left(\hat{a}_{11}\frac{\partial w}{\partial r}\frac{\partial u}{\partial r} + \hat{a}_{22}\frac{\partial w}{\partial z}\frac{\partial u}{\partial z} + \hat{a}_{00}wu - w\hat{f}\right)r\mathrm{d}r\mathrm{d}z - \oint_{\Gamma_e}wq_nr\mathrm{d}s$$

式中, w 是权函数且 q_n 是法向通量:

$$q_n = \left(\hat{a}_{11}\frac{\partial u}{\partial r}n_r + \hat{a}_{22}\frac{\partial u}{\partial z}n_z\right) \tag{9.2.71}$$

注意到当 $a_{12}=a_{21}=0$ 时,式(9.2.71)的弱形式与式(9.2.1)的模型方程并没有太大区别。唯一的区别是被积函数中出现了 r。相应地,式(9.2.71)可以看做是当 $a_{00}=\hat{a}_{00}x$、$a_{11}=\hat{a}_{11}x$、$a_{22}=\hat{a}_{22}x$ 和 $f=\hat{f}x$ 时式(9.2.10)的特例,坐标 r 和 z 分别当作 x 和 y 来处理。

9.2.10.3 有限元模型

假设在单元 Ω_e 上 $u(r,z)$ 由有限元插值 u_h^e 来近似:

$$u \approx u_h^e(r,z) = \sum_{j=1}^{n} u_j^e \psi_j^e(r,z) \tag{9.2.72}$$

对于线性三角形和矩形单元,分别对应着 $x=r$ 和 $y=z$,插值函数 $\psi_j^e(r,z)$ 与式(9.2.25b)和式(9.2.32a)中的一样。将式(9.2.72)的 u 和 $w=\psi_i^e$ 代入弱形式可得有限元模型的第 i 个方程:

$$0 = \sum_{j=1}^{n} \left[\iint_{\Omega_e} \left(\hat{a}_{11} \frac{\partial \psi_i^e}{\partial r} \frac{\partial \psi_j^e}{\partial r} + \hat{a}_{22} \frac{\partial \psi_i^e}{\partial z} \frac{\partial \psi_j^e}{\partial z} + \hat{a}_{00} \psi_i^e \psi_j^e \right) r\, dr\, dz \right] u_j^e$$

$$- \int_{\Omega_e} \psi_i^e \hat{f} r\, dr\, dz - \oint_{\Gamma_e} \psi_i^e r q_n\, ds \tag{9.2.73a}$$

$$0 = \sum_{j=1}^{n} K_{ij}^e u_j^e - f_i^e - Q_i^e \tag{9.2.73b}$$

式中,

$$K_{ij}^e = \int_{\Omega_e} \left(\hat{a}_{11} \frac{\partial \psi_i^e}{\partial r} \frac{\partial \psi_j^e}{\partial r} + \hat{a}_{22} \frac{\partial \psi_i^e}{\partial z} \frac{\partial \psi_j^e}{\partial z} + \hat{a}_{00} \psi_i^e \psi_j^e \right) r\, dr\, dz \tag{9.2.74a}$$

$$f_i^e = \int_{\Omega_e} \psi_i^e \hat{f} r\, dr\, dz, \quad Q_i^e = \oint_{\Gamma_e} \psi_i^e r q_n\, ds \tag{9.2.74b}$$

这就完成了二维轴对称问题的有限元模型的建立。

对于线性三角形和矩形单元,对于单元内恒定的 $\hat{a}_{11}^e$、$\hat{a}_{22}^e$、$\hat{a}_{00}^e$ 和 $\hat{f}_e$,K_{ij}^e 和 f_i^e 可以和前面一样(参见9.2.7节)轻松地求得解析解。但是一般情况下,这些系数可以利用第8章讨论过的一维情形(参见8.2.5节)和第10章里讨论过的二维情形(参见10.3节)的数值积分方法求得。在计算机程序 FEM2D(将在第10章讨论),单元系数利用 Gauss 积分求得。

在9.4节讨论不同场问题的应用之前(也可参见10.4节),首先讨论一些建模的细节问题。这里给出的数值结果是利用10.5节讨论的 FEM2D 计算机程序求得的。

9.3 建模考虑

9.3.1 解的对称性

从节省计算时间和计算资源的角度出发,首先应该考虑的是问题解的对称性。当问题关于(1)几何、(2)材料属性、(3)源项和(4)边界条件(同时关于主要和次要变量)的线(或平面)是对称的,那么问题的解关于同样的线(或平面)也是对称的。举个例子,如果材料、体源项(比如热传递问题中的内生热率)或图9.2.17中所示的轴对称几何结构的边界条件依赖于(或随之变化)环向(即 θ 的函数),那么不能采用 rz 平面作为求解域,因为解是三维的[即 $u=u(r,\theta,z)$]。为了利用问题的对称性,使用结构域的一部分进行建模,那么对称线(或平面)就成为求解域的边界的一部分。对图9.2.17所示的情况(假设解与 θ 无关),θ 为常数的平面即为对称面。在对称面上,必须知道 u 或 q_n。一般来说,在对称面上解关于对称面的法向导数为零,即 $\theta=$ 常数时,$q_n=0$。不难看出,因为如果 $q_n \neq 0$,那么将会有通量流入或流出对称面,就破坏了对称性。

图 9.3.1(a)给出了正交各向异性薄板中热传递问题的几何和边界条件。其控制方程为

$$-\left[\frac{\partial}{\partial x}\left(k_x \frac{\partial T}{\partial x}\right)+\frac{\partial}{\partial y}\left(k_y \frac{\partial T}{\partial y}\right)\right]=g(x,y)\ 在\ \Omega\ 内 \quad (9.3.1)$$

这里 k_x 和 k_y 分别是沿 x 和 y 方向的热导率，$g(x,y)$ 是内热源。从几何上看，区域有 2 条对称线，分别是 $x=0.5a$ 和 $y=0.5b$。如果热导率是常数，那么它们和几何有相同的线对称性。但是，如果板是正交各向异性的，即 k_x 或 k_y 是关于 x 或 y 的非对称函数，那么这也没有任何对称性。类似地，如果内生热率 g 是 x 和 y 的非对称函数，那么也没有线对称性。从边界条件上看，如果给定温度或边界热流分布是非对称的，那么问题也没有线对称性。如果 k_x、k_y、g、T_0 和 q_n 是常数，那么 $x=0.5a$ 是对称线，可以利用线的左半部分或右半部分作为计算域，且对称线上 $q_n=0$，如图 9.3.1(b)所示。如果 k_x、k_y 和 g 是常数，且 T_0 和 q_n 关于线 $x=0.5a$ 是对称函数，那么解也是关于线 $x=0.5a$ 对称的。

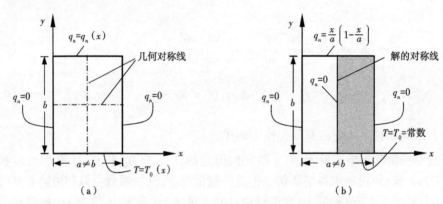

图 9.3.1　(a)给定的区域和边界条件;(b)计算域

9.3.2　网格和网格细化的选择

将给定的计算域用有限元(即有限元网格)来表示需要有限元从业者的工程判断。问题的单元数目、类型(即线性或二次)、形状(即三角形或四边形)和密度(即网格细化)受很多因素的影响。首要的考虑是利用合适的单元尽可能地将求解域精确地离散出来。其次是源项(或载荷)、材料和几何不连续(比如急剧或突然的改变)及凹陷的精确表示。虽然可以将单元内部的点源分配到单元的节点上[式(3.4.53)至式(3.4.55)]，网格在点源处应该有节点(以便单元在节点处集中)。

在点载荷或者急剧变化的载荷和材料与几何不连续的区域需要足够小的单元来保证大梯度的解有足够的精度。工程判断来自于对解的性质的定性理解和网格细化(即减小单元尺寸或增加单元阶次;它们分别被称为 h 细化和 p 升阶)带来的计算耗费。举个例子，考虑通道内绕圆柱的无黏流。流体从通道的左端流入绕过圆柱并从右端流出[图 9.3.2(a)]。由于圆柱处的截面小于入口截面，因此在圆柱附近流动会加速。另一方面，远离圆柱(比如入口处)的流场速度基本上是均匀的。这些关于流动的定性认识使得可以在远离圆柱的地方用比较粗糙的网格(即大尺寸的单元)，在与圆柱较近的地方用细化的网格[图 9.3.2(b)]。在圆柱附近采用细化网格的另一个理由是可以精确地表示其曲线边界。一般来说，在几何、边界条

件、载荷或材料属性变化剧烈的地方需要细化的网格。

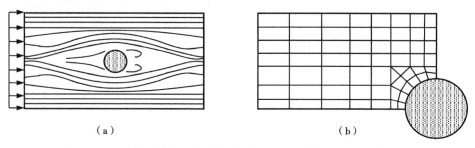

图 9.3.2　(a)绕圆柱的无黏流动(流线);(b)四分之一区域的典型网格

　　细化的网格需要满足 3 个条件:(1)所有此前的网格应该包含在当前细化的网格中;(2)在网格细化的任何一个阶段物体的每个点都可以包含在任意小的单元内;(3)在细化过程的所有阶段,应该保留同阶近似的解。最后一个要求排除了两个不同网格下不同近似的比较。

　　网格细化时,应注意避免大长宽比(即单元两个边的长度比)的单元或小角度。当长宽比很大时,得到的系数矩阵是病态的(即数值上是不可逆的)且数学模型的某些物理特征会丢失。尽管安全的长宽比下限和上限分别是 0.1 和 10,受所建模型的物理现象本质的影响,实际的数值会更苛刻。

　　单词"粗糙"和"精细"是相对的。对于给定的问题,开始时采用自认足够的(基于经验和工程判断)有限元网格来进行求解。然后,作为第二选择,选择包含更多单元的网格(且包含前述网格为其子集)对问题再次求解。如果两次的结果差别很明显,那说明网格细化是必须的且可能需要更加细化。如果差别足够小,那么进一步的细化就没必要了。

　　图 9.3.3 给出了 4 个不同的矩形网格划分。每个网格都包含前一个网格为子集。图 9.3.3(b)和(c)的网格是非均匀的,图 9.3.3(a)和(d)的网格是均匀的。

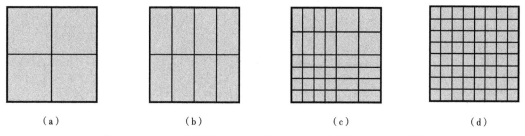

(a)　　　　　　(b)　　　　　　(c)　　　　　　(d)

图 9.3.3　(a)2×2 网格;(b)4×2 网格;(c)6×6 网格;(d)8×8 网格

这里 $m×n$ 网格意味着在 x 方向有 m 个单元,在 y 方向有 n 个单元。

(a)和(d)的网格是均匀的,(b)和(c)的网格是非均匀的

9.3.3　边界条件的施加

　　施加边界条件时,最重要的事情是要知道问题的对偶对(即主变量和次变量)。必须知道在有限元网格的任意一个节点只能给定对偶对中的一个变量,除非两者满足一定的关系(比如弹簧支撑或斜支撑)。在一些问题中,会遇到对偶对中两个变量都是已知的情况。这些点被称为奇异点。作为一个原则,当对偶对的两个变量都是已知的,应该在主变量上施加边界

条件,并令次变量取已知数值(在后处理中计算)。这么做的原因是关于主变量的边界条件在实践中往往比次变量更能严格满足。当然,如果在实践中给定了次变量,而主变量是其结果,那么应该考虑施加次变量边界条件。

另一个可能遇到的奇异性是在同一个节点上施加 2 个不同的主变量或者次变量值。图 9.3.4 给出了这样的一个例子,这里在 $x=0$ 的线边界上给定 $u=0$,而在 $y=1$ 的线边界上给定 $u=1$。相应地,在 $x=0$ 和 $y=1$,u 有 2 个不同的数值。分析者必须在 2 个数值中做出选择。无论哪种情况,实际的边界条件都被一个近似边界条件所代替。较大的数值经常给出保守的设计。

近似边界条件和真实条件之间的符合度依赖包含该点的单元的尺寸(图 9.3.4)。在奇异点附近区域进行网格细化会给出可接受的解。

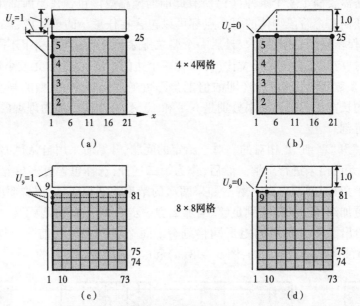

图 9.3.4 在 1 个节点[(a)和(b)中的节点 5 和(c)和(d)中的节点 9]
上施加 2 个主变量值的影响,求解域为单位正方形

9.4 数值算例

9.4.1 一般的场问题

这里讨论 9.2.2 节至 9.2.9 节建立的有限元模型在泊松方程控制的问题上的应用。本例用于演示计算域的选择、单元和网格的选择、单元方程的组装、边界条件的施加和后处理。这里并不讨论问题的物理背景,表 9.1.1 给出了这类方程相关的问题。所有的实际计算都基于 FEM2D 程序,第 10 章将会详细讨论。

例 9.4.1

考虑正方形区域[参见图 9.4.1(a)]:

$$\Omega = \{(x,y): -A < x < A, -A < y < A\}$$

上泊松方程描述的问题:

$$-k\nabla^2 u = f_0 \text{ 或} -k\left(\frac{\partial^2 u}{\partial x^2} + \frac{\partial^2 u}{\partial y^2}\right) = f_0 \text{ 在 } \Omega \text{ 内} \tag{1}$$

式中,$u(x,y)$ 是待定的因变量(温度),k 是材料常数(热导率),f_0 是均布热源(内生热率)。考虑如下边界条件:

$$u = 0 \text{ 在整个边界 } \Gamma \text{ 上} \tag{2}$$

使用有限元方法确定区域 Ω 上的 $u(x,y)$。

解答:接下来讨论用有限元法求解偏微分方程(热传导方程)的一些重要问题。

1)选择计算域

当问题域 Ω 存在解的对称性时,利用 Ω 的一部分进行求解来得到整个问题域上的解是足够的。本问题的几何关于线 $x=0$ 和 $y=0$ 以及 $x=y$ 和 $x=-y$(对角线)是对称的,由于描述材料行为的系数 k 和源项 f_0 为常数,它们有无穷多个对称面(即它们与任何平面都无关)。最后,边界条件关于结构的 4 根对称线也是对称的。因此,解关于下面 4 根线是对称的:$x=0$、$y=0$、$x=y$ 和 $x=-y$。因此,如果采用三角形单元,可以用 1/8 的问题域作为计算域[图 9.4.1(b)]。如果只用矩形单元,可以采用 1/4 的问题域作为计算域[图 9.4.1(c)]。尽管可以同时采用三角形和四边形单元来离散整个计算域和解,在本书(以及 FEM2D)讨论的问题中,一次只使用一种单元。

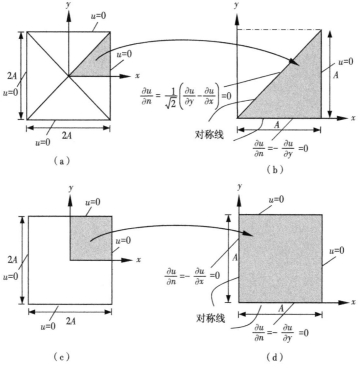

图 9.4.1　(a)带边界条件的实际几何域;(b)基于双轴和对角对称的计算域;
(c)基于双轴对称的求解域

在对称线上,解的法向导数(即解对对称线的法向坐标的导数)为零,即

$$q_n = k\frac{\partial u}{\partial n} = k\left(\frac{\partial u}{\partial x}n_x + \frac{\partial u}{\partial y}n_y\right) = 0 \tag{3}$$

2)基于线性三角形单元的解

由于问题关于对角线 $x = y$ 是对称的,建立图9.4.1(b)所示三角形区域模型。首先采用图9.4.2(a)所示的4个线性三角形单元的均匀网格划分(Mesh T1),接下来利用图9.4.2(b)所示的细化网格并对比其结果。本问题中,由于问题的几何被精确表示了,因此没有离散误差。

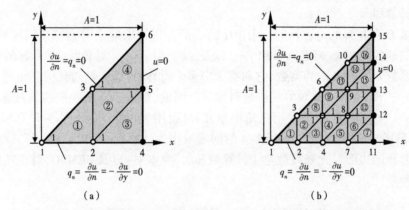

图9.4.2　(a)三角形单元组成的网格T1;(b)三角形单元组成的网格T2

单元1、3和4和几何有一样的方向,单元2和单元1的几何形状是一样的,只是方向不一样。如果令单元2的局部节点编号与单元1一致,那么所有的4个单元的单元矩阵都是一样的,只需要计算单元1的即可。但用计算机来算这些单元矩阵时,不会这么考虑。在手算问题时,利用单元1和其他单元的相似性来避免不必要的计算。

考虑单元1作为代表性单元。它与图9.2.11(b)所示单元完全一样。因此单元系数矩阵和源矢量为

$$\boldsymbol{K}^1 = \frac{k}{2ab}\begin{bmatrix} b^2 & -b^2 & 0 \\ -b^2 & a^2+b^2 & -a^2 \\ 0 & -a^2 & a^2 \end{bmatrix}, \quad \boldsymbol{f}^1 = \frac{f_0 ab}{6}\begin{Bmatrix} 1 \\ 1 \\ 1 \end{Bmatrix} \tag{4}$$

式中,$a = b = A/2 = 0.5$。

对于直角位于节点2、对角线连接节点1和3的直角边长为 a 和 b 的直角三角形,式(4)中的单元矩阵对于 Laplace 算子 $-\nabla^2$ 都是有效的。注意到对直角三角形,所有与对角线节点相关的非对角系数均为零。总之,对于图9.4.2(a)所示的网格,有

$$\boldsymbol{K}^1 = \boldsymbol{K}^2 = \boldsymbol{K}^3 = \boldsymbol{K}^4, \quad \boldsymbol{f}^1 = \boldsymbol{f}^2 = \boldsymbol{f}^3 = \boldsymbol{f}^4$$

且

$$\boldsymbol{K}^e = \frac{k}{2}\begin{bmatrix} 1 & -1 & 0 \\ -1 & 2 & -1 \\ 0 & -1 & 1 \end{bmatrix}, \boldsymbol{f}^e = \frac{f_0}{24}\begin{Bmatrix} 1 \\ 1 \\ 1 \end{Bmatrix} \tag{5}$$

对于该有限元网格组装的系数矩阵是6×6，因为有6个整体节点，且每个节点有一个未知量。可以通过整体节点和局部节点之间的关系直接得到组装的矩阵，通过连接矩阵：

$$\boldsymbol{B} = \begin{bmatrix} 1 & 2 & 3 \\ 5 & 3 & 2 \\ 2 & 4 & 5 \\ 3 & 5 & 6 \end{bmatrix} \tag{6}$$

部分代表性的用单元系数表示的整体系数如下：

$$K_{11} = K_{11}^1 = \frac{k}{2}, K_{12} = K_{12}^1 = -\frac{k}{2}, K_{22} = K_{22}^1 + K_{33}^2 + K_{11}^3 = \frac{2k}{2} + \frac{k}{2} + \frac{k}{2}$$

$$K_{13} = K_{13}^1 = 0, K_{14} = 0, K_{15} = 0, K_{16} = 0, K_{23} = K_{23}^1 + K_{32}^2 = -\frac{k}{2} - \frac{k}{2}$$

$$K_{33} = K_{33}^1 + K_{22}^2 + K_{11}^4 = \frac{k}{2} + \frac{2k}{2} + \frac{k}{2}, F_1 = F_1^1 = Q_1^1 + f_1^1 \tag{7}$$

$$F_2 = (Q_2^1 + Q_3^2 + Q_1^3) + (f_2^1 + f_3^2 + f_1^3), F_3 = (Q_3^1 + Q_2^2 + Q_1^4) + (f_3^1 + f_2^2 + f_1^4)$$

$$F_4 = F_2^3 = Q_2^3 + f_2^3, F_5 = (Q_1^2 + Q_3^3 + Q_2^4) + (f_1^2 + f_3^3 + f_2^4), F_6 = F_3^4 = Q_3^4 + f_3^4$$

网格 T1 下组装的系统方程组为

$$\frac{k}{2}\begin{bmatrix} 1 & -1 & 0 & 0 & 0 & 0 \\ -1 & 4 & -2 & -1 & 0 & 0 \\ 0 & -2 & 4 & 0 & -2 & 0 \\ 0 & -1 & 0 & 2 & -1 & 0 \\ 0 & 0 & -2 & -1 & 4 & -1 \\ 0 & 0 & 0 & 0 & -1 & 1 \end{bmatrix}\begin{Bmatrix} U_1 \\ U_2 \\ U_3 \\ U_4 \\ U_5 \\ U_6 \end{Bmatrix} = \frac{f_0}{24}\begin{Bmatrix} 1 \\ 3 \\ 3 \\ 1 \\ 3 \\ 1 \end{Bmatrix} + \begin{Bmatrix} Q_1^1 \\ Q_2^1 + Q_3^2 + Q_1^3 \\ Q_3^1 + Q_2^2 + Q_1^4 \\ Q_2^3 \\ Q_1^2 + Q_3^3 + Q_2^4 \\ Q_3^4 \end{Bmatrix} \tag{8}$$

注意到节点 4 和节点 6 同时给定了 u 和 q_n（给定数据奇异性的典型）。当然，给予主变量相对于次变量的优先权。因此，假设

$$U_4 = U_5 = U_6 = 0 \tag{9}$$

且假设 Q_4、Q_5 和 Q_6 是未知的，需要通过后处理求得。给定次变量自由度为（由于对称性）

$$Q_1 = Q_1^1 = 0, Q_2 = Q_2^1 + Q_3^2 + Q_1^3 = 0, Q_3 = Q_3^1 + Q_2^2 + Q_1^4 = 0 \tag{10}$$

举个例子，考虑其和：

$$Q_2^1 + Q_3^2 + Q_1^3 = (Q_{21}^1 + Q_{22}^1) + (Q_{32}^2 + Q_{33}^2) + (Q_{11}^3 + Q_{13}^3)$$
$$= Q_{21}^1 + (Q_{22}^1 + Q_{32}^2) + (Q_{33}^2 + Q_{13}^3) + Q_{11}^3 = 0 + 0 + 0 + 0$$

这里,由于相邻单元间通量是平衡的,因此 $q_n=0$、$Q_{22}^1+Q_{32}^2$ 和 $Q_{33}^2+Q_{13}^3$ 为零,因此 Q_{21}^1 和 Q_{11}^3 为零。

对于网格 T1 由于未知的主变量为(U_1、U_2 和 U_3),关于基本未知量凝聚的方程组可以通过从式(8)中删除第 4、第 5、和第 6 的行和列得到。此时可以写出关于整体节点 1、2 和 3 的单元方程组:

$$K_{11}U_1+K_{12}U_2+K_{13}U_3=F_1$$
$$K_{21}U_1+K_{22}U_2+K_{23}U_3+K_{24}U_4+K_{25}U_5=F_2$$
$$K_{31}U_1+K_{32}U_2+K_{33}U_3+K_{35}U_5+K_{36}U_6=F_3$$

注意到 $U_4=U_5=U_6=0$,可以将上式用单元系数的形式表示:

$$\begin{bmatrix} K_{11}^1 & K_{12}^1 & K_{13}^1 \\ K_{21}^1 & K_{22}^1+K_{33}^2+K_{11}^3 & K_{23}^1+K_{32}^2 \\ K_{31}^1 & K_{32}^1+K_{23}^2 & K_{33}^1+K_{22}^2+K_{11}^4 \end{bmatrix} \begin{Bmatrix} U_1 \\ U_2 \\ U_3 \end{Bmatrix} = \begin{Bmatrix} f_1^1 \\ f_2^1+f_3^2+f_1^3 \\ f_3^1+f_2^2+f_1^4 \end{Bmatrix} \tag{11}$$

未知的次变量 Q_4、Q_5 和 Q_6 可以由单元方程组求得:

$$\begin{Bmatrix} Q_4 \\ Q_5 \\ Q_6 \end{Bmatrix} = -\begin{Bmatrix} f_2^3 \\ f_1^2+f_3^3+f_2^4 \\ f_3^4 \end{Bmatrix} + \begin{bmatrix} 0 & K_{21}^3 & 0 \\ 0 & K_{13}^2+K_{31}^3 & K_{12}^2+K_{21}^4 \\ 0 & 0 & K_{31}^4 \end{bmatrix} \begin{Bmatrix} U_1 \\ U_2 \\ U_3 \end{Bmatrix} \tag{12}$$

举个例子,有

$$\begin{aligned} Q_4 &= Q_2^3 = Q_{21}^3 + Q_{22}^3 + Q_{23}^3 \\ &= \int_{1-2} q_n^3\psi_2^3\mathrm{d}x + \int_{2-3} q_n^3\psi_2^3\mathrm{d}y + \int_{3-1} q_n^3\psi_2^3\mathrm{d}s \end{aligned} \tag{13a}$$

这里

$$\left(q_n^3\right)_{1-2}=\left(\frac{\partial u}{\partial x}n_x+\frac{\partial u}{\partial y}n_y\right)_{1-2}=0\left(n_x=0,\ \frac{\partial u}{\partial y}=0\right)$$

$$\left(q_n^3\right)_{2-3}=\left(\frac{\partial u}{\partial x}n_x+\frac{\partial u}{\partial y}n_y\right)_{2-3}=\frac{\partial u}{\partial x}(n_x=1,\ n_y=0) \tag{13b}$$

$$\left(\psi_2^3\right)_{2-3}=1-\frac{y}{h_{23}},\left(\psi_2^3\right)_{3-1}=0$$

因此,有

$$Q_4=Q_{22}^3=\int_0^{h_{23}}\frac{\partial u}{\partial x}\left(1-\frac{y}{h_{23}}\right)\mathrm{d}y$$

这里 $\partial u/\partial x$ 是基于有限元插值利用 $\partial u_h/\partial x$ 求得的:

$$\frac{\partial u_h}{\partial x}=\sum_{j=1}^3 u_j^3\frac{\beta_j^3}{2A_3}$$

可得($h_{23}=a=0.5$,$\beta_1^3=-a=-0.5$,$2A_3=a^2=0.25$,$U_4=U_5=0$)

$$Q_4 = \frac{h_{23}}{4A_3} \sum_{j=1}^{3} u_j^3 \beta_j^3 = \frac{h_{23}}{4A_3}(\beta_1^3 U_2 + \beta_2^3 U_4 + \beta_3^3 U_5) = -0.5U_2 \tag{13c}$$

利用数值积分求得的系数 K_{ij}^e 和 f_i^e，这里 $k=1$，$f_0=1$，关于 U_1、U_2 和 U_3 的缩聚的方程组为

$$\begin{bmatrix} 0.5 & -0.5 & 0.0 \\ -0.5 & 2.0 & -1.0 \\ 0.0 & -1.0 & 2.0 \end{bmatrix} \begin{Bmatrix} U_1 \\ U_2 \\ U_3 \end{Bmatrix} = \frac{1}{24} \begin{Bmatrix} 1 \\ 3 \\ 3 \end{Bmatrix} \tag{14}$$

基于式(14)求解 $U_i(i=1,2,3)$，得

$$\begin{Bmatrix} U_1 \\ U_2 \\ U_3 \end{Bmatrix} = \frac{1}{24} \begin{bmatrix} 3 & 1 & 0.5 \\ 1 & 1 & 0.5 \\ 0.5 & 0.5 & 0.75 \end{bmatrix} \begin{Bmatrix} 1 \\ 3 \\ 3 \end{Bmatrix} = \frac{1}{24} \begin{Bmatrix} 7.5 \\ 5.5 \\ 4.25 \end{Bmatrix} = \begin{Bmatrix} 0.31250 \\ 0.22917 \\ 0.17708 \end{Bmatrix} \tag{15}$$

利用式(12)，得

$$\begin{Bmatrix} Q_{22}^3 \\ Q_{32}^3 + Q_{22}^4 \\ Q_{32}^4 \end{Bmatrix} = -\frac{f_0}{24} \begin{Bmatrix} 1 \\ 3 \\ 1 \end{Bmatrix} + k \begin{bmatrix} 0 & -0.5 & 0 \\ 0 & 0 & -1 \\ 0 & 0 & 0 \end{bmatrix} \begin{Bmatrix} U_1 \\ U_2 \\ U_3 \end{Bmatrix} = \begin{Bmatrix} -0.197917 \\ -0.302083 \\ -0.041667 \end{Bmatrix} \tag{16}$$

通过插值，举个例子，$Q_4 = Q_{22}^3$ 等于 $-0.5U_2$，这与基于平衡计算得到的 Q_{22}^3 不同，这里 $f_2^3 \left(=\frac{1}{24}\right)$。

3) 基于线性四边形单元的解

使用 2×2(x 方向和 y 方向分别有 2 个单元)的 4 个线性矩形单元[图9.4.3(a)]的均匀网格 R1 来离散问题域的 1/4。用 4×4 的网格 R2 的结果进行对比[图9.4.3(b)]。本例中仍然没有离散误差。

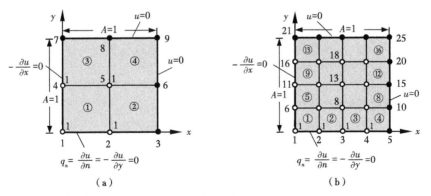

图9.4.3　(a)矩形单元组成的网格 R1(2×2)；(b)矩形单元组成的网格 R2(4×4)

由于所有的单元都是一样的，只需要计算一个单元的单元系数矩阵，比如说单元 1。取 $a=b$ 从例9.2.3可以得到单元系数矩阵为

$$\left[K^e\right]=\frac{k}{6}\begin{bmatrix}4 & -1 & -2 & -1\\ -1 & 4 & -1 & -2\\ -2 & -1 & 4 & -1\\ -1 & -2 & -1 & 4\end{bmatrix},\quad\{f^e\}=\frac{f_0a^2}{4}\begin{Bmatrix}1\\1\\1\\1\end{Bmatrix}\tag{17}$$

网格 R1 中主要未知量的凝聚方程组可以直接进行组装。一共有 4 个未知量(在节点 1、2、4 和 5)。与这 4 个未知量相关的单元方程组为(注意 $U_3=U_6=U_7=U_8=U_9=0$)

$$K_{11}U_1+K_{12}U_2+K_{14}U_4+K_{15}U_5=F_1$$
$$K_{21}U_1+K_{22}U_2+K_{24}U_4+K_{25}U_5=F_2$$
$$K_{41}U_1+K_{42}U_2+K_{44}U_4+K_{45}U_5=F_4\tag{18a}$$
$$K_{51}U_1+K_{52}U_2+K_{54}U_4+K_{55}U_5=F_5$$

这里 K_{IJ} 和 F_I 是整体系数,可用单元系数表示为

$$K_{11}=K_{11}^1,\ K_{12},=K_{12}^1,\ K_{14}=K_{14}^1,\ K_{15}=K_{13}^1$$
$$K_{22}=K_{22}^1+K_{11}^2,\ K_{24}=K_{24}^1,\ K_{25}=K_{23}^1+K_{14}^2$$
$$K_{44}=K_{44}^1+K_{11}^3,\ K_{45}=K_{43}^1+K_{12}^3,\ K_{55}=K_{33}^1+K_{44}^2+K_{11}^4+K_{22}^3\tag{18b}$$
$$F_1=f_1^1+Q_1^1,\ F_2=f_2^1+f_1^2+Q_2^1+Q_1^2,\ F_4=f_4^1+f_1^3+Q_4^1+Q_1^3$$
$$F_5=f_3^1+f_4^2+f_1^4+f_2^3+Q_3^1+Q_4^2+Q_1^4+Q_2^3$$

关于次变量的边界条件为

$$Q_1^1=0,\ Q_2^1+Q_1^2=0,\ Q_4^1+Q_1^3=0\tag{19a}$$

且在整体节点 5 次变量的平衡要求:

$$Q_3^1+Q_4^2+Q_2^3+Q_1^4=0\tag{19b}$$

因此关于主要未知量的缩聚方程组(对 $f_0=1$ 和 $a=0.5$)为

$$\frac{k}{6}\begin{bmatrix}4 & -1 & -1 & -2\\ -1 & 8 & -2 & -2\\ -1 & -2 & 8 & -2\\ -2 & -2 & -2 & 16\end{bmatrix}\begin{Bmatrix}U_1\\U_2\\U_4\\U_5\end{Bmatrix}=\frac{f_0}{16}\begin{Bmatrix}1\\2\\2\\4\end{Bmatrix}\tag{20}$$

这些方程的解(对 $k=1$ 和 $f_0=1$)为

$$U_1=0.31071,\ U_2=0.24107,\ U_4=0.24107,\ U_5=0.19286\tag{21}$$

节点 3(7)、节点 6(8)和节点 9 的次变量 $Q_3=Q_7$、$Q_6=Q_8$ 和 Q_9(对称性)可以由如下方程计算($Q_3=Q_2^2$、$Q_6=Q_3^2+Q_2^4$、$Q_9=Q_3^2$):

$$\begin{Bmatrix}Q_3\\Q_6\\Q_9\end{Bmatrix}=-\begin{Bmatrix}f_2^2\\f_3^2+f_2^4\\f_3^4\end{Bmatrix}+\begin{bmatrix}K_{31} & K_{32} & K_{34} & K_{35}\\ K_{61} & K_{62} & K_{64} & K_{65}\\ K_{91} & K_{92} & K_{94} & K_{95}\end{bmatrix}\begin{Bmatrix}U_1\\U_2\\U_4\\U_5\end{Bmatrix}\tag{22a}$$

式中,

$$K_{31}=0, K_{32}=K_{21}^2, K_{34}=0, K_{35}=K_{24}^2$$
$$K_{61}=0, K_{62}=K_{31}^2, K_{64}=0, K_{65}=K_{34}^2+K_{21}^4 \qquad (22b)$$
$$K_{91}=0, K_{92}=0, K_{94}=0, K_{95}=K_{31}^4$$

代入数值可得:

$$\begin{Bmatrix} Q_3 \\ Q_6 \\ Q_9 \end{Bmatrix} = -\frac{1}{16}\begin{Bmatrix} 1 \\ 2 \\ 1 \end{Bmatrix} + \frac{1}{6}\begin{bmatrix} 0 & -1 & 0 & -2 \\ 0 & -2 & 0 & -2 \\ 0 & 0 & 0 & -2 \end{bmatrix}\begin{Bmatrix} U_1 \\ U_2 \\ U_4 \\ U_5 \end{Bmatrix} = -\begin{Bmatrix} 0.16697 \\ 0.26964 \\ 0.12679 \end{Bmatrix} \qquad (23)$$

表9.4.1 给出了基于2个不同三角形单元网格和2个不同矩形单元网格的有限元解的比较,同时给出了式(2.5.40)(令$k=1, g_0=f_0=1$)的50项的级数解(在$x=0$处,随y变化)及式(2.5.39)的一个参数的Ritz解,如图9.4.4所示。和级数解相比,使用16个三角形单元(八分之一模型)的有限元解是最精确的。对于同样大小的计算域,使用矩形单元的单元数量要少于三角形单元,因此三角形单元结果的精度要高。

表9.4.1　例9.4.1的有限元解$u(0,y)$与级数解和Ritz解的对比

y	三角形单元		矩形单元		Ritz解 (2.5.39)	级数解 (2.5.40)
	网格T1	网格T2	网格R1	网格R2		
0.00	0.3125	0.3013	0.3107	0.2984	0.3125	0.2947
0.25	0.2708[①]	0.2805	0.2759[①]	0.2824	0.2930	0.2789
0.50	0.2292	0.2292	0.2411	0.2322	0.2344	0.2293
0.75	0.1146[①]	0.1393	0.1205[①]	0.1414	0.1367	0.1397
1.00	0.0000	0.0000	0.0000	0.0000	0.0000	0.0000

①插值结果。

可以计算域内任意点的解u和热流(q_x, q_y)的分量。对于单元Ω_e内的点(x,y),有($k=1$)

$$u_h^e(x,y) = \sum_{j=1}^n u_j^e \psi_j^e(x,y)$$
$$q_y^e(x,y) = -k\frac{\partial u_h^e}{\partial y} = -\sum_{i=1}^n u_i^e \frac{\partial \psi_i^e}{\partial y} \qquad (24)$$
$$q_x^e(x,y) = -k\frac{\partial u_h^e}{\partial x} = -\sum_{i=1}^n u_i^e \frac{\partial \psi_i^e}{\partial x}$$

热流定义里的负号由问题的物理本质引起。这里将问题解释为热传递问题。注意到对于线性三角形单元,q_x和q_y在整个单元内是常数,而对于线性矩形单元q_x随y是线性变化的,q_y是随x线性变化的。举个例子,考虑网格T1里三角形单元1:

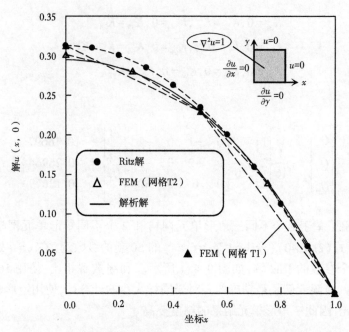

图 9.4.4　有限元解与二参数 Ritz 解和解析解(级数解)的比较

$$q_x^1(x,y) = -\frac{k}{2A_1}\sum_{i=1}^{3}u_i^1\beta_i^1 = -2(U_2 - U_1) = 0.16667$$

(25a)

$$q_y^1(x,y) = -\frac{k}{2A_1}\sum_{i=1}^{3}u_i^1\gamma_i^1 = -2(U_3 - U_2) = 0.10417$$

显然,梯度(即热流的分量)是常数。对矩形单元(4 个单元)有

$$q_x^1(x,y) = -k\sum_{i=1}^{4}u_i^1\frac{\partial\psi_i^1}{\partial x} = 2U_1(1 - 2y) - 2U_2(1 - 2y) - 4yU_5 + 4yU_4$$

$$q_y^1(x,y) = -k\sum_{i=1}^{4}u_i^1\frac{\partial\psi_i^1}{\partial y} = 2U_1(1 - 2x) + 4xU_2 - 4xU_5 - 2U_4(1 - 2x)$$

(25b)

$$q_x^1(0.25,0.25) = 0.11785, q_y^1(0.25,0.25) = 0.11785$$

图 9.4.5 给出了基于网格 T1(4 个单元)和网格 T2(16 个单元)的线性三角形单元的 q_x 随 x 的变化($y = 0$)。

4)等值线

等值线的计算,即 u 为常数的线,对于线性单元来说是简单的,而对于高阶单元就复杂多了。这里讨论基于线性单元的过程。假设希望找出 $u = u_0$(常数)的等值线。在线性三角形或矩形单元的边上,解 u 的变化为

$$u_h^e(s) = u_1^e + \frac{u_2^e - u_1^e}{h}s$$

式中,s 是以节点 1 为起点的边上的局部坐标,(u_1^e, u_2^e) 是节点值(参见图 9.4.6),h 是边长。因此,如果 $u \equiv u_0$ 在线上(即 $u_1^e < u_0 < u_2^e$ 或 $u_2^e < u_0 < u_1^e$),那么 $U^e(s_0) = u_0$ 的点 s_0 为

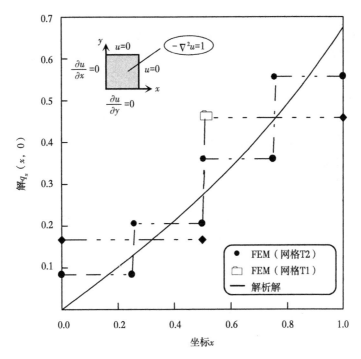

图 9.4.5 关于 $q_x(x,0)$ 有限元解与解析解（级数解）的比较，理论上讲，在 $y=0$ 处 $q_y=0$

$$s_0 = \frac{(u_0 - u_1^e)h}{(u_2^e - u_1^e)} \tag{26}$$

类似的方程对单元的其他边也成立。由于在线性单元内任意两点之间解是线性变化的，当式（27）取正值时，等值线为单元两条边上任意两点的连线。

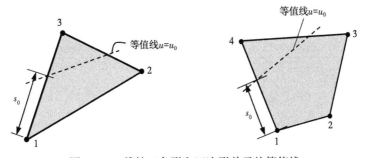

图 9.4.6 线性三角形和四边形单元的等值线

对于二次单元，通过寻找单元内 3 个 $u_h^e(s_i) \equiv u_0 (i=1,2,3)$ 的点 s_i，即可确定等值线：

$$\frac{s_0}{h} = \frac{-b \pm \sqrt{b^2 - 4ac}}{2a} > 0 \tag{27a}$$

$$c = u_1^e - u_0, b = -3u_1^e + 4u_2^e - u_3^e, a = 2(u_1^e - 2u_2^e + u_3^e) \tag{27b}$$

对任意单元内 3 根线反复使用式（28a）直到寻找 3 个不同的 $h > s_0 > 0$。

5)三角形和矩形的比较

有限元解的精度也与有限元网格的选择有关。举个例子,如果网格破坏了问题的对称性,那么得到的结果的精度没有选择与问题的对称性一样的对称网格的精度高。从几何上讲,和矩形相比,三角形单元有更少的线对称性,因此使用三角形单元时应该小心(比如,选择不破坏问题数学对称性的网格)。

图9.4.7给出了线性三角形单元对解的影响。3种不同网格的有限元结果与表9.4.2给出的级数解进行了对比。很明显,采用网格3的结果不太准确。这是因为网格3是关于节点3和节点7之间的对角线对称的,而问题的数学对称性是关于节点1和节点9之间的对角线的(图9.4.7)。网格1的结果是最精确的,因为它与问题的数学对称性是一致的。

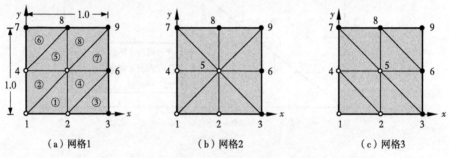

(a)网格1   (b)网格2   (c)网格3

图9.4.7　例9.4.1中求解域的不同类型的三角形单元划分

表9.4.2　例9.4.1问题的级数解与利用不同线性三角形网格[①]划分得到的有限元解的比较

结点	有限元解			级数解
	网格1	网格2	网格3	
1	0.31250	0.29167	0.25000	0.29469
2	0.22917	0.20833	0.20833	0.22934
3	0.22917	0.20833	0.20833	0.22934
4	0.17708	0.18750	0.16667	0.18114

①有限元网格参见图9.4.7。

接下来研究矩形单元网格细化的影响。图9.3.3给出了4种不同的矩形单元网格。每种网格包含上一组网格为子集。图9.3.3(c)给出的网格是非均匀的,它是通过将图9.3.3(b)给出的网格的前两行和列进行细化得到的。表9.4.3给出了基于这些网格的有限元解的对比。从给出的结果可以清楚看到从有限元解到级数解的网格收敛性。

表9.4.3　例9.4.1问题有限元解(网格细化)[①]的收敛性

位置		有限元解				级数解
x	y	2×2	4×4	6×6	8×8	
0.000	0.000	0.31071	0.29839	0.29641	0.29560	0.29469
0.125	0.000	—	—	0.29248	0.29167	0.29077
0.250	0.000	—	0.28239	0.28055	0.27975	0.27888

位置		有限元解				级数解
x	y	2×2	4×4	6×6	8×8	
0.375	0.000	—	—	0.26022	0.24943	0.25863
0.500	0.000	0.24107	0.23220	0.23081	0.23005	0.22934
0.625	0.000	—	—	—	0.19067	0.19009
0.750	0.000	—	0.14137	0.14064	0.14014	0.13973
0.875	0.000	—	—	—	0.07709	0.07687
0.125	0.125	—	—	0.28862	0.28781	0.28692
0.250	0.250	—	0.26752	0.26580	0.26498	0.26415
0.375	0.375	—	—	0.22960	0.22873	0.22799
0.500	0.500	0.19286	0.18381	0.18282	0.18179	0.18114
0.625	0.625	—	—	—	0.12813	0.12757
0.750	0.750	—	0.07506	0.07481	0.07332	0.07282
0.875	0.875	—	—	—	0.02561	0.02510

①2×2 和 4×4 的有限元网格参见图 9.4.3。

9.4.2 传导和对流热传递

对于对流换热问题,热量从一种媒介通过对流传递到其周围媒介(经常是流体),此前建立的有限元模型需要一些修正。修正的原因是对于二维问题,对流边界一般是曲线,而一维问题中是一个点。因此,对流边界条件(牛顿型)对系数矩阵和源向量的贡献需要通过对对流项进行边界积分计算得到。当单元存在对流边界条件,模型需要对系数矩阵和源向量的额外计算。辐射换热边界条件是非线性的,因此这里并不讨论(参见 Holman[1])。

平面系统中稳态热传递方程为

$$-\frac{\partial}{\partial x}\left(k_x \frac{\partial T}{\partial x}\right)-\frac{\partial}{\partial y}\left(k_y \frac{\partial T}{\partial y}\right)=f(x,y) \qquad (9.4.1)$$

这里 f 是单位体积的内生热率(W/m^3)。对于对流边界,自然边界条件是通过边界的热传导和/或对流的能量交换平衡(牛顿冷却定律):

$$k_x \frac{\partial T}{\partial x}n_x+k_y \frac{\partial T}{\partial y}n_y+\beta(T-T_\infty)=q_n \qquad (9.4.2)$$

这里 β 是对流热导(或对流换热系数)[$\text{W/(m}^2 \cdot \text{℃)}$],$T_\infty$ 是周围流体介质的温度,q_n 是给定的热流(只有当单元的边界是实际边界时存在)。表达式的第一项表示热传导带来的热传递,第二项表示对流,第三项代表给定的热流。由于 $\beta(T-T_\infty)$ 项的存在导致需要对式(9.2.10)

的弱形式进行修正。

通过令式(9.2.10)中的 $a_{11}=k_x$, $a_{22}=k_y$, $a_{12}=a_{21}=a_{00}=0$, $u=T$, 可得式(9.4.1)的弱形式, 将边界表达式用 $q_n-\beta(T-T_\infty)$ 来替换:

$$0 = \int_{\Omega_e}\left(k_x\frac{\partial w}{\partial x}\frac{\partial T}{\partial x} + k_y\frac{\partial w}{\partial y}\frac{\partial T}{\partial y} - wf\right)\mathrm{d}x\mathrm{d}y - \oint_{\Gamma_e} w\left(k_x\frac{\partial T}{\partial x}n_x + k_y\frac{\partial T}{\partial y}n_y\right)\mathrm{d}s$$

$$0 = \int_{\Omega_e}\left(k_x\frac{\partial w}{\partial x}\frac{\partial T}{\partial x} + k_y\frac{\partial w}{\partial y}\frac{\partial T}{\partial y} - wf\right)\mathrm{d}x\mathrm{d}y - \oint_{\Gamma_e} w\left[q_n-\beta(T-T_\infty)\right]\mathrm{d}s \qquad (9.4.3)$$

$$0 \equiv B(w,T)-l(T)$$

这里 w 是权函数, 且 $B(\cdot,\cdot)$ 和 $l(\cdot)$ 分别是双线性和线性格式:

$$B(w,T) = \int_{\Omega_e}\left(k_x\frac{\partial w}{\partial x}\frac{\partial T}{\partial x} + k_y\frac{\partial w}{\partial y}\frac{\partial T}{\partial y}\right)\mathrm{d}x\mathrm{d}y + \oint_{\Gamma_e}\beta wT\mathrm{d}s \qquad (9.4.4a)$$

$$l(T) = \int_{\Omega_e} wf\mathrm{d}x\mathrm{d}y + \oint_{\Gamma_e}\beta wT_\infty\mathrm{d}s + \oint_{\Gamma_e} wq_n\mathrm{d}s \qquad (9.4.4b)$$

在式(9.4.3)中通过将有限元近似:

$$T = \sum_{j=1}^{n} T_j^e\psi_j^e(x,y) \qquad (9.4.5)$$

代入 T, 将 ψ_i^e 代入 w 可得有限元模型:

$$\sum_{j=1}^{n}(K_{ij}^e+H_{ij}^e)T_j^e = f_i^e+Q_i^e+P_i^e \qquad (9.4.6a)$$

式中,

$$K_{ij}^e = \int_{\Omega_e}\left(k_x\frac{\partial\psi_i^e}{\partial x}\frac{\partial\psi_j^e}{\partial x} + k_y\frac{\partial\psi_i^e}{\partial y}\frac{\partial\psi_j^e}{\partial y}\right)\mathrm{d}x\mathrm{d}y, \quad f_i^e = \int_{\Omega_e}f\psi_i^e\mathrm{d}x\mathrm{d}y$$

$$Q_i^e = \oint_{\Gamma_e}q_n^e\psi_i^e\mathrm{d}s, \quad H_{ij}^e = \beta^e\oint_{\Gamma_e}\psi_i^e\psi_j^e\mathrm{d}s, \quad P_i^e = \beta^e\oint_{\Gamma_e}\psi_i^eT_\infty\mathrm{d}s \qquad (9.4.6b)$$

注意到通过令热传递系数 $\beta=0$, 可以得到无对流换热的热传导模型。

增加的系数 $H_{ij}^e(n\times n)$ 和 $P_i^e(n\times1)$ (n 是单元节点数)是由对流导致的, 可以通过边界积分计算得到。这些系数只能在存在对流边界条件的边界单元上进行计算。接下来给出线性和二次的三角形和四边形单元的系数的计算。

有 m 个边的单元的系数 H_{ij}^e 和 P_i^e 的定义为

$$H_{ij}^e = \beta_{12}^e\int_0^{h_{12}^e}\psi_i^e\psi_j^e\mathrm{d}s + \beta_{23}^e\int_0^{h_{23}^e}\psi_i^e\psi_j^e\mathrm{d}s + \cdots + \beta_{m1}^e\int_0^{h_{m1}^e}\psi_i^e\psi_i^e\mathrm{d}s$$

$$\qquad (9.4.7)$$

$$P_i^e = \beta_{12}^eT_\infty^{12}\int_0^{h_{12}^e}\psi_i^e\mathrm{d}s + \beta_{23}^eT_\infty^{23}\int_0^{h_{23}^e}\psi_i^e\mathrm{d}s + \cdots + \beta_{m1}^eT_\infty^{m1}\int_0^{h_{m1}^e}\psi_i^e\mathrm{d}s$$

式中, β_{ij}^e 是单元 Ω_e 上连接节点 i 和 j 的边的薄膜系数(假设为常数), T_∞^{ij} 是该边上的环境温度,

h_{ij}^e是该边的长度,m 是单元的边数。

只有在这些对流边界上需要进行线积分计算。这些边界积分是含有插值函数的线积分。在边上采用局部坐标s,起点在边上的第一个节点(图 9.4.8)。如前所述,在任意边上的二维插值函数退化为一维插值函数。实际上,式(9.4.7)中的线积分已经在第 3 章中对于线性和二次线单元的质量阵和源向量的计算时讨论过了(表 3.7.1)。

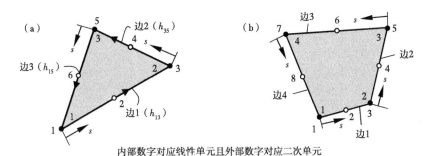

图 9.4.8　标有节点和边编号及局部坐标的三角形和四边形单元的边界积分

同时,用线性单元来近似曲线边界上的通量可以给出边界数据的近似(图 9.4.9)。二次单元可以对曲线边界有更高精度的近似,因此对通量的近似精度也更高。

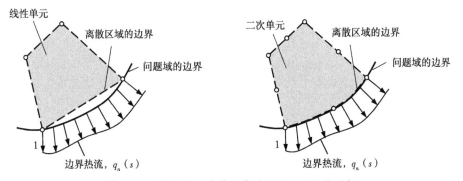

图 9.4.9　线性和二次单元曲线边界上通量的近似

在如下表达式中令 $\mu_{ij}^e = \beta_{ij}^e h_{ij}^e$,$\lambda_{ij}^e = \beta_{ij}^e h_{ij}^e T_{\infty}^{ij}$。
线性三角形单元($n=3, m=3$):

$$\boldsymbol{H}^e = \frac{\mu_{12}^e}{6}\begin{bmatrix} 2 & 1 & 0 \\ 1 & 2 & 0 \\ 0 & 0 & 0 \end{bmatrix} + \frac{\mu_{23}^e}{6}\begin{bmatrix} 0 & 0 & 0 \\ 0 & 2 & 1 \\ 0 & 1 & 2 \end{bmatrix} + \frac{\mu_{31}^e}{6}\begin{bmatrix} 2 & 0 & 1 \\ 0 & 0 & 0 \\ 1 & 0 & 2 \end{bmatrix} \tag{9.4.8a}$$

$$\boldsymbol{P}^e = \frac{\lambda_{12}^e}{2}\begin{Bmatrix} 1 \\ 1 \\ 0 \end{Bmatrix} + \frac{\lambda_{23}^e}{2}\begin{Bmatrix} 0 \\ 1 \\ 1 \end{Bmatrix} + \frac{\lambda_{31}^e}{2}\begin{Bmatrix} 1 \\ 0 \\ 1 \end{Bmatrix} \tag{9.4.8b}$$

二次三角形单元($n=6, m=3$):

$$H^e = \frac{\mu^e_{13}}{30} \begin{bmatrix} 4 & 2 & -1 & 0 & 0 & 0 \\ 2 & 16 & 2 & 0 & 0 & 0 \\ -1 & 2 & 4 & 0 & 0 & 0 \\ 0 & 0 & 0 & 0 & 0 & 0 \\ 0 & 0 & 0 & 0 & 0 & 0 \\ 0 & 0 & 0 & 0 & 0 & 0 \end{bmatrix} + \frac{\mu^e_{35}}{30} \begin{bmatrix} 0 & 0 & 0 & 0 & 0 & 0 \\ 0 & 0 & 0 & 0 & 0 & 0 \\ 0 & 0 & 4 & 2 & -1 & 0 \\ 0 & 0 & 2 & 16 & 2 & 0 \\ 0 & 0 & -1 & 2 & 4 & 0 \\ 0 & 0 & 0 & 0 & 0 & 0 \end{bmatrix}$$

$$+ \frac{\mu_{51}}{30} \begin{bmatrix} 4 & 0 & 0 & 0 & -1 & 2 \\ 0 & 0 & 0 & 0 & 0 & 0 \\ 0 & 0 & 0 & 0 & 0 & 0 \\ 0 & 0 & 0 & 0 & 0 & 0 \\ -1 & 0 & 0 & 0 & 4 & 2 \\ 2 & 0 & 0 & 0 & 2 & 16 \end{bmatrix} \tag{9.4.9a}$$

$$P^e = \frac{\lambda^e_{13}}{6} \begin{Bmatrix} 1 \\ 4 \\ 1 \\ 0 \\ 0 \\ 0 \end{Bmatrix} + \frac{\lambda^e_{35}}{6} \begin{Bmatrix} 0 \\ 0 \\ 1 \\ 4 \\ 1 \\ 0 \end{Bmatrix} + \frac{\lambda^e_{51}}{6} \begin{Bmatrix} 1 \\ 0 \\ 0 \\ 0 \\ 1 \\ 4 \end{Bmatrix} \tag{9.4.9b}$$

线性四边形单元($n=4, m=4$):

$$H^e = \frac{\mu^e_{12}}{6} \begin{bmatrix} 2 & 1 & 0 & 0 \\ 1 & 2 & 0 & 0 \\ 0 & 0 & 0 & 0 \\ 0 & 0 & 0 & 0 \end{bmatrix} + \frac{\mu^e_{23}}{6} \begin{bmatrix} 0 & 0 & 0 & 0 \\ 0 & 2 & 1 & 0 \\ 0 & 1 & 2 & 0 \\ 0 & 0 & 0 & 0 \end{bmatrix}$$

$$+ \frac{\mu^e_{34}}{6} \begin{bmatrix} 0 & 0 & 0 & 0 \\ 0 & 0 & 0 & 0 \\ 0 & 0 & 2 & 1 \\ 0 & 0 & 1 & 2 \end{bmatrix} + \frac{\mu^e_{41}}{6} \begin{bmatrix} 2 & 0 & 0 & 1 \\ 0 & 0 & 0 & 0 \\ 0 & 0 & 0 & 0 \\ 1 & 0 & 0 & 2 \end{bmatrix} \tag{9.4.10a}$$

$$P^e = \frac{\lambda^e_{12}}{2} \begin{Bmatrix} 1 \\ 1 \\ 0 \\ 0 \end{Bmatrix} + \frac{\lambda^e_{23}}{2} \begin{Bmatrix} 0 \\ 1 \\ 1 \\ 0 \end{Bmatrix} + \frac{\lambda^e_{34}}{2} \begin{Bmatrix} 0 \\ 0 \\ 1 \\ 1 \end{Bmatrix} + \frac{\lambda^e_{41}}{2} \begin{Bmatrix} 1 \\ 0 \\ 0 \\ 1 \end{Bmatrix} \tag{9.4.10b}$$

二次四边形单元($n=8, m=4$):

$$\boldsymbol{H}^e = \frac{\mu_{13}^e}{30}\begin{matrix}1 & 2 & 3 \\ \begin{bmatrix} 4 & 2 & -1 & \\ 2 & 16 & 2 & 0 \\ -1 & 2 & 4 & \\ & 0 & & 0 \end{bmatrix}\end{matrix} + \frac{\mu_{35}^e}{30}\begin{matrix}3 & 4 & 5 \\ \begin{bmatrix} & 0 & & \\ & 4 & 2 & -1 \\ 0 & 2 & 16 & 2 & 0 \\ & -1 & 2 & 4 \\ & 0 & & \end{bmatrix}\end{matrix}\begin{matrix}\\ 3 \\ 4 \\ 5\end{matrix}$$

$$(9.4.11\text{a})$$

$$+ \frac{\mu_{57}^e}{30}\begin{matrix}5 & 6 & 7 \\ \begin{bmatrix} 0 & & 0 & & 0 \\ & 4 & 2 & -1 \\ 0 & 2 & 16 & 2 & 0 \\ & -1 & 2 & 4 \\ 0 & & 0 & & 0 \end{bmatrix}\end{matrix}\begin{matrix}\\5\\6\\7\end{matrix} + \frac{\mu_{71}^e}{30}\begin{matrix}1 & 7 & 8 \\ \begin{bmatrix} 4 & 0 & -1 & 2 \\ & 0 & & \\ -1 & 0 & 4 & 2 \\ 2 & 0 & 2 & 16 \end{bmatrix}\end{matrix}\begin{matrix}1\\7\\8\end{matrix}$$

$$\boldsymbol{P}^e = \frac{\lambda_{13}^e}{6}\begin{Bmatrix}1\\4\\1\\0\\0\\0\\0\\0\end{Bmatrix} + \frac{\lambda_{35}^e}{6}\begin{Bmatrix}0\\0\\1\\4\\1\\0\\0\\0\end{Bmatrix} + \frac{\lambda_{57}^e}{6}\begin{Bmatrix}0\\0\\0\\0\\1\\4\\1\\0\end{Bmatrix} + \frac{\lambda_{71}^e}{6}\begin{Bmatrix}1\\0\\0\\0\\0\\0\\1\\4\end{Bmatrix}$$

$$(9.4.11\text{b})$$

例 9.4.2

考虑 $3a \times 2a$ 矩形区域上各向同性($k_x = k_y = k$)的稳态热传递问题[图 9.4.10(a)]。x 和 y 坐标的原点在区域左下角,x 轴平行于长为 $3a$ 的边,y 轴平行于长为 $2a$ 的边。$x=0$ 和 $y=0$ 的边界是绝热的,$x=3a$ 的边界保持温度为 0℃,$y=2a$ 的边界上保持温度为 $T_0\cos(\pi x/6a)$。利用有限元方法求解域内温度场,以及为确保 $x=3a$ 边界上 0℃ 的温度所需的热流。

解:为了分析此问题,注意到该问题的控制方程为无内生热率的式(9.4.1),$f=0$,$a_{12}=a_{21}=a_{00}=0$,且无对流边界条件:

$$-k\nabla^2 T = 0 \tag{1}$$

假设先后采用 3×2 的线性三角形单元(即沿 x 轴划分为 3 份,沿 y 轴划分为 2 份)和 3×2 的线性矩形单元,如图 9.4.10(b)和(c)所示。2 个网格有相同数目的整体节点(12),但是单元数目不同。

1)三角形单元(12 个单元)

图 9.4.10(b)给出了整体节点编号、单元编号和单元节点编号。单元节点编号的方法与建立单元插值函数时一样。本书中采用了逆时针编号方法(图 9.2.4)。通过合理的单元节点编号,类似的单元有一样的单元系数矩阵(参见例 9.2.2 里的讨论)。这种安排只在手算时显得特别重要。

对于图 9.4.10(b)中一个典型的三角形单元,单元系数矩阵为[例 9.4.1 的式(4)中令 $a=b$]

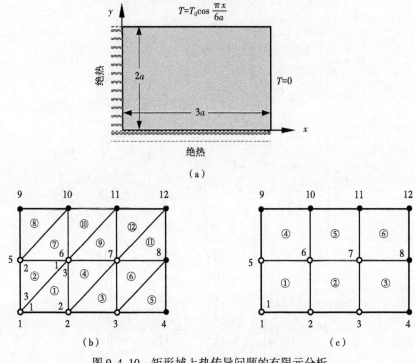

图 9.4.10   矩形域上热传导问题的有限元分析

(a)求解域;(b)线性三角形单元网格;(c)线性矩形单元

$$\boldsymbol{K}^e = \frac{k}{2}\begin{bmatrix} 1 & -1 & 0 \\ -1 & 2 & -1 \\ 0 & -1 & 1 \end{bmatrix} \qquad (2)$$

式中,k 是介质的热导率。注意到,只要单元是等边直角三角形,其单元矩阵与单元尺寸无关。

单元的组装方法按照此前讨论的那样。举个例子,有

$$K_{11} = K_{11}^1 + K_{33}^2 = \frac{k}{2}(1+1),\ K_{12} = K_{12}^1 = \frac{k}{2}(-1),\ K_{13} = 0$$

$$K_{15} = K_{32}^2 = \frac{k}{2}(-1),\ K_{16} = K_{13}^1 + K_{31}^2 = 0+0,\text{诸如此类} \qquad (3)$$

$$F_1 = Q_1^1 + Q_3^2,\ F_6 = Q_3^1 + Q_1^2 + Q_2^4 + Q_2^7 + Q_1^9 + Q_3^{10},\text{诸如此类}$$

边界条件要求:

$$U_4 = U_8 = U_{12} = 0,\ U_9 = T_0,\ U_{10} = \frac{\sqrt{3}}{2}T_0,\ U_{11} = \frac{T_0}{2} \qquad (4)$$

$$F_1 = F_2 = F_3 = F_5 = 0 \quad \text{(由于边界绝热因此热流为0)} \qquad (5)$$

内部热流的平衡要求:

$$F_6 = F_7 = 0 \qquad (6)$$

因此未知的主变量和次变量有

$$U_1,U_2,U_3,U_5,U_6,U_7;F_4,F_8,F_9,F_{10},F_{11},F_{12}$$

首先写出 6 个未知主变量的 6 个有限元方程(即得到关于未知的 U_s 的缩聚方程组)。这些方程来自第 1、2、3、5、6 和 7 行(与相同的整体节点相关):

$$K_{11}U_1+K_{12}U_2+\cdots+K_{1(12)}U_{12}=F_1=(Q_1^1+Q_3^2)=0$$
$$K_{21}U_1+K_{22}U_2+\cdots+K_{2(12)}U_{12}=F_2=(Q_2^1+Q_1^3+Q_3^4)=0$$
$$\vdots \tag{7}$$
$$K_{71}U_1+K_{72}U_2+\cdots+K_{7(12)}U_{12}=F_7=(Q_3^3+Q_1^4+Q_2^6+Q_2^9+Q_1^{11}+Q_3^{12})=0$$

利用边界条件和 K_{IJ} 的值,有

$$k\left(U_1-\frac{1}{2}U_2-\frac{1}{2}U_5\right)=0$$
$$k\left(-\frac{1}{2}U_1+2U_2-\frac{1}{2}U_3-U_6\right)=0$$
$$k\left(-\frac{1}{2}U_2+2U_3-U_7\right)=0$$
$$k\left(-\frac{1}{2}U_1+2U_5-U_6-\frac{1}{2}U_9\right)=0\,(U_9=T_0) \tag{8}$$
$$k(-U_2-U_5+4U_6-U_7-U_{10})=0\left(U_{10}=\frac{\sqrt{3}}{2}T_0\right)$$
$$k(-U_3-U_6+4U_7-U_{11})=0\left(U_{11}=\frac{1}{2}T_0\right)$$

其矩阵形式为

$$\frac{k}{2}\begin{bmatrix} 2 & -1 & 0 & -1 & 0 & 0 \\ -1 & 4 & -1 & 0 & -2 & 0 \\ 0 & -1 & 4 & 0 & 0 & -2 \\ -1 & 0 & 0 & 4 & -2 & 0 \\ 0 & -2 & 0 & -2 & 8 & -2 \\ 0 & 0 & -2 & 0 & -2 & 8 \end{bmatrix}\begin{Bmatrix} U_1 \\ U_2 \\ U_3 \\ U_5 \\ U_6 \\ U_7 \end{Bmatrix}=\frac{k}{2}\begin{Bmatrix} 0 \\ 0 \\ 0 \\ T_0 \\ \sqrt{3}\,T_0 \\ T_0 \end{Bmatrix} \tag{9}$$

这些方程的解为(单位为℃)

$$U_1=0.6362T_0,U_2=0.5510T_0,U_3=0.3181T_0$$
$$U_5=0.7214T_0,U_6=0.6248T_0,U_7=0.3607T_0 \tag{10}$$

边界条件图 9.4.10(a)下,式(1)的精确解为

$$T(x,y) = T_0 \frac{\cosh(\pi y/6a)\cos(\pi x/6a)}{\cosh(\pi/3)} \tag{11}$$

计算节点处的精确解,有(单位为℃)

$$T_1 = 0.6249T_0, T_2 = 0.5412T_0, T_3 = 0.3124T_0$$
$$T_5 = 0.7125T_0, T_6 = 0.6171T_0, T_7 = 0.3563T_0 \tag{12}$$

举个例子,节点 4 的热量可以由第 4 个有限元方程求得

$$F_4 = Q_2^5 = K_{41}U_1 + K_{42}U_2 + K_{43}U_3 + K_{44}U_4 + K_{45}U_5 + K_{46}U_6 + K_{47}U_7 + K_{48}U_8 + \cdots \tag{13}$$

注意到 $K_{41} = K_{42} = K_{45} = \cdots = K_{4(12)} = 0$ 和 $U_4 = U_8 = 0$,得

$$Q_2^5 = -\frac{1}{2}kU_3 = -0.1591kT_0(单位为 \text{W}) \tag{14}$$

2)矩形单元(6 个单元)

对于 3×2 线性矩形单元网格[图 9.4.10(c)],式(9.2.55)给出了单元系数矩阵:

$$\boldsymbol{K}^e = \frac{k}{6}\begin{bmatrix} 4 & -1 & -2 & -1 \\ -1 & 4 & -1 & -2 \\ -2 & 1 & 4 & -1 \\ -1 & -2 & -1 & 4 \end{bmatrix}, \boldsymbol{f}^e = 0 \tag{15}$$

这里矩形单元的编号与图 9.4.10(b)中的三角形单元是一样的。因此式(4)至式(6)中的边界条件也是适用的。关于未知量 U_1、U_2、U_3、U_5、U_6 和 U_7 的 6 个有限元方程和式(8)中的一样:

$$K_{11} = K_{11}^1, K_{12} = K_{12}^1, K_{15} = K_{14}^1, K_{16} = K_{13}^1$$
$$K_{22} = K_{22}^1 + K_{11}^2, K_{23} = K_{12}^2, K_{25} = K_{24}^1$$
$$K_{26} = K_{23}^1 + K_{14}^2, K_{27} = K_{13}^2, 诸如此类$$
$$F_1 = Q_1^1, F_2 = Q_2^1 + Q_1^2, F_3 = Q_2^2 + Q_1^3, F_4 = Q_2^3, 诸如此类$$

关于未知温度的方程(即关于未知主变量的缩聚方程)为

$$\frac{k}{6}\begin{bmatrix} 4 & -1 & 0 & -1 & -2 & 0 \\ -1 & 8 & -1 & -2 & -2 & -2 \\ 0 & -1 & 8 & 0 & -2 & -2 \\ -1 & -2 & 0 & 8 & -2 & 0 \\ -2 & -2 & -2 & -2 & 16 & -2 \\ 0 & -2 & -2 & 0 & -2 & 16 \end{bmatrix}\begin{Bmatrix} U_1 \\ U_2 \\ U_3 \\ U_5 \\ U_6 \\ U_7 \end{Bmatrix} = \frac{k}{6}\begin{Bmatrix} 0 \\ 0 \\ 0 \\ T_0 + \sqrt{3}\,T_0 \\ 2T_0 + \sqrt{3}\,T_0 + T_0 \\ \sqrt{3}\,T_0 + T_0 \end{Bmatrix} \tag{16}$$

这些方程的解为

$$U_1 = 0.6128T_0, U_2 = 0.5307T_0, U_3 = 0.3064T_0$$
$$U_5 = 0.7030T_0, U_6 = 0.6088T_0, U_7 = 0.3515T_0 \tag{17}$$

节点 4 的热量为

$$Q_2^3 = K_{43}U_3 + K_{47}U_7 = -\frac{k}{6}U_3 - \frac{2k}{6}U_7 = -0.1682kT_0(\text{单位为 W}) \tag{18}$$

注意到基于 3×2 矩形单元没有 3×2 三角形单元的结果那么精确。这是因为矩形单元的数量只有三角形单元的一半。表 9.4.4 给出了线性三角形单元和矩形单元的有限元解与式(12)的解析解的对比。

表 9.4.4　基于各种有限元网格[①]得到的节点温度 $T(x,y)/T_0$ 与式(12)解析解的对比

		三角形		矩形		精确解
x	y	3×2	6×4	3×2	6×4	
0.0	0.0	0.6362	0.6278	0.6128	0.6219	0.6249
0.5	0.0	—	0.6064	—	0.6007	0.6036
1.0	0.0	0.5510	0.5437	0.5307	0.5386	0.5412
1.5	0.0	—	0.4439	—	0.4398	0.4419
2.0	0.0	0.3181	0.3139	0.3064	0.3110	0.3124
2.5	0.0	—	0.1625	—	0.1610	0.1617
0.0	1.0	0.7214	0.7148	0.7030	0.7102	0.7125
0.5	1.0	—	0.6904	—	0.6860	0.6882
1.0	1.0	0.6248	0.6190	0.6088	0.6150	0.6171
1.5	1.0	—	0.5054	—	0.5022	0.5038
2.0	1.0	0.3607	0.3574	0.3515	0.3551	0.3563
2.5	1.0	—	0.1850	—	0.1838	0.1844

①几何和 3×2 的有限元网格参见图 9.4.10。

例 9.4.3

考虑长宽分别为 a 和 b 的矩形区域上的热传递问题,其边界条件如图 9.4.11(a)所示。写出未知的节点温度和热量的有限元代数方程组。假设介质是正交各向异性的,x 和 y 方向的热导率分别为 k_x 和 k_y,无内热源。利用图 9.4.11(b)所示的 4×2 矩形单元网格。

解: 域内热传递的控制方程为式(9.4.1),且 $f=0$。有限元模型为

$$(\boldsymbol{K}^e + \boldsymbol{H}^e)\boldsymbol{T}^e = \boldsymbol{Q}^e + \boldsymbol{P}^e(\boldsymbol{f}^e = 0) \tag{1}$$

式中,$\boldsymbol{T}^e$ 为单元上节点温度向量。注意到只需要计算单元 4 和 8 的 $\boldsymbol{H}^e$ 和 $\boldsymbol{P}^e$,其边界为对流边界。

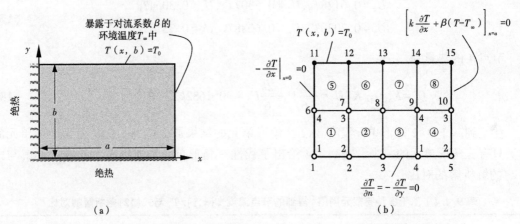

图 9.4.11 矩形区域上对流换热问题及其边界条件,给出了线性矩形单元网格划分

本问题的单元矩阵为

$$\boldsymbol{K}^e = \frac{k_x\mu}{6}\begin{bmatrix} 2 & -2 & -1 & 1 \\ -2 & 2 & 1 & -1 \\ -1 & 1 & 2 & -2 \\ 1 & -1 & -2 & 2 \end{bmatrix} + \frac{k_y}{6\mu}\begin{bmatrix} 2 & 1 & -1 & -2 \\ 1 & 2 & -2 & -1 \\ -1 & -2 & 2 & 1 \\ -2 & -1 & 1 & 2 \end{bmatrix} \quad (e=1,2,\cdots,8)$$

$$\boldsymbol{H}^e = \frac{\beta_{23}^e h_{23}^e}{6}\begin{bmatrix} 0 & 0 & 0 & 0 \\ 0 & 2 & 1 & 0 \\ 0 & 1 & 2 & 0 \\ 0 & 0 & 0 & 0 \end{bmatrix}, \boldsymbol{P}^e = \frac{\beta_{23}^e T_\infty^{23} h_{23}^e}{2}\begin{Bmatrix} 0 \\ 1 \\ 1 \\ 0 \end{Bmatrix} \quad (\text{当 } e=4,8)$$

这里 μ 是长宽比:

$$\mu = (b/2)/(a/4) = 2b/a$$

一共有 10 个待定的节点问题,除了节点 6、7、8 和 9,其他节点热量无需计算。为了演示计算流程,只给出代表性的温度和热量的代数方程。

节点 1(温度)

$$K_{11}^1 U_1 + K_{12}^1 U_2 + K_{14}^1 U_6 + K_{13}^1 U_7 = Q_1^1 = 0$$

节点 2(温度)

$$K_{21}^1 U_1 + (K_{22}^1 + K_{11}^2) U_2 + K_{12}^2 U_3 + K_{24}^1 U_6 + (K_{23}^1 + K_{14}^2) U_7 + K_{13}^2 U_8 = Q_2^1 + Q_1^2 = 0$$

节点 5(温度)

$$K_{21}^4 U_4 + (K_{22}^4 + H_{22}^4) U_5 + K_{24}^4 U_9 + (K_{23}^4 + H_{23}^4) U_{10} = Q_2^4 + P_2^4 \quad (\text{已知的})$$

节点 10(温度)

$$K_{31}^4 U_4 + (K_{32}^4 + H_{32}^4) U_5 + (K_{34}^4 + K_{21}^8) U_9 + (K_{33}^4 + H_{33}^4 + K_{22}^8 + H_{22}^8) U_{10} + K_{24}^8 U_{14}$$
$$+ (K_{23}^8 + H_{23}^8) U_{15} = (Q_3^4 + P_3^4) + (Q_2^8 + P_2^8) = P_3^4 + P_2^8 \quad (\text{已知的})$$

节点 14(热量 Q_{14})

$$Q_{14} \equiv Q_3^7 + Q_4^8 = K_{31}^7 U_8 + (K_{32}^7 + K_{41}^8) U_9 + K_{42}^8 U_{10} + K_{34}^7 U_{13} + (K_{33}^7 + K_{44}^8) U_{14} + K_{43}^8 U_{15}$$

基于边界条件,节点 11~15 的温度(即 $U_{11}, U_{12}, \cdots, U_{15}$)是已知的。代入 K_{ij}^e、H_{ij}^e 和 P_i^e 的值可得代数方程的显式形式。举个例子,关于节点 10 的代数方程为:

$$-\frac{1}{6}\left(k_x\mu + \frac{k_y}{\mu}\right)U_4 + \left[\frac{1}{6}\left(k_x\mu - \frac{2k_y}{\mu}\right) + \frac{1}{12}\beta b\right]U_5$$

$$+\frac{1}{6}\left[\left(-2k_x\mu + \frac{k_y}{\mu}\right) + \left(-2k_x\mu + \frac{k_y}{\mu}\right)\right]U_9 + \frac{2}{3}\left[\left(k_x\mu + \frac{k_y}{\mu}\right) + \frac{\beta b}{2}\right]U_{10}$$

$$-\frac{1}{6}\left(k_x\mu + \frac{k_y}{\mu}\right)U_{14} + \frac{1}{6}\left[k_x\mu - \frac{2k_y}{\mu} + \frac{\beta b}{2}\right]U_{15} = \frac{1}{2}\beta b T_\infty$$

例 9.4.4

考虑均匀各向同性介质中的热传递。图 9.4.12 所示区域上的控制方程为

$$-k\nabla^2 T = f_0 \quad \text{在 } \Omega \text{ 内}$$

(1)写出用单元系数表示的与整体节点 1 节点相关的有限元方程。

(2)计算热流 q_0 对整体节点 1 和节点 4 的贡献。

(3)计算边界条件 $q_n + 5u = 0$ 对节点 1 处有限元方程的贡献。

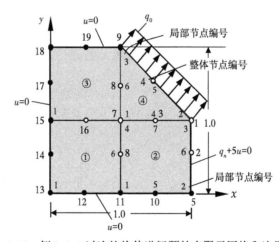

图 9.4.12 例 9.4.4 讨论的热传递问题的有限元网格和边界条件

①与整体节点 1 相关的有限元方程为

$$K_{11}U_1 + K_{12}U_2 + K_{13}U_3 + K_{14}U_4 + K_{16}U_6 + K_{17}U_7 + K_{18}U_8 = F_1$$

将整体系数用单元系数表示,得

$$(K_{33}^{(2)} + K_{22}^{(4)} + H_{33}^{(2)})U_1 + (K_{36}^{(2)} + H_{36}^{(2)})U_2 + (K_{37}^{(2)} + K_{24}^{(4)})U_3$$

$$+K_{25}^{(4)}U_4 + K_{38}^{(2)}U_6 + (K_{34}^{(2)} + K_{21}^{(4)})U_7 + K_{26}^{(2)}U_8 = F_3^{(2)} + P_3^{(2)} + F_2^{(4)}$$

显式的 H_{ij}^e(由于 $u_\infty = 0$ 因此 $P_i^e = 0$)将在第③部分给出。

②均布热流 q_0 对整体节点 1、节点 4 和节点 9 的贡献可参考一维二次单元的结果 [参见式(3.4.38)]。其计算方法如下:

$$Q_2^4 = \int_0^L q_0 \psi_2^4(s) \, \mathrm{d}s = q_0 \int_0^L \left(1 - \frac{s}{L}\right)\left(1 - \frac{2s}{L}\right) \mathrm{d}s$$

$$= q_0 \int_0^L \left(1 - 3\frac{s}{L} + \frac{2s^2}{L^2}\right) \mathrm{d}s = q_0\left(L - 3\frac{L}{2} + \frac{2L}{3}\right) = \frac{q_0 L}{6} = Q_3^4$$

式中,$L = 1/\sqrt{2} = 0.7071$。类似地,对整体节点 4 的贡献为

$$Q_5^4 = \int_0^L q_0 \psi_5^4(s) \, \mathrm{d}s = q_0 \int_0^L 4\frac{s}{L}\left(1 - \frac{s}{L}\right) \mathrm{d}s$$

$$= 4q_0 \int_0^L \left(\frac{s}{L} - \frac{s^2}{L^2}\right) \mathrm{d}s = 4q_0\left(\frac{L}{2} - \frac{L}{3}\right) = \frac{4q_0 L}{6}$$

③边界条件 $q_n + 5u = 0$ 对节点 1 处有限元方程的贡献为

$$Q_3^2 = -\left(H_{33}^{(2)} U_1 + H_{36}^{(2)} U_2\right) = -\frac{1}{3}U_1 - \frac{1}{6}U_2$$

9.4.3 轴对称系统

对于关于 z 轴对称的传热问题(即与环向坐标 θ 无关),其控制方程为式(9.2.71),且 $u = T, \hat{a}_{11} = k_r, \hat{a}_{22} = k_z, \hat{a}_{00} = 0, \hat{f} = f$。式(9.2.75b)的有限元模型可以经过修正来考虑对流换热边界条件:

$$\left(k_r \frac{\partial T}{\partial r} n_r + k_z \frac{\partial T}{\partial z} n_z\right) + \beta(T - T_\infty) = q_n \tag{9.4.12}$$

式中,n_r 和 n_z 是单位法向 $\hat{\boldsymbol{n}}$ 的方向余弦

$$\hat{\boldsymbol{n}} = n_r \hat{\boldsymbol{e}}_r + n_z \hat{\boldsymbol{e}}_z \tag{9.4.13}$$

且 $\hat{\boldsymbol{e}}_r$ 和 $\hat{\boldsymbol{e}}_z$ 分别是沿 r 和 z 坐标的单位向量。

其弱形式为(对 θ 积分为 2π,为了完整性这里留下了)

$$0 = 2\pi \iint_{\Omega_e} \left(k_r \frac{\partial w}{\partial r}\frac{\partial T}{\partial r} + k_z \frac{\partial w}{\partial z}\frac{\partial T}{\partial z} - wf\right) r\mathrm{d}r\mathrm{d}z$$

$$- 2\pi \oint_{\Gamma_e} w[-\beta(T - T_\infty) + q_n]\mathrm{d}s \tag{9.4.14}$$

有限元模型为

$$(\boldsymbol{K}^e + \boldsymbol{H}^e)\boldsymbol{T}^e = \boldsymbol{f}^e + \boldsymbol{P}^e + \boldsymbol{Q}^e \tag{9.4.15a}$$

式中,

$$K_{ij}^e = 2\pi \iint\limits_{\Omega_e} \left(k_r \frac{\partial \psi_i^e}{\partial r} \frac{\partial \psi_j^e}{\partial r} + k_z \frac{\partial \psi_i^e}{\partial z} \frac{\partial \psi_j^e}{\partial z} \right) r \mathrm{d}r \mathrm{d}z$$

$$H_{ij}^e = 2\pi \oint\limits_{\Gamma_e} \beta^e \psi_i^e \psi_j^e \mathrm{d}s , \quad f_i^e = 2\pi \oint\limits_{\Gamma_e} \psi_i^e f(r,z) r \mathrm{d}r \mathrm{d}z \tag{9.4.15b}$$

$$Q_i^e = 2\pi \oint\limits_{\Gamma_e} q_n \psi_i^e \mathrm{d}s , \quad P_i^e = 2\pi \oint\limits_{\Gamma_e} \beta^e T_\infty^e \psi_i^e \mathrm{d}s$$

这里不给出数值算例,因为其流程和非对称问题一样,只是系数的数值有所不同。

9.4.4 流体力学

这里考虑理想流体流动的控制方程。理想流体是无黏且不可压的。不可压是指流体的体积改变为零:

$$\nabla \cdot \boldsymbol{v} = 0 \tag{9.4.16}$$

这里 $\boldsymbol{v}$ 是速度向量。无黏是指黏性系数为零,$\mu = 0$。可忽略角速度的流动是无旋的:

$$\nabla \times \boldsymbol{v} = 0 \tag{9.4.17}$$

理想流体的无旋流动(即 ρ 为常数且 $\mu = 0$)被称为势流。

对于理想流体($\mu = 0$ 且 ρ 为常数),动量方程的连续性可以写为

$$\nabla \cdot \boldsymbol{v} = 0 \tag{9.4.18a}$$

且

$$\frac{1}{2}\rho \nabla (\boldsymbol{v} \cdot \boldsymbol{v}) - \rho [\boldsymbol{v} \times (\nabla \times \boldsymbol{v})] = -\nabla \hat{P} \tag{9.4.18b}$$

式中,$\nabla \hat{P} = \nabla P - f$。对于无旋流其速度场 $\boldsymbol{v}$ 满足式(9.4.17)。对于二维无旋流,这些方程为

$$\frac{\partial v_x}{\partial x} + \frac{\partial v_y}{\partial y} = 0 \tag{9.4.18c}$$

$$\frac{1}{2}\rho (v_x^2 + v_y^2) + \hat{P} = 常数 \tag{9.4.18d}$$

$$\frac{\partial v_x}{\partial y} - \frac{\partial v_y}{\partial x} = 0 \tag{9.4.18e}$$

这些方程确定了 v_x、v_y 和 $\hat{P}$。

为了确定 v_x、v_y 和 $\hat{P}$,引入函数 $\psi(x,y)$,此时连续性方程变为

$$v_x = \frac{\partial \psi}{\partial y}, v_y = -\frac{\partial \psi}{\partial x} \tag{9.4.19}$$

用 ψ 表示的无旋流条件为

$$\frac{\partial^2 \psi}{\partial y^2} + \frac{\partial^2 \psi}{\partial x^2} \equiv \nabla^2 \psi = 0 \tag{9.4.20}$$

式(9.4.20)用于确定 ψ,然后速度 v_x 和 v_y 可以用式(9.4.19)求得,$\hat{P}$ 可用式(9.4.18d)求得。

函数 ψ 的物理意义是,没有流体穿过 ψ 为常数的线,即它们是流线。因此 $\psi(x,y)$ 被称为流函数。

在圆柱坐标系中,连续性方程为

$$\frac{\partial v_r}{\partial r} + \frac{1}{r}\frac{\partial v_\theta}{\partial \theta} = 0 \tag{9.4.21}$$

式中, v_r 和 v_θ 分别是径向和环向速度分量。流函数 $\psi(r,\theta)$ 定义为

$$v_r = \frac{1}{r}\frac{\partial \psi}{\partial \theta}, \quad v_\theta = -\frac{\partial \psi}{\partial r} \tag{9.4.22}$$

式(9.4.20)变为

$$\nabla^2 \psi \equiv \frac{\partial^2 \psi}{\partial r^2} + \frac{1}{r}\frac{\partial \psi}{\partial r} + \frac{1}{r^2}\frac{\partial^2 \psi}{\partial \theta^2} = 0 \tag{9.4.23}$$

势流方程(9.4.18a)和方程(9.4.18b)也有其他的形式。引入函数 $\phi(x,y)$,称为速度势,无旋流的条件即

$$v_x = -\frac{\partial \phi}{\partial x}, \quad v_y = -\frac{\partial \phi}{\partial y} \tag{9.4.24}$$

用速度势表示的连续方程为

$$-\nabla^2 \phi = 0 \tag{9.4.25}$$

将式(9.4.19)和式(9.4.24)相比,注意到

$$-\frac{\partial \phi}{\partial x} = \frac{\partial \psi}{\partial y}, \quad -\frac{\partial \phi}{\partial y} = -\frac{\partial \psi}{\partial x} \tag{9.4.26}$$

速度势的物理意义是,沿着 ϕ 为常数的线流体速度不变。等势线和流线是垂直的(参见 Schlichting[2])。

尽管 ψ 和 ϕ 都由 Laplace 方程描述,在流动问题中其边界条件是不同的,从式(9.4.19)和式(9.4.24)的定义就可以很清楚地看出来。本节讨论有限元方法在势流问题中的应用,即式(9.4.23)和式(9.4.25)的解。

考虑两个流动的例子。第一个讨论地下水流动问题,第二个讨论绕圆柱体的流动。讨论这些问题时,重点放在建模细节、数据生成、解的后处理以及结果的解释上。单元矩阵的计算和组装在前述例子里进行了充分的讨论,将不会在这里讨论,因为即使是粗糙的网格,在本例中也会产生庞大的组装方程。这些问题利用 FEM2D 进行求解。

例 9.4.5

均匀含水层中流体沿着 xy 平面流动的控制方程为

$$-\frac{\partial}{\partial x}\left(a_{11}\frac{\partial \phi}{\partial x}\right) - \frac{\partial}{\partial y}\left(a_{22}\frac{\partial \phi}{\partial y}\right) = f \text{ 在 } \Omega \text{ 内} \tag{1}$$

这里 a_{11} 和 a_{22} 分别是沿着 x 和 y 方向渗透率的系数[单位为 $m^3/(d \cdot m^2)$], ϕ 是测压水头(单位 m),测自参考平面(一般是含水层的底部), f 是泵出率[单位为 $m^3/(d \cdot m^3)$]。从前述讨论可以清楚看到主变量是 ϕ ,次变量为

$$q_n = a_{11}\frac{\partial \phi}{\partial x}n_x + a_{22}\frac{\partial \phi}{\partial y}n_y \tag{2}$$

在 3000m×1500m 的矩形含水层(图9.4.13)上寻找 ϕ 为常数的线(等势线),其长边覆盖不可渗透材料(即 $q_n = 0$),其短边恒定水头为 $\phi = 200$m。假设有一条河穿过含水层,对含水层的渗透率为 $q_0 = 0.24\text{m}^3/(\text{d·m})$,有两个泵分别位于(830,1000)和(600,1900)处,其泵出率分别为 $Q_1 = 1200\text{m}^3/\text{d}$ 和 $Q_2 = 2400\text{m}^3/\text{d}$。利用图9.4.14(a)所示的 64 个三角形单元和 45 个节点的网格。

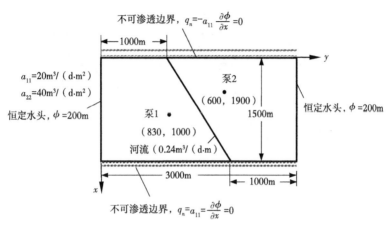

图 9.4.13　例 9.4.5 讨论的地下水流动问题的区域和边界条件

解:河流构成了单元(26、28、30、32)和(33、35、37、39)之间的边界。在当前的网格划分中,没有一个泵位于节点上。故意这么做的目的是演示单元内点源产生的广义力的计算。如果泵位于节点上,那么泵出率 Q_0 就可以作为节点处给定次变量边界条件。当一个源(或者汇)位于不是节点的一个位置,必须计算它对节点的贡献。类似地,也应该计算分布的线源(比如河流)的源项贡献。

首先,考虑线源。将河流看成是恒定的线源,$q_0 = 0.24\text{m}^3/(\text{d·m})$。由于河流的长度被从节点 21~25(分成四份)均分,因此可以通过如下积分来计算河流渗透对每个节点的贡献[图9.4.14(b)]:

$$\text{节点 }25: \int_0^h (0.24)\psi_1^1 ds$$

$$\text{节点 }24: \int_0^h (0.24)\psi_2^1 ds + \int_0^h (0.24)\psi_1^2 ds$$

$$\text{节点 }23: \int_0^h (0.24)\psi_2^2 ds + \int_0^h (0.24)\psi_1^3 ds \tag{3}$$

$$\text{节点 }22: \int_0^h (0.24)\psi_2^3 ds + \int_0^h (0.24)\psi_1^4 ds$$

$$\text{节点 }21: \int_0^h (0.24)\psi_2^4 ds$$

对于恒定的 q_0 和线性插值函数 $\psi_1^e(s) = 1-s/h$ 和 $\psi_2^e(s) = s/h$,这些积分的结果为

$$\int_0^h q_0 \psi_i^e \mathrm{d}s = \frac{1}{2} q_0 h, h = \frac{1}{4} [(1000)^2 + (1500)^2]^{\frac{1}{2}}, q_0 = 0.24 \tag{4}$$

因此,有

$$F_{21} = \frac{1}{2} q_0 h, F_{22} = F_{23} = F_{24} = q_0 h, F_{25} = q_0 h \frac{1}{2} \tag{5}$$

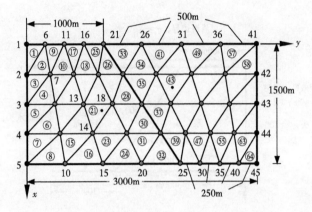

(a)三角形单元的有限元网格(45个节点,64个单元)

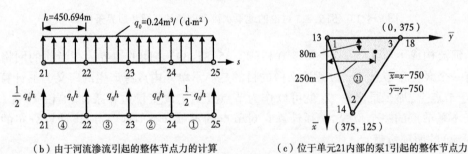

(b)由于河流渗流引起的整体节点力的计算　　(c)位于单元21内部的泵1引起的整体节点力

图 9.4.14　例 9.4.5 的地下水流动问题

接下来,考虑点源的贡献。由于点源位于单元内部,将点源通过插值分配到单元的节点上[图 9.4.14(c)]:

$$f_i^e = \int_{\Omega_e} Q_0 \delta(x - x_0, y - y_0) \psi_i^e(x, y) \mathrm{d}x\mathrm{d}y = Q_0 \psi_i^e(x_0, y_0) \tag{6}$$

举个例子,泵 1 处的源(位于 $x_0 = 830\text{m}, y_0 = 1000\text{m}$)可以表示为(泵吸可以看成是一个负的点源)

$$Q_1(x, y) = -1200\delta(x-830, y-1000) \text{ 或 } Q_1(\bar{x}, \bar{y}) = -1200\delta(\bar{x}-80, \bar{y}-250) \tag{7}$$

这里 $\delta(\cdot)$ 是 Dirac delta 函数[参见式(3.4.53)至式(3.4.55)]。单元 21 的插值函数 ψ_i^e 为[用局部坐标 $\bar{x}$ 和 $\bar{y}$ 表示,参见图 9.4.14(c)]

$$\psi_i(\bar{x}, \bar{y}) = \frac{1}{2A}(\alpha_i + \beta_i \bar{x} + \gamma_i \bar{y}), (i = 1, 2, 3) \tag{8a}$$

式中

$$\alpha_1 = (375)^2, \alpha_2 = 0, \alpha_3 = 0, 2A = \alpha_1 + \alpha_2 + \alpha_3 = (375)^2$$
$$\beta_1 = -250, \beta_2 = 375, \beta_3 = -125, \gamma_1 = -375, \gamma_2 = 0, \gamma_3 = 375 \tag{8b}$$

且 $\bar{x} = x - 750, \bar{y} = y - 750$。因此,有

$$\psi_1(80, 250) = 0.1911, \psi_2(80, 250) = 0.5956, \psi_3(80, 250) = 0.2133 \tag{9}$$

对于泵 2 可以采用类似的计算(参见习题 9.8)。

总之,主变量和非零的次变量为

$$U_1 = U_2 = U_3 = U_4 = U_5 = U_{41} = U_{42} = U_{43} = U_{44} = U_{45} = 200.0$$
$$F_{21} = 54.0833, F_{22} = F_{23} = F_{24} = 108.1666, F_{25} = 54.0833$$
$$F_{13} = -229.33, F_{14} = -256.0, F_{18} = -714.67, F_{27} = -411.429 \tag{10}$$
$$F_{28} = -1440.0, F_{32} = -548.571$$

节点 6~12、15~17、19、20、26、29、30、31 和 33~40 处的次变量为 0。这就完成了问题输入数据的生成。

在施加给定边界条件并求解组装的方程组后,即可得到节点的 ϕ 值。利用例 9.4.1 中的式(27)确定等势线。图 9.4.15(a)给出了 ϕ 为常数的线。

利用式(9.4.24)中的定义可以计算速度分量

$$\boldsymbol{v} = v_x \hat{\mathbf{i}} + v_y \hat{\mathbf{j}}, |\boldsymbol{v}| = \sqrt{v_x^2 + v_y^2}, \theta = \tan^{-1} \frac{v_y}{v_x} \tag{11}$$

式中,θ 是速度矢量的角度,从 x 轴正方向开始逆时针为正。图 9.4.15(b)给出了目前问题的速度矢量。

对结果的评估应该基于对问题的定性认识。首先需要检查的是解是否反映了边界条件。由于顶部和底部边界假设是不可渗透的,这些边界上应该没有通量出入(即速度矢量不能穿过这些边界)。接下来,明显应该检查速度矢量是否流向井的位置(因为水被抽出)且不会流向溪流。最大的抽水率出现在节点 28,这里有来自于泵 2 的最大的抽出贡献。

接下来,考虑理想流体的无旋流动(即无黏流体)。可以近似为此类流动的物理问题诸如绕过围堰、机翼以及建筑物等结构物的流动,以及水绕过土堆和水坝的流动。控制这些流动的 Laplace 方程(9.4.20)和方程(9.4.25)是模型方程(9.2.1)的特例。

例 9.4.6

两个很长的水平墙之间垂直放置一个圆柱体(如图 9.4.16),理想无旋流体绕流的控制方程为

$$-\nabla^2 u = 0 \quad \text{在 } \Omega \text{ 内} \tag{1}$$

式中,u 是(1)流函数 ψ 或(2)速度势 ϕ。利用有限元方法分析此问题。

解: 同时利用流函数和速度势格式来分析本问题。对于这两种格式,解 ψ 和 ϕ 关于水平和竖

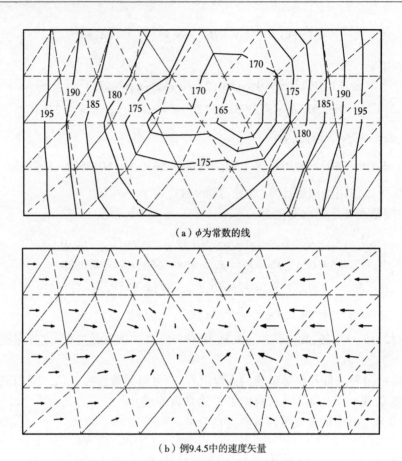

（a）φ为常数的线

（b）例9.4.5中的速度矢量

图 9.4.15　地下水流动的恒定水头及速度矢量

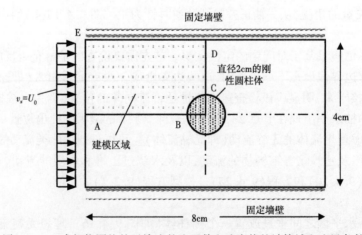

图 9.4.16　求解绕圆柱的无旋流的流函数和速度势的计算域和边界条件

直中心线都是对称的(注意速度场 v 关于水平中心线是对称的,但关于竖直中心线不是对称的)。因此,对于选定的格式可以采用 1/4 的区域(即图 9.4.17 中的 ABCDE)作为求解域。为了得到不影响速度场的稳态解,在合适的边界线上令函数 ψ 和 ϕ 为零(或者一个常数)。

1)流函数格式

在流函数格式中,流场的速度分量 $\boldsymbol{v}=(v_x,v_y)$ 为

$$v_x=\frac{\partial\psi}{\partial y},v_y=-\frac{\partial\psi}{\partial x} \tag{2}$$

关于流函数 ψ 的边界条件可以用如下的方法确定。流函数的性质是在垂直于流线的方向上其值为零。因此,固定的墙对应着流线。注意到对于无黏流动,流体颗粒不会黏附在刚性墙壁上。垂直于水平对称线的速度分量为零的事实使得可以利用该线为一条流线。由于速度场依赖于两条流线的相对差,取与水平对称轴重合(即 ABC 上)的流函数的数值为零,进而利用如下条件确定上面墙上的 ψ 值:

$$\frac{\partial\psi}{\partial y}=U_0 \tag{3}$$

这里 U_0 是入口速度场的水平分量。通过上式对 y 积分可得边界 $x=0$ 上流函数的数值:

$$\int_0^y\frac{\partial\psi}{\partial y}\mathrm{d}y=\int_0^y U_0\mathrm{d}y+\psi_A=U_0y \tag{4}$$

在此前的讨论中已知 $\psi_A=0$。这给出了 AE 上的边界条件。由于 ED 线是一根流线且 E 点值为 $2U_0$,因此 ED 线上有 $\psi=2U_0$。最后,在 CD 上假设竖直速度分量为零(即 $v_y=0$);因此在 CD 上 $\partial\psi/\partial x=0$。图 9.4.17 给出了计算域上的边界条件。

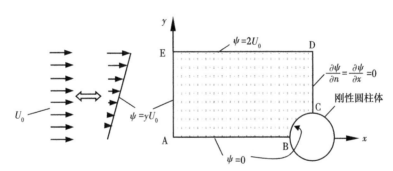

图 9.4.17　流函数格式的圆柱的无黏绕流问题计算域和边界条件

选择网格时,应该注意到在入口处速度场是均匀的(即流线是水平的),在出口处是抛物型的(沿着 CD)。因此,入口处网格应该是均匀的,在圆柱附近网格要细化一些以便捕捉到曲线边界和 ψ 的快速改变。利用两个粗糙的有限元网格来讨论边界条件,随后讨论用精细网格得到的结果。网格 T1 包含 60 个三角形单元,网格 Q1 包含 30 个四边形单元。两种网格都有 42 个节点(图 9.4.18)。图 9.4.18 中的实线网格对应于网格 Q1,虚线网格对应于网格 T1。必须注意由于圆柱体的曲线边界这里离散误差并不为零。

两种网格下给定的主变量自由度(即 ψ 的节点值)为

$$
\begin{aligned}
&U_1=U_2=\cdots=U_6=U_{12}=U_{18}=U_{24}=U_{30}=U_{36}=U_{42}=0.0\\
&U_7=0.6667,U_{13}=1.3333,U_{19}=U_{25}=U_{31}=U_{37}=2.0
\end{aligned} \tag{5}
$$

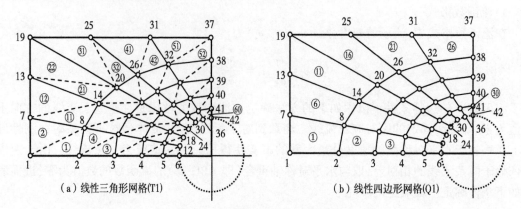

图 9.4.18　圆柱体无粘绕流的网格

这里没有非零的给定次变量,在 CD 线上次变量为零:

$$F_{38} = F_{39} = F_{40} = F_{41} = 0 \tag{6}$$

虽然指定次变量在节点 37 和 42 处为零,但这里主变量也给定了,选择在主变量上施加边界条件。

2)速度势格式

在速度势格式中,速度分量为

$$v_x = -\frac{\partial \phi}{\partial x}, v_y = -\frac{\partial \phi}{\partial y} \tag{7}$$

基于速度势 ϕ 的边界条件可按如下方法得到(图 9.4.19)。在上边墙和水平对称线上 $v_y = -(\partial\phi/\partial y) = 0$(无穿透)给出了此处基于次变量的边界条件($\partial\phi/\partial n$)。在 AE 上,速度 $v_x = -(\partial\phi/\partial x)$ 给定为 U_0。在圆柱体的表面上速度 $v_n = -(\partial\phi/\partial n)$ 为零。目前为止,所有的边界条件均为通量型(即基于次变量)。在边界 CD 上,必须知道 ϕ 或 $\partial\phi/\partial n = \partial\phi/\partial x$。很明显在 CD 上 $-(\partial\phi/\partial x) = v_x$ 是未知的。因此,假设在这里 ϕ 是已知的(很有必要去消除"刚体"位移),并令其为一个常数。由于该常数对速度场并无贡献,在 CD 上取其为零。

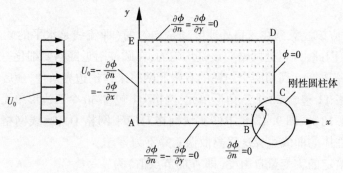

图 9.4.19　圆柱的无黏绕流问题速度势格式的计算域和边界条件

此问题的数学边界条件必须转化到有限元数据上去。关于主变量的边界条件作用在边界 CD 上。有

$$U_{37} = U_{38} = U_{39} = U_{40} = U_{41} = U_{42} = 0.0 \tag{8}$$

关于次变量唯一的非零边界条件作用在边界 AE 上。必须对边界 AE 上的每个节点 i 计算边界积分:

$$\int_{\Gamma_e} \frac{\partial \phi}{\partial n} \psi_i \mathrm{d}s = U_0 \int_{AE} \psi_i(y) \, \mathrm{d}y \tag{9}$$

可得($h = 2/3 = 0.66667$)

$$
\begin{aligned}
Q_1 &= U_0 \int_0^h \left(1 - \frac{\bar{y}}{h}\right) \mathrm{d}\bar{y} = 0.33333 U_0 \\
Q_7 &= U_0 \int_0^h \frac{\bar{y}}{h} \mathrm{d}\bar{y} + U_0 \int_0^h \left(1 - \frac{\bar{y}}{h}\right) \mathrm{d}\bar{y} = 0.66667 U_0 \\
Q_{13} &= U_0 \int_0^h \frac{\bar{y}}{h} \mathrm{d}\bar{y} + U_0 \int_0^h \left(1 - \frac{\bar{y}}{h}\right) \mathrm{d}\bar{y} = 0.66667 U_0 \\
Q_{19} &= U_0 \int_0^h \frac{\bar{y}}{h} \mathrm{d}\bar{y} = \frac{h U_0}{2} = 0.3333 U_0
\end{aligned}
\tag{10}
$$

表 9.4.5 给出了网格中若干点的流函数及其导数($\partial \varphi / \partial y$)($= v_x$)的数值。分析中使用了有限元程序 FEM2D。基于网格 T1 和 Q1 得到的结果非常接近。考虑在线性三角形单元中导数 $\partial \varphi / \partial y$ 是常数,而在线性矩形单元中它随着 x 线性变化。因此基于网格 T1 和 Q1 得到的结果并不会一样。表 9.4.5 中给出的速度是距离对称线(即线 $y = 0$)和圆柱体表面最近的单元的。

表 9.4.5　无黏圆柱绕流的流函数和速度势格式的有限元结果(例 9.4.6)

x	y	流函数		$v_x = \dfrac{\partial \psi}{\partial y}$		$v_x = -\dfrac{\partial \psi}{\partial x}$	
		网格 T1	网格 Q1	网格 T1	网格 Q1	网格 T1	网格 Q2
1.3921	0.9631	0.9274	0.9375	0.995(1)[①]	0.998(1)	0.998(1)	0.999(1)
2.1817	0.7532	0.6419	0.6530	0.983(3)	0.993(2)	0.992(3)	0.996(2)
1.4627	1.4257	1.3950	1.4086	0.952(5)	0.978(3)	0.976(5)	0.984(3)
2.2923	1.1000	0.9652	0.9902	0.954(7)	0.912(4)	0.923(7)	0.933(4)
1.5416	1.8910	1.8833	1.8880	0.000(9)	0.516(5)	0.686(9)	0.611(5)
1.8624	1.7231	1.6906	1.7012	0.136(19)	0.648(10)	0.783(19)	0.750(10)
2.2958	1.4963	1.3925	1.4092	0.430(29)	0.877(15)	0.980(29)	0.985(15)
2.8416	1.2106	0.8906	0.9165	1.396(40)	1.313(20)	1.530(40)	1.253(20)
3.4147	1.2801	0.7603	0.7701	1.746(50)	1.747(25)	2.129(50)	1.615(25)
4.0000	1.9039	1.8305	1.8195	2.006(58)	1.724(28)	1.835(58)	1.643(28)
4.0000	1.7558	1.5628	1.5405	2.187(59)	1.866(29)	1.817(59)	1.764(29)
4.0000	1.5558	1.1865	1.1590	2.242(60)	2.166(30)	2.400(60)	2.057(30)

①表示单元编号;ψ 和 ϕ 的导数是单元中心的数值。

圆柱体表面的切向速度 v_t 可以由下式计算:

$$v_t(\theta) = v_x \sin\theta + v_y \cos\theta = \frac{\partial\psi}{\partial y}\sin\theta - \frac{\partial\psi}{\partial x}\cos\theta \tag{11}$$

图 9.4.20 给出了基于网格 Q1 的流线、速度势和速度向量的等值线结果图。从表 9.4.5 可以看出基于这两种格式得到的速度的数值是不同的(无论是哪种网格)。这主要是由边值问题的本质引起的。流函数格式(SFF)比速度势格式(VPF)有更多的基于主变量的边界条

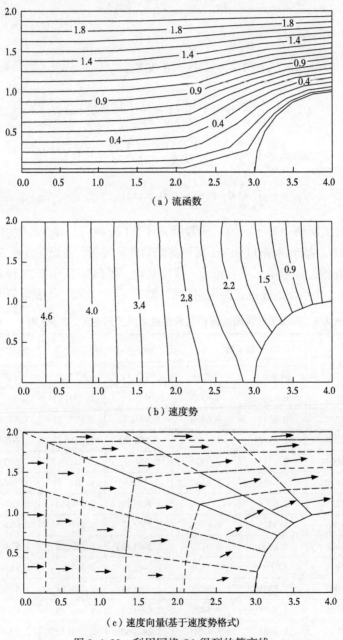

(a)流函数

(b)速度势

(c)速度向量(基于速度势格式)

图 9.4.20　利用网格 Q1 得到的等高线

件,且二者并不完全一样。

图 9.4.21 给出了沿圆柱体表面切线速度随弧线坐标的变化,圆柱体表面上解析的势解为

$$v_t = U_0 (1 + R^2/r^2) \sin\theta \tag{12}$$

图中也给出了基于细化的网格 Q2 的有限元结果。角度 θ、径向距离 r 和切向速度 v_t 可由如下关系确定:

$$\theta = \tan^{-1}\left(\frac{y}{4-x}\right), r = \sqrt{(4-x)^2 + y^2}, v_t = v_x\sin\theta + v_y\cos\theta \tag{13}$$

有限元结果与势解的结果吻合得很好。但是,并不期望有限元结果与势解完全吻合是因为 v_t 是在径向距离 $r>R$ 的地方求得的,而势解的结果是 $r=R$ 处的。

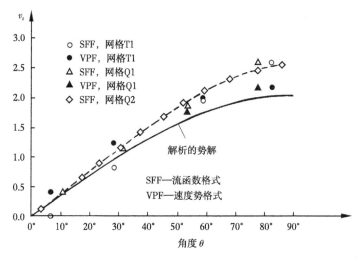

图 9.4.21 沿圆柱体表面切向速度的变化:有限元结果与基于速度势理论结果的比较

(网格 Q2 包含 96 个单元和 117 个节点)

9.4.5 固体力学

本节讨论固体力学中的二维边值问题,其可以用单变量表出。这些问题包括圆柱构件的扭转和薄膜的横向变形。本书限制于小变形。

9.4.5.1 圆柱体的扭转

考虑一个圆柱杆(即等截面的长构件),一端固定,一端作用一大小为 M_z 沿轴向(z)的力偶(即矩或者扭矩),如图 9.4.22(a)所示。希望确定杆的总扭转角和相应的应力场。首先建立其控制方程,然后利用有限元方法进行分析。

一般来说,扭矩作用下非圆横截面杆会产生翘曲。假设所有横截面都翘曲的一样(对于小扭矩和小变形情况是成立的)。该假设允许假设沿着坐标(x,y,z)位移(u,v,w)的形式为[图 9.4.22(b)]

$$u = -\theta zy, v = \theta zx, w = \theta\phi(x,y) \tag{9.4.27}$$

式中,$\phi(x,y)$是待定函数,且 θ 是杆单位长度的扭转角。

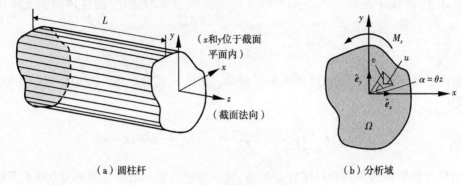

（a）圆柱杆　　　　　　　　　　　（b）分析域

图 9.4.22　圆柱构件的扭转

　　式(9.4.27)中的位移场可用于计算应变,进一步利用假设的本构关系可以计算应力。基于此计算出的应力必须满足三维应力平衡方程:

$$\frac{\partial \sigma_x}{\partial x}+\frac{\partial \sigma_{xy}}{\partial y}+\frac{\partial \sigma_{xz}}{\partial z}=0$$

$$\frac{\partial \sigma_{xy}}{\partial x}+\frac{\partial \sigma_y}{\partial y}+\frac{\partial \sigma_{yz}}{\partial z}=0 \qquad (9.4.28)$$

$$\frac{\partial \sigma_{xz}}{\partial x}+\frac{\partial \sigma_{yz}}{\partial y}+\frac{\partial \sigma_z}{\partial z}=0$$

以及外表面和圆柱杆端部横截面上的应力边界条件。计算应变并利用广义 Hooke 定律计算应力,得

$$\sigma_{xz}=G\theta\left(\frac{\partial \phi}{\partial x}-y\right),\sigma_{yz}=G\theta\left(\frac{\partial \phi}{\partial y}+x\right) \qquad (9.4.29)$$

其他的应力分量均为零。这里 G 为杆材料的剪切模量。将这些方程代入式(9.4.28),在圆柱的横截面 Ω 上得[式(9.4.28)的前两式自动满足,由第三式可得如下方程]

$$\frac{\partial}{\partial x}\left(G\theta\frac{\partial \phi}{\partial x}\right)+\frac{\partial}{\partial y}\left(G\theta\frac{\partial \phi}{\partial y}\right)=0 \qquad (9.4.30)$$

侧面 Γ 上的边界条件要求 $\sigma_{xz}n_x+\sigma_{yz}n_y=0$:

$$\left(\frac{\partial \phi}{\partial x}-y\right)n_x+\left(\frac{\partial \phi}{\partial y}+x\right)n_y=0\Rightarrow\frac{\partial \phi}{\partial n}=yn_x-xn_y \qquad (9.4.31)$$

式中,(n_x,n_y) 是 Γ 上某点单位法向的方向余弦。

　　总之,圆柱杆的扭转控制方程为式(9.4.30)和式(9.4.31)。函数 $\phi(x,y)$ 被称为扭转函数或者翘曲函数。由于式(9.4.31)给出的边界条件是通量型的,得到的翘曲函数会有一个附加的常数项。式(9.4.29)中的应力表达式是与此常数无关的。附加常数的意义是圆柱体整体在 z 方向的刚体运动。关于此话题额外的讨论,可以参考 Timoshenko 和 Goodier[3]。

由于边界条件的本质属性和形式,式(9.4.30)的 Laplace 方程和 Neumann 边界条件 (9.4.31)表示的 ϕ 在分析中很不方便,特别是对于不规则横截面的构件。基于解析函数理论可以将这些方程用应力函数 $\Psi(x,y)$ 来表示,其与翘曲函数 $\phi(x,y)$ 的关系方程为

$$\frac{\partial \Psi}{\partial x}=-\frac{\partial \phi}{\partial y}-x, \frac{\partial \Psi}{\partial y}=\frac{\partial \phi}{\partial x}-y \tag{9.4.32}$$

从式(9.4.30)和式(9.4.31)中消除 ϕ,分别可得

$$-\left(\frac{\partial^2 \Psi}{\partial x^2}+\frac{\partial^2 \Psi}{\partial y^2}\right)=2 \text{ 在 } \Omega \text{ 内};\frac{\partial \Psi}{\partial y}n_x-\frac{\partial \Psi}{\partial x}n_y=0 \text{ 在 } \Gamma \text{ 上} \tag{9.4.33}$$

式(9.4.33)中的边界条件是切向导数 $\mathrm{d}\Psi/\mathrm{d}s$,且 $\mathrm{d}\Psi/\mathrm{d}s=0$ 意味着

$$\Psi=\text{常数} \qquad \text{在 } \Gamma \text{ 上} \tag{9.4.34}$$

由于 Ψ 的常数部分对应力场并无影响:

$$\sigma_{xz}=G\theta\frac{\partial \Psi}{\partial y}, \sigma_{yz}=-G\theta\frac{\partial \Psi}{\partial x} \tag{9.4.35}$$

在边界 Γ 上取 $\Psi=0$。

总之,扭转问题即求解满足如下方程的应力函数 Ψ:

$$-\nabla^2 \Psi=2 \text{ 在 } \Omega \text{ 内},\psi=0 \text{ 在 } \Gamma \text{ 上} \tag{9.4.36}$$

一旦确定了 ψ,对于给定的单位长度扭转角(θ)和剪切模量(G)可以基于式(9.4.35)计算应力。

基于式(9.2.1)的式(9.4.36)的有限元模型为

$$\boldsymbol{K}^e \boldsymbol{\Psi}^e=\boldsymbol{f}^e+\boldsymbol{Q}^e \tag{9.4.37a}$$

式中,Ψ_i^e(不要与插值函数 ψ_i 混淆)为 Ω_e 上第 i 个节点的 Ψ 值,且

$$K_{ij}^e=\iint\limits_{\Omega_e}\left(\frac{\partial \psi_i}{\partial x}\frac{\partial \psi_j}{\partial x}+\frac{\partial \psi_i}{\partial y}\frac{\partial \psi_j}{\partial y}\right)\mathrm{d}x\mathrm{d}y$$

$$\tag{9.4.37b}$$

$$f_i^e=\int\limits_{\Omega_e}2\psi_i\mathrm{d}x\mathrm{d}y, Q_i^e=\oint\limits_{\Gamma_e}\frac{\partial \Psi}{\partial n}\psi_i\mathrm{d}s$$

例 9.4.7

考虑承受扭转角 θ 的矩形截面(边长 $2a\times2b$)杆,材料为各向同性(剪切模量为 G)。利用有限元方法确定剪应力 σ_{xz} 和 σ_{yz}。坐标原点在横截面的中心[图 9.4.23(a)]。利用问题的对称性。

解:注意到,对载荷(扭转角)和应力分布而言问题是反对称的,但是,由泊松方程(9.4.36)控制的标量应力函数 Ψ 关于 x 轴和 y 轴是对称的(关于对角线 $a=b$ 也是)。图 9.4.23(b)给出了 $a=b$ 时四节点单元的 4×4 网格。关于 x 轴和 y 轴对称性要求在对称线上施加如下的边界条件:

$$\text{在直线 } x=0 \text{ 上} \frac{\partial \Psi}{\partial x}=0, \text{在直线 } y=0 \text{ 上} \frac{\partial \Psi}{\partial y}=0 \tag{1}$$

另外,在 $x=0.5a$ 和 $y=0.5b$ 的线上有 $\Psi=0$。

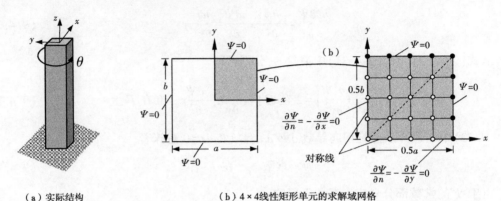

（a）实际结构   （b）4×4 线性矩形单元的求解域网格

图 9.4.23 　正方形截面杆的扭转

利用四节点和九节点矩形单元的不同网格对 1/4 的区域进行了分析。图 9.4.24 给出了横截面上 $\Psi(x,y)$ 和剪应力 $\boldsymbol{v}=\overline{\sigma}_{xz}\hat{\boldsymbol{e}}_x+\overline{\sigma}_{yz}\hat{\boldsymbol{e}}_y$ 的等值线。问题的解析解为(参见 Kantorovich 和 Krylov[4] 及 Reddy[5])

$$\Psi(x,y)=\frac{a^2}{4}-x^2+\frac{8a^2}{\pi^3}\sum_{n=1,2,3,\cdots}^{\infty}\frac{(-1)^n}{(2n-1)^3}\frac{\cosh(k_n y)\cos(k_n x)}{\cosh(k_n b/2)} \tag{2a}$$

$$\overline{\sigma}_{xz}=\frac{8a}{\pi^2}\sum_{n=1,2,3,\cdots}^{\infty}\frac{(-1)^n}{(2n-1)^2}\frac{\sinh(k_n y)\cos(k_n x)}{\cosh(k_n b/2)} \tag{2b}$$

$$\overline{\sigma}_{yz}=2x+\frac{8a}{\pi^2}\sum_{n=1,2,3,\cdots}^{\infty}\frac{(-1)^n}{(2n-1)^2}\frac{\cosh(k_n y)\sin(k_n x)}{\cosh(k_n b/2)} \tag{2c}$$

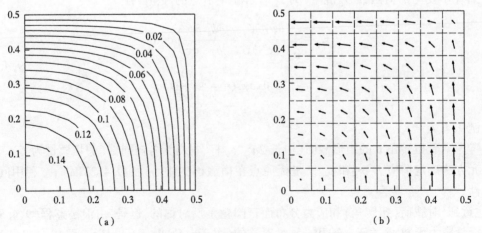

（a）   （b）

图 9.4.24 　(a)应力函数 Ψ 的等值线;(b)剪应力 $\boldsymbol{v}=\overline{\sigma}_{xz}\hat{\boldsymbol{e}}_x+\overline{\sigma}_{yz}\hat{\boldsymbol{e}}_y$ 的矢量图。

在四分之一横截面上利用线性矩形单元的 8×8 网格得到的结果

式中,$k_n = (2n-1)\pi/a$。表 9.4.6 和表 9.4.7 分别给出了应力函数 Ψ 和剪应力 $\bar{\sigma}_{yz} = \sigma_{yz}/G\theta$（单元中心处的值）的有限元解（取 $a = b = 1.0$），同时也给出了解析解（利用级数解的前 10 项）。由于正方形横截面的双轴对称性,有 $\bar{\sigma}_{xz}(x,y) = -\bar{\sigma}_{yz}(y,x)$。随着网格的细化,有限元解收敛到解析解。特别地,利用九节点二次单元的 4×4 网格与解析解吻合得非常好。

表 9.4.6　利用线性和二次矩形单元(四节点和九节点单元)的 Ψ 的收敛性

x	y	线性单元			二次单元		
		2×2	4×4	8×8	1×1	2×2	(4×4)[①]
0.0000	0.0000	0.15536	0.14920	0.14780	0.14744	0.14730	0.14734
0.0625	0.0000	—	—	0.14583	—	—	0.14538
0.1250	0.0000	—	0.14120	0.13987	—	0.13941	0.13944
0.1875	0.0000	—	—	0.12972	—	—	0.12931
0.2500	0.0000	0.12054	0.11610	0.11502	0.11378	0.11463	0.11467
0.3125	0.0000	—	—	0.09534	—	—	0.09505
0.3750	0.0000	—	0.07069	0.07007	—	0.069873	0.06986
0.4375	0.0000	—	—	0.03854	—	—	0.03844
0.0625	0.0625	—	—	0.14390	—	—	0.14346
0.1250	0.1250	—	0.13376	0.13249	—	0.13207	0.13207
0.1875	0.1875	—	—	0.11436	—	—	0.11399
0.2500	0.1250	—	0.11031	0.10925	—	0.10887	0.10890
0.2500	0.2500	0.09643	0.09191	0.09090	0.09095	0.09056	0.09057
0.3125	0.3125	—	—	0.06407	—	—	0.06379
0.3750	0.2500	—	0.05729	0.05660	—	0.05626	0.05636
0.3750	0.3750	—	0.03753	0.03666	—	0.03652	0.03641
0.4375	0.4375	—	—	0.01281	—	—	0.01258

①有限元解与解析解在小数点后第五位都是一样的。

表 9.4.7　不同网格下剪应力 $\bar{\sigma}_{yz}(x,y)$ 的有限元结果与解析解的比较

x	y	线性单元网格			解析解
		2×2	4×4	8×8	
0.03125	0.03125	—	—	0.0312	0.0312
0.09375	0.03125	—	—	0.0946	0.0946
0.15625	0.03125	—	—	0.1612	0.1611
0.21875	0.03125	—	—	0.2332	0.2331
0.28125	0.03125	—	—	0.0313	0.3124

续表

x	y	线性单元网格			解析解
		2×2	4×4	8×8	
0.34375	0.03125	—	—	0.4015	0.4011
0.40625	0.03125	—	—	0.5013	0.5008
0.46875	0.03125	—	—	0.6135	0.6128
0.06250	0.06250	—	0.0618	—	0.0618
0.18750	0.06250	—	0.1942	—	0.1939
0.31250	0.06250	—	0.3529	—	0.3516
0.43750	0.06250	—	0.5528	—	0.5504
0.12500	0.12500	0.1179	—	—	0.1193
0.37500	0.12500	0.4339	—	—	0.4272

9.4.5.2　膜的横向挠度

考虑平面(x,y)上区域Ω内四边固定的薄膜。薄膜承受均匀张力T,且T足够大以使得在横向分布力$f(x,y)$的作用下薄膜不会有很大的变形。薄膜横向挠度u的控制方程为

$$-T\left(\frac{\partial^2 u}{\partial x^2}+\frac{\partial^2 u}{\partial y^2}\right)=f(x,y)\text{ 在 }\Omega\text{ 内} \tag{9.4.38a}$$

边界条件为

$$u=0\text{ 在 }\Gamma\text{ 上} \tag{9.4.38b}$$

方程的有限元模型很明显,因为式(9.4.38a)是模型方程(9.2.1)[或式(9.2.3)、式(9.2.46)、式(9.4.1)和式(9.4.36)]的一个特例。考虑到本问题与圆柱杆扭转的相似性,这里不考虑给出数值算例。

9.5　特征值和时间相关问题

9.5.1　有限元格式

本节处理单变量二维特征值和时间相关问题的有限元分析。利用第7章的结果来建立二维时间相关问题的有限元方程。由于弱形式和时间近似第7章中已经讨论得很详细了,这里主要关注如何由模型方程得到最终的方程。

9.5.1.1　模型方程

考虑边界为Γ的二维区域Ω上的偏微分方程:

$$c_1\frac{\partial u}{\partial t}+c_2\frac{\partial^2 u}{\partial t^2}-\frac{\partial}{\partial x}\left(a_{11}\frac{\partial u}{\partial x}\right)-\frac{\partial}{\partial y}\left(a_{22}\frac{\partial u}{\partial y}\right)=f(x,y,t),\text{对}\Omega\text{内的}(x,y),\text{且}t>0 \tag{9.5.1}$$

这里t为时间,c_1、c_2、a_{11}、a_{22}和f为位置的已知函数(即数据)。这里假设只有源项是与时间相关的。当忽略时间导数项,式(9.5.1)就退化为式(9.2.1)。当$c_2=0$时,式(9.5.1)即代表瞬

态热传递问题,且 $c_1 = \rho c_v$, ρ 是单位面积的质量, c_v 是定容比热。对于薄膜运动之类的结构问题, c_1 表示阻尼系数(本书不考虑阻尼, $c_1 = 0$), c_2 是单位面积的质量,即 ρ。因此,这里考虑的例子, c_1 或 c_2 是非零的(不能同时为零)。

边界条件(在 Γ 的不同区域)为

$$u = \hat{u} \text{ 或 } q_n^{\text{cnd}} + q_n^{\text{cnv}} = q_n(\text{且 } t \geqslant 0) \tag{9.5.2a}$$

这里 q_n^{cnd} 是边界上的法向(传导)热流:

$$q_n^{\text{cnd}} = a_{11} \frac{\partial u}{\partial x} n_x + a_{22} \frac{\partial u}{\partial y} n_y \tag{9.5.2b}$$

q_n^{cnv} 是边界上的法向(对流)热流:

$$q_n^{\text{cnv}} = \beta(u - u_\infty) \tag{9.5.2c}$$

且 q_n 是边界上的外部热流。利用热传递的术语,参数 β 和 u_∞ 分别是换热系数和环境介质的温度。对于固体力学问题, q_n^{cnv} 可以看成是区域与周围环境的互相作用。

由于式(9.5.1)包含时间导数,需要知道系统的初始状态(即 $t = 0$ 时)的 u 和 $\dot{u} = \partial u / \partial t$(只有当 $c_2 \neq 0$ 时)。初始条件的形式为

$$u(x, y, 0) = u_0(x, y), \dot{u}(x, y, 0) = v_0(x, y) \text{ 在 } \Omega \text{ 内} \tag{9.5.3}$$

式中, u_0 和 v_0 为 u 及其时间导数的初值(必须是已知的)。

9.5.1.2　弱形式

单元 Ω_e 上式(9.5.1)的弱形式可以通过标准流程得到:用权函数 $w(x, y)$ 乘以式(9.5.1)并在单元 Ω_e 上进行积分(不是对时间),对含高阶导数项进行分部积分(对 x 和 y 相关的项),将边界积分中权函数的系数(即次变量 q_n)替换为 $q_n = \hat{q}_n - \beta(u - u_\infty)$。得

$$\begin{aligned}
0 = \int_{\Omega_e} &\left[w\left(c_1 \frac{\partial u}{\partial t} + c_2 \frac{\partial^2 u}{\partial t^2} - f \right) + a_{11} \frac{\partial w}{\partial x} \frac{\partial u}{\partial x} + a_{22} \frac{\partial w}{\partial y} \frac{\partial u}{\partial y} \right] dxdy \\
&+ \oint_{\Gamma_e} \beta uw ds - \oint_{\Gamma_e} (\beta u_\infty + \hat{q}_n) w ds
\end{aligned} \tag{9.5.4}$$

注意到时间相关问题的弱形式的推导过程与稳态问题没太大区别。唯一的区别是没有对时间相关项进行分部积分(积分只在空间域上进行),且权函数 w 只是 (x, y) 的函数。

9.5.1.3　半离散有限元模型

将独立变量 u 的有限元近似[参见式(9.2.16(a))]代入式(9.5.4)可得半离散的有限元模型。

在选择 u 的近似时,再一次假设节点数值是时间相关的(即时间和空间是分离的):

$$u(x, y, t) \approx u_h(x, y, t) = \sum_{j=1}^{n} u_j^e(t) \psi_j^e(x, y) \tag{9.5.5}$$

式中, u_j^e 是时刻 t 时单元内 (x_j^e, y_j^e) 处 $u(x, y, z, t)$ 的节点值。通过将 $w = \psi_i^e(x, y)$ 和式(9.5.5)

中的 u 代入式(9.5.4),可得有限元模型的第 i 个微分方程(关于时间):

$$0 = \sum_{j=1}^{n} \left(C_{ij}^e \frac{\mathrm{d}u_j^e}{\mathrm{d}t} + M_{ij}^e \frac{\mathrm{d}^2 u_j^e}{\mathrm{d}t^2} + (K_{ij}^e + H_{ij}^e) u_j^e \right) - f_i^e - Q_i^e - P_i^e \tag{9.5.6a}$$

或者,其矩阵形式为

$$C^e \dot{u} + M^e \ddot{u}^e + (K^e + H^e) u^e = f^e + Q^e + P^e \tag{9.5.6b}$$

式中,u 上的点代表对时间的导数,且

$$C_{ij}^e = \int_{\Omega_e} c_1 \psi_i^e \psi_j^e \mathrm{d}x\mathrm{d}y, M_{ij}^e = \int_{\Omega_e} c \psi_i^e \psi_j^e \mathrm{d}x\mathrm{d}y$$

$$K_{ij}^e = \int_{\Omega_e} \left(a_{11} \frac{\partial \psi_i^e}{\partial x} \frac{\partial \psi_j^e}{\partial x} + a_{22} \frac{\partial \psi_i^e}{\partial y} \frac{\partial \psi_j^e}{\partial y} \right) \mathrm{d}x\mathrm{d}y, H_{ij}^e = \oint_{\Gamma_e} \beta \psi_i^e \psi_j^e \mathrm{d}s \tag{9.5.6c}$$

$$f_i^e = \int_{\Omega_e} f \psi_i^e \mathrm{d}x\mathrm{d}y, Q_i^e = \oint_{\Gamma_e} \hat{q}_n \psi_i^e \mathrm{d}s, P_i^e = \oint_{\Gamma_e} \beta u_\infty \psi_i^e \mathrm{d}s$$

注意到 $\hat{q}_n$ 为沿单元边界法向的外部热流。这就完成了半离散的步骤。接下来专注于抛物型和双曲型方程的特征值和瞬态分析步骤。

9.5.2　抛物型方程

考虑半离散模型:

$$C^e \dot{u}^e + (K^e + H^e) u^e = f^e + Q^e + P^e \tag{9.5.7}$$

并讨论相应的特征值问题和瞬态分析的完全离散有限元模型。如同第 7 章讨论的,一般不研究热传递和类似问题中的特征值,但是这里出于研究完整性以及确定条件稳定的时间近似格式的临界时间步长的需要,对其进行讨论。考虑到 7.3 节和 7.4 节对特征值和瞬态分析的详细讨论,很容易得到如下的结果。

9.5.2.1　特征值分析

特征值问题(参见 7.3 节)即寻找

$$u_j^e(t) = u_{0j}^e \mathrm{e}^{-\lambda t} [这意味着 Q_j^e(t) = Q_{0j}^e \mathrm{e}^{-\lambda t}] \tag{9.5.8a}$$

以使得式(9.5.1)在齐次边界条件(即 $\hat{u} = 0, \hat{q}_n = 0, u_\infty = 0$)和 $f = 0$ 时成立。这里 u_{0j}^e 是定义如下模态的节点值(与时间和空间无关):

$$u_0^e(x,y) = \sum_{j=1}^{n} u_{0j}^e \psi_j^e(x,y) \left[或 u(x,y,t) \approx \sum_{j=1}^{n} u_{0j}^e \psi_j^e(x,y) \mathrm{e}^{-\lambda t} \right] \tag{9.5.8b}$$

将 $u_j^e(t)$ 代入式(9.5.7),得

$$(-\lambda C^e + \overline{K}^e) u_0^e = Q_0^e, \overline{K}^e = K^e + H^e \tag{9.5.9}$$

经过有限元方程的组装,可得整体特征值问题:

$$(\overline{K} - \lambda C) U = Q \tag{9.5.10}$$

在施加齐次边界条件之后,整体矩阵方程组是 $N \times N$ 阶,这里 N 是未知的基本节点变量 u 的数目。式(9.5.10)存在非凡解的条件是其系数矩阵的行列式为零:

$$|\overline{\boldsymbol{K}}_c - \lambda \boldsymbol{C}_c| = 0 \tag{9.5.11}$$

式中,$\overline{\boldsymbol{K}}_c$ 和 $\boldsymbol{C}_c$ 是关于基本未知量的缩聚方程组的系数矩阵。方程(9.5.11)展开后是一个关于 λ 的 N 阶多项式。该多项式的 N 个根 $\lambda_j (j = 1, 2, \cdots, N)$ 给出了离散系统的前 N 个特征值(一般来说,连续系统有无穷多个特征值)。可以用标准的特征值程序来求解式(9.5.10)并给出 N 个特征值和特征向量。

例 9.5.1

考虑单位正方形区域[图 9.5.1(a)]上如下无量纲形式的齐次模型方程(比如,热传递问题的控制方程):

$$\frac{\partial u}{\partial t} - \left(\frac{\partial^2 u}{\partial x^2} + \frac{\partial^2 u}{\partial y^2}\right) = 0 \tag{1}$$

其齐次边界条件为

$$\frac{\partial u}{\partial x}(0, y, t) = 0, \frac{\partial u}{\partial y}(x, 0, t) = 0, u(x, 1, t) = 0, u(1, y, t) = 0 \tag{2}$$

齐次初始条件为

$$u(x, y, 0) = 0 \tag{3}$$

利用不同的三角形和矩形单元确定其特征值。

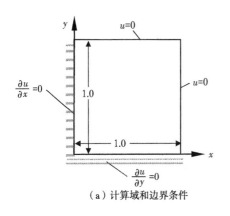
（a）计算域和边界条件

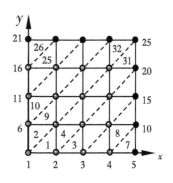
（b）基于线性三角形（虚线）或线性矩形
（无虚线）单元的典型4×4有限元网格

图 9.5.1 特征值分析

解:首先注意到本问题可以看成是一个边长为 2 个单位的正方形,且在所有边上 $u = 0$。基于双轴对称性,使用图 9.5.1(a)给出的区域。

作为第一个选择,采用两个三角形单元的 1×1 网格。与此同时,可以使用对角对称性仅用一个三角形单元进行建模(使用对角对称性);它们是等效的,因此对于这两种网格划分都只有一个 $(x, y) = (0, 0)$ 处的未知节点值 U_1。直角三角形(局部节点 1 和整体节点 1 重合)的

单元矩阵为[图 9.2.11(b)中取 $a=b=1.0$]

$$K^e = \frac{1}{2}\begin{bmatrix} 1 & -1 & 0 \\ -1 & 2 & -1 \\ 0 & -1 & 1 \end{bmatrix}, \quad C^e = \frac{1}{24}\begin{bmatrix} 2 & 1 & 1 \\ 1 & 2 & 1 \\ 1 & 1 & 2 \end{bmatrix} \tag{4}$$

特征值问题变为

$$\left[-\frac{\lambda}{24}\begin{bmatrix} 2 & 1 & 1 \\ 1 & 2 & 1 \\ 1 & 1 & 2 \end{bmatrix} + \frac{1}{2}\begin{bmatrix} 1 & -1 & 0 \\ -1 & 2 & -1 \\ 0 & -1 & 1 \end{bmatrix} \right]\begin{Bmatrix} U_1 \\ U_2 \\ U_3 \end{Bmatrix} = \begin{Bmatrix} 0 \\ 0 \\ 0 \end{Bmatrix} \tag{5}$$

边界条件要求 $U_2 = U_3 = 0$。因此,有

$$\left(-\frac{\lambda}{12} + \frac{1}{2} \right)U_1 = 0 \ \text{或} \ \lambda = 6 \tag{6}$$

特征函数(或振型)为(可以任意设 U_1 为 1)

$$U(x,y) = U_1\psi_1(x,y) = (1-x) \tag{7}$$

振型定义在对角线以下的区域。对于整个区域,利用对称性模态变为 $U(x,y) = (1-x)(1-y)$。

对于 $a=b=1.0$ 的整个区域上的一个矩形单元,有

$$K^e = \frac{1}{6}\begin{bmatrix} 4 & -1 & -2 & -1 \\ -1 & 4 & -1 & 2 \\ -2 & -1 & 4 & -1 \\ -1 & -2 & -1 & 4 \end{bmatrix}, \quad C^e = \frac{1}{36}\begin{bmatrix} 4 & 2 & 1 & 2 \\ 2 & 4 & 2 & 1 \\ 1 & 2 & 4 & 2 \\ 2 & 1 & 2 & 4 \end{bmatrix} \tag{8}$$

且

$$\left(-\frac{\lambda}{36}\begin{bmatrix} 4 & 2 & 1 & 2 \\ 2 & 4 & 2 & 1 \\ 1 & 2 & 4 & 2 \\ 2 & 1 & 2 & 4 \end{bmatrix} + \frac{1}{6}\begin{bmatrix} 4 & -1 & -2 & -1 \\ -1 & 4 & -1 & 2 \\ -2 & -1 & 4 & -1 \\ -1 & -2 & -1 & 4 \end{bmatrix} \right)\begin{Bmatrix} U_1 \\ U_2 \\ U_3 \\ U_4 \end{Bmatrix} = \begin{Bmatrix} 0 \\ 0 \\ 0 \\ 0 \end{Bmatrix} \tag{9}$$

利用边界条件 $U_2 = U_3 = U_4 = 0$,有

$$\left(-\frac{\lambda}{36} \times 4 + \frac{4}{6} \right)U_1 = 0, \ \text{或} \ \lambda = 6 \tag{10}$$

1/4 区域上的特征函数为

$$U(x,y) = U_1\psi_1(x,y) = (1-x)(1-y) \tag{11}$$

对于这个问题,一半区域上一个三角形单元给出了与整个区域上一个矩形单元一样的结果。

表 9.5.1 给出了利用不同的三角形和矩形单元网格(图 9.5.1 给出了一个典型的 4×4 线性单元网格)得到的前五阶(包括对称性)特征值,也给出了问题的解析解。三角形网格是非对称的,因此没有给出精确的对称特征值(即 $\lambda_{mn} \neq \lambda_{nm}$)。随着网格的细化,它们给出几乎与

解析解一样的特征值。很明显,基于有限元方法的低阶特征值的收敛性比高阶特征值要好。同时,最小的特征值随着网格细化收敛是很快的。

表 9.5.1   利用不同网格[①]得到的特征值的有限元解与精确解的对比

λ_{mn}	三角形				矩形				精确解[②]
	线性		二次		线性		二次		
	4×4	8×8	2×2	4×4	4×4	8×8	2×2	4×4	
λ_{11}	5.068	4.969	4.957	4.936	4.999	4.951	4.937	4.935	4.935
λ_{13}	27.251	25.343	25.984	24.760	27.371	25.331	25.415	24.730	24.674
λ_{31}	28.917	25.735	26.339	24.7790	27.371	25.331	25.415	24.730	24.674
λ_{33}	58.216	48.076	53.201	45.097	49.744	45.712	45.892	44.524	44.413
λ_{15}	85.315	69.777	74.793	65.481	84.572	69.255	79.532	65.220	64.152
λ_{51}	86.788	69.825	75.656	65.497	84.572	69.255	79.532	65.220	64.152

①这些网格给出的最大特征值分别为:386.426,1619.05,471.681,1999.64, 343.256,1492.56,397.397,1825.9。

②精确的特征值为 $\lambda_{mn} = \frac{1}{4}\pi^2(m^2+n^2)$ $(m,n=1,3,5,\cdots)$。

9.5.2.2   瞬态分析

注意到,式(9.5.7)与7.4节讨论的抛物型方程式(7.4.25a)是一样的(由于对流的贡献将 K 用 $\overline{K}$ 代替)。不管问题是一维的、二维的还是三维的,半离散的有限元模型的形式都是一样的。因此,7.4节讨论的关于抛物型方程的时间近似格式同样适用。

利用 α-族近似:

$$\boldsymbol{u}^{s+1} = \boldsymbol{u}^s + a_2\dot{\boldsymbol{u}}^s + a_1\dot{\boldsymbol{u}}^{s+1} \text{ 且 } 0 \leqslant \alpha \leqslant 1 \tag{9.5.12a}$$

$$a_1 = \alpha\Delta t, a_2 = (1-\alpha)\Delta t \tag{9.5.12b}$$

在时刻 t_{s+1},可以将式(9.5.7)转换成一组代数方程组:

$$\hat{\boldsymbol{K}}\boldsymbol{u}^{s+1} = \hat{\boldsymbol{F}}^{s,s+1} \tag{9.5.13a}$$

这里

$$\begin{aligned} \hat{\boldsymbol{K}} &= \boldsymbol{C} + a_1\hat{\boldsymbol{K}}, \\ \hat{\boldsymbol{F}}^{s,s+1} &= (\boldsymbol{C} - a_2\overline{\boldsymbol{K}})\boldsymbol{u}^s + (a_1\boldsymbol{F}^{s+1} + a_2\boldsymbol{F}^s) \end{aligned} \tag{9.5.13b}$$

在对式(9.5.13a)施加边界条件之后,可以求得时刻 $t_{s+1} = (s+1)\Delta t$ 的节点值 u_j^{s+1}。在时刻 $t=0$(即 $s=0$),利用初值 $\boldsymbol{u}^0$ 和已知的源向量 $\boldsymbol{f}$ 和 $\boldsymbol{P}$ 及通量向量 $\boldsymbol{Q}$ 可以计算 $\hat{\boldsymbol{F}}$。

如第7章所述,所有 $\alpha \geqslant \frac{1}{2}$ 的数值格式(比如向后差分法、Crank-Nicolson 法和 Galerkin 方法)是稳定的且与网格无关。$\alpha < \frac{1}{2}$ 的数值格式(比如向前差分法)只有当时间步长满足如下(稳定)条件时才是稳定的:

$$\Delta t<\Delta t_{cr}\equiv\frac{2}{(1-2\alpha)\lambda_{\max}},\alpha<\frac{1}{2}\qquad(9.5.14)$$

式中,$\lambda_{\max}$是式(9.5.10)对应特征值问题的最大特征值。

例 9.5.2

利用有限元方法确定如下无量纲的瞬态热传导问题的瞬态响应:

$$\frac{\partial\theta}{\partial t}-\left(\frac{\partial^2\theta}{\partial x^2}+\frac{\partial^2\theta}{\partial y^2}\right)=1\qquad(1)$$

对于 $t\geq0$,边界条件为

$$\frac{\partial\theta}{\partial x}(0,y,t)=0,\frac{\partial\theta}{\partial y}(x,0,t)=0\qquad(2)$$
$$\theta(1,y,t)=0,\theta(x,1,t)=0$$

初始条件为

$$\theta(x,y,0)=0\ 对所有\ \Omega\ 内的(x,y)\qquad(3)$$

图 9.5.1(a)中将 u 替换为 θ 给出求解域和边界条件。

解:首先研究向前差分格式($\alpha=0.0$)的稳定性和精度以及 Crank-Nicolson 格式($\alpha=0.5$)的精度。由于 Crank-Nicolson 格式是无条件稳定的,可以选择任意的 Δt,但是其精度依赖于 Δt(即对于较大的 Δt,解不太精确)。向前差分格式是条件稳定的[即 $\Delta t<\Delta t_{cr}$ 时解是稳定的,这里 Δt_{cr} 满足式(9.5.14)中的条件]。举个例子,对于半个对角区域上的一个线性三角形单元或者整个区域上一个线性矩形单元,有 $\lambda_{\max}=6$。因此临界时间步长为

$$\Delta t_{cr}=\frac{2}{\lambda_{\max}}=\frac{2}{6}=0.333333\qquad(4)$$

如果采用 4×4 线性三角形网格,有 $\lambda_{\max}=386.426$(表 9.5.1),临界时间步长变为

$$\Delta t_{cr}=\frac{2}{\lambda_{\max}}=\frac{2}{386.426}=0.00518\qquad(5)$$

对于 4×4 线性矩形网格临界时间步长为 $\Delta t_{cr}=2/343.256=0.00583$。

对于整个域上 4×4 线性三角形或线性矩形网格,关于主变量的边界条件为

$$U_5=U_{10}=U_{15}=U_{20}=U_{21}=U_{22}=U_{23}=U_{24}=U_{25}=0.0\qquad(6)$$

从初始条件 $U_i=0(i=1,2,\cdots,25)$ 开始,可以求解式(9.5.13a)相关的组装的方程组。所有这里给出的数值结果都是基于图 9.5.1(b)所示的 4×4 线性三角形网格得到的。

向前差分格式可能是不稳定的,举个例子,当采用 4×4 三角形网格的 $\Delta t>0.00518$。为了验证这点,利用 $\alpha=0,\Delta t=0.01>\Delta t_{cr}=0.00518$ 和 $\alpha=0.5,\Delta t=0.01$ 来求解方程。Crank-Nicolson 方法给出了稳定的解,而向前差分格式给出了非稳定的解(随着时间的增加解的误差是增加的),如图 9.5.2 所示。对于 $\Delta t=0.005$ 向前差分格式给出了稳定解。

在 $\Delta t=0.005$ 时,Crank-Nicolson 方法仍然给出了稳定和精确的解。图 9.5.3(a)给出了温度 $\theta(x,0,t)$ 随着位置 x 和时间的变化。时间 $t=1.0$ 时得到了稳态解(相邻时间步的结果差

的容限为 $\varepsilon = 10^{-3}$)。图 9.5.3(b)给出了基于 Crank-Nicolson 方法的温度 $\theta(0,0,t)$ 随着时间的变化,可以看出问题从零到稳态的变化过程。表 9.5.2 给出了稳态有限元、有限差分和解析解给出的 $t = 1.0$ 时的瞬态解的对比。表 9.5.3 给出了不同 Δt 时基于 4×4 三角形和矩形单元的有限元解,且 $\alpha = 0.5$。

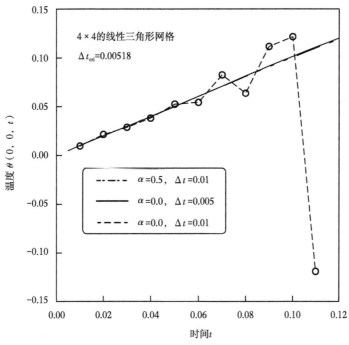

图 9.5.2　利用 4×4 线性三角形网格(参见图 9.5.1)和 Crank-Nicolson 格式($\alpha = 0.5$)即向前差分格式($\alpha = 0.0$)得到的例 9.5.2 热传导问题瞬态解 $\theta(0,0,t)$ 的稳定性

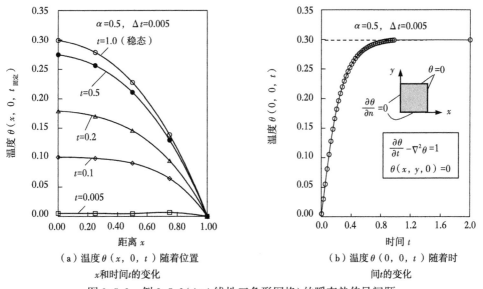

(a)温度 $\theta(x,0,t)$ 随着位置 x 和时间 t 的变化

(b)温度 $\theta(0,0,t)$ 随着时间 t 的变化

图 9.5.3　例 9.5.2(4×4 线性三角形网格)的瞬态热传导问题

表 9.5.2　对于热传导问题基于有限差分法(FDM)和有限元法(FEM)与精确解的对比

节点	精确解 (稳态)	FDM (稳态)	误差	FEM (稳态)	误差	FEM[①] $t=1.0$ 时
1	0.2947	0.2911	0.0036	0.3013	−0.0066	0.2993
2	0.2789	0.2755	0.0034	0.2805	−0.0016	0.2786
3	0.2293	0.2266	0.0027	0.2292	0.0001	0.2278
4	0.1397	0.1381	0.0016	0.1392	0.0005	0.1385
5	0.0000	0.0000	0.0000	0.0000	0.0000	0.0000
7	0.2642	0.2609	0.0033	0.2645	−0.0003	0.2628
8	0.2178	0.2151	0.0027	0.2172	0.0006	0.2159
9	0.1333	0.1317	0.0016	0.1327	0.0006	0.1320
10	0.0000	0.0000	0.0000	0.0000	0.0000	0.0000
13	0.1811	0.1787	0.0024	0.1801	0.0010	0.1791
14	0.1127	0.1110	0.0017	0.1117	0.0010	0.1111
15	0.0000	0.0000	0.0000	0.0000	0.0000	0.0000
19	0.0728	0.0711	0.0017	0.0715	0.0013	0.0712
20	0.0000	0.0000	0.0000	0.0000	0.0000	0.0000
25	0.0000	0.0000	0.0000	0.0000	0.0000	0.0000

①基于 Crank-Nicolson 格式和 4*4 线性三角单元的结果,$\Delta t = 0.005$。

表 9.5.3　基于三角形和矩形单元有限元瞬态解的比较

时间 t	单元[①]	沿直线 $y=0$ 的温度:$\theta(x,0,t) \times 10$			
		$x=0.0$	$x=0.25$	$x=0.5$	$x=0.75$
0.1	T1	0.9758	0.9610	0.9063	0.7104
	R1	0.9684	0.9556	0.8956	0.6887
	T2	0.9928	0.9798	0.9168	0.6415
	R2	0.9841	0.9718	0.9020	0.6323
0.2	T1	1.8003	1.7238	1.4891	0.9321
	R1	1.7723	1.7216	1.4829	0.9367
	T2	1.7979	1.7060	1.4644	0.9462
	R2	1.9681	1.6990	1.4626	0.9469
0.3	T1	2.3130	2.1671	1.7961	1.1466
	R1	2.2747	2.1650	1.8084	1.1499
	T2	2.2829	2.1448	1.7943	1.1249
	R2	2.2479	2.1432	1.8018	1.1319
1.0	T1	2.9960	2.7871	2.2804	1.3843
	R1	2.9648	2.8053	2.3090	1.4059
	T2	2.9925	2.7862	2.2776	1.3849
	R2	2.9621	2.8037	2.3065	1.4053

①T1:三角形单元,$\Delta t = 0.1$;T2:三角形单元,$\Delta t = 0.05$;R1:矩形单元,$\Delta t = 0.1$;R2:矩形单元,$\Delta t = 0.05$。所有算例中,采用 4*4 的线性单元和 $\alpha = 0.5$。

9.5.3 双曲型方程

这里考虑半离散模型:

$$\boldsymbol{M}^e \ddot{\boldsymbol{u}}^e + \boldsymbol{K}^e \boldsymbol{u}^e = \boldsymbol{f}^e + \boldsymbol{Q}^e \tag{9.5.15}$$

并讨论相应的特征值问题和瞬态分析的完全离散有限元模型。式(9.5.15)类型的方程出现于结构动力学问题中,这里 $\boldsymbol{M}^e$ 是质量矩阵,$\boldsymbol{K}^e$ 是刚度矩阵(不失一般性,这里忽略了对流贡献 $\boldsymbol{H}^e$ 和 $\boldsymbol{P}^e$)。一个例子是薄膜横向运动的控制方程,这里 u 是横向挠度,f 是横向分布力。式(9.5.15)在数学上归类为双曲型方程。

9.5.3.1 特征值分析

双曲型问题是更典型的结构动力学问题,式(9.5.15)相应的特征值问题即寻找结构的自然频率(对齐次边界条件和 $f=0$)。对于自然振动,假设周期运动的形式为

$$u_j^e(t) = u_{0j}^e \mathrm{e}^{-i\omega t}, \quad Q_j^e(t) = Q_{0j}^e \mathrm{e}^{-i\omega t} \tag{9.5.16a}$$

且模态为

$$u_0^e(x,y) = \sum_{j=1}^n u_{0j}^e \psi_j^e(x,y) \tag{9.5.16b}$$

将式(9.5.16a)代入式(9.5.15),得

$$(-\omega^2 \boldsymbol{M}^e + \boldsymbol{K}^e) \boldsymbol{u}_0^e = \boldsymbol{Q}_0^e \tag{9.5.17}$$

组装有限元方程组之后,可得整体特征值问题:

$$(\boldsymbol{K} - \lambda \boldsymbol{M}) \boldsymbol{U} = \boldsymbol{Q}, \quad \lambda = \omega^2 \tag{9.5.18}$$

在施加齐次边界条件之后,基于和式(9.5.18)相关的组装方程组,可确定特征值 $\lambda = \omega^2$ 和特征函数 $\sum_{j}^n u_{0j}^e \psi_j^e(x,y)$。对于薄膜问题,$\omega$ 表示自由振动的频率。式(9.5.18)对应的离散系统特征值的数目等于网格中待定节点值 U 的数目。

例 9.5.3

考虑边长分别为 a 和 b(单位 ft)的各向同性材料的矩形膜(图 9.5.4),材料密度 ρ(单位 slugs/ft^2),四边固定(即边界 Γ 上 $u=0$)。利用三角形和矩形单元确定其自然频率。

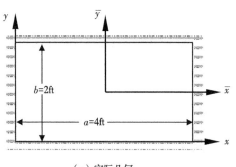

(a)实际几何

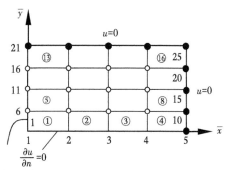

(b)边界条件以及矩形单元划分的1/4区域(三角形网格可以通过将矩形单元的局部节点1和节点3连起来得到)

图 9.5.4 矩形薄膜的分析

解:尽管问题是双轴对称的[图9.5.4(a)],但是在有限元分析中利用对称性会消除膜振动的非对称模态。举个例子,如果有限元分析时采用1/4区域[图9.5.4(b)],频率 $\omega_{mn}(m,n\neq 1,3,5,\cdots)$ 和相应的特征函数会丢失[即只能得到 $\omega_{mn}(m,n=1,3,5,\cdots)$]。基于整个区域可得其前 N 个频率,这里 N 是网格中待定节点位移的数目。为了得到所有的频率,这里对整个区域进行建模。

如果只关心第一个特征值或者对称的频率,可以在分析时采用1/4区域。实际上,例9.5.1的结果在这里也是适用的,且 $\lambda_{mn}=\omega_{mn}^2$。表9.5.1给出的结果可以看成是 $a=b=2$ 的正方形薄膜的对称自然频率,且 $\rho=1$, $a_{11}=a_{22}=T=1$。张力为 $a_{11}=a_{22}=T$,密度为 ρ 的长宽分别为 a 和 b 的矩形薄膜的精确自然频率为

$$\omega_{mn}=\pi\sqrt{\frac{T}{\rho}}\sqrt{\frac{m^2}{a^2}+\frac{n^2}{b^2}}\quad(m,n=1,2,\cdots) \tag{1}$$

表9.5.4给出了矩形薄膜($a=4\text{ft}$, $b=2\text{ft}$, $T=12.5\text{lb/ft}$, $\rho=2.5\text{slugs/ft}^2$)的前九阶频率,利用不同线性和二次的三角形和矩形单元在整个区域上求得。有限元结果的收敛性是很清楚的。线性矩形单元的结果比线性三角形单元的结果要更精确。图9.5.5给出了基于九节点二次单元的4×4网格的前四阶频率对应的模态。

表9.5.4 基于线性(L)和二次(Q)的三角形和矩形网格得到的自然频率结果与精确解的对比

ω_{mn}	三角形			矩形			精确解
	4×4L	8×8L	4×4Q	4×4L	8×8L	4×4Q	
ω_{11}	4.2266	4.0025	3.9335	4.0285	3.9523	3.9280	3.9270
ω_{21}	5.9083	5.2068	5.0089	5.2899	5.0477	4.9773	4.9673
ω_{31}	9.2391	6.8788	6.4953	7.2522	6.6020	6.4052	6.3321
ω_{12}	9.3577	7.5271	7.2945	7.9527	7.4201	7.2667	7.2410
ω_{22}	10.0619	8.4565	8.0130	9.6603	8.0571	7.8835	7.8540
ω_{41}	12.1021	8.8856	8.1560	9.9805	8.5145	7.8958	7.8540
ω_{32}	13.2012	9.9280	9.2022	12.7158	9.1117	8.8545	8.7810
ω_{51}	14.6943	11.1191	10.5405	13.1699	10.5799	9.9859	9.4574
ω_{42}	15.8118	11.4426	10.8757	14.0733	10.7279	10.8543	9.9346

9.5.3.2 瞬态分析

利用 (α,γ) 族近似(参见7.4.5节)双曲方程(9.5.15)可以转换为一组代数方程组:

$$u^{s+1}\approx u^s+\Delta t\dot{u}^s+\frac{1}{2}(\Delta t)^2[(1-\gamma)]\ddot{u}^s+\gamma\ddot{u}^{s+1}] \tag{9.5.19}$$

$$\dot{u}^{s+1}\approx\dot{u}^s+a_2\ddot{u}^s+a_1\ddot{u}^{s+1} \tag{9.5.20}$$

式中,α 和 γ 为决定算法稳定性和精度的参数[参见式(7.4.43)],且 $a_1=\alpha\Delta t$, $a_2=(1-\alpha)\Delta t$。与7.4.5节的推导类似,可以得到如下完全离散的方程组:

$$\hat{K}u^{s+1}=\hat{F}^{s,s+1} \tag{9.5.21a}$$

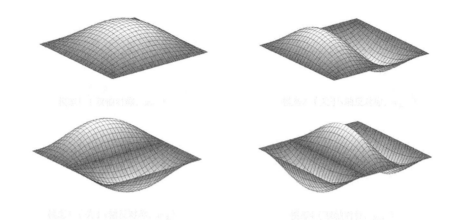

图 9.5.5　最小的四阶自然频率对应的模态

式中,

$$\hat{\boldsymbol{K}} = \boldsymbol{K} + a_3 \boldsymbol{M}, \hat{\boldsymbol{F}}^{s,s+1} = \boldsymbol{F}^{s+1} + \boldsymbol{M}\overline{\boldsymbol{u}}^s \tag{9.5.21b}$$

$$\overline{\boldsymbol{u}}^s = a_3 \boldsymbol{u}^s + a_4 \dot{\boldsymbol{u}}^s + a_5 \ddot{\boldsymbol{u}}^s$$

$$a_3 = \frac{2}{\gamma(\Delta t)^2}, a_4 = a_3 \Delta t, a_5 = \frac{1}{\gamma} - 1 \tag{9.5.21c}$$

2 个 (α, γ) 族近似的特例是:(1)恒定平均加速度法 $(\alpha = \gamma = 1/2)$,也被称为 Newmark 法;(2)线性加速度法 $(\alpha = 1/2, \gamma = 1/3)$。基于中心差分法的完全离散的方程组为[参见式(7.4.22),这里 $\boldsymbol{C} = 0$]

$$\frac{1}{(\Delta t)^2} \boldsymbol{M} \boldsymbol{u}^{s+1} = \boldsymbol{F}^s + \left(\frac{2}{(\Delta t)^2} \boldsymbol{M} - \boldsymbol{K} \right) \boldsymbol{u}^s - \frac{1}{(\Delta t)^2} \boldsymbol{M} \boldsymbol{u}^{s-1} \tag{9.5.22}$$

各种格式的稳定性为:

(1) $\alpha = 1/2, \gamma = 1/2$,恒定平均加速度法(无条件稳定);

(2) $\alpha = 1/2, \gamma = 1/3$,线性加速度法(条件稳定);

(3)中心差分法(条件稳定)。

一般来说,所有 $\gamma \geqslant \alpha \geqslant 1/2$ 的算法是无条件稳定的。对于 $\alpha \geqslant 1/2$ 且 $\gamma < \alpha$,以及中心差分法,稳定条件为

$$\Delta t \leqslant \Delta t_{\text{cr}} = \left[\frac{1}{2} \omega_{\text{max}}^2 (\alpha - \gamma) \right]^{-1/2} \tag{9.5.23}$$

式中,$\omega_{\text{max}}^2 = \lambda_{\text{max}}$ 是式(9.5.18)对应的无阻尼系统的最大特征值。注意到更细的网格会给出更高的最大特征值,因此产生更小的 Δt_{cr}。

如 7.4.5 节所述,(α, γ) 族近似和中心差分格式不是自启动的(隐式格式)。式(7.4.45)和式(7.4.47)提供了计算 $\ddot{\boldsymbol{u}}^0$(对 Newmark 方法)和 $\boldsymbol{u}^{(-1)}$(对中心差分法)的方法:

$$\ddot{u}^0 = M^{-1}(F_0 - Ku^0) \tag{9.5.24a}$$

$$u^{(-1)} = u^0 - \Delta t \dot{u}^0 + \frac{(\Delta t)^2}{2}\ddot{u}^0 \tag{9.5.24b}$$

一旦得到完全离散方程组(9.5.21a)的 u^{s+1},速度向量 $\dot{u}^{s+1}$ 和加速度向量 $\ddot{u}^{s+1}$ 可以按照如下方式计算:

$$\ddot{u}^{s+1} = a_3(u^{s+1} - u^s) - a_4\dot{u}^s - a_5\ddot{u}^s \tag{9.5.25a}$$

$$\dot{u}^{s+1} = \dot{u}^s + a_2\ddot{u}^s + a_1\ddot{u}^{s+1} \tag{9.5.25b}$$

式中, a_1 到 a_5 的定义见式(9.5.21c)。

例 9.5.4

考虑四边固定的、边长分别为 $a = 4\text{ft}$ 和 $b = 2\text{ft}$ 的各向同性矩形薄膜(参见例 9.5.3)。假设薄膜中的张力为 12.5lb/ft(即 $a_{11} = a_{22} = 12.5$)和 $\rho = c = 2.5\text{slugs/ft}^2$。假设初始速度 $v_0 = 0$,初始挠度为

$$u_0(x,y) = 0.1(4x - x^2)(2y - y^2) \tag{1}$$

利用有限元方法确定薄膜挠度 $u(x,y,t)$ 随时间的变化。问题的解析解为(参见 Kreyszig[6])

$$u(x,y,t) = \frac{409.6}{\pi^6}\sum_{m,n = 1,3,\cdots}\frac{1}{m^3 n^3}\cos\omega_{mn}t\sin\frac{m\pi x}{4}\sin\frac{n\pi y}{2} \tag{2a}$$

$$\omega_{mn} = \frac{\pi}{4}\sqrt{5(m^2 + 4n^2)} \tag{2b}$$

坐标系 (x,y) 的原点在区域的底部角点处[图 9.5.4(a)]。

解:在有限元分析中,可以利用问题的双轴对称性只针对 1/4 区域进行建模[图 9.5.4(b)]。在计算域上建立一个新的坐标系 $(\bar{x}, \bar{y})$。新坐标系下的初始位移如式(1)所示,需要将 x 和 y 用 $\bar{x}$ 和 $\bar{y}$ 表示: $x = \bar{x} + 2$, $y = \bar{y} + 1$。利用式(9.5.24a)和 $F_0 = 0$ 以及式(1)给出的 $u_0, u_0(x,y)$,可计算 $\ddot{u}$ 的初值。在 $\bar{x} = 2$ 和 $\bar{y} = 1$ 上,节点参数 u 及其时间导数的值均为 0。

对于临界时间步长,基于和瞬态分析同样的网格,利用式(9.5.18)的解可以计算 $\lambda_{\max}$,进而可以利用式(9.5.23)计算 Δt_{cr}。当然,对于 $\alpha = 1/2$, $\gamma = 1/2$,由于算法是稳定的,因此对时间步长没有限制。对于 1/4 区域上的 4×4 线性矩形单元网格,最大的特征值为 $\lambda_{\max} = 1072.68$,对于线性加速度法($\alpha = 1/2$, $\gamma = 1/3$)有 $\Delta t_{cr} = 0.1058$。

图 9.5.6 给出了利用平均加速度法($\alpha = 1/2$, $\gamma = 1/2$)和线性加速度法($\alpha = 1/2$, $\gamma = 1/3$)在 $\Delta t = 0.125 > \Delta t_{cr}$ 时的解的稳定特征。图 9.5.7 给出了中心挠度 $u(0,0,t)$ 随时间 t 的变化。有限元结果与解析解(2a)和(2b)吻合得很好。

作为本节的结束,注意到还有很多其他近似方法可以将式(9.5.7)和式(9.5.15)的抛物型和双曲型方程转换成代数方程组。更全面的讨论参见 Surana 和 Reddy 的专著[7]。如第 7 章讨论的,显式格式可以采用集中质量阵和阻尼阵[式(9.5.22)可以变成显式的]。

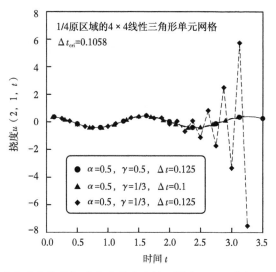

图 9.5.6　平均加速度法和线性加速度法的稳定性(利用 1/4 区域内 4×4 的线性矩形单元)

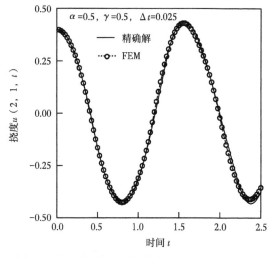

图 9.5.7　有限元和解析解给出的初始挠度下矩形薄膜中心挠度的比较

9.6　小结

本章给出了建立二维单变量二阶微分方程的有限元格式的步骤。这些步骤包括方程的弱形式、有限元模型的建立、线性三角形和矩形单元插值函数的推导、单元矩阵和向量的推导、方程组的组装、方程的求解和解的梯度的计算。讨论了大量关于热传递(热传导和对流)、流体力学和固体力学问题。最后,讨论了时间相关问题的有限元模型,同时也讨论了抛物型和双曲型问题的特征值和完全离散的有限元模型,并给出了几个例子。本章是本书的核心且铺就了接下来建立平面弹性力学和黏性流体流动问题的有限元模型的道路。

习题

注意：大多数问题需要建模能力(诸如当未给出网格时进行网格划分，某些情况下需要进行单元矩阵和源向量的计算、组装方程组、识别节点变量表示的边界条件、写出缩聚方程组)。某些时候，需要完整的解。当问题的规模比较大时，需要给出问题求解的关键步骤。大多数问题可以利用 FEM2D 进行求解，将在第 10 章讨论这个程序。

一般的场问题

在题 9.1—题 9.4 中，利用合适数目的积分点，并利用精确积分结果进行验证。

9.1 对于线性三角形单元，证明：

$$\sum_{i=1}^{3} \alpha_i^e = 2A_e, \ \sum_{i=1}^{3} \beta_i^e = 0, \ \sum_{i=1}^{3} \gamma_i^e = 0 \tag{1}$$

$$\alpha_i^e + \beta_i^e \hat{x}^e + \gamma_i^e \hat{y}^e = \frac{2}{3} A_e \quad \text{对任意的 } i \tag{2}$$

式中，

$$\hat{x}^e = \frac{1}{3} \sum_{i=1}^{3} x_i^e, \ \hat{y}^e = \frac{1}{3} \sum_{i=1}^{3} y_i^e \tag{3}$$

(x_i^e, y_i^e) 为单元第 i 个节点的坐标。

9.2 考虑边界为 Γ_e 的典型单元 Ω_e 上的偏微分方程

$$-\nabla^2 u + cu = 0 \ \text{在} \ \Omega_e \ \text{内}, \ \frac{\partial u}{\partial n} + \beta u = q_n \ \text{在} \ \Gamma_e \ \text{上}$$

在单元上给出方程的弱形式及有限元模型。

9.3 在习题 9.2 中假设 c 和 β 是常数，对于线性的(1)矩形单元和(2)三角形单元写出其单元系数矩阵和源向量。

9.4 针对图 P9.4 给出的线性(a)三角形单元和(b)矩形单元，计算线性插值函数。
答案：(1)$\psi_1 = (12.25 - 2.5x - 1.5y)/9.25$。

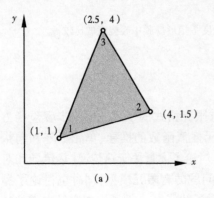

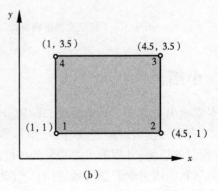

图 P9.4

9.5 场问题$-\nabla^2 u = f_0$的有限元分析中,三角形单元的节点值为

$$u_1 = 389.79, u_2 = 337.19, u_3 = 395.08$$

单元的插值函数为

$$\psi_1 = \frac{1}{9.25}(12.25 - 2.5x - 1.5y), \psi_2 = \frac{1}{9.25}(-1.5 + 3x - 1.5y)$$

$$\psi_3 = \frac{1}{9.25}(-2.5 - 0.5x + 3y)$$

(1)寻找$x=3$和$y=2$处沿着方向$4\hat{e}_x + 3\hat{e}_y$上通量的分量。

(2)三角形单元内$(x_0, y_0) = (3,2)$处有一个强度为Q_0的点源。求点源对单元源向量的贡献。结果用Q_0表示。

9.6 场问题$-\nabla^2 u = f_0$的有限元分析中,其节点值分别为$u_1 = 389.79, u_2 = 337.19, u_3 = 395.08$(参见图 P9.6)。(1)求解的梯度;(2)确定 392 等值线与图 P9.6 中单元边界的交点。

答案:$10.58\hat{e}_x - 105.2\hat{e}_y$。

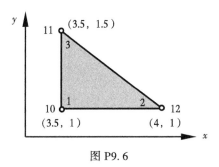

图 P9.6

9.7 图 P9.7 所示单元的节点值,对于三角形单元分别为$u_1 = 0.2645, u_2 = 0.2172, u_3 = 0.1800$,对于矩形单元分别为$u_1 = 0.2173, u_3 = 0.1870, u_2 = u_4 = 0.2232$,在$(x, y) = (0.375, 0.375)$处计算$u$、$\partial u / \partial x$和$\partial u / \partial y$。

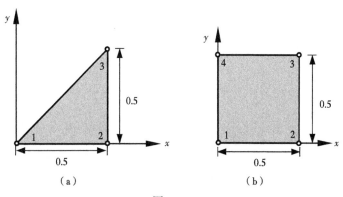

图 P9.7

9.8 在例 9.4.5 的地下水流动问题中,计算泵 2 对单元 43 的节点载荷的贡献。

9.9 通过连接节点 1 和节点 3 将图 P9.9(a) 中给出的矩形单元分成两个三角形单元[参见图 P9.9(b)],计算与 Laplace 算子相关的系数矩阵。将得到的结果与式(9.2.54)给出的矩形单元的进行对比。

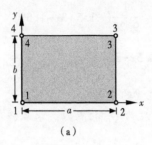
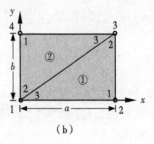

(a)　　　　　　　　　　　　　　　(b)

图 P9.9

9.10 精确计算如下单元矩阵:

$$S_{ij}^{01} = \int_0^a \int_0^b \psi_i \frac{\mathrm{d}\psi_j}{\mathrm{d}x} \mathrm{d}x \mathrm{d}y, S_{ij}^{02} = \int_0^a \int_0^b \psi_i \frac{\mathrm{d}\psi_i}{\mathrm{d}y} \mathrm{d}x \mathrm{d}y$$

式中,$\psi_i(x,y)$ 是边长为 a 和 b 的矩形单元的线性插值函数。

9.11 给出图 P9.11(a) 和 P9.11(b) 所示有限元网格组装的系数矩阵 K 和列向量 F。假设每个节点只有一个自由度,令 K^e 和 F^e 表示第 e 个单元的单元系数。将结果用单元系数 K_{ij}^e 和 F_i^e 表示。

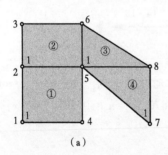
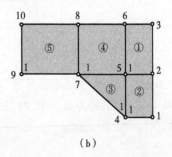

(a)　　　　　　　　　　　　　　　(b)

图 P9.11

9.12 针对图 P9.12 的网格重复习题 9.11。

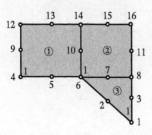
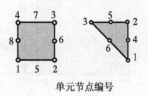

单元节点编号

图 P9.12

9.13　针对图 P9.13 所示线性单元网格计算非零给定边界通量产生的整体源向量。

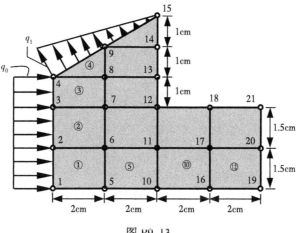

图 P9.13

9.14　针对图 P9.14 的二次单元网格重复习题 9.13。

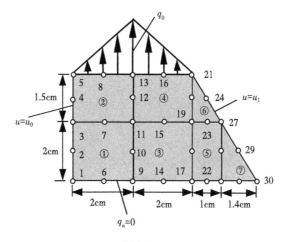

图 P9.14

9.15　如图 P9.15 所示,一个密度为 q_0 的线源穿过三角形单元。计算单元源向量。

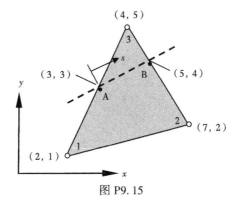

图 P9.15

9.16 若线源为 $q(s) = q_0 s/L$，这里 L 是点 A 和 B 之间的距离，s 是沿着连接点 A 和 B 的线段的坐标，重复习题 9.15。

9.17 考虑关于变量 u 的如下偏微分方程：

$$c\frac{\partial u}{\partial t} - \frac{\partial}{\partial x}\left(a\frac{\partial u}{\partial x}\right) - \frac{\partial}{\partial y}\left(b\frac{\partial u}{\partial y}\right) - f_0 = 0 \tag{1}$$

式中，c、a、b 和 f_0 为常数。假设近似的形式为

$$u_h(x, y, t) = (1-x)yu_1(t) + x(1-y)u_2(t) \tag{2}$$

式中，u_1 和 u_2 为 t 时刻 u 的节点值。

(1)建立方程的完全离散有限元模型。

(2)对于 1 乘 1 的正方单元(以便于计算积分)，计算单元系数矩阵和源向量。

注意：不要过多关注这个对未知量的非常规近似，只是利用它来解答问题。

9.18 在矩形上求解 Laplace 方程：

$$-\left(\frac{\partial^2 u}{\partial x^2} + \frac{\partial^2 u}{\partial y^2}\right) = 0 \quad 在 \Omega 内 \tag{1}$$

式中，$u(0, y) = u(a, y) = u(x, 0) = 0$，$u(x, b) = u_0(x)$。利用对称性和(1)2×2 三角形单元网格，(2)2×2 矩形单元网格(参见图 P9.18)。精确解为

$$u(x, y) = \sum_{n=1}^{\infty} A_n \sin\frac{n\pi x}{a}\sinh\frac{n\pi y}{b} \tag{2}$$

式中，

$$A_n = \frac{2}{a\sinh(n\pi b/a)}\int_0^a u_0(x)\sin\frac{n\pi x}{a}\mathrm{d}x \tag{3}$$

计算时令 $a = b = 1$，$u_0(x) = \sin\pi x$。对于此种情况，精确解变为

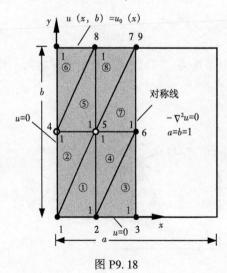

图 P9.18

$$u(x,y) = \frac{\sin\pi x \sinh\pi y}{\sinh\pi} \qquad (4)$$

比较有限元解与精确解。

解:对于 2×2 三角形单元网格 $U_4 = 0.23025$，$U_5 = 0.16281$;对于 2×2 矩形单元网格 $U_4 = 0.1520$，$U_5 = 0.1075$。

9.19　当 $u_0(x) = 1$ 时求习题 9.18。解析解为:

$$u(x,y) = \frac{4}{\pi}\sum_{n=0}^{\infty}\frac{\sin(2n+1)\pi x \sinh(2n+1)\pi y}{(2n+1)\sinh(2n+1)\pi}$$

解:(1) $U_5 = 0.2059$，$U_6 = 0.2647$。 (2) $U_5 = 0.26821$，$U_6 = 0.33775$。

9.20　当 $u_0(x) = 4(x-x^2)$ 时求习题 9.18。

解:(1) $U_5 = 0.1691$，$U_6 = 0.2353$。 (2) $U_5 = 0.1068$，$U_6 = 0.1623$。

9.21　求解图 P9.21 所示边界条件的单位域的 Lapacc 方程。利用一个矩形单元。

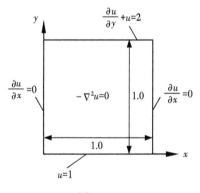

图 P9.21

9.22　考虑图 P9.22 所示单位域的泊松方程(控制热传递及其他现象):

$$-\frac{\partial}{\partial x}\left(k\frac{\partial u}{\partial x}\right) - \frac{\partial}{\partial y}\left(k\frac{\partial u}{\partial y}\right) = f_0 \qquad (1)$$

图 P9.22 给出了问题的边界条件。假设 $k=1$，$f_0=2$，利用均匀的 2×2 线性矩形单元网格确定未知的节点值 u。**解**:$U_5 = 0.625$。

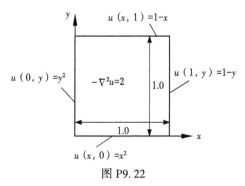

图 P9.22

9.23　利用 2 个三角形单元求解图 P9.21 的问题。利用将点$(1,0)$和$(0,1)$连接起来生成的网格。

9.24　利用 1 个线性矩形和 2 个线性三角形单元求解习题 9.22,如图 P9.24 所示。解:$U_5 = 0.675$。

9.25　求解 Ω 内的泊松方程$-\nabla^2 u = 2$,在 Γ_1 上 $u = 0$,在 Γ_2 上 $\partial u/\partial n = 0$,$\Omega$ 是由抛物线 $y = 1 - x^2$ 和两个坐标轴围成的第一象限(图 P9.25),Γ_1 和 Γ_2 为图 P9.25 所示的边界。

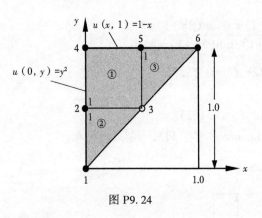

图 P9.24

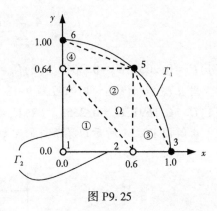

图 P9.25

热传递问题

9.26　利用图 P9.26 给出的网格计算轴对称场问题。注意本问题关于 z 为常数的线是对称的。因此,问题的本质是一维的。只需给出单元 1 的单元矩阵和源向量,并给出关于主变量和次变量的已知边界条件。

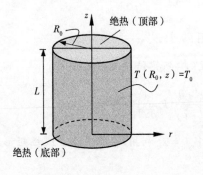

$k_r = k_z = k$, 常数
$k = 20\,\text{W}/(\text{m} \cdot \text{℃})$
$g_0 = 10^7\,\text{W}/\text{m}^3$ (内部生热率)
$T_0 = 100\,\text{℃}$, $R_0 = 0.02\,\text{m}$

图 P9.26

9.27　利用图 P9.27 给出的网格构造轴对称场问题。只需给出关于主变量和次变量的已知边界条件,并利用平衡条件和定义给出 $r = R_0/2$ 处关于次变量的代数表达式。

9.28　如图 P9.28 所示,一组加热线位于导热介质中。介质的热导率为 $k_x = 10\,\text{W}/(\text{cm} \cdot \text{℃})$ 和 $k_y = 15\,\text{W}/(\text{cm} \cdot \text{℃})$,其上表面置于$-5\,\text{℃}$ 的环境温度中$[\beta = 5\,\text{W}/(\text{cm}^2 \cdot \text{K})]$,下表面绝热。假设每个加热线都可看作强度为 $250\,\text{W}/\text{cm}$ 的点源。针对计算域(考虑问题的对称性)利用 8×8 的线性矩形(或三角形)单元网格,构造该问题(即给出典型单元的单元矩阵,给出关于主变量和次变量的边界条件,计算对流边界条件的贡献)。

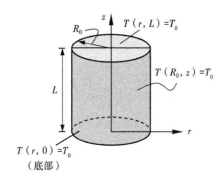

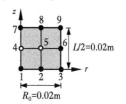

图 P9.27

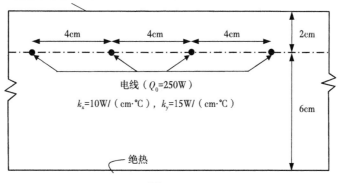

图 P9.28

9.29 构造有限元分析的信息以确定图 P9.29 所示石棉绝热模具内的温度分布。利用对称性确定计算域并给出网格节点上的给定边界条件。对于如图所示网格其连接矩阵是什么?

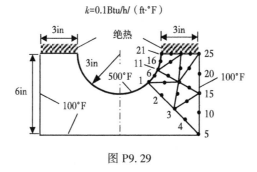

图 P9.29

9.30 考虑边长为 $2a$ 的正方区域内的稳态热传导问题。假设介质的热导率为 $k[\text{W}/(\text{m}^2 \cdot ℃)]$,均匀生热率为 $g_0(\text{W}/\text{m}^3)$。对于图 P9.30 所示的边界条件和网格,写出节点 1、节点 3 和节点 7 的有限元代数方程。

9.31 对于图 P9.31 所示的对流换热问题,写出关于未知温度的 4 个有限元方程。假设材料的热导率为 $k = 5\text{W}/(\text{m}^2 \cdot ℃)$,左表面的对流换热系数为 $\beta = 28\text{W}/(\text{m}^2 \cdot ℃)$,内生热率为零。利用(1)平衡和(2)定义计算节点 2、节点 4 和节点 9 的热量。

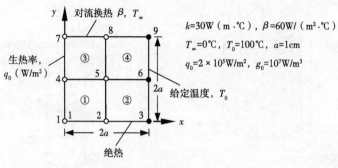

图 P9.30

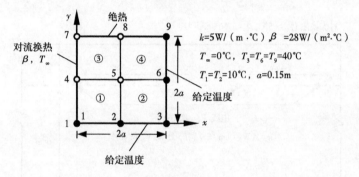

图 P9.31

9.32 对于图 P9.32 所示问题写出关于未知温度的有限元方程。

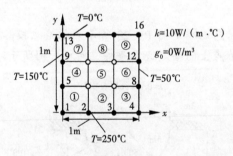

图 P9.32

9.33 对于图 P9.33 所示问题写出关于节点 13、节点 16 和节点 19 的有限元方程。

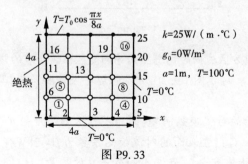

图 P9.33

9.34　对于习题9.32写出关于节点1和节点13的热量有限元方程。将解答用节点温度 T_1、$T_2,\cdots,T_{16}$ 表示。

9.35　如图P9.35所示翅片,其基础的温度保持在300℃,其余边界处于对流环境中,写出关于节点7和节点10的有限元方程。

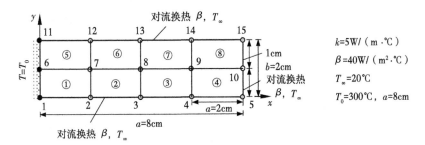

图 P9.35

9.36　对于习题9.35,计算节点10和节点13的热量损耗。

流动问题

9.37　考虑围堰的地下水流动问题(参见图P9.37)。对于速度势格式,给出边界条件。

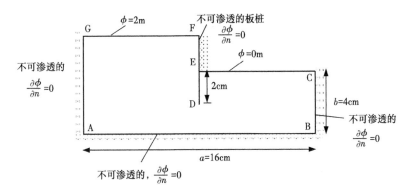

图 P9.37

9.38　考虑图P9.38所示地下水流动问题,给出有限元分析的边界条件及输入数据。泵位于 $(x,y)=(550,400)$ m 处。

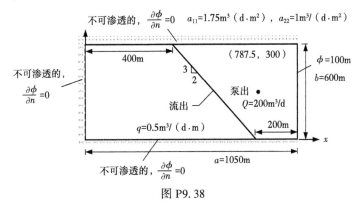

图 P9.38

9.39 对于图 P9.39 所示区域重复题 9.38。

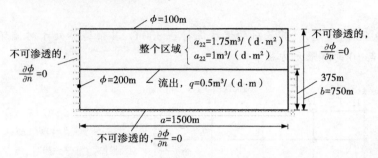

图 P9.39

9.40 考虑围堰的地下水流动问题(图 P9.40)。对于速度势格式,给出边界条件。假设土是各向同性的($k_x=k_y$),构造问题的有限元分析(即确定给定的主变量和次变量的值及其对节点的贡献)。另外,写出节点 8 和节点 11 的有限元方程。写出关于第 5 和第 10 个单元水平速度分量的有限元方程。

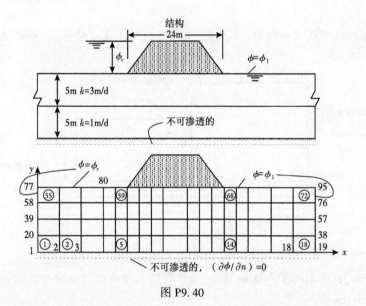

图 P9.40

9.41 考虑利用(1)流函数格式和(2)速度势格式分别构造绕椭圆柱的流动问题。几何和边界条件如图 P9.41 所示。

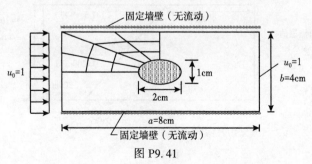

图 P9.41

9.42　对于图 P9.42 所示区域重复习题 9.41。

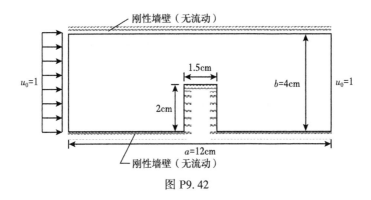

图 P9.42

固体力学问题

9.43　圆柱构件扭转的 Prandtl 理论为

$$-\nabla^2 u = 2G\theta \ 在 \ \Omega \ 内;u=0 \ 在 \ \Gamma \ 上$$

式中,Ω 是受扭圆柱构件的横截面,Γ 是 Ω 的边界,G 是构件材料的剪切模量,θ 是扭转角,u 是应力函数。利用线性三角形单元网格求解当 Ω 是圆截面(图 P9.43)时的方程。将有限元结果与如下精确解(适用于椭圆截面的轴长为 a 和 b)进行对比:

$$u = \frac{G\theta a^2 b^2}{a^2+b^2}\left(1-\frac{x^2}{a^2}-\frac{y^2}{b^2}\right)$$

令 $a=1,b=1,f_0=2G\theta=10$。

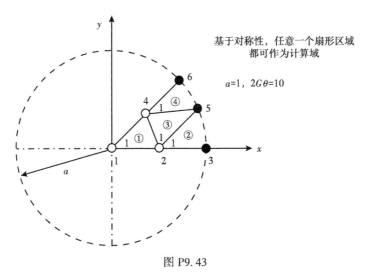

图 P9.43

9.44　对于椭圆截面构件(参见图 P9.44)重复习题 9.43。令 $a=1,b=1.5$。

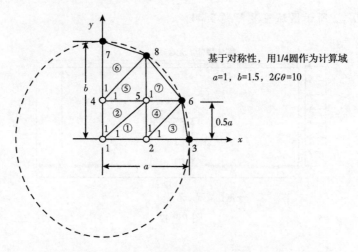

图 P9.44

9.45 对于 Ω 是等边三角形(图 P9.45)的情形重复习题 9.43。精确解为

$$u=-G\theta\left[\frac{1}{2}(x^2+y^2)-\frac{1}{2}a(x^3-3xy^2)-\frac{2}{27}a^2\right]$$

令 $a=1$, $f_0=2G\theta=10$。给出节点 5 的有限元方程。

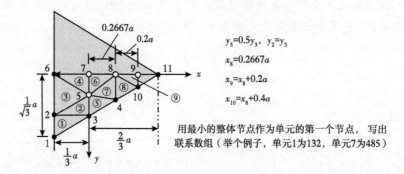

图 P9.45

9.46 考虑空心正方形截面构件的扭转。应力函数 Ψ 需满足泊松方程(9.4.36)和如下的边界条件:

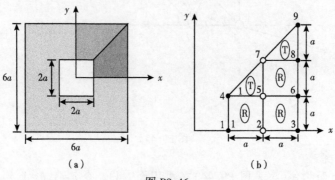

图 P9.46

在外部边界上:$\Psi=0$; 在内部边界上:$\Psi=2r^2$

这里 r 是外边长和内边长的比值,$r=6a/2a$。利用图 P9.46 所示网格构造问题的有限元分析。

9.47 对于线性三角形单元网格[连接图 P9.46(b)中节点 1 和 5,2 和 6,5 和 8]重复习题 9.46。

9.48 如图 P9.48 所示膜受到密度为 $f_0(\mathrm{N/m^2})$ 的均匀横向分布载荷作用。写出关于未知位移的缩聚方程。

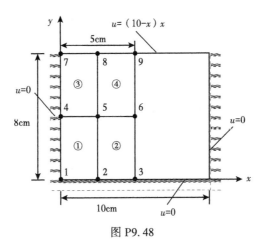

图 P9.48

9.49 如图 P9.49 所示,圆形膜受到密度为 $f_0(\mathrm{N/m^2})$ 的均匀横向分布载荷作用。写出关于未知位移的缩聚方程。

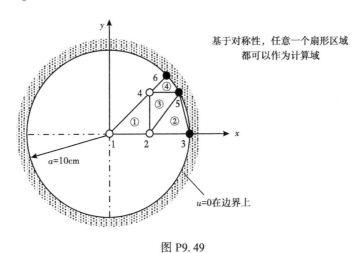

图 P9.49

特征值和瞬态问题

9.50 确定如下瞬态分析问题的临界时间步长($\alpha \leqslant \dfrac{1}{2}$):

$$\frac{\partial u}{\partial t}-\nabla^2 u=1 \text{ 在 } \Omega \text{ 内};u=0 \text{ 在 } \Omega \text{ 内且 } t=0 \tag{1}$$

通过确定如下问题的最大特征值：

$$-\nabla^2 u = \lambda u \text{ 在 } \Omega \text{ 内}; u=0 \text{ 在 } \Gamma \text{ 上} \tag{2}$$

区域为 1 个单位的正方形。利用(1)1/8 区域内的 1 个三角形单元；(2)1/8 区域内的 4 个线性三角形单元[图 P9.50(b)]；(3)1/4 区域内的 2×2 线性矩形单元网格[图 P9.50(c)]。确定向前差分格式的临界时间步长。解：(1)$\lambda = 24$；(2)$\lambda_{max} = 305.549$。

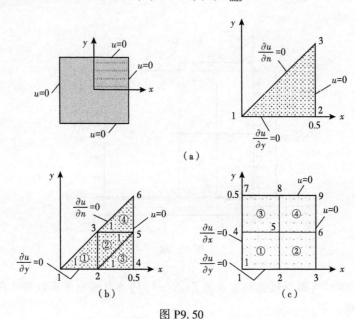

图 P9.50

9.51 确定习题 9.50 瞬态分析的 α 族近似的缩聚方程。利用图 P9.50(b)的网格。

9.52 确定习题 9.49 圆形膜的时间相关分析的缩聚方程。

9.53 确定习题 9.48 矩形膜的最小固有频率。

9.54 确定习题 9.49 圆形膜时间相关分析的向前差分格式的临界时间步长。

9.55 (时空单元)考虑如下微分方程：

$$c\frac{\partial u}{\partial t} - \frac{\partial}{\partial x}\left(a\frac{\partial u}{\partial x}\right) = f \text{ 且 } 0<x<L, 0 \le t \le T \tag{1}$$

式中，

$$\begin{aligned} u(0,t)=u(L,t)=0 \text{ 且 } 0 \le t \le T \\ u(x,0)=u_0(x) \text{ 且 } 0<x<L \end{aligned} \tag{2}$$

且 $c=c(x)$，$a=a(x)$，$f=f(x,t)$，u_0 为已知函数。考虑如下矩形区域：

$$\Omega = \{(x,t):0<x<L, 0 \le t \le T\} \tag{3}$$

其中一种对 Ω 进行有限元离散的是时空矩形单元(将 y 用 t 代替)。给出一个时空单元上的有限元方程，并讨论这类格式的数学/实际限制。计算一个线性单元的有限元矩阵。

9.56 (时空有限单元)考虑如下时间相关方程：

$$\frac{\partial^2 u}{\partial x^2} = c\frac{\partial u}{\partial t},且\ 0<x<1,t>0 \tag{1}$$

$$u(0,t)=0,\frac{\partial u}{\partial x}(1,t)=1,u(x,0)=x \tag{2}$$

利用(x,t)平面内的线性矩形单元对该问题进行建模。注意有限元模型为$[K^e]\{u^e\}=\{Q^e\}$，这里

$$K_{ij}^e = \int_0^{\Delta t}\int_{x_a}^{x_b}\left(\frac{\partial\psi_i^e}{\partial x}\frac{\partial\psi_j^e}{\partial x}+c\psi_i^e\frac{\partial\psi_j^e}{\partial t}\right)\mathrm{d}x\mathrm{d}t \tag{3}$$

$$Q_1^e = -\left(-\int_0^{\Delta t}\frac{\partial u}{\partial x}\mathrm{d}t\right)\Big|_{x=x_a},\quad Q_2^e=\left(\int_0^{\Delta t}\frac{\partial u}{\partial x}\mathrm{d}t\right)\Big|_{x=x_b} \tag{4}$$

9.57 （时空有限单元）配点时间近似方法由如下关系来定义：

$$\{\ddot{u}\}_{n+\alpha}=(1-\alpha)\{\ddot{u}\}_n+\alpha\{\ddot{u}\}_{n+1} \tag{1}$$

$$\{\dot{u}\}_{n+\alpha}=\{\dot{u}\}_n+\alpha\Delta t\left[(1-\gamma)\{\ddot{u}\}_n+\gamma\{\ddot{u}\}_{n+\alpha}\right] \tag{2}$$

$$\{u\}_{n+\alpha}=\{u\}_n+\alpha\Delta t\{\dot{u}\}_n+\frac{\alpha(\Delta t)^2}{2}\left[(1-2\beta)\{\ddot{u}\}_n+2\beta\{\ddot{u}\}_{n+\alpha}\right] \tag{3}$$

配点算法包含如下两种著名格式：$\alpha=1$即为 Newmark 算法，$\beta=\dfrac{1}{6}$，$\gamma=\dfrac{1}{2}$即为 Wilson 算法。对于如下参数值，配点算法是二阶精度无条件稳定的

$$\alpha\geqslant 1,\gamma=\frac{1}{2},\frac{\alpha}{2(1+\alpha)}\geqslant\beta\geqslant\frac{2\alpha^2-1}{4(2\alpha^3-1)} \tag{4}$$

利用配点算法构造如下矩阵形式的微分方程的代数方程

$$\boldsymbol{M\ddot{u}+C\dot{u}+Ku=F} \tag{5}$$

9.58 考虑如下耦合的偏微分方程组：

$$-\frac{\partial}{\partial x}\left(a\frac{\partial u}{\partial x}\right)-\frac{\partial}{\partial y}\left[b\left(\frac{\partial u}{\partial y}+\frac{\partial v}{\partial x}\right)\right]+\frac{\partial u}{\partial t}-f_x=0 \tag{1}$$

$$-\frac{\partial}{\partial x}\left[b\left(\frac{\partial u}{\partial y}+\frac{\partial v}{\partial x}\right)\right]-\frac{\partial}{\partial y}\left(c\frac{\partial v}{\partial y}\right)+\frac{\partial v}{\partial t}-f_y=0 \tag{2}$$

式中，u和v是因变量（未知函数），a、b和c为x和y的已知函数，且f_x和f_y为位置(x,y)和时间t的已知函数。

(1)对于每个方程使用不同的权函数（比如w_1和w_2），利用三步法建立（半离散的）弱形式。

(2)假设(u,v)的有限元单元近似为

$$u(x,y)=\sum_{j=1}^n\psi_j(x,y)U_j(t),v(x,y)=\sum_{j=1}^n\psi_j(x,y)V_j(t) \tag{3}$$

建立如下形式的(半离散的)有限元模型:

$$0 = \sum_{j=1}^{n} M_{ij}^{11} \dot{U}_j + \sum_{j=1}^{n} K_{ij}^{11} U_j + \sum_{j=1}^{n} K_{ij}^{12} V_j - F_i^1$$

$$0 = \sum_{j=1}^{n} M_{ij}^{22} \dot{V}_j + \sum_{j=1}^{n} K_{ij}^{21} U_j + \sum_{j=1}^{n} K_{ij}^{22} V_j - F_i^2$$

(4)

必须给出单元系数 K_{ij}^{11}、K_{ij}^{12} 和 F_i^1 等的代数形式。

(3)给出模型的完全离散有限元模型(用标准格式;无须推导过程)。

课外阅读参考资料

[1] J. P. Holman, *Heat Transfer*, 10th ed, McGraw-Hill, New York, NY, 2010.

[2] H. Schlichting, Boundary-Layer Theory (translated by J. Kestin), 7th ed., McGraw-Hill, NewYork, NY, 1979.

[3] S. P. Timoshenko and J. N. Goodier, *Theory of Elasticity*, 3rd ed, McGraw-Hill, New York, NY, 1970.

[4] L. V. Kantorovich and V. I. Krylov, *Approximate Methods of Higher Analysis*, P. Noordhoff, Groningen, The Netherlands, 1958.

[5] J. N. Reddy, *Energy Principles and Variational Methods in Applied Mechanics*, 3rd ed, John Wiley & Sons, New York, NY, 2017.

[6] E. Kreyszig, *Advanced Engineering Mathematics*, 6th ed, John Wiley & Sons, New York, 1988.

[7] K. S. Surana and J. N. Reddy, *The Finite Element Method for Initial Value Problems*, *Mathematics and Computations*, CRC Press, Boca Raton, FL, 2018.

[8] S. Eskinazi, *Principles of Fluid Mechanics*, Allyn and Bacon, Boston, MA, 1962.

[9] S. G. Mikhlin, *The Numerical Performance of Variational Methods*, (translated from the Russian by R. S. Anderssen), Wolters-Noordhoff, The Netherlands, 1971.

[10] M. N. Ozisik, *Heat Transfer A Basic Approach*, McGraw-Hill, New York, NY, 1985.

[11] J. N. Reddy, *Applied Functional Analysis and Variational Methods in Engineering*, McGraw-Hill, New York, NY, 1986; reprinted by Krieger, Melbourne, FL, 1991.

[12] J. N. Reddy and M. L. Rasmussen, *Advanced Engineering Analysis*, John Wiley, New York, 1982; reprinted by Krieger, Melbourne, FL, 1990.

[13] K. Rektorys, *Variational Methods in Mathematics*, *Science and Engineering*, D. Reidel Publishing Co., Boston, MA, 1980.

[14] A. C. Ugural and S. K. Fenster, *Advanced Mechanics of Materials and Applied Elasticity*, 5th ed., Pearson Education, Boston, MA, 2012.

10 二维插值函数、数值积分及计算机实现

In questions of science, the authority of thousand is not worth the humble reasoning of a single individual.

(在科学的问题上,一千人的权威也比不上一个人的卑微推理。)

Galileo Galilei

10.1 引言

10.1.1 插值函数

在前述章节中,考虑了封闭边界(Γ)围成的二维区域(Ω)上的具有一个独立未知量(u)的典型二阶微分方程的有限元分析。将区域分割成一组有限单元(Ω_e),利用单元上特定的点(节点)来构造特殊的多项式近似函数来插值 u。发现单元的几何形状、数目、节点的位置以及插值函数的自由度都是相关的。举个例子,最简单的二维线性多项式有 3 个参数 [$p(x,y)$ = $c_1+c_2x+c_3y$],为了将这 3 个参数(c_1,c_2,c_3)用单元上 3 个点处的值(u_1,u_2,u_3)来表示,确定这 3 个点为三角形的顶点,从而定义了三角形的几何。将 c_i 用 u_i 表示是因为变量 $u(x,y)$ 在单元之间必须是连续的。可以简单地令两个单元公共点处 u_i 的值相同来实现(这不能通过参数 c_i 来实现)。对于二维问题,只有两种几何,即三角形和四边形符合有限元的要求。最关键的是单元间的协调性,即当两个单元边对边相邻时,用两个单元公共节点处的函数值表示的函数 u 必须是唯一确定的。举个例子,当一个三节点单元(即三角形)与另一个四节点单元(即四边形)共用一条边,由于两个单元的节点值是一样的,沿着公共边的函数 u 是唯一确定的(即单值的)。$u(x,y)$ 的多项式展开的项数与有限元 Lagrange 族(即插值对象只有函数值而不包括其导数的单元)的节点数目是一样的,这对于二阶问题是可接受的。除了定义几何形状,节点同时也提供解(和几何形状)的高阶变化。单元边上节点的数目定义了插值多项式的阶次。

有限元近似是局部的,即区域 Ω 上定义的函数 u 由一组定义在单元区域 Ω_e 上的局部近似 $u^e(x,y)$ 来近似,它们组合在一起定义了 $u(x,y)$。必须指出的是,单元及其插值函数是与建模的物理问题无关的。因为这样的插值函数是基于几何形状和单元节点数目。举个例子,Lagrange 族有限单元适用于所有基于弱形式有限元模型的主要变量的近似。换句话说,如果有插值函数(Lagrange 或者 Hermite 型)库,可以从库中选择合适的函数来表示任何问题的有限元近似。因此,本章的一个目标是建立 Lagrange 族二维三角形和矩形单元库。

10.1.2 数值积分

与第 8 章讨论的一样,有限元系数(比如 K_{ij}^e,M_{ij}^e 和 f_i^e)的计算是基于数值积分技术的。由于积分是在整个单元上进行的,且插值函数定义在整个单元上,它们可以在有助于数值计算的一个方便的坐标系统上进行推导。利用自然坐标系来推导插值函数,这是一个归一化的(即坐标只有数值,无单位)局部坐标系统。插值函数建立在母单元上,母单元可以用来计算

定义在不规则形状上的单元的数值积分。当然,这需要从实际单元形状到相应的母单元形状的几何变换。

10.1.3　程序 FEM2D

第 8 章中,讨论了开发典型有限元程序的一些基本思想,并演示了很多利用 FEM1D 来求解一维问题的例子。那里提到的大多数思想也适用于二维问题。本章关注利用模型程序 FEM2D 来求解不限于第 9 章中的问题,同时也包括接下来章节中的平面弹性力学和黏性流体的二维流动问题。程序 FEM2D 包括线性和二次的三角形和四边形单元,可用于求解热传递和对流问题,基于罚函数格式的黏性不可压流体的层流问题以及基于经典和剪切变形板理论的板弯曲问题。

10.2　二维单元库

10.2.1　三角形单元的 Pascal 三角

9.2.6 节给出了线性(三节点)三角形单元。高阶三角形单元(即更高阶插值函数的三角形单元)可以通过帕斯卡三角来系统地构造,见表 10.2.1,用两个坐标 ξ 和 η 表示的各种阶次的多项式。这里 ξ 和 η 表示局部坐标,它们一般不代表问题的整体坐标。可以将这些项的位置看成是三角形的节点,即常数项以及给定行的第一项和最后一项为三角形的三个顶点。当然,见表 10.2.1,三角形的形状是任意的,并不一定是正三角形。

表 10.2.1　Lagrange 族三角形单元的帕斯卡三角的前 6 行

帕斯卡三角	完全多项式的阶次	多项式的项数	单元节点
1	0	1	
$\xi \quad \eta$	1	3	
$\xi^2 \quad \xi\eta \quad \eta^2$	2	6	
$\xi^3 \quad \xi^2\eta \quad \xi\eta^2 \quad \eta^3$	3	10	
$\xi^4 \quad \xi^3\eta \quad \xi^2\eta^2 \quad \xi\eta^3 \quad \eta^4$	4	15	
$\xi^5 \quad \xi^4\eta \quad \xi^3\eta^2 \quad \xi^2\eta^3 \quad \xi\eta^4 \quad \eta^5$	5	21	图未给出

举个例子,从帕斯卡三角形的最上面两行可以看出[图 10.2.1(a)],一阶(即线性多项式)三角形单元包含 3 个节点。从帕斯卡三角的前 3 行可以看出,二阶(即多项式的阶次为 2)三角形单元包含 6 个节点。三角形中这 6 个节点的位置是,3 个顶点和 3 个边中点[图

10.2.1(b)]。包含6个常数的多项式(c_i),可以用变量 u 的6个节点值(u_i)表示:

$$u(\xi,\eta) = c_1 + c_2\xi + c_3\eta + c_4\xi\eta + c_5\xi^2 + c_6\eta^2 = \sum_{i=1}^{6} u_i\psi_i(\xi,\eta) \qquad (10.2.1)$$

式中,ψ_i 是基于9.2.6节推导线性单元的方法得到的二次插值函数。

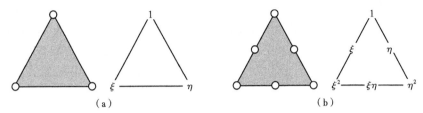

图 10.2.1   帕斯卡三角和单元节点之间的联系

一般来讲,p 阶三角形单元有 n 个节点:

$$n = \frac{1}{2}(p+1)(p+2) \qquad (10.2.2)$$

且一个完备的 p 阶多项式为

$$u(\xi,\eta) = \sum_{i=1}^{n} a_i\xi^r\eta^s = \sum_{j=1}^{n} u_j\psi_j(\xi,\eta),\ r+s \leqslant p \qquad (10.2.3)$$

可以看出,p 阶多项式与 p 阶 Lagrange 单元是相关联的,在单元边界上会产生用边界坐标表示的 p 阶多项式。

10.2.2   基于面积坐标的三角形单元插值函数

式(9.2.21)至式(9.2.25b)给出的推导插值函数的方法包含求 $n \times n$ 矩阵的逆,这里 n 是用于近似 u 的多项式的项数。当 $n>3$ 时,该方法在代数上会非常冗长,因此应该设计另一种方法来建立插值函数。

对于高阶 Lagrange 族三角形单元插值函数的推导,另一种简单方法是采用 L_i 表示的面积坐标或重心坐标。考虑一个任意的线性三角形单元(即有3个节点和3条直边的三角形),令与节点 $i(i=1,2,3)$ 相对的边为边 i(图10.2.2)。现在考虑单元内任意一个点 P:(x,y),并将其与单元节点用直线连起来。此时原三角形内有3个三角形。含有边 i 的三角形的面积为 A_i

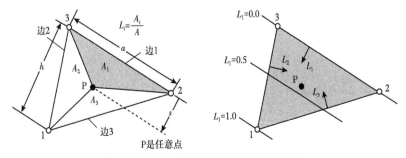

图 10.2.2   三角形单元面积坐标的定义

$(i=1,2,3)$。显然,A_i 的值依赖于节点坐标(x_i,y_i)以及 x 和 y。三角形的面积为 $A=A_1+A_2+A_3$,且与 x 和 y 无关(即 A 只依赖于节点的坐标)。引入无量纲的面积坐标 $L_i(i=1,2,3)$ 为

$$L_i(x,y) = \frac{A_i}{A}, A = \sum_{i=1}^{3} A_i \tag{10.2.4}$$

可以将 L_i 用任何选择的坐标来表示。假设从点 P 到连接节点 2 和连接点 3 的边 1 的垂直距离为 s。那么有 $A_1(1/2)as$ 和 $A=(1/2)ah$。因此 $L_1=A_1/A=s/h$。显然,在边 1 上 L_1 为零(因此在节点 2 和节点 3 上为 0),且在节点 1 上为单位值 1。因此,L_1 是与节点 1 相关的插值函数。类似地,L_2 和 L_3 分别为与节点 2 和节点 3 相关的插值函数。因此,对于线性三角形单元有

$$\psi_i(x,y) = L_i(x,y) \tag{10.2.5}$$

可以利用 L_i 来构造高阶三角形单元的插值函数。

考虑 k 阶的高阶单元,边上的节点等距分布(图 10.2.3)。单元中总的节点数目为

$$n = \sum_{i=0}^{k-1} (k-i) = k+(k-1)+\cdots+1 = \frac{1}{2}k(k+1) \tag{10.2.6}$$

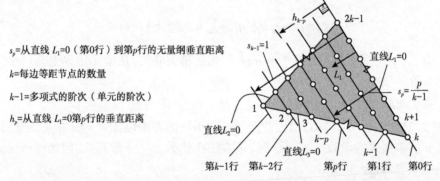

s_p=从直线 $L_1=0$(第0行)到第p行的无量纲垂直距离

k=每边等距节点的数量

$k-1$=多项式的阶次(单元的阶次)

h_p=从直线 $L_1=0$第p行的垂直距离

图 10.2.3　任意 $(k-1)$ 阶 Lagrange 三角形单元的单元插值函数的构造

插值函数的阶次等于 $k-1$。举个例子,对于二次单元 $(k=3)$,有 $k-1=2$ 和 $n=6$。令 s 为垂直于边 1 的无量纲局部坐标(背向节点 1),h_1 为边 1 与第 $(k-1)$ 行(一般地,h_{k-p} 为从边 1 到第 p 行的垂直距离)的垂直距离。平行于边 1(基于节点沿着边和行是等距分布的假设)的第 p 行节点无量纲的距离 s_p 为

$$s_p = \frac{p}{k-1} \tag{10.2.7}$$

显然,$s_0=0, s_{k-1}=1$。插值函数 ψ_1 在第 $0,1,2,\cdots,k-2$ 行的节点上为零;也即 ψ_1 应该在 $L_1=s_p$ 处为零,这里对于 $p=0,1,2,\cdots,k-2$ 有 $s_p=p/(k-1)$。ψ_1 应该在 $L_1=s_{k-1}=1$ 处为 1。此时就有了构造插值函数 ψ_1 的必要信息:

$$\psi_1 = \frac{(L_1-s_0)(L_1-s_1)(L_1-s_2)\cdots(L_1-s_{k-2})}{(s_{k-1}-s_0)(s_{k-1}-s_1)\cdots(s_{k-1}-s_{k-2})} = \prod_{p=0}^{k-2} \frac{L_1-s_p}{s_{k-1}-s_p} \tag{10.2.8}$$

对于顶点位置的其他节点以及其他位置的节点均可以推导得到类似的表达式。一般地,第 i 个节点的 ψ_i 为

$$\psi_i = \prod_{j=1}^{k-1} \frac{f_i}{f_j^i} \tag{10.2.9}$$

式中,f_j 是 L_1、L_2 和 L_3 的函数,f_j^i 是节点 i 处 f_j 的值。利用通过除节点 i 之外所有节点的 $k-1$ 条线的方程来推导 f_j。下一个例子将演示本过程。

例 10.2.1

推导用面积坐标表示的三角形单元的二次和三次插值函数。

解: 首先,考虑每边有 2 个节点的三角形单元[即 $k=2$,参见图 10.2.4(a)]。这是总节点数为 3($n=3$)的线性三角形单元。对于节点 1[图 10.2.4(a)],有 $k-2=0$,且

$$s_0 = 0, s_1 = 1, \psi_1 = \frac{L_1 - s_0}{s_1 - s_0} = L_1 \tag{1}$$

类似地,对于 ψ_2 和 ψ_3,有

$$\psi_2 = L_2, \psi_3 = L_3 \tag{2}$$

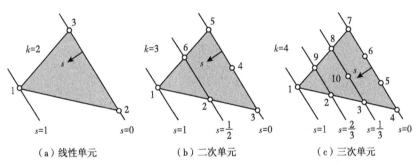

(a) 线性单元　　　　(b) 二次单元　　　　(c) 三次单元

图 10.2.4　Lagrange 三角形单元插值函数的构造

接下来,考虑每边有 3 个节点的三角形单元($k=3$)[图 10.2.4(b)]。总的节点数目为 6。对于节点 1,有

$$s_0 = 0, s_1 = \frac{1}{2}, s_2 = 1$$
$$\psi_1 = \frac{L_1 - s_0}{s_2 - s_0} \frac{L_1 - s_1}{s_2 - s_1} = L_1(2L_1 - 1) \tag{3}$$

函数 ψ_2[图 10.2.4(b)]应该在节点 1、3、4、5 和 6 上为 0,且应该在节点 2 处等于 1。同样地,ψ_2 应该在沿着连接节点 1 与节点 5 和节点 3 与节点 5 的线上为零。这两条线用 L_1 和 L_2(注意 L 的下标指的是 3 节点三角形单元的节点)表示为 $L_2 = 0$ 和 $L_1 = 0$。因此,有

$$\psi_2 = \frac{L_2 - s_0}{s_1 - s_0} \frac{L_1 - s_0}{s_1 - s_0} = \frac{L_2 - 0}{\frac{1}{2}} \frac{L_1 - 0}{\frac{1}{2}} = 4L_1 L_2$$

类似地

$$\psi_3 = L_2(2L_2-1), \psi_4 = 4L_2L_3, \psi_5 = L_3(2L_3-1), \psi_6 = 4L_1L_3$$

因此,任意的二次三角形单元的插值函数为

$$\psi_1 = L_1(2L_1-1), \psi_2 = 4L_1L_2, \psi_3 = L_2(2L_2-1)$$
$$\psi_4 = 4L_2L_3, \psi_5 = L_3(2L_3-1), \psi_6 = 4L_1L_3$$

(10. 2. 10)

最后,考虑三次单元[即 $k-1=3$,参见图 10. 2. 4(c)]。对于 ψ_1,注意到,沿着 $L_1=0$、$L_1 = \frac{1}{3}$ 和 $L_1 = \frac{2}{3}$ 必须为零。因此,有

$$\psi_1 = \frac{L_1-0}{1-0} \frac{L_1-\frac{1}{3}}{1-\frac{1}{3}} \frac{L_1-\frac{2}{3}}{1-\frac{2}{3}} = \frac{1}{2}L_1(3L_1-1)(3L_1-2)$$

函数 ψ_2 沿着 $L_1=0$、$L_2=0$ 和 $L_1 = \frac{1}{3}$ 必须为零(且节点2位于 $L_1 = 2/3$、$L_2 = 1/3$):

$$\psi_2 = \frac{L_1-0}{\frac{2}{3}-0} \frac{L_2-0}{\frac{1}{3}-0} \frac{L_1-\frac{1}{3}}{\frac{2}{3}-\frac{1}{3}} = \frac{9}{2}L_2L_1(3L_1-1)$$

类似地,可以推导其他函数。因此,有

$$\psi_1 = \frac{1}{2}L_1(3L_1-1)(3L_1-2), \quad \psi_2 = \frac{9}{2}L_2L_1(3L_1-1)$$
$$\psi_3 = \frac{9}{2}L_1L_2(3L_2-1), \qquad \psi_4 = \frac{1}{2}L_2(3L_2-1)(3L_2-2)$$
$$\psi_5 = \frac{9}{2}L_2L_3(3L_2-1), \qquad \psi_6 = \frac{9}{2}L_2L_3(3L_3-1)$$
$$\psi_7 = \frac{1}{2}L_3(3L_1-1)(3L_3-2), \quad \psi_8 = \frac{9}{2}L_3L_1(3L_3-1)$$
$$\psi_9 = \frac{9}{2}L_1L_3(3L_1-1), \qquad \psi_{10} = 27L_1L_2L_3$$

(10. 2. 11)

注意到,面积坐标 L_i 不仅有助于构造高阶单元的插值函数,同时也有助于计算 L_i 沿线和面积上的积分。已经证明如下的精确积分公式非常有用

$$\int_a^b L_1^m L_2^n \mathrm{d}s = \frac{m!n!}{(m+n+1)!}(b-a)$$
$$\iint_{\mathrm{area}} L_1^m L_2^n L_3^p \mathrm{d}A = \frac{m!n!p!}{(m+n+p+2)!}2A$$

(10. 2. 12)

式中,m、n 和 p 是任意(正的)整数,A 是积分域的面积,且 $m!$（$0! = 1$)是 m 的阶乘。当然,应该利用如下变换,将积分从 x 和 y 坐标系转到 L_i 坐标系($L_i = \psi_i$,是 L_1、L_2 和 L_3 的已知函数):

$$x = \sum_{i=1}^{n} x_i L_i \quad y = \sum_{i=1}^{n} y_i L_i \quad (10.2.13)$$

式中,(x_i, y_i) 是单元第 i 个节点的整体坐标。

10.2.3　基于自然坐标的插值函数

10.2.3.1　三角形单元

这里考虑两种可作为母单元的不同几何的三角形,并将其插值函数用局部归一化坐标 ξ 和 η 来表示。考虑图 10.2.5 所示的线性三角形单元。用自然坐标 (ξ, η) 来表示线性插值函数 ψ_i 和 L_i。

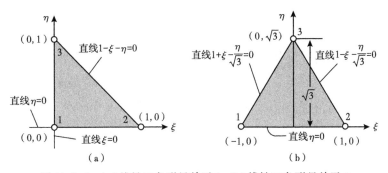

图 10.2.5　(a)线性三角形母单元1;(b)线性三角形母单元2

母单元 1 的插值函数 ψ_1 在节点 2 和节点 3 处必须为零且在节点 1 处为 1。由于 ψ_1 在节点 2 和节点 3 处为零,它必须在连接这两个节点的线上也为零。因此,ψ_1 为 $\psi_1 = 1 - \xi - \eta$。类似地,ψ_2 必须在节点 1 和节点 3 处以及其连接线上为零。因此 $\psi_2 = \xi$。最后,ψ_3 必须在节点 1 和节点 2 处以及其连接线上为零。因此 $\psi_3 = \eta$。因此,有

$$\psi_1(\xi, \eta) = 1 - \xi - \eta, \psi_2(\xi, \eta) = \xi, \psi_3(\xi, \eta) = \eta \quad (10.2.14)$$

显然它们满足插值特性(对于 $n = 3$):

$$\psi_i(\xi_j, \eta_j) = \delta_{ij}(i, j = 1, 2, \cdots, n); \sum_{i=1}^{n} \psi_i(\xi, \eta) = 1 \quad (10.2.15)$$

为了确定面积坐标 L_i,考虑单元内任意点 (ξ, η)。从该点到线 3 的垂直距离为 η。因此 $L_3 = \eta / h$,这里 h 是节点 3 到线 3 的垂直距离,且 $h = 1$。因此 $L_3 = \eta$。类似地,$L_2 = \xi$。因此 $L_1 = 1 - L_2 - L_3 = 1 - \xi - \eta$。最终,有 $L_i = \psi_i (i = 1, 2, 3)$。

按照图 10.2.5(a)中母单元同样的程序来处理图 10.2.5(b)中的母单元,需要 ψ_1 在节点 2 和节点 3 的连线上为零,ψ_2 在节点 1 和节点 3 的连线上为零,ψ_3 在节点 1 和节点 2 的连线上为零。各个线的方程定义了插值函数:

$$\psi_1(\xi, \eta) = \frac{1}{2}\left(1 - \xi - \frac{1}{\sqrt{3}}\eta\right), \psi_2(\xi, \eta) = \frac{1}{2}\left(1 + \xi - \frac{1}{\sqrt{3}}\eta\right), \psi_3(\xi, \eta) = \frac{1}{\sqrt{3}}\eta \quad (10.2.16)$$

可以验证这些函数满足式(10.2.15)给出的插值特性。

为了确定面积坐标,选一个任意点(ξ,η)。因此$L_3=\eta/h$,这里h是节点3到线3的垂直距离,且$h=\sqrt{3}$,$L_3=\eta/\sqrt{3}$。为了确定L_1和L_2,首先注意到$L_1(\xi,\eta)=L_2(-\xi,\eta)$。因此,$L_1=a+b\xi+c\eta,L_2=a-b\xi+c\eta$。由于$L_1+L_2=1-L_3=1-\eta/\sqrt{3}$,有$2a=1,2c=1-/\sqrt{3}$。同时,$L_1(-1,0)=1$给出$b=a-1=-1/2$。因此,有

$$L_1(\xi,\eta)=\frac{1}{2}\left(1-\xi-\frac{1}{\sqrt{3}}\eta\right),L_2(\xi,\eta)=\frac{1}{2}\left(1+\xi-\frac{1}{\sqrt{3}}\eta\right),L_3(\xi,\eta)=\frac{1}{\sqrt{3}}\eta$$

接下来考虑一个确定二次三角形母单元插值函数的例子。

例10.2.2

考虑图10.2.6所示的二次三角形单元。确定用自然坐标(ξ,η)表示的二次插值函数ψ_i。

解:(1) 图10.2.6(a)所示母单元的插值函数ψ_1在线$1-\xi-\eta=0$和$1-2\xi-2\eta=0$上必须为零且在节点1处为1。因此,有$\psi_1=(1-\xi-\eta)(1-2\xi-2\eta)$。同时,$\psi_2$必须在线$\xi=0$和$\xi-0.5=0$上为零,给出$\psi_2=\xi(2\xi-1)$。类似地,可得$\psi_3=\eta(2\eta-1)$。对于节点4和节点6,有$\psi_4=4\xi(1-\xi-\eta),\psi_6=4\eta(1-\xi-\eta)$。最后,$\psi_5=4\xi\eta$。因此,图10.2.6(a)所示母单元的插值函数为

$$\psi_1=(1-\xi-\eta)(1-2\xi-2\eta),\psi_2=\xi(2\xi-1),\psi_3=\eta(2\eta-1)$$
$$\psi_4=4\xi(1-\xi-\eta),\psi_5=4\xi\eta,\psi_6=4\eta(1-\xi-\eta) \tag{10.2.17}$$

(2) 对于图10.2.6(b)所示母单元,利用不同线的方程来构造插值函数,可得

$$\psi_1=\frac{1}{2}\left(1-\xi-\frac{1}{\sqrt{3}}\eta\right)\left(\xi-\frac{1}{\sqrt{3}}\eta\right),\psi_2=\frac{1}{2}\left(1+\xi-\frac{1}{\sqrt{3}}\eta\right)\left(\xi+\frac{1}{\sqrt{3}}\eta\right)$$
$$\psi_3=\frac{1}{3}\eta(2\eta-\sqrt{3}),\psi_4=\left(1-\frac{1}{\sqrt{3}}\eta\right)^2-\xi^2,\psi_5=\frac{2}{\sqrt{3}}\left(1+\xi-\frac{1}{\sqrt{3}}\eta\right)\eta \tag{10.2.18}$$
$$\psi_6=\frac{2}{\sqrt{3}}\left(1-\xi-\frac{1}{\sqrt{3}}\eta\right)\eta$$

再一次,可以检查式(10.2.17)和式(10.2.18)满足式(10.2.15)的插值特性。

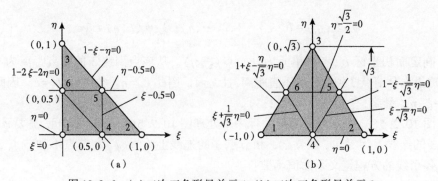

图10.2.6　(a)二次三角形母单元1;(b)二次三角形母单元2

10.2.3.2　矩形单元

与 Lagrange 族三角形单元类似,Lagrange 族矩形(正方形)单元可以基于表 10.2.1 所示的帕斯卡三角来构造,且需要一些修正来表示矩形单元(表 10.2.2)。由于线性矩形单元有 4 个角(因此,4 个节点),多项式应该包含前 4 项 $1,\xi,\eta$ 和 $\xi\eta$(见表 10.2.2,这构成了帕斯卡三角中的一个平行四边形)。(ξ,η) 经常用来表示单元自然坐标。一般地,p 阶 Lagrange 矩形单元有 $n=(p+1)^2$ 个结点($p=0,1,\cdots$),相应的多项式包含第 p 个平行四边形或矩形。p 阶 Lagrange 矩形单元的插值函数为 p 阶多项式:

$$\psi_i(\xi,\eta)=\sum_{i=1}^{n}a_i\xi^j\eta^k\,(j+k\leqslant p+1\,;\,j,k\leqslant p) \tag{10.2.19}$$

表 10.2.2　推导 Lagrange 族矩形单元的前 6 行帕斯卡三角

帕斯卡三角	完全多项式的阶次	多项式的项数	Lagrange单元	Serendipity单元
	0	1		
	1	4		
	2	9　8		
	3	16　12		
	4	25　16	（图未显示）	

排除实线下面的项

当 $p=0$,显然(如同在三角形单元中那样)节点位于单元的中心(即在整个单元上变量为常数)。Lagrange 线性单元有 4 个节点,定义了单元的几何和插值函数为形式为 $a_1+a_2\xi+a_3\eta+a_4\xi\eta$ 的四项多项式。二次矩形单元有 9 个节点,相应插值函数的形式(严格来讲,从 a_1 到 a_9 应该有一个上标 i 来表示这是第 i 个插值函数)为

$$\psi_i(\xi,\eta)=a_1+a_2\xi+a_3\eta+a_4\xi\eta+a_5\xi^2+a_6\eta^2+a_7\xi^2\eta+a_8\xi\eta^2+a_9\xi^2\eta^2 \tag{10.2.20}$$

前述表达式的各项来自于列向量 $(1\quad\xi\quad\xi^2)^{\mathrm{T}}$ 和行向量 $(1\quad\eta\quad\eta^2)$ 的(张量)积。多项式中有二次项,组合三次项 $\xi^2\eta$ 和 $\xi\eta^2$ 以及 $\xi^2\eta^2$ 项。9 个节点中的 4 个位于 4 个角上,4 个位于边的中点处,1 个位于单元中心。通过给定 9 个节点处的数值可以唯一地确定该多项式。而且,在单元边上多项式是二次的(共 3 项,举个例子,令 $\eta=0$ 或 $\eta=1$ 可以得到关于 ξ 的二次多项式),且可以通过该边上的 3 个节点值确定。如果两个二次单元共用一条边,且在单元的 3 个节点上多项式有相同的数值,那么沿着整条边(两个单元的公共边)u 是唯一确定的。

Lagrange 族矩形母单元(实际上是 2×2 正方形)的插值函数可以通过一维 Lagrange 插值函数的张量积得到。图 8.2.3 给出了线单元(节点等距分布)线性、二次和三次的插值函数:

线性：
$$\psi_1^\xi = \frac{1}{2}(1-\xi), \ \psi_2^\xi = \frac{1}{2}(1-\xi) \tag{10.2.21}$$

二次：
$$\psi_1^\xi = -\frac{1}{2}\xi(1-\xi), \ \psi_2^\xi = (1-\xi^2), \ \psi_3^\xi = \frac{1}{2}\xi(1+\xi) \tag{10.2.22}$$

三次：
$$\psi_1^\xi = -\frac{9}{16}(1-\xi)\left(\frac{1}{9}-\xi^2\right), \ \psi_2^\xi = \frac{27}{16}(1-\xi^2)\left(\frac{1}{3}-\xi\right)$$
$$\psi_3^\xi = \frac{27}{16}(1-\xi^2)\left(\frac{1}{3}+\xi\right), \ \psi_4^\xi = -\frac{9}{16}(1+\xi)\left(\frac{1}{9}-\xi^2\right) \tag{10.2.23}$$

接下来给出张量积形式的矩形单元的插值函数。图 10.2.7 给出了相应的线性、二次和三次单元的单元节点编号和插值函数。

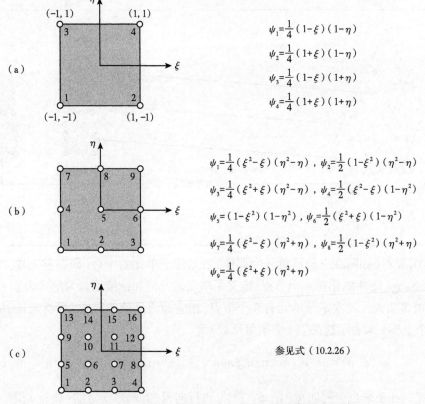

图 10.2.7　Lagrange 族矩形单元的节点编号和插值函数

线性单元($p=1$)

$$\begin{Bmatrix}\psi_1^\xi \\ \psi_2^\xi\end{Bmatrix}\begin{Bmatrix}\psi_1^\eta & \psi_2^\eta\end{Bmatrix} = \begin{bmatrix}\psi_1^\xi\psi_1^\eta & \psi_1^\xi\psi_2^\eta \\ \psi_2^\xi\psi_1^\eta & \psi_2^\xi\psi_2^\eta\end{bmatrix} \equiv \begin{bmatrix}\psi_1 & \psi_3 \\ \psi_2 & \psi_4\end{bmatrix}$$
$$= \frac{1}{4}\begin{bmatrix}(1-\xi)(1-\eta) & (1-\xi)(1+\eta) \\ (1+\xi)(1-\eta) & (1+\xi)(1+\eta)\end{bmatrix} \tag{10.2.24}$$

二次单元($p=2$)

$$\begin{Bmatrix} \psi_1^\xi \\ \psi_2^\xi \\ \psi_3^\xi \end{Bmatrix} \{ \psi_1^\eta \quad \psi_2^\eta \quad \psi_3^\eta \} = \begin{bmatrix} \psi_1^\xi \psi_1^\eta & \psi_1^\xi \psi_2^\eta & \psi_1^\xi \psi_3^\eta \\ \psi_2^\xi \psi_1^\eta & \psi_2^\xi \psi_2^\eta & \psi_2^\xi \psi_3^\eta \\ \psi_3^\xi \psi_1^\eta & \psi_3^\xi \psi_2^\eta & \psi_3^\xi \psi_3^\eta \end{bmatrix}$$

$$= \begin{bmatrix} \psi_1 & \psi_4 & \psi_7 \\ \psi_2 & \psi_5 & \psi_8 \\ \psi_3 & \psi_6 & \psi_9 \end{bmatrix}$$

式中,

$$\psi_1 = \frac{1}{4}(\xi-\xi^2)(\eta-\eta^2), \psi_5 = (1-\xi^2)(1-\eta^2)$$

$$\psi_2 = -\frac{1}{2}(1-\xi^2)(\eta-\eta^2), \psi_6 = \frac{1}{2}(\xi+\xi^2)(1-\eta^2)$$

$$\psi_3 = -\frac{1}{4}(\xi+\xi^2)(\eta-\eta^2), \psi_7 = -\frac{1}{4}(\xi-\xi^2)(\eta+\eta^2) \qquad (10.2.25)$$

$$\psi_4 = -\frac{1}{2}(\xi-\xi^2)(1-\eta^2), \psi_8 = \frac{1}{2}(1-\xi^2)(\eta+\eta^2)$$

$$\psi_9 = \frac{1}{4}(\xi+\xi^2)(\eta+\eta^2)$$

三次单元($p=3$)

$$\begin{Bmatrix} \psi_1^\xi \\ \psi_2^\xi \\ \psi_3^\xi \\ \psi_4^\xi \end{Bmatrix} \{ \psi_1^\eta \quad \psi_2^\eta \quad \psi_3^\eta \quad \psi_4^\eta \} = \begin{bmatrix} \psi_1^\xi \psi_1^\eta & \psi_1^\xi \psi_2^\eta & \psi_1^\xi \psi_3^\eta & \psi_1^\xi \psi_4^\eta \\ \psi_2^\xi \psi_1^\eta & \psi_2^\xi \psi_2^\eta & \psi_2^\xi \psi_3^\eta & \psi_2^\xi \psi_4^\eta \\ \psi_3^\xi \psi_1^\eta & \psi_3^\xi \psi_2^\eta & \psi_3^\xi \psi_3^\eta & \psi_3^\xi \psi_4^\eta \\ \psi_4^\xi \psi_1^\eta & \psi_4^\xi \psi_2^\eta & \psi_4^\xi \psi_3^\eta & \psi_4^\xi \psi_4^\eta \end{bmatrix}$$

$$\equiv \begin{bmatrix} \psi_1 & \psi_5 & \psi_9 & \psi_{13} \\ \psi_2 & \psi_6 & \psi_{10} & \psi_{14} \\ \psi_3 & \psi_7 & \psi_{11} & \psi_{15} \\ \psi_4 & \psi_8 & \psi_{12} & \psi_{16} \end{bmatrix}$$

式中,ψ_i 是式(10.2.26)给出的三次插值函数。

$$\psi_1 = \frac{81}{256}(1-\xi)\left(\frac{1}{9}-\xi^2\right)(1-\eta)\left(\frac{1}{9}-\eta^2\right)$$

$$\psi_2 = -\frac{243}{256}(1-\xi^2)\left(\frac{1}{3}-\xi\right)(1-\eta)\left(\frac{1}{9}-\eta^2\right)$$

$$\psi_3 = -\frac{243}{256}(1-\xi^2)\left(\frac{1}{3}+\xi^2\right)(1-\eta)\left(\frac{1}{9}-\eta^2\right)$$

$$\psi_4 = \frac{81}{256}(1+\xi)\left(\frac{1}{9}-\xi^2\right)(1-\eta)\left(\frac{1}{9}-\eta^2\right)$$

$$\psi_5 = -\frac{243}{256}(1-\xi)\left(\frac{1}{9}-\xi^2\right)(1-\eta^2)\left(\frac{1}{3}-\eta\right)$$

$$\psi_6 = \frac{729}{256}(1-\xi^2)\left(\frac{1}{3}-\xi\right)(1-\eta^2)\left(\frac{1}{3}-\eta\right)$$

$$\psi_7 = \frac{729}{256}(1-\xi^2)\left(\frac{1}{3}+\xi\right)(1-\eta^2)\left(\frac{1}{3}-\eta\right)$$

$$\psi_8 = -\frac{243}{256}(1+\xi)\left(\frac{1}{9}-\xi^2\right)(1-\eta^2)\left(\frac{1}{3}-\eta\right)$$

$$\psi_9 = -\frac{243}{256}(1-\xi)\left(\frac{1}{9}-\xi^2\right)(1-\eta^2)\left(\frac{1}{3}+\eta\right)$$

$$\psi_{10} = \frac{729}{256}(1-\xi^2)\left(\frac{1}{3}-\xi\right)(1-\eta^2)\left(\frac{1}{3}+\eta\right)$$

$$\psi_{11} = \frac{729}{256}(1-\xi^2)\left(\frac{1}{3}+\xi\right)(1-\eta^2)\left(\frac{1}{3}+\eta\right)$$

$$\psi_{12} = -\frac{243}{256}(1+\xi)\left(\frac{1}{9}-\xi^2\right)(1-\eta^2)\left(\frac{1}{3}+\eta\right)$$

$$\psi_{13} = \frac{81}{256}(1-\xi)\left(\frac{1}{9}-\xi^2\right)(1+\eta)\left(\frac{1}{9}-\eta^2\right)$$

$$\psi_{14} = -\frac{243}{256}(1-\xi^2)\left(\frac{1}{3}-\xi\right)(1+\eta)\left(\frac{1}{9}-\eta^2\right)$$

$$\psi_{15} = -\frac{243}{256}(1-\xi^2)\left(\frac{1}{3}+\xi\right)(1+\eta)\left(\frac{1}{9}-\eta^2\right)$$

$$\psi_{16} = \frac{81}{256}(1+\xi)\left(\frac{1}{9}-\xi^2\right)(1+\eta)\left(\frac{1}{9}-\eta^2\right) \tag{10.2.26}$$

p 阶单元 $[k=(p+1)p+1, n=(p+1)^2]$

$$\begin{Bmatrix} f_1(\xi) \\ f_2(\xi) \\ \vdots \\ f_{p+1}(\xi) \end{Bmatrix} \begin{Bmatrix} g_1(\eta) \\ g_2(\eta) \\ \vdots \\ g_{p+1}(\eta) \end{Bmatrix}^{\mathrm{T}} = \begin{bmatrix} \psi_1 & \psi_{p+2} & \cdots & \psi_k \\ \psi_2 & & & \\ \vdots & \ddots & & \vdots \\ \psi_p & & \ddots & \\ \psi_{p+1} & \psi_{2p+2} & \cdots & \psi_n \end{bmatrix} \tag{10.2.27a}$$

式中，$f_i(\xi)$ 和 $g_i(\eta)$ 分别是关于 ξ 和 η 的第 p 阶逼近。举个例子，多项式：

$$f_i(\xi) = \frac{(\xi-\xi_1)(\xi-\xi_2)\cdots(\xi-\xi_{i-1})(\xi-\xi_{i+1})\cdots(\xi-\xi_{p+1})}{(\xi_i-\xi_1)(\xi_i-\xi_2)\cdots(\xi_i-\xi_{i-1})(\xi_i-\xi_{i+1})\cdots(\xi_i-\xi_{p+1})} \tag{10.2.27b}$$

（这里 ξ_i 是节点 i 的坐标）是关于 ξ 的 p 阶逼近多项式，且在点 $\xi_1, \xi_2, \cdots, \xi_{i-1}, \xi_{i+1}, \cdots, \xi_{p+1}$ 处为零。类似的表达也适用于用 η 表示的 g_i。必须注意 ψ_i 的下标对应于图 10.2.7 所示的节点编号。如果节点编号改变，那么插值函数的下标应该相应改变。图 10.2.8 给出了九节点矩形单元的 ψ_1、ψ_2 和 ψ_5（节点编号如 10.2.7）的图形。

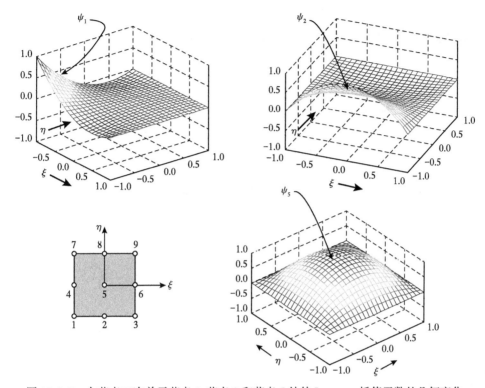

图 10.2.8　九节点二次单元节点 1、节点 2 和节点 5 处的 Lagrange 插值函数的几何变化

10.2.4　Serendipity 单元

由于 Lagrange 族高阶单元的内部节点对单元间的连续性无贡献,它们可以在单元水平上缩聚掉,从而减小单元矩阵的维数。或者,可以采用所谓的 serendipity 单元来避免 Lagrange 族单元的内部节点(即 serendipity 单元是只有边节点的矩形单元)。serendipity 单元的插值函数不能利用一维插值函数的张量积得到。而是基于式(10.2.15)给出的插值属性给出的另一种方法(与母三角形单元类似)。这里展示如何构造八节点二次(一次 serendipity)母单元[图 10.2.9(a)]的插值函数。

节点 1 处的插值函数应该在 $1-\xi=0$、$1-\eta=0$ 和 $1+\xi+\eta=0$ 这几条线上为零[图 10.2.9 (a)]。因此,ψ_1 的形式为

$$\psi_1(\xi,\eta)=c_1(1-\xi)(1-\eta)(1+\xi+\eta)$$

式中,c_1 是满足条件 $\psi_1(-1,-1)=1$ 的常数。可得 $c_1=-\dfrac{1}{4}$,因此

$$\psi_1(\xi,\eta)=-\frac{1}{4}(1-\xi)(1-\eta)(1+\xi+\eta)$$

接下来构造节点 2 的插值函数。它应该在 $1-\xi=0$、$1+\xi=0$ 和 $1-\eta=0$ 这几条线上为零。因此,有

$$\psi_2(\xi,\eta)=c_2(1-\xi)(1+\xi)(1-\eta)$$

考虑到 $\psi_2(0,-1)=1$，可得 $c_1=1/2$。类似地，对于节点4，有

$$\psi_4(\xi,\eta)=c_4(1-\xi)(1-\eta)(1+\eta),c_4=\frac{1}{2}$$

因此,8 节点矩形单元所有的插值函数为

$$\psi_1=-\frac{1}{4}(1-\xi)(1-\eta)(1+\xi+\eta),\psi_2=\frac{1}{2}(1-\xi^2)(1-\eta)$$

$$\psi_3=\frac{1}{4}(1+\xi)(1-\eta)(-1+\xi-\eta),\psi_4=\frac{1}{2}(1-\xi)(1-\eta^2)$$

$$\psi_5=\frac{1}{2}(1+\xi)(1-\eta^2),\qquad\psi_6=\frac{1}{4}(1-\xi)(1+\eta)(-1-\xi+\eta) \qquad (10.2.28)$$

$$\psi_7=\frac{1}{2}(1-\xi^2)(1+\eta),\qquad\psi_8=\frac{1}{4}(1+\xi)(1+\eta)(-1+\xi+\eta)$$

注意到,8 节点单元所有 ψ_i 的形式为

$$\psi_i=c_1+c_2\xi+c_3\eta+c_4\xi\eta+c_5\xi^2+c_6\eta^2+c_7\xi^2\eta+c_8\xi\eta^2 \qquad (10.2.29)$$

9 节点单元的 ψ_i 包括一个额外项 $c_9\xi^2\eta^2$。图 10.2.10 给出了 8 节点 serendipity 单元的 ψ_1 和 ψ_2[节点编号如图 10.2.9(a)]的图像。注意到,9 节点单元的 ψ_2 在单元中心($\xi=\eta=0$)为零,而 8 节点单元的 ψ_2 在此处不为零。12 节点单元的插值函数 ψ_i 的格式为:

$$\psi_i=式(10.2.29)中各项+c_9\xi^3+c_{10}\eta^3+c_{11}\xi^3\eta+c_{12}\xi\eta^3 \qquad (10.2.30)$$

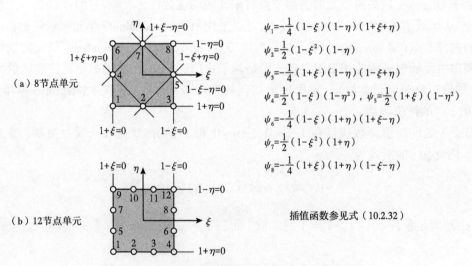

图 10.2.9　Serendipity 族单元的节点编号和插值函数

与构造 8 节点单元插值函数同样的步骤,可以推导 12 节点 serendipity 单元[图 10.2.9(b)]的插值函数。举个例子, $\psi_1(\xi,\eta)$ 必须在线 $1-\xi=0$ 和 $1-\eta=0$ 上以及点($\xi=\pm1/3,\eta=$

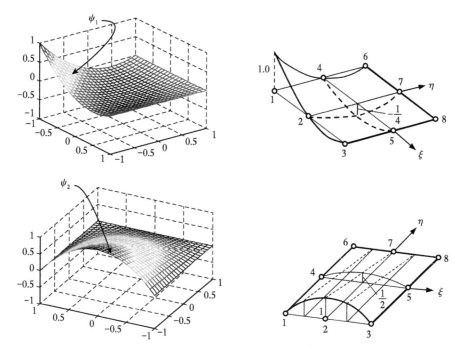

图 10.2.10　8 节点 serendipity 单元以及节点 1 和节点 2 处插值函数的图形

-1) 和 ($\xi=-1$, $\eta=\pm 1/3$) 处为零。因此 ψ_1 的格式为

$$\psi_1(\xi,\eta)=c_1(1-\xi)(1-\eta)(a+b\xi^2+c\eta^2)$$

首先通过在 ($\xi=\pm 1/3$, $\eta=-1$) 和 ($\xi=-1$, $\eta=\pm 1/3$) 处 $a+b\xi^2+c\eta^2=0$ 来确定 a、b 和 c。可得 $a=-(10/9)b$ 和 $c=b$。因此(将 $b/9$ 合并到 c_1 中)有

$$\psi_1(\xi,\eta)=c_1(1-\xi)(1-\eta)(-10+9\xi^2+9\eta^2)$$

令 $\psi_1(-1,-1)=1$ 给出 $c_1=1/32$。因此,有

$$\psi_1=\frac{1}{32}(1-\xi)(1-\eta)\left[-10+9(\xi^2+\eta^2)\right] \tag{10.2.31a}$$

类似的程序可用于确定角节点的 $\psi_i(i=4,9,12)$。对于边中节点,比如节点 2,要求 ψ_2 必须在线 $1-\xi=0$、$1+\xi=0$ 和 $1-\eta=0$ 上以及节点 3(即 $\xi=1/3$, $\eta=-1$)处为零。因此 ψ_2 的格式为

$$\psi_2=c_2(1-\xi^2)(1-\eta)(1-3\xi)$$

通过令 $\psi_2(-1/3,-1)=1$ 可以确定常数 c_2。可得 $c_2=9/32$。因此

$$\psi_2=\frac{9}{32}(1-\xi^2)(1-\eta)(1-3\xi) \tag{10.2.31b}$$

总之,三次 serendipity 单元的插值函数为

$$\psi_1 = \frac{1}{32}(1-\xi)(1-\eta)[-10+9(\xi^2+\eta^2)], \psi_2 = \frac{9}{32}(1-\eta)(1-\xi^2)(1-3\xi)$$

$$\psi_3 = \frac{9}{32}(1-\eta)(1-\xi^2)(1+3\xi), \psi_4 = \frac{1}{32}(1+\xi)(1-\eta)[-10+9(\xi^2+\eta^2)]$$

$$\psi_5 = \frac{9}{32}(1-\xi)(1-\eta^2)(1-3\eta), \psi_6 = \frac{9}{32}(1+\xi)(1-\eta^2)(1-3\eta)$$

$$\psi_7 = \frac{9}{32}(1-\xi)(1-\eta^2)(1+3\eta), \psi_8 = \frac{9}{32}(1+\xi)(1-\eta^2)(1+3\eta) \qquad (10.2.32)$$

$$\psi_9 = \frac{1}{32}(1-\xi)(1+\eta)[-10+9(\xi^2+\eta^2)], \psi_{10} = \frac{9}{32}(1+\eta)(1-\xi^2)(1-3\xi)$$

$$\psi_{11} = \frac{9}{32}(1+\eta)(1-\xi^2)(1+3\xi), \psi_{12} = \frac{1}{32}(1+\xi)(1+\eta)[-10+9(\xi^2+\eta^2)]$$

前述讨论中,只建立了三角形和矩形单元的 Lagrange 插值函数。Hermite 族插值函数同时对函数及其导数进行插值(比如 Euler-Bernoulli 梁单元),对高阶(比如四阶)方程的有限元模型是非常有用的。为了完整起见,在不介绍推导细节的同时,表 10.2.3 总结了两种矩形单元的 Hermite 三次插值函数。第一个单元在每个节点对$(u, \partial u/\partial x, \partial u/\partial y, \partial^2 u/\partial x \partial y)$进行插值,第二个单元在每个节点对$(u, \partial u/\partial x, \partial u/\partial y)$进行插值,这里 u 是四阶微分方程的因变量,其弱形式包含$(u, \partial u/\partial x, \partial u/\partial y)$作为主变量。表 10.2.3 中的节点编号系统与图 10.2.11 中的一致。表 10.2.3 和图 10.2.11 中的符号与计算机程序 FEM2D 中的一致。

表 10.2.3 线性和二次 Lagrange 矩形单元、二次 serendipity 单元和 Hermite 三次矩形单元的插值函数[①]

单元类型	插值函数
Lagrange 单元	
线性	
节点 $i=1,2,3,4$	$\frac{1}{4}(1+\xi\xi_i)(1+\eta\eta_i)$
二次	
角节点 i	$\psi_i = \frac{1}{4}\xi\xi_i(1+\xi\xi_i)\eta\eta_i(1+\eta\eta_i)$
边节点 $i, \xi_i=0$	$\psi_i = \frac{1}{2}\eta\eta_i(1+\eta\eta_i)(1-\xi^2)$
边节点 $i, \eta_i=0$	$\psi_i = \frac{1}{2}\xi\xi_i(1+\xi\xi_i)\eta\eta_i(1-\eta^2)$
内部节点 i	$\psi_i = (1-\xi^2)(1-\eta^2)$
二次 serendipity 单元	
角节点 i	$\psi_i = \frac{1}{4}(1+\xi\xi_i)(1+\eta\eta_i)(\xi\xi_i+\eta\eta_i-1)$
边节点 $i, \xi_i=0$	$\psi_i = \frac{1}{2}(1-\xi^2)(1+\eta\eta_i)$

单元类型	插值函数
边节点 $i, \eta_i = 0$	$\psi_i = \dfrac{1}{2}(1+\xi\xi_i)(1-\eta^2)$
Hermite 三次单元[②]	
协调元 $\left(u, \dfrac{\partial u}{\partial x}, \dfrac{\partial u}{\partial y}, \dfrac{\partial^2 u}{\partial x \partial y}\right)$	$[I = 4(i-1)+1, i=1,2,3,4]$ $\varphi_I = \dfrac{1}{16}(\xi+\xi_i)^2(2-\xi_0)(\eta+\eta_i)^2(2-\eta_0)$ $\varphi_{I+1} = -\dfrac{a}{16}\xi_i(\xi+\xi_i)^2(1-\xi_0)(\eta+\eta_i)^2(2-\eta_0)$ $\varphi_{I+2} = -\dfrac{b}{16}(\xi+\xi_i)^2(2-\xi_0)\eta_i(\eta+\eta_i)^2(1-\eta_0)$ $\varphi_{I+3} = \dfrac{ab}{16}\xi_i(\xi+\xi_i)^2(1-\xi_0)\eta_i(\eta+\eta_i)^2(1-\eta_0)$
非协调元 $\left(u, \dfrac{\partial u}{\partial x}, \dfrac{\partial u}{\partial y}\right)$	$[I = 3(i-1)+1, i=1,2,3,4]$ $\varphi_I = \dfrac{1}{8}(1+\xi_0)(1+\eta_0)(2+\xi_0+\eta_0-\xi^2-\eta^2)$ $\varphi_{I+1} = \dfrac{a}{8}\xi_i(\xi_0+1)^2(\xi_0-1)(\eta_0+1)$ $\varphi_{I+2} = \dfrac{b}{8}\eta_i(\xi_0+1)(\eta_0+1)^2(\eta_0-1)$

①坐标系统参见图 10.2.11;(ξ_i, η_i) 表示单元第 i 个节点的自然坐标;(x_C, y_C) 是单元中心的整体坐标;$2a$ 和 $2b$ 是矩形单元的边长。

②$\xi = (x-x_C)/a, \eta = (y-y_C)/b, \xi_0 = \xi\xi_i, \eta_0 = \eta\eta_i$。

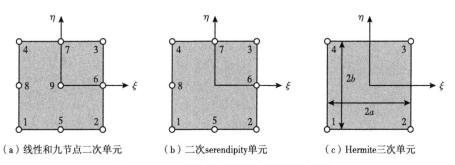

（a）线性和九节点二次单元　　（b）二次serendipity单元　　（c）Hermite三次单元

图 10.2.11　标准节点编号系统的矩形单元

10.3　数值积分

10.3.1　简介

不规则区域(比如带有曲边边界的区域)的精确描述可以通过使用细化网格和/或高阶单元来实现。举个例子,具有曲边边界的区域不能通过线性单元来精确表示;但是,通过使用高阶单元可以实现预期的精度。由于推导不同阶次的三角形和矩形母单元的插值函数是比较简单的,很容易利用 Gauss 积分在这些几何上进行积分,将定义在整个任意三角形和四边形上的积分表达式变换到三角形和矩形母单元上。尽管将各种各样不同微分方程的系数从问题坐标系(x,y)转换到自然坐标系(ξ,η)会导致用自然坐标(或面积坐标)表示的复杂代数积分式,但是只需要在特殊点上进行计算即可得到积分的结果。

诸如 Gauss-Legendre 这样的数值积分格式,要求在特定的坐标系和特定的几何上进行计算。自然坐标系(ξ,η)下的三角形和矩形母单元使得可以利用 Gauss 积分来计算单元系数 K_{ij}^e 和 f_i^e(其中包含对插值函数及其导数的积分)。因此,将典型单元 Ω_e 上给定的一个积分表达式变换到母单元 $\hat{\Omega}$ 域上使得对系数的积分变得简单。有限元网格中的每个单元都被映射到 $\hat{\Omega}$ 上,只是为了数值积分。一旦通过数值积分得到 K_{ij}^e 和 f_i^e 的值,它们在原单元区域上也是成立的。

通过如下形式的坐标变换可以实现 Ω_e 和 $\hat{\Omega}$ 之间[或者,等价于,(x,y) 和 (ξ,η) 之间]的变换:

$$x = \sum_{j=1}^{m} x_j^e \hat{\psi}_j^e(\xi,\eta) \,,\, y = \sum_{j=1}^{m} y_j^e \hat{\psi}_j^e(\xi,\eta) \qquad (10.3.1)$$

这里 $\hat{\psi}_j^e$ 是母单元 $\hat{\Omega}$ 上的有限元插值函数。尽管式(10.3.1)隐含着对几何的 Lagrange 插值,也可以使用 Hermite 插值。作为一个例子,考虑图 10.3.1 所示的母单元。母单元的坐标选为自然坐标(ξ,η),且有$-1 \leqslant (\xi,\eta) \leqslant 1$。对于此种情况,$\hat{\psi}_j^e$ 表示图 10.2.7(a)(即 $m=4$)所示四节点矩形单元的插值函数。式(10.3.1)给出的变换将母单元 $\hat{\Omega}$ 中的点 (ξ,η) 映射到单元 Ω_e 中的一个点 (x,y),如果变换的雅克比矩阵是正定的,那么反过来也成立。变换可以将 $\hat{\Omega}$ 中的线 $\xi=1$ 映射到 Ω_e 中的一条线:

$$x(1,\eta) = \sum_{i=1}^{4} x_i \hat{\psi}_i(1,\eta) = \frac{1}{2}(x_2+x_3) + \frac{1}{2}(x_3-x_2)\eta$$
$$y(1,\eta) = \sum_{i=1}^{4} y_i \hat{\psi}_i(1,\eta) = \frac{1}{2}(y_2+y_3) + \frac{1}{2}(y_3-y_2)\eta \qquad (10.3.2)$$

类似地,线 $\xi=-1$ 和 $\eta=\pm 1$ 被映射到单元 Ω_e 中的直线上(图 10.3.1)。因此,在线性变换中,母单元 $\hat{\Omega}$ 被映射到平面(x,y) 中的四边形单元。相反地,网格中的每个四边形单元 $\hat{\Omega}$ 都可以映射到平面(ξ,η) 中的同一个母单元(图 10.3.2)。

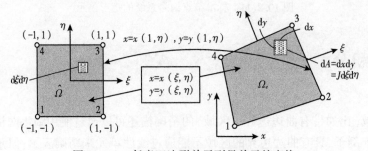

图 10.3.1   任意四边形单元到母单元的变换

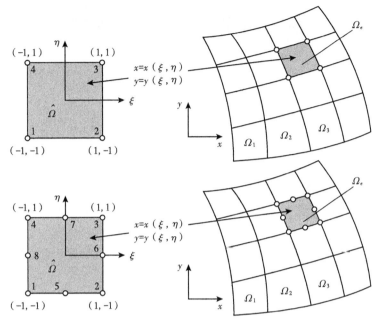

图 10.3.2 有限元网格中的线性和二次四边形单元到相应母单元的映射

一般地,问题因变量的近似格式为

$$u(x,y) = \sum_{j=1}^{n} u_j^e \psi_j^e(x,y) \qquad (10.3.3)$$

近似因变量的插值函数 ψ_j^e 一般与近似几何的 $\hat{\psi}_j^e$ 不同。根据几何[见式(10.3.1)]和因变量[见式(10.3.3)]所使用的相对近似程度,有限元公式可分为三类。

(1)超参元($m>n$):几何近似的阶次比因变量的高。

(2)等参元($m=n$):几何近似的阶次与因变量相同。

(3)亚参元($m<n$):因变量近似的阶次要更高。

举个例子,对于 Euler-Bernoulli 梁的有限元分析,利用线性 Lagrange 插值几何:

$$x = \sum_{j=1}^{2} x_j^e \hat{\psi}_j^e(\xi) \qquad (10.3.4)$$

这里横向挠度 w 用 Hermite 三次插值来近似。这种格式是亚参元。由于轴向位移是用线性 Lagrange 插值函数来近似的,可以说轴向位移是等参格式的。很少采用超参格式。同时,不推荐使用 Hermite 族插值函数来近似几何。

10.3.2 坐标变换

再次注意到将网格中的四边形单元变换到母单元 $\hat{\Omega}$ 上去的目的完全是为了在计算机程序中对 K_{ij}^e 和 f_i^e 中出现的积分进行数值计算。因此,在有限元分析中没有物理域或有限元网格的变换。得到的有限元代数方程组往往是关于问题对偶对(比如位移和力)的节点值。不同单元的单元矩阵可以利用同样的母单元。不同阶次的母单元定义了不同的变换。举个例子,三阶矩形母单元可用于生成三次曲边四边形单元。因此,利用合适的母单元,可以生成任意单元的网格。但是,母单元的变换在单元之间不能出现虚假间隙以及重叠。图 10.2.5 和图 10.2.7 给出的单元可以作为生成三角形和四边形单元网格的母单元。

从数值积分的目的出发,当有限元中的一个典型单元变换到母单元上时,被积函数必须写成母单元坐标 (ξ,η) 的形式。举个例子,考虑单元系数:

$$K_{ij}^e = \int_{\Omega^e} \left[a_{11}^e(x,y) \frac{\partial \psi_i^e}{\partial x} \frac{\partial \psi_j^e}{\partial x} + a_{22}^e(x,y) \frac{\partial \psi_i^e}{\partial y} \frac{\partial \psi_j^e}{\partial y} + a_{00}^e(x,y) \psi_i^e \psi_j^e \right] dx dy \quad (10.3.5)$$

被积函数(即积分式中在方括号内的项)是整体坐标 x 和 y 的函数。必须利用变换(10.3.1)将其写成 ξ 和 η 的函数。注意到被积函数不仅包括插值函数同时也包括其对整体坐标 (x,y) 的导数。因此,必须利用变换(10.3.1)建立 $\partial \psi_i^e / \partial x$ 和 $\partial \psi_i^e / \partial y$ 与 $\partial \psi_i^e / \partial \xi$ 和 $\partial \psi_i^e / \partial \eta$ 的关系。

利用式(10.3.1)可以将函数 $\psi_i^e(x,y)$ 用局部坐标 ξ 和 η 表示:$\psi_i^e(x(\xi,\eta),y(\xi,\eta))$。利用偏微分的链式法则,有

$$\frac{\partial \psi_i^e}{\partial \xi} = \frac{\partial \psi_i^e}{\partial x} \frac{\partial x}{\partial \xi} + \frac{\partial \psi_i^e}{\partial y} \frac{\partial y}{\partial \xi}$$

$$\frac{\partial \psi_i^e}{\partial \eta} = \frac{\partial \psi_i^e}{\partial x} \frac{\partial x}{\partial \eta} + \frac{\partial \psi_i^e}{\partial y} \frac{\partial y}{\partial \eta}$$

或者,用矩阵形式:

$$\begin{Bmatrix} \dfrac{\partial \psi_i^e}{\partial \xi} \\ \dfrac{\partial \psi_i^e}{\partial \eta} \end{Bmatrix} = \begin{bmatrix} \dfrac{\partial x}{\partial \xi} & \dfrac{\partial y}{\partial \xi} \\ \dfrac{\partial x}{\partial \eta} & \dfrac{\partial y}{\partial \eta} \end{bmatrix} \begin{Bmatrix} \dfrac{\partial \psi_i^e}{\partial x} \\ \dfrac{\partial \psi_i^e}{\partial y} \end{Bmatrix} \equiv \boldsymbol{J}^e \begin{Bmatrix} \dfrac{\partial \psi_i^e}{\partial x} \\ \dfrac{\partial \psi_i^e}{\partial y} \end{Bmatrix} \quad (10.3.6)$$

这给出了 ψ_i^e 对整体坐标和局部坐标的导数之间的关系。矩阵 $\boldsymbol{J}^e$ 称为变换(10.3.1)的雅克比矩阵:

$$\boldsymbol{J}^e = \begin{bmatrix} \dfrac{\partial x}{\partial \xi} & \dfrac{\partial y}{\partial \xi} \\ \dfrac{\partial x}{\partial \eta} & \dfrac{\partial y}{\partial \eta} \end{bmatrix}^e \quad (10.3.7)$$

注意式(10.3.5)给出的 K_{ij}^e 的表达式,必须建立 $\partial \psi_i^e / \partial x$ 和 $\partial \psi_i^e / \partial y$ 与 $\partial \psi_i^e / \partial \xi$ 和 $\partial \psi_i^e / \partial \eta$ 的关系,而式(10.3.6)给出了反向的关系。因此,式(10.3.6)必须反过来写:

$$\begin{Bmatrix} \dfrac{\partial \psi_i^e}{\partial x} \\ \dfrac{\partial \psi_i^e}{\partial y} \end{Bmatrix} = (\boldsymbol{J}^e)^{-1} \begin{Bmatrix} \dfrac{\partial \psi_i^e}{\partial \xi} \\ \dfrac{\partial \psi_i^e}{\partial \eta} \end{Bmatrix}, \det \boldsymbol{J}^e \equiv J^e \neq 0 \quad (10.3.8)$$

尽管利用链式法则可以写出式(10.3.8)给出的关系:

$$\frac{\partial \psi_i^e}{\partial x} = \frac{\partial \psi_i^e}{\partial \xi}\frac{\partial \xi}{\partial x} + \frac{\partial \psi_i^e}{\partial \eta}\frac{\partial \eta}{\partial x}$$

$$\frac{\partial \psi_i^e}{\partial y} = \frac{\partial \psi_i^e}{\partial \xi}\frac{\partial \xi}{\partial y} + \frac{\partial \psi_i^e}{\partial \eta}\frac{\partial \eta}{\partial y} \qquad (10.3.9)$$

直接利用变换方程(10.3.1)不能计算 $\partial x/\partial \xi$、$\partial x/\partial \eta$、$\partial y/\partial \xi$ 和 $\partial y/\partial \eta$。

利用变换方程(10.3.1)可以按照如下方法直接计算 $\partial x/\partial \xi$、$\partial x/\partial \eta$、$\partial y/\partial \xi$ 和 $\partial y/\partial \eta$ 以及 J^e。利用变换(10.3.1),有

$$\frac{\partial x}{\partial \xi} = \sum_{j=1}^m x_j \frac{\partial \hat\psi_j^e}{\partial \xi}, \frac{\partial y}{\partial \xi} = \sum_{j=1}^m y_j \frac{\partial \hat\psi_j^e}{\partial \xi}$$

$$\frac{\partial x}{\partial \eta} = \sum_{j=1}^m x_j \frac{\partial \hat\psi_j^e}{\partial \eta}, \frac{\partial y}{\partial \eta} = \sum_{j=1}^m y_j \frac{\partial \hat\psi_j^e}{\partial \eta} \qquad (10.3.10a)$$

且

$$J^e = \begin{bmatrix} \dfrac{\partial x}{\partial \xi} & \dfrac{\partial y}{\partial \xi} \\[2mm] \dfrac{\partial x}{\partial \eta} & \dfrac{\partial y}{\partial \eta} \end{bmatrix} = \begin{bmatrix} \displaystyle\sum_{i=1}^m x_i^e \dfrac{\partial \hat\psi_i^e}{\partial \xi} & \displaystyle\sum_{i=1}^m y_i^e \dfrac{\partial \hat\psi_i^e}{\partial \xi} \\[4mm] \displaystyle\sum_{i=1}^m x_i^e \dfrac{\partial \hat\psi_i^e}{\partial \eta} & \displaystyle\sum_{i=1}^m y_i^e \dfrac{\partial \hat\psi_i^e}{\partial \eta} \end{bmatrix}$$

$$= \begin{bmatrix} \dfrac{\partial \hat\psi_1^e}{\partial \xi} & \dfrac{\partial \hat\psi_2^e}{\partial \xi} & \cdots & \dfrac{\partial \hat\psi_m^e}{\partial \xi} \\[3mm] \dfrac{\partial \hat\psi_1^e}{\partial \eta} & \dfrac{\partial \hat\psi_2^e}{\partial \eta} & \cdots & \dfrac{\partial \hat\psi_m^e}{\partial \eta} \end{bmatrix} \begin{bmatrix} x_1^e & y_1^e \\ x_2^e & y_2^e \\ \vdots & \vdots \\ x_m^e & y_m^e \end{bmatrix} \qquad (10.3.10b)$$

因此,给定单元节点的整体坐标 (x_j^e, y_j^e) 和几何插值函数 $\hat\psi_j^e$,雅克比矩阵可以利用式(10.3.10b)进行计算。注意一般情况下,$\hat\psi_j^e$ 与近似因变量的 ψ_j^e 是不同的。只有在等参元格式中,二者是相同的。

式(10.3.8)中对 ψ_i^e 的整体导数(即 ψ_i^e 对 x 和 y 的导数)的计算需要对雅克比矩阵求逆。$(J^e)^{-1}$ 存在的充要条件是,对于 $\hat\Omega$ 内任意一点 (ξ, η) 雅克比矩阵的秩 $J^e = |J^e|$ 非零:

$$J^e \equiv \det(J^e) = \frac{\partial x}{\partial \xi}\frac{\partial y}{\partial \eta} - \frac{\partial x}{\partial \eta}\frac{\partial y}{\partial \xi} > 0 \qquad (10.3.11)$$

变换应该在几何上很简单以便能够容易对雅克比矩阵进行积分。式(10.3.1)形式的变换满足这些要求。

例 10.3.1

图 10.3.3(a)给出了一个四节点母单元。考虑图 10.3.3(b)所示的 3 个单元的四边形网格。单元 1 和单元 2 的节点编号顺序与母单元都是逆时针的,而单元 3 的节点编号顺序与母单元相反。研究单元编号顺序以及这 3 个单元的凸性在母单元变换时的影响。

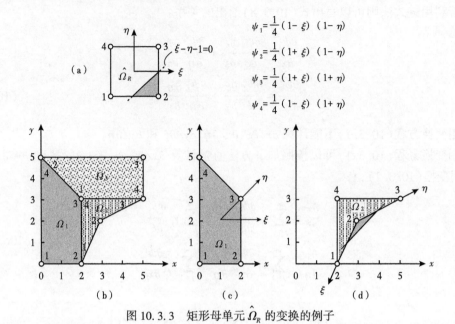

$$\psi_1 = \frac{1}{4}(1-\xi)(1-\eta)$$

$$\psi_2 = \frac{1}{4}(1+\xi)(1-\eta)$$

$$\psi_3 = \frac{1}{4}(1+\xi)(1+\eta)$$

$$\psi_4 = \frac{1}{4}(1-\xi)(1+\eta)$$

图 10.3.3　矩形母单元 $\hat{\Omega}_R$ 的变换的例子

解:图 10.3.3(a)给出了线性母单元的插值函数。首先计算 $\hat{\psi}_i$ 的导数:

$$\frac{\partial \hat{\psi}_1}{\partial \xi} = -\frac{1}{4}(1-\eta),\ \frac{\partial \hat{\psi}_2}{\partial \xi} = \frac{1}{4}(1-\eta),\ \frac{\partial \hat{\psi}_3}{\partial \xi} = \frac{1}{4}(1+\eta),\ \frac{\partial \hat{\psi}_4}{\partial \xi} = -\frac{1}{4}(1+\eta)$$

$$\frac{\partial \hat{\psi}_1}{\partial \eta} = -\frac{1}{4}(1-\xi),\ \frac{\partial \hat{\psi}_2}{\partial \eta} = \frac{1}{4}(1+\xi),\ \frac{\partial \hat{\psi}_3}{\partial \eta} = \frac{1}{4}(1+\xi),\ \frac{\partial \hat{\psi}_4}{\partial \eta} = \frac{1}{4}(1-\xi) \tag{1}$$

接下来计算单元的雅克比矩阵:

$$\frac{\partial x}{\partial \xi} = \sum_{i=1}^{4} x_i \frac{\partial \hat{\psi}_i}{\partial \xi} = \frac{1}{4}\left[-x_1(1-\eta)+x_2(1-\eta)+x_3(1+\eta)-x_4(1+\eta)\right]$$

$$\frac{\partial x}{\partial \eta} = \sum_{i=1}^{4} x_i \frac{\partial \hat{\psi}_i}{\partial \eta} = \frac{1}{4}\left[-x_1(1-\xi)-x_2(1+\xi)+x_3(1+\xi)+x_4(1-\xi)\right]$$

$$\frac{\partial y}{\partial \xi} = \sum_{i=1}^{4} y_i \frac{\partial \hat{\psi}_i}{\partial \xi} = \frac{1}{4}\left[-y_1(1-\eta)+y_2(1-\eta)+y_3(1+\eta)-y_4(1+\eta)\right]$$

$$\frac{\partial y}{\partial \eta} = \sum_{i=1}^{4} y_i \frac{\partial \hat{\psi}_i}{\partial \eta} = \frac{1}{4}\left[-y_1(1-\xi)-y_2(1+\xi)+y_3(1+\xi)+y_4(1-\xi)\right] \tag{2}$$

连接任意 2 个节点的线段全部位于单元内部,从这个意义上说,单元 1 和单元 3 是凸的。显然,单元 2 是非凸的,举个例子,连接节点 1 和节点 3 的线段并不都在单元内部。

1) 单元 1

有 $x_1 = x_4 = 0, x_2 = x_3 = 2, y_1 = y_2 = 0, y_3 = 3, y_4 = 5$[图 10.3.3(c)]。变换及雅克比为

$$x = 2\hat{\psi}_2 + 2\hat{\psi}_3 = 1 + \xi, y = 3\hat{\psi}_3 + 5\hat{\psi}_4 = (1+\eta)\left(2 - \frac{1}{2}\xi\right) \tag{3}$$

$$J = \det \boldsymbol{J} = \begin{vmatrix} \dfrac{\partial x}{\partial \xi} & \dfrac{\partial y}{\partial \xi} \\[2mm] \dfrac{\partial x}{\partial \eta} & \dfrac{\partial y}{\partial \eta} \end{vmatrix} = \begin{vmatrix} 1 & -\dfrac{1}{2}(1+\eta) \\[2mm] 0 & 2 - \dfrac{1}{2}\xi \end{vmatrix} = \frac{1}{2}(4-\xi) > 0 \tag{4}$$

显然,雅克比关于 ξ 是线性的,且对于所有满足 $-1 \le \xi \le 1$ 的 ξ,它是正的。因此,式(3)的变换是可逆的:

$$1 + \xi = x, 1 + \eta = \frac{2y}{5-x}$$

2)单元 2

这里有 $x_1 = x_4 = 2, x_2 = 3, x_3 = 5, y_1 = 0, y_2 = 2, y_3 = y_4 - 3$[图 10.3.3(d)]。变换及雅克比为

$$x = 3 + \xi + \frac{1}{2}\eta + \frac{1}{2}\xi\eta, y = 2 + \frac{1}{2}\xi + \eta - \frac{1}{2}\xi\eta \tag{5}$$

$$J = \begin{vmatrix} \dfrac{\partial x}{\partial \xi} & \dfrac{\partial y}{\partial \xi} \\[2mm] \dfrac{\partial x}{\partial \eta} & \dfrac{\partial y}{\partial \eta} \end{vmatrix} = \begin{vmatrix} 1 + \dfrac{1}{2}\eta & \dfrac{1}{2}(1-\eta) \\[2mm] \dfrac{1}{2}(1+\xi) & 1 - \dfrac{1}{2}\xi \end{vmatrix} = \frac{3}{4}(1+\eta-\xi) \tag{6}$$

母单元中雅克比不是处处非零。沿着线 $\xi = 1+\eta$ 它是零,且在母单元的阴影区域是负的[图 10.3.3(a)]。而且,该面积被映射到单元 2 的阴影区域的外部。因此,在有限元网格中不应该有内角大于 π 的单元。

3)单元 3

有 $x_1 = 2, x_2 = 0, x_3 = x_4 = 5, y_1 = y_4 = 3, y_2 = y_3 = 5$[图 10.3.3(b)]。变换及雅克比为(注意节点是顺时针编号的)

$$x = 3 - \frac{1}{2}\xi + 2\eta + \frac{1}{2}\xi\eta, y = 4 + \xi \tag{7}$$

$$J = \begin{vmatrix} \dfrac{\partial x}{\partial \xi} & \dfrac{\partial y}{\partial \xi} \\[2mm] \dfrac{\partial x}{\partial \eta} & \dfrac{\partial y}{\partial \eta} \end{vmatrix} = \begin{vmatrix} -\dfrac{1}{2}(1-\eta) & 1 \\[2mm] 2 + \dfrac{1}{2}\xi & 0 \end{vmatrix} = -\left(2 + \frac{1}{2}\xi\right) < 0 \tag{8}$$

负的雅克比表明一个右手坐标系被映射到一个左手坐标系。应该避免采用这样的坐标变换。

上述对四节点母单元的例子表明,有限元网格中非凸单元是不可接受的。一般地,任意内角 θ(图 10.3.4)不能太大或太小,因为雅克比 $J = (|\mathrm{d}\boldsymbol{r}_1\|\mathrm{d}\boldsymbol{r}_2|\sin\theta)/\mathrm{d}\xi\mathrm{d}\eta$ 会非常小。类似

的限制也存在于高阶母单元。对于高阶单元也有额外的限制。举个例子,对于高阶的三角形和矩形单元,边节点和内部节点的位置是有限制的。对于 8 节点矩形单元,可以证明边中节点应该位于距离角点大于等于 1/4 边长的位置(图 10.3.4)。

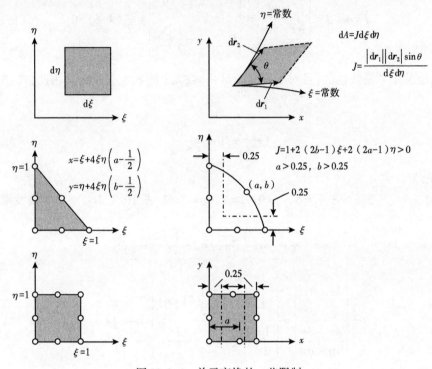

图 10.3.4　单元变换的一些限制

回到积分的数值计算,从式(10.3.8)有:

$$\left\{\begin{array}{c}\dfrac{\partial \psi_i^e}{\partial x} \\[2mm] \dfrac{\partial \psi_i^e}{\partial y}\end{array}\right\} = (\boldsymbol{J}^e)^{-1}\left\{\begin{array}{c}\dfrac{\partial \psi_i^e}{\partial \xi} \\[2mm] \dfrac{\partial \psi_i^e}{\partial \eta}\end{array}\right\} \equiv \boldsymbol{J}^{*e}\left\{\begin{array}{c}\dfrac{\partial \psi_i^e}{\partial \xi} \\[2mm] \dfrac{\partial \psi_i^e}{\partial \eta}\end{array}\right\} \qquad (10.3.12)$$

式中,$\boldsymbol{J}_{ij}^*$ 是位置(i,j)处雅克比矩阵的逆的元素:

$$(\boldsymbol{J}^e)^{-1} \equiv \boldsymbol{J}^{*e} = \begin{bmatrix} J_{11}^{*e} & J_{12}^{*e} \\ J_{21}^{*e} & J_{22}^{*e} \end{bmatrix} \qquad (10.3.13)$$

单元 Ω_e 的面积 $dA = dxdy$ 通过变换变到母单元 $\hat{\Omega}$ 上:

$$dA \equiv dxdy = J^e d\xi d\eta \qquad (10.3.14)$$

矩阵 J 可以看成是点从 Ω_e 到 $\hat{\Omega}$ 的映射,$J^* = J^{-1}$ 是点从 $\hat{\Omega}$ 到 Ω_e 的映射。如果 J 是常数,举个例子,它代表面元从 $\hat{\Omega}$ 到 Ω_e 的增加或减小。

式(10.3.8)、式(10.3.10b)、式(10.3.13)和式(10.3.14)给出了将任何单元 Ω_e 上的积分表达式转换到相应的母单元 $\hat{\Omega}$ 上所需的关系。例如,考虑式(10.3.5)给出的积分表达式。假设有限元网格由母单元 $\hat{\Omega}$ 生成。

可以将母单元上的 K_{ij}^e 写为:

$$
\begin{aligned}
K_{ij}^e &= \iint_{\Omega_e} \left[a_{11} \frac{\partial \psi_i}{\partial x} \frac{\partial \psi_j}{\partial x} + a_{22} \frac{\partial \psi_i}{\partial \psi} \frac{\partial \psi_j}{\partial y} + a_{00} \psi_i \psi_j \right] \mathrm{d}x \mathrm{d}y \\
&= \iint_{\hat{\Omega}} \left[\hat{a}_{11} \left(J_{11}^* \frac{\partial \psi_i}{\partial \xi} + J_{12}^* \frac{\partial \psi_i}{\partial \eta} \right) \left(J_{11}^* \frac{\partial \psi_j}{\partial \xi} + J_{12}^* \frac{\partial \psi_j}{\partial \eta} \right) \right. \\
&\qquad \left. + \hat{a}_{22} \left(J_{21}^* \frac{\partial \psi_i}{\partial \xi} + J_{22}^* \frac{\partial \psi_i}{\partial \eta} \right) \left(J_{21}^* \frac{\partial \psi_j}{\partial \xi} + J_{22}^* \frac{\partial \psi_j}{\partial \eta} \right) + \hat{a}_{00} \psi_i \psi_j \right] J \mathrm{d}\xi \mathrm{d}\eta \\
&= \int_{\hat{\Omega}} F_{ij}(\xi, \eta) \, \mathrm{d}\xi \mathrm{d}\eta
\end{aligned} \tag{10.3.15a}
$$

式中

$$
\begin{aligned}
F_{ij}^e &= \left[\hat{a}_{11} \left(J_{11}^* \frac{\partial \psi_i}{\partial \xi} + J_{12}^* \frac{\partial \psi_i}{\partial \eta} \right) \left(J_{11}^* \frac{\partial \psi_j}{\partial \xi} + J_{12}^* \frac{\partial \psi_j}{\partial \eta} \right) \right. \\
&\qquad \left. + \hat{a}_{22} \left(J_{21}^* \frac{\partial \psi_i}{\partial \xi} + J_{22}^* \frac{\partial \psi_i}{\partial \eta} \right) \left(J_{21}^* \frac{\partial \psi_j}{\partial \xi} + J_{22}^* \frac{\partial \psi_j}{\partial \eta} \right) + \hat{a}_{00} \psi_i \psi_j \right] J
\end{aligned} \tag{10.3.15b}
$$

式中,J_{ij}^* 是式(10.3.13)中雅克比矩阵的逆的元素,且 $\hat{a}_{ij} = a_{ij}(x(\xi,\eta), y(\xi,\eta))$。对于矩形和三角形的母单元,式(10.3.8)、式(10.3.10b)和式(10.3.13)至式(10.3.15b)都是成立的。图 10.3.5 给出了线性、二次三角形和四边形单元的母单元。

10.3.3 矩形母单元上的数值积分

利用 8.2 节给出的一维积分公式,可以推导定义在矩形母单元 Ω_R(图 10.3.5)上的数值积分公式,有

$$
\begin{aligned}
\int_{\hat{\Omega}_R} F(\xi, \eta) \mathrm{d}\xi \mathrm{d}\eta &= \int_{-1}^{1} \left[\int_{-1}^{1} F(\xi, \eta) \mathrm{d}\eta \right] \mathrm{d}\xi \approx \int_{-1}^{1} \left[\sum_{J=1}^{N} F(\xi, \eta_J) W_J \right] \mathrm{d}\xi \\
&\approx \sum_{I=1}^{M} \sum_{J=1}^{N} F(\xi_I, \eta_J) W_I W_J
\end{aligned} \tag{10.3.16}
$$

式中,M 和 N 是 ξ 和 η 方向上的积分点的数目,(ξ_I, η_J) 为 Gauss 点,W_I 和 W_J 为相应的 Gauss 权(表 8.2.2)。Gauss 积分点数目的选择采用 8.2.5.2 节给出的公式:选择 $N = \mathrm{int}\left[\frac{1}{2}(p+1) \right]$ 可以对一个 p 阶多项式进行精确积分;也即,比 $\frac{1}{2}(p+1)$ 大的最小整数。大多数情况下,插值函数关于 ξ 和 η 是同阶的,因此有 $M = N$。当被积函数关于 ξ 和 η 是不同阶的,Gauss 点数目的选择基于高阶的多项式。积分公式的最低要求是当密度是常数时可以对质量矩阵进行精确积分。

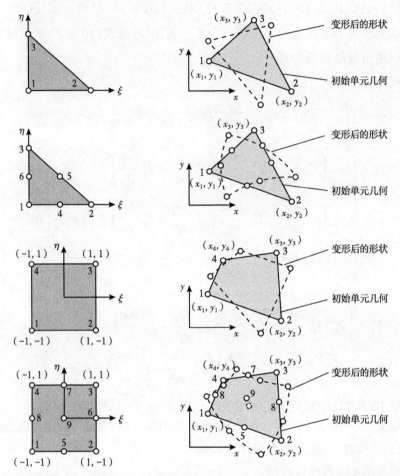

图 10.3.5　线性和二次母单元及在问题坐标系下的典型格式。"变形后的形状"即结构
问题中变形后的几何形状;在热传递和流体力学应用中单元几何形状不发生改变

通过每个坐标方向 ξ_I 和 η_I 上的一维 Gauss 点的张量积可以得到 $M \times N$ Gauss 点的位置:

$$
\begin{pmatrix} \xi_1 \\ \xi_2 \\ \vdots \\ \xi_N \end{pmatrix} (\eta_1, \eta_2, \cdots, \eta_N) \equiv \begin{bmatrix} (\xi_1, \eta_1) & (\xi_1, \eta_2) & \cdots & (\xi_1, \eta_N) \\ (\xi_2, \eta_1) & (\xi_2, \eta_2) & \cdots & (\xi_2, \eta_N) \\ \vdots & & \ddots & \vdots \\ (\xi_N, \eta_1) & (\xi_N, \eta_2) & \cdots & (\xi_N, \eta_N) \end{bmatrix} \tag{10.3.17}
$$

表 8.2.2 给出了 $I = 1, 2, \cdots, 10$ 时 ξ_I 的值(对于 η_I 是同样的数值)。

表 10.3.1 给出了线性、二次和三次矩形母单元的积分阶次选择和 Gauss 点位置的信息。多项式的最高阶次是式(10.3.15a)中类型的单元矩阵的被积函数关于 ξ 和 η 的多项式的最高阶次。在确定被积函数多项式的总阶次时注意要同时考虑系数以及 J_{ij}^* 和 J^e 的贡献。当然,一般情况下,系数 a_{11}、a_{22}、a_{00} 和 J_{ij}^* 可能不是多项式。此时,它们的泛函必须通过合适的多项式来近似,以便确定被积函数的多项式阶次。

表 10.3.1　线性、二次和三次母单元的残值阶次及高斯点位置(未给出节点)

Gauss 积分阶次	残值阶次①	Gauss 点位置②
2×2	$O(h^4)$	
3×3	$O(h^6)$	
4×4	$O(h^8)$	

①$O(h^p)$表示通过 Gauss 积分精确计算的 $p-1$ 阶多项式。

②对每个坐标方向上的积分点位置和权参见表 8.2.2。

接下来的 2 个例子演示矩形单元的单元矩阵和雅克比矩阵的计算。

例 10.3.2

考虑图 10.3.3(b)所示的四边形单元 Ω_1。基于线性正方形母单元用 (ξ,η) 表示 $\partial\psi_i/\partial x$ 和 $\partial\psi_i/\partial y$。

解:母单元的插值函数为[图 10.3.3(a)]

$$\psi_i=\frac{1}{4}(1+\xi\xi_i)(1+\eta\eta_i),\frac{\partial\psi_i}{\partial\xi}=\frac{1}{4}\xi_i(1+\eta\eta_i),\frac{\partial\psi_i}{\partial\eta}=\frac{1}{4}\eta_i(1+\xi\xi_i) \tag{1}$$

式中,(ξ_i,η_i)是母单元中第 i 个节点的局部坐标:$(\xi_1,\eta_1)=(-1,1)$,$(\xi_2,\eta_2)=(1,-1)$,$(\xi_3,\eta_3)=(1,1)$,$(\xi_4,\eta_4)=(-1,1)$。

雅克比矩阵为

$$\begin{aligned}
\boldsymbol{J}&=\begin{bmatrix}\dfrac{\partial x}{\partial\xi}&\dfrac{\partial y}{\partial\xi}\\[2mm]\dfrac{\partial x}{\partial\eta}&\dfrac{\partial y}{\partial\eta}\end{bmatrix}=\frac{1}{4}\begin{bmatrix}-(1-\eta)&1-\eta&1+\eta&-(1+\eta)\\-(1-\xi)&-(1+\xi)&1+\xi&1-\xi\end{bmatrix}\begin{bmatrix}0.0&0.0\\2.0&0.0\\2.0&3.0\\0.0&5.0\end{bmatrix}\\[4mm]
&=\begin{bmatrix}1&-\dfrac{1}{2}(1+\eta)\\[3mm]0&\dfrac{1}{2}(4-\xi)\end{bmatrix}
\end{aligned} \tag{2}$$

雅克比矩阵的逆为

$$J^{-1} = \begin{bmatrix} 1 & \dfrac{1+\eta}{4-\xi} \\ 0 & \dfrac{2}{4-\xi} \end{bmatrix}, J_{11}^* = 1, J_{21}^* = 0, J_{12}^* = \frac{1+\eta}{4-\xi}, J_{22}^* = \frac{2}{4-\xi} \tag{3}$$

从式(10.3.8)可得

$$\frac{\partial \psi_i}{\partial x} = \frac{\partial \psi_i}{\partial \xi} + \frac{1+\eta}{4-\xi} \frac{\partial \psi_i}{\partial \eta}, \frac{\partial \psi_i}{\partial y} = \frac{2}{4-\xi} \frac{\partial \psi_i}{\partial \eta} \tag{4}$$

因此,有

$$\frac{\partial \psi_i}{\partial x} = \frac{1}{4} \xi_i (1+\eta \eta_i) + \frac{1}{4} \left(\frac{1+\eta}{4-\xi} \right) (1+\xi \xi_i) \eta_i$$

$$\frac{\partial \psi_i}{\partial y} = \frac{1}{2(4-\xi)} (1+\xi \xi_i) \eta_i \tag{5}$$

例 10.3.3

考虑图 10.3.6 所示的四边形单元。利用高斯积分计算如下的单元矩阵:

$$S_{ij}^{00} = \int_\Omega \psi_i \psi_j \mathrm{d}x\mathrm{d}y, \qquad S_{ij}^{11} = \int_\Omega \frac{\partial \psi_i}{\partial x} \frac{\partial \psi_j}{\partial x} \mathrm{d}x\mathrm{d}y$$

$$S_{ij}^{22} = \int_\Omega \frac{\partial \psi_i}{\partial y} \frac{\partial \psi_j}{\partial y} \mathrm{d}x\mathrm{d}y, \qquad S_{ij}^{12} = \int_\Omega \frac{\partial \psi_i}{\partial x} \frac{\partial \psi_j}{\partial y} \mathrm{d}x\mathrm{d}y \tag{1}$$

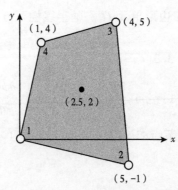

图 10.3.6　例 10.3.3 中线性四边形单元的几何

解:变换方程为

$$x = 0 \cdot \hat{\psi}_1 + 5\hat{\psi}_2 + 4\hat{\psi}_3 + 1 \cdot \hat{\psi}_4 = \frac{1}{2}(5+4\xi - \xi\eta)$$

$$y = 0 \cdot \hat{\psi}_1 - 1\hat{\psi}_2 + 5\hat{\psi}_3 + 4\hat{\psi}_4 = \frac{1}{2}(4+5\eta + \xi\eta) \tag{2}$$

雅克比矩阵 $\boldsymbol{J}$ 及其逆为

$$J = \begin{bmatrix} \dfrac{\partial x}{\partial \xi} & \dfrac{\partial y}{\partial \xi} \\[2mm] \dfrac{\partial x}{\partial \eta} & \dfrac{\partial y}{\partial \eta} \end{bmatrix} = \dfrac{1}{2} \begin{bmatrix} 4-\eta & \eta \\ -\xi & 5+\xi \end{bmatrix} \tag{3}$$

$$J = \frac{1}{4} \left[(4-\eta)(5+\xi) + \xi\eta \right] = \frac{1}{4}(20+4\xi-5\eta)$$

$$J^{-1} = \frac{1}{2J} \begin{bmatrix} 5+\xi & -\eta \\ \xi & 4-\eta \end{bmatrix}, J_{11}^* = \frac{2(5+\xi)}{20+4\xi-5\eta}, J_{12}^* = -\frac{2\eta}{20+4\xi-5\eta} \tag{4}$$

$$J_{21}^* = \frac{2\xi}{20+4\xi-5\eta}, J_{22}^* = \frac{2(4-\eta)}{20+4\xi-5\eta}$$

矩阵 J 将 xy 系统中的基矢量 $\hat{e}_x = (1,0)$ 和 $\hat{e}_i = (0,1)$ 转换到 $\xi\eta$ 系统中的基矢量 $\hat{e}_\xi$ 和 $\hat{e}_\eta$：

$$\frac{1}{2} \begin{bmatrix} 4-\eta & \eta \\ -\xi & 5+\xi \end{bmatrix} \begin{Bmatrix} 1 \\ 0 \end{Bmatrix} = \frac{1}{2} \begin{Bmatrix} 4-\eta \\ -\xi \end{Bmatrix}$$
$$\frac{1}{2} \begin{bmatrix} 4-\eta & \eta \\ -\xi & 5+\xi \end{bmatrix} \begin{Bmatrix} 0 \\ 1 \end{Bmatrix} = \frac{1}{2} \begin{Bmatrix} \eta \\ 5+\xi \end{Bmatrix} \tag{5}$$

式中,有

$$\hat{e}_\xi = \frac{1}{2} \left[(4-\eta)\hat{e}_x - \xi\hat{e}_y \right], \hat{e}_\eta = \frac{1}{2} \left[\eta\hat{e}_x + (5+\xi)\hat{e}_y \right] \tag{6}$$

式中, xy 系统中的面元 $\mathrm{d}x\mathrm{d}y$ 与 $\xi\eta$ 系统中的面元 $\mathrm{d}\xi\mathrm{d}\eta$ 之间的关系为

$$\mathrm{d}x\mathrm{d}y = \frac{1}{4} \begin{vmatrix} 4-\eta & \eta \\ -\xi & 5+\xi \end{vmatrix} \mathrm{d}\xi\mathrm{d}\eta = J\mathrm{d}\xi\mathrm{d}\eta \tag{7}$$

举个例子,系数 S_{ij}^{00} 和 S_{ij}^{11} 可以用自然坐标(为了数值计算)表示为

$$S_{ij}^{00} = \int_{\Omega_e} \psi_i \psi_j \mathrm{d}x\mathrm{d}y = \int_{-1}^{1} \int_{-1}^{1} \psi_i \psi_j J \mathrm{d}\xi\mathrm{d}\eta$$

$$S_{ij}^{11} = \int_{\Omega_e} \frac{\partial \psi_i}{\partial x} \frac{\partial \psi_j}{\partial x} \mathrm{d}x\mathrm{d}y$$

$$= \int_{-1}^{1} \int_{-1}^{1} \left(J_{11}^* \frac{\partial \psi_i}{\partial \xi} + J_{12}^* \frac{\partial \psi_i}{\partial \eta} \right) \left(J_{11}^* \frac{\partial \psi_j}{\partial \xi} + J_{12}^* \frac{\partial \psi_j}{\partial \eta} \right) J\mathrm{d}\xi\mathrm{d}\eta$$

式中, $\partial\psi_i/\partial\xi$ 和 $\partial\psi_i/\partial\eta$ 参见例 10.3.1 中的式(1)。注意到被积函数 S_{ij}^{00} 是坐标 ξ 和 η 的 $p=3$ 阶多项式。因此, $N=M=[(p+1)/2]=2$ 可以对 S_{ij}^{00} 进行精确积分。举个例子,考虑系数 S_{ij}^{11}：

$$S_{11}^{00} = \int_{\Omega_e} \psi_1 \psi_1 \mathrm{d}x\mathrm{d}y = \int_{-1}^{1} \int_{-1}^{1} \psi_1 \psi_1 J \mathrm{d}\xi\mathrm{d}\eta$$

$$= \frac{1}{64} \int_{-1}^{1} \int_{-1}^{1} (1-\xi)^2 (1-\eta)^2 (20+4\xi-5\eta) \mathrm{d}\xi\mathrm{d}\eta \tag{8}$$

$$= \frac{1}{64} \sum_{I=1}^{2} \left[\sum_{J=1}^{2} (1-\xi_I)^2 (1-\eta_J)^2 (20+4\xi_I-5\eta_J) \right] W_I W_J$$

式中,(ξ_I,η_I)为高斯积分点:

$$(\xi_1,\eta_1)=\left(-\frac{1}{\sqrt{3}},-\frac{1}{\sqrt{3}}\right),(\xi_1,\eta_2)=\left(-\frac{1}{\sqrt{3}},\frac{1}{\sqrt{3}}\right)$$

$$(\xi_2,\eta_1)=\left(\frac{1}{\sqrt{3}},-\frac{1}{\sqrt{3}}\right),(\xi_2,\eta_2)=\left(\frac{1}{\sqrt{3}},\frac{1}{\sqrt{3}}\right) \tag{9}$$

式中,有($W_1=W_2=1$)

$$S_{11}^{00}=\frac{1}{64}\left[\left(1+\frac{1}{\sqrt{3}}\right)^4\left(20+\frac{1}{\sqrt{3}}\right)+\left(1+\frac{1}{\sqrt{3}}\right)^2\left(1-\frac{1}{\sqrt{3}}\right)^2\left(20-\frac{9}{\sqrt{3}}\right)\right.$$

$$\left.+\left(1-\frac{1}{\sqrt{3}}\right)^2\left(1+\frac{1}{\sqrt{3}}\right)^2\left(20+\frac{9}{\sqrt{3}}\right)+\left(1-\frac{1}{\sqrt{3}}\right)^4\left(20-\frac{1}{\sqrt{3}}\right)\right] \tag{10}$$

$$=\frac{1}{64}\left[\frac{1120}{9}+\frac{160}{9}+\frac{32}{3\sqrt{3}}\left(-\frac{4}{\sqrt{3}}+\frac{5}{\sqrt{3}}\right)\right]=\frac{1312}{576}=2.27778$$

类似地,考虑系数S_{12}^{11}:

$$S_{12}^{11}=\int\limits_{\Omega_e}\frac{\partial\psi_1}{\partial x}\frac{\partial\psi_2}{\partial x}\mathrm{d}x\mathrm{d}y$$

$$=\int_{-1}^{1}\int_{-1}^{1}\left(J_{11}^*\frac{\partial\psi_1}{\partial\xi}+J_{12}^*\frac{\partial\psi_1}{\partial\eta}\right)\left(J_{11}^*\frac{\partial\psi_2}{\partial\xi}+J_{12}^*\frac{\partial\psi_2}{\partial\eta}\right)J\mathrm{d}\xi\mathrm{d}\eta$$

$$=\frac{1}{64}\int_{-1}^{1}\int_{-1}^{1}\left[-(10+2\xi)(1-\eta)+2\eta(1-\xi)\right]\left[(10+2\xi)(1-\eta)+2\eta(1-\xi)\right] \tag{11}$$

$$\times\frac{1}{(20+4\xi-5\eta)}\mathrm{d}\xi\mathrm{d}\eta$$

$$=\frac{1}{64}\int_{-1}^{1}\int_{-1}^{1}\left[-(10+2\xi)^2(1-\eta)^2+4\eta^2(1-\xi)^2\right]\frac{1}{(20+4\xi-5\eta)}\mathrm{d}\xi\mathrm{d}\eta$$

这是一个多项式的比值。因此,对于任何数目的高斯积分点,都不期望得到被积函数的"精确"结果。采用2×2高斯积分,得

$$S_{12}^{11}=\frac{1}{64}\int_{-1}^{1}\int_{-1}^{1}\left[-(10+2\xi)^2(1-\eta)^2+4\eta^2(1-\xi)^2\right]\frac{1}{(20+4\xi-5\eta)}\mathrm{d}\xi\mathrm{d}\eta$$

$$\approx\sum_{i,j=1}^{2}\left[-(10+2\xi_i)^2(1-\eta_j)^2+4\eta_j^2(1-\xi_i)^2\right]\frac{W_iW_j}{64(20+4\xi_i-5\eta_j)}$$

$$=\left[-\left(10-\frac{2}{\sqrt{3}}\right)^2\left(1+\frac{1}{\sqrt{3}}\right)^2+\frac{4}{3}\left(1+\frac{1}{\sqrt{3}}\right)^2\right]\frac{1}{64\left(20+\frac{1}{\sqrt{3}}\right)}$$

$$+\left[-\left(10+\frac{2}{\sqrt{3}}\right)^2\left(1+\frac{1}{\sqrt{3}}\right)^2+\frac{4}{3}\left(1-\frac{1}{\sqrt{3}}\right)^2\right]\frac{1}{64\left(20+\frac{9}{\sqrt{3}}\right)}$$

$$+\left[-\left(10-\frac{2}{\sqrt{3}}\right)^2\left(1-\frac{1}{\sqrt{3}}\right)^2+\frac{4}{3}\left(1+\frac{1}{\sqrt{3}}\right)^2\right]\frac{1}{64\left(20-\frac{9}{\sqrt{3}}\right)}$$

$$+\left[-\left(10+\frac{2}{\sqrt{3}}\right)^2\left(1-\frac{1}{\sqrt{3}}\right)^2+\frac{4}{3}\left(1-\frac{1}{\sqrt{3}}\right)^2\right]\frac{1}{64\left(20-\frac{1}{\sqrt{3}}\right)}=-0.36892$$

实践中,通过逼近 J 可以得到小数点后足够多位数的精确结果。如果对 $J^{-1}=4(20+4\xi-5\eta)^{-1}$ 进行二项展开($x^2<1$ 是必须的):

$$J^{-1}=\frac{1}{5}(1-0.2\xi+0.25\eta)^{-1}=0.2(1-x)^{-1}\approx0.2(1-x+x^2-x^3\cdots),x=0.2\xi-0.25\eta$$

只保留线性项,被积函数是 ξ 和 η 的三次多项式。因此,可以采用两点高斯积分来进行计算。3×3 的积分给出 $S_{12}^{11}=-0.36998$,4×4 的积分给出 $S_{12}^{11}=-0.37000$。当采用 3×3 和 4×4 高斯积分时,S^{11}、S^{22} 和 S^{12} 的系数也具有 4 个小数点的精度。对于大多数问题,这些数值是足够精确的(当然了,结果与问题是相关的)。

采用 2×2 高斯积分求式(1)中的被积函数,得

$$S^{00}=\begin{bmatrix}2.27778&1.25000&0.55556&1.00000\\1.25000&2.72222&1.22222&0.55556\\0.55556&1.22222&2.16667&0.97222\\1.00000&0.55556&0.97222&1.72222\end{bmatrix}\text{(精确的)}$$

$$S^{11}=\begin{bmatrix}0.40995&-0.36892&-0.20479&0.16376\\-0.36892&0.34516&0.25014&-0.22639\\-0.20479&0.25014&0.43155&0.47690\\0.16376&-0.22639&-0.47690&0.53953\end{bmatrix}\text{(非精确的)}$$

$$S^{22}=\begin{bmatrix}0.26237&0.16389&-0.13107&-0.29520\\0.16389&0.22090&-0.23991&-0.14489\\-0.13107&-0.23991&0.27619&0.09478\\-0.29520&-0.14489&0.09478&0.34530\end{bmatrix}\text{(非精确的)}$$

$$S^{12}=\begin{bmatrix}0.24731&0.25156&-0.25297&-0.24589\\-0.24844&-0.25090&0.25172&0.24762\\-0.25297&-0.24828&0.24671&0.25454\\0.25411&0.24762&-0.24546&-0.25627\end{bmatrix}\text{(非精确的)}$$

如果单元的边与坐标系平行(比如矩形单元),那么这些矩阵将会是精确的。

10.3.4 三角形母单元上的数值积分

前述章节讨论了四边形单元上的数值积分,四边形单元可用于表示很一般的几何形状以及各种类型问题的场变量。这里讨论三角形单元上的数值积分。由于四边形单元在几何上是可以扭曲的,因此通过将角节点移动到其临近的节点,可以扭曲四边形单元来获得想要的

三角形单元。在实际计算中,可以通过令四边形单元的两个角节点有相同的整体节点编号来实现。因此,三角形母单元可以基于相应的矩形母单元以一种很自然的方式得到。

选择如图 10.3.5 所示的单位直角三角形作为三角形母单元。通过如式(10.3.1)的变换可以利用三角形母单元 $\hat{\Omega}_T$ 生成任意的三角形单元 Ω_e:

$$x = \sum_{i=1}^{n} x_i^e \hat{\psi}_i(L_1, L_2, L_3) , y = \sum_{i=1}^{n} y_i^e \hat{\psi}_i(L_1, L_2, L_3) \tag{10.3.18}$$

式中,(x_i^e, y_i^e) 是单元 Ω_e 的第 i 个节点的整体坐标,$\hat{\psi}_i(L_1, L_2, L_3)$ 是母三角形单元 $\hat{\Omega}_T$ 的插值函数,可用自然坐标 (ξ, η) 或面积坐标 (L_1, L_2, L_3) 表示。ψ_i^e(代表 Ω_e 上的解 u)对整体坐标 (x, y) 的导数为[参见式(10.3.8)]

$$\begin{Bmatrix} \dfrac{\partial \psi_i^e}{\partial x} \\ \dfrac{\partial \psi_i^e}{\partial y} \end{Bmatrix} = (\boldsymbol{J}^e)^{-1} \begin{Bmatrix} \dfrac{\partial \psi_i^e}{\partial L_1} \\ \dfrac{\partial \psi_i^e}{\partial L_2} \end{Bmatrix} , \boldsymbol{J}^e = \begin{bmatrix} \dfrac{\partial x}{\partial L_1} & \dfrac{\partial y}{\partial L_1} \\ \dfrac{\partial x}{\partial L_2} & \dfrac{\partial y}{\partial L_2} \end{bmatrix} \tag{10.3.19}$$

由于 $L_3 = 1 - L_1 - L_2, L_1 = 1 - L_2 - L_3$ 或 $L_2 = 1 - L_1 - L_3$,3 个面积坐标中只有 2 个是线性独立的。例 10.2.1 给出了用面积坐标表示的线性和高阶三角形单元的插值函数。

举个例子,对于线性三角形单元,变换(10.3.18)变为($\hat{\psi} = L_i, i = 1, 2, 3$)

$$x = \sum_{i=1}^{3} x_i^e L_i , y = \sum_{i=1}^{3} y_i^e L_i \tag{10.3.20}$$

式中,L_i 是图 10.3.5[参见式(10.2.14)]所示线性三角形母单元的面积坐标:

$$L_1 = \hat{\psi}_1 = 1 - \xi - \eta = 1 - L_2 - L_3 , L_2 = \hat{\psi}_2 = \xi , L_3 = \hat{\psi}_3 = \eta \tag{10.3.21}$$

如果选择 L_2 和 L_3 为线性独立的(即 $L_1 = 1 - L_2 - L_3$),那么线性三角形单元的雅克比矩阵为

$$\boldsymbol{J}^e = \begin{bmatrix} \dfrac{\partial x}{\partial L_2} & \dfrac{\partial y}{\partial L_2} \\ \dfrac{\partial x}{\partial L_3} & \dfrac{\partial y}{\partial L_3} \end{bmatrix} = \begin{bmatrix} x_2^e - x_1^e & y_2^e - y_1^e \\ x_3^e - x_1^e & y_3^e - y_1^e \end{bmatrix} = \begin{bmatrix} \gamma_3^e & -\beta_3^e \\ -\gamma_2^e & \beta_2^e \end{bmatrix} \tag{10.3.22}$$

式中,β_i^e 和 γ_i^e 为式(9.2.24b)给出的常数。由于

$$\frac{\partial x}{\partial L_2} = \frac{\partial}{\partial L_2}(x_1^e L_1 + x_2^e L_2 + x_3^e L_3) = -x_1^e + x_2^e$$

$$\frac{\partial y}{\partial L_2} = \frac{\partial}{\partial L_2}(y_1^e L_1 + y_2^e L_2 + y_3^e L_3) = -y_1^e + y_2^e$$

雅克比矩阵的逆为

$$(\boldsymbol{J}^e)^{-1} = \frac{1}{J^e} \begin{bmatrix} \beta_2^e & \beta_3^e \\ \gamma_2^e & \gamma_3^e \end{bmatrix} , J^e = \beta_2^e \gamma_2^e - \gamma_2^e \beta_3^e = 2A_e \tag{10.3.23}$$

式中,A_e 是单元 Ω_e 的面积。通过对式(10.3.18)求逆可得到从单元 Ω_e 到 $\hat{\Omega}_T$ 的逆变换:

$$\xi = \frac{1}{2A_e} \left[(x-x_1^e)(y_3^e-y_1^e) - (y-y_1^e)(x_3^e-x_1^e) \right]$$

$$\eta = \frac{1}{2A_e} \left[(x-x_1^e)(y_1^e-y_2^e) + (y-y_1^e)(x_2^e-x_1^e) \right] \tag{10.3.24}$$

变换之后对于一般情形,在 $\hat{\Omega}_T$ 上的积分为

$$\int_{\hat{\Omega}_T} G(\xi,\eta) \, d\xi d\eta = \int_{\Omega_T} \hat{G}(L_1,L_2,L_3) \, dL_1 dL_2 \tag{10.3.25}$$

可以利用如下积分来近似:

$$\int_{\hat{\Omega}_T} \hat{G}(L_1,L_2,L_3) \, dL_1 dL_2 \approx \frac{1}{2} \sum_{I=1}^{N} \hat{G}(S_I) W_I \tag{10.3.26}$$

式中, W_I 和 $S_I = (\xi_I, \eta_I)$ 是积分方法里面的权和积分点。表 10.3.2 给出了三角形母单元上一点、三点、四点和七点积分公式中积分点的位置和权。对于被积函数的多项式阶次高于 5(在任何一种面积坐标系下),读者可以参考数值积分的书籍(比如 Carnahan 等[1] 和 Froberg[2])。

例 10.3.4

考虑图 10.3.7 所示的二次四边形单元。计算 $(x,y)=(2,4)$ 处的 $\partial\psi_1/\partial x$、$\partial\psi_1/\partial y$、$\partial\psi_4/\partial x$ 和 $\partial\psi_4/\partial y$,并计算乘积 $(\partial\psi_1/\partial x)(\partial\psi_4/\partial x)$ 的积分。假设为等参格式。

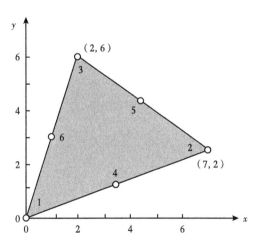

图 10.3.7 整体坐标系 (x,y) 下的一个二次三角形单元

解:采用 L_1 和 L_2 为独立坐标,且 $L_3 = 1-L_1-L_2$。对于这里的二次单元,有(这里的几何被三个顶点精确表示)

$$x = x_1 L_1 + x_2 L_2 + x_3 L_3 = 7L_2 + 2L_3 = 2 - 2L_1 + 5L_2$$

$$y = y_1 L_1 + y_2 L_2 + y_3 L_3 = 2L_2 + 6L_3 = 6 - 6L_1 - 4L_2 \tag{1}$$

且雅克比矩阵变为($\partial x/\partial L_1 = -2, \partial x/\partial L_2 = 5, \partial y/\partial L_1 = -6$ 和 $\partial y/\partial L_2 = -4$)

$$\boldsymbol{J} = \begin{bmatrix} -2 & 6 \\ 5 & -4 \end{bmatrix}, \quad \boldsymbol{J}^{-1} = \frac{1}{38} \begin{bmatrix} -4 & 6 \\ -5 & -2 \end{bmatrix}, \quad J = 2A = 38 \tag{2}$$

式中,A 是三角形的面积。插值函数对整体坐标的导数为

$$\begin{Bmatrix} \dfrac{\partial \psi_1}{\partial x} \\[2mm] \dfrac{\partial \psi_1}{\partial y} \end{Bmatrix} = \frac{1}{38}\begin{bmatrix} -4 & 6 \\ -5 & -2 \end{bmatrix}\begin{Bmatrix} \dfrac{\partial \psi_1}{\partial L_1} \\[2mm] \dfrac{\partial \psi_1}{\partial L_2} \end{Bmatrix} = -\frac{(4L_1-1)}{38}\begin{Bmatrix} 4 \\ 5 \end{Bmatrix}$$

$$\begin{Bmatrix} \dfrac{\partial \psi_4}{\partial x} \\[2mm] \dfrac{\partial \psi_4}{\partial y} \end{Bmatrix} = \frac{1}{38}\begin{bmatrix} -4 & 6 \\ -5 & -2 \end{bmatrix}\begin{Bmatrix} \dfrac{\partial \psi_4}{\partial L_1} \\[2mm] \dfrac{\partial \psi_4}{\partial L_2} \end{Bmatrix} = \frac{4}{38}\begin{Bmatrix} 6L_1-4L_2 \\ -2L_1-5L_2 \end{Bmatrix}$$

(3)

式中,用到了 $\psi_1 = L_1(2L_1-1)$ 和 $\psi_4 = 4L_1L_2$〔参见例 10. 2. 1 和图 10. 2. 4(a)〕以及

$$\frac{\partial \psi_1}{\partial L_1} = 4L_1-1, \frac{\partial \psi_1}{\partial L_2} = 0, \frac{\partial \psi_4}{\partial L_1} = 4L_2, \frac{\partial \psi_4}{\partial L_2} = 4L_1$$

(4)

对于点(2,4),由式(1)可以计算得到面积坐标为

$$2 = 7L_2 + 2L_3, 4 = 2L_2 + 6L_3$$

考虑到 $L_3 = 1-L_1-L_2$,其解为

$$L_1 = \frac{5}{19}, L_2 = \frac{2}{19}, L_3 = \frac{12}{19}$$

(5)

计算点(2,4)处的 $\partial \psi_1/\partial x$、$\partial \psi_1/\partial y$、$\partial \psi_4/\partial x$ 和 $\partial \psi_4/\partial y$(或者,即 $L_1 = 5/19, L_2 = 2/19$),得

$$\frac{\partial \psi_1}{\partial x} = -\frac{4}{38}\left(\frac{20}{19}-1\right) = -\frac{2}{361}, \quad \frac{\partial \psi_1}{\partial y} = -\frac{5}{38}\left(\frac{20}{19}-1\right) = -\frac{5}{722}$$

$$\frac{\partial \psi_4}{\partial x} = \frac{60}{(19)^2} - \frac{16}{(19)^2} = \frac{44}{361}, \quad \frac{\partial \psi_4}{\partial y} = -\frac{20}{(19)^2} - \frac{20}{(19)^2} = -\frac{40}{361}$$

(6)

在二次单元上 $(\partial \psi_1/\partial x)(\partial \psi_4/\partial x)$ 的积分为($J = 38$)

$$\int_{\hat{\Omega}_T} \frac{\partial \psi_1}{\partial x}\frac{\partial \psi_4}{\partial x}\mathrm{d}x\mathrm{d}y = -\frac{4J}{361}\int_0^1\int_0^{1-l_2}(4L_1-1)(6L_1-4L_2)\mathrm{d}L_1\mathrm{d}L_2$$

由于被积函数关于 L_1 是二次的,关于 L_1 和 L_2 是双线性的,利用三点积分(参见表 10. 3. 2)来精确积分:

$$-\frac{4J}{361}\int_0^1\int_0^{1-l_2}(4L_1-1)(6L_1-4L_2)\mathrm{d}L_1\mathrm{d}L_2$$

$$= -\frac{1}{2}\frac{4\times38}{361}\frac{1}{3}\left[\left(\frac{4}{2}-1\right)\left(\frac{6}{2}-0\right) + (0-1)\left(0-\frac{4}{2}\right) + \left(\frac{4}{2}-1\right)\left(\frac{6}{2}-\frac{4}{2}\right)\right]$$

(7)

$$= -\frac{8}{19}$$

上述结果可以利用式(10.2.12)给出的精确积分公式进行验证：

$$\int_{\hat{\Omega}_T} \frac{\partial \psi_1}{\partial x} \frac{\partial \psi_4}{\partial x} \mathrm{d}x\mathrm{d}y = \frac{4}{361}\left[6\times\frac{1}{3!}-4\times\frac{1}{3!}-24\times\frac{2!}{4!}+16\times\frac{1}{4!}\right]2A = -\frac{8}{19}$$

三角形的面积 A 是 19，因此我们得到与上述一致的结果。

表 10.3.2　三角形单元的积分点和权

积分点个数	残值阶数	Gauss 积分点[①]及权				Gauss 积分点位置
			ξ	η	W	
1	$O(h^2)$	a	$\frac{1}{3}$	$\frac{1}{3}$	1	
3	$O(h^3)$	a	$\frac{1}{2}$	0	$\frac{1}{3}$	
		b	0	$\frac{1}{2}$	$\frac{1}{3}$	
		c	$\frac{1}{2}$	$\frac{1}{2}$	$\frac{1}{2}$	
4	$O(h^4)$	a	$\frac{1}{3}$	$\frac{1}{3}$	$\frac{27}{48}$	
		b	0.2	0.6	$\frac{25}{48}$	
		c	0.2	0.2	$\frac{25}{48}$	
		d	0.6	0.2	$\frac{25}{48}$	
7[②]	$O(h^6)$	a	$\frac{1}{3}$	$\frac{1}{3}$	0.225	
		b	α_1	β_1	W_2	
		c	β_1	α_1	W_2	
		d	β_1	β_1	W_2	
		e	α_2	β_2	W_3	
		f	β_2	α_2	W_3	
		g	β_2	β_2	W_3	

①Gauss 点位置，$a:(\xi_1,\eta_1)$；$b:(\xi_2,\eta_2)$；$c:(\xi_3,\eta_3)$；依此类推。

②$\alpha_1 = 0.059715871789$，$\alpha_2 = 0.797426985353$，$\beta_1 = 0.470142064105$，$\beta_2 = 0.101286507323$，$W_2 = 0.125939180544$，$W_3 = 0.132394152788$。

10.4   建模考虑

10.4.1   简介

有限元分析涉及对系统和/或其行为表示的假设。有效的假设来自于对过程或系统工作原理的定量理解。对控制过程的基本原理和有限元理论有深刻的理解使得可以建立一个好的数值模型(比如单元类型的选择,用合适的网格来离散区域、载荷和边界条件的表示等)。这里讨论有限元分析的一些内容,包括单元几何形状、网格细化和载荷表示。

10.4.2   单元几何

从10.3节可以知道,对实际单元的数值积分需要利用从实际单元到母单元的坐标变换。变换的条件是当且仅当实际单元中的每个点都能唯一地映射到母单元上,反之亦然。这类映射称为一对一。这个要求可表示为[参见式(10.3.11)]

$$J^e \equiv [J^e] > 0 \quad 单元 \ \Omega_e \ 内任意位置 \tag{10.4.1}$$

式中,J^e 是式(10.3.10b)给出的雅克比矩阵。几何上讲,雅克比 J^e 代表实际单元的单元面积 Ω_e 与母单元单元面积 $\hat{\Omega}$ 的比值:

$$dA \equiv dxdy = J^e d\xi d\eta$$

因此,如果 J^e 为零那么一个非零面积的单元 Ω_e 被映射到零面积单元 $\hat{\Omega}$;如果 $J^e < 0$,那么一个右手坐标系系统被映射到一个左手坐标系系统。这两种情况都是不可接受的。

一般来讲,雅克比是 ξ 和 η 的函数,隐含着物理单元 Ω_e 被非均匀地映射到母单元(即单元是扭曲的)。单元的过度扭曲是不好的,这是因为一个非零面积的单元 Ω_e 被映射到一个接近零的面积上。为了保证 $J^e > 0$ 并保证可接受的扭曲,实际单元必须避免一些特定的几何形状。举个例子,三角形单元的每个内角必须不能等于 $0°$ 或 $180°$。实际上,实践中角度应该比 $0°$ 大且比 $180°$ 小,来避免单元矩阵数值病态(或者 J 非常小)。尽管可接受的角度范围依赖于问题,范围 $15° \sim 165°$ 可以作为一个指导区间。图 10.4.1 给出了直边和曲边单元的一些不可接受的顶角情况。

对于高阶 Lagrange 单元(即 C^0 单元),内部节点导致单元扭曲,因此要限制它们与顶点(角点)的距离(图 10.4.2)。举个例子,对于二次单元,中节点与角点的距离应该不小于该边长的 1/4。当中节点位于距离顶点 1/4 边长的位置时,单元会有特殊的性质(参见习题 10.19)。这类单元称为 1/4 点单元,有时用于断裂力学问题中,以表示在离其最近的角点处解的梯度的逆平方根奇异性。

10.4.3   网格细化

对于给定问题的有限元网格生成应该遵循如下的规则:

(1)网格应该能精确表示计算域的几何形状及载荷。

(2)在解的高梯度区域网格应该足够小。

(3)网格中不应该有不可接受的形状(长细比和内倾角)的单元,特别是在高梯度区域。

在满足以上规则的条件下,网格可以粗糙(即较少单元)或细化(即较多单元),且可以包

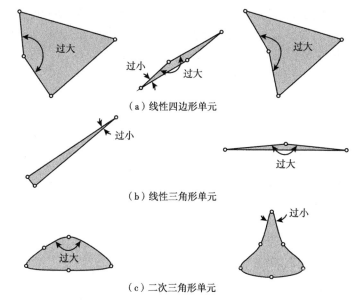

（a）线性四边形单元

（b）线性三角形单元

（c）二次三角形单元

图 10.4.1 具有不可接受顶角的单元

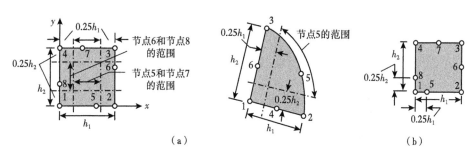

（a）

（b）

图 10.4.2 二次单元可接受的中节点的区域

括一种或多种阶次和类型的单元(比如,线性和二次,三角形和四边形)。对单元阶次和类型的合理选择可以节省计算费用并给出准确的结果。必须指出单元和网格的选择是问题依赖的。对这个问题很有效并不一定对另一个问题也有效。对于要仿真的问题的物理原理的分析(即对解的定量理解)有助于选择出更好的单元类型和网格。应该从满足上述三个规则的较粗糙网格开始,研究问题可用的对称性,并利用物理理解和近似解以及/或实验结果对得到的结果进行评估。这些结果将用于指导进一步的网格细化和分析。

只有一种单元类型的网格比较容易生成,是因为具有相同自由度的单元之间是协调的(图 10.4.3)。联合不同阶次的单元,比如说线性和二次的,很必要进行局部网格细化。图

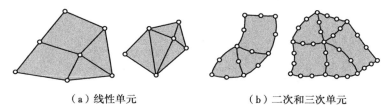

（a）线性单元 （b）二次和三次单元

图 10.4.3 同阶单元的连接。同阶的 C^0 单元保证了单元界面处的 C^0 连续性

10.4.4 给出了沿着公共边不满足 C^0 连续的单元连接(界面上解不是单值的)。有两种方法来解决这个问题。第一种方法是采用过渡单元,其在不同的边上有不同数量的节点[图10.4.5(a)]。另一种方法是施加约束条件来使得中节点的值与低阶单元节点在此处的值相同[图10.4.5(b)]。但是此种处理并不能保证在整个单元界面上解的连续性。

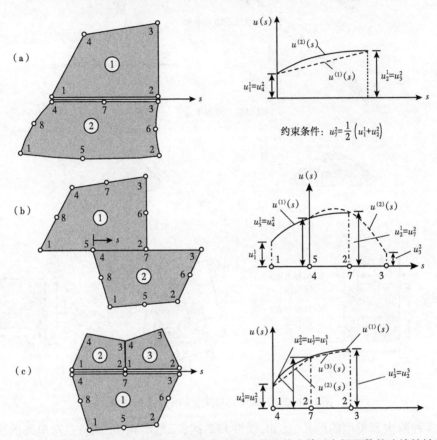

图 10.4.4　各种不协调连接的有限单元。所有情况中沿着公共边单元之间函数的连续性被破坏了

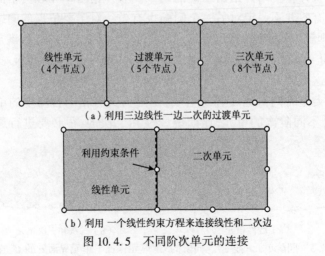

(a) 利用三边线性一边二次的过渡单元

(b) 利用 一个线性约束方程来连接线性和二次边

图 10.4.5　不同阶次单元的连接

网格细化有几种不同方法。将已有单元分成 2 个或者更多同样类型的单元[图 10.4.6 (a)]。这被称为 h 细化。或者,将已有单元替换为高阶单元[图 10.4.6(b)]。这被称为 p 细化。hp 细化是指在一些区域单元被分成 2 个或更多的单元而在另一些区域单元被替换成高阶单元。一般来讲,局部网格细化不能使得很小的单元与长细比很大的单元相邻(图 10.4.7)。在局部网格细化时采用过渡单元和约束条件是常用的选择。图 10.4.8 展示了这类细化的一些例子。

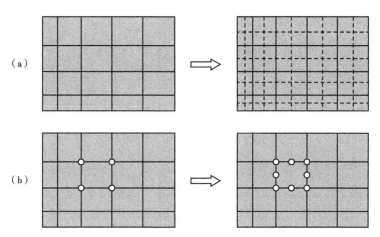

图 10.4.6　(a)h 细化,(b)p 细化

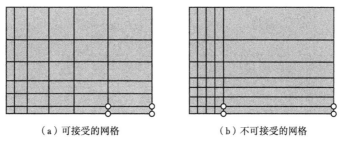

（a）可接受的网格　　　　　　　（b）不可接受的网格

图 10.4.7　有限元网格细化

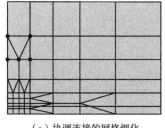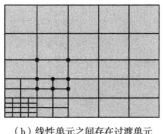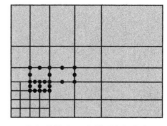

（a）协调连接的网格细化　　　（b）线性单元之间存在过渡单元　　（c）线性和二次单元之间存在
　　　　　　　　　　　　　　　　（约束条件）的网格细化　　　　　　　过渡单元的网

图 10.4.8　一些局部网格细化的例子

10.4.4　载荷表示

第9章讨论了分布的边界源项的节点贡献的计算(参见9.2.7.3节)。通过采用高阶单元可以提高曲线边界上载荷(通量)表示的精度(图10.4.9)。当然,区域的 h 型或 p 型网格细化会提高边界通量的表示精度。

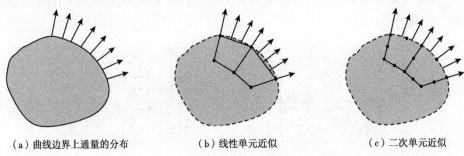

(a)曲线边界上通量的分布　　(b)线性单元近似　　(c)二次单元近似

图10.4.9　有限元方法中边界通量的近似

另一种边界力可以表示为不同形式的情形是两个物体之间的接触力。举个例子,实体平板与圆盘之间的接触会产生相互作用力,其可以表示为点载荷或局部分布力。将变形体之间的接触力表示为点载荷是实际分布的一种近似。正弦分布可能是实际力的一个更好的表示(图10.4.10)。

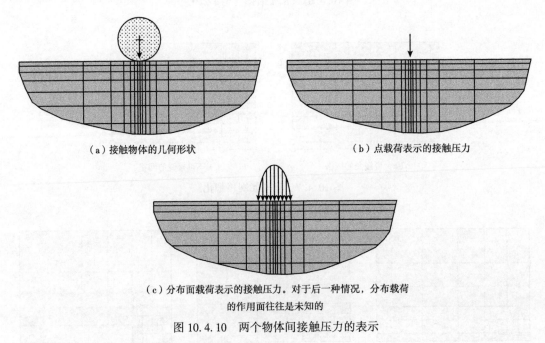

(a)接触物体的几何形状　　　　　　(b)点载荷表示的接触压力

(c)分布面载荷表示的接触压力。对于后一种情况,分布载荷
的作用面往往是未知的

图10.4.10　两个物体间接触压力的表示

作为本节的结束,认为建模既是艺术又是科学,通过经验以及对所研究问题的物理作用的理解可以提高建模水平。这里提出的建模指导方针是为了鼓励良好的建模实践,并且应该遵循它们来确定好的"工作"模型。

10.5　计算机实现与 FEM2D

10.5.1　程序 FEM2D 概述

本节讨论计算机程序 FEM2D 的使用。程序 FEM2D 包括线性和二次三角形和矩形单元,可用于求解热传导和对流问题(第 9 章),基于罚函数格式的黏性不可压流体的层流(第 11 章)以及平面弹性力学问题(第 12 章);FEM2D 也可用于求解基于经典和剪切变形理论的平板弯曲问题,本书的当前版本并未包含此部分内容。图 10.5.1 给出了 FEM2D 的流程图。

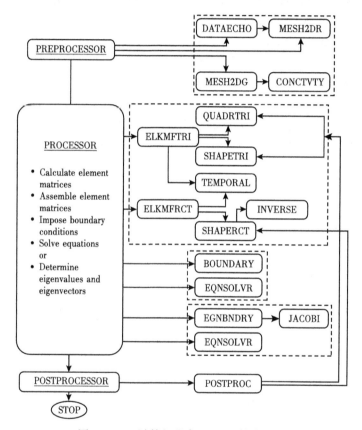

图 10.5.1　计算机程序 FEM2D 的流程图

对于二维问题,出于以下的一些考虑,其单元计算比一维更加复杂:

(1)单元的几何形状、几何体的近似和解是多种多样的。

(2)单变量和多变量问题(即多于一个未知量的问题)。

(3)在面积上进行积分。

(4)特定的格式(比如,黏性不可压流体和剪切板的罚函数格式)中会采用混合阶(即完全和减缩阶)积分。

接下来给出程序 FEM2D 的子程序的简单描述。

(1)BOUNDARY:对于主要和次变量施加给定(本质、自然和混合)边界条件的子程序。

(2)CONCTVTY:网格生成器 MESH2DG 调用的子程序。

(3)DATAECHO:将输入数据传递给程序(以便于用户检查输入数据)的子程序。

(4)EGNBNDRY:求解特征值问题时,将给定的齐次(本质和混合)边界条件施加在主要变量上的子程序。

(5)EGNSOLVR:求解特征值和特征向量(利用雅克比迭代法)的子程序。

(6)ELKMFRCT:对于各种场问题,计算四边形单元的单元矩阵 K、M 和 F 的子程序。

(7)ELKMFTRI:对于各种场问题,计算三角形单元的单元矩阵 K、M 和 F 的子程序。

(8)EQNSOLVR:利用高斯消元法求解带状对称代数方程组的子程序。

(9)INVERSE:显式求 3×3 矩阵逆的子程序。

(10)JACOBI:在 EGNSOLVR 内部调用的子程序。

(11)MESH2DG:对非矩形区域划分网格的子程序。

(12)MESH2DR:对矩形区域划分网格的子程序。

(13)POSTPROC:对各种场问题后处理解、解的梯度和应力的子程序。

(14)QUADRTRI:对三角形单元生成积分点和权的子程序。

(15)SHAPERCT:对线性和二次(8 节点和 9 节点)四边形单元,计算其形(插值)函数及其整体导数的子程序。

(16)SHAPETRI:对线性和二次三角形单元,计算其形(插值)函数及其整体导数的子程序。

(17)TEMPORAL:分析时间相关问题时[即式(9.5.13a)和式(9.5.21a)给出的完全离散系统的矩阵],对于抛物型和双曲型方程,计算等效系数矩阵的子程序。

10.5.2　前处理器

在前处理器单元,利用程序 MESH2DR 来在矩形区域上生成三角形和矩形单元网格。此子程序需要的输入最少,但是往往不足以对任意区域生成有限元网格。子程序 MESH2DG 更加通用,且可以对非矩形区域生成网格。子程序 MESH2DR 和 MESH2DG 生成连接数组 NOD 和节点整体坐标数组 GLXY。当然,也可以读入商用程序生成的网格信息。

10.5.3　单元计算(处理器)

对于线性和二次三角形(ELKMFTRI)和四边形(ELKMFRCT)单元的单元计算可以基于第 8 章和第 9 章的概念进行。基本的步骤如下。

(1)开发一个计算插值函数及其关于整体坐标的导数的子程序[参见式(10.3.7)至式(10.3.11)]。

(2)利用数值积分方法计算单元矩阵[参见式(10.3.16)和式(10.3.26)]。

(3)建立待求解问题(比如,静态、瞬态和特征值问题)的单元矩阵。

从四边形单元的形函数及其对自然(局部)坐标(ξ,η)和整体坐标(x,y)的导数所用到的符号开始。采用的变量名称很易懂,因此很容易看出如何将理论结果用于 Fortran 编程。采用如下的符号。

XI(I):单元节点 I 的自然坐标 ξ_1;

ETA(I):单元节点 I 的自然坐标 η_1;

ELXY(I,1):单元节点 I 的整体坐标 x;

ELXY(I,2)：单元节点 I 的整体坐标 y；

GLXY(I,1)：网格中第 I 个节点的整体 x 坐标；

GLXY(I,2)：网格中第 I 个节点的整体 y 坐标；

SF(I)：单元第 I 个节点的插值函数 ψ_I；

DSF(1,I)：SF(I) 对 ξ 的导数：DSF(1,I) $= \partial\psi_I/\partial\xi$；

DSF(2,I)：SF(I) 对 η 的导数：DSF(2,I) $= \partial\psi_I/\partial\eta$；

GDSF(1,I)：对 x 的整体导数：GDSF(1,I) $= \partial\psi_I/\partial x$；

GDSF(2,I)：对 y 的整体导数：GDSF(2,I) $= \partial\psi_I/\partial y$；

DET：雅克比矩阵 $\boldsymbol{J}$ 的秩 J；

CONST：雅克比矩阵的秩 J 与高斯积分点 (ξ_{NI},η_{NJ}) 处的权的乘积 = DET * GAUSWT(NI, NGP) * GAUSWT(NJ,NGP)。

子程序 SHAPETRI 和 SHAPERCT(基于积分点的数目在循环中调用)分别包含各阶三角形(TRI)和矩形(RCT)单元的插值函数及其导数的表达式。在这些子程序中也包括了插值函数对整体坐标[参见式(10.3.9)]的导数的计算。

一旦确定循环中每个坐标方向上高斯积分点上的 SF 和 GDSF 数组,很容易利用式(10.3.16)给出的高斯积分公式计算矩阵系数。举个例子,式(9.2.39)中的 $S_{ij}^{\alpha\beta}$：

$$S_{ij}^{\alpha\beta} = \int_{\Omega^e} \frac{\partial\psi_i}{\partial x_\alpha} \frac{\partial\psi_j}{\partial x_\beta} \, dxdy \tag{10.5.1}$$

这里 $x_1 = x, x_2 = y$,通过如下方法将其转换成 Fortran 语句：

$$\begin{aligned}
&S00(I,J) = S00(I,J) + SF(I) * SF(J) * CONST \\
&S11(I,J) = S11(I,J) + GDSF(1,I) * GDSF(1,J) * CONST \\
&S12(I,J) = S12(I,J) + GDSF(1,I) * GDSF(2,J) * CONST \\
&S21(I,J) = S21(I,J) + GDSF(2,I) * GDSF(1,J) * CONST \\
&S22(I,J) = S22(I,J) + GDSF(2,I) * GDSF(2,J) * CONST
\end{aligned} \tag{10.5.2}$$

诸如 S00(I,J) 和 S11(I,J) 在高斯积分点上的和等于其数值结果。

为了建立问题的单元系数矩阵,利用前面定义的单元矩阵。作为一个例子,考虑式(9.2.1)给出的泊松方程。问题的单元系数矩阵和源向量如式(9.2.19b)和式(9.2.19c)所示。单元矩阵 K_{ij}[用 ELK(I,J) 表示]可以用 $S_{ij}^{\alpha\beta}(\alpha,\beta=0,1,2)$ 表示为

$$\begin{aligned}
ELK(I,J) = &A00 * S00(I,J) + A11 * S11(I,J) + A12 * S12(I,J) \\
&+ A21 * S12(J,I) + A22 * S22(I,J)
\end{aligned}$$

式中,$a_{00} = A00, a_{11} = A11, a_{12} = A12, a_{21} = A21, a_{22} = A22$ 为微分方程(9.2.1)的系数(a_{ij} 可以是 x 和 y 的函数)。

在多变量问题中,单元矩阵用子矩阵来定义,如 Timoshenko 梁单元所示[参见式(5.3.15)]。在这种情况下,单元方程可以重新排列以减小组装后系数矩阵的半带宽。举个例子,考虑 Timoshenko 梁理论的单元方程(5.3.15)。对于 w 和 ϕ_x 的二次插值(参见图10.5.2),单元一共有 6 个自由度。

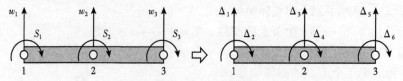

图 10.5.2   二次 Timoshenko 梁单元及其节点自由度

单元节点位移向量为

$$\begin{Bmatrix} w_1 \\ w_2 \\ w_3 \\ S_1 \\ S_2 \\ S_3 \end{Bmatrix} \qquad (10.5.3)$$

因此,在任何一个节点,第一个自由度和第二个自由度的差别是 3(一般地,差别是 n,这里 n 是每个单元的节点数目)。这种不同导致组装后的系数矩阵的半带宽增加,因此在采用高斯消元法解方程的时候计算量增加。为了修正这种情形,将单元节点自由度重新按照如下方式排列:

$$\begin{Bmatrix} w_1 \\ S_1 \\ w_2 \\ S_2 \\ w_3 \\ S_3 \end{Bmatrix} \qquad (10.5.4)$$

在重新排列节点自由度时,必须保留系统代数方程组的对称性。可以通过和节点自由度一样的方式对方程进行重新编号来实现。为了演示这个过程,考虑 Timoshenko 梁单元的单元方程,w 和 ϕ_x 都采用二次插值函数:

$$\begin{bmatrix} \boldsymbol{K}^{11} & \boldsymbol{K}^{12} \\ \boldsymbol{K}^{21} & \boldsymbol{K}^{22} \end{bmatrix} \begin{Bmatrix} \boldsymbol{W} \\ \boldsymbol{S} \end{Bmatrix} = \begin{Bmatrix} \boldsymbol{F}^1 \\ \boldsymbol{F}^2 \end{Bmatrix} \qquad (10.5.5)$$

这是一个含有 6 个未知量的 6 个方程(每个子矩阵的阶数是 3×3)。其展开形式为

$$\begin{bmatrix} K_{11}^{11} & K_{12}^{11} & K_{13}^{11} & K_{11}^{12} & K_{12}^{12} & K_{13}^{12} \\ K_{21}^{11} & K_{22}^{11} & K_{23}^{11} & K_{21}^{12} & K_{22}^{12} & K_{23}^{12} \\ K_{31}^{11} & K_{32}^{11} & K_{33}^{11} & K_{31}^{12} & K_{32}^{12} & K_{33}^{12} \\ K_{11}^{21} & K_{12}^{21} & K_{13}^{21} & K_{11}^{22} & K_{12}^{22} & K_{13}^{22} \\ K_{21}^{21} & K_{22}^{21} & K_{23}^{21} & K_{21}^{22} & K_{22}^{22} & K_{23}^{22} \\ K_{31}^{21} & K_{32}^{21} & K_{33}^{21} & K_{31}^{22} & K_{32}^{22} & K_{33}^{22} \end{bmatrix} \begin{Bmatrix} w_1 \\ w_2 \\ w_3 \\ S_1 \\ S_2 \\ S_3 \end{Bmatrix} = \begin{Bmatrix} F_1^1 \\ F_2^1 \\ F_3^1 \\ F_1^2 \\ F_2^2 \\ F_3^2 \end{Bmatrix} \qquad (10.5.6)$$

或者更清楚一些,有

$$K_{11}^{11}w_1 + K_{12}^{11}w_2 + K_{13}^{11}w_3 + K_{11}^{12}S_1 + K_{12}^{12}S_2 + K_{13}^{12}S_3 = F_1^1$$

$$K_{21}^{11}w_1 + K_{22}^{11}w_2 + K_{23}^{11}w_3 + K_{21}^{12}S_1 + K_{22}^{12}S_2 + K_{23}^{12}S_3 = F_2^1$$

$$K_{31}^{11}w_1 + K_{32}^{11}w_2 + K_{33}^{11}w_3 + K_{31}^{12}S_1 + K_{32}^{12}S_2 + K_{33}^{12}S_3 = F_3^1 \qquad (10.5.7)$$

$$K_{11}^{21}w_1 + K_{12}^{21}w_2 + K_{13}^{21}w_3 + K_{11}^{22}S_1 + K_{12}^{22}S_2 + K_{13}^{22}S_3 = F_1^2$$

$$K_{21}^{21}w_1 + K_{22}^{21}w_2 + K_{23}^{21}w_3 + K_{21}^{22}S_1 + K_{22}^{22}S_2 + K_{23}^{22}S_3 = F_2^2$$

$$K_{31}^{21}w_1 + K_{32}^{21}w_2 + K_{33}^{21}w_3 + K_{31}^{22}S_1 + K_{32}^{22}S_2 + K_{33}^{22}S_3 = F_3^2$$

式中,(w_i, S_i)是单元节点$i(i=1,2,3)$的自由度(横向挠度和转角)。令

$$\Delta_1 = w_1, \Delta_2 = S_1, \Delta_3 = w_2, \Delta_4 = S_2, \text{ 依此类推} \qquad (10.5.8)$$

并分别将式(10.5.7)中的代数方程 1~6 重新按照 1、4、2、5、3 和 6 的顺序排列,得

$$K_{11}^{11}w_1 + K_{11}^{11}S_1 + K_{12}^{11}w_2 + K_{12}^{12}S_2 + K_{13}^{11}w_3 + K_{13}^{12}S_3 = F_1^1$$

$$K_{11}^{21}w_1 + K_{11}^{22}S_1 + K_{12}^{21}w_2 + K_{12}^{22}S_2 + K_{13}^{21}w_3 + K_{13}^{22}S_3 = F_1^2$$

$$K_{21}^{11}w_1 + K_{21}^{12}S_1 + K_{22}^{11}w_2 + K_{22}^{12}S_2 + K_{23}^{11}w_3 + K_{23}^{12}S_3 = F_2^1 \qquad (10.5.9)$$

$$K_{21}^{21}w_1 + K_{21}^{22}S_1 + K_{22}^{21}w_2 + K_{22}^{22}S_2 + K_{23}^{21}w_3 + K_{23}^{22}S_3 = F_2^2$$

$$K_{31}^{11}w_1 + K_{31}^{12}S_1 + K_{32}^{11}w_2 + K_{32}^{12}S_2 + K_{33}^{11}w_3 + K_{33}^{12}S_3 = F_3^1$$

$$K_{31}^{21}w_1 + K_{31}^{22}S_1 + K_{32}^{21}w_2 + K_{32}^{22}S_2 + K_{33}^{21}w_3 + K_{33}^{22}S_3 = F_3^2$$

或者,用矩阵形式表示:

$$\begin{bmatrix} K_{11}^{11} & K_{11}^{12} & K_{12}^{11} & K_{12}^{12} & K_{13}^{11} & K_{13}^{12} \\ K_{11}^{21} & K_{11}^{22} & K_{12}^{21} & K_{12}^{22} & K_{13}^{21} & K_{13}^{22} \\ K_{21}^{11} & K_{21}^{12} & K_{22}^{11} & K_{22}^{12} & K_{23}^{11} & K_{23}^{12} \\ K_{21}^{21} & K_{21}^{22} & K_{22}^{21} & K_{22}^{22} & K_{23}^{21} & K_{23}^{22} \\ K_{31}^{11} & K_{31}^{12} & K_{32}^{11} & K_{32}^{12} & K_{33}^{11} & K_{33}^{12} \\ K_{31}^{21} & K_{31}^{22} & K_{32}^{21} & K_{32}^{22} & K_{33}^{21} & K_{33}^{22} \end{bmatrix} \begin{Bmatrix} w_1 \\ S_1 \\ w_2 \\ S_2 \\ w_3 \\ S_3 \end{Bmatrix} = \begin{Bmatrix} F_1^1 \\ F_1^2 \\ F_2^1 \\ F_2^2 \\ F_3^1 \\ F_3^2 \end{Bmatrix} \qquad (10.5.10)$$

上述讨论适用于每个节点有任意数目的自由度(NDF)的情形。重新排列节点自由度和相应方程的计算机实现是很简单的,框 10.5.1 给出了该程序的 Fortran 语句。该逻辑是普适的,因此适用于任意的 NDF 和 NPE($\boldsymbol{K}^{\alpha\beta}, \alpha, \beta = 1, 2, \cdots, \text{NDF}$)。

从网址可以下载 FEM2D 的 Fortran 源程序和可执行文件。它们给出了一个有限元分析的各种计算步骤是如何实现的一个更完整的理解。可以通过对程序进行修正和扩展用于读者自己的有限元格式。下一节将展示教育版程序 FEM2D 的功能和限制。

框 10.5.1 将式(10.5.5)所示的有限元方程重新排列成式(10.5.10)的形式

(对于工况 NDF=2 和 NDF=3)

```
II=1
        DO 200 I=1,NPE
              ELF(II)     =ELF1(I)
              ELF(II+1)  =ELF2(I)
              JJ=1
              DO 100 J=1,NPE
                    ELK(II,JJ)     =ELK11(I,J)
                    ELK(II,JJ+1)   =ELK12(I,J)
                    ELK(II+1,JJ)   =ELK21(I,J)
                    ELK(II+1,JJ+1)=ELK22(I,J)
100           JJ=NDF*J+1
200     II=NDF*I+1
```

10.5.4 FEM2D 的应用

10.5.4.1 问题的类型

计算机程序 FEM2D 可用于求解如下四类问题:

类型 1(ITYPE=0):单变量问题,包括第 9 章的带对流型边界条件的热传递问题:

$$c_1\frac{\partial u}{\partial t}+c_1\frac{\partial^2 u}{\partial t^2}-\frac{\partial}{\partial x}\left(a_{11}\frac{\partial u}{\partial x}\right)-\frac{\partial}{\partial y}\left(a_{22}\frac{\partial u}{\partial y}\right)+a_{00}u=f \tag{10.5.11a}$$

且

$$c_1=c_0+c_x x+c_y y, a_{11}=a_{10}+a_{1x}x+a_{1y}y$$

$$a_{22}=a_{20}+a_{2x}x+a_{2y}y, f=f_0+f_x x+f_y y \tag{10.5.11b}$$

$$a_{00}=常数$$

类型 2(ITYPE=1):基于第 11 章罚函数格式的黏性不可压流体的流动问题。

类型 3(ITYPE=2):第 12 章的平面弹性力学问题。

类型 4(ITYPE>2):基于经典板理论(ITYPE=4 和 ITYPE5)和剪切变形板理论(ITYPE=3)的平板弯曲问题。只能考虑矩形板弯曲单元(本书的这个版本不包括板的弯曲)。

第一类问题是非常常见的,作为特例,也包括工程和科学领域很多其他的场问题。作为一个特例,也可以分析轴对称问题。后三类问题特定于线性(比如 Stokes)黏性不可压流体的流动,线弹性力学和板的线性弯曲。

对于不同的物理问题,单变量问题(类型 1)解的梯度(基于子程序 POSTPROC)是不同的。对于热传递问题,希望计算热流的 x 和 y 分量:

$$q_x=-a_{11}\frac{\partial u}{\partial x}, \quad q_y=-a_{22}\frac{\partial u}{\partial y} \tag{10.5.12}$$

在速度势格式的黏性流体流动[即 q_x 和 q_y 分别为速度分量 v_x 和 v_y]问题中,同样的定义也适用于速度分量的计算。在流函数格式中,速度分量 (v_x,v_y) 的定义为

$$v_x=-a_{22}\frac{\partial u}{\partial y}, \quad v_y=-a_{11}\frac{\partial u}{\partial x} \tag{10.5.13}$$

多变量问题的(总)应力(σ_{xx},σ_{yy},σ_{xy})是基于减缩高斯点上的应变(或流体流动问题中的应变率)和本构方程计算的。解的导数的空间变化是依赖于单元类型的。

对于热传递问题(即 ITYPE = 0),变量 ICONV 用于表示存在(ICONV = 1)或不存在(ICONV = 0)对流边界。当存在对流边界时(即 ICONV = 1),存在该边界条件的单元会在系数矩阵中产生额外的贡献[参见式(9.4.6a),式(9.4.6b),式(9.4.15a),式(9.4.15b),式(9.5.6b)和式(9.5.6c)]。数组 IBN 是用于存储对流边界条件的单元,数值 INOD 是用于存储对流边界上单元(数组 IBN 中的单元)的局部节点对(为了指定存在对流边界条件的单元的边)。如果一个单元有多于一条边在对流边界上,它的重复出现次数应该等于其在对流边界上的边的数目。

表 10.5.1 给出了程序 FEM2D 的输入变量及其描述的完整列表,具有分析本书讨论的 6 类(ITYPE = 0,1,2,…,5)问题的能力。输入的变量之间用空格(不推荐逗号)分开,如果给定的变量输入不在同一行,那么程序会从下一行继续读入(跳过空白行)。

表 10.5.1　程序 FEM2D 的输入数据的定义

• 输入 1	*TITLE*
TITLE	问题的名字(80 个字符)
• 输入 2	*ITYPE,IGRAD,ITEM,NEIGN*
ITYPE	问题类型
	ITYPE = 0:单变量问题
	ITYPE = 1:黏性不可压流动问题
	ITYPE = 2:平面弹性力学问题
	ITYPE = 3:基于 FSDT 的板弯曲问题
	ITYPE = 4:基于 CPT(N)的板弯曲问题
	ITYPE = 5:基于 CPT(C)的板弯曲问题
IGRAD	后处理中计算解的梯度或应力的指示符
	IGRAD = 0:无需后处理
	IGRAD > 0:需要后处理
	当 ITYPE = 0 和 IGRAD = 1 时,梯度基于式 10.5.12 进行计算
	当 ITYPE = 0 和 IGRAD > 1 时,梯度基于式 10.5.13 进行计算
ITEM	动力学分析指示符
	ITEM = 0:静力学分析
	ITEM > 0:特征值或瞬态分析
	ITEM = 1 抛物型问题
	ITEM = 2 双曲型问题
NEIGN	特征值分析指示符
	NEIGN = 0:静力学或瞬态分析
	NEIGN > 0:特征值分析
	NEIGN = 1 振动分析

	NEIGN=2 板的稳定性
	*** 如果 NEIGN=0 跳过输入 3 ***
• 输入 3	*NVALU,NVCTR*
NVALU	输出特征值的数目
NVCTR	输出特征向量的数目:
	NVCTR=0:不输出特征向量
	NVCTR>0:输出特征向量
• 输入 4	*IELTYP,NPE,MESH,NPRNT*
IELTYP	分析中用的单元类型
	IELTYP=0 三角形单元
	IELTYP>0 四边形单元
NPE	单元节点数目
	NPE=3:线性三角形(IELTYP=0)
	NPE=4:线性四边形(IELTYP>0)
	NPE=6:二次三角形(IELTYP=0)
	NPE=8 或 9:二次四边形(IELTYP>0)
MESH	程序网格生成器的指示符
	MESH=0:网格不是由程序生成的
	MESH=1:矩形区域上的网格由程序 MESH2DR 生成
	MESH>1:非矩形区域上的网格由程序 MESH2DG 生成
NPRNT	特定输出的指示符
	NPRNT=0:不输出 NOD 和单元及整体矩阵
	NPRNT=1:输出 NOD 和单元矩阵(ELK 和 ELF)
	NPRNT=2:输出 NOD 和整体矩阵(GLK 和 GLF)
	NPRNT>2:NPRNT=1 和 NPRNT=2 的组合
	*** 如果 MESH=1 跳过输入 5 ***
• 输入 5	*NEM,NNM*
NEM	当用户输入网格或者网格由 MESH2DG 生成时的单元数目
NNM	当用户输入网格或者网格由 MESH2DG 生成时的节点数目
	*** 如果 MESH≠1 跳过输入 6 和 7 ***
• 输入 6	(*NOD*(*N*,*I*),*I*=1,*NPE*)
NOD(N,I)	第 N 个单元的连接性(I=1,NPE)
• 输入 7	((*GLXY*(*I*,*J*),*J*=1,2),*I*=1,*NNM*)
GLXY(I,J)	网格中第 I 个整体节点的整体 x 和 y 坐标(J=1,x 坐标;J=2,y 坐标)
	*** 输入 8~11 在 MESH2DG 中读入(对于 MESH>1) ***
• 输入 8	*NRECL*

续表

NRECL	网格中需要读入的行数
	*** 读入下列变量 NRECL 次 ***
• 输入 9	*NOD1 NODL NODINC X1 Y1 XL YL RATIO*
NOD1	线段的第一个整体节点编号
NODL	线段的最后一个整体节点编号
NODINC	线上的节点增量
X1	NOD1 的整体 x 坐标
Y1	NOD1 的整体 y 坐标
XL	NODL 的整体 x 坐标
YL	NODL 的整体 y 坐标
RATIO	第一个单元与最后一个单元长度的比值
• 输入 10	*NRECEL*
NRECEL	网格中需要读入的列数
	*** 读入下列变量 NRECEL 次 ***
• 输入 11	*NEL1 NELL IELINC NODINC NPE NODE(I)*
NEL1	该行的第一个单元编号
NELL	该行的最后一个单元编号
IELINC	行中单元编号增量
NODINC	行中整体节点编号增量
NPE	每个单元的节点数目
NODE(I)	行中第一个单元的连接数组(I=1,NPE)
	*** 如果 MESH≠1 跳过输入 12~14 ***
• 输入 12	*NX,NY*
NX	x 方向上单元的数量
NY	y 方向上单元的数量
• 输入 13	*X0,(DX(I),I=1,NX)*
X0	整体节点 1 的 x 坐标
DX(I)	第 I 个子域的 x 尺寸(I=1,NX)
• 输入 14	*Y0,(DY(I),I=1,NY)*
Y0	整体节点 1 的 y 坐标
DY(I)	第 I 个子域的 y 尺寸(I=1,NY)
• 输入 15	*NSPV*
NSPV	给定主变量数值的数目
	*** 如果 NSPV=0 跳过输入 16 ***
• 输入 16	*((ISPV(I,J),J=1,2),I=1,NSPV)*
ISPV(I,J)	第 I 个给定主变量数值的节点编号以及局部自由度(DOF)编号

	ISPV(I,1)=节点编号
	ISPV(I,2)=局部 DOF 编号
	关于 I 和 J 的循环为：[(J=1,2),I=1,NSPV]
	*** 如果 NSPV=0 或者 NEIGN≠0 跳过输入 17 ***
• 输入 17	$(VSPV(I),I=1,NSPV)$
VSPV(I)	第 I 个主变量的给定值(I=1,NSPV)
	*** 如果 NEIGN≠0 跳过输入 18 ***
• 输入 18	$NSSV$
NSSV	给定(非零)次变量数值的数目
	*** 如果 NSSV=0 或者 NEIGN≠0 跳过输入 19 ***
• 输入 19	$((ISSV(I,J),J=1,2),I=1,NSSV)$
ISSV(I,J)	第 I 个给定次变量数值的节点编号以及局部自由度(DOF)编号
	ISSV(I,1)=节点编号
	ISSV(I,2)=局部 DOF 编号
	关于 I 和 J 的循环为：[(J=1,2),I=1,NSSV]
	*** 如果 NSSV=0 或者 NEIGN≠0 跳过输入 20 ***
• 输入 20	$(VSSV(I),I=1,NSSV)$
VSSV(I)	第 I 个次变量的给定值(I=1,NSSV)
	*** 输入 21~27 是针对单变量问题(ITYPE=0) ***
• 输入 21	$A10,A1X,A1Y$
A10	微分方程的系数：
A1X	a11=A10+A1X*X+A1Y*Y
A1Y	
• 输入 22	$A20,A2X,A2Y$
A20	微分方程的系数：
A2X	a22=A20+A2X*X+A2Y*Y
A2Y	
• 输入 23	$A00$
A00	微分方程的系数
• 输入 24	$ICONV$
ICONV	对流边界条件的指示符
	ICONV=0：无对流；ICONV>0：有对流
• 输入 25	NBE
NBE	对流单元的数目
	*** 对于每个 I,I=1,NBE,读入如下输入 ***
• 输入 26	$(IBN(I),(INOD(I,J),J=1,2),BETA(I),TINF(I),I=1,NBE)$

IBN(I)	第 I 个对流单元编号
INOD(I,J)	对流边的局部节点编号(J=1,2;对于二次单元给出端部节点)
BETA(I)	第 I 个单元的薄膜对流换热系数
TINF(I)	第 I 个单元的环境温度
	*** 输入 27 只用于黏性流动(ITYPE=1) ***
• 输入 27	*VISCSITY,PENALTY*
VISCSITY	流体的黏度
PENALTY	罚参数数值
	*** 输入 28 和 29 只用于平面弹性力学(ITYPE=2) ***
• 输入 28	*LNSTRS*
LNSTRS	平面应力或平面应变问题标识
	LNSTRS=0:平面应变;LNSTRS>0:平面应力
• 输入 29	*E1,E2,ANU12,G12,THKNS*
E1	沿整体 x 轴的杨氏模量
E2	沿整体 y 轴的杨氏模量
ANU12	xy 面内的泊松比
G12	xy 面内的剪切模量
THKNS	平面弹性体的厚度
	*** 输入 30 只用于板的弯曲问题(ITYPE=3~5) ***
• 输入 30	*E1,E2,ANU12,G12,G13,G23,THKNS*
E1	沿整体 x 轴的杨氏模量
E2	沿整体 y 轴的杨氏模量
ANU12	xy 面内的泊松比
G12	xy 面内的剪切模量
G13	xz 面内的剪切模量
G23	yz 面内的剪切模量
THKNS	板的厚度
	*** 其他的输入适用于所有问题类型 ***
	*** 如果 NEIGN≠0 跳过输入 31 ***
• 输入 31	*F0,FX,FY*
F0	定义源项的系数:
FX	f(x,y)=F0+FX*x+FY*y
FY	
	*** 输入 32~36 只适用于瞬态分析(ITEM≠0) ***
	*** 如果 ITEM=0 跳过输入 32 ***
• 输入 32	*C0,CX,CY*

C0,CX,CY	按照如下定义微分方程的时间项:
	当 ITYPE=0 或 1:C1=C0+CX*X+CY*Y
	当 ITYPE=2:C1=(C0+CX*X+CY*Y)*THKNS
	当 ITYPE=3 且 NEIGN>1:I0=C0*THKNS,I2=C0*(THKNS**3)/12
	当 NEIGN≤1 且 ITYPE=3~5 时,CX 和 CY 未启用
	*** 如果 ITEM=0 或者 NEIGN≠0 跳过输入 33 ***
● 输入 33	*NTIME,NSTP,INTVL,INTIAL*
NTIME	瞬态分析时的时间步数
NSTP	移除源项时的时间步
INTVL	输出结果的时间步区间
INTIAL	初始条件的指示符:
	INTIAL=0:零初始条件;INTIAL>0:非零初始条件
	*** 如果 ITEM=0 或者 NEIGN≠0 跳过输入 34 ***
● 输入 34	*DT,ALFA,GAMA,EPSLN*
DT	瞬态分析时的时间步长
ALFA	抛物型问题中 α 族时间近似算法的参数:
	ALFA=0:向前差分格式(CS)[†]
	ALFA=0.5:Crank-Nicolson 格式(稳定的)
	ALFA=2/3:Galerkin 格式(稳定的)
	ALFA=1:向后差分格式(稳定的)
	[†]CS=条件稳定;对于所有 ALFA<0.5 的格式,时间步长 DT 必须满足 DT<2/[MAXEGN*(1-2*ALFA)],这里 MAXEGN 是离散问题的最大特征值
GAMA	双曲型问题中 Newmark 时间积分算法的参数:
	GAMA=0.5:平均加速度格式(稳定的)
	GAMA=1/3:线性加速度格式(C.S.)
	GAMA=0.0:中心差分格式(C.S.)
	GAMA=1:向后差分格式(稳定的)
	对于所有的格式都有 ALFA=0.5;对于 ALFA≤0.5 且 GAMA<ALFA 的格式,时间步长 DT 必须满足 DT<2/SQRT[MAXEGN*(ALFA-GAMA)],这里 MAXEGN 是离散问题的最大特征值
EPSLN	检查解是否达到稳定状态的一个小参数
	*** 如果 ITEM 或 INTIAL=0 或者 NEIGN≠0 跳过输入 35 ***
● 输入 35	(*GLU(I),I=1,NEQ*)
GLU(I)	主变量初值向量(I=1,NEQ),这里 NEQ=网格中节点值的数目
	*** 如果 ITEM≤1,NEIGN≠0 或 INTIAL=0 跳过输入 36 ***
● 输入 36	(*GLV(I),I=1,NEQ*)
GLV(I)	主变量一阶导数(速度)的初值向量(I=1,NEQ)

10.5.4.2　网格生成器的描述

本节给出了一些使用 FEM2D 的算例问题的输入数据。这些算例问题选自本章之前讨论过的。程序的最大限制是网格生成[即对于任意区域数组 NOD(I,J)和 GLXY(I,J)的计算]。对于此类问题,用户需要输入网格信息,如果单元很多这将会非常繁杂。当然,本程序也可通过修改来接受其他网格生成子程序。

程序 MESH2DR 只能处理各边平行于整体 x 和 y 轴的矩形区域。该子程序需要如表 10.5.1 中输入 12、13 和 14 的输入数据,即

NX: x 方向单元数目;

NY: y 方向单元数目;

(X_0, Y_0): 位于区域左下角(参见图 10.5.3)的整体节点 1 的整体坐标;

DX(I):沿 x 方向单元长度数组;

DY(I):沿 y 方向单元长度数组。

图 10.5.3 给出了 MESH2DR 生成的三角形和矩形单元网格的节点和单元编号方法。

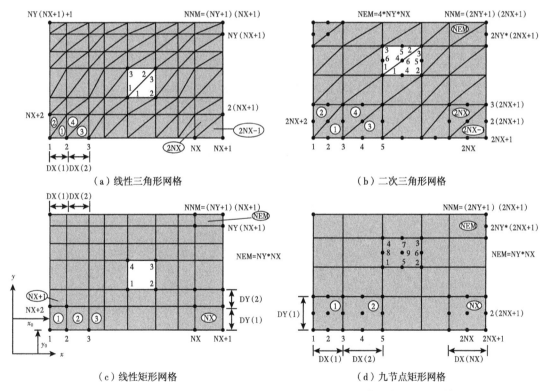

(a)线性三角形网格　　　　(b)二次三角形网格

(c)线性矩形网格　　　　(d)九节点矩形网格

图 10.5.3　对矩形区域划分网格的 MESH2DR 用到的单元编号以及整体和单元节点编号系统

子程序 MESH2DG 比 MESH2DR 更通用,它要求用户描述网格对节点和单元编号的特定要求。它基于要求生成网格。程序 MESH2DG 需要表 10.5.1(所有的变量都通过子程序读入)中的输入 5 和 8~11。MESH2DG 读入的数据类型应该给出程序限制的一些指示。沿着读入的行和列的节点和单元编号应该是规则的。图 10.5.4 给出了线性、二次三角形和四边形

单元网格的一些典型例子。对这些网格,框 10.5.2 至框 10.5.5 给出了 MESH2DG 所需的输入数据。

框10.5.2　生成图 10.5.4(a)所示网格的输入数据

```
0   3   2   0                                    IELTYP,NPE,MESH,NPRNT
32  25                                           NEM,NNM
 5                                               NRECL
 1   5   1   0.0   0.0   3.0       0.0     6.0    NOD1,NODL,NODINC,
 6  10   1   0.0   1.0   3.07612   0.38268 6.0    X1,Y1,XL,YL,RATIO
11  15   1   0.0   2.0   3.29289   0.7071  6.0    for each of the
16  20   1   2.0   2.0   3.61732   0.92388 6.0    five line segments
21  25   1   4.0   2.0   4.0       1.0     6.0
 8                                               NRECEL
 1   7   2   1   3   1    2    7                  NEL1,NELL,IELINC,
 2   8   2   1   3   1    7    6                  NODINC,NPE,NOD{I,J},
 9  15   2   1   3   6    7   12                  for each of the
10  16   2   1   3   6   12   11                  eight rows of elements
17  23   2   1   3  11   12   16
18  24   2   1   3  12   17   16
25  31   2   1   3  16   17   21
26  32   2   1   3  17   22   21
```

框10.5.3　生成图 10.5.4(b)所示网格的输入数据

```
1   4   2   0                                    IELTYP,NPE,MESH,NPRNT
16  25                                           NEM, NNM
 5                                               NRECL
 1   5   1   0.0   0.0   3.0       0.0     6.0    NOD1,NODL,NODINC, ...
 6  10   1   0.0   1.0   3.07612   0.38268 6.0
11  15   1   0.0   2.0   3.29289   0.7071  6.0
16  20   1   2.0   2.0   3.61732   0.92388 6.0
21  25   1   4.0   2.0   4.0       1.0     6.0
 4                                               NRECEL
 1   4   1   1   4   1    2    7    6             NEL1,NELL,IELINC,NODINC
 5   8   1   1   4   6    7   12   11             etc.
 9  12   1   1   4  11   12   17   16
13  16   1   1   4  16   17   22   21
```

框10.5.4　生成图 10.5.4(c)所示网格的输入数据

```
0   6   2   0                                    IELTYP,NPE,MESH,NPRNT
32  81                                           NEM,NNM
 9                                               NRECL
 1   9   1   0.0   0.0   3.0       0.0     6.0
10  18   1   0.0   0.5   3.01921   0.19509 6.0
19  27   1   0.0   1.0   3.07612   0.38268 6.0
28  36   1   0.0   1.5   3.16853   0.55557 6.0    NOD1,NODL,NODINC,
37  45   1   0.0   2.0   3.29289   0.7071  6.0    X1,Y1,XL,YL,RATIO
46  54   1   1.0   2.0   3.44443   0.83147 6.0    for each of nine
55  63   1   2.0   2.0   3.61732   0.92388 6.0    line segments
64  72   1   3.0   2.0   3.80491   0.98078 6.0
```

续框

73	81	1	4.0	2.0	4.0		1.0		6.0	
8										NRECEL
1	7	2	2	6	1	3	21	2	12	11
2	8	2	2	6	1	21	19	11	20	10
9	15	2	2	6	19	21	39	20	30	29
10	16	2	2	6	19	39	37	29	38	28	NEL1,NELL,IELINC,NODINC,
17	23	2	2	6	37	39	55	38	47	46	NPE,NOD(I,J)
18	24	2	2	6	39	57	55	48	56	47
25	31	2	2	6	55	57	73	56	65	64
26	32	2	2	6	57	75	73	66	74	65

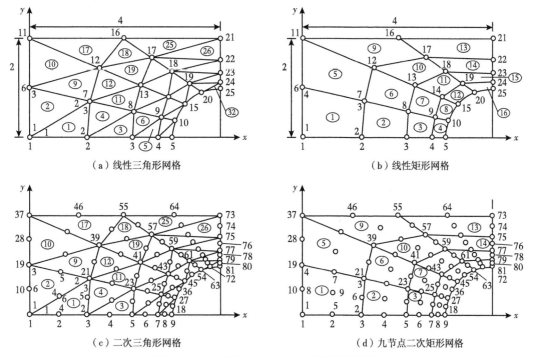

（a）线性三角形网格　　　　　　　　（b）线性矩形网格

（c）二次三角形网格　　　　　　　（d）九节点二次矩形网格

图 10.5.4　利用 MESH2DG 生成网格的例子

框 10.5.5　生成图 10.5.4(d) 所示网格的输入数据

0	6	2	0					IELTYP,NPE,MESH,NPRNT
16	81							NEM, NNM
9								NRECL
1	9	1	0.0	0.0	3.0	0.0	6.0	
10	18	1	0.0	0.5	3.01921	0.19509	6.0	
19	27	1	0.0	1.0	3.07612	0.38268	6.0	
28	36	1	0.0	1.5	3.16853	0.55557	6.0	NOD1,NODL,NODINC,
37	45	1	0.0	2.0	3.29289	0.7071	6.0	X1,Y1,XL,YL,RATIO
46	54	1	1.0	2.0	3.44443	0.83147	6.0	for each line segment
55	63	1	2.0	2.0	3.61732	0.92388	6.0	
64	72	1	3.0	2.0	3.80491	0.98078	6.0	

续框

73	81	1	4.0	2.0	4.0		1.0		6.0	
4										NRECEL
1	4	1	2	9	1	3	21	19	2	12 20 10 11
5	8	1	2	9	19	21	39	37	20	30 38 28 29	NEL1,NELL,IELINC,NODINC,
9	12	1	2	9	37	39	57	55	38	48 56 46 47	NPE,NOD(I,J)
13	16	1	2	9	55	57	75	73	56	66 74 64 65

10.5.5 示例

这里考虑第9章(即类型1或者 ITYPE = 0 的问题)中的一些例子来演示 FEM2D 的使用。其他的例子将会在第 11~12 章中考虑。这里考虑的问题前面已经讨论过了,因此这里只给出 FEM2D 的输入数据。

例 10.5.1

考虑例 9.4.1 中的泊松方程:

$$-\nabla^2 u = 1 \text{ 在 } \Omega \text{ 内}, u = 0 \text{ 在 } \Gamma \text{ 上}$$

这里 Ω 是两个单位长的正方形区域,Γ 是 Ω 的边界。由于双轴对称性,可以基于有限元方法利用区域的 1/4 来求解该问题。在计算域上利用两种不同的网格分析该问题:(1)线性三角形网格[图 10.5.5(a)];(2)线性矩形网格[图 10.5.5(b)]。

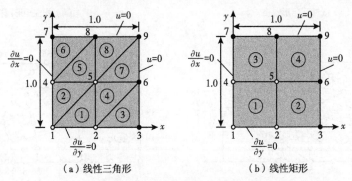

(a)线性三角形　　　　　　(b)线性矩形

图 10.5.5 有限元网格

解:问题在本质上是静态的且属于类型 1。因此,有 ITYPE = 0,IGRAD = 1,ITEM = 0,NEIGN = 0。利用 2×2 的三角形和矩形网格来分析,这两种网格的节点数目是相同的。

对于 2×2 的三角形网格,有 IELTYP = 0,NPE = 3,MESH = 1(选择利用子程序 MESH2DR 来生成网格),NPRNT = 0(不输出 NOD 数组和单元矩阵)。对于 2×2 的矩形网格,有 IELTYP = 1,NPE = 4,MESH = 1,NPRNT = 0。其余的输入数据对于三角形和矩形网格都是一样的。

在每个方向上单元数目及其长度为:NX = 2,NY = 2,X0 = 0.0,Y0 = 0.0,DX(1) = 0.5,DX(2) = 0.5,DY(1) = 0.5,DY(2) = 0.5。问题的给定主变量的数目(NSPV)、节点数目、给定局部自由度(ISPV)及其给定值(VSPV)为:NSPV = 5,ISPV(I,J) = (3,1;6,1;7,1;8,1;9,1),VSPV(I) = (0.0,0.0,0.0,0.0,0.0)。这里没有给定的次变量,NSSV = 0。微分方程的系数 a_{11} 和 a_{22} 为:A10 = 1.0,A1X = 0.0,A1Y = 0.0,A20 = 1.0,A2X = 0.0,A2Y = 0.0,A00 = 0.0;这里没有对流 ICONV = 0,源项为 F0 = 1.0,FX = 0.0,FY = 0.0。

框 10.5.6 给出了 FEM2D 的三角形和矩形网格的输入数据,框 10.5.7 给出了相应的(部分)输出。本问题的数值结果在例 9.4.1 已经讨论过了。

框 10.5.6 例 10.5.1 中泊松方程的输入数据

```
Example 9.4.1: Poisson's equation in a square
0  1  0  0              ITYPE,IGRAD,ITBM,NEIGN
0  3  1  0              IELTYP,NPE,MESH,NPRNT 1 4 1 0 (for rectangles)
2  2                    NX,NY
0.0  0.5  0.5           X0,DX(I)
0.0  0.5  0.5           Y0,DX(I)
5                      NSPV
3  1  6  1  7  1  8  1  9  1    ISPV
0.0  0.0  0.0  0.0      VSPV
0                      NSSV
1.0  0.0  0.0          A10, A1X,A1Y
1.0  0.0  0.0          A20, A2X,A2Y
0.0                    A00
0                      ICONV
1.0  0.0  0.0          F0,FX,FY
```

框 10.5.7 例 10.5.1 的泊松方程的部分输出

```
Node       x-coord.         y-coord.         Primary DOF
 1        0.00000E+00      0.00000E+00      0.31250E+00
 2        0.50000E+00      0.00000E+00      0.22917E+00
 3        0.10000E+01      0.00000E+00      0.00000E+00
 4        0.00000E+00      0.50000E+00      0.22917E+00
 5        0.50000E+00      0.50000E+00      0.17708E+00
 6        0.10000E+01      0.50000E+00      0.00000E+00
 7        0.00000E+00      0.10000E+01      0.00000E+00
 8        0.50000E+00      0.10000E+01      0.00000E+00
 9        0.10000E+01      0.10000E+01      0.00000E+00


 x-coord.       y-coord.       -a11(du/dx)     -a22(du/dy)     Flux Mgntd    Orient.
0.3333E+00    0.1667E+00    0.1667E+00     0.1042B+00     0.1965E+00     32.01
0.1667E+00    0.3333E+00    0.1042E+00     0.1667E+00     0.1965E+00     57.99
0.8333E+00    0.1667E+00    0.4583E+00     0.0000E+00     0.4583E+00     0.00
0.6667E+00    0.3333E+00    0.3542E+00     0.1042E+00     0.3692E+00     16.39
0.3333E+00    0.6667E+00    0.1042E+00     0.3542E+00     0.3692E+00     73.61
0.1667E+00    0.8333E+00    0.0000E+00     0.4583E+00     0.4583E+00     90.00
0.8333E+00    0.6667E+00    0.3542E+00     0.0000R+00     0.3542E+00     0.00
0.6667E+00    0.8333E+00    0.0000E+00     0.3542E+00     0.3542E+00     90.00
```

例 10.5.2

考虑 1m×1m 的各向同性方形薄板。板的左边(即 $x=0$)保持 100℃,边界 $y=1m$ 保持 500℃,边界 $x=1m$ 和 $y=0$ 周围的环境温度为 100℃。设薄膜换热系数为 $\beta=10W/(m^2 \cdot ℃)$,且无内生热率($f=0$)。令热导率 $k_x=k_y=12.5W/(m \cdot ℃)$ 利用 8×8 的均匀四边形单元网格(图 10.5.6)和 FEM2D 分析该问题。

解:控制方程与式(9.4.1)一样。与对流边界条件相应的输入变量有 ICONV = 1,NBE = 16,

$\{IBN(I),BETA(I),TINF(I)\}=1,10.0,100.0;2,10.0,100.0$。$INOD(I,J)=1,2;1,2$;诸如此类(单元 8 的两条边 1-2 和 2-3 是对流边界)。系数 a_{11},a_{22} 和 a_{00} 为 A10 = 12.5,A1X = 0.0,A1Y = 0.0,A20 = 12.5,A2X = 0.0,A2Y = 0.0,A00 = 0.0。源项为零:F0 = 0.0,FX = 0.0,FY = 0.0。

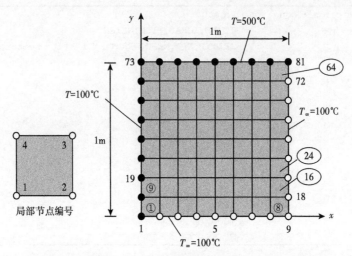

图 10.5.6　例 10.5.2 的对流换热问题的 8×8 有限元网格

框 10.5.8 给出了 8×8 的线性四边形单元(8Q4)网格的输入数据。这里并未给出问题的输出,但是结果以图的形式给出了。同时给出了基于 4×4 的 9 节点四边形单元(4Q9)网格的结果,其与 8×8 网格节点数目相同,输入文件做了如下改动:IELTYP = 2,NPE = 9,DX(I) = $\{0.25,0.25,0.25,0.25\}$,DY(I) = $\{0.25,0.25,0.25,0.25\}$,NBE = 8。图 10.5.7 和图 10.5.8 给出了沿着边界线温度和热流的变化:

$$q_x = -k_x \frac{\partial T}{\partial x}, \ q_y = -k_y \frac{\partial T}{\partial y}$$

注意 q_x 随 y 是线性的,随 x 是不变的;q_y 随 y 是线性的,随 x 是不变的(对于恒定的 q_x 和 q_y)。在高梯度区域使用更细的网格会得到更准确的结果。

框 10.5.8　例 10.5.2 中问题的程序 FEM2D 输入数据

```
Example 10.5.2: Convective heat transfer in a square region
0  1  0  0                              ITYPE,IGRAD,IT&M,NEIGN
1  4  1  0                              IELTYP,NPE,MESH,NPRNT
8  8                                    NX,NY
0.0  0.125  0.125  0.125  0.125  0.125  0.125  0.125  0.125  X0,DX(I)
0.0  0.125  0.125  0.125  0.125  0.125  0.125  0.125  0.125  Y0,DY(I)
17                                      NSPV
 1  1  10  1  19  1  28  1  37  1  46  1  55  1  64  1  73  1
74  1  75  1  76  1  77  1  78  1  79  1  80  1  81  1  ISPV(I,J)
100.0  100.0  100.0  100.0  100.0  100.0  100.0  100.0  500.0
500.0  500.0  500.0  500.0  500.0  500.0  500.0  500.0  VSPV(I)
0                                       NSSV
12.5  0.0  0.0                          A10,A1X,A1Y
```

续框

```
12.5  0.0   0.0                           A20,A2X,A2Y
 0.0                                      A00
1                                         ICONV
16                                        NBE,IBN(I),INODE(I,J),BETA(I),TINF(I)
 1  1  2  10.0  100.0   2  1  2  10.0  100.0   3  1  2  10.0  100.0
 4  1  2  10.0  100.0   5  1  2  10.0  100.0   6  1  2  10.0  100.0
 7  1  2  10.0  100.0   8  1  2  10.0  100.0   8  2  3  10.0  100.0
16  2  3  10.0  100.0  24  2  3  10.0  100.0  32  2  3  10.0  100.0
40  2  3  10.0  100.0  48  2  3  10.0  100.0  56  2  3  10.0  100.0
64  2  3  10.0  100.0
 0.0  0.0  0.0                            F0, FX, FY
```

沿着 x 轴的温度值为:

节点	X	Y	温度
1	0.00000E+00	0.00000E+00	0.10000E+03
2	0.12500E+00	0.00000E+00	0.12408E+03
3	0.25000E+00	0.00000E+00	0.14640E+03
4	0.37500E+00	0.00000E+00	0.16545E+03
5	0.50000E+00	0.00000E+00	0.18011E+03
6	0.62500E+00	0.00000E+00	0.18970E+03
7	0.75000E+00	0.00000E+00	0.19392E+03
8	0.87500E+00	0.00000E+00	0.19280E+03
9	0.10000E+01	0.00000E+00	0.18657E+03

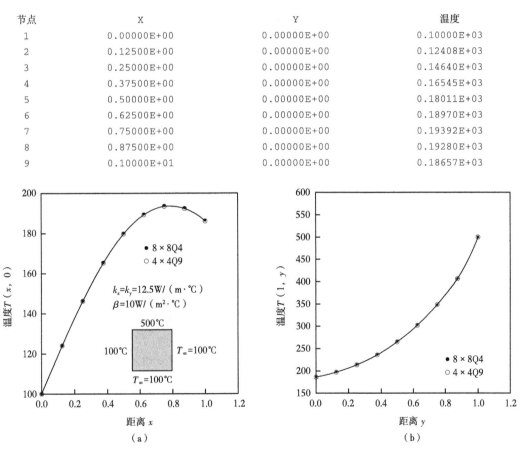

图 10.5.7 对于例 10.5.2 的对流换热问题沿边界(a)$y=0$ 和(b)$x=1$ 的温度变化:
4Q9=4×4 九节点四边形单元网格;8Q4=8×8 四节点四边形单元网格

程序也可用于分析轴对称问题。举个例子,考虑半径 $R_0 = 1\text{m}$ 和长度 $L = 1\text{m}$ 的有限长圆柱体。圆柱体的顶部和底部保持 $T_0 = 100℃$,而其外表面暴露于环境温度 $T_\infty = 100℃$($\beta = 10\text{W}/(\text{m}^2 \cdot ℃)$)。对于此种情况,控制微分方程如式(9.2.71)所示,且 $\hat{a}_{11} = k_r$,$\hat{a}_{22} = k_z$,$\hat{a}_{00} = 0$。

FEM2D 中的系数 A10，A1X，A1Y，A20，A2X，A2Y 和 A00 为：A10 = 0. 0，A1X = $2\pi k_r$，A1Y = 0. 0，A20 = 0. 0，A2X = $2\pi k_z$，A2Y = 0. 0，A00 = 0. 0。均匀生热率 f_0(如果不是零)的输入为 F0 = 0. 0，FX = $2\pi f_0$，FY = 0. 0。对于 $m\times n$ 的线性单元，对流边界的单元数目为 n。

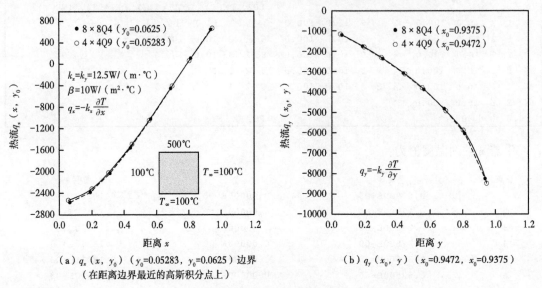

（a）$q_x(x, y_0)$（y_0=0.05283，y_0=0.0625）边界
（在距离边界最近的高斯积点上）

（b）$q_y(x_0, y)$（x_0=0.9472，x_0=0.9375）

图 10.5.8　热流分量的变化

例 10. 5. 3

考虑无黏流体绕圆柱体的流动(参见例 9. 4. 6)。控制方程为$-\nabla^2 u = 0$，这里 u 是速度势函数 $u=\phi$ 或流函数 $u=\psi$。利用速度势和流函数格式确定速度场。

解：由于区域不是一个矩形，利用子程序 MESH2DG（即令 MESH = 2）。考虑图 10. 5. 4(a)所示的 25 节点 32 个三角形单元网格和图 10. 5. 4(b)所示的 25 节点 16 个四边形单元网格(它们的节点数相同)。在速度势格式中由于($\nabla\phi = v$)有 ITYPE = 0，IGRAD = 1；在流函数格式中 IGRAD = 2。ITEM = 0，NEIGN = 0。对于三角形 IELTYP = 0，对于四边形 IELTYP = 1。MESH = 2，NPRNT = 0。系数为：A10 = 1. 0，A20 = 1. 0，A1X = 0. 0，A1Y = 0. 0，A2X = 0. 0，A2Y = 0. 0，A00 = 0. 0，F0 = 0. 0，FX = 0. 0，FY = 0. 0。框 10. 5. 2 给出了三角形网格 MESH2DG 的输入，框 10. 5. 3 给出了四边形网格的输入。在流函数格式中，有 NSPV = 13，NSSV = 0；在速度势格式中，有 NSPV = 5，NSSV = 3。框 10. 5. 9 给出了问题的部分输入。例 9. 4. 6 给出了数值结果的详细讨论。

框 10. 5. 9　例 10. 5. 3 中问题的输入

```
Example 10.5.3(a): Flow around a cylinder (VEL.POTENTIAL)
  0  1  0  0                          ITYPE,IGRAD,ITEM,NEIGN
  0  3  2  0                          IEL,NPE,MESH,NPRNT
  *** See Box 10.5.2 for the MESH2DG input ***
  5                                   NSPV
 21  1  22  1  23  1  24  1  25  1    ISPV(I,J)
0.0  0.0  0.0  0.0  0.0               VSPV(I)
  3                                   NSSV
```

续框

```
 1  1  6  1  11  1                    ISSV(I,J)
 0.5   1.0    0.5                     VSSV(I)
 1.0   0.0    0.0                     A10,A1X,A1Y
 1.0   0.0    0.0                     A20,A2X,A2Y
 0.0                                  A00
 0                                    ICONV
 0.0  0.0  0.0                        F0,FX,FY


Example 10.5.3(b): Flow around a cylinder (STRM FUNCN)
   0  2  0  0                         ITYPE,IGRAD,ITEM,NEIGN
   1  4  2  0                         IELTYP,NP&,MESH,NPRNT
   *** See Box 10.5.3 for the MESH2DG input ***
   13                                 NSPV
   1  1  2  1  3  1  4  1  5  1  10  1  15  1  20  1  25  1
   6  1  11  1  16  1  21  1          ISPV(I,J)
   0.0  0.0  0.0  0.0  0.0  0.0  0.0  0.0  0.0
   1.0  2.0  2.0  2.0                 VSPV(I)
   0                                  NSSV
   1.0  0.0  0.0                      A10, A1X, A1Y
   1.0  0.0  0.0                      A20, A2X, A2Y
   0.0                                A00
   0                                  ICONV
```

例 10.5.4

考虑例 9.5.1 和例 9.5.2 讨论的特征值和瞬态问题。给出特征值和瞬态分析的输入数据文件。

解: 控制微分方程为

$$\frac{\partial u}{\partial t} - \left(\frac{\partial^2 u}{\partial x^2} + \frac{\partial^2 u}{\partial y^2}\right) = 1$$

$$\frac{\partial u}{\partial x}(0,y,t) = 0, \frac{\partial u}{\partial y}(x,0,t) = 0, u(x,1,t) = 0, u(1,y,t) = 0, u(x,y,0) = 0$$

对特征值分析,令 ITEM = 1,NEIGN = 1;对瞬态分析,令 ITEM = 1(抛物型方程)和 NEIGN = 1。另外,对于特征值分析,必须输入 NVALU(输出的特征值的数目)和 NVCTR(如果输出特征向量)。

对于瞬态分析,令 NTIME = 20,NSTEP = 21(> NTIME),INTVL = 1,INTIAL = 0,DT = 0.05,ALFA = 0.5,GAMA = 0.5(对于抛物型方程是无用的,但是必须读入一个数值),C0 = 1.0,CX = 0.0,CY = 0.0。参数 NSTP 允许在一个给定的时间步移除源项(即 f)。举个例子,如果 NSTP = 5,那么在第 5 个时间步以及其每个时间子步 f 会被设定为零。在本例中,所有时刻均有源项 f = 1;因此,必须选择比 NTIME 大的 NSTP(比如说 NSTP = 21)。

框 10.5.10 和框 10.5.11 给出了特征值和瞬态分析的输入文件和部分输出。针对这两个问题的数值结果的讨论,参见例 9.5.1 和例 9.5.2。

框 10.5.10   抛物型方程(例 10.5.4)的特征值和瞬态分析的输入数据

```
Example 10.5.4: EIGENVALUE ANALYSIS of a parabolic equation
 0  0  1  1                           ITYPE,IGRAD,IT&M,NEIGN
16  0                                 NVALU,NVCTR
 1  4  1  0                           IELTYP,NPE,MESH,NPRNT
 4  4                                 NX,NY
 0.0  0.25  0.25  0.25  0.25          X0,DX(I)
 0.0  0.25  0.25  0.25  0.25          Y0,DY(I)
 9                                    NSPV
  5  1  10  1  15  1  20  1  21  1
22  1  23  1  24  1  25  1            ISPV
 1.0  0.0  0.0                        A10,A1X,A1Y
 1.0  0.0  0.0                        A20, A2X, A2Y
 0.0                                  A00
 0                                    ICONV
 1.0  0.0  0.0                        C0, CX, CY

Example 10 . 5.4: TRANSIENT ANALYSIS of a parabolic equation
 0  0  1  0                           ITYPE,IGRAD,ITEM,NEIGN
 1  4  1  0                           IELTYP,NPE,MESH,NPRNT
 4  4                                 NX,NY
 0.0  0.25  0.25  0.25  0.25          X0,DX(I)
 0.0  0.25  0.25  0.25  0.25          Y0,DY(I)
 9                                    NSPV
  5  1  10  1  15  1  20  1  21  1  22  1
23  1  24  1  25  1                   ISPV
 0.0  0.0  0.0  0.0  0.0  0.0  0.0  0.0  0.0  VSPV
 0                                    NSSV
 1.0  0.0  0.0                        A10,A1X,A1Y
 1.0  0.0  0.0                        A20,A2X,A2Y
 0.0                                  A00
 0                                    ICONV
 1.0  0.0  0.0                        F0,FX,FY
 1.0  0.0  0.0                        C0,CX,CY
20    21    1    0                    NTIME,NSTP,INTVL,INTIAL
 0.05  0.5  0.5  1.0E-3               DT,ALFA,GAMA,EPSLN
```

框 10.5.11   抛物型方程(例 10.5.4)的特征值分析的程序 FEM2D 的部分输出

```
OUTPUT FROM FEM2D FOR THE EIGENVALUE ANALYSIS
    E I G E NVAL U E ( 1) = 0.343256E+03
    E I G E NVAL U E ( 2) = 0.253701E+03
    E I G E NVAL U E ( 3) = 0.253701E+03
    E I G E NVAL U E ( 4) = 0.196500E+03
    E I G E NVAL U E ( 5) = 0.196500E+03
    E I G E NVAL U E ( 6) = 0.174127E+03
    E I G E NVAL U E ( 7) = 0.174127E+03
    E I G E NVAL U E ( 8) = 0.164145E+03
    E I G E NVAL U E ( 9) = 0.106945E+03
    E I G E NVAL U E (10) = 0.106945E+03
    E I G E NVAL U E (11) = 0.845720E+02
    E I G E NVAL U E (12) = 0.845720E+02
    E I G E NVAL U E (13) = 0.497442E+02
    E I G E NVAL U E (14) = 0.273714E+02
    E I G E NVAL U E (15) = 0.273714E+02
    E I G E NVAL U E (16) = 0.499854E+01
```

框 10.5.12　抛物型方程(例 10.5.4)的瞬态分析的程序 FEM2D 的部分输出

EDITED OUTPUT FROM FEM2D FOR THE TRANSIENT ANALYSIS

* TIME * = 0.50000E-01			Time Step Number = 1
Node	x-coord.	y-coord.	Primary DOF
1	0.00000E+00	0.00000E+00	0.49867E-01
2	0.25000E+00	0.00000E+00	0.49718E-01
3	0.50000E+00	0.00000E+00	0.48620E-01
4	0.75000E+00	0.00000E+00	0.41808E-01
5	0.10000E+01	0.00000E+00	0.00000E+00
6	0.00000E+00	0.25000E+00	0.49718E-01
7	0.25000E+00	0.25000E+00	0.49582E-01
8	0.50000E+00	0.25000E+00	0.48509E-01
9	0.75000E+00	0.25000E+00	0.41748E-01

...

* TIME * = 0.10000E+01			Time step Number = 20
Node	x-coord.	y-coord.	Primary DOF
1	0.00000E+00	0.00000E+00	0.29621E+00
2	0.25000E+00	0.00000E+00	0.28037E+00
3	0.50000E+00	0.00000E+00	0.23065E+00
4	0.75000E+00	0.00000E+00	0.14053E+00
5	0.10000E+01	0.00000E+00	0.00000E+00
6	0.00000E+00	0.25000E+00	0.28037E+00
7	0.25000E+00	0.25000E+00	0.26565E+00
8	0.50000E+00	0.25000E+00	0.21920E+00
9	0.75000E+00	0.25000E+00	0.13424E+00

例 9.5.3 和例 9.5.4 讨论了控制矩形膜振动和瞬态响应的双曲型方程。通过对框 10.5.10 给出的输入数据进行微小的改变(比如,ITEM = 2 和通过 GLV 向量给出的初始速度)就可以用 FEM2D 进行分析。这留给读者作为一个练习。

10.6　小结

本章主要讨论了四个内容:(1)三角形和矩形单元的 Lagrange 插值函数;(2)在三角形和矩形单元上积分式的数值积分;(3)一些建模指导;(4)利用有限元程序 FEM2D 的二维问题的计算机实现。利用面积坐标和自然坐标建立了线性、二次和三次三角形单元的插值函数。也基于自然坐标系统建立了线性、二次和三次的 Lagrange 和 serendipity 矩形单元的插值函数。给出了包含插值函数及其对整体坐标导数的积分表达式的数值积分的系统描述。最后,讨论了二维问题有限元模型的计算机实现(FEM2D),为了让读者熟悉 FEM2D 的使用,给出了选自第 9 章的一些示例。接下来章节的问题将用 FEM2D 进行有限元分析。

习题

插值和数值积分

10.1 证明图 P10.1 给出的三节点等边三角形单元的插值函数为

$$\psi_1 = \frac{1}{2}\left(1-\xi-\frac{1}{\sqrt{3}}\eta\right), \psi_2 = \frac{1}{2}\left(1+\xi-\frac{1}{\sqrt{3}}\eta\right), \psi_3 = \frac{1}{\sqrt{3}}\eta$$

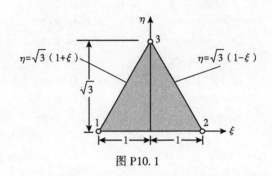

图 P10.1

10.2 计算图 P10.2 所示二次三角形单元的插值函数 $\psi_i(x,y)$。提示:利用**例 10.2.1** 的结果。

10.3 用面积坐标 L_i 给出图 P10.3 所示三角形单元的插值函数 ψ_{14}。

答案:$32L_1L_2L_3(4L_2-1)$。

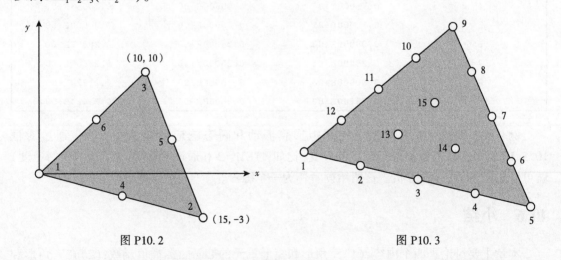

图 P10.2   图 P10.3

10.4 推导图 P10.4 所示三次 serendipity 单元在节点 1、节点 2 和节点 7 处的插值函数。

10.5 考虑图 P10.5 所示的 5 节点单元。利用沿坐标 ξ 和 η 方向上的线性和二次插值,推导单元的插值函数。注意此单元可以用于 4 节点单元与 8 节点或 9 节点单元之间的过渡。

10.6 推导图 P10.6 所示过渡单元的插值函数。

10.7 (无节点变量)考虑如下形式插值的 4 节点矩形单元:

$$u = \sum_{i=1}^{4} u_i\psi_i + \sum_{i=1}^{4} c_i\phi_i$$

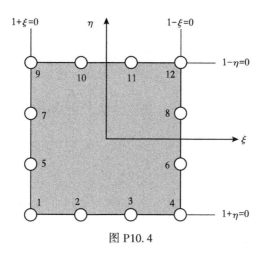

图 P10. 4

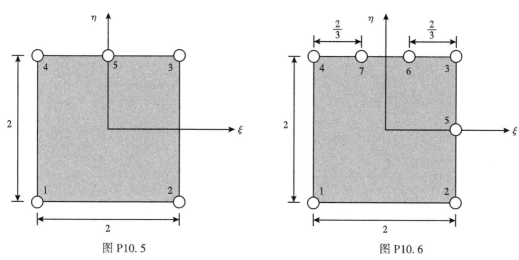

图 P10. 5   图 P10. 6

这里,u_i 是节点数值,c_i 是任意常数。确定单元 ψ_i 和 ϕ_i 的形式。

10.8—10.10　给出图 P10.8 至图 P10.10 所示单元的雅克比矩阵、其逆矩阵以及变换方程。

10.11　对于图 P10.11 所示的 12 节点 serendipity(三次)单元,证明雅克比矩阵 $J=J_{11}$ 为

$$J=0.4375+0.84375(b-a)+0.5625\eta-0.84375(b-a)\eta$$
$$+1.125\xi-0.5625(a+b)\xi-1.125\eta\xi+0.5625(a+b)\eta\xi$$
$$+1.6875\xi^2-2.53125(b-a)\xi^2-1.6875\eta\xi^2+2.53125(b-a)\eta\xi^2$$

从 $J>0$ 的要求你能得到什么结论?

10.12　利用 Gauss 积分确定恒定分布源项对图 P10.9 所示 4 节点单元的节点贡献。

10.13　用参数 a 表示出图 P10.12 所示 8 节点矩形单元的雅克比矩阵。

10.14　确定图 P10.13 所示四边形单元节点 3 的位置的条件。证明变换方程为

$$x=\frac{1}{4}(1+\xi)\left[2(1-\eta)+a(1+\eta)\right]$$

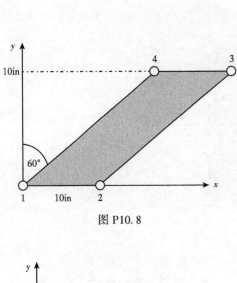

图 P10.8

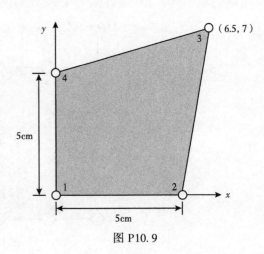

图 P10.9

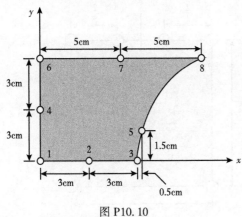

图 P10.10

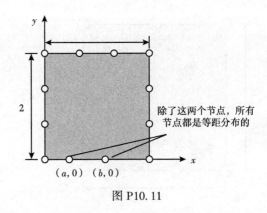

除了这两个节点，所有节点都是等距分布的

图 P10.11

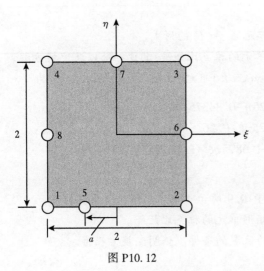

图 P10.12

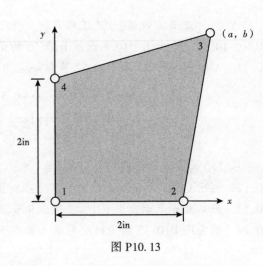

图 P10.13

$$y = \frac{1}{4}(1+\eta)\left[2(1-\xi)+b(1+\xi)\right]$$

10.15 确定图 P10.10 所示单元节点 3 的插值函数对整体坐标的导数。

10.16 令 Lagrange 单元 Ω_e 中整体坐标系 (x,y) 和局部归一化坐标系 (ξ,η) 之间的变换关系为

$$x = \sum_{i=1}^{m} x_i \hat{\psi}_i(\xi,\eta),\quad y = \sum_{i=1}^{m} y_i \hat{\psi}_i(\xi,\eta)$$

这里 (x_i,y_i) 是单元节点的整体坐标。两个坐标系下微分长度之间的关系为

$$\mathrm{d}x_e = \frac{\partial x_e}{\partial \xi}\mathrm{d}\xi + \frac{\partial x_e}{\partial \eta}\mathrm{d}\eta,\quad \mathrm{d}y_e = \frac{\partial y_e}{\partial \xi}\mathrm{d}\xi + \frac{\partial y_e}{\partial \eta}\mathrm{d}\eta$$

或

$$\begin{Bmatrix} \mathrm{d}x_e \\ \mathrm{d}y_e \end{Bmatrix} = \begin{bmatrix} \dfrac{\partial x_e}{\partial \xi} & \dfrac{\partial x_e}{\partial \eta} \\ \dfrac{\partial y_e}{\partial \xi} & \dfrac{\partial y_e}{\partial \eta} \end{bmatrix} \begin{Bmatrix} \mathrm{d}\xi \\ \mathrm{d}\eta \end{Bmatrix} = (\Im) \begin{Bmatrix} \mathrm{d}\xi \\ \mathrm{d}\eta \end{Bmatrix}$$

在有限元文献中，$(\Im)$ 的转置被称为雅克比矩阵 J。证明插值函数 $\psi_i^e(\xi,\eta)$ 对整体坐标系 (x,y) 的导数与对局部坐标系 (ξ,η) 的导数之间的关系为

$$\begin{Bmatrix} \dfrac{\partial \psi_i^e}{\partial x} \\ \dfrac{\partial \psi_i^e}{\partial y} \end{Bmatrix} = J^{-1} \begin{Bmatrix} \dfrac{\partial \psi_i^e}{\partial \xi} \\ \dfrac{\partial \psi_i^e}{\partial \eta} \end{Bmatrix}$$

$$\begin{Bmatrix} \dfrac{\partial^2 \psi_i^e}{\partial x^2} \\ \dfrac{\partial^2 \psi_i^e}{\partial y^2} \\ \dfrac{\partial^2 \psi_i^e}{\partial x \partial y} \end{Bmatrix} = \begin{bmatrix} \left(\dfrac{\partial x_e}{\partial \xi}\right)^2 & \left(\dfrac{\partial y_e}{\partial \xi}\right)^2 & 2\dfrac{\partial x_e}{\partial \xi}\dfrac{\partial y_e}{\partial \xi} \\ \left(\dfrac{\partial x_e}{\partial \eta}\right)^2 & \left(\dfrac{\partial y_e}{\partial \eta}\right)^2 & 2\dfrac{\partial x_e}{\partial \eta}\dfrac{\partial x_e}{\partial \eta} \\ \dfrac{\partial x_e}{\partial \xi}\dfrac{\partial x_e}{\partial \eta} & \dfrac{\partial y_e}{\partial \xi}\dfrac{\partial y_e}{\partial \eta} & \dfrac{\partial x_e}{\partial \xi}\dfrac{\partial y_e}{\partial \eta}+\dfrac{\partial x_e}{\partial \eta}\dfrac{\partial y_e}{\partial \xi} \end{bmatrix}^{-1} \times \left(\begin{Bmatrix} \dfrac{\partial^2 \psi_i^e}{\partial \xi^2} \\ \dfrac{\partial^2 \psi_i^e}{\partial \eta^2} \\ \dfrac{\partial^2 \psi_i^e}{\partial \xi \partial \eta} \end{Bmatrix} - \begin{bmatrix} \dfrac{\partial^2 x_e}{\partial \xi^2} & \dfrac{\partial^2 y_e}{\partial \xi^2} \\ \dfrac{\partial^2 x_e}{\partial \eta^2} & \dfrac{\partial^2 y_e}{\partial \eta^2} \\ \dfrac{\partial^2 x_e}{\partial \xi \partial \eta} & \dfrac{\partial^2 y_e}{\partial \xi \partial \eta} \end{bmatrix} \begin{Bmatrix} \dfrac{\partial \psi_i^e}{\partial x} \\ \dfrac{\partial \psi_i^e}{\partial y} \end{Bmatrix} \right)$$

10.17 （接着**习题 10.16**）证明雅克比的计算方法为

$$J = \begin{bmatrix} \dfrac{\partial \psi_1^e}{\partial \xi} & \dfrac{\partial \psi_2^e}{\partial \xi} & \cdots & \dfrac{\partial \psi_n^e}{\partial \xi} \\ \dfrac{\partial \psi_1^e}{\partial \eta} & \dfrac{\partial \psi_2^e}{\partial \eta} & \cdots & \dfrac{\partial \psi_n^e}{\partial \eta} \end{bmatrix} \begin{bmatrix} x_1^e & y_1^e \\ x_2^e & y_2^e \\ \vdots & \vdots \\ x_n^e & y_n^e \end{bmatrix}$$

10.18 找出图 P10.18 所示 9 节点四边形单元的雅克比矩阵。其秩为多少？

10.19 对于图 P10.19 所示的 8 节点单元，证明沿边 1-2 的 x 坐标与 ξ 坐标的关系为

$$x = -\frac{1}{2}\xi(1-\xi)x_1^e + \frac{1}{2}\xi(1+\xi)x_2^e + (1-\xi^2)x_5^e$$

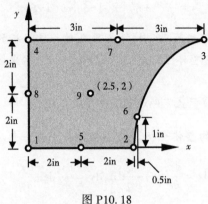

图 P10. 18

且有

$$\xi = 2\left(\frac{x}{a}\right)^{1/2} - 1, \frac{\partial x}{\partial \xi} = (xa)^{1/2}$$

同时，证明

$$u_h(x,0) = -\left[2\left(\frac{x}{a}\right)^{1/2} - 1\right]\left[1 - \left(\frac{x}{a}\right)^{1/2}\right]u_1^e$$

$$+\left[-1 + 2\left(\frac{x}{a}\right)^{1/2}\right]\left(\frac{x}{a}\right)^{1/2}u_2^e + 4\left[\left(\frac{x}{a}\right)^{1/2} - \frac{x}{a}\right]u_5^e$$

$$\frac{\partial u_h}{\partial x}\bigg|_{(x,0)} = -\frac{1}{(xa)^{1/2}}\left\{\frac{1}{2}\left[3 - 4\left(\frac{x}{a}\right)^{1/2}\right]u_1^e + \frac{1}{2}\left[-1 + 4\left(\frac{x}{a}\right)^{1/2}\right]u_2^e + 2\left[1 - 2\left(\frac{x}{a}\right)^{1/2}\right]u_5^e\right\}$$

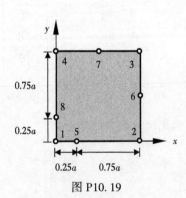

图 P10. 19

因此，沿边 1-2 随着 x 趋近于零，$\partial u_e / \partial x$ 以 $(xa)^{-1/2}$ 的速率增加。也就是说，在节点 1 处有 $x^{-1/2}$ 奇异性。这类单元用于断裂力学问题。

10.20 利用一维 Hermite 三次插值函数的张量积，推导 4 节点矩形单元的 Hermite 三次插值函数（一共 16 个）。

利用 FEM2D 的上机问题

10.21 分别利用 2×2、4×4 和 8×8 线性三角形单元，以及同样网格的线性矩形单元研究习题

9.18 的解的收敛性,并将结果(以表格形式)与解析解进行对比。

10.22　利用同样多节点的二次单元网格重复习题 10.21。

10.23　对于 $u_0(x)=1$(解析解参见习题 10.19),重复习题 10.21。

10.24　利用同样多节点的二次单元网格重复习题 10.23。

10.25　分别利用 8×8 线性三角形单元以及同样网格的二次三角形单元研究习题 9.22 的解的收敛性。

答案:对于 4×4 二次三角形单元网格,节点 11~17 的 $u(x,0.125)$ 的值分别为 0.1145,0.1977,0.2829,0.3787,0.4880,0.6111 和 0.7436。

10.26　利用矩形单元重复习题 10.25。

答案:对于 4×4 二次矩形单元网格,节点 11~17 的 $u(x,0.125)$ 的值分别为 0.1165,0.1982,0.2834,0.3789,0.4884,0.6114 和 0.7449。

10.27　分别利用 8×2 线性矩形单元和同样网格的二次单元分析习题 9.26 的轴对称问题,并将结果与精确解进行对比。

答案:对于 8×2 网格,$T(r,0)$ 在 $r=0.0,0.005,0.01$ 和 0.015 处的值分别为:$U_1=150.53,U_3=147.05,U_5=137.59$ 和 $U_7=121.91$。精确解为:$T_1=150.0,T_2=146.875,T_3=137.50$ 和 $T_7=121.875$。

10.28　利用 8×8 的线性矩形单元分析习题 9.27 的轴对称问题。

10.29　在对称的一半区域利用 8×8 均匀线性矩形单元网格,确定作为抛物型问题(令 $c=1.0$)的习题 9.18 的条件稳定算法的临界时间步长。

答案:对于 8×8 线性单元网格,$\Delta t_{cr}=2.172×10^{-3}$。

10.30　确定作为抛物型问题(令 $c_1=1.0$)的习题 9.18 的瞬态响应,利用 8×8 均匀线性矩形单元网格。假设初始条件为零。利用 $\alpha=0.5$ 和 $\Delta t=10^{-3}$。研究当 $\alpha=0.0$ 和 $\Delta t=10^{-3}$ 时解的稳定性。时间步的数目应该保证解达到峰值或稳定状态(取 $\varepsilon=10^{-4}$)。绘制 $u(0.5,0.5,t)$ 随时间 t 的变化和不同时刻 $u(0.5,y,t)$ 随 y 的变化。

10.31　分别用 4×4 线性矩形单元网格和 2×2 九节点二次矩形单元网格分析习题 9.22 的瞬态响应(令 $c=1.0$)。假设初始条件为零。研究 Crank-Nicolson 算法($\alpha=0.5$)和向前差分算法($\alpha=0$)的稳定性和精度。绘制 $u(0.5,0.5,t)$ 随时间 t 的变化和不同时刻 $u(0.5,y,t)$ 随 y 的变化。

10.32　用 4×4 九节点二次矩形单元网格分析习题 9.27 的瞬态响应(令 $c=10^4$)。假设初始条件为零。绘制基于 Crank-Nicolson 算法($\alpha=0.5$)和向前差分算法($\alpha=0$)的 $u(0.0,0.02,t)$(节点 73 的解)随时间 t 的变化。

10.33　用 8×16 线性三角形单元网格和等价的线性矩形单元网格分析习题 9.28 的热传递问题。

10.34　用 8×8 线性矩形单元和等价的二次单元网格分析习题 9.30 的节点温度和穿过边界的热流。

10.35　分析习题 9.35 的节点温度和穿过边界的热流。令 $k=5W/(m·℃)$。

10.36　考虑中心圆柱体加热的矩形区域的热传递[几何参见图 P10.36]。利用图 10.5.4(b)给出的线性四边形单元分析该问题。

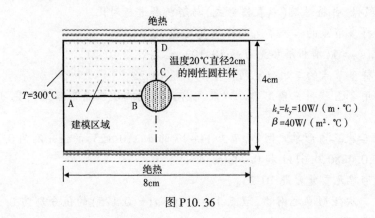

图 P10.36

10.37　用 4×4 九节点二次矩形单元网格分析习题 9.32 的热传递问题。

10.38　分别利用(1)$\alpha=0$ 和(2)$\alpha=0.5$ 分析图 P9.35 问题的瞬态响应。利用 8×1 线性矩形单元网格。利用 $c_1=\rho c_p=10^2$。

10.39　利用 Crank-Nicolson 方法分析图 P9.26 的轴对称问题。利用 8×1 线性矩形单元网格。利用 $c=\rho c_p=3.6\times10^6 J/(m^3\cdot K)$。

10.40　利用图 9.4.14 给出的线性三角形单元网格分析习题 9.38 的地下水径流问题。

10.41　利用流函数格式分析绕椭圆形截面柱体(参见图 P9.41)的绕流。利用对称性和图 9.4.18 给出的线性三角形网格。

10.42　分析图 P10.42(a)所示圆截面杆的扭转。

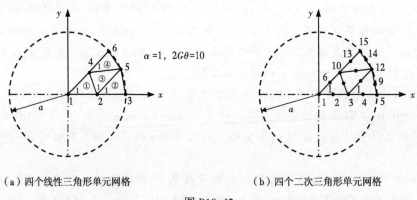

(a)四个线性三角形单元网格　　　　　　(b)四个二次三角形单元网格

图 P10.42

10.43　利用图 P10.42(b)所示二次三角形单元网格分析习题 10.42 中圆截面杆的扭转问题。

10.44　分析图 P9.44 中椭圆截面杆的扭转问题。

10.45　在计算域上(即考察对称性)利用 4×4 线性矩形单元网格分析图 P10.45(a)中矩形膜问题。令 $a_{11}=a_{22}=1,f_0=1.0$。

10.46　利用图 P10.45(b)所示 9 节点二次单元网格重做习题 10.45。

10.47　在一半的区域上用 4×4 线性三角形单元网格确定图 P10.45(a)中矩形膜的特征值(频率)。令 $c_1=1.0$。

10.48 利用(1)线性单元和(2)二次单元网格确定图 P10.45(利用习题 10.47 的结果来估计时间步长)所示问题的瞬态响应。假设初始条件为零,$c=1$,$f_0=1$。利用 $\alpha=\gamma=0.5$,绘出挠度 $u(0.05,0.04,t)$ 随时间 t 的变化曲线。

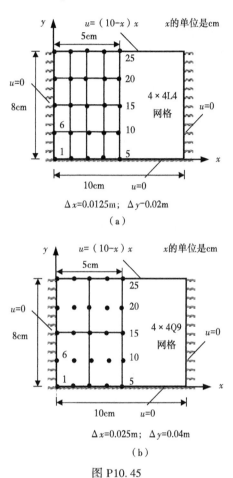

$\Delta x=0.0125\text{m}$; $\Delta y=0.02\text{m}$

(a)

$\Delta x=0.025\text{m}$; $\Delta y=0.04\text{m}$

(b)

图 P10.45

10.49 利用二次三角形单元确定图 P9.49 所示圆形薄膜的最小和最大特征值及相应的特征向量。假设初始条件为零,$c=1$,$f_0=1$。利用 $c=1.0$。

10.50 利用二次单元网格确定图 P9.49(最大特征值参见习题 10.49)所示圆形薄膜的瞬态响应。假设初始条件为零,$c=1$,$f_0=1$。利用 $\alpha=\gamma=0.5$,绘出中心挠度 $u(0,0,t)$ 随时间 t 的变化曲线。

课外阅读参考资料

[1] B. Carnahan, H. A. Luther, and J. O. Wilkes, *Applied Numerical Methods*, John Wiley & Sons, New York, NY, 1969.

[2] C. E. Froberg, *Introduction to Numerical Analysis*, Addison-Wesley, Reading, MA, 1969.

[3] D. S. Burnett, *Finite Element Analysis from Concepts to Applications*, Addison-Wesley, Read-

ing,MA,1987.

[4] G. R. Cowper," Gaussian Quadrature Formulas for Triangles," *International Journal for Numerical Methods in Engineering*,7,405-408,1973.

[5] P. C. Hammer,O. P. Marlowe,and A. H. Stroud," Numerical Integration over Simplexes and Cones," *Mathematics Tables Aids Comp.*,National Research Council (Washington),10, 130-137,1956.

[6] B. M. Irons," Quadrature Rules for Brick-Based Finite Elements," *International Journal for Numerical Methods in Engineering*,3,293-294,1971.

[7] A. N. Loxan,N. Davids,and A. Levenson," Table of the Zeros of the Legendre Polynomials of Order 1-16 and the Weight Coefficients for Gauss' Mechanical Quadrature Formula," *Bulletin of the American Mathematical Society*,48,739-743,1942.

[8] C. T. Reddy and D. J. Shippy," Alternative Integration Formulae for Triangular Finite Elements," *International Journal for Numerical Methods in Engineering*,17,133-139,1981.

[9] P. Silvester," Newton-Cotes Quadrature Formulae for N-Dimensional Simplexes," *Proceedings of 2nd Canadian Congress of Applied Mechanics* (Waterloo,Ontario,Canada),1969.

[10] A. H. Stroud and D. Secrest,*Gaussian Quadrature Formulas*,Prentice-Hall,Engelwood Cliffs,NJ,1966.

11 黏性不可压流体的流动

Advances are made by answering questions. Discoveries are made by questioning answers.

（通过回答问题可以取得进展，而通过质疑结果可以取得发现）。

Bernhard Haisch

11.1 引言

第九章讨论了一个未知量的二阶偏微分方程的有限元分析。该方程也适用于二维无黏流体的流动。本章讨论二维无黏不可压流体的流动，其控制方程由三个耦合的偏微分方程组成，包含 3 个因变量，即两个速度分量和压力。"耦合"的意思是同样的因变量出现在不止一个方程中，且没有一个方程可以单独求解。

4.3 节和 9.4.4 节给出了流体的简介。4.3 节给出了可看成一维系统的无黏流体流动的有限元分析。9.4.4 节讨论了二维无黏不可压流体（即势流）的有限元模型。势流问题可以用流函数 $u = \psi$ 或者速度势 $u = \phi$ 表示，且其控制方程均为 Laplace 方程 $\nabla^2 u = 0$。

二维黏性不可压流体的流动由一组用速度场和压力表示的耦合的偏微分方程控制。流体力学中运动的描述一般称为空间描述或者欧拉描述，其重点在于固定的空间位置而不是固定的物质体积。在空间描述中，运动指的是一个物体所占据的固定区域（不关心物体——它从哪里来，到哪里去）以及它对它所占据的空间的影响。典型的变量或属性（比如速度、密度）是在当前时刻当前材料颗粒所占据的位置 x 上进行测量的。坐标 x 被称为空间坐标。对于固定的 x，变量 $\phi(x, t)$ 给出了固定点 x 在时刻 t 的 ϕ 值，也即在不同时刻占据空间位置 x 的不同的材料颗粒的值 ϕ。因此，空间描述下时间的改变意味着在相同的空间位置 x 观测到了不同的 ϕ 值，不同时刻由不同的材料颗粒占据。总的时间改变率为 D/Dt 且被称为材料的时间导数，定义为

$$\frac{\mathrm{D}}{\mathrm{D}t}\left[\phi(x, t)\right] = \frac{\partial}{\partial t}\left[\phi(x, t)\right] + \frac{\mathrm{d}x_i}{\mathrm{d}t}\frac{\partial}{\partial x_i}\left[\phi(x, t)\right] \tag{11.1.1}$$

$$= \frac{\partial \phi}{\partial t} + v_i \frac{\partial \phi}{\partial x_i} = \frac{\partial \phi}{\partial t} + v \cdot \nabla \phi$$

式中，v 是速度向量且 $v = \mathrm{d}x/\mathrm{d}t = \dot{x}$。因此，空间描述下的时间导数(11.1.1)包含两部分。第一部分是在空间位置 x 处属性 ϕ 随时间的即时变化。第二部分是在那个时刻在空间位置 x 处占据空间位置的材料颗粒带来的属性的附加变化。第二项有时候称为材料时间导数的对流项，它是流体力学中空间非线性的一个来源（其他非线性来自于本构方程，即非牛顿流体）。本书只讨论密闭区域 Ω 上黏性不可压流体的低速流动。

低速（可忽略惯性效应）：$v \cdot \nabla v \approx 0$

黏性：$\mu \neq 0$

$$不可压: \frac{\mathrm{D}\rho}{\mathrm{D}t} = 0 \, (\rho = 常数)$$

式中，μ 是黏度，ρ 是质量密度。为了建立黏性不可压流体流动的有限元模型，首先综述低速黏性不可压流动相关的控制方程(细节参见 Reddy[1-3]以及 Reddy[4]和 Gartling[4])。

11.2 控制方程

假设一个维度，比如说沿着区域的 z 方向(垂直于纸面的平面)非常长以至于沿着该方向没有流动，其他两个方向上的速度分量(v_x 和 v_y)随着 z 方向是不变的。此时流动可以近似为二维的。下面给出了直角笛卡儿坐标系(x,y)下问题的控制方程。

线动量守恒：

$$\rho \frac{\partial v_x}{\partial t} - \frac{\partial \sigma_{xx}}{\partial x} - \frac{\partial \sigma_{xy}}{\partial y} - f_x = 0 \tag{11.2.1}$$

$$\rho \frac{\partial v_y}{\partial t} - \frac{\partial \sigma_{xy}}{\partial x} - \frac{\partial \sigma_{yy}}{\partial y} - f_y = 0 \tag{11.2.2}$$

质量守恒(对不可压介质)：

$$\frac{\partial v_x}{\partial x} + \frac{\partial v_y}{\partial y} = 0 \tag{11.2.3}$$

本构方程：

$$\sigma_{xx} = \tau_{xx} - P, \sigma_{xy} = \tau_{xy}, \sigma_{yy} = \tau_{xy} - P \tag{11.2.4}$$

$$\tau_{xx} = 2\mu \frac{\partial v_x}{\partial x}, \tau_{xy} = \mu \left(\frac{\partial v_x}{\partial y} + \frac{\partial v_y}{\partial x} \right), \tau_{yy} = 2\mu \frac{\partial v_y}{\partial y} \tag{11.2.5}$$

边界条件：

在边界 Γ 上的每个点给定下列组合中的一个量：

$$(v_x, t_x)(v_y, t_y) 对任意 \, t>0 \tag{11.2.6}$$

$$t_x = \sigma_{xx} n_x + \sigma_{xy} n_y, t_y = \sigma_{xy} n_x + \sigma_{yy} n_y \tag{11.2.7}$$

初始条件：

在区域 Ω 上和边界 Γ 上的每个点给定时刻 $t=0$ 的速度：

$$v_x(x,y,0) = v_x^0(x,y), v_y(x,y,0) = v_y^0(x,y) \tag{11.2.8}$$

式中，(v_x, v_y) 是速度分量，$(\sigma_{xx}, \sigma_{yy}, \sigma_{xy})$ 是总应力张量 $\boldsymbol{\sigma}$ 的笛卡儿分量，P 是压力，$(\tau_{xx}, \tau_{yy}, \tau_{xy})$ 是黏性应力张量 $\boldsymbol{\tau}$ 的笛卡儿分量，μ 是黏度，f_x 和 f_y 是体力向量的分量，(t_x, t_y) 是边界上应力向量的分量，(v_x^0, v_y^0) 是给定的速度分量的初始值。

利用式(11.2.4)和式(11.2.5)给出的本构关系，流动区域 Ω 内的动量和连续性方程可写为

$$\rho\,\frac{\partial v_x}{\partial t} - \frac{\partial}{\partial x}\left(2\mu\,\frac{\partial v_x}{\partial x}\right) - \frac{\partial}{\partial y}\left[\mu\left(\frac{\partial v_x}{\partial y} + \frac{\partial v_y}{\partial x}\right)\right] + \frac{\partial P}{\partial x} - f_x = 0 \qquad (11.2.9)$$

$$\rho\,\frac{\partial v_y}{\partial t} - \frac{\partial}{\partial x}\left[\mu\left(\frac{\partial v_x}{\partial y} + \frac{\partial v_y}{\partial x}\right)\right] - \frac{\partial}{\partial y}\left(2\mu\,\frac{\partial v_y}{\partial x}\right) + \frac{\partial P}{\partial y} - f_y = 0 \qquad (11.2.10)$$

$$\frac{\partial v_x}{\partial x} + \frac{\partial v_y}{\partial y} = 0 \qquad (11.2.11)$$

式(11.2.7)中的边界应力分量变为在 Γ 上,有

$$t_x = \left(2\mu\,\frac{\partial v_x}{\partial x} - P\right)n_x + \mu\left(\frac{\partial v_x}{\partial y} + \frac{\partial v_y}{\partial x}\right)n_y$$

$$t_y = \mu\left(\frac{\partial v_x}{\partial y} + \frac{\partial v_y}{\partial x}\right)n_x + \left(2\mu\,\frac{\partial v_y}{\partial y} - P\right)n_y$$

$$(11.2.12)$$

因此,得到用 3 个未知量 (v_x, v_y, P) 表示的 3 个耦合的偏微分方程(11.2.9)至方程(11.2.11)。

本书考虑方程(11.2.9)至方程(11.2.11)的两种不同的有限元模型。第一种是用 (v_x, v_y, P) 表示的方程(11.2.9)至方程(11.2.11)的一种自然和直接的格式,被称为速度—压力格式或混合格式。第二种模型基于如下解释:(1)连续方程(11.2.11)是关于速度分量(即关于 v_x 和 v_y 的约束)的附加关系,(2)以最小二乘(即近似)的形式来满足约束条件。这种特殊的方法在其格式中存在约束项,因此被称为罚函数方法,其算法被称为罚格式。必须指出,速度—压力格式等价于 Lagrange 乘子格式,且 Lagrange 乘子即为压力的相反数。

11.3 速度—压力格式

11.3.1 弱形式

可以利用第9章中讨论的三步法得到单元 Ω_e 上式(11.2.9)至式(11.2.11)的弱形式。通过式(11.2.4)和式(11.2.5)将 $(\sigma_{xx}, \sigma_{xy}, \sigma_{yy})$ 写成 (v_x, v_y, P) 的函数,对式(11.2.1)至式(11.2.3)的 3 个方程分别乘以不同的权函数 $(w_1、w_1、-w_3)$,并在整个单元上积分,通过分部积分可得到如下的弱形式(w_3 前面的负号是保证系数矩阵对称所必须的):

$$\begin{aligned}
0 &= \int_{\Omega_e} w_1\left[\rho\,\frac{\partial v_x}{\partial t} - \frac{\partial \sigma_{xx}}{\partial x} - \frac{\partial \sigma_{xy}}{\partial y} - f_x\right]\mathrm{d}x\mathrm{d}y \\
&= \int_{\Omega_e}\left[\rho w_1\,\frac{\partial v_x}{\partial t} + \frac{\partial w_1}{\partial x}\sigma_{xx} + \frac{\partial w_1}{\partial y}\sigma_{xy} - w_1 f_x\right]\mathrm{d}x\mathrm{d}y \\
&\quad - \oint_{\Gamma_e} w_1(\sigma_{xx}n_x + \sigma_{xy}n_y)\mathrm{d}s
\end{aligned} \qquad (11.3.1)$$

$$0 = \int_{\Omega_e} w_2 \left[\rho \frac{\partial v_y}{\partial t} - \frac{\partial \sigma_{xy}}{\partial x} - \frac{\partial \sigma_{yy}}{\partial y} - f_y \right] dxdy$$

$$= \int_{\Omega_e} \left[\rho w_2 \frac{\partial v_y}{\partial t} + \frac{\partial w_2}{\partial x} \sigma_{xy} + \frac{\partial w_2}{\partial y} \sigma_{yy} - w_2 f_y \right] dxdy \qquad (11.3.2)$$

$$- \oint_{\Gamma_e} w_2 (\sigma_{xy} n_x + \sigma_{yy} n_y) ds$$

$$0 = - \int_{\Omega_e} w_3 \left(\frac{\partial v_x}{\partial x} + \frac{\partial v_y}{\partial y} \right) dxdy \qquad (11.3.3)$$

权函数(w_1, w_2, w_3)的物理意义如下。由于第一个方程是动量方程且$f_x dxdy$表示力,w_1必须是速度的x分量v_x,这样乘积$f_x w_1$才能是功率。类似地,w_2必须是速度的y分量v_y。第三个方程代表尺寸为dx和dy的单元的体积改变。因此,w_3必须是引起体积改变的力。静水压(作用在外表面上,因此是负的)会引起体积改变,因此w_3就是P:

$$w_1 \sim v_x, w_2 \sim v_y \text{ 且 } w_3 \sim p \qquad (11.3.4)$$

在建立有限元模型的过程中这种解释是非常有用的,举个例子,w_1会被v_x的近似表达式的第i个插值函数来替换。类似地,w_3会被P的近似表达式的第i个插值函数来替换。当采用不同的插值函数来近似(v_x, v_y)和P,这种解释更加有必要。用(v_x, v_y, P)表示的式(11.3.1)至式(11.3.3)的弱形式为

$$0 = \int_{\Omega_e} \left[\rho w_1 \frac{\partial v_x}{\partial t} + \frac{\partial w_1}{\partial x} \left(2\mu \frac{\partial v_x}{\partial x} - P \right) + \mu \frac{\partial w_1}{\partial y} \left(\frac{\partial v_x}{\partial y} + \frac{\partial v_y}{\partial x} \right) - w_1 f_x \right] dxdy - \oint_{\Gamma_e} w_1 t_x ds$$

$$(11.3.5)$$

$$0 = \int_{\Omega_e} \left[\rho w_2 \frac{\partial v_y}{\partial t} + \mu \frac{\partial w_2}{\partial x} \left(\frac{\partial v_x}{\partial y} + \frac{\partial v_y}{\partial x} \right) + \frac{\partial w_2}{\partial y} \left(2\mu \frac{\partial v_y}{\partial y} - P \right) - w_2 f_y \right] dxdy - \oint_{\Gamma_e} w_2 t_y ds$$

$$(11.3.6)$$

$$0 = - \int_{\Omega_e} w_3 \left(\frac{\partial v_x}{\partial x} + \frac{\partial v_y}{\partial y} \right) dxdy \qquad (11.3.7)$$

由于无需进行分部积分,因此没有包含w_3的边界积分项。这意味着P不是主要变量,只是次要变量(t_x和t_y)的一部分。相应地在单元之间的边界上P并不要求一定是连续的。如果问题中P并没有给定(只是给定了t_x和t_y),那么需要在一些节点上给定P一个任意值来求解恒压状态。因此,P可以用任意常数来确定。在第三个方程中插入负号是因为$P \sim w_3$,这将得到对称的有限元模型。

式(11.3.5)至式(11.3.7)所描述的问题的弱形式等价于寻找对于所有(w_1, w_2, w_3)和$t > 0$都成立的(v_x, v_y, P)的变分问题:

$$B_t(\boldsymbol{w}, \boldsymbol{v}) + B_v(\boldsymbol{w}, \boldsymbol{v}) - \overline{B}_p(\boldsymbol{w}, P) = l(\boldsymbol{w})$$
$$- B_p(w_3, \boldsymbol{v}) = 0 \qquad (11.3.8)$$

这里令

$$\boldsymbol{w} = \begin{Bmatrix} w_1 \\ w_2 \end{Bmatrix}, \boldsymbol{v} = \begin{Bmatrix} v_x \\ v_y \end{Bmatrix}, \boldsymbol{f} = \begin{Bmatrix} f_x \\ f_y \end{Bmatrix}, \boldsymbol{t} = \begin{Bmatrix} t_x \\ t_y \end{Bmatrix} \tag{11.3.9}$$

由于 w_i 是线性无关的,式(11.3.5)至式(11.3.7)中 3 个方程的和等于是 3 个独立的方程。因此,双线性形式 $B_t(\boldsymbol{w}, \boldsymbol{v})$、$B_v(\boldsymbol{w}, \boldsymbol{v})$、$\overline{B}_p(\boldsymbol{w}, P)$ 和 $B_p(w_3, \boldsymbol{v})$ 以及线性形式 $l(\boldsymbol{w})$ 为

$$B_t(\boldsymbol{w}, \boldsymbol{v}) = \int_{\Omega_e} \rho \boldsymbol{w}^{\mathrm{T}} \dot{\boldsymbol{v}} \mathrm{d}x\mathrm{d}y$$

$$B_v(\boldsymbol{w}, \boldsymbol{v}) = \int_{\Omega_e} (\boldsymbol{D}\boldsymbol{w})^{\mathrm{T}} \boldsymbol{C}(\boldsymbol{D}\boldsymbol{v}) \mathrm{d}x\mathrm{d}y$$

$$\overline{B}_p(\boldsymbol{w}, P) = \int_{\Omega_e} (\boldsymbol{D}_1^{\mathrm{T}}\boldsymbol{w})^{\mathrm{T}} P \mathrm{d}x\mathrm{d}y \tag{11.3.10a}$$

$$B_p(w_3, \boldsymbol{v}) = \int_{\Omega_e} (w_3)^{\mathrm{T}} (\boldsymbol{D}_1^{\mathrm{T}} \boldsymbol{v}) \mathrm{d}x\mathrm{d}y$$

$$l(\boldsymbol{w}) = \int_{\Omega_e} \boldsymbol{w}^{\mathrm{T}} \boldsymbol{f} \mathrm{d}x\mathrm{d}y + \oint_{\Gamma_e} \boldsymbol{w}^{\mathrm{T}} \boldsymbol{t} \mathrm{d}s$$

式中,

$$\boldsymbol{D} \begin{bmatrix} \dfrac{\partial}{\partial x} & 0 \\ 0 & \dfrac{\partial}{\partial y} \\ \dfrac{\partial}{\partial y} & \dfrac{\partial}{\partial x} \end{bmatrix}, \boldsymbol{D}_1 = \begin{Bmatrix} \dfrac{\partial}{\partial x} \\ \dfrac{\partial}{\partial y} \end{Bmatrix}, \boldsymbol{C} = \mu \begin{bmatrix} 2 & 0 & 0 \\ 0 & 2 & 0 \\ 0 & 0 & 1 \end{bmatrix} \tag{11.3.10b}$$

式(11.3.10a)中一个标量(或 1×1 矩阵)的转置可能看起来有点奇怪,但是很快会看到这对于得到正确的有限元模型是非常有必要的。

11.3.2 有限元模型

对弱形式的考察表明,v_x 和 v_y 是主要变量,在单元之间的边界上应该是连续的,而 P 是一个节点值,不需要在单元之间边界上保持连续。因此,Lagrange 族有限元可用于确定 (v_x, v_y, P)。弱形式表明关于 (v_x, v_y, P) 最低的连续性要求是:

(v_x, v_y) 关于 x 和 y 是线性的,P 为常数。

因此,对于速度场和压力的插值有不同的连续性要求。令(忽略了变量上的单元标识"e")

$$v_x(x, y, t) = \sum_{j=1}^{n} v_x^j(t) \psi_j(x, y), v_y(x, y, t) = \sum_{j=1}^{n} v_y^j(t) \psi_j(x, y) \tag{11.3.11a}$$

$$P(x, y, t) = \sum_{J=1}^{m} P_J(t) \phi_J(x, y) \tag{11.3.11b}$$

式中,$\psi_j(j=1, 2, \cdots, n)$ 和 $\phi_J(J=1, 2, \cdots, m)$ 是不同阶次的插值函数。考虑到压力项不含导数

而(v_x, v_y)含有对x和y的导数,一般取$n = m + 1$。如果插值函数的阶次很高,那么对于P和(v_x, v_y)可以采用同阶的插值函数。

将式(11.3.11a)和式(11.3.11b)代入式(11.3.5)至式(11.3.7),可以得到如下的半离散有限元模型:

$$\begin{bmatrix} 2S^{11} + S^{22} & S^{21} & -S^{10} \\ S^{12} & S^{11} + 2S^{22} & -S^{20} \\ -(S^{10})^{\mathrm{T}} & -(S^{20})^{\mathrm{T}} & 0 \end{bmatrix} \begin{Bmatrix} v_x \\ v_y \\ P \end{Bmatrix} + \begin{bmatrix} M & 0 & 0 \\ 0 & M & 0 \\ 0 & 0 & 0 \end{bmatrix} \begin{Bmatrix} \dot{v}_x \\ \dot{v}_y \\ \dot{P} \end{Bmatrix} = \begin{Bmatrix} F^1 \\ F^2 \\ 0 \end{Bmatrix} \quad (11.3.12)$$

式(11.3.12)中的系数矩阵为

$$M_{ij} = \int_{\Omega_e} \rho_0 \psi_i^e \psi_j^e \, \mathrm{d}x\mathrm{d}y$$

$$S_{ij}^{\alpha\beta} = \int_{\Omega_e} \mu \frac{\partial \psi_i^e}{\partial x_\alpha} \frac{\partial \psi_j^e}{\partial x_\beta} \mathrm{d}x\mathrm{d}y; \alpha, \beta = 1, 2$$

$$S_{iJ}^{\alpha 0} = \int_{\Omega_e} \mu \frac{\partial \psi_i^e}{\partial x_\alpha} \phi_J^e \mathrm{d}x\mathrm{d}y; \alpha = 1, 2 \qquad (11.3.13)$$

$$F_i^1 = \int_{\Omega_e} \psi_i^e f_x \mathrm{d}x\mathrm{d}y + \oint_{\Gamma_e} \psi_i^e t_x \mathrm{d}s$$

$$F_i^2 = \int_{\Omega_e} \psi_i^e f_y \mathrm{d}x\mathrm{d}y + \oint_{\Gamma_e} \psi_i^e t_y \mathrm{d}s$$

由于连续方程不含P,因此$K^{33} = 0$。因此,组装后的方程组在对角单元上有对应于P的节点值的零元素(即系统方程组不是正定的)。

式(11.3.12)的向量形式的有限元模型可以通过如下方法得到。式(11.3.11a)和式(11.3.11b)的有限元近似可写为

$$v = \begin{Bmatrix} v_x \\ v_y \end{Bmatrix} = \boldsymbol{\Psi}\boldsymbol{\Delta}, w = \begin{Bmatrix} w_1 \\ w_2 \end{Bmatrix} = \boldsymbol{\Psi}\delta\boldsymbol{\Delta} \qquad (11.3.14)$$

$$P = \boldsymbol{\Phi}^{\mathrm{T}}\boldsymbol{P}, \qquad w_3 = \boldsymbol{\Phi}^{\mathrm{T}}\delta\boldsymbol{P}$$

式中,δ是变分符号(关于变分算子δ的性质参见Reddy[5]),$w = \delta v$是v的虚拟变化,δP_i是P_i的虚拟变化。式(11.3.14a)中各种符号的定义为

$$\boldsymbol{\Psi} = \begin{bmatrix} \psi_1 & 0 & \psi_2 & 0 & \cdots & \psi_n & 0 \\ 0 & \psi_1 & 0 & \psi_2 & \cdots & 0 & \psi_n \end{bmatrix} \qquad (11.3.14b)$$

$$\boldsymbol{\Delta} = \{v_x^1 \quad v_y^1 \quad v_x^2 \quad v_y^2 \quad \cdots \quad v_x^n \quad v_y^n\}^{\mathrm{T}}$$

$$\boldsymbol{\Phi} = \{\phi_1 \quad \phi_2 \quad \cdots \quad \phi_m\}^{\mathrm{T}}, P = \{P_1 \quad P_2 \quad \cdots \quad P_m\}^{\mathrm{T}}$$

将式(11.3.14a)代入式(11.3.8),并注意到δv_x^i和δv_y^i是任意的且线性无关的,得

$$M\dot{\boldsymbol{\Delta}} + K^{11}\boldsymbol{\Delta} + K^{12}P = F^1, K^{21}\boldsymbol{\Delta} = 0 \qquad (11.3.15)$$

式中,

$$\boldsymbol{M} = \int_{\Omega_e} \rho \, \boldsymbol{\Psi}^{\mathrm{T}} \boldsymbol{\Psi} \mathrm{d}x\mathrm{d}y, \boldsymbol{K}^{11} = \int_{\Omega_e} \boldsymbol{B}_v^{\mathrm{T}} \boldsymbol{CB}_v \mathrm{d}x\mathrm{d}y$$

$$\boldsymbol{K}^{12} = \int_{\Omega_e} \boldsymbol{B}_p^{\mathrm{T}} \boldsymbol{\Phi}^T \mathrm{d}x\mathrm{d}y, \boldsymbol{K}^{21} = \int_{\Omega_e} \boldsymbol{\Phi} \boldsymbol{B}_p \mathrm{d}x\mathrm{d}y \tag{11.3.16}$$

$$\boldsymbol{F}^1 = \int_{\Omega_e} \boldsymbol{\Psi}^{\mathrm{T}} \boldsymbol{f} \mathrm{d}x\mathrm{d}y + \oint_{\Gamma_e} \boldsymbol{\Psi}^{\mathrm{T}} \boldsymbol{t} \mathrm{d}s \tag{11.3.17}$$

$$\boldsymbol{B}_v = \boldsymbol{D}\boldsymbol{\Psi}, \qquad \boldsymbol{B}_p = \boldsymbol{D}_1^{\mathrm{T}} \boldsymbol{\Psi} \tag{11.3.18}$$

注意到 $\boldsymbol{M}$ 和 $\boldsymbol{K}^{11}$ 是 $2n \times 2n$ 阶的, $\boldsymbol{K}^{12}$ 是 $2n \times m$ 阶的, $\boldsymbol{K}^{21}$ 是 $m \times 2n$ 阶的, $\boldsymbol{F}^1$ 是 $2n \times 1$ 阶的。

11.4　罚函数格式

11.4.1　简介

6.4.3 节给出了含代数约束方程的罚函数方法。该方法可用于将含微分约束的问题重构为一个不含约束的问题。由于该方法的基本思想已经介绍过了(参见例 6.4.1),直接将其用于当前的黏性流动问题。可能会问:流动问题中的约束在哪里? 目前的方程并未给出约束条件。对于 3 个未知量 (v_x, v_y, P),有 3 个方程(11.2.9)至方程(11.2.11)。由于压力 P 与连续方程(11.2.11)是解耦的[这将会带来有限元方程(11.3.12)是一个非正定系统的后果],希望能将其从控制方程中消去。如下所述,消去压力会带来关于速度分量的一个约束方程。

11.4.2　将流动问题看成约束问题时的格式

黏性不可压流体流动的控制方程可以等效看成求带约束的二次泛函的最小值问题。由于约束条件不含时间导数项,因此从简洁的角度出发,这里给出静态工况下的格式。然后再将时间导数项加上以研究瞬态问题。

从不含时间导数项的式(11.3.8)出发,这是无约束问题混合模型的弱形式:

$$B_v(\boldsymbol{w}, \boldsymbol{v}) - \overline{B}_p(\boldsymbol{w}, p) = l(\boldsymbol{w}) ; -B_p(w_3, \boldsymbol{v}) = 0 \tag{11.4.1}$$

式中, $B_v(\cdot, \cdot)$、$\overline{B}_p(\cdot, \cdot)$、$B_p(\cdot, \cdot)$ 和 $l(\cdot)$ 的定义参见式(11.3.10a)和式(11.3.10b)。现在假设速度场 (v_x, v_y) 使得连续方程(11.2.3)完全满足。那么权函数 (w_1, w_2),也即速度分量的(虚)变化也满足连续方程:

$$\frac{\partial w_1}{\partial x} + \frac{\partial w_2}{\partial y} = 0 \tag{11.4.2}$$

作为一个结论,变分问题(11.4.1)可以表述为:在所有的满足连续方程(11.2.3)的 (v_x, v_y) 中,对于所有可行的权函数 (w_1, w_2),寻找满足如下变分问题:

$$B_v(\boldsymbol{w}, \boldsymbol{v}) = l(\boldsymbol{w}) \tag{11.4.3}$$

即满足条件(11.4.2)。

因为要求解 (v_x, v_y) 满足连续方程(11.2.3),式(11.4.3)给出的变分问题是约束变分问题。注意到 $B_v(\cdot, \cdot)$ 是对称的(由于 $\boldsymbol{C}$ 是对称的):

$$B_v(\boldsymbol{w}, \boldsymbol{v}) = B_v(\boldsymbol{v}, \boldsymbol{w}) \tag{11.4.4}$$

且关于 $\boldsymbol{w}$ 和 $\boldsymbol{v}$ 是线性的, $l(\cdot)$ 关于 $\boldsymbol{w}$ 是线性的。因此,二次泛函的表达式可写为:[参见式(2.4.25)]

$$I_v(\boldsymbol{v}) = \frac{1}{2}B_v(\boldsymbol{v}, \boldsymbol{v}) - l(\boldsymbol{v}) \tag{11.4.5}$$

此时控制黏性不可压流体流动的方程等价于:

$$\begin{aligned} &\text{最小化 } I_v(\boldsymbol{v}) \\ &\text{约束条件 } G(\boldsymbol{v}) \equiv \frac{\partial v_x}{\partial x} + \frac{\partial v_y}{\partial y} = 0 \end{aligned} \tag{11.4.6}$$

约束问题(11.4.6)可以利用 Lagrange 乘子法或罚函数法重构为一个无约束问题。接下来将讨论这个问题。

11.4.3　Lagrange 乘子模型

在 Lagrange 乘子法中,约束问题(11.4.6)等同于寻找无约束泛函的驻点:

$$I_L(\boldsymbol{v}, \lambda) \equiv I_v(\boldsymbol{v}) + \int_{\Omega_e} \lambda G(\boldsymbol{v}) \mathrm{d}x\mathrm{d}y \tag{11.4.7}$$

式中, $\lambda(x, y)$ 是 Lagrange 乘子。 I_L 有驻值的必要条件为

$$\delta I_L = \delta_{v_x} I_L + \delta_{v_y} I_L + \delta_\lambda I_L = 0 \rightarrow \delta_{v_x} I_L = 0, \delta_{v_y} I_L = 0, \delta_\lambda I_L = 0 \tag{11.4.8}$$

式中, δ_{v_x}、 δ_{v_y} 和 δ_λ 分别是 v_x、 v_y 和 λ 的部分变分(参见 Reddy[5])。计算式(11.4.8)的一次变分,得

$$0 = \int_{\Omega_e} \left[\frac{\partial \delta v_x}{\partial x}\left(2\mu\frac{\partial v_x}{\partial x} + \lambda\right) + \mu\frac{\partial \delta v_x}{\partial y}\left(\frac{\partial v_x}{\partial y} + \frac{\partial v_y}{\partial x}\right) \right] \mathrm{d}x\mathrm{d}y \tag{11.4.9}$$
$$- \int_{\Omega_e} \delta v_x f_x \mathrm{d}x\mathrm{d}y - \oint_{\Gamma_e} \delta v_x t_x \mathrm{d}s$$

$$0 = \int_{\Omega_e} \left[\mu\frac{\partial \delta v_y}{\partial x}\left(\frac{\partial v_x}{\partial y} + \frac{\partial v_y}{\partial x}\right) + \frac{\partial \delta v_y}{\partial y}\left(2\mu\frac{\partial v_y}{\partial y} + \lambda\right) \right] \mathrm{d}x\mathrm{d}y \tag{11.4.10}$$
$$- \int_{\Omega_e} \delta v_y f_y \mathrm{d}x\mathrm{d}y - \oint_{\Gamma_e} \delta v_y t_y \mathrm{d}s$$

$$0 = \int_{\Omega_e} \delta\lambda \left(\frac{\partial v_x}{\partial x} + \frac{\partial v_y}{\partial y}\right) \mathrm{d}x\mathrm{d}y \tag{11.4.11}$$

式中,

$$t_x = \left(2\mu\frac{\partial v_x}{\partial x} + \lambda\right)n_x + \mu\left(\frac{\partial v_x}{\partial y} + \frac{\partial v_y}{\partial x}\right)n_y$$

$$t_y = \mu\left(\frac{\partial v_x}{\partial y} + \frac{\partial v_y}{\partial x}\right)n_x + \left(2\mu\frac{\partial v_y}{\partial y} + \lambda\right)n_y \tag{11.4.12}$$

或者,其向量形式为

$$B_v(\boldsymbol{w},\boldsymbol{v}) + \overline{B}_p(\boldsymbol{w},\lambda) = l(\boldsymbol{w}) ; B_p(\delta\lambda,\boldsymbol{v}) = 0 \qquad (11.4.13)$$

其双线性形式与式(11.3.10a)和式(11.3.10b)中的一样。对比式(11.4.13)和式(11.3.8)[或者比较式(11.3.5)至式(11.3.7)和式(11.4.9)至式(11.4.11)]可以发现 $\lambda = -P$。因此,Lagrange 乘子格式与速度—压力格式是一样的。

11.4.4　罚模型

在罚函数方法中,约束问题(11.4.6)被重构为如下的无约束问题:寻找最小的修正泛函:

$$I_p(\boldsymbol{v}) \equiv I_v(\boldsymbol{v}) + \frac{\gamma_e}{2}\int_{\Omega_e}[\,G(\boldsymbol{v})\,]^2 \mathrm{d}\boldsymbol{x} \qquad (11.4.14)$$

这里 γ_e 称为罚参数。注意约束是以最小二乘的方式引入泛函中的。寻找修正泛函 $I_p(\boldsymbol{v})$ 的最小值等价于寻找 $I_v(\boldsymbol{v})$ 和 $G(\boldsymbol{v})$ 的最小值,后者是对于权 γ_e 来说的。γ_e 的值越大,约束满足得越好。I_p 取最小值的必要条件是

$$\delta I_p = 0 \rightarrow \delta I_{v_x} = 0, \delta I_{v_y} = 0 \qquad (11.4.15)$$

有

$$
\begin{aligned}
0 = \int_{\Omega_e}&\left[2\mu\,\frac{\partial\delta v_x}{\partial x}\frac{\partial v_x}{\partial x} + \mu\,\frac{\partial\delta v_x}{\partial y}\left(\frac{\partial v_x}{\partial y}+\frac{\partial v_y}{\partial x}\right) - \delta v_x f_x \right]\mathrm{d}x\mathrm{d}y \\
&- \oint_{\Gamma_e}\delta v_x t_x \mathrm{d}s + \int_{\Omega_e}\gamma_e\,\frac{\partial\delta v_x}{\partial x}\left(\frac{\partial v_x}{\partial x}+\frac{\partial v_y}{\partial y}\right)\mathrm{d}x\mathrm{d}y
\end{aligned}
\qquad (11.4.16)
$$

$$
\begin{aligned}
0 = \int_{\Omega_e}&\left[2\mu\,\frac{\partial\delta v_y}{\partial y}\frac{\partial v_y}{\partial y} + \mu\,\frac{\partial\delta v_y}{\partial x}\left(\frac{\partial v_x}{\partial y}+\frac{\partial v_y}{\partial x}\right) - \delta v_y f_y \right]\mathrm{d}x\mathrm{d}y \\
&- \oint_{\Gamma_e}\delta v_y t_y \mathrm{d}s + \int_{\Omega_e}\gamma_e\,\frac{\partial\delta v_y}{\partial y}\left(\frac{\partial v_x}{\partial x}+\frac{\partial v_y}{\partial y}\right)\mathrm{d}x\mathrm{d}y
\end{aligned}
\qquad (11.4.17)
$$

或其向量形式为

$$B_p(\boldsymbol{w},\boldsymbol{v}) = l(\boldsymbol{w}) \qquad (11.4.18)$$

这里 $(w_1 = \delta v_x, w_2 = \delta v_y)$

$$B_p(\boldsymbol{w},\boldsymbol{v}) = B_v(\boldsymbol{w},\boldsymbol{v}) + \int_{\Omega_e}\gamma_e(\boldsymbol{D}_1^{\mathrm{T}}\boldsymbol{w})^{\mathrm{T}}\boldsymbol{D}_1^{\mathrm{T}}\boldsymbol{v}\mathrm{d}\boldsymbol{x} \qquad (11.4.19)$$

$$l(\boldsymbol{w}) = \int_{\Omega_e}\boldsymbol{w}^{\mathrm{T}}\boldsymbol{f}\mathrm{d}x\mathrm{d}y + \oint_{\Gamma_e}\boldsymbol{w}^{\mathrm{T}}\boldsymbol{t}\mathrm{d}s$$

且 $B_v(.,.)$ 和 $\boldsymbol{D}_1$ 的定义参见式(11.3.10a)和式(11.3.10b)。注意到,尽管是边界应力[参见式(11.4.12)]的一部分,压力在弱形式的式(11.4.16)和式(11.4.17)中并不以显式出现。

对式(11.4.16)和式(11.4.17)的弱形式和式(11.4.9)和式(11.4.10)中的进行对比可以发现:

$$\lambda = \gamma_e\left(\frac{\partial v_x}{\partial y} + \frac{\partial v_y}{\partial x}\right) = -P \text{ 或 } P = -\gamma_e \boldsymbol{D}_1^{\mathrm{T}} \boldsymbol{v} \tag{11.4.20}$$

式中,$\boldsymbol{v} = \boldsymbol{v}(\gamma_e)$ 是式(11.4.16)和式(11.4.17)的解。因此可以利用式(11.4.20)后处理求得压力的近似解。

不影响上述讨论,可以在式(11.4.9)和式(11.4.10)以及式(11.4.16)和式(11.4.17)中添加时间导数项。对于罚模型,有

$$0 = \int_{\Omega_e}\left[\rho\delta v_x \frac{\partial v_x}{\partial t} + 2\mu \frac{\partial \delta v_x}{\partial x}\frac{\partial v_x}{\partial x} + \mu \frac{\partial \delta v_x}{\partial y}\left(\frac{\partial v_x}{\partial y} + \frac{\partial v_y}{\partial x}\right) + \gamma_e \frac{\partial \delta v_x}{\partial x}\left(\frac{\partial v_x}{\partial x} + \frac{\partial v_y}{\partial y}\right)\right]\mathrm{d}x\mathrm{d}y$$

$$- \int_{\Omega_e}\delta v_x f_x \mathrm{d}x\mathrm{d}y - \oint_{\Gamma_e}\delta v_x t_x \mathrm{d}s \tag{11.4.21}$$

$$0 = \int_{\Omega_e}\left[\rho\delta v_y \frac{\partial v_y}{\partial t} + 2\mu \frac{\partial \delta v_y}{\partial y}\frac{\partial v_y}{\partial y} + \mu \frac{\partial \delta v_y}{\partial x}\left(\frac{\partial v_x}{\partial y} + \frac{\partial v_y}{\partial x}\right) + \gamma_e \frac{\partial \delta v_y}{\partial y}\left(\frac{\partial v_x}{\partial x} + \frac{\partial v_y}{\partial y}\right)\right]\mathrm{d}x\mathrm{d}y$$

$$- \int_{\Omega_e}f_y \delta v_y \mathrm{d}x\mathrm{d}y - \oint_{\Gamma_e}\delta v_y t_y \mathrm{d}s \tag{11.4.22}$$

或

$$B_t(\boldsymbol{w},\boldsymbol{v}) + B_p(\boldsymbol{w},\boldsymbol{v}) = l(\boldsymbol{w}) \tag{11.4.23}$$

式中,$B_t(.,.)$ 参见式(11.3.10a),且 $B_p(\,\cdot\,,\,\cdot\,)$ 和 $l(\,\cdot\,)$ 参见式(11.4.19)。

通过将 $\delta v_x = \psi_i$ 和 $\delta v_y = \psi_i$ 以及 (v_x, v_y) 的近似式(11.3.11a)代入式(11.4.21)和式(11.4.22)可构造罚有限元模型。有

$$\begin{bmatrix} \boldsymbol{M} & 0 \\ 0 & \boldsymbol{M} \end{bmatrix}\begin{Bmatrix} \dot{\boldsymbol{v}}_x \\ \dot{\boldsymbol{v}}_y \end{Bmatrix} + \begin{bmatrix} \boldsymbol{K}^{11} & \boldsymbol{K}^{12} \\ \boldsymbol{K}^{21} & \boldsymbol{K}^{22} \end{bmatrix}\begin{Bmatrix} \boldsymbol{v}_x \\ \boldsymbol{v}_y \end{Bmatrix} = \begin{Bmatrix} \boldsymbol{F}^1 \\ \boldsymbol{F}^2 \end{Bmatrix} \tag{11.4.24}$$

式中

$$\boldsymbol{K}^{11} = 2\boldsymbol{S}^{11} + \boldsymbol{S}^{22} + \bar{\boldsymbol{S}}^{11}, \boldsymbol{K}^{12} = \boldsymbol{S}^{21} + \bar{\boldsymbol{S}}^{12}$$

$$\boldsymbol{K}^{22} = \boldsymbol{S}^{11} + 2\boldsymbol{S}^{22} + \bar{\boldsymbol{S}}^{22}, \boldsymbol{K}^{21} = \boldsymbol{S}^{12} + \bar{\boldsymbol{S}}^{21} \tag{11.4.25}$$

系数为

$$M_{ij} = \int_{\Omega_e}\rho\psi_i^e\psi_j^e\mathrm{d}x\mathrm{d}y$$

$$S_{ij}^{\alpha\beta} = \int_{\Omega_e}\mu \frac{\partial \psi_i^e}{\partial x_\alpha}\frac{\partial \psi_j^e}{\partial x_\beta}\mathrm{d}x\mathrm{d}y; \alpha,\beta = 1,2$$

$$\bar{S}_{ij}^{\alpha\beta} = \int_{\Omega_e}\gamma_e \frac{\partial \psi_i^e}{\partial x_\alpha}\frac{\partial \psi_j^e}{\partial x_\beta}\mathrm{d}x\mathrm{d}y; \alpha,\beta = 1,2 \tag{11.4.26}$$

$$F_i^1 = \int_{\Omega_e}\psi_i^e f_x \mathrm{d}x\mathrm{d}y + \oint_{\Gamma_e}\psi_i^e t_x \mathrm{d}s$$

$$F_i^2 = \int_{\Omega_e}\psi_i^e f_y \mathrm{d}x\mathrm{d}y + \oint_{\Gamma_e}\psi_i^e t_y \mathrm{d}s$$

有限元模型的向量格式为

$$M\dot{\Delta}+(K_v+K_p)\Delta=F \tag{11.4.27}$$

式中,M、K_v 和 K_p 是 $2n\times2n$ 阶的,F 是 $2n\times1$ 阶的

$$M=\int_{\Omega_e}\rho\,\boldsymbol{\Psi}^{\mathrm{T}}\boldsymbol{\Psi}\mathrm{d}x\mathrm{d}y,\,K_v=\int_{\Omega_e}\boldsymbol{B}_v^{\mathrm{T}}C\boldsymbol{B}_v\mathrm{d}x\mathrm{d}y$$

$$K_p=\int_{\Omega_e}\gamma_e\boldsymbol{B}_p^{\mathrm{T}}\boldsymbol{B}_p\mathrm{d}x,\,F=\int_{\Omega_e}\boldsymbol{\Psi}^{\mathrm{T}}f\mathrm{d}x\mathrm{d}y+\oint_{\Gamma_e}\boldsymbol{\Psi}^{\mathrm{T}}t\mathrm{d}s \tag{11.4.28}$$

$$B_v=D\boldsymbol{\Psi},\quad B_p=D_1^{\mathrm{T}}\boldsymbol{\Psi}$$

11.4.5　时间近似

对于非稳态情况,式(11.3.15)和式(11.4.27)需要进一步采用时间近似格式来近似。式(11.3.15)和式(11.4.27)可写为[参见式(7.4.25a)]

$$M\dot{\Delta}+K\Delta=F \tag{11.4.29}$$

这里 $\dot{\Delta}$ 是速度—压力格式中节点速度和压力的列向量,在罚格式中只有速度。利用 α-族近似[参见式(7.4.25a)至式(7.4.29b)],可将式(11.4.27)变为(这里 $K=K_v+K_p$)

$$\hat{K}\Delta^{s+1}=\hat{K}\Delta^s+\hat{F}^{s,s+1} \tag{11.4.30}$$

式中

$$\hat{K}=M+a_1K^{s+1},\,\widetilde{K}^s=M-a_2K^s \tag{11.4.31}$$

$$\hat{F}^{s,s+1}=a_1F^{s+1}+a_2F^s,\,a_1=\alpha\Delta t,\,a_2=(1-\alpha)\Delta t \tag{11.4.32}$$

这里罚模型中的 M 和 K 在式(11.4.28)中给出。

11.5　计算方面

11.5.1　矩阵方程的属性

矩阵方程(11.3.15)和方程(11.4.27)的一些属性如下。

(1)矩阵方程(11.3.15)和方程(11.4.27)代表质量和动量守恒的离散模拟。对单个矩阵的研究表明 M 和 K 是对称的。

(2)混合有限元模型的一个缺点是与压力变量对应的矩阵对角线上存在零元素[参见式(11.3.15)]。直接求解方程必须用到一些旋转策略,而采用迭代方法会遇到由约束方程的形式带来的极其严重的收敛问题。

(3)由于单元存在不定的自由度数,因此混合模型的计算机实现变得比较复杂。举个例子,对于速度场的二次近似和压力的双线性连续近似,在角点的节点上有 3 个自由度(v_x,v_y,P),而在边中和内部节点上只有 2 个自由度(v_x,v_y)。这使得单元矩阵的计算和形成整体方程的单元方程的组装变得复杂。

(4)式(11.3.15)和式(11.4.27)表示时间相关的一组常微分方程。压力不显含在连续

方程的事实使得系统关于压力是时间奇异的,且使得显式时间积分方法不再适用。

(5)罚参数的选择很大程度上取决于罚项进入到黏性项的程度、网格和计算机的精度之间的比例。一般讲,取 $\gamma = 10^4\mu$ 和 $\gamma = 10^{12}\mu$ 之间会有较好的结果,这里 μ 是黏度。压力比速度场对 μ 更敏感一些。

11.5.2 单元的选择

从弱形式可以清楚地看到,两种有限元模型都只需要 C^0 连续函数来近似场变量(即速度和压力)。因此,在混合和罚有限元模型中,任何一个 Lagrange 或者 serendipity 族插值函数都可以用于速度场的插值。

在混合有限元模型中,压力变量插值函数的选择进一步受到不可压流动中压力所扮演的特殊角色的限制。注意到压力可以解释为确保速度场的不可压约束条件的 Lagrange 乘子。从式(11.3.11b)可以看出,压力的近似函数 ϕ_I 也是连续方程的权函数。为了避免对系统的离散方程产生约束,压力的插值函数必须比速度场的至少低一阶(即不一样的插值阶次)。进一步地,压力在单元界面上无需连续,这是因为压力变量并不是式(11.3.5)至式(11.3.7)的弱形式的主要变量。

图 11.5.1 给出了二维黏性不可压流体流动的常用单元。对于线性单元,压力在单元之间是不连续的,否则的话,整个区域的压力会是一样的。采用二阶 Lagrange 函数来近似速度的时候有两种不同的压力近似格式。第一种是连续的双线性近似,压力定义在角节点上且在单元边界上是连续的。第二种压力近似是用 $\boldsymbol{\Phi} = (1 \quad x \quad y)^{\mathrm{T}}$ 定义在单元上的(单元之间)不连续的线性变化。此时未知量不是压力的节点值,而是与如下的系数相关 $P = a \cdot 1 + b \cdot x + c \cdot y$。

如果采用 8 节点二次单元来表示速度场,那么可以选择连续的双线性压力近似。当使用此单元描述不连续的压力变化,在每个单元上必须要求压力是常数。图 11.5.1 给出的二次四边形单元可以给出可靠的速度和压力场的解。其他单元可以给出可接受的速度场的解,但是压力场一般会有误差。

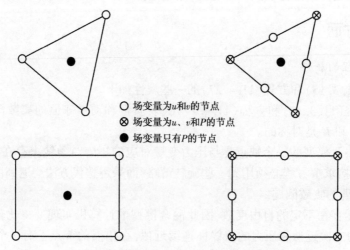

○ 场变量为 u 和 v 的节点
⊗ 场变量为 u、v 和 P 的节点
● 场变量只有 P 的节点

图 11.5.1 混合和罚有限元模型采用的三角形和四边形单元

11.5.3　罚模型中单元矩阵的计算

式(11.4.24)中系数矩阵的数值计算需要特殊的考虑。这里讨论稳态的情形。对于恒定材料属性的稳态流动,式(11.4.24)的形式为

$$(\boldsymbol{K}_v + \boldsymbol{K}_p)\Delta = \boldsymbol{F} \tag{11.5.1}$$

这里 $\boldsymbol{K}_v$ 是黏性项的贡献,$\boldsymbol{K}_p$ 是来自于不可压约束条件的罚项(依赖于 γ)的贡献。理论上讲,如果增大 γ,质量守恒会满足得更好。但是,实践中,对于一些特别大的 γ,和罚项相比,来自黏性项的贡献会变得特别小。因此,如果 $\boldsymbol{K}_p$ 是非奇异(即可逆)矩阵,对于大的 γ,式(11.5.1)的解是平凡的,即 $\Delta = 0$。虽然解满足连续性方程,但是并不满足动量方程。此时,离散问题(11.5.1)被称为过约束或者"锁死"。如果 $\boldsymbol{K}_p$ 是奇异的,那么 $(\boldsymbol{K}_v + \boldsymbol{K}_p)$ 是非奇异的(因为 $\boldsymbol{K}_v$ 是非奇异的),可以得到问题的非平凡解。

在对 $\boldsymbol{K}_v$ 和 $\boldsymbol{K}_p$ 中的积分项进行合适的计算即可避免上述的数值问题。如果计算 $\boldsymbol{K}_p$(即罚矩阵)时采用的数值积分阶次比精确积分低一阶,那么有限元方程(11.5.1)会给出可接受的速度场的解。这种针对罚项的欠积分技术在文献中被称为减缩积分。举个例子,采用线性四边形单元来近似速度场时,利用 2×2Gauss 积分来计算系数矩阵 $\boldsymbol{K}_v$(包括稳态问题的 $\boldsymbol{M}$),利用 1×1Gauss 积分来计算 $\boldsymbol{K}_p$。一点积分会导致奇异的 $\boldsymbol{K}_p$。因此,由于 $(\boldsymbol{K}_v + \boldsymbol{K}_p)$ 是非奇异的且可逆(在组装和施加边界条件之后),可以通过求解式(11.5.1)得到原问题较好的有限元解。如果采用二次四边形单元,利用 3×3Gauss 积分来计算 $\boldsymbol{K}_v$ 和 $\boldsymbol{M}$,利用 2×2Gauss 积分来计算 $\boldsymbol{K}_p$。因此,随着插值阶次的升高,或者采用更细的网格,得到的方程对锁死就会变得不敏感。

在罚有限元模型中,利用减缩 Gauss 积分方法在积分点处采用式(11.4.20)来计算压力。这等价于采用比速度场插值函数低一阶的函数来近似压力。在减缩积分点处采用式(11.4.20)计算得到的压力往往是不可靠和不准确的。采用线性单元,特别是比较粗的网格,得到的压力结果很少是可接受的。二阶单元则给出更加可靠的结果。

11.5.4　应力的后处理

流动问题的分析一般不仅包括速度场和压力的计算,同时也包括应力场的计算。这里给出关于应力计算的简要讨论。

对于平面二维流动,应力分量 $(\sigma_{xx}, \sigma_{yy}, \sigma_{xy})$ 为

$$\sigma_{xx} = 2\mu\frac{\partial v_x}{\partial x} - P, \quad \sigma_{yy} = 2\mu\frac{\partial v_y}{\partial y} - P, \quad \sigma_{xy} = \mu\left(\frac{\partial v_x}{\partial y} + \frac{\partial v_y}{\partial x}\right) \tag{11.5.2}$$

式中,μ 是流体的黏度。将速度场和压力的有限元近似式(11.3.1a)和式(11.3.11b)代入式(11.5.2),得

$$\sigma_{xx} = 2\mu\sum_{j=1}^{n}\frac{\partial\psi_j}{\partial x}v_x^j - P, \quad \sigma_{yy} = 2\mu\sum_{j=1}^{n}\frac{\partial\psi_j}{\partial y}v_y^j - P$$

$$\sigma_{xy} = \mu\sum_{j=1}^{n}\left(\frac{\partial\psi_j}{\partial y}v_x^j + \frac{\partial\psi_j}{\partial x}v_y^j\right) \tag{11.5.3}$$

这里,在混合模型中 P 的计算方法为

$$P(x,y) = \sum_{J=1}^{m} \phi_J(x,y) P_J \tag{11.5.4}$$

在罚模型中为

$$P_\gamma(x,y) = -\gamma \sum_{j=1}^{n} \left(\frac{\partial \psi_j}{\partial x} v_x^j + \frac{\partial \psi_j}{\partial y} v_y^j \right) \tag{11.5.5}$$

式(11.5.3)和式(11.5.5)中插值函数的空间导数必须采用减缩 Gauss 积分进行计算。因此,对于线性单元和二次单元分别采用一点和 2×2 Gauss 积分方法来计算应力和压力。

11.6 数值算例

本节给出了一些二维黏性不可压 Stokes 流动的简单例子。这些例子采用混合有限元模型和减缩积分的罚有限元模型进行求解。程序 FEM2D 只有罚有限元模型。这里的目的是,通过将罚有限元模型和混合有限元模型的结果与已知的解析解进行对比,来演示罚参数对解的精度的影响。

例 11.6.1

考虑两个足够长平行平板间黏性不可压流体的缓慢流动[图 11.6.1(a)]。当板的长度与其宽度和板间距相比非常大的时候,可认为这是平面流动。虽然这是一个移动边界问题,但希望在假定平面流动存在的情况下,确定两板块之间一定距离的速度和压力场。考虑到双轴对称性(自行证明),利用(1)基于罚模型的 10×6 的 4 节点线性单元(L4);(2)基于罚模型的 5×3 的 9 节点二次单元;(c)基于混合模型的 5×3 非均匀网格(速度场采用二次插值,压力采用线性插值),如图 11.6.1(b)所示,来分析问题的速度和压力场。

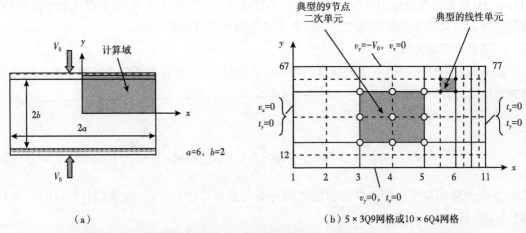

图 11.6.1 (a)几何和计算域;(b)平行平板间黏性不可压缓慢流动分析的有限元网格

解:令 V_0 表示两板相对运动的速度(挤出流体),令 $2b$ 和 $2a$ 分别表示两板间距和长度[图 11.6.1(a)]。考虑到问题的双轴对称性,采用区域的 1/4 进行建模是足够的。

第一个网格基于混合模型采用 9 节点二次单元 5×3 非均匀网格,以及基于罚模型[(图 11.6.1(b)]的 4 节点线性单元(Q4)10×6 网格和 9 节点二次单元(Q9)5×3 网格。在自由表面(即 $x = a$ 处)附近采用较小单元的非均匀网格来准确近似在点 $(a, b) = (6, 2)$ 处剪切应力的奇异性。

在每个边界节点处,必须知道以下 (v_x, t_x) 和 (v_y, t_y) 每组中的一个变量。图11.6.1(b)给出了速度边界条件。在 $x = 6$ 处(流出边界)的速度场是未知的,如果在这里不施加任何边界条件,这相当于在积分意义上要求 $t_x = t_y = 0$。在混合有限元模型中,至少在一个节点上给定压力是很有必要的。在本例中,$(x, y) = (a, 0)$ 处的节点给定了零压力条件。总之,有如下的边界条件:

$$x = 0 : v_x = 0, t_y = -\sigma_{xy} = 0 ; y = 0 : v_y = 0, t_x = -\sigma_{xy} = 0 \tag{1}$$
$$x = a : t_x = \sigma_{xx} = 0, t_y = \sigma_{xy} = 0 ; y = b : v_x = 0, v_y = -V_0$$

此问题的 FEM2D 的程序变量如下:ITYPE = 1,IGRAD = 1,ITEM = 0,NEIGN = 0。生成4节点四边形单元(IELTYP = 1,NPE = 4)10×6 网格的单元长度为:DX(I) = {1.0 1.0 1.0 1.0 0.5 0.5 0.25 0.25 0.25 0.25},DY(I) = (0.25 0.25 0.5 0.5 0.25 0.25)。对于9节点二次四边形单元5×3网格来说,唯一的改变是 IELTYP = 2 和 NPE = 9,且单元长度为:DX(I) = {2.0 2.0 1.0 0.5 0.5},DY(I) = {0.5 1.0 0.5}。对于罚模型和混合模型有相同数目的节点,但是由于在混合模型中压力变量的原因总的自由度数目并不一样。框11.6.1 给出了双线性二次单元10×6 网格的输入数据,框11.6.2 给出了部分输出。

由于奇异性,本问题没有精确解。Nadai[6]给出了此二维问题一个近似的解析解:

$$v_x(x, y) = \frac{3V_0 x}{2b}\left(1 - \frac{y^2}{b^2}\right), v_y(x, y) = -\frac{3V_0 y}{2b}\left(3 - \frac{y^2}{b^2}\right) \tag{2}$$
$$P(x, y) = \frac{3\mu V_0}{2b^3}(a^2 + y^2 - x^2)$$

框11.6.1　两平行平板间黏性流体挤出的输入文件

```
Ex 11.6.1:Viscous fluid squeezed between two parallel plates
 1  1  0  0                                    ITYPE, IGRAD, ITEM,NEIGN
 1  4  1  0                                    IELTYP, NPE, MESH, NPRNT
10  6                                          NX,NY
0.0 1.0 1.0 1.0 1.0 0.5 0.5 0.25 0.25 0.25 0.25    X0,DX(I)
0.0 0.25 0.25 0.5 0.5 0.25 0.25                YO,DY(I)
39                                            NSPV
11 12  22  32  42  52  62  72   8  2  9  2  10  2  11  2
12  1  23  1  34  1  45  1  56  1  67  1  67  2  68  1  68  2  69  1  69  2  70  1
70  2  71  1  71  2  72  1  72  2  73  1  73  2  74  1  74  2  75  1  75  2  76  1
76  2  77  1  77  2                            ISPV(I,J)
0.0 0.0 0.0 0.0 0.0 0.0 0.0 0.0 0.0 0.0 0.0 0.0
0.0 0.0 0.0 0.0 0.0 -1.0 0.0 -1.0 0.0 -1.0 0.0
-1.0 0.0 -1.0 0.0 -1.0 0.0 -1.0 0.0 -1.0 0.0 -1.0 0.0
-1.0 0.0 -1.0                                  VSPV(I)
0                                             NSSV
1.0 1.0E8                                     AMU,PENLTY
0.0 0.0 0.0                                    F0,FX,FY
```

框 11.6.2　两平行平板间黏性流体挤出的部分输出文件

```
NUMERICAL INTEGRATION DATA :
   Full quadrature ( IPDF x IPDF) rule, IPDF = 2
   Reduced quadrature( IPDR x IPDR) , IPDR = 1
   Quadrature rule used in postproc.,ISTR = 1


S O L U T I O N:
   Node    x-coord.       y-coord.       Value of u      Value of v
    1     0.00000E+00    0.00000E+00    0.00000E+00     0.00000E+00
    2     0.10000E+01    0.00000E+00    0.75757E+00     0.00000E+00
    3     0.20000E+01    0.00000E+00    0.15135E+01     0.00000E+00
    4     0.30000E+01    0.00000E+00    0.22756E+01     0.00000E+00
    5     0.40000E+01    0.00000E+00    0.30541E+01     0.00000E+00
    6     0.45000E+01    0.00000E+00    0.34648E+01     0.00000E+00
    7     0.50000E+01    0.00000E+00    0.38517E+01     0.00000E+00
    8     0.52500E+01    0.00000E+00    0.40441E+01     0.00000E+00
    9     0.55000E+01    0.00000E+00    0.41712E+01     0.00000E+00
   10     0.57500E+01    0.00000E+00    0.42654E+01     0.00000E+00
   11     0.60000E+01    0.00000E+00    0.42549E+ 01    0.00000E+00


   x-coord.     y-coord.     sigma-x      sigma-y      sigma-xy     Pressure
   0.5000E+00   0.1250E+00   -0.5880E+01  -0.8886E+01  -0.2540E- 01  0.7383E+01
   0.1500E+01   0.1250E+00   -0.5496E+01  -0.8500E+01  -0.6883E-01   0.6998E+01
   0.2500E+01   0.1250E+00   -0.47498+01  -0.7766E+01  -0.1222E+00   0.6257E+01
   0.3500E+01   0.1250E+00   -0.3549E+01  -0.6645E+01  -0.1727E+00   0.5097E+01
   0.4250E+01   0.1250E+00   -0.2405E+01  -0.5612E+01  -0.2331E+00   0.4009E+01
   0.4750E+01   0.1250E+00   -0. 1425E+01  -0.4578E+01  -0.2232E+00   0.3001E+01
   0.5125E+01   0.1250E+00   -0.8476E+00  -0.3693E+01  -0.2172E+ 00  0.2271E+01
   0.5375E+01   0.1250E+00   -0.3336E+00  -0.2640E+01  -0.1705E+00   0.1487E+01
   0.5625E+01   0.1250E+00   -0.1971E+00  -0.1546E+01  -0.7399E- 01  0.8717E+00
   0.5875E+01   0.1250E+ 00  0.7635E-02   -0.2151E-01  -0.4168E-01   0.6935E-02
```

见表 11.6.1,基于两种有限元模型得到的速度 $v_x(x,0)$ 与解析解吻合得很好。基于 9 节点单元的罚模型和混合模型都给出了很好的结果。从结果可以清楚看到罚参数对解的精度的影响。无论是线性还是二次单元,都很有必要采用一个非常大的罚参数。

表 11.6.1　两平行平板间流体挤出问题 $v_x(x,0)$ 的解析解与有限元解的比较

x	$\gamma = 1$		$\gamma = 100$		$\gamma = 10^8$		混合模型 9 节点	级数解
	4 节点	9 节点[①]	4 节点	9 节点	4 节点	9 节点		
1.00	0.0303	0.0310	0.6563	0.6513	0.7576	0.7505	0.7497	0.7500
2.00	0.0677	0.0691	1.3165	1.3062	1.5135	1.4992	1.5031	1.5000
3.00	0.1213	0.1233	1.9911	1.9769	2.2756	2.2557	2.2561	2.2500
4.00	0.2040	0.2061	2.6960	2.6730	3.0541	3.0238	3.0203	3.0000
4.50	0.2611	0.2631	3.0718	3.0463	3.4648	3.4307	3.4292	3.3750

续表

x	$\gamma=1$		$\gamma=100$		$\gamma=10^8$		混合模型	级数解
	4 节点	9 节点[①]	4 节点	9 节点	4 节点	9 节点	9 节点	
5.00	0.3297	0.3310	3.4347	3.3956	3.8517	3.8029	3.8165	3.7500
5.25	0.3674	0.3684	3.6120	3.5732	4.0441	3.9944	3.9893	3.9375
5.50	0.4060	0.4064	3.7388	3.6874	4.1712	4.1085	4.1204	4.1250
5.75	0.4438	0.4443	3.8316	3.7924	4.2654	4.2160	4.2058	4.3125
6.00	0.4793	0.4797	3.8362	3.7862	4.2549	4.1937	4.2364	4.5000

①对于二次单元,其非罚项采用 3×3 的 Gauss 积分,而对于罚项采用 2×2 的 Gauss 积分。

图 11.6.2 包含基于混合和罚格式的 $x=4$ 和 $x=6$ 处的速度分布 $v_x(x,y)$,图 11.6.3 包含 $y=y_0$ 处的压力分布 $P(x,y)$,这里 y_0 是离上板中心线最近的 Gauss 积分点的 y 坐标。这些结果基于双线性单元(Q4)的两种不同网格 10×6 和 20×16。罚模型中的压力基于式(11.5.5),

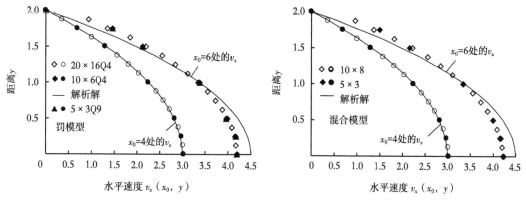

图 11.6.2　两平行平板间流体挤出问题的速度场

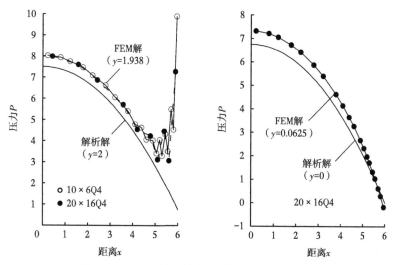

图 11.6.3　两平行平板间流体挤出问题的压力

针对二次矩形单元和线性单元分别采用 2×2 和一点 Gauss 积分,在混合模型(以及解析解)中压力在节点上进行计算。如果罚模型中的压力计算针对矩形单元采用完全积分,那么将得到错误的数值。一般来说,必须采用与计算稀疏矩阵中的罚项时采用的积分规则相同的规则来计算压力。在距离上板最近的地方计算得到压力的振荡是由于 $(x,y)=(6,2)$ 处边界条件引起的奇异导致的。同时,承认有限元解与 Nadai 的近似解相比是有误差的,进一步可以发现 Nadai 的解[6]是真实解的一个不错的近似。

例 11.6.2

滑块(或滑条)轴承包括一个与固定平板呈一个小角度的以速度 $u=V_0$ 相对固定平板滑动的短滑块,以及充满润滑液的两板间一个小的间隙[图 11.6.4(a)]。由于轴承的尾部一般是开放的,那里的压力是大气压 P_0。如果上板与基板是平行的,间隙内的压力处处都是大气压 P_0(因为对两平行板之间的流动 dP/dx 是一个常数),此时轴承不能支持任何横向载荷。如果上板相对于基板是倾斜的,间隙内会出现随 x 和 y 变化的压力分布。对于大的 V_0,产生的压力足以达到支撑与基板垂直的很大的载荷。图 11.6.4(b)给出了利用 4 节点四边形单元的 16×8 网格罚有限元模型得到间隙中的速度和压力分布,并绘出了(1)$x_0=0,0.18,0.36$ 处水平速度 $v_x(x_0,y)$ 随 y 的变化,(2)$y=0$ 处压力和剪应力随 x 的变化。

解:由于区域不是矩形的,利用 FEM2D 程序中的 MESH2DG 来划分网格。图 11.6.4(b)给出了网格(均匀分布)和边界条件。

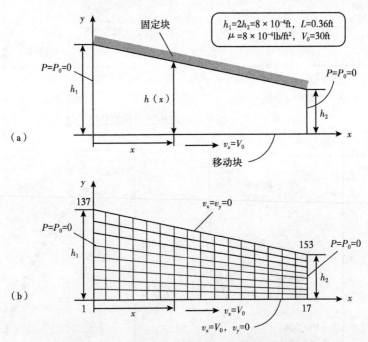

图 11.6.4 滑动轴承的示意图及其有限元网格

基于间隙和倾角很小的假设,$v_y=0$,压力是不随 y 变化的,Schlichting[7]建立了问题的解析解。假设流动是二维状态且倾角较小,并忽略掉正应力梯度(和剪应力梯度相比),两板间润滑液流动的控制方程变为

$$\mu \frac{\partial^2 v_x}{\partial y^2} = \frac{\mathrm{d}P}{\mathrm{d}x}, \frac{\mathrm{d}P}{\mathrm{d}x} = \frac{6\mu V_0}{h^2}\left(1 - \frac{H}{h}\right), 0 < x < L \tag{1}$$

式中，$H = 2h_1 h_2 / (h_1 + h_2)$。边界条件为

$$v_x(x, 0) = V_0, v_x(x, h) = 0 \tag{2}$$

上述边界条件下式(1)的解为

$$v_x(x, y) = \left(V_0 - \frac{h^2}{2\mu}\frac{\mathrm{d}P}{\mathrm{d}x}\frac{y}{h}\right)\left(1 - \frac{y}{h}\right) \tag{3}$$

$$P(x) = \frac{6\mu V_0 L(h_1 - h)(h - h_2)}{h^2(h_1^2 - h_2^2)} \tag{4}$$

$$\sigma_{xy}(x, y) = \mu \frac{\partial v_x}{\partial y} = \frac{\mathrm{d}P}{\mathrm{d}x}\left(y - \frac{h}{2}\right) - \mu \frac{V_0}{h} \tag{5}$$

式中，

$$h(x) = h_1 + \frac{h_2 - h_1}{L}x \tag{6}$$

在有限元分析中，对 v_y 和压力梯度不做任何假设，并利用线性四边形单元的 16×8 网格和 FEM2D 程序来分析此问题。图 11.6.4(b) 给出了网格和边界条件。罚参数选为 $\gamma = \mu \times 10^8$。FEM2D 程序中的变量为

ITYPE=1，IGRAD=1，ITEM = 0，NEIGN = 0，IELTYP = 1，NPE = 4，NEM = 128，NNM = 153

框 11.6.3 给出了 FEM2D 的输入数据，框 11.6.4 给出了部分输出。

框 11.6.3   壁面驱动空穴内黏性流体流动的输入文件

```
Example 11.6.2: Flow of LUBRICANT in slider bearing (MESH: 16x8Q4 )
  1  1  0  0                ITYPE, IGRAD, ITEM, NEIGN
  1  4  2  0                IELTYP, NPE, MESH, NPRNT
128  153                   NEM,NNM
  9                         NRECL
  1   17  1  0.0   0.0    0.36  0.0    1.0
 18   34  1  0.0  1.0E-4  0.36  0.5E-4 1.0
 35   51  1  0.0  2.0E-4  0.36  1.0E-4 1.0
 52   68  1  0.0  3.0E-4  0.36  1.5E-4 1.0
 69   85  1  0.0  4.0E-4  0.36  2.0E-4 1.0
 86  102  1  0.0  5.0E-4  0.36  2.5E-4 1.0
103  119  1  0.0  6.0E-4  0.36  3.0E-4 1.0
120  136  1  0.0  7.0E-4  0.36  3.5E-4 1.0
137  153  1  0.0  8.0E-4  0.36  4.0E-4 1.0
```

```
8
1  16  1  1  4   1   2   19   18
17 32  1  1  4  18  19   36   35
33 48  1  1  4  35  36   53   52
49 64  1  1  4  52  53   70   69
65 80  1  1  4  69  70   87   86
81 96  1  1  4  86  87  104  103
97 112 1  1  4 103 104  121  120
113 128 1 1  4 120 121  138  137
68                     NSPV
1  1  1  2  2  1  2  2  3  1  3  2  4  1  4  2  5  1
5  2  6  1  6  2  7  1  7  2  8  1  8  2  9  1  9  2
10  1  10  2  11  1  11  2  12  1  12  2  13  1  13  2  14  1
14  2  15  1  15  2  16  1  16  2  17  1  17  2  137  1  137  2
138  1  138  2  139  1  139  2  140  1  140  2  141  1  141  2  142  1
142  2  143  1  143  2  144  1  144  2  145  1  145  2  146  1  146  2
147  1  147  2  148  1  148  2  149  1  149  2  150  1  150  2  151  1
151  2  152  1  152  2  153  1  153  2
30.0  0.0  30.0   0.0  30.0   0.0  30.0   0.0  30.0
0.0  30.0   0.0  30.0   0.0  30.0   0.0  30.0   0.0
30.0  0.0  30.0   0.0  30.0   0.0  30.0   0.0  30.0
0.0  30.0   0.0  30.0   0.0  30.0   0.0
0.0   0.0   0.0   0.0   0.0
0.0   0.0   0.0   0.0   0.0
0.0   0.0   0.0   0.0   0.0
0.0   0.0   0.0   0.0
0                     NSSV
8.0E-04  8.0E04       AMU, PENALTY
0.0  0.0  0.0         F0, FX,FY
```

表 11.6.2 给出了速度的有限元解和解析解的对比,表 11.6.3 给出了压力和剪切应力的对比。图 11.6.5 包含 $x=0\text{ft}$、$x=0.18\text{ft}$ 和 $x=0.36\text{ft}$ 处水平速度 v_x 的分布,图 11.6.6 包含 $y=0$ 处压力和剪应力随 x 的变化。有限元解给出了沿着移动平板中心的前两行单元的压力和剪应力的结果。有限元解与近似解析解(1)~(6)吻合得很好,验证了在推导解析解时所作的假设。

表 11.6.2　滑动轴承问题速度 v_x 的有限元解与解析解的对比($\bar{y}=y\times10^4$)

$v_x(0,y)$			$v_x(0.18,y)$			$v_x(0.36,y)$		
$\bar{y}$	FEM	解析解	$\bar{y}$	FEM	解析解	$\bar{y}$	FEM	解析解
0.0	30.000	30.000	0.00	30.000	30.000	0.00	30.000	30.000
1.0	22.923	22.969	0.75	25.139	25.156	0.50	29.564	29.531
2.0	16.799	16.875	1.50	20.596	20.625	1.00	28.182	28.125

续表

$v_x(0,y)$			$v_x(0.18,y)$			$v_x(0.36,y)$		
$\bar{y}$	FEM	解析解	$\bar{y}$	FEM	解析解	$\bar{y}$	FEM	解析解
3.0	11.626	11.719	2.25	16.372	16.406	1.50	25.853	25.781
4.0	7.403	7.500	3.00	12.465	12.500	2.00	22.577	22.500
5.0	4.130	4.219	3.75	8.874	8.906	2.50	18.354	18.281
6.0	1.805	1.875	4.50	5.600	5.625	3.00	13.184	13.125
7.0	0.429	0.469	5.25	2.642	2.656	3.50	7.066	7.031
8.0	0.000	0.000	6.00	0.000	0.000	4.00	0.000	0.000

表 11.6.3　滑动轴承问题的压力与剪应力的有限元解与解析解的对比

$\bar{x}$	$\bar{y}$	剪应力-$\bar{\sigma}_{xy}$		压力 $\bar{P}$	
		FEM	解析解	FEM	解析解
0.1125	0.49219	0.5661	0.5630	0.085	0.084
0.3375	0.47656	0.5660	0.5630	0.255	0.253
0.5625	0.46094	0.5647	0.5619	0.423	0.419
0.7875	0.44531	0.5617	0.5592	0.588	0.582
1.0125	0.42969	0.5569	0.5546	0.747	0.739
1.2375	0.41406	0.5497	0.5477	0.897	0.888
1.4625	0.39844	0.5397	0.5380	1.037	1.026
1.6875	0.38281	0.5262	0.5248	1.159	1.147
1.9125	0.36719	0.5084	0.5074	1.260	1.247
2.1375	0.35156	0.4853	0.4847	1.331	1.317
2.3625	0.33594	0.4556	0.4556	1.364	1.349
2.5875	0.32031	0.4177	0.4183	1.344	1.330
2.8125	0.30469	0.3693	0.3708	1.256	1.243
3.0375	0.28906	0.3076	0.3103	1.076	1.065
3.2625	0.27344	0.2289	0.2331	0.774	0.767
3.4875	0.25781	0.1282	0.1344	0.308	0.307

注：$\bar{x}=10x$，$\bar{y}=y\times10^4$，$\bar{\sigma}_{xy}=-\sigma_{xy}\times10^{-2}$，$\bar{P}=P\times10^{-4}$。

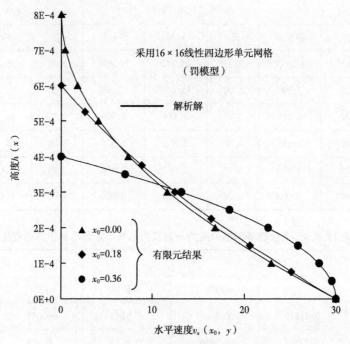

图 11.6.5   滑动轴承问题的速度分布

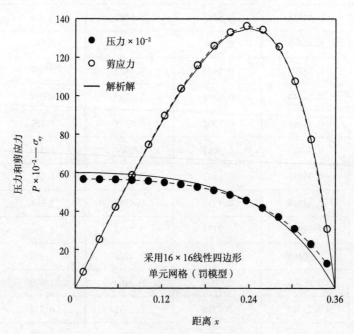

图 11.6.6   滑动轴承问题的压力和剪应力分布

框 11.6.4　壁面驱动空穴内黏性流体流动的部分输出文件

Node	x-coord.	y-coord.	Value of v_x	Value of v_y
18	0.00000E+00	0.10000E-03	0.22923E+02	-0.21223E-02
19	0.22500E-01	0.96875E-04	0.23145E+02	0.21177E-02
20	0.45000E-01	0.93750E-04	0.23368E+02	-0.21320E-02
21	0.67500E-01	0.90625E-04	0.23618E+02	0.19997E-02
22	0.90000E-01	0.87500E-04	0.23875E+02	-0.21601E-02
23	0.11250E+00	0.84375E-04	0.24161E+02	0.18828E-02
24	0.13500E+00	0.81250E-04	0.24459E+02	-0.22078E-02
25	0.15750E+00	0.78125E-04	0.24789E+02	0.17632E-02
26	0.18000E+00	0.75000E-04	0.25139E+02	-0.22763E-02
27	0.20250E+00	0.71875E-04	0.25526E+02	0.16366E-02
28	0.22500E+00	0.68750E-04	0.25942E+02	-0.23676E-02
29	0.24750E+00	0.65625E-04	0.26404E+02	0.14974E-02
30	0.27000E+00	0.62500E-04	0.26907E+02	-0.24854E-02
31	0.29250E+00	0.59375E-04	0.27468E+02	0.13384E-02
32	0.31500E+00	0.56250E-04	0.28087E+02	-0.26361E-02
33	0.33750E+00	0.53125E-04	0.28783E+02	0.11498E-02
34	0.36000E+00	0.50000E-04	0.29564E+02	-0.28290E-02
120	0.00000E+00	0.70000E-03	0.42885E+00	0.18940E-02
122	0.45000E-01	0.65625E-03	0.87306E+00	0.15087E-02
124	0.90000E-01	0.61250E-03	0.13795E+01	0.10557E-02
126	0.13500E+00	0.56875E-03	0.19627E+01	0.52105E-03
128	0.18000E+00	0.52500E-03	0.26424E+01	-0.11365E-03
130	0.22500E+00	0.48125E-03	0.34454E+01	-0.87392E-03
132	0.27000E+00	0.43750E-03	0.44092E+01	-0.17960E-02
134	0.31500E+00	0.39375E-03	0.55887E+01	-0.29327E-02
136	0.36000E+00	0.35000E-03	0.70661E+01	-0.43638E-02

例 11.6.3

如图 11.6.7 所示,考虑三边不可动墙壁(两个边墙一个底部)围成的单位正方空腔内黏性不可压流体(计算时取 $\mu = 1$)的层流,上盖在其自身平面内以恒定速度移动。当移动的上盖遇到固定的墙壁时在每个角上都存在奇异性。首先利用(1)8×8 线性四边形,(2)4×4 的 9 节点二次四边形单元的均匀网格的罚有限元模型研究罚参数 γ 对速度的影响,然后确定空腔内的速度和压力场并绘制不同网格下中心线上不同位置的速度,包括细化的 16×20 线性单元网格。

解:利用解析、数值和实验的方法已经对本例进行了大量的研究,并被用于作为基准问题来测试新的数值方法或格式。在奇异点处,也即在上盖的角点处,假设 $v_x(x, 1) = V_0 = 1.0$。基于 8×8 网格的本问题的 FEM2D 参数如下:

ITYPE = 1, IGRAD = 1, ITEM = 0, NEIGN = 0, IELTYP = 1, NPE = 4, MESH = 1, NX = NY = 8

框 11.6.5 给出了 FEM2D 的输入数据,框 11.6.6 给出了部分的输出。罚参数分别取为

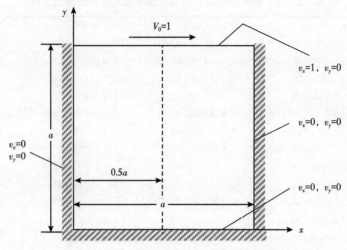

图 11.6.7   上盖驱动空腔问题的边界条件

$\gamma = 1.0, 10^2, 10^8$ 来研究其对解的影响。表 11.6.4 给出了中心线的速度 $v_x(0.5, y)$ 的数值结果。显然较小的罚参数对解的精度不利,但是当 $\gamma > 10^2$,解对罚参数 γ 就相对不敏感了。

框 11.6.5   壁面驱动空腔内黏性流体流动的输入文件

```
Example 11.6.3: Flow in a wall-driven cavity (MESH: 8x8Q4 )
  1 1 0 0                            ITYPE, IGRAD, ITEM, NEIGN
  1 4 1 0                            IELTYP , NPE , MESH, NPRNT
  8 8                               NX, NY
0.0 0.125 0.125 0.125 0.125
    0.125 0.125 0.125 0.125         X0,DX(I)
0.0 0.125 0.125 0.125 0.125
    0.125 0.125 0.125 0.125         Y0,DY(I)
   64                              NSPV
 1 1 1 2 2 1 2 2 3 1 3 2 4 1 4 2 5 1 5 2
 6 1 6 2 7 1 7 2 8 1 8 2 9 1 9 2 10 1 10 2
18 1 18 2 19 1 19 2 27 1 27 2 28 1 28 2 36 1 36 2
37 1 37 2 45 1 45 2 46 1 46 2 54 1 54 2 55 1 55 2
63 1 63 2 64 1 64 2 72 1 72 2 73 1 73 2 74 1 74 2
75 1 75 2 76 1 76 2 77 1 77 2 78 1 78 2 79 1 79 2
80 1 80 2 81 1 81 2
0.0 0.0 0.0 0.0 0.0 0.0 0.0 0.0 0.0 0.0
0.0 0.0 0.0 0.0 0.0 0.0 0.0 0.0 0.0 0.0
0.0 0.0 0.0 0.0 0.0 0.0 0.0 0.0 0.0 0.0
0.0 0.0 0.0 0.0 0.0 0.0 0.0 0.0 0.0 0.0
1.0 0.0 1.0 0.0 1.0 0.0 1.0 0.0 1.0 0.0
1.0 0.0 1.0 0.0
0                                 NSSV
1.0E0 1.0E08                       AMU,PENALTY
0.0 0.0 0.0                        F0,FX,FY
```

框 11.6.6　壁面驱动空腔内黏性流体流动的部分输出文件

Node	x-coord.	y-coord.	Value of v_x	Value of v_y
14	0.50000E+00	0.12500E+00	-0.57928E-01	-0.33191E-10
23	0.50000E+00	0.25000E+00	-0.98791E-01	-0.24444E-09
32	0.50000E+00	0.37500E+00	-0.13171E+00	-0.34246E-09
41	0.50000E+00	0.50000E+00	-0.14712E+00	-0.10088E-09
50	0.50000E+00	0.62500E+00	-0.94970E-01	0.41647E-09
59	0.50000E+00	0.75000E+00	0.80460E-01	0.74580E-09
68	0.50000E+00	0.87500E+00	0.45006E+00	0.35967E-09
77	0.50000E+00	0.10000E+01	0.10000E+01	0.00000E+00
37	0.00000E+00	0.50000E+00	0.00000E+00	0.00000E+00
38	0.12500E+00	0.50000E+00	-0.30461E-01	0.12639E+00
39	0.25000E+00	0.50000E+00	-0.87409E-01	0.14488E+00
40	0.37500E+00	0.50000E+00	-0.13051E+00	0.90721E-01
41	0.50000E+00	0.50000E+00	-0.14712E+00	-0.10088E-09
42	0.62500E+00	0.50000E+00	-0.13051E+00	-0.90721E-01
43	0.75000E+00	0.50000E+00	-0.87409E-01	-0.14488E+00
44	0.87500E+00	0.50000E+00	-0.30461E-01	-0.12639E+00
45	0.10000E+01	0.50000E+00	0.00000E+00	0.00000E+00

x-coord	y-coord	sigma-x	sigma-y	sigma-xy	Pressure
0.6250E-01	0.9375E+00	0.1343E+02	0.1128E+02	0.8000E+01	-0.1236E+02
0.1875E+00	0.9375E+00	0.5548E+01	0.2425E+01	0.5848E+01	-0.3986E+01
0.3125E+00	0.9375E+00	0.2559E+01	0.1110E+01	0.4876E+01	-0.1835E+01
0.4375E+00	0.9375E+00	0.7806E+00	0.3036E+00	0.4400E+01	-0.5421E+00
0.5625E+00	0.9375E+00	-0.7806E+00	-0.3036E+00	0.4400E+01	0.5421E+00
0.6875E+00	0.9375E+00	-0.2559E+01	-0.1110E+01	0.4876E+01	0.1835E+01
0.8125E+00	0.9375E+00	-0.5548E+01	-0.2425E+01	0.5848E+01	0.3986E+01
0.9375E+00	0.9375E+00	-0.1343E+02	-0.1128E+02	0.8000E+01	0.1236E+02

表 11.6.4　不同罚参数下得到的速度 $v_x(0.5, y)$

y	网格:8×8Q4			网格:4×4Q9		
	$\gamma=1$	$\gamma=10^2$	$\gamma=10^8$	$\gamma=1$	$\gamma=10^2$	$\gamma=10^8$
0.125	-0.0030	-0.0557	-0.0579	-0.0034	-0.0589	-0.0615
0.250	-0.0045	-0.0938	-0.0988	-0.0037	-0.0984	-0.1039
0.375	-0.0267	-0.1250	-0.1317	0.0240	-0.1320	-0.1394
0.500	-0.0773	-0.1354	-0.1471	0.0720	-0.1442	-0.1563
0.625	-0.1796	-0.0818	-0.0950	0.1678	-0.0983	-0.1118
0.750	0.3624	0.0958	0.00805	0.3439	0.0641	0.0481
0.875	0.6419	0.4601	0.4501	0.6245	0.4295	0.4186

图 11.6.8 给出了两种网格下沿着竖直中心线的水平速度的线性解,图 11.6.9 给出了沿着上板(在减缩 Gauss 积分点处)压力的变化。图 11.6.10 给出了基于 8×8 和 16×20 的线性单元网格得到的中心点速度 $v_x(0.5, y)$ 随 y 的变化曲线。

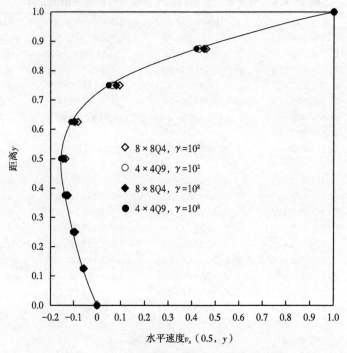

图 11.6.8　水平速度 $v_x(0.5,y)$ 随 y 的变化

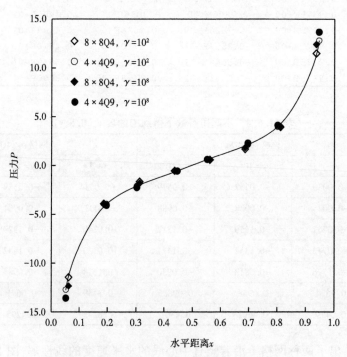

图 11.6.9　沿空腔上边压力 $P(x,0.9375)$ 的变化

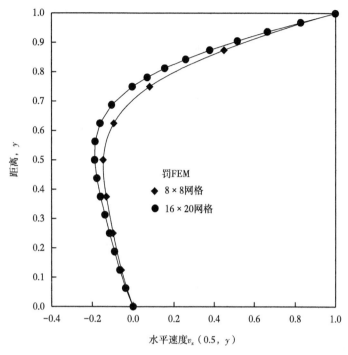

图 11.6.10　基于 8×8Q4 和 16×20Q4 网格的速度 $v_x(0.5,y)$ 随 y 的变化

例 11.6.4

考虑两个平行平板之间黏性流体的挤出问题[图 11.6.1(a)]。假设速度场的初始条件为零,利用 6×4 的 9 节点二次单元均匀网格和 Crank-Nicolson 算法($\alpha=0.5$)以及时间步长 $\Delta t=0.1$,确定问题的瞬态解。绘制不同时刻 t 的速度场 $v_x(b,y,t)$ 随 y 的变化。

解: 由于解受速度 $v_y(b,x,t)=-1$ 的驱动,其随时间是不变的,解会达到一个稳定状态。FEM2D 的输入参数为:ITYPE = 1,IGRAD = 1,ITEM = 1,NEIGN = 0,IELTYP = 2,NPE = 9,MESH = 1,NX = 6,NY = 4,AMU = 1.0,PNLTY = 10^8,NTIME = 20,INTVL = 1,INTIAL = 0,DT = 0.1,ALPHA = 0.5,EPSLN = 10^{-3}。框 11.6.7 给出了输入文件,框 11.6.8 给出了部分输出文件。

框 11.6.7　两平行平板间流体挤出瞬态分析的输入文件

```
EX 11.6.4: Transient Analysis of fluid squeezed between plates
  1  1  1  0                          ITYPE, IGRAD, ITEM, NEIGN
  2  9  1  0                          IEL, NPE, MESH, NPRNT
  6  4                                NX, NY
  0.0  1.0  1.0  1.0  1.0  1.0  1.0   X0,DX(I)
  0.0  0.5  0.5  0.5  0.5             Y0,DY(I)
  47                                  NSPV
1  1  1  2  2  2  3  2  4  2  5  2  6  2  7  2  8  2  9  2
10 2  11 2  12 2  13 2  14 1  27 1  40 1  53 1  66 1  79 1
92 1  105 1 105 2 106 1 106 2 107 1 107 2 108 1 108 2 109 1
109 2 110 1 110 2 111 1 111 2 112 1 112 2 113 1 113 2 114 1
114 2 115 1 115 2 116 1 116 2 117 1 117 2  ISPV(I,J)
```

续框

```
 0.0   0.0    0.0  0.0    0.0   0.0   0.0   0.0   0.0   0.0
 0.0   0.0    0.0  0.0    0.0   0.0   0.0   0.0   0.0   0.0
 0.0   0.0   -1.0  0.0   -1.0   0.0  -1.0   0.0  -1.0   0.0
-1.0   0.0   -1.0  0.0   -1.0   0.0  -1.0   0.0  -1.0   0.0
-1.0   0.0   -1.0  0.0   -1.0   0.0  -1.0   VSPV(I)
0                                          NSSV
1.0   1.0E8                                AMU,PENLTY
0.0   0.0  0.0                             F0,FX,FY
1.0   0.0  0.0                             C0,CX,CY
20    50   1     0                         NTIME,NSTP,INTVL,INTIAL
0.1   0.5  0.25  1.0D-3                    DT,ALFA,GAMA,EPSLN
```

框11.6.8　两平行平板间黏性流体挤出的部分输出文件

```
 *TIME* = 0.10000E+00      Time Step Number = 1

 Node      x-coord.          y-coord.         Value of v_x       Value of v_y
  13      0.60000E+01      0.00000E+00        0.29963E+01        0.00000E+00
  26      0.60000E+01      0.25000E+00        0.30183E+01       -0.55915E-01
  39      0.60000E+01      0.50000E+00        0.30546E+01       -0.10483E+00
  52      0.60000E+01      0.75000E+00        0.31440E+01       -0.17523E+00
  65      0.60000E+01      0.10000E+01        0.32155E+01       -0.20870E+00
  78      0.60000E+01      0.12500E+01        0.33633E+01       -0.30396E+00
  91      0.60000E+01      0.15000E+01        0.32150E+01       -0.27701E+00
 104      0.60000E+01      0.17500E+01        0.29827E+01       -0.51843E+00

 *TIME* = 0.10000E+01      TimeStep Number =10
  13      0.60000E+01      0.00000E+00        0.42052E+01        0.00000E+00
  26      0.60000E+01      0.25000E+00        0.41576E+01        0.36780E-01
  39      0.60000E+01      0.50000E+00        0.39978E+01        0.70817E-01
  52      0.60000E+01      0.75000E+00        0.37384E+01        0.77266E-01
  65      0.60000E+01      0.10000E+01        0.33503E+01        0.74066E-01
  78      0.60000E+01      0.12500E+01        0.28552E+01       -0.17315E-01
  91      0.60000E+01      0.15000E+01        0.21638E+01       -0.13685E+00
 104      0.60000E+01      0.17500E+01        0.14416E+01       -0.54946E+00

 *TIME* = 0.14000E+01      Time Step Number = 14
  13      0.60000E+01      0.00000E+00        0.42203E+01        0.00000E+00
  26      0.60000E+01      0.25000E+00        0.41706E+01        0.40836E-01
  39      0.60000E+01      0.50000E+00        0.40057E+01        0.77788E-01
  52      0.60000E+01      0.75000E+00        0.37397E+01        0.85478E-01
  65      0.60000E+01      0.10000E+01        0.33420E+01        0.80067E-01
  78      0.60000E+01      0.12500E+01        0.28490E+01       -0.13515E-01
  91      0.60000E+01      0.15000E+01        0.21455E+01       -0.13368E+00
 104      0.60000E+01      0.17500E+01        0.14390E+01       -0.54872E+00
```

图 11.6.11 给出了不同时刻 t 时水平速度 $v_x(6,y,t)$ 随 y 的变化。在大约 $t=1.4$ 时瞬态解达到稳态(两个相邻时间步的解的差值为 10^{-3})。

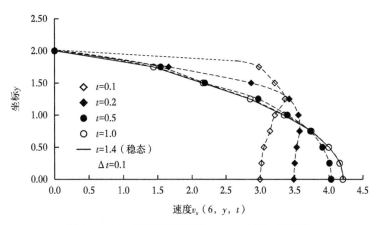

图 11.6.11　不同时刻速度 $v_x(6,y,t)$ 随 y 的变化

例 11.6.5

研究例 11.6.3 所示上盖驱动空腔内黏性流体($\mu=1$)的运动。在区域内利用非均匀 16×20 Q4 网格以及如下 x 和 y 方向上的单元长度(在 x 方向上 16 个长度为 0.0625 的单元,在 y 方向上 12 个长度为 0.0625 的单元和 8 个长度为 0.03125 的单元):$\{DX\}=\{0.0625,0.0625,\cdots,0.0625\}$,$\{DY\}=\{0.0625,\cdots,0.0625,0.03125,\cdots,0.031255\}$。利用 Crank-Nicolson 算法($\alpha=0.5$)和罚有限元模型 $\gamma=10^8$,分别利用两种不同的时间步长 $\Delta t=0.01$ 和 $\Delta t=0.001$ 求瞬态解。

解: 框 11.6.9 给出了问题的 FEM2D 的输入文件,框 11.6.10 给出了部分输出文件。表 11.6.5 包含不同时刻 $t=0.01,0.05,1.4$ 时的速度场 $v_x(0.5,y,t)\times10$。稳态解的判定条件为

$$\varepsilon = \sqrt{\frac{\sum_{I}^{\mathrm{NEQ}}|U_I^{s+1}-U_I^s|^2}{\sum_{I}^{\mathrm{NEQ}}|U_I^{s+1}|^2}} < \epsilon$$

式中,NEQ 是网格中总的节点变量数目,ε 是给定的容限。如果令 $\varepsilon=10^{-6}$,对所有的时间步长,解会在 $t=0.14$ 时达到稳态。图 11.6.12($\Delta t=0.001$)给出了水平速度分量 $v_x(0.5,y,t)$ 随时间的变化。从图上可以看出,$t=0.1$ 时刻的解已经与稳态解(对于图中所示的尺度)非常接近了。

框 11.6.9　壁面驱动空腔内黏性流体流动的输入文件

```
EX 11.6.5: Transient analysis of the lid-driven cavity problem
  1 1 1 0                           ITYPE, IGRAD, ITEM, NEIGN
  1 4 1 0                           IELTYP, NPE, MESH, NPRNT
  16 20                            NX, NY
0.0  0.0625    0.0625   0.0625   0.0625   0.0625   0.0625
     0.0625    0.0625   0.0625   0.0625   0.0625   0.0625
     0.0625    0.0625   0.0625   0.0625         X0, DX(I)
```

```
0.0  0.0625    0.0625    0.0625    0.0625    0.0625    0.0625
     0.0625    0.0625   0.0625    0.0625   0.0625   0.0625
     0.03125   0.03125  0.03125   0.03125
     0.03125   0.03125  0.03125   0.03125        Y0,DY(I)
144                                             NSPV
   1  1  1  2  2  1  2  2  3  1  3  2  4  1  4  2  5  1
   5  2  6  1  6  2  7  1  7  2  8  1  8  2  9  1  9  2
  10  1 10  2 11  1 11  2 12  1 12  2 13  1 13  2 14  1
  14  2 15  1 15  2 16  1 16  2 17  1 17  2 18  1 18  2
  34  1 34  2 35  1 35  2 51  1 51  2 52  1 52  2 68  1
  68  2 69  1 69  2 85  1 85  2 86  1 86  2 102 1 102 2
 103  1 103 2 119 1 119 2 120 1 120 2 136 1 136 2 137 1
 137  2 153 1 153 2 154 1 154 2 170 1 170 2 171 1 171 2
 187  1 187 2 188 1 188 2 204 1 204 2 205 1 205 2 221 1
 221  2 222 1 222 2 238 1 238 2 239 1 239 2 255 1 255 2
 256  1 256 2 272 1 272 2 273 1 273 2 289 1 289 2 290 1
 290  2 306 1 306 2 307 1 307 2 323 1 323 2 324 1 324 2
 340  1 340 2 341 1 341 2 342 1 342 2 343 1 343 2 344 1
 344  2 345 1 345 2 346 1 346 2 347 1 347 2 348 1 348 2
 349  1 349 2 350 1 350 2 351 1 351 2 352 1 352 2 353 1
 353  2 354 1 354 2 355 1 355 2 356 1 356 2 357 1 357 2
   0.0    0.0    0.0    0.0    0.0    0.0    0.0    0.0    0.0
   0.0    0.0    0.0    0.0    0.0    0.0    0.0    0.0    0.0
   0.0    0.0    0.0    0.0    0.0    0.0    0.0    0.0    0.0
   0.0    0.0    0.0    0.0    0.0    0.0    0.0    0.0    0.0
   0.0    0.0    0.0    0.0    0.0    0.0    0.0    0.0    0.0
   0.0    0.0    0.0    0.0    0.0    0.0    0.0    0.0    0.0
   0.0    0.0    0.0    0.0    0.0    0.0    0.0    0.0    0.0
   0.0    0.0    0.0    0.0    0.0    0.0    0.0    0.0    0.0
   0.0    0.0    0.0    0.0    0.0    0.0    0.0    0.0    0.0
   0.0    0.0    0.0    0.0    0.0    0.0    0.0    0.0    0.0
   0.0    0.0    0.0    0.0    0.0    0.0    0.0    0.0    0.0
   0.0    0.0    0.0    0.0    0.0    0.0    0.0    0.0    0.0
   0.0    0.0    1.0    0.0    1.0    0.0    1.0    0.0    1.0
   0.0    1.0    0.0    1.0    0.0    1.0    0.0    1.0    0.0
   1.0    0.0    1.0    0.0    1.0    0.0    1.0    0.0    1.0
   0.0    1.0    0.0    1.0    0.0    1.0    0.0    1.0    0.0
   0                                            NSSV
   1.0      1.0E8                               AMU,PENLTY
   0.0      0.0    0.0                          F0,FX,FY
   1.0      0.0    0.0                          C0,CX,CY
 150      151    1      0                       NTIME,NSTP,INTVL,INTIAL
   0.001    0.5    0.5    1.0E-6                DT,ALFA,GAMA,EPSLN
```

框 11.6.10　壁面驱动空腔内黏性流体流动的部分输出文件

```
* TIME * = 0. 10E+00 Time Step Number = 100 Difference = 0. 82510E- 04
```

Node	x-coord.	y- coord.	Value of u	Value of v
26	0.50000E+00	0.62500E-01	-0.36506E-01	-0.16666E-07
43	0.50000E+00	0.12500E+00	-0.65653E-01	-0.15158E-07
60	0.50000E+00	0.18750E+00	-0.91155E-01	-0.78388E-08
77	0.50000E+00	0.2 5000E+00	-0.11506E+00	-0.89954E-08
94	0.50000E+00	0.31250E+00	-0.13807E+00	-0.55894E-08
111	0.50000E+00	0.37500E+00	-0.15966E+00	-0.55408E-08
128	0.50000E+00	0.43750E+00	-0.17785E+00	-0.38310E-08
145	0.50000E+00	0.50000E+00	-0.18892E+00	-0.44778E-08
162	0.50000E+00	0.56250E+00	-0.18682E+00	-0.30558E-08
179	0.50000E+00	0.62500E+00	-0.16308E+00	-0.32317E- 08
196	0.50000E+00	0.68750E+00	-0.10650E+00	-0.25332E-08
213	0.50000E+00	0.75000E+00	-0.47054E-02	-0.29066E 08
230	0.50000E+00	0.78125E+00	0.67315E-01	-0.20648E-08
247	0.50000E+00	0.81250E+00	0.15441E+00	-0.19906E-08
264	0.50000E+00	0.84375E+00	0.25887E+00	-0.15246E-08
281	0.50000E+00	0.87500E+00	0.37756E+00	-0.83728E-09
298	0.50000E+00	0.90625E+00	0.51561E+00	-0.45414E-09
315	0.50000E+00	0.93750E+00	0.66371E+00	0.59333E-10
332	0.50000E+00	0.96875E+00	0.82817E+00	0.15004E-09

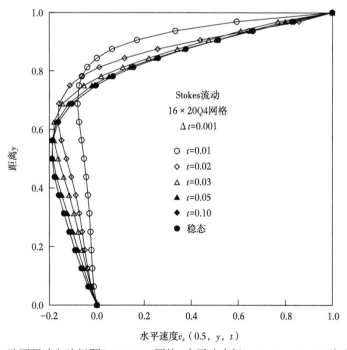

图 11.6.12　壁面驱动空腔问题(16×20Q4 网格)水平速度场 $v_x(0.5, y, t) \times 10$ 随时间 t 的变化

表 11.6.5　壁面驱动空腔问题在不同时刻和时间步长时水平速度 $v_x(0.5,y,t) \times 10$ 随 $\bar{y}=10y$ 的变化

$\bar{y}$ $\Delta t \rightarrow$	$t=0.01$		$t=0.05$		$t=1.4$		稳态
	10^{-2}	10^{-3}	10^{-2}	10^{-3}	10^{-2}	10^{-3}	
0.6250	−0.1342	−0.1953	−0.3103	−0.3247	−0.3688	−0.3684	−0.3688
1.2500	−0.1936	−0.3140	−0.5624	−0.5841	−0.6631	−0.6623	−0.6631
1.8750	−0.2314	−0.3940	−0.7888	−0.8163	−0.9198	−0.9918	−0.9798
2.5000	−0.2691	−0.4651	−1.0122	−1.0435	−1.1593	−1.1582	−1.1593
3.1250	−0.3157	−0.5475	−1.2346	−1.2746	−1.3886	−1.3877	−1.3886
3.7500	−0.3759	−0.6536	−1.4790	−1.5053	−1.6028	−1.6020	−1.6028
4.3750	−0.4516	−0.7902	−1.6964	−1.7151	−1.7820	−1.7816	−1.7820
5.0000	−0.5435	−0.9605	−1.8536	−1.8643	−1.8895	−1.8894	−1.8895
5.6250	−0.6465	−1.1577	−1.8846	−1.8878	−1.8652	−1.8656	−1.8652
6.2500	−0.7474	−1.3479	−1.7011	−1.6946	−1.6250	−1.6257	−1.6250
6.8750	−0.8097	−1.4428	−1.1889	−1.1653	−1.0572	−1.0581	−1.0572
7.5000	−0.7536	−1.1523	−0.2093	−0.1693	−0.0382	−0.0393	−0.0382
7.8125	−0.6325	−0.7744	0.5100	0.5471	0.6820	0.6809	0.6820
8.1250	−0.4077	−0.1695	1.4014	1.4197	1.5526	1.5516	1.5526
8.4375	−0.0054	0.7336	2.4885	2.4716	2.5965	2.5956	2.5965
8.7500	0.6329	1.9318	3.7259	3.6716	3.7823	3.7816	3.7824
9.0625	1.7000	3.5232	5.1185	5.0707	5.1617	5.1609	5.1616
9.3750	3.3334	5.3837	6.5139	6.5756	6.6409	6.6405	6.6410
9.6875	5.9470	7.5970	7.9975	8.2488	8.2838	8.2835	8.2838

11.7　小结

建立了二维黏性不可压流体流动控制方程的有限元模型。给出了两种不同类型的有限元模型:(1)(v_x,v_y,P)作为主要节点自由度的速度—压力有限元模型;(2)(v_x,v_y)作为主要节点自由度的罚有限元模型。在罚函数方法中,压力通过对速度场的后处理计算得到。罚有限元模型中的系数矩阵采用混合积分方法:对黏性项进行完全积分,对罚项[即与不可压或者速度场的无散($\nabla \cdot v=0$)条件相关的项]进行减缩积分。讨论了三角形和四边形单元。一般来讲,三角形单元的压力场结果不准确,当讨论数值结果时这里不会采用三角形单元。基于线性和二次四边形单元的罚有限元模型的压力和速度场的结果更加可靠。利用 FEM2D(基于罚有限元模型,更多的应用参见[3,4,8])给出了二维黏性不可压流体的稳态和瞬态解的一些数值算例。

习题

求解格式和数据准备

11.1　考虑柱坐标系(r,θ,z)下的式(11.2.1)和式(11.2.2)。对于黏性不可压流体的轴对称流动(即流场与 θ 坐标无关),有

$$\rho \frac{\partial u}{\partial t} = \frac{1}{r} \frac{\partial}{\partial r}(r\sigma_{rr}) - \frac{\sigma_{\theta\theta}}{r} + \frac{\partial \sigma_{rz}}{\partial z} + f_r \tag{1}$$

$$\rho \frac{\partial w}{\partial t} = \frac{1}{r} \frac{\partial}{\partial r}(r\sigma_{rz}) + \frac{\partial \sigma_{zz}}{\partial z} + f_z \tag{2}$$

$$\frac{1}{r} \frac{\partial}{\partial r}(ru) + \frac{\partial w}{\partial z} = 0 \tag{3}$$

这里 $(u = v_r, w = v_z)$

$$\sigma_{rr} = -P + 2\mu \frac{\partial u}{\partial r}, \sigma_{\theta\theta} = -P + 2\mu \frac{u}{r}, \sigma_{zz} = -P + 2\mu \frac{\partial w}{\partial z}, \sigma_{rz} = \mu\left(\frac{\partial u}{\partial z} + \frac{\partial w}{\partial r}\right) \tag{4}$$

利用压力—速度格式建立方程的半离散有限元模型。

11.2　利用罚有限元格式建立习题 11.1 中方程的半离散有限元模型。

11.3　写出习题 11.1 和习题 11.2 中有限元模型的完全离散有限元方程。利用 α 族近似。

11.4　在平面 (x, y) 内黏性不可压流体的非稳态缓慢流动的控制方程可以用涡量 ω_z 和流函数 ψ 表出：

$$\rho \frac{\partial \omega_z}{\partial t} - \mu \nabla^2 \omega_z = 0, \quad -2\omega_z - \nabla^2 \psi = 0 \tag{1}$$

建立方程的半离散有限元模型。讨论次要变量的意义。

11.5—11.7　对于图 P11.5 至图 P11.7 给出的黏性流动问题，写出给定的主要变量和次要变量的自由度数目及其数值。

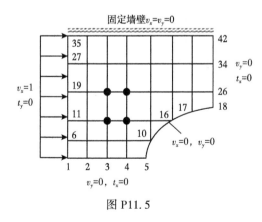

图 P11.5

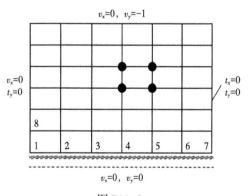

图 P11.6

11.8　考虑正方空穴内黏性不可压流体的流动（图 P11.8）。流动由上壁面（盖）以 $v_x = \sin\pi x$ 的速度移动引起。对于 6×4 网格的线性单元，以及 DX = {0.1, 0.2, 0.2, 0.2, 0.2, 0.1}，DY = {0.35, 0.35, 0.2, 0.1}，给出主要和次要变量自由度数目。

11.9　考虑 90°平面结构中黏性不可压流体的流动。利用对称性以及图 P11.9 中给出的网格，写出计算域内给定的主要和次要变量。

11.10　利用图 P11.10 给出的几何重新解答习题 11.9。

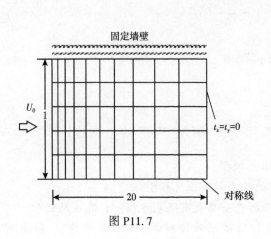

图 P11.7

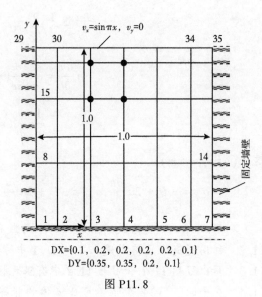

DX={0.1, 0.2, 0.2, 0.2, 0.2, 0.1}
DY={0.35, 0.35, 0.2, 0.1}

图 P11.8

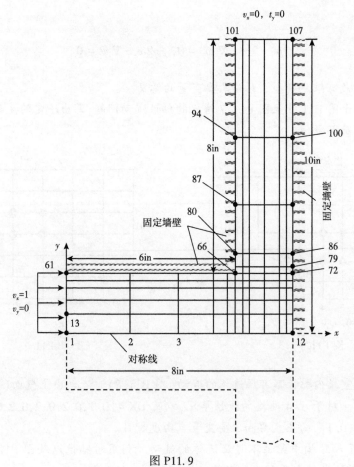

图 P11.9

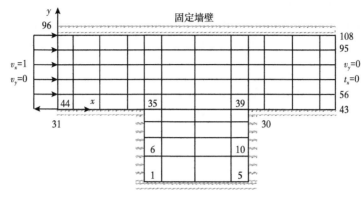

图 P11.10

计算练习

利用对图示结果无影响的罚参数数值。

11.11　利用非均匀 10×8 Q9 单元网格:在 x 方向上 4 个长度 1.0 的单元、2 个长度 0.5 的单元以及 4 个长度 0.25 的单元,在 y 方向上 8 个长度 0.25 的单元,分析平行平板间黏性流体的挤出问题。罚参数取 $\gamma = 10^8$。绘制 $x_0 = 4$ 和 $x_0 = 6$ 处速度 $v_x(x_0, y)$ 随 y 的变化。绘制 $y_0 = 0.05283$ 和 $y_0 = 1.947$ 处压力 $P(x, y_0)$ 随 x 的变化。

11.12　利用与非均匀 10×8 Q9 单元网格有同样节点的非均匀 20×16 Q4 单元网格重新计算习题 11.11。

11.13　利用 35 个节点 6 个 Q9(二次)单元(图 P11.13)的网格分析滑动轴承的黏性流体流动(参见例 11.6.2)。利用 MESH2DG 和如下的输入数据生成网格:

```
    5                         NRECL
1   7   1   0.0      0.0      0.36      0.0      1.0
8   14  1   0.0      5.0E-5   0.36      5.0E-5   1.0
15  21  1   0.0      4.0E-4   0.36      2.0E-4   1.0
22  28  1   0.0      6.0E-4   0.36      3.0E-4   1.0
29  35  1   0.0      8.0E-4   0.36      4.0E-4   1.0
    2                         NRECEL
1   3   1   2   9   1   3   17  15  2   10  16  8   9
4   6   1   2   9   15  17  31  29  16  24  30  22  23
```

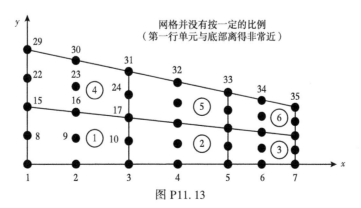

图 P11.13

11.14 利用 35 个节点 24 个 Q4(线性)单元(与习题 11.13 的网格有同样多的节点)的网格分析滑动轴承的黏性流体流动(参见例 11.6.2)。利用 MESH2DG 和如下的输入数据生成网格:

```
 24    35                          NEM, NNM
  5                                NREC
  1     7    1   0.0     0.0       0.36   0.0      1.0
  8    14    1   0.0     5.0E-5    0.36   5.0E-5   1.0
 15    21    1   0.0     4.0E-4    0.36   2.0E-4   1.0
 22    28    1   0.0     6.0E-4    0.36   3.0E-4   1.0
 29    35    1   0.0     8.0E-4    0.36   4.0E-4   1.0
  4
  1     6    1   1       1         1      2        9      8
  7    12    1   1       4         8      9       16     15
 13    18    1   1       4        15     16       23     22
 19    24    1   1       4        22     23       30     29
```

11.15 利用 153 个节点 32 个 Q9(二次四边形)单元的网格分析滑动轴承的黏性流体流动(参见例 11.6.2)。利用 MESH2DG 和如下的输入数据生成网格:

```
  9                                      NREC
  1    17    1   0.0     0.0       0.36   0.0      1.0
 18    34    1   0.0     1.0E-4    0.36   0.5E-4   1.0
 35    51    1   0.0     2.0E-4    0.36   1.0E-4   1.0
 52    68    1   0.0     3.0E-4    0.36   1.5E-4   1.0
 69    85    1   0.0     4.0E-4    0.36   2.0E-4   1.0
 86   102    1   0.0     5.0E-4    0.36   2.5E-4   1.0
103   119    1   0.0     6.0E-4    0.36   3.0E-4   1.0
120   136    1   0.0     7.0E-4    0.36   3.5E-4   1.0
137   153    1   0.0     8.0E-4    0.36   4.0E-4   1.0
  4
  1     8    1   2       9        1       3   37   35    2   20   36   18   19
  9    16    1   2       9       35      37   71   69   36   54   70   52   53
 17    24    1   2       9       69      71  105  103   70   88  104   86   87
 25    32    1   2       9      103     105  139  137  104  122  138  120  121
```

11.16 利用 16×20 的线性四边形单元分析正方空腔(参见例 11.6.3)内的黏性流动。给出空腔底部(离 $y=0$ 最近的 Gauss 积分点)$v_x(0.5,y)$ 随 y,$P(x,y)×10^{-2}$ 随 x 和 $-\sigma_{xy}(x,y)$ 随 x 的变化。沿 x 和 y 方向采用如下的单元长度:沿 x 轴 16 个长度为 0.0625 的单元,沿 y 方向 12 个长度为 0.0625 和 8 个长度为 0.03125 的单元。

11.17 利用 9 节点二次四边形单元重新求解习题 11.16。图示比较两种网格下空腔底部(离 $y=0$ 最近的 Gauss 积分点)$v_x(0.5,y)$ 随 y,$P(x,y)×10^{-2}$ 随 x 和 $-\sigma_{xy}(x,y)$ 随 x 的变化。

11.18 如图 P11.18 所示,通过 4:1 收缩分析黏性不可压流体的挤出问题。采用线性四边形单元,令 $L_1=10$,$L=6$,$R_1=4$,$R_2=1$。入口速度 $v_x(y)$ 是平行两板间充分发展的流动的解。绘制水平中心线上速度 $v_x(x,y)$ 和压力分布。

11.19 利用均匀的 6×4 Q9 网格,零初始条件,以及 $c_1=1.0$,$\Delta t=0.1$,$\alpha=0.5$,$\gamma=10^8$,$\varepsilon=10^{-3}$,分析平行两板之间黏性流体挤出问题的瞬态解。

11.20 分析习题 11.17(8×10 Q9 网格)所示的空腔问题的瞬态解。利用 $\rho=1.0$,零初始条件,罚参数 $\gamma=10^8$,时间参数 $\alpha=0.5$,时间步长 $\Delta t=0.005$,求 $v_x(0.5,y,t)$ 随时间的变化。

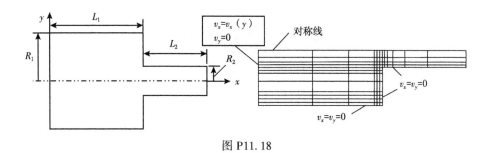

图 P11.18

课外阅读参考资料

[1] J. N. Reddy, *An Introduction to Continuum Mechanics*, 2nd ed., Cambridge University Press, New York, NY, 2013.

[2] J. N. Reddy, *Principles of Continuum Mechanics*, 2nd ed., Cambridge University Press, New York, NY, 2018.

[3] J. N. Reddy, *An Introduction to Nonlinear Finite Element Analysis*, 2nd ed., Oxford University Press, Oxford, UK, 2015.

[4] J. N. Reddy and D. K. Gartling, *The Finite Element Method in Heat Transfer and Fluid Dynamics*, 3rd ed., CRC Press, Boca Raton, FL, 2001.

[5] J. N. Reddy, *Energy Principles and Variational Methods in Applied Mechanics*, 3rd ed., John Wiley & Sons, New York, NY, 2017.

[6] A. Nadai, *Theory of Flow and Fracture of Solids*, Vol. II, McGraw-Hill, New York, NY, 1963.

[7] H. Schlichting, *Boundary Layer Theory* (translated by J. Kestin), 7th ed., McGraw-Hill, New York, NY, 1979.

[8] P. M. Gresho and R. L. Sani, *Incompressible Flow and the Finite Element Method*, John Wiley & Sons, Chichester, UK, 1998.

[9] R. B. Bird, W. E. Stewart, and E. N. Lightfoot, *Transport Phenomena*, John Wiley & Sons, New York, NY, 1960.

[10] J. T., Oden, "RIP methods for Stokesian flows," in R. H. Gallagher, O. C. Zienkiewicz, J. T. Oden, and D. Norrie (eds.), *Finite Element Method in Flow Problems*, Vol. IV, John Wtley & Sons, London, UK, 1982.

12 平面弹性力学

The most beautiful thing we can experience is the mysterious. It is the source of all true art and science.

（我们能体验到的最美的东西就是神秘，它是所有真正艺术和科学的源泉。）

Albert Einstein

12.1 引言

弹性力学是处理固体的应力和变形的固体力学分支。线弹性力学关注线弹性固体（即遵循 Hooke 定律）的小变形（应变和位移与 1 相比很小）。由于几何、边界条件和外力的原因，一类弹性力学问题的解（即位移和应力）与某一个坐标无关。这类问题称为平面弹性力学问题。这里讨论的平面弹性力学问题分为平面应变和平面应力问题。这两类问题都可以用位移向量的两个分量表示的耦合偏微分方程组来描述。平面应变问题与平面应力问题的控制方程的区别仅仅在于微分方程的系数。

由区域 Ω 和封闭边界 Γ［参见图 12.1.1（a）中的符号］描述的弹性固体的运动是基于材料描述的，也即 Lagrange 描述。三维线弹性力学（即应变无限小且材料遵循 Hooke 定律）的运动方程为

$$\frac{\partial \sigma_{xx}}{\partial x} + \frac{\partial \sigma_{yx}}{\partial y} + \frac{\partial \sigma_{zx}}{\partial z} + f_x = \rho \frac{\partial^2 u_x}{\partial t^2}$$

$$\frac{\partial \sigma_{xy}}{\partial x} + \frac{\partial \sigma_{yy}}{\partial y} + \frac{\partial \sigma_{zy}}{\partial z} + f_y = \rho \frac{\partial^2 u_y}{\partial t^2} \text{ 在 } \Omega \text{ 内} \qquad (12.1.1)$$

$$\frac{\partial \sigma_{xz}}{\partial x} + \frac{\partial \sigma_{yz}}{\partial y} + \frac{\partial \sigma_{zz}}{\partial z} + f_z = \rho \frac{\partial^2 u_z}{\partial t^2}$$

式中，(u_x, u_y, u_z) 分别是位移向量 $\boldsymbol{u}$ 沿着 x、y 和 z（材料）坐标轴的分量，$\sigma_{\xi\eta}$ 是应力张量 $\boldsymbol{\sigma}$ 的分量，且位于法向为 ξ 方向的平面内指向 η 方向［参见图 12.1.1（b）中的符号］，(f_x, f_y, f_z) 是单位体积体力向量 $\boldsymbol{f}$ 的分量，ρ 是质量密度。利用动量守恒定理可得运动方程（或牛顿第二定律，参见 Reddy[1]）。在无体力矩或力偶时，基于角动量守恒定理可得应力张量的对称性：

$$\sigma_{xy} = \sigma_{yx}, \sigma_{xz} = \sigma_{zx}, \sigma_{yz} = \sigma_{zy} \qquad (12.1.2)$$

因此，三维弹性力学中只有 6 个独立的应力分量。3 个运动方程中包括 9 个未知量，即 3 个位移分量和 6 个应力分量。为了用 3 个方程求解 3 个未知量，利用应力应变关系和应变—位移关系将 6 个应力分量用 3 个位移分量来表示。假设材料坐标系与坐标系 (x, y, z) 重合，正交各向异性材料的 Hooke 定律为

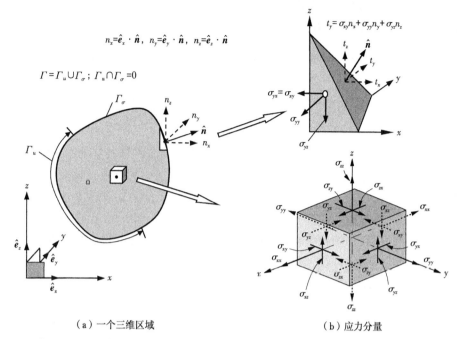

（a）一个三维区域　　　　　　　　（b）应力分量

图 12.1.1　一点处的单元体的应力和应变分量,单元体的侧面垂直于(x,y,z)轴

$$\begin{Bmatrix} \sigma_{xx} \\ \sigma_{yy} \\ \sigma_{zz} \\ \sigma_{yz} \\ \sigma_{xz} \\ \sigma_{xy} \end{Bmatrix} = \begin{bmatrix} C_{11} & C_{12} & C_{13} & 0 & 0 & 0 \\ C_{21} & C_{22} & C_{23} & 0 & 0 & 0 \\ C_{31} & C_{32} & C_{33} & 0 & 0 & 0 \\ 0 & 0 & 0 & C_{44} & 0 & 0 \\ 0 & 0 & 0 & 0 & C_{55} & 0 \\ 0 & 0 & 0 & 0 & 0 & C_{66} \end{bmatrix} \begin{Bmatrix} \varepsilon_{xx} \\ \varepsilon_{yy} \\ \varepsilon_{zz} \\ 2\varepsilon_{yz} \\ 2\varepsilon_{xz} \\ 2\varepsilon_{xy} \end{Bmatrix} \qquad (12.1.3)$$

在式(12.1.3)中,$C_{ij}=C_{ji}$是材料参数,称为线弹性材料的刚度系数。刚度系数 C_{ij} 可用 9 个工程材料常数$(E_1,E_2,E_3,G_{23},G_{13},G_{12},v_{23},v_{13},v_{12})$来表示:

$$C_{11}=\frac{1-v_{23}v_{32}}{E_2E_3\Delta},\ C_{12}=\frac{v_{21}+v_{31}v_{32}}{E_2E_3\Delta}=\frac{v_{12}+v_{32}v_{13}}{E_1E_3\Delta}$$

$$C_{13}=\frac{v_{31}+v_{21}v_{32}}{E_2E_3\Delta}=\frac{v_{13}+v_{12}v_{23}}{E_1E_2\Delta}$$

$$C_{22}=\frac{1-v_{13}v_{31}}{E_1E_3\Delta},\ C_{23}=\frac{v_{32}+v_{12}v_{31}}{E_1E_3\Delta}=\frac{v_{23}+v_{21}v_{13}}{E_1E_2\Delta} \qquad (12.1.4)$$

$$C_{33}=\frac{1-v_{12}v_{21}}{E_1E_2\Delta},\ C_{44}=G_{23},\ C_{55}=G_{13},\ C_{66}=G_{12}$$

$$\Delta=\frac{1-v_{12}v_{21}-v_{23}v_{32}-v_{31}v_{13}-2v_{21}v_{32}v_{13}}{E_1E_2E_3}$$

式中,E_i 是杨氏模量,G_{ij} 是剪切模量,ν_{ij} 是泊松比。

线弹性的应变—位移关系为

$$\varepsilon_{xx}=\frac{\partial u_x}{\partial x},\varepsilon_{yy}=\frac{\partial u_y}{\partial y},\varepsilon_{zz}=\frac{\partial u_z}{\partial z}$$

$$2\varepsilon_{yz}=\frac{\partial u_y}{\partial z}+\frac{\partial u_z}{\partial y},2\varepsilon_{xz}=\frac{\partial u_x}{\partial z}+\frac{\partial u_z}{\partial x},2\varepsilon_{xy}=\frac{\partial u_x}{\partial y}+\frac{\partial u_y}{\partial x}$$

(12.1.5)

式中,诸如 ε_{xx} 和 ε_{yy} 是笛卡儿坐标系下的应变分量[应力的符号参见图 12.1.1(b)]。第13 章将会讨论三维弹性力学方程[即位移形式的式(12.1.1)]的有限元模型。

本章的主要目的有三方面:(1) 给出位移分量表示的线性二维弹性力学控制方程的评述;(2) 建立控制方程的弱形式;(3) 构造位移有限元模型。如下所述,共有两类平面弹性力学问题。对于这两类问题,外载荷、边界条件和材料属性都不是(厚度上)坐标 z 的函数。如果求解域很薄以至于应力 σ_{xz}、σ_{yz} 和 σ_{zz} 是可以忽略的,这是平面应力问题。对于第二类弹性力学问题,求解域在 z 方向上非常长,从而可以假设其位移与 z 坐标无关。此时可以取物体的一个截面来分析。此类问题称为平面应变问题。

通过令与 z 方向相关的分量为零可得应力表示的平面弹性力学控制方程。其弱形式和位移有限元模型的构造方法与第 11 章讨论的黏性可压流问题一样。实际上,很快就会看到这两种场问题的控制方程非常类似。从二维有限元插值函数库中选择合适的近似函数。

12.2　控制方程

12.2.1　平面应变

平面应变问题是实际物体的几何形状、边界条件和载荷不沿长度坐标 z 变化的数学模型。相应地,位移场只是坐标 (x,y) 的函数。那么就可以利用物体(图 12.2.1)单位厚度的一个横截面来作为求解域。平面应变的其他例子包括土坝和内外压作用下的长圆柱。

平面应变问题的位移场可写为

$$u_x=u_x(x,y),u_y=u_y(x,y),u_z=0$$

(12.2.1)

式(12.2.1)的位移场给出了如下的应变场:

$$\varepsilon_{xz}=\varepsilon_{yz}=\varepsilon_{zz}=0$$

$$\varepsilon_{xx}=\frac{\partial u_x}{\partial x},2\varepsilon_{xy}=\frac{\partial u_x}{\partial y}+\frac{\partial u_y}{\partial x},\varepsilon_{yy}=\frac{\partial u_y}{\partial y}$$

(12.2.2)

显然,物体处于平面应变状态。对于正交各向异性材料,假设材料坐标系 (x_1,x_2,x_3) 与坐标系 (x,y,z) 重合,那么其应力分量为

$$\sigma_{xz}=\sigma_{yz}=0,\sigma_{zz}=E_3\left(\frac{\nu_{13}}{E_1}\sigma_{xx}+\frac{\nu_{23}}{E_2}\sigma_{yy}\right)$$

(12.2.3)

$$
\left\{\begin{array}{c} \sigma_{xx} \\ \sigma_{yy} \\ \sigma_{xy} \end{array}\right\} = \left[\begin{array}{ccc} \bar{c}_{11} & \bar{c}_{12} & 0 \\ \bar{c}_{12} & \bar{c}_{22} & 0 \\ 0 & 0 & \bar{c}_{66} \end{array}\right] \left\{\begin{array}{c} \varepsilon_{xx} \\ \varepsilon_{yy} \\ 2\varepsilon_{xy} \end{array}\right\} \tag{12.2.4a}
$$

式中, $\bar{c}_{ij}$ 是弹性刚度系数($E_3 = E_2$, $\nu_{23} \approx \nu_{12} = \nu_{13}$):

$$
\bar{c}_{11} = \frac{(1-\nu_{23}\nu_{32})E_1}{\Delta}, \bar{c}_{22} = \frac{(1-\nu_{13}\nu_{31})E_2}{\Delta}
$$

$$
\bar{c}_{12} = \frac{(\nu_{12}+\nu_{13}\nu_{32})E_2}{\Delta}, \bar{c}_{66} = G_{12} \tag{12.2.4b}
$$

$$
\Delta = 1 - \nu_{23}\nu_{32} - \nu_{13}\nu_{31} - \nu_{12}\nu_{21} - 2\nu_{12}\nu_{23}\nu_{31}
$$

E_1 和 E_2 分别是 x 和 y 方向上的杨氏模量, G_{12} 是 xy 平面内的剪切模量, ν_{12} 是泊松比(即当在 x 方向施加应力时 y 方向的应变与 x 方向应变的比值的相反数)。基于互反关系可以计算泊松比 ν_{21} :

$$
\nu_{21} = \frac{E_2}{E_1}\nu_{12} (\nu_{ij}E_j = \nu_{ji}E_i, 重复指标不求和) \tag{12.2.5}
$$

需要额外的工程常数 E_3 、 ν_{23} 和 ν_{13} 来计算 σ_{zz} 。对于各向同性材料,有 $E_1 = E_2 = E_3 = E$, $\nu_{12} = \nu_{21} = \nu_{13} = \nu_{23} = \nu$ 和 $G_{12} = G = E/2(1+\nu)$ 。因此:

$$
\bar{c}_{11} = \bar{c}_{22} = \frac{(1-\nu)E}{(1+\nu)(1-2\nu)}, \bar{c}_{12} = \nu/(1-\nu)\bar{c}_{11}, \bar{c}_{66} = G \tag{12.2.6}
$$

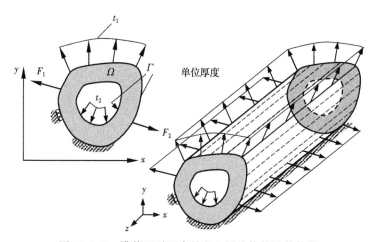

图 12.2.1　横截面平面内的空心圆柱构件及其载荷

应力分量表示的运动方程变为如下两个方程:

$$
\rho \frac{\partial^2 u_x}{\partial t^2} - \frac{\partial \sigma_{xx}}{\partial x} - \frac{\partial \sigma_{xy}}{\partial y} - f_x = 0 \tag{12.2.7}
$$

$$\rho\frac{\partial^2 u_y}{\partial t^2}-\frac{\partial \sigma_{xy}}{\partial x}-\frac{\partial \sigma_{yy}}{\partial y}-f_y=0 \tag{12.2.8}$$

如图 12.2.1 给出了一个平面应变问题的例子,与坐标 z 无关的受内压载荷作用的长圆柱构件。对于远离端部的横截面,显然位移 u_z 为零,且 u_x 和 u_y 与 z 无关,即这是平面应变状态。

12.2.2　平面应力

满足如下应力场的状态即为平面应力状态:

$$\sigma_{xz}=\sigma_{yz}=\sigma_{zz}=0$$
$$\sigma_{xx}=\sigma_{xx}(x,y),\sigma_{xy}=\sigma_{xy}(x,y),\sigma_{yy}=\sigma_{yy}(x,y) \tag{12.2.9a}$$

图 12.2.2 给出了平面应力问题的一个例子,受 xy 平面内(或平行于它)与 z 无关的载荷作用的薄板。假设板的上下表面是自由的,且给定的边界载荷位于 xy 平面内,因此 $f_z=0,u_z=0$。

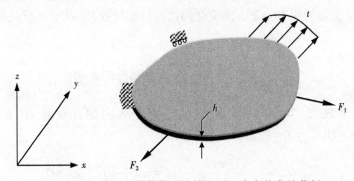

图 12.2.2　受面内载荷作用的处于平面应力状态的薄板

与式(12.2.9a)应力场相关的应变场为

$$\begin{Bmatrix}\varepsilon_{xx}\\\varepsilon_{yy}\\2\varepsilon_{xy}\end{Bmatrix}=\begin{bmatrix}s_{11}&s_{12}&0\\s_{12}&s_{22}&0\\0&0&s_{66}\end{bmatrix}\begin{Bmatrix}\sigma_{xx}\\\sigma_{yy}\\\sigma_{xy}\end{Bmatrix} \tag{12.2.9b}$$

$$\varepsilon_{xz}=\varepsilon_{yz}=0,\varepsilon_{zz}=s_{13}\sigma_{xx}+s_{23}\sigma_{yy} \tag{12.2.9c}$$

式中,s_{ij} 是弹性柔度:

$$s_{11}=\frac{1}{E_1},s_{22}=\frac{1}{E_2},s_{33}=\frac{1}{E_3}$$
$$s_{12}=-v_{21}s_{22}=-v_{12}s_{11},s_{66}=\frac{1}{G_{12}} \tag{12.2.10}$$
$$s_{13}=-v_{31}s_{33}=-v_{13}s_{11},s_{23}=-v_{32}s_{33}=-v_{23}s_{22}$$

式(12.2.9b)的逆为

$$\begin{Bmatrix}\sigma_{xx}\\\sigma_{yy}\\\sigma_{xy}\end{Bmatrix}=\begin{bmatrix}Q_{11}&Q_{12}&0\\Q_{12}&Q_{22}&0\\0&0&Q_{66}\end{bmatrix}\begin{Bmatrix}\varepsilon_{xx}\\\varepsilon_{yy}\\2\varepsilon_{xy}\end{Bmatrix} \tag{12.2.11}$$

式中,Q_{ij}是平面应力状态下的弹性刚度系数：

$$Q_{11} = \frac{E_1}{(1-v_{12}v_{21})}, Q_{22} = \frac{E_2}{(1-v_{12}v_{21})} \quad (12.2.12)$$

$$Q_{12} = v_{12}Q_{22} = v_{21}Q_{11}, Q_{66} = G_{12}$$

平面应力问题的运动方程与式(12.2.7)和式(12.2.8)一样。平面应力和平面应变问题的运动方程的不同来自于其本构方程的差别。

12.2.3　方程小结

下面同时给出了展开形式和矢量形式的两类平面弹性力学问题的控制方程。

1) 运动方程

$$\frac{\partial\sigma_{xx}}{\partial x} + \frac{\partial\sigma_{yx}}{\partial y} + f_x = \rho\frac{\partial^2 u_x}{\partial t^2}$$

$$\frac{\partial\sigma_{xy}}{\partial x} + \frac{\partial\sigma_{yy}}{\partial y} + f_y = \rho\frac{\partial^2 u_y}{\partial t^2} \quad (12.2.13a)$$

或

$$\boldsymbol{D}^{\mathrm{T}}\boldsymbol{\sigma} + \boldsymbol{f} = \rho\ddot{\boldsymbol{u}} \quad (12.2.13b)$$

式中,f_x 和 f_y 分别是体力向量(单位体积的)沿着 x 和 y 方向的分量,ρ 是材料的质量密度,$\boldsymbol{D}^{\mathrm{T}}$ 是 $\boldsymbol{D}$ 的转置

$$\boldsymbol{D} = \begin{bmatrix} \partial/\partial x & 0 \\ 0 & \partial/\partial y \\ \partial/\partial y & \partial/\partial x \end{bmatrix}, \boldsymbol{\sigma} = \begin{Bmatrix} \sigma_{xx} \\ \sigma_{yy} \\ \sigma_{xy} \end{Bmatrix}, \boldsymbol{f} = \begin{Bmatrix} f_x \\ f_y \end{Bmatrix}, \boldsymbol{u} = \begin{Bmatrix} u_x \\ u_y \end{Bmatrix} \quad (12.2.13c)$$

2) 应变位移关系：

$$\varepsilon_{xx} = \frac{\partial u_x}{\partial x}, \varepsilon_{yy} = \frac{\partial u_y}{\partial y}, 2\varepsilon_{xy} = \frac{\partial u_x}{\partial y} + \frac{\partial u_y}{\partial x} \quad (12.2.14a)$$

或

$$\boldsymbol{\varepsilon} = \boldsymbol{Du}, \boldsymbol{\varepsilon} = \begin{Bmatrix} \varepsilon_{xx} \\ \varepsilon_{yy} \\ 2\varepsilon_{xy} \end{Bmatrix} \quad (12.2.14b)$$

3) 应力应变(或本构)关系

$$\begin{Bmatrix} \sigma_{xx} \\ \sigma_{yy} \\ \sigma_{xy} \end{Bmatrix} = \begin{bmatrix} c_{11} & c_{12} & 0 \\ c_{12} & c_{22} & 0 \\ 0 & 0 & c_{66} \end{bmatrix} \begin{Bmatrix} \varepsilon_{xx} \\ \varepsilon_{yy} \\ 2\varepsilon_{xy} \end{Bmatrix} \quad (12.2.15a)$$

或

$$\boldsymbol{\sigma}=\boldsymbol{C}\boldsymbol{\varepsilon},\boldsymbol{C}=\begin{bmatrix} c_{11} & c_{12} & 0 \\ c_{12} & c_{22} & 0 \\ 0 & 0 & c_{66} \end{bmatrix} \tag{12.2.15b}$$

式中, $c_{ij}(c_{ji}=c_{ij})$ 是正交各向异性材料的弹性(材料)常数,且材料主方向 (x_1,x_2,x_3) 与问题的坐标轴 (x,y,z) 重合。 c_{ij} 可用正交各向异性材料的弹性常数 (E_1,E_2,v_{12},G_{12}) 表示,对于平面应变问题 $(c_{ij}=\bar{c}_{ij})$ 参见式(12.2.4b),对于平面应力问题 $(c_{ij}=Q_{ij})$ 参见式(12.2.12)。

4)边界条件

自然边界条件为

$$\left.\begin{matrix} t_x \equiv \sigma_{xx}n_x+\sigma_{xy}n_y=\hat{\imath}_x \\ t_y \equiv \sigma_{xy}n_x+\sigma_{yy}n_y=\hat{\imath}_y \end{matrix}\right\} 在 \Gamma_\sigma 上 \tag{12.2.16a}$$

或

$$\boldsymbol{t} \equiv \boldsymbol{\sigma}\boldsymbol{N}=\hat{\boldsymbol{t}} 在 \Gamma_\sigma 上, \boldsymbol{N}=\begin{Bmatrix} n_x \\ n_y \end{Bmatrix}, \boldsymbol{\sigma}=\begin{bmatrix} \sigma_{xx} & \sigma_{xy} \\ \sigma_{xy} & \sigma_{yy} \end{bmatrix} \tag{12.2.16b}$$

本质(几何)边界条件为

$$u_x=\hat{u}_x, u_y=\hat{u}_y 或 \boldsymbol{u}=\hat{\boldsymbol{u}} 在 \Gamma_u 上 \tag{12.2.17}$$

式中, (n_x,n_y) 是边界 Γ 上单位法向量 $\hat{\boldsymbol{n}}$ 的分量(称为方向余弦); Γ_σ 和 Γ_u 是(不重叠的)边界; $\hat{\imath}_x$ 和 $\hat{\imath}_y$ 是给定力向量的分量; $\hat{u}_x$ 和 $\hat{u}_y$ 是给定位移向量的分量。在边界点上, (u_x,t_x) 和 (u_y,t_y) 只能给定其中的一个元素。

将式(12.2.14a)和式(12.2.14b)代入式(12.2.15a)和式(12.2.15b),将得到的结果代入式(12.2.13a)和式(12.2.13b),则方程(12.2.13a)和方程(12.2.13b)可以只用位移 u_x 和 u_y 来表示

$$-\frac{\partial}{\partial x}\left(c_{11}\frac{\partial u_x}{\partial x}+c_{12}\frac{\partial u_y}{\partial y}\right)-\frac{\partial}{\partial y}\left[c_{66}\left(\frac{\partial u_x}{\partial y}+\frac{\partial u_y}{\partial x}\right)\right]=f_x-\rho\frac{\partial^2 u_x}{\partial t^2} \tag{12.2.18a}$$

$$-\frac{\partial}{\partial x}\left[c_{66}\left(\frac{\partial u_x}{\partial y}+\frac{\partial u_y}{\partial x}\right)\right]-\frac{\partial}{\partial y}\left(c_{12}\frac{\partial u_x}{\partial x}+c_{22}\frac{\partial u_y}{\partial y}\right)=f_y-\rho\frac{\partial^2 u_y}{\partial t^2} \tag{12.2.18b}$$

或

$$-\boldsymbol{D}^{\mathrm{T}}\boldsymbol{C}\boldsymbol{D}\boldsymbol{u}=\boldsymbol{f}-\rho\ddot{\boldsymbol{u}} \tag{12.2.18b}$$

边界应力向量的分量也可以用位移表示:

$$t_x=\left\{c_{11}\frac{\partial u_x}{\partial x}+c_{12}\frac{\partial u_y}{\partial y}\right\}n_x+c_{66}\left(\frac{\partial u_x}{\partial y}+\frac{\partial u_y}{\partial x}\right)n_y \tag{12.2.19a}$$

$$t_y=c_{66}\left(\frac{\partial u_x}{\partial y}+\frac{\partial u_y}{\partial x}\right)n_x+\left(c_{12}\frac{\partial u_x}{\partial x}+c_{22}\frac{\partial u_y}{\partial y}\right)n_y \tag{12.2.19b}$$

或

$$t = \hat{n} \cdot CDu, \hat{n} = \begin{bmatrix} n_x & 0 & n_y \\ 0 & n_y & n_x \end{bmatrix} \tag{12.2.19c}$$

12.3 虚功和弱形式

12.3.1 简介

这里研究构造平面弹性力学方程(12.2.18a)和方程(12.2.18b)的两种不同的方法。第一种方法利用虚位移原理(或最小势能原理),用矩阵形式表示位移应变关系、应力应变关系和运动方程。固体力学和结构力学的大部分有限元教科书采用了此方法。第二种方法与此前章节一样,使用式(12.2.18a)和式(12.2.18b)的弱形式来构造有限元模型。当然,从数学上讲,这两种方法给出同样的有限元模型,只是代数格式有所不同。首先将区域 Ω 离散成一系列有限单元,$\Omega = \cup_{e=1}^{N} \Omega_e$。在典型单元 Ω_e 上,建立虚功和弱形式。

12.3.2 向量形式的虚位移原理

这里,在体积为 $V_e = \Omega_e \times (-h_e/2, h_e/2)$ (图 12.3.1) 的平面弹性有限单元 Ω_e 上使用(时间相关的)虚位移原理(参见 Reddy[2] 的 2.3.6 节):

$$0 = \int_{V_e} (\sigma_{ij} \delta\varepsilon_{ij} + \rho\ddot{u}_i\delta u_i) \mathrm{d}V - \int_{V_e} f_i\delta u_i \mathrm{d}V - \oint_{S_e} \hat{t}_i\delta u_i \mathrm{d}S \tag{12.3.1}$$

式中,$S_e = \Gamma_e \times (-h_e/2, h_e/2)$ 是体元 V_e 的表面;h_e 是有限元 Ω_e 的厚度;δ 是变分算子(参见 Reddy[2]);σ_{ij} 和 ε_{ij} 分别是应力和应变张量的分量;f_i 和 $\hat{t}$ 分别是体力和边界应力向量的分量。应力和应变张量的 (x_1, x_2) 分量和 (x, y) 分量之间的关系为

$$\sigma_{11} = \sigma_{xx}, \sigma_{12} = \sigma_{xy}, \sigma_{22} = \sigma_{yy}, \varepsilon_{11} = \varepsilon_{xx}, \varepsilon_{12} = \varepsilon_{xy}, \varepsilon_{22} = \varepsilon_{yy} \tag{12.3.2}$$
$$u_1 = u_x, u_2 = u_y, f_1 = f_x, f_2 = f_y, t_1 = t_x, t_2 = t_y$$

式(12.3.1)中的第一项代表物体内存储的虚应变能,第二项代表动能,第三项代表体力做的虚功,第四项代表表面力做的虚功。与平面弹性力学假设一致,假设式(12.3.1)中所有量都与厚度坐标 z 无关。因此,得

$$0 = \int_{\Omega_e} h_e [\sigma_{xx}\delta\varepsilon_{xx} + \sigma_{yy}\delta\varepsilon_{yy} + 2\sigma_{xy}\delta\varepsilon_{xy} + \rho(\ddot{u}_x\delta u_x + \ddot{u}_y\delta u_y)] \mathrm{d}x\mathrm{d}y$$

$$- \int_{\Omega_e} h_e(f_x\delta u_x + f_y\delta u_y) \mathrm{d}x\mathrm{d}y - \oint_{\Gamma_e} h_e(\hat{t}_x\delta u_x + \hat{t}_y\delta u_y) \mathrm{d}S \tag{12.3.3}$$

式中,f_x 和 f_y 为单位面积上的体力,t_x 和 t_y 为单位长度上的边界力。利用式(12.2.15b)将应力用应变表示,用式(12.2.14b)将应变用位移表示,式(12.3.3)可写为[注意到,$\delta\varepsilon = D\delta u$,$(AB)^\mathrm{T} = B^\mathrm{T}A^\mathrm{T}$]

$$0 = \int_{\Omega_e} h_e [(D\delta u)^\mathrm{T} C(Du) + \rho(\delta u)^\mathrm{T}\ddot{u}] \mathrm{d}x\mathrm{d}y$$

$$- \int_{\Omega_e} (\delta u)^\mathrm{T} h_e f \mathrm{d}x\mathrm{d}y - \oint_{\Gamma_e} h_e(\delta u)^\mathrm{T} t \mathrm{d}S \tag{12.3.4}$$

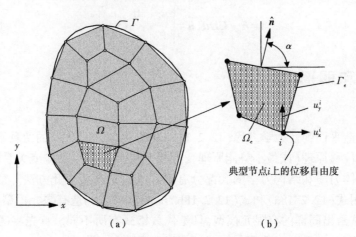

图 12.3.1 　(a)平面弹性区域的有限元离散;(b)典型单元

12.3.3 　弱形式

这里给出得到式(12.3.4)中虚功表达式的另一种方法,即平面弹性力学方程(12.2.13a)和方程(12.2.13b)的弱形式,这里 σ_{xx}、σ_{yy} 和 σ_{xy} 是位移 u_x 和 u_y 的已知函数:

$$\sigma_{xx} = c_{11}\frac{\partial u_x}{\partial x} + c_{12}\frac{\partial u_y}{\partial y}, \sigma_{xy} = c_{66}\left(\frac{\partial u_x}{\partial y} + \frac{\partial u_y}{\partial x}\right), \sigma_{yy} = c_{12}\frac{\partial u_x}{\partial x} + c_{22}\frac{\partial u_y}{\partial y} \qquad (12.3.5)$$

本书到目前为止一直采用弱形式的方法,该方法不需要虚位移原理或总最小势能原理的知识(局限于固体和结构力学领域),只需要知道控制微分方程及其物理意义。对这两个微分方程采用三步流程:对第一个方程乘以权函数 w_1,对第二个方程乘以权函数 w_2,对每种情况分别采用分部积分使得权函数和因变量(u_x, u_y)的微分阶次相等。权函数 w_1 和 w_2 的意义是,它们分别是 u_x 和 u_y 的一阶变分: $w_1 \sim \delta u_x$, $w_2 \sim \delta u_y$。有

$$0 = \int_{\Omega_e} h_e\left(\frac{\partial w_1}{\partial x}\sigma_{xx} + \frac{\partial w_1}{\partial y}\sigma_{xy} - w_1 f_x + \rho w_1 \ddot{u}_x\right)\mathrm{d}x\mathrm{d}y - \oint_{\Gamma_e} h_e w_1(\sigma_{xx}n_x + \sigma_{xy}n_y)\mathrm{d}S \qquad (12.3.6)$$

$$0 = \int_{\Omega_e} h_e\left(\frac{\partial w_2}{\partial x}\sigma_{xy} + \frac{\partial w_2}{\partial y}\sigma_{yy} - w_2 f_y + \rho w_2 \ddot{u}_y\right)\mathrm{d}x\mathrm{d}y - \oint_{\Gamma_e} h_e w_2(\sigma_{xy}n_x + \sigma_{yy}n_y)\mathrm{d}S \qquad (12.3.7)$$

最后一步是识别主变量和次变量,并将边界积分项用次变量重写。对式(12.3.6)和式(12.3.7)中边界积分项的考察表明圆括号内的表达式即为次变量。通过将这些表达式与式(12.2.16a)中的表达式进行对比,发现边界力 t_x 和 t_y 即为次变量。因此,最终的弱形式为

$$0 = \int_{\Omega_e} h_e\left[\frac{\partial w_1}{\partial x}\left(c_{11}\frac{\partial u_x}{\partial x} + c_{12}\frac{\partial u_y}{\partial y}\right) + c_{66}\frac{\partial w_1}{\partial y}\left(\frac{\partial u_x}{\partial y} + \frac{\partial u_y}{\partial x}\right) + p w_1 \ddot{u}_x\right]\mathrm{d}x\mathrm{d}y \qquad (12.3.8a)$$

$$- \int_{\Omega_e} h_e w_1 f_x \mathrm{d}x\mathrm{d}y - \oint_{\Gamma_e} h_e w_1 t_x \mathrm{d}S$$

$$0 = \int_{\Omega_e} h_e \left[c_{66} \frac{\partial w_2}{\partial x} \left(\frac{\partial u_x}{\partial y} + \frac{\partial u_y}{\partial x} \right) + \frac{\partial w_2}{\partial y} \left(c_{12} \frac{\partial u_x}{\partial x} + c_{22} \frac{\partial u_y}{\partial y} \right) + \rho w_2 \ddot{u}_y \right] dxdy \qquad (12.3.8b)$$

$$- \int_{\Omega_e} h_e w_2 f_y \, dxdy - \oint_{\Gamma_e} h_e w_2 t_y \, dS$$

12.4　有限元模型

12.4.1　简介

为了不同背景的读者都能理解，利用式（12.3.4）中的向量格式和式（12.3.8a）和式（12.3.8b）的展开格式来建立平面弹性力学方程的有限元模型。对式（12.3.8a）和式（12.3.8b）的弱形式的研究表明：（1）u_x 和 u_y 是主变量，必须作为基本的节点自由度；（2）只有 u_x 和 u_y 的关于 x 和 y 的一阶导数出现在弱形式中。因此，u_x 和 u_y 必须至少采用线性的 Lagrange 族插值函数。满足这些要求的最简单的单元是线性三角形和线性四边形单元。尽管 u_x 和 u_y 是互相独立的，它们都是位移向量的分量。因此，它们应该采用同样类型和自由度的插值。

用有限元插值逼近 u_x 和 u_y（为简洁起见，省去单元标号 e）：

$$u_x \approx \sum_{j=1}^{n} u_x^j \psi_j(x,y), \quad u_y \approx \sum_{j=1}^{n} u_y^j \psi_j(x,y) \qquad (12.4.1)$$

这里并不限制 ψ_j 适用于任何特定的单元，以便得到的有限元格式适用于任何单元。比如，如果采用线性三角形单元（$n=3$），每个节点有两个自由度（u_x^i, u_y^i）（$i=1,2,3,$），每个单元一共有 6 个节点位移自由度［图 12.4.1（a）］。对于线性四边形单元（$n=4$），每个单元一共有 8 个节点位移自由度［图 12.4.1（b）］。由于三角形单元的 ψ_i 的一阶导数在单元内是常数，因此线性三角形单元所有的应变（$\varepsilon_{xx}, \varepsilon_{yy}, \varepsilon_{xy}$）也是常数。因此，平面弹性力学问题的线性三角形单元被称为常应变单元（CST）。对于四边形单元，ψ_i 的一阶导数不是常数：$\partial \psi_i / \partial \xi$ 关于 η 是线性的并与 ξ 无关，$\partial \psi_i / \partial \eta$ 关于 ξ 是线性的并与 η 无关。

12.4.2　向量格式的有限元模型

式（12.4.1）中的有限元近似可以写成向量形式：

$$\boldsymbol{u} = \begin{Bmatrix} u_x \\ u_y \end{Bmatrix} = \boldsymbol{\Psi}\boldsymbol{\Delta}, \quad \boldsymbol{w} = \delta\boldsymbol{u} = \begin{Bmatrix} w_1 = \delta u_x \\ w_2 = \delta u_y \end{Bmatrix} = \boldsymbol{\Psi}\delta\boldsymbol{\Delta} \qquad (12.4.2a)$$

式中，$\boldsymbol{\Psi}$ 是 $2n \times 2n$ 阶的矩阵，$\boldsymbol{\Delta}$ 是关于节点自由度的 $2n \times 1$ 阶的向量

$$\boldsymbol{\Psi} = \begin{bmatrix} \psi_1 & 0 & \psi_2 & 0 & \cdots & \psi_n & 0 \\ 0 & \psi_1 & 0 & \psi_2 & \cdots & 0 & \psi_n \end{bmatrix}$$

$$\boldsymbol{\Delta} = \{ u_x^1 \quad u_y^1 \quad u_x^2 \quad u_y^2 \quad \cdots \quad u_x^n \quad u_y^n \} \qquad (12.4.2b)$$

应变为

$$\boldsymbol{\varepsilon} = \boldsymbol{Du} = \boldsymbol{D\Psi\Delta} \equiv \boldsymbol{B\Delta}, \quad \boldsymbol{\sigma} = \boldsymbol{CB\Delta} \qquad (12.4.3)$$

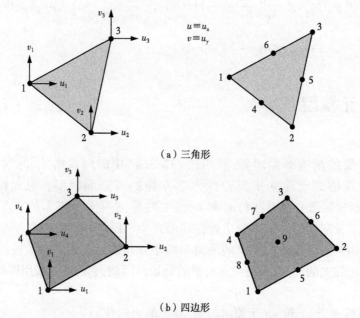

（a）三角形

（b）四边形

图 12.4.1　平面弹性力学的线性和二次单元

式中，D 的定义参见式(12.2.13c)，B 是 $3\times 2n$ 阶的矩阵：

$$
B = D\Psi = \begin{bmatrix}
\dfrac{\partial\psi_1}{\partial x} & 0 & \dfrac{\partial\psi_2}{\partial x} & 0 & \cdots & \dfrac{\partial\psi_n}{\partial x} & 0 \\[2mm]
0 & \dfrac{\partial\psi_1}{\partial y} & 0 & \dfrac{\partial\psi_2}{\partial y} & \cdots & 0 & \dfrac{\partial\psi_n}{\partial y} \\[2mm]
\dfrac{\partial\psi_1}{\partial y} & \dfrac{\partial\psi_1}{\partial x} & \dfrac{\partial\psi_2}{\partial y} & \dfrac{\partial\psi_2}{\partial x} & \cdots & \dfrac{\partial\psi_n}{\partial y} & \dfrac{\partial\psi_n}{\partial x}
\end{bmatrix}
\tag{12.4.4}
$$

为了得到有限元模型的向量形式，将式(12.4.2a)代入虚功表达式(12.3.4)，得

$$
\begin{aligned}
0 = & \int_{\Omega_e} h_e (\delta\Delta^e)^{\mathrm{T}} (B^{\mathrm{T}} CB\Delta^e + \rho\, \Psi^{\mathrm{T}}\Psi\ddot{\Delta}^e)\mathrm{d}x\mathrm{d}y \\
& - \int_{\Omega_e} h_e (\delta\Delta^e)^{\mathrm{T}}\Psi^{\mathrm{T}}f\mathrm{d}x\mathrm{d}y - \oint_{\Gamma_e} h_e(\delta\Delta^e)^{\mathrm{T}}\Psi^{\mathrm{T}}t\mathrm{d}S \\
= & (\delta\Delta^e)^{\mathrm{T}}(K^e\Delta^e + M^e\ddot{\Delta}^e - f^e - Q^e)
\end{aligned}
\tag{12.4.5}
$$

由于上述方程对任意变分 $\delta\Delta$ 都是成立的，因此在(12.4.5)中 $\delta\Delta$ 的系数应该为零(基于基本的变分引理)，得

$$
M^e\ddot{\Delta}^e + K^e\Delta^e = f^e + Q^e
\tag{12.4.6}
$$

式中

$$\boldsymbol{K}^e = \int_{\Omega_e} h_e \boldsymbol{B}^{\mathrm{T}} \boldsymbol{C} \boldsymbol{B} \mathrm{d}x\mathrm{d}y, \boldsymbol{M}^e = \int_{\Omega_e} \rho h_e \boldsymbol{\Psi}^{\mathrm{T}} \boldsymbol{\Psi} \mathrm{d}x\mathrm{d}y \qquad (12.4.7)$$

$$\boldsymbol{f}^e = \int_{\Omega_e} h_e \boldsymbol{\Psi}^{\mathrm{T}} \boldsymbol{f} \mathrm{d}x\mathrm{d}y, \boldsymbol{Q}^e = \oint_{\Gamma_e} h_e \boldsymbol{\Psi}^{\mathrm{T}} \boldsymbol{t} \mathrm{d}S$$

单元质量矩阵 $\boldsymbol{M}^e$ 和刚度矩阵 $\boldsymbol{K}^e$ 是 $2n \times 2n$ 阶的,单元体力向量 $\boldsymbol{f}^e$ 和内力向量 $\boldsymbol{Q}^e$ 是 $2n \times 1$ 阶的,这里 n 是 Lagrange 有限单元(三角形或四边形)节点数目。

12.4.3　基于弱形式的有限元模型

将式(12.4.1)中的 u_x 和 u_y,以及 $w_1 = \psi_i$ 和 $w_2 = \psi_i$ 代入[为了得到式(12.3.8a)和式(12.3.8b)中每个弱形式所对应的第 i 个代数方程],并将得到的代数方程组写成矩阵形式,有

$$\begin{bmatrix} \boldsymbol{M}^{11} & 0 \\ 0 & \boldsymbol{M}^{22} \end{bmatrix} \begin{Bmatrix} \ddot{\boldsymbol{u}}_x \\ \ddot{\boldsymbol{u}}_y \end{Bmatrix} + \begin{bmatrix} \boldsymbol{K}^{11} & \boldsymbol{K}^{12} \\ (\boldsymbol{K}^{12})^{\mathrm{T}} & \boldsymbol{K}^{22} \end{bmatrix} \begin{Bmatrix} \boldsymbol{u}_x \\ \boldsymbol{u}_y \end{Bmatrix} = \begin{Bmatrix} \boldsymbol{F}^1 \\ \boldsymbol{F}^2 \end{Bmatrix} \qquad (12.4.8a)$$

或

$$\ddot{\boldsymbol{M}}\boldsymbol{\Delta} + \boldsymbol{K}\boldsymbol{\Delta} = \boldsymbol{F} \qquad (12.4.8b)$$

式中

$$M_{ij}^{11} = M_{ij}^{22} = \int_{\Omega_e} \rho h \psi_i \psi_j \mathrm{d}x\mathrm{d}y$$

$$K_{ij}^{11} = \int_{\Omega_e} h \left(c_{11} \frac{\partial \psi_i}{\partial x} \frac{\partial \psi_j}{\partial x} + c_{66} \frac{\partial \psi_i}{\partial y} \frac{\partial \psi_j}{\partial y} \right) \mathrm{d}x\mathrm{d}y$$

$$K_{ij}^{12} = K_{ji}^{21} = \int_{\Omega_e} h \left(c_{12} \frac{\partial \psi_i}{\partial x} \frac{\partial \psi_j}{\partial y} + c_{66} \frac{\partial \psi_i}{\partial y} \frac{\partial \psi_j}{\partial x} \right) \mathrm{d}x\mathrm{d}y \qquad (12.4.9)$$

$$K_{ij}^{22} = \int_{\Omega_e} h \left(c_{66} \frac{\partial \psi_i}{\partial x} \frac{\partial \psi_j}{\partial x} + c_{22} \frac{\partial \psi_i}{\partial y} \frac{\partial \psi_j}{\partial y} \right) \mathrm{d}x\mathrm{d}y$$

$$F_i^1 = \int_{\Omega_e} h \psi_i f_x \mathrm{d}x\mathrm{d}y + \oint_{\Gamma_e} h \psi_i t_x \mathrm{d}S \equiv f_i^1 + Q_i^1$$

$$F_i^2 = \int_{\Omega_e} h \psi_i f_y \mathrm{d}x\mathrm{d}y + \oint_{\Gamma_e} h \psi_i t_y \mathrm{d}S \equiv f_i^2 + Q_i^2$$

体力 f_x 和 f_y 是单位体积上的,面力 t_x 和 t_y 是单位面积上的。系数矩阵 $\boldsymbol{K}^{\alpha\beta}$ 对应于第 α 个方程的第 β 个变量的系数。式(12.3.8a)和式(12.3.8b)分别标记为第一个和第二个方程,u_x 和 u_y 分别标记为第一个和第二个变量。比如 K^{12} 即为第一个有限元方程中 u_y(第二个变量)的系数。

12.4.4　特征值和瞬态问题

对于平面弹性体的自然振动问题,寻找如下形式的周期解:

$$\boldsymbol{\Delta} = \boldsymbol{\Delta}_0 e^{-iwt} (i = \sqrt{-1}) \qquad (12.4.10)$$

式中,ω 是自然振动频率。式(12.4.5)或式(12.4.8b)就可以简化为一个特征值问题:

$$(-\omega^2 \boldsymbol{M}^e + \boldsymbol{K}^e)\boldsymbol{\Delta}_0^e = \boldsymbol{Q}^e \tag{12.4.11}$$

对于瞬态分析,利用7.4.5节中讨论的时间近似格式(Newmark 积分法),式(12.4.5)和式(12.4.8b)可以简化为如下的代数方程组:

$$\hat{\boldsymbol{K}}^{s+1}\boldsymbol{\Delta}^{s+1} = \hat{\boldsymbol{F}}^{s,s+1} \tag{12.4.12a}$$

式中

$$\hat{\boldsymbol{K}}^{s+1} = \boldsymbol{K}^{s+1} + a_3 \boldsymbol{M}^{s+1}$$

$$\hat{\boldsymbol{F}}^{s,s+1} = \boldsymbol{F}^{s+1} + \boldsymbol{M}^{s+1}(a_3 \boldsymbol{\Delta}^s + a_4 \dot{\boldsymbol{\Delta}}^s + a_5 \ddot{\boldsymbol{\Delta}}^s) \tag{12.4.12b}$$

$$a_3 = \frac{2}{\gamma(\Delta t)^2}, a_4 = \Delta t a_3, a_5 = \frac{1}{\gamma} - 1$$

其中 $\boldsymbol{K}$、$\boldsymbol{M}$ 和 $\boldsymbol{F} = \boldsymbol{f} + \boldsymbol{Q}$ 是式(12.4.9)中的向量,γ 是 $\alpha - \gamma$ 族近似[参见式(7.4.33)和式(7.4.34)]中的参数。对于 $\gamma = 0$(中心差分算法),必须使用式(9.5.22)的替代格式。相关细节可以参看7.4.5节。

12.4.5 积分的计算

对于线性三角形单元(比如 CST),ψ_i^e 及其导数为

$$\psi_i^e = \frac{1}{2A_e}(\alpha_i^e + \beta_i^e x + \gamma_i^e y), \frac{\partial \psi_i^e}{\partial x} = \frac{\beta_i^e}{2A_e}, \frac{\partial \psi_i^e}{\partial y} = \frac{\gamma_i^e}{2A_e} \tag{12.4.13}$$

由于 ψ_i^e 的导数为常数,有

$$\boldsymbol{B}^e = \frac{1}{2A_e}\begin{bmatrix} \beta_1^e & 0 & \beta_2^e & 0 & \cdots & \beta_n^e & 0 \\ 0 & \gamma_1^e & 0 & \gamma_2^e & \cdots & 0 & \gamma_n^e \\ \gamma_1^e & \beta_1^e & \gamma_2^e & \beta_2^e & \cdots & \gamma_n^e & \beta_n^e \end{bmatrix}_{(3\times 2n)} \tag{12.4.14}$$

式中,A_e 是三角形单元的面积。由于 $\boldsymbol{B}^e$ 和 $\boldsymbol{C}^e$ 与 x 和 y 无关,式(12.4.9)中的 CST 单元的单元刚度矩阵为

$$\boldsymbol{K}^e = h_e A_e (\boldsymbol{B}^e)^{\mathrm{T}} \boldsymbol{C}^e \boldsymbol{B}^e (2n \times 2n) \tag{12.4.15a}$$

对于体力分量 f_x 和 f_y 在单元内部是常数的情况(即分别等于 f_{x0}^e 和 f_{y0}^e),载荷向量 $\boldsymbol{F}^e$ 为

$$\boldsymbol{f}^e = \int_{\Omega_e} h_e (\boldsymbol{\Psi}^e)^{\mathrm{T}} \boldsymbol{f}_0^e \mathrm{d}x\mathrm{d}y = \frac{A_e h_e}{3}\begin{Bmatrix} f_{x0}^e \\ f_{y0}^e \\ f_{x0}^e \\ f_{y0}^e \\ f_{x0}^e \\ f_{y0}^e \end{Bmatrix}_{(6\times 1)} \tag{12.4.15b}$$

对于四边形单元,刚度矩阵的系数手算起来不太容易。此时利用 10.3 节讨论的数值积分方法。但是,对于边长为 a 和 b 的线性矩形单元,可以利用式(9.2.52)中的单元系数矩阵来求得刚度矩阵。比如,对于线性单元式(12.4.8a)中的子矩阵为

$$M^{11} = M^{22} = \frac{\rho hab}{36} \begin{bmatrix} 4 & 2 & 1 & 2 \\ 2 & 4 & 2 & 1 \\ 1 & 2 & 4 & 2 \\ 2 & 1 & 2 & 4 \end{bmatrix}$$

$$K^{11} = hc_{11}\frac{b}{6a} \begin{bmatrix} 2 & -2 & -1 & 1 \\ -2 & 2 & 1 & -1 \\ -1 & 1 & 2 & -2 \\ 1 & -1 & -2 & 2 \end{bmatrix} + hc_{66}\frac{a}{6b} \begin{bmatrix} 2 & 1 & -1 & -2 \\ 1 & 2 & -2 & -1 \\ -1 & -2 & 2 & 1 \\ -2 & -1 & 1 & 2 \end{bmatrix} \tag{12.4.16a}$$

$$K^{12} = \frac{h}{4} \left(c_{12} \begin{bmatrix} 1 & 1 & -1 & -1 \\ -1 & -1 & 1 & 1 \\ -1 & -1 & 1 & 1 \\ 1 & 1 & -1 & -1 \end{bmatrix} + c_{66} \begin{bmatrix} 1 & -1 & -1 & 1 \\ 1 & -1 & -1 & 1 \\ -1 & 1 & 1 & -1 \\ -1 & 1 & 1 & -1 \end{bmatrix} \right)$$

$$K^{22} = hc_{66}\frac{b}{6a} \begin{bmatrix} 2 & -2 & -1 & 1 \\ -2 & 2 & 1 & -1 \\ -1 & 1 & 2 & -2 \\ 1 & -1 & -2 & 2 \end{bmatrix} + hc_{22}\frac{a}{6b} \begin{bmatrix} 2 & 1 & -1 & -2 \\ 1 & 2 & -2 & -1 \\ -1 & -2 & 2 & 1 \\ -2 & -1 & 1 & 2 \end{bmatrix}$$

对于常体力 (f_{x0}^e, f_{y0}^e) 的线性四边形单元,载荷向量为

$$f^e = \frac{A_e h_e}{4} \begin{Bmatrix} f_{x0}^e \\ f_{y0}^e \\ f_{x0}^e \\ f_{y0}^e \\ \vdots \\ \vdots \end{Bmatrix}_{(8 \times 1)} \tag{12.4.16b}$$

如果单元 Ω_e 的边界 Γ_e 的一部分为给定应力的边界 Γ_σ,那么需要计算向量 Q^e。如 9.2.7 节所解释的,计算 Q^e 包括线积分计算(对任何类型的单元),参见例 9.2.4。对于平面弹性力学问题,表面力 t_x 和 t_y 代替了单变量问题中的 q_n。但是应该指出 t_x 和 t_y 是表面力向量 t 的水平分量和竖直分量(即平行于 x 和 y 坐标轴),一般来说,其与边界线(曲线)有个夹角,边界线与整体坐标轴 x 也有一个夹角。实践中,将表面力 t 用单元坐标系表示是非常方便的。此时,可以在单元坐标系下计算 Q^e,然后转换到整体坐标系下用于组装。如果 Q^e 代表单元坐标系下单元载荷向量,那么整体坐标系下的载荷向量为

$$F^e = RQ^e \tag{12.4.17a}$$

式中,R 是转换矩阵:

$$\boldsymbol{R}^e = \begin{bmatrix} \cos\alpha & \sin\alpha & 0 & 0 \\ -\sin\alpha & \cos\alpha & 0 & 0 \\ 0 & 0 & \cos\alpha & \sin\alpha \\ 0 & 0 & -\sin\alpha & \cos\alpha \\ & & & & \ddots \end{bmatrix}_{2n \times 2n} \tag{12.4.17b}$$

且 α 是整体坐标 x 轴和力向量 $\boldsymbol{t}$ 之间的夹角。

例 12.4.1

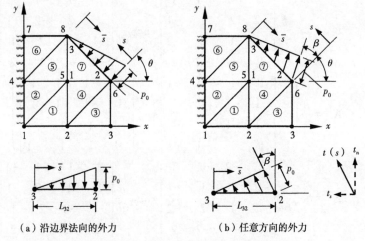

（a）沿边界法向的外力　　　　（b）任意方向的外力

图 12.4.2　平面弹性力学问题

作为一个特例,考虑图 12.4.2(a)所示结构。单元 7 的 2-3 边上给定线性变化的法向力:

$$t_n \neq 0, t_s = 0 \tag{1}$$

式中,下标 n 和 s 分别代表法向和切向。有(对于 $e=7$)

$$\boldsymbol{Q}^e = \oint_{\Gamma_e} h_e \boldsymbol{\Psi}^{\mathrm{T}} \begin{Bmatrix} t_n \\ t_s \end{Bmatrix} \mathrm{d}s = \int_{\Gamma_{12}^e} h_e \boldsymbol{\Psi}^{\mathrm{T}} \begin{Bmatrix} t_n \\ t_s \end{Bmatrix} \mathrm{d}s + \int_{\Gamma_{23}^e} h_e \boldsymbol{\Psi}^{\mathrm{T}} \begin{Bmatrix} t_n \\ 0 \end{Bmatrix} \mathrm{d}s + \int_{\Gamma_{31}^e} h_e \boldsymbol{\Psi}^{\mathrm{T}} \begin{Bmatrix} t_n \\ t_s \end{Bmatrix} \mathrm{d}s \tag{2}$$

由于不知道单元边上的 t_n 和 t_s,第一和第三个积分无法计算。但是,通过内力平衡,这些积分的贡献与其邻居单元(单元 4 和单元 5)的贡献在组装结构整体力向量时会互相抵消。因此,只需计算单元边 2-3 上的积分。有($e=7$)

$$\boldsymbol{Q}_{2-3}^{(7)} = \int_0^{L_{23}} h \boldsymbol{\Psi}^{\mathrm{T}} \begin{Bmatrix} t_n \\ 0 \end{Bmatrix} \mathrm{d}s, t_n = -p_0\left(1 - \frac{s}{L_{23}}\right) \tag{3}$$

这里 p_0 前的负号表示给定外力的方向,在本例中其方向指向物体内部。上述表达式中采用的局部坐标系 s 沿着节点 2 和节点 3 的边,起点在节点 2。当然这不是必须的选择。如果选择局部坐标系 $\bar{s}$ 沿着边 3-2,起点在单元 7 的节点 3,则

$$\boldsymbol{Q}_{3-2}^{(7)} = \int_0^{L_{23}} h \boldsymbol{\Psi}^{\mathrm{T}} \begin{Bmatrix} t_n \\ 0 \end{Bmatrix} \mathrm{d}\bar{s}, t_n = -\frac{p_0 \bar{s}}{L_{23}} \tag{4}$$

式中，$\boldsymbol{\Psi}^e$ 是用局部坐标 $\bar{s}$ 表示的。有

$$\boldsymbol{Q}_{3-2}^{(7)} = \int_0^{L_{23}} h \left\{ \begin{array}{c} 0 \\ 0 \\ \Psi_2^7 t_n \\ 0 \\ \Psi_3^7 t_n \\ 0 \end{array} \right\} d\bar{s} = -\frac{L_{23}p_0 h}{6} \left\{ \begin{array}{c} 0 \\ 0 \\ 2 \\ 0 \\ 1 \\ 0 \end{array} \right\} \tag{5}$$

力向量的整体分量为 $[$ 在式 $(12.4.17b)$ 中令 $\alpha = 90 - \theta]$

$$\boldsymbol{Q}_{3-2}^{(7)} = -\frac{L_{23}p_0 h}{6} \left\{ \begin{array}{c} 0 \\ 0 \\ 2\sin\theta \\ 2\cos\theta \\ \sin\theta \\ \cos\theta \end{array} \right\} \tag{6}$$

接下来，考虑图 12.4.2(b) 所示的情况，边界外力的方向角为 β。将外力沿法向和切向进行分解：

$$t_n = t(s)\cos\beta, t_s = t(s)\sin\beta \tag{7}$$

然后再重复上述过程。

对于线性四边形单元也用同样的流程。一般来讲，由给定边界应力产生的载荷可以在合适的局部坐标系下计算并使用一维插值函数。当使用高阶单元时，也必须使用相应阶次的一维插值函数。

12.4.6 有限元方程的组装

多自由度问题的组装程序和单自由度问题(参见 9.2 节)一样，只是需要对每个节点的所有自由度都进行组装。比如，考虑图 12.4.3(a) 所示的平面弹性结构和有限元网格。一共有 8 个节点，因此组装后的刚度矩阵的大小是 12×12，力向量为 12×1。如图 12.4.3(b) 所示，整体刚度矩

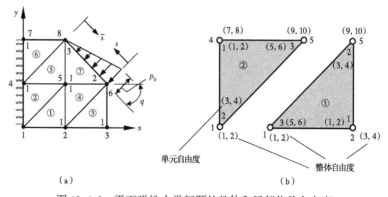

图 12.4.3　平面弹性力学问题的整体和局部位移自由度

阵的前两行和前两列对应于整体节点 1 的整体自由度(1,2),其贡献分别来自于单元 1 和单元 2 的节点 2 和节点 3。因此,整体系数 $K_{IJ}(I,J=1,2)$ 的贡献来自于 $K_{ij}^1(i,j,=3,4)$ 和 $K_{ij}^2(i,j,=5,6)$。

举个例子,整体刚度矩阵 K_{11}、K_{12}、K_{13}、K_{15}、K_{22}、K_{33} 和 K_{34} 可以用单元刚度矩阵表示为

$$K_{11} = K_{55}^1 + K_{33}^2, K_{22} = K_{66}^1 + K_{44}^2, K_{12} = K_{56}^1 + K_{34}^2, K_{13} = K_{51}^1$$

$$K_{33} = K_{11}^1 + K_{55}^3 + K_{33}^4, K_{34} = K_{12}^1 + K_{56}^3 + K_{34}^4, K_{15} = 0$$

注意 K_{34} 到代表整体节点 2 的第三个(u_x)和第四个(u_y)整体位移自由度之间的耦合刚度系数。另一方面,K_{13} 代表整体节点 1 的第一个位移自由度(u_x)和整体节点 2 的第三个(u_x)位移自由度之间的耦合刚度系数。对于力向量的组装也有同样的原则。

关于在有限元网格中给定位移(基本自由度)和力(辅助自由度)边界条件,有以下 4 种不同的工况。

工况 1:给定 u_x 和 u_y(t_x 和 t_y 是未知的,需要在后处理中确定)。

工况 2:给定 u_x 和 t_y(t_x 是未知的,需要在后处理中确定;u_y 是未知的,在求解基本位移自由度时求得)。

工况 3:给定 t_x 和 u_y(u_x 是未知的,在求解基本位移自由度时求得;t_y 是未知的,需要在后处理中确定)。

工况 4:给定 t_x 和 t_y(u_x 和 u_y 是未知的,在求解基本位移自由度时求得)。

一般讲,对网格的每个节点只能给定下面组合(u_x,t_x)和(u_y,t_y)中的一个物理量。如同第 10 章讨论的那样,当遇到奇异点(即位移和力同时给定,或者同一个自由度给了两个不同数值的点)的时候,必须选择哪个自由度是已知的。

对于时间相关问题,必须给定位移场每个分量的初始位移和速度:

$$\boldsymbol{u} = \boldsymbol{u}^0, \dot{\boldsymbol{u}} = \boldsymbol{v}^0 \tag{12.4.18}$$

12.4.7 应变和应力的后处理

一旦得到节点位移,就可以利用应变位移关系(12.2.14a)和应力应变关系(12.2.15a)来求得应变和应力。基于式(12.4.3)和式(12.4.4),有

$$\boldsymbol{\varepsilon}(\boldsymbol{x},t) = \boldsymbol{B}(\boldsymbol{x})\boldsymbol{\Delta}(t), \boldsymbol{\sigma}(\boldsymbol{x},t) = \boldsymbol{C}\boldsymbol{B}(\boldsymbol{x})\boldsymbol{\Delta}(t) \tag{12.4.19}$$

这里 $\boldsymbol{x}=(x,y)$ 是时刻 t 时待计算的应变和应力的位置。在显式格式中,时刻 $t=t_s$ 时典型单元 Ω_e 内(x_0,y_0)处的应力为[参见式(12.3.5);这里 $u_j = u_x^j, v_j = u_y^j$]

$$\sigma_{xx}(x_0,y_0,t_s) = \sum_{j=1}^n \left[c_{11} u_j^e(t_s) \frac{\partial \psi_j^{(e)}}{\partial x} + c_{12} v_j^e(t_s) \frac{\partial \psi_j^{(e)}}{\partial y} \right]_{(x_0,y_0)}$$

$$\sigma_{xy}(x_0,y_0,t_s) = \sum_{j=1}^n \left[c_{66} \left(u_j^e(t_s) \frac{\partial \psi_j^{(e)}}{\partial y} + v_j^e(t_s) \frac{\partial \psi_j^{(e)}}{\partial x} \right) \right]_{(x_0,y_0)} \tag{12.4.20}$$

$$\sigma_{yy}(x_0,y_0,t_s) = \sum_{j=1}^n \left[c_{12} u_j^e(t_s) \frac{\partial \psi_j^{(e)}}{\partial x} + c_{22} v_j^e(t_s) \frac{\partial \psi_j^{(e)}}{\partial y} \right]_{(x_0,y_0)}$$

当然,可以计算任意点(x,y)处的应变和应力。但是,Barlow[3,4]已经证明,减缩 Gauss

点上的应变和应力(比位移更低阶的多项式)是实际应变和应力场的更好的近似(也即减缩Gauss点上的应力最精确)。因此,对于线性单元应力在单元中心处计算,对于二次单元,在单元的2×2Gauss积分点处计算。当需要知道节点上的应力时,文献中讨论了各种外推技术(参见参考文献[5])。

12.5　线性单元剪切自锁的消除

12.5.1　简介

　　弹性力学的线性单元在预测特定的变形时有局限性。举个例子,考虑各向同性材料的又薄又长的平面弹性板的纯弯曲(受端部力偶作用)。图12.5.1(a)给出了线性矩形单元网格划分,图12.5.1(b)给出了二次矩形单元网格划分。一般讲,线性矩形单元只能变形为四边形(直边)。对于给定的载荷,如图12.5.1(c)所示,通过拉伸单元的上表面压缩下表面,线性单元变为梯形。然而实际变形应该是令所有水平线变为曲线(即圆弧)。另一方面,一个典型的二次矩形单元可以通过变形使得各边变为二次曲线。在本例中,一个二次单元会如图12.5.1(d)所示那样变形。因此,线性单元网格会带来非零剪应变γ_{xy}的变形,然而实际的剪应变应该处处为零,因为这是纯弯曲。二次单元网格将不会产生非零剪应变。由于线性单元网格不能"弯曲",使得它表现为刚性结构。这种状态被称为剪切自锁(与Timoshenko梁中的剪切自锁不同)。

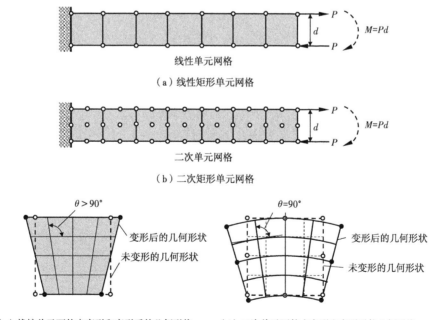

图12.5.1　力偶作用下的板条(纯弯曲)

　　为了在不增加刚度矩阵阶次的前提下避免线性单元的剪切自锁,可以通过"无节点"变量在位移近似展开式中增加二次项(以使得可以捕捉到弯曲变形),并通过静态缩聚消除这些无节点变量,这样单元就只有节点位移自由度是激活的。接下来讨论其处理过程。

12.5.2　线性有限单元刚度矩阵的修正

考虑如下的位移展开式[参见式(12.4.2a)]:

$$u = \Psi\Delta + \begin{bmatrix} 1-\xi^2 & 1-\eta^2 \\ 1-\xi^2 & 1-\eta^2 \end{bmatrix} \begin{Bmatrix} \alpha_1 \\ \alpha_2 \end{Bmatrix} \equiv \Psi\Delta + \Phi\alpha \tag{12.5.1}$$

式中,Ψ 和 Δ 的定义参见式(12.4.2b),α_1 和 α_2 是无节点变量(具有位移的量纲)。将式(12.5.1)代入应变向量,得

$$\varepsilon = Du = B\Delta + \bar{B}\alpha = \{B \quad \bar{B}\} \begin{Bmatrix} \Delta \\ \alpha \end{Bmatrix} \tag{12.5.2}$$

这里 B 的定义参见式(12.4.4),且 $\bar{B}$ 的定义为

$$\bar{B} = D\Phi \tag{12.5.3}$$

将式(12.5.2)代入式(12.3.4)(忽略质量项),可得静态有限元方程:

$$\begin{bmatrix} K^{\Delta\Delta} & K^{\Delta a} \\ K^{a\Delta} & K^{aa} \end{bmatrix} \begin{Bmatrix} \Delta \\ \alpha \end{Bmatrix} = \begin{Bmatrix} F^\Delta \\ F^\alpha \end{Bmatrix} \tag{12.5.4}$$

式中,

$$K^{\Delta\Delta} = \int_{\Omega_e} h_e B^T CB \mathrm{d}x\mathrm{d}y, K^{\Delta\alpha} = \int_{\Omega_e} h_e B^T C\bar{B} \mathrm{d}x\mathrm{d}y$$

$$K^{a\Delta} = \int_{\Omega_e} h_e \bar{B}^T CB \mathrm{d}x\mathrm{d}y, K^{\alpha\alpha} = \int_{\Omega_e} h_e \bar{B}^T C\bar{B} \mathrm{d}x\mathrm{d}y \tag{12.5.5}$$

$$F^\Delta = \int_{\Omega_e} h_e \Psi^T f + \oint_{\Gamma_e} h_e \Psi^T h_e t \mathrm{d}S, F^\alpha = \int_{\Omega_e} h_e \Phi^T f \, \mathrm{d}x\mathrm{d}y$$

注意到在单元水平上,F^α 经常是已知的。现在从(12.5.4)中的第二组方程求解 α,得

$$K^{\alpha\Delta}\Delta + K^{\alpha\alpha}\alpha = F^\alpha \Rightarrow \alpha = (K^{\alpha\alpha})^{-1}(F^\alpha - K^{\alpha\Delta}\Delta) \tag{12.5.6}$$

将此结果代入(12.5.4)中 α 的第一个方程,得

$$\hat{K}\Delta = \hat{F} \tag{12.5.7}$$

式中,

$$\hat{K} = K^{\Delta\Delta} - K^{\Delta\alpha}(K^{\alpha\alpha})^{-1}K^{\alpha\Delta}, \hat{F} = F^\Delta - K^{\Delta\alpha}(K^{\alpha\alpha})^{-1}F^\alpha \tag{12.5.8}$$

因此,线性单元的等效刚度矩阵 $\hat{K}$ 的大小与之前相同(8×8)。

12.6　数值算例

这里考虑一系列平面弹性力学的数值算例来展示总体系数矩阵的组装、载荷的计算和边

界条件的施加,并给出单元网格和类型对计算精度的影响。应力在缩减的单元 Gauss 点上计算。这些例子都使用 FEM2D 程序计算。

例 12.6.1

考虑承受均匀分布的边界载荷作用的弹性薄板,如图 12.6.1 所示。利用 $a=120\text{in}$, $b=160\text{in}$, $h=0.036\text{in}$, $v=0.25$, $E=30\times10^6\text{lbin}^{-2}$, $p_0=10\text{lb/in}$, $f_x=f_y=0$。分别使用线性和二次的(1)三角形和(2)矩形网格求问题的静态解。

解: 首先利用 1×1 的线性(1)三角形和(2)矩形网格来展示单元矩阵的组装和给定节点力的计算。接下来采用不同的线性和二次单元网格来分析该问题并研究位移和应力随着网格细化的收敛性。

对于 1×1 的线性三角形网格,图 12.6.1 和表 12.6.1 给出了整体节点和局部节点以及整体节点位移自由度和局部节点位移自由度之间的对应关系。基于此信息,可以将整体刚度矩阵和力向量用单元矩阵表示,这些单元矩阵可以利用式(12.4.15a)(线性三角形)或者式(12.4.8a)(线性矩形)以及式(12.4.16a)定义的 $K^{\alpha\beta}$ 给出。表 12.6.1 给出了用单元刚度矩阵表示的整体刚度系数矩阵。如前所述,如果整体自由度 I 和 J 与不属于同一个单元的自由度,那么系数 K_{IJ} 为零。举个例子,由于整体自由度 $(5,6)$ 和 $(3,4)$ 不属于同一个单元,因此 K_{53}、K_{54}、K_{63} 和 K_{64} 为零。载荷列向量可以按照同样的方式组装,举个例子,有 $F_7=F_3^2+F_5^1$ 和 $F_8=F_4^2+F_6^1$。

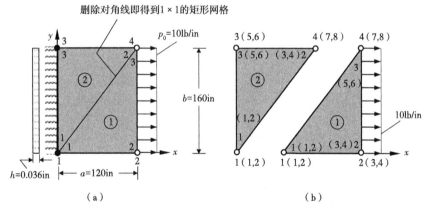

图 12.6.1　平面弹性力学问题的几何及有限元网格

表 12.6.1　例 12.6.1 中网格的整体刚度矩阵和单元刚度矩阵之间的联系

节点的对应		刚阵的对应	
整体节点(DOF)	局部节点(DOF)	整体的	局部的
1 (1,2)	单元 1 的节点 1 (1,2) 单元 2 的节点 1 (1,2)	K_{11}	$K_{11}^1+K_{11}^2$
		K_{22}	$K_{22}^1+K_{22}^2$
		K_{12}	$K_{12}^1+K_{12}^2$

节点的对应		刚阵的对应	
整体节点（DOF）	局部节点（DOF）	整体的	局部的
2（3,4）	单元1的节点2（3,4）	K_{33}	K_{33}^1
		K_{44}	K_{44}^1
		K_{34}	K_{34}^1
3（5,6）	单元2的节点3（5,6）	K_{55}	K_{55}^2
		K_{66}	K_{66}^2
		K_{56}	K_{56}^2
4（7,8）	单元2的节点2（3,4） 单元1的节点3（5,6）	K_{77}	$K_{55}^1+K_{33}^2$
		K_{88}	$K_{66}^1+K_{44}^2$
		K_{78}	$K_{56}^1+K_{34}^2$

对于 1×1 网格给定的整体自由度为

$$U_1 = U_2 = U_5 = U_6 = 0 \tag{1}$$

整体刚度矩阵 **K** 的第 1、2、5 和 6 行和列均可删除（由于给定的边界条件是齐次的），这样就可以得到关于未知位移的缩聚的方程组：

$$\begin{bmatrix} K_{33}^1 & K_{34}^1 & K_{35}^1 & K_{36}^1 \\ K_{43}^1 & K_{44}^1 & K_{45}^1 & K_{46}^1 \\ K_{53}^1 & K_{54}^1 & K_{55}^1+K_{33}^2 & K_{56}^1+K_{34}^2 \\ K_{63}^1 & K_{64}^1 & K_{65}^1+K_{43}^2 & K_{66}^1+K_{44}^2 \end{bmatrix} \begin{Bmatrix} U_3 \\ U_4 \\ U_7 \\ U_8 \end{Bmatrix} = \begin{Bmatrix} F_3 \\ F_4 \\ F_7 \\ F_8 \end{Bmatrix} \tag{2}$$

式中，F_3、F_4、F_7 和 F_8 是已知的（p_0 是单位长度的力，且 $f_x = f_y = 0$），且有

$$F_3 = (Q_2^1)^{(1)} = \frac{p_0 b}{2} = 800\text{lb}, F_7 = (Q_3^1)^{(1)} + (Q_2^1)^{(2)} = \frac{p_0 b}{2} = 800\text{lb} \tag{3}$$

$$F_4 = (Q_2^2)^{(1)} = 0, F_8 = (Q_3^2)^{(1)} + (Q_2^2)^{(2)} = 0 \tag{4}$$

式中，$(Q_i^j)^{(e)}$ 是单元 e 的局部节点 i 在 x_j 方向（$x_1=x, x_2=y$）的分力。数值形式的缩聚方程为

$$10^4 \begin{bmatrix} 93.0 & -36.0 & -16.2 & 14.4 \\ -36.0 & 72.0 & 21.6 & -43.2 \\ -16.2 & 21.6 & 93.0 & 0.0 \\ 14.4 & -43.2 & 0.0 & 72.0 \end{bmatrix} \begin{Bmatrix} U_3 \\ U_4 \\ U_7 \\ U_8 \end{Bmatrix} = \begin{Bmatrix} 800.0 \\ 0.0 \\ 800.0 \\ 0.0 \end{Bmatrix} \tag{4}$$

求解该方程，有

$$\begin{Bmatrix} U_3 \\ U_4 \\ U_7 \\ U_8 \end{Bmatrix} = 10^{-4} \begin{Bmatrix} 11.291 \\ 1.964 \\ 10.113 \\ -1.080 \end{Bmatrix} \text{in} \tag{5}$$

类似的过程可以应用在 1×1(即单个)的矩形单元。关于未知位移自由度的缩聚的方程组为

$$
\begin{bmatrix}
K_{33}^1 & K_{34}^1 & K_{35}^1 & K_{36}^1 \\
K_{43}^1 & K_{44}^1 & K_{45}^1 & K_{46}^1 \\
K_{53}^1 & K_{54}^1 & K_{55}^1 & K_{56}^1 \\
K_{63}^1 & K_{64}^1 & K_{65}^1 & K_{66}^1
\end{bmatrix}
\begin{Bmatrix}
U_3 \\ U_4 \\ U_7 \\ U_8
\end{Bmatrix}
=
\begin{Bmatrix}
F_3 \\ F_4 \\ F_7 \\ F_8
\end{Bmatrix}
\tag{6}
$$

或

$$
10^4
\begin{bmatrix}
62.0 & -18.0 & -14.8 & -3.6 \\
-18.0 & 48.0 & 3.6 & -19.2 \\
-14.8 & 3.6 & 62.0 & 18.0 \\
-3.6 & -19.2 & 18.0 & 48.0
\end{bmatrix}
\begin{Bmatrix}
U_3 \\ U_4 \\ U_7 \\ U_8
\end{Bmatrix}
=
\begin{Bmatrix}
800.0 \\ 0.0 \\ 800.0 \\ 0.0
\end{Bmatrix}
\tag{7}
$$

这些方程的解为

$$
\begin{Bmatrix}
U_3 \\ U_4 \\ U_7 \\ U_8
\end{Bmatrix}
= 10^{-4}
\begin{Bmatrix}
10.853 \\ 2.326 \\ 10.853 \\ -2.326
\end{Bmatrix}
\text{in}
\tag{8}
$$

表 12.6.2 包含基于 1×1 网格的各向同性和正交各向异性板的有限元解(变形和应力)。这些结果是利用计算机程序 FEM2D 得到的。注意利用三角形单元得到的有限元解(比如位移)关于线 $y=b/2$ 并不是对称的。这是因为使用的三角形网格不是对称的。一个矩形单元的网格可以给出关于线 $y=b/2$ 对称的解。

表 12.6.2　利用 1×1 三角形和矩形单元的各向同性和正交各向异性薄板的有限元解[①](msi $=10^6$ psi, $\overline{U}_i = U_i \times 10^4$)

网格	材料	$\overline{U}_3$	$\overline{U}_4$	$\overline{U}_7$	$\overline{U}_8$
各向同性 1×1	$E=30$msi	11.291	1.964	10.113	-1.080
	$\nu=0.25$	10.853	2.326	10.853	-2.326
正交各向异性 1×1	$E_1=31$msi, $E_2=2.7$msi	10.767	1.666	10.651	-1.579
	$G_{12}=0.75$msi, $\nu_{12}=0.28$	10.728	2.675	10.728	-2.675

①第一行为三角形单元,第二行为矩形单元。

作为一个例子,框 12.6.1 给出了 16×16 线性三角形单元网格的输入数据。框 12.6.1 同时也给出了与 8×8 二次三角形单元网格不同的数据。注意到二次单元的节点力 $\boldsymbol{f}^e$ 与式 (3.4.38)的形式一样。通过令 IELTYP 为 1(或 2)和 NPE 为 4(或 9)可以得到矩形单元的输入文件。框 12.6.2 给出了基于 8×8 二次三角形单元网格的输出文件。

框 12.6.1　利用程序 FEM2D 的例 12.6.1 的典型输入文件

```
Example 12.6.1: Plane elastic plate with uniform edge load
2 1 0 0                              ITYPE,IGRAD,ITEM,NEIGN
0 3 1 0                              IELTYP,NPE,MESH,NPRNT
16  16                                               NX, NY
0.0  7.5  7.5  7.5  7.5  7.5  7.5  7.5  7.5
     7.5  7.5  7.5  7.5  7.5  7.5  7.5  7.5          X0,  DX(I)
0.0 10.0 10.0 10.0 10.0 10.0 10.0 10.0 10.0
    10.0 10.0 10.0 10.0 10.0 10.0 10.0 10.0          Y0,DY(I)
34                                                   NSPV
  1  1    1  2   18  1   18  2   35  1   35  2   52  1   52  2
 69  1   69  2   86  1   86  2  103  1  103  2  120  1  120  2
137  1  137  2  154  1  154  2  171  1  171  2  188  1  188  2
205  1  205  2  222  1  222  2  239  1  239  2  256  1  256  2
273  1  273  2                                       ISPV
0.0    0.0    0.0    0.0    0.0    0.0    0.0    0.0
0.0    0.0    0.0    0.0    0.0    0.0    0.0    0.0
0.0    0.0    0.0    0.0    0.0    0.0    0.0    0.0
0.0    0.0    0.0    0.0    0.0    0.0    0.0    0.0
0.0  0.0                                             VSPV
17                                                   NSSV
 17  1  34  1  51  1  68  1  85  1  102  1  119  1  136  1
153  1  170  1  187  1  204  1  221  1  238  1  255  1  272  1
289  1  ISSV
 50.0 100.0 100.0 100.0 100.0 100.0 100.0 100.0
100.0 100.0 100.0 100.0 100.0 100.0 100.0 100.0
50.0                                                 VSSV
 1                                                   LNSTRS
30.0  E06 30.0E06 0.25 12.0E06 0.036     E1,E2,ANU12,G12,THNKS
0.0       0.0       0.0                   F0,FX,FY
Statements that are different for the 8 by 8 mesh of quadratic triangles
Example 12.6.1: Plane elastic plate with uniform edge load
2 1 0 0                                   ITYPE,IGRAD,ITEM,NEIGN
0 6 1 0                                   IELTYP,NPE,MESH,NPRNT
0 6 1 0                                   IELTYP,NPE,MESH,NPRNT
8 8                                       NX,NY
0.0 15.0 15.0 15.0 15.0 15.0 15.0 15.0 15.0   X0,DX(I)
0.0 20.0 20.0 20.0 20.0 20.0 20.0 20.0 20.0   Y0,DY(I)
.
.
.
33.3333  133.3333  66.6667  133.3333  66.6667
         133.3333  66.6667  133.3333  66.6667
         133.3333  66.6667  133.3333  66.6667
         133.3333  66.6667  133.3333  66.6667   VSSV etc.
```

框 12.6.2　基于程序 FEM2D 的例 12.6.1 的部分输出文件

```
Example 12.6.1: Plane elastic plate with uniform edge load

        OUTPUT from program *** FEM2D *** by J.N. REDDY
          A 2-D ELASTICITY PROBLEM IS ANALYZED
    MATERTAL PROPERTIES OF THE SOLID ANALYZED:
        Thickness of the body, THKNS ............................= 0.3600E-01
        Modulus of elasticity, E1 ................................= 0.3000E+08
        Modulus of elasticity, E1 ................................= 0.3000E+08
        Poisson a ratio,ANU12 ........................................= 0.2500E+00
        Shear modulus, G12 ...........................................= 0.1200E+08


    *** PLANE STRESS assumption is selected by user **
    ******** A STEADY-STATE PROBLEM is analyzed *******
    *** A mesh of    TRIANGLES      is chosen by user ***

    FINITE ELEMENT MESH INFORMATION:
        Element type: 0 = Triangle; >0 = Quad.) .....= 0
        Number of nodes per element, NPE ................= 6
        No.of primary deg.Of freedom/node, NDF ....= 2
        Number of elements in the mesh,NEM ............= 128
        Number of nodes in the mesh, NNM ................= 289
        Number of equations to be solved, NEQ ........= 578
        Half bandwidth of the matrix GLK, NHBW ......=74
        Mesh subdivisions, NX and NY ......................= 8 8
        No.of specified PRIMARY variables, NSPV...=34
        No.of speci.SECONDARY variables, NSSV.....=17


    NUMERICAL INTEGRATION DATA:

    Full Integration polynomial degree, IPDF = 3
    Number of full integration points, NIPF = 4
    Reduced Integreation polynomial deg.,IPDR = 2
    No.of reduced integration points, NIPR = 3
    Integ.poly.deg. for stress comp., ISTR = 1
    No.of integ.pts.for stress comp.,NSTR = 1

    S O L U T I O N :

    Node    x-coord.      y-coord.      Value of u_x      Vulue of u_y
     17    0.12000E+03   0.00000E+00   0.11168E-2        0.19946E-03
    102    0.12000E+03   0.50000E+02   0.10922E-02       0.78970E-04
    119    0.12000E+03   0.60000E+02   0.10888E-02       0.53118E-04
    136    0.12000E+03   0.70000E+02   0.10867E-02       0.26853E-04
    153    0.12000E+03   0.80000E+02   0.10860E-02       0.41578E-06


     x-coord.      y-coord.      sigma-x      sigma-y      sigma-xy
    0.10000E+02   0.66667E+01   0.3168E+03   0.1938E+02   0.3147E+02
    0.50000E+01   0.13333E+02   0.2935E+03   0.5637E+02   0.4273E+02
    0.50000E+01   0.73333E+02   0.2636E+03   0.5984E+02   0.3277E+01
```

　　表12.6.3给出了基于不同的均匀网格的变形和应力的结果:(1)三角形单元,(2)矩形单元。$m×n$网格即在x方向上有m个单元在y方向上有n个单元。FEM2D使用的网格利用图10.5.3所示的原则生成。矩形单元网格(网格关于线$y=b/2$是对称的)往往给出关于线$y=b/2$对称的结果。随着三角形网格的细化,解会逐渐变得关于线$y=b/2$对称并伴随着不同的误差。不同网格(特别是三角形单元)得到的最大应力位置是不同的,因此网格的细化带来的收敛性没有太大意义。

表12.6.3　利用不同的三角形和矩形单元的均匀边界载荷作用下各向同性板的变形
和应力[nL 为 $n×n$ 线性网格;$nQ9$ 为 $n×n9$ 节点二次网格($\bar{U}=U×10^4$)]

单元类型	网格	$\bar{u}_x(120,0)$	$\bar{u}_y(120,0)$	σ_{xx}	σ_{yy}	σ_{xy}
三角形	1L	11.291	1.964	285.9 (80,53.33) ①	67.42 (40,106.7)	10.8 (80,53.33)
	2L	11.372	2.175	294.1 (40,26.67)	69.36 (20,53.33)	23.20 (40,26.67)
	4L	11.284	2.126	306.2 (20,13.33)	73.75 (10,146.7)	35.93 (20,13.33)
	8L	11.209	2.054	331.6 (10,6.67)	81.31 (5,153.33)	48.04 (10,6.67)
	4Q6	11.166	2.009	294.3 (20,13.33)	54.48 (10,66.67)	28.16 (10,26.67)
	16L	11.179	2.014	372.5 (5,3.33)	91.94 (2.5,156.7)	58.90 (5,3.33)
	8Q6	11.168	1.995	316.8 (10,6.67)	59.84 (5,73.33)	42.73 (5,13.33)
矩形	1L	10.853	2.326	277.8 (60,80)	25.84 (60,80)	0.0 (60,80)
	2L	11.078	2.021	277.8 (30,40)	37.46 (30,40)	13.23 (30,40)
	4L	11.150	2.009	288.1 (15,20)	49.74 (15,60)	27.73 (15,20)
	8L	11.162	1.997	308.0 (7.5,10)	56.53 (7.5,50)	40.97 (7.5,10)
	4Q9	11.165	1.992	312.3 (6.34,8.45)	58.17 (6.34,71.55)	41.88 (6.34,8.45)
	16L	11.166	1.992	339.5 (3.75,5)	61.20 (3.75,75)	53.14 (3.75,5)
	8Q9	11.167	1.990	346.1 (3.17,4.23)	61.80 (3.17,84.23)	53.58 (3.17,4.23)

　　①应力的位置。利用了三角形单元的一个Gauss点的位置,线性矩形单元的一个Gauss点的位置,二次矩形单元的2×2Gauss点的位置。

例 12.6.2

考虑右端固定在刚性墙壁的各向同性($E = 30 \times 10^6$ psi, $\nu = 0.25$)钢板,如图 12.6.2(a)所示。假设体力为零,求在边界应力 $\tau_0 = 150$ psi 作用下结构的最大挠度和应力。研究不同均匀矩形网格下结果的收敛性。

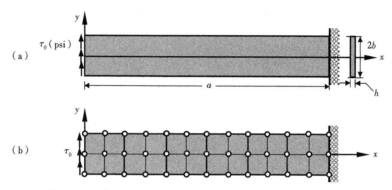

图 12.6.2　例 12.6.2 中弹性薄板的问题域和典型有限元网格

解:显然,这是一个平面应力问题,且没有精确解。问题的几何边界条件为

$$u_x(a,y) = 0, u_y(a,y) = 0 \tag{1}$$

应力边界条件为

$$\begin{aligned} t_x = t_y = 0 \text{ 在 } y = -b \text{ 处} \\ t_x = 0, t_y = -h \ \tau_0 \text{在 } x = 0 \text{ 处} \\ t_x = 0, t_y = 0 \text{ 在 } y = b \text{ 处} \end{aligned} \tag{2}$$

图 12.6.2(b)给出了一个典型的有限元网格(12×2)。给出的网格由线性矩形单元组成。将每个矩形单元的节点 1 和节点 3 连起来即可得到等价的三角形网格。2×2 的线性单元网格等同于一个 9 节点二次单元。

12×2 的线性单元(无剪切修正的矩形)的给定主变量边界条件和非零次变量为

$$U_{25} = U_{26} = U_{51} = U_{52} = U_{77} = U_{78} = 0.0$$

$$F_2 = \frac{(\tau_0 h)b}{2}, F_{28} = (\tau_0 h)b, F_{54} = \frac{(\tau_0 h)b}{2} \tag{3}$$

对于 9 节点二次单元的 6×1 网格,非零力(位移边界条件不变)为

$$F_2 = \frac{(\tau_0 h)b}{3}, F_{28} = \frac{4(\tau_0 h)b}{3}, F_{54} = \frac{(\tau_0 h)b}{3} \tag{4}$$

框 12.6.3 给出了 12×2 的线性矩形单元的输入文件(IELTYP = 1, NPE = 4)。这些输入文件对于 9 节点二次矩形单元(IELTYP = 2, NPE = 9)同样适用,只需将数组 DX(I)和 DY(I)改为

```
0.0   2.0   2.0   2.0   2.0   2.0   2.0              X0,DX(I)
0.0   3.0                                            Y0,DY(I)
```

同时将 VSSV 数组改为

7.5　　30.0　　7.5　　　　　　　　　　　　　　　　VSSV

框 12.6.4 给出了 12×2 的线性矩形单元的部分输出。

框 12.6.3　基于程序 FEM2D 的例 12.6.2 的输入文件

```
Example 12.6.2: A cantilevered plate (12×2Q4)
  2    1    0    0                       ITYPE,IGRAD,ITEM,NEIGN
  1    4    1    0                       IELTYP,NPE,MESH,NPRNT
  12   2                                 NX, NY
  0.0   1.0  1.0  1.0  1.0  1.0  1.0
        1.0  1.0  1.0  1.0  1.0  1.0     X0,DX(I)
  0.0   1.5  1.5                         Y0,DY(I)
  6                                      NSPV
  13  1  13  2  26  1  26  2  39  1  39  2   ISPV
  0.0   0.0  0.0   0.0    0.0    0.0     VSPV
  3                                      NSSV
  1  2  14  2  27  2                     ISSV
  11.25 22.5 11.25                       VSSV
  1                                      LNSTRS
  30.0E06    30.0E06    0.25   12.0E06 0.1   E1,E2,ANU12,G12,THKNS
   0.0        0.0        0.0            F0, FX, FY
```

框 12.6.4　基于程序 FEM2D 的例 12.6.2 的部分输出文件

```
A 2-D ELASTICITY PROBLEM IS ANALYZED
   METERIAL PROPERTIES OF THE SOLID ANALYZED:

      Thickness of the body, THKNS ...................= 0.1000E+00
      Modulus of elasticity, E1 .......................= 0.3000E+08
      Modulus of elasticity, E2 .......................= 0.3000E+08
      Poisson s ratio, ANU12 .........................= 0.2500E+00
      Shear modulus, G12 .............................= 0.1200E+08


   FINITE ELEMENT MESH INFORMATION:

      Element type: 0 = Triangle; >0 = Quad.) .........= 1
      Number of nodes per element, NPE ...............= 4
       No.of primary deg.of freedom/node, NDF ........=2
      Number of elements in the mesh, NEM ............= 24
       Number of nodes in the mesh, NNM ..............= 39
      Number of equations to be solved, NEQ ..........= 78
      Half bandwidth of the matrix GLK, NHBW .........=30
      Mesh subdivisions, NX and NY ...................= 12 2
      No.of specified PRIMARY variables, NSPV ........= 6
      No.of speci.SECONDARY variables, NSSV ..........= 3


   Node  DOF    Value
   1     2      0.11250E+02
   14    2      0.22500E+02
   27    2      0.11250E+02
```

续框

```
NUMERICAL INTEGRATION DATA:

    Full quadrature (IPDF × IPDF) rule, IPDF = 2
    Reduced quadrature (IPDF × IPDF), IPDR = 1
    Quadrature rule used in postproc., ISTR = 1

SOLUTION:
    Node    x-coord.      y-coord.      Value of u_x      Value of u_y
    1     0.00000E+00   0.00000E+00    -0.67656E-03      0.37472E-02
    14    0.00000E+00   0.15000E+01     0.17746E-17      0.37464E-02
    27    0.00000E+00   0.30000E+01     0.67656E-03      0.37472E-02


     x-coord.      y-coord.       sigma-x        sigma-y        sigma-xy
   0.11500E+02   0.75000E+00    0.1640E+04     0.1923E+03    -0.1500E+03
   0.11500E+02   0.22500E+01   -0.1640E+04    -0.1923E+03    -0.1500E+03
```

表 12.6.4 给出了不同网格下 $u_y(0,0)$ 和 $\sigma_{xx}(x,y)$ 的有限元解。和二次单元相比,线性单元的收敛速度最慢。

表 12.6.4 自由端受均匀剪切载荷的悬臂梁的弹性力学解和有限元解的比较(例 12.6.2)

单元[①]	网格	u_y(in) ×10⁻²	应力(psi)	
		$\times 10^{-2}$	(x,y)	$\sigma_{xx}(x,y)$
Q4	12×2	0.37464	(11.500,0.7500)	1640
Q9	6×1	0.39694	(11.577,0.6340)	2003
Q4	24×4	0.39316	(11.750,0.3750)	2623
Q9	12×2	0.39972	(11.789,0.3170)	2817
Q4	48×8	0.39842	(11.875,0.1875)	3252
Q9	24×4	0.40370	(11.894,0.1585)	3276
EBT	6H	0.38400	(12.000,0.0000)	3600
TBT-RIE	6Q	0.40200	(12.000,0.0000)	3600
TBT-IIE	6C	0.40200	(12.000,0.0000)	3600

①Q4—4 节点(线性)矩形单元;Q9—9 节点(二次)矩形单元;EBT—Euler-Bernoulli 梁单元(三次 Hermite);TBT—Timoshenko 梁单元(RIE—减缩积分单元-二次,IIE—互相依赖的插值单元—挠度采用 Hermite 三次多项式,转动采用相应的二次多项式);所有的有限元解与精确解吻合。

例 12.6.3

考虑一个各向同性的空心圆柱体,其内半径和外半径分别为 $a=10\text{in}$ 和 $b=15\text{in}$。圆柱体两端刚性约束即在 $z=\pm L/2$ 处 $u_z=0$,承受 $p_0=2\times10^3\text{psi}$ 的内压,如图 12.6.3(a)所示。利用有限元方法确定圆柱体中的位移和应力。这里 $E=28\times10^6\text{psi}$,$v=0.3$。

解:由于本问题几何、材料(各向同性)和边界条件的特征,发现本问题关于 $z=0$ 是对称的;且平面 $z=0$ 与平面 $z=\pm L/2$ 的边界条件是完全一样的。因此,发现本问题关于 $z=L/4$ 是对称的。这样的话,显然可以考虑圆柱单位长度的任意横截面来构造本问题。因此,这是一个平

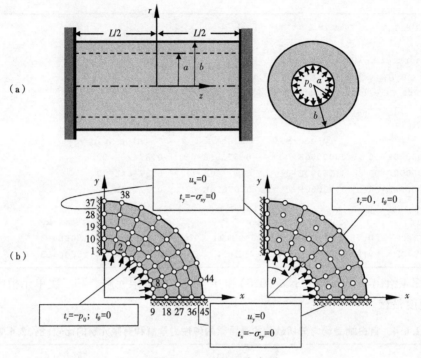

图 12.6.3　圆柱压力容器

面应变问题。

从有限元分析的角度出发,考虑到双轴对称性可以利用 1/4 圆环作为求解域(沿纸张厚度方向上是单位厚度)。计算域的边界条件为

$$u_x(0,y) = 0, t_y(0,y) = -\sigma_{xy}(0,y) = 0; u_y(x,0) = 0, t_x(x,0) = -\sigma_{xy}(x,0) = 0 \tag{1}$$

$$t_r(a,\theta) = -p_0, t_\theta(a,\theta) = 0; t_r(b,\theta) = 0, t_\theta(b,\theta) = 0$$

这里 (r,θ) 是圆柱坐标系。

图 12.6.3(b) 给出了 8×4 的线性和 4×2 的二次四边形有限元网格。给定的位移边界条件为

$$U_1 = U_{19} = U_{37} = U_{55} = U_{73} = 0; U_{18} = U_{36} = U_{54} = U_{72} = U_{90} = 0 \tag{2}$$

p_0 对 $r = R_i$ 处整体节点的贡献的计算如下所示。对于线性网格,一个典型单元的边界(即 p_0 作用的部分)的长度为 $h_e = a\Delta\theta_e$,这里 $\Delta\theta_e = \pi/(2\times8) = 0.19635$。因此边界节点上力的 x 和 y 分量为

$$f_{xi}^e = f_i^e \sin\theta_e, f_{yi}^e = f_i^e \cos\theta_e, f_i^e = \frac{p_0 h_e}{2} 1963.4954\text{lb} \tag{3}$$

这里 θ_e 从 y 轴正方向开始顺时针为正,如图 12.6.4(a) 所示。因此,组装后的非零力为

$$F_1^y = 1963.5, F_2^x = 766.12, F_2^y = 3851.6, F_3^x = 1502.8, F_3^y = 3628, F_4^x = 2181.8$$

$$F_4^y = 3265.2, F_5^x = 2768.8, F_5^y = 2776.8, F_6^x = 3265.2, F_6^y = 2181.8, F_7^x = 3628 \tag{4}$$

$$F_7^y = 1502.8, F_8^x = 3851.6, F_8^y = 766.12, F_9^x = 1963.5$$

对于二次单元网格$[\Delta\theta_e = \pi/(2\times4) = 0.3927]$,边界节点的力的$x$和$y$分量为

$$f_{xi}^e = f_i^e \sin\theta_e, f_{yi}^e = f_i^e \cos\theta_e, f_i^e = \frac{p_0 h_e}{6} = 1309.01\text{lb} \tag{5}$$

因此,非零力为

$$\begin{aligned}
&F_1^y = 1309, F_2^x = 1021.5, F_2^y = 5135.4, F_3^x = 1001.9, F_3^y = 2418.7, F_4^x = 2909\\
&F_4^y = 4353.6, F_5^x = 1851.2, F_5^y = 1851.2, F_6^x = 4353.6, F_6^y = 2909, F_7^x = 2418.7\\
&F_7^y = 1001.9, F_8^x = 5135.4, F_8^y = 1021.5, F_9^x = 1309
\end{aligned} \tag{6}$$

框 12.6.5 给出了 8×4 的线性矩形有限元网格(IELTYP = 1,NPE = 4)的输入数据。对于 4×2 的二次 9 节点矩形有限元网格(IELTYP = 2,NPE = 9),同样输入数据也是有效的。两个输入数据的不同在于节点力。框 12.6.6 给出了 4×2 的二次 9 节点矩形有限元网格的部分输出。

框 12.6.5 基于程序 FEM2D 的例 12.6.3 的输入出文件

```
Example 12.6.3: Cylinder with internal pressure (8×4Q4)
   2   1   0   0                              ITYPE,IGRAD,ITEM,NEIGN
   2   9   0   0                              IELTYP,NPE,MESH,NPRNT
   8  45                                      NEM NNM
   1   3   21   19   2   12   20   10   11
   3   5   23   21   4   14   22   12   13
   5   7   25   23   6   16   24   14   15
   7   9   27   25   8   18   26   16   17
  19  21   39   37  20   30   38   28   29
  21  23   41   39  22   32   40   30   31
  23  25   43   41  24   34   42   32   33
  25  27   45   43  26   36   44   34   35    NOD(I,J)
          0.00000E+00       0.10000E+02
          0.19509E+01       0.98079E+01
          0.38268E+01       0.92388E+01
          0.55557E+01       0.83147E+01
          0.70711E+01       0.70711E+01
          0.83147E+01       0.55557E+01
          0.92388E+01       0.38268E+01
          0.98079E+01       0.19509E+01
          0.10000E+02       0.0
          0.00000E+00       0.11250E+02
          0.21948E+01       0.11034E+02
          0.43052E+01       0.10394E+02
          0.62502E+01       0.93540E+01
          0.79550E+01       0.79550E+01
          0.93540E+01       0.62502E+01
          0.10394E+02       0.43052E+01
          0.11034E+02       0.21948E+01
          0.11250E+02       0.0
          0.00000E+00       0.12500E+02
          0.24386E+01       0.12260E+02
```

0.47835E+01	0.11548E+02	
0.69446E+01	0.10393E+02	
0.88388E+01	0.88388E+01	
0.10393E+02	0.69446E+01	
0.11548E+02	0.47835E+01	
0.12260E+02	0.24386E+01	
0.12500E+02	0.0	
0.00000E+00	0.13750E+02	
0.26825E+01	0.13486E+02	
0.52619E+01	0.12703E+02	
0.76391E+01	0.11433E+02	
0.97227E+01	0.97227E+01	
0.11433E+02	0.76391E+01	
0.12703E+02	0.52619E+01	
0.13486E+02	0.26825E+01	
0.13750E+02	0.0	
0.00000E+00	0.15000E+02	
0.29264E+01	0.14712E+02	
0.57403E+01	0.13858E+02	
0.83336E+01	0.12472E+02	
0.10607E+02	0.10607E+02	
0.12472E+02	0.83336E+01	
0.13858E+02	0.57403E+01	
0.14712E+02	0.29264E+01	
0.15000E+02	0.0	X(I),Y(I)
10		NSPV
1 1 10 1 19 1 28 1 37 1		
9 2 18 2 27 2 36 2 45 2		ISPV(I)
0.0 0.0 0.0 0.0 0.0		
0.0 0.0 0.0 0.0 0.0		VSPV(I)
16		NSSV
1 2 2 1 2 2 3 1 3 2		
4 1 4 2 5 1 5 2 6 1 6 2		
7 1 7 2 8 1 8 2 9 1		ISSV(I)
	0.13090E+04	
0.10215E+04	0.51354E+04	
0.10019E+04	0.24187E+04	
0.29090E+04	0.43536E+04	
0.18512E+04	0.18512E+04	
0.43536E+04	0.29090E+04	
0.24187E+04	0.10019E+04	
0.51354E+04	0.10215E+04	
0.13090E+04		VSPV(I)
0		LNSTRS
28.0E06 28.0E06 0.3 10.76923E06 1.0		E1,E2,ANU12,G12,THKNS
0.0 0.0 0.0		F0,FX,FY

框 12.6.6　基于程序 FEM2D 的例 12.6.3 的部分输出

```
        OUTPUT from program  *** FEM2D *** by J N.REDDY

          A 2-D ELASTICITY PROBLEM IS ANALYZED

MATERIAL PROPERTIES OF THE SOLID ANALYZED:

        Thickness of the body, THKNS ..........................= 0.1000E+01
        Modulus of elasticity, E1 ...............................= 0.2800E+08
        Modulus of elasticity, E2 ...............................= 0.2800E+08
        Poisson s ratio,ANU12 ....................................= 0.3000E+00
        Shear modulus, G12 .......................................= 0.1077E+08
        ** PLANE STRAIN assumption is selected by user **


CONTINUOUS SOURCE COEFFICIENTS:

        Coefficient, F0·······················= 0.0000E+00
        Coefficient, FX...·····················= 0.0000E+00
        Coefficient, FY...·····················= 0.0000E+00

        ******* A STEADY-STATE PROBLEM is analyzed *******


        *** A mesh of QUADRILATERALS is chosen by user  ***

FINITE ELEMENT MESH INFORMATION:

        Element type: 0 = Triangle; >0 = Quad.) ......=2
        Number of nodes per element, NPE ..................=9
        No. of primary deg. of freedom/node, NDF ......=2
        Number of elements in the mesh, NEM ............=8
        Number of nodes in the mesh, NNM ..................=45
        Number of equations to be solved, NEQ ..........=90
        Half bandwidth of the matrix GLK, NHBW ........=40
        No. of specified PRIMARY variables, NSPV....=10
        No. of speci. SECONDARY vatiables, NSSV .......=16
    Node    DOF      Value
      1      2      0.13090E+04
      2      1      0.10215E+04
      2      2      0.51354E+04
      3      1      0.10019E+04
      3      2      0.24187E+04
      4      1      0.29090E+04
      4      2      0.43536E+04
      5      2      0.18512E+04
      6      1      0.43536E+04
      6      2      0.29090E+04
      7      1      0.10019E+04
      8      1      0.51354E+04
      8      2      0.10215E+04
```

续框

```
    NUMERICAL INTEGRATION DATA:
        Full quadrature (IPDG×IPDF) rule, IPDF = 3
        Reduced quadrature (IPDR×IPDR), IPDF = 2
        Quadrature rule used in postproc., ISTR = 2


    S O L U T I O N :
    Node        x-coord.        y-coord.        Value of u_x      Value of u_y
    1        0.00000E+00      0.10000E+02      0.00000E+00      0.19669E-02
    2        0.19509E+01      0.98079E+01      0.38421E-03      0.19315E-02
    3        0.38268E+01      0.92388E+01      0.75271E-03      0.18172E-02
    4        0.55557E+01      0.83147E+01      0.10941E-02      0.16375E-02
    5        0.70711E+01      0.70711E+01      0.13908E-02      0.13908E-02
    6        0.83147E+01      0.55557E+01      0.16375E-02      0.10941E-02
    7        0.92388E+01      0.38268E+01      0.18172E-02      0.75271E-03
    8        0.98079E+01      0.19509E+01      0.19315E-02      0.38421E-03
    9        0.10000E+02      0.00000E+00      0.19669E-02      0.00000E+00
    10       0.00000E+00      0.11250E+02      0.00000E+00      0.18195E-02


    x-coord.        y-coord.        sigma-x          sigma-y          sigma-xy
    0.87776E+00     0.10491E+02     0.4807E+04      -0.1604E+04      -0.5305E+03
    0.99808E+00     0.11930E+02     0.4075E+04      -0.8773E+03      -0.4146E+03
    0.32039E+01     0.10029E+02     0.4243E+04      -0.1040E+04      -0.1891E+04
    0.36431E+01     0.14404E+02     0.3643E+04      -0.4463E+03      -0.1458E+04
    0.48258E+01     0.93569E+02     0.3493E+04      -0.2901E+03      -0.2642E+04
    0.54873E+01     0.10639E+02     0.3057E+04       0.1413E+03      -0.2044E+04
    0.67978E+01     0.80391E+01     0.2132E+04       0.1071E+04      -0.3205E+04
    0.77297E+01     0.91411E+01     0.2014E+04       0.1185E+04      -0.2476E+04
    0.80391E+01     0.67978E+01     0.1071E+04       0.2132E+04      -0.3205E+04
    0.91411E+01     0.77297E+01     0.1185E+04       0.2014E+04      -0.2476E+04
    0.93569E+01     0.48258E+01    -0.2901E+03       0.3493E+04      -0.2642E+04
    0.10639E+02     0.54873E+01     0.1413E+03       0.3057E+04      -0.2044E+04
    0.10029E+02     0.32039E+01    -0.1040E+04       0.4243E+04      -0.1891E+04
    0.11404E+02     0.36431E+01    -0.4453E+03       0.3643E+04      -0.1458E+04
    0.10491E+02     0.87776E+00    -0.1604E+04       0.4807E+04      -0.5305E+03
    0.11930E+02     0.99808E+00    -0.8773E+03       0.4075E+04      -0.4146E+03
```

本问题有精确解(参见 Reddy[1]):圆柱中的径向位移 u_r 和径向应力 σ_{rr} 为

$$u_r = \frac{1}{2(\mu + \lambda)}\left(\frac{p_0 a^2}{b^2 - a^2}\right)r + \frac{a^2 b^2}{2\mu}\left(\frac{p_0}{b^2 - a^2}\right)\frac{1}{r} \tag{7}$$

$$\sigma_{rr} = \left(\frac{p_0 a^2}{b^2 - a^2}\right) - \left(\frac{p_0 a^2}{b^2 - a^2}\right)\frac{b^2}{r^2}, \sigma_{\theta\theta} = \left(\frac{p_0 a^2}{b^2 - a^2}\right) + \left(\frac{p_0 a^2}{b^2 - a^2}\right)\frac{b^2}{r^2} \tag{8}$$

位移的有限元解 $U_2 = U_{17}$ 与精确解 $u_r(a) = 0.19686 \times 10^{-2}$ in 完全一致。应力的 x 和 y 分量与径向应力和环向应力的关系为(在 $r = 0$ 处的精确解为 $\sigma_{rr} = -2000$ psi 和 $\sigma_{\theta\theta} = 5200$ psi)

$$\sigma_{xx} = \sigma_{rr}\cos^2\theta + \sigma_{\theta\theta}\sin^2\theta, \sigma_{yy} = \sigma_{rr}\sin^2\theta + \sigma_{\theta\theta}\cos^2\theta \tag{9}$$

举个例子,$(x, y) = (0.87776, 10.491)$ 处应力的精确解分别为 $\sigma_{xx} = 4803$ psi 和 $\sigma_{yy} = -1603$ psi,而利用 4×2 的二次矩形单元的结果为 $\sigma_{xx} = 4807$ psi 和 $\sigma_{yy} = -1604$ psi。

现在将圆柱替换为内半径和外半径分别为 $a = 10$ in 和 $b = 15$ in 的空心圆盘,厚度为 $h = 0.1$ in,内压为 p_0 psi。那么问题就变为平面应力问题。输入文件不变,只需将厚度改为 0.1in,且 LNSTRS = 1。径向位移的精确解为 $u_r(a, \theta) = 0.02071$ in。利用线性和二次网格得到的结果分别为 0.02075in 和 0.02070in。

本章的最后一个例子处理例 12.6.2 中悬臂板的自由振动和瞬态分析问题。

例 12.6.4

考虑图 12.6.2(a)中所示的悬臂梁。利用(1)12×2 Q4 和(2)6×1 Q9 网格和线性加速度 $\left(\alpha = \frac{1}{2}, \gamma = \frac{1}{3}\right)$ 和平均加速度 $\left(\alpha = \gamma = \frac{1}{2}\right)$ 格式,确定其瞬态响应。这里质量密度 $\rho = 15.2$ slug/ft$^3 = 7.3303 \times 10^{-4}$ lb/in^4(1slug 等价于 1lb/ft),位移和速度采用零初始条件。

解:线性加速度格式的时间步长限制为

$$\Delta t < \Delta t_{\text{cri}} = \sqrt{\frac{12}{\lambda_{\max}}} \tag{1}$$

因此,首先通过自由振动分析确定两种网格下的最大特征值 $\lambda_{\max}$,以便于确定临界时间步长。框 12.6.7 给出了 12×2 Q4 网格的特征值分析的输入数据。对于 12×2 Q4 网格和 6×1 Q9 网格的最大特征值分别为 $\lambda_{\max} = 604662.4 \times 10^6$ 和 $\lambda_{\max} = 750440.3 \times 10^6$。因此,此两种网格下的临界时间步长分别为 $\Delta t_{cr} = 4.4548 \times 10^{-6}$ 和 $\Delta t_{cr} = 3.9988 \times 10^{-6}$。框 12.6.8 给出了瞬态分析的输入数据。

框 12.6.7   自由振动的输入文件(例 12.6.4)

```
Example 12.6.4: Natural vibration of a cantilevered plate
2    0    2    1                              ITYPE,IGRAD,ITEM,NEIGN
33   0                                        NVALU,NVCTR
1    4    1    0                              IELTYP,NPE,MESH,NPRNT
12   2                                        NX,NY
0.0  1.0  1.0  1.0  1.0  1.0  1.0
     1.0  1.0  1.0  1.0  1.0  1.0             X0,DX(I)
0.0  1.5  1.5                                 Y0,DY(I)
6                                             NSPV
13 1 13 2 26 1 26 2 39 1 39 2                ISPV
1                                             LNSTRS
30.0E06    30.0E06    0.25    12.0E06    0.1  E1, E2, ANU12, G12,THKNS
7.3302E-04    0.0    0.0                      C0,CX,CY
```

图 12.6.4 给出了基于 12×2 Q4 矩形网格和 6×1 Q9 矩形网格的端部挠度 $v \equiv u_y(0,b,t) \times 10^3$ 随时间 $t \times 10^3$ 的变化图,这里采用的两种时间近似格式:(1)$\alpha = \gamma = \frac{1}{2}$,(2)$\alpha = \frac{1}{2}, \gamma = \frac{1}{3}$。

当时间步稍微大于网格的临界时间步长时,对于初始的几个时间步解是稳定的,但是对于线性加速度格式最终解会变得不稳定。对于平均加速度格式(稳定的),更大的时间步长(大于临界值)仍然给出稳定和精确的解。

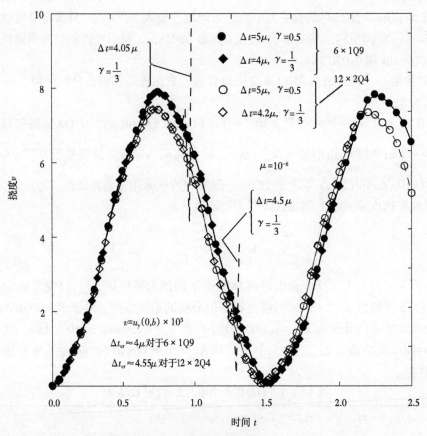

图 12.6.4 悬臂板的瞬态响应($\mu = 10^{-6}$)

框 12.6.8 自由振动的输入文件(例 12.6.4)

```
Example 12.6.4: Transient analysis of a cantilevered plate
   2 1 2 0                          ITYPB, IGRAD,ITBM,NEIGN
   1 4 1 0                          IELTYP,NPB,MESH,NPRNT
12 2
   0.0 1.0 1.0 1.0 1.0 1.0 1.0      NX, NY
   1.0 1.0 1.0 1.0 1.0 1.0          X0, DX(I)
   0.0 1.5 1.5                      Y0, DY(I)
   6                                NSPV
```

续框

```
13  1  13  2  26  1  26  2  39  1  39  2          ISPV
0.0   0.0   0.0   0.0   0.0   0.0                 VSPV
3                                                 NSSV
1  2  14  2  27  2                                ISSV
11.25  22.5  11.25                                VSSV
1                                                 LNSTRS
30.0E06  30.0E06  0.25  12.0E06  0.1              E1,E2,ANU12,G12,THKNS
0.0  0.0  0.0                                     F0,  FX,  FY
7.3302E-04  0.0  0.0                              C0,  CX,  CY
500  501  100  0                                  NTIME,NSTP,INTVL,INTIAL
4.2E-06  0.5  0.33333333  1.0E-6                  DT,ALFA,GAMA,EPSLN
```

12.7 总结

本章给出了二维线性弹性力学的方程及其有限元模型。讨论了平面应力和平面应变问题,它们的唯一区别在于本构方程。控制方程用位移表示,其弱形式和有限元模型由如下两种不同的方法构造:

(1)利用虚位移原理的向量/矩阵格式,在固体和结构力学的有限元书籍中最常见。

(2)弱形式格式,贯穿全书。

给出了平面弹性力学的线性和二次三角形和矩形单元。讨论了线性单元出现的剪切自锁问题。也给出了平面弹性力学的特征值和时间相关问题。给出了一些数值算例来展示单元刚度矩阵和载荷向量的计算以及 FEM2D 程序的求解。

习题

边界条件和载荷识别

12.1 证明正交各向异性材料的平面应变问题的应力应变本构关系为式(12.2.4a)和式(12.2.4b)。

12.2—12.4 计算图 P12.2 至图 P12.4 给出的平面应力弹性力学问题的边界载荷对整体力自由度的贡献。至少给出两个整体节点的非零力。

习题 12.2 的答案:

$$F_7^x = h\left(\frac{17p_1 + p_0}{72}\right) \text{ 和 } F_{14}^x = h\left(\frac{5p_1 + p_0}{12}\right) \text{。}$$

12.5—12.7 给出图 P12.2 至图 P12.4 的平面弹性力学问题的连接矩阵和给定的主要自由度。至少给出两个整体节点的非零力。连接矩阵只需给出前三行。

12.8 考虑一个长度为 6cm,高度为 2cm,厚度为 0.2cm,材料弹性模量 $E = 3 \times 10^7 \text{N/cm}^2$,泊松比为 $v = 0.3$,自由端受 600N·cm 的弯矩的结构,如图 P12.8 所示。将弯矩用 $x = 6$cm 处的分

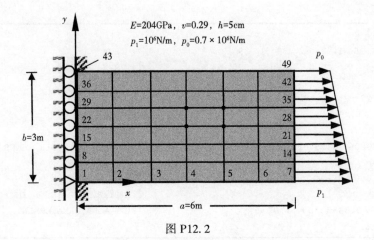

图 P12.2

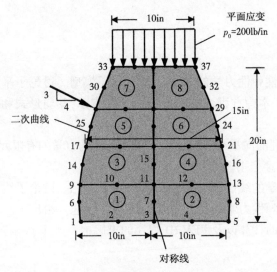

图 P12.3

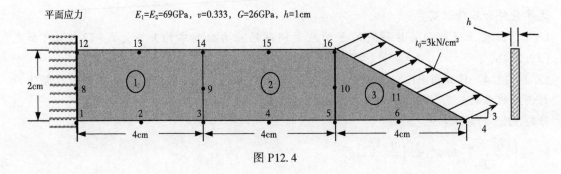

图 P12.4

布力来等效,用非均匀的 10×4 的线性矩形单元来建模。给出给定位移和整体力。

答案:

$F_{11}^x = -37.5N$ 和 $F_{22}^x = -45N$。

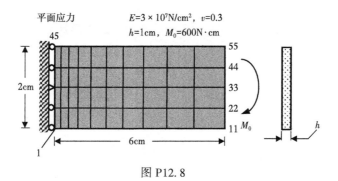

图 P12.8

12.9　考虑图 P12.9 所示的(连接)单元。定义单元的广义位移向量为 $\{u\} = (u_1 \quad v_1 \quad \theta_1 \quad u_2$ $v_2 \quad u_3 \quad v_3)^\mathrm{T}$，并将位移分量 u 和 v 表示为

$$u = \psi_1 u_1 + \psi_2 u_2 + \psi_3 u_3 + \frac{h}{2}\eta\psi_1\theta_1, \quad v = \psi_1 v_1 + \psi_2 v_2 + \psi_3 v_3$$

式中，ψ_1 是梁的插值函数，ψ_2 和 ψ_3 是节点 2 和节点 3 的插值函数：

$$\psi_1 = \frac{1}{2}(1-\xi), \quad \psi_2 = \frac{1}{4}(1+\xi)(1-\eta), \quad \psi_3 = \frac{1}{4}(1+\xi)(1+\eta)$$

推导单元的刚度矩阵。

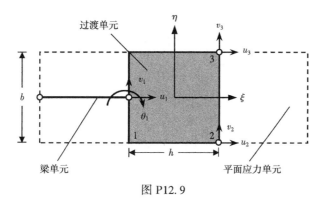

图 P12.9

12.10　考虑图 P12.10 所示的各向同性弹性方板，其厚度为 h。假设其位移可近似表示为

$$u_x(x,y) = (1-x)yu_x^1 + x(1-y)u_x^2, \quad u_y(x,y) = 0$$

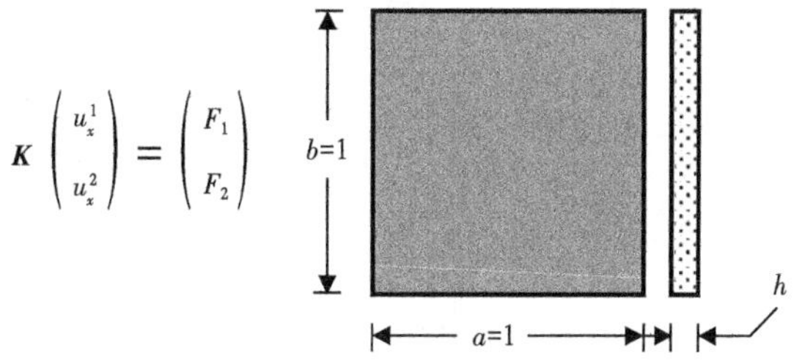

$$K \begin{pmatrix} u_x^1 \\ u_x^2 \end{pmatrix} = \begin{pmatrix} F_1 \\ F_2 \end{pmatrix}$$

图 P12.10

假设方板处于平面应力状态,推导单位方板的 2×2 的刚度矩阵。

12.11—12.15　对于图 P12.11 至图 P12.15 所示的平面应力弹性力学问题,给出其边界自由度并计算给定的节点力。

答案:$F^y_{37} = -37.5$kN 和 $F^y_{38} = -75$kN。

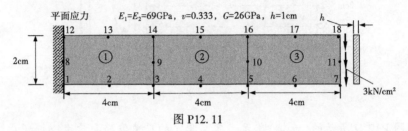

图 P12.11

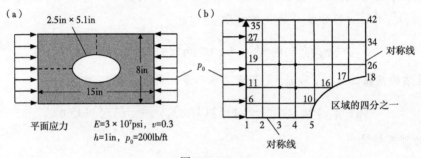

图 P12.12

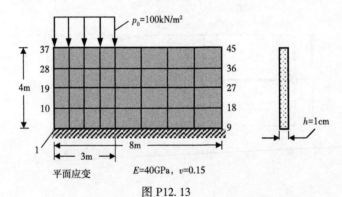

图 P12.13

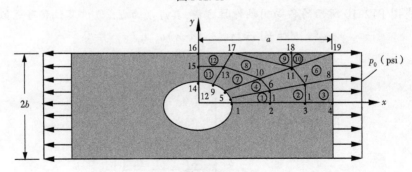

图 P12.14

有限元分析采用 1/4 的区域(厚度为 h 的各向同性板)

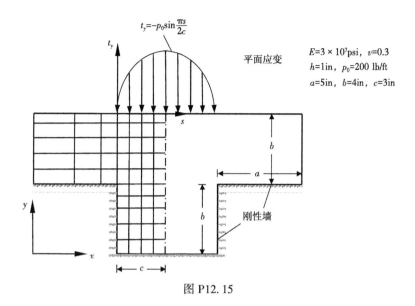

图 P12.15

12.16 分析图 P12.2 所示的平面弹性力学(平面应力)问题在图示网格下的位移和应力。

12.17 利用等效的三角形单元网格分析习题 12.16。

12.18 利用等效的二次四边形单元网格分析习题 12.16。

12.19 利用等效的二次三角形单元重做习题 12.16。

12.20 分析图 P12.11 所示的平面弹性力学问题的变形和应力。

12.21 分析图 P12.11 所示的平面弹性力学问题的固有频率。材料密度为 $\rho = 0.0088 \text{kg/cm}^3$。

12.22 分析图 P12.11 所示的平面弹性力学问题的瞬态响应。利用 $\alpha = \dfrac{1}{2}, \gamma = \dfrac{1}{2}$ 和 $\Delta t = 10^{-5}$。

假设初始条件为零。

课外阅读参考资料

[1] J. N. Reddy, *An Introduction to Continuum Mechanics*, 2nd ed., Cambridge University Press, New York, NY, 2013.

[2] J. N. Reddy, *Energy Principles and Variational Methods in Applied Mechanics*, 3rd ed., John Wiley & Sons, New York, NY, 2017.

[3] J. Barlow, "Optimal Stress Locations in Finite Element Models," *International Journal for Numerical Methods in Engineering*, 10, 243–251, 1976.

[4] J. Barlow, "More on Optimal Stress Points-Reduced Integration Element Distortions and Error Estimation," *International Journal for Numerical Methods in Engineering*, 28, 1487–1504, 1989.

[5] M. Vaz, Jr., P. A. Munoz-Rojas, and G. Filippini, "On the Accuracy of Nodal Stress Computation in Plane Elasticity using Finite Volumes and Finite Elements," *Computers and Structures*, 87(17–18):1044–1057, 2009.

[6] R. G. Budynas, *Advanced Strength and Applied Stress Analysis*, McGraw-Hill, New York, NY, 1977.

[7] J. N. Reddy and M. L. Rasmussen, *Advanced Engineering Analysis*, John Wiley & Sons, New York, NY, 1982.

[8] K Rektorys, *Variational Methods in Mathematics, Science and Engineering*, D. ReidelPublishing, Boston, MA, 1980.

[9] K. Rektorys, *The Method of Discretization in Time*, D. Reidel Publishing, Boston, MA, 1982.

[10] W. S. Slaughter, *The Linearized Theory of Elasticity*, Birkhiiuser, Boston, MA, 2002.

[11] S. P. Timoshenko and J. N. Goodier, *Theory of Elasticity*, 3rd ed. , McGraw-Hill, New York, NY, 1970. A. C. Ugural and 5. K. Fenster, *Advanced Strength and Applied Elasticity*, American Elsevier, New York, NY, 1975.

[12] E. Volterra and J. H. Gaines, *Advanced Strength of Materials*, Prentice-Hall, Engelwood Cliffs, NJ, 1971.

13 3-D 有限元分析

I do not feel obliged to believe that the same God who has endowed us with sense, reason, and intellect has asked us to forgo their use.

（我不觉得有必要相信上帝在赋予我们感觉、理性和智慧的同时会要求我们放弃使用它们。）

Galileo Galilei

13.1 引言

前几章对有限元方法的介绍足以为大多数一维和二维线性边值、初值和特征值问题的有限元模型和相关的计算机程序的发展提供必要的背景。这一背景也有助于人们明智地使用商业上可用的有限元软件。由于有限元法和通用计算机程序的可用性，确定温度分布、物体周围和内部流动的影响以及复杂几何形状下的应力分布已成为工程分析的常规部分。

这里讨论一般三维物体的物理问题。和二维问题类似，将一个三维区域 Ω（图 13.1.1）离散成若干个有限单元。作为一个例子，图 13.1.2 给出了二维和相应的三维有限元离散结果。可用的三维单元基本上是二维单元的扩展。如图 13.1.3 所示，需要同时依靠三角形和四边形来构造三维几何体。13.5 节会给出三维单元更多的细节。

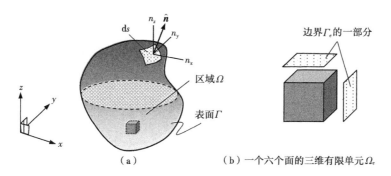

图 13.1.1　三维区域 Ω，单位法向为 $\hat{n}$ 的边界 Γ，以及一个典型的三维有限单元

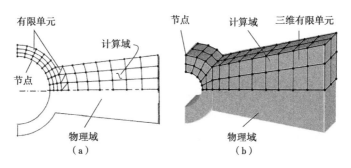

图 13.1.2　有限元离散(a)，二维区域，(b) 三维区域

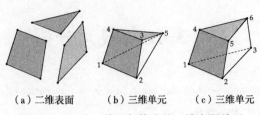

（a）二维表面　　（b）三维单元　　（c）三维单元

图 13.1.3　由二维几何构成的三维有限单元

本章的剩余部分讨论将第 9 章至第 12 章的内容推广到三维问题,使得读者熟悉三维热传递(以及相关的扩散)问题,黏性不可压流动以及变形和应力的控制方程、弱形式和有限元模型。只使用直角笛卡儿坐标系(x,y,z)来写控制方程和建立有限元模型。

13.2　热传递

13.2.1　简介

本节给出三维热传导(及相关的扩散型问题)的有限元分析。在热系统的工业设计和制造中热传导扮演了重要的角色。热传导问题同时提供了一个便捷的框架来讨论有限元方法和数值算法的各种优点。第 3 章给出的有限元方法可以帮助建立一般的三维热传导问题的有限元格式。

13.2.2　控制方程

三维正交各向异性(材料主坐标与 x、y 和 z 坐标轴重合)固体热传递问题的控制方程为

$$\rho c_v \frac{\partial T}{\partial t} - \frac{\partial}{\partial x}\left(k_x \frac{\partial T}{\partial x}\right) - \frac{\partial}{\partial y}\left(k_y \frac{\partial T}{\partial y}\right) - \frac{\partial}{\partial z}\left(k_z \frac{\partial T}{\partial z}\right) = g \quad 在 \Omega 内,且 t>0 \qquad (13.2.1)$$

这里(k_x, k_y, k_z)分别是沿 x、y 和 z 坐标方向上的热导率,ρ 是质量密度,c_v 是定容比热容,T 是温度,g 是单位体积内的生热率。其边界条件(任意时刻 t)为

$$T = \hat{T} \text{ 在 } \Gamma_1 \text{ 上}$$

$$k_x \frac{\partial T}{\partial x} n_x + k_y \frac{\partial T}{\partial y} n_y + k_z \frac{\partial T}{\partial z} n_z + \beta(T - T_\infty) = \hat{q} \text{ 在 } \Gamma_2 \text{ 上} \qquad (13.2.2)$$

这里 $\hat{T}$ 和 $\hat{q}$ 分别是区域 Ω 的外表面 Γ 上关于 Γ_1 和 Γ_2 的给定函数(图 13.1.1),β 是对流系数,T_∞ 是环境温度。边界 Γ_1 和 Γ_2 组成了整个的外边界,且其交集为空。初始条件为

$$T(x,y,z,0) = T_0(x,y,z) \text{ 对任意 } \Omega \text{ 内的}(x,y,z) \qquad (13.2.3)$$

13.2.3　弱形式

假设区域 Ω 被分成一组有限单元 Ω_e 且被边界 Γ_e 包围。接下来讨论三维有限单元的具体形状。假设 T_h^e 为单元 Ω_e 上 T 的有限元近似。可以采用通常的三步程序得到三维有限单元 Ω_e 上式(13.2.1)的弱形式。得(单元标识"e"表示所有的量都是在单元上定义的)

$$0 = \int_{\Omega_e} w_i^e \left[\rho_e c_v^e \frac{\partial T_h^e}{\partial t} - \frac{\partial}{\partial x}\left(k_x^e \frac{\partial T_h^e}{\partial x}\right) - \frac{\partial}{\partial y}\left(k_y^e \frac{\partial T_h^e}{\partial y}\right) - \frac{\partial}{\partial z}\left(k_z^e \frac{\partial T_h^e}{\partial z}\right) - g_e\right] \mathrm{d}v$$

$$
\begin{aligned}
&= \int_{\Omega_e} \left(\rho_e c_v^e w_i^e \frac{\partial T_h^e}{\partial t} + k_x^e \frac{\partial w_i^e}{\partial x} \frac{\partial T_h^e}{\partial x} + k_y^e \frac{\partial w_i^e}{\partial y} \frac{\partial T_h^e}{\partial y} + k_z^e \frac{\partial w_i^e}{\partial z} \frac{\partial T_h^e}{\partial z} - w_i^e g_e \right) \mathrm{d}v \\
&\quad - \oint_{\Gamma_e} w_i^e \left(k_x^e \frac{\partial T_h^e}{\partial x} n_x + k_y^e \frac{\partial T_h^e}{\partial y} n_y + k_z^e \frac{\partial T_h^e}{\partial z} n_z \right) \mathrm{d}s \\
&= \int_{\Omega_e} \left(\rho_e c_v^e w_i^e \frac{\partial T_h^e}{\partial t} + k_x^e \frac{\partial w_i^e}{\partial x} \frac{\partial T_h^e}{\partial x} + k_y^e \frac{\partial w_i^e}{\partial y} \frac{\partial T_h^e}{\partial y} + k_z^e \frac{\partial w_i^e}{\partial z} \frac{\partial T_h^e}{\partial z} w_i^e g_e \right) \mathrm{d}v \\
&\quad + \oint_{\Gamma_e} \beta_e w_i^e T_h^e \mathrm{d}s - \oint_{\Gamma_e} w_i^e (q_n^e + \beta_e T_\infty^e)\, \mathrm{d}s
\end{aligned}
\tag{13.2.4}
$$

式中，w_i^e 是一组权函数，在弱形式 Galerkin 模型中，会被在 Ω_e 上近似 T 的 T_h^e 的插值函数 ψ_i^e 来替代。注意到，单元边界上的对流也包括在内。

13.2.4 有限元模型

假设在单元 Ω_e 上有如下的有限元插值形式：

$$
T(x,y,z,t) \approx T_h^e(x,y,z,t) = \sum_{j=1}^{n} T_j^e(t) \psi_j^e(x,y,z)
\tag{13.2.5}
$$

将 $w_i = \psi_i^e$ 和式（13.2.5）代入式（13.2.4），可得有限元模型：

$$
\boldsymbol{M}^e \dot{\boldsymbol{T}}^e + \boldsymbol{K}^e \boldsymbol{T}^e = f^e + \boldsymbol{Q}^e \equiv \boldsymbol{F}
\tag{13.2.6}
$$

式中，

$$
M_{ij}^e = \int_{\Omega_e} \rho_e c_v^e \psi_i^e \psi_j^e \mathrm{d}\Omega_e
$$

$$
K_{ij}^e = \int_{\Omega_e} \left(k_x^e \frac{\partial \psi_i^e}{\partial x} \frac{\partial \psi_j^e}{\partial x} + k_y^e \frac{\partial \psi_i^e}{\partial y} \frac{\partial \psi_j^e}{\partial y} + k_z^e \frac{\partial \psi_i^e}{\partial z} \frac{\partial \psi_j^e}{\partial z} \right) \mathrm{d}\Omega_e + \oint_{\Gamma_e} \beta_e \psi_i^e \psi_j^e \mathrm{d}\Gamma_e
\tag{13.2.7}
$$

$$
f_i^e = \int_{\Omega_e} f \psi_i^e \mathrm{d}\Omega_e
$$

$$
Q_i^e = \oint_{\Gamma_e} (\hat{q}_n^e + \beta_e T_\infty^e) \psi_i^e \mathrm{d}\Gamma_e
$$

如图 13.1.3 所示，三维单元的边界 Γ_e 是由表面（即二维的）单元组成的。在体积和表面上的数值积分可以采用第 10 章中描述的方法。13.5 节给出了额外的一些信息。

13.3 黏性不可压流动

13.3.1 控制方程

这里建立控制三维不可压流动的 Stokes 方程的罚有限元模型。控制方程由 3 个动量方程和 1 个连续性方程组成：

$$
\rho \frac{\partial v_x}{\partial t} - 2\mu \frac{\partial^2 v_x}{\partial x^2} - \mu \frac{\partial}{\partial y}\left(\frac{\partial v_x}{\partial y} + \frac{\partial v_y}{\partial x} \right) - \mu \frac{\partial}{\partial z}\left(\frac{\partial v_x}{\partial z} + \frac{\partial v_z}{\partial x} \right) + \frac{\partial P}{\partial x} - f_x = 0
\tag{13.3.1}
$$

$$
\rho \frac{\partial v_y}{\partial t} - 2\mu \frac{\partial^2 v_y}{\partial y^2} - \mu \frac{\partial}{\partial x}\left(\frac{\partial v_x}{\partial y} + \frac{\partial v_y}{\partial x} \right) - \mu \frac{\partial}{\partial z}\left(\frac{\partial v_y}{\partial z} + \frac{\partial v_z}{\partial y} \right) + \frac{\partial P}{\partial y} - f_y = 0
\tag{13.3.2}
$$

$$\rho \frac{\partial v_z}{\partial t} - 2\mu \frac{\partial^2 v_z}{\partial z^2} - \mu \frac{\partial}{\partial x}\left(\frac{\partial v_x}{\partial z} + \frac{\partial v_z}{\partial x}\right) - \mu \frac{\partial}{\partial y}\left(\frac{\partial v_y}{\partial z} + \frac{\partial v_z}{\partial y}\right) + \frac{\partial P}{\partial z} - f_z = 0 \qquad (13.3.3)$$

$$\frac{\partial v_x}{\partial x} + \frac{\partial y_y}{\partial y} + \frac{\partial v_z}{\partial z} = 0 \qquad (13.3.4)$$

式中,(v_x, v_y, v_z)是速度向量$\boldsymbol{v}$的分量,P是静水压力,(f_x, f_y, f_z)是体力向量$\boldsymbol{f}$的分量,ρ是质量密度。

13.3.2　弱形式

4个方程共有4个未知量(v_x, v_y, v_z, P)。可以构造这些方程的混合有限元模型,但是这里只考虑其罚有限元模型。为了建立罚有限元模型,将动量方程里的压力P表示为

$$P = -\gamma\left(\frac{\partial v_x}{\partial x} + \frac{\partial v_y}{\partial y} + \frac{\partial v_z}{\partial z}\right) \qquad (13.3.5)$$

同时忽略连续性方程式(13.3.4)。如同11.4节一样,γ是罚参数。所得方程的变分问题可写成如下向量形式[参见11.4.4节,特别是式(11.4.23)和式(11.4.24)]:

$$B_t(\boldsymbol{w}, \boldsymbol{v}) + B_p(\boldsymbol{w}, \boldsymbol{v}) = l(\boldsymbol{w}) \qquad (13.3.6)$$

这里双线性形式$B_t(\boldsymbol{w}, \boldsymbol{v})$和$B_p(\boldsymbol{w}, \boldsymbol{v})$,以及线性形式$l(\boldsymbol{w})$[参见式(11.3.10a)和式(11.4.19)]为

$$\boldsymbol{w} = \begin{Bmatrix} w_1 \\ w_2 \\ w_3 \end{Bmatrix}, \boldsymbol{v} = \begin{Bmatrix} v_x \\ v_y \\ v_z \end{Bmatrix}, \boldsymbol{f} = \begin{Bmatrix} f_x \\ f_y \\ f_z \end{Bmatrix}, \boldsymbol{t} = \begin{Bmatrix} t_x \\ t_y \\ t_z \end{Bmatrix} \qquad (13.3.7)$$

$$B_t(\boldsymbol{w}, \boldsymbol{v}) = \int_{\Omega_e} \rho \boldsymbol{w}^{\mathrm{T}} \cdot \boldsymbol{v} \, \mathrm{d}v$$

$$B_p(\boldsymbol{w}, \boldsymbol{v}) = \int_{\Omega_e} (\boldsymbol{D}\boldsymbol{w})^{\mathrm{T}} \boldsymbol{C}(\boldsymbol{D}\boldsymbol{v}) \, \mathrm{d}v + \int_{\Omega_e} \gamma_e (\boldsymbol{D}_1^{\mathrm{T}} \boldsymbol{w}) \boldsymbol{D}_1^{\mathrm{T}} \boldsymbol{v} \, \mathrm{d}v \qquad (13.3.8)$$

$$l(\boldsymbol{w}) = \int_{\Omega_e} \boldsymbol{w}^{\mathrm{T}} \boldsymbol{f} \, \mathrm{d}v + \oint_{\Gamma_e} \boldsymbol{w}^{\mathrm{T}} \boldsymbol{t} \, \mathrm{d}s$$

矩阵微分算子$\boldsymbol{D}$、$\boldsymbol{D}_1$和$\boldsymbol{C}$[参见式(11.3.10b)]为

$$\boldsymbol{D} = \begin{bmatrix} \dfrac{\partial}{\partial x} & 0 & 0 \\ 0 & \dfrac{\partial}{\partial y} & 0 \\ 0 & 0 & \dfrac{\partial}{\partial z} \\ \dfrac{\partial}{\partial y} & \dfrac{\partial}{\partial x} & 0 \\ \dfrac{\partial}{\partial z} & 0 & \dfrac{\partial}{\partial x} \\ 0 & \dfrac{\partial}{\partial z} & \dfrac{\partial}{\partial y} \end{bmatrix}, \boldsymbol{D}_1 = \begin{Bmatrix} \dfrac{\partial}{\partial x} \\ \dfrac{\partial}{\partial y} \\ \dfrac{\partial}{\partial z} \end{Bmatrix}, \boldsymbol{C} = \mu \begin{bmatrix} 2 & 0 & 0 & 0 & 0 & 0 \\ 0 & 2 & 0 & 0 & 0 & 0 \\ 0 & 0 & 2 & 0 & 0 & 0 \\ 0 & 0 & 0 & 1 & 0 & 0 \\ 0 & 0 & 0 & 0 & 1 & 0 \\ 0 & 0 & 0 & 0 & 0 & 1 \end{bmatrix} \qquad (13.3.9)$$

13.3.3 有限元模型

假设有限元近似形式为

$$v = \begin{Bmatrix} v_x \\ v_y \\ v_z \end{Bmatrix} = \boldsymbol{\Psi}\boldsymbol{\Delta}, w = \begin{Bmatrix} w_1 \\ w_2 \\ w_3 \end{Bmatrix} \tag{13.3.10}$$

式中,

$$\boldsymbol{\psi} = \begin{bmatrix} \psi_1 & 0 & 0 & \psi_2 & 0 & 0 & \cdots & \psi_n & 0 & 0 \\ 0 & \psi_1 & 0 & 0 & \psi_2 & 0 & 0 & \cdots & \psi_n & 0 \\ 0 & 0 & \psi_1 & 0 & 0 & \psi_2 & 0 & 0 & \cdots & \psi_n \end{bmatrix}_{(3\times 3n)}$$

$$\boldsymbol{\Delta} = \{ v_x^1 \quad v_y^1 \quad v_z^1 \quad v_x^2 \quad v_y^2 \quad v_z^2 \quad \cdots \quad v_x^n \quad v_y^n \quad v_z^n \}^{\mathrm{T}}_{(3n\times 1)} \tag{13.3.11}$$

将式(13.3.10)代入式(13.3.6)的变分形式,可得如下的(3n×3n,这里 n 是单元的节点数目)有限元方程:

$$\boldsymbol{M}^e \dot{\boldsymbol{\Delta}}^e + (\boldsymbol{K}_v^e + \boldsymbol{K}_p^e)\boldsymbol{\Delta}^e = \boldsymbol{F}^e \tag{13.3.12}$$

式中,$\boldsymbol{K}_v^e$ 是黏性项(即包含单元黏度系数 μ_e 的项)的贡献,$\boldsymbol{K}_p^e$ 是罚函数项(即包含单元罚参数 γ_e 的项)的贡献,$\boldsymbol{K}_v^e$ 和 $\boldsymbol{K}_p^e$ 为 3n×3n 阶,$\boldsymbol{F}^e$ 是体力(f_x, f_y, f_z)和边界应力(t_x, t_y, t_z)的贡献($\boldsymbol{F}^e$ 是3n×1 阶的):

$$\boldsymbol{M}^e = \int_{\Omega_e} \rho \boldsymbol{\Psi}^{\mathrm{T}}\boldsymbol{\Psi}\mathrm{d}v, \boldsymbol{K}_v^e = \int_{\Omega_e} \boldsymbol{B}_v^{\mathrm{T}}\boldsymbol{C}\boldsymbol{B}_v\mathrm{d}v, \boldsymbol{K}_p^e = \int_{\Omega_e} \gamma_e \boldsymbol{B}_p^{\mathrm{T}}\boldsymbol{B}_p\mathrm{d}v$$

$$\boldsymbol{F}^e = \int_{\Omega_e} \boldsymbol{\Psi}^{\mathrm{T}}\boldsymbol{f}\mathrm{d}v + \oint_{\Gamma_e} \boldsymbol{\Psi}^{\mathrm{T}}\boldsymbol{t}\mathrm{d}s \tag{13.3.13}$$

$$\boldsymbol{B}_v = \boldsymbol{D}\boldsymbol{\Psi}, \boldsymbol{B}_p = \boldsymbol{D}_1^{\mathrm{T}}\boldsymbol{\Psi}$$

式中,dv 和 ds 分别是三维有限单元 Ω_e 及其外表面 Γ_e 上的体单元和表面单元。

如果采用第 11 章中的弱形式方法,得(留给读者自己证明)

$$\begin{bmatrix} \boldsymbol{M}^{11} & 0 & 0 \\ 0 & \boldsymbol{M}^{22} & 0 \\ 0 & 0 & \boldsymbol{M}^{33} \end{bmatrix} \begin{Bmatrix} \dot{\boldsymbol{v}}_x \\ \dot{\boldsymbol{v}}_y \\ \dot{\boldsymbol{v}}_z \end{Bmatrix} + \begin{bmatrix} \boldsymbol{K}^{11} & \boldsymbol{K}^{12} & \boldsymbol{K}^{13} \\ \boldsymbol{K}^{21} & \boldsymbol{K}^{22} & \boldsymbol{K}^{23} \\ \boldsymbol{K}^{31} & \boldsymbol{K}^{32} & \boldsymbol{K}^{33} \end{bmatrix} \begin{Bmatrix} \boldsymbol{v}_x \\ \boldsymbol{v}_y \\ \boldsymbol{v}_z \end{Bmatrix} = \begin{Bmatrix} \boldsymbol{F}^1 \\ \boldsymbol{F}^2 \\ \boldsymbol{F}^3 \end{Bmatrix} \tag{13.3.14}$$

这里,举个例子:

$$M_{ij}^{11} = \int_{\Omega_e} \rho \psi_i^e \psi_j^e \mathrm{d}x\mathrm{d}y\mathrm{d}z, K_{ij}^{12} = \int_{\Omega_e} \left(\mu \frac{\partial \psi_i^e}{\partial y}\frac{\partial \psi_j^e}{\partial x} + \gamma \frac{\partial \psi_i^e}{\partial x}\frac{\partial \psi_j^e}{\partial y} \right) \mathrm{d}x\mathrm{d}y\mathrm{d}z$$

$$K_{ij}^{11} = \int_{\Omega_e} \left[\mu \left(2\times \frac{\partial \psi_i^e}{\partial x}\frac{\partial \psi_j^e}{\partial x} + \frac{\partial \psi_i^e}{\partial y}\frac{\partial \psi_j^e}{\partial y} + \frac{\partial \psi_i^e}{\partial z}\frac{\partial \psi_j^e}{\partial z} \right) + \gamma \frac{\partial \psi_i^e}{\partial x}\frac{\partial \psi_j^e}{\partial x} \right] \mathrm{d}x\mathrm{d}y\mathrm{d}z \tag{13.3.15}$$

13.4　弹性力学

13.4.1　控制方程

这里建立三维弹性力学问题的有限元模型[参见式(12.1.1)至式(12.1.5)]。将线性三维弹性体的控制方程(12.1.1)至方程(12.1.5)写成向量形式,然后建立向量形式(参见12.3.2节和12.4.2节)的弱形式和有限元模型。

1)应变-位移关系

$$\varepsilon_{xx} = \frac{\partial u_x}{\partial x}, \varepsilon_{yy} = \frac{\partial u_y}{\partial y}, \varepsilon_{zz} = \frac{\partial u_z}{\partial z} \tag{13.4.1}$$

$$2\varepsilon_{xy} = \frac{\partial u_x}{\partial y} + \frac{\partial u_y}{\partial x}, 2\varepsilon_{xz} = \frac{\partial u_x}{\partial z} + \frac{\partial uz}{\partial x}, 2\varepsilon_{yz} = \frac{\partial u_y}{\partial z} + \frac{\partial u_z}{\partial y}$$

或

$$\boldsymbol{\varepsilon} = \boldsymbol{D}\boldsymbol{u}, \boldsymbol{\varepsilon} = \begin{Bmatrix} \varepsilon_{xx} \\ \varepsilon_{yy} \\ \varepsilon_{zz} \\ 2\varepsilon_{yz} \\ 2\varepsilon_{xz} \\ 2\varepsilon_{xy} \end{Bmatrix}, \boldsymbol{D}^{\mathrm{T}} = \begin{bmatrix} \dfrac{\partial}{\partial x} & 0 & 0 & 0 & \dfrac{\partial}{\partial z} & \dfrac{\partial}{\partial y} \\ 0 & \dfrac{\partial}{\partial y} & 0 & \dfrac{\partial}{\partial z} & 0 & \dfrac{\partial}{\partial x} \\ 0 & 0 & \dfrac{\partial}{\partial z} & \dfrac{\partial}{\partial y} & \dfrac{\partial}{\partial x} & 0 \end{bmatrix} \tag{13.4.2}$$

这里$(\varepsilon_{xx}, \varepsilon_{yy}, \varepsilon_{zz}, \varepsilon_{xy}, \varepsilon_{xz}, \varepsilon_{yz})$是应变张量$\boldsymbol{\varepsilon}$的分量,$(u_x, u_y, u_z)$是位移向量$\boldsymbol{u}$的分量。

2)运动方程

$$\frac{\partial \sigma_{xx}}{\partial x} + \frac{\partial \sigma_{xy}}{\partial y} + \frac{\partial \sigma_{xz}}{\partial z} + f_x = \rho \frac{\partial^2 u_x}{\partial t^2}$$

$$\frac{\partial \sigma_{xy}}{\partial x} + \frac{\partial \sigma_{yy}}{\partial y} + \frac{\partial \sigma_{yz}}{\partial z} + f_y = \rho \frac{\partial^2 u_y}{\partial t^2} \tag{13.4.3}$$

$$\frac{\partial \sigma_{xz}}{\partial x} + \frac{\partial \sigma_{yz}}{\partial y} + \frac{\partial \sigma_{zz}}{\partial z} + f_z = \rho \frac{\partial^2 u_z}{\partial t^2}$$

或

$$\boldsymbol{D}^{\mathrm{T}}\boldsymbol{\sigma} + \boldsymbol{f} = \rho\ddot{\boldsymbol{u}} \tag{13.4.4}$$

这里f_x、f_y和f_z分别是沿着x、y和z轴方向体力向量$\boldsymbol{f}$(单位体积上的)的分量,ρ是材料的质量密度,且有

$$\boldsymbol{\sigma} = \begin{Bmatrix} \sigma_{xx} \\ \sigma_{yy} \\ \sigma_{zz} \\ \sigma_{yz} \\ \sigma_{xz} \\ \sigma_{xy} \end{Bmatrix}, \boldsymbol{f} = \begin{Bmatrix} f_x \\ f_y \\ f_z \end{Bmatrix}, \boldsymbol{u} = \begin{Bmatrix} u_x \\ u_y \\ u_z \end{Bmatrix} \tag{13.4.5}$$

3)正交各向异性材料的应力—应变(或本构)关系

$$\begin{Bmatrix} \sigma_{xx} \\ \sigma_{yy} \\ \sigma_{zz} \\ \sigma_{yz} \\ \sigma_{xz} \\ \sigma_{xy} \end{Bmatrix} = \begin{bmatrix} c_{11} & c_{12} & c_{13} & 0 & 0 & 0 \\ c_{12} & c_{22} & c_{23} & 0 & 0 & 0 \\ c_{13} & c_{23} & c_{33} & 0 & 0 & 0 \\ 0 & 0 & 0 & c_{44} & 0 & 0 \\ 0 & 0 & 0 & 0 & c_{55} & 0 \\ 0 & 0 & 0 & 0 & 0 & c_{66} \end{bmatrix} \begin{Bmatrix} \varepsilon_{xx} \\ \varepsilon_{yy} \\ \varepsilon_{zz} \\ 2\varepsilon_{yz} \\ 2\varepsilon_{xz} \\ 2\varepsilon_{xy} \end{Bmatrix} \text{或 } \boldsymbol{\sigma} = \boldsymbol{C\varepsilon} \qquad (13.4.6)$$

这里 $c_{ij}(c_{ji}=c_{ij})$ 是正交各向异性材料的弹性(材料)常数,且材料主方向 (x_1,x_2,x_3) 与问题的坐标轴 (x,y,z) 是重合的。通过式(12.1.4)对于正交各向异性材料可以将 c_{ij} 用工程常数 $(E_1,E_2,E_3,v_{12},v_{13},v_{23},G_{12},G_{13},G_{23})$ 表出。

4)边界条件

$$\text{自然边界条件} \quad \left. \begin{aligned} t_x \equiv \sigma_{xx}n_x + \sigma_{xy}n_y + \sigma_{xz}n_z = \hat{t}_x \\ t_y \equiv \sigma_{xy}n_x + \sigma_{yy}n_y + \sigma_{yz}n_z = \hat{t}_y \\ t_z \equiv \sigma_{xz}n_x + \sigma_{yz}n_y + \sigma_{zz}n_z = \hat{t}_z \end{aligned} \right\} \text{的 } \Gamma_\sigma \text{ 上} \qquad (13.4.7)$$

$$\text{本质边界条件} \quad \boldsymbol{u} = \hat{\boldsymbol{u}} \text{ 在 } \Gamma_u \text{ 上} \qquad (13.4.8)$$

13.4.2　虚位移原理

三维弹性体 Ω_e 的虚位移原理可以用矢量形式表示,如式(12.3.4):

$$0 = \int_{\Omega_e} \left[(\boldsymbol{D}\delta\boldsymbol{u})^{\mathrm{T}} \boldsymbol{C}(\boldsymbol{Du}) + \rho\delta\boldsymbol{u}^{\mathrm{T}}\ddot{\boldsymbol{u}} \right] \mathrm{d}V - \int_{\Omega_e} (\delta\boldsymbol{u})^{\mathrm{T}}\boldsymbol{f}\mathrm{d}V - \oint_{\Gamma_e} (\delta\boldsymbol{u})^{\mathrm{T}}\boldsymbol{t}\mathrm{d}S \qquad (13.4.9)$$

这里 δ 是变分算子,$\delta(\cdot)$ 是括号内变量的变分。

13.4.3　有限元模型

假设有限元近似有如下的形式:

$$\boldsymbol{u} = \begin{Bmatrix} u_x \\ u_y \\ u_z \end{Bmatrix} = \boldsymbol{\Psi\Delta}, \boldsymbol{w} = \delta\boldsymbol{u} = \begin{Bmatrix} w_1 = \delta u_x \\ w_2 = \delta u_y \\ w_3 = \delta u_z \end{Bmatrix} = \boldsymbol{\Psi}\delta\boldsymbol{\Delta} \qquad (13.4.10)$$

式中,

$$\boldsymbol{\Psi} = \begin{bmatrix} \psi_1 & 0 & 0 & \psi_2 & 0 & 0 & \cdots & \psi_n & 0 & 0 \\ 0 & \psi_1 & 0 & 0 & \psi_2 & 0 & \cdots & 0 & \psi_n & 0 \\ 0 & 0 & \psi_1 & 0 & 0 & \psi_2 & \cdots & 0 & 0 & \psi_n \end{bmatrix}$$

$$\boldsymbol{\Delta} = \{ u_x^1 \quad u_y^1 \quad u_z^1 \quad u_x^2 \quad u_y^2 \quad u_z^2 \quad \cdots \quad u_x^n \quad u_y^n \quad u_z^n \}^{\mathrm{T}} \qquad (13.4.11)$$

将式(13.4.10)代入虚位移原理表达式(13.4.9),可得三维弹性有限元模型:

$$\boldsymbol{M}^e\ddot{\boldsymbol{\Delta}}^e + \boldsymbol{K}^e\boldsymbol{\Delta}^e = \boldsymbol{f}^e + \boldsymbol{Q}^e \qquad (13.4.12)$$

式中,

$$K^e = \int_{\Omega_e} B^T C B \mathrm{d}V, \quad M^e = \int_{\Omega_e} \rho \, \boldsymbol{\Psi}^T \boldsymbol{\Psi} \mathrm{d}V \tag{13.4.13}$$

$$f^e = \int_{\Omega_e} \boldsymbol{\Psi}^T f \mathrm{d}V, \quad Q^e = \oint_{\Gamma_e} \boldsymbol{\Psi}^T t \mathrm{d}S$$

单元质量矩阵 M^e 和刚度矩阵 K^e 是 $3n \times 3n$ 阶,单元载荷向量 f^e 和内力向量 Q^e 是 $3n \times 1$ 阶的,这里 n 是一个典型单元 Ω_e 的节点数目。

13.5 单元插值函数和数值积分

13.5.1 完全离散模型和计算机实现

利用第 7 章中给出的关于抛物型[式(7.4.29a)和式(7.4.29b)]和双曲型[式(7.4.37a)和式(7.4.37b)]方程同样的步骤,可以将式(13.2.6)、式(13.3.12)和式(13.4.12)中的半离散有限元模型转化为完全离散的有限元模型。与式(7.4.25c)和式(7.4.32c)中讨论的类似,可得到相应特征值问题的有限元模型。

按照第 10 章给出的方法,13.3 节和 13.4 节给出的三类问题的计算机实现是显而易见的。实际上,对计算机程序 FEM2D 进行简单修正就可得到 FEM3D。单元子程序 ELKMF * 包含了反映三维系数矩阵所带来的改变。另一个改变是给出了插值函数及其整体导数的子程序 SHAPE3D。接下来给出了一些三维有限元常用的插值函数。在从二维拓展到三维时,给出了更多的几何体的有限元插值函数。

13.5.2 三维有限单元

式(13.2.7)、式(13.3.13)和式(13.4.13)中的单元矩阵要求采用 C^0(即 Lagrange)族插值函数。可以采用第 10 章提出的建立二维单元插值函数的方法,三维单元插值函数的性质与二维单元一样:

$$\sum_{i=1}^{n} \psi_i^e(\xi, \eta, \zeta) = 1, \quad \psi_i^e(\xi_j, \eta_j, \zeta_j) = \delta_{ij} \tag{13.5.1}$$

本节将给出一些常用的三维单元(参见参考文献[1-4])。

13.5.2.1 六面体(块体)单元

六面体单元代表着最常用的三维问题有限单元,图 13.5.1 所示直边(三)线性 8 节点六面体单元是其中最高效的选择。注意到一个实际单元(以及弹性力学问题中其变形后的形状)在三维空间中由通过平面连接的 8 个点组成,而其母单元是一个 $2 \times 2 \times 2$ 的立方体。利用式(13.5.1)所示的插值特性和三线性多项式可以得到线性单元的插值函数:

$$\psi_i^e(\xi, \eta, \zeta) = c_0 + c_1\xi + c_2\eta + c_3\zeta + c_4\xi\eta + c_5\xi\zeta + c_6\eta\zeta + c_7\xi\eta\zeta \tag{13.5.2}$$

三线性六面体单元的插值函数可以利用正交(自然)坐标系 (ξ, η, ζ) 下一维函数的乘积得到:

$$\psi_{ijk}(\xi, \eta, \zeta) \equiv \psi_i(\xi)\psi_j(\eta)\psi_k(\zeta) \qquad i, j, k = 1, 2 \tag{13.5.3}$$

举个例子，$\psi_i(\xi)$ 的定义为

$$\psi_1(\xi) = \frac{1}{2}(1-\xi) \ , \ \psi_2(\xi) = \frac{1}{2}(1+\xi) \tag{13.5.4}$$

接下来，令

$$\psi_{111} = \psi_1 \ , \ \psi_{211} = \psi_2 \ , \ \psi_{221} = \psi_3 \ , \ \psi_{121} = \psi_4$$
$$\psi_{112} = \psi_5 \ , \ \psi_{212} = \psi_6 \ , \ \psi_{222} = \psi_7 \ , \ \psi_{122} = \psi_8 \tag{13.5.5}$$

可得

$$\boldsymbol{\Psi}^e = \frac{1}{8} \begin{Bmatrix} (1-\xi)(1-\eta)(1-\zeta) \\ (1+\xi)(1-\eta)(1-\zeta) \\ (1+\xi)(1+\eta)(1-\zeta) \\ (1-\xi)(1+\eta)(1-\zeta) \\ (1-\xi)(1-\eta)(1+\zeta) \\ (1+\xi)(1-\eta)(1+\zeta) \\ (1+\xi)(1+\eta)(1+\zeta) \\ (1-\xi)(1+\eta)(1+\zeta) \end{Bmatrix} \tag{13.5.6}$$

式（13.5.7）给出了 20 节点 Serendipity 单元（参见图 13.5.2）的二次插值函数。

$$\boldsymbol{\Psi}^e = \frac{1}{8} \begin{Bmatrix} (1-\xi)(1-\eta)(1-\zeta)(-\xi-\eta-\zeta-2) \\ (1+\xi)(1-\eta)(1-\zeta)(\xi-\eta-\zeta-2) \\ (1+\xi)(1+\eta)(1-\zeta)(\xi+\eta-\zeta-2) \\ (1-\xi)(1+\eta)(1-\zeta)(-\xi+\eta-\zeta-2) \\ (1-\xi)(1-\eta)(1+\zeta)(-\xi-\eta+\zeta-2) \\ (1+\xi)(1-\eta)(1+\zeta)(\xi-\eta+\zeta-2) \\ (1+\xi)(1+\eta)(1+\zeta)(\xi+\eta+\zeta-2) \\ (1-\xi)(1+\eta)(1+\zeta)(-\xi+\eta+\zeta-2) \\ 2(1-\xi^2)(1-\eta)(1-\zeta) \\ 2(1+\xi)(1-\eta^2)(1-\zeta) \\ 2(1-\xi^2)(1+\eta)(1-\zeta) \\ 2(1-\xi)(1-\eta^2)(1-\zeta) \\ 2(1-\xi)(1-\eta)(1-\zeta^2) \\ 2(1+\xi)(1-\eta)(1-\zeta^2) \\ 2(1+\xi)(1+\eta)(1-\zeta^2) \\ 2(1-\xi)(1+\eta)(1-\zeta^2) \\ 2(1-\xi^2)(1-\eta)(1+\zeta) \\ 2(1+\xi)(1-\eta^2)(1+\zeta) \\ 2(1-\xi^2)(1+\eta)(1+\zeta) \\ 2(1-\xi)(1-\eta^2)(1+\zeta) \end{Bmatrix} \tag{13.5.7}$$

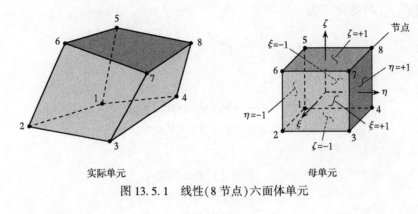

实际单元　　　　　　　　　　　　母单元

图 13.5.1　线性(8 节点)六面体单元

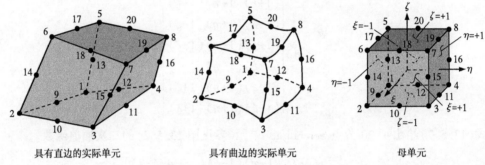

具有直边的实际单元　　　　具有曲边的实际单元　　　　　母单元

图 13.5.2　二次(20 节点)六面体单元

如同二维二次(9 节点) Lagrange 单元一样,也可以构造 27 节点的六面体单元,这里并未给出此单元的形函数。

通过坐标变换可以给出实际单元 Ω_e 和母单元 $\hat{\Omega}$[或者(x,y,z)和(ξ,η,ζ)]之间的转换关系:

$$x = \sum_{i=1}^{n} x_i^e \phi_i^e(\xi,\eta,\zeta), y = \sum_{i=1}^{n} y_i^e \phi_i^e(\xi,\eta,\zeta), z = \sum_{i=1}^{n} z_i^e \phi_i^e(\xi,\eta,\zeta) \tag{13.5.8}$$

式中,n 是一个单元的节点数目。

13.5.2.2　四面体单元

标准的四面体单元是三角形单元的三维版本。图 13.5.3(a)和图 13.5.3(b)分别给出了

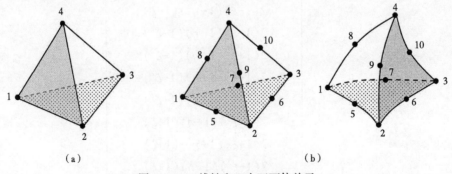

(a)　　　　　　　　　　　　　　(b)

图 13.5.3　线性和二次四面体单元

4节点线性和10节点二次四面体单元。体积坐标 L_i 用于描述线性和二次单元的插值函数，且 $L_1+L_2+L_3+L_4=1$。插值函数为

$$\boldsymbol{\Psi}^e = \begin{Bmatrix} L_1 \\ L_2 \\ L_3 \\ L_4 \end{Bmatrix}; \quad \boldsymbol{\Psi}^e = \begin{Bmatrix} L_1(2L_1-1) \\ L_2(2L_2-1) \\ L_3(2L_3-1) \\ L_4(2L_4-1) \\ 4L_1L_2 \\ 4L_2L_3 \\ 4L_3L_1 \\ 4L_1L_4 \\ 4L_2L_4 \\ 4L_3L_4 \end{Bmatrix} \qquad (13.5.9)$$

其他高阶四面体单元可以通过在单元中心以及各三角形外表面的中心设置节点来构造。

13.5.2.3　三棱柱单元

棱柱或楔形单元在三维几何体中是非常有用的,特别是存在六面体和四面体单元过渡的时候。六节点线性单元[图13.5.4(a)]的插值函数为

$$\boldsymbol{\Psi}^e = \frac{1}{2} \begin{Bmatrix} L_1(1-\zeta) \\ L_2(1-\zeta) \\ L_3(1-\zeta) \\ L_1(1+\zeta) \\ L_2(1+\zeta) \\ L_3(1+\zeta) \end{Bmatrix} \qquad (13.5.10)$$

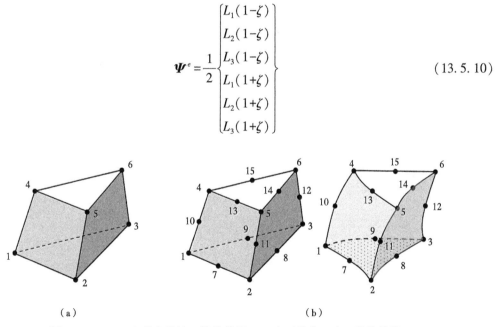

（a）　　　　　　　　　　　　　　（b）

图13.5.4　(a)六节点线性三棱柱单元;(b)十五节点二次三棱柱单元

15节点二次三棱柱单元[图13.5.4(b)]插值函数为

$$\boldsymbol{\Psi}^e = \frac{1}{2} \begin{Bmatrix} L_1\left[\,(2L_1-1)(1-\zeta)-(1-\zeta^2)\,\right] \\ L_2\left[\,(2L_2-1)(1-\zeta)-(1-\zeta^2)\,\right] \\ L_3\left[\,(2L_3-1)(1-\zeta)-(1-\zeta^2)\,\right] \\ L_1\left[\,(2L_1-1)(1+\zeta)-(1-\zeta^2)\,\right] \\ L_2\left[\,(2L_2-1)(1+\zeta)-(1-\zeta^2)\,\right] \\ L_3\left[\,(2L_3-1)(1+\zeta)-(1-\zeta^2)\,\right] \\ 4L_1L_2(1-\zeta) \\ 4L_2L_3(1-\zeta) \\ 4L_3L_1(1-\zeta) \\ 2L_1(1-\zeta^2) \\ 2L_2(1-\zeta^2) \\ 2L_3(1-\zeta^2) \\ 4L_1L_2(1+\zeta) \\ 4L_2L_3(1+\zeta) \\ 4L_3L_1(1+\zeta) \end{Bmatrix} \tag{13.5.11}$$

面积坐标 L_i 用于描述三棱柱单元的三角形横截面内的函数变化,而标准的归一化坐标 ζ 用于描述竖直方向的变化。注意 $L_1+L_2+L_3=1$。

13.5.3　数值积分

式(13.2.7)、式(13.3.13)和式(13.4.13)中有限元系数矩阵的计算需要在单元的面积或体积上针对插值函数及其空间导数的乘积进行积分。第10.3节所述的数值积分思想可以很容易地推广到三维空间。这里给出三维情况下一些相关的方程。

为了数值计算单元矩阵,单元几何可以用式(13.5.8)给出的转换方程来描述。基于此变换,母四面体、三棱柱和六面体单元可变换为任意的四面体、三棱柱和六面体单元。第10章给出的雅克比矩阵和数值积分方法可以扩展到三维情形。对于六面体等参单元,基于求导的链式法则,有如下的关系:

$$\begin{Bmatrix} \dfrac{\partial \psi_i}{\partial \xi} \\[2mm] \dfrac{\partial \psi_i}{\partial \eta} \\[2mm] \dfrac{\partial \psi_i}{\partial \zeta} \end{Bmatrix} = \begin{bmatrix} \dfrac{\partial x}{\partial \xi} & \dfrac{\partial y}{\partial \xi} & \dfrac{\partial z}{\partial \xi} \\[2mm] \dfrac{\partial x}{\partial \eta} & \dfrac{\partial y}{\partial \eta} & \dfrac{\partial z}{\partial \eta} \\[2mm] \dfrac{\partial x}{\partial \zeta} & \dfrac{\partial y}{\partial \zeta} & \dfrac{\partial z}{\partial \zeta} \end{bmatrix} \begin{Bmatrix} \dfrac{\partial \psi_i}{\partial x} \\[2mm] \dfrac{\partial \psi_i}{\partial y} \\[2mm] \dfrac{\partial \psi_i}{\partial z} \end{Bmatrix} = \begin{bmatrix} J_{11} & J_{12} & J_{13} \\ J_{21} & J_{22} & J_{23} \\ J_{31} & J_{32} & J_{33} \end{bmatrix} \begin{Bmatrix} \dfrac{\partial \psi_i}{\partial x} \\[2mm] \dfrac{\partial \psi_i}{\partial y} \\[2mm] \dfrac{\partial \psi_i}{\partial z} \end{Bmatrix} \tag{13.5.12}$$

利用式(13.5.12),插值函数对整体坐标的空间导数可以用对局部坐标的导数来表示:

$$\begin{Bmatrix} \dfrac{\partial \psi_i}{\partial x} \\[2mm] \dfrac{\partial \psi_i}{\partial y} \\[2mm] \dfrac{\partial \psi_i}{\partial z} \end{Bmatrix} = \begin{bmatrix} J_{11}^* & J_{12}^* & J_{13}^* \\ J_{21}^* & J_{22}^* & J_{23}^* \\ J_{31}^* & J_{32}^* & J_{33}^* \end{bmatrix} \begin{Bmatrix} \dfrac{\partial \psi_i}{\partial \xi} \\[2mm] \dfrac{\partial \psi_i}{\partial \eta} \\[2mm] \dfrac{\partial \psi_i}{\partial \zeta} \end{Bmatrix} \tag{13.5.13}$$

式中,J^* 是雅克比矩阵 J 的逆矩阵。通过对 3×3 的雅克比矩阵求逆可以用 J 的分量来表示 J_{ij}^* 的分量。实践中,往往使用积分点上的雅克比逆矩阵。

为了在整个单元体积上进行数值积分,很有必要将被积函数和积分限从整体坐标系下转到局部单元坐标系下。微元体的转换为(J 是雅克比矩阵的秩)

$$\mathrm{d}\boldsymbol{x} = \mathrm{d}x\mathrm{d}y\mathrm{d}z = J\mathrm{d}\xi\mathrm{d}\eta\mathrm{d}\zeta \tag{13.5.14}$$

积分变换将积分限变换到局部坐标系 (ξ, η, ζ) 下,即 -1 到 $+1$。上面这个方程中六面体单元的 (ξ, η, ζ) 坐标系只是出于示意。对于四面体单元,通过将 (ξ, η, ζ) 用 (L_1, L_2, L_3) 来替换,可以得到类似的关系。变量 L_4 并不出现在公式里是因为存在关系 $L_4 = 1 - (L_1 + L_2 + L_3)$。

为了更进一步演示数值积分方法,考虑如下六面体单元的系数矩阵计算:

$$K_{12}^e = \int_{\Omega^e} a(x,y) \frac{\partial \psi_1^e}{\partial x} \frac{\partial \psi_2^e}{\partial y} \mathrm{d}x\mathrm{d}y\mathrm{d}z \tag{13.5.15}$$

将积分转换到母单元上,有

$$K_{12}^e = \int_{-1}^{+1} \int_{-1}^{+1} \int_{-1}^{+1} \hat{a}(\xi, \eta, \zeta) \left(J_{11}^* \frac{\partial \psi_1}{\partial \xi} + J_{12}^* \frac{\partial \psi_1}{\partial \eta} + J_{13}^* \frac{\partial \psi_1}{\partial \zeta} \right)$$
$$\times \left(J_{21}^* \frac{\partial \psi_2}{\partial \xi} + J_{22}^* \frac{\partial \psi_2}{\partial \eta} + J_{23}^* \frac{\partial \psi_2}{\partial \zeta} \right) J\mathrm{d}\xi\mathrm{d}\eta\mathrm{d}\zeta \tag{13.5.16}$$

式中,$\hat{a} = a(x(\xi, \eta, \zeta), y(\xi, \eta, \zeta), z(\xi, \eta, \zeta))$

单元系数矩阵的形式为

$$K_{ij}^e = \int_{-1}^{+1} \int_{-1}^{+1} \int_{-1}^{+1} F_{ij}(\xi, \eta, \zeta) \mathrm{d}\xi\mathrm{d}\eta\mathrm{d}\zeta \tag{13.5.17}$$

式(10.3.16)给出的高斯积分方法可以立即扩展到三维情况来计算式(13.5.17)中的积分表达式 K_{ij}^e:

$$\int_{-1}^{+1} \int_{-1}^{+1} \int_{-1}^{+1} F_{ij}(\xi, \eta, \zeta) \mathrm{d}\xi\mathrm{d}\eta\mathrm{d}\zeta \approx \sum_{I=1}^{M} \sum_{J=1}^{N} \sum_{K=1}^{P} F_{ij}(\xi_I, \eta_J, \zeta_K) W_I W_J W_K \tag{13.5.18}$$

对于六面体单元令 $M = N = P = 2$ 或 3,这依赖于单元是线性的还是二次的。其他单元类型(比如四面体单元)可以采用类似式(10.3.26)中的公式进行计算。更详细的关于积分方法及其实现的讨论,可见参考文献[5-7]。

13.6 数值算例

本节展示本章所涉及的各个领域的三维例子:(1)热传导,(2)黏性不可压流动和(3)固体的变形。这些问题都是利用程序 FEM3D、FLOPEN3D 和 ELAST3D 进行求解的,这都是 FEM2D 的扩展。这里将不讨论这些程序。

例 13.6.1

考虑一个尺寸为 $1 \times 1 \times 10\mathrm{m}$ 的各向同性厚板。其左侧表面恒定温度 $100^\circ\mathrm{C}$,其底面、上表面和右侧表面恒定温度 $0^\circ\mathrm{C}$,如图 13.6.1(a)所示。前后两个表面假设是绝热的。无内生热率。利用六面体单元分析此问题。

解：由于只存在温度边界条件，因此解与介质的热导率无关。利用对称性，用 8 节点六面体单元 4×2×2 的网格针对 1/4 的区域进行建模［图 13.6.1(b)］。图 13.6.1(c)给出了得到的温度场。如所期望的，三维的解与二维(在 xy 平面内)的解是一样的，这是因为二维问题假设厚板沿 z 方向是无限长的。因此所有平行于 $z=0$ 的平面都有相同的温度分布。一旦给定前表面或者后表面(AEFB 和 DHGC)的温度，那么三维解就会与二维不同。

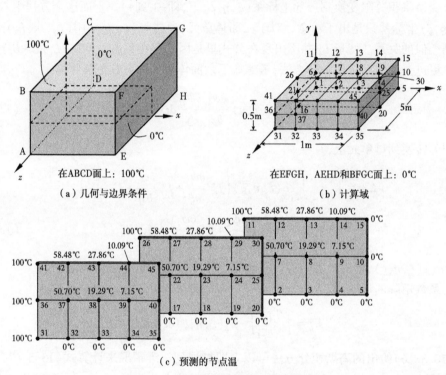

图 13.6.1　各向同性厚板中的热传导

例 13.6.2

如图 13.6.2(a)所示，考虑两个平行墙壁之间的黏性不可压 Couette 流动问题。假设左边和右边之间有恒定的压力梯度 $-\partial P/\partial x = 1 \text{N/m}^2$，上部的平板以恒定速度 $v_x(x,6,z) = 3.0 \text{m/s}$ 移动。利用三维 8 节点六面体罚单元 2×6×2 的网格确定三维流场。

解：如图 13.6.2(b)所示，利用 8 节点六面体单元 2×6×2 的网格对全域进行求解。速度边界条件为

$$v_x(x,0,z) = 0.0, v_y(x,0,z) = 0.0, v_z(x,0,z) = 0.0$$
$$v_x(x,6,z) = 3.0, v_y(x,6,z) = 0.0, v_z(x,6,z) = 0.0 \tag{1}$$

应力边界条件要求 (t_x, t_y, t_z) 在 $x=0$、$z=0$ 和 $z=2$ 的平面上为零，且 (t_y, t_z) 在 $x=2$ 的平面上也为零。利用如下式子可以计算作用在 $z=2$ 平面上的非零压力梯度 $t_x = -\partial P/\partial x = 1.0$ 对该平面上节点的贡献：

$$f_i^e = \frac{abt_x}{4} \tag{2}$$

式中，a 和 b 分别为二维表面上沿着 y 和 z 方向上的尺寸。因此，整体非零节点力的 x 分量为

$$F_6^x = F_{48}^x = F_9^x = F_{51}^x = F_{12}^x = F_{54}^x = F_{15}^x = F_{57}^x = F_{18}^x = F_{60}^x = 0.5 \tag{3}$$

$$F_{27}^x = F_{30}^x = F_{33}^x = F_{36}^x = F_{39}^x = 1.0$$

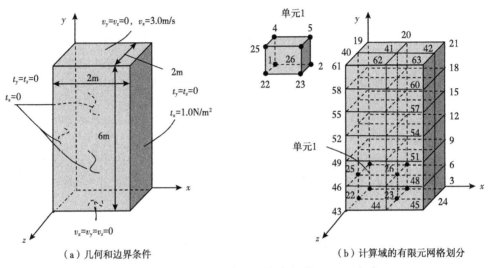

（a）几何和边界条件　　　　（b）计算域的有限元网格划分

图 13.6.2　两个互相平行的平板之间的 Couette 流动

图 13.6.3 给出了 $x_0 = 0.0$、1.0 和 2.0 处水平速度 $v_x(x_0, y, 1.0)$ 随 y 的变化曲线。很明显这里有三维效应。在二维分析中，所有 3 个速度曲线随着 y 都应该有同样的变化。这些速度曲线在 $z = 0$ 或 $z = 2$ 的平面上也是不一样的，这更进一步证明了流动是三维的。

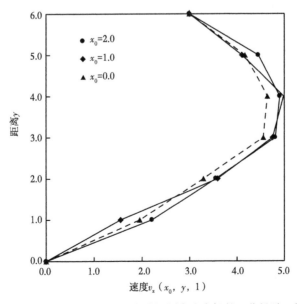

图 13.6.3　两个平行平板间 Couette 流动问题中速度场的 x 分量随 y 的变化曲线

例 13.6.3

如图 13.6.4(a)所示,尺寸为 $a \times b \times L = 10\text{cm} \times 10\text{cm} \times 60\text{cm}$ 且上端刚性约束的钢梁($E = 200\text{GPa}$ 且 $v = 0.28$),其密度为 ρ(或 $\gamma = \rho g = 77\text{kN/m}^3$,这里 g 是重力常数)。利用三维 8 节点六面体罚单元 $2 \times 2 \times 6$ 的网格确定梁中的最大位移和应力。

解:图 13.6.4(b)给出了作为求解域的整个区域的网格划分。位移边界条件为

$$u_x(x,y,L) = 0.0, u_y(x,y,L) = 0.0, u_z(x,y,L) = 0.0 \tag{1}$$

应力边界条件要求除了 $z = L$ 平面(这里给定了位移边界条件)外所有外表面上(t_x, t_y, t_z)为零。梁在自重下变形,即 $f_x = f_y = 0, f_z = \gamma$。位移 u_z 和应力 σ_{zz} 的近似解析解为

$$u_z(x,y,z) = \frac{\gamma}{2E}\left[z^2 - L^2 + v(x^2 + y^2)\right], \sigma_{zz} = \gamma z \tag{2}$$

竖直位移的有限元解为 $u_z(0.05, 0.05, 0) = -0.0677 \times 10^{-6}\text{m}$,与解析解 -0.0693×10^{-6} 有大约 2.3% 的误差。高斯点($0.075, 0.075, 0.55$)上的应力 $\sigma_{zz} = 42.35\text{kN/m}^2$ 与此处解析解结果一致。

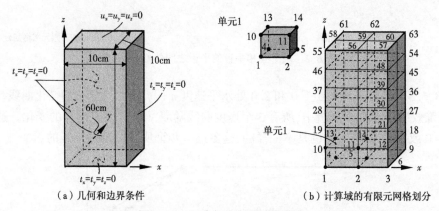

(a)几何和边界条件　　　　(b)计算域的有限元网格划分

图 13.6.4　受自重的矩形截面梁

13.7　小结

本章给出了三维热传递、三维黏性不可压流动和三维弹性力学问题的有限元格式。从控制方程开始,推导了弱形式并给出了这三类问题的有限元模型。给出了常用的三维有限元插值函数库并讨论了计算有限元插值函数积分的数值积分方法。给出了一些简单的三维问题的数值算例来演示三维有限元的应用。

习题

13.1　建立三维不可压黏性流动的 Stokes 方程的混合有限元模型。假设速度矢量 $\boldsymbol{v}$ 和压力 P 为如下的有限元近似格式:

$$v_i(\boldsymbol{x}, t) = \sum_{m=1}^{M} \psi_m(\boldsymbol{x}) v_i^m(t) = \boldsymbol{\Psi}^T \boldsymbol{v}_i \tag{1}$$

$$P(\boldsymbol{x},t)=\sum_{l=1}^{L}\phi_l(\boldsymbol{x})P_l(t)=\boldsymbol{\Phi}^{\mathrm{T}}\boldsymbol{P} \tag{2}$$

式中,$\boldsymbol{\Psi}$和$\boldsymbol{\Phi}$为插值(形状)函数(列)向量,$\boldsymbol{v}_2$和P分别为速度分量和压力的节点值向量,上标$(\cdot)^{\mathrm{T}}$表示括号内向量或矩阵的转置。特别地,证明混合有限元模型的向量形式为

$$-\boldsymbol{Q}^{\mathrm{T}}\boldsymbol{v}=0,\boldsymbol{M}\dot{\boldsymbol{v}}+\boldsymbol{K}\boldsymbol{v}-\boldsymbol{Q}\boldsymbol{P}=\boldsymbol{F} \tag{3}$$

并给出所有的矩阵。

13.2 建立式(13.3.5)的罚有限元模型,将其作为附加方程并利用它从习题13.1式(3)的第二个方程中消去$\boldsymbol{P}$。这即为一致的罚有限元模型。

13.3 不可压牛顿流体非等温流动的控制方程为

$$\frac{\partial v_i}{\partial x_i}=0 \tag{1}$$

$$\rho_0\frac{\partial v_i}{\partial t}-\frac{\partial}{\partial x_i}\left[-P\delta_{ij}+\mu\left(\frac{\partial v_i}{\partial x_j}+\frac{\partial v_j}{\partial x_i}\right)\right]+\rho_0 g_i\beta(T-T_0)=0 \tag{2}$$

$$\rho_0 c_v\frac{\partial T}{\partial t}-\frac{\partial}{\partial x_i}\left(k_{ij}\frac{\partial T}{\partial x_j}\right)-Q=0 \tag{3}$$

式中,v_i是速度分量,P是压力,ρ_0是密度,g_i是重力分量,T是温度,c_v是流体的定容比热容,β是热膨胀系数,Q是内生热率,μ是流体的剪切黏度,k_{ij}是热传导张量的分量。建立问题的混合有限元模型,假设有限元近似格式为

$$T(\boldsymbol{x},t)=\sum_{m=1}^{M}\theta_m(\boldsymbol{x})T_m(t)=\boldsymbol{\Theta}^{\mathrm{T}}\boldsymbol{T} \tag{4a}$$

$$v_i(\boldsymbol{x},t)=\sum_{n=1}^{N}\psi_n(\boldsymbol{x})v_i^n(t)=\boldsymbol{\Psi}^{\mathrm{T}}\boldsymbol{v}_i \tag{4b}$$

$$P(\boldsymbol{x},t)=\sum_{i=1}^{L}\phi_i(\boldsymbol{x})P_i(t)=\boldsymbol{\Phi}^{\mathrm{T}}\boldsymbol{P} \tag{4c}$$

式中,$\boldsymbol{\Theta}$、$\boldsymbol{\Psi}$和$\boldsymbol{\Phi}$为插值函数向量,且$\boldsymbol{T}$、$\boldsymbol{v}_i$和$\boldsymbol{P}$分别为节点温度值、速度分量和压力向量。

13.4 利用第10章建立矩形单元插值函数的流程给出8节点六面体单元的插值函数ψ_1、ψ_5和ψ_8。

13.5 令式(13.2.7)中f为常数f_0,且$k_x=k_y=k_z=k$,在母六面体单元上计算源向量分量f_i^e和系数K_{ij}^e。

课外阅读参考资料

[1] J. N. Reddy and D. K. Gartling, *The Finite Element Method in Heat Transfer and Fluid Dynamics*,3rd ed. ,CRC Press,Boca Raton,FL,2010.

[2] K. S. Surana and J. N. Reddy, *The Finite Element Method for Boundary Value Problems*, *Mathematics and Computations*,CRC Press,Boca Raton,FL,2017.

[3] K. S. Surana and J. N. Reddy, *The Finite Element Method for Initial Value Problems*, *Mathematics and Computations*, CRC Press, Boca Raton, FL, 2018.

[4] O. C. Zienkiewicz and R. L. Taylor, *The Finite Element Method*, 4th ed. , *Vol. 2: Solid and Fluid Mechanics*, *Dynamics and Non-linearity*, McGraw-Hill, London, UK, 1989.

[5] G. R. Cowper," Gaussian Quadrature Formulae for Triangles," *International Journal for Numerical Methods in Engineering*, 7, 405-408, 1973.

[6] P. M. Gresho, and R. L. Sani, *Incompressible Flow and the Finite Element Method*, John Wiley & Sons, Chichester, UK, 1998.

[7] P. C. Hammer, O. P. Marlowe, and A. H. Stroud," Numerical Integration over Simplexes and Cones," *Mathematics Tables Aids Computation*, National Research Council, Washington, D. C. , 10, 130-137, 1956.

[8] B. M. Irons," Quadrature Rules for Brick-Based Finite Elements," *International Journal for Numerical Methods in Engineering*, 3, 293-294, 1971.

[9] J. N. Reddy, *Energy Principles and Variational Methods in Applied Mechanics*, 3rd ed. , John Wiley & Sons, New York, NY, 2017.

[10] J. N. Reddy, *An Introduction to Nonlinear Finite Element Analysis*, 2nd ed. , Oxford University Press, Oxford, UK, 2015.

[11] J. N. Reddy," Penalty - Finite - Element Analysis of 3 - D Navier - &okes Equations," *Computer Methods in Applied Mechanics and Engineering*, 35, 87-106, 1982.

[12] M. P. Reddy and J. N. Reddy," Finite-Element Analysis of Flows of Non-Newtonian Fluids in Three-Dimensional Enclosures," *International Journal of Non-Linear Mechanics*, 27, 9-26, 1992.

附录 A 符号和转换因子

下面给出了书中各种重要量的符号和含义。有时候,同一个符号在书的不同部分有不同的意义,其意义需要从上下文来判断。

符号	含义
$\boldsymbol{a}$	加速度矢量,$\dfrac{\mathrm{D}\boldsymbol{v}}{\mathrm{D}t}$
a_{ij}	矩阵$[A]=\boldsymbol{A}$的元素
c_v,c_p	分别是比定容热容和比定压热容
C	浓度
C_{ij},c_{ij}	弹性刚度系数
C_{ijkl},c_{ijkl}	弹性刚度系数
d	直径
$\mathrm{d}s$,$\mathrm{d}S$	面元
$\mathrm{d}A$	面元($=\mathrm{d}x\mathrm{d}y$)
$\mathrm{d}v$	体元($=\mathrm{d}x\mathrm{d}y\mathrm{d}z$)
D,D_i	扩散系数
$\boldsymbol{D}$	速度梯度张量的对称部分,即$\boldsymbol{D}=\dfrac{1}{2}[(\nabla\boldsymbol{v})^\mathrm{T}+\nabla\boldsymbol{v}]$
D_{ij}	$\boldsymbol{D}$的直角坐标分量
$\mathrm{d}/\mathrm{d}t$	材料的时间导数,$\dfrac{\mathrm{d}}{\mathrm{d}t}=\dfrac{\partial}{\partial t}+\boldsymbol{v}\cdot\nabla$
$\hat{\boldsymbol{e}}$	单位矢量
$\hat{\boldsymbol{e}}_A$	沿矢量$\boldsymbol{A}$方向的单位基矢量
$\boldsymbol{e}_i$	x_i方向的基矢量
$(\hat{\boldsymbol{e}}_r,\hat{\boldsymbol{e}}_\theta,\hat{\boldsymbol{e}}_z)$	(r,θ,z)坐标系下的基矢量
$(\hat{\boldsymbol{e}}_x,\hat{\boldsymbol{e}}_y,\hat{\boldsymbol{e}}_z)$	(x,y,z)坐标系下的基矢量
$(\hat{\boldsymbol{e}}_1,\hat{\boldsymbol{e}}_2,\hat{\boldsymbol{e}}_3)$	(x_1,x_2,x_3)坐标系下的基矢量
E	杨氏模量(弹性模量)

符号	含义
E_1, E_2, E_3	正交各向异性材料的杨氏模量
f	杆单位长度上的载荷
$\boldsymbol{f}$	体力向量
f_x, f_y, f_z	x, y 和 z 方向的体力分量
g	重力加速度;单位体积的内生热率
G	剪切模量(刚度模量)
G_{12}, G_{13}, G_{23}	正交各向异性材料的剪切模量
h	厚度;热传递系数
H	系统的输入热量;梁的高度
I	梁的惯性矩;电流密度
$\boldsymbol{I}$	单位二阶张量
I_1, I_2, I_3	二阶张量的不变量
J	$\boldsymbol{J}$(雅克比矩阵)的行列式
k	弹簧常数;热导率
$\boldsymbol{k}$	热传导矩阵
k_e	电导率
K	动能
L	长度
M	梁问题中的弯矩
$\hat{\boldsymbol{n}}$	当前构形下的单位法向矢量
n_i	单位法向矢量 $\hat{\boldsymbol{n}}$ 的第 i 个分量
(n_x, n_y, n_z)	单位法向矢量 $\hat{\boldsymbol{n}}$ 的分量
N	梁问题中的轴向力
$\hat{\boldsymbol{N}}$	参考构形下的单位法向矢量
N_I	单位法向矢量 $\hat{\boldsymbol{N}}$ 的第 I 个分量
p	压力容器的内压;热力学或静水压力
P	静水压;梁中点载荷;周长
q	梁上的分布横向载荷
q_0	梁上分布横向载荷的集度

符号	含义
q_n	边界上的法向热流,$q_n = \nabla \cdot \hat{\boldsymbol{n}}$
$\boldsymbol{q}$	热流矢量;扩散矢量
Q	质量流率;体积流量
Q_e	电流引起的生热率
r	圆柱坐标系中的径向坐标;$r = |\boldsymbol{r}|$
$\boldsymbol{r}$	圆柱坐标系中的位置向量 $\boldsymbol{x}$
(r, θ, z)	圆柱坐标系
R	近似的残值;半径
t	时间
$\boldsymbol{t}$	应力向量;拉力向量
$\boldsymbol{t}_i$	x_i 平面上的应力向量,$\boldsymbol{t}_i = \sigma_{ij}\hat{\boldsymbol{e}}_j$
T	温度;扭矩
$\boldsymbol{u}$	位移向量
(u, v, w)	(x, y, z) 坐标系下的位移
(u_1, u_2, u_3)	(x_1, x_2, x_3) 坐标系下的位移
(u_r, u_θ, u_z)	(r, θ, z) 坐标系下的位移
U	内(应变)能
v	速度,$v = |\boldsymbol{v}|$
v_n	$\boldsymbol{v}$ 在 $\hat{\boldsymbol{n}}$ 上的映射,$v_n = \boldsymbol{v} \cdot \hat{\boldsymbol{n}}$
(v_1, v_2, v_3)	(x_1, x_2, x_3) 坐标系下速度矢量$\boldsymbol{v}$ 的分量
(v_r, v_θ, v_z)	(r, θ, z) 坐标系下速度矢量的$\boldsymbol{v}$ 分量
$\boldsymbol{v}$	速度矢量,$\boldsymbol{v} = \dfrac{\mathrm{D}\boldsymbol{x}}{\mathrm{D}t}$
$\boldsymbol{v}_n$	垂直于平面(其法向为 $\hat{\boldsymbol{n}}$)的速度矢量
V	梁问题中的剪力;体力的标量势
W	输入功率
$\boldsymbol{x}$	当前构形下的位置向量
(x, y, z)	直角笛卡儿坐标
(x_1, x_2, x_3)	直角笛卡儿坐标

希腊符号

符号	含义
α	角度;热膨胀系数;动能系数
β	热传递系数
γ	一维问题的剪应变;罚参数
Γ	总边界
δ	Dirac delta;变分符号
δ_{ij}	单位张量 I(Kronecker delta)的分量
ε	指定的稳态解容限
$\boldsymbol{\varepsilon}$	无限小应变张量,$\boldsymbol{\varepsilon} = \frac{1}{2} \left[(\nabla_0 \boldsymbol{u})^{\mathrm{T}} + \nabla_0 \boldsymbol{u} \right]$
ε_{ij}	无限小应变张量的直角坐标分量
ε_{ijk}	置换符号
$(\varepsilon_{rr}, \varepsilon_{\theta\theta}, \varepsilon_{zz})$	圆柱坐标系(r, θ, z)中无限小应变张量的分量
ζ	自然(归一化)坐标
η	自然(归一化)坐标
θ	圆柱和球坐标系中的角坐标;绝对温度
θ_n, θ_s	分别是对应于最大正应力和最大剪应力的角度
λ	Lamé 常数;特征值;Lagrange 乘子
$\lambda_1, \lambda_2, \lambda_3$	3×3 矩阵的特征值
Λ	Timoshenko 梁单元引入的参数
μ	Lamé 常数;黏度;Timoshenko 梁单元用到的参数
ν	泊松比
ν_{ij}	正交各向异性材料的泊松比
ξ	自然(归一化)坐标
Π	总势能
ρ	质量密度
σ	一维问题的应力;Boltzmann 常数
$\boldsymbol{\sigma}$	应力张量

符号	含义
σ_{ij}	直角坐标系(x_1,x_2,x_3)下应力张量的分量
σ_n,σ_s	法向为$\hat{n}$的平面上的正应力和剪应力
$\sigma_{rr},\sigma_{\theta\theta},\sigma_{r\theta},$	圆柱坐标系(r,θ,z)下应力张量σ的分量
τ	剪应力
τ	黏性应力张量
ϕ	典型的张量函数;速度势;球坐标系下的角坐标
ϕ_i	Hermite 三次插值函数
ψ	翘曲函数;流函数
ψ_i	Lagrange 插值函数
Ψ	Prandtl 应力函数
ω	自然频率;角速度
Ω	问题的域
Ω	旋转张量或速度梯度张量的反对称部分,即$\Omega=\dfrac{1}{2}\left[(\nabla v)^{\mathrm{T}}-\nabla v\right]$
ω_i	直角坐标系(x_1,x_2,x_3)下涡量矢量ω的分量
$\omega_x,\omega_y,\omega_z$	直角坐标系(x,y,z)下涡量矢量ω的分量
∇	对x的梯度算子
∇^2	Laplace 算子,$\nabla^2=\nabla\cdot\nabla$
∇^4	双调和算子,$\nabla^4=\nabla^2\nabla^2$
$[\ ]$	内部张量分量的矩阵
$\{\ \}$	内部矢量分量的列向量
$\cdot$	点乘符号或标量积
$\times$	叉乘符号或向量积

表1　转换系数

量	美制单位	等效国际标准单位
质量	lb（mass）	0.4536 kg
长度	in	25.4 mm
	ft	0.3048 m
密度	lb/in^3	27.68×10^3 kg/m^3
	lb/ft^3	16.02 kg/m^3
力	lb（force）	4.448 N
	kip（10^3 lb）	4.448 kN
压强或应力	lb/in^2（psi）	6.895 kN/m^2
	ksi（10^3 psi）	6.895 MN/m^2
	msi（10^6 psi）	6895 MN/m^2
弯矩或扭矩	lb·in	0.1130Nm
	lb·ft	1.356Nm
功率	ft·lb/s	1.356 W
	hp（550ft·lb/s）	745.7 W
温度	℉	0.5556℃
转换公式	$℉ = \dfrac{5}{9}℃ + 32℉$	

s=秒；lb=磅；in=英寸；ft=英尺；hp=马力；kg=千克（=10^{3}克）；m=米；mm=毫米（10^{-3}米）；N=牛顿；W=瓦特；Pa=帕斯卡=牛/米^2；kN=10^3 N；MN=10^6 N；MPa=10^6 Pa；GPa=10^9 Pa。

Ignorance more frequently begets confidence than does knowledge：it is those who know little，and not those who know much，who so positively assert that this or that problem will never be solved by science.

（无知比知识更能带来自信：只有那些知识很少的人，而不是知识很多的人，才会如此肯定地断言这个或那个问题永远不会被科学解决。）

—Charles Darwin

Science can purify religion from error and superstition. Religion can purify science from idolatry and false absolutes.

（科学可以净化宗教的错误和迷信。宗教可以将科学从盲目崇拜和错误的绝对真理中净化出来。）

—Pope John Paul II

A yogi seated in a Himalayan cave allows his mind to wander on unwanted things. A cobbler, in a corner at the crossing of several busy roads of a city, is absorbed in mending a shoe as an act of service. Of these two, the latter is a better yogi than the former.

(一个瑜伽修行者坐在喜马拉雅山脉的一个山洞里,让他的思想游离在不想要的东西上。一个补鞋匠,在城市几条繁忙道路的十字路口的角落里,全神贯注地在补鞋,这是他的一项服务。在这两者中,后者是一个比前者更好的瑜伽者。)

—Swami Vivekananda

注解:本书中包含的不同人的语录可以从不同的网页上找到。举个例子,访问:

http://naturalscience. com/dsqhome. html

http://thinkexist. com/quotes/david_hilbert/

http://www. yalescientific. org/2010/10/from-the-editor-imagination-in-science/

https://www. brainyquote. com/quotes/topics/topic_science. html

作者不保证这些语录的准确性,作者在本书的多个位置引用这些语录是受到其中的智慧的激发。

附录 B 单位换算表

1mile = 1.609km

1ft = 30.48cm

1in = 25.4mm

1acre = 2.59km^2

1ft^2 = 0.093m^2

1in^2 = 6.45cm^2

1ft^3 = 0.028m^3

1in^3 = 16.93cm^3

1lb = 453.59g

1bbl = 0.16m^3

1mmHg = 133.32Pa

1atm = 101.33kPa

1psi = 1psig = 6894.76Pa

psig = psia − 14.79977

1cP = 1mPa · s

1mD = 1×10^{-3}μm^2

1bar = 10^{5}Pa

1dyn = 10^{-5}N

1kgf = 9.80665N

1msi = 10^{6}psi